Helicopter Flight Dynamics: Including a Treatment of Tiltrotor Aircraft, 3rd Edition

直升机飞行动力学

含倾转旋翼机论述

（第3版）

[英]　加雷斯·D. 帕德菲尔德（Gareth D. Padfield）　著

王文山　董鹰　译

航空工业出版社

北京

内 容 提 要

本书全面系统地论述了直升机和倾转旋翼机的飞行动力学与飞行品质相关理论，以及直升机和倾转旋翼机的建模、仿真分析等相关内容。全书包括10个章节和11个附录。第1章为引言；第2章概括性地介绍了直升机和倾转旋翼机的飞行动力学与飞行品质；第3章~第5章分别介绍了直升机飞行动力学模型的建立、配平与稳定性分析，以及在一定限制条件下直升机的稳定性和响应分析；第6章~第9章分别介绍了直升机飞行品质的客观评价、主观评价、降级形式，以及飞行品质的发展历程；第10章介绍了倾转旋翼机的建模和飞行品质。11个附录分别介绍了直升机参照系及坐标转换、线性动力学系统分析、三架案例直升机、配平方向问题、最小功率稳定性、利物浦大学仿真环境与设备、倾转旋翼机坐标系与挥舞动力学、XV-15倾转旋翼机参数、FXV-15稳定性和操纵导数、倾转旋翼机在飞机模式下的旋翼动力学和约束滚转运动产生的倾转旋翼机航向不稳定，等等。

本书可作为高等院校相关专业的学生教科书使用，也可作为航空领域工程技术人员的参考用书。

图书在版编目（CIP）数据

直升机飞行动力学：含倾转旋翼机论述：第3版 /
（英）加雷斯·D. 帕德菲尔德（Gareth D. Padfield）著；
王文山，董鹰译. -- 北京：航空工业出版社，2024.
10. -- ISBN 978-7-5165-3880-7

Ⅰ. V212.4

中国国家版本馆 CIP 数据核字第 2024BM9330 号

北京市版权局著作权合同登记
图字：01-2024-5556 号

直升机飞行动力学（含倾转旋翼机论述）（第3版）
Zhishengji Feixing Donglixue（Han Qingzhuan Xuanyiji Lunshu）（Di-san ban）

航空工业出版社出版发行
（北京市朝阳区京顺路 5 号曙光大厦 C 座四层　100028）
发行部电话：010-85672663　010-85672683

北京天恒嘉业印刷有限公司印刷　　　全国各地新华书店经售
2024 年 11 月第 1 版　　　　　　　2024 年 11 月第 1 次印刷
开本：787×1092　1/16　　　　　　字数：1268 千字
印张：49.5　　　　　　　　　　　定价：198.00 元

译 校 人 员

译　　者：王文山　董　鹰　蔡海宁　成奕东

　　　　　石祥坤　王　嘉　刘梦依

校对人员：邱岳恒　赵鹏轩　高　飞

序　言

　　航空航天是一个涵盖多学科、涉及多专业的领域，在工程及其相关支持活动中呈现的复杂性，使得航空航天工业能够生产具备创新性的先进产品。航空航天领域的专业人员所获得的丰富知识和经验，需要传授给该行业的其他研究人员、教师和高校学生。

　　航空航天系列丛书旨在为从事航空航天行业的工程人员、运营人员、学者、商务人员、法律人员、行政人员等提供实用专业的理论知识。丛书的主题范围广泛，包括了飞机的设计、开发、制造、运营与支持，以及基础设施运营和先进技术。

　　飞行动力学、稳定性和操纵性是所有飞行器设计和运行中至关重要的学科。目前关于固定翼飞机的教科书比较多，但旋翼机方面的教科书很少。

　　《直升机飞行动力学》第 3 版，论述了直升机和倾转旋翼机的飞行动力学与飞行品质。它包括了倾转旋翼机的建模、仿真和飞行特性，旋翼机飞行品质的历史发展，以及耦合系统理论在旋翼机上的应用，扩充了飞行动力学的内容和范围。该书不仅适用于工程人员，同时也可供旋翼机飞行动力学和飞行品质专业的本科和研究生使用。

彼得·贝洛巴巴、乔纳森·库珀、艾伦·海布里奇

第3版前言

在20世纪60年代后期，出现了一种巧妙的数学方法，用来解释和预测飞行员增加控制增益以减少飞机航迹、姿态或速度的偏移量，降低可能发生的损失。其巧妙之处在于尽管飞行员和飞行动力学是复杂多维和非线性的，但两者结合却可用简单线性的低阶模型来表示。

实际上，飞行员的行为将结合的动力学系统分解为两个或两个以上子系统。在极高的飞行增益下，受控状态被完全约束，而不可控状态形成新的模式，具有潜在的不稳定风险。1968年，作者对飞行动力学的理解还处于初步阶段，但作为近似分析的基础，即观察事物发生的原因和过程的技术的物理解释成为他继续学习的动力。

上述研究成果的名称为"强控制飞机"（参考文献4A.6），应用了作者本科最后一年导师罗纳德·米尔恩（Ronald Milne）的弱耦合系统理论。虽然作者的思想和职业生涯曾受过许多工程师的影响，但没有一个人像罗纳德·米尔恩那样重要。2014年，当在皇家航空学会的作者被罗纳德的家人请求为罗纳德写讣告时，一种巨大的悲伤和荣誉感油然而生。

在本书的早期版本中，作者将弱耦合系统理论应用到直升机上，发展了对自然模态的低阶近似，并揭示了由强飞行航迹和姿态控制引起的不稳定性。在第3版中，作者利用强控制飞机理论来调查飞机事故。几十年来，航空科学一直是解释事故原因的基础。在第5章的附录中，作者描述了固定翼飞机进近过程中速度不稳定的根源，并利用其分析了近期商用固定翼运输机及旋翼机的事故案例。基于不利偏航引起的航向不稳定情况，作者将弱耦合系统理论通过VX-15模拟来探讨最近在倾转旋翼上事故的成因，详见第10章附录。

第3版中的第10章介绍了倾转旋翼机的建模、仿真和飞行品质。作者参考了研究和运行倾转旋翼机的出版物以及在众多项目下开展的广泛的风险降低工作。这些项目由欧盟资助，为将来的民用倾转旋翼机作准备。汇编第10章内容是一项艰巨的任务，如果没有几位重要的、值得一提的同事的支持是无法完成的。理解万向节旋翼的功能，包括将旋翼与驱动轴连接起来的等速万向节等极具挑战性。大多与倾转旋翼建模相关的文献将旋翼视为铰接桨叶的组合，建模方式与第3章中描述的旋翼类似。作者打破了"无论是哪种类型的旋翼，平面外的周期性挥舞都不会导致抵抗离心力"的错误观点。波音旋翼机公司中参与了V-22设计和开发等众多方面的戴维·米勒（David Miller）在这一观点出现时给了作者耐心的指导，并为作者提供了第10章中所述倾转旋翼机的许多方面的见解。此外，该章引用的材料来自以下工程师：菲尔·邓福德（Pill Dunford）（前波音公司）、韦恩·约翰逊（Wayne Johnson）（时就职美国航空航天局）、阿尔·布兰德（Al Brand）（时就职贝尔直升机公司）、安德烈亚·拉加齐（Andrea Ragazzi）（时就职列奥纳多赫利科普特公司）、皮耶兰格罗·马萨拉蒂（Pierangelo Masarati）（时就职波利特尼科迪米拉诺公司）、何承建（时就职ART）和罗伊·布拉德利（Roy Bradley）（时就职罗伊-布拉德利公司）。

特别感谢利物浦大学博士后研究员比诺伊·姆玛尼亚拉（Binoy Manimala）（时就职莱

昂纳多直升机公司），他开发了 XV-15 Eurotlt 和 ERICA 倾转旋翼构型的 FLIGHTLAB 模型。比诺伊和丹尼尔·沃克（Daniel Walker）在倾转旋翼结构载荷减缓（SLA）方面的研究，作者在第 10 章中给出了示例。参与 RILLP、ACT_LIST、NICEOTH 项目的欧洲同事对利物浦大学倾转旋翼机研究做出了贡献，并受到了表彰。在菲利普·罗尔特（Phillippe Rollet）（时就职空客直升机公司）的领导下，这些项目早期所做的建模和倾转旋翼结构减载工作，为倾转旋翼机飞行品质的研究奠定了基础。感谢相关飞行品质论文的合著者法比欧·南诺尼（Fabio Nannoni）和卢卡·梅迪奇（Luca Medici）（时就职莱昂纳多直升机公司），授权引用 ERICA、AW609 和 NGCTR 飞机图片。

第 3 版的第 9 章引用了作者 2012 年在美国直升机协会（AHS）西科斯基讲座上的论文。该章讨论了品质可以量化的"理念"，它是飞行品质标准、测试程序发展的重要方面以及技术支持。作者将读者带回到 20 世纪 40 年代中期，一起寻找故事的起点。从那时起，作战需求、创新技术和监管标准开始并行发展和演变。该章还肯定了工程师、飞行员以及美国直升机协会（AHS）对这一演变的贡献。

第 5 章增加了弱耦合系统理论及其在旋翼机上的应用。该章的附录对固定翼飞机和倾转旋翼机的低速不稳定性问题进行了分析和比较。作者从事故调查中获得资料，对其中一架案例飞机（第 4 章中所描述的飞机）而不是事故飞机进行了分析。

作者原计划对第 3 章内容进行大幅扩展，但由于第 10 章关于倾转旋翼的多体动力学建模已有叙述，所以第 3 章增加了利物浦大学关于仿真逼真度的最新研究内容，其中提到了飞行模型的预测逼真度和飞行员体验的模拟感知逼真度。感谢利物浦大学的合作团队，特别是吕灵亥博士（时就职蓝熊系统公司）、埃玛·蒂姆森（Emma Timson）（时就职空客直升机公司），以及渥太华航空航天研究的同事比尔·古伯尔（Bill Gubbels）、飞行员罗布·埃尔多斯（Rob Erdos）和已故的斯蒂芬·卡里南（Stephan Carignan）。

特别感谢吕灵亥博士（作者的博士后研究员，时为利物浦约翰摩尔大学高级讲师），在第 3 版的编写过程中给予作者一贯的支持。他构建了直升机和倾转旋翼机仿真模型，复现了仿真结果，对作者的分析和文字说明进行复核以及制作数据图表等，给予作者极大的帮助。

作者与版面设计马克·斯特雷克（Mark Straker）共同制作了本书新的技术图形、草图以及第 3 版的封面。特别感谢他高品质的追求和设计。

感谢 WILEY 出版社的工作人员。

亲爱的读者，我要再次感谢你们！我希望这本书能帮助你们更好地理解直升机和倾转旋翼机飞行动力学，因为这也是我的意愿。

加雷斯·D. 帕德菲尔德（Gareth D. Padfield）、卡尔迪（Caldy），英国
2018 年 1 月

第 2 版前言

在第 1 版序言中，我认为飞行动力学是一个"大有可为且活跃成熟的学科"，虽然每代工程师都会对知识库进行更新，但我仍然坚信这个观点正确。自该书（第 1 版）出版十年以来，飞行动力学和操纵/飞行品质工程学科已经形成一套成熟系统的方法，用于设计开发飞行任务所需的功能及技术。同时，飞行品质以飞行员为中心，是性能和安全之间持续较量的产物。这两个主题（性能和安全）的相互影响突出了追踪直升机持续发展的重要性。飞行动力学对飞行品质的贡献最为明显，第 1 版对稳定性和操纵特性进行了深入的探讨，但也强调了飞行品质更为重要。飞行品质是飞机、飞行员、任务和环境四个要素的产物，具有广泛性和综合性，它是一门技术学科，也是一种运行属性，注重飞行安全和运行效能。作者试图在第 8 章"飞行品质：降级形式"中介绍的新材料中指出这一重点，这也是第 2 版新内容的主要部分。

在第 1 版的准备过程中，ADS-33C 标准已被广泛用于各种军用飞机项目，操纵品质（HQ）代表了 RAH-66 科曼奇的关键性能驱动因素。尽管该飞机项目最终被取消，但是工业界和直升机相关研究机构却能了解到运行要求下实现一级 HQ 所需的技术。过去十年中，ADS-33 已被应用于 NH90 和英国攻击直升机等飞机，也应用于海上旋翼机和具有外载的直升机等新机型，并作为民用倾转旋翼机的设计指南。目前在每年的欧洲和美国直升机论坛上，经常听到有关 ADS-33 的新应用或其基础理论扩展的报告。此外，该标准也在不断改进，目前在 ADS-33E-PRF（性能）版本中，强调其作为性能要求的重要性。第 6 章增加了一份简要的发展概况。

建模和仿真方面也取得了重大进展，尤其是复杂直升机空气动力学建模进展迅速。精确物理流场建模的结果将很快用于高效的整机代码设计和实时仿真中。通过高性能计算机进行全面综合分析，并采用可靠的设计标准，将大幅度缩短设计、开发和认证的时间，降低成本。第 3 章~第 5 章中的建模和仿真内容，在第 2 版中基本没有变化。

1999 年 8 月，我离开政府公务部门加入利物浦大学，负责主持研究和教学两个方向的航空航天工作。我相信，三十年的经验使自己能够自然地过渡到学术界的研究。虽然我在研究和教学方面的经验很少，但已经开设了旋翼机飞行、飞机性能和飞行操纵品质方面的本科生课程。我相信这句格言——"唯有能够将知识教给别人，才能称为真正的完全掌握"。把自己的一些经验"耕种"到未来职业生涯的"土壤"中，这是非常令人满意的。与第 1 版相同，虽然这项工作是对我个人知识和理解的整合，但也从中汲取了他人的努力和成果，我要向他们表达谢意，特别是利物浦大学飞行科学与技术研究组。自 2000 年以来，研究组有规划地进行建设和发展，为全球的知识宝库做出了贡献。在学术界，相信那些领导过一群年轻研究生和博士后的人，会理解我能够见证独立研究人员的发展，并为此做出贡献而获得的满足感。

感谢本·劳伦斯（Ben Lawrence）和比诺伊·姆玛尼亚拉（Binoy Manimala），他们已经成为 FLIGHTLAB 和其他飞行动力学分析的专家，并为我提供了很多帮助，特别是在研究直升机尾迹涡流的影响方面。尼尔·卡梅伦（Neil Cameron）推导了第8章中关于控制系统故障对倾转旋翼机操纵品质影响的结果。加里·克拉克（Gary Clark）与我密切合作，在第8章中得出了关于在能见度下降情况下地形跟踪飞行的结果。特别感谢 FS&T 的模拟实验室经理马克·怀特（Mark White），五年中我们合作了大部分研究项目。罗纳德·杜瓦尔（Ronald Du Val）和何承建（He Chengjian 音译）提供了先进旋翼机的技术支持，以及各种 FLIGHTLAB 问题和 HELIFLIGHT 模拟器的开发，工作量很大，在此表示感谢。

飞行动力学和操纵品质的研究人员应该了解试飞员对这些问题所做的重大贡献。在利物浦大学，我们有幸获得了一些前军方试飞员的大力支持，非常感谢他们对本书做出的贡献。衷心感谢安迪·贝里曼（Andy Berryman）、奈杰尔·塔尔伯特（Nigel Talbot）、马丁·迈耶（Martin Mayer）、史蒂芬·切恩（Steve Cheyne）和查理·布朗（Charlie Brown）。感谢 Hoh 航空公司的罗杰·胡赫（Roger Hoh）及其同事，他们对操纵品质的卓越追求一直激励着我。罗杰（Roger）还为 FS&T 的研究活动做出了贡献，特别是在降级条件下操纵准则的制定和视觉降低环境下飞行显示的辅助设计。通过与爱丁堡大学行为感知教授戴维·李（David Lee）的密切合作，我对飞行控制中视觉感知这一课题有了全面的了解。David 积极帮助我理解光流和光学 tau（τ）在运动控制中的作用，对此表示诚挚感谢。

在过去的十年中，我收到了来自全球的同行和读者来信，他们对第 1 版提出了很多建议，指出了各种错误或印刷问题，目前这些问题均已纠正。由于信件数量太多无法列举，在此一并表示感谢。

马克·斯特雷克（Mark Straker）以一贯的高标准为本书制作图表，再次感谢马克的创意。

最后，非常感谢布莱克韦尔（Blackwell）出版社的朱利亚·伯登（Julia Burden），她一直在积极鼓励我，与我一起为第 2 版制作素材。在利物浦大学，我现在是工程部主管，这个部门有着 900 名学生和 250 名员工，相信任何一个大型学术部门的负责人都会明白这是一项极具挑战性和吸引力的工作，特别是当承担起领导和变革的责任时。所以，在我没有足够的新研究可以更新版本之前，我不愿意承诺更新第 2 版。在新版（第 2 版）第 8 章中读者会看到一些新的内容。这本书是我千方百计地挤出时间完成的，相信那些在紧张和繁忙工作下的作者与我感同身受。

此外，读者可以在我最新版（第 2 版）的诗歌中获取一些慰藉，我将这首诗歌称为天空之歌——直升机布鲁斯。这首诗歌用 12 小节的布鲁斯节奏演唱，就像罗伯特·杰森（Robert Johnson）的《当你有一个好朋友》（通常使用 Em 和弦，但如果你觉得够酷，可以使用 Am 和弦）。

我有一首直升机布鲁斯

它们在我的脑海里回荡

我有一首直升机布鲁斯

它们仍在我的脑海里回荡

哥们儿，请告诉我该怎么处理这些布鲁斯直升机

我的引擎她故障了

必须减少我的扭矩

我的引擎她老是出故障
必须降低我的动力
我好像随着这些直升机布鲁斯旋转

我的尾桨故障了
没有地方可以去
我的尾桨她持续故障
一直找不到方向
这些直升机布鲁斯兄弟，他们可把我逼疯了

我脑海的嗡嗡声在持续
让人感到疲倦、被驱使和煎熬
我脑海的嗡嗡声在持续
我已经筋疲力尽了
如果得不到维修，我只能使用这些直升机布鲁斯了
我的变速箱在发牢骚，必须多加润滑（油）

我说我接受不了这些抱怨
请用润滑油减轻我的痛苦
如果现在不立刻得到原料
我将锁上这些直升机布鲁斯

高昂或低沉的布鲁斯
她紧紧地抓住了我
真的无所谓
布鲁斯一点儿都不尊重我
如果我能改变为绿色就好了
也许我可以摆脱这些直升机布鲁斯

我设计了一架新的直升机
不会有布鲁斯
我使用了特殊的技术和强大的计算机
我确信知道自己在做什么
现在我要找人帮我赶走这些直升机布鲁斯

我去看了波音公司
说我有不带布鲁斯的新设计
我去波音公司，告诉他们我的故事，听起来不错
但他们问为什么，布鲁斯是我们最喜欢的颜色

除此之外，你可以去找欧洲人

所以我把自己的设计带到欧洲直升机公司
我应该首先想到他们的
如果我去欧洲直升机公司
我不会坐在这里渴死的
他们说，这就是生活，我的朋友，你不能坐一架没有布鲁斯的直升机

我去了西科斯基公司
我认为他们可以治好这些布鲁斯
他们叫尼克拉波斯去修理直升机的布鲁斯
尼克说别这么孩子气，加雷斯
好好享受这些直升机布鲁斯

现在雷·普劳蒂会怎么做？
人们说，雷——他没有布鲁斯
请帮帮我的雷吧——我还需要多少空气动力学
也许雷会说，醒来闻闻咖啡的味道
学会如何隐藏这些直升机布鲁斯

我已经学会与他们共处了
我说的是直升机布鲁斯
甚至是要好好享受他们
那些甜美的、舒缓的直升机布鲁斯
我累得要命，但请不要带走我的直升机布鲁斯

加雷斯·D. 帕德菲尔德（Gareth D. Padfield）、卡尔迪（Caldy），英国

第 1 版前言

我想传达三件事。首先，我想与读者分享我参与这个项目的初衷；其次，我想了解我的受众群体；最后，要向帮助过我的同事致谢。

我想成为航空工程师的动机源于飞行中的审美喜悦和飞行本身，以及对解决疑难问题的偌大兴趣。它们像谜一样，帮助我"逃离"了被刻成雕像的威尔士矿区，走上了学习和谋生的道路。很久以前，在 20 世纪 40 年代末，当我第一次乘坐威尔士航空公司飞机时，皇家航空研究院（RAE）在进行首飞试验，测试直升机的稳定性和控制。当时直升机的应用还不到十年。通过技术报告以及与工程师交谈，我的脑海中呈现了一个令人兴奋的时代形象：测试和理论不断碰撞，寻求直升机飞行动力学难题的首个答案。

虽然那时一直处于平静时期，皇家航空研究院仍然在 20 世纪 50 年代、60 年代和 70 年代期间维持了直升机研究计划。到 20 世纪 80 年代中期，我负责贝德福德大学相关的活动时，它在研究旋翼空气动力学和直升机飞行动力学方面已经确立了领先地位。我个人的直升机生涯始于 20 世纪 70 年代早期的韦斯特兰直升机研究部。那时，韦斯特兰（Westland）正致力于 Lynx 直升机原型机的飞行试验，这是一架充满 20 世纪 60 年代设计创新的直升机。这样一个激动人心的时代，为我理解直升机飞行动力学奠定了基础。在与一些热情的工程师合作后，未知的事物开始展开，有时我觉得学得越多，理解得就越少。在这种情况下，我不想轻易地使用热情这个词。

我知道很多直升机工程师的热情远超出了职责所需，可以说这是这个小群体中人们的共同特征。虽然我们的努力不可避免地受到一些需求的驱动，例如，客户对直升机的热情，伴随着一股强大而充满活力的力量。在写这本书时，我努力让更多的读者分享我对直升机飞行动力学的热情和知识，这也是我完成这本书的全部动力。我的理论和测试经验使我具有洞察力以及独特的观察视角，让这种动力进一步增强。我希望飞行动力学能吸引读者们去了解。

然而，写这本书有更实际的理由。虽然多年来在十几篇论文中从多个角度描述了固定翼飞行动力学、稳定性和控制，但从未有过专门针对该主题的直升机教材，至少在现有著作中存在明显的差距，目前填补这一差距的时机已经成熟。在过去的 10 到 20 年中，对直升机的飞行模拟和飞行品质进行了大量研究，其中大部分已经出现在公开文献中，但分散在许多个人参考文献中。作为参与国家和国际项目 DRA（RAE）研究的从业者，本书试图从作者的角度捕捉这项工作的实质。这是一个繁忙而富有成效的时期，实际上它仍在继续，我希望这本书能够传达一个生动和成熟的主题，尚有许多工作有待我们去做。

这本书主要是为飞行动力学工程师编写的。在一些组织机构中，他们可能被称为飞行品质工程师、飞行模拟工程师或飞行控制工程师，但我个人认为，这些称谓更多地反映了飞行动力学领域的子学科。飞行动力学工程师的主要工作是飞行动力学建模、飞行品质评估和飞行控制。例如，在直升机中，模拟使工程师与他们正在建模的系统建立了特殊而亲密的关系。

当今时代，对直升机飞行中建模和仿真复杂气弹交互能力的计算约束迅速消失。因此，飞行动力学工程师必须同时保持对因果关系的理解，因为建模和仿真的目标是了解各种设计特征的影响，以及飞行行为对配置和飞行条件变化的敏感性。在建模任务中，飞行动力学工程师需要解决所有基本假设，以尽可能用完整的校准方式根据试验数据进行测试。飞行动力学工程师也将对飞行品质和驾驶任务有很好的理解，他们将意识到这些品质的重要性以及对内外部的影响和对任务导向标准的需求。良好的飞行品质是安全飞行的基础，从20世纪80年代初期到现在，本书尝试将理论发展和试验数据库的精髓组合在一起，供工程师使用。飞行试验是飞行动力学的重要组成部分，支持仿真验证和飞行品质标准的制定。本书提供了建立和分析直升机飞行仿真模型的工具，以及飞行品质标准和飞行试验技术的最新处理。

虽然这是一本飞行动力学的专业书籍，但也广泛适用于其他专业领域。希望本书能够为试飞员、飞行试验工程师、没有航空背景的工程师，以及专门从事空气动力学或控制科学与希望能够了解整机功能的研究人员提供帮助。

在撰写第2章、第6章和第7章时，我尽量避免使用复杂的数学公式。但在第3章~第5章却要求在一年级或更高年级工程课程中掌握解析矢量力学。关于研究生或本科高年级的教育课程，本书的部分内容可以作为一到两个学期的课程。此外，我向所有人强烈推荐第2章。我一直认为飞行动力学是鼓舞人心的，因为它是大学里的激励学科，不仅处理整架飞机及其飞行方式，而且也是各个飞行部件的整合。我从中收获良多，这本书也将我个人的一些理解归纳成了知识。

这本书也饱含了多年来我对许多同事的感激之情，他们帮助我完成了愉快而富有挑战的工作。我庆幸能够为国内外一些项目的重大进展付出努力，相比之下个人独立工作取得的进展往往更为有限。国际合作一直是我特别感兴趣的，感谢航空研究与发展咨询组（AGARD）、GARTUR、技术合作计划（TTCP），以及其他欧洲和北美机构，为合作提供了支持，本书中包括了这些合作的成果。我相信，经过各研究小组在飞行动力学领域的共同努力，将结果以需求的形式反馈给采购过程，并通过改进的工具和技术进入制造过程。这样，未来的直升机将发展更好、更安全，更易于符合飞行规范。

在编写本书过程中，还有几位同事给了我特别的支持。在生成和展示关键成果方面，我想感谢DRA贝德福德旋翼机小组的同事们。我对贝德福德团队的感激之情无以言表，团队中的个人贡献在此不再赘述。在过去的十年里，我们的团队在前沿技术及填补前人研究领域空白等方面不断地向前发展。我想指出的是，这本书在很大程度上反映了团队的努力，具体可见参考文献。

同时，我很希望在签字出版前对本书进行批判性的审查，在此感谢罗纳德·米尔恩（Ronald Milne）、罗纳德·杜瓦尔（Ronald DuVal）、艾伦·辛普森（Alan Simpson）、伊恩·西蒙斯（Ian Simons）、戴维·基（David Key）和罗伊·布拉德利（Roy Bradley）。戴维·基仔细地阅读了各个章节并为我提供了重要的建议，罗伊·布拉德利完整地审阅了本书，并提供了许多有价值的想法，这些想法已被采纳，他们的建议使本书变得更好。

大约4年前，我第一次萌生了写书的想法。布莱克韦尔（Blackwell）出版的科学系列我很喜欢，所以我先找了他们。布莱克韦尔的朱利亚·伯登（Julia Burden）在本书的出版过程中给予了我很多鼓励和支持。所有的讨论都是积极且富有建设性的，我对此表示感谢。此外，我还要感谢我的单位国防研究机构，允许我使用过去 18 年中在 RAE 和 DRA 研究活动中的材料。感谢我的老板 Peter England——DRA 贝德福德飞行动力学和模拟部经理，他一直积极地支持我，使我从利益冲突中解脱出来。所使用的 DRA 材料以及其他来源的图片或引用的致谢都包含在本书中。本书第 2 章的图片由彼得·韦尔斯（Peter Wells）制作，其他章节图片由马克·斯特雷克（Mark Straker）制作，他们做得非常出色。

综上所述，虽然本书中包含了很多人的帮助与支持，但我仍对本书内容全权负责。我负责风格和"色彩"的变化，有时在受到某种灵感和其他方面的引导下，我不得不更关注数学表达的正确性。我已经在数学方面尽了最大努力，并提前为不可避免的错误而道歉。最后，我要感谢读者们，希望你们喜欢这种学习（书籍），或许本书的阅读会对你有所启发并能获得好运。我会将这本书作为飞行动力学指南不断地改进。

加雷斯·D. 帕德菲尔德、沙恩布鲁克，英国

版权声明

特向以下授权使用材料的人员及机构表示感谢。

英国国防部与国防研究局提供图 2-31、2-43、2-44、2-50、3-15、3-28、3-29、3-35、3-37、3-38、5-7~5-9、5-28~5-31、5-34、6-7~6-10、6-18、6-19、6-35、6-36、6-38、6-39、6-47~6-52、6-59、7-10~7-24、7-38、7-44、7-45 和 7-46 数据；美国陆军提供图 6-15、6-17、6-20、6-25、6-30、6-33、6-40~6-45、6-56、6-61、6-64、6-65、6-70、7-28 与表 7-4 数据；美国直升机协会提供图 3-16、7-5（与美国陆军）数据；鲍勃·赫夫利（Bob Heffley）提供图 6-6、6-11 数据；第 3 章引用的剑桥大学出版社邓肯（Duncan）的文章；何承建与美国直升机协会提供图 5-27 数据；克里斯·布兰肯（Chris Blanken）、美国陆军与美国直升机协会提供图 7-29、7-30 数据；考特兰·比文斯（Courtland Bivens）、美国直升机协会与美国陆军提供图 6-63 数据；戴维·基（David Key）与皇家航空学会提供图 6-3、6-31 数据；第 7 章开篇引用的戴维·基（David Key）的文章；布伦瑞克 DLR（DLR Braunschweig）提供图 6-21、6-23（与皇家航空学会）、6-32、6-37、6-58（与美国直升机协会）、6-68（与美国陆军）、7-4（与航空研究与发展咨询小组）数据；欧洲直升机发展公司提供图 6-46、6-66 数据；伊恩·奇斯曼（Ian Cheeseman）与 MoD 提供图 3-28、3-29 数据；杰夫·施罗德（Jeff Schroeder）与美国直升机协会提供图 7-32~7-36 数据；杰里米·豪伊特（Jeremy Howitt）与 DRA 提供图 7-39、7-40、7-41 数据；克努特·汉森（Knute Hanson）与皇家航空学会提供图 6-69 数据；桑迪·埃琳中校（Lt. Cdr. Sandy Ellin）与 DRA 提供图 2-7、3-44、3-45 数据；马克·蒂施勒（Mark Tischler）与航空研究与发展咨询小组提供图 5-25、5-26、6-34、6-57 数据；麦克唐纳-道格拉斯直升机公司、航空研究与发展咨询小组与美国陆军提供图 6-71 数据；美国航空航天局提供图 4-12、6-2 数据；渥太华航空航天研究所提供图 6-54、7-7（与美国直升机协会）数据；帕特·柯蒂斯（Pat Curtiss）提供图 3-46、3-47、5-4 数据；霍·罗杰（Roger Hoh）提供图 6-24、6-26（与美国直升机协会）、6-29（与皇家航空学会）、7-27（与美国直升机协会）数据；西科斯基飞机公司、美国陆军与美国直升机协会提供图 6-72 数据；斯图尔特·休斯敦（Stewart Houston）与 DRA 提供图 5-10~5-13 数据；汤姆·贝多（Tom Beddoes）提供图 3-42 数据；简·德雷斯（Jan Drees）提供图 2-8 数据；航空研究与发展咨询小组提供 6-72、7-25 参考文献文本；韦斯特兰直升机公司许可使用 Lynx 直升机的配置数据与飞行试验数据；德国欧洲直升机公司许可使用 Bo105 直升机的配置数据与飞行试验数据；法国欧洲直升机公司许可使用 SA330 Puma 直升机的配置数据与飞行试验数据。

在第 2 版中，作者再次从他人大量数据与理解中汲取灵感，特向以下授权使用材料的人员及机构表示感谢。

菲利普·罗利特（Philippe Rollet）与欧洲直升机公司提供表 8-9 数据。怀卡托大学的约翰·佩隆（John Perrone）提供图8-4、8-6、8-11数据。康奈尔大学、麻省理工学院的詹姆斯·卡廷（James Cutting）提供图8-7、8-8数据及图8-10的基础数据，美国宇航局提供图8-14数据。戴维·李（David Lee）提供图8-18、8-19数据。美国陆军航空工程局提供表6-6、图6-74、6-75、6-77数据及ADS-33的通用参考资料。阿古斯塔韦斯特兰直升机公司为第7章末尾及第1章末尾提供（直升机）图片。霍·罗杰（Roger Hoh）与美国直升机协会提供图8-2数据。美国直升机协会众多学者个人发表的数据用于图8-31、8-33、8-55参考。机械工程协会学者发表的论文数据用于图8-53参考。杰·威克利（J. Weakly）与美国直升机协会提供图8-43数据。富兰克林·哈里斯（Franklin Harris）提供图8-62数据。

本书第3版，作者对以下授权引用材料的人员及机构表示感谢。

经英国女王公文办公室总监许可，转载英国皇家版权1995/DRA。

第3章，作者作为2016年11月在利物浦举办的旋翼机虚拟会议主席向皇家航空学会提交了材料的使用报告；向加拿大NRC提交了ASRA贝尔412的材料使用报告；向皇家航空学会提交了第3章附录中参考资料中的各种数据使用报告。

第5章，向美国国家运输安全委员会申请使用韩亚航空214航班事故有关材料；向英国航空事故调查处申请使用G-WNSB事故有关材料。

第8章，材料取自发表在由皇家航空学会与美国直升机协会联合出版的《接触时间》中的论文，这些材料获得作者的使用许可。

第9章，材料主要源于作者2012年在美国直升机协会年度论坛上的尼科尔斯基演讲，作者已授权迈克·赫施伯格与美国直升机协会的转载许可。

第10章，倾转旋翼机飞行动力学材料来源众多，且均被授权引用。参考文献10.1、10.9中材料源自菲尔·邓福德（Phil Dunford）、波音倾转旋翼机（公司）及美国直升机协会；美国航空航天局、美国陆军提供了XV-15（倾转旋翼机）与大型民用倾转旋翼机的各类图片；莱昂纳多直升机公司与美国直升机协会的杰伊·米勒（Jay Miller）提供了AW609（倾转旋翼机）的图片；空客直升机公司与莱昂纳多直升机公司提供了先进倾转旋翼机的旋翼图片；鲍勃·福腾博（Bob Fortenbaugh）（作家）、贝尔直升机公司、莱昂纳多直升机公司，以及皇家航空学会提供图10-6数据。杰伊·米勒（Jay Miller）提供了V-22"鱼鹰"图片。ART提供FLIGHTLAB模型编辑器的图像（图10-2）。皮耶罗·马萨拉蒂（Pierangelo Masarati）与斯普林格（Springer）提供图10-13数据。特洛伊·加菲（Troy Gaffey）、贝尔直升机公司与美国直升机协会提供挥舞摆振耦合概要文档、参考文献10.4、图10-3数据。美国直升机协会及学者提供图10-18和参考文献10.29数据。马克·波斯坦（Mark Potsdam）、美国航空航天局与美国直升机协会提供参考文献10.31、10.32材料。韦恩·约翰逊（Wayne Johnson）与美国航空航天局提供参考文献10.33材料。阿尔伯特·布兰德（Albert Brand）、罗恩·基索（Ron Kisor）、贝尔直升机公司与美国直升机协会提供参考文献10.39、10.40材料。向RHILP、ACT-TILT项目组申请引用利物浦大学出版的本课题资料，向皇家航空学会与美国直升机协会申请引用学者的相关公开出版材料。德韦恩·金巴尔（Dwayne Kimba）与美国直升机协会提供参考文献10.72、图10-71~10-73数据。戴维·米勒（David Miller）、波音倾转旋翼机（公司）提供参考文献10.75、10.76

材料。查克·达邦多（Chuck Dabundo）及其合作者与美国直升机协会提供参考文献 10.93 材料。莱昂纳多直升机公司提供描述下一代倾转旋翼机（NGCTR）的图 10-92。杰伊·米勒（Jay Miller）/美国直升机协会与贝尔直升机公司提供 V-280（倾转旋翼机）首飞图 10-93。意大利 ANSV 提供参考文献 10.99 材料。

符 号 表

a_0	主旋翼桨叶升力线斜率（1/rad）
a_1，b_1	左旋翼倾斜角余弦、正弦分量
a_2，b_2	右旋翼倾斜角余弦、正弦分量
a_g	τ 向加速度恒量
a_{0T}	尾桨桨叶升力线斜率（1/rad）
a_{n-1}，$a_{n-2}\cdots$	特征方程系数
$\vec{a}_P$	P 相对于固定大地的加速度（a_x，a_y，a_z 分量）（m/s²，ft/s²）①
$\vec{a}_{P/G}$	P 相对于 G 的加速度矢量（m/s²，ft/s²）
a_{x_b}，a_{y_b}，a_{z_b}	旋转桨叶坐标系中的叶素单元加速度分量（m/s²，ft/s²）
a_{zpk}	法向加速度峰值（m/s²，ft/s²）
c	旋翼桨叶弦长（m，ft）
c	τ 向恒定运动
$d(\psi, r_b)$	作用于叶素单元上的单位局部阻力（N/m，lbf/ft）②
eR	挥舞铰偏置量（m，ft）
$e_{\zeta R}$	摆振铰偏置量（m，ft）
$\vec{f}(t)$	强迫函数向量
$f_{\beta(\psi)}$，$f_{\lambda(\psi)}$	桨叶挥舞方程系数
$f_{y(rb)}$，$f_{z(rb)}$	旋翼桨叶半径站位 rb 内平面气动载荷和外平面气动载荷
g	重力加速度（m/s²，ft/s²）
g_{1c0}，g_{1c1}	横向周期变距角杆传动系数
g_{1s0}，g_{1s1}	纵向周期变距角杆传动系数
g_{cc0}，g_{cc1}	总距横向周期桨叶角挡位传动系数
g_{cT0}	脚蹬/尾桨总距控制运行挡位传动系数
g_θ，g_ϕ	非线性配平函数
g_{sc0}，g_{sc1}	总距纵向周期桨叶角挡位传动系数
g_{T0}，g_{T1}	脚蹬/尾桨总距角传动系数
g_T	尾桨传动装置
h	离地高度（m，ft）

---

① 1ft（英尺）≈ 0.305m（米）。

② 1lbf（磅力）≈ 4.448N（牛）。

h_e	眼高
h, $\dot{h}$	高度（m，ft），高度变化率（m/s，ft/s）
h_{fn}	垂尾安定面压力中心在机身参考点上沿负 z 轴的高度（m，ft）
h_R	主旋翼桨毂在机身参考点上的高度（m，ft）
h_T	尾桨桨毂在机身参考点上的高度（m，ft）
$\vec{i}$，$\vec{j}$，$\vec{k}$	沿 x，y，z 轴的单位向量
k	z 耦合常数
k	诱导阻力系数
k_1	总距差动与副翼联动装置
k_1，k_2，k_3	惯性耦合系数
k_{1s}，k_{1c}	前馈增益（rad/unit stick movement）
k_3	=尾桨变 3 角正切
k_ϕ，k_p	滚转轴控制系统增益（rad/rad，rad/(rad/s)）
$k_{\phi c}$	机身旋翼耦合 k_ϕ 的临界值
k_g	总距——法向加速回路中的反馈增益（rad/m^2）
k_r	偏航角速度反馈增益
k_{w0}	垂直速度反馈增益
$k_{\lambda f}$	机身主旋翼下洗系数
$k_{\lambda fn}$	垂直尾翼安定面主旋翼下洗系数
$k_{\lambda T}$	尾桨主旋翼下洗系数
$k_{\lambda tp}$	水平尾翼安定面主旋翼下洗系数
k_0，k_q	俯仰轴控制系统中的反馈增益（rad/rad，rad/(rad/s)）
$k_{\theta i}$，$k_{\phi i}$	纵倾（配平）阻尼系数
$\ell(\psi, r)$	单位长度升力（N/m，lbf/ft）
l_{1L}，l_{1R}	桨叶对 1 左侧（桨叶 2）和右侧（桨叶 1）叶素升力
l_f	机身参考长度（m，ft）
l_{fn}	垂直尾翼安定面压力中心到后机身参考点沿负 x 轴向的距离（m，ft）
l_T	尾桨毂到后机身参考点距离（m，ft）
l_{tp}	水平尾翼安定面压力中心到后机身参考点距离（m，ft）
$m(r)$	叶片质量分布
m_{am}	旋翼垂直运动时置换的表观空气质量
n，n_{zpk}	负载系数（g）
p，q，r	直升机机身 x，y，z 轴的角速度分量（rad/s）
$p_{pk}/\Delta\phi$	姿态快速性（1/s）
p_{ss}，p_s	稳态滚转角速度（rad/s）

r，r_b（$^-$）	桨叶径向距离（按半径 r 规范化/归一化处理）（m，ft）
r，r_c	涡核径向距离和涡核半径
$\vec{r}_{P/G}$	P 相对于 G 的位置矢量（x，y，z 分量）（m，ft）
q_{ss}	稳态俯仰角速度
s	拉普拉斯变换变量
s	旋翼实度 $= Nbc/(\pi R)$
s_T	尾桨实度
t	时间（s）
$\bar{t}$	规范化/归一化时间（t/T）
t_r	反向操纵时间（s）
t_w	升降时间常数（$-1/(Zw)$）（s）
$\bar{t}_w$	t_w 按 T 规范化/归一化
t_1	操纵时间（s）
$t_{r_{10,50,90}}$	时间常数——稳态响应时间的 10%，50%，90%（s）
$\vec{u}(t)$	控制向量
u，v，w	直升机沿机身 x，y，z 轴的平动速度分量（$\delta w \equiv w$，etc.）（m/s，ft/s）
u^{bl}，v^{bl}，w^{bl}	在桨叶轴中的平动速度（见附录 10D）
v_i	桨盘诱导速度（m/s，ft/s）
v_{ihover}	悬停桨盘诱导速度（m/s，ft/s）
$v_{i\infty}$	旋翼下方远场诱导速度（m/s，ft/s）
$\vec{v}_j$	$\boldsymbol{A}_T$ 的特征向量
$\vec{v}_G$，$\vec{v}_P$	G，P 相对于固定大地的速度矢量
$\vec{v}_{P/G}$	P 相对于 G 的速度矢量（分量 $u_{P/G}$，$v_{P/G}$，$w_{P/G}$）
v_g	运动轨迹速度（m/s，ft/s）
v_{g0}	运动轨迹初始速度（m/s，ft/s）
w	飞机 z 轴速度（m/s，ft/s）
w_{ss}	飞机 z 轴稳态速度（m/s，ft/s）
$w(r, t)$	桨叶平面外弯曲位移（m，ft）
w_0	垂直速度（m/s，ft/s）
$w_g(t)$	沿 z 轴的阵风速度分量（m/s，ft/s）
w_{gm}	斜阵风速度最大值（m/s，ft/s）
$\vec{w}_i$	$\boldsymbol{A}$ 的特征向量
w_λ	$w - k_{\lambda f}\Omega R\lambda_0$ 机身总下洗速度（m/s，ft/s）
w_{ss}	稳态法向速度（m/s，ft/s）
w_{ss}	飞机 z 轴稳态速度（m/s，ft/s）

$\vec{x}(t)$	状态矢量
x，x_{cmd}	飞行员/飞行器系统的位置和位置指令
x，z	沿 x 和 z 向距离
x，$\bar{x}$	机动/操纵距离（标准附加距离（带帽））（m，ft）
$\bar{x}'$，$\bar{x}''$	规范化/归一化的机动速度、加速度
x，y，z	机身轴向相互正交——x 轴向前，y 轴向右，z 轴向下；以直升机重心为原点
$\vec{x}_0$	初始条件矢量 $\vec{x}(0)$
x_{bl}，y_{bl}，z_{bl}	桨叶轴系（旋翼螺旋桨）
x_{cg}	机身前重心（质量中心）位置参考点（m，ft）
$\vec{x}_e$	状态向量平衡/均值
x_e	眼高距离
$\dot{x}_e$	眼高速度
x_{g0}	运动轨迹初始位移（m，ft）
x_g，y_g，z_g	万向轴系（旋翼螺旋桨）
x_h，y_h，z_h	桨毂轴系（旋翼螺旋桨）
x_g	运动轨迹移动距离（m，ft）
x_m	操纵距离（m，ft）
x_r	边缘速度（1/s）
$\vec{x}_f$，$\vec{x}_r$，$\vec{x}_p$，$\vec{x}_c$	基本状态向量（f—机身，r—旋翼，p—动力装置，c—控制）
z_g	旋翼到地面距离（m，ft）
$\vec{A}$，$\vec{B}$	系统和控制矩阵
$\vec{A}_{ff}$，$\vec{A}_{fr}$，etc.	系统矩阵；ff—机身子系统，fr—旋翼与机身耦合
$\vec{A}_{11}$，$\vec{A}_{12}$，…	矩阵 A 的子矩阵
A_b	桨叶面积（m^2，ft^2）
A_d	旋翼桨盘面积（m^2，ft^2）
A_f	敏捷系数——理想操纵时间与实际操纵时间比值
A_x，A_y	飞机相对于大地的 x 和 y 轴加速度分量（m/s^2，ft/s^2）
$\vec{B}_{ff}$，$\vec{B}_{fr}$，etc.	控制矩阵；ff—机身子系统，fr—旋翼与机身耦合
C_D，C_{D0}，C_L	飞机阻力系数，零升阻力系数，飞机升力系数
C_1'	$= \dfrac{1}{1 + a_0 s/(16\lambda_0)}$，升力损失系数
C_2'	$= \dfrac{a_0 s}{16\lambda_0}$
$\boldsymbol{C}_1(\psi)$	单桨叶挥舞方程的时变阻尼矩阵

C_{if}	规范化/归一化的机身力系数和力矩系数，$i=x$，y，z，l，m，n
C_{La}	滚转轴挥舞气动力矩系数
$C_{l\alpha}$	机翼/翼型对迎角的升力线斜率
$C_{l\delta\alpha}$	副翼/襟翼升力线斜率
$C_{L_{max}}$ $(C_{l_{max}})$	最大翼型（机翼）升力系数
$\boldsymbol{C}_M(\psi)$	多桨叶挥舞方程的时变阻尼矩阵
$\boldsymbol{C}_{M0}(\psi)$	多桨叶挥舞方程的常阻尼矩阵
C_{Ma}	俯仰轴气动挥舞力矩
C_{nfa}，C_{nfb}	机身偏航气动力矩系数
C_Q	主旋翼扭矩系数
C_{Qi}，C_{Qp}	诱导扭矩系数，型阻扭矩系数
C_{QT}	尾桨扭矩系数
C_T	旋翼推力系数
C_{T_T}	尾桨拉力系数
C_W	重量系数
C_x，C_y，C_z	主旋翼力系数
$C_{uf\eta}$	规范化/归一化的垂直安定面侧向力
C_ζ	摆振阻尼
C_{ztp}	规范化/归一化的水平安定面力
D	飞机阻力（N，lbf）
$D(s)$	闭环传递函数分母
$\boldsymbol{D}_I(\psi)$	单桨叶挥舞方程时变刚度矩阵
$\boldsymbol{D}_M(\psi)$	多桨叶挥舞方程时变刚度矩阵
$\boldsymbol{D}_{M0}(\psi)$	多桨叶挥舞方程常刚度矩阵
$E(r)1(r)$	桨叶刚度分布
$F^{(1)}$	旋翼面外桨叶力
$F^{(2)}$	旋翼面内桨叶力
$F(r,t)$	垂直于桨叶表面的气动载荷分布
$\vec{D}(\vec{x},\vec{u},t)$	飞机运动的非线性向量函数
$F_0^{(1)}$	主旋翼力分量
$F_{1c}^{(1)}$	主旋翼力 $F^{(1)}$ 的每转一阶/次余弦分量
$F_{1s}^{(1)}$	主旋翼力 $F^{(1)}$ 的每转一阶/次正弦分量
$F_{2c}^{(1)}$	主旋翼力 $F^{(1)}$ 的每转二阶/次余弦分量

$F_{2s}^{(1)}$	主旋翼力 $F^{(1)}$ 的每转二阶/次正弦分量
$F_{1c}^{(2)}$	主旋翼力 $F^{(2)}$ 的每转一阶/次余弦分量
$F_{1s}^{(2)}$	主旋翼力 $F^{(2)}$ 的每转一阶/次正弦分量
$\vec{F}_g$	作用于质心的外力矢量（x，y，z 分量）
F_T	尾桨垂尾阻塞系数
F_{vi}，F_w，etc.	升降/锥进旋翼模型中的挥舞导数
$G_e(s)$，$H_e(s)$	发动机/旋翼转速调节传递函数
$G_{\eta 1cp}(\omega)$	横侧与滚转角速度交叉谱密度函数
$H_{\eta 1cp}(\omega)$	横侧与滚转角速度频率响应函数
$\vec{H}_1(\psi)$	单桨叶挥舞方程时变强迫函数矩阵
$\vec{H}_M(\psi)$	多桨叶挥舞方程时变强迫函数矩阵
$\vec{H}_{M0}(\psi)$	多桨叶挥舞方程强迫函数矩阵
I_β	挥舞惯性矩（$kg \cdot m^2$，$slug \cdot ft^2$）[1]
I_n	N 次/阶弯曲模式惯性矩（$kg \cdot m^2$，$slug \cdot ft^2$）
I_R	旋翼和传动系统惯性矩（$kg \cdot m^2$，$slug \cdot ft^2$）
I_s，I_{yaw}	与旋翼转速和飞机偏航角速度相关的倾转旋翼轴传动系统惯性矩（$kg \cdot m^2$）
I_{vi}，I_w，etc.	升降/锥进/旋翼模型入流导数
I_{xx}，I_{yy}，I_{zz}	直升机绕 x，y，z 轴的惯性矩（$kg \cdot m^2$，$slug \cdot ft^2$）
I_{xz}	直升机绕 x 和 z 轴的惯性积（$kg \cdot m^2$，$slug \cdot ft^2$）
K_3	旋翼转速下降系数
K_β	旋翼中心弹簧/弹性刚度（$N \cdot m/rad$，$ft \cdot lb/rad$）[2]
$K_{\theta s}$，$K_{\theta p}$	串联和并联执行机构姿态反馈增益
K_{GF}，K_Q，K_E	倾转旋翼调速器前馈模型增益（见图 10-71）
K_p，K_x	引导和显示缩放增益
L，M，N	x，y，z 轴的外部空气动力力矩（$N \cdot m$，$ft \cdot lb$）
$\vec{L}_\beta$	多桨叶到单桨叶坐标的转换矩阵
L_f，M_f，N_f	相对于重心的机身气动力矩（$N \cdot m$，$ft \cdot lb$）
L_{fn}，N_{fn}	相对于重心的垂尾气动力矩（$N \cdot m$，$ft \cdot lb$）
L_{θ_0}，$M_{\theta 1s}$	规范化/归一化的惯性矩操纵导数（$1/s^2$）
L_T，N_T，M_T	尾桨相对于重心的力矩（$N \cdot m$，$ft \cdot lb$）
L_v，M_q，etc.	由惯性矩规范化/归一化的力矩导数（各种单位见附录 4B.2）
L_w	垂直速度分量的湍流尺度（m，ft）

---

① 1slug（斯勒格）$\approx 14.594kg$（千克）。

② 1lb（磅）$\approx 0.454kg$（千克）。

Ma，Ma_d	马赫数，阻力发散马赫数
M_a	直升机质量（kg，lb）
M_{bA}，M_{bI}，M_{bS}	由空气动力学、惯性和弹性引起的桨毂力矩（N·m）
M_{bAc}，M_{bAs}	桨叶气动力矩 M_{bA}（N·m）的余弦和正弦分量
M_β	旋翼桨叶第一质量矩（kg·m；slug·ft）
M_β	对于重心的桨毂力矩（N·m/rad）
$\vec{M}_g$	作用于重心的外力矩矢量（L，M，N 分量）
$M_h^{(r)}(0,t)$	旋翼桨毂力矩（N·m，ft·lb）
M_h，L_h	主旋翼桨毂俯仰和滚转力矩（N·m，ft·lb）
M_R，L_R	主旋翼俯仰和滚转力矩（N·m，ft·lb）
M_{tp}	水平尾翼俯仰力矩（N·m，ft·lb）
M_{z0}，L_{zc}，M_{zs}	多桨叶坐标下的倾转旋翼机内载荷（N·m）
M_{zb1}，L_{zb2}，M_{zb3}	单桨叶坐标下的倾转旋翼机内载荷（N·m）
$M_{\delta e}$	由纵向驾驶杆/升降舵引起的俯仰力矩（rad/（s²·in））①
N_b	主旋翼桨叶片数
N_{bA}	倾转旋翼桨叶气动力矩（N·m）
N_H	旋翼对桨毂的偏航力矩（N·m，ft·lb）
$N_{r_{effective}}$	荷兰滚中的有效偏航阻尼（1/s）
P_e，Q_e，R_e	机体轴系中的配平角速度（rad/s）
P_i	旋翼诱导功率（kW，hp）②
$P_n(t)$	平面外弯曲桨叶广义坐标
$\boldsymbol{P}_r$	配平算法中的置换矩阵
P_R	主旋翼功率（kW，hp）
P_T	尾桨功率（kW，hp）
P_x，P_y	飞机悬停框的位置（m，ft）
$\boldsymbol{Q}$，$\boldsymbol{R}$	线性二次高斯控制方法中的加权矩阵
Q_{acc}	附件扭矩（N·m，ft·lb）
Q_e，Q_{eng}	发动机扭矩（N·m，ft·lb）
Q_{emax}	最大连续发动机扭矩（N·m，ft·lb）
Q_R	主旋翼扭矩，旋翼螺旋桨扭矩（N·m，ft·lb）
Q_s	倾转旋翼机互连驱动轴扭矩（N·m，ft·lb）
Q_T	尾桨扭矩（N·m，ft·lb）
Q_w	飞机垂直阵风响应速度/快速性（1/s）

---

① 1in（英寸）≈24.4m（毫米）。
② 1hp（马力）≈745.7W（瓦）。

R	旋翼半径（m，ft）
$R(s)$	闭环传递函数分子
R_T	尾桨半径（m，ft）
S_β	刚度数 $\dfrac{\lambda_0 - 1}{\lambda/8}$
S_{fn}	垂尾/尾翼面积（m^2，ft^2）
$S_n(r)$	平面外弯曲桨叶型线
S_p，S_s	机身平面图和侧面积（m^2，ft^2）
S_{tp}	平尾平面（水平）面积（m^2，ft^2）
$S_z(0, t)$	旋翼桨毂切力（N，lbf）
T	主旋翼拉力（N，lbf）
T	机动（操纵）持续时间（s）
$T_{h_{eq}}$	升降轴一阶等效系统中的时间常数（s）
T_{htobl}	桨毂到桨叶轴系的变换矩阵
T_{ige}	地效情况下的旋翼推力（N，lbf）
T_{oge}	无地效情况下的旋翼推力（N，lbf）
T_x	表面边缘之间距（m，ft）
T_{prop}，X_{uprop}	螺旋桨推力和阻力导数
T_T	尾桨推力（N，lbf）
T_θ	俯仰响应前置时间（s）
T_{θ_2}	入流滞后（s）
U_e，V_e，W_e	体轴系中的配平速度（m/s，ft/s，kn）
U_P，U_T	旋翼法向和面内速度（m/s，ft/s）
u_p，u_t	倾转旋翼机飞机模式下旋翼法向和面内速度（m/s，ft/s）（反向符号向上）
V，V_x	飞机前飞速度（m/s，ft/s）
V_c	旋翼爬升速度（m/s，ft/s）
V_c	涡核边缘切向速度（m/s，ft/s）
V_d	旋翼下降速度（m/s，ft/s）
V_f	机身总速度（m/s，ft/s）
V_{fe}	机身配平总速度（m/s，ft/s，kn）
V_{fn}	垂尾总速度（m/s，ft/s）
$V_h^{(r)}(0, t)$	旋翼桨毂切力（N，lbf）
V_{res}	桨盘合速度（m/s，ft/s）
V_{tp}	平尾总速度（m/s，ft/s）

$V_T(r)$	涡流中距涡核 r 处的切向速度函数（m/s，ft/s）
V_x，V_y	飞机相对于大地的速度分量
W	飞机重量（N，kgf，lbf）[①]
$\vec{W}$	矩阵 A 的特征向量矩阵
X，Y，Z	沿 x，y，z 轴作用的外部空气动力（N，lbf）
X_a，X_b，X_p，X_c	倾转旋翼机座舱控制装置（in）
X_{th}	先导油门控制（%）
X_f，Y_f，Z_f	来自机身的 x，y，x 三轴分力（N，lbf）
X_{hw}，Y_{hw}，	桨轴系/风轴系旋翼力（N，lbf）
X_R，X_T	主旋翼和尾桨 x 轴分力（N，lbf）
X_{tp}，X_{fn}	尾部 X 轴分力（tp—水平尾翼；fn—垂直尾翼）（N，lbf）
X_u，X_p，etc.	按飞机质量规范化/归一化的 x 向力导数（各种单位见附录4B.2）
X_{uprop}	螺旋桨的 X_u
$\vec{Y}(t)$	矢量形式运动方程的主矩阵解
Y_{fn}	作用于垂尾上的气动侧力（N，lbf）
Y_p，$Y_a(s)$	飞行员与飞机的传递函数
Y_T	尾桨的 y 向力分量（N，lbf）
Y_v，Y_r，etc.	按飞机质量规范化/归一化的 y 向力导数（各种单位见附录4B.2）
Z_w	垂荡/升降阻尼导数（1/s）
Z_{θ_0}	升降/起伏控制敏捷导数（各种单位见附录4B.2）
Z_{tp}	平尾 Z 向力分量（N，lbf）
Z_w，Z_q，etc.	按飞机质量规范化/归一化的 Z 向力导数（各种单位见附录4B.2）
$\alpha(\psi, r, t)$	局部桨叶站位的总入流角（rad）
α	机翼迎角/安装角（rad）
α_1，α_2	Beddoes 理论中的关联断点（rad）
α_{1cw}	旋翼桨叶每转有效余弦分量（rad）
α_{1sw}	旋翼桨叶每转有效正弦分量（rad）
α_d	桨盘倾角（rad）
α_f	合速度在机身的入流角（rad）
α_{flap}，α_{wh}	桨叶局部入流角分量（rad）
α_{inflow}	桨叶局部入流角分量（rad）
α_{pitch}，α_{twist}	桨叶局部入流角分量（rad）
α_{tp}	合速度在平尾的入流角

---

① 1kgf（千克力）≈ 9.807N（牛）。

α_{tp0}	平尾零升力入流角（rad）
$\beta(t)$	旋翼挥舞角（向上为正）（rad）
$\beta(t)$	侧滑速度（rad）
β_1，β_2，β_3，β_4	倾转旋翼机单桨叶挥舞角
β_{f}	机身侧滑角（rad）
β_{fn}	垂尾侧滑角（rad）
$\beta_{1c_{\theta 1s}}$	$= \partial\beta_{1c}/\partial\beta_{1s}$，周期变距挥舞导数
β_0，β_{1c}，β_{1s}	旋翼桨叶锥度角，纵向和横向挥舞角（下标 w 表示桨/风轴系）在多桨叶系中（rad）
β_{0T}	尾桨锥度角（rad）
β_{1cT}	尾桨周期（前后）挥舞角（rad）
β_{1cwT}	在尾桨/风轴系中的尾桨周期（前后）挥舞角（rad）
β_d	多桨叶挥舞坐标系中的差动/差分锥角（rad）
β_{fn0}	垂尾零升力侧滑角（rad）
$\vec{\beta}_{\text{I}}$	单桨叶坐标矢量
$\beta_i(t)$	第 i 片桨叶挥舞角（rad）
β_{jc}，β_{js}	多桨叶坐标周期挥舞角（rad）
$\vec{\beta}_{\text{M}}$	多桨叶坐标矢量
β_m	螺旋桨短舱角（0°直升机，90°飞机）
β_{R}，β_{L}	右/左螺旋桨桨叶挥舞角
δ	瞬态法向速度与稳态值之比 $\delta = \dfrac{w}{w_{ss}}$
δ_0	主旋翼型阻系数
δ_2	主旋翼诱导阻力/升致阻力系数
δ_3	尾桨或倾转旋翼 δ_3 角（$\arctan k_3$）
δ_a，δ_e，δ_r	倾转旋翼机固定翼操纵面（襟翼，升降舵，方向舵）角度（rad）
δ_a，δ_b，δ_x，δ_y	周期变距操纵位移
δ_c	总距杆位移
$\delta_f(\eta)$	倾转旋翼挥舞修正（挥舞有效系数）（rad）
δ_{T0}	尾桨阻力系数曲线
δ_{T2}	尾桨诱导阻力系数曲线
δ_u，δ_w，etc.	扰动速度分量（m/s，ft/s）
δ_r	旋翼稳定性逆矩阵
γ	航迹角（rad，(°)）
$\dot{\gamma}$	γ 的时间变化率（rad/s，(°)/s）

γ_a	$\gamma - \gamma_f$（rad，（°））
$\bar{\gamma}_a$	航迹角终值的归一化
$\bar{\gamma}_a'$	随 ω_g 的归一化变化率
γ_f	航迹角终值（rad，（°））
γ	飞机谐响应
γ	洛克数 $= \dfrac{\rho c a_0 R^4}{I_\beta}$
γ^*	$= C_1' \gamma$；洛克数等效值
γ_{fe}	配平状态航迹角（rad）
γ_s	（前飞）轴倾角（rad）
γ_T	尾桨洛克数
$\gamma_{\eta 1cp}$	横向周期变距与滚转角速度频响相关函数
η_c，η_{1s}，η_{1c}	飞行员总距和周期变距驾驶杆位置（后/上/左为正）
η_{1s0}，η_{1c0}	周期变距传动比
η_{cT}	尾桨操纵量
η_a，η_e，η_r	副翼、升降舵、方向舵偏角（rad，（°））
η_p	脚蹬位置（in）
λ_0，λ_{1c}，λ_{1s}	桨轴系上旋翼均匀和一次谐波入流速度（用 ΩR 归一化处理）
λ_{0T}	尾桨均匀入流分量
λ_{CT}	入流增益
λ_i	特征值
λ_i	主旋翼入流
λ_{ih}	悬停入流
λ_{fw}	固定翼飞机特征值
λ_β	挥舞频率比值；$\lambda_\beta^2 = 1 + \dfrac{K_\beta}{I_\beta \Omega^2}$
χ	主旋翼尾迹角（rad）
χ_ε	平衡飞行中的航迹角（rad）
χ_1，χ_2	尾翼下洗下的限制尾流角（rad）
$\lambda_{\beta T}$	尾桨挥舞频比
λ_n	n 阶弯曲模态挥舞频比
λ_θ	桨叶变距频比
λ_p	长周期模态特征值
λ_r	滚转衰减模态特征值
λ_s	螺旋模态特征值

λ_{sp}	短周期模态特征值
λ_{tp}	水平尾翼归一化下洗
λ_ζ	桨叶摆振频比
μ	前进比 $V/(\Omega R)$
μ	特征值或阻尼实部（1/s）
μ_c	归一化爬升率
μ_d	归一化下降率
μ_T	尾桨归一化速度
μ_{tp}	水平尾翼处归一化速度
$\mu_x,\ \mu_y,\ \mu_z$	桨轴系中桨毂速度（由 ΩR 归一化）
μ_{zT}	归一化尾桨总入流速度
v	直升机上横向加速度（归一化侧向力）（m/s², ft/s²）
v	湍流分量波数＝频率/空速
θ	光流角（rad）
θ_0	总距角（rad）
$\bar{\theta}_0$	由 θ_{0f} 归一化的总距角
θ_{0f}	总距终值（rad）
$\theta,\ \phi,\ \psi$	飞机相对于大地方向的欧拉角（rad）
$\theta,\ \theta_{0_T}$	主旋翼和尾桨的总距角（rad）
θ_{0d}	总距差动（rad）
θ_{1sd}	纵向周期变距差动（rad）
$\theta_{0_T}^*$	在 δ_3 内的尾桨总距角修正（rad）
$\theta_{0.75R}$	0.75 半径处的桨距角（rad）
$\theta_{1s},\ \theta_{1c}$	纵向和横向周期变距（rad）
θ_{1s_T}	在 δ_3 内的尾桨周期变距（rad）
θ_{tw}	主旋翼桨叶线性扭转角（rad）
ρ	空气密度（kg/m³, slug/ft³）
σ	湍流强度均方根
σ	滚转角与横向挥舞组合（rad）
τ	在某状态下接触物体表面时间或闭合间隙时间（s）
$\dot{\tau}$	时间常数变化率
τ_g	τ 导引（加速或减速常数）（s）
$\tau_{surface}$	爬升到物体表面的操纵时间（s）
τ_x	变量 x 的 τ 定义为 $\dfrac{x}{\dot{x}}$，其中 x 是到物体或表面的间隙或距离或新状态，且 $\dot{x}$ 是瞬时速度（s）

τ_{GF}，τ_Q，τ_E	在倾转旋翼前馈控制模态下变化的时间常数（s）
τ_1，τ_2	Beddoes 动态失速模态下时间常数（s）
τ_β	旋翼挥舞运动时间常数（s）
$\tau_{c1} \sim \tau_{c4}$	作动器时间常数（s）
τ_{e_1}，τ_{e_2}，τ_{e_3}	发动机时间常数（s）
$\tau_{h_{eq}}$	垂直轴等效系统中的时延
τ_λ	入流时间常数（s）
τ_{lat}	横向周期变距输入和飞机响应之间的估计时延（s）
τ_p	滚转时间常数（$= -1/L_p$）（s）
τ_p	高频下姿态响应和操纵输入之间的相位延迟（s）
τ_{ped}	脚蹬输入和飞机响应之间的估计时延（s）
$\vec{\omega}^{bl}$	在桨轴系下的桨叶角速度（附录 10D）
ω_{bw}	姿态响应的带宽频率（rad/s）
ω_m	滚转响应低频等效系统的固有频率（rad/s）
ω_c	有中性点稳定性定义的交叉频率（rad/s）
ω_d	荷兰滚频率（rad/s）
ω_f	燃油流量变化
ω_ϕ	滚转衰减挥舞模态固有频率（rad/s）
ω_{fmax}，ω_{fidle}	最大意外飞行状态和怠速飞行下的燃料流量变化
$\boldsymbol{\omega}_g$	飞机 p，q，r 角速度矢量分量
ω_g	倾转旋翼万向节角速度（rad/s）
ω_p	长周期频率（rad/s）
ω_θ	与控制系统刚度相关的频率（rad/s）
ω_{sp}，ζ_{sp}	俯仰短周期频率（rad/s）和相对阻尼
ω_t	任务带宽（rad/s）
ω_x	在桨轴系中的角速度 $= p_{hw}\cos\psi - q_{hw}\sin\psi$（rad/s）
ω_y	在桨轴系中的角速度 $= p_{hw}\sin\psi + q_{hw}\cos\psi$（rad/s）
ω_{xb}，ω_{yb}，ω_{zb}	倾转旋翼桨叶在桨轴系下的角速度分量（rad/s）
ϕ_β	周期变距和周期挥舞之间的相位角（rad）
ψ	航向角，右为正（rad）
ψ	旋翼桨叶方位角，旋翼旋转方向为正（rad）
ψ_1，ψ_2	倾转旋翼左/右旋翼方位角（rad）
ψ_w	旋翼侧滑角（rad）
ψ_i	旋翼第 i 个桨叶方位角（rad）
ζ	桨叶摆振角（rad）

ζ_{d}	荷兰滚阻尼系数
ζ_{p}	长周期阻尼系数
ζ_{sp}	俯仰短周期阻尼系数
$\Delta\vec{\theta}_{DB}$	俯仰回落（rad）
$\vec{\Phi}_{m}$	相位裕度（°）
$\vec{\Phi}_{wg}(v)$	湍流分量 w 的功率谱
$\vec{\Theta}_{e},\ \vec{\Phi}_{e},\ \vec{\psi}_{e}$	平衡或配平欧拉角（rad）
$\vec{\Omega},\ \vec{\Omega}_{R}$	主旋翼转速（rad/s）
$\vec{\Omega}_{s}$	倾转旋翼互连驱动轴转速（rad/s）
$\vec{\Omega}_{ae}$	飞机配平状态下飞行角速度（rad/s）
$\vec{\Omega}_{i}$	怠速飞行下旋翼速度（rad/s）
$\vec{\Omega}_{mi}$	$\vec{\Omega}_{m}$ 与 $\vec{\Omega}_{i}$ 的比值
$\vec{\Omega}_{m}$	最大连续功率旋翼转速
$\vec{\Omega}_{T}$	尾桨转速（rad/s）

Subscripts 下标

1c	一次谐波余弦分量
1s	一次谐波正弦分量
bl	桨叶
d	荷兰滚
e	平衡或配平条件
G	重力分量或质心
h	桨毂轴
htobl	桨毂到桨叶（坐标转换）
hw	桨-风轴
nf	无顺桨/周期变距（平面/轴）
p	长周期起伏/振荡
p，a	在控制系统中，与飞行员和自稳定器输入有关
ph	长周期起伏/振荡
s	盘旋
s，ss	稳定状态
sp	短周期
tp	翼尖轨迹（平面/轴）
R，T，f，fn，tp	主旋翼，尾旋翼/桨，机身，垂尾，平尾

Dressings　　　　惯例

$\dot{u} = \dfrac{\mathrm{d}u}{\mathrm{d}t}$　　　　对时间 t 的微分

$\beta' = \dfrac{\mathrm{d}\beta}{\mathrm{d}\psi}$　　　　对方位角 ψ 的微分

Δ　　　　拉普拉斯变换变量或归一化变量

缩 略 语

AC	姿态指令响应类型
ACAH	姿态指令，姿态保持
ACP	气动力计算点
ACS	主动控制系统
ACT	主动控制技术
ACT-TILT	主动控制技术-倾转旋翼机
ACT-FHS	主动控制技术-直升机飞行模拟器
ACVH	速度保持指令
AD	注意力需求
AD	加速-减速
ADFCS	先进数字飞行控制系统
ADOCS	先进数字光传操纵系统
ADS	航空设计标准
AEO	航空工程官
AFCS	自动飞行控制系统
AFS	先进飞行模拟器
AGARD	航空研究与发展咨询组
AH	攻击直升机
AHS	美国直升机协会
AIAA	美国航空航天协会
ALXW	侧风进近着陆
APC	人机耦合
AR	纵横比（在 MTE 中）
AS	航宇公司
ASE	自动稳定装置
ASRA	先进系统验证机
ATA	空对空
AvP	航空出版物
BL	对接线
CA	避撞
CAA	民用航空管理局（简称民航局）

I

CAP	控制预期参数
CAR	民航条例
CC	转换通道
CF	离心（力）
CFD	计算流体力学
CGI	计算机成像
CH	货运直升机
CHR	库珀-哈珀评级（如操纵品质评定）
CPS	过渡保护系统
CS	认证标志（欧洲航空标准局）
CSER	中心弹簧等效旋翼
CSM	概念仿真模型
CTP	关键技术方案
CTR	民用倾转旋翼机
CV	恒速万向节
DAFCS	数字自动飞行控制系统
DART	先进倾转旋翼机研制
DCP	总距差动
DERA	国防鉴定与研究署
DMP	差动视差
DLR	德国航空航天研究所
DoF	自由度
DRA	国防研究局
DVE	不良视觉环境
EAS	当量空速
EASA	欧洲航空标准局
ECD	欧洲直升机德国公司
ECF	欧洲直升机法国公司
EHST	欧洲直升机安全小组
EPSRC	工程与物理科学研究委员会
ERICA	增强型旋翼机创新概念成果
ERF	欧洲旋翼机论坛
FAA	联邦航空局
FB-412	Bell 412 FLIGHTLAB 仿真模型
FDR	飞行数据记录仪

FFS	力感知系统
FLME	FLIGHTLAB 模型编辑器
FoV	视场
FPVS	航迹矢量系统
FRL	飞行研究实验室（加拿大）
FS	机身站位
FSAA	先进飞机飞行模拟器
FTM	飞行试验操纵
FUMS	疲劳监测系统
FXV-15	XV-15 倾转旋翼机 FLIGHTLAB 模型
GARTEUR	欧洲航空研究与技术小组
GSR	下滑道再捕获
GTR	通用倾转旋翼机
GUI	图形用户界面
GVE	良好视觉环境
HM，CM，AM	直升机模式，过渡模式，飞机模式
HMD	头盔式显示器
hp	马力
HQR	操纵品质评级
H-SE	直升机安全增强
HT	悬停转弯
HUMS	健康与使用监控系统
IADP	创新飞机演示平台
IAS	指示空速
IBC	单桨叶坐标
IC	连接轴（倾转旋翼机）；驱动轴
IFR	仪表飞行准则
IHST	国际直升机安全小组
IMC	仪表飞行条件
IP	综合项目
IPR	审查中
KIAS	指示风速（kn）
LCTR	大型民用倾转旋翼机
LHX	轻型直升机实验
LTM	横向平移模式

LOES	低阶等效系统
MA/OA	复飞/避障
MBB	梅塞施米特-博尔科夫-布洛姆
MBC	多桨叶坐标
MBD	多体动力学
MDA	最低下降高度
MSA	多段进近
MTE	任务科目基元
NACA	国家航空咨询委员会
NAE	国家航空研究中心
NASA	美国国家航空航天局
NGCTR	下一代民用倾转旋翼机
NICETRIP	新颖，创新，竞争，有效的倾转旋翼机一体化项目
NoE	近（贴）地飞行
NRC	国家研究委员会（加拿大）
NTSB	国家运输安全委员会
OFE	使用飞行包线
OGP	石油和天然气生产商
OH	观测直升机
OVC	外部视觉信息
PAFCA	部分权限飞行控制增稳
PAPI	精密进近航迹指示器
PF	飞行员飞行
PM	飞行员监控
PFCS	主飞行控制系统
PHC	精确悬停捕捉
PI	比例积分
PIO	飞行员诱发振荡
PSD	功率谱密度
RAE	皇家航空研究院
RAeS	皇家航空学会
RASCAL	旋翼机机组人员系统概念航空实验室
RC	速度指令响应类型
RC/RCC	快速过渡/快速再过渡
RCAH	具有姿态保持的速度响应类型

RHILP	旋翼机操纵、干扰和载荷预测
ROD	下降率
(R) RPM	(旋翼) 转每分
RSS	急速侧移/急速规避
RT	响应类型
RTR	快速垂直再定位
RVP	快速水滴型再过渡
SA	态势感知
SA	南部航空工业公司 (法国)
SAE	汽车工程师学会
SAR	搜救 (角色)
SCAS	控制增稳系统
SDG	统计离散阵风
SFE	可用飞行包线
SFR	仿真逼真度评级
SHOL	舰载直升机使用极限
SID	系统辨识
SLA	结构载荷减缓
SNIOPs	同步、无干扰操作
SS	海况
TAS	真空速
TC	转向协调响应类型
TCL	推力驾驶杆
TF	地形跟踪
TPP	桨尖轨迹平面
TQM	全面质量管理
TRAN	运输 (角色)
TRC	平移速度 (率) 响应类型
TRCPH	具有位置保持的平移速度响应类型
TTCP	技术合作计划 (英国、美国、加拿大、澳大利亚和新西兰)
T/W	推重比
UCE	可用感示环境
UH	通用直升机
USHST	美国直升机安全小组
V_{con}	过渡走廊速度上限

V_{min}	过渡走廊速度下限
VCR	目视信息等级/视觉信息评级
VE	虚拟工程
VF	山谷跟随
VMC	目视飞行条件
VMS	垂直运动模拟器
V_{ne}	不可逾越速度
VP	虚拟原型
VRS	涡环状态
V/S	垂直速度
VSTOL	垂直/短距起降
VTOL	垂直起降
WG	工作组（AGARD，航空研究与发展咨询组）
WL	水线
WW2	第2次世界大战
agl	高于地面
CG	重心
IGE/ige	地面效应
OGE/oge	无地效
rms	均方根

目　　录

Lynx 气动力操纵和敏捷性测试试验台，国防研究局高级飞行模拟器大型运动系统飞行展示
（图片由西蒙·皮格希尔斯提供）

1 引 言

本书主要论述飞行动力学与控制问题。飞行动力学和控制是航空科学的核心，其将空气动力学和结构科学与系统和航空电子的应用技术联系在一起，尤其是与飞行员联系在一起。要想成为飞行动力学工程师，需要在相关领域的成就有足够的广度和深度，并且经常在设计和研究部门承担特殊责任。据此断言，相比于其他航空航天学科，飞行动力学更适合描述旋翼机的关键技术和属性，这些关键技术和属性包括主旋翼尾迹与尾翼相互作用相关的详细流体动力学、旋翼和控制系统之间的气动伺服弹性耦合，以及包含增强安全性、操作便利性和任务完成效果在内的良好飞行品质评估。旋翼机飞行动力学具有在多重约束的影响下进行优化的能力，因此，进一步断言，其所具备的多学科属性使其在需求捕获和设计活动中处于一个独特的关键位置。

因此，作者认为，飞行动力学工程师是一个重要的角色，需要本书这一专业的指南和从业人员手册，以帮助所需技能的学习和知识的拓展。这本书就试图起到这样的作用，它在仿真建模和飞行品质两个主题方面论述飞行动力学问题。在一个新项目的需求捕获和设计阶段，良好的仿真逼真度和可靠的飞行品质标准至关重要，这一主旨也将贯穿本书的各个章节。同时，这些属性增强了在早期高风险的设计阶段决策的信心，并向着实现高安全飞行品质和首次正确设计的双重目标而努力。几十年来，这些目标推动了许多在政府研究实验室、工业界和大学进行的相关研究。

这篇简短引言的目的是让读者首先对两个主要主题（仿真建模和飞行品质）有一个定性的认识。本书还简要介绍了飞行动力学领域的其他主题，但由于各种原因，本书并未详细阐述这些主题。最后，给出九个技术章节（第 2 章~第 10 章）的简要路线图。

1.1 仿真建模

"毫无疑问，观察到的飞机特性非常复杂和令人费解，如果没有完善的理论，就无法对此进行合理的处理。"

我们用邓肯（参考文献 1.1）的这段论述引出第 3 章开始部分。邓肯在几十年前写的这些与固定翼飞机有关的论述，至今仍有深刻的道理。成熟的飞行理论是至关重要的，任何时候衡量发展水平的标准都可以通过工业界在首次飞行前正确预测行为的能力来衡量，这毫无争议，但是从旋翼机迄今为止的经验来看，在这一点上的表现并不好。在 1989 年美国直升机协会（AHS）尼科尔斯基讲座（参考文献 1.2）中，克劳福德提出了一种返璞归真的方法来改进旋翼机模型，以避免由于预测能力差而导致的重大重复性设计工作。克劳福德引用了一些重复性设计的例子，这些重复性设计的目的仅仅是改善一些当代美国军用直升机的飞行性能、振动水平和飞行品质。欧洲直升机也有类似的故事。在参考文献 1.3 中，作者提供了关于操纵和控制的试飞工作在开发过程中的占比数据，普遍处于 25% 到 50% 之间。这表明，直升机从项目开始达到可运行状态需要相当长的时间，通常比原计划要长得多，主要原因在于设计分析方法的缺陷。邓福德进一步强调了这一点，他在参考文献 1.4 中讨论了 V-22 "鱼鹰" 的发展过程, 并指出空气动力学预测的不成熟是其开发阶段长达 18 年的一个重要因素。本书的第 3 版将倾转旋翼机作为第 10 章的主题。

无法充分模拟旋翼机飞行行为的根本原因有三个方面。第一, 旋翼机是一个极其复杂的动态系统, 建模工作需要较高的技巧和较大的工作量; 第二, 这样的复杂性需要在分析方法和特别的建模技巧方面进行大量的投入, 并且需要项目管理人员认识到这些投入在设计的发展阶段是非常必要的, 而这些投入往往对于其他急需的领域也非常重要; 第三, 无论是在模型规模还是从全尺寸飞行试验来看, 都仍然严重缺乏高质量的验证性试验数据。飞行动力学界有一句格言, 说的是试验与理论的优劣。这句格言的意思是: 除了试验者, 每个人都相信试验结果, 除了计算者, 没有人相信理论结果。这源于这样一种认识: 例如, 对计算机进行编程, 以输出桨盘后行侧 3/4 半径处的旋翼桨叶迎角比测量旋翼桨叶迎角更容易。在作者看来, 所需要的是将测试和建模活动结合起来的研究和开发计划, 以便以一种需求驱动另一种需求。

有迹象表明, 建模和建模技能的重要性已在正确的层次上得到了认可, 但是从理论上讲, 当用户和制造商使用时, 这个问题需要持续关注, 以防止他们为获得最大的回报将 "大量" 资源留给生产的想法。这本书的第 3 章~第 5 章是关于传统直升机的建模, 但我们将不会详细讨论建模过程中的缺陷, 而是讨论建模缺陷的根源所在。第 10 章介绍了倾转旋翼机的建模和仿真。作者在引言中利用这个机会, 强调了克劳福德在尼科尔斯基讲座中所提倡的哲学, 认为读者可能会同时关注工程 "价值" 和技术细节。

无论建模能力多么出色, 如果没有标准作为指导, 直升机设计师甚至都无法开始优化过程。关于飞行品质, 已经开发了一种全新的方法, 并且构成了本书的重要内容。

1.2　飞行品质

"经验表明, 在新研发计划的早期设计和定义阶段, 飞机的生命周期成本中有很大一部分 (可能高达 65%) 就已经投入了。此外, 很明显, 在这些早期定义阶段中, 军用直升机的操纵品质也得到了很大的保证, 并且随着这些阶段的发展, 该飞行器的大部分任务能力也得到了保证。基于这些原因, 合理的设计标准对于实现所需的性能和避免不必要的过程成本都至关重要。"

这段引文摘自参考文献 1.5, 阐述了制定飞行品质标准的根本动机——其为包括民用直升机的安全性、经济性和军事效能的性能设计任务提供了最佳手段。但飞行品质是一个难以捉摸的话题, 它有两个同样重要且容易混淆的方面, 即客观和主观。直到最近, 针对建立旋翼机的有效飞行品质标准和测试技术进行的努力, 才使主观和客观两个方面能够相辅相成地得到解决。这项努力是在几个不同的合作计划的精心筹划下开展的, 以便利用北美和欧洲的飞行和地面模拟设施以及关键技术。以上工作的结果是航空设计标准 ADS-33, 它改变了直升机界对飞行品质的思考、讨论和行动方式。尽管 ADS-33 标准的主要针对目标是轻型直升机试验 (LHX) 和后来的 RAH-66 科曼奇计划, 但其他国家仍使用或发展了该标准, 以满足自己捕获和设计需求的需要。本书第 6 章~第 8 章将大量参考 ADS-33 标准, 以便使读者对其发展有一些了解。然而, 读者应该注意到, 这些章节就像 ADS-33 标准本身一样, 针对的是具有良好飞行品质的直升机应该如何表现, 而不是如何构造一架具有良好飞行品质的直升机。在本书第 3 版中, 作者回顾了 ADS-33 标准, 在新的第 9 章中，探索了旋翼机飞行品质的起源，这建立在品质可以量化的"思想故事"的基础上。

在探求飞行品质的含义时，作者遇到了许多不同的解释，从皮尔西格（参考文献1.6）有些抽象但很吸引人的观点出发，"在纯理论品质时，主体和客体是相同的"。到一位飞行动力学工程师提出的观点，"飞行品质是你完成所有其他事情后所获得的。"不幸的是，第二种解释有一定道理，因为在 ADS-33 标准之前，关于"什么才是好的飞行品质？"这个问题几乎没有一致的结论。飞行品质学科的第一个突破是认识到标准必须与任务相关。库珀和哈珀（参考文献1.7）在 20 世纪 60 年代后期制定的主观评分量表已经是以任务和使命为导向的。在进行操纵品质试验时，库珀-哈珀（Cooper-Harper）方法迫使工程师根据性能标准定义任务，并与飞行员协商确定最低或通用的补偿量。但是当时的客观标准更多的是针对飞机的稳定性和操纵特性，而不是其良好执行任务的能力。这种关系显然很重要，但是缺少面向任务的试验数据意味着早期定义标准边界的尝试涉及大量的猜测和假设。在认识到成功开发新标准所必需的两个要素，即任务导向和试验数据，并有效地分配了资源后，研究人员通过综合几个机构的研究成果，在 20 世纪 80 年代和 90 年代期间完整地提出了一种全新的方法。随着数字飞行控制系统的出现，它能够在同一架飞机上提供不同的任务飞行品质，这种新方法可以得到充分利用。

新方法的一个方面是飞行器的内部属性与外部影响之间的关系。同一架飞机在白天的环境下可能有的良好操纵性能，在夜间会严重退化。显然，飞行员可获得的视觉信息在感知飞行品质方面起着根本性的作用。这是使用中的事实，但是强调内部属性和外部影响之间的关系会鼓励设计团队更加协同的思考，例如，视觉辅助装置的品质以及表现如何，已与飞行品质问题一样成为控制系统的一部分，更重要的是，这些问题需要集成在同一解决方案中。我们尝试在第 2 章中首先强调这种协同作用的重要性，然后在第 6 章和第 7 章中进行具体阐述。

本书中多次强调的一点，良好的飞行品质有助于安全有效的飞行；在其他条件相同的情况下，具有良好操纵品质的飞机与仅具有可接受操纵品质的飞机相比，发生的事故更少，并且操作效率更高。这种说法可能很直观，然而对此进行量化的支持数据仍然很少，尽管有力的证据在不断增多。随后，在第 7 章中，通过概率分析讨论了操纵对飞行安全性和有效性的潜在好处，并将飞行员视为具有故障特征的组件，就像其他关键飞机部件一样。这些结果可能会引起争议，而且也是试探性的，但它们指出了一种途径，即"飞行品质有多大价值"。该主题将在第 8 章中继续，作者将就降级的操纵品质对安全和飞行的影响进行分析，详细研究在退化的视觉条件下，飞行系统故障和强大气扰动的影响。第 10 章介绍了倾转旋翼机的飞行品质。

1.3 缺失的主题

写作有一个共同的特点，即最终的结果与原先的预期完全不同，《直升机飞行动力学》这本书也不例外。本书原计划比现在要短得多，也涵盖更多的领域。事后看来，最初的计划可能过于雄心勃勃了，以至最终结果的规模大大缩减了，不过还是达到了令作者感到惊讶的程度。

稳定性和控制增稳（包括主动控制）、飞行品质设计、仿真验证（包括系统辨识工具）这三个主要主题领域原本打算作为单独章节的，不过后来取消了。这三个内容在本书中是必需的，但近年来取得的一些进展使得这些主题得到适当的覆盖，这大大地扩展了本书的范围。它们仍然是未来需要面对的主题，尤其是随着数字飞行控制以及仿真模拟器在设计、开发和认证中的发展。在这些主题的背景下，我们似乎正处在一个快速发展的时代，这意味着随后的数年是我们证明技术水平的最佳时机。缺少关于仿真模型验证技术的章节可能显得无法理解，但是可以通过 AGARD 的可用性来弥补，该报告详细介绍了截至 20 世纪 90 年代初在这方面的最新技术（参考文献 1.8）。

自第 1 版和第 2 版出版以来，用于设计和调试仿真器的仿真模型的开发已有了重大的发展。参考文献 1.9、1.10 回顾了其中的一些进展，但因为当前我们正处于研究的中期，出于提高质量和逼真度的考虑，作者没有将该主题引入第 2 版或第 3 版。不过第 3 章仍然讨论了一些最新的进展。

这本书几乎没有谈到飞行动力学的执行部件——飞行员操纵装置以及包含液压作动器在内的操纵系统的机械部件。第 7 章简要介绍了飞行员的视觉信息设备和仪器以及它们在低能见度飞行中的重要性；第 8 章深入地介绍了感知问题，但是作者意识到这里有许多缺失的要素。第 3 章重点是对主旋翼进行建模，并且对许多其他部件，如发动机和传动系统进行了有限的介绍。

希望读者对本书的评判更多的是看它（本书）包含了什么而不是缺少什么。

1.4　本书的简要指南

本书包含九个技术章节。有关直升机飞行动力学主题的概述，请参阅第 2 章的介绍性综述。熟悉飞行动力学但对旋翼机不熟悉的工程师可能会发现这是一个理解直升机是怎样工作以及为什么工作的起点。第 3 章~第 5 章是一个独立的部分，涉及直升机飞行动力学建模。要从这些章节中受益，需要对动态系统的数学分析工具有一定的了解。第 3 章旨在提供足够的知识和理解，以便建立直升机的基本飞行模型。

第 4 章讨论了配平和稳定性问题，为直升机飞行力学的这两个方面提供了一系列必要的分析工具。第 5 章将稳定性的分析扩展到考虑约束运动的情况，并通过讨论直升机的响应特性完成了第 4 章和第 5 章的"与模型共处"的主题。在第 4 章和第 5 章中，来自皇家航空研究院（RAE）的 Puma 和 Lynx 以及德国航空航天研究所（DLR）的 Bo105 飞行试验数据被广泛用于对模型的验证。在第 3 版的第 5 章中，作者运用第 4 章中的近似理论对两起事故进行了详细的分析。这部分展示了旋翼机和固定翼飞机在低速飞行中如何遭受同样不利的飞机-飞行员耦合关系。第 6 章和第 7 章分别从客观和主观的角度论述直升机的飞行品质，第 7 章还涵盖了一些"其他主题"，包括敏捷性和在视觉条件降级下的飞行。第 6 章和第 7 章也是各自独立的，不需要与建模章节相同的数学背景知识。第 6 章提出了讨论飞行品质响应特性的统一框架，依次讨论了四个"操纵"轴，描述了品质标准，主要参考了 ADS-33 和相关的公开出版文献。第 8 章是第 2 版的新增内容，详细介绍了飞行品质下降的根源，尤其是在视觉条件降级的情况下飞行、飞行系统功能失效的影响以及严重的大气扰动的影响。这些主题也在飞行品质工程的框架内进行了讨论，并在适当时与 ADS-33 联系起来。其思想是，在设计时应考虑到飞行品质降低的情况，并采取适当的降级技术。

第 3 版增加了两个新的章节。第 9 章记录了旋翼机飞行品质的历史发展，并将第 6 章和第 7 章中报告的发展放在上下文中。第 10 章介绍了倾转旋翼机飞行动力学的大量内容。

第 3 章和第 4 章由附录进行补充和支撑，包括三个案例研究飞机的构型数据、稳定性和操纵导数图表。第 10 章也有类似的附录作为补充，包含倾转旋翼机案例研究飞机 Bell/NASA/Army XV-15 的数据。

作者发现，在整本书中使用公制和英制单位都很方便，在可以选择的情况下优先使用公制，尽管公制严格来说是世界度量单位的主要单位制，但许多直升机都是按照较旧的英制系统设计的。特别是来自美国的出版物，通常含有使用英制系统的数据和图表，为统一起见似乎不宜更改单位，这当然不适用于比较不同来源的数据情况。直升机工程师习惯于在混合单位制中工作。例如，在同一篇论文中找到以英尺为单位的高度、以米为单位的距离和以节为单位的速度的情况并不少见——这就是直升机工程师世界的丰富多样性。

进入第 2 章之前的最后一点：作者在第 3 章及其他地方讨论了数学模型如何有助于预测特性，以及如何帮助工程师理解特性的因果关系。寻找复杂特性的解析近似值通常是理解因果关系的最佳途径，读者应该在整本书中找到此类例子。在第 5 章和第 10 章中，分析模型为事故的根本原因提供了解释，并代表了分析能力的经典示例。一般而言，对飞行品质参数的近似可以在设计标准和工程布局之间架起桥梁。希望这本书能够鼓励读者发展分析建模的技能，以加强这一"桥梁"，并提高旋翼机飞行动力学的知识基础。

在研制试飞期间，一架 EH101 梅林号正在接近一艘 23 型护卫舰（图片由韦斯特兰直升机公司提供）

2 直升机和倾转旋翼机飞行动力学——介绍性概览

在航空史上，19世纪的特点是人们不懈地寻找实用的飞行器。19世纪60年代，欧洲对直升机热情高涨，下图所示展示了加布里埃尔·德拉兰德尔（Gabrielle de la Landelle）1863年设计的作品，反映了当时空中游览船的魅力。本章采用"飞行动力学之旅"的形式，介绍20世纪60年代欧洲的创新和实用设计——Lynx、Puma、Bo105，这也将作为本书的主要参考飞机。这些出色的设计对现代直升机的发展具有重要意义，对其特性的理解将为此次旅行和整本书提供重要的学习材料。

2.1 引言

本章旨在引导读者概览本书的主题，目的是通过广泛抽样和链接构成整体的子主题来激发读者更多的积极性。本章提出的问题可能比它所能回答的要多，这些问题将指向本书的后续章节，在这些章节中将进行更详细的提炼和介绍。概览主题范围从相对简单的概念如直升机的控制装置如何工作，到更复杂的影响如旋翼设计对动态稳定性的影响、稳定性与可控性之间的冲突以及军事和民用任务科目基元（MTE）所需的特殊操纵品质。所有这些主题都属于飞行动力学工程师的领域和本书的范畴。对于希望从本书中获得最大收益的读者，必须阅读本章。本章以基本形式介绍和发展了许多概念，后续各章中的材料将帮助读者进行理解。这里需要再次强调的是，本书关注的是飞行动力学建模以及飞行品质标准的制定，而不是如何设计和建造直升机或倾转旋翼机以达到定义的品质等级。我们不能也不希望忽略设计问题，只有在有限的硬件条件下能够实现的需求才是可信的。然而，很大程度上由于作者自己的背景和经验，设计将不会成为本书的中心主题，也没有专门的章节介绍设计。设计问题将在后续的各章中讨论，在本书的2.5节中将总结一些主要考虑因素。

2.2　四个参考点

首先，我们介绍四个有用的参考点，以开始对飞行品质和飞行动力学的认识。这些参考点在图 2-1 中进行了总结，包括以下内容：

①任务和相关的科目基元；

②运行环境；

③飞行器构型，动力学和飞行包线；

④飞行员和人机界面。

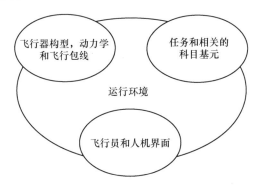

图 2-1　旋翼机飞行动力学的四个参考点

从这个角度来看，可以将飞行器动力学视为内部属性，将任务和环境视为外部影响，人机界面作为连接飞行员的人为因素。尽管最初需要分别讨论这些内容，但正是它们之间的相互作用和相互依存关系拓展了飞行动力学学科的范畴，从而具有了相当大的规模。任务科目给飞行员的工作负荷如精度和紧迫性、飞机的外部环境如能见度和阵风，以及由此而来的飞机内部属性，这三者意义重大，而且在许多方面都是旋翼机技术发展中的关键问题和主要驱动力。飞行品质是由这些参考点共同决定的。

2.2.1　任务科目基元

飞行品质会随天气变化而改变，或者更一般地说，随旋翼机飞行环境的恶劣程度而变化；它们也会随着飞行条件、任务类型和阶段以及个别任务而变化。在本书中，这种可变性将以多种形式反复强调，以强调我们不仅仅是在谈论飞机的稳定性和操纵特性，更多的是在谈论上述内部与外部之间的协同作用。在随后的章节中，我们将讨论系统的飞行品质结构的必要性，该结构为描述所写的标准提供了一个框架，同时我们也需要讨论任务和相关的飞行动作。

就我们的目的而言，在如图 2-2 所示的层次结构中描述飞行动作是很方便的。一个运行场景由许多任务组成，而这些任务又由一系列连续的任务科目基元（MTE）组成。任务科目基元（MTE）是单个动作的集合，其具有明确的开始和结束以及规定的时间和空间性能要求。操纵样例是最小的飞行元素，通常与单个飞行轴有关，如俯仰或滚转姿态变换。客观的飞行品质标准通常是定义和测试操纵样例；主观的飞行员评估通常是分析飞行任务科目基元（MTE）。

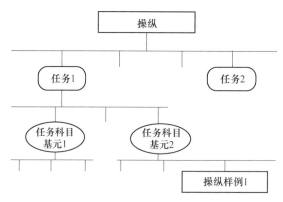

图 2-2　飞行任务层次

美国陆军操纵品质要求 ADS-33C（参考资料 2.1）中的飞行品质在要求上与所需的任务科目基元直接相关。因此，尽管任务和相应的飞机类型可能有很大的不同，但任务科目基元通常是类似的，并且是飞行品质的关键因素。例如，30t 级的多用途运输机和 10t 级的反装甲直升机在近地飞行（NoE）任务中可能都需要盘旋飞行和精确悬停。这是 ADS-33C 与其前身 Mil Spec 8501A（参考文献 2.2）显著不同的众多领域之一，其中，飞机重量和尺寸是关键的定义参数。ADS-33C 的任务科目基元也与固定翼要求 MIL-F-8785C（参考文献 2.3）形成对比，MIL-F-8785C 中将飞行阶段定义为有差别的任务科目基元。因此，A 类（以快速机动和精确跟踪区分）的非终端飞行阶段包括空对空作战、空中加油（受油机）和地形跟踪；而 B 类（渐进机动）包括爬升、空中加油（加油机）和紧急减速；终端飞行阶段（精确的飞行轨迹控制、平缓机动）归为 C 类，包括起飞、进近和着陆。通过任务科目基元和飞行阶段，当前旋翼和固定翼的飞行品质要求被描述为面向任务的准则。

为了更好地理解直升机和倾转旋翼机飞行动力学之间的关系，我们现在将简要讨论两个典型的参考任务。如图 2-3 所示描述了一个民用任务，称为海上补给任务；如图 2-4 所示描述了一个军事任务，称为武装侦察任务。在两张图中，选定的阶段已展开并显示为包括一系列任务科目基元（见图 2-3（b）和图 2-4（b）），提取并详细定义了典型的任务科目基元（见图 2-3（c）和图 2-4（c））。对于民用任务，我们选择了降落在直升机停机坪上；对于军事任务，"隐蔽—暴露—隐蔽"是所选择的任务科目基元。很难进一步对任务科目基元再细分；它们通常是多轴任务，因此包含多个并发的操纵样例。随附的任务科目基元文本定义了约束和性能要求，这些约束和性能要求可能取决于一系列因素。例如，对于民用任务，空间约束将由直升机停机坪的大小决定，而降落速度则由起落架的强度决定。军事任务科目基元会受到武器性能特征以及应对雷达系统的威胁保持隐蔽性而施加的任一空间限制的影响。在第 7 章中将进一步讨论将飞行试验操纵设计为程式化的任务科目基元，以评估飞行品质，然后在第 10 章中对倾转旋翼机进行讨论。

最终，任务科目基元的性能将决定旋翼机的飞行品质要求，这是一个基本点。如果旋翼机只需要在白天和良好的天气下从一个机场飞往另一个机场，那么飞行品质就不太可能成为设计难点，因为只要满足其他性能要求就足够了。但是，如果要求旋翼机降落 6 级海况的船只后部或在夜间作战时使用，那么就要赋予旋翼机令人满意的飞行品质，以尽量

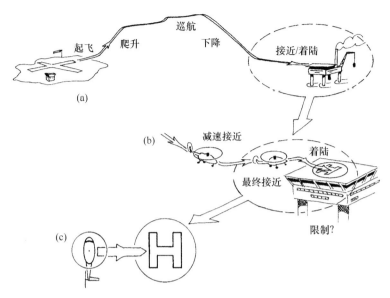

图 2-3 民用任务科目基元——海上补给（（a）海上补给任务开始；（b）任务阶段：接近和着陆；
（c）任务科目基元：着陆）

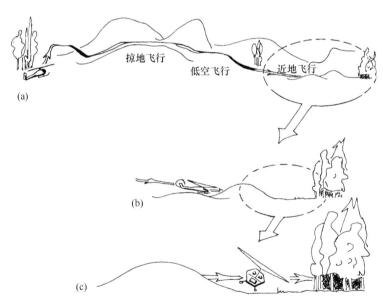

图 2-4 军事任务科目基元——武装侦察（（a）武装侦察任务；（b）任务阶段——近地飞行；
（c）任务科目基元——急速侧移）

降低任务甚至飞行失败的概率，这是一项重大的设计挑战。充分提出研发任务的标准是设计的基石，而相关的任务科目基元则是标准的数据来源。对于天气和夜间飞行而言，任务科目基元概念的纯运动学定义不足以定义完整的运行环境。环境（包括天气、温度和能见度）同样重要，并引出第二个参考点。

2.2.2 运行环境

典型的运行要求将包括环境条件定义，旋翼机工作的环境因素包括温度、密度、高度、风力和能见度等方面。这些内容在飞机的飞行手册中都有提及。该要求的措辞可以采用以下形式：该直升机必须能够在以下条件下运行（即执行其预定任务，包括启动和关闭）——海拔 5000ft，15℃，风速 40kn，任意方向阵风 50kn，无论白天或夜间。该描述以多维包线的形式定义了对操作能力的限制。

纵观航空业的发展历史，在恶劣天气和夜间运行的需求一直是经济效益和军事效能的主要驱动力。20 世纪 60 年代，直升机受性能边界影响只能在良好的天气飞行，现在，它们经常在炎热、干燥、寒冷、潮湿、多风和能见度低的条件下工作。直升机的独特作战能力之一是其在近地飞行或通常在参考文献 2.1 中定义为：足够靠近地面或地面上固定物体的作战，或在水面附近的船舶、井架等周边工作，主要靠参照外部物体完成飞行。在近地操作中，避开地面和障碍物显然是飞行员的注意力所在，而在能见度低的情况下，飞行员被迫更缓慢地飞行以保持同样的工作负荷。在 ADS-33 形成初期，人们已经认识到，根据仪器或视觉飞行条件对视觉信息的品质分类不足以描述近地飞行中的条件。引用 Hoh 的话（参考文献 2.4）：

飞行员总工作负荷更多地集中在通过窗外信息的质量来判断飞机的姿态以及在较小程度上的位置和速度。当前，通过将环境指定为 VMC（目视飞行条件）或 IMC（仪表飞行条件）以非常粗略的方式对这些信息进行分类。一种更具区别性的方法是根据在实验或给定任务期间用的详细姿态和位置信息对能见度进行分类，并将操纵品质要求与这些更细颗粒度的分类相关联。

引入了外部视觉信息（OVC）的概念以及外部视觉信息飞行员评级，该评级提供了对视觉信息品质的主观测量。发展并推动这一概念的诱因是认识到操纵品质特别是近地飞行中视觉信息的影响，但尚无具体量化此项工作的过程或方法。存在的一个问题是，信息是动态变化的，只有在特定的任务中才能对其进行判断。最终，在围绕该主题的困惑中，衍生出了可用感示环境（UCE）的概念，其被作为 ADS-33 的关键创新之一。可用感示环境（UCE）的发展形势不仅包括外部视觉信息（OVC），还包括提供给飞行员的任何人工视觉辅助设备，并由飞行员目视信息等级（VCR）的总和来确定，该评级与飞行员感知和调整飞机姿态以及速度变化的能力有关。在第 7 章中将详细讨论较差视觉条件下的操纵品质、OVC 和 UCE。

任务科目基元（MTE）和外部可用感示环境（UCE）是新飞行品质语言中的两个重要组成部分，第三点与飞机的响应特性有关，并在 MTE 和 UCE 之间建立了至关重要的联系。

2.2.3 飞行器构型，动力学和飞行包线

直升机或倾转旋翼机必须在用户定义的使用飞行包线（OFE）内作为一个动态系统运行，或在满足用户功能所需的空速、高度、爬升/下降速度、侧滑、转弯速度、负载系数和约束飞行动力学的其他限制参数的组合下运行。除此之外，还有制造商定义的可用飞行包线（SFE）规定了安全飞行的限制，通常与 OFE 相同，但代表了结构、空气动力学、动力装置、传动装置或飞行控制功能的物理限制。OFE 和 SFE 之间的裕度必须足够大，以便可以承受超出 OFE 的意外瞬态偏移。在 OFE 中，旋翼机的飞行力学可以通过配平、稳定性和响应性这三个特征来讨论，在第 4 章和第 5 章中有详细介绍，第 10 章中将对倾转旋翼机进行详细介绍。

配平关注的是在固定控制装置的情况下保持飞行平衡的能力。最一般的配平条件是转

弯（绕垂直轴）、下降或爬升（假设恒定的空气密度和温度）、以恒定速度进行侧滑操纵，如悬停、巡航、自转，当然持续转弯也属于配平，但一般情况是通过四个"外部"飞行轨迹状态来区分的，这仅仅是具有四个独立的直升机控制装置的结果（主旋翼三个，尾旋翼一个），旋翼速度通常不会由飞行员控制，而是设置在自动控制的范围内。对于直升机，所谓的内部状态（机身的姿态和速度）是由处于配平状态的飞行轨迹状态唯一定义的。对于倾转旋翼机和其他复合旋翼飞行器，附加的控制提供了更大的调整灵活性，前者将在第10章中讨论。

稳定性与飞机从配平状态受到干扰时的行为有关，它会返回还是会偏离平衡点？初始趋势称为静稳定性，而长期特征称为动稳定性。这些都是有用的物理概念，尽管还很粗糙，但是对旋翼飞行器稳定性进行更深入的理解和量化的关键来自对相互作用力和力矩的理论建模。由此产生了小扰动理论和线性化、稳定性和操纵导数、运动的自然模态及其稳定性特征等概念。当考虑对飞行员操纵和外部干扰的响应时，从理论模型获得的洞察力特别高。通常，直升机对单轴操纵输入做出多轴响应；交叉耦合几乎是直升机的代名词。在本书中，我们将处理直接响应和耦合响应，有时也描述为同轴响应和离轴响应。同轴响应将在响应类型的框架内进行讨论（速度、姿态和平移速度响应将作为表征阶跃操纵输入作用下的初始响应的物理量）。进一步的讨论将推后到本书中的建模部分以及后续的第3章~第5章中。但是，在不依赖详细建模的情况下，可以得到对飞行器动力学的定性评价。

（1）旋翼操纵

如图2-5所示说明了通过倾斜盘对常规主旋翼总距操纵和周期变距操纵。总距操纵向所有桨叶施加相同的桨距角，是直接对旋翼进行升力或推力控制的主要机构。周期变距更复杂，只有在旋翼旋转时才能充分理解。周期变距通过旋转倾斜盘或类似装置（参见图2-5）进行操作，该旋转倾斜盘具有不旋转和旋转的两部分，后者通过变距连杆连接到桨叶上，而前者则连接到操纵作动器上。倾斜盘的倾斜会产生一个以恒定周期做正弦变化的桨距，桨距最大/最小值的连线垂直于倾斜方向。桨叶挥舞成圆锥盘或倾斜的圆锥盘来响应总距和周期变距输入。悬停时，响应与总距解耦，从而导致桨盘圆锥化，而周期变距导致桨盘倾斜。在建模章节中将进一步展开叙述圆锥形旋翼和倾斜盘的概念（由旋翼桨尖平面定义）。图2-6中的一组示意图说明了飞行员将如何应用驾驶舱主旋翼操纵装置，从无地效（OGE）悬停过渡到前飞。

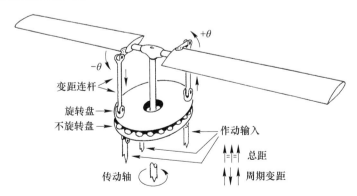

图2-5 通过倾斜盘操纵旋翼

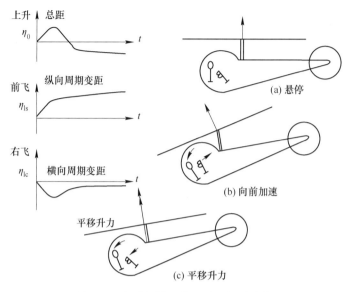

图 2-6　直升机转入前飞时的操纵动作

①前向周期变距（ η_{1s} ）通过施加横向最大/最小轴的周期性变距使桨盘向前倾斜——在桨盘前行侧使桨叶向下挥舞，并在桨盘的后行侧使桨叶向上挥舞；桨距和挥舞之间的这种90°相位差是旋翼行为的最基本特征，具体内容将在本书的后续以及建模章节中重新讨论。

②旋翼的前倾将推力矢量向前，并对直升机机身施加俯仰力矩，从而使推力矢量进一步向前倾斜，使飞机加速向前飞行。

③当直升机加速时，飞行员首先提高其总距（ η_c ）来保持高度，然后随着旋翼推力通过"平移升力"的增加而降低，旋翼前行侧的动压增加比后行侧的动压减小得更快。随着前飞速度的增加，周期变距需要越来越向前和向左移动（ η_{1c} ）（对逆时针旋转的旋翼）。周期变距大小由前飞引起的旋翼前后对称的气动载荷和横向气动载荷决定。

主旋翼集成了用于推力和控制的主要机构，这在上述简单的操纵中得到了清晰的说明。主旋翼控制的典型操纵行程是：总距15°，纵向周期变距20°和横向周期变距15°，这要求每个单独的桨叶的俯仰行程都大于30°。同时，尾桨在悬停和向前飞时提供反扭矩作用（由动力装置），同时在操纵中用作偏航控制装置。尾桨，或单旋翼直升机上的其他此类控制器，如涵道尾桨、扇形尾桨或无尾桨（参考文献2.5、2.6）通常仅配置为通过驾驶舱地板上的飞行员脚蹬施加的总距操纵来实现，其行程通常大于40°；通常需要如此大的行程来抵消在尾桨上产生的桨距/挥舞耦合的负桨距，以减轻瞬间挥舞影响。

（2）两种不同的飞行状态

为了便于描述，考虑直升机在两种不同状态下的飞行，即悬停/低速（最高约45kn，包含垂直操纵）和中/高速飞行（最高 V_{ne} ——不可逾越速度）。低速状态对于直升机来说是特有的，是非常有用的。没有其他飞行器能够像直升机这样，飞行员可以灵活、高效地在接近地面和障碍物的情况下操纵飞机缓慢飞行，且几乎可以无视飞行方向。飞行员可以直接通过总距操纵推力，并且快速响应（最大加速度为0.1s量级的时间常数）；垂直速度时间常数大得多，有 3s 量级，给飞行员印象中留下的响应类型是加速响应（参见 2.3 节）。在工作重量下，典型的悬停推力裕度在 5% 至 10% 之间，可提供 $0.3g \sim 0.5g$ 的初始水平加速度。随着所需的（旋翼诱导）功率降低，该裕度在低速状态下增加（参见第 3 章）。俯仰和滚转操纵通过倾斜旋翼桨盘，从而倾转机身和旋翼推力来实现（速度响应时间常数为 0.5s 量级），偏航则通过尾桨总距操纵来实现（偏航角速度时间常数为 2s 量级）。垂直运动通过如上面所述的总距操纵实现。在低速状态下的飞行可以是缓慢、柔和的，也可以是迅速、敏捷的，具体取决于飞机的性能和飞行员完成特定动作的紧迫性。但是，飞行员不能采取无忧操纵的处理方式。除了需要监控和遵守飞行包线限制外，飞行员还必须警惕常规直升机在其特有的低速状态下的一些异常行为。这些异常行为中有许多尚未完全了解，并且相似的物理机制似乎会根据飞机的构型不同而导致完全不同的操纵特性。这些年来，逐渐形成一些术语，其中一些几乎以神话般的方式发展，因为飞行员讲述的经历已经近乎神话。这些包括地面马蹄效应、自动上仰、涡环和动力突降、摆尾飞行和入流滚转。稍后，在第 3 章中，我们将通过建模来解释其中一些效应，但值得注意的是，此类现象很难精确建模，其通常是强相互作用、非线性且随时间变化的结果。只须了解一下即可。

如图 2-7 所示为 Lynx 的早期 Marks 飞机系列（Mk 1~5）在高全重、低速状态下对不同来流角度的尾旋翼控制要求（脚蹬位置<40%）。图中的不对称现象非常明显，包线在风向从 60° 到 75° 之间呈现清楚"洞"（即从飞机机头右偏方向 60° 到 75° 之间吹来的风）。这归因于主旋翼尾流和尾旋翼的相互作用，当主旋翼尾流汇入尾旋翼中时，会导致尾旋翼效率损失。在包线的这个边缘，失控和高功率要求的顾虑使得 OFE 和 SFE 之间的裕度很小。

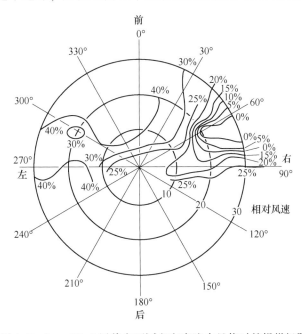

图 2-7 Lynx Mk 5 尾桨在不同方向来流中悬停时的操纵极限

第二个例子是所谓的涡环状态，它通常发生在飞机以中等速度（$500 \sim 800 \text{ft/min}$ 量级）做接近垂直下降运动时的主旋翼处，和等效条件下做横向运动的尾旋翼处。在图 2-8 中由 Drees（参考文献 2.7）给出了垂直飞行时旋翼的流型。在直升机（螺旋桨）旋翼工作状态和风车制动状态这两个极端情况下，气流相对均匀。在达到理想的自转条件之前，诱导下洗与上洗大小相等且方向相反，形成不规则的、强涡旋状态，在该状态下，上洗和下洗交织在一起形成环状涡旋。下洗随着涡流强度的增加而增加，导致沿旋翼桨叶展向的入流角逐渐减小。进入涡环状态后，随着升力的丧失，直升机下降速度迅速增加。飞行员对总距的任何操纵都会进一步降低旋翼效率（下降速度会非常迅速地超过3000ft/min）。当接近地面时进入涡环的后果极为危险。第10章讨论了处于涡环状态的倾转旋翼机的独特特性，包括所谓的只有一个旋翼进入的非对称涡环。

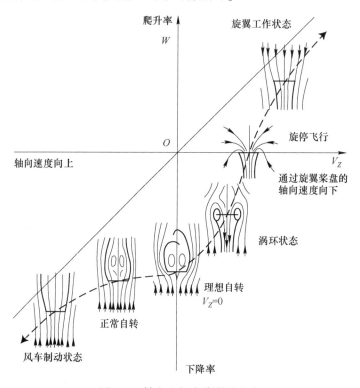

图2-8　轴向飞行中旋翼的流态

（3）旋翼失速边界

水平飞行中的飞机失速边界可能发生在低速段，但直升机失速边界通常发生在使用飞行包线（OFE）的高速段。如图2-9所示显示了直升机工作时边界处的空气动力学机理。随着直升机飞行速度的增加，前向周期变距增加以抵消由于周期性动压的变化引起的横向升力不对称。前向周期变距增加了后行侧桨叶桨距并减小了前行侧桨叶桨距（α）；同时，前飞会带来周期性的马赫数（Ma）变化，并且α与Ma关系遵循如图2-10所示的曲线，该曲线同时绘制了失速边界，显示了前行和后行桨叶在高速下是如何接近极限的。低速后缘型大迎角（15°左右）的失速通常是首先由前行桨叶的后缘涡诱发的剧烈局部入流扰动触发的。激波诱导边界层分离将使前行的桨叶在非常低的迎角（1°~2°）处失速。后行和前行桨叶失速最初都是局部的、瞬态的、自限幅的，因为在桨盘的第四象限中迎角的减小和速度的增加以及在第二象限中马赫数的减小对旋翼升力的总体影响几乎不会像飞机在低速下失速时那样严重。然而，旋翼桨叶升力失速通常伴随着桨叶弦向俯仰力矩的剧烈变化，这反过来又会引起强烈的、潜在的、更持久的扭转振动和波动失速，增加了振动水平，并导致强烈的飞机俯仰和滚转运动。

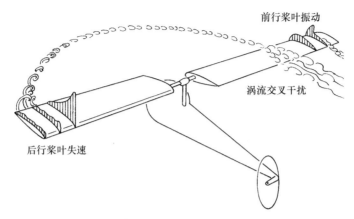

图 2-9　高速飞行中限制旋翼性能的特征

因此，旋翼失速和随之而来的负载增加决定了直升机前飞速度的极限。这种影响和其他影响可在旋翼升力（或推力 T）极限相对于前飞速度 V 的关系曲线上说明。更一般的是将这些量归一化为推力系数 $C_T\left(C_T = \dfrac{T}{\rho(\Omega R)^2 \pi R^2}\right)$ 和前进比 $\mu\left(\mu = \dfrac{V}{\Omega R}\right)$，其中 Ω 是旋翼转速，R 是旋翼半径，ρ 是空气密度。如图 2-11 显示了推力极限如何随前进比变化，包括持续或功率极限边界曲线、后行和前行桨叶极限曲线、最大推力和结构边界曲线。参数 s 定义为桨叶面积与桨盘面积之比，称为桨盘实度。图中的后行和前行桨叶推力线对应于水平飞行和机动飞行。在给定速度下，推力系数可以在水平飞行中通过增加重量或飞行高度或通过增加操纵中的载荷因数来增加。操纵可以是持续的，也可以是瞬态的，两种情况的极限不

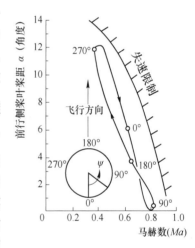

图 2-10　前飞时旋翼桨尖迎角和马赫数的变化

同，瞬态情况下，载荷峰值向内移动并位于桨盘的后行侧之前。桨叶的后行/前行极限确定了局部失速引起的振动增加的起点，超出这些极限的飞行使用寿命会随着疲劳显著降低。这些都是软限制，因为它们包含在 OFE 中，并且飞行员可以超越它们。但是，飞机的使用谱将反过来定义飞机可能（经过设计）在不同的 C_T 或载荷因数下的时间量，进而定义受载部件的使用寿命。最大推力曲线定义了旋翼在局部失速扩散达到总升力降低之前的潜在限制。其他的限制由动力装置的能力、旋翼和机身中关键部件的结构强度决定。后者是安全飞行包线（SFE）设计的限制，位于使用飞行包线（OFE）之外。但是，像固定翼飞机上的机翼一样，高速旋翼有时在空气动力学上能够超越这一点。

在详细讨论了旋翼物理特性和旋翼推力限制的重要性之后，需要强调的是，飞行员通常不知道旋翼推力是多少。或许他们可以从载荷因数以及重量变化和燃油消耗的信息来推断，但对飞行员而言，更直接和关键的旋翼极限是扭矩（更确切地说，是耦合的旋翼/传

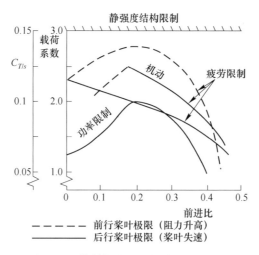

图 2-11 旋翼推力极限与前进比的关系

动极限）和旋翼转速。旋翼转速在使用涡轮发动机的直升机上是自动控制的，并控制在一个很小的范围内，例如，在自动旋转和满功率爬升之间仅下降约 5%。在两个极端情况下，过转矩和过转速是旋翼的两个极端的潜在危险，当飞行员在紧急情况下试图要其充分发挥性能时尤其危险，如急转弯或迅速拉起以避免障碍物时。

旋翼极限——无论是推力、扭矩还是旋翼转速——在直升机的飞行动力学中，从不断变化的气动弹性行为到飞行员所体验的操纵品质方面都起着重要作用。理解飞行包线边界附近的工作机理对于提供无忧操纵非常重要，我们将在第 7 章中回到这一主题。

2.2.4　飞行员和人机界面

该主题从人因工程和心理学方面得出了其概念和应用范围。在本书中，我们专注于飞行员的任务，因此只关注机舱（机组人员操纵装置）的功能。机组人员还可能执行与任务相关的其他重要任务，但飞行员可用于执行这些任务的储备能力的程度主要取决于他的飞行工作量。飞行任务可视作一个闭环反馈系统，飞行员可以被视为关键的"传感器"和"操纵装置"（见图 2-12）。

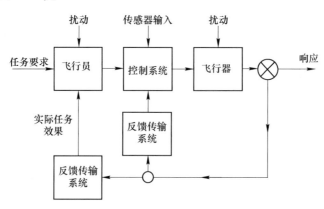

图 2-12　飞行员作为反馈回路中的"传感器"和"操纵装置"

图 2-12 的元素构成了第四个参考点。飞行员训练有素且适应能力强（直升机飞行员

尤其如此），他或她的技能和经验将最终决定执行任务的好坏。飞行员从外界和仪表显示、从运动信息和触觉传感器上收集信息。他们不断地对其飞行航迹管理的品质做出判断，并通过控制器进行必要的修正。飞行员接受有助于飞行员任务的任何新功能或实现现有功能的新方法非常重要。因此，至关重要的是，在交付服务之前，先由试飞员对原型进行评估，这是因为它对飞行品质过程的深刻影响，例如，新的操纵准则的开发，新的头盔式显示版式或多轴侧杆的开发，等。飞行员主观品质评价，其测量、解释以及与客观测量的相关性，是所有验证数据的基础，因此必须作为所有新开发数据的中心。大多数飞行员学会了与飞机共存并热爱飞机，以弥补不足。可以肯定的是，他们会将自己的一部分自我价值投入到高水平的技能和能力中，以便在困难的情况下也表现出色。任何需要改变飞行方式的变化都会遇到阻力。这在很大程度上反映了一种自然的警示并需要予以注意：试飞员被训练得具有批判性，并可挑战工程师的假设，因为最终他们将不得不与新的研制成果一起工作。

在本书后面的第6章，特别是第7章中将会提到在几十年中试飞员在飞行品质和飞行控制技术的发展中所发挥的关键作用。在第8章中，对降低操纵品质这一主题的处理将揭示飞行员可能遇到的一些危险情况，并将介绍作者与试飞员合作中的个人经验和教训。

2.2.5 四个参考点简介

如图2-13所示以复合形式说明了四个参考点所反映的飞行动力学过程的相互作用性质。该图取自ADS-33，它告诉我们，要在UCE（可用感示环境）为1时达到1级操纵品质，速度响应控制类型就足够了。要在2和3的UCE中达到相同的效果，分别需要AC（姿态指令）或TRC（平移速度指令）响应类型。这种分类代表了直升机操纵品质的基本发展，它揭开了一个非常复杂和混乱的问题的面纱。该图还显示，如果可以将UCE从3级升到2级，则需要减少操纵负担。在视觉提示品质和控制增稳品质之间出现了一个重要

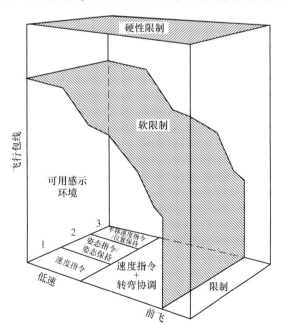

图 2-13　在不同的 UCE（可用感示环境）中达到 1 级操纵品质所需的响应类型

的权衡。在后续章节中，这将是关注的焦点。图 2-13 还反映了对于不同的 MTE 和在 OFE 的边界可能需要改变对最佳飞行器动态特性的要求，借用固定翼术语来描述这些特性——任务定制或面向任务的飞行品质和无忧操纵。最重要的是，飞行品质要求是由 MTE 中的性能和飞行员工作负荷需求驱动的，而这些需求本身就是用户定期更改的需求。因此，整个主题是从四个参考点演变而来的——任务、环境、飞行器和飞行员。他们支持飞行动力学学科，并为理解和诠释面向任务的飞行品质的建模和标准提供了应用框架。接下来，我们将介绍三个关键技术领域中的第一个领域——理论建模。

2.3 直升机/倾转旋翼机飞行动力学建模

直升机或倾转旋翼机飞行动力学的数学描述或仿真需要体现出重要的空气动力学、结构和其他内部动力学效应（如发动机、作动器），这些效应共同影响飞机对飞行员操纵（操纵品质）的响应和外部大气扰动（乘坐品质）。这个问题非常复杂，旋翼机的动态特性通常受到局部影响的限制，这些影响会迅速扩大，从而抑制较大或较快的运动，如桨叶失速。直升机的行为是由主旋翼和尾旋翼决定的，在本书概览部分将重点关注它们；我们需要一个框架将建模各部分串起来。

2.3.1 问题域

图 2-14 给出了介绍此重要主题的便捷直观的框架，其中使用了固有频率和幅值大小模型来表征 OFE 中的问题范畴。可以看出表征飞行动力学的三个基本要素（配平、稳定性和响应），后者用使用飞行包线描述从正常到最大边界值的过程。该图还可以作为本书所涵盖的飞行动力学范围的指南。在小幅值和高频率下，飞行动力学问题转化为负载和振动设计，频带分离并不明显。飞行动力学家主要关心的是能够改变飞机飞行轨迹的载荷，而人工或自动驾驶可以直接控制其中的一些载荷。在旋翼上，这些载荷会降低到零次谐波和一次谐波的运动和负载（所有高次谐波振动传递到机身时均呈现零均值特性），因此看似很容易区分。一次谐波载荷将通过不同的载荷路径传递到机身，频率取决于桨叶数。就飞行动力学领域而言，必须识别到有利于实现良好飞行品质的所有主要的（通常是受控的）和次要的（通常是不受控的）载荷和运动。例如，旋翼桨叶的每次旋转的一阶弹性

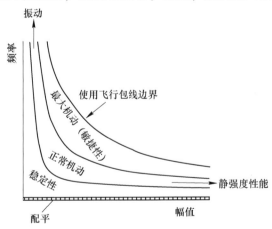

图 2-14　频率和幅值——飞行动力学的自然建模维度

扭转模态（固有频率 20Hz 左右）对正确地模拟旋翼周期变距可能至关重要（参考文献 2.8）。在自动飞行控制系统（AFCS）中，超前/滞后桨叶动力学模型对于确定速度稳定增益的限制可能至关重要（参考文献 2.9）；机身弯曲频率和振型建模对飞行控制系统传感器的设计和布局可能至关重要（参考文献 2.10）。

在另一个极端情况下，该学科与性能和结构工程融为一体，尽管两者通常都与 OFE 边界的行为有关。功率需求和配平效率（范围和有效载荷问题）是飞行动力学工作者的职责之一。从飞行航迹控制的角度来看，飞机的静态和动态（疲劳）结构强度限制了可实现的目标。飞行动力学工作者需要很好地理解这些约束。

总之，在图 2-14 的框架内，振动、结构载荷和稳态性能通常定义 OFE 的边界。良好的飞行品质保证了 OFE 的安全使用，特别是在紧急情况下，有足够的操纵裕度使其能够恢复。但可以在动态环境下解释操纵裕度，包括飞行员诱发振荡（PIO）和敏捷性等概念。与高性能固定翼飞机一样，旋翼机的飞行品质也限制了其动态 OFE，因此对其进行了定义。在实践中，权衡设计方案将包含与飞行动力学问题的协调，并利用并行工程技术（参考文献 2.11）来量化权衡并确定任何关键冲突。

2.3.2 多相互作用的子系统

直升机在飞行中的行为可以转化为许多相互作用的子系统的数学模型的组合。如图 2-15 所示突出显示了主旋翼、机身、动力装置、飞行控制系统、尾翼和尾桨及其所产生的力和力矩。如图 2-16 所示简化形式的正交机体轴系，参考飞机动力学，该坐标系固定在整个飞机的重心/质心（CG/CM）上。严格来讲，重心将随着旋翼桨叶的挥舞而移动，但是我们假定重心相对于特定的配平状态位于平均位置。控制这些相互作用行为的方程式是从物理定律的应用中得出的，如能量守恒定律和牛顿运动定律，并应用到单个分量，通常采用一阶向量形式的非线性微分方程

$$\frac{\mathrm{d}\boldsymbol{x}}{\mathrm{d}t} = f(\boldsymbol{x}, \boldsymbol{u}, t) \tag{2-1}$$

初始条件为

$$\boldsymbol{x}(0) = \boldsymbol{x}_0$$

式中：$\boldsymbol{x}(t)$ 是状态变量的列向量；$\boldsymbol{u}(t)$ 是控制变量的向量；f 是飞机运动、操纵输入和外部干扰的非线性函数。读者可以从附录 4A 获得有关本章及后续各章中使用的矩阵-矢量理论的简要说明。对于只考虑 6 个刚体自由度（DoF）的特殊情况，状态向量 $\boldsymbol{x}$ 包括：三个平动速度分量 u、v 和 w，三个旋转角速度分量 p、q 和 r，以及欧拉角 ϕ、θ 和 ψ。三个欧拉姿态角通过机身角速度 p，q 和 r 与欧拉角变化率之间的运动关系来扩充运动方程。速度定义为固定于重心处的坐标系上，如图 2-16 所示，欧拉角定义了机身相对于地轴系的方向。

自由度通常以纵向和横向运动子集的形式在状态向量中排列，例如

$$\boldsymbol{x} = \{u, w, q, \theta, v, p, \phi, r, \psi\}$$

函数 f 也定义在飞机重心上，包含气动、结构、重力和惯性的作用力和力矩。严格来讲，惯性力和重力不是"施加"的，但可以方便地将其标记为"施加"的，并将它们放置在方程的右侧。从牛顿运动定律推导这些方程式的过程将在第 3 章及其附录中给出。值得注意的是，这个 6 自由度模型虽然本身复杂且广泛使用，但它仍然是飞机特性的近似模型。与旋翼（包括气动弹性效应）、动力装置/传动装置、操纵系统和扰流相关的所有更高

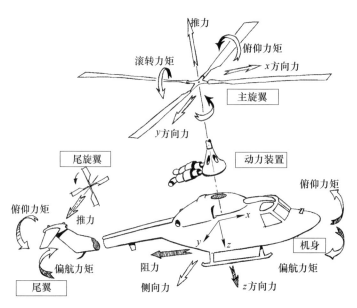

图 2-15 直升机建模部件

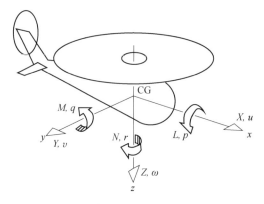

图 2-16 用于直升机飞行动力学的正交轴系

自由度都以准稳态的方式体现在方程中，在模型降阶中失去了作为自由度的原有的个体动力学和独立性。这种近似过程是飞行动力学的共同特征，特别是在寻求简化、增强物理理解并减轻计算负担上，在第 4 章和第 5 章中会有广泛的讨论。

2.3.3 配平、稳定性和响应

继续讨论 6 自由度模型，可将飞行动力学的三个基本问题的解可以写为

$$配平：f(\boldsymbol{x}_e, \boldsymbol{u}_e) = 0 \tag{2-2}$$

$$稳定性：\det\left[\lambda\boldsymbol{I} - \left(\frac{\partial f}{\partial \boldsymbol{x}}\right)_{x_e}\right] = 0 \tag{2-3}$$

$$响应：\boldsymbol{x}(t) = \boldsymbol{x}(0) + \int_0^t f(\boldsymbol{x}(\tau), \boldsymbol{u}(\tau), \tau)\mathrm{d}\tau \tag{2-4}$$

配平解由等于 0 的非线性代数函数表示，用于计算保持给定的状态 $\boldsymbol{x}_e$（下标 e 表示平衡）所需的操纵 $\boldsymbol{u}_e$。对于四个操纵量，只能指示配平中的四个状态，其余组成式（2-1）

中额外的未知数。配平后的飞行状态定义为一组飞机状态向量变化率（幅值）为零的飞行状态，且施加于飞机的力和力矩的合力为零。在配平操纵中，飞机将在合力非零的空气动力、重力和力矩的作用下加速，但随后将受离心力（CF）、陀螺惯性力和力矩等作用而平衡。配平方程式和相关问题，如性能预测和操纵裕度等，将在第 4 章中进一步展开。

稳定性问题的解是通过线性化有关配平条件的方程并计算飞机系统矩阵的特征值得到的，这些特征值用式（2-3）中外力向量相对于系统状态的偏导数来表示。式（2-1）线性化后，得到的一阶常系数微分方程的解形式为 $e^{\lambda t}$，其稳定性由特征值 λ 的实部符号决定，由此得到的稳定性是指飞机在配平点附近的小扰动运动：如果受到阵风干扰，飞机会返回或偏离配平点吗？对于较大的运动，非线性会改变其特性，通常需要依赖完整方程来求解。

由式（2-4）给出的响应解是通过扰动函数对时间的积分得到的，并允许通过扰动初始条件 $x(0)$ 和/或规定的控制输入和大气扰动来计算飞机状态、力和力矩的变化。非线性方程通常通过数值方法求解，一般不具备解析解。有时可以找到小范围近似解来描述特殊的大幅非线性运动，如极限环，但是这些都是特例，通常是为了分析初始设计中未建模的行为而提出的。

如图 2-17 所示说明了给出配平、稳定性和响应结果的典型方法：配平和稳定性示意图中的关键变量是直升机的前飞速度。配平操纵位置以其特征形状表示；稳定性特征以复平面上的特征值轨迹表示；对阶跃输入的短期响应或阶跃响应以时间函数表示。这一形式的介绍将在本章稍后部分以及后续章节中重新讨论。

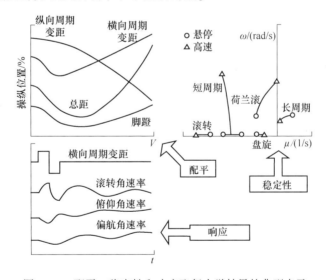

图 2-17　配平、稳定性和响应飞行力学结果的典型表示

本书的读者可能会觉得，进入上述抽象化的方程式及其描述的过程太快了，我们的目的是让读者了解一些数学概念，这些概念是飞行动力学工具包的一部分。对于从业者来说，流畅的数学术语是至关重要的。也许更重要的是对旋翼挥舞特性的基本原理有一个透彻的了解。在此，需要广泛地依靠理论分析，结果的完整推导稍后将在第 3 章～第 5 章给出。

2.3.4 真空中挥舞的旋翼

铰接式旋翼的挥舞运动方程将通过一系列步骤（见图 2-18（a）~（e））给出，旨在强调旋翼行为的几个关键特征。图 2-18（a）所示为一个旋转桨叶（Ω，rad/s），可以绕旋转中心的铰链自由挥舞（β，rad）。为增加通用性，我们在铰链处增加一个挥舞弹簧（K，（N·m）/rad）。挥舞角 β 定义在旋翼轴上；定义在其他参考系统，如操纵轴，则在附录 3A 中进行讨论。稍后将在第 3 章中证明，这种简单的中心弹簧表示形式足以描述跷跷板式、铰接式和无铰式或无轴承旋翼在各种条件下的挥舞行为。最初，我们考虑在真空中的挥舞情况，即没有空气动力学特性，并忽略重力的影响。在弹簧刚度为零的情况下，旋翼桨盘将保持在其原始位置，没有在桨叶上产生转动力矩的机构。增加弹簧后，桨叶将在新的轴方向上产生持续的振动，同时由于平面外挥舞产生的惯性力矩和离心力矩持续保持平衡。

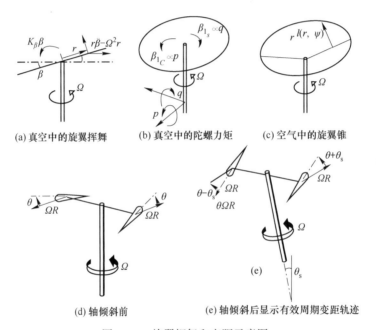

(a) 真空中的旋翼挥舞　　(b) 真空中的陀螺力矩　　(c) 空气中的旋翼锥

(d) 轴倾斜前　　　　　(e) 轴倾斜后显示有效周期变距轨迹

图 2-18　旋翼挥舞和变距示意图

在加速运动过程中，通过计算挥舞铰链的力矩，可以导出挥舞动力学方程，从而使铰链力矩 $K_\beta\beta$ 与惯性力矩相平衡，得到

$$K_\beta\beta = -\int_0^R rm(r)\{r\ddot{\beta} + r\Omega^2\beta\}\,\mathrm{d}r \tag{2-5}$$

式中：$m(r)$ 是桨叶质量分布（kg/m），且"·"表示相对于时间 t 的微分。将"'"设为相对于 $\psi = \Omega t$ 的微分，则桨叶方位角公式（2-5）可以重新排列写成

$$\beta'' + \lambda_\beta^2\beta = 0 \tag{2-6}$$

其中挥舞频率比 λ_β 由下式给出

$$\lambda_\beta^2 = 1 + \frac{K_\beta}{I_\beta\Omega^2} \tag{2-7}$$

其中挥舞转动惯量是

$$I_\beta = \int_0^R m(r) r^2 \mathrm{d}r \qquad (2-8)$$

式（2-5）中的两个惯性项表示离开旋转平面 $r\ddot\beta$ 的加速挥舞的贡献，以及由作用于旋转轴中心的桨叶位移引起的平面内离心加速度 $r\Omega^2\beta$。在此和全书一样，我们假设 β 很小，所以有 $\sin\beta \sim \beta$ 和 $\cos\beta \sim 1$。

对于 $K_\beta = 0$ 的特殊情况，求解式（2-6），该式表示简单的、固有频率为每转一次频率的简谐运动，即 $\lambda_\beta^2 = 1$。如果桨叶在挥舞中受到干扰，运动将以持续的、无阻尼的、具有频率 Ω 的振荡形式出现；桨叶在空间中扫过的旋转面将保持一个与初始扰动角相等的新的倾斜角。同时，在 K_β 设置为零时，旋转轴不会因挥舞而倾斜，因为无法通过挥舞铰链传递力矩。对于 K_β 不为零的情况，如果轴是固定的，则频率比大于1，且扰动运动的固有频率大于每转一次。当轴可以自由旋转时，弹簧产生的桨毂力矩将导致轴旋转到垂直于桨盘的方向。通常，无铰链旋翼桨叶的刚度可以用弹簧表示，其等效当量 λ_β^2 在 1.1 和 1.3 之间。较高的值是第一代无铰链旋翼直升机的典型值，例如 Lynx 和 Bo105，较低的值更符合现代直升机的典型值。

在考虑桨叶空气动力学的影响之前，我们考虑轴分别以 p 和 q 俯仰和滚转的情况（见图 2-18（b））。现在，由于相互垂直的角速度 p、q 和 Ω，桨叶将经受附加的陀螺加速度。如果忽略轴角加速度的微小影响，则运动方程可以写为

$$\beta'' + \lambda_\beta^2 = \frac{2}{\Omega}(p\cos\psi - q\sin\psi) \qquad (2-9)$$

桨叶方位角的传统零位基准位于桨盘的后部，并且 ψ 在旋翼旋转方向上为正。在式（2-9）中，从上方观察时，旋翼沿逆时针方向旋转。对于顺时针旋翼，滚转速度为负。受迫运动的稳态解形式如下

$$\beta = \beta_{1c}\cos\psi + \beta_{1s}\sin\psi \qquad (2-10)$$

在此

$$\beta_{1c} = \frac{2}{\Omega(\lambda_\beta^2 - 1)}p, \quad \beta_{1s} = \frac{-2}{\Omega(\lambda_\beta^2 - 1)}q \qquad (2-11)$$

这些解代表了当任何转动质量旋转出平面时所经历的经典陀螺运动；所产生的运动与所施加的旋转正交。β_{1c} 是旋翼桨盘对滚转角速度的纵向倾斜响应；β_{1s} 是旋翼桨盘对俯仰角速度的横向倾斜响应。在旋转轴系中，单个桨叶传递到轴的力矩仅为 $K_\beta\beta$；在非旋转轴上，该力矩可以表示为俯仰（机头朝上为正）和滚转（右滚为正）分量

$$M = -K_\beta\beta\cos\psi = -\frac{K_\beta}{2}(\beta_{1c}(1 + \cos(2\psi)) + \beta_{1s}\sin(2\psi)) \qquad (2-12)$$

$$L = -K_\beta\beta\sin\psi = -\frac{K_\beta}{2}(\beta_{1s}(1 - \cos(2\psi)) + \beta_{1c}\sin(2\psi)) \qquad (2-13)$$

因此，对于每一个桨叶的运动，都由一个常值加上每转两次时等值剧烈摆动组成。对于具有 N_b 片等间距桨叶的旋翼，可以证明振动力矩相互抵消，仅剩下稳定值

$$M = -N_b\frac{K_\beta}{2}\beta_{1c} \qquad (2-14)$$

$$L = - N_b \frac{K_\beta}{2} \beta_{1s} \qquad (2-15)$$

这是一个通用的结果，将贯彻到旋翼在空气中工作的情况下，即改变飞机飞行航迹的零次谐波桨毂力矩与桨盘的倾斜度成正比。需要强调的是，在形成这些桨毂力矩表达式时，我们忽略了平面内旋翼载荷的力矩。因此，更严格的、更复杂的影响，我们将在第3章中更详细地讨论，但是，我们将看到，每转一次，甚至是每转两次，乃至更高的气动载荷将产生振动力矩。

在考虑空气动力学的影响之前，对式（2-11）给出的解作两点说明。首先，当 $\lambda_\beta^2 = 1$ 时会发生什么现象？这是典型的共振情况，理论上响应变为无穷大。显然，小挥舞角的假设在此之前将失效，并且离心力增加的非线性随幅值的变化将限制运动增加。其次是式（2-11）给出的解只是完整解的一部分。除非桨叶运动的初始条件设计得非常完美，否则该响应实际上是两个无阻尼运动的总和，一个具有每转一次受迫振荡频率，另一个具有固有频率 λ_β。随着两个接近的频率组合，将形成复杂的响应，从而导致跳动响应，或在特殊情况下，将出现非周期性的混沌行为。气动力以戏剧性的方式导致了上述响应，这种情况对于直升机来说有些理想化。

2.3.5 空气中挥舞旋翼的气动阻尼

图 2-18（c）显示了桨叶在空气中垂直于合速度的分布气动升力 $L(r, \psi)$，在这种情况下，我们忽略了阻力。如果转动轴倾转到新的参考位置，即使弹簧刚度为零，桨叶也将与转动轴重新对齐。图 2-18（d）、（e）说明了发生的现象。当旋转轴倾转时，如以桨距角 θ_s 倾斜时，桨叶在横向位置（ $\psi = 90°$ 和 $180°$ ）处经历最大和最小的有效周期性变距。然后桨叶将挥舞，以恢复零桨毂力矩状态。

对于小挥舞角度，挥舞运动的方程可以用近似形式来表示

$$\beta'' + \lambda_\beta^2 \beta = \frac{2}{\Omega}(p\cos\psi - q\sin\psi) + \frac{1}{I_\beta \Omega^2}\int_0^R \ell(r, \psi) r \mathrm{d}r \qquad (2-16)$$

可参考图 2-19 制定气动载荷的简单表达式，在二维定常机翼理论的假设下，即

$$\ell(r, \psi) = \frac{1}{2}\rho V^2 c a_0 \alpha \qquad (2-17)$$

式中：V 是气流的合速度，ρ 是空气密度，c 是桨叶弦长。假设升力与气流对弦线的迎角成正比，直至失速迎角 α，升力线斜率 α_0。在图 2-19 中，迎角包括两个分量，一个分量来自施加给桨叶的桨距角 θ，另一个分量来自诱导入流角 ϕ，由式（2-18）给出

$$\phi = \arctan \frac{\overline{U}_P}{\overline{U}_T} \approx \frac{\overline{U}_P}{\overline{U}_T} \qquad (2-18)$$

式中：U_T 和 U_P 分别是切向和法向速度分量（该条表示使用 Ω_R 的无量纲化）。利用 $U_p \ll U_T$ 进行简化，式（2-16）可以写成

$$\beta'' + \lambda_\beta^2 \beta = \frac{2}{\Omega}(p\cos\psi - q\sin\psi) + \frac{\gamma}{2}\int_0^1 (\overline{U}_T^2 \theta + \overline{U}_T \overline{U}_P)\bar{r}\mathrm{d}\bar{r} \qquad (2-19)$$

式中：$\bar{r} = r/R$。洛克数 γ 定义为（参考文献 2.12）

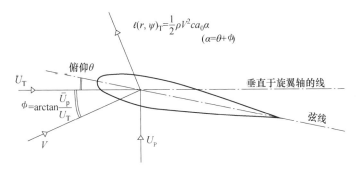

图 2-19 旋翼桨叶迎角的组成

$$\gamma = \frac{\rho c a_0 R^4}{I_\beta} \qquad (2-20)$$

洛克数是一个重要的无量纲标量系数，它给出了作用在旋翼桨叶上的气动力与惯性力的比值。

进一步分析，我们考虑了悬停旋翼和穿过旋翼桨盘的恒定入流速度 v_i，因此沿桨叶 r 站位的速度为

$$\overline{U}_T = \bar{r}, \ \ \overline{U}_P = -\lambda_i + \frac{\bar{r}}{\Omega}(p\sin\psi + q\cos\psi) - \bar{r}\beta' \qquad (2-21)$$

此处

$$\lambda_i = \frac{v_i}{\Omega R}$$

我们将旋翼下洗的讨论推迟到本章的后面和第 3 章。在此，我们仅说明桨盘上的均匀分布是合理的近似值，以支持本章中提出的论点。

式（2-19）可以展开并重新整理为

$$\beta'' + \frac{\gamma}{8}\beta' + \lambda_\beta^2\beta = \frac{2}{\Omega}(p\cos\psi - q\sin\psi) + \frac{\gamma}{8}\left(\theta - \frac{4}{3}\lambda_i + \frac{p}{\Omega}\sin\psi + \frac{q}{\Omega}\cos\psi\right)$$

$$(2-22)$$

挥舞方程式（2-22）可以很好地反映旋翼对气动载荷的响应特性；挥舞阻尼 β' 的存在显著地改变了旋翼的响应特性。我们可以将桨叶桨距写成如下形式（参见图 2-5 和旋翼操纵的讨论）

$$\theta = \theta_0 + \theta_{1c}\cos\psi + \theta_{1s}\sin\psi \qquad (2-23)$$

式中：θ_0 是总距，θ_{1c} 和 θ_{1s} 分别是纵向和横向周期变距。因此，式（2-22）右侧的受迫运动函数由常数项和一次谐波项组成。在一般飞行情况下，当飞行员操纵时，旋翼操纵量 θ_0、θ_{1s} 和 θ_{1c}，机身速度 p 和 q 将随时间不断变化。我们近似地假设这些变化比旋翼桨叶瞬态挥舞慢。我们可以通过关注方程中的空气动力学阻尼来量化这种近似，式（2-22）中 $\gamma/8$ 在 0.7 到 1.3 之间变化。就阶跃输入的响应而言，这对应于 60° 和 112° 方位角之间的上升时间（达到稳态挥舞的 63%）（$\psi_{63\%} = 16\ln(2)/\gamma$）。旋翼转速从 SA 330 Puma 的约 27rad/s 到 Messerschmit-Bolkow-Blohm（MBB）Bo105 的约 44rad/s 不等，在极端情况下，

挥舞时间常数介于0.02s至0.07s之间。如果操纵动作和机身角运动相关的时间常数大于这个数量级，则在飞机运动过程中旋翼准稳定的假设将是有效的。在本书的稍后部分，我们将回到此假设，但现在，我们假设在控制和机身角速度每次改变后，旋翼挥舞都有时间实现每转一次后达到新的稳定。我们把旋翼的挥舞运动写成准稳态形式

$$\beta = \beta_0 + \beta_{1c}\cos\psi + \beta_{1s}\sin\psi \qquad (2-24)$$

β_0是旋翼锥度角，β_{1c}和β_{1s}分别是纵向和横向挥舞角。周期性挥舞可解释为旋翼桨盘在纵向（向前）β_{1c}和横向（侧向）β_{1s}平面中的倾斜。锥度角有明确的物理意义（见图2-20）。

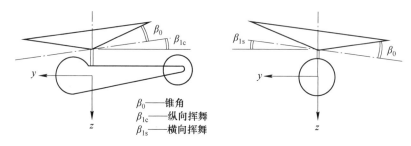

图2-20　旋翼桨盘的三个自由度

将式（2-23）和式（2-24）代入式（2-22），可得到式（2-22）的准定常圆锥和一次谐波挥舞解。令常数和一次谐波系数相等，合并同类项，可以写成

$$\beta_0 = \frac{\gamma}{8\lambda_\beta^2}\left(\theta_0 - \frac{4}{3}\lambda_i\right) \qquad (2-25)$$

$$\beta_{1c} = \frac{1}{1+S_\beta^2}\left\{S_\beta\theta_{1c} - \theta_{1s} + \left(S_\beta\frac{16}{\gamma} - 1\right)\bar{p} + \left(S_\beta + \frac{16}{\gamma}\right)\bar{q}\right\} \qquad (2-26)$$

$$\beta_{1s} = \frac{1}{1+S_\beta^2}\left\{S_\beta\theta_{1s} + \theta_{1c} + \left(S_\beta + \frac{16}{\gamma}\right)\bar{p} - \left(S_\beta\frac{16}{\gamma} - 1\right)\bar{q}\right\} \qquad (2-27)$$

其中刚度值为

$$S_\beta = \frac{8(\lambda_\beta^2 - 1)}{\gamma} \qquad (2-28)$$

且

$$\bar{p} = \frac{p}{\Omega}, \ \bar{q} = \frac{q}{\Omega}$$

刚度值S_β是一个有用的无量纲参数，因为它提供了桨毂刚度与气动力矩之比的量度。

2.3.6　挥舞导数

式（2-26）和式（2-27）中的系数可以解释为挥舞对操纵和飞机运动的偏导数；因此，我们可以写成

$$\frac{\partial\beta_{1c}}{\partial\theta_{1s}} = -\frac{\partial\beta_{1s}}{\partial\theta_{1c}} = -\frac{1}{1+S_\beta^2} \qquad (2-29)$$

$$\frac{\partial\beta_{1c}}{\partial\theta_{1c}} = \frac{\partial\beta_{1s}}{\partial\theta_{1s}} = \frac{S_\beta}{1+S_\beta^2} \qquad (2-30)$$

$$\frac{\partial \beta_{1c}}{\partial \bar{q}} = \frac{\partial \beta_{1s}}{\partial \bar{p}} = \frac{1}{1 + S_\beta^2}\left(S_\beta + \frac{16}{\gamma}\right) \tag{2-31}$$

$$\frac{\partial \beta_{1c}}{\partial \bar{p}} = -\frac{\partial \beta_{1s}}{\partial \bar{q}} = \frac{1}{1 + S_\beta^2}\left(S_\beta \frac{16}{\gamma} - 1\right) \tag{2-32}$$

式（2-29）~式（2-32）中的偏导数表示挥舞随周期变距和旋转轴转速的变化而变化，并在图2-21（a）~（c）中显示了针对不同 γ 值的刚度数值。尽管无铰链旋翼重型桨叶（γ 的较小值）时 S_β 的最大实际值约为0.5，但当前更典型的数值为0.05~0.3。图2-21（a）所示的操纵导数表明，直接挥舞响应 $\partial \beta_{1c}/\partial \theta_{1s}$ 近似等于典型刚度的最大值，即无铰链旋翼桨叶的挥舞量与跷跷板式或铰接式旋翼的挥舞量大致相同。然而，在 S_β 为0.3时，耦合挥舞响应的变化 $\partial \beta_{1c}/\partial \theta_{1c}$ 更为显著，是主响应的30%。当这种水平的挥舞交叉耦合通过桨毂传递到机身时，相对于飞机惯性而言，可能会导致更大的俯仰/滚转响应耦合比。

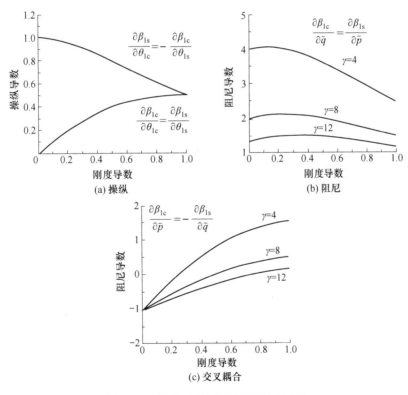

图 2-21　悬停时挥舞导数随刚度的变化

2.3.7　基本的90°相移

从以上分析得出旋翼动力学的基本结果，即挥舞响应与所施加的周期变距大约相差90°，即 θ_{1s} 导致 $-\beta_{1c}$，θ_{1c} 导致 β_{1s}。对于在旋转中心自由摆动的桨叶或跷跷板式旋翼，在悬停时其响应正好滞后了90°。对于无铰链旋翼，如 Lynx 和 Bo105，其相位角为75°~80°。相位滞后（近似于式（2-29）与式（2-30）中的导数之比）是旋翼由于周期变距产生的近乎共振（即每转一次）的气动力受迫响应的结果。式（2-22）的二阶特性导致具有输入的低频同相响应和具有 180°相位滞后的高频响应。周期变距的创新迫使旋翼接近其固有挥舞频率，是惊人的简单和有效的——几乎不需要能量，并且一定程度的变距导致一定程度的挥舞。根据旋翼刚度的不同，在 0N·m（对于跷跷板式旋翼）、500N·m（对于铰接式旋翼）和大于 2000N·m（对于无铰链旋翼）的桨毂力矩之间可以产生一定程度的挥舞。

由式（2-31）、（2-32）获得的挥舞阻尼导数如图 2-21（b）、（c）所示。直接挥舞阻尼 $\partial\beta_{1c}/\partial q$ 实际上独立于 $S_\beta = 0.5$ 之前的刚度；交叉阻尼 $\partial\beta_{1c}/\partial p$ 随 S_β 线性变化，并在 S_β 高值时改变符号。与真空情况相比，直接挥舞响应与旋转轴的运动相反。桨盘跟随旋转轴，滞后于图中挥舞导数的比值所给出的角度。对于非常重的桨叶（如 $\gamma = 4$），直接挥舞响应约为耦合运动的 4 倍；对于非常轻的桨叶，桨盘倾斜角度相等。这种相当复杂的响应源于挥舞方程式（2-22）右侧的两个分量，一个是由于角运动产生的气动载荷分布，另一个是陀螺挥舞运动产生的气动载荷分布。这些相互作用的力对直升机运动的影响也很复杂，需要在第 3 章和第 4 章中进一步讨论。但是，读者应该清楚，正确的旋翼洛克数的计算对于准确预测主响应和耦合响应至关重要。更为复杂的因素是，大多数桨叶的质量分布和气动载荷都非常不均匀，任何桨叶变形都会进一步影响气动力与惯性力的比值。在直升机飞行动力学中，常采用等效洛克数的概念来概括其中的一些效应。这种方法的有效性将在后面的第 3 章中讨论。

2.3.8 桨毂力矩和旋翼/机身耦合

从前面的讨论中，我们可以看到两个关键参数 λ_β 和 γ 在确定挥舞特性以及以此确定桨毂力矩方面的重要性。旋翼面外载荷引起的桨毂力矩与旋翼刚度成正比，如式（2-14）和式（2-15）所示；这些可以写成如下形式

俯仰力矩：
$$M = -N_b \frac{K_\beta}{2}\beta_{1c} = -\frac{N_b}{2}\Omega^2 I_\beta(\lambda_\beta^2 - 1)\beta_{1c} \qquad (2-33)$$

滚转力矩：
$$L = -N_b \frac{K_\beta}{2}\beta_{1s} = -\frac{N_b}{2}\Omega^2 I_\beta(\lambda_\beta^2 - 1)\beta_{1s} \qquad (2-34)$$

在这一点上，我们已经描述了旋翼绕固定或指定的旋转轴的旋转运动，以显示控制效果和挥舞阻尼的部分影响。现在，我们可以将分析扩展到绕自由轴运动。为简化分析，我们仅考虑滚转运动，并假设旋翼和旋转轴的质心位于桨毂中心。旋转轴的运动由角动量的变化率与施加力矩的简单方程式描述

$$I_{xx}\dot{p} = L \qquad (2-35)$$

式中：I_{xx} 是直升机的转动惯量。通过将式（2-27）与式（2-34）结合，可以用速度响应类型的一阶微分形式来描述直升机准定常旋翼的单自由度滚转运动的方程式

$$\dot{p} - L_p P = L_{\theta_{ic}}\theta_{ic} \qquad (2-36)$$

滚转力矩导数由下式给出

$$L_p \approx -\frac{N_b S_\beta I_\beta \Omega}{I_{xx}}, \quad L_{\theta_{1c}} \approx -\frac{N_b S_{\beta\gamma} I_\beta \Omega^2}{16 I_{xx}} \qquad (2-37)$$

式中：近似认为 $S_\beta^2 \ll 1$。通过转动惯量 I_{xx} 将角加速度导数无量纲化。

这些是直升机的滚转阻尼和周期变距操纵导数的最原始形式，但是它们包含了大部分一阶效应，如第 4 章和第 5 章所述。式（2-36）的解是一个简单的指数分布的暂态叠加在

稳态解上。对于横向周期变距中的简单阶跃输入，其形式为

$$p = -\left(1 - e^{L_p t}\right)\frac{L_{\theta_{1c}}}{L_p}\theta_{1c} \tag{2-38}$$

运动的时间常数 τ_p（达到稳态63%的时间）由 $-(1/L_p)$ 给出，操纵灵敏度（初始加速度）由 $L_{\theta_{1c}}$ 给出，速度灵敏度（每周期变距角的稳态速度响应）由下式给出

$$p_{ss} = -\frac{L_{\theta_{1c}}}{L_p} = -\frac{r\Omega}{16} \tag{2-39}$$

这是与式（2-36）的时间响应相关的三个操纵品质参数。如图2-22所示显示了主旋翼参数的影响。此测试用例的固定参数为 $\Omega = 35\text{rad/s}$，$N_b = 4$，$I_\beta/I_{xx} = 0.25$。

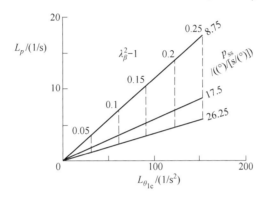

图2-22　悬停时具有操纵灵敏度的旋翼阻尼线性变化

有四点需要强调：

①阶跃滚转周期变距的稳态横向速度响应与旋翼挥舞刚度无关，这与通常的理解正相反。跷跷板式旋翼和无铰链旋翼实际上具有相同的速度灵敏度。

②速度灵敏度随洛克数线性变化。

③操纵灵敏度和阻尼都随旋翼刚度线性增加。

④响应时间常数与旋翼刚度成反比。

这些要点在如图2-23（a）、（b）所示的概括性草图中进一步展示，它说明了阶跃横向周期变距输入的滚转率的一阶时间响应。这些时间响应特性一直被用于描述短周期操纵品质，直到20世纪80年代初对 Mil Spec 8501A（参考文献2.2）修订后，才将频域作为一种至少对于非经典的短周期响应更有意义的格式引入。原因之一是，当旋翼挥舞模态频率与机身姿态模态之间的数值接近时，准定常挥舞运动近似值开始减小。挥舞运动方程的完整推导将在第3章中介绍，但是要对悬停时旋翼/机身耦合进行完整的分析，我们将简要研究下一个改进的近似。式（2-40）和式（2-41）描述了仅考虑一次横向挥舞（所谓的挥舞回归模态）和机身滚转时的耦合运动。在此阶段，忽略了其他旋翼模态（锥形和前行挥舞模态）和桨距耦合。

$$\dot{\beta}_{1s} + \frac{\beta_{1s}}{\tau\beta_{1s}} = p + \frac{\theta_{1c}}{\tau\beta_{1s}} \tag{2-40}$$

$$\dot{p} - L_{\beta_{1s}}\beta_{1s} = 0 \tag{2-41}$$

其中

$$L_{\beta_{1s}} = L_{\theta_{1c}} = -\frac{N_b}{2}\Omega^2 \frac{I_\beta}{I_{xx}}(\lambda_\beta^2 - 1) = -\frac{1}{\tau_{\beta_{1s}}\tau_p} \qquad (2-42)$$

且

$$\tau_{\beta_{1s}} = \frac{16}{\gamma\Omega}, \quad \tau_p = -\frac{1}{L_p} \qquad (2-43)$$

时间常数 $\tau_{\beta_{1s}}$ 和 τ_p 分别与桨盘和机身（旋转轴）响应相关。现在将运动模态与特征方程式给出的特征值耦合到滚转/挥舞

$$\lambda^2 + \frac{1}{\tau\beta_{1s}}\lambda + \frac{1}{\tau\beta_{1s}\tau_p} = 0 \qquad (2-44)$$

仅对于较小的刚度和相对较高的洛克数，可以通过解耦来近似求取式（2-44）的根。如图 2-24 所示显示了当 $\gamma = 8$ 时，精确和解耦的近似根在（$\lambda_\beta^2 - 1$）下的变化。准定常旋翼特性的近似值对于小偏移量铰接式旋翼和柔性无轴承设计是有效的，但是对于 λ_β^2 远大于 1.1 的无铰链旋翼，其机身响应足够快，会受到旋翼瞬态响应以及由此产生的运动的影响，将呈现耦合的滚转/挥舞振荡特性。再次强调一下，旋翼桨盘的时间常数与刚度无关，并且仅是旋翼转速和洛克数的函数（见式（2-43））。

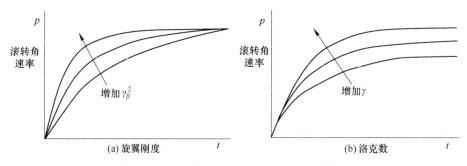

图 2-23　旋翼参数对滚转角速度响应的影响

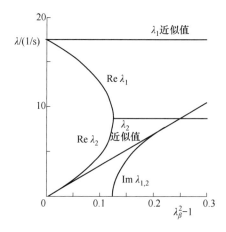

图 2-24　滚转/挥舞精确和近似模态特征值随旋翼刚度的变化

2.3.9 线性化

上述近似结果的假设尚未有定论，我们忽略了详细的桨叶空气动力和变形影响，并且假设旋翼转速是恒定的。这些都是非常重要的影响因素，需要在第 3 章后面加以考虑，但会削弱我们在前面分析中尝试确立的观点。其中之一是运动导数的概念，即随着旋翼运动而产生的旋翼力和力矩的部分变化。如果旋翼是一个完全线性的系统，则总的力和力矩可以表示为各个效应之和，其中每个效应都可写成运动导数形式。

这种方法通常对足够小的运动有效，自直升机出现（参考文献 2.13）以来，此方法已应用在固定翼和旋翼飞行动力学中，并能确定飞机的稳定性特征。例如，假设气动力和力矩可以表示为飞机在配平条件下运动的多维解析函数，则滚转力矩可以写为

$$L = L_{\text{trim}} + \frac{\partial L}{\partial u}u + \frac{\partial^2 L}{\partial u^2}u^2 + \cdots + \frac{\partial L}{\partial v}v + \cdots + \frac{\partial L}{\partial w}w + \cdots + \frac{\partial L}{\partial p}p + \cdots + \frac{\partial L}{\partial q}q +$$

高阶运动导数（如 $\dot{p}$）和操纵项 （2 - 45）

对于小扰动运动，线性项通常占主导地位，近似可写成

$$L = L_{\text{trim}} + L_u u + L_v v + L_w w + L_p p + L_q q + L_r r + 加速度项和操纵项 \quad （2 - 46）$$

在这种 6 自由度的近似中，直升机的每个部件都会对每个导数有所贡献。旋翼、机身、尾翼，甚至是尾桨都有 X_u 和 N_p，尽管这些部件中有许多在某些导数中占主导地位，但对其他方面的贡献微乎其微。6 自由度刚体运动以外的动力学效应将以准定常形式合成到机身，如旋翼、空气质量动力学和发动机/减速器。例如，如果旋翼自由度由向量 $\boldsymbol{x}_r$ 表示，机身由 $\boldsymbol{x}_f$ 表示，则线性化的耦合方程式可以写成

$$\begin{bmatrix} \dot{\boldsymbol{x}}_f \\ \dot{\boldsymbol{x}}_r \end{bmatrix} - \begin{bmatrix} \boldsymbol{A}_{ff} & \boldsymbol{A}_{fr} \\ \boldsymbol{A}_{rf} & \boldsymbol{A}_{rr} \end{bmatrix} \begin{bmatrix} \boldsymbol{x}_f \\ \boldsymbol{x}_r \end{bmatrix} = \begin{bmatrix} \boldsymbol{B}_{ff} & \boldsymbol{B}_{fr} \\ \boldsymbol{B}_{rf} & \boldsymbol{B}_{rr} \end{bmatrix} \begin{bmatrix} \boldsymbol{u}_f \\ \boldsymbol{u}_r \end{bmatrix} \quad （2 - 47）$$

为了完整起见，我们将分析机身和旋翼操纵参数。如果两个部分的特征频率相差足够大，则将旋翼自由度作为准定常运动合成到机身中将是有效的，并且机身运动的合成近似可写为

$$\dot{\boldsymbol{x}}_f - \left[\boldsymbol{A}_{ff} - \boldsymbol{A}_{fr}\boldsymbol{A}_{rr}^{-1}\boldsymbol{A}_{rf} \right]\boldsymbol{x}_f = \left[\boldsymbol{B}_{ff} - \boldsymbol{A}_{fr}\boldsymbol{A}_{rr}^{-1}\boldsymbol{B}_{rf} \right]\boldsymbol{u}_f + \left[\boldsymbol{B}_{fr} - \boldsymbol{A}_{fr}\boldsymbol{A}_{rr}^{-1}\boldsymbol{B}_{rr} \right]\boldsymbol{u}_r \quad （2 - 48）$$

在上文中，我们采用了 Milne 的弱耦合近似理论（参考文献 2.14），该方法在第 4 章和第 5 章中得到了广泛使用。在某些情况下，该技术将有助于我们降低并分离单个自由度的动力学，从而最大程度地利用从此类分析中得到的潜在物理规律。线性化的真正优势在于其推导动态运动稳定性的能力。

2.3.10 稳定性和操纵性概述

如果不简短地讨论一下稳定性和操纵导数，以及描述一下典型的直升机稳定性特征，那么这部分章节将不够完整。为此，我们需要介绍本书中将要使用的直升机模型配置以及构建飞机运动方程的一些基本原理。附录 4B 中描述了这三种基线模拟配置，分别代表了 Aerospatiale（欧洲直升机法国公司（ECF））SA 330 Puma，韦斯特兰 Lynx 和 MBB（欧洲直升机德国公司（ECD））Bo105 直升机。Puma 是 6t 级的运输直升机，Lynx 是 4t 级的公用运输/反装甲直升机，而 Bo105 是 2.5t 级的轻型/反装甲直升机。Puma 和 Bo105 在全球范围内都具有民用和军用两种型号。军用 Lynx 与世界各地的陆海部队一起作战。这三架直升机都是在 20 世纪 60 年代设计的，自那时起，在一系列新型号中得到了不断改进。在这些飞机上，桨叶的挥舞和摆振运动都是通过弹性弯曲来实现的，桨叶变距通过桨叶根部

附近轴承的旋转而变化。在 Puma 上，桨叶挥舞和摆振运动主要通过靠近桨毂中心的铰链铰接来实现。铰链距桨毂中心的距离是确定桨叶挥舞和摆振引起的桨毂力矩大小的关键参数。力矩与铰链偏置量近似成比例，铰链偏置量最大值约为桨叶半径的 10%。挥舞铰链偏置量的典型值在桨叶半径的 3% 和 5% 之间。与铰接式旋翼直升机相比，无铰链旋翼通常被认为具有等效的铰链偏置量，以描述其产生力矩的能力。Puma 的挥舞铰链偏置量为 3.8%，而 Lynx 和 Bo105 的等效偏置量分别为约 12.5% 和 14%。我们可以预计两架无铰链旋翼机的力矩能力大约是 Puma 的三倍。由此得到更高的 λ_β 和 S_β 值，并得到更大的旋翼力矩对所有变量的导数值，而不仅仅是上述分析中所述的对速度和操纵项的导数。

这三架飞机基于皇家飞机研究院（RAE）Helisim 模型（参考文献 2.15）的仿真模型将在第 3 章中进行描述。该模型的形式是通用的，有两个输入文件，一个输入文件描述飞机的配置数据（如几何形状、质量属性、空气动力和结构特性、控制系统参数），另一个是其他飞行条件参数（如空速、爬升/下降率、侧滑和转弯率）以及大气条件。这三架飞机的数据集在第 4 章附录 4B.1 节中，而附录 4B.2 节包含稳定性和操纵导数的图表。导数是用数值扰动技术计算的，一般应用于全非线性运动方程，而不以显式解析形式导出。第 3 章和第 4 章将包括一些解析公式，以说明工作中的物理含义。可以通过这种方式深入了解所有重要导数的主要空气动力效应。静稳定性导数 M_w 是一个很好的例子，它使我们能够强调固定翼飞机和旋翼机之间的一些区别。

2.3.11 静稳定性导数 M_w

用简单的物理术语来说，导数 M_w 表示当飞机受到法向速度 w 或有效迎角扰动时，绕飞机质心的俯仰力矩的变化。如果扰动导致正的俯仰力矩，那么 M_w 为正，飞机在俯仰时是静不稳定的。如果 M_w 为负，那么飞机是静稳定的。静稳定性仅指初始趋势，且 M_w 效应类似于简单弹簧/质量/阻尼器动态系统中的弹簧。在固定翼飞机的飞行动力学中，此导数与飞机的质心和整个气动力中心之间的距离成正比，气动力中心即当迎角发生变化时，升力合力的作用点。这种距离度量以归一化形式表示，称为静态裕度，不会直接传递到直升机，因为随着入流角的变化，旋翼上的气动升力不仅会改变，而且还会旋转（随着桨盘倾斜）。因此，尽管我们可以考虑直升机的有效静态裕度，但这并不常用，因为该参数与构型密切相关，并且也是扰动幅值的函数。另一个原因是，在直升机飞行动力学中没有采用静态裕度的概念。在设计具有负静态裕度以改善性能的固定翼飞机之前，先定义基本配置和布局参数以实现正静态裕度。大多数直升机在俯仰方面固有的不稳定性，除了通过大型尾翼在高速时（如 UH-60）的稳定作用外，通过改变布局和配置参数几乎无法改变这一点。当旋翼在正向飞行中发生正迎角变化时，前行桨叶比后退桨叶具有更大的升力增量（见图 2-25）。90° 相移响应意味着桨盘向后挥舞并且锥度角变大，从而对飞机施加正俯仰力矩。旋翼对 M_w 的贡献将随着前飞速度的增加而增加；机身和水平安定面的贡献也将随空速的增加而增加，但往往会相互抵消，仅余旋翼成为主要的贡献因素。如图 2-26 所示说明了三架基准飞行器在向前飞行中 M_w 的变化。无铰链旋翼对 M_w 的影响非常显著，导致高速时产生较大的不稳定力矩。这种静不稳定性对飞机的动态或长周期稳定性的影响是很有趣的。

如果空速恒定，考虑俯仰/升降的耦合运动，可以导出固定翼飞机短周期动态响应的标准近似值。在某些情况下这也可用于对高速飞行的直升机的近似估算（参考文献 2.16）。如图 2-27 所示说明了飞机做广义的纵向运动时俯仰角和迎角之间的区别。目前，我们假设恒定速度的假设适用，并且升降速度 w 和俯仰角速度 q 的扰动可以用线性方程描述为

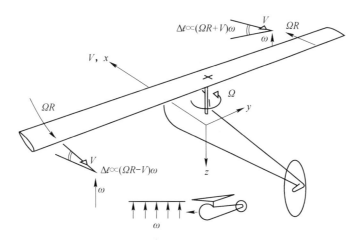

图 2-25　垂直阵风作用下前行和后退桨叶的迎角扰动

图 2-26　Bo105，Lynx 和 Puma 的静稳定性导数 M_w 随前飞速度的变化

$$\begin{cases} I_{yy}\dot{q} = \delta M \\ M_a\dot{w} = M_a U_e q + \delta Z \end{cases} \qquad (2-49)$$

式中：I_{yy} 是直升机绕基准轴的俯仰惯性矩；M_a 是质量；U_e 是配平或平衡前飞速度；δZ 和 δM 是扰动 Z 向力和俯仰力矩。将扰动的力和力矩扩展为导数形式，可以用矩阵形式写出运动的扰动方程

$$\frac{\mathrm{d}}{\mathrm{d}t}\begin{bmatrix} w \\ q \end{bmatrix} - \begin{bmatrix} Z_w & Z_q + U_e \\ M_w & M_q \end{bmatrix}\begin{bmatrix} w \\ q \end{bmatrix} = \begin{bmatrix} Z_{\theta_{1s}} & Z_{\theta_0} \\ M_{\theta_{1s}} & M_{\theta_0} \end{bmatrix}\begin{bmatrix} \theta_{1s} \\ \theta_0 \end{bmatrix} \qquad (2-50)$$

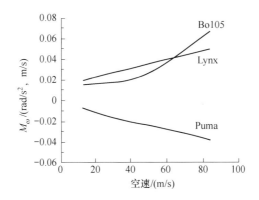

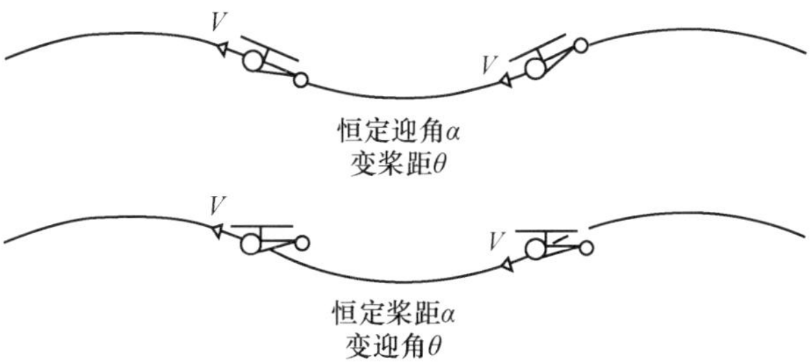

图 2-27　恒定桨距下的升降运动

导数 Z_w、M_q 等对应于法向力和俯仰力矩展开式中的线性项，如式（2-45）所述。以半归一化形式讨论这些导数更为方便，因此将其写为式（2-50），并贯穿全书，没有任何区别性的修饰，如

$$M_w \equiv \frac{M_w}{I_{yy}}, \ Z_w \equiv \frac{X_w}{M_a}, \ 等 \tag{2-51}$$

式（2-50）的解由瞬态分量和稳态分量的组合给出，前者具有指数特征，而稳定性判别式的指数作为特征方程的解

$$\lambda^2 - (Z_w + M_q)\lambda + Z_w M_q - M_w(Z_q + U_e) = 0 \tag{2-52}$$

根据式（2-52），当静稳定性导数 M_w 为零时，俯仰和升降运动解耦，产生两个一阶瞬态（衰减率由 Z_w 和 M_q 给出）。随着 M_w 变得越来越大，飞机直到机动裕度（式（2-52）中的刚度项）变为零，才会经历动态不稳定。但在此之前，上述近似就已失效了。

这种短周期近似方法在直升机应用范围有限的主要原因之一是速度变化的强耦合性，其反映在速度导数尤其是 M_u 上。对于亚声速固定翼飞机，速度稳定性导数通常为零，因为来自所有气动力表面的力矩与动压成正比，因此扰动趋于相互抵消。对于直升机而言，即使在悬停状态，导数 M_u 也很重要，这是前行和后行桨叶的差异影响效应的结果。因此，虽然该正导数可以说是静稳定的，但它会引起俯仰长周期动态失稳。第 4 章将进一步探讨这种效应，以及第二种原因，即为什么低阶近似不适用于直升机，即交叉耦合。实际上，所有的直升机运动都是耦合的，但有些耦合比其他耦合更重要，一方面是由于它们对直接响应的影响，另一方面取决于飞行员离轴补偿的程度。

除了挥舞的基本原理外，旋翼推力和对法向速度变化的转矩响应是关键且需要注意的旋翼空气动力学效应。

2.3.12　悬停时的旋翼推力、入流、Z_w 和垂直阵风响应

悬停时的旋翼推力 T 可由桨叶上升力的积分来确定

$$T = \sum_{i=1}^{N_b} \int_0^R \ell(\psi, \ r)\mathrm{d}r \tag{2-53}$$

使用式（2-17）~式（2-21），悬停和垂直飞行中的推力系数可以写成

$$C_T = \frac{a_0 s}{2}\left(\frac{\theta_0}{3} + \frac{\mu_z - \lambda_i}{2}\right) \tag{2-54}$$

同样，我们假设在桨盘上诱导下洗 λ_i 是恒定的；μ_z 是旋翼的法向速度，正向下，且近似于飞机速度分量 w。在计算垂直阻尼导数 Z_w 之前，我们需要一个均匀下洗的表达式。诱导旋翼下洗是直升机飞行动力学最重要的组成之一，也可能是最复杂的，代表提升旋翼所排开的能量，以螺旋涡尾迹的形式出现，其速度随时间和空间的变化而变化。我们将在第 3 章中进行更全面的论述，但在本主题的简介中，我们做了一些主要的简化。我们假设旋翼是一个类似于作用盘（参考文献 2.17）的形式，该作用盘支持压力变化并对空气质量加速，因此诱导速度可以通过将积分压力所做的功与空气质量动量的变化相等来推导。悬停时，桨盘上的下洗可以写成

$$v_{\mathrm{ihover}} = \sqrt{\frac{T}{2\rho A_d}} \tag{2-55}$$

式中：A_d 为旋翼桨盘面积；ρ 为空气密度。

或者，以无量纲化的形式

$$\lambda_i = \frac{v_i}{\Omega R} = \sqrt{\left(\frac{C_T}{2}\right)} \tag{2-56}$$

对于以 1g 飞行的直升机，旋翼推力系数 C_T 通常在 0.005 至 0.01 之间变化，具体取决于桨尖速度、空气密度、飞行高度和飞机重量。悬停下洗 λ_i 在 0.05 到 0.07 之间变化。实际的下洗与旋翼桨盘载荷的平方根 L_d 成正比，在海平面上由式（2-57）给出

$$v_{ihover} = 14.5 \sqrt{L_d} \tag{2-57}$$

对于低负载桨盘（$L_d = 6$ lbf/ft²，约 280N/m²），下洗速度约为 35ft/s（约 10m/s）；对于高负载桨盘（$L_d = 12$ lbf/ft²，约 560N/m²），下洗速度超过 50ft/s（约 15m/s）。

式（2-55）考虑简单的动量关系，可扩展到悬停所需的能量和功率

$$P_i = Tv_i = \frac{T^{3/2}}{\sqrt{(2\rho A_d)}} \tag{2-58}$$

下标 i 指的是诱导功率，约占悬停所需功率的 70%；对于一架 10000lb（约 4540kg）的直升机，其下洗速度为 40ft/s（典型的如 Lynx），诱导功率接近 730hp（马力）（约 545kW）。

式（2-54）和式（2-56）可用于推导升降阻尼导数

$$Z_w = -\frac{\rho(\Omega R)\pi R^2}{M_a} \frac{\partial C_T}{\partial \mu_z} \tag{2-59}$$

这里

$$\frac{\partial C_T}{\partial \mu_z} = \frac{2a_0 s \lambda_i}{16\lambda_i + a_0 s} \tag{2-60}$$

因此

$$Z_w = -\frac{2a_0 A_b \rho(\Omega R)\lambda_i}{(16\lambda_i + a_0 s)M_a} \tag{2-61}$$

式中：A_b 是桨叶面积；s 是桨盘实度或桨叶面积与桨盘面积之比。对于我们的参考 Helisim Lynx 配置，在悬停时 Z_w 的值约为 -0.33s⁻¹，从而提供了大约 3s 的升降运动时间常数（上升时间为达到稳态的 63%）。这是大多数悬停直升机的典型升降时间常数。在如此长的时间常数下，垂直响应对飞行员来说更像是加速度而不是速度类型。垂直阵风的响应 w_g 可以从升降动力学的一阶近似中得出

$$\frac{dw}{dt} - Z_w w = Z_w w_g \tag{2-62}$$

在垂直颠簸条件下，对尖锐的垂直阵风的初始加速度响应提供一个有用的衡量直升机飞行品质的方法，得到

$$\frac{dw}{dt}\bigg|_{t=0} = Z_w w_g \tag{2-63}$$

因此，30ft/s（约 10m/s）阵风会在 Helisim Lynx 上产生约 0.3g 的加速冲击。诸如桨叶挥舞、下洗滞后和旋翼穿透之类的其他附加影响也会改变响应。如此大的垂直阵风在接近地面的悬停状态下是罕见的，且 Z_w 的低值和典型的阵风强度使悬停飞行中的垂直阵风

响应是良性的。有一些例外，例如，直升机靠近具有较大下降气流的结构或障碍物（例如，接近石油钻机）或遇到其他飞机的尾迹（请参阅第8章），从而使垂直性能和操纵品质（如功率裕度和升降灵敏度）变得特别关键。我们将在第5章中做一个专题介绍阵风响应。

2.3.13　前飞中的阵风响应

对前飞旋翼也可以进行类似的分析，得出以下一组诱导下洗和升降阻尼的近似方程（V 为飞行速度，V' 为桨盘处的总速度）

$$v_{i\mu} = \frac{T}{2\rho A_d V'} \qquad (2-64)$$

$$\frac{\partial C_T}{\partial \mu_z} = \frac{2a_0 s\mu}{8\mu + a_0 s} \qquad (2-65)$$

$$\mu = \frac{V}{\Omega R} \qquad (2-66)$$

$$Z_w = -\frac{\rho a_0 A_b V}{2M_a}\left(\frac{4}{8\mu + a_0 s}\right) \qquad (2-67)$$

式（2-67）中括号外的系数是具有机翼面积 A_w 的固定翼飞机升降阻尼的相应值的表达式。

$$Z_{w_{FW}} = -\frac{\rho A_w V a_0}{2M_a} \qquad (2-68)$$

关键参数还是桨叶/机翼载荷。式（2-67）的括号中的系数表示直升机的升降阻尼或阵风响应参数在高速时趋于平缓，而固定翼阵风灵敏度继续线性增加。低速时，式（2-67）中的旋翼系数增加到大于1。直升机桨叶的升力线斜率的典型值比中等展弦比的机翼高50%。因此，在其他条件相同的情况下，直升机对低速阵风更加敏感。然而，对于相同的飞机重量，典型的桨叶载荷远高于翼载荷。直升机的桨叶载荷典型值为 100 lbf/ft² （约 4800 N/m²），而固定翼运输机的翼载荷约为 40 lbf/ft²（约 1900N/m²）。军用喷气飞机的翼载荷更高，像"鹞"式飞机，翼载荷高达 70 lbf/ft²（约 3350N/m²），但这仍然比典型的桨叶载荷低很多。图 2-28 显示了我们的 Helisim Puma 直升机（ $a_0 = 6$，桨叶面积 = 14 ft²（约 13.4 m²））与类似固定翼运输机（ $a_0 = 6$，机翼面积 = 350 ft²（约 32.6 m²））的升降阻尼的比较，二者重量均为 13500 lb（约 6130kg）。只有当旋翼机的曲线被延伸到零速度，即 Puma 点对应于式（2-61）给出的 Z_w 值。直升机对速度低于 50m/s（约 150ft/s）的阵风更为敏感；高于此速度时，直升机保持不变，而飞机的响应持续增加。关于直升机的这一结果，有三点值得研究：

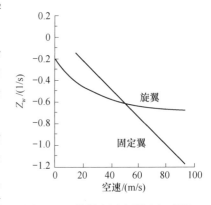

图 2-28　旋翼和固定翼飞机升降阻尼随空速的变化

①桨叶挥舞引起的气流减弱常被认为是导致直升机阵风敏感性降低的主要原因。实际上，就垂直阵风响应而言，这种影响很小。旋翼锥体响应决定了垂直载荷传递到机身的方式，它通常在大约 100ms 内很快达到其稳定状态。虽然这种延迟会使边缘脱离真正的阵风

尖峰，但阵风前锋通常为斜坡形式，延时超过数倍的桨叶响应时间常数。

②Z_w 导数仅反映初始响应；全面评估飞行品质将需要考虑直升机的短周期瞬态响应，当然还要考虑阵风的形状。我们将在第 5 章的后面看到，当飞机响应和阵风尺度/幅值之间存在调谐或共振时，阵风形状与飞机短周期响应之间存在一个关键关系，这导致了"最坏阵风"的概念。

③直升机在较高速度下对速度的响应不敏感。目前尚不清楚为什么会这样，但是结果显然与旋翼的旋转有关。进一步探讨这一点，将有助于重新研究推力公式，因此利用建模方法得到

$$T = \sum_{i=1}^{N_b} \int_0^R \ell(\psi, r) \mathrm{d}r$$

或

$$\frac{2C_T}{a_0 s} = \int_0^1 (\overline{U}_T^2 \theta + \overline{U}_P \overline{U}_T) \mathrm{d}\bar{r} \qquad (2-69)$$

其中

$$\overline{U}_T \approx \bar{r} + \mu \sin\psi, \qquad \overline{U}_P = \mu_z - \lambda_i - \mu\beta\cos\psi - \bar{r}\beta' \qquad (2-70)$$

垂直阵风响应源自式（2-69）中速度的乘积 $\overline{U}_P \overline{U}_T$。从式（2-70）可以看出，前飞速度项 $\overline{U}_T$ 每转变化一次，因此对准定常桨毂载荷没有任何贡献。对机身阵风响应最重要的贡献来自每转 N_b 次的振动，此振动是叠加在由导数 Z_w 表示的稳定分量上的。因此，直升机的颠簸特性与固定翼飞机的颠簸特性完全不同，固定翼飞机的响应主要由与速度成比例的升力分量决定。

2.3.14 运动方程的矢量微分形式

现在回到一般线性问题，我们将发现，使用运动方程的矢量矩阵简写形式比较方便，形式如下

$$\frac{\mathrm{d}\boldsymbol{x}}{\mathrm{d}t} - \boldsymbol{A}\boldsymbol{x} = \boldsymbol{B}\boldsymbol{u} + f(t) \qquad (2-71)$$

式中：$\boldsymbol{x} = \{u, w, q, \theta, v, p, \phi, r, \psi\}$。

$\boldsymbol{A}$ 和 $\boldsymbol{B}$ 分别为稳定性导数矩阵和操纵导数矩阵，包含了一个表示外部扰动（如阵风）的受迫函数 $f(t)$。式（2-71）是具有解析形式的精确解的常系数线性微分方程

$$\boldsymbol{x}(t) = \boldsymbol{Y}(t)\boldsymbol{x}(0) + \int_0^t \boldsymbol{Y}(t-\tau)(\boldsymbol{B}\boldsymbol{u} + f(\tau))\mathrm{d}\tau$$

$$\begin{cases} \boldsymbol{Y}(t) = 0, & t < 0 \\ \boldsymbol{Y}(t) = \boldsymbol{U}\mathrm{diag}[\exp(\lambda_i t)]\boldsymbol{U}^{-1}, & t \geq 0 \end{cases} \qquad (2-72)$$

响应特征由主矩阵的解 $\boldsymbol{Y}(t)$（参考文献 2.18）唯一确定，它本身是由矩阵 $\boldsymbol{A}$ 的特征值 λ_i 和特征向量 $\boldsymbol{u}_i$（在矩阵 $\boldsymbol{U}$ 中排列为列）导出的。特征值的实部决定了配平条件下的微幅运动的稳定性，对控制 u 或扰动 f 的完全响应是特征向量的线性组合。图 2-29（a）、（b）显示了 Helisim Lynx 和 Helisim Puma 的特征值是如何从悬停到 160kn 随速度变化的。在较高的速度下，命名与特征值相关的模态的传统固定翼术语是合适的。从失去操纵稳定性的角度讨论了无铰旋翼直升机 Helisim Lynx 的高速俯仰不稳定性。在较低速度下，模态

会改变特性，直到在悬停时，它们呈现出直升机特有的形态（如升降/偏航振荡、俯仰/滚转模态）。升降/偏航模态趋向于耦合，这是由于旋翼升降/入流速度的扰动引起的旋翼扭矩变化从而使机身产生的偏航反应。特征向量反映模态振型，或不同自由度中响应贡献的比例。这些模态是线性独立的，这意味着任何一个都不能由其他模态组合得到。如果初始条件、控制输入或阵风扰动的能量以与特征向量相同的比例分布在整个自由度中，则响应将仅限于该模态。更多有关模态的讨论可以在第 4 章中找到。

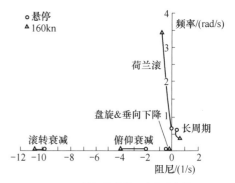

(a) Lynx 特征值随前飞速度的变化

线性化运动方程的关键作用在于稳定性分析，它们也构成了控制系统设计的基本模型。两种方法都利用了为线性系统分析而发展的大量数学技术。我们将在稍后的第 4 章和第 5 章中再讨论这些内容，但是我们需要对飞行动力学的两个固有非线性问题"配平"和"响应"多说一点。前者作为代数方程式（2-2）的解，并且通常采取保持稳定飞行状态所需的控制形式。图 2-30 显示了随着前飞速度而变化的操纵的一般形式。随着速度的增加，纵向周期变距会向前移动，以抵消由前飞速度效应（M_u

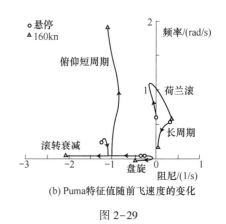

(b) Puma 特征值随前飞速度的变化

图 2-29

效应）引起的回馈。横向周期变距必须补偿由于尾桨推力引起的滚转力矩，以及由于横向挥舞引起的旋翼入流纵向变化和锥度响应。总距与需用功率保持相同的变化曲线，以大约 70kn 的速度降低到最小功率速度，然后以更高的速度再次急剧增加。尾桨总距与主旋翼总距联动，在高速时，所需的航向操纵量减少，因为一些偏航反扭矩通常是由垂直稳定器产生的。

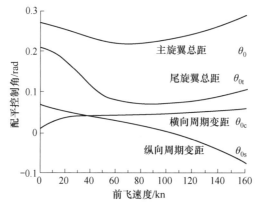

图 2-30 Puma 配平操纵角随前飞速度的变化

虽然响应问题本质上是非线性的，但对于较小的扰动，为稳定性分析而建立的线性化方程也可用于预测动态特性。图 2-31 展示并比较了安装有标准刚性旋翼和柔性旋翼的 Helisim Lynx 的俯仰响应，作为控制输入的函数；通过输入对响应进行归一化，以展示存在的非线性程度。图中还显示了法向加速度响应；显然，对于较大的输入，任何线性化中隐含的恒速的假设对于标准的刚性旋翼而言都会失效。旋翼推力也在操纵过程中发生显著的变化，并且刚性旋翼更大的速度偏移会产生非线性响应。

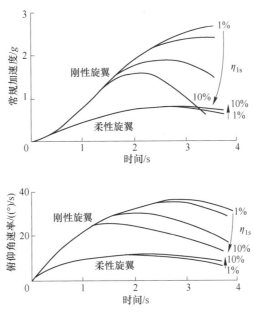

图 2-31　Lynx 在 100kn 时的非线性俯仰响应

2.3.15　验证

理论模拟对直升机特征进行建模的要求在很大程度上取决于应用；在仿真领域，品质的度量被描述为逼真度或验证级别。逼真度通常通过与模型和全尺寸的试验数据进行比较来判断。可以用两种逼真度来描述验证过程：功能逼真度和物理逼真度（参考文献 2.19），定义如下。

功能逼真度是整个模型符合某些功能要求的逼真度水平，例如，对于我们的应用，该模型是否可以用于预测飞行品质参数？

物理逼真度是模型组件中各个建模假设的逼真度水平，此逼真度水平用其描述物理本质的能力来表示。例如，旋翼的空气入流公式是否正确捕获并建立尾迹的流体力学？

区分这两种方法既方便又有用，因为它们将注意力集中在问题的两端——我们是否正确地对物理模型进行了建模，飞行员是否认为模拟"感觉"正确？可以想象，在可预见的将来，一个模型将从另一个模型开始，虽然这在一定程度上是正确的，但在有限的范围内，仿真模型将继续由一组空气动力学和结构的近似值来描述，这些模型近似值拼凑在一起且每一个都是正确的。在仿真中，复杂性和物理解释的概念产物可以保持不变也是一个悖论。模型变得复杂，模型逼真度可能增加，解释原因和影响的能力就会减弱，因此对模型行为的物理理解也会减弱。与此相反，有一种观点认为，只有增加复杂性，才能提高逼真度。"经验法则"是，模型只需要达到逼真度要求所规定的复杂程度即可，超出此范围的改进通常并不划算。问题在于，我们通常不知道在模型开发的初始阶段能走多远，而我们需要以文献报告的验证研究结果为指导。在第 3 章末尾，我们简要地回到逼真度的主题。

在 20 世纪 90 年代，系统辨识技术迅速发展，研究活动激增（参考文献 2.20~2.22）。系统辨识实质上是从实验数据重建仿真模型结构和相关参数的过程。从简单的曲线拟合到复杂的统计误差分析都属于系统辨识技术的范围，但从早期的数据分析开始，它们就已以各种形式应用于航空领域了（见参考文献 2.23 中的 Shinbrot 的工作）。直升机在系统辨识方面存在特殊的问题，不过，即便这些问题不一定能解释清楚，也能被很好地理解。

从本章前面描述的滚转响应动力学中可以得出一个说明系统辨识本质的示例。如果我们假设某对象是一阶模型结构，则运动方程和测量方程的形式为

$$\begin{cases} \dot{p} - L_p p = L_{\theta_{1c}}\theta_{1c} + \varepsilon_p \\ p = f(p_m) + \varepsilon_m \end{cases} \tag{2-73}$$

式（2-73）表明，在大多数情况下，我们将考虑所关注的变量或状态与测量值不同的问题，通常会涉及一些测量误差函数 ε_m 和一些校准函数 f。同样，运动方程无法完全模拟这种情况，因此我们引入了过程误差函数 ε_p。比较讽刺的是，正是对这些误差或噪声函数的特征的估计推动了系统辨识方法的快速发展。

滚转角速度的解可以采用适合于前向（数值）积分的任何一种形式来表示

$$p = p_0 + \int_0^t (I_p p(\tau) + L_{\theta_{1c}}\theta_{1c}(\tau))\mathrm{d}\tau \tag{2-74}$$

或分析形式

$$p = p_0 \mathrm{e}^{L_p t} + \int_0^t \mathrm{e}^{L_p(t-\tau)} L_{\theta_{1c}}\theta_{1c}(\tau)\mathrm{d}\tau \tag{2-75}$$

将式（2-73）相关的辨识问题变成"从滚转角速度响应的飞行试验测量得到的横向周期变距输入，得出阻尼和操纵灵敏度导数 L_p 和 $L_{\theta_{1c}}$ 的估计值"。从这一点开始，我们跳过了系统辨识三个子过程中的两个子过程——状态估计和模型结构估计，这些过程旨在更好地量化测量噪声和过程噪声。解决辨识问题的一般方法有两种：方程误差和输出误差。用方程误差法，我们可以处理式（2-73）的第一个方程式，但我们需要测量滚转角速度和滚转角加速度，并将方程改写为

$$\dot{p}_e = L_p \dot{p}_m + L_{\theta_{1c}}\theta_{1cm} \tag{2-76}$$

下标 m 和 e 分别表示测量值和估计状态。现在，辨识过程涉及在式（2-76）中估计的滚转角加速度 $\dot{p}_e$ 和测量的滚转角加速度 $\dot{p}_m$ 之间实现最佳拟合，通过改变参数 L_p 和 $L_{\theta_{1c}}$ 来实现拟合（见图 2-32）。式（2-76）将为每个测量点生成一个拟合方程，因此，在 n 次测量下，我们有两个未知数和 n 个方程——经典的超定问题。在矩阵形式下，n 个方程可以组合为

$$\boldsymbol{x} = \boldsymbol{B}\boldsymbol{y} + \boldsymbol{\varepsilon} \tag{2-77}$$

式中：$\boldsymbol{x}$ 是加速度测量向量；$\boldsymbol{B}$ 是滚转角速度和横向周期变距测量的（$n \times 2$）阶矩阵；$\boldsymbol{y}$ 是未知导数 L_p 和 $L_{\theta_{1c}}$ 的向量；$\boldsymbol{\varepsilon}$ 是误差向量函数。式（2-77）不能以常规方式求逆，因为矩阵 $\boldsymbol{B}$ 不是方阵（非满秩阵），但是，可以定义一个伪逆，为拟合过程提供所谓的最小二乘解，

即误差函数最小化，以便在定义的时间间隔内将测量加速度和估计加速度之间的误差平方和最小化。最小二乘解由式（2-78）给出

$$y = (B^T B)^{-1} B^T x \qquad (2-78)$$

假设误差以正态分布和零均值随机分布，则根据式（2-78）估算的导数将无偏差，且具有高置信度。

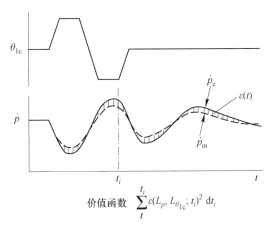

图 2-32　方程误差辨识过程

系统辨识的第二种方法是输出误差法，其中初始方程是运动方程的解或输出。在本例中，可以使用解析解（式（2-74））或数值解（式（2-73））。通常使用后者更方便，在这种情况下，估算的滚转角速度为

$$p_e = p_{0m} + \int_0^t (L_p p_m(\tau) + L_{\theta_{1c}} \theta_{1cm}(\tau)) d\tau \qquad (2-79)$$

然后，由测得的和估计的滚转角速度之间的差异形成误差函数，可以在整个时间历程中以最小二乘法再次将滚转角速度最小化，以得出阻尼和操纵导数的最佳估计值（见图2-33）。

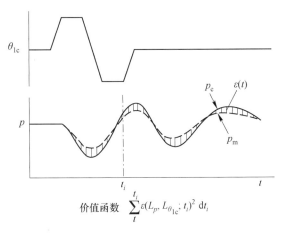

图 2-33　输出误差辨识过程

如果模型结构正确，只要有足够的测量值可以覆盖感兴趣的频率，我们所描述的过程

就将始终在没有噪声的情况下产生"良好的"导数估计。实际上，在这种简单情况下，这两种方法是等效的。大多数使用模拟数据进行的识别工作都属于这一类，并且在将两种基本方法的新变体应用于试验数据之前，通常会先用模拟数据对它们进行测试。在没有受到实际噪声污染的情况下，仿真数据可能不会反映出直升机系统辨识方法的鲁棒性水平。对此进行扩展，我们可以将噪声分为两类进行讨论：

①测量噪声，出现在测量信号上，而不是出现在被测量的量上；

②过程噪声，出现在响应输出上，反映未建模的影响。

可以看出（参考文献 2.24），方程误差法产生的结果易受测量噪声的影响，而输出误差分析法的结果易受过程噪声的影响。如果误差源是确定的，则两者都可能出错，因此无法将其建模为随机噪声。旨在同时解决这两个误差源的方法是"极大似然法"，在极大似然法中，输出误差法与滤波过程结合使用，滤波过程使用模型参数迭代计算误差函数。

从飞行试验数据中识别稳定性和操纵导数可以为控制律设计或操纵品质参数估计提供精确的线性模型。我们在本课程中的主要兴趣是将其应用于仿真模型验证。我们如何使用估计的参数来量化建模逼真度？困难在于估计的参数由许多不同元素的影响构成，如主旋翼和尾桨，隔离缺陷力或力矩预测来源的过程并不明显。参考文献 2.25 中描述了两种解决该问题的方法：第一种是模型参数以物理为基础，通过规定的动力学将感兴趣的建模元素与其他组件隔离开来，即所谓的开环或约束方法；第二种方法涉及建立导数和旋翼机的物理参数之间的关系，从而使物理参数的畸变程度与试验数据相匹配。这两种方法非常有效，且已在几种不同的场合中得到应用。

在直升机飞行动力学中，多数的参数失真通常是由与模型结构缺陷有关两个因素导致的，即阶次不够或非线性度不够，或两者兼而有之。一定程度的模型结构失准将始终存在，并将反映在估计参数的置信度值中。但是，较大的误差可能导致某些参数值不切实际，而这些参数正被有效地用来补偿缺失的部分。知道何时在何种特定应用中发生这种情况是系统辨识技术的一部分。问题的关键之一是设计适当的测试输入，以确保感兴趣的模型结构在频率和幅值方面保持有效，从而使我们回到建模的两个特征维度。在这一领域具有相当潜力的技术是逆仿真方法。

2.3.16 逆仿真

验证和逼真度评估的过程最终与理解分布在整个建模中的各种假设的准确性和适用范围有关。核心在于预测外力和力矩，尤其是空气动力载荷的预测。直接或正向仿真的问题之一是仿真模型由规定的控制输入驱动，而运动的过程由力和力矩的积分得出，仿真和飞行的误差会由于很小的建模误差而迅速变大。由于仿真和飞行的运动响应很快便会产生差异，因此给定输入的验证结果的对比值将没有意义。逆仿真背后的概念是用飞行试验数据规定仿真中直升机的运动，从而得出所需的力和力矩，以便与理论预测的力和力矩进行比较。该过程的一种形式可以设想为闭环形式，模型和飞行之间的误差形成了一个函数，该函数可以通过反馈控制器最小化（见图 2-34）。如果我们假设模型结构与 n 阶向量 $\boldsymbol{x}$ 是线性的，并且我们有飞行测试值 $\boldsymbol{x}_{\mathrm{m}}$，则过程可以写成

$$\frac{\mathrm{d}\boldsymbol{x}}{\mathrm{d}t} - \boldsymbol{A}\boldsymbol{x} = \boldsymbol{B}(\boldsymbol{u} + \boldsymbol{u}^{*}) \qquad (2-80)$$

$$\boldsymbol{u}^{*} = \boldsymbol{k}(\boldsymbol{x} - \boldsymbol{x}_{\mathrm{m}}) \qquad (2-81)$$

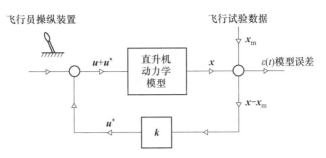

图 2-34　作为反馈过程的逆仿真

建模误差已体现为式（2-80）和式（2-81）中的虚拟控制变量 u^*。可以使用各种最小化算法来确定增益矩阵 k，以实现飞行与理论之间的最佳匹配。参考文献 2.26 中给出的示例使用常规的二次最小二乘性能指标

$$P_I = \int (x - x_m)^\mathrm{T} R(x - x_m)\,\mathrm{d}t \qquad (2-82)$$

可以选择加权矩阵 R 的元素来实现对不同运动变量的分布拟合。该方法是系统辨识的一种特殊形式，将未建模的影响估计为有效控制，可以将后者转换为残余力和力矩，这些力和力矩可以描述未建模的负载或状态。一种特殊形式的逆仿真法（参考文献 2.27、2.28）受到极大关注，其对应于图 2-34 和式（2-81）中的具有无限增益反馈控制的情况。实际上，现在可以准确地规定直升机的四个状态，然后估算剩余的状态和四个控制量。该技术最初是为提供飞行品质评估工具而开发的。可以规定 MTE 的运动学，并比较不同飞行器构型在操纵中飞行的能力（参考文献 2.29）。后来，该技术被用于支持验证工作，并已得到很好的确认（参考文献 2.26）。

2.3.17　建模审查

至此，您可能会对本书中描述的建模任务部分感到有些畏惧，那么随着主题的深入和展开，（理解/学习）第 3 章~第 5 章将几乎不会变得更轻松。相反，如果您对飞行动力学的这一方面充满兴趣，那么后面讲述实践飞行动力学学科必不可少的工具和知识的章节会给您带来更多的乐趣。对模型行为可方便地用频率和幅值来表征。我们参考图 2-14 设置框架，并再次强调与载荷和振动规律的融合。后续的章节将更详细地讨论这种融合，强调尽管存在由飞行员可控频率定义的概念边界，但实际上问题在飞行包线的边缘开始重叠，并采用了高增益的主动控制。

本部分所涉及的大部分内容都利用了飞机和旋翼动力学的解析近似值；这种方法需要始终提供物理洞察力，并且将在以后的建模章节中广泛使用。一般的方法是在相互作用的耦合分量之间搜索某种程度上弱耦合的运动组合。如果能找到它们，那么这就是解析逼近的关键。但是，我们无法避免空气动力学和结构建模的复杂性，第 3 章将从第一原理中推导出载荷表达式。然后可以根据更全面的理论对解析近似值进行验证，以建立其应用范围。随着当今世界计算机计算性能的增强和新功能的出现，建模方法正在迅速发展。例如，现在有更多的论文比较了综合模型与试验数据的数值结果而不是解析结果。如今，解析逼近法很少见。预计综合模型将更精确并具有更高的逼真度，但是代价有时是物理含义的丧失，作者经历了从以分析建模为特征的前一个时代到现在更为数值化的时代的转变，

对此特别敏感。第 3 章和第 4 章将反映这一点，其中充满了作者的个人观点。

我们已经谈到了验证这一庞大的主题，以及模型应该有多好的问题。第 5 章将重新讨论该主题。答案很简单——这要看情况！作者将"你的模型有多好？"这个问题比喻为"地球上的天气如何？"。这取决于你在哪里和一年中的时间等因素。因此，尽管最初的保守回答可能很简单，但认真解决这个问题仍是一项重大任务。本书将对 21 世纪初的情景做一个简要描述，但是这一领域进展很快，新的验证标准以及来自各个组件的试验数据，均与更全面的模型相匹配，可能会在未来 20 年内大大改变"天气"。

在直升机飞行动力学建模中，最重要的是飞行品质。20 世纪末，飞行品质标准得到了广泛的发展，而对相关的操纵和操纵品质参数的准确预测现在处于所有功能验证的最前沿，这很方便地将我们带入下一阶段的讨论。

2.4 飞行品质

在本书中，我们将飞行品质大致分为两类：操纵品质（反映飞机对飞行员操纵的响应能力）和飞行品质（反映飞机对外部干扰的响应）。行业内对飞行品质的定义并不统一，因此我们将在后面第 6 章再讨论这一点。库珀和哈珀（参考文献 2.30）提供了一种最有用的操纵品质的定义，即飞机的品质或特性，"这些品质或特性决定着飞行员能够轻松、准确地执行支持飞机角色所需的任务的能力"，稍后我们将进一步讨论该定义，但是作为起点，它经受住了时间的考验并在今天得到了广泛的应用。这个定义的关键字值得详细说明。

量化一架飞机的特性或其内部属性虽然复杂且有选择性，但可以在合理和系统的基础上实现；毕竟，飞机的反应在很大程度上是可预测和可重复的。定义一项有用的任务或使命也相对简单，尽管我们应该非常小心地认识到所需任务性能水平的重要性。量化飞行员的能力要困难得多且难以捉摸。为此，引入了库珀-哈珀飞行员主观评级表（参考文献 2.30），目前该方法已被普遍接受，作为衡量操纵品质的标准。

2.4.1 飞行员评定意见

如图 2-35 所示，该评级表被分为三个级别，关键的区别是任务的性能和飞行员的工作负荷。飞行员操纵品质评级（HQR）是针对特定飞机配置、针对特定的飞机结构在特定环境条件下执行特定任务而给出的，此点无须赘言。试飞员需要从模拟试验测试情况到操作情况进行一些预测，但是从已知条件到新条件的操纵品质外推通常是不可接受的，这也解释了为什么合规性测试需要全面且耗时。

评级表的结构是决策树，要求飞行员回答一系列问题，深思熟虑并且可能通过与测试工程师的对话来得出自己的评分。1 级（Level 1）评级的飞机在未经改进的情况下是令人满意的，如果在整个 OFE 以及所有使命任务中都能做到这一点，那么就永远不会有（飞行员）关于飞行任务的抱怨，在实践中，可能从未有过这种飞机。而 2 级（Level 2）评级的，甚至有时 3 级（Level 3）评级的特点已经成为作战飞机的特点。对于 2 级评级的飞机，飞行员仍然可以获得足够的性能，但必须通过适度广泛的补偿并且增加工作负荷。在 2 级（HQR 6）评级的极端状态下，仍然可以执行飞行任务，但是飞行员几乎没有应对其他任务的多余能力，即使没有因疲劳带来的危险，飞行员也无法长时间维持飞行，因为失误伴随的安全隐患会增加风险，这些是不良飞行品质的弊端。在 2 级评级以上，在正常运

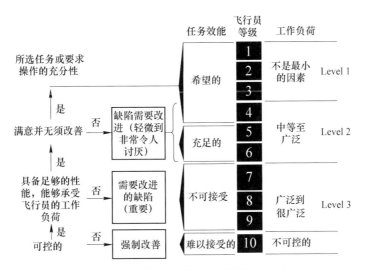

图 2-35 库珀-哈珀操纵品质评级汇总表

行状态下绝对不允许出现不可接受的情况，但需要这一类别来描述在特别恶劣的大气条件下或在失去关键飞行系统后与飞行有关的紧急情况下的行为。

难度在于，虽然可以根据任务需求来定义性能目标，但工作负荷和等级可能因飞行员而异。为了解决飞行员的观点易变问题，需要提出若干意见，这增加了测试方案的持续时间，并带来了解决任何巨大分歧观点的需求。然后，飞行员等级通常显示为一定范围的平均值，如图 2-36 所示。范围显示至关重要，因为它不仅显示了可变性，而且还显示了意见是否跨等级。除 3.5 分和 6.5 分外，允许半个等级；当飞行员正确遵循 HQR 决策顺序时，这些点不可用（见图 2-35）。

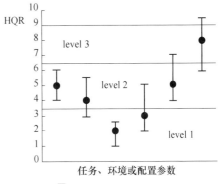

注：● 指平均和最大/最小飞行员评级。

图 2-36 飞行员操纵品质评级的表示，显示随任务、环境或配置参数的变化

2.4.2 客观飞行品质

尽管飞行员主观意见始终是决定因素，但仍需要量化标准作为设计目标，并在整个设计和认证阶段进行合规性论证。美国陆军的 ADS 对飞行品质提出了最全面的要求——ADS-33（参考文献 2.1），这将在本文中经常提及，特别是在第 6~第 9 章中。在提出这些要求的过程中，人们认识到迫切需要新的标准，但是新标准只能与制定它们的基础数据库一样有效。ADS-33 的主要作者 Hoh（参考文献 2.4）评论说，需要对任何现有试验数据提出关键问题：

①在当前和未来的作战任务中，生成的数据是否具有类似的机动精度和攻击性？

②外部视觉信息和大气扰动产生的数据是否与当前操作相关并一致？

当时（20 世纪 80 年代初）的大多数现有数据在受到这些问题的审查时被删除，一些北约国家的设施和机构被用来支持新的、更适当的数据库的开发，特别是加拿大（国家航空局，渥太华）、德国（德国航空航天研究中心，布伦瑞克）、英国（国防研究局，贝德福德，英国皇家空军），当然还有美国自己，这项活动是由美国陆军航空飞行动力学局在艾姆斯研究中心策划的。

ADS-33 中的标准已在开发中得到验证，任何差距都代表数据稀疏或不存在的领域。引用 ADS-33：

应采用本规范的要求，以确保飞行安全或执行预定任务的能力不会因飞行品质的不足而受到任何限制。

对于在 OFE 的飞行时要求 1 级飞行品质。MTE，UCE 和响应类型（例如，速度指令姿态保持——RCAH）是 ADS-33 中要求规范以确保 1 级品质的三项创新。可以看出这与本章前面讨论的三个参考点直接相关。参照图 2-13，我们看到，对于障碍滑雪和侧滑MTE，速度指令响应类型被认为足以在 UCE 1 的条件下为飞行提供 1 级俯仰或滚转操纵品质。但是，对于低速飞行，响应类型将需要升级为姿态指令，如果要在 UCE 2 的不良视觉环境中飞行，则需要将其类型升级为姿态指令姿态保持（ACAH），而带位置保持（TRCPH）的平移速度指令用于 UCE 3 中的飞行。因此，任务、环境和飞机动力学相互作用，决定飞行品质。

2.4.3 频率和幅值——揭示自然尺度的影响

在更深层次上，响应类型本身可以根据其频率和幅值特性进一步分类，我们在本书的2.3 节所描述的建模准则中发现了有用的观点。如图 2-37 所示说明了该结构，其响应分为三个级别的幅值（小、中等和大）和三个频率范围，分别对应于长周期、中等周期和短周期行为。零频率运动被定义为配平基准。考虑到直升机固有的多种交叉耦合，我们在图中增加了第三维。迄今为止，与直接响应相比，交叉耦合需求的标准还远不成熟。图中的边界曲线表示实际飞行的极限，较高的频率姿态和飞行轨迹运动被限制在较小的幅值，而较大幅值的运动被限制在较低的频率范围。在稍后的第 6 章将给出一个合适的结构以研究定量响应标准。

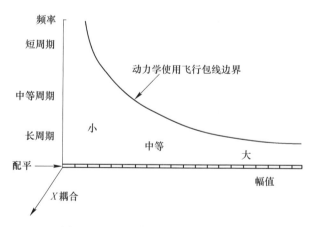

图 2-37　飞机响应的频率和幅值特性

现在，可以在此响应类型分类的框架内讨论直升机的典型特性。直升机俯仰运动的中长期、小幅响应和稳定性是一种涉及速度和高度变化的不稳定低频振荡。这种模式可以表现为悬停时出现轻微不稳定的钟摆式运动，并以高速迅速发散的"升降运动"振荡。飞机设计和配置参数，例如，重心的位置、旋翼类型和尾翼设计可能会对该模式在前飞中的稳定性产生严重的影响。在前重心极限，振荡可以在中等速度下稳定，而对于某些配置，尤其是在无铰链旋翼或带有小水平尾翼的直升机的后重心负载下，振荡可以快速分裂为两个非周期发散，某些严重的情况下，2 倍幅时间小于 1s。该模式与固定翼不同，因为在爬升和俯冲过程中的速度变化会引起俯仰力矩，从而导致机身和旋翼的迎角和推力发生显著变化。

2.4.4 稳定性——更早于飞机

在早期直升机试飞中，这些差异通常使固定翼试飞员感到意外。英国皇家空军对直升机飞行品质的研究可以追溯到 20 世纪 40 年代，当时工程师和飞行员分别掌握了理论和实践。在直升机研究的初期，一个关键的问题是稳定性问题，或者说，是缺乏稳定性。Stewart 和 Zbrozek（参考文献 2.31）描述了 1948 年英国皇家空军一架 S-51 直升机失控的事件。引用参考文献中飞行员的报告：

当观察员说他准备好使用自动观察器时，我将驾驶杆向前推了大约六英寸，然后迅速将其拉回到初始位置。飞机继续以直线水平飞行了大约三到五秒，然后缓慢地开始升降运动，机头在最初时略微下降。每次振荡都会变大，即每次振荡都会使俯冲和爬升变得更陡；在"拉出"的过程中同时伴随着滚转，在俯冲的底部，它具有最大的右倾斜。

观察员暗示在第三次振荡结束时应采取恢复行动；当飞机从爬升到顶部进入俯冲时，我向前放松驾驶杆以帮助其越过顶部。驾驶杆感觉很轻，飞机似乎没有其他反应。当飞机再次开始俯冲时，我将驾驶杆拉回我认为是把它推出来之前的位置，我想我会使速度稍有提高，然后再把驾驶杆放松一些，从俯冲中拉出。相当垂直的俯冲开始了，就在我准备将驾驶杆放回原处时，大约在前一次驾驶杆动作之后三秒，突然整架飞机出现了剧烈振动。从那时起直到恢复（我估计在五到十秒后），我对发生的事情没有清晰的记忆。我认为飞机在振动后立即向左急转，向后倾斜。然后它或多或少地以正确的方式下降，但是机身在旋转，我认为在向右旋转。然后它迅速陷入垂直俯冲，并再次重复这一情景。我很早就选择了自转。有一次我看到旋翼的转速是 140r/min，后来是 250r/min。有时候驾驶杆很轻（扳动时需用力小），有时候很重（扳动时需用力大）。我记得飞机做了三次这样的动作。它似乎想在第二次俯冲中恢复，但实际上在第三次俯冲中对操纵做出了反应。当水平高度为海拔 400ft（高度损失 800ft）时，飞机再次处于可控状态，对操纵做出了正常反应；我飞回机场降落。

飞行员用一个纵向周期变距脉冲诱发了长周期振荡模态。在第三次振荡结束时开始恢复动作，飞机在俯冲中提高了速度，并且在拉出过程中，桨叶撞出了下垂限位点，撞到了机身，从而导致了不可控的快速滚转运动。由此产生的不稳定动作使飞行员在此期间失去方向感，不过最终稳定了下来，飞机飞回英国皇家空军基地并安全着陆。自动驾驶仪在操纵过程中记录到超过 4g 的峰值法向加速度，导致后机身发生严重的屈曲（见图 2-38）。以下是对该事件进行分析的两个结论：

① "……应避免操纵装置的大幅度快速移动，特别是在高速状态下。"

② "应设计某种形式的飞行试验技术，以便在原型机阶段确定直升机对这种故障模式的敏感性。"

这些结论在今天和直升机飞行试验早期一样重要。上面的问题仍然是未经鉴定的直升机的一个特点。但是，如今有飞行品质规范，这些规范定义了可接受的中周期俯仰特性的边界。图 2-39 说明了 ADS-33 中规定的频率/阻尼要求；1/2 级和 2/3 级边界显示为直升机

图 2-38 西科斯基 S-51 直升机机身破坏（参考文献 2.31）

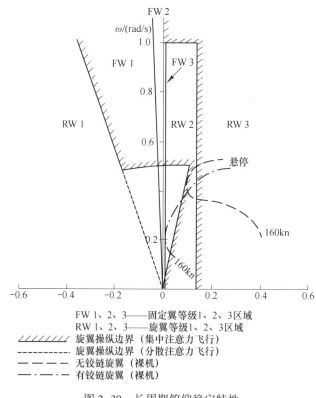

FW 1、2、3——固定翼等级 1、2、3 区域
RW 1、2、3——旋翼等级 1、2、3 区域
⁄⁄⁄⁄⁄⁄⁄ 旋翼操纵边界（集中注意力飞行）
- - - - - - - 旋翼操纵边界（分散注意力飞行）
— — — 无铰链旋翼（裸机）
— ·— ·— 有铰链旋翼（裸机）

图 2-39 长周期俯仰稳定特性

和固定翼飞机（参考文献 2.3）的 "全值守"① 飞行，还包括在裸机或不稳定结构中两种基线模拟配置的特征轨迹，Lynx 直升机模拟和 Puma 直升机模拟。从该图中可以看出几个

_____

① 飞行员能充分注意姿态和航迹控制。

要点。首先，在一定范围内将直升机的 1 级可接受的特性等同于固定翼飞机的 3 级特性。其次，对于它们的大多数飞行包线，我们的两架直升机模拟甚至都无法满足固定翼标准的 3 级要求。事实是，如果不进行增稳，就不可能制造出满足固定翼标准的直升机；在本章的前面，我们讨论了其中一个关于正稳定性导数 M_w 的原因。但这不是降低安全飞行边界的充分理由。相反，图 2-39 中的边界是由飞行结果定义的，这意味着旋翼飞行员愿意接受的东西比固定翼飞行员所接受的要少得多。Hoh 在参考文献 2.4 中提出了两个理由：

①"对直升机飞行员进行培训以正确应对飞机出现的严重不稳定和交叉轴耦合。"

②"评估中使用的任务不应特别苛刻。"

这两个原因是一致的，直升机只能在良好条件下安全地执行缓和的任务，否则不能确保执行其他任务的飞行安全，除非可以设计和构建反馈自动增稳系统以抑制直升机自然发散的趋势。

图 2-39 包括"分散注意力"[①] 飞行的直升机边界；这就要求阻尼比为 0.35，从而消除所有不稳定的因素。因此，必须在恶劣天气下飞行或飞行员需要释放操纵装置或转移注意力以执行次要任务的直升机，应具有某种形式的人工增稳系统。这一结论适用于军事和民用行动，后者对安全的日益重视提供了一个有趣的对比，第 6 章将进一步讨论民用直升机飞行品质标准。

上面描述的 S-51 事件说明了飞行品质下降的两个重要后果——飞行员方向感丧失和飞机强度，是限制因素，即最终"给予"的东西，因此可以在失去控制后终止情况。这可以很好地理解飞行品质对于任务执行是至关重要的。

2.4.5 飞行员在环控制；攻击机动

飞行员对直升机飞行品质的最为直接印象，可能是在飞行员尝试保持悬停姿态和位置时形成的，也可能是在飞行员操纵和加速进入前飞时形成的。这里，人们最感兴趣的不是中长周期稳定性特征，而是对操纵输入的小—中—大幅度短周期响应（见图 2-37）。

考虑改变飞机姿态的机动运动学。例如，这可能对应于从悬停（俯仰）开始加速的初始阶段，或前飞（滚转）时进行的侧倾机动。如图 2-40 中的所谓任务示意图显示了飞行员操纵输入（a）、姿态（b）和速率（c）的变化，包括与三种不同的飞行员控制策略相对应的机动（相位平面）纵向（d）和任务特征图（e）和（f）。该示例假定一个简单的速度响应类型。情况 1 对应飞行员尽可能快地施加最大控制输入并随着姿态变化而稳定下来的情况。情况 2 对应飞行员为获得相同姿态而进行的更为温和的机动。情况 3 对应于飞行员应用了更迅猛的最大脉冲输入，达到了与情况 2 大致相同的速率，但最终姿态减小了。对于情况 3，输入是如此之快，以致飞机没有时间达到其稳态速度响应。这三种情况的区别在于，其迅猛程度和飞行员输入的大小，即不同的频率和幅值量。任务特征图（e）和（f）是通过计算不同机动峰值速度、p_{pk} 和相关姿态变化 $\Delta\phi$ 来构建的；每个代表图上的一个点。峰值速度与姿态变化的比率（如图 2-40（f）所示）是一个关键参数。在 ADS-33 中指定了快速性参数，该比率对于给定的姿态变化具有最大实现值。对于大机动飞行，极限自然由最大可实现速度或姿态操纵功率 $p(q)_{max}$ 决定，情况 1 代表了这种情况的一个

[①] 飞行员需要在适当的时间内执行与操纵无关的次要任务。

例子。快速性是一种频率量度，对于小幅值，代表了飞机可达到的最大闭环频率。因此，它一方面是飞机固有的机动性能或快捷性的量度，另一方面是操纵品质参数的量度。如果最大可达速度太小，那么飞行员可能会抱怨飞机太迟钝，无法执行跟踪任务。如果速度太快，那么飞行员可能会抱怨（飞机）不稳定或过于敏感。

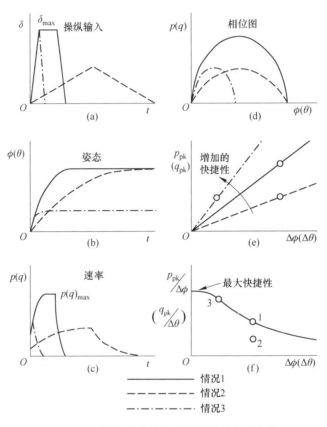

情况1
情况2
情况3

图 2-40　滚转/俯仰和停止操纵的任务示意图

2.4.6　带宽——适应全时域的参数？

对于响应谱的小幅、高频段，两种经典的品质度量方法——阶跃响应特性和低阶等效系统（LOES）响应，已被证明在捕捉与直升机跟踪和追踪类型任务相关的重要特征方面存在不足。固定翼飞机界采用的等效系统方法具有很大吸引力，但是旋翼机的非经典响应类型确实使 LOES 在大多数情况下毫无用处。同样，阶跃响应曲线的详细形状似乎对操纵输入形状中的小缺陷和测量误差很敏感。当然，严格地说，小幅的跟踪行为应该与阶跃响应关系不大，而与高频下的幅值和相位关系更大。尽管如此，ADS-33 在这一领域的发展方向，在经过相当多的辩论和努力后才得以阐明，可以公平地说，在采用带宽标准方面仍然存在一些争议。

对于简单的响应类型，最大快捷性接近于这个更基本的飞行品质参数——带宽（参考文献 2.32）。该参数将在第 6 章中进行更详细的讨论，但现在在这一点上进行一些阐述是有必要的。从定性的角度来说，带宽是指超出该频率会导致闭环不稳定的频率。讨论这个观点，需要比较多的步骤，并且还需要进行一些额外的铺垫。对于任何闭环跟踪任务，飞行员的感知路径、神经肌肉和心理运动系统（参考文献2.33）的自然延迟会随着干扰频率的增加而导致操纵问题的增加。如果不使用飞行员辅助控制，那么随着飞行员操纵增益或干扰频率的增加，人/机闭环系统将逐渐失去稳定性。

不稳定点通常称为"截止频率"，带宽频率对应于提供足够稳定裕度的某个较低值。在实践中，这被定义为最高频率，在该频率下，飞行员可以使其增益翻倍，或者在操纵输入和飞机姿态响应之间允许135°相位滞后，而不会导致不稳定。带宽越高，在高增益跟踪任务中飞机的安全裕度就越大，但正如我们暗示的在快捷性上可能有一个上限，带宽可能会受到类似的过度响应的限制。

我们已经介绍了一些新的飞行品质语言，如截止、感知路径、增益和超前/滞后，读者将需要将这些概念带入后面的章节中进行阐述。由于短周期姿态控制对任何飞行任务都至关重要，因此我们对整个问题进行了详细的讨论。改变姿态会使旋翼推力矢量倾斜并使飞机重新定向，从而使飞行轨迹矢量重新定向。毫不奇怪，飞行品质标准在此问题上得到了最充分的发展。对于小幅高频俯仰运动（见图2-37），我们已经为固定翼飞机和旋翼机制定了带宽标准。对于这两种类型的飞机，标准均以两个参数形式显示，并带有相位滞后参数 τ_p。相位滞后与频率高于截止频率时的相位变化率有关，也是姿态响应和飞行员操纵输入之间等效时间延迟的度量。

图2-41描述了一个类似于固定翼和旋翼中频稳定性标准比较的情况（参见图2-39）。在 τ_p、ω_{bw} 平面中存在一个范围，其中1级直升机特性对应3级固定翼飞机特性。图2-41中的边界是现代规范中典型的以任务为导向的标准。它们适用于直升机的空战任务，更普遍地适用于飞机的A类飞行阶段（参见参考文献2.3）。它们是根据与当前运行需求相关的最佳可用试验数据开发的。在很大程度上，固定翼和旋翼之间的显著差异直接关系到不同的任务要求。到目前为止，还没有要求旋翼机提供固定翼飞机的性能。另一方面，从工程的角度来看，要赋予常规直升机这样的带宽性能是非常困难的，因此不可避免地要进行大规模的能力调整。在后面的章节中，将详细讨论一些构型约束和设计限制。

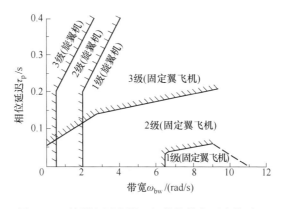

图2-41　旋翼和固定翼飞机俯仰带宽要求的对比

之前，我们认为等效的低阶系统不足以表征直升机的姿态特征。虽然对于没有或仅有有限权限、稳定性和控制增稳功能的常规直升机而言确实如此，但未来具有任务定制控制律的飞机可以用这种方式进行更有效的描述。稍后，在第 6 章和第 7 章中，我们将介绍概念仿真模型（CSM，参考文献 2.34），实际上是 LOES 形式大大简化的直升机模型。该模型结构的基本假设是，在主动控制的情况下，可以通过简单的等效系统以多种不同的形式裁剪飞行品质。在 RAE/DRA（DRA，1991—1995）中使用 CSM 进行的飞行品质研究使具有主动控制技术（ACT）的未来直升机具有了许多理想的特性得以确定。此问题将在以后的飞行品质章节中继续介绍。

至少在与飞行员控制相关的有限频率范围内，有一种直升机飞行特性可以通过一个简单的一阶响应来描述——悬停中的垂直或升降轴向运动。虽然已经认识到垂直轴动力学主要由空气质量和较高频率的挥舞运动所控制，但低于约 5rad/s 时，对总距（δ_c）的垂直速度响应（$\dot{h}$）可用 LOES 描述

$$\frac{\dot{h}}{\delta_c} = \frac{Ke^{-\tau_{h_{eq}}s}}{T_{h_{eq}}s + 1} \qquad (2-83)$$

该公式将一阶速度响应表征为一个传递函数，具有增益或操纵性 K，时滞 $T_{h_{eq}}$。纯时间延迟 $\tau_{h_{eq}}$ 是人为设定的，用于表示在获得最大垂直加速度时的任何初始延迟，例如，由旋翼或空气质量动力引起的延迟。可接受的飞行品质可以用 LOES 参数来定义。垂直飞行品质和前飞中的飞行轨迹控制也受到发动机和旋翼调速系统动态特性的较大影响。敏捷行为只通过快速和持续的推力和扭矩响应才能维持，这二者都取决于快速的动力装置动力学。像往常一样，需要进行权衡取舍，而过多的敏捷性可能无法使用且浪费。这将是第 7章的主题。

2.4.7　飞行任务科目基元

飞行品质参数需要具有物理意义和可测量性。作为一个需求规范，它们需要结合在一起，接受第 6 章中概述的 CACTUS 规则（参考文献 2.35）。同样在第 6 章中，将根据这些基本要求对不同标准的范围以及飞行和模拟中相关参数的测量进行严格审查。需要再次强调的是，在现今大多数功能性任务中，军用和民用直升机都需要某种形式的人为的控制增稳能力以达到 1 级飞行品质，这些成为自然飞机和自动飞行控制系统设计的重要推动力。在本书探索人工控制增稳范畴之前，在要求苛刻且需要集中注意力的飞行任务中，值得说明的是：飞行任务科目基元的飞行品质缺陷将如何导致任务性能降低和飞行员工作负荷的增加。

验证飞行品质符合性的试验技术必须使飞机达到其性能极限。如图 2-42 所示显示了两个任务的性能需求，即 NoE（近地飞行）（从悬停到悬停）和重新定位机动（快速跳越和急速侧移）。20 世纪 80 年代中期在 RAE/DRA 贝德福德进行的测试表明，任务紧迫性或攻击性因素（参考文献 2.36）对飞行员工作负荷和任务表现的重要性。这些演习是在不断增加的紧迫性下进行的，直到在尽可能短的任务时间内完成。起始和结束位置限制以及高度/轨迹走廊定义了可接受的飞行路径。通过增加初始俯仰角或侧倾角来提高性能，以获得最大的平移加速度：两架试验飞机 Lynx 和 Puma 均以相对较低的重量运行，允许地面上的加速度大于 $0.8g$（约 $40°$ 侧倾/俯仰），对应的悬停推力裕度约为 30%。图 2-43 显示了记录的飞行员 HQR（操纵品质评级）与 Puma 飞行 200ft（约 60m）急速侧移任务时间的函数。超过 11s 是飞行员评价为 1 级的标准；低于此水平的任何任务时间减少都会导致工作负荷增加。实际上，飞行员无法将任务时间缩短到 9s 以下仍能达到飞行轨迹性能要

求（在最终恢复到悬停状态的过程中，有一次机轮撞到地面）。飞行员正在应用全横向周期变距、总距和航向控制，但是由于侧倾响应和发动机/转速调节器的特性，该操纵未能及时停止。飞机的低动能意味着未发生结构性损伤，但飞行员判断他失控并返回了 10 的 HQR（见图 2-43）。

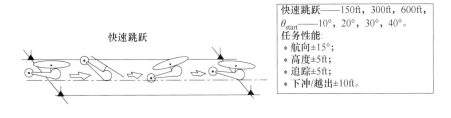

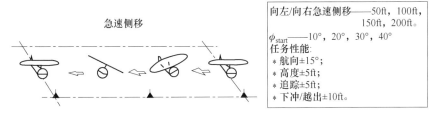

图 2-42 具有性能要求的低速任务科目基元示例

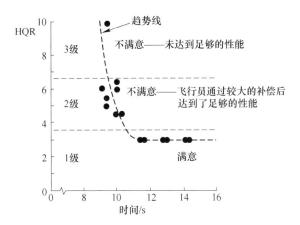

图 2-43 Puma 200ft 急速侧移飞行员操纵品质评级（HQR）随任务时间的变化

2.4.8 危险边界和无忧操纵

因飞行器动力学方面的缺陷，飞行员需要仔细监测接近飞行极限的关键参数，在大姿态角下，外部视觉参考较差，飞行员需要在离地面非常近的高度和受约束的飞行轨迹上飞行，这给飞行员带来极大的负担，从而导致了 2~3 级的评价。当然，Puma 作为中型支援直升机，并不是设计用来在 8s 内飞行 200ft 的急速侧移，这只是测试配置的近似极限。然而，飞行员被禁止全性能使用（最大为 30°的倾斜角），并且禁止飞行员更换所驾驶飞机的类型。美国陆军在同一时期进行的 RAE 试验和飞机试验（参考文献 2.37）中也出现了类似的模式。同样，其他 MTE 也出现了相同的趋势，这被认为是对设计师的一个基本挑战。例如，接近飞行器极限20%的范围内，似乎同时以多种方式达到了"边缘"，这强烈显现出飞行品质的缺陷，此时飞行员最需要安全、可预测或无忧操纵。多年来，自动飞行的概念在飞机设计中已成为一个熟悉的现实，例如，防止旋转偏离（如"狂风"战斗机）或深度失速（如F-16），但尚未主动实施在直升机中。在撰写本文时，V-22"鱼鹰"的电传操纵系统的计算机中内置了另一种自动飞行的方式，可进行结构载荷减缓。我们将在第7章和第10章中回到这个主题。

2.4.9 敏捷系数

先前描述的英国皇家空军测试是一项更大的研究计划的一部分，该计划旨在更好地了解当前军用飞机飞行品质的缺陷，并对未来的需求进行量化。特别令人感兴趣的是飞行品质对敏捷性的影响；敏捷性的概念将在第7章中进一步讨论，但是，对于本章的介绍性而言，一个合适的定义是（参考文献2.38）：在安全和稳定的情况下快速准确地适应和响应的能力，可以最大限度地提高任务效率。

上述研究结果提出的一个关键问题是敏捷性与飞行品质的关系。作者赞成的一种解释是，敏捷性确实是一种飞行品质。这一点得到了敏捷系数的概念的支持：如果MTE中使用的性能可以通过飞机固有的可用性能进行归一化，那么在极限状态下，该比率将揭示不可用性能的程度。计算此系数的一种更方便的方法是取理论上理想的任务时间与实际任务时间的比值。理想时间是基于最大加速度时间为零的假设计算的。因此，在急速侧移过程中（或任何类似的横向平移机动），可瞬间实现倾斜角的变化。在纯倾斜和悬停操纵时，假定滚转角速度是瞬时改变的。敏捷系数有助于比较相同需求下具有相同性能配置的固有敏捷性。第7章将详细说明计算程序和一些因素的细微差别。如图2-44所示的HQR显示了将Puma的急速侧移和快速跃进MTE数据转换为敏捷系数的方法。以前在时间图中显示的趋势现在看起来更为显著。Puma的最大敏捷系数为0.5~0.6，仅在2~3级HQR的临界范围才可实现。即使在工作负荷相当大的情况下，飞行员也几乎无法达到足够的性能水平，这些测试是在实际环境中进行的，具有明确的地面特征，由熟练的试飞员飞行，并有机会进行实践。在现实世界中，其他职责的工作负荷增加以及迅速变

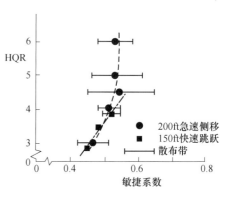

图2-44 Puma急速侧移和快速
跳跃的HQR与敏捷系数

化的情况带来的不确定性将不可避免地导致敏捷性进一步丧失或在三级机制中增加运行风险；飞行员必须选择在安全性和性能之间做出选择。

在敏捷系数实验中，机动攻击水平的定义需要与关键机动参数相关，例如，飞机速度、姿态、转弯速度或目标运动。通过增加实验中的攻击，我们尝试减少任务的时间常数或减少任务带宽。只需定义三个级别就足够了（低、中和高），低级别对应于正常操纵，高级别对应于紧急操纵。

2.4.10 飞行员的工作负荷

敏捷性的主要属性是速度、精度和安全性，而所有这些都会因操作难度的增加而受到削弱。不只是时间的压力，还有大气条件（如阵风）和UCE（请参阅2.2节）也会影响

敏捷系数和 HQR。在许多情况下，飞行员控制行为、任务难度和飞行员等级之间存在着密切的联系，在这种情况下，控制行为的水平可能与飞行员的工作负荷有关。图 2-45 显示了在两种不同程度强度下飞行员在 RAE 的先进飞行模拟器（AFS）上飞行进行障碍滑雪 MTE 时的横向周期变距操纵。该实验和其他实验的详细信息将在第 7 章中提供，但在此突出强调了变化频率和幅值水平。图例中还标出了 HQR 级别，表明随着强度的增加，评级从 1 级降低到 2 级。在图 2-45 所示的情况下，降级对应任务带宽的增加。

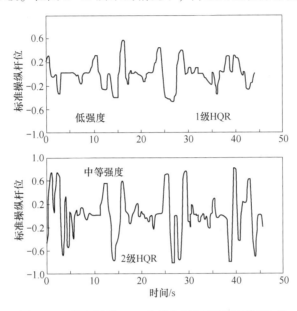

图 2-45　障碍滑雪 MTE 中横向周期变距的时间历程

可通过另外一种频域方法表示飞行员的操纵行为，如图 2-46 所示给出了横向周期变距的功率谱密度函数，显示飞行员在不同频率下施加的操纵能量。在高强度工作下，工作负荷明显增加，尤其是在 1.5Hz 以上时。有证据表明，就飞行员的工作负荷而言，关键参数之一是飞机带宽与任务带宽的比值。当任务带宽与地面航迹几何形状和飞机地速相关时，后者对于飞行的飞机（如正弦回旋）很容易理解。多角度 MTE 轨道的带宽不太明显，但通常速度或平均速度与距离的比值就足够了。如图 2-47 所示从概念上说明了预期趋势。工作负荷指标，如将操纵行为的均方根或占某一行为某些比例的频率与带宽比值图。如图所示，随着比值的增加，人们期望飞行员的任务会变得更容易。相反，随着比值的降低，通过减少飞机带宽或增加任务带宽，会增加工作负荷。在某个点上，工作负荷显著增加，可能对应于飞行员诱发振荡的开始，此时度量指标可能不再与工作负荷相关，并且控制策略由所谓的残余控制，通常反映出飞行员混乱错误的反应与任务提示之间是一种准线性关系。能够检测到初期故障对于建立飞行品质边界并向飞行员发出一些潜在的高工作负荷情况的警告非常重要。该领域的研究还相对不成熟，大多数实验严重依赖飞行员的主观意见。据作者所知，目前尚没有可靠的工作负荷表，即使在运行服务中使用的相当于机载健康和使用监控系统（HUMS）的人机界面。

2.4.11　接收器和显示器

如果不讨论一些对飞行器飞行航迹控制有主要影响的其他关键特征（飞行员的感知器

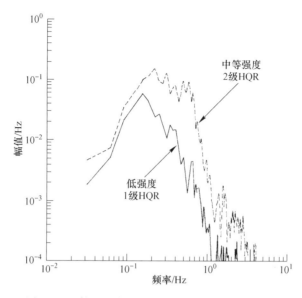

图 2-46 障碍滑雪 MTE 中横向周期变距的功率谱

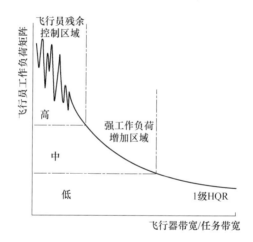

图 2-47 飞行员工作负荷与带宽比值之间的概念关系

和显示器），就不可能完成这次飞行品质的话题。说这两个领域不重要是不对的，二者中任何一个领域的不良特性都会破坏原本出色的飞行品质。当然，飞行员也可以弥补驾驶舱操纵中的不良机械特性，但是通过这些元件提供的触觉和视觉信息对于许多飞行阶段都是必不可少的。侧杆控制手柄和头盔显示器是 ACT 的组成部分，在未来的直升机驾驶舱中可能会具有较大作用（见图 2-48 和图 2-49）。这些设备的最新研究实例将在第 7 章中概述。

2.4.12 飞行品质的运营收益

那么，良好的飞行品质对运营有何好处？它们是非常重要的还是仅仅是具有吸引力？我们已经看到，飞行品质缺陷的潜在后果之一是飞机失控，导致（机体）结构损坏、飞行员迷失方向和坠毁。我们还看到，在一种情况下表现出 1 级特征的飞机在降级或更苛刻的条件下可以达到 2 级甚至 3 级。于是，一个问题产生了，那就是飞机在实际中遇到这些情况的可能性。这个问题最近在固定翼民用运输界受到关注，以量化人为失误导致坠机的可能性（参考文献 2.38）。上述方法用来量化具有基准水平 1（相对于水平 2）的军用旋翼机飞行品质的好处（参考文献 2.39）。这项研究将在第 7 章中进行更详细的描述，其结果如图 2-50 所示。这表明根据平均 HQR（例如，根据 ADS-33 客观评估得出）实现 MTE 成功、失败或失控（导致坠机）的可能性。从相当简单的统计分析中得出的结果比较直观。在证实图 2-50 中描述的结果之前，需要仔细确认几种假设，而这些假设将在第 7 章中进一步探讨。该方法虽然有些争议，但具有相当大的吸引力，并为飞行品质的直接有效性措施提供了机会。

图 2-48　Bell 205 上加拿大 NRC 公司的可变稳定性 CAE 四轴驾驶杆

图 2-49　GEC 公司生物芯片头盔显示器

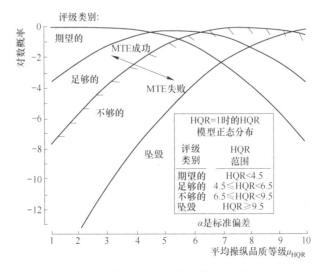

图 2-50　作为 HQR 函数的等级分类概率

2.4.13　飞行品质评估

这一部分的重点是突出飞行品质与任务或任务之间关系的重要性。在角色和相关任务的背景之外，品质的含义变得模糊和学术化。飞行或操纵品质不仅是飞行器的稳定性和响应特性，而且是我们所谓的飞机内部属性与外部影响之间的协同作用。可以通过分析和实际测量来客观评估飞行品质，并且可以通过飞行员对在限定的性能和工作负荷限制内飞行MTE 的能力来进行主观评估。20 世纪 80 年代和 90 年代，直升机的飞行品质有了长足的发展，这与设计标准和符合性证明都有关，第 6 章和第 7 章将深入介绍并讨论许多新概念。但是，相关知识库仍然存在不足，这主要是由于飞行试验数据库不足而引起的，这些领域需要得到加强。重要的欠发达领域之一是对飞行品质上限的要求。这对于需要敏捷性的军事人员来说非常重要，在此情况下，对控制响应过于敏感和控制能力不可用的经验强烈地反驳了"性能总是更好"的假设。敏捷性将在第 7 章的特殊飞行品质部分中讨论。由于各种内部和外部影响而导致的操纵品质下降的量化也代表了显著的差距，在第 8 章中，我们讨论了一些更重要的问题。

旋翼飞行器飞行品质的发展历史是本书第 3 版第 9 章的主要内容，它是从"主观品质可以量化的"这个观点发展而来的。在这里，作者以 70 多年来飞行品质的形成时期为起点进行回顾。然后，在学科发展的自然阶段，以发展用户需求、新兴技术、基础工程科学的增长或监管标准的变化为标志。此部分内容是将当前技术状态贯穿进去对第 6 章 ~ 第 8 章中内容的补充。

众所周知，如果没有某种形式的控制增稳系统（SCAS），则除了最简单的任务外，直升机几乎不可能实现 1 级飞行品质。但是，出于以下几个原因，我们研究所谓的自然飞机飞行动力学。第一，未增稳的特性构成了 SCAS 设计的基准，即他们越了解，SCAS 设计就越有可能在第一次正常工作。第二，必须考虑失败的增稳系统的情况，自然飞机特性的水平决定了 SCAS 是飞行安全还是关键任务，即是否可以继续执行任务甚至安全飞行。第三，自然飞机设计所赋予的飞行品质越好，SCAS 要求的权限越少，或者反馈回路中的增益越低，因此飞机对 SCAS 故障的抵抗力就越强。第四，在 SCAS 权限有限的情况下，机动飞行中的任何"饱和"都会使飞行员暴露自然飞机特性。与这些条件相关的任何问题都需要很好地理解。

很明显，SCAS 的性能与自然飞机的飞行动力学密切相关，它们共同构成了整个直升机设计的驱动因素。

2.5　飞行品质设计——稳定性和控制增稳

在直升机设计的权衡中，飞行品质通常不得不放在次要位置。在早期，就像固定翼飞机一样，解决基本控制问题是性能要跟上需求发展的脚步。自早期的西科斯基直升机以来，单旋翼直升机的基本布局一直保持不变。现代直升机的特点是其更高的性能（速度、有效载荷）、更高的可靠性，从而具有更高的安全性、更平稳的飞行以及一套航空电子系统，这套航空电子系统支持恶劣天气下的民用应用和如自动武器系统之类的军事应用。性能、可靠性、舒适性和功能性一直是直升机开发的驱动力，多年来，飞行品质一直是设计的副产品，其不足之处是通过训练有素的飞行员以"能用"的意见来弥补。从之前的讨论中可以看出，直升机的飞行特性通常比同等"等级"的固定翼飞机差。在某些情况下，直升机在制造时处于 3 级品质区。直升机的主要飞行品质不足的情况总结如下：

①在所有轴上的主响应不纯，即通常存在姿态或速度的交联，且从悬停到高速这种交联关系变化很大。

②在所有轴上都非常强的交叉耦合。

③在飞行包线极限处响应品质降低，并且缺乏任何固定的、无忧操纵功能，如旋翼的气动效能通常超过结构效能。

④在低速时，直升机的稳定性通过低阻尼和低频率的模态表征；随着前飞速度的增加，纵向和横向模态的频率均增加，因为尾翼面有助于提高空气动力刚度，但是模态阻尼会降低，稳定性往往会恶化，特别是对于高响应性的无铰链旋翼。

⑤旋翼为高带宽控制提供了一个有效的滤波器。

这些不足的结合始终要求直升机飞行员具备高超的技能，同时当前恶劣的天气和能见度下延长作战时间的要求，以及在威胁密集型作战中缓解驾驶任务的需求，都对稳定性和控制增稳提出了基本要求。在讨论人工稳定之前，首先需要更仔细地研究有助于飞行品质的关键自然设计特征。这方面的讨论对应上述的五个问题，并试图说明即使在飞行品质准则内，也必须做出折中，以同时满足高速和低速要求。

2.5.1 主响应的交联响应

直升机的旋翼对各个方向的速度扰动都很敏感，旋翼设计者在消除扰动响应的控制方面几乎无能为力。早期努力尝试建立自然动力学耦合以消除由于复杂的旋翼机构导致的对旋翼的外界干扰（参考文献 2.40、2.41），仅有部分成功地发挥了良好的作用，但无论好坏，从未被尝试实现和生产。这种努力很快被电子稳定技术的进步所取代。直升机的所有运动轴都具有抵抗运动的自然阻尼，可在非常短的时间内提供基本的速度指令控制响应。但是，在施加操纵输入后不久，迎角和侧滑角的变化会引起速度变化，从而改变所有轴上的自然速度响应特性。对于高速飞行中的俯仰轴响应，这可能会在很短的时间内（O（1s））发生，如在悬停时的偏航响应则需更长的时间（O（数秒））。随着操纵发展，此种交联响应需要飞行员持续在回路中以施加补偿控制输入。除了主旋翼灵敏度外，尾旋翼和尾翼对主旋翼尾迹效应的敏感度也会在控制响应中引入强交联响应。水平安定面的尺寸、位置和迎角会对飞行员在低速飞行中保持配平的能力产生显著的影响。同样，尾旋翼的位置、旋转方向以及与垂直安定面的接近程度也会显著影响飞行员在低速飞行中保持航向的能力（参考文献 2.42）。平尾和垂尾在悬停和低速飞行中实际上都是多余的，但在高速飞行中提供固有刚度和阻尼，以补偿不稳定的旋翼和机身。显然，相互作用流场的建模对于预测交联响应很重要，我们将在第 3 章中进一步讨论。

2.5.2 强交叉耦合

形形色色的交叉耦合可能是直升机最大的特色，也是设计师职业生涯中的困扰。在悬停的无铰式旋翼直升机上，俯仰输入的离轴滚转响应可以和同轴响应一样大。在高速时，总距的俯仰响应可以与来自纵向周期变距的响应一样强。由于反扭矩的作用，总距的偏航响应可能需要等效的尾桨总距输入来补偿。在高速时，偏航引起的俯仰响应会导致在左右转弯时需要不同的控制策略。这些高度交联响应主要来自主旋翼及其强大的尾流，是直升机的固有特征。在 20 世纪 70 年代和 80 年代，设计人员对一些新设计进行了广泛的飞行试验研制，以最大程度地减少由交叉耦合和交联响应引起的飞行品质缺陷。如果追求高性能，这些耦合所产生的残余力和力矩以及相关的飞机加速度会导致严重的缺陷。例如，AH-64（参考文献2.43）和AS360系列直升机（参考文献2.44）的尾翼开发经历，一方面表明了为确定操纵品质而进行的重新设计有多频繁，另一方面也表明了通过仔细关注细节可以获得多大的改进，如水平和垂直安定面的气动特性。

2.5.3 飞行包线极限下的衰减响应

OFE的边界不应以失去控制或性能为特征，应始终为在OFE限制下运行提供安全控制和性能裕度。然而，这些限制界限大多数并无标志，并且可能会而且确实会发生无意中进入OFE和SFE边界之间区域的情况，特别是当机组人员的注意力转移到其他问题上时。低功率裕度的直升机可能会在建筑物和其他障碍物或地形地貌旁遭遇较大的下沉气流，这使飞行员很难降低下降速度。如果飞行员判断他相对于地面而不是相对于空气的速度，则顺风旋转会导致直升机靠近涡环区域飞行。这两个示例都可能导致升力和高度急剧下降，并且代表了最类似于固定翼飞机机翼失速的情况。在强风中接近障碍物时以低速悬停或操纵也可能导致失去对尾桨的控制，甚至在特殊情况下还会导致周期变距操纵余量的损失。在障碍物附近（瞬间）失去控制可能和失去升力一样危险。在高速或中速范围内操纵时，旋翼可能会出现桨叶局部失速。虽然这不太可能对总升力产生太大影响，但如果后行桨叶失速，飞机将产生机头向上的俯仰力矩，并进一步加剧失速。前行桨叶周期变距的校正，会在桨盘的后行侧进一步增加桨距，从而使失速情况进一步恶化。当旋翼在高速飞行中部分失速时，关于操纵品质影响的数据很少，但显然飞行品质会下降。设计师再次被迫做出妥协。低负载桨盘、高扭转旋翼提供了悬停和低速性能和操纵能力，而高负载桨盘，无扭转旋翼则提供了更好的机动性和高速驾驶性。从设计师的角度来看，如果考虑易损性是主要问题的话，备用的偏航装置（如涵道尾桨和无尾桨，参考文献2.5、2.6）对于敞开式尾桨来说是一个诱人的选择，即使操纵性和性能可能受到一定的影响。

2.5.4 稳定性差

直升机的不稳定性分为两类：一类是由于旋翼导致的低速不稳定性；另一类是由于旋翼导致的高速不稳定性。设计人员在机身设计上对第一类几乎无能为力，但可以使高速飞行几乎与固定翼飞机一样稳定。遗憾的是，如果选择后者，几乎肯定会危及操纵性和敏捷性。设计足够大的固定尾翼安定面将始终有效，但反过来会增加对旋翼的操纵要求。选择零值或低当量铰链偏移量的旋翼（如大多数铰接的旋翼）可能会导致俯仰轴在高速时略微稳定，但又会降低飞机的敏捷性。另一方面，提供与固定翼飞机等效的滚转时间常数（约0.1s）的无铰链旋翼，在高速时也会导致一个倍幅发散时间小于1s的不稳定的俯仰模态。

在低速时，如果没有机械反馈，则单旋翼直升机是开环不稳定的。俯仰/滚动耦合，即所谓的钟摆不稳定，是挥舞旋翼对速度扰动响应的结果。该模态是一种易控制的模态，一旦学会了所需的策略，就可以轻松驾驭，但需要飞行员给予相当大的关注。然而，如果外部世界的视觉信息降低，使飞行员难以感知相对于地面的姿态和速度，则悬停任务将变得越来越困难，并且很快就会体验到"3级品质"。

2.5.5 旋翼作为控制滤波器

主旋翼是传统直升机上除偏航控制外的所有动力装置，在机身响应之前，旋翼必须做出响应。旋翼速度越快，旋翼挥舞对控制施加的响应就越快，因此机身的响应也就越快。在许多方面，旋翼在控制回路中的作用类似于作动器，但有一个重要的区别。旋翼自由度、挥舞、摆振和扭转运动比简单的伺服系统要复杂得多，并且阻尼可能很低，以至于威胁到高增益控制任务的稳定性。这种潜在的问题通常在控制增稳系统（SCAS）的设计中得到解决，但是通常以在控制回路中引入更多的"滞后"为代价。对于典型的作动器和旋翼时间常数，飞行员操纵输入和旋翼操纵要求之间的实际总延迟时间可能大于 100ms。这样的延迟会使瞬时旋翼的响应带宽能力减半。

上述的五个问题由在地面和周围地形附近活动的相关特殊问题组成（提供足够的视场（FoV）），Prouty 在参考文献 2.45 中简洁地表达了这个问题，即"飞行员最重要的飞行信息是能看到地面和周围的一切。"

视野（FoV）是一种较大的设计折中。从飞行品质的角度来看，大多数直升机的视野不足。并排座舱中的顶置面板将视线转弯遮挡，前后座位可能缺乏向前和向下的视野。

在飞行试验开发过程中弥补飞行品质缺陷可能代价高昂，由此突出了在设计过程中精确仿真、模型测试和分析工具的重要性。它还强调了经过验证的设计标准（即"什么是直升机良好的飞行品质？"）的重要性，本书在第 6 章中讨论了这个问题。

2.5.6 人工稳定性

从本概述的各种讨论中，读者应该清楚地看到，设计和制造自然具有 1 级飞行品质的直升机是非常困难的。飞行员需要帮助才能实现直升机的飞行和有效地执行任务，而现代的控制增稳系统（SCAS）和综合显示器在某种程度上可以实现这一目标。自动稳定装置最初是为了扩展直升机的工作包线（包括在仪器条件下飞行）而发展起来的。首要任务是提供人工稳定性，以确保当飞行员的注意力被其他任务分散时，飞机不会失稳。如果考虑在俯仰轴上增加速度阻尼，则可以按比例形式给出反馈律

$$\theta_{1sa} = k_q q \tag{2-84}$$

如图 2-51 所示给出了该反馈回路的框图。在这种比例反馈工作情况下，当直升机在湍流中飞行时，俯仰角速度每变化 1（°）/s，将会抵消 k_q^0 倍的纵向周期变距 θ_{1sa}。增益 k_q 值越高，赋予直升机的"人工"稳定性就越大。如图 2-52 所示的根轨迹说明了如何通过 Helisim Lynx 的俯仰角速度反馈来稳定高速不稳定的俯仰模态。可以看到，即使具有相当高的增益幅值（约 0.25（°）/s），飞机仍处于轻微不稳定状态。增益幅值远高于约 0.2（°）/s 是不可接受的，因为当今控制增稳系统（SCAS）设计的有限权限（通常约为作动器行程的±10%）会导致增益在机动或中度湍流中迅速饱和。从该讨论中我们可以得出结论，速度反馈不足以提供在分散注意力操纵中满足 1 级飞行品质所需的稳定性水平。如果在反馈回路中加入姿态稳定，则控制律可以用比例积分形式表示如下

$$\theta_{1sa} = k_q q + k_\theta \int q \mathrm{d}t \tag{2-85}$$

姿态反馈可在俯仰轴上提供有效的刚度，并增大 k_θ 以增加不稳定俯仰模态的频率，如图 2-52 所示。

速度反馈和姿态反馈的适当结合可以确保 1 级飞行品质，大多数现代控制增稳系统（SCAS）设计都包含这两个组成部分。速度和姿态反馈可增强稳定性，但对操纵特性没有任何帮助。实际上，由于飞行增稳的存在，飞行员动作的操纵响应会与干扰同时降低。通过将飞行员的控制信号前馈至 SCAS，应用校正函数或针对性的抑制有助于操纵稳定性的要素，可以实现控制增稳。不同的 SCAS 设计以不同的方式实现这一点。Lynx 系统通过飞

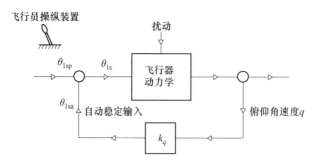

图 2-51　简单的反馈增加俯仰角速度阻尼

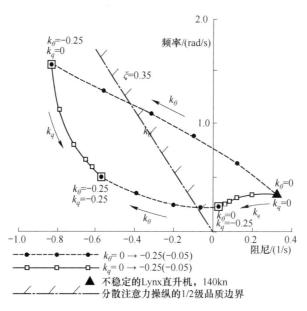

图 2-52　140kn 时 Lynx 的长周期俯仰模态频率和阻尼随自动稳定增益的变化

行员操纵装置的前馈信号增强初始响应，而 Puma 系统在飞行员每次调整操纵装置时都会禁用姿态稳定功能。越来越多的现代系统以更高的复杂度完成相同的任务，但是与机械操纵系统相连接的现代 SCAS 设计始终会设计为有限权限以防止故障，从而限制了其潜力。在极限情况下，增加增强系统的权限使我们趋向于主动控制技术（ACT），飞行员的操纵（接收器）输入与数字计算机中的多个传感器数据相结合，以提供合适的响应特性。ACT对旋翼机来说是一项正在发展中的技术，尽管现在有许多类型的旋翼机都在使用数字电传系统。其对军事效能和民用安全的潜在好处是可观的，具体可以归为以下三个大类：

①在整个使用飞行包线（OFE）实现 1 级飞行品质，如舰载回收、悬挂负载定位或空战定制；

②无忧操纵，确保 OFE 边缘的安全运行；

③与任务功能集成，如导航、健康与使用监控系统（HUMS）。

ACT 在旋翼航空器中的引入也为设计人员提供了探索控制配置设计的机会，这与过去二十年来固定翼军用飞机的发展大体相同。即使使用传统的单旋翼直升机，ACT 也可以使设计师完全拆除尾翼安定面，或者在计算机控制下使其可移动。如果一个无忧操纵系统能够确保在 OFE 边界处给定的操纵载荷谱，则主旋翼可以做得更小或更轻。当然，正是有了更先进的旋翼机概念，以及多种控制动力装置，如倾转旋翼和推力/升力配合，ACT 才提供了最大的设计自由度和飞行品质的提升。

2.6　倾转旋翼飞行动力学

作者将在本书第 3 版的第 10 章专门介绍倾转旋翼机的建模、仿真和飞行品质。在许多方面，倾转旋翼机在设计和性能上都不同于直升机。在撰写本文时，只有一种类型的倾转旋翼投入使用，而其他类型的倾转旋翼机正处于不同的研制阶段，并有望在未来十年内通过民用和军用认证。但是，其与传统直升机有何显著差异？首先是万向节旋翼通过普通的或恒速的万向节与驱动轴连接。这两种类型的万向节都将角速度和动量从输入驱动轴重新定向到万向节及其桨叶。当万向节倾斜时，离心（CF）惯性力始终沿桨叶方向，因此这种恢复效应，在传统直升机的铰接和无铰链旋翼中占主导地位，但在倾转旋翼中不存在。在第 10 章讨论了万向节旋翼的动力学如何发挥作用，并仍然在周期变距和周期挥舞之间保持-90°相位差。倾转模态和倾转过程本身对建模和飞行品质分析提出了新的挑战。作者借鉴了一系列倾转旋翼关键技术项目的成果来描述转换过程中的飞行动力学。如何将常规直升机的飞行品质标准与固定翼飞机的飞行品质标准相结合，也是一个有待深入研究的课题。一个特殊问题当旋转框架（发动机短舱）平面上的升力倾斜导致高水平的轭弦振动应力时，需要在倾转旋翼中减轻结构载荷，特别是在固定翼飞机模式下。这些都可以通过主动控制来缓解，但需要考虑对飞行品质的影响。文中举例说明了如何实现这一目标。第 10 章介绍了利物浦大学开发的 XV-15 飞机的 FLIGHTLAB 模型，以说明上述问题以及许多其他问题。

在第 3 章至第 9 章中，直升机飞行动力学的许多方面都为倾转旋翼飞行动力学所参照，并且直升机一词的使用并不总是排除倾转旋翼机。作者没有试图区分，并希望读者能够对自己的观点做出判断。

2.7　本章小结

飞行动力学的学科特点是理论与实验之间的相互作用。本导读课程尝试从几个方面强调这种相互作用。在课程的早期标出了四个参考点——环境、飞行器、任务和飞行员——试图揭示学科的客观范围和飞行动力学工程师所需的技能。建模部分强调了强大的分析工具的重要性，这是理解直升机相互作用子系统行为的基础。详细研究了空气动力学对挥舞旋翼的强大影响，强调了共振响应可能是直升机旋翼动力学最重要的一个特征，从而使桨盘的倾斜易于控制。在运动的频率和幅值的框架内讨论了飞行动力学建模，并提出了三个基本问题——配平、稳定性和响应。本导读课程提出的第二个主要主题是飞行品质，它具有三个关键特性。飞行品质是以飞行员为中心的属性；它们是以任务为导向的，最终是飞机内部属性与飞机外部运行环境之间的协同作用。飞行品质是安全属性，但是良好的飞行品质也能充分发挥直升机或倾转旋翼机的性能。本书的其余各章详细介绍了建模和飞行品质。

本章末提供两张 Puma 的图片。

皇家航空研究中心研究型 Puma 的仪表化旋翼头（图片由贝德福特国防研究局提供）

皇家航空研究中心研究型 Puma 在贝德福特郡乡村上空飞行（图片由贝德福特国防研究局提供）

3 直升机飞行动力学建模：建立仿真模型

毫无疑问，观察到的飞机特性非常复杂和令人费解，如果没有完善的理论，就无法对此进行合理的处理。理论至少有三个有用的功能：

①它为实际事件的分析提供了背景；

②它为实验和测试计划提供了合理的依据，从而确保了工作的经济性；

③它有助于设计师进行优化设计。

然而，理论永远不会是完整的、最终的或准确的。就像设计和施工一样，它在不断地发展并适应环境。

——邓肯（1952 年）

3.1 引言和范围

邓肯在本章引言中描述的理论属性对它们来说具有永恒正确性。从今天的角度来看，我们可以补充一些。理论可以帮助飞行品质工程师深入了解飞行特性和飞行任务要求所施加的限制条件，从而提供洞察力和激发灵感。邓肯的经典著作（参考文献3.1）是针对固定翼飞机的，描述直升机飞行特性的数学建模是更加困难的挑战。如图3-1所示，直升机可视为相互作用子系统的复杂布局。这些子系统中最重要的一个部件是旋翼，本章对它非常重视。旋翼桨叶在非定常和非线性气动载荷的作用下发生弯曲和扭转，这些载荷本身又是桨叶运动的函数。

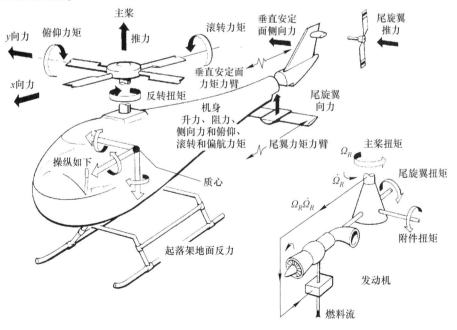

图 3-1　直升机作为相互作用的子系统的布置

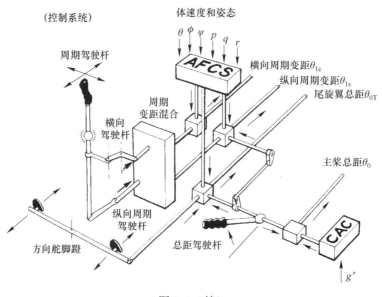

图 3-1（续）

如图 3-2 所示将该气动弹性问题描述成一个反馈系统。这两个反馈回路提供了由桨叶（和机身）运动和下洗引起的入流扰动，这些扰动是由大气扰动和桨距操纵输入引起的。这两种入流扰动的计算在旋翼模型中占主要地位，因此在本章中具有较大的篇幅描述。在气动载荷的计算中，我们将考虑桨叶相对于空气的运动，进而考虑桨毂和机身的运动，以及桨叶相对于桨毂的运动。相对运动将是本章反复出现的主题，它使人们注意到对普适参考坐标系的需要。本章的附录中对参考坐标系进行了单独的说明，其中列出了推导相对运动所需的各种坐标转换。在附录 3A.1 和 3A.4 分别推导出了机身重心和旋翼桨叶单元的加速度表达式。旋翼桨叶在其自身和相邻桨叶的尾迹中工作。从简单的动量理论（参考文献 3.2）到黏性流体方程的三维流场求解（参考文献 3.3），在旋翼领域对这些效应建模可能比其他任何主题都要花费更多的研究精力。

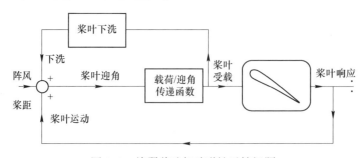

图 3-2　旋翼桨叶气动弹性反馈问题

桨叶运动和旋翼下洗或入流的建模要求需要与实际应用相关。在本书中，下洗和入流是同义词；在一些参考文献中，入流包括相对于旋翼的自由流的分量，而不仅仅是自身诱导下洗。第 2 章强调的经验法则是，模型应该尽可能简单。我们参考本书图 2-14，在这里以修改后的形式（见图 3-3）再现，以突出关键维度——频率和幅值。在飞行动力学中，我们使用的一种启发式经验法则指出，"对于力和力矩而言，建模的频率范围需要延伸到正常飞行和控制系统活动发生时的范围的两到三倍"。如果我们只考虑正常频率（对应于温和到中等动作）下约4rad/s的飞行员操纵输入响应，那么建模达到10rad/s左右的程度可能就足够了。

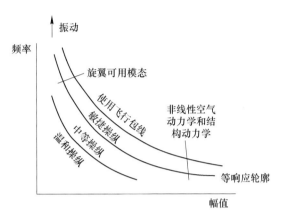

图3-3　频率-幅值维度上的直升机响应特性

对于高增益反馈控制系统的工作频率达到后一个频率（10rad/s），可能需要建模达到25~30rad/s。这一扩展范围的主要原因在于，不仅是受控模态，而且与旋翼、执行机构和传动系统相关的非受控模态也很重要，在努力实现主要控制回路的高性能时，这些非受控模态可能会失去稳定性。所需的范围将取决于几个详细的因素，其中一些将出现在本章和后续章节中检验模型逼真度。在对总体操纵进行建模时需要详细说明幅值方面的问题，换句话说，图3-3中的水平轴向外延伸到了使用飞行包线（OFE）的边界。

根据不同的应用领域，可以方便地在三个层次描述不同程度的旋翼复杂性，如表3-1所示。

表3-1　旋翼数学建模标准

	1级	2级	3级
空气动力学	线性二维动态入流/局部动量理论解析积分载荷	非线性（有限三维）动态入流/局部动量理论叶涡相互作用的局部效应非定常二维可压缩性数值积分载荷	非线性三维全尾迹分析（自由或特定） 非定常二维可压缩性数值积分载荷
动力学	刚性桨叶： ①准定常的运动； ②3自由度挥舞； ③6自由度挥舞+摆振 ④6自由度挥舞+摆振+准定常的扭转	①具有1级选项的刚性桨叶； ②有限弹性模态的桨叶	以弹性模态或有限元描述的详细结构
应用	在使用飞行包线低带宽控制范围内进行飞行品质和性能参数的趋势研究	适用于高增益、主动飞行控制、中等带宽下使用飞行包线的飞行品质和性能参数趋势研究	旋翼设计； 旋翼极限载荷预测； 振动分析； 可用飞行包线中旋翼稳定性分析

作为机身和驱动系统的补充，基本上 1 级建模定义了机身通用的 6 自由度（DoF）飞行力学公式，瞬态准定常旋翼占据了其相对于机身新的地位。在这一级中，我们还包括了所谓的多桨叶坐标（MBC）形式的旋翼自由度（见 3.2.1 节），由此旋翼动力学被看作具有圆锥和倾斜自由度的桨盘。1 级模型最大的特点是分析综合气动载荷，给出了桨毂力和力矩的闭合形式的表达式。在 1 级模型中，气动下洗的表现形式从简单的动量定理扩展到动态入流。

通过建模分析飞行动力学问题放到本书第 4 章和第 5 章。第 3 章主要讨论模型的建立。在大多数情况下，模型元素可以从允许解析公式的近似值中导出。从这个意义上说，与当前的仿真建模标准相比，建模还远远不够先进。尤其在旋翼空气动力学方面尤其如此，但本章所述的 1 级模型旨在描述直升机飞行的关键特征和具有不同设计参数下的重要特性趋势。在许多情况下，简化的分析建模近似于实际情况的 20% 以内，这对于设计目的来说显然是不够的，但对于建立基本原理和趋势来说是理想的。

在 3.2 节中，尽可能推导出作用于直升机各部件如主旋翼、尾桨、机身、尾翼和动力装置的力和力矩的表达式，其中飞行控制系统最初是单独考虑的。在 3.3 节中，将这些部件上的合力和合力矩与惯性力和重力组合起来，形成直升机的整体运动方程。

本章 3.4 节将向读者简要地介绍 1 级建模以外的领域，了解更详细和逼真的桨叶单元（叶素）和气动弹性旋翼的公式以及复杂的相互作用的空气动力学建模；讨论需要进行 2 级建模的飞行状态，并给出气动弹性和详细尾迹模型对飞行动力学影响的结果。

本章附录定义了飞机和旋翼在以不同坐标系为参照轴系情况下的运动。附录 3A.1 把飞机的惯性运动描述为一个在三个平动和三个转动自由度中的自由运动的刚体。附录 3A.2 和附录 3A.3 为飞机的方向和重力分量提供了支持性的结果。附录 3A.4 和附录 3A.5 着重于旋翼动力学，推导了叶素的加速度和速度表达式，并讨论了文献中用于描述桨叶运动的不同轴系。

3.2 一级建模中直升机力和力矩方程

在下面的四个小节中，推导出了直升机各部件上力和力矩的解析表达式。力和力矩是一个以飞机重心/质心为中心的机体固定轴系（体轴系），如图 3-1 所示。通常，体轴的方向与惯性主轴具有一定的夹角，x 方向为沿着机身参考线向前。通过牛顿运动定律可推导出 6 自由度机身运动方程（将所施加的力和力矩与所产生的平动和旋转加速度相关联）。附录 3A.1 推导了体轴系中惯性速度和加速度的表达式，得出的运动方程采用如下的经典形式。

力方程

$$\dot{u} = -(wq - vr) + \frac{X}{M_a} - g\sin\theta \qquad (3-1)$$

$$\dot{v} = -(ur - wp) + \frac{Y}{M_a} + g\cos\theta\sin\phi \qquad (3-2)$$

$$\dot{w} = -(vp - uq) + \frac{Z}{M_a} + g\cos\theta\cos\phi \qquad (3-3)$$

力矩方程

$$I_{xx}\dot{p} = (I_{yy} - I_{zz})qr + I_{xz}(\dot{r} + pq) + L \qquad (3-4)$$

$$I_{yy}\dot{q} = (I_{zz} - I_{xx})rp + I_{xz}(r^2 - p^2) + M \qquad (3-5)$$

$$I_{zz}\dot{r} = (I_{xx} - I_{yy})pq + I_{xz}(\dot{p} - qr) + N \qquad (3-6)$$

式中：u，v，w，p，q 和 r 是动轴系中的惯性速度；ϕ，θ 和 ψ 是欧拉角，其定义了体轴系相对于地球的方向，以及重力的分量；I_{xx}、I_{yy} 等是关于参考轴的机身惯性矩；M_a 是飞机质量。

外力和力矩可以写成不同飞机部件的贡献之和，因此，对于滚转力矩

$$L = L_R + L_{TR} + L_f + L_{tp} + L_{fn} \qquad (3-7)$$

下标代表如下：R——旋翼；TR——尾桨；f——机身；tp——水平尾翼；fn——垂直尾翼。

在第 4 章和第 5 章中，我们将讨论式（3-1）~式（3-6）的配平、稳定性和响应解。在解决这些问题之前，我们需要推导出各组成部件的力和力矩的表达式。以下四小节包含一些相当深入的数学分析，读者需深入地了解直升机空气动力学。该模型基本上是基于皇家航空研究院（RAE）的第一代 1 级 Helisim 仿真模型（参考文献 3.4）。

在开始之前，请注意一些事项。首先，与校准旋翼、无挥舞或无顺桨系统相比，主旋翼分析是在轴线上进行的。附录 3A.5 节对这三种系统中某些表达式进行了比较。其次，读者将在整个章节中找到用于不同状态或参数的相同变量名称。虽然作者承认这存在混淆的风险，但这与保持一定程度的符合传统的需要是一致的。希望认真阅读第 3 章、第 4 章和第 5 章的读者能够轻松应对任何潜在的歧义。例如：变量 r 将用于旋翼径向位置和飞机偏航角速度；变量 β 用于挥舞角度和机身侧滑角；变量 w 将用于沿 z 方向的桨叶位移和飞机惯性速度。最后，这更适用于第 4 章和第 5 章的分析，涉及使用大写字母或小写字母表示配平和扰动量。对于后面的建模章节，我们保留大写字母；下标 e（平衡），用于配平状态，小写字母用于线性分析中扰动变量。在第 3 章，我们一般采用传统的小写命名法处理基准点变量。在比较第 3 章、第 4 章和第 5 章的分析时，尽管作者认为混淆的范围相当小，但是仍可能会出现歧义。

3.2.1　主旋翼

周期挥舞的桨叶机制间接控制了旋翼推力方向和旋翼桨毂力矩（即飞行员仅直接控制桨叶桨距），因此它是操纵机动的主要来源。桨叶挥舞构型通常有三种类型——"跷跷板"、铰接和无铰链（或者更通俗地说，无轴承）（见图 3-4）。这三种不同的构型方式可能会显得截然不同，但挥舞运动本身对阵风和操纵输入的响应幅度却非常相似，主要区别在于桨毂力矩能力。Helisim 系列模型的一个关键特性是，对所有三种类型都使用了一个通用的模拟模型，即所谓的中心弹簧等效旋翼（CSER）。我们需要检查桨叶挥舞的弹性运动，以建立这种一般近似的逼真度。本节稍后将讨论桨叶摆振和扭转动力学的影响。

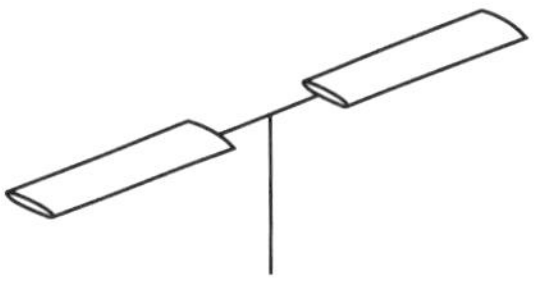

桨叶挥舞动力学介绍

我们首先仔细研究无铰链旋翼。图 3-5 显示了一个典型的悬臂式旋翼桨毂的旋转桨叶平面外弯曲或挥舞。使用工程师普遍接受的弯曲理论，面外偏转 $w(r, t)$ 的线性化运动方程，采用空间半径 r 和时间 t 的偏微

(a) "跷跷板"

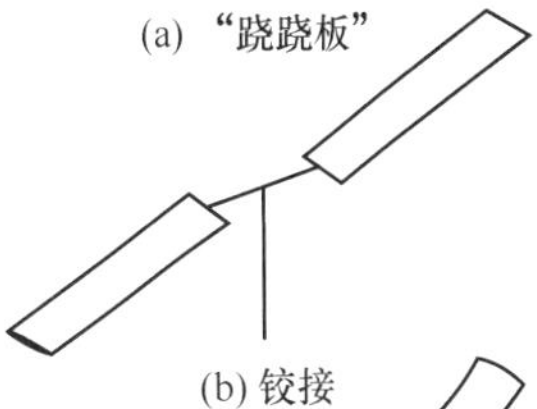

(b) 铰接

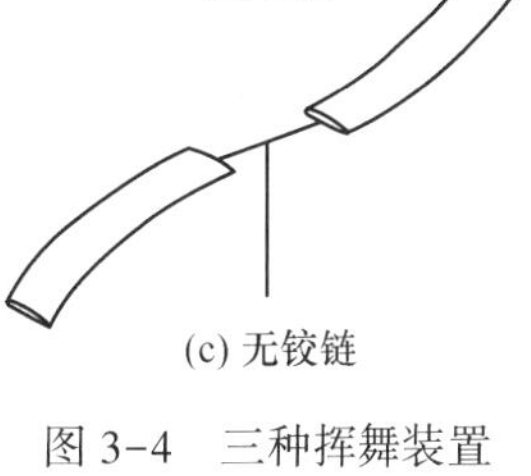

(c) 无铰链

图 3-4　三种挥舞装置

分方程的形式，可表示为（参考文献 3.5）

$$\frac{\partial^2}{\partial r^2}\left(EI\frac{\partial^2 w}{\partial r^2}\right) + m\frac{\partial^2 w}{\partial t^2} + \Omega^2\left[mr\frac{\partial w}{\partial r} - \frac{\partial^2 w}{\partial r^2}\int_r^R mr\mathrm{d}r\right] = F(r,\ t) \tag{3-8}$$

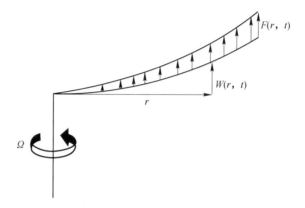

图 3-5　旋转桨叶平面外弯曲

式中：$EI(r)$ 和 $m(r)$ 是桨叶径向刚度和质量分布函数；Ω 是转速；函数 $F(r,\ t)$ 表示时变的空气动力载荷的径向分布，这里假设其作用方向垂直于旋转平面。与非旋转梁的情况一样，式（3-8）的解可以用分离变量形式表示，即振型 $S_n(r)$ 与广义坐标 $P_n(t)$ 的和，即

$$w(r,\ t) = \sum_{n=1}^{\infty} S_n(r)P_n(t) \tag{3-9}$$

时间和空间函数分别满足式（3-10）和式（3-11），即

$$\begin{cases} \dfrac{\mathrm{d}^2 P_n(t)}{\mathrm{d}t^2} + \Omega^2\lambda_n^2 P_n(t) = \dfrac{1}{I_n}\int_0^R F(r,\ t)S_n\mathrm{d}r \\[3mm] I_n = \int_0^R mS_n^2\mathrm{d}r \end{cases} \tag{3-10}$$

$$\begin{cases} \dfrac{\mathrm{d}^2}{\mathrm{d}r^2}\left(EI\dfrac{\mathrm{d}^2 S_n}{\mathrm{d}r^2}\right) + \Omega^2\left[mr\dfrac{\mathrm{d}S_n}{\mathrm{d}r} - \dfrac{\mathrm{d}^2 S_n}{\mathrm{d}r^2}\int_r^R mr\mathrm{d}r\right] - m\lambda_n^2\Omega^2 S_n = 0 \\[2mm] n = 1,\ 2,\ \cdots,\ \infty \end{cases} \tag{3-11}$$

式中：I_n 和 λ_n 是模态惯量和固有频率。振型是线性独立的并且是正交的，即

$$\int_0^R mS_p(r)S_n(r)\mathrm{d}r = 0,\ \ \int_0^R EI\frac{\partial^2 S_p}{\partial r^2}\frac{\partial^2 S_n}{\partial r^2}\mathrm{d}r = 0;\ p \neq n \tag{3-12}$$

旋转系（由上标 r 表示）中桨毂（由下标 h 表示）的弯矩和切力可写成

$$M_{\mathrm{h}}^{(\mathrm{r})}(0,\ t) = \int_0^R\left[F(r,\ t) - m\left(\frac{\partial^2 w}{\partial t^2} + \Omega^2 w\right)\right]r\mathrm{d}r \tag{3-13}$$

$$V_{\mathrm{h}}^{(\mathrm{r})}(0,\ t) = \int_0^R\left[F(r,\ t) - m\frac{\partial^2 w}{\partial t^2}\right]\mathrm{d}r \tag{3-14}$$

将式（3-8）中的气动载荷 $F(r,\ t)$ 代入式（3-13），经过简化，桨毂力矩可以写成不同模态的贡献之和，即

$$M_{\mathrm{h}}^{(r)}(0, t) = \Omega^2 \sum_{n=1}^{\infty} (\lambda_n^2 - 1) P_n(t) \int_0^R mr S_n \mathrm{d}r \qquad (3-15)$$

只保留一阶模态

$$M_{\mathrm{h}}^{(r)}(0, t) \backsim \Omega^2 (\lambda_1^2 - 1) P_1(t) \int_0^R mr S_1 \mathrm{d}r \qquad (3-16)$$

式中：P_1 由式（3-10）给出，其中 $n = 1$。式（3-10）和式（3-16）给出了旋翼第一阶挥舞响应的解。这在多大程度上近似于桨叶响应的完整解将取决于气动载荷 $F(r, t)$ 的形式。由式（3-10）和式（3-12），如果载荷可以近似于与 S_1 形状相同的分布，则一阶模态响应就足够了。显然，通常情况并非如此，但较高的模态响应可能会越来越不显著。一阶模态频率总是接近于每转一次，并且与每转一次的主要力相合，一阶挥舞模态在飞行动力学的频率范围内通常能很好地近似于零和每转一次的桨叶动力学和桨毂力矩。Helisim公式中使用的近似模型进一步简化了一阶模态公式，以适应跷跷板和铰接旋翼。假定铰接和弹性集中在转动中心的铰链弹簧上（见图3-6），否则桨叶为笔直刚性的；因此得到

$$S_1 = \frac{r}{R} \qquad (3-17)$$

尽管这种形状不与弹性模态正交，但在分布意义上确实满足式（3-11）。下面使用中心弹簧等效模型来表示所有布局类型的系统，并与许多其他研究中使用的偏置铰链和弹簧模型形成对比。在偏置铰链模型中，铰链偏移很大程度上取决于固有频率，而在中心弹簧模型中，刚度由铰链弹簧提供。在许多方面，模型是等效的，但它们在一些重要特征上有所不同。在比较不同公式的有效性之前，推导桨叶挥舞的一些特性会很有帮助。因此，本节稍后将进一步讨论。

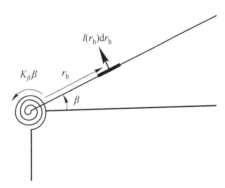

图 3-6　中心弹簧等效旋翼模拟

中心弹簧等效旋翼

如图 3-6 所示，第 i 个桨叶的桨叶挥舞角 $\beta_i(t)$ 的运动方程可以通过计算弹簧强度 K_β 的中心铰链的力矩获得；从而得到

$$\int_0^R r_{\mathrm{b}} \{ f_z(r_{\mathrm{b}}) - m a_{zb} \} \mathrm{d}r_{\mathrm{b}} + K_\beta \beta_i = 0 \qquad (3-18)$$

桨叶的径向距离用下标 b 表示，以区别于类似的变量。式（3-18）中忽略了桨叶的自重；平均升力和加速度通常要高一到两个数量级。我们遵循将桨叶方位角 ψ 设置为在桨盘后部为零，其中正方向跟随旋翼的惯例。本书的分析适用于从上方观察时逆时针旋转的旋翼。如图 3-7 所示，气动力载荷 $f_z(r_{\mathrm{b}}, t)$ 可以用升力和阻力来表示

$$f_z = - l\cos\phi - d\sin\phi \approx - l - d\phi \qquad (3-19)$$

式中：ϕ 是旋翼入流和垂直于旋翼轴的平面之间的入流角。当然，在桨叶轴系中工作时，如附录 3A.4 节所定义，其中 z 方向垂直于无桨距平面。垂直于叶素的加速度 a_{zb} 包含由机身和桨毂的旋转引起的陀螺效应的分量，并且由式（3-20）近似给出（参见附录 3A.4）

$$a_{zb} \approx r_b(2\Omega(p_{hw}\cos\psi_i - q_{hw}\sin\psi_i) + (\dot{q}_{hw}\cos\psi_i + \dot{p}_{hw}\sin\psi_i) - \Omega^2\beta_i - \ddot{\beta}_i) \quad (3-20)$$

在式（3-20）中，角速度和加速度参考系为桨毂-风轴系，也就是下标 hw。在进一步扩展和减少式（3-18）中的桨毂力矩之前，我们需要回顾一下气动升力的近似范围。气动载荷一般具有非定常、非线性和三维的特性；我们首先近似忽略了这些影响因素，并且在广泛的飞行情况下，近似值可以对旋翼整体特性进行合理的预测。因此，我们的初始空气动力学假设如下：

①旋翼升力是局部桨叶迎角的线性函数，阻力是升力的简单二次函数：两者都具有常系数。忽略桨叶失速和可压缩性会对高前飞速度下的性能和动态特性的预测产生显著影响。图 2-7 显示了局部桨叶迎角与失速的接近程度，特别是在旋翼方位角 90° 和 180° 时。如果不对这些效应进行建模，旋翼将能够在超出失速和阻力发散边界的边界以外的低阻力下继续提高升力，这显然是不现实的。由于压缩效应，恒定的升力线斜率假设忽略了线性展向和每转一次的时间变化。前者可以在一定程度上通过有效的旋翼升力线斜率来解释，特别是在低速时，但是方位角变化引起的前飞中的周期桨距和配平总距的变化，是常线性模型无法模拟的。

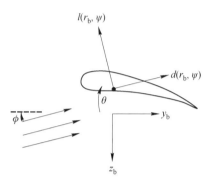

图 3-7　典型翼型截面气动载荷

②忽略非定常（即频率相关）的气动效应。旋翼非定常气动效应可以方便地分为两个问题：一个是计算旋翼桨叶升力和俯仰力矩对局部迎角变化的响应，另一个是计算由于旋翼尾迹速度随时间变化引起的非定常局部迎角。两者都需要考虑额外的自由度。虽然通过本节所述的局部/动态入流理论以相对粗略但有效的方式解释了非定常尾迹效应，但忽略了桨叶升力和俯仰力矩随时间的发展变化，导致旋翼对扰动响应存在较小的相移。

③忽略叶尖损失和根切效应。旋翼桨叶上的升力在叶尖和叶根处减小到零。当在叶尖和叶根处对衰减进行适当建模时，可以考虑这些影响，但另一种选择是在有效叶尖和叶根之间进行载荷积分。通常使用约 3% 的叶端损失系数，而从升力桨叶开始的积分中叶根损失占据了大部分。这两种影响都很小，只占性能和响应的百分之几。然而，将它们包含在分析中会显著增加方程的长度，并且会屏蔽一些更显著的影响。因此，在接下来的分析中，我们忽略了这些损失项，并认识到，要实现对功率的准确预测，就需要包括这些损失项。

④忽略了翼展方向的非均匀入流分布。即使在悬停状态时，均匀入流的假设也是对旋翼尾迹复杂效应的粗略简化，但为预测功率和推力提供了一种非常有效的近似方法。均匀入流的使用源于假设旋翼设计为产生最小诱导阻力，因此具有理想的桨叶扭转。在这种理想情况下，沿翼展的环量是恒定的，只有叶尖和叶根涡产生诱导损失。对于恒定弦长桨叶，实际上理想扭转与半径成反比，并且在大多数直升机上发现 10° 的线性扭转角（虽然不是很好）近似于理想扭转在桨叶上的总升力效应。与均匀入流理论相比，实际入流的不均匀性具有与边界环流相似的形状，增加了外侧阻力，导致增加了阻力。为了产生相同的升力，实际桨叶外侧站位的桨距需要比均匀入流的桨叶桨距有所增加。这种增加也会产生更多的内侧升力，相比之下由此产生的配平操纵角可能不会有显著的差异。

⑤忽略反流效应。反流区是占据桨盘后行侧内侧的小盘，空气从桨叶后缘流向前缘。在中等前进速度下，这个区域的范围很小，相关的动压也很低，事实证明，此种情况在旋翼力分析中可以忽略。在较高的转速下，增加了反流区的重要性，导致提供旋翼推力所需的总距增加，但是减小了旋翼型阻并因此减小了旋翼扭矩。

这些近似可以为挥舞和旋翼载荷推导出可操纵的解析表达式（见图3-7）。气动载荷可以写成

$$升力： \quad l(\psi, \ r_b) = \frac{1}{2}\rho(U_T^2 + U_P^2)ca_0\left(\theta + \frac{U_P}{U_T}\right) \tag{3-21}$$

$$阻力： \quad d(\psi, \ r_b) = \frac{1}{2}\rho(U_T^2 + U_P^2)c\delta \tag{3-22}$$

其中

$$\delta = \delta_0 + \delta_2 C_T^2 \tag{3-23}$$

假设桨叶剖面型阻系数 δ 可以用平均值加上与推力相关的表达式来表示，以说明桨叶迎角变化（参考文献3.6，3.7）。无量纲的平面内和法向速度分量可定义为

$$\overline{U}_T = \bar{r}_b(1 + \bar{w}_x\beta) + \mu\sin\psi \tag{3-24}$$

$$\overline{U}_P = (\mu_z - \lambda_0 - \beta\mu\cos\psi) + \bar{r}_b(\bar{w}_y - \beta' - \lambda_1) \tag{3-25}$$

在这些表达式中引入了许多需要定义的新符号

$$\bar{r}_b = \frac{r_b}{R} \tag{3-26}$$

$$\mu = \frac{u_{hw}}{\Omega R} = \sqrt{\left(\frac{u_h^2 + v_h^2}{(\Omega R)^2}\right)} \tag{3-27}$$

$$\mu_z = \frac{w_{hw}}{\Omega R} \tag{3-28}$$

式中：速度 u_{hw}，v_{hw} 和 w_{hw} 是桨毂/风轴系中的桨毂速度，相对于飞机 x 轴在 x-y 平面中风的相对速度；β 是桨叶挥舞角度；θ 是桨叶桨距角；机身角速度在桨叶系统中的分量，用 ΩR 归一化，由式（3-29）给出

$$\bar{w}_x = \bar{p}_{hw}\cos\psi_i - \bar{q}_{hw}\sin\psi_i$$
$$\bar{w}_y = \bar{p}_{hw}\sin\psi_i + \bar{q}_{hw}\cos\psi_i \tag{3-29}$$

垂直于桨盘平面的下洗 λ 以均匀、线性变化的分布形式给出

$$\lambda = \frac{v_i}{\Omega R} = \lambda_0 + \lambda_1(\psi)\bar{r}_b \tag{3-30}$$

这一简单的公式将在本章后续详细讨论。

现在可以研究和扩展式（3-18）以给出单片桨叶挥舞运动的二阶微分方程，其中质数表示相对于方位角 ψ 的微分

$$\beta''_i + \lambda_\beta^2\beta_i = 2\left(\left(\bar{p}_{hw} + \frac{\bar{q}'_{hw}}{2}\right)\cos\psi_i - \left(\bar{q}'_{hw} + \frac{\bar{p}'_{hw}}{2}\right)\sin\psi_i\right) +$$
$$\frac{\gamma}{2}\int_0^1(\overline{U}_T^2\theta + \overline{U}_P\overline{U}_T)_i\bar{r}_b\mathrm{d}\bar{r}_b \tag{3-31}$$

桨叶洛克数 γ 是表示作用在桨叶上的气动力与惯性力之比的基本参数。挥舞频率比 λ_β 直接来自桨毂刚度和挥舞惯性矩 I_β

$$\gamma = \frac{\rho c a_0 R^4}{I_\beta}, \quad \lambda_\beta^2 = 1 + \frac{K_\beta}{I_\beta \Omega^2}, \quad I_\beta = \int_0^R m r^2 \mathrm{d}r \tag{3-32}$$

式中：a_0 是恒定的桨叶升力线斜率；ρ 是空气密度；c 是桨叶弦长。

在形式上将桨叶桨距角 θ 写为所施加的桨距和线性扭转的组合

$$\theta = \theta_p + \bar{r}_b \theta_{tw} \tag{3-33}$$

我们可以将式（3-31）扩展为

$$\beta_i'' + f_{\beta'} \gamma \beta_i' + (\lambda_\beta^2 + \gamma\mu\cos\psi f_\beta)\beta_i = 2\left(\left(\bar{p}_w + \frac{\bar{q}_w'}{2}\right)\cos\psi_i - \left(\bar{q}_w - \frac{\bar{p}_w'}{2}\right)\sin\psi_i\right) +$$
$$\gamma[f_{\theta_p}\theta_p + f_{\theta_{tw}}\theta_{tw} + f_\lambda(\mu_z - \lambda_0) + f_w(\bar{w}_y - \lambda_1)] \tag{3-34}$$

其中气动力系数 f 由式（3-35）~式（3-39）给出

$$f_{\beta'} = \frac{1 + \frac{4}{3}\mu\sin\psi_i}{8} \tag{3-35}$$

$$f_\beta = f_\lambda = \frac{\frac{4}{3} + 2\mu\sin\psi_i}{8} \tag{3-36}$$

$$f_{\theta_p} = \frac{1 + \frac{8}{3}\mu\sin\psi_i + 2\mu^2\sin^2\psi_i}{8} \tag{3-37}$$

$$f_{\theta_{tw}} = \frac{\frac{4}{5} + 2\mu\sin\psi_i + \frac{4}{3}\mu^2\sin^2\psi_i}{8} \tag{3-38}$$

$$f_w = \frac{1 + \frac{4}{3}\mu\sin\psi_i}{8} \tag{3-39}$$

这些气动力系数已扩展到 $O(\mu^2)$（μ 的二阶精度）；忽略高阶项，在 μ 小于 0.35 的挥舞响应中误差小于 10%。在第 2 章的概览部分，我们研究了在悬停状态下式（3-34）的解。在那里对这种行为进行了一些深入的讨论，为了避免重复相关的分析，我们仅对第 2 章材料中的关键点进行简要总结。

①桨叶挥舞响应主要受离心刚度的影响，因此固有频率总是接近每转一次，即使在像 Lynx 和 Bo105 这样的无铰链旋翼上，挥舞频率比 λ_β 也仅比跷跷板旋翼高约 10%。

②挥舞对周期变距的响应接近于相位共振，因此与周期变距输入的相位差大约为 90°；旋翼刚度越大，相位滞后越小，但即使是中等刚度旋翼的 Lynx，在周期变距和挥舞之间也有大约 80° 的相位滞后。相位滞后 φ_β 与刚度数（实际上是刚度与桨叶气动力矩之比）成反比，由下式给出

$$\tan\phi_\beta = -\frac{1}{S_\beta}; \quad S_\beta = 8\left(\frac{\lambda_\beta^2 - 1}{\gamma}\right) \tag{3-40}$$

③由于气动阻尼和陀螺力的作用，旋翼对机身旋转有一个基本阻力。以俯仰角速度（q）或滚转角速度（p）旋转机身导致桨盘挥舞滞后于机身运动的时间大约为（见式（2-45））

$$\tau_\beta = \frac{16}{\gamma\Omega} \qquad (3-41)$$

因此，旋翼转速越快或桨叶越轻，旋翼阻尼越高，桨盘对操纵输入或机身运动的响应越快。

④旋翼桨毂刚度力矩与弹簧强度和挥舞角的乘积成正比；因此，跷跷板旋翼不能产生桨毂力矩，而无铰链旋翼，如 Bo105 和 Lynx，可以产生大约 4 倍典型铰接旋翼的桨毂力矩。

⑤无铰链旋翼增加的桨毂力矩能力转化为更高的操纵灵敏度和阻尼，从而提高了响应性，但是对阵风等外部输入的灵敏度也更高。操纵性或每转一度的最终稳态速度与一阶旋翼刚度无关，它是来自操纵灵敏度与阻尼的比值，两者都以与旋翼刚度相同的比例增加。

⑥刚度数值达到约 0.3 的旋翼的挥舞非常相似。例如，1°周期变距大约有 1°挥舞。

具有 N_b 片桨叶的旋翼的特性将通过一组非耦合微分方程的解来描述，方程形式为式（3-34），这些微分方程是相对相位的。然而，尾迹和倾斜盘动力学将隐约地耦合于桨叶动力学。我们稍后再讨论这个问题，但目前假设系统是解耦的。在前飞情况下，每个方程都有周期系数，但在挥舞自由度上是线性的（再次，忽略尾迹入流的影响）。在第 2 章中，我们研究了悬停情况，并假设桨叶动力学相对于机身的运动是高阶的，从而能够近似地认为桨叶运动基本上是具有缓慢变化系数的周期运动。旋翼在两个时间尺度内有效工作，一个与旋翼转速有关，另一个与较慢的机身运动有关。通过这种近似，我们可以推导出许多如上所述的旋翼特性的基本原理。需要强调的是，当旋翼和机身模态的频率彼此接近时，近似值会失效，如无铰链旋翼就会发生这种情况。通过采用 MBC（参考文献 3.4、3.8）多桨叶坐标系，可以从更一般的角度在前飞情况下获得这种准稳态近似值。

多桨叶坐标

我们可以引入从单桨叶坐标（IBC）系到桨盘坐标系或多桨叶坐标（MBC）系的转换，如式（3-42）~式（3-45）所示

$$\beta_0 = \frac{1}{N_b}\sum_{i=1}^{N_b}\beta_i \qquad (3-42)$$

$$\beta_{0d} = \frac{1}{N_b}\sum_{i=1}^{N_b}\beta_i(-1)^i \qquad (3-43)$$

$$\beta_{jc} = \frac{2}{N_b}\sum_{i=1}^{N_b}\beta_i\cos j\psi_i \qquad (3-44)$$

$$\beta_{js} = \frac{2}{N_b}\sum_{i=1}^{N_b}\beta_i\sin j\psi_i \qquad (3-45)$$

或者，以矢量形式表示，如 $\boldsymbol{\beta}_I = \boldsymbol{L}_\beta\boldsymbol{\beta}_M$

其中，对于四桨叶旋翼

$$\boldsymbol{\beta}_I = \{\beta_1,\ \beta_2,\ \beta_3,\ \beta_4\},\ \boldsymbol{\beta}_M = \{\beta_0,\ \beta_{0d},\ \beta_{1c},\ \beta_{1s}\} \qquad (3-46)$$

$$\boldsymbol{L}_\beta = \begin{bmatrix} 1 & -1 & \cos\psi & \sin\psi \\ 1 & 1 & \sin\psi & -\cos\psi \\ 1 & -1 & -\cos\psi & -\sin\psi \\ 1 & 1 & -\sin\psi & \cos\psi \end{bmatrix} \qquad (3-47)$$

$$\boldsymbol{L}_\beta^{-1} = \frac{1}{4}\begin{bmatrix} 1 & 1 & 1 & 1 \\ -1 & 1 & -1 & 1 \\ 2\cos\psi & 2\sin\psi & -2\cos\psi & -2\sin\psi \\ 2\sin\psi & -2\cos\psi & -2\sin\psi & 2\cos\psi \end{bmatrix} \qquad (3-48)$$

在形成矩阵 $\boldsymbol{L}_\beta$ 时，我们使用各个桨叶方位角之间的关系，即

$$\psi_i = \psi - \frac{\pi}{2}(i-1) \qquad (3-49)$$

桨叶 1 的参考零角位于桨盘的后部。多桨叶坐标系可视为桨盘振型（见图 3-8）。所有桨叶一起挥舞形成圆锥，其中第一个 β_0 称作锥角。前两个周期模态 β_{1c} 和 β_{1s} 表示桨盘一阶谐波的纵向和横向倾角，而高阶谐波表现为桨盘翘曲。对于 $N_b = 4$，最奇怪的模态是差动锥角 β_{0d}，它可以视为一种模态，相对的一对桨叶一致运动，但与相邻的叶片对运动方向相反，如图 3-8 所示。多桨叶坐标系的转换不涉及任何近似；存在与单个桨叶坐标相同数量的多桨叶坐标，可以在多桨叶坐标系中重构单个桨叶的运动。还有一个值得强调的地方是，多桨叶坐标并不严格等同于桨叶角的傅里叶展开中的谐波系数。通常，每个桨叶受迫并且以高于每转一次（如每转 2、3、4 次）响应，但是在 $N_b = 3$ 的情况下，仅存在一阶谐波多桨叶坐标系，然后将高阶谐波叠加成一阶谐波。多桨叶坐标系的真正好处是当我们对未耦合的单个桨叶式（3-34）用 $\boldsymbol{L}_\beta$ 进行坐标转换时，可以用矩阵形式写成

$$\boldsymbol{\beta}_I'' + \boldsymbol{C}_I(\psi)\boldsymbol{\beta}_I' + \boldsymbol{D}_I(\psi)\boldsymbol{\beta}_I = \boldsymbol{H}_I(\psi) \qquad (3-50)$$

从而形成多桨叶坐标系方程

$$\boldsymbol{\beta}_M'' + \boldsymbol{C}_M(\psi)\boldsymbol{\beta}_M' + \boldsymbol{D}_M(\psi)\boldsymbol{\beta}_M = \boldsymbol{H}_M(\psi) \qquad (3-51)$$

其中系数矩阵来自

$$\boldsymbol{C}_M = \boldsymbol{L}_\beta^{-1}\{2\boldsymbol{L}_\beta' + \boldsymbol{C}_I\boldsymbol{L}_\beta\} \qquad (3-52)$$

$$\boldsymbol{D}_M = \boldsymbol{L}_\beta^{-1}\{\boldsymbol{L}_\beta'' + \boldsymbol{C}_I\boldsymbol{L}_\beta' + \boldsymbol{D}_I\boldsymbol{L}_\beta\} \qquad (3-53)$$

$$\boldsymbol{H}_M = \boldsymbol{L}_\beta^{-1}\boldsymbol{H}_I \qquad (3-54)$$

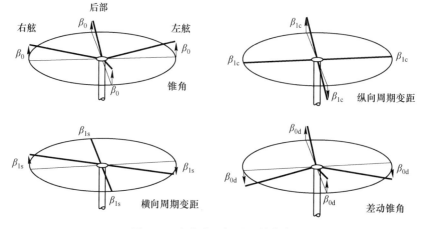

图 3-8　多桨叶坐标系下的桨盘

式（3-51）中所描述的多桨叶坐标系与单桨叶坐标系有两个重要的区别。首先，方程是耦合的；其次，系数矩阵中的周期项不再包含一阶谐波项，而是在每转 $N_b/2$（即四桨叶旋翼为 2）时具有最低的频谱。常见的近似方法是忽略这些项，从而将式（3-51）简化为一组常系数微分方程，然后可以将其附加到机身运动方程中，从而使各种线性静稳定性分析工具能够得以应用。在没有周期项的情况下，多桨叶坐标方程的形式是

$$\boldsymbol{\beta}''_{\mathrm{M}} + \boldsymbol{C}_{\mathrm{M0}}\boldsymbol{\beta}'_{\mathrm{M}} + \boldsymbol{D}_{\mathrm{M0}}\boldsymbol{\beta}_{\mathrm{M}} = \boldsymbol{H}_{\mathrm{M0}}(\psi) \tag{3-55}$$

对于四桨叶旋翼，常系数矩阵可以展开

$$\boldsymbol{C}_{\mathrm{M0}} = \frac{\gamma}{8}\begin{bmatrix} 1 & 0 & 0 & \dfrac{2}{3}\mu \\ 0 & 1 & 0 & 0 \\ 0 & 0 & 1 & \dfrac{16}{\gamma} \\ -\dfrac{16}{\gamma} & 0 & -\dfrac{16}{\gamma} & 1 \end{bmatrix} \tag{3-56}$$

$$\boldsymbol{D}_{\mathrm{M0}} = \frac{\gamma}{8}\begin{bmatrix} \dfrac{8\lambda_\beta^2}{\gamma} & 0 & 0 & 0 \\ 0 & \dfrac{8\lambda_\beta^2}{\gamma} & 0 & 0 \\ \dfrac{8\lambda_\beta^2}{\gamma} & 0 & \dfrac{8(\lambda_\beta^2-1)}{\gamma} & 1+\dfrac{\mu^2}{2} \\ 0 & 0 & -\left(1-\dfrac{\mu^2}{2}\right) & \dfrac{8(\lambda_\beta^2-1)}{\gamma} \end{bmatrix} \tag{3-57}$$

$$\boldsymbol{H}_{\mathrm{M0}} = \frac{\gamma}{8}\begin{bmatrix} \theta_0(1+\mu^2)+4\theta_{\mathrm{tw}}\left(\dfrac{1}{5}+\dfrac{\mu^2}{6}\right)+\dfrac{4}{3}\mu\theta_{1\mathrm{sw}}+\dfrac{4}{3}(\mu_z-\lambda_0)+\dfrac{2}{3}\mu(\bar{p}_{\mathrm{hw}}-\lambda_{1\mathrm{sw}}) \\ 0 \\ \dfrac{16}{\gamma}\left(\bar{p}_{\mathrm{hw}}+\dfrac{\bar{q}'_{\mathrm{hw}}}{2}\right)+\theta_{1\mathrm{cw}}\left(1+\dfrac{\mu^2}{2}\right)+(\bar{q}_{\mathrm{hw}}-\lambda_{1\mathrm{cw}}) \\ -\dfrac{16}{\gamma}\left(\bar{q}_{\mathrm{hw}}-\dfrac{\bar{p}'_{\mathrm{hw}}}{2}\right)+\dfrac{8}{3}\mu\theta_{\mathrm{tw}}+2\mu\theta_{\mathrm{tw}}+\theta_{1\mathrm{sw}}\left(1+\dfrac{3}{2}\mu^2\right)+2\mu(\mu_z-\lambda_0)+(\bar{p}_{\mathrm{hw}}-\lambda_{1\mathrm{sw}}) \end{bmatrix} \tag{3-58}$$

桨叶桨距角和下洗方程式可写成如下形式

$$\theta_p = \theta_0 + \theta_{1c}\cos\psi + \theta_{1s}\sin\psi \tag{3-59}$$

$$\lambda = \lambda_0 + \bar{r}_b(\lambda_{1c}\cos\psi + \lambda_{1s}\sin\psi) \tag{3-60}$$

对多桨叶坐标动力学的一些物理理解可以通过认真研究悬停状态获得。多桨叶坐标的自由响应揭示了锥角和差动锥角是独立、非耦合、带阻尼 $\gamma/8$ 和固有频率 λ_β 的自由度，近似每转一次。周期模态方程是耦合的，可以扩展为

$$\beta''_{1c} + \frac{\gamma}{8}\beta'_{1c} + (\lambda_\beta^2-1)\beta_{1c} + 2\beta'_{1s} + \frac{\gamma}{8}\beta_{1s} = 0 \tag{3-61}$$

$$\beta''_{1s} + \frac{\gamma}{8}\beta'_{1s} + (\lambda_\beta^2 - 1)\beta_{1s} - 2\beta'_{1c} + \frac{\gamma}{8}\beta_{1c} = 0 \qquad (3-62)$$

该周期挥舞系统的特征值由式（3-63）的根给出，如图3-9所示。

$$\left(\lambda^2 + \frac{\gamma}{8}\lambda + \lambda_\beta^2 - 1\right)^2 + \left(2\lambda + \frac{\gamma}{8}\right)^2 = 0 \qquad (3-63)$$

这两种模态被描述为挥舞进动（或后行挥舞模态）和章动（或前行挥舞模态），以突出与陀螺的类比：两者都具有与锥角模态相同的阻尼系数，但是它们的频率相差较大，进动大约位于 $(\lambda_\beta - 1)$ 处，而章动位于 $(\lambda_\beta + 1)$ 以外。虽然章动挥舞模态不太可能与机身运动耦合，但是后行挥舞模态频率可以与机身最高频率模态的阶数相同。该模态的常用近似值假设惯性项为零，且简单的一阶公式足以描述如第 2 章（式（2-42））所述"旋翼挥舞"。由于与滚转相关的时间常数比与俯仰运动相关的时间常数低，因此运动经常更强烈地与滚动轴耦合。滚转-俯仰时间常数通过滚转-俯仰惯性矩的比值来获得，该参数的典型值约为 0.25。我们将在本章后续和第 5 章中介绍如何近似。

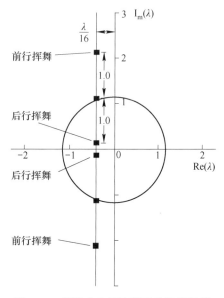

图3-9 多桨叶坐标旋翼系统的特征值

除了重建单个桨叶运动外，差动锥角对我们来说没什么意义，每对桨叶在旋翼桨毂上施加相同的有效载荷，使这种运动无反作用。忽略这种模态，我们可以从式（3-55）推导锥角和周期挥舞模态的准定常运动，并以矢量矩阵形式写成

$$\boldsymbol{\beta}_M = \boldsymbol{D}_{M0}^{-1}\boldsymbol{H}_{M0} \qquad (3-64)$$

或展开为

$$\boldsymbol{\beta}_M = \boldsymbol{A}_{\beta\theta}\boldsymbol{\theta} + \boldsymbol{A}_{\beta\lambda}\boldsymbol{\lambda} + \boldsymbol{A}_{\beta\omega}\boldsymbol{\omega} \qquad (3-65)$$

子向量定义为

$$\boldsymbol{\beta}_M = \{\beta_0, \beta_{1c}, \beta_{1s}\} \qquad (3-66)$$

$$\boldsymbol{\theta} = \{\theta_0, \theta_{tw}, \theta_{1sw}, \theta_{1cw}\} \qquad (3-67)$$

$$\boldsymbol{\lambda} = \{(\mu_z - \lambda_0), \lambda_{1sw}, \lambda_{1cw}\} \qquad (3-68)$$

$$\boldsymbol{\omega} = \{\bar{p}'_{hw}, \bar{q}'_{hw}, \bar{p}_{hw}, \bar{q}_{hw}\} \qquad (3-69)$$

系数矩阵可以写成如式（3-70）、式（3-71）和式（3-72）所示。其中

$$\eta_\beta = -\frac{1}{1+S_\beta^2}$$

这些准定常挥舞方程可用于计算旋翼配平条件 $O(\mu^2)$ 并且还可用于近似与低频机身运动相关的旋翼动力学。

$$A_{\beta\theta} = \frac{\gamma}{8\lambda_\beta^2}
\begin{bmatrix}
1+\mu^2 & \dfrac{4}{5}+\dfrac{2}{3}\mu^2 & \dfrac{4}{3}\mu & 0 \\[2mm]
\eta_\beta\dfrac{4}{3}\mu\left(S_\beta(1+\mu^2)+\dfrac{16\lambda_\beta^2}{\gamma}\left(1+\dfrac{\mu^2}{2}\right)\right) & \eta_\beta 2\mu\left(\dfrac{8\lambda_\beta^2}{\gamma}\left(1+\dfrac{\mu^2}{2}\right)+\dfrac{8}{15}S_\beta\left(1+\dfrac{5}{2}\mu^2\right)\right) & \eta_\beta\left(\dfrac{8\lambda_\beta^2}{\gamma}(1+2\mu^2)+\left(\dfrac{4}{3}\mu\right)^2 S_\beta\right) & -\eta_\beta S_\beta\dfrac{8\lambda_\beta^2}{\gamma} \\[2mm]
\dfrac{4}{3}\mu\,\eta_\beta\left(1+\dfrac{\mu^2}{2}-2S_\beta\dfrac{8\lambda_\beta^2}{\gamma}\right) & \eta_\beta 2\mu\left(\dfrac{8}{15}\left(1+\dfrac{\mu^2}{3}\right)-S_\beta\dfrac{8\lambda_\beta^2}{\gamma}\right) & \eta_\beta\left(\left(\dfrac{4}{3}\right)^2\!S_\beta\left(1+\dfrac{3}{2}\mu^2\right)-S_\beta\dfrac{8\lambda_\beta^2}{\gamma}\right) & -\eta_\beta\dfrac{8\lambda_\beta^2}{\gamma}\left(1-\dfrac{\mu^4}{2}\right)
\end{bmatrix}
\tag{3-70}$$

$$A_{\beta\lambda} = \frac{\gamma}{8\lambda_\beta^2}
\begin{bmatrix}
\dfrac{4}{3} & -\dfrac{2}{3}\mu & 0 \\[2mm]
\eta_\beta\mu\left(\left(\dfrac{4}{3}\right)^2 S_\beta+\dfrac{16\lambda_\beta^2}{\gamma}\left(1+\dfrac{\mu^2}{2}\right)\right) & -\eta_\beta\left(\dfrac{8\lambda_\beta^2}{\gamma}\left(1+\dfrac{\mu^2}{2}\right)+\dfrac{S_\beta}{2}\left(\dfrac{4}{3}\mu\right)^2\right) & \eta_\beta\dfrac{8\lambda_\beta^2}{\gamma}S_\beta \\[2mm]
\eta_\beta\mu\left(\left(\dfrac{4}{3}\right)^2\left(1-\dfrac{\mu^2}{2}\right)-S_\beta\dfrac{16\lambda_\beta^2}{\gamma}\right) & \eta_\beta\left(\dfrac{8\lambda_\beta^2}{\gamma}S_\beta-\dfrac{1}{2}\left(\dfrac{4}{3}\mu\right)^2\right) & \eta_\beta\left(\dfrac{8\lambda_\beta^2}{\gamma}\right)^2\left(1-\dfrac{\mu^2}{2}\right)
\end{bmatrix}
\tag{3-71}$$

$$A_{\beta\omega} = \frac{\gamma}{8\lambda_\beta^2}
\begin{bmatrix}
0 & \dfrac{2}{3}\mu & 0 \\[2mm]
\eta_\beta\left(\dfrac{8\lambda_\beta^2}{\gamma}\right)^2\left(1+\dfrac{\mu^2}{2}\right) & \eta_\beta\left(\dfrac{8\lambda_\beta^2}{\gamma}\left(1+\dfrac{\mu^2}{2}\right)+\dfrac{16S_\beta}{\gamma}-\dfrac{S_\beta}{2}\left(\dfrac{4}{3}\mu\right)^2\right) & -\eta_\beta\dfrac{8\lambda_\beta^2}{\gamma}\left(S_\beta+\dfrac{16}{\gamma}\left(1+\dfrac{\mu^2}{2}\right)\right) \\[2mm]
-\eta_\beta\left(\dfrac{8\lambda_\beta^2}{\gamma}\right)^2 S_\beta & \eta_\beta\dfrac{8\lambda_\beta^2}{\gamma}\left(\dfrac{16}{\gamma}\left(-1+\dfrac{\mu^2}{2}\right)-S_\beta\right)+\dfrac{1}{2}\left(\dfrac{4}{3}\mu\right)^2 & \eta_\beta\dfrac{8\lambda_\beta^2}{\gamma}\left(\dfrac{16S_\beta}{\gamma}-1+\dfrac{\mu^2}{2}\right)
\end{bmatrix}
\tag{3-72}$$

通过这种方式，挥舞导数的概念发挥了作用。第 2 章介绍了这些，并在式（2-29）~ 式（2-32）中给出了示例。悬停时的主要挥舞操纵响应和阻尼导出为

$$\frac{\partial \beta_{1c}}{\partial \theta_{1s}} = -\frac{\partial \beta_{1s}}{\partial \theta_{1c}} = -\frac{1}{1 + S_\beta^2}$$

$$\frac{\partial \beta_{1c}}{\partial \bar{q}} = \frac{\partial \beta_{1s}}{\partial \bar{p}} = \frac{1}{1 + S_\beta^2}\left(S_\beta + \frac{16}{\gamma}\right)$$

与由于操纵和轴角运动对旋翼刚度引起的挥舞响应的弱依赖性相比，旋翼挥舞阻尼对洛克数的依赖性更强。为了强调这一点，我们可以得出结论，传统的从跷跷板式旋翼到无铰链的旋翼几乎都以相同的方式挥舞。当然，无铰链旋翼不需要太多的挥舞，飞行员可能只需要比铰接式旋翼提供更小的操纵输入，就可以产生相同的桨毂力矩，从而进行相同的机动。

耦合的旋翼-机体运动，无论是准定常的还是一阶或二阶挥舞动力学，都是通过将桨毂运动与旋翼耦合并利用旋翼力驱动桨毂以及机身而形成的。现在将推导出多桨叶坐标形式的桨毂力和力矩的表达式。

旋翼力和力矩

回到附录 3A 中给出的基本参考框架，如图 3-10 所示，桨毂-风轴系中的桨毂力可以写成

$$X_{\text{hw}} = \sum_{i=1}^{N_\text{b}} \int_0^R \left\{ -(f_z - ma_{zb})_i \beta_i \cos\psi_i - (f_y - ma_{yb})_i \sin\psi_i + ma_{xb}\cos\psi_i \right\} \mathrm{d}r_\text{b} \quad (3-73)$$

$$Y_{\text{hw}} = \sum_{i=1}^{N_\text{b}} \int_0^R \left\{ (f_z - ma_{zb})_i \beta_i \sin\psi_i - (f_y - ma_{yb})_i \cos\psi_i - ma_{xb}\sin\psi_i \right\} \mathrm{d}r_\text{b} \quad (3-74)$$

$$Z_{\text{hw}} = \sum_{i=1}^{N_\text{b}} \int_0^R (f_z - ma_{zb} + m_{xb}\beta_i)_i \mathrm{d}r_\text{b} \quad (3-75)$$

桨叶叶素惯性加速度的表达式见附录 3A。气动力载荷近似于一个简单的升力和阻力对，假设总入流角很小，因此

$$f_z = -l\cos\phi - d\sin\phi \approx -l - d\phi \quad (3-76)$$

$$f_y = d\cos\phi - l\sin\phi \approx d - l\phi \quad (3-77)$$

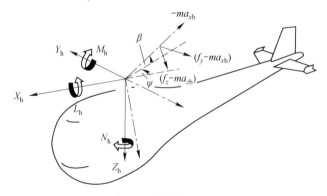

图 3-10　作用在旋翼桨毂上的力和力矩

使用式（3-21）和式（3-22）中导出的近似值进行积分分析，可以将力写成系数表达式

$$\left(\frac{2C_{xw}}{a_0 s}\right) = \frac{X_{hw}}{\frac{1}{2}\rho(\Omega R)^2 \pi R^2 s a_0} = \frac{1}{N_b}\sum_{i=1}^{N_b} F^{(1)}(\psi_i)\beta_i\cos\psi_i + F^{(2)}(\psi_i)\beta_i\sin\psi_i \quad (3-78)$$

$$\left(\frac{2C_{yw}}{a_0 s}\right) = \frac{Y_{hw}}{\frac{1}{2}\rho(\Omega R)^2 \pi R^2 s a_0} = \frac{1}{N_b}\sum_{i=1}^{N_b} - F^{(1)}(\psi_i)\beta_i\sin\psi_i + F^{(2)}(\psi_i)\beta_i\cos\psi_i \quad (3-79)$$

$$\left(\frac{2C_{zw}}{a_0 s}\right) = \frac{Z_{hw}}{\frac{1}{2}\rho(\Omega R)^2 \pi R^2 s a_0} = \frac{1}{N_b}\sum_{i=1}^{N_b} - F^{(1)}(\psi_i) = -\left(\frac{2C_T}{a_0 s}\right) \quad (3-80)$$

其中

$$F^{(1)}(\psi_i) = -\int_0^1 \{\overline{U}_T^2 \theta_i + \overline{U}_P \overline{U}_T\} \, d\overline{r}_b \quad (3-81)$$

是升力或法向力，以及

$$F^{(2)}(\psi_i) = -\int_0^1 \left\{\overline{U}_P^2 + \overline{U}_P \overline{U}_T \theta_i - \frac{\delta_i \overline{U}_T^2}{a_0}\right\} \, d\overline{r}_b \quad (3-82)$$

是面内力，包括诱导阻力和翼型阻力分量。旋翼实度 s 定义为

$$s = \frac{N_b c}{\pi R} \quad (3-83)$$

可以展开力 F 以给出表达式

$$\begin{aligned}
F^{(1)}(\psi) = &\left(\frac{1}{3} + \mu\sin\psi + \mu^2\sin^2\psi\right)\theta_p + \left(\frac{1}{4} + \frac{2}{3}\mu\sin\psi + \frac{1}{2}\mu^2\sin^2\psi\right)\theta_{tw} + \\
&\left(\frac{1}{3} + \frac{\mu\sin\psi}{2}\right)(\overline{\omega}_y - \lambda_1 - \beta') + \\
&\left(\frac{1}{2} + \mu\sin\psi\right)(\mu_z - \lambda_0 - \beta\mu\cos\psi)
\end{aligned}$$

$$(3-84)$$

$$\begin{aligned}
F^{(2)}(\psi) = &\left\{\left(\frac{1}{3} + \frac{1}{2}\mu\sin\psi\right)(\overline{\omega}_y - \lambda_1 - \beta') + \right.\\
&\left.\left(\frac{1}{2} + \mu\sin\psi\right)(\mu_z - \lambda_0 - \beta\mu\cos\psi)\right\}\theta_p + \\
&\left\{\left(\frac{1}{4} + \frac{\mu\sin\psi}{3}\right)(\overline{\omega}_y - \lambda_1 - \beta') + \right.\\
&\left.\left(\frac{1}{3} + \frac{\mu\sin\psi}{2}\right)(\mu_z - \lambda_0 - \beta\mu\cos\psi)\right\}\theta_{tw} + \\
&(\mu_z - \lambda_0 - \beta\mu\cos\psi)^2 + (\mu_z - \lambda_0 - \beta\mu\cos\psi)(\overline{\omega}_y - \lambda_1 - \beta') + \\
&\frac{(\overline{\omega}_y - \lambda_1 - \beta')^2}{3} - \frac{\delta}{a_0}\left(\frac{1}{3} + \mu\sin\psi + \mu^2\sin^2\psi\right)
\end{aligned}$$

$$(3-85)$$

这对法向力和面内力将在桨毂处产生振动（即旋翼转速谐波）和准定常载荷。桨毂-风轴系中的准定常部分是飞行动力学中最主要的研究内容，可通过展开旋转系统中的载荷来推导，由式（3-84）和式（3-85）给出二阶谐波；因此

$$F^{(1)}(\psi) = F_0^{(1)} + F_{1c}^{(1)}\cos\psi + F_{1s}^{(1)}\sin\psi + F_{2c}^{(1)}\cos2\psi + F_{2s}^{(1)}\sin2\psi \qquad (3-86)$$

$$F^{(2)}(\psi) = F_0^{(2)} + F_{1c}^{(2)}\cos\psi + F_{1s}^{(2)}\sin\psi + F_{2c}^{(2)}\cos2\psi + F_{2s}^{(2)}\sin2\psi \qquad (3-87)$$

利用式（3-78）~式（3-80），可以将桨毂力系数写为

$$\left(\frac{2C_{xw}}{a_0 s}\right) = \left(\frac{F_0^{(1)}}{2} + \frac{F_{2c}^{(1)}}{4}\right)\beta_{1cw} + \frac{F_{1c}^{(1)}}{2}\beta_0 + \frac{F_{2s}^{(1)}}{4}\beta_{1sw} + \frac{F_{1s}^{(2)}}{2} \qquad (3-88)$$

$$\left(\frac{2C_{yw}}{a_0 s}\right) = \left(-\frac{F_0^{(1)}}{2} + \frac{F_{2c}^{(1)}}{4}\right)\beta_{1sw} - \frac{F_{1s}^{(1)}}{2}\beta_0 - \frac{F_{2s}^{(1)}}{4}\beta_{1cw} + \frac{F_{1c}^{(2)}}{2} \qquad (3-89)$$

$$\left(\frac{2C_{zw}}{a_0 s}\right) = -\left(\frac{2C_T}{a_0 s}\right) = -F_0^{(1)} \qquad (3-90)$$

谐波系数由以下表达式给出

$$F_0^{(1)} = \theta_0\left(\frac{1}{3} + \frac{\mu^2}{2}\right) + \frac{\mu}{2}\left(\theta_{1sw} + \frac{\bar{p}_{hw}}{2}\right) + \left(\frac{\mu_z - \lambda_0}{2}\right) + \frac{1}{4}(1 + \mu^2)\theta_{tw} \qquad (3-91)$$

$$F_{1s}^{(1)} = \left(\frac{\alpha_{1sw}}{3} + \mu\left(\theta_0 + \mu_z - \lambda_0 + \frac{2}{3}\theta_{tw}\right)\right) \qquad (3-92)$$

$$F_{1c}^{(1)} = \left(\frac{\alpha_{1cw}}{3} - \mu\frac{\beta_0}{2}\right) \qquad (3-93)$$

$$F_{2s}^{(1)} = \frac{\mu}{2}\left(\frac{\alpha_{1cw}}{2} + \frac{\theta_{1cw} - \beta_{1sw}}{2} - \mu\beta_0\right) \qquad (3-94)$$

$$F_{2c}^{(1)} = -\frac{\mu}{2}\left(\frac{\alpha_{1sw}}{2} + \frac{\theta_{1sw} + \beta_{1cw}}{2} + \mu\left(\theta_0 + \frac{\theta_{tw}}{2}\right)\right) \qquad (3-95)$$

$$\begin{aligned}
F_{2s}^{(1)} = &\frac{\mu^2}{2}\beta_0\beta_{1sw} + \left(\mu_z - \lambda_0 - \frac{\mu}{4}\beta_{1cw}\right)(\alpha_{1sw} - \theta_{1sw}) - \frac{\mu}{4}\beta_{1sw}(\alpha_{1cw} - \theta_{1cw}) + \\
&\theta_0\left(\frac{\alpha_{1sw} - \theta_{1sw}}{3} + \mu(\mu_z - \lambda_0) - \frac{\mu^2}{4}\beta_{1cw}\right) + \\
&\theta_{tw}\left(\frac{\alpha_{1sw} - \theta_{1sw}}{4} + \frac{\mu}{2}\left(\mu_z - \lambda_0 - \frac{\mu}{4}\beta_{1cw}\right)\right) + \\
&\theta_{1sw}\left(\frac{\mu_z - \lambda_0}{2} + \mu\left(\frac{3}{8}(\bar{p}_{hw} - \lambda_{1sw}) + \frac{1}{4}\beta_{1cw}\right)\right) + \\
&\frac{\mu}{4}\theta_{1cw}\left(\frac{\bar{q}_{hw} - \lambda_{1cw}}{2} - \beta_{1sw} - \mu\beta_0\right) - \frac{\delta\mu}{a_0}
\end{aligned}$$

$$(3-96)$$

$$\begin{aligned}
F_{1c}^{(2)} = &(\alpha_{1cw} - \theta_{1cw} - 2\beta_0\mu)\left(\mu_z - \lambda_0 - \frac{3\mu}{4}\beta_{1cw}\right) - \frac{\mu}{4}\beta_{1sw}(\alpha_{1sw} - \theta_{1sw}) + \\
&\theta_0\left(\frac{\alpha_{1cw} - \theta_{1cw}}{3} - \frac{\mu}{2}\left(\beta_0 + \frac{\mu}{2}\beta_{1sw}\right)\right) +
\end{aligned}$$

$$\theta_{tw}\left(\frac{\alpha_{1cw} - \theta_{1cw}}{4} - \mu\left(\frac{\beta_0}{3} + \frac{\mu}{8}\beta_{1sw}\right)\right) +$$

$$\theta_{1cw}\left(\frac{\mu_z - \lambda_0}{2} - \frac{\mu}{4}\left(\frac{3}{8}\left(\frac{\bar{p}_{hw} - \lambda_{1sw}}{2} - \beta_{1cw}\right)\right)\right) + \qquad (3-97)$$

$$\frac{\mu}{4}\theta_{1sw}\left(\frac{\bar{q}_{hw} - \lambda_{1cw}}{2} - \beta_{1sw} - \mu\beta_0\right)$$

桨叶有效迎角由式（3-98）和式（3-99）给出

$$\alpha_{1sw} = \bar{p}_{hw} - \lambda_{1sw} + \beta_{1cw} + \theta_{1sw} \qquad (3-98)$$

$$\alpha_{1cw} = \bar{q}_{hw} - \lambda_{1cw} - \beta_{1sw} + \theta_{1cw} \qquad (3-99)$$

上述旋翼力的表达式强调的是多种物理效应在无旋桨毂-风轴系中相结合所产生的结果。虽然法向力即旋翼推力，可由一个相对简单的方程给出，但平面内的力确实非常复杂。但是，可以进行一些物理解释。$F_0^{(1)}\beta_{1cw}$ 和 $F_{1c}^{(1)}\beta_0$ 分量是在运动方向上的升力和挥舞的乘积的一阶谐波，表示前后位置的桨叶对 X 和 Y 的贡献。$F_{1s}^{(2)}$ 和 $F_{1c}^{(2)}$ 表示作用在前行和后行桨叶上的诱导阻力和翼型阻力对 X 和 Y 的贡献。在悬停时，这些效应的组合简化为一个结果：桨叶升力在平面内的贡献相互抵消，力完全由旋翼推力矢量的倾斜给出，即

$$C_{xw} = C_T\beta_{1cw} \qquad (3-100)$$

$$C_{yw} = -C_T\beta_{1sw} \qquad (3-101)$$

假设旋翼推力在整个飞行包线内，垂直于桨盘，这可以提供一个直升机飞行动力学常见的近似值，有效地忽略了桨叶升力对式（3-78）~式（3-99）中给出的旋翼平面内力的许多微小贡献。然而，该近似方法无法对许多影响进行模拟，特别在横向配平和动力学方面。

作为说明，如图 3-11（a）所示，将 Helisim Bo105 与配平的旋翼 Y 向力飞行速度的函数对比，桨盘倾斜近似值存在很大的误差。相应的横向周期倾角作为飞行速度的函数对比如图 3-11（b）所示，表明近似值对横向配平的影响实际上不太大。当阻尼力矩由旋翼侧向力而不是桨毂力矩支配时，桨盘倾斜近似值在操纵中最弱，特别是对于具有小挥舞铰链偏置量的跷跷板式旋翼或铰接旋翼。

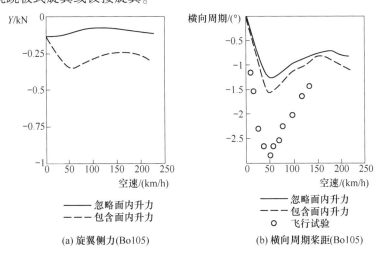

(a) 旋翼侧力(Bo105)   (b) 横向周期桨距(Bo105)

图 3-11　配平飞行中的旋翼 Y 向力和横向周期变距变化

式（3-90）~式（3-99）中最重要的是第一个，即在式（3-90）中以归一化形式出现的零阶谐波旋翼推力。这个简单的方程是直升机飞行动力学中最重要的方程之一，我们探讨旋翼下洗时将对它进行更多的讨论。为了完成旋翼力和力矩这一冗长的推导，需要将桨毂-风轴系力的分量投影到桨轴系上并导出桨毂力矩。

使用附录 3A.4 中导出的转换矩阵，即

$$\Delta = \begin{bmatrix} \cos\psi_w & -\sin\psi_w \\ \cos\psi_w & \cos\psi_w \end{bmatrix} \qquad (3-102)$$

可以在桨轴系中写出沿机身纵向对称平面对齐的 X、Y 力

$$\begin{bmatrix} C_x \\ C_y \end{bmatrix} = \Delta \begin{bmatrix} C_{xw} \\ C_{yw} \end{bmatrix} \qquad (3-103)$$

由于旋翼的刚度效应，桨轴系上的旋翼桨毂滚转力矩（L）和俯仰（M）力矩是多桨叶坐标中挥舞角度的简单线性函数，可以写成以下形式

$$L_h = -\frac{N_b}{2} K_\beta \beta_{1s} \qquad (3-104)$$

$$M_h = -\frac{N_b}{2} K_\beta \beta_{1c} \qquad (3-105)$$

通过变换，可从相应的桨毂-风轴系得到桨盘的挥舞角度

$$\begin{bmatrix} \beta_{1c} \\ \beta_{1s} \end{bmatrix} = \Delta \begin{bmatrix} \beta_{1cw} \\ \beta_{1sw} \end{bmatrix} \qquad (3-106)$$

桨毂刚度可以根据挥舞频率比来写出，即

$$K_\beta = (\lambda_\beta^2 - 1) I_\beta \Omega^2$$

这显示了桨毂力矩和挥舞频率之间的关系（参见式（3-32））。无铰链旋翼的等效桨毂刚度 K_β 是铰接式旋翼桨毂刚度的 3~4 倍，这种放大作用使无铰链旋翼能产生更大的桨毂力矩，而不是由不同旋翼挥舞幅度的任何显著差异引起的。

旋翼扭矩

由旋翼产生的其余力矩是旋翼扭矩，这产生了绕旋翼轴旋转的主要分量，以及由于桨盘相对于垂直于轴的平面倾斜而在俯仰和滚转方向上产生的较小分量。如图 3-10 所示，通过对旋翼轴周围的平面内载荷绕旋翼轴轴线积分，可以获得近似于桨毂-风轴系中的偏航力矩的力矩

$$N_h = \sum_{i=1}^{N_b} \int_0^R r_b (f_y - ma_{yb})_i dr_b \qquad (3-107)$$

可以忽略除旋翼角加速度引起的加速扭矩外所有的惯性项，从而将式（3-107）简化为以下形式

$$N_h = \sum_{i=1}^{N_b} \int_0^R \{ r_b (d - l\phi) \} dr_b + I_R \dot{\Omega} \qquad (3-108)$$

式中：I_R 是旋翼桨叶、桨毂加上传动系统中的任何附加的旋转部件绕轴线的惯性矩。对扭矩方程归一化可得

$$\frac{N_{\mathrm{h}}}{\frac{1}{2}\rho\,(\Omega R)^2\pi R^3 s a_0} = \frac{2C_Q}{a_0 s} + \frac{2}{\gamma}\left(\frac{I_{\mathrm{R}}}{N_{\mathrm{b}} I_\beta}\right)\overline{\Omega}' \tag{3-109}$$

其中

$$\overline{\Omega}' = \frac{\dot{\Omega}}{\Omega^2} \tag{3-110}$$

且气动扭矩系数可写为

$$\frac{2C_Q}{a_0 s} = -\int_0^1 \overline{r}_{\mathrm{b}}\left(\overline{U}_{\mathrm{T}}\overline{U}_{\mathrm{P}}\theta + \overline{U}_{\mathrm{P}}^2 - \frac{\delta}{a_0}\overline{U}_{\mathrm{T}}^2\right)\mathrm{d}\overline{r}_{\mathrm{b}} \equiv \left(\frac{2}{a_0 s}\right)\left(\frac{Q_{\mathrm{R}}}{\rho\,(\Omega R)^2\pi R^3}\right) \tag{3-111}$$

式中：Q_{R} 是旋翼扭矩。

扭矩的上述表达式可以用类似于本章前面的旋翼力的方式展开。由此得到的通用但又难以处理的分析和公式，可以通过如下方式重新整理式（3-111），可得到相当简单却非常有效的近似。

以近似形式替代式（3-24）

$$\overline{r}_{\mathrm{b}} \approx \overline{U}_{\mathrm{T}} - \mu\sin\psi \tag{3-112}$$

可以将旋翼扭矩写成以下形式

$$\frac{2C_Q}{a_0 s} = -\int_0^1 (\overline{U}_{\mathrm{T}} - \mu\sin\psi)\frac{\overline{U}_{\mathrm{P}}}{\overline{U}_{\mathrm{T}}}\overline{\ell}\,\overline{r}_{\mathrm{b}} + \int_0^1 \overline{r}_{\mathrm{b}}\overline{d}\mathrm{d}\overline{r}_{\mathrm{b}} \tag{3-113}$$

其中归一化的气动力载荷由以下表达式给出

$$\overline{\ell} = \overline{U}_{\mathrm{T}}^2\theta + \overline{U}_{\mathrm{T}}\overline{U}_{\mathrm{P}},\ \ \overline{d} = \frac{\delta}{a_0}\overline{U}_{\mathrm{T}}^2 \tag{3-114}$$

扭矩的三个分量可以写成

$$\frac{2C_Q}{a_0 s} = -\left(\int_0^1 (\overline{U}_{\mathrm{P}}\,\overline{\ell}\,\mathrm{d}\overline{r}_{\mathrm{b}}) + (\mu\sin\psi\int_0^1 \frac{\overline{U}_{\mathrm{P}}}{\overline{U}_{\mathrm{T}}}\,\overline{\ell}\,\mathrm{d}\overline{r}_{\mathrm{b}}) + (\int_0^1 \overline{r}_{\mathrm{b}}\overline{d}\mathrm{d}\overline{r}_{\mathrm{b}})\right) \tag{3-115}$$

展开式（3-115），并做进一步近似忽略小项，得到旋翼气动扭矩的最终方程，包括由力和速度与翼型力矩的乘积形成的诱导项，即

$$\frac{2C_Q}{a_0 s} \approx -(\mu_z - \lambda_0)\left(\frac{2C_T}{a_0 s}\right) + \mu\left(\frac{2C_{xw}}{a_0 s}\right) + \frac{\delta}{4a_0}(1 + 3\mu^2) \tag{3-116}$$

旋翼桨盘相对于轴会产生在滚转和俯仰方向上的扭矩分量。旋转参考系中只有每转一次的滚转和俯仰力矩将转换为桨毂–风轴系中的稳定力矩。忽略旋翼扭矩的谐波，可以看到桨毂力矩可以通过每转一次桨盘倾斜的稳定扭矩方向来近似

$$L_{HQ} = -\frac{Q_{\mathrm{R}}}{2}\beta_{1s} \tag{3-117}$$

$$M_{HQ} = \frac{Q_{\mathrm{R}}}{2}\beta_{1s} \tag{3-118}$$

稍后，我们将在3.4节和第4章中再次讨论桨毂力和力矩。然而，我们仍然需要开展大量的建模工作，不仅适用于不同的直升机部件，还包括主旋翼以涵盖其"内在的"动态

单元细节。首先，我们研究旋翼入流。

旋翼入流

　　旋翼入流是由旋翼在桨盘处引起，并因此导致了局部桨叶迎角和动压的流场。一般情况下，旋翼处的诱导气流由所有桨叶的脱体涡组成，这些涡的尾迹延伸到飞机的远处。为了充分考虑这些影响，需要对复杂的涡流尾迹进行建模，该涡流尾迹会被自身和飞机的运动所影响。对于飞行动力学的分析假设，考虑入流的正常分量即旋翼引起的下洗就足够了。我们对旋翼和尾迹中的流体运动特性做出一些总的假设，以得出相对简单的下洗公式。对于飞行动力学应用中使用旋翼尾迹的近似值一直是旋翼入流的两个综合事宜的主题（参考文献3.9，3.10），它涉及准静态和动态效应。读者将着眼于这些工作，以便在更广泛的尾迹分析背景下能更深入地了解入流建模的历史发展。旋翼尾迹最简单的表示是基于"作用盘"理论，能有效地表示有无限桨叶的旋翼的数学模型，能够加速空气通过桨盘并支持其上的压力突变。我们首先考虑轴向飞行中的旋翼。

轴向飞行的动量理论

　　图3-12（a）～（c）展示了旋翼在轴向运动中的流动状态，即对应悬停、爬升或下降飞行，合成流总是垂直于桨盘。假定流动是定常、无黏和不可压缩的，在作用盘产生的流场（即延伸到无限远的流管）和外部气流之间有一个定义明确的滑流。在根本上，这违反了在下降飞行中气流需要回流自身这一情况，我们稍后将讨论这一点。我们的另一个假设是：远端尾迹中的压力恢复到了大气压。Bramwell（参考文献3.6）和Johnson（参考文献3.7）详细讨论了这些假设，此处不再赘述。利用质量、动量和能量的守恒定律，可以推导旋翼推力和扭矩与旋翼入流之间关系的最简单理论，通常被称为动量理论。我们最初的理论发展将基于整体动量理论，该理论假设入流均匀地分布在桨盘上。参见图3-12，我们注意到 T 是旋翼推力，v 是各个流管站位的速度，v_i 是盘上的入流，V_c 是爬升速度，V_d 是旋翼下降速度。

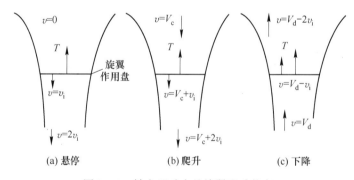

图3-12　轴向运动中的旋翼流动状态

　　首先，考虑悬停和爬升状态（见图3-12（a）、（b））。如果 $\dot{m}$ 是质量流量（每个站位恒定），A_d 是桨盘面积，那么可以将通过旋翼的质量流量写为

$$\dot{m} = \rho A_d (V_c + v_i) \qquad (3-119)$$

　　未受干扰的上游条件和远距离尾迹之间的动量变化率可以与旋翼载荷相等，从而得出

$$T = \dot{m}(V_c + v_{i\infty}) - \dot{m}V_c = \dot{m}v_{i\infty} \qquad (3-120)$$

式中：$v_{i\infty}$ 是充分发展的尾迹中的诱导流。

流动动能的变化与旋翼（作用盘）所做的功有关；从而

$$T(V_c + v_{i\infty}) = \frac{1}{2}\dot{m}(V_c + v_{i\infty})^2 - \frac{1}{2}\dot{m}V_c^2 = \frac{1}{2}\dot{m}(2V_c v_{i\infty} + v_{i\infty}^2) \qquad (3 - 121)$$

根据这些关系，可以推导出远端尾迹中的诱导速度将被加速到旋翼入流处速度的两倍，即

$$v_{i\infty} = 2v_i \qquad (3 - 122)$$

现在可以根据桨盘的条件直接写出旋翼推力的表达式；于是

$$T = 2\rho A_d(V_c + v_i)v_i \qquad (3 - 123)$$

以归一化形式表达入流为

$$\lambda_i = \frac{v_i}{\Omega R} \qquad (3 - 124)$$

可以用旋翼推力系数 C_T 来表示悬停引起的速度（$V_c = 0$），即

$$v_{ihover} = \sqrt{\frac{T}{2\rho A_d}} \quad \text{或} \quad \lambda_{ih} = \sqrt{\frac{C_T}{2}} \qquad (3 - 125)$$

爬升情况下的入流可以写成

$$\lambda_i = \frac{C_T}{2(\mu_c + \lambda_i)} \qquad (3 - 126)$$

或者，从二次方程的正解得到

$$\lambda_{ih}^2 = (\mu_c + \lambda_i)\lambda_i \qquad (3 - 127)$$

因此

$$\lambda_i = -\frac{\mu_c}{2} + \sqrt{\left(\frac{\mu_c}{2}\right)^2 + \lambda_{ih}^2} \qquad (3 - 128)$$

其中

$$\mu_c = \frac{V_c}{\Omega R} \qquad (3 - 129)$$

垂直下降的情况比较复杂。严格地说，流动状态仅在尾迹完全建立在旋翼上方且气流贯穿流管向上的条件下才满足动量理论应用的要求。这种旋翼状态被称为风车制动状态，因为它与从空气中提取能量的风车相似（见图 3-12（c））。此时旋翼对空气中所做的功是负的，经过与爬升相似的分析，旋翼推力可以写成

$$T = 2\rho A_d(V_d - v_i)v_i \qquad (3 - 130)$$

因此，风车制动状态下桨盘上的入流可以写成

$$\lambda_i = \frac{\mu_d}{2} - \sqrt{\left[\left(\frac{\mu_d}{2}\right)^2 - \lambda_{ih}^2\right]} \qquad (3 - 131)$$

其中

$$\mu_d = \frac{V_d}{\Omega R} \qquad (3 - 132)$$

式（3-128）和式（3-131）的物理解如图 3-13 中的实线所示。虚线对应于"不现实"的解。这些解包括从悬停到风车制动状态的下降速度，从而包含了当入流等于下降率

时的理想自转状态。该区域包括涡环状态，其中旋翼下方的尾迹被尾迹外部相对于旋翼向上运动的空气夹带着，反过来再次成为旋翼上方的入流的一部分。这种周期流动形成环形涡流，其具有非均匀和不稳定的特征，导致桨盘中心出现大面积的高入流，并产生失速外载。涡环条件不适于仅考虑动量因素进行建模。然而，有证据表明旋翼的平均入流可以通过联系直升机和风车旋翼状态的半经验方程来近似，如图 3-13 所示。Young 建议的线性近似值（参考文献 3.11）在图中显示为短虚线，这些数据与 20 世纪 50 年代早期 Castles 和 Gray 收集的试验数据（参考文献 3.12）相当吻合。Young 的经验关系采取如下形式

$$\lambda_i = \lambda_{ih}\left(1 + \frac{\mu_d}{\lambda_{ih}}\right), \ 0 \leqslant -\mu_d \leqslant -1.5\lambda_{ih} \tag{3-133}$$

$$\lambda_i = \lambda_{ih}\left(7 - 3\frac{\mu_d}{\lambda_{ih}}\right), \ -1.5\lambda_{ih} < -\mu_d \leqslant -2\lambda_{ih} \tag{3-134}$$

像 Young 这样的近似的一个重要特征是它们能够推导并估算出理想自转的诱导速度。应注意的是，从图 3-13 中的动量解得到的虚线实际上从未穿过自转线。Young 的近似估计自转线交叉在

$$\frac{\mu_d}{\lambda_{ih}} = 1.8 \tag{3-135}$$

正如 Bramwell（参考文献 3.6）所指出的，在这种情况下旋翼推力等于与旋翼直径相同的圆板的阻力，即旋翼以类似于降落伞的下降速度下降。在第 10 章将继续讨论倾转旋翼机的涡环状态建模。

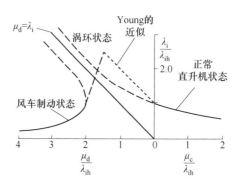

图 3-13 轴向飞行中旋翼入流的动量理论解

前飞动量理论

在高速飞行中，旋翼的下洗流场类似于具有圆形平面形状的固定翼飞机，推导机翼处诱导流动的动量近似适用于直升机（参考文献 3.13）。如图 3-14 所示为前飞中通过旋翼的流动，其中自由流速度 V 在桨盘的迎角为 α，并且作用盘在旋翼处产生速度。远处尾迹中的诱导流量又是旋翼（机翼）处流量的两倍，由守恒定律可得质量流量如下

$$\dot{m} = \rho A_d V_{res} \tag{3-136}$$

因此旋翼推力（或机翼升力）为

$$T = \dot{m}2v_i = 2\rho A_d V_{res}v_i \tag{3-137}$$

其中旋翼的合成速度由式（3-138）给出

$$V_{res}^2 = (V\cos\alpha_d)^2 + (V\sin\alpha_d + v_i)^2 \qquad (3-138)$$

通常以归一化速度和旋翼推力，给出一般表达式

$$\lambda_i = \frac{C_T}{2\sqrt{[\mu^2 + (\lambda_i - \mu_z)^2]}} \qquad (3-139)$$

其中

$$\mu = \frac{V\cos\alpha_d}{\Omega R}, \qquad \mu_z = -\frac{V\sin\alpha_d}{\Omega R} \qquad (3-140)$$

其中 α_d 是桨盘迎角，如图 3-14 所示。严格来说，式（3-139）适用于高速飞行，其下洗速度远小于悬停时的下洗速度，但可以看出，解也适用于 $\mu = 0$ 的极限条件下的悬停和轴向运动的情况。事实上，这个通用方程是对包括大角度下降在内的各种飞行条件下旋翼入流的平均值的合理近似，并提供了所需诱导功率的估计。

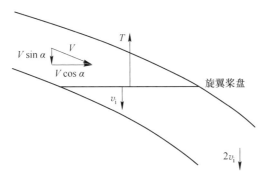

图 3-14 前飞中通过旋翼的流动

总之，可以看到在悬停和高速飞行中旋翼入流可以通过悬停时桨盘载荷平方根的公式来近似估算，并且与前飞中的桨盘载荷成正比。

$$V = 0, \qquad v_i = \sqrt{\left(\frac{T}{2A_d\rho}\right)} \qquad (3-141)$$

$$V \gg v_i, \qquad v_i = \frac{T}{2VA_d\rho} \qquad (3-142)$$

在悬停和 μ 值约为 0.1（Lynx 约 40kn）之间，旋翼尾迹速度的平均法向分量仍然很高，但沿纵向或者更一般地说，沿桨盘的飞行轴线产生了相当强的不均匀性。在旋翼空气动力学理论的早期发展中，使用涡旋形式的作用盘理论（参考文献 3.14~3.16）得出了这种非均匀性的几个近似值。结果表明，对于入流的良好近似可以通过沿着桨盘线性变化的一阶谐波实现，该线性变化由相对于桨盘的尾迹角确定，如式（3-143）所示

$$\lambda_i = \lambda_0 + \frac{r_b}{R}\lambda_{1cw}\cos\psi_w \qquad (3-143)$$

其中

$$\lambda_{1cw} = \lambda_0\tan\left(\frac{\chi}{2}\right), \qquad \chi < \frac{\pi}{2}$$

$$\lambda_{1cw} = \lambda_0\cot\left(\frac{\chi}{2}\right), \qquad \chi > \frac{\pi}{2} \qquad (3-144)$$

尾迹角 χ 由下式给出

$$\chi = \arctan\left(\frac{\mu}{\lambda_0 - \mu_z}\right) \qquad (3-145)$$

其中 λ_0 是式（3-139）给出的入流的均匀分量。

式（3-144）的解可以与式（3-139）的解相结合，得到如图 3-15 所示的结果，其中，α_d 是桨盘迎角，V 是自由流相对于旋翼的合成速度。图中还包括了（非物理的）垂直下降情况的解曲线。可以看出，非均匀分量近似等于高速直线水平飞行中的均匀分量，即桨盘前部的入流为零。在低速大角度下降时，非均匀分量随速度变化很大，并且与均匀分量的大小相似。桨叶迎角的纵向变化导致一阶谐波横向挥舞，并因此产生滚转力矩。大角度下降的飞行通常具有高振动、强烈、不稳定的滚转力矩特征，并且随着进入涡环区域，垂直操纵性损失伴随着高的下降速度（参考文献 3.17）。上面给出的简单均匀/非均匀入流模型开始考虑其中的一些效应（如"功率稳定"（参考文献 3.18）），但不能被认为是因果物理学或飞行动力学效应的正确表述；特别是，由于环形涡环的积聚而导致操纵功率的急剧损失并不是简单模型所能捕捉到的，需要借助于经验理论来模拟这种效应。

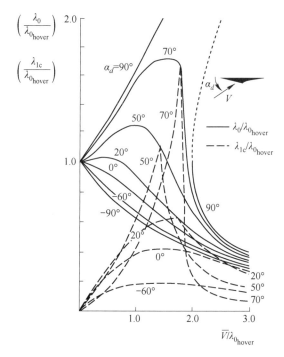

图 3-15　动量理论的一般入流解

20 世纪 70 年代早期（参考文献 3.19）利用动量理论对涡环状态边界进行了有效的预测分析，并在 90 年代利用经典涡流理论（参考文献 3.20）进行了扩展。如图 3-16 所示总结了 Wolkovitch 的结果，显示了归一化水平速度函数预测的上下界；也显示了先前由 Drees（参考文献 3.21）测量的所谓粗糙区域。图 3-16 中的参数 k 是一个经验常数，表述收缩尾迹涡的下降速度。下边界被设定为 $k<2$ 的值，即尾迹完全收缩之前，表示涡管在旋翼下方有限距离处破裂。边界位置的知识对于在仿真模型（例如，Helisim）中包含适当

的标记很有价值。然而，简单的动量涡旋理论对涡环区域内的流动建模和飞行动力学预测方面仍然存在不足。我们将在第 4 章和第 5 章中讨论配平和操纵响应以及在后续第 10 章讨论倾转旋翼机时重新讨论该主题。

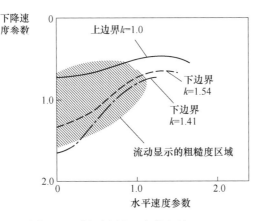

图 3-16　涡环边界（参考文献 3.19）

用于推导旋翼入流方程的动量理论仅严格适用于稳定飞行中的旋翼配平状态和缓慢变化的情况。然而，可以通过升力亏损函数（参考文献 3.7）的概念来了解在操纵过程中入流对旋翼推力的影响。当旋翼推力变化时，入流也随之变化，增大推力时入流增加，减小推力时入流减少。考虑到推力变化是对平均分量的扰动，我们可以写成

$$\delta C_T = \delta C_{T_{QS}} + \left(\frac{\partial C_T}{\partial \lambda_i}\right)_{QS} \delta \lambda_i \qquad (3-146)$$

这里，根据推力方程（式（3-91））

$$\left(\frac{\partial C_T}{\partial \lambda_i}\right)_{QS} = -\frac{a_0 s}{4} \qquad (3-147)$$

其中准定常推力系数在入流不变的情况下发生变化。如果入流变化完全是由于推力变化，我们可以写成

$$\delta \lambda_i = \frac{\partial \lambda_i}{\partial C_T} \delta C_T \qquad (3-148)$$

带推力的入流导数在悬停和前飞时的简单近似形式如下

$$\frac{\partial \lambda_i}{\partial C_T} = \frac{1}{4\lambda}, \quad \mu = 0 \qquad (3-149)$$

$$\frac{\partial \lambda_i}{\partial C_T} \approx \frac{1}{2\mu}, \quad \mu > 0.2 \qquad (3-150)$$

结合这些关系，可以将推力变化写为升力亏损函数和准定常推力变化的乘积，即

$$\delta C_T = C' \delta C_{T_{QS}} \qquad (3-151)$$

其中

$$C' = \frac{1}{1 + \dfrac{a_0 s}{16\lambda_i}}, \quad \mu = 0 \qquad (3-152)$$

$$C' = \frac{1}{1 + \frac{a_0 s}{8\mu}}, \quad \mu > 0.2 \tag{3-153}$$

由于入流的影响，悬停时，旋翼推力变化将因此减少到原本的 $60\% \sim 70\%$，在中等速度范围约减少到原本的 80%。这将适用于如由于操纵输入引起的推力变化。需要注意的是，这些亏损函数不适用于旋翼速度变化引起的推力变化。特别是当垂直速度分量改变时，存在额外的入流扰动，这将导致升力进一步降低。在悬停状态下，垂直速度变化的升力亏损函数是总距变化的一半，即

$$C'_{\mu_z} = \frac{C'}{2}, \quad \mu = 0 \tag{3-154}$$

在前飞时，升力损失得以恢复，式（3-151）也适用于垂直速度扰动。这一简单的分析表明，从悬停到中速旋翼的阵风灵敏度是如何显著增加的，但在高速时会趋于恒定的准定常值（见第 2 章关于垂直阵风响应的讨论）。

因为入流依赖于推力，而推力又依赖于入流，所以需要迭代求解。将零函数 g_0 定义为

$$g_0 = \lambda_0 - \left(\frac{C_T}{2\Lambda^{1/2}} \right) \tag{3-155}$$

其中

$$\Lambda = \mu^2 + (\lambda_0 - \mu_z)^2 \tag{3-156}$$

回顾（式（3-91））推力系数可写为

$$C_T = \frac{a_0 s}{2} \left[\theta_0 \left(\frac{1}{3} + \frac{\mu^2}{2} \right) + \frac{\mu}{2} \left(\theta_{1sw} + \frac{\bar{p}_w}{2} \right) + \left(\frac{\mu_z - \lambda_0}{2} \right) + \frac{1}{4} (1 + \mu^2) \theta_{tw} \right] \tag{3-157}$$

利用牛顿迭代可以给出

$$\lambda_{0_{j+1}} = \lambda_{0_j} + f_j h_j(\lambda_{0_j}) \tag{3-158}$$

其中

$$h_j = - \left(\frac{g_0}{dg_0/d\lambda_0} \right)_{\lambda = \lambda_{0_j}} \tag{3-159}$$

即

$$h_j = - \frac{\Lambda(2\lambda_{0_j}\Lambda^{1/2} - C_T)}{2\Lambda^{3/2} + \frac{a_0 s}{4}\Lambda - C_T(\mu_z - \lambda_{0_j})} \tag{3-160}$$

对于大多数飞行条件，上述方案应根据对时间 t_j 条件的了解，快速估计时间 t_{j+1} 的入流。算法的稳定性取决于初始值 λ_0 和函数 g_0 的变化。然而，在悬停附近的某些飞行条件下，迭代可能会发散，并且包括阻尼常数 f 以稳定计算。f 的值为 0.6 似乎是实现稳定性和快速收敛之间的合理折中（参考文献 3.4）。

上述入流公式中涉及的另一个近似是假设垂直于桨盘的自由流速度分量（即 $V\sin\alpha_d$）与 μ_z 相同。对于小的挥舞角，这是一个合理的近似，即使对低速操纵下的典型大角度，由于入流对桨盘迎角的不敏感性，误差也很小（见图 3-15）。这种近似很方便，因为计算入流时不需要知道桨盘相对于轴的倾斜或旋翼的挥舞，从而导致迭代过程进一步简化。

上述导出的简单动量入流可有效预测整体的、缓慢变化的均匀矩形尾迹诱导入流分

量。实际上，入流分布随飞行条件和非定常旋翼载荷（如机动）而变化，其方式要复杂得多。直观地，我们可以想象入流在桨盘和桨叶周围变化，持续满足局部流动平衡条件和守恒原理。局部而言，流量必须对桨叶载荷的局部变化做出响应，例如，旋翼有一个每转一次的力和力矩，我们可能预计入流与这些有关。我们还可以预计，随着气团加速到新的速度，入流的发展将需要有限的时间。此外，旋翼尾迹比在动量理论的流管假设下的均匀流更复杂且离散。众所周知，局部桨叶–涡流的相互作用会在桨叶入流中引起非常大的局部扰动，从而引起入流。这些参数可以在一定条件下使桨叶失速，对于预测旋翼失速边界和在飞行包线极限下的飞行动力学非常重要。我们将在稍后的高级、高逼真建模中讨论这一最后的主题。但是，在离开入流之前，我们将研究改进非均匀和非定常分量预测所需的理论发展。

局部微分动量理论和动态入流

首先考虑应用于如图 3-17 所示的旋翼桨盘单元的简单动量理论。我们总的假设是，动量变化和通过单元载荷所做的功之间的关系适用于局部和全局，并给出通过单元的质量流量方程和推力微分方程，如式（3-161）和式（3-162）所示

$$\mathrm{d}\dot{m} = \rho V_{\mathrm{rb}} \mathrm{d}r_{\mathrm{b}} \mathrm{d}\psi \qquad (3-161)$$

$$\mathrm{d}T = 2v_{\mathrm{i}} \mathrm{d}\dot{m} \qquad (3-162)$$

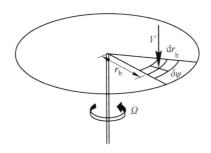

图 3-17　应用于旋翼桨盘的局部动量理论

使用二维叶素理论，这些可以组合成

$$\frac{N_{\mathrm{b}}}{2\pi}\left(\frac{1}{2}\rho a_0 c(\theta\overline{U}_{\mathrm{T}}^2 + \overline{U}_{\mathrm{T}}\overline{U}_{\mathrm{P}})\,\mathrm{d}r_{\mathrm{b}}\mathrm{d}\psi\right) = (2\rho r_{\mathrm{b}}(\mu^2 + (\lambda_{\mathrm{i}} - \mu_z)^2)^{1/2}\lambda_{\mathrm{i}}\mathrm{d}r_{\mathrm{b}}\mathrm{d}\psi \quad (3-163)$$

通过对桨盘圆周和沿桨叶进行积分，得到了先前导出的均匀入流分量的解。如果不对桨盘周围的载荷进行平均，而是将动量平衡应用于载荷的每转一次的分量和入流，则可以导出非均匀入流的表达式。将一阶谐波入流写成以下形式

$$\lambda_{\mathrm{i}} = \lambda_0 + \bar{r}_{\mathrm{b}}(\lambda_{1\mathrm{c}}\cos\psi + \lambda_{1\mathrm{s}}\sin\psi) \qquad (3-164)$$

式（3-163）可展开给出一阶谐波平衡，在悬停时，可得式（3-165）

$$\lambda_{1\mathrm{c}} = \frac{3a_0 s}{16}\frac{1}{\lambda_0}F_{1\mathrm{c}}^{(1)} \qquad (3-165)$$

和

$$\lambda_{1\mathrm{s}} = \frac{3a_0 s}{16}\frac{1}{\lambda_0}F_{1\mathrm{s}}^{(1)} \qquad (3-166)$$

其中 F 载荷由式（3-92）和式（3-93）给出。这些每转一次的升力与非旋转机身中

桨毂处的气动力矩——俯仰力矩 C_{Ma} 和滚转力矩 C_{La} ——密切相关，即

$$\frac{2C_{La}}{a_0 s} = -\frac{3}{8} F_{1s}^{(1)} \qquad (3-167)$$

$$\frac{2C_{Ma}}{a_0 s} = -\frac{3}{8} F_{1c}^{(1)} \qquad (3-168)$$

这些桨毂力矩已是非均匀入流分布的函数；因此，正如旋翼推力和均匀入流一样，力矩也少了一个类似的力矩亏损系数

$$C_{La} = C_1' C_{LaQS} \qquad (3-169)$$

$$C_{Ma} = C_1' C_{MaQS} \qquad (3-170)$$

与以前一样，亏损系数由式（3-171）给出

$$C_1' = \frac{1}{1 + \dfrac{a_0 s}{16\lambda_0}} \qquad (3-171)$$

悬停状态，典型值为 0.6，并且

$$C_1' = \frac{1}{1 + \dfrac{a_0 s}{8\mu}} \qquad (3-172)$$

前飞状态，当 $\mu = 0.3$ 时典型值为 0.8。在悬停状态，式（3-165）和式（3-166）给出的一阶谐波入流分量可以展开为

$$\lambda_{1c} = C_1' \frac{a_0 s}{16\lambda_0} (\theta_{1c} - \beta_{1s} + \bar{q}) \qquad (3-173)$$

$$\lambda_{1s} = C_1' \frac{a_0 s}{16\lambda_0} (\theta_{1s} + \beta_{1c} + \bar{p}) \qquad (3-174)$$

旋翼桨叶产生气动力矩时，流场响应上述推导的线性谐波分布。亏损系数经常被认为是理论和试验之间不匹配的原因（参考文献 3.9，3.22~3.29），毫无疑问，由此产生的对飞行动力学的总体影响可能是显著的。然而，这些假设是不可靠的，并且该理论充其量只能被看作是为复杂问题提供的非常近似的解决方案。新发现的理论具有更详细的空间和时间入流分布，可能在旋翼建模中确保更高的逼真度（参见 Pitt 和 Peters，参考文献 3.26；Peters 的文章，参考文献 3.27~3.29）。

上述的入流分析忽略了除准定常效应和谐波变化之外的任何时间依赖性。事实上入流场的建立或衰减总会存在短暂的滞后；实际上，流动本身就是一个动态单元。Carpenter 和 Fridovitch 在 1953 年首先提出动量理论的一个扩展，其包含了表观质量的流体动力学（参考文献 3.30）。为了介绍这个理论，我们回到"轴向飞行"：Carpenter 和 Fridovitch 建议，可以通过包含占旋翼外接球体空气质量 63.7% 的加速质量空气来考虑瞬态入流。因此，我们写出与通过旋翼质量流量平衡的推力，以包括表观质量项

$$T = 0.637\rho \frac{4}{3} \pi R^3 v_i + 2A_d \rho v_i (V_c + v_i) \qquad (3-175)$$

为了理解这种附加效应如何影响运动，可以将式（3-175）线性化成稳定悬停配平形式，写作

$$\lambda_i = \lambda_{i_{trim}} + \delta\lambda_i \qquad\qquad (3-176)$$

和

$$C_T = C_{T_{trim}} + \delta C_T \qquad\qquad (3-177)$$

扰动方程采用的形式

$$\tau_\lambda \dot{\lambda}_i + \delta\lambda_i = \lambda_{C_T} \delta C_T \qquad\qquad (3-178)$$

其中时间常数和稳态入流增益由下式给出

$$\tau_\lambda = \frac{0.849}{4\lambda_{i_{trim}}\Omega}, \quad \lambda_{C_T} = \frac{1}{4\lambda_{i_{trim}}} \qquad\qquad (3-179)$$

对于典型旋翼，中度载荷悬停时，均匀入流的时间常数约为 0.1s。因此，根据简单的动量考虑，对均匀入流进行小幅度调整所需的时间非常快，但这种估计显然是表观质量的线性函数。自从这项早期工作以来，许多研究人员已经提出了动态入流的概念，这正是 Peters 的工作，源于早期参考文献 3.23，并一直延续到参考文献 3.29，从流体力学的角度对这一主题提供了最连贯的观点。三自由度动态入流模型的一般公式可以写成

$$\left[M\right]\begin{bmatrix}\dot{\lambda}_0\\\dot{\lambda}_{1s}\\\dot{\lambda}_{1c}\end{bmatrix} + \left[L\right]^{-1}\begin{bmatrix}\lambda_0\\\lambda_{1s}\\\lambda_{1c}\end{bmatrix} = \begin{bmatrix}C_T\\C_L\\C_M\end{bmatrix} \qquad\qquad (3-180)$$

矩阵 M 和 L 分别是表观质量和增益函数；C_T，C_L 和 C_M 是推力，滚转和俯仰气动力矩扰动引起的均匀和一阶谐波入流变化。质量和增益矩阵可以从许多不同的理论（如作用盘理论、涡旋理论）导出。在最近的工作中，Peters 将模型扩展到非定常三维有限态尾迹（参考文献 3.29），该尾迹包含了 Theordorsen 和 Lowey 的传统理论（参考文献 3.31）。动态入流将在第 4 章的稳定性和操纵导数的背景下再次讨论，并且读者可以参考参考文献 3.28 和 3.29 以获得空气动力学理论[①]的全部细节。

在讨论附加的旋翼动态自由度和其他直升机部件之前，我们返回到中心弹簧模型，以进一步考察其作为一般近似值的优点。

旋翼挥舞——中心弹簧近似的进一步考虑

中心弹簧等效旋翼（CSER）是一种用于模拟所有类型桨叶挥舞保持系统的刚性桨叶，最初由 Sissingh（参考文献 3.32）提出，并且由于其相对简单的表达，特别是对桨毂力矩而言具有相当大的吸引力。然而，即使对于像 Lynx 和 Bo105 那样的中等刚度无铰链旋翼，桨叶形状也相当近似于弹性变形，而用于对这种桨叶建模的更常见的近似最初是由 Young（参考文献 3.33）引入的偏置铰链和弹簧模拟。图 3-18 显示了中心弹簧，偏置铰链和弹簧与典型的一阶弹性模态振型之间的比较。Young 提出了一种确定偏置铰链和弹簧强度值的方法，后者来自非旋转固有挥舞频率，然后由偏置量补偿以匹配旋转频率。

偏置量与弹簧强度的比值并不是唯一的，并且已经提出了建立混合的其他方法；例如，Bramwell（参考文献 3.34）根据一阶弹性模态频率比 λ_1 导出了偏置量 e 的表达式

---

① 读者也可以参考 David Peters 的论文 *How Dynamic Inflow Survives in the Competitive World of Rotorcraft Aerodynamics*，来自《美国直升机学会期刊》54，011001（2009）。

$$e = \frac{\lambda_1^2 - 1}{\lambda_1} \qquad (3-181)$$

在这种情况下，弹簧强度为零。在 Reichert 的方法（参考文献 3.35）中，通过延伸一阶模态尖端切线以匹配未变形的参考线来定位偏置铰链。然后，通过添加一个弹簧（可能具有负刚度）来构成一阶弹性模态频率。因此，近似建模可选项的范围从中心弹簧到没有弹簧的 Bramwell 极限。由此产生的问题首先是，这些不同的可选项是否等效，或者是挥舞运动和桨毂力矩的建模中有什么重要的区别，其次，哪种模型最适合飞行动力学应用？我们将在下面的讨论中设法解决这些问题。

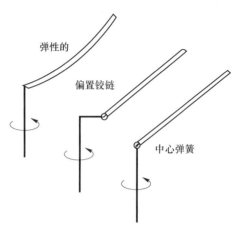

图 3-18　无铰链旋翼桨叶的不同近似模型

参考第 3 章开头的弹性桨叶挥舞分析和式（3-8）~式（3-16）的一系列方程式，得出由旋翼刚度形成的桨毂挥舞力矩的近似表达式

$$M_{\mathrm{h}}^{(\mathrm{r})}(0,\ t) \approx \Omega^2 \left(\frac{\lambda_1^2 - 1}{\lambda_1} \right) P_1(t) \int_0^R mr S_1 \mathrm{d}r \qquad (3-182)$$

其中 S_1 是一阶弹性模态振型，P_1 是随时间变化的桨尖偏转。当挥舞铰链位于 eR 时，偏置铰链模型的"振型"可以用以下形式表示

$$S_1(r) = 0 \qquad\qquad 0 \leqslant r \leqslant eR$$
$$S_1(r) = \frac{r - eR}{R(1-e)} \quad eR \leqslant r \leqslant R \qquad (3-183)$$

如果我们将式（3-183）替换为式（3-182），我们就得到了桨毂挥舞力矩

$$M_{\mathrm{h}}^{(\mathrm{r})}(0,\ t) = \Omega^2 I_\beta (\lambda_\beta^2 - 1) \beta(t) \left(1 + \frac{eRM_\beta}{I_\beta} \right) \qquad (3-184)$$

其中

$$I_\beta = \int_{eR}^R m\,(r - eR)^2 \mathrm{d}r, \qquad M_\beta = \int_{eR}^R m(r - eR)\mathrm{d}r \qquad (3-185)$$

桨尖偏转与挥舞角近似相关，其线性表达式为

$$P_1(t) \approx R\beta_1(t) \approx R(1-e)\beta(t) \qquad (3-186)$$

挥舞频率比 λ_β 的表达式可以用中心弹簧模型的相同分析方法得出。因此，挥舞运动的方程式可以写成

$$\beta'' + \lambda_\beta^2 \beta = \left(1 + \frac{eRM_\beta}{I_\beta} \right) \sigma_x + \frac{\gamma}{2} \int_{eR}^R (\overline{U}_\mathrm{T}^2 + \overline{U}_\mathrm{T}\overline{U}_\mathrm{P})(\overline{r}_\mathrm{b} - e) \mathrm{d}\overline{r}_\mathrm{b} \qquad (3-187)$$

和之前类似

$$\beta' = \frac{\mathrm{d}\beta}{\mathrm{d}\psi}$$

洛克数由下式给出

$$\gamma = \frac{\rho c a_0 R^4}{I_\beta} \qquad (3-188)$$

桨盘平面内和法向速度分量由下式给出（参见式（3-24）和式（3-25））：

$$\begin{cases} \overline{U}_T = \bar{r}_b(1 + \overline{\omega}_x\beta) + \mu\sin\psi \\ \overline{U}_P = \mu_z - \lambda_0 - \mu\beta\cos\psi + \bar{r}_b(\overline{\omega}_y - \lambda_1) - (\bar{r}_b - e)\beta' \end{cases} \tag{3-189}$$

组合惯性加速度函数通过以下表达式给出

$$\sigma_x = (\bar{p}' - 2\bar{q})\sin\psi + (\bar{q}' + 2\bar{p})\cos\psi \tag{3-190}$$

最后，挥舞频率比由弹簧刚度和偏置铰链的贡献组成，由下式给出

$$\lambda_\beta^2 = 1 + \frac{K_\beta}{I_\beta\Omega^2} + \frac{eRM_\beta}{I_\beta} \tag{3-191}$$

式（3-184）给出的桨毂力矩明显与桨尖偏转同相。然而，由 Bramwell（参考文献 3.34）给出的偏置铰链模型动力学的更详细的分析表明，这种简单的相位关系对偏置铰链模型并不严格适用。参考图 3-19，桨毂挥舞力矩可以写成三个分量的总和，即

$$M^{(r)}(0, t) = K_\beta\beta - eRS_z + \int_0^{eR} F(r, t)r\mathrm{d}r \tag{3-192}$$

挥舞铰链处的切力由桨叶上相平衡的积分空气动力 $F(r, t)$ 和惯性载荷给出；故

$$S_z = -\int_{eR}^{R} \left[F(r, t) - m(r - eR)\ddot{\beta} \right]\mathrm{d}r \tag{3-193}$$

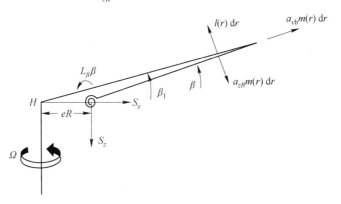

图 3-19 旋翼桨叶挥舞的偏置铰链模型

如果我们假设一阶谐波挥舞响应，则

$$\ddot{\beta} = -\Omega^2\beta \tag{3-194}$$

那么围绕桨毂中心的挥舞力矩为

$$M^{(r)}(0, t) = \Omega^2 I_\beta(\lambda_\beta^2 - 1)\beta(t) + eR\int_{eR}^{R} F(r, t)\mathrm{d}r + \int_0^{eR} F(r, t)\mathrm{d}r \tag{3-195}$$

悬停时，由于挥舞力臂上的第三个升力分量为 $O(e^3)$ 阶，故被忽略。式（3-195）给出的结果表明，当一阶谐波气动载荷与挥舞相位不同步时，桨毂力矩将与桨叶挥舞也不同步。在更详细地研究这个相位关系之前，我们需要解释上面在式（3-184）中 Young 的结果与式（3-195）给出的正确表达式之间的不一致性。为了揭示异常，有必要返回从弯曲理论得到的桨毂挥舞力矩的原始表达式（参见式 3-13）

$$M_{\mathrm{h}}^{(\mathrm{r})}(0, t) = \int_0^R \left[F(r, t) - m\left(\frac{\partial^2 w}{\partial t^2} + \Omega^2 w\right) \right] r\mathrm{d}r \qquad (3-196)$$

利用式（3-9）和式（3-10），桨毂力矩可以写成

$$M_{\mathrm{h}}^{(\mathrm{r})}(0, t) = \int_0^R F(r, t) r\mathrm{d}r - \sum_{n=1}^{\infty} \frac{\int_0^R mrS_n \mathrm{d}r}{\int_0^R mS_n^2 \mathrm{d}r} \int_0^R F(r, t) S_n \mathrm{d}r + \qquad (3-197)$$

$$\Omega^2 \sum_{n=1}^{\infty} (\lambda_n^2 - 1) P_n \int_0^R mrS_n \mathrm{d}r$$

如果桨毂力矩表达式中包含无限模态，则式（3-197）中的前两项将取消，使每个模态力矩与其相应的桨尖偏转同相。由于只包含有限数量的模态，这种情况不复存在（Bramwell，参考文献 3.34）。特别地，如果仅保留一阶弹性模态，则桨毂挥舞力矩具有残差

$$M_{\mathrm{h}}^{(\mathrm{r})}(0, t) = \int_0^R F(r, t) \left(r - \frac{\int_0^R mrS_1 \mathrm{d}r}{\int_0^R mS_1^2 \mathrm{d}r} S_1 \right) \mathrm{d}r + \Omega^2 (\lambda_n^2 - 1) P_1 \int_0^R mrS_1 \mathrm{d}r \quad (3-198)$$

当气动载荷具有与一阶模态相同的振型时，即

$$F(r, t) \propto mS_1 \qquad (3-199)$$

式（3-198）中的第一项将消失，桨毂力矩表达式减小到 Young 给出的值（参考文献 3.33）。通常这些条件不会得到满足，因为即使在悬停状态，气动载荷中也存在 r^2 项。将式（3-183）给出的偏置铰链的振型代入式（3-198），可得出式（3-195）中给出的具有不同相气动分量的修正的轮毂力矩。忽略面内载荷的影响，可以看到，在非旋转坐标系中从单个桨叶施加到机身的滚转和俯仰桨毂挥舞力矩通过变换为

$$L_{\mathrm{h}} = -M^{(\mathrm{r})} \sin\psi \qquad (3-200)$$

$$M_{\mathrm{h}} = -M^{(\mathrm{r})} \cos\psi \qquad (3-201)$$

替代式（3-200）和式（3-201）中的气动载荷并展开以给出准定常（零次谐波）分量，得到悬停结果

$$\frac{2L_{\mathrm{h}}}{I_\beta \Omega^2} = -(\lambda_\beta^2 - 1)\beta_{1\mathrm{s}} - \frac{eRM_\beta}{I_\beta}\left(1 + \frac{eRM_{\beta_0}}{M_\beta}\right)(\bar{p}' - 2\bar{q}) - $$

$$e\frac{\gamma}{2}\left(\frac{\bar{p} + \beta_{1\mathrm{c}}\left(1 - \frac{3}{2}e\right) + \theta_{1\mathrm{s}}}{3}\right) \qquad (3-202)$$

$$\frac{2M_h}{I_\beta \Omega^2} = -(\lambda_\beta^2 - 1)\beta_{1\mathrm{c}} - \frac{eRM_\beta}{I_\beta}\left(1 + \frac{eRM_{\beta_0}}{M_\beta}\right)(\bar{q}' - 2\bar{p}) - $$

$$e\frac{\gamma}{2}\left(\frac{\bar{q} + \beta_{1\mathrm{s}}\left(1 - \frac{3}{2}e\right) + \theta_{1\mathrm{c}}}{3}\right) \qquad (3-203)$$

桨叶质量系数由下式给出

$$M_{\beta_0} = \int_{eR}^{R} m \ d\bar{r}_b \qquad (3-204)$$

当桨毂力矩始终与挥舞同相时，中心弹簧模型中明显不存在与上述偏置量 e 成比例的惯性分量和气动力分量。可以通过检查桨毂力矩导数来估计附加项与挥舞不同相的程度。到目前为止，最显著的偏置变化出现在控制耦合导数中。挥舞导数的表达式可以从挥舞方程的调和解得出；因此

$$\frac{\partial \beta_{1c}}{\partial \theta_{1c}} = \beta_{1c\theta_{1c}} = \beta_{1s\theta_{1s}} = \frac{S_\beta}{d_\beta}\left(1 - \frac{4}{3}e\right) \qquad (3-205)$$

$$\frac{\partial \beta_{1c}}{\partial \theta_{1s}} = \beta_{1c\theta_{1s}} = -\beta_{1s\theta_{1c}} = -\frac{1}{d_\beta}\left(1 - \frac{8}{3}e\right)\left(1 - \frac{4}{3}e\right) \qquad (3-206)$$

其中

$$d_\beta = S_\beta^2 + \left(1 - \frac{8}{3}e\right)^2 \qquad (3-207)$$

因此，桨毂滚转力矩操纵导数可以写成 $O(e^2)$ 的精度

$$\frac{2L_{h_{\theta_{1c}}}}{I_\beta \Omega^2}\left(\frac{8}{\gamma}\right) = -S_\beta \beta_{1s\theta_{1c}} - eR \frac{4}{3}\beta_{1c\theta_{1c}}\left(1 - \frac{3}{2}e\right) \qquad (3-208)$$

$$\frac{2L_{h_{\theta_{1s}}}}{I_\beta \Omega^2}\left(\frac{8}{\gamma}\right) = -S_\beta \beta_{1s\theta_{1s}} - eR \frac{4}{3}\left[1 + \beta_{1c\theta_{1s}}\left(1 - \frac{3}{2}e\right)\right] \qquad (3-209)$$

为了比较具有不同偏置量和弹簧刚度组合的滚转操纵导数，假设挥舞频率比 λ_β 和桨叶洛克数始终保持恒定。通常可使用式（3-11）给出一阶弹性挥舞模态频率和模态惯量的相应值来设定。所选的数值在其他方面是任意的，而文献中偏置弹簧模型的使用在这方面并不一致。我们选择中等刚度的旋翼进行比较，其中 $\gamma_\beta^2 = 1.2$，$S_\beta = 0.2$。图 3-20 显示了偏置量 e 延伸到 0.15 时的挥舞操纵导数的交汇图。当 $e = 0$ 时，挥舞频率比完全由中心弹簧来增大；当 $e = 0.15$ 时，仅偏置决定增强的频率比。结果表明，随着铰链偏置的增加，旋翼挥舞的特性发生变化，挥舞/操纵相位角从中心弹簧布局的约 80° 减小到偏置量为 15% 时的约 70°。图 3-21 显示了相同的情况下相应的滚转和俯仰桨毂力矩导

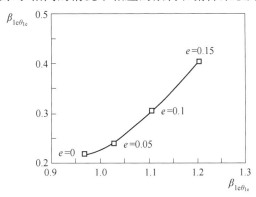

图 3-20　旋翼挥舞操纵导数的交汇图

数。图 3-21 显示在所考虑的偏置铰链值范围内，主操纵导数增加了 50%，而交叉耦合导数增加了 100% 以上。图 3-21 中的第二条曲线显示了与挥舞同相的桨毂力矩的变化。可以看出，主滚转力矩导数超过 50% 的变化是由于桨盘在纵向上挥舞的气动力矩引起的。这个力矩不仅是从弹性桨叶的一阶模态发展而来的，而且这是大偏置铰链旋翼的一个特殊特征。

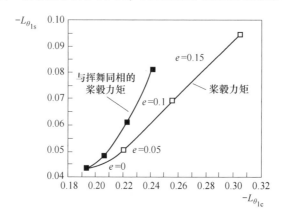

图 3-21　滚转操纵导数随挥舞铰链偏置量变化的交汇图

结果表明，中心弹簧模型和偏置铰链模型之间没有简单的等价性。即使采用 Young 近似，忽略铰链处的气动切力，如图 3-21 所示也会放大挥舞。随着偏置铰链的增加，通过改变桨叶惯性，可以实现对操纵力矩一定程度的等效，从而增加有效洛克数，但是这种关系并不明显。即使如此，操纵相位的显著降低以及不同相力矩也会产生不具代表性的一阶弹性挥舞模态的动态特性。另外，中心弹簧模型的吸引力在于它的简单性，同时保持了操纵和挥舞之间以及挥舞和桨毂力矩之间的正确相位。中心弹簧模型的主要缺点是对桨叶形状和相应的桨尖偏转以及速度的粗略近似值，其中偏置铰链模型更具代表性。

中心弹簧模型的参数选择相对简单。在无铰链或无轴承旋翼的情况下，选择弹簧强度和桨叶惯性以分别匹配一阶弹性模态频率比和模态惯量。对于铰接式旋翼，再次选择弹簧强度以提供正确的挥舞频率比，现在改变惯量以匹配真实偏置挥舞铰链的桨叶洛克数。

需要谨记的是，上面讨论的刚性桨叶模型仅仅是弹性桨叶运动的近似值，特别是一阶悬臂挥舞模态。实际上，桨叶通过在其所有模态中变形来响应，尽管通常假设较高弯曲模态对准定常桨毂力矩的贡献小到可以忽略。作为无铰链旋翼研究的一部分，Shupe（参考文献 3.36 和 3.37）研究了二阶挥舞弯曲模态对飞行动力学的影响。因为这种模态的频率通常接近每转 3 次，因此即使是每转一次，它也可以产生显著的强迫响应，Shupe 认为在高速时包含该效应非常重要。这将我们带入气动弹性领域，我们将在 3.4 节进一步地详细探讨更高逼真度的建模问题。

除了挥舞之外，旋翼桨叶还具有摆振和扭转，这里我们简要讨论这些自由度对直升机飞行动力学的潜在贡献。

旋翼平面内运动：摆振运动

刚性或弹性桨叶的摆振运动会减弱旋翼上的平面内力。在铰接式旋翼上，刚性桨叶摆振运动围绕偏置铰链旋转，这是使施加的扭矩能够让旋翼旋转的前提。在无铰链旋翼上，摆振表现为平面内弯曲的形式。由于平面内气动阻尼力较低，通常会在摆振铰上安装机械减摆阻尼器。在一些无铰链旋翼上甚至具有额外的平面内机械减摆阻尼。Johnson 在参考文献 3.7 中详细讨论了摆振对桨叶稳定性和载荷的重要性。对于大多数飞行力学分析，摆振运动的存在对直升机整体响应和稳定性的贡献很小。然而，有一个方面是相关的，需被注意。为便于讨论，需要挥舞/摆振运动的耦合方程；出于目前目的，假设挥舞和摆振桨叶惯性相等，并以简化形式描述耦合运动

$$\beta'' + \lambda_\beta^2 \beta - 2\beta\dot{\zeta} = M_F \tag{3-210}$$

$$\ddot{\zeta} + C_\zeta \dot{\zeta} + \lambda_\zeta^2 \zeta + 2\beta\dot{\beta} = M_L \tag{3-211}$$

我们假设挥舞（β）和摆振（ζ）运动都可以用中心弹簧等效模型近似，如图 3-6 和图 3-22 所示。直接惯性力通过恢复力矩来平衡；在摆振运动的情况下，离心加强仅适用于偏置摆振铰链（或离心刚度的中心弹簧模拟）。如果摆振铰链偏置量是 e_ζ，则频率由下式给出

$$\lambda_\zeta^2 = \frac{3}{2}\left(\frac{e_\zeta}{1 - e_\zeta}\right) \tag{3-212}$$

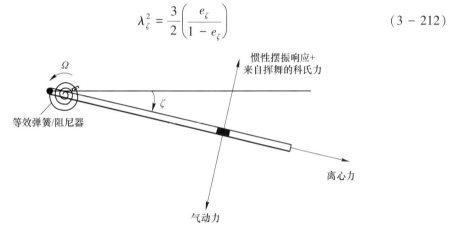

图 3-22　旋翼桨叶摆振运动

对于铰接式旋翼，摆振固有频率 λ_ζ 通常约为 0.25Ω；无铰链旋翼可以具有亚临界（$< \Omega$，例如，Lynx，Bo105）或超临界（$> \Omega$，例如，螺旋桨）摆振频率，但是 λ_ζ 应该远离 Ω 以减少对激励的平面内摆振响应量。上面的挥舞和摆振方程具有类似的形式。为了完整性我们已经包含一个机械黏性摆振阻尼器 C_ζ。M_F 和 M_L 是气动挥舞和摆振力矩。挥舞和摆振运动通过式（3-210）和式（3-211）中的科里奥利力动态耦合，并根据旋翼桨叶升力和阻力的变化进行空气动力学耦合。科里奥利效应是由于叶素在旋翼挥舞和摆振时向旋转轴和从旋转轴移动引起的。由于摆振的固有阻尼较低，挥舞运动的科里奥利力矩在摆振方程中更显著。此外，摆振气动力矩 M_L 将受到由于桨叶变距和诱导入流变化而引起的平面内升力的强烈影响。这些效应的影响将在与旋翼/机身耦合运动相关的频率范围内感受到。就多桨叶坐标而言，后行和前行摆振模态将分别位于（$1-\lambda_\zeta$）和（$1+\lambda_\zeta$）。如图 3-23 所示的复特征值平面上显示了非耦合挥舞和摆振模态的典型分布。挥舞模态阻尼良好并且位于远离左平面的位置。相反，摆振模态通常是弱阻尼，即使使用机械减摆阻尼器也是如此，并且更易受到扰动而失稳。与摆振自由度相关的最常见的稳定性问题是地面共振，由此耦合的旋翼/机身/起落架系统形成颤振；旋翼质心的平面内旋转与机身/起落架系统共振。

另一个潜在的问题似乎不太清楚，是在飞行中旋翼和机身运动的耦合引起的。在无铰链旋翼研制的早期，一些参考文献（参考文献3.38，3.39）中研究了这一主题，当时该方法旨在避免旋翼桨毂上出现铰链或轴承，以简化设计和便于维护。假设通过将滚转运动反馈到周期变距来控制旋翼的面内运动和载荷。这种设计特点从未得到充分利用，但在自动稳定系统的设计中，摆振运动对姿态反馈控制的敏感性已成为主要的考虑因素。参考文献3.6中讨论了这个问题，并且可归因于由周期变距引起的气动效应和式（3-211）中的强大科里奥利力矩的组合。后行和前行摆振模态都存在风险。参考文献3.40中，Curtiss讨论了耦合的物理根源，并给出了一个例子，说明在横向周期反馈控制系统中，滚转角速度的增益值相对较低时（-0.2（%）/s），后向摆振模态变得不稳定。相比之下，滚转

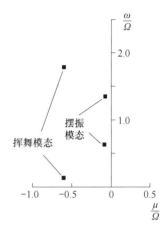

图3-23 挥舞和摆振模态
特征值

姿态的反馈增益越大，滚转衰减模态越不稳定。参考文献3.40和Tischler后来的Bo105研究（参考文献3.41）的结果为自动稳定器的设计者，特别是直升机的高增益主动控制系统的设计者提供了明确的信息。在飞机上实施之前，需要使用包含摆振动力学的模型对设计进行评估。然而，与上述简单分析相比，特定应用的建模要求可能要复杂得多。变距-挥舞-摆振耦合、非线性机械摆振阻尼和预锥体是其本身重要性相对较小的特征，但这些特征会对耦合旋翼/机身模态的形式产生很大的影响。

当然，耦合过程中的关键驱动机理之一是由桨叶变距引起的面内气动载荷的发展；任何额外的动态桨叶扭转和变距效应也将有助于整体耦合运动，但是桨叶变距效应对于挥舞本身具有深远的一阶效应，因此我们现在在此背景下讨论这些问题。

旋翼桨叶变距

在本章先前的分析中，桨叶变距角被假定是通过倾斜盘按周向和总体施加在规定的桨距轴承处。稍后在3.4节中，将提到桨叶弹性扭转的影响，但在此之前可以解决刚性桨叶变距运动的多个方面问题。考虑一个带有扭转弹簧的中心铰接桨叶模拟操纵系统刚度K_θ，如图3-24所示。为简单起见，假设铰链、质心和弹性轴重合，因此不存在变距-挥舞耦合。刚性桨叶变距的运动方程采用以下形式

$$\theta'' + \lambda_\theta^2 \theta = M_p + \omega_\theta^2 \theta_i \qquad (3-213)$$

其中桨距固有频率由下式给出

$$\lambda_\theta^2 = 1 + \omega_\theta^2 \qquad (3-214)$$

式中：M_p是归一化的施加力矩，θ_i是使用的桨距。由于螺旋桨力矩对恢复力矩的贡献，自由变距运动的固有频率（即零操纵系统刚度）是每转一次。这种效应如图3-25所示，其中沿着弦线的质量单元经历着由大离心力场的小分力导致的平面内惯性矩。对于刚性操纵系统，$\theta = \theta_i$。操纵系统刚度通常相对较高，ω_θ值在2和6之间。在此范围内，我们通常会发现一阶弹性扭转模态频率的响应可以主导刚性桨叶部件的频率。与式（3-213）类似的形式将适用于一阶弹性模态，其将沿桨叶半径具有近似线性的变化。这一方面将在3.4节中讨论，但有两个方面与刚性和弹性桨叶扭转有关，这将在此处讨论。

首先，考虑旋转对施加力矩M_p的贡献。正如我们在本章前面发现的挥舞运动一样，

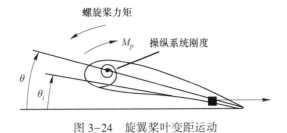

图 3-24 旋翼桨叶变距运动

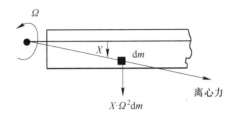

图 3-25 用于扭转旋翼桨叶的科里奥利力

当旋翼轴在俯仰和滚转力矩的作用下旋转时，旋翼桨叶将经历由如下表达式给出的抬头陀螺俯仰力矩

$$M_{p(\mathrm{gyro})} = -2(\bar{p}\sin\psi + \bar{q}\cos\psi) \tag{3-215}$$

然后可以将诱导周期变距响应写为

$$\delta\theta_{1s} = \frac{-2\bar{p}}{\lambda_\theta^2 - 1}, \qquad \delta\theta_{1c} = \frac{-2\bar{q}}{\lambda_\theta^2 - 1} \tag{3-216}$$

式中：p 和 q 是直升机滚转角速度和俯仰角速度；上划线标记表示以 Ω 进行归一化。对于低桨叶扭转或倾斜盘刚度，陀螺变距效应的幅值可能是比较显著的。柔性扭转旋翼快速滚转时会产生超过 1°的诱导周期变距角（参考文献 3.42）。

第二方面涉及变距轴承相对于挥舞和摆振铰链的位置。如果变距发生在挥舞和摆振铰链的外侧，则变距与其他旋翼自由度之间不存在运动耦合。然而，对于内侧变距轴承，变距将导致带有挥舞桨叶的面内运动和摆振桨叶的面外运动。附加运动还导致有效变距惯性增加，并因此减小扭转频率。对于具有大有效铰链偏置的无铰链旋翼，这些效果最为显著。在 Lynx 上，旋转顺序基本上是挥舞/摆振，然后是变距，而 Bo105 直升机则相反（见图 3-26（a）和（b））。真实或虚拟挥舞和摆振铰链的布置对于将这些运动耦合到变距中也是重要的。参考文献 3.7 描述了导致这些耦合的各种结构机制，注意到靠近叶根配对的挥舞和摆振刚度的情况会使诱导扭矩最小化（如 Westland Lynx）。

如前所述，如果不考虑桨叶的弹性效应，任何关于桨叶扭转的讨论都是有缺陷的，我们稍后将简要讨论这些问题。然而，控制动力学的参数数量很大，并且包括弹性轴相对于质心和气动中心的位置、刚度分布以及任何预锥和扭转。将这种程度的复杂问题引入结构动力学中，还需要对桨叶截面空气动力学，包括弦向变距力矩和非定常空气动力学，采用一致的方法。这些都是会在 3.4 节中进一步讨论的主题。

在我们详细介绍其他旋翼机部件的建模之前，有一个与旋翼相关的最终的气动效应要考虑——地面效应。

(a) Lynx

(b) Bo105

图 3-26　Lynx 和 Bo105 的旋翼桨毂

关于入流和诱导功率的地面效应

　　靠近地面的直升机在飞行动态特性中引入了一系列特殊的特征。最重要的是对旋翼上的诱导速度的影响，因而对旋翼推力和所需的功率产生影响。参考文献 3.43 简要分析了对动量因素的主要影响。此外，与实验数据的比较，为相对简单的理论提供了有用的验证。靠近地面时，旋翼下洗场受到地面的强烈影响，如图 3-27 所示。在参考文献 3.43 中，Cheeseman 和 Bennet 用动量相等且强度相反的旋翼在地面以下等距处模拟了地面的影响（见图 3-27）。这个镜像是根据势流理论，通过一个简单的流体源实现的，用于减少悬停时桨盘上一定量的入流 v_i，如下

$$\delta v_i = \frac{A_d v_i}{16\pi z_g^2} \qquad (3-217)$$

式中：Z_g 是桨盘下方与地面的距离；A_d 是桨盘面积。在恒定功率下的旋翼推力可以写为诱导速度无地面效应（OGE）与诱导速度有地面效应（IGE）的比率。参考文献 3.43 继续

推导出了以速度 V 向前飞行中等效推力变化的近似值，悬停时近似值减小到的正确表达式，由式（3-218）给出。

$$\frac{T_{\text{ige}}}{T_{\text{oge}}} = \frac{1}{\left[1 - \frac{1}{16}\left(\frac{R}{z_{\text{g}}}\right)^2 / \left(1 + \left(\frac{V}{v_{\text{i}}}\right)^2\right)\right]} \tag{3-218}$$

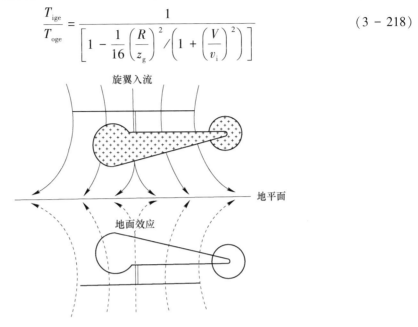

图 3-27　悬停飞行中直升机的地面效应

图 3-28 表明了正常推力随旋翼距地面高度和前进速度的变化函数。地面效应在悬停中且在小于旋翼半径量级的高度以下最显著，预测推力增量在 5% 和 15% 之间。前飞状态下，飞行速度达到诱导速度 2 倍以上时，地面效应变得无关紧要。简单的动量方法无法预测桨叶载荷对地面效应的任何影响。通过将动量理论与叶素理论相结合，可以证明增加桨叶载荷通常会降低地面效应，桨叶载荷增加 10% 会使有地面效应推力减少约 10%（参考文献 3.43）。这些预测的另一个有意义的结果是，当一架直升机过渡为无地效时，所需功率的增加大于由于诱导速度的降低而导致的功率的减少。图 3-29（参考文献 3.43）说明了这一

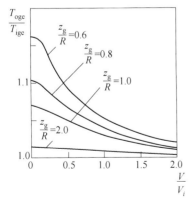

图 3-28　地面效应对旋翼推力的
影响（参考文献 3.43）

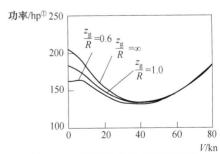

图 3-29　地面效应对功率的影响
（参考文献 3.43）

① 1hp（马力）≈745.7W（瓦）。

点，显示了作为前进速度函数所需的功率变化，并反映了当直升机飞离地效高度时需要增加功率的实际观测结果（参考文献 3.44）。关于地面效应的进一步讨论，特别是对非均匀入流和桨毂力矩的影响，可参见参考文献 3.45。

3.2.2 尾桨

尾桨在复杂的流场中工作，特别是在低速飞行、地效飞行、侧向飞行，以及前飞过渡时。主旋翼的尾迹以及来自主旋翼桨毂、后机身和垂直安定面的受扰气流与尾桨相互作用，产生了一个强烈的非均匀流场，其可以决定尾桨载荷和操纵要求。尾桨力和力矩的基本方程与主旋翼的基本方程类似，但高逼真尾桨模型需要用复杂的公式计算局部诱导入流的法向和面内分量。首先，忽略上述非均匀效应，并得出尾桨力和力矩。3.4.2 节将更详细地讨论相互作用影响。与主旋翼相比，尾桨产生的推力相对较小（对于 Lynx 级别的直升机而言，在 500lb 和 1000lb 之间（2220N 和 4440N 之间）），这意味着力的 X 和 Z 分量也相对较小，作为一阶近似，我们将忽略这些。

参考如图 3-30 所示的尾桨子系统，我们注意到尾桨侧力可以写成

$$Y_{\mathrm{T}} = \rho (\Omega_{\mathrm{T}} R_{\mathrm{T}})^2 s_{\mathrm{T}} a_{0_{\mathrm{T}}} (\pi R_{\mathrm{T}}^2) \left(\frac{C_{T_{\mathrm{T}}}}{a_{0_{\mathrm{T}}} s_{\mathrm{T}}} \right) F_{\mathrm{T}} \qquad (3-219)$$

这里 Ω_{T} 和 R_{T} 是尾桨转速和半径，s_{T} 和 $a_{0_{\mathrm{T}}}$ 是实度和平均升力线斜率，而 $C_{T_{\mathrm{T}}}$ 是由式 (3-220) 给出的推力系数

$$C_{T_{\mathrm{T}}} = \frac{T_{\mathrm{T}}}{\rho (\Omega_{\mathrm{T}} R_{\mathrm{T}})^2 (\pi R_{\mathrm{T}}^2)} \qquad (3-220)$$

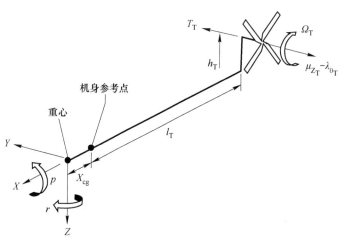

图 3-30　尾桨子系统示意图

这里引入比例因子 F_{T} 作为垂直安定面经验阻塞因子，与垂直安定面面积 S_{fn} 与尾桨面积的比值相关（参考文献 3.46）

$$F_{\mathrm{T}} = 1 - \frac{3}{4} \frac{S_{\mathrm{fn}}}{\pi R_{\mathrm{T}}^2} \qquad (3-221)$$

利用由主旋翼推力推导的相同的二维叶素理论，我们可以将尾桨推力系数写为

$$\left(\frac{2C_{T_\mathrm{T}}}{a_{0_\mathrm{T}}s_\mathrm{T}}\right) = \frac{\theta_{0_\mathrm{T}}^*}{3}\left(1 + \frac{3}{2}\mu_\mathrm{T}^2\right) + \frac{(\mu_{Z_\mathrm{T}} - \lambda_{0_\mathrm{T}})}{2} + \frac{\mu_\mathrm{T}}{2}\theta_{1s_\mathrm{T}}^* \qquad (3 - 222)$$

其中 $\theta_{0_\mathrm{T}}^*$ 和 $\theta_{1s_\mathrm{T}}^*$ 分别是有效尾桨总距和周期变距。尾桨通常设计为挥舞和变距之间具有内置耦合，δ_3 角度由参数 $k_3 = \tan\delta_3$ 定义，因此当桨盘成锥体且倾斜时会产生额外的变距输入（以多桨叶坐标的说法）。该耦合旨在减少瞬态挥舞角和桨叶应力。但是，它也会导致操纵灵敏度降低；这种关系可以写成

$$\begin{cases} \theta_{0_\mathrm{T}}^* = \theta_{0_\mathrm{T}} + k_3\beta_{0_\mathrm{T}} \\ \theta_{1s_\mathrm{T}}^* = \theta_{1s_\mathrm{T}} + k_3\beta_{1s_\mathrm{T}} \end{cases} \qquad (3 - 223)$$

其中 θ_{0_T} 和 θ_{1s_T} 是控制系统和飞行员施加的操纵输入，因为尾桨通常不配倾斜盘，故其周期变距通常为零。注意，周期变距施加于与挥舞相同的方位角，而不是像主旋翼一样，施加于挥舞前 $90°$ 的相移位置。因此，施加 δ_3 的周期变距在减小桨盘倾斜方面相当无效，并且实际上可能产生比其他情况更多的一阶谐波周期挥舞。再次使用主旋翼的推导结果，特别是式（3-64）中的锥形关系，有效总距可以写成

$$\theta_{0_\mathrm{T}}^* = \frac{\theta_{0_\mathrm{T}} + k_3\left(\dfrac{\gamma}{8\lambda_\beta^2}\right)_\mathrm{T}\dfrac{4}{3}(\mu_{Z_\mathrm{T}} - \lambda_{0_\mathrm{T}})}{1 - k_3\left(\dfrac{\gamma}{8\lambda_\beta^2}\right)_\mathrm{T}(1 + \mu_\mathrm{T}^2)} \qquad (3 - 224)$$

δ_3 角通常设定为 $-45°$，这显著降低了尾桨操纵效果。周期挥舞角可以用桨毂-风轴形式写为（使用式（3-64）中的周期关系）

$$\beta_{1sw_\mathrm{T}} = -\frac{\dfrac{8}{3}\mu_\mathrm{T}\left[k_3 + \left(\dfrac{\gamma}{16\lambda_\beta^2}\right)_\mathrm{T}\right]\theta_{0_\mathrm{T}} + 2\mu_\mathrm{T}\left[k_3 + \left(\dfrac{\gamma}{16\lambda_\beta^2}\right)_\mathrm{T}\left(\dfrac{4}{3}\right)^2\right](\mu_{Z_\mathrm{T}} - \lambda_{0_\mathrm{T}})}{\left[1 + k_3 + \left(\dfrac{\gamma}{8\lambda_\beta^2}\right)_\mathrm{T}\left(\dfrac{4}{3}\mu_\mathrm{T}\right)^2 + k_3^2(1 + 2\mu_\mathrm{T}^2)\right]}$$

$$(3 - 225)$$

$$\beta_{1cw_\mathrm{T}} = -\frac{8}{3}\mu_\mathrm{T}\theta_{0_\mathrm{T}} - 2\mu_\mathrm{T}(\mu_{Z_\mathrm{T}} - \lambda_{0_\mathrm{T}}) - k_3(1 + 2\mu_\mathrm{T}^2)\beta_{1sw_\mathrm{T}} \qquad (3 - 226)$$

尾桨桨毂的气动速度

$$\mu_\mathrm{T} = \frac{[\mu^2 + (\omega - k_{\lambda_\mathrm{T}}\lambda_0 + q(l_\mathrm{T} + x_{cg}))^2]^{1/2}}{\Omega_\mathrm{T}R_\mathrm{T}} \qquad (3 - 227)$$

$$\mu_{z_\mathrm{T}} = \frac{[-v + (l_\mathrm{T} + x_{cg})r - h_\mathrm{T}p]}{\Omega_\mathrm{T}R_\mathrm{T}} \qquad (3 - 228)$$

其中考虑了尾桨桨毂相对于飞机重心的速度，以及系数 k_{λ_T} 衡量的尾桨处主旋翼入流的正常分量（此时不包括时间延迟，稍后会在第 4 章看到）。尾桨均匀入流由以下方程给出

$$\lambda_{0_\mathrm{T}} = \frac{C_{T_\mathrm{T}}}{2[\mu_\mathrm{T}^2 + (\mu_{Z_\mathrm{T}} - \lambda_{0_\mathrm{T}})^2]^{1/2}} \qquad (3 - 229)$$

尾桨推力系数连同入流一起迭代确定。在上述方程中，假设尾桨铰链力矩为零，这是计算旋翼力的有效近似。对于"跷跷板"桨毂桨叶支撑系统（如在 Bo105 中），可以假设

桨毂中心处的锥角为零，并且不会发生总距减小。

尾桨扭矩可以使用与主旋翼相同的假设导出，即

$$Q_{\mathrm{T}} = \frac{1}{2}\rho\,(\Omega_{\mathrm{T}} R_{\mathrm{T}})^2 (\pi R_{\mathrm{T}}^3)\, a_{0_{\mathrm{T}}} s_{\mathrm{T}} \left(\frac{2C_{Q\mathrm{T}}}{a_{0_{\mathrm{T}}} s_{\mathrm{T}}} \right) \tag{3-230}$$

诱导扭矩和翼型扭矩分量定义为

$$\left(\frac{2C_{Q\mathrm{T}}}{a_{0_{\mathrm{T}}} s_{\mathrm{T}}} \right) = (\mu_{Z_{\mathrm{T}}} - \lambda_{0_{\mathrm{T}}}) \left(\frac{2C_{T_{\mathrm{T}}}}{a_{0_{\mathrm{T}}} s_{\mathrm{T}}} \right) + \frac{\delta_{\mathrm{T}}}{4a_{0_{\mathrm{T}}}} (1 + 3\mu_{\mathrm{T}}^2) \tag{3-231}$$

平均桨叶阻力系数写为

$$\delta_{\mathrm{T}} = \delta_{0_{\mathrm{T}}} + \delta_{2_{\mathrm{T}}} C_{T_{\mathrm{T}}}^2 \tag{3-232}$$

虽然尾桨扭矩非常小，但是高尾桨转速会造成显著的功率损耗，这可能高达主旋翼功率的30%，并由式（3-233）给出

$$P_{\mathrm{T}} = Q_{\mathrm{T}} \Omega_{\mathrm{T}} \tag{3-233}$$

与飞机重心相关的尾桨力和力矩由以下表达式近似给出

$$X_{\mathrm{T}} \approx T_{\mathrm{T}} \beta_{1c_{\mathrm{T}}} \tag{3-234}$$

$$Y_{\mathrm{T}} = T_{\mathrm{T}} \tag{3-235}$$

$$Z_{\mathrm{T}} \approx -T_{\mathrm{T}} \beta_{1s_{\mathrm{T}}} \tag{3-236}$$

$$L_{\mathrm{T}} \approx h_{\mathrm{T}} Y_{\mathrm{T}} \tag{3-237}$$

$$M_{\mathrm{T}} \approx (l_{\mathrm{T}} + x_{\mathrm{cg}}) Z_{\mathrm{T}} - Q_{\mathrm{T}} \tag{3-238}$$

$$N_{\mathrm{T}} = -(l_{\mathrm{T}} + x_{\mathrm{cg}}) Y_{\mathrm{T}} \tag{3-239}$$

上述表达无疑反映了尾桨在低速和高速飞行中正常工作时的复杂气动环境的粗略近似。我们将在3.4.2节简要回顾相互作用气动力的复杂性。

3.2.3 机身和尾翼

机身气动力和力矩

机身和尾翼周围的流动具有强烈的非线性特征，并受主旋翼尾迹的影响而扭转。因此，由表面压力和表面摩擦引起的相关力和力矩是飞行速度和方向的复杂函数。虽然完整流场的计算机建模不再是一项不可能完成的任务，但迄今为止大多数飞行力学建模都是基于风洞试验数据的经验拟合，通过模型（参考文献3.47）或全尺寸（参考文献3.48）飞机在有限的动压和机身迎角范围内进行采集。假设在试验和全尺寸飞行条件下的流体动力学相似，我们注意到，可通过以下关系从测量条件下的数据估算力和一般飞行速度或动压

$$F(V_{\mathrm{f}},\ \rho_{\mathrm{f}}) = F(V_{\mathrm{test}},\ \rho_{\mathrm{test}}) \left(\frac{\rho_{\mathrm{f}} V_{\mathrm{f}}^2 S}{\rho_{\mathrm{test}} V_{\mathrm{test}}^2 S_{\mathrm{test}}} \right) \tag{3-240}$$

式中：下标 test 是指风洞试验条件，S 是参考面积。尽管参考文献3.47阐明了旋翼尾迹/机身相互作用的主要影响，但大多数公布的试验数据都是在隔离的机身形状上测量的，而下面概述的近似公式正是基于这项工作。

前飞中三个最有效的组成部分，一是机身阻力，它决定了（飞机）在高速时的功率需求，另外两个是俯仰力矩和偏航力矩，分别随迎角和侧滑角而变化。除了机身气动中心明显低于飞机重心的深壳式结构，机身的滚转力矩通常很小。在较低速度下，机身气动载荷相对较小，尽管侧飞中的侧向力以及主旋翼尾迹引起的垂直载荷和偏航力矩会产生显著影响。由于飞机重心之前有较大的俯视平面和侧向平面，通常会造成机身力矩的不稳定。总

的来说，这两点一般不会重合。此外，风洞试验数据与第三点有关，通常称为"机身气动参考点"，以区别于飞机 x 轴上主旋翼桨毂下方的"机身参考点"。在风洞中测量的机身气动力数据通常以风洞轴线的形式表现为升力、阻力、侧向力和绕风洞固定参考系的相应力矩。我们假设已经应用了从风洞到机身轴系的转换，以便我们处理移动机身轴系中的力。假设机身处于均匀的分量中，通过叠加，可以近似估算旋翼的下洗效应；因此，机身的迎角和速度可以写作

$$\alpha_{\mathrm{f}} = \arctan\left(\frac{w}{u}\right), \quad V_{\mathrm{f}} = (u^2 + v^2 + w^2)^{1/2}, \quad \lambda_0 < 0 \qquad (3-241)$$

$$\alpha_{\mathrm{f}} = \arctan\left(\frac{w_\lambda}{u}\right), \quad V_{\mathrm{f}} = (u^2 + v^2 + w_\lambda^2)^{1/2}, \quad \lambda_0 > 0 \qquad (3-242)$$

其中

$$w_\lambda = w - k_{\lambda \mathrm{f}} \Omega R \lambda_0 \qquad (3-243)$$

考虑到机身相对于桨盘下洗的增加，$k_{\lambda \mathrm{f}}$ 是一个常数。机身侧滑角定义为

$$\beta_{\mathrm{f}} = \arcsin\left(\frac{v}{V_{\mathrm{f}}}\right) \qquad (3-244)$$

可以用通用形式写出力和力矩

$$X_{\mathrm{f}} = \frac{1}{2}\rho V_{\mathrm{f}}^2 S_{\mathrm{p}} C_{xf}(\alpha_{\mathrm{f}}, \ \beta_{\mathrm{f}}) \qquad (3-245)$$

$$Z_{\mathrm{f}} = \frac{1}{2}\rho V_{\mathrm{f}}^2 S_{\mathrm{p}} C_{zf}(\alpha_{\mathrm{f}}, \ \beta_{\mathrm{f}}) \qquad (3-246)$$

$$M_{\mathrm{f}} = \frac{1}{2}\rho V_{\mathrm{f}}^2 S_{\mathrm{p}} l_{\mathrm{f}} C_{mf}(\alpha_{\mathrm{f}}, \ \beta_{\mathrm{f}}) \qquad (3-247)$$

$$Y_{\mathrm{f}} = \frac{1}{2}\rho V_{\mathrm{f}}^2 S_{\mathrm{s}} C_{yf}(\alpha_{\mathrm{f}}, \ \beta_{\mathrm{f}}) \qquad (3-248)$$

$$L_{\mathrm{f}} = \frac{1}{2}\rho V_{\mathrm{f}}^2 S_{\mathrm{s}} l_{\mathrm{f}} C_{lf}(\alpha_{\mathrm{f}}, \ \beta_{\mathrm{f}}) \qquad (3-249)$$

$$N_{\mathrm{f}} = \frac{1}{2}\rho V_{\mathrm{f}}^2 S_{\mathrm{s}} l_{\mathrm{f}} C_{nf}(\alpha_{\mathrm{f}}, \ \beta_{\mathrm{f}}) \qquad (3-250)$$

其中 S_{p} 和 S_{s} 分别是直升机机身的俯视和侧视面积。通常情况下，力和力矩系数将从迎角和侧滑角的查表函数中导出。图 3-31 显示了在 $-180°$ 到 $+180°$ 迎角和侧滑角范围上，主要特征的分段线性变化。偏航力矩有时被定义为对应于前向和后向飞行的两个函数，即

$$\begin{cases} C_{nf} = C_{nfa}, & u > 0 \\ C_{nf} = C_{nfb}, & u < 0 \end{cases} \qquad (3-251)$$

机身 X 向力在小迎角处具有最小值，并且在垂直飞行中几乎为零（$\alpha = 90°$）。当顺风的机身壳体处的流动分离导致周期升力和力矩损失以及相应的载荷逆转时，俯仰力矩随着迎角线性增加而达到某个中等值。Y 和 Z 向力具有相似的形状，分别在 $90°$ 迎角和侧滑角处达到最大值。如图 3-31 所示的断点很大程度上取决于特定的机身结构。要解释更强烈的局部非线性效应，必然需要较小的迎角和侧滑角间隔。在附录 4B 中给出了 Lynx、

Bo105 和 Puma 机身气动系数的数值。此处的数据来自风洞试验，因此 X、Z 和 M 仅随迎角变化，Y 和 N 仅随侧滑角变化。将这些数据与式（3-241）~式（3-250）结合使用时，应注意确认不存在交叉效应，如 X 向力随侧滑角的变化。最简单的方法是删除式（3-241）和式（3-242）中 V_f 表达式的 v^2 项。更一般的方法是可以假设一个简单的 $\cos\beta$ 模型，以便在 β =90° 时 X 向力变为零。

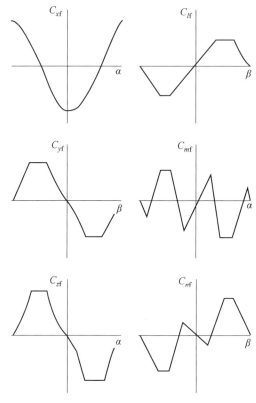

图 3-31 机身气动力系数与迎角的典型变化

上述讨论仅限于基本的稳定效应，然而在实际中，典型直升机机身相对球形具有不规则的轮廓（如发动机和旋翼轴整流罩）会产生很大的非定常分离效应，难以在模型尺度上精确模拟。机动飞行中的非定常效应也很难解释。在低速时浸入旋翼下洗，将使问题更加严重。如今可以使用复杂的风洞和计算机建模技术获得，但通常非常昂贵，由于缺乏全面的验证数据降低了人们对该技术的信心。

尾翼气动力和力矩

平尾和垂尾一起形成直升机的尾翼，有两大作用。在稳定的向前飞行中，平尾产生配平载荷，减少主旋翼前后挥舞；类似地，垂尾产生侧向力和偏航力矩，用于降低尾桨推力要求。在机动飞行中，尾翼面提供俯仰和偏航的阻尼和刚度，并增强俯仰和方向稳定性。与机身一样，尾翼力和力矩可以用系数表示，系数是迎角和侧滑角的函数。参考如图 3-32 所示的物理布局，我们注意到主要分量是尾翼法向力，表示为 Z_{tp}，即

$$Z_{tp} = \frac{1}{2}\rho V_{tp}^2 S_{tp} C_{ztp}(\alpha_{tp}, \ \beta_{tp}) \tag{3-252}$$

会在重心处产生俯仰力矩，即

$$M_{\mathrm{tp}} = (l_{\mathrm{tp}} + x_{\mathrm{cg}}) Z_{\mathrm{tp}} \qquad (3-253)$$

以及垂尾侧力，用 Y_{fn} 表示为

$$Y_{\mathrm{fn}} = \frac{1}{2}\rho V_{\mathrm{fn}}^2 S_{\mathrm{fn}} C_{\mathrm{yfn}}(\alpha_{\mathrm{fn}},\ \beta_{\mathrm{fn}}) \qquad (3-254)$$

会在重心处产生偏航力矩，即

$$N_{\mathrm{fn}} = - (l_{\mathrm{fn}} + x_{\mathrm{cg}}) Y_{\mathrm{fn}} \qquad (3-255)$$

其中 S_{tp} 和 S_{fn} 分别是水平安定面和垂直安定面的面积。

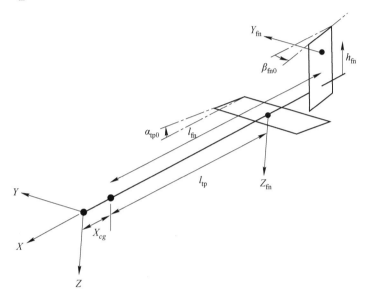

图 3-32 尾翼布局

假设水平安定面在其跨距上为常数，则其上的局部迎角可写为

$$\alpha_{\mathrm{tp}} = \alpha_{\mathrm{tp0}} + \arctan\left[\frac{w + q(l_{\mathrm{tp}} + x_{\mathrm{cg}}) - k_{\lambda_{\mathrm{tp}}}\Omega R\lambda_0}{u}\right],\ u \geqslant 0 \qquad (3-256)$$

$$(\alpha_{\mathrm{tp}})_{\mathrm{reverse}} = (\alpha_{\mathrm{tp}})_{\mathrm{forward}} + \pi,\ u < 0 \qquad (3-257)$$

尾翼的局部流速可以写成形式

$$\mu_{\mathrm{tp}}^2 = \left[\frac{u^2 + (w + q(l_{\mathrm{tp}} + x_{\mathrm{cg}}) - k_{\lambda_{\mathrm{tp}}}\Omega R\lambda_0)^2}{(\Omega R)^2}\right] \qquad (3-258)$$

其中

$$\mu_{\mathrm{tp}} = \frac{V_{\mathrm{tp}}}{\Omega R} \qquad (3-259)$$

参数 $k_{\lambda_{\mathrm{tp}}}$ 定义了从桨盘到尾翼的主旋翼尾迹的均匀速度的放大。平尾迎角由 α_{tp0} 表示。只有当尾迹角介于 χ_1 和 χ_2 之间时（由式（3-260）给出），主旋翼尾迹才会对水平尾翼产生影响（见图 3-33）

$$\chi_1 = \arctan\left(\frac{l_{\mathrm{tp}} - R}{h_r - h_{\mathrm{tp}}}\right),\ \chi_2 = \arctan\left(\frac{l_{\mathrm{tp}}}{h_r - h_{\mathrm{tp}}}\right) \qquad (3-260)$$

否则，$k_{\lambda_{\text{tp}}}$ 可以设置为零。

参考文献 3.49 中，Loftin 给出了 NACA 0012 翼型截面完整入流范围 $-180° < \alpha < 180°$ 的风洞测量值。根据这些数据，可以导出法向力系数的近似值，如下

$$\left| C_{z_{\text{tp}}} \right| \leqslant C_{z_{\text{tp}l}}, \quad C_{z_{\text{tp}}}(\alpha_{\text{tp}}) = -a_{0\text{tp}}\sin\alpha_{\text{tp}} \tag{3-261}$$

$$\left| C_{z_{\text{tp}}} \right| > C_{z_{\text{tp}l}}, \quad C_{z_{\text{tp}}}(\alpha_{\text{tp}}) = -C_{z_{\text{tp}l}}\frac{\sin\alpha_{\text{tp}}}{\left| \sin\alpha_{\text{tp}} \right|} \tag{3-262}$$

其中 $a_{0\text{tp}}$ 实际上是在较小迎角时的平尾升力线斜率。假设该参数值是整个表面的平均值。通常，直升机尾翼是小展弦比平面，有时具有增加有效迎角的端板。$a_{0\text{tp}}$ 的典型值在 3.5 和 4.5 之间。NACA 0012 翼型的恒定极限值 $C_{z_{\text{tp}l}}$ 约为 2，对应于二维垂直流动中的阻力系数。

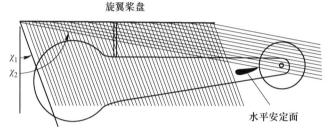

图 3-33　旋翼下洗对尾翼表面的影响

上述公式可在两个相对简单的方面进行改进，从而使旋翼在尾翼上持续下洗。首先，尾翼下洗的展向变化可以从主旋翼下洗的横向分布 λ_{1s} 得出。其次，可以根据时间 $t-\delta t$ 时主旋翼上的载荷情况，来估算时间 t 时的尾翼下洗，其中 δt 是流动到达尾翼所花费的时间。这种效应表现为加速度导数，或由于迎角变化率引起的力和力矩，第 4 章将对此进行更详细的讨论。正如 Cooper（参考文献 3.50）和 Curtiss 以及 McKillip（参考文献 3.51）所讨论的那样，水平尾翼上下洗的横向变化将产生滚转力矩，也可导致一个伴随侧滑而剧烈变化的俯仰力矩。

垂直安定面处侧滑的局部角度和速度（在 x-y 平面中）可以写成以下形式

$$\beta_{\text{fn}} = \beta_{\text{fn}_0} + \arcsin\left[\frac{v - r(l_{fn} + x_{\text{cg}}) + h_{\text{fn}}p}{\mu_{\text{fn}}(\Omega R)}\right] \tag{3-263}$$

$$\mu_{\text{fn}}^2 = \frac{(v - r(l_{\text{fn}} + x_{\text{cg}}))^2 + u^2}{(\Omega R)^2} \tag{3-264}$$

$$\mu_{\text{fn}} = \frac{V_{\text{fn}}}{\Omega R} \tag{3-265}$$

垂直安定面上的载荷可以用与平尾大致相同的方式导出，无论是作为简单的分析函数还是通过查表得出。直升机垂直安定面的另一个复杂特征是，它们有时是相当厚的翼型截面，在其内部携带尾桨扭转相关设备管路。例如，Hoerner 和 Borst（参考文献 3.52）所讨论的那样，厚度比大于 20% 的机翼在小迎角下产生的升力可以被后缘附近的下表面吸力抵消。如图 3-34 所示是由南部航空工业公司（SA）330 Puma 飞机（参考文献 3.53）的风洞测量值近似得出，显示了垂尾侧向力随侧滑角的变化情况（在迎角的前 5°，没有升力

（侧力））。这种效应在一定程度上解释了 Puma 航向稳定性的减少以及随之而来的弱的荷兰滚阻尼，这方面将在第 4 章和第 5 章进一步讨论。

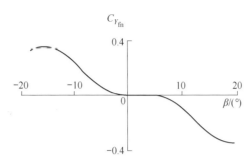

图 3-34 垂直安定面侧向力随侧滑角的变化——Puma

尾翼在较小迎角和侧滑角处产生的力可以通过查表或高阶多项式来表示，例如 Puma 垂直安定面侧力需要至少五阶函数来匹配图 3-34 所示的强非线性特征（见附录，第 4B.1 节）。

3.2.4 动力装置和旋翼调速器

本节中我们基于 Helisim 动力装置模型，推导直升机旋翼速度和相关发动机以及旋翼调速器动力学的简化模型（参考文献 3.4）。涡轮动力直升机的旋翼转速通常是自动调节的，以使其能在较小范围内工作，其稳态关系由方程给出

$$Q_e = -K_3(\Omega - \Omega_i) \tag{3-266}$$

式中：Q_e 是旋翼齿轮箱处的涡轮发动机输出扭矩；Ω 是旋翼转速；Ω_i 是发动机怠速对应的旋翼转速，对应于近似为零的发动机扭矩。式（3-266）有时被描述为旋翼的下垂律，下垂常数 K_3 表示自转和全功率（如爬升或高速飞行）之间稳态旋翼转速的降低。旋翼控制系统强制执行此降速，以防止在控制律试图保持恒定旋翼转速时可能遇到的任何"振荡"。旋翼转速控制系统通常具有两个，一个部件将旋翼转速随燃油流量的变化（或误差）ω_f 与发动机相关联，即以传递函数形式

$$\xrightarrow{\Omega} \big[\, G_e(s) \,\big] \xrightarrow{\omega_f} \tag{3-267}$$

第二个将燃油输入与所需的发动机扭矩输出相关联

$$\xrightarrow{\omega_f} \big[\, H_e(s) \,\big] \xrightarrow{Q_e} \tag{3-268}$$

燃油控制系统传递函数的最简单代表是一阶滞后形式

$$\frac{\overline{\omega}_f(s)}{\overline{\Omega}(s)} = G_e(s) = \frac{K_{e_1}}{1 + \tau_{e_1} s} \tag{3-269}$$

其中数值的上画线标记表示拉普拉斯变换。

可以选择增益 K_{e_1} 以给出从飞行怠速燃油流量到最大应急燃油流量规定（如在 5 和 10% 之间）的旋翼速度下降；将这两个值的比率写为以下形式

$$\frac{\omega_{f_{max}}}{\omega_{f_{idle}}} \equiv \omega_{f_{mi}} \tag{3-270}$$

时间常数 τ_{e_1} 将决定燃油被泵送到涡轮机的速度，对于需要得到快速响应的发动机，需要达到 O（0.1s）。

发动机对燃油喷射的扭矩响应可以按超前-滞后元件的传递函数写成

$$\frac{\overline{Q}_e(s)}{\overline{\omega}_f(s)} = H_e(s) = K_{e_2}\left(\frac{1 + \tau_{e_2}s}{1 + \tau_{e_3}s}\right) \qquad (3-271)$$

可以将增益 K_{e_2} 设定为假设在某个燃油流量 ω_f 值（如 $75\%\omega_{f_{max}}$）时提供 $100\%Q_e$，从而允许一个最大的应急扭矩裕度。在参考文献 3.4 使用的发动机模型中，该动态元件中的时间常数是发动机扭矩的函数。如图 3-35 所示的分段关系，显示了发动机功率限制下的严格控制。滞后常数和超前常数的线性近似可以写成以下形式

$$\begin{cases} \tau_{e_2} = \tau_{e_2}(Q_e) \approx \tau_{2_0} + \tau_{2_1}Q_e \\ \tau_{e_3} = \tau_{e_3}(Q_e) \approx \tau_{3_0} + \tau_{3_1}Q_e \end{cases} \qquad (3-272)$$

其中时间常数系数在 $Q_e = 100\%$ 时数值改变。

耦合两个发动机/旋翼子系统得到传递函数为

$$\frac{\overline{Q}_e}{\overline{\Omega}} = G_e(s)H_e(s) \qquad (3-273)$$

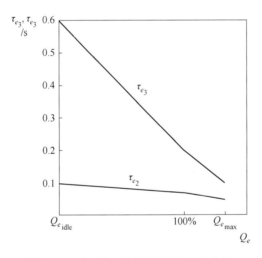

图 3-35 发动机时间常数随扭矩的变化

或者，在时域中的微分形式为

$$\ddot{Q}_e = -\frac{1}{\tau_{e_1}\tau_{e_3}}\left\{(\tau_{e_1} + \tau_{e_3})\dot{Q}_e + Q_e + K_3(\Omega - \Omega_i + \tau_{e_2}\dot{\Omega})\right\} \qquad (3-274)$$

其中

$$K_3 = K_{e_1}K_{e_2} = -\frac{Q_{e_{max}}}{\Omega_i(1 - \Omega_{mi})} \qquad (3-275)$$

$$\Omega_{mi} = \frac{\Omega_m}{\Omega_i} \qquad (3-276)$$

这个二阶非线性微分方程由旋翼速度和加速度的改变激活。这些改变最初来自旋翼/传动系统的动力学，这里假设由一个简单的方程表示，该方程与旋翼加速度和施加的扭矩相关（相对于机身，$\dot{\Omega} - \dot{r}$），即施加的发动机扭矩与主旋翼扭矩 Q_R 和尾桨扭矩 Q_T 组合之间的差值，通过传动装置 g_T 指向主旋翼，即

$$\dot{\Omega} = \dot{r} + \frac{1}{I_R}(Q_e - Q_R - g_T Q_T) \qquad (3-277)$$

其中 I_R 是旋翼桨毂和桨叶的组合惯性矩，并通过自由涡轮或离合器（如果旋翼在自转中断开）的旋转传动。

3.2.5　飞行控制系统

飞行控制系统模型包括飞行员的控制装置，机械连杆，驱动系统和驾驶杆；还包括通过反馈控制的任何增强，因此通常包括传感器，计算元件和由飞行员的机械输入驱动的那些并联或串联的任何附加作动装置。该描述对应于大多数现代直升机中的经典配置。本书未涉及有关全权限、数字式、主动控制系统建模要求的讨论。我们参考如图 3-36 所示内容开发了飞行控制系统的模型，从旋翼到驾驶舱控制-周期变距、总距和方向舵脚蹬。在下面的分析中，驾驶舱控制由变量 η 表示，并带有适当的下标；在所有情况下

$$0 \leq \eta \leq 1 \qquad (3-278)$$

通过相应旋翼桨叶角度的正增加来定义正指向（参见图 3-36）。自动飞行控制系统（AFCS）通常由控制增稳系统（SCAS）功能组成，自动驾驶功能通过串联作动器以及并联作动器来使用。在本节中，我们仅考虑控制增稳系统的建模。

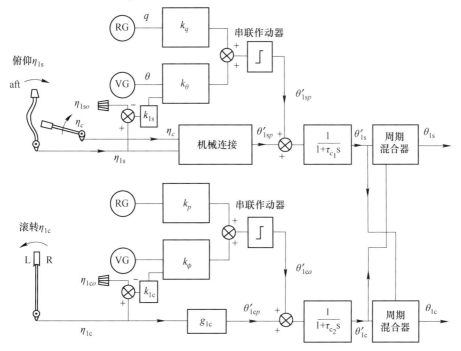

图 3-36　直升机飞行控制系统示意图

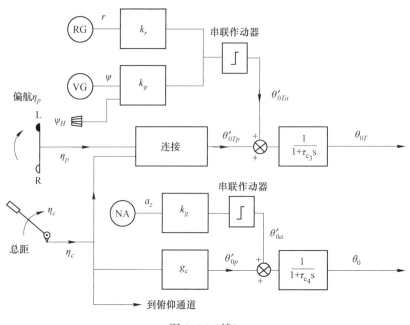

图 3-36（续）

俯仰和滚转控制

第 2 章（图 2-5）介绍了倾斜盘的概念，其作为直升机发展中的关键创新之一，允许以准定常的方式从作动器输入使旋翼桨距每转一次的变化。周期变距和周期挥舞响应之间大约有 90°的相移，是由于在共振时旋翼升力变化而产生的。实际上，周期变距可以通过多种机制来实现，传统的倾斜盘是目前最常见的，但 Kaman 直升机采用了后缘襟翼形式的气动面，而 Westland Lynx 直升机的周期控制则通过所谓的"悬钩"方式实现，桨叶操纵连杆在旋翼轴的内部运行。无论物理机制是什么，周期变距每转一次需要的能量非常少，出于建模的目的，考虑使用通用倾斜盘，其中至少有三个作动器以提供倾斜盘相对于旋翼轴以任意角度倾斜的能力。

沿着操纵连杆（假设刚性）从桨叶向下移动，通过旋转倾斜盘，可看到所谓的混控装置。这两个来自周期变距控制装置的驱动输出与相位角相结合。对于铰接和无铰链旋翼结构，即使在悬停时，周期变距和挥舞之间的相位滞后也小于 90°，为了实现纯俯仰或滚转控制，飞行员需要采用耦合输入。随着前进速度的增加，响应耦合由于气动阻尼的增加而改变。通常选择单一混控作为这些不同条件之间的折中，并且可以写成形式

$$\begin{bmatrix} \theta_{1s} \\ \theta_{1c} \end{bmatrix} = \begin{bmatrix} \cos\psi_f & \sin\psi_f \\ -\sin\psi_f & \cos\psi_f \end{bmatrix} \begin{bmatrix} \theta'_{1s} \\ \theta'_{1c} \end{bmatrix} \qquad (3-279)$$

其中 ψ_f 是混控角，通常在 8°和 12°之间，右上角的符号表示混控前的周期变距角。

反向序列的下一个阶段是作动本身。大多数现代直升机都采用液压驱动的飞行控制装置。作动系统是一个非常复杂的机构，其自身的反馈控制设计用于确保操纵输入的响应和稳定性具有良好的性能和稳定特性。作动系统在小幅度和大幅度上都具有固有的非线性，包括当飞行员要求超过液压系统供应能力时的速度限制。典型的速度限制为每秒 100% 的作动器全行程。具有自动飞行控制系统的直升机，通常包括由控制增稳系统元件电压输出

驱动的有限权限串联作动系统。如图 3-36 所示，作动器的这些增强输入限制在整个作动器全行程的±10%量级。出于建模的目的，假设每个作动元件可以用一阶滞后来表示，这是对复杂伺服弹性系统复杂行为的粗略近似。因此，我们将周期变距作动器输出写为传递函数形式的飞行员输入（下标 p）和自动飞行控制系统输入（下标 a）之和

$$\bar{\theta}'_{1s} = \frac{\bar{\theta}'_{1s_p} + \bar{\theta}'_{1s_a}}{1 + \tau_{c1}s} \tag{3-280}$$

$$\bar{\theta}'_{1c} = \frac{\bar{\theta}'_{1c_p} + \bar{\theta}'_{1c_a}}{1 + \tau_{c2}s} \tag{3-281}$$

时间常数 τ_{c1} 和 τ_{c2} 通常在 25ms 到 100ms 之间，从而使作动带宽在 10~40rad/s 之间。对于在该低带宽范围运行的系统，我们可以预测到驱动会抑制飞行员的快速操纵动作。

机械操纵装置通过一系列杠杆和滑轮将作动器连接到飞行员的周期驾驶杆上。驾驶杆本身通常结合人感系统，来向飞行员提供以驾驶杆为中心的触觉提示。具有启动力的简单弹簧是在直升机中最常见的人感系统形式，其具有恒定的弹簧梯度，与飞行条件或操纵状态无关。如果我们忽略了这些元素的动力学，那么滚转和俯仰周期的关系可以用简单的代数形式写成

$$\theta'_{1s_p} = g_{1s_0} + g_{1s_1}\eta_{1s} + (g_{sc_0} + g_{sc_1}\eta_{1s})\eta_c \tag{3-282}$$

$$\theta'_{1c_p} = g_{1c_0} + g_{1c_1}\eta_{1c} + (g_{cc_0} + g_{cc_1}\eta_{1c})\eta_c \tag{3-283}$$

其中 g 系数是增益和偏移，η_{1c} 和 η_{1s} 是飞行员周期驾驶杆的输入。上述方程中包括总距和周期变距之间的简单联系，因此来自飞行员的总距输入也驱动周期操纵运行。以这种方式，可以最小化总距到滚转和俯仰的耦合。式（3-282）和式（3-283）中的系数可以方便地用四个参数表示：

θ_{1s_0}——零周期驾驶杆和零总距驾驶杆上的桨距；

θ_{1s_1}——最大周期驾驶杆和零总距驾驶杆上的桨距；

θ_{1s_2}——零周期驾驶杆上和最大总距驾驶杆的桨距；

θ_{1s_3}——最大周期驾驶杆和最大总距驾驶杆上的桨距。

因此系数可以写成

$$\begin{cases} g_{1s_0} = \theta_{1s_0} \\ g_{1s_0} = \theta_{1s_1} - \theta_{1s_0} \\ g_{1c_0} = \theta_{1s_2} - \theta_{1s_1} \\ g_{1c_1} = (\theta_{1s_3} - \theta_{1s_2}) - (\theta_{1s_1} - \theta_{1s_0}) \end{cases} \tag{3-284}$$

该分析假设操纵机构偏转和作动器输入之间存在线性关系。实际上，由于连杆的几何形状，机械系统将表现出一定的非线性，特别是在驾驶杆的末端，查表是更合适的方式。如图 3-37 所示说明了 Lynx 直升机周期变距/总距之间的相互的函数关系（参考文献 3.54）。

关于自动稳定器输入，通常是传感器和操纵输入的复杂函数，其中各种滤波器用于稳定反馈动力学并防止传感器噪声。出于建模的目的，参考一些可调数据（见图 3-36），假设自动稳定器增加了与姿态和角速度成比例的反馈控制信号，以及与飞行员操纵输入成比例的前馈信号。这允许飞行员在飞行期间重置自动稳定器的零位或中等范围。这是必要

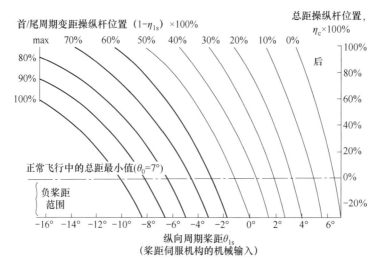

图 3-37　Lynx 总距和周期变距之间机械互连的几何关系（参考文献 3.54）

的，例如，当速度从悬停增加到高速时，姿态增益足够高到引起饱和。当飞行员移动其操纵装置时，其他系统自动脱离姿态稳定，因此不需要一个飞行员可调的零位（如 Puma）。简单的比例自动稳定器可以用以下方程描述

$$\theta_{1s_a} = k_\theta \theta + k_q q + k_{1s}(\eta_{1s} - \eta_{1s_0}) \qquad (3-285)$$

$$\theta_{1c_a} = k_\phi \phi + k_p p + k_{1c}(\eta_{1c} - \eta_{1c_0}) \qquad (3-286)$$

在第 4 章中，我们将说明速度稳定通常不足以稳定直升机不稳定的俯仰运动。然而，通过相对适度的速度和姿态增益值 $k(O[0.1])$ 的组合，直升机可以在其整个使用飞行包线中稳定，并且飞行员可以"松杆"飞行或者至少在分散注意力情况下飞行，因此允许在仪表飞行准则（IFR）条件下进行认证。然而，低权限的自动飞行控制系统将在剧烈的机动中或在中等到严重的湍流飞行中迅速饱和，故只能作为稳定飞行的辅助。

偏航控制

以类似的方式，飞行员和自动稳定器指令以简化的一阶传递函数形式输入到偏航伺服作动系统

$$\bar{\theta}_{0T} = \frac{\bar{\theta}_{0T_p} + \bar{\theta}_{0T_a}}{1 + \tau_{c3}s} \qquad (3-287)$$

作动器输入和偏航操纵运行变量 η_{c_T} 之间的传动装置可写为

$$\theta_{0T_p} = gT_0 + gT_1\eta_{c_T} \qquad (3-288)$$

操纵行程通常与脚蹬 η_p 和总距驾驶杆 η_c 输入成比例，形式为

$$\eta_{c_T} = g_c T_0(1 - \eta_p) + (1 - 2g_c T_0)\eta_c \qquad (3-289)$$

在式（3-289）中，总距驾驶杆占总距和偏航之间机械耦合关系的较大部分，以减少功率输入后的偏航运动。式（3-289）是一种线性近似，它可以在操纵范围的极值处变为强非线性，此时交联几何关系会降低灵敏度。图 3-38 说明了 Lynx 直升机的非线性变化（参考文献 3.54）。

升降控制

最后，主旋翼伺服系统的总距输出可以分别根据飞行员和自动稳定器的机械和电气输

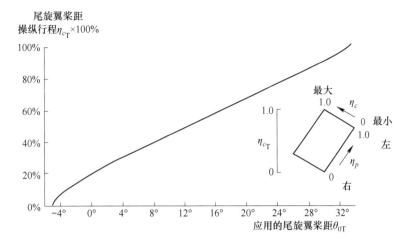

图 3-38 Lynx 的尾桨操纵和驾驶舱操纵之间交联耦合的几何关系（参考文献 3.54）

入来提升和降低倾斜盘而实现，即

$$\bar{\theta}_0 = \frac{\bar{\theta}_{0_p} + \bar{\theta}_{0_a}}{1 + \tau_{c_4} s} \qquad (3-290)$$

带总距驾驶杆的传动装置可写成

$$\theta_{0_p} = g_{c_0} + g_{c_1} \eta_c \qquad (3-291)$$

对于大多数现代直升机而言，总距通道中没有自动稳定器组件，但为了完整性，我们在此包含了 Lynx 中的总距加速操纵（参考文献 3.55）的简单模型。与法向加速度成比例的误差信号将反馈给总距，即

$$\theta_{0_a} = k_g a_z \qquad (3-292)$$

对于 Lynx，该系统的实现是为了在控制增稳系统中提供不同的冗余。在高速时，总距操纵对于无铰链旋翼直升机是一种非常有效的俯仰控制，这个附加回路补充了飞机俯仰姿态和速度的周期稳定性。

3.3 直升机完整的运动方程

在前面的章节中，已经推导出直升机各个子系统的方程式。一个可行的仿真模型需要以串行或并行的形式集成所有子系统，具体取决于处理架构。如图 3-39 所示展示了一个典型布置，表明分力和力矩如何依赖于飞机的运动，控制和大气扰动。一般的非线性运动方程采用形式为

$$\dot{\boldsymbol{x}} = \boldsymbol{F}(\boldsymbol{x}, \ \boldsymbol{u}, \ \boldsymbol{t}) \qquad (3-293)$$

其中状态向量 $\boldsymbol{x}$ 包含来自机身 $\boldsymbol{x}_f$，旋翼 $\boldsymbol{x}_r$，发动机/旋翼速度 $\boldsymbol{x}_p$ 和操纵作动子系统 $\boldsymbol{x}_c$ 的分量，即

$$\boldsymbol{x} = \{\boldsymbol{x}_f, \ \boldsymbol{x}_r, \ \boldsymbol{x}_p, \ \boldsymbol{x}_c\} \qquad (3-294)$$

$$\boldsymbol{x}_f = \{u, \ w, \ q, \ \theta, \ v, \ p, \ \phi, \ r\} \qquad (3-295)$$

$$\boldsymbol{x}_r = \{\beta_0, \ \beta_{1c}, \ \beta_{1s}, \ \lambda_0, \ \lambda_{1c}, \ \lambda_{1s}\} \qquad (3-296)$$

$$\boldsymbol{x}_p = \{\Omega, \ Q_e, \ \dot{Q}_e\} \qquad (3-297)$$

$$\boldsymbol{x}_{c} = (\theta_0, \ \theta_{1s}, \ \theta_{1c}, \ \theta_{0T}) \tag{3-298}$$

这里我们假设只有一阶挥舞动力学。

除控制增稳系统输入外，操纵由主旋翼和尾桨操纵矢量组成，

$$\boldsymbol{u} = (\eta_0, \ \eta_{1s}, \ \eta_{1c}, \ \eta_{0T}) \tag{3-299}$$

用式（3-293）的显式形式来描述，直升机动力学系统是瞬时的和非定常的。该系统的瞬时性质指的是，在本章推导的公式中没有滞后或更一般的遗传效应。当然，在实践中，旋翼尾迹可能包含强烈的遗传效应，导致各种组件上的载荷是过去运动的函数。这些影响通常在 1 级模型公式中被忽略，但我们将在后面的 3.4 节中再次讨论该问题。非定常动力学特性指的是，解取决于明确依赖时间 t 的启动运动瞬间的情况。包含在这一类中的影响是对大气速度变化——阵风和湍流的依赖。另一个问题源于式（3-293）中空气动力学项的出现，其随旋翼方位角而变化。

式（3-293）的解取决于初始条件——通常是直升机配平状态以及操纵和大气扰动的时间历程。可以通过将状态向量的变化率设置为零，并求解得到代数方程来计算配平条件。但是，四个操纵量只能定义四个飞行状态，来自式（3-293）的其余 17 个变量的值通常以数值方式计算。配平状态通常是唯一的，即对于给定的一组操纵姿态，运动方程只有一个稳态解。

解决建模方程时间变化的传统方法是通过正向数值积分。在每个时间步，计算并合并各个部件上的力和力矩，以产生飞机质心的合力与合力矩（见图3-39）。然后，最简单的积分方案将通过假设加速度的某种特定形式，在下一时间步结束时得出飞机的运动。一些积分方法在几个时间步中平滑响应，而其他积分方法则通过方程向后和向前移动以实现最平滑的响应。为确保有效的收敛性和足够的精度，需要进行各种解释说明，当系统中存在动态特性时，需要进行这些说明（参考文献3.56）。近年来，逆仿真的使用越来越受到青睐，特别是对于模型验证研究以及用于相同机动不同飞机的飞行比较。通过逆仿真，代

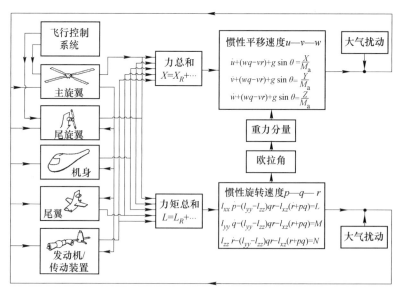

图 3-39　完整直升机仿真模型

替将操纵姿态规定为时间的函数，定义飞机动态响应的某些子集，并计算飞行机动所需的操纵。在第 4 章和第 5 章中将更详细地讨论整个配平和响应领域，以及飞行动力学的第三个"问题"——稳定性。在这些章节中，分析将主要局限于我们所描述的 1 级建模，正如第 3 章中详细介绍的那样。但是，我们已经多次指出，预测飞行包线某些区域的飞行动力学需要更高水平的建模逼真度。在我们继续讨论建模应用之前，我们需要回顾和讨论一些超越 1 级的还缺少的空气动力学效应的建模。

3.4 超越 1 级的建模

"理论从来都不会是完整的、最终的或准确的。像设计和施工一样，它也在不断发展并适应环境。"我们再次思考 Duncan 的这段介绍性文字，其反映出这个建模章节中最后一节的主题本身同样可以很好地构成一本书的主题。实际上，更高层次的建模完全超出了本书的预期范围，但我们将尝试简要讨论一些建模领域扩展到包含更高自由度、非线性和不稳定效应时需要考虑的因素和问题。改进仿真模型的动机来自对更高精度或更广泛应用的需求，或者两者兼而有之。

我们已经说过，本章所谓的 1 级建模，加上特定类型的"修正"系数，应该足以胜任定义趋势和初步设计工作，当然也应该足以获得对直升机飞行动力学最根本的理解。在第 4 章和第 5 章中，与试验数据的比较将证实这一点，但是使 1 级旋翼建模更易于分析的特征——刚性桨叶、线性空气动力学和梯形尾迹结构——也是其局限性的来源。例如，取自参考文献 3.57 中的图 3-40，比较了 Puma 直升机（从下面看）根据旋翼桨叶前缘压力飞行测试得到的旋翼迎角分布和 1 级 Helisim 的预测值。

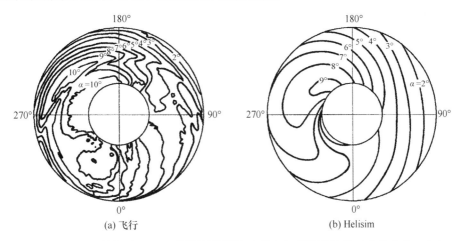

图 3-40　RAE 研究用 Puma 上测得的旋翼迎角分布与理论的比较（参考文献 3.57）

飞行条件是以 100kn 的速度水平直线飞行。虽然两个等高线图中存在相似之处，但理论值未能捕捉到飞行测试中的许多细节。在飞行结果中，后行侧的高入流区域更大且更加靠外，并且在飞行测试中存在由桨–涡相互作用引起的明显的脊线，而在 Helisim 中该脊线完全被忽略了。在此 100kn 速度的配平条件下，Helisim 可以很好地预测操纵装置的配平是否合理精确，这仅仅是因为合力和合力矩可以消除图 3-40 所示的详细差异的影响。

　　然而，还存在着多种多样的问题，其中的细节在建模的预测能力中是有意义的。例子包括：高过载机动中桨叶失速的俯仰效应，快速滚转中的瞬态旋翼扭矩偏移，桨叶结冰或战斗损坏对动力和操纵裕度的影响。如果我们考虑旋翼尾迹对尾桨和尾翼的影响，则简单的梯形下洗模型无法预测其重要的效应，例如，侧向飞行中的尾桨操纵裕度或特别是在机动中，后机身尾迹效应引起的和尾翼的强耦合。高逼真仿真要求可以预测这些影响，为实现这一目标，我们需要考虑 2 级和 3 级的建模元素，如表 3-1 所示。

　　以下定性讨论将大量借鉴提高旋翼机建模领域奉献者的已发表的作品。作者非常清楚近年来欧洲、北美和亚洲众多研究人员所做出的大量工作和成就，特别是旋翼气动弹性建模方面，而完整的综述并非本书的主题。此处的目的是让读者注意某些增强物理概念理解的进步点。

3.4.1　旋翼空气动力学和动力学

旋翼空气动力学

　　在 1 级旋翼建模中使用的线性空气动力学理论是对现实的粗略近似，虽然在预测趋势和总体影响方面非常有效，但与通过旋翼实际流动的流体力学中丰富多样的内容相比，它的内容匮乏。可压缩性，不稳定性，三维和黏性效应引起了几代直升机工程师的注意：它们是旋翼设计的重要组成部分，但对真实空气动力效应的更多学术兴趣程度本身是衡量旋翼建模科学挑战的一个尺度。可以方便地将以下讨论分为两部分——局部旋翼桨叶迎角的预测和局部旋翼桨叶升力、阻力、俯仰力矩的预测。虽然这两个问题是相同反馈系统的一部分，例如，迎角取决于升力，升力取决于迎角，但是分开讨论给区分两个主题中的一些关键问题提供了机会。

旋翼截面升力、阻力和俯仰力矩建模

　　我们感兴趣的旋翼截面载荷是升力、阻力和俯仰力矩。这三个都很重要，这三者都可以产生桨叶挥舞、摆振和扭转响应的限制效应。对实际流动效应的一般近似假设是：二维准定常变化、局部迎角和马赫数唯一决定桨叶载荷。参考文献 3.58 中，Prouty 给出了基于大量二维翼型试验数据分析的经验结果。定义翼型截面的性能和特性的关键参数是可达到的最大升力系数 $C_{L_{\max}}$ 和阻力发散马赫数 Ma_d。两者都如预期的那样，很大程度上取决于翼型的几何形状，因此也取决于旋翼失速的类型。Prouty 确定了三种类型的旋翼桨叶易失速——薄翼型，前缘失速和后缘失速型。

　　Prouty 的研究结果表明，厚度与弦长比大于约 8% 的翼型截面通常会出现后缘失速，最好情况下 $C_{L_{\max}}$ 可达到 1.6 左右。对于较薄的翼型，前缘失速的可能性更大，$C_{L_{\max}}$ 随着厚度/弦的增加而增加到 1.8 左右。后缘和前缘失速对升力、阻力和力矩系数的一般影响如图 3-41 所示，其中这些系数表示为迎角的函数。后缘失速的特征在于从后缘向前移动的分离流的区域逐渐增加。前缘失速是由机翼前端的层流分离气泡破裂引起的，从而引起升力、阻力和俯仰力矩的急剧变化。通常，薄翼型在高马赫数下（高 Ma_d），在桨盘前行侧对性能有利，而厚翼型在低马赫数（高 $C_{L_{\max}}$）和在后行侧的高迎角时对其性能有利。因此，大多数直升机在设计时须在这两个相互矛盾的要求之间进行折中，并且可能在工作包线内经历两种类型的失速。参考文献 3.59 描述了 Lynx 直升机采用的弧形翼型截面的演变，其与较厚的对称翼型 NACA 0012 进行了全面的对比。后者是 20 世纪 70 年代之前用于直升机旋翼的典型机翼剖面。

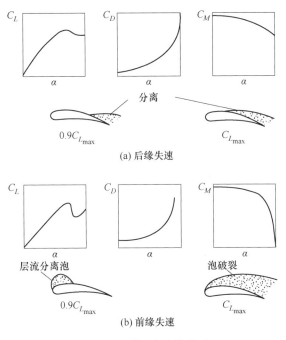

图 3-41 翼型失速的类型

在旋翼叶素仿真模型中，升力、阻力和俯仰力矩系数通常以查表形式存储为迎角和马赫数的非线性函数，数据表来自风洞试验或理论预测。参考文献 3.6 中，Bramwell 报告了涡流和其他三维面内效应对翼型特性的影响，特别是在较高的马赫数下，$C_{L_{max}}$ 发生了显著变化。另外，在参考文献 3.60 中，Leishman 提到要注意后掠角对 $C_{L_{max}}$ 的强大影响。一般而言，对于旋翼半径的较大范围，二维近似是相对准确的。一个例外是靠近叶尖处，由于其上下表面流动的相互作用而产生的三维效应，导致对于给定迎角和马赫数的弦向压力分布发生显著变化。随着新型桨尖截面和平面形状的出现，叶尖空气动力学的精确建模仍然是深入研究和重新推进的主题。

在前飞和操纵中，截面迎角和马赫数不断变化，需要考虑气动力不稳定性对截面特性的影响。在一系列论文（例如，参考文献 3.61～3.64）中，Beddoes 和 Leishman 报告了适用于附着流和分离流的非定常、压缩空气动力学指示理论的发展，用于计算截面升力、阻力和俯仰力矩。在附着流动中，翼型附近的脱落尾迹在该截面上诱导一个依赖于时间的周期力，具有对应于约五个弦长的瞬态增长。非周期升力也会发展（由于翼型虚拟质量）并且在大致相同的空间尺度内衰减到零。这两种效应在 Beddoes 模型中通过指数函数（参考文献 3.63）的组合来近似，这些函数对应于俯仰和升降中翼型截面的任意运动。考虑到翼型截面通过尾迹和其他叶片的单个涡的响应，该方法还模拟了由于气流迎角任意变化引起的载荷作用（参考文献 3.64）。这些发展的一个特点（参见 Johnson 和 Ham 的早期论文，动态失速的物理学讨论，参考文献 3.65）是扩展了分离流建模和动态失速的预测。在非定常运动中，前缘失速后脱落涡度通过翼型上表面，导致升力和力矩"断裂"延迟，并导致升力的超调远远超过 $C_{L_{max}}$ 的正常准定常值。Beddoes 将这种效应封装在半经验模型中，如图 3-42 所示，引用自参考文献 3.62：

对于每个马赫数，限制附着流动的迎角（α_1）由俯仰力矩的破裂来决定，而另一个角度（α_2）用于表示流动分离，因此压力中心是稳定的。在应用中，当迎角的局部值超过 α_1 时，假设分离的开始被延迟一段有限的时间（τ_1），在此期间，升力和力矩表现为适合于附着流动。当超过这个时间延迟时，流动分离假定是由机翼表面的脱落涡引起的，并经过一段涡旋穿过翼弦的时间（τ_2）后，从表面流过。它在这个区间内，升力由涡流产生，整体水平保持相当于完全附着流动，但压力中心随着迎角和时间的变化向后移动。当涡从表面离开时，假设迎角仍然足够高，升力迅速衰减到完全分离流动的值。当迎角减小到低于 α_1 时，流动重新附着由附着流动模型表示，重新初始化以解释当前升力不足的原因。

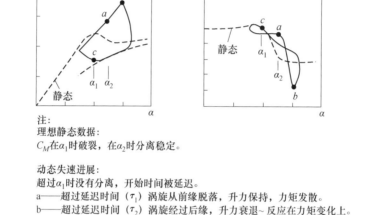

注：
理想静态数据：
C_M 在 α_1 时破裂，在 α_2 时分离稳定。

动态失速进展：
超过 α_1 时没有分离，开始时间被延迟。
a——超过延迟时间（τ_1）涡旋从前缘脱落，升力保持，力矩发散。
b——超过延迟时间（τ_2）涡旋经过后缘，升力衰退~反应在力矩变化上。
c—— $\alpha < \alpha_1$ 时，气流再次附着。

图 3-42　动态失速的时间延迟模型（参考文献 3.62）

Beddoes 接着提出了一种方法，当失速更多地由激波-边界层相互作用引发时，该方法可以扩展来解释后缘失速和可压缩条件下的情况（参考文献 3.62）。非定常气动效应是在高速和机动中理解许多旋翼特性的基本要素，并且已经在当前的载荷、振动和气动弹性稳定性预测模型中得到实际应用。对飞行动力学影响的研究较少，但两个重要的考虑因素证据表明，对于某些问题，可能需要在实时应用中模拟非定常气动效应。首先，我们考虑非定常升力和力矩发展的方位角范围。上面讨论的线性势流理论预测，大约 5~10 倍弦长处迎角发生阶跃变化后达到稳态升力所用的时间，等同于在 10° 到 20° 方位角之间。即使是与周期变距相关的、低频率的、每转一次的迎角变化也将导致不可忽略的相位滞后，这取决于旋翼的速度。操纵输入和升力变化之间的相位滞后低至 5° 会对俯仰-滚转交叉耦合产生显著影响。其次，当初始失速的方位角/径向位置可以确定分离流的演变，特别是对俯仰和滚转力矩的作用时，准确模拟引发桨叶失速对整机操纵飞行来说是非常重要的。当然，动态失速而不是准定常失速是前飞和操纵条件的标准。

利用二维试验数据表、三维和低频非定常修正和经验失速模型，导出截面力和俯仰力矩是一个相对简单的计算任务。一个更重要的任务是估计局部迎角。

局部迎角建模

方位角位置 ψ 和径向位置 r 的局部迎角可以扩展为来自多个贡献源的线性组合，如方

程 3.300 所示

$$\alpha(\psi,\ r:\ t) = \alpha_{\text{pitch}} + \alpha_{\text{twist}} + \alpha_{\text{flap}} + \alpha_{w_h} + \alpha_{\text{inflow}} \tag{3 - 300}$$

分量 α_{pitch} 是通过倾斜盘和俯仰操纵系统施加的桨叶物理变距的贡献值。分量 α_{twist} 包括来自静态和动态扭转的贡献值，后者将在下面的旋翼动力学小节中讨论。由于刚性桨叶运动导致的 α_{flap} 分量已在 1 级框架内完全建模，我们将再次回到下面的弹性挥舞贡献值。分量 α_{w_h} 对应于桨毂处入流的倾角。在本章正文中，α_{inflow} 的建模仅限于动量理论，虽然它非常有效，但却极大地简化了旋翼的真实螺旋涡尾迹。下洗以旋涡形式，按两种方式从旋翼桨叶脱落，一种与桨叶上时变升力引起的沿展向的涡尾流脱落有关，另一种与桨叶升力沿展向变化引起的尾涡有关。我们已经讨论了与非定常运动导致的附近（脱落）涡尾迹相关的入流分量，它隐含在 Beddoes 和 Leishman 的指示理论中。自早期旋翼使用以来，对尾涡系统的建模及其对桨盘入流的影响一直是研究的主题。Bramwell（参考文献 3.6）全面地回顾了 20 世纪 70 年代早期的活动，当时的重点是所谓的 "规定的" 尾迹，即涡旋线或涡旋片的位置在空间中是规定的，桨盘诱导速度是使用毕奥-萨伐尔定律得到的。当涡旋从旋翼脱落时，涡流的强度是升力的函数，升力本身是入流的函数。

因此，解决规定尾迹问题需要迭代过程。自由尾迹分析允许尾迹涡度与自身相互作用，因此尾迹的位置成为问题中的第三个未知点。随着时间的推移，自由尾迹将趋于卷起，因此可以更准确地描绘旋翼下游的流场。无论是规定的还是自由的，涡旋尾迹都是计算密集型的模型，并且到目前为止还没有在飞行仿真中得到应用。作为分布式流场奇点，它们也仅代表流体动力学基本方程的近似解。近年来，综合旋翼分析模型开始采用更广泛的三维流场解决方案，采用所谓的计算流体动力学技术（参考文献 3.3）。这些工具的复杂性和可实现精度的潜力可能对飞行动力学家来说有些困惑，而真正需要的是更简单的近似方法，其具有更易处理的形式，其能够用于导出稳定性分析的线性化扰动。在 3.2.1 节中，我们提到了具有这些特征的尾迹模型的发展（参考文献 3.28，3.29），即所谓的有限状态尾迹结构。在这里，旋翼的入流被建模为一系列时空模态函数，每个模态函数通过与桨叶升力分布的关系，满足旋翼边界条件、基本连续性和动量方程。该理论产生了一系列入流/升力耦合的常微分方程，可以附加到旋翼动力学模型上。与配平飞行中的旋翼入流测试结果的比较显示出两者良好的一致性（参考文献 3.29），并鼓励进一步开发和应用这类旋翼气动模型。

旋翼动力学

局部桨叶迎角的几个重要组成部分源于桨叶相对于桨毂的运动和形状。1 级（飞行动力学）建模的特征是对于挥舞、摆振和扭转的刚性桨叶运动的近似。我们已经了解如何用 CSER 表示不同类型的挥舞保持系统——"跷跷板"、铰接或无轴承式。在多桨叶坐标系中，每转一次桨盘倾斜的动力学显然很好地得到了描述。由于桨毂力矩是由每转一次的挥舞产生的，因此这种近似水平似乎足以满足飞行动力学家感兴趣的频率范围内的问题。然而，中心弹簧近似的一个重要简化涉及桨盘倾斜和桨毂力矩之间的关系。

我们之前已经提出线性关系是中心弹簧模型的一个有力的属性；如果更仔细地观察弹性桨叶运动的潜在影响，我们会发现在许多情况下似乎近似的强度实际上是一个弱点。通过中心弹簧模型，可以很容易地显示从桨盘倾斜计算的力矩和由综合气动载荷计算的桨毂力矩总是处于平衡状态，因而总是同相的。一般来说，对于铰接和无铰链旋翼的近似模型，情况并非如此。桨毂上的桨叶（在旋转轴上）的挥舞力矩由式（3-15）给出，但展开表示随时间变化的相关的广义（模态）坐标如何被写为系数 a_m 和 b_m 谐波的总和，如式（3-301）

$$M^{(r)}(0, t) = \Omega^2 \sum_{n=1}^{\infty} (\lambda_n^2 - 1) \int_0^R mrS_n(r)\,\mathrm{d}r \Big(\sum_{m=1}^{\infty} a_m \cos m\psi + b_m \sin m\psi \Big) \qquad (3-301)$$

每种模态都将通过不同的谐波对旋转桨力矩做出贡献，但只有每个模态的一阶谐波贡献才会被传递，从而产生准定常的机身运动。较高模态对桨毂力矩的贡献程度完全取决于气动力特征；每转一次气动力的径向非线性越强，高阶模态的激励就越大。当然，模态的频率越高，其每转一次的尖端响应衰减就会越大，但同样地，对于较高模态，给定桨尖偏转的桨毂力矩也将更大。

如图 3-43 所示显示了高弹性模态对桨毂力矩潜在贡献量级的大小。在方位角 90°和 270°处的桨叶弯曲所示的为以 150kn 的速度进行配平的 Lynx 旋翼，这是英国皇家飞机研究院气动弹性旋翼模型得出的。用于计算所示结果的旋翼模型包括一阶和二阶挥舞模态，一阶扭转和一阶摆振。桨叶的形状突出了配平条件下二阶挥舞模态的强大贡献，"节点"（零位移）约在半径 50%处。实际上，桨毂力矩由桨毂处的桨叶曲率定义，与桨盘的倾斜具有相反的符号。根据模态曲率或气动力计算的总桨毂滚转力矩（在机身轴线）约为 $-1000\mathrm{N}\cdot\mathrm{m}$（向左侧），显然与桨盘向右倾斜的方向相反。对于仅保留基本挥舞模态的情况，从一阶模态曲率得到的桨毂力矩约为 $+2000\mathrm{N}\cdot\mathrm{m}$（向右侧），而气动力矩总和则为约 $-600\mathrm{N}\cdot\mathrm{m}$（参见图 3-43）。该结果有力地证明了模型在空气动力学和动力学公式之间的协调性，尤其是当高速飞行（$\mu > 0.3$）时，非线性空气动力学和更高模态的影响可能变得更加明显。

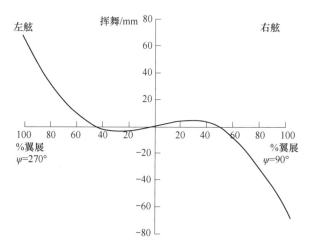

图 3-43　Lynx 在 150kn 时前行（90°）和后行（270°）方位角的旋翼桨叶形状

Shupe 在参考文献 3.36 中给出了在大范围条件下二阶挥舞模态的影响结果，支持了上述结论：高速时载荷对无铰链桨叶形状的影响是显著的，并且在飞行动力学的仿真建模中需要包括更高阶模态。Shupe 还注意到桨叶扭转对一阶和二阶挥舞模态之间平面外弯曲分布的显著影响：扭转倾向于将桨叶载荷拉向内侧，因此导致了径向气动力分布，其形状更像二阶挥舞模态。这里应该注意的一个微妙影响是，二阶挥舞模态对每转一次的气动载荷的响应不会像一阶挥舞模态一样具有 90°相移。二阶挥舞模态的固有频率比一阶挥舞模态的固有频率高一个数量级，并且每转一次的相位滞后非常小。因此，横向周期变距（θ_{1c}）将主要影响二阶挥舞模态中的纵向盘倾斜（β_{1c}），对交叉耦合的影响比直接响应更强。二阶挥舞模态对飞行动力学的影响尚未得到充分研究，仍然是一个值得进一步研究的课题。

桨叶动态扭转显然会对局部桨叶迎角、挥舞和桨毂力矩产生重大影响，并且可能有许多缘由。桨叶弦向质心或弹性轴从四分之一弦起的任何偏移都将导致挥舞和扭转自由度在弹性模态中的耦合。可压缩性、失速或后掠桨尖平面设计引起的弦向空气动力学中心的偏移，也是来自桨叶翼型截面气动俯仰力矩的扭转力矩的来源。

参考文献 3.66~3.68 报告了在弹性模态下飞行动力学仿真模型的结果，并注意了弹性扭转的影响。参考文献 3.67 使用 FLIGHTLAB 仿真模型，参考文献 3.68 使用 UM - GENHEL 仿真模型研究的案例表明弹性扭转对飞机配平、稳定性和动态响应的影响可以忽略不计：对铰接式旋翼 UH-60 直升机在悬停和前飞的情况下的试验数据进行了比较。铰接式旋翼直升机通常设计为使桨叶桨距操纵位于挥舞和摆振铰链的外侧，从而减少运动耦合。在无铰链旋翼上，变距操纵的外侧组合挥舞和摆振弯曲将产生扭矩，导致整个桨叶的弹性扭转或操纵系统的弯曲。这一特征在参考文献 3.69 中 Westland Lynx 直升机的设计背景中进行了描述。具有高摆振刚度的内侧挥舞单元和在顺桨铰链外侧，具有匹配挥舞和摆振刚度的圆形截面单元的组合，导致了 Lynx 直升机上的扭转-挥舞-摆振耦合的最小化。应该清楚的是对于铰接式和无铰链旋翼，弹性耦合和/或强迫扭转响应的可能性非常高，即使设计强调减少耦合扭转力矩来源，我们可以预期的弹性、特别是非定常的空气动力学效应将导致瞬态和定常弹性扭转也非常少。

气动弹性效应明显使旋翼动力学复杂化，但可能也是未来高逼真旋翼机仿真的一个重要组成部分和共同特征。对于认真学习本课程的学生应很清楚：正确完成反馈回路所需的气动弹性建模的真实度尚未得到很好的研究；空气动力学理论的系统阐述中存在很多近似，特别是动态入流。随着具有定制弹性特征和柔性表面的新旋翼设计的成熟和应用，预计理解和制定气动弹性对飞行操稳性影响的更一般和明确规则的动机会相应增加。

3.4.2 相互作用的空气动力学

直升机的特点是具有大量的相互作用的空气动力效应，在设计中通常看不见，但在飞行中通常具有不利的影响。相互作用的主要来源是主旋翼尾迹，它下洗到机身、尾翼，并通过尾桨盘。在涡环条件下，主旋翼尾迹还与地面及自身相互作用。因此，建模问题在很大程度上是预测旋翼桨盘上尾迹效应问题的延伸。对于相互作用的空气动力，我们感兴趣的是在大约一个旋翼直径内的旋翼尾迹的发展。在这一时空范围内，尾迹在其早期可识别的涡形式和充分发展的卷起形式之间处于非定常的过渡状态，这一建模问题在目前仍然是难以解决的。

各种因素结合在一起，增加了相互作用空气动力的重要性——更大的桨盘载荷导致了更强的下洗，更紧凑的配置通常具有相对较大的机身和尾翼面积，以及在低空、近地飞行行动中更多地使用直升机。从设计角度来看，与相互作用空气动力相关的最有用信息可以在全尺寸和模型测试的报告中找到，最近在计算流体力学分析中也可以找到。参考文献 3.44 中，Prouty 讨论了显示旋翼下洗对尾翼影响的许多数据集。Sheridan 在参考文献 3.70

中报告了对波音直升机活动期间测试结果的综述。在该参考文献中，相互作用被分类为顺流（例如，旋翼/尾翼失稳载荷，尾桨/失效），局部（例如，旋翼/机身卸载，尾桨/垂直安定面阻塞），近地（例如，配平功率，来自地面涡流的非定常载荷）和外部相互作用（例如，直升机/直升机失稳载荷，地面风）类别。通过测试一个受到相当关注的问题是低速时旋翼下洗流与后机身（尾梁）的相互作用。参考文献 3.71 中，Brocklehurst 描述了成功实施机身边条控制横向飞行中尾梁上的下洗流引起的周期流动分离。参考文献 3.72 讨论了美国直升机上的一些类似测试计划。在所有这些情况下，边条的使用减少了尾桨操纵和功率需求，因此恢复了由高尾翼侧力引起的飞行包线的限制。

主旋翼尾迹与尾桨的相互作用已成为皇家飞机研究院 Bedford 项目（参考文献 3.73，3.74）的一个广泛试验课题，旨在为交互建模开发提供数据。参考文献 3.73 中，通过对装有仪表尾桨的 Lynx 飞行试验数据的分析，Ellin 确定了飞行包线的多个区域，可以对相互作用的气动力进行分类。所谓的侧风飞行问题需特别注意，在这一问题中，尾桨配平的操纵要求可能与基于本来孤立的尾桨的计算大不相同。如图 3-44 所示显示了直升机在侧风飞行中的俯视图——在从大约 45°到右侧的风中悬停。当尾桨受到顺流而下的前行桨尖涡的强大影响时，风向范围相当窄。虽然尾桨操纵裕度对于这种较低的（尾桨）动力条件而言明显更大，但是在从左侧进行的侧风飞行中会出现类似的情况。通过对尾桨压力数据的详细研究，Ellin 能够识别单个主旋翼桨尖涡通过尾桨盘的通道。基于这一证据，Ellin 构建了一个 Beddoes 主旋翼尾迹（参考文献 3.75），并能够以半经验的方式模拟主旋翼涡流对尾桨操纵裕度的影响。前行桨尖涡在尾桨盘处有效地引入了强大的面内速度分量。对于 Lynx Mk5 来说，其"上转向前"旋转的尾桨，将导致动压降低，从而需要增加操纵角和功率以实现相同的旋翼推力。具有"上转向后"旋转的尾桨（如 Lynx Mk7）不会遇到这个问题，并且至少在右侧风飞行中的操纵要求在某些情况下实际上可以得到改善，与垂直安定面气动力的相互作用也是这个复杂问题的重要组成部分。如图 3-45 所示显示了 Lynx Mk5 在风速为 30kn 时的风向中悬停时的方向舵操纵裕度。

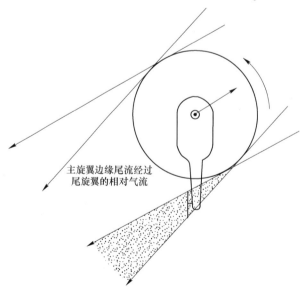

主旋翼边缘尾流经过尾旋翼的相对气流

图 3-44　尾桨侧风情况下飞行

图 3-45（a）显示了 Ellin 的飞行试验结果。与右侧风飞行相对应的限制条件为 10% 裕度轮廓。左侧风飞行表现为如图所示 60% 裕度轮廓，尽管由于尾桨经历涡环状态，左飞行的情况更加复杂。图 3-45（b）显示了 Helisim 用独立尾桨预测的相同结果。显然，不存在由主旋翼尾迹和尾翼的相互作用引起的不均匀性。相比之下，图 3-45（c）显示了使用 Beddoes 主旋翼尾迹修正尾桨所承受的动压后的 Helisim 方向舵裕度结果。现在能很好地预测侧风飞行中的非均匀性，尽管在向左飞行时，预测的裕度仍然比飞行中高 10% ~ 15%。Ellin 的研究结果指出了改进主旋翼尾迹/尾桨相互作用建模的方向，尽管使用规定的尾迹类型实现实时操纵仍然是一项重要任务。

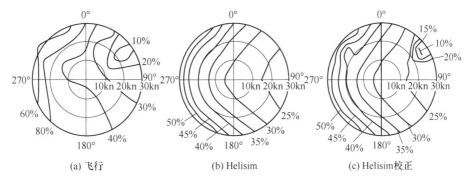

(a) 飞行　　　　　　　(b) Helisim　　　　　　(c) Helisim校正

图 3-45　皇家飞机研究院研究 Lynx 尾桨方向舵裕度试验与理论比较（参考文献 3.73）

参考文献 3.76 报告了使用马里兰大学先进旋翼程序（UMARC）在主旋翼尾/尾桨相互作用对偏航控制有效性的影响进行了类似研究。为了预测旋翼后面的主旋翼尾迹速度扰动的分布，使用了自由尾迹模型并将其与风洞试验数据进行了对比。总的来说，除了接近主旋翼桨尖涡的临界位置外，发现了良好的比较结果，那里测的峰值速度比预测的大 100%。在临界的侧风飞行方位角上预测的尾桨操纵裕度的相互关系是合理的，尽管理论上通常低估了约 10% ~ 15% 操纵裕度。UMARC 分析是在具有"上转向前"尾桨的 SH-2 直升机上进行的，并且预测主旋翼尾迹/尾桨相互作用的正效应，在理论上比在飞行中测得的强得多。马里兰大学在这一领域的研究是综合旋翼建模在尾迹/尾桨相互作用及其对飞行品质的影响方面的首次应用。

Curtiss 及其在普林斯顿大学的同事发表的一系列论文，报告了相互作用气动力领域的另一个重要发现：在这种情况下要特别注意主旋翼尾迹对尾翼的影响（参考文献 3.55，3.77，3.78）。参考文献 3.78 比较了使用平直规定尾迹（参考文献 3.79）和自由尾迹（参考文献 3.80）预测 UH-60 直升机水平安定面位置的诱导速度分布结果。

如图 3-46 所示显示了通过两种方法预测的，作为尾部表面横向位移函数的无量纲下洗（由桨盘上均匀下洗的动量值归一化）之间的比较。UH-60 尾翼的全跨度约为 0.5R。较简单的平直尾迹采集了复杂自由尾迹模型中的大多数特征，尽管在平尾尾迹下，前行和后行侧的卷起尾迹的峰值速度被高估了约 30%。两种模型都清楚地预测了桨盘前行侧的更强的诱导流。两种模型也预测了桨盘外的上洗（$y/R > 1.0$）。参考文献 3.78 中的应用研究之一涉及预测从侧滑到俯仰的交叉耦合，这是 UH-60 上已知的一个非常大的特征。从图 3-46 中，我们可以推断出侧滑将导致水平安定面下洗等级的显著变化——例如，15° 的侧滑将导致下洗模态向左或右移动约 0.25R。

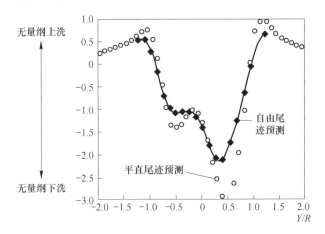

图 3-46　水平安定面位置无量纲化下洗的平直尾迹和自由尾迹预测的比较
（UH-60，$\mu = 0.2$）（参考文献 3.78）

图 3-47 比较了在 100kn 时方向舵双输入的俯仰角速度响应；还绘制了飞行试验结果以进行比较（参考文献 3.78）。可以看出，两个相互作用的气动力模型相当好地预测了在机动的第一秒期间形成的强大俯仰力矩。另外，在偏航和滚转运动形成之前，我们不希望看到 Helisim 模型的任何俯仰响应。自由尾迹模型似乎与飞行试验相当匹配，直到运动在大约 10s 后衰减，而平直尾迹则低估了振荡阻尼。

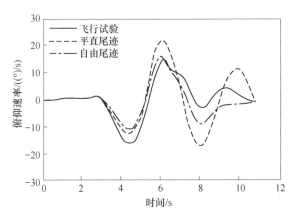

图 3-47　对脚蹬输入的俯仰角速度响应的比较（UH-60，100kn）（参考文献 3.78）

最终，相互作用气动力建模的价值将通过其预测对操纵性能的降低或增强影响的有效性来衡量。重申一下，就潜在的收益而言，开发用于设计和需求捕获的一种增强的建模能力的动机是非常大的。在过去 30 年中，大部分直升机的重新设计工作都是由于相互作用问题的意外负面影响所引起的（参考文献 3.81），因此，确实需要重新努力来提高建模的预测能力。当然，这必须与收集适当的验证试验数据相匹配。

在撰写本书时，对非线性、非定常旋翼和相互作用空气动力学进行综合处理的"运行的"仿真模型，在工业、政府研究实验室和学术界的应用正变得越来越普遍。其中一些已在前文提到过。实时运行具有弹性模态和非常复杂的空气动力学效应的旋翼叶素模型的计算能力现已实现且费用合理。飞行动力学领域与载荷、振动、旋翼气动弹性稳定性和气动声学的预测迅速交织。然而，近年来蓬勃发展对我们理解直升机飞行动力学的总体效果似乎并未累积。部分原因在于人的因素——知识储备是人而不是报告和期刊论文——但还有另一个重要问题，在作者看来，我们计算机模拟详细流体和结构动力学能力的步伐，远远超过了我们理解潜在因果物理学的能力。

即使存在完美的仿真模型，它在需求捕获、设计和开发中的有效应用，也需要通过我们能有意义地诠释输出结果来支撑。虽然完美的模型尚不存在，但它是许多旋翼机工程师的愿景，但是在笔者看来，这个目标的实现需要两个伴随活动，否则根本无法实现。首先，回顾一下理论与实验之间的相互作用在旋翼机发展中的重要性，仿真建模的可信度只能通过对试验数据的验证而增加。表面和流场气动力和部件载荷的高品质测试是困难且昂贵的，并且通常仅用于商业敏感的项目。重点必须放在通用试验数据上，重点是操纵飞行和进入非线性动态特性为主的飞行包线边界区域。其次，需要重新强调发展真正揭示因果关系的小范围近似，就像缺失的关键拼图一样，提供了重要的洞察力和理解。然而，构建仿真模型所需的技能和推导分析近似值所需的技能虽然是互补的，却完全不同，认为前者产生后者是错误的。这些综合建模技能的重要性需要在大学课程和工业培训计划中得到认可，否则就有可能失去分析技能，转而使用计算技能。第 4 章和第 5 章，以及随后的第 10 章，都是关于仿真建模的工作，其中验证和分析近似的特征非常重要。

3.5　第 3 章结语

建模和仿真为探索和理解旋翼机在正常飞行包线内外的特性提供了工具和方法。第 3 版新的第 10 章研究了倾转旋翼机的飞行动力学，作者选择了 Phil Dunford 的一段话作为主要描述。Dunford 在讨论 V-22 倾转旋翼机的发展时说："旋翼机的飞行动力学可能太复杂了，无法进行高置信度的预测。"作者怀疑这一说法背后的情绪已经被许多在设计和开发一线的旋翼机工程师感受到了，并将在未来一段时间内继续存在。然而，复杂性不应阻碍发展，而应成为进一步尝试的刺激因素。建模和仿真包含在一个更广泛的学科——虚拟工程（VE）中，该学科以创建虚拟原型（VP）为中心，后来又发展成为支持创造和决策的"虚拟孪生"。旋翼机行业首先需要虚拟工程，以确保在生命周期早期（如在需求捕获和初步设计阶段）做出的决策，能得到可靠的信息。随后，在设计、开发和鉴定过程中，虚拟原型可以成为关键评审的关注中心，最终成为认证本身。当飞机开始服役时，虚拟孪生可以用来支持机组人员的培训和机队升级。一个重大的挑战是确保模型逼真度足够好，不仅可用于支持设计决策，而且可用于基于足够成熟的技术的建立需求。为了强调这一生命周期视角的重要性，如图 3-48 所示说明了生命周期成本累计百分比的一般形式，包括支出和承诺成本（参考文献 3.82、3.83）。一般来说，产品成本的 75% 可以通过在生命周期的前 10% 中做出的决策和采取的行动来确定。如果把前 10% 中的问题的解决成本作为一个单位来考虑，那么随着项目的推进，解决问题的成本会增长几个数量级。飞行动力学涉及整个飞行器性能和飞行品质工程、飞行管理和控制系统设计，其特征贯穿所有这些阶段。

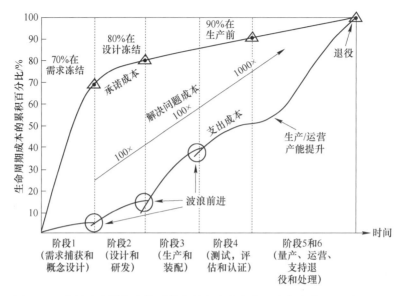

图 3-48　产品生命周期中的承诺成本和支出成本（参考文献 3.82 和 3.83）

对虚拟工程能力的信心来源于内部模型的验证和确认。验证涉及了虚拟原型是否按预期运行，确认涉及了虚拟样机表现是否和真实的飞机一样。两者都需要实现。但是，在虚拟样机足够有效以实现其目的之前，需要多接近匹配呢？我们用"逼真度"这个词来形容这种亲密的匹配。Garteur 行动小组（HAG-12）讨论了这个问题，重点是机组训练模拟器中使用的飞行模型的准确性（参考文献 3.84）。专家组的结论是，实现认证标准的方法和标准本身（如参考文献 3.85）缺乏严格的工程科学基础。使用 ADS-33（参考文献 3.86）中的指标表明，在某些情况下，虚拟原型可以通过认证标准，但其与飞机的飞行品质等级不同。利物浦的研究与 Garteur 的活动同时进行，集中在飞行品质工程的框架映射旋翼机仿真逼真度问题（参考文献 3.87 至 3.97）。我们将继续介绍这项研究的一些情况作为结语。使用的设备包括加拿大飞行研究实验室的飞行模拟器、先进系统研究飞机（ASRA）和利物浦大学的 HELIFLIGHT-R 地面模拟器（参考文献 3.92）。图 3-49 展示了这些设施，背景图中显示了附录 8A 中描述的原始直升机飞行模拟器的吊舱。

图 3-49　利物浦大学的 HELIFLIGHT-R 地面飞行模拟器（左）和 NRC ASRA
飞行模拟器（右）（参考文献 3.92）

在训练模拟器飞行模型的认证标准中使用飞行品质指标的关键点是，这些指标是最能定义飞机飞行特性的指标；它们是完整的、一致的、最优化的，并以工程科学为基础，通过试验验证的。训练模拟器被用来传授飞行技能，因此使用这些指标可以最好地描述飞行模型和真实飞机之间的对应关系。飞行/操纵品质工程方法的采用比飞行模型逼真度更进一步。我们现在可以利用预测的操纵品质和（飞行员）指定的操纵品质结构，以参考（飞行模型的）预测逼真度和仿真经验的感知逼真度。图 3-50 和图 3-51 显示了俯仰和滚转姿态带宽、相位延迟和悬停敏捷度的结果；FB-412 的 FLIGHTLAB 模型与 ASRA 进行了比较，两者都配置了姿态指令、姿态保持响应类型用于带宽测量以及用于敏捷性的裸机（参考文献 3.95）。有关这些指标的更多细节，请参阅第 6 章。在带宽相位延迟图上，添加飞行试验点周围的 10% 误差和 20% 误差等值线，以说明可接受逼真度公差的潜在格式。FB-412 模型似乎位于 10%~20% 的俯仰边界上，但在 20% 的滚转边界之外。敏捷度图表显示了大致相似的情况。当然，这些图表上的水平边界用于操纵品质，但是品质等级用于逼真度的概念是一种自然的延伸。为了建立足够的逼真度公差，需要按照为 ADS-33 创建试验数据库的思路进行更多的协调研究。

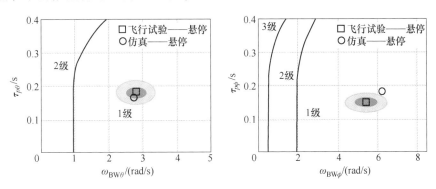

图 3-50　悬停时俯仰（左）和滚转（右）带宽相位延迟的比较；FB-412 与 ASRA，
ACAH 构型的比较（参考文献 3.95）

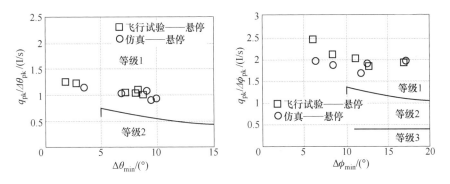

图 3-51　悬停时俯仰（左）和滚转（右）姿态敏捷度比较；FB-412 与 ASRA 的
比较（裸机）（参考文献 3.95）

飞行员对飞行模拟器的体验以及由此带来的训练益处当然取决于飞行模型的逼真度，但也取决于其他相关要素的逼真度，包括视觉、运动系统、驾驶舱表现形式、声频提示等。这种总体体验必须足够真实，飞行员的表现就像他们在现实世界里一样。我们将其描述为感知逼真度，我们可以用指标来量化它，并通过一个合适的评级表，即仿真逼真度评级表（SFR）（参考文献 3.95 和 3.96）来获取飞行员的意见。正如图 3-52 和图 3-53 所示的，尚处于萌芽阶段的仿真逼真度评级表基于两个关键属性，即已实现所需的性能和调整水平。

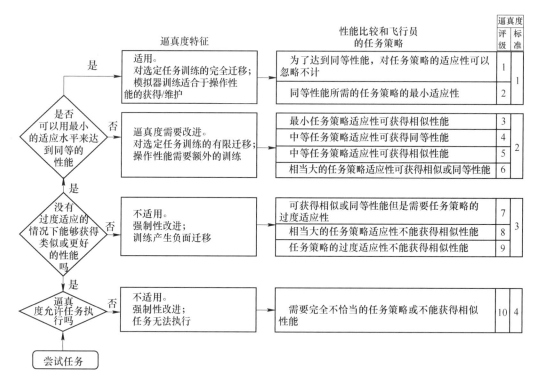

图 3-52　飞行模拟器逼真度评估的评级量表

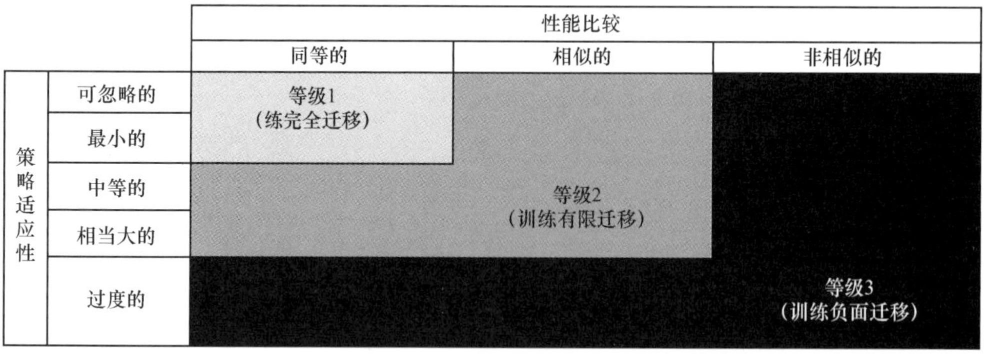

图 3-53　仿真逼真度评级量表中使用的性能比较和控制策略适应性级别

评级表适用于培训的全部三个阶段——技能学习、技能成长和技能评价。对于技能学习的水平定义为：

①一级逼真度：模拟训练足以使操作性能达到飞行员适应的最低限度。在这项任务中，训练完成从模拟器到飞机的转移。

②二级逼真度：需要在飞机上进行额外的训练，以达到操作性能水平。在这项任务中，从模拟器到飞机的训练存在有限的正改进，但没有负迁移。

③三级逼真度：训练发生负迁移（即飞行员学习了不适当的技术），模拟器不适合训练在该任务中驾驶飞机。

同样，技能成长水平的定义如下：

①一级逼真度：模拟训练足以恢复以前的表现能力。

②二级逼真度：模拟训练提供表现能力的改进有限。需要额外的培训。

③三级逼真度：模拟训练没有发生正向改进。这个模拟器不适合训练。

最后，技能评价的水平定义为：

①一级逼真度：模拟足以全面展示与合格性能相关的技能。

②二级逼真度：在模拟器中的性能展示了所需技能的有限要素。

③三级逼真度：在模拟器中的表现不能证明所需的技能。

仿真逼真度评定仍处于发展的早期阶段，在业界和监管机构接受之前，需要认真运用并进一步开发。利物浦的这项研究再次揭露了以量化方式获得主观意见的挑战。与补偿一样，适应性也是一个难以精确定义的特征，作者怀疑，这可能需要特别具有反思性的试飞员来协助工程师完成这项任务。

仿真逼真度在国际直升机安全小组（IHST）（参考文献 3.98）议程上，以直升机安全强化 H-SE 81——改进包线外飞行条件的模拟器建模形式被提及。截至 2018 年的任务包括：

协调联邦航空管理局、工业界和学术界审查现有的基于直升机模拟器/物理的模型，并进行研究/试验，以制定改进直升机数学/物理模型的建议。其目的是为开发更好的基于数学/物理的直升机飞行动力学模型提供建议，以便实现更真实、更高逼真的包线外飞行条件模拟。目前的模型在包线边缘和包线飞行区域外都不精确。这可能导致不切实际的机动训练，如尾桨失效、涡环状态/动力沉降、自转以及在实际飞行中遇到类似训练情况的负迁移。

国际直升机安全小组这项重要工作背后的动机是有强大影响力的，作者预计这项安全强化任务必然将推动整个飞行模拟器逼真度领域的发展。

本书第 3 版的编写过程中，作者非常清楚，在过去十年里，旋翼机建模和仿真方面的重大进展本可以成为一个全新的章节，描述 2 级建模现在甚至成为初步设计研究的基线，而 3 级建模在飞行动力学的应用中正变得越来越普遍。通过计算流体结构动力学实验，发现新的飞机特性，或者至少是这些特性的根本原因，为在设计早期和需求捕获中使用这些 3 级工具提供了更多的信心。计算能力的进步使得这些方法在应用中变得更加常规。在倾转旋翼机的新一章中，对 2 级建模的处理给予了一定的关注，其中作者还涉及了一些第 3 级的材料。

"旋翼机虚拟工程的发展和应用"是 2016 年在利物浦大学举行的一次国际会议的主题（见参考文献 3.99 和参考文献 3.100）。虚拟工程的定义是"在产品的整个生命周期中创建和使用虚拟原型来支持决策"，对于旋翼机来说，这可能需要 50 年以上的时间。当然，应用范围比飞行动力学更广，但会议强调了跨学科整合的重要性，以最大限度地发挥优化潜力。作者分享了旋翼机生命周期中的虚拟工程的愿景，包括六个方面：

①让虚拟原型成为整个旋翼机生命周期综合、分析和决策的焦点：
- 通过将数据和信息呈现为知识来发现和洞察；
- 打开通向未知世界的窗户；
- 通过复杂行为的可视化促进创新。

②在整个旋翼机生命周期阶段使用通用虚拟原型和数据：
- 支撑实时优化和假设权衡研究的概念的快速原型化；
- 实现真正的优化；
- 整合关键设计评审的核心要素，包括功能、适应性、形式和经济可行性。

③在整个生命周期内以监管的方式进行虚拟模型验证和确认。

④创建一个失效分析的虚拟工程方法，从断裂的管道、损坏的线缆到软件错误到困惑的飞行员。

⑤工业界和学术界合作，致力于培养具有高级虚拟工程技能和处理非常复杂系统能力的工程师。

⑥使用虚拟工程恢复设计过程的优雅、想象力和艺术性。

实现这一愿景需要强有力的领导，从组织高层开始，融入企业文化。这种领导力是否会影响未来旋翼机的设计和开发，还有待观察。

在作者的会议主题演讲中，强调了波兰文艺复兴时期的数学家尼古拉斯·哥白尼（参考文献3.101）对解决数学问题遗产的贡献。哥白尼的问题是建立一个以太阳为中心的宇宙模型（日心说）；他描述了两种数学模型：

①工具主义者——他们相信数学模型是用来促进计算和作出预测的；

②现实主义者——他们相信成功的数学论述可以揭示事物的本质的。

按照虚拟工程的现代说法，工具主义者创建产品模型来预测行为，但这些模型可能非常复杂，而且输出可能非常混乱，因此我们还需要现实主义者创建数学关系，帮助我们理解因果关系，让我们回到作者的观点，他试图在整本书中强调分析技巧的重要性。

附录3A　参照系和坐标转换

3A.1　飞机的惯性运动

在本附录中，我们将推导出假定为刚体的直升机的平动和旋转运动方程，即固定在飞机质心（假定固定在飞机上）的轴系。如图 3A-1 所示，轴在作用力 X，Y，Z 和 L，M，N 的作用下，随时间变化的速度分量 u，v，w 和 p，q，r 运动。

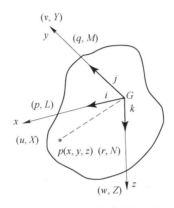

图 3A-1　机身固定参考轴系统

运动的演化方程可以通过将线性动量和角动量的变化率与所施加的力和力矩相等来推导。假设质量不变，选择机身内部任意质点 P，并通过推导该点绝对加速度的表达式，可以方便地构造这些方程。然后可以在整个机体上将加速度积分，以得到角动量的有效变化，从而得出总惯性力。类似的过程可推导角加速度和相应的惯性力矩。运动轴系的中心位于直升机的质心 G 处。当直升机平移和旋转时，轴也保持固定在机身的质点上。这是一种近似，因为旋翼的挥舞和摆振运动导致其质心在某些平均位置移动和摆动，但是我们将忽略这种效应，桨叶的质量通常小于直升机总质量的 5%。在图 3A-1 中，i，j，k 分别是沿 x，y 和 z 轴的单位向量。

我们可以通过将 P 相对于 G 的加速度和 G 相对于固定地球的加速度相加，来推导质点 P 的绝对加速度表达。通过考虑点 P 相对于 G 的位置向量来开始该过程，即

$$\boldsymbol{r}_{P/G} = x\boldsymbol{i} + y\boldsymbol{j} + z\boldsymbol{k} \tag{3A-1}$$

然后可以将速度写为

$$\boldsymbol{v}_{P/G} = \dot{\boldsymbol{r}}_{P/G} = (\dot{x}\boldsymbol{i} + \dot{y}\boldsymbol{j} + \dot{z}\boldsymbol{k}) + (x\dot{\boldsymbol{i}} + y\dot{\boldsymbol{j}} + z\dot{\boldsymbol{k}}) \tag{3A-2}$$

由于参考轴系统是运动的，单位向量改变方向将产生时间导数；这些可以通过考虑关于每个轴角度的微小变化 $\delta\theta$ 来导出。于是

$$\delta\boldsymbol{i} = \boldsymbol{j}\delta\theta_z - \boldsymbol{k}\delta\theta_y \tag{3A-3}$$

及

$$\frac{\mathrm{d}\boldsymbol{i}}{\mathrm{d}t} = \dot{\boldsymbol{i}} = \boldsymbol{j}\frac{\mathrm{d}\theta_z}{\mathrm{d}t} - \boldsymbol{k}\frac{\mathrm{d}\theta_y}{\mathrm{d}t} = r\boldsymbol{j} - q\boldsymbol{k} \tag{3A-4}$$

将角速度向量定义为

$$\boldsymbol{\omega}_G = p\boldsymbol{i} + q\boldsymbol{j} + r\boldsymbol{k} \tag{3A-5}$$

我们通过式（3A-4）注意到，单位向量导数可以写成向量积

$$\dot{\boldsymbol{i}} = \boldsymbol{\omega}_G \wedge \boldsymbol{i} \tag{3A-6}$$

关于 $\boldsymbol{j}$ 轴和 $\boldsymbol{k}$ 轴有类似的形式。

由于假设机身是刚性的，因此质点 P 距质心的距离是固定的，P 相对于 G 的速度可以写成

$$\boldsymbol{v}_{P/G} = \boldsymbol{\omega}_G \wedge \boldsymbol{r}_P \tag{3A-7}$$

或写成展开式

$$\boldsymbol{v}_{P/G} = (qz - ry)\boldsymbol{i} + (rx - qz)\boldsymbol{j} + (py - qx)\boldsymbol{k} = u_{P/G}\boldsymbol{i} + v_{P/G}\boldsymbol{j} + w_{P/G}\boldsymbol{k} \tag{3A-8}$$

类似地，P 相对于 G 的加速度可写为

$$\begin{aligned}\boldsymbol{a}_{P/G} = \dot{\boldsymbol{v}}_{P/G} &= (\dot{u}_{P/G}\boldsymbol{i} + \dot{v}_{P/G}\boldsymbol{j} + \dot{w}_{P/G}k) + (u_{P/G}\dot{\boldsymbol{i}} + v_{P/G}\dot{\boldsymbol{j}} + w_{P/G}\dot{\boldsymbol{k}}) \\ &= \boldsymbol{a}_{P/G_{rel}} + \boldsymbol{\omega}_G \wedge \boldsymbol{v}_P\end{aligned} \tag{3A-9}$$

或者以展开式写为

$$\boldsymbol{a}_{P/G} = (\dot{u}_{P/G} - rv_{P/G} + qw_{P/G})\boldsymbol{i} + (\dot{v}_{P/G} - pw_{P/G} + ru_{P/G})\boldsymbol{j} + (\dot{w}_{P/G} - qu_{P/G} + pv_{P/G})\boldsymbol{k} \tag{3A-10}$$

将飞机质心 G 的惯性速度（相对于固定地球）写成分量形式

$$\boldsymbol{v}_G = u\boldsymbol{i} + v\boldsymbol{j} + w\boldsymbol{k} \tag{3A-11}$$

我们可以将 P 相对于地球参考系的速度写为

$$\boldsymbol{v}_P = (u - ry + qz)\boldsymbol{i} + (v - pz + rx)\boldsymbol{j} + (w - qx + py)\boldsymbol{k} \tag{3A-12}$$

类似地，P 的加速度采取以下形式

$$\boldsymbol{a}_P = \boldsymbol{a}_{P_{rel}} + \boldsymbol{\omega}_G \wedge \boldsymbol{v}_P \tag{3A-13}$$

或

$$\boldsymbol{a}_P = a_x\boldsymbol{i} + a_y\boldsymbol{j} + a_z\boldsymbol{k} \tag{3A-14}$$

包含分量

$$a_x = \dot{u} - rv + qw - x(q^2 + r^2) + y(pq - \dot{r}) + z(pr + \dot{q}) \tag{3A-15}$$

$$a_y = \dot{v} - pw + ru - y(p^2 + r^2) + x(pq + \dot{r}) + z(qr - \dot{p}) \tag{3A-16}$$

$$a_z = \dot{w} + pv - qu - z(p^2 + r^2) + y(qr + \dot{p}) + x(pr - \dot{q}) \tag{3A-17}$$

这些是距离质心距离为 x、y、z 的点的加速度分量，此时轴系的速度分量由 $u(t)$，$v(t)$，$w(t)$ 和 $p(t)q(t)$，$r(t)$ 给出。

我们现在假设作用在飞机上的外力总和可以以作用于质心的分量形式写出，即

$$\boldsymbol{F}_g = X\boldsymbol{i} + Y\boldsymbol{j} + Z\boldsymbol{k} \tag{3A-18}$$

如果质点 P 由单位质量 $\mathrm{d}m$ 组成，则作用在机身上的总惯性力是所有单位力的总和；因此，运动方程采用分量形式

$$X = \int_{body} a_x \mathrm{d}m \tag{3A-19}$$

$$Y = \int_{body} a_y \, \mathrm{d}m \tag{3A-20}$$

$$Z = \int_{body} a_z \, \mathrm{d}m \tag{3A-21}$$

由于 G 是质心，因此根据定义

$$\int_{body} x \, \mathrm{d}m = \int_{body} y \, \mathrm{d}m = \int_{body} z \, \mathrm{d}m = 0 \tag{3A-22}$$

飞机的质量由以下给出

$$M_a = \int_{body} \mathrm{d}m \tag{3A-23}$$

飞机运动的平动方程由相对简单的方程给出

$$\begin{cases} X = M_a(\dot{u} - rv + qw) \\ Y = M_a(\dot{v} - pw + ru) \\ Z = M_a(\dot{w} - qu + pv) \end{cases} \tag{3A-24}$$

因此，除了质心的平动加速度之外，当飞机以旋转运动进行机动时，惯性载荷由离心项组成。对于旋转运动本身，关于质心的外部力矩向量可以写成以下形式

$$M_G = L\boldsymbol{i} + M\boldsymbol{j} + N\boldsymbol{k} \tag{3A-25}$$

积分惯性矩可以写成

$$\int_{body} \boldsymbol{r}_P \wedge \boldsymbol{a}_P \mathrm{d}m = \left[\int_{body} (ya_z - za_y) \mathrm{d}m \right] \boldsymbol{i} + \left[\int_{body} (za_x - xa_z) \mathrm{d}m \right] \boldsymbol{j} + $$
$$\left[\int_{body} (xa_y - ya_x) \mathrm{d}m \right] \boldsymbol{k} \tag{3A-26}$$

考虑到围绕机身 x 轴的滚转运动的分量，我们有

$$L = \int_{body} (ya_z - za_y) \mathrm{d}m \tag{3A-27}$$

替换 a_y 和 a_z，我们得到

$$L = \dot{p} \int_{body} (\dot{y} + \dot{z}) \mathrm{d}m - qr \int_{body} (z^2 - y^2) \mathrm{d}m + (r^2 - q^2) \int_{body} yz \mathrm{d}m - $$
$$(pq + \dot{r}) \int_{body} xz \mathrm{d}m + (pr - \dot{q}) \int_{body} \int_{body} xy \mathrm{d}m \tag{3A-28}$$

将惯性矩和惯性积（I_{xz}）定义为

$$x \text{ 轴：} \quad I_{xx} = \int_{body} (z^2 + y^2) \mathrm{d}m \tag{3A-29}$$

$$y \text{ 轴：} \quad I_{yy} = \int_{body} (x^2 + z^2) \mathrm{d}m \tag{3A-30}$$

$$z \text{ 轴：} \quad I_{zz} = \int_{body} (x^2 + y^2) \mathrm{d}m \tag{3A-31}$$

$$xz \text{ 轴：} \quad I_{xz} = \int_{body} xz \mathrm{d}m \tag{3A-32}$$

外部力矩最终可以等同于以下形式中的惯性矩

$$\begin{cases} L = I_{xx}\dot{p} - (I_{yy} - I_{zz})qr - I_{xz}(pq + \dot{r}) \\ M = I_{yy}\dot{q} - (I_{zz} - I_{xx})pr + I_{xz}(p^2 - r^2) \\ N = I_{zz}\dot{r} - (I_{xx} - I_{yy})qp - I_{xz}(\dot{p} - rq) \end{cases} \qquad (3A-33)$$

这是飞机的旋转运动方程。

由于 xz 平面中机身形状特征的不对称性，保留惯性积 I_{xz}，给出了与 I_{xz} 相差无几的 I_{xz} 的典型值。

3A.2 定向问题——飞机的角坐标

直升机机身可以通过绕三个独立方向的旋转达到新的位置。新位置不是唯一的，因为限定方向不是向量，并且旋转顺序不可换。在飞行动力学中使用的标准顺序是偏航 ψ、俯仰 θ 和滚转 ϕ，如图 3A-2 所示。我们可以将初始位置视为一个一般的位置，并且机身首先围绕 z 轴（单位向量 $\boldsymbol{k}_0$）旋转角度 ψ（偏航）。旋转坐标系的单位向量可以通过变换 $\boldsymbol{\psi}$ 与原始坐标系中的单位向量相关联，即

$$\begin{bmatrix} \boldsymbol{i}_1 \\ \boldsymbol{j}_1 \\ \boldsymbol{k}_0 \end{bmatrix} = \begin{bmatrix} \cos\psi & \sin\psi & 0 \\ -\sin\psi & \cos\psi & 0 \\ 0 & 0 & 1 \end{bmatrix} \begin{bmatrix} \boldsymbol{i}_0 \\ \boldsymbol{j}_0 \\ \boldsymbol{k}_0 \end{bmatrix} \quad \text{或} \; [\boldsymbol{b}] = \boldsymbol{\psi}[\boldsymbol{a}] \qquad (3A-34)$$

接着机身围绕新的 y 轴（单位向量 $\boldsymbol{j}_1$）旋转角度 θ（俯仰），即

$$\begin{bmatrix} \boldsymbol{i}_2 \\ \boldsymbol{j}_1 \\ \boldsymbol{k}_1 \end{bmatrix} = \begin{bmatrix} \cos\theta & 0 & \sin\theta \\ 0 & 1 & 0 \\ \sin\theta & 0 & \cos\theta \end{bmatrix} \begin{bmatrix} \boldsymbol{i}_1 \\ \boldsymbol{j}_1 \\ \boldsymbol{k}_0 \end{bmatrix} \quad \text{或} \; [\boldsymbol{c}] = \boldsymbol{\Theta}[\boldsymbol{b}] \qquad (3A-35)$$

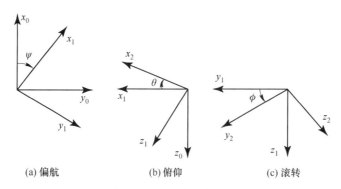

| (a) 偏航 | (b) 俯仰 | (c) 滚转 |

图 3A-2　机身欧拉角

最后，围绕 x 轴（滚转）旋转角度 ϕ，即

$$\begin{bmatrix} \boldsymbol{i}_2 \\ \boldsymbol{j}_2 \\ \boldsymbol{k}_2 \end{bmatrix} = \begin{bmatrix} 1 & 0 & 0 \\ 0 & \cos\phi & \sin\phi \\ 0 & -\sin\phi & \cos\phi \end{bmatrix} \begin{bmatrix} \boldsymbol{i}_2 \\ \boldsymbol{j}_1 \\ \boldsymbol{k}_1 \end{bmatrix} \quad \text{或} \; [\boldsymbol{d}] = \boldsymbol{\Phi}[\boldsymbol{c}] \qquad (3A-36)$$

因此，新轴系中的任何向量 $\boldsymbol{d}$ 都可以通过计算关系与原始系统中的分量相关联

$$[\boldsymbol{d}] = \boldsymbol{\Phi}\boldsymbol{\Theta}\boldsymbol{\Psi}[\boldsymbol{a}] = \boldsymbol{\Gamma}[\boldsymbol{a}] \qquad (3A-37)$$

由于所有的变换矩阵本身都是正交的，即

$$\boldsymbol{\Psi}^{\mathrm{T}} = \boldsymbol{\Psi}^{-1}, \quad 等 \tag{3A - 38}$$

乘积也是正交的，因此

$$\boldsymbol{\Gamma}^{\mathrm{T}} = \boldsymbol{\Gamma}^{-1} \tag{3A - 39}$$

其中

$$\boldsymbol{\Gamma} = \begin{bmatrix} \cos\theta\cos\psi & \cos\theta\sin\psi & -\sin\theta \\ \sin\phi\sin\theta\cos\psi - \cos\phi\sin\psi & \sin\phi\sin\theta\sin\psi + \cos\phi\cos\psi & \sin\phi\cos\theta \\ \cos\phi\sin\theta\cos\psi + \sin\phi\sin\psi & \cos\phi\sin\theta\sin\psi - \sin\phi\cos\psi & \cos\phi\cos\theta \end{bmatrix}$$

$$\tag{3A - 40}$$

有趣的是定向角的时间变化率与体轴系中的机身角速度之间的关系，即

$$\begin{aligned} \boldsymbol{\omega}_{\mathrm{G}} &= p\boldsymbol{i}_2 + q\boldsymbol{j}_2 + r\boldsymbol{k}_2 \\ &= \dot{\psi}\boldsymbol{k}_0 + \dot{\theta}\boldsymbol{j}_1 + \dot{\phi}\boldsymbol{i}_2 \end{aligned} \tag{3A - 41}$$

使用式（3A-34）~式（3A-36），我们可以推导出

$$\begin{cases} p = \dot{\phi} - \dot{\psi}\sin\theta \\ q = \dot{\theta}\cos\phi + \dot{\psi}\sin\phi\cos\theta \\ r = -\dot{\theta}\sin\phi + \dot{\psi}\cos\phi\cos\theta \end{cases} \tag{3A - 42}$$

3A.3 沿飞机轴线的重力加速度分量

附录第 3A-2 节中推导的关系在飞行动力学中特别重要，因为重力分量以所谓的欧拉角 θ、ϕ、ψ 的形式出现在运动方程中，而气动力则直接与机身角运动相关。我们假设对于直升机飞行动力学，重力始终作用于垂直方向，根据参考式（3A-40）中给出的变换矩阵，很容易能获得机身固定轴中的分量。因此，沿着机身 x、y 和 z 轴方向的重力加速度分量可以用欧拉滚转角和俯仰角来表示

$$\begin{aligned} a_{x_g} &= -g\sin\theta \\ a_{y_g} &= g\cos\theta\sin\phi \\ a_{z_g} &= g\cos\theta\cos\phi \end{aligned} \tag{3A - 43}$$

3A.4 旋翼系统——叶素运动学

叶素相对于其所通过的空气的速度和加速度分量以及惯性轴系对于计算桨叶动力学和载荷非常重要。当桨毂固定时，挥舞桨叶所经受的唯一加速度是由离心力和面外运动引起的。当桨毂自由平动和旋转时，桨毂的速度和加速度对叶素的加速度会有影响。我们首先分析非旋转桨毂参考系中向量与桨叶参考系中的向量变换。

如图 3A-3 所示显示出了桨毂参考系，其中 x 和 y 方向平行于以质心为中心的机体轴。z 方向沿旋翼轴指向下，旋翼轴又相对于机身 z 轴向前倾斜角度 γ_s。桨叶参考轴系沿桨叶四分之一弦线为其正 x 方向。如图所示，零方位角位置通常位于桨盘的后部，当从上方，即在 z 轴负方向上观察时，逆时针方向为正。向上挥舞为正向。当挥舞为零且方位角为 180°时，正 y 和 z 方向使得桨叶轴系和桨毂轴系完全对齐。

我们将通过单位向量来推导旋转和非旋转轴系中各分量之间的关系。确定方向的顺序首先是方位角，然后是挥舞。桨毂轴系中的平动速度和角速度以及加速度可以通过变换与

桨叶轴系相关联

$$\begin{bmatrix} i_h \\ j_h \\ k_h \end{bmatrix} = \begin{bmatrix} -\cos\psi & -\sin\psi & 0 \\ \sin\psi & -\cos\psi & 0 \\ 0 & 0 & 1 \end{bmatrix} \begin{bmatrix} \cos\beta & 0 & \sin\beta \\ 0 & 1 & 0 \\ -\sin\beta & 0 & \cos\beta \end{bmatrix} \begin{bmatrix} i_b \\ j_b \\ k_b \end{bmatrix} \tag{3A - 44}$$

或者，写为扩展的形式

$$\begin{bmatrix} i_h \\ j_h \\ k_h \end{bmatrix} \begin{bmatrix} -\cos\psi Cos\beta & -\sin\psi & -\cos\psi\sin\beta \\ \sin\psi\cos\beta & -\cos\psi & \sin\psi\sin\beta \\ -\sin\beta & 0 & \cos\beta \end{bmatrix} \begin{bmatrix} i_b \\ j_b \\ k_b \end{bmatrix} \tag{3A - 45}$$

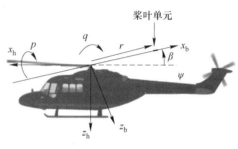

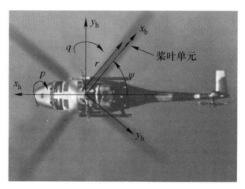

图 3A-3　桨毂和桨叶参考轴系三视图（参考文献 3.83）

桨毂参考系中的桨毂速度分量通过变换与质心 u、v 和 w 的速度关系为

$$\begin{bmatrix} u_h \\ v_h \\ w_h \end{bmatrix} = \begin{bmatrix} \cos\gamma_s & 0 & \sin\gamma_s \\ 0 & 1 & 0 \\ -\sin\gamma_s & 0 & \cos\gamma_s \end{bmatrix} \begin{bmatrix} u - qh_R \\ v + ph_R + rx_{cg} \\ w - qx_{cg} \end{bmatrix} \tag{3A - 46}$$

式中：γ_s 是旋翼轴的前倾角；h_R 和 x_{cg} 分别是旋翼桨毂相对于飞机质心，沿负 z 方向和 x 前向（机体轴系）的距离。

更方便的是，在旋翼运动学和载荷的推导中，非转动桨毂轴系，其与旋翼桨盘平面中的合成速度对齐；我们称这个系统为桨毂–风轴系，下标为 hw。因此，桨毂的平移速度向量可以仅用两个分量表示，即

$$\boldsymbol{v}_{hw} = u_{hw}\boldsymbol{i}_{hw} + w_{hw}\boldsymbol{k}_{hw} \tag{3A - 47}$$

桨毂的角速度采用这种形式

$$\boldsymbol{\omega}_{hw} = p_{hw}\boldsymbol{i}_{hw} + q_{hw}\boldsymbol{j}_{hw} + r_{hw}\boldsymbol{k}_{hw} \tag{3A-48}$$

桨毂风速由以下关系给出

$$\begin{cases} u_{hw} = u_h\cos\psi_w + v_h\sin\psi_w = (u_h^2 + v_h^2)^{1/2} \\ v_{hw} = 0 \\ w_{hw} = w_h \end{cases} \tag{3A-49}$$

$$\begin{bmatrix} p_{hw} \\ q_{hw} \end{bmatrix} = \begin{bmatrix} \cos\psi_w & \sin\psi_w \\ -\sin\psi_w & \cos\psi_w \end{bmatrix} \begin{bmatrix} p \\ q \end{bmatrix} \tag{3A-50}$$

$$r_{hw} = r + \dot{\psi}_w \tag{3A-51}$$

其中旋翼侧滑角 ψ_w 由以下表达式定义

$$\cos\psi_w = \frac{u_h}{\sqrt{u_h^2 + v_h^2}}, \quad \sin\psi_w = \frac{v_h}{\sqrt{u_h^2 + v_h^2}} \tag{3A-52}$$

将角速度分量转换到旋转轴系写为

$$\begin{bmatrix} \omega_x \\ \omega_y \end{bmatrix} = \begin{bmatrix} \cos\psi & -\sin\psi \\ \sin\psi & \cos\psi \end{bmatrix} \begin{bmatrix} p_{hw} \\ q_{hw} \end{bmatrix} \tag{3A-53}$$

使用式（3A-45）中的转换矩阵，并假设挥舞角 β 为一小量，以使 $\cos\beta \approx 1$ 和 $\sin\beta \approx \beta$，我们注意到桨叶轴系中桨叶位置 r_b 处的速度可写为

$$\begin{cases} u_b = -u_{hw}\cos\psi - w_{hw}\beta \\ v_b = -u_{hw}\sin\psi - r_b(\Omega - r_{hw} + \beta\omega_x) \\ w_b = -u_{hw}\beta\cos\psi + w_{hw} + r_b(\omega_y - \dot{\beta}) \end{cases} \tag{3A-54}$$

类似地，可以推导桨叶加速度，但在此情况下，项数会显著增加，因此需要回到基本推导。在本文分析中将省略桨毂-风系下标 hw 来整理表达式，但我们可以在最终的分析中把它带回来。叶素的角速度分量在桨叶轴系中可以写为

$$\boldsymbol{\omega} = (\Omega\beta - \omega_x)\boldsymbol{i}_b + (\dot{\beta} - \omega_y)\boldsymbol{j}_b - \Omega\boldsymbol{k}_b \tag{3A-55}$$

在推导这些表达式时，省略了 β 中的非线性项，并使用了单位向量的乘积关系，例如

$$\begin{cases} \boldsymbol{i}_b \wedge \boldsymbol{j}_b = \boldsymbol{k}_b, \quad \boldsymbol{k}_b \wedge \boldsymbol{j}_b = -\boldsymbol{i}_b \\ \boldsymbol{i}_b \wedge \boldsymbol{k}_b = \boldsymbol{j}_b, \quad \boldsymbol{i}_b \wedge \boldsymbol{i}_b = 0 \end{cases} \tag{3A-56}$$

叶素的加速度可以写成

$$\boldsymbol{a} = \frac{d\boldsymbol{v}}{dt} = \dot{\boldsymbol{\omega}} \wedge \boldsymbol{r} + \boldsymbol{\omega} \wedge \dot{\boldsymbol{r}} \tag{3A-57}$$

或

$$\boldsymbol{a} = \dot{\boldsymbol{\omega}} \wedge \boldsymbol{r} + \boldsymbol{\omega} \wedge (\boldsymbol{\omega} \wedge \boldsymbol{r}) \tag{3A-58}$$

位置向量 $\boldsymbol{r}$ 是径向位置 r 乘以单位向量 $\boldsymbol{i}_b$。加速度的表达式有许多非线性项，如 $p\beta$ 或 $q\dot{\beta}$，与线性项相比通常很小，因此省略。

式（3A-58）中的第一项可扩展为

$$\dot{\boldsymbol{\omega}} = \dot{\boldsymbol{i}}_b\omega_x + \dot{\boldsymbol{j}}_b\omega_y + \dot{\boldsymbol{k}}_b\omega_z + \boldsymbol{i}_b\dot{\omega}_x + \boldsymbol{j}_b\dot{\omega}_y + \boldsymbol{k}_b\dot{\omega}_z \tag{3A-59}$$

由于 $\dot{\boldsymbol{i}}_b = \omega_x \wedge \boldsymbol{i}_b$，式（3A-60）中的前三项抵消，只剩下角速度分量的变化率，需要

注意的是

$$\dot{\omega}_x = -\Omega\omega_y \quad \dot{\omega}_y = \Omega\omega_x \tag{3A-60}$$

加速度变成以下形式

$$\boldsymbol{a} = a_{xb}\boldsymbol{i}_b + a_{yb}\boldsymbol{j}_b + a_{zb}\boldsymbol{k}_b \tag{3A-61}$$

其中

$$\begin{cases} a_{xb} = r_b(-(\Omega - h_{hw})^2 + 2\dot{\beta}\omega_y - 2(\Omega - r_{hw}w)\beta\omega_x) \\ a_{yb} = r_b(-(\dot{\Omega} - \dot{r}_{hw})^2 - \beta(\dot{q}_{hw}\sin\psi - \dot{p}_{hw}\cos\psi) + r_{hw}\beta\omega_y) \\ a_{zb} = r_b(2\Omega\omega_x + (\dot{q}_{hw}\cos\psi + \dot{p}_{hw}\sin\psi) - r_{hw}\omega_x - (\Omega - r_{hw})^2\beta - \ddot{\beta}) \end{cases} \tag{3A-62}$$

在这些表达式中，我们忽略了桨毂的加速度。a_{xb} 项是沿桨叶向外的加速度，由（负）向心加速度主导，这是由旋翼绕驱动轴旋转导致的，作用于旋转中心。直升机旋翼速度的典型值为 30rad/s，如果半径为 10m，则尖端的加速度为 9000 m/s²，即约 920g。桨叶受到由此产生的惯性反应，即所谓的离心力，将桨叶向外拉。

a_{zb} 项是旋转平面外的法向加速度，有三个重要的分量。第一个是桨叶挥舞产生的加速度，是表达式中的最后一项。当桨叶每转上下挥舞一次时，该项的大小与 a_{zb} 中的 $\Omega^2\beta$ 项相等并且方向相反，该分量垂直于桨叶的向心加速度。

a_{zb} 中的第一项是陀螺加速度。如果力矩作用在直升机上，则产生滚转角速度 p 或俯仰角速度 q，这是旋翼对其角动量（沿方向）变化的响应。如果直升机以速度 p 向右转，则桨尖（$r=R$）处的最大法向加速度为 $2\Omega R p$，出现在桨盘后部。如果滚转角速度为 0.5rad/s，则陀螺加速度为 300 m/s²，大于 30g。当轮形件绕其轴旋转时，如果试图俯仰或滚转它，则可以明显看到这种惯性效应。轮形件有向直升机施加力矩向 90°方向转动的趋势，即滚转或俯仰。注意这个表达式——一个来自式（3A-58）中的第一个项；另一个来自第二个项见方程（3A-60）。

a_{yb} 的表达式包含许多非线性项，如挥舞与俯仰、滚转角速度与挥舞速度的乘积。悬停直升机的旋翼会因气动升力而向上挥舞形成锥形，直到垂直于桨叶的离心力分量与升力大小相等方向相反为止。通常有一个稳定的锥角，这个术语在 a_{yb} 中是线性的挥舞速度 $\dot{\beta}$。该加速度作用方向与桨叶旋转方向相同（负 y_b 方向），并且与朝向旋转中心的叶素速度成正比。

当桨叶以一定的速度 $\dot{\beta}$ 挥舞时，这个加速度意味着桨叶的转速在以一个有效的 $\dot{\Omega}$ 增加。锥角或挥舞速度越高，这种影响就越大：因为桨叶上下挥舞，叶素向旋转中心移动，为了保持恒定的角动量，旋翼必须加速。在直升机旋翼中，这会导致桨叶在摆振状态下的振荡，我们可以看到附着在桨叶根部的摆振阻尼器，会将这种影响最小化。

3A.5　旋翼参考平面——桨毂平面，桨尖（轨迹）平面和无顺桨平面

在旋翼动力学分析中，三种自然参考系已应用于各种文本和报告中——桨毂（或轴）系、叶尖轨迹平面（或无挥舞）参考系和无顺桨参考系。如图 3A-4 中对这些参考系进行了说明，其中为了方便，将桨毂平面绘制成水平的。在本书中，我们始终使用桨毂参考

系，但比较三个参考系中关键旋翼数量的表达式很有用。采用取向旋翼的无挥舞或无顺桨

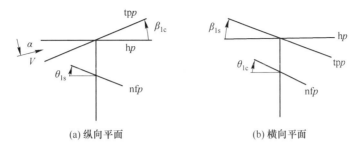

(a) 纵向平面　　　　　　　　　(b) 横向平面

图 3A-4　旋翼动力学参考平面

参考系的动机是因为它们大大简化了旋翼 X 和 Y 向力的表达式，如参考文献 3A-1 所示。当旋翼俯仰/挥舞耦合为零时，无顺桨参考系等同于所谓的操纵轴。操纵轴沿倾斜盘对齐。

假设小角度下，旋翼系统中的无量纲速度通过以下近似关系与桨毂系统中的无量纲速度关联

$$\begin{cases} \mu_{tp} = \mu_h + \mu_{zh}\beta_{1c} \\ \mu_{ztp} = \mu_{zh} + \mu_h\beta_{1c} \end{cases} \tag{3A-63}$$

$$\begin{cases} \mu_{nf} = \mu_h - \mu_{zh}\theta_{1s} \\ \mu_{znf} = \mu_{zh} + \mu_h\theta_{1s} \end{cases} \tag{3A-64}$$

类似地，桨盘迎角由式（3A-65）给出

$$\begin{cases} \alpha_{tp} = \alpha_h - \beta_{1c} \\ \alpha_{nf} = \alpha_h - \theta_{1s} \end{cases} \tag{3A-65}$$

非旋转的旋翼力由式（3A-66）给出

$$\begin{cases} X_{nf} = X_h - T\theta_{1s} \\ X_{tp} = X_h + T\beta_{1c} \end{cases} \tag{3A-66}$$

$$\begin{cases} Y_{tp} = Y_h - T\beta_{1s} \\ Y_{nf} = Y_h - T\theta_{1c} \end{cases} \tag{3A-67}$$

假设三个系统中的旋翼推力 T 和 Z 向力具有相同的大小和相反的方向。

在悬停时，桨尖轨迹平面和无顺桨平面的对齐突出了挥舞和顺桨的等效性。这些表达式仅适用于在旋转中心处具有挥舞铰链的旋翼。这些旋翼轴系无法描述无铰链旋翼的弹性运动和带有偏置挥舞铰链的铰接旋翼的挥舞。还应该注意的是，本章前面讨论的诱导入流 λ，完全参考叶尖轨迹平面，与桨毂平面垂直的入流量关系由式（3A-68）给出

$$\lambda_h = \lambda_{tp} - \mu\beta_{1c} \tag{3A-68}$$

在推导本章给出的旋翼扭矩时考虑了这种效应，但在 λ 的迭代计算中没有考虑。小挥舞角度近似值将为配平飞行提供可忽略的误差，但在挥舞角度较大的操纵期间误差可能更加显著。

本章结尾附 Lynx 直升机图。

帝国试飞学校采用的 Lynx 直升机在灵活的俯仰操纵中（图片由 DTEO Boscombe Down 和 Controller HMSO 提供）

4 直升机飞行动力学建模：配平与稳定性分析

现代工程实践的挑战和责任需要高水平的创造性活动，而创造性活动又需要强大分析能力的支撑。应将重点放在物理量的工程意义上，而数学结构仅起到辅助作用。

——梅里亚姆（Meriam），1966

4.1 引言和范围

对于工程师而言，梅里亚姆（Meriam）在本章开始的建议成为那些希望加强他们在飞行动力学方面的技能的一盏指路明灯（参考文献 4.1）。第三章，我们试图建立描述直升机飞行仿真模型的物理与数学关系。本章采用了这项成果并深入分析直升机的工作方式，从而确立物理关系对应的工程含义。在如图 4-1 所示的架构中，直升机飞行力学可以从三个方面来描述——配平、稳定和响应，如图中突出显示的区域所示。配平问题涉及保持直升机平衡所需的位置控制。飞机可能在爬升、转弯，可能处于大的迎角和侧滑角，但如果三个平动速度分量在驾驶杆固定的情况下保持不变，那么飞机就处于配平状态。严格来说，爬升和下滑飞行状态不能称为配平状态，这是因为空气密度不断变化，需要不断地对控制装置进行修正。不过，如果爬升或下降的速度相对较小，那么实际上直升机是处于配平状态。稳定性与飞机在配平受扰动后的行为有关。通常，静稳定性由初始趋势决定（即飞机是否会回到或离开初始配平），而动态稳定性则涉及长周期效应。这些物理概念均包含于更普遍的自然运动模态稳定性理论中，该理论由飞行力学线性理论发展而来。（飞机）对于飞行员操纵输入或大气扰动的响应本质上是非线性问题，但采用小扰动近似理论进行线性化处理有助于问题的分析。我们将在第 5 章详细地讨论响应问题。配平、稳定性和响应构成了飞机的飞行特性，读者在第 6 章和第 7 章会发现这些飞行特性是飞机飞行品质领域的一部分。后续章节涉及飞机飞行品质的量化和测试，而第 4 章和第 5 章主要讲述的是的是响应产生的物理机理。

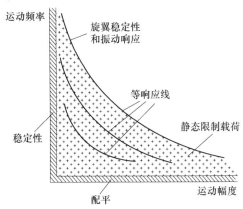

图 4-1 直升机飞行力学领域

飞行动力学专家通过数学建模处理的典型问题包括：

①确定使用飞行包线（OFE）和可用飞行包线（SFE）边缘的操纵裕度；

②设计使整个 OFE 具有一级操纵品质的飞行控制律；

③模拟前飞过程中尾桨驱动失效的影响——确定 3s 后的俯仰、滚转和偏航状态；

④滚转姿态带宽灵敏度对旋翼挥舞刚度的导数；

⑤确定高速时保证自然俯仰稳定性所需的水平尾翼尺寸；

⑥确定主旋翼桨叶扭转对各任务需用功率的影响；

⑦确定双引擎直升机的最大起飞重量，即有效载荷，同时符合单引擎故障后飞行能力的民用认证要求；

⑧评估和比较各候选飞机满足飞行品质标准 ADS-33 的能力。

当然，我们可以继续添加更多的任务，但是希望上面的清单已经充分说明了问题的范围。作者在过去 40 余年里紧密参与了上述"短清单"的部分内容，这些清单提醒人们在飞机设计和开发中建模的重要性——因为依靠试验来解决这些问题的成本将高得令人望而却步。当然，这并不是贬低或降低飞行试验的重要性。

对读者来说，使用辅助性数学来描述配平和稳定问题之前，可以尝试探索三个相对简单的升降运动如何被"封装"在垂直飞行中。第 3 章的关键方程涉及到拉力系数 C_T 和通过旋翼的均匀入流分量 λ_0，见式（3-91）、式（3-139）

$$\frac{2C_T}{a_0 s} = \frac{\theta_0}{3} + \frac{\mu_z - \lambda_0}{2} + \frac{\theta_{tw}}{4} \qquad (4-1)$$

$$\lambda_0 = \frac{C_T}{2(\lambda_0 - \mu_z)} \qquad (4-2)$$

这种旋翼近似均匀入流的使用条件很严格：只有当桨叶为理想扭转且与半径成反比变化，且在旋翼上保持恒定的环流和最小诱导阻力时才适用。一般地，桨叶 10° 或更大的线性扭转能提供较好的理想载荷近似值。

在其最简形式中，配平问题相当于保持悬停时所需的总距 θ_0，通常是以四分之三半径处而不是旋翼桨毂处的桨矩来表示的；即据式（4-1）和（4-2），可以写出

$$\theta_{\frac{3}{4}R} = \theta_0 + \frac{3}{4}\theta_{tw} = 3\left(\frac{2C_T}{a_0 s} + \frac{1}{2}\sqrt{\left(\frac{C_T}{2}\right)}\right) \qquad (4-3)$$

对于中等拉力系数（$C_T - 0.007$）和实度典型值（$s = N_b c/(\pi R) \sim 0.09$）由于诱导速度的存在，使悬停所需的总距大约翻了一番。旋翼转矩是诱导阻力和翼型阻力贡献的总和，见式（3-116）

$$C_Q = C_{Q_i} + C_{Q_p} = \frac{C_T^{3/2}}{\sqrt{2}} + C_{Q_p} \qquad (4-4)$$

式（4-4）体现了悬停时转矩与推力之间的非线性关系。

配平问题一般用一组非线性代数方程来表示。分析时，通过简单的移项变换得到唯一解。在更一般的配平中，当相关方程耦合时，将无法直接求解，此时必须求解数值解。

对于动态稳定性和响应问题的分析，须建立法向加速度和推力之间的运动方程

$$\dot{w} = \frac{Z}{M_a} = -\frac{T}{M_a} \qquad (4-5)$$

稳定性和响应特性可以通过分析非线性式（4-5）的线性化形式（一阶近似）来实现。我们把垂向速度（悬停时 $w = \varOmega R \mu z$）写为配平或平衡值（下标 e）与小扰动值的总和

$$w = W_e + \delta w \tag{4 - 6}$$

悬停状态下，作用在直升机上的 Z 向力是控制 θ_0 和垂直速度 w 及其时间变化率的解析函数，该力可以展开为与配平值相关的泰勒级数（参考文献4.2），形式如下

$$Z = Z_e + \frac{\partial Z}{\partial w}\delta w + \frac{\partial Z}{\partial \theta_0}\delta\theta_0 + \frac{1}{2}\frac{\partial^2 Z}{\partial w^2}w^2 + \cdots + \frac{\partial Z}{\partial \dot{w}}\delta\dot{w} + \cdots \tag{4 - 7}$$

由式（4-5）给出拉力方程的简化形式中，不存在非定常气动效应，因此没有明确的加速度导数。对于 w 和 θ_0 的微小且缓慢的变化（即 δw，$\delta\theta_0$），式（4-7）中前两个（线性）小扰动项将近似为作用力的变化量，即

$$Z \approx Z_e + \frac{\partial Z}{\partial w}\delta w + \frac{\partial Z}{\partial \theta_0}\delta\theta \tag{4 - 8}$$

稳定性问题与齐次方程解的性质有关

$$\dot{w} - Z_w w = 0 \tag{4 - 9}$$

其中，我们将飞机质量 M_a 包含在升降阻尼导数 Z_w 中，无须任何修正，这是直升机飞行动力学中的正常做法，即

$$Z_w = \frac{Z_w}{M_a} \tag{4 - 10}$$

式（4-9）中，使用小写字母 w 作为偏离配平状态的升降速度的小扰动（参见式（4-8）中 $\delta w \rightarrow w$，假设较小），这是贯穿全书的一般做法；小写字母 u、v、w、p、q 和 r 表示总速度或扰动速度，具体取决于上下文。很明显，当且仅当 Z_w 为负时，式（4-9）具有稳定解，因为此时的解是一个简单的指数衰减。

由拉力系数和旋翼升降速度的导数可估算升降阻尼导数

$$\frac{\partial C_T}{\partial \mu_z} = \frac{1}{2}\left(1 - \frac{\partial \lambda_0}{\partial \mu_z}\right) = \frac{2a_0 s \lambda_0}{16\lambda_0 + a_0 s} \tag{4 - 11}$$

结果如下

$$Z_w = -\frac{2aA_b\rho(\varOmega R)\lambda_0}{(16\lambda_0 + a_0 s)M_a} \tag{4 - 12}$$

该结果可以保证稳定性。

阻尼导数，或升降特征值（见附录4B），在悬停状态下通常取值在 $-0.4 \sim -0.25$（1/s）之间，在式（4-12）中是升力线斜率 a_0 的线性函数，并与桨叶载荷（M_a/A_b）成反比。因此，直升机悬停时垂直运动的自然时间常数较大，介于 4s 到 2.5s 之间。

小总距操纵输入响应受非齐次线性微分方程约束

$$\dot{w} - Z_w w = Z_{\theta_0}\theta_0(t) \tag{4 - 13}$$

其中拉力导数

$$\frac{\partial C_T}{\partial \theta_0} = \frac{8}{3}\left(\frac{a_0 s \lambda_0}{16\lambda_0 + a_0 s}\right) \tag{4 - 14}$$

用来确定操纵导数

$$Z_{\theta_0} = - \frac{8}{3} \frac{a_0 A_1 \rho (\Omega R)^2 \lambda_0}{(16\lambda_0 + a_0 s) M_a} \qquad (4-15)$$

操纵导数与升降阻尼的比值表示升降速度随总距阶跃变化的稳态响应

$$w_{ss} = - \frac{4}{3} \Omega R \theta_0 \qquad (4-16)$$

速度灵敏度，或每度总距的稳态响应速度，被视为仅是桨尖速度的函数。因此，根据动量理论的简化假设，总距阶跃输入时的爬升速度与桨盘载荷、升力线斜率、空气密度及实度无关。这些假设中，可能均匀入流和升力线斜率常数是最重要的，这些内容在第3章开始时已进行了讨论。

第2章对垂直阵风响应的性质做了详细描述，其运动方程如下

$$\dot{w} - Z_w w = Z_w w_g(t) \qquad (4-17)$$

初始垂直加速度由升降阻尼和阵风强度的乘积表示。在垂直阻尼较大时，5m/s的垂直阵风会产生约0.2g的冲击。尽管总体而言，直升机在悬停时对垂直阵风相对不敏感，但根据式（4-12），减小桨叶载荷对垂直阵风的敏感性有很大影响。

直升机悬停状态下垂向运动的分析也许最为简单，但即使这种情况，近似简化在更高的频率和幅值下也会失效，因为非定常空气动力学、桨叶失速和旋翼动力学效应会显著改变运动细节，我们将在第5章来叙述这个问题。更一般的直升机运动，无论是悬停还是前飞，往往是耦合的，而且很难用单自由度（DoF）去充分描述。当我们阅读第4章和第5章，会发现上述方法会形成这样一种模式：即采用第3章中的基本的非线性方程进行配平，然后做线性化处理以进行稳定性、操纵和小扰动响应分析。

第4章内容结构如下：4.2和4.3节分别描述分析了配平和稳定性技术，可以推导出一般情况下如转弯、爬升/下降、侧滑等机动动作下配平问题的表达式。稳定性分析需要对一个配平点进行线性化处理，并对系统的特征值和特征向量进行检验，文中还重点介绍了6自由度、稳定性和操纵导数及其物理意义。并对由6自由度理论预测运动的自然模态进行了描述。对全量运动方程的各种近似主要用于对直升机动态特性的物理解释。4.3节讨论了近似的内容，主要是线性、较小范围的近似，强调各种气动效应如何相互作用，从而形成直升机运动的自然模态。模型近似是飞行动力学工程师实践的核心，第4、第5章对该部分内容进行了重点介绍，以帮助读者提高认识和技能，文中使用的数学方法主要是有限向量空间理论，附录4A总结了从本章获得最大值所需的关键结果。

第5章继续讨论直升机运动的稳定性理论，重点强调约束运动。响应问题本质上是非线性的，通过正、逆仿真求解，典型行为也将在第5章中描述。对于使用准稳态和高阶旋翼模型的结果之间的一些重要区别的论述也将推迟到第5章。

为了用解析表达式讨论直升机飞行力学的一些基本物理概念，有必要对旋翼的动力学和气动特性做简化近似。我们在第3章开始时讨论了与一级模型相关的所有假设，然后进一步假设了一个简单的梯形下洗流场，在计算旋翼力和力矩时忽略了面内升力载荷。后一种影响可能是重要的，但假设升力是垂直于桨盘的，这将显著简化桨盘的配平和稳定性分析。多数情况下，这种假设导致的结果是80%以上的答案来自相当复杂的旋翼模型，由此得出的近似理论可以用来获得一阶可观飞行动力学，这对趋势预测和初步设计非常有用。

附录4A内容包含了向量矩阵力学的背景理论，附录4B、4C补充了第4章知识体系。

其中，附录4B.1提供了本书涉及的Lynx、Puma和Bo105三种直升机的构型数据集，包括空气动力学、结构、质量和几何属性；附录4B.2节通过图表，给出了三种飞机的整套稳定性导数和操纵导数，这些数据是全量Helisim非线性运动方程双边数值扰动的预测值。本书第2版，新增附录4B.3中给出了这些导数和相关特征值。附录4C给出了配平方向问题的分析。

4.2 配平分析

最简单的配平概念如图4（a）~（c）所示。直升机以配平的方式直线前飞，假设直升机有一个主旋翼和尾旋翼，机身仅承受阻力。假设旋翼挥舞，力矩没有通过桨毂传递到机身，重心位于旋翼下方的轴上。假设机身俯仰和滚转姿态很小，则可以建立以下基本的配平模型。

垂直方向上力的平衡使拉力近似等于重量

$$T \approx W \qquad (4-18)$$

这种情况适用于大多数直升机以中等速度前飞。沿机身前轴线上的力可以抵消，从而得到俯仰角的近似值，即阻力与拉力之比

$$\theta \approx -\frac{D}{T} \qquad (4-19)$$

由于拉力在直线飞行中基本保持不变，故俯仰角随阻力而变化，并随前飞速度的平方变化。在简化模型中，如果机身或尾翼没有任何气动俯仰力矩，则要求桨毂力矩为零，或者桨盘纵向挥舞为零。

根据图4-2（b）可知，尾旋翼拉力可表示为主旋翼转矩除以尾旋翼力臂

$$T_{\mathrm{T}} \approx -\frac{Q_R}{l_{\mathrm{T}}} \qquad (4-20)$$

因此，尾旋翼拉力具有和主旋翼转矩相同的形式，主旋翼功率最小时为漏斗形。在实际应用中，垂直安定面一般作用是在前飞时产生侧向力，从而减少尾桨所需的拉力。图4-2（c）显示了主旋翼和尾旋翼的滚转力矩平衡，桨盘横向挥舞为

$$\beta_{1s} \approx \frac{h_{\mathrm{T}} T_{\mathrm{T}}}{h_{\mathrm{R}} T} \qquad (4-21)$$

因此，对于逆时针旋翼，桨盘向左倾斜，桨盘倾斜随尾桨拉力而变化。通过侧向力平衡给可给出倾斜角

$$\phi \approx \frac{T_{\mathrm{T}}}{M_{\mathrm{a}} g}\left(1 - \frac{h_{\mathrm{T}}}{h_{\mathrm{R}}}\right) \qquad (4-22)$$

如果尾桨位于机身基准线上方与主旋翼相同的高度，那么对于这种简单的直升机设计，所需的倾斜角为零。实际上，式（4-22）分子中的这两项阶数相同，忽略面内升力会对倾斜角有显著影响。

从力和力矩平衡可以推导出所需的操纵角——主旋翼总距、

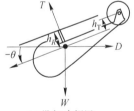

(a) 纵向(左视图)

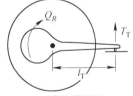

(b) 偏航(俯视图)

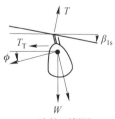

(c) 滚转(正视图)

图4-2 悬停配平的简化

尾桨距产生所需的拉力，桨盘横向倾斜产生横向周期变距。

4.2.1 常规配平问题

上述的分析阐明了配平的主要机制，并对飞行员的配平策略提供了一些指导，但过于简单，没有实用价值。最常见的配平条件类似于如图4-3所示的自旋模式。自旋轴配平时总是直接指向垂直方向，确保欧拉角 θ 和 ϕ 的变化率都是零，因此重力分量是恒定的。飞机可以爬升或下降，在侧滑的情况下会失去横向平衡，一般要求速度矢量的变化率为零。参考第三章中的式（3-1）~（3-6），我们看到配平方程简化为

$$-(W_e Q_e - V_e R_e) + \frac{X_e}{M_a} - g\sin\Theta_e = 0 \tag{4-23}$$

$$-(U_e R_e - W_e P_e) + \frac{Y_e}{M_a} + g\cos\Theta_e\sin\Phi_e = 0 \tag{4-24}$$

$$-(V_e P_e - U_e Q_e) + \frac{Z_e}{M_a} + g\cos\Theta_e\cos\Phi_e = 0 \tag{4-25}$$

$$(I_{yy} - I_{zz})Q_e R_e + I_{xz}P_e Q_e + L_e = 0 \tag{4-26}$$

$$(I_{zz} - I_{zz})R_e P_e + I_{xz}(R_e^2 - P_e^2) + M_e = 0 \tag{4-27}$$

$$(I_{xx} - I_{yy})P_e Q_e + I_{xz}Q_e R_e + N_e = 0 \tag{4-28}$$

需要注意下标e表示配平条件。当旋转速度为零时，施加的气动载荷 X_e、Y_e、Z_e 平衡重力分量，且动量 L_e、M_e、N_e 为零。当旋转转速不为零时，非零惯性力和力矩（离心、科氏力、陀螺力）包含在配平平衡中。对于一阶近似，假设施加的力和力矩是水平速度（u，v，w）、角速度（p，q，r）和旋翼控操纵量（θ_0，θ_{1s}，θ_{1c}，θ_{0T}）的函数，欧拉角由体轴角速度与欧拉角 Ψ 绕垂向轴的转弯速度变化率之间的关系给出，如式（3A-42）所示，即

$$P_e = -\dot{\Psi}_e\sin\Theta_e \tag{4-29}$$

$$Q_e = \dot{\Psi}_e\sin\Phi_e\cos\Theta_e \tag{4-30}$$

$$R_e = \dot{\Psi}_e\cos\Phi_e\cos\Theta_e \tag{4-31}$$

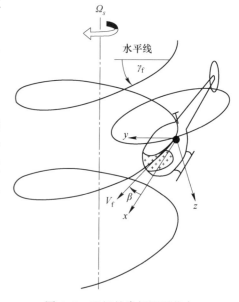

13个未知数和9个方程的组合意味着要确定唯一解，其中4个变量被视为任意变量并且必须要给出定值，尽管规定变量值的方法使用方便且较受欢迎，但多少有些武断。我们将更关注图4-3中定义的四种规定配平状态的经典案例，即

V_{fe} ——飞行速度；

γ_{fe} ——航迹角；

$\Omega_{a_e} = \Psi_e$ ——转弯速率；

β_e ——侧滑角。

附录4C中推导了规定配平条件与体轴系气动

图4-3 飞机的常规配平状态

速度之间的关系，特别是机身 x 轴投影与飞行速度矢量投影都在水平面上，两者之间的航迹角表达式可由非线性方程的数值解给出。由于配平式（4-23）~式（4-28）是非线性的，一般采用迭代的方式求解，因此需要在计算前对一些未知飞行状态的初值进行预估。

接下来的系列计算中，预估了欧拉俯仰角 Θ_e 和滚转角 Φ_e，旋翼转速 Ω_R，主旋翼和尾桨均匀下洗气流 λ_0 和 λ_{0T}，及主旋翼横向挥舞角 β_{1s} 的初值。

配平方程的求解可以通过不同的技术来实现，许多技术都是以封装的软件包来实现，这些软件包可以在规定的约束条件下找到一组非线性方程的最小值。如图 4-4 所示总结的流程被认为是相当低效的多个迭代循环——一个是桨距、一个是滚转、一个是转速、一个是下洗分量——但它确实为我们描述了部分配平的顺序，提供了配平过程的物理视角，可以帮助识别"配平锁"或飞行包线的某些区域，在这些区域很难甚至不可能找到配平解。这个过程在如图 4-5 所示中依次展开。第一个阶段是气动速度的计算，利用气动迎角的初始估计值，计算出机身的力和力矩。可以循环这三个迭代回路。

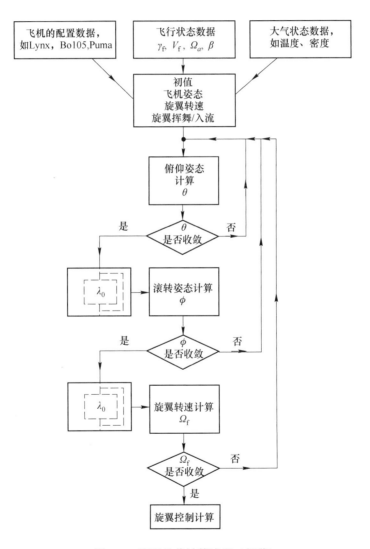

图 4-4 配平迭代计算流程（概览）

4.2.2 纵向配平

由（如图 4-5 所示的 A、B、C）三个纵向方程计算主旋翼拉力系数、纵向挥舞和机

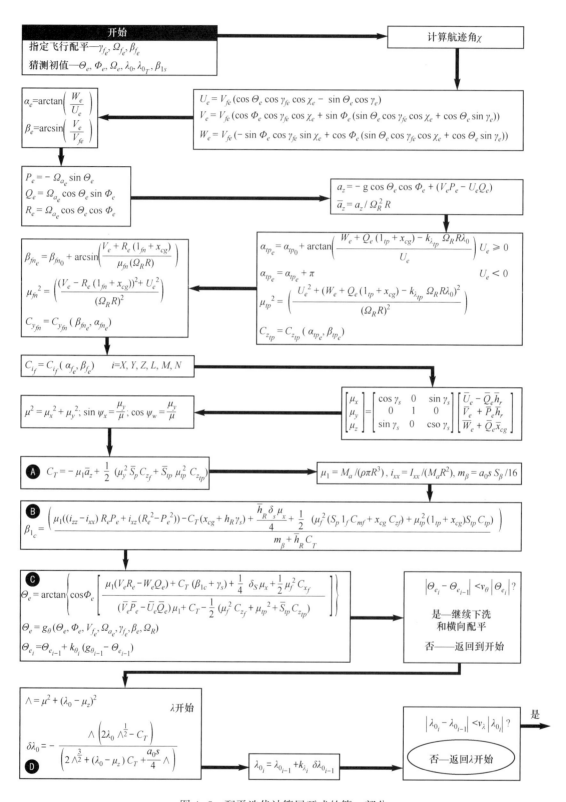

图 4-5　配平迭代计算展开式的第一部分

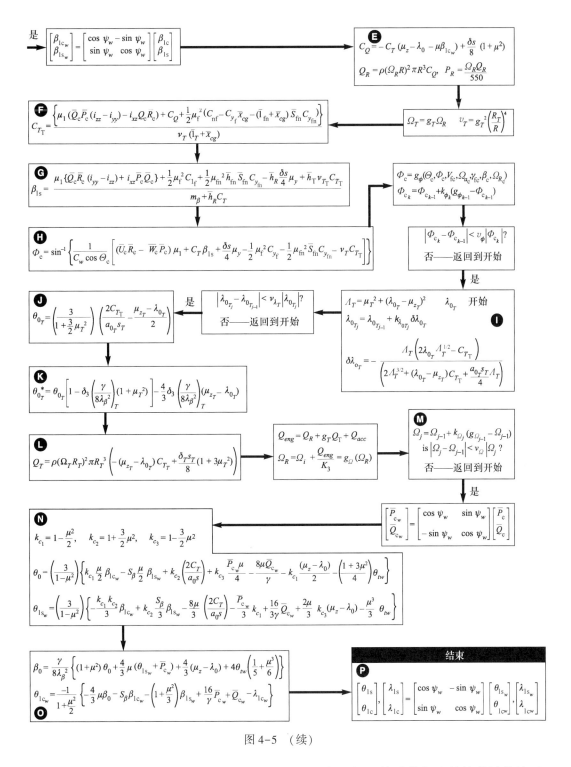

图 4-5 （续）

身俯仰姿态，并与之前的俯仰姿态估计值进行比较；如果新的估计值与之前的估计值接近（由容限 v_θ 定义），那么保持纵向配平，转向横向/航向配平。如果迭代没有收敛到容限范围内，则返回初始值重复计算，直到满足收敛要求为止。图 4-5 中俯仰姿态的新估计值由

下式给出

$$\Theta_e = \Theta_{e_{i-1}} + k_{\theta_i}(g_{\theta_{i-1}} - \Theta_{e_{i-1}}) \tag{4-32}$$

其中

$$\Theta_e = g_\theta(\Theta_e, \ \Phi_e, \ V_{fe}, \ \gamma_{fe}, \ \Omega_{a_e}, \ \beta_e, \ \Omega_R) \tag{4-33}$$

某些情况，迭代会发散而不是收敛于真实解，可以通过改变阻尼系数 k_θ 的值来确保收敛；k_θ 的值越小（<1），迭代过程越慢，但更稳定。在纵向配平阶段，配平算法的关键是计算拉力系数、桨盘纵向挥舞和俯仰角。对于航线飞行，拉力保持相对恒定；在转弯动作中，定常加速度 a_z 中的惯性项（主要是 $U_e Q_e$ 项）将导致拉力增加。纵向挥舞由一个更复杂的表达式推导而来，但在航线飞行中，旋翼需要挥舞来平衡机身和尾桨产生的气动力矩。如果尾桨倾斜，则需要额外的挥舞分量。许多直升机对主旋翼轴采用了前倾设计，因此在巡航状态下，机身是水平的，每转一次的纵向挥舞为零或极小量。我们注意到，俯仰角本质上是由阻力与拉力之比决定的，因此与前飞速度呈平方关系。

如图 4-6（a）所示显示 Bo105 俯仰角随速度的变化趋势，并与 DLR 飞行试验测量值进行了比较。由于主轴前倾，悬停时俯仰角约为 3°。过渡区域的典型特征是由于主旋翼下洗气流施加在水平安定面导致俯仰角增加；这种效应在飞行数据中很明显，但仿真中难以预测。一些直升机采用可移动的水平安定面，可以在低速时减少俯仰增加的趋势并在高速时保持机身水平。前飞时，理论与实际飞行的对比表明，实测机身阻力的满量程值高于仿真值；高速飞行时，机头向下的俯仰角的仿真预测值为 2°。在非直线飞行中，配平角会随转弯速度和航迹角的变化而变化。爬升和下降飞行中变化最大，如图 4-6（b）所示显示了 Lynx 爬升过程中的情况。速度为 80kn 时，转弯角速度增大到 0.4rad/s，对应的倾斜角度近 60°。随着爬升速度的增大航迹角越来越负向增长，俯仰角对配平的影响显著增大；飞行速度为 80kn 时负的航迹角为 -0.15rad，对应的爬升速度约为 1200ft/min。大倾角情况下增加俯仰角是保持零侧滑的必需条件。这种情况下如果机头保持水平，则侧滑角将与图 4-6（b）中俯仰角对应，正确的俯仰姿态控制是通过踩脚蹬平衡来实现的，而不是拉回周期变距杆。

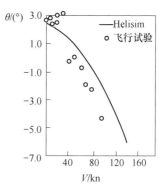

(a) 配平俯仰角作为前飞速度的
函数-实际飞行和理论比较

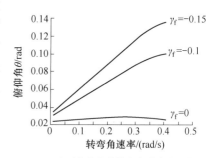

(b) 配平俯仰角是转弯角速度的函数

图 4-6 俯仰角配平

纵向配平还与直升机桨叶类型的差异有关。由于俯仰角主要由整机的升阻比决定，我们不希望无铰链和铰接旋翼直升机之间出现俯仰姿态与配平的显著差异，但可能希望看到纵向挥舞角的差异。根据之前的研究，纵向挥舞将补偿直升机其他部件上的任何额外力矩。如图 4-7 所示对比了 Lynx 和 Puma 速度范围内的纵向桨盘倾角。悬停时挥舞配平的巨大差异是由于两架飞机的基线重心（cg）位置不同。Puma 的重心位于机身参考点的桨毂下方；悬停时挥舞锥体后倾几乎与主轴前倾角相等。对于 Lynx，它的后重心几乎位于主轴上，悬停挥舞接近于零。对于两架飞机，随着前飞速度的增加，桨盘进一步向前倾斜，这意味着两架飞机的额外俯仰力矩都是垂直机头朝上的（即来自水平安定面）。两架飞机在速度范围内的桨盘倾角的变化仅为1.5°左右。

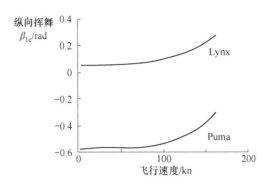

图 4-7 Lynx 和 Puma 纵向挥舞随前飞速度的变化趋势

4.2.3 横/航向配平

由于同时使用了横向配平的估计值，即使满足图 4-5 所示纵向配平的情况也并不能保证配平有效，还必须继续这一（迭代）过程，以修正这两项估计值。在推导出横向平衡的新估计值后，需要重复纵向周期变距，直到所有六个力和力矩方程都取得平衡。图 4-5 中涉及的主旋翼下洗气流数值需重新计算（在图 4-5（D）），这本身是一个迭代过程（见第三章），还涉及主旋翼所需扭矩和需用功率的估计（E）。通过这些计算，尾桨拉力可以从偏航力矩方程（F）中估算，横向挥舞可以从滚转力矩方程（G）中修正，新滚转姿态值可由侧向力方程（H）推导出。按照俯仰姿态收敛性的同样方法核查滚转姿态的收敛性，并定义收敛容限和阻尼系数。俯仰和滚转姿态所需的迭代次数以及收敛速度，很大程度上取决于初始值；显然，初始值距离正确解越远，所需的收敛时间就越长。对于直线飞行，通常将初始值设置为零足以实现快速收敛。如图 4-8（a）所示显示了 Lynx 滚转角随前飞速度的变化，说明进行旋翼侧向力计算时，增大平面内升力载荷的显著效果（见第三章）。在转弯飞行中，倾斜角可能会变得很大，基于简单的圆周运动规则的初始值通常足以保证快速收敛，即

$$\Phi_{e1} = \arctan\left[\frac{\Omega_{ae} V_{fe}}{g}\right] \qquad (4-34)$$

如图 4-8（b）所示显示 Lynx 以 80kn 速度飞行时滚转姿态配平值随转弯角速度的变化。绘制式（4-34）的近似结果进行比较，并显示通过这个简单的运动学关系预测 Lynx 结果的准确性。

在前飞大转弯速度情况下，滚转姿态迭代初始

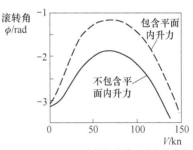

(a) 配平滚转角随前飞速度的变化

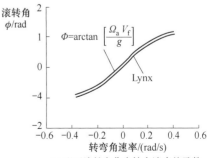

(b) 配平滚转角作为转弯速度的函数

图 4-8 滚转角配平

值在正确解和误差之变得敏感。如果 Φ 的初始值导致横向加速度值大于重量分量，那么无论增加多大阻尼，这个简化配平过程都将发散。只有当引入 Φ 的估计值大于正确解时，配平迭代才会收敛。使用简化配平算法时需要注意这些细节，但通常在更复杂的非线性数值搜索算法中才会考虑这些细节。侧滑飞行时，倾斜角变化也较大，如图 4-9 所示，绘制了 Lynx 侧倾角、挥舞角和尾桨拉力系数的配平结果。侧倾角随着侧滑线性增大到约 30°，飞机气动力和重力侧向力的变化近似为 $\sin\beta$。当旋翼拉力进一步向前倾斜，以补偿侧滑飞行中增加的阻力时，纵向挥舞比横向挥舞的增速更快。

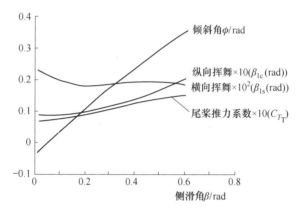

图 4-9　Lynx 以 100kn 速度侧滑飞行配平

4.2.4　旋翼转速/转矩配平

当横向和航向配平收敛时，计算尾桨下洗（I），其次是尾桨总距（J），包括 δ_3 作用，桨距/挥舞耦合（K）和尾桨扭矩（L）。此时，可以通过速降定律更新旋翼转速（图 4-5 中 M）计算所需的发动机总扭矩。旋翼转速的计算是迭代循环的最后阶段，必须重复上述流程，直到收敛为止。

图 4-5 中其余计算确定主旋翼操纵角度，首先在桨毂-风轴系（N，O）（见附录 3A.4），其次转换为桨毂轴系，以给出倾斜盘的操纵输出（P）。我们将在 4.2.6 节继续讨论这部分内容。

4.2.5　力与力矩的平衡

配平是指平衡作用在飞机上的力和力矩。表 4-1 是一个典型配平，其给出了 Lynx 爬升转弯情况下各种力和力矩的不同贡献（图 4-6（b）案例中 $\gamma_{fe} = -0.15\text{rad}$，$\Omega_{ae} = 0.4\text{rad/s}$）。

表 4-1　力和力矩配平——Lynx 以 80kn 速度爬升转弯（$\gamma_{fe} = -0.15\text{rad}$，$\Omega_{ae} = 0.4\text{rad/s}$）

分量	X/N	Y/N	Z/N	$L/(\text{N}\cdot\text{m})$	$M/(\text{N}\cdot\text{m})$	$N/(\text{N}\cdot\text{m})$
重力	-5647.92	35035.54	23087.88	0.00	0.00	0.00
惯性	1735.41	-38456.29	58781.41	86.49	-18.87	49.80
旋翼	5921.18	-415.68	-82034.80	-4239.18	1045.06	28827.72
机身	-2008.32	0.00	225.79	0.00	-571.94	0.00

表 4-1 （续）

分量	X/N	Y/N	Z/N	$L/(N \cdot m)$	$M/(N \cdot m)$	$N/(N \cdot m)$
尾翼	0.00	0.00	−60.291	0.00	−454.238	0.00
垂直安定面	0.00	374.801	0.00	201.013	0.00	−2830.976
尾桨	0.00	3457.164	0.00	3951.677	0.00	−26046.555
总计	0.3556	−4.4629	−0.0136	0.0005	0.0002	−0.0098

近似模型忽略了许多二阶效应，见表 4-1 （如尾翼面的 X 向力，尾桨的 X、Z 向力，机身的滚转力矩、尾桨的俯仰力矩）。由于飞机角运动产生离心力，造成了沿机体轴向的惯性力分量很大。对于所示案例，将配平容限设为残差力和力矩的值，如"总计"行中所示。如果设置式（4-34）中俯仰和滚转姿态的初始值为零，通常可以在几次迭代内收敛到这些力的水平。

4.2.6 保持力与力矩的操纵角

在配平算法中，部件上的各种力和力矩实际上是平衡的，必须注意旋翼内部方程，以计算保持这些力所需的操纵角。主旋翼操纵角是由第 3 章式（3-60）方程组中挥舞角计算结果的倒数结合总距的拉力系数方程推导出的。

如图 4-10 （a）~（d）所示显示了 Bo105 主旋翼和尾桨操纵角作为前飞速度的函数，

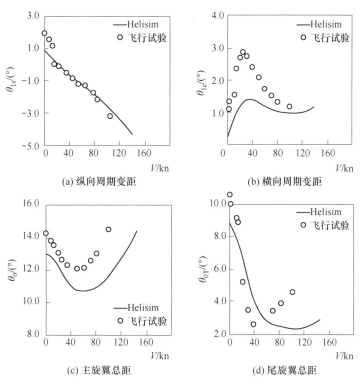

(a) 纵向周期变距

(b) 横向周期变距

(c) 主旋翼总距

(d) 尾旋翼总距

图 4-10 Bo105 平飞配平操纵角

其飞行试验和理论之间比较。这些误差显示了第 3 章的一级建模可以达到的逼真度水平。相对于 Helisim 仿真结果，非线性气动和桨叶扭转效应增加了实际飞行时所需的总距。如上文关于纵向配平的讨论，低速状态下，尾翼受下洗气流作用引起俯仰运动，导致所需的纵向周期变距增加。Bo105 在中速区的对比非常好（图 4-10（a）），在低速和过渡区域，滚转入流增加了向左的周期变距，这表明格劳特（Glauert）的纵向入流简化梯形模型预测存在缺陷（图 4-10（b））。主旋翼总距比较如图 4-10（c）。线性气动理论的典型特点是在悬停过程中，预测误差约为 10%，而在高速时，预测误差增加到 30% 以上。尾桨桨距预测通常也不足（图 4-10（d）），这是由于缺少尾桨损失和主旋翼扭矩预测不足的综合结果，在高速时最为明显。在中速到高速飞行时，由于没有尾桨挥舞，且后机身与垂直安定面的空气动力强相互作用增加了建模的差异。

Bo105 需用功率如图 4-11 所示，具有作为前飞速度函数特征的漏斗形曲线，反映了随着速度的增加，诱导（旋翼阻力）功率降低，同时废阻（机身阻力）功率增加。高速时，非线性的旋翼气动项对总距和需用功率有显著影响，导致简化的一级建模与图 4-10（c）和 4-11 中 Bo105 飞行试验数据的对比出现严重误差。对于中等爬升和下降速度，一级理论可以预测需用功率和操纵角的基本趋势。

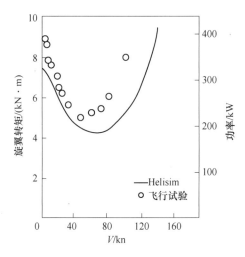

图 4-11　Bo105 需用功率作为前飞速度的函数

直升机爬升时具有很高的旋翼效率。固定翼飞机爬升的需用功率约等于势能变化率，而通过直升机旋翼增加的质量流量使爬升需用功率（相较于固定翼）减少了一半。同理，下降时旋翼效率很低，功率降低至仅相当于势能损失率的一半。这些简单的结论可以通过一级建模的动量理论来解释。然而，在大角度下降时，强非线性气动效应主导着配平（以及稳定性和响应）要求。

第 2 章和第 3 章讨论了涡环区域，提出简单动量理论在预测需用功率和响应特性方面的不足。另一方面，对于涡环和自转之间更高的下降速度，第 3 章还讨论了动量理论的经验修正，为旋翼入流动量方程提供了直升机模式和风车模式解之间的合理的插值。

海森（Heyson）在参考文献 4.3 中报告了直升机下滑飞行时的配平要求分析。在大角度下降，飞行速度约为悬停诱导速度的 1.5 倍时，增加下降速度的需用功率也增加了。如图 4-12 所示（摘自参考文献 4.3）说明了需用功率作为下滑角的函数在不同下滑角下对应的飞行速度。参考速度 w_h 和功率 P_h 值对应于悬停状态，否则计算结果比较笼统。在大角度下降（>60°）时，以恒定速度增加下降率需用功率会增加。

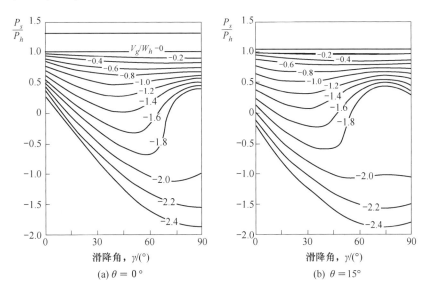

图 4-12　下滑飞行的需用功率（摘自参考文献 4.3）

图 4-12（b）为旋翼桨距增加到 15° 的功率曲线，显示了需用功率作为航迹角函数的扩展区域。海森（Heyson）将其与相关的响应特性称为功率调节，并对这种强非线性的操作意义进行了说明。引用海森的报告：

飞行员在大角度进近飞行时，通常会以地面为参照或使用航电系统进行飞行。虽然飞行员能感知侧风飘移，但对逆风或顺风的感知很差。即使是轻微的尾风，也能在相较于周围空气质量的下滑角与几何下滑角之间产生重大差异。图 4-12 显示了 γ，θ 和 V_G/w_h 的诸多组合，如果在最低功率点附近稳定飞行，由顺风引起的 γ 量仅改变 10° 或 15° 时，需用的轴安装功率会增加 50%～100%。在需用功率大幅增加的情况下，想要保持直升机稳定，需增加下滑角，并进一步增大需用功率。

通过以上关于大角度下降的分析，已进入了响应领域，显示了预测配平特性对飞行员飞行任务的重要性。在第 5 章和第 7 章将再次讨论这方面的内容。

预测所需配平操纵角，需用功率和各部件的稳定载荷，构成计算静态特性的基础，如飞行包线边界处的控制裕度、有效载荷、航程，以及侧滑飞行中尾梁上的极限载荷等。对这些参数做出准确估计（如精确到真实值的几个百分点以内），需要建立比上述分析中更详细的模型。主旋翼力是旋翼运动的一个更复杂的函数，在高速或高拉力系数条件下，气动特性具有很强的非线性。旋翼尾流对机身和尾翼力有显著的影响，尾桨的挥舞会使桨盘和拉力矢量发生倾斜，从而改变需用功率。某些情况下，这些都是不能被忽视的一阶效应。当然，这些要素耦合起来会破坏上述算法的简单顺序，导致更多潜在的收敛问题，这就需要更复杂的迭代方案。然而，简化理论就可以非常准确地实现趋势预测，配平控制曲线的特征形状就是证明。对基线配置微小的改动影响的检查，也可以为布局设计或飞行状态参数的敏感性分析提供有用的见解。

配平解决方案通常是唯一的，用一组固定的操纵位置来定义每个配平条件。配平研究中产生的一个问题是：如果飞机配平时受到少量的干扰，会发生什么？这个干扰可能是一个小的阵风或驾驶杆的轻微触碰。飞机是否会立即进入新的配平状态，恢复到原始的配平状态，还是以不稳定的方式脱离配平状态？这些问题不能从对配平方程的分析中得到答案；它们需要完整的运动学方程，从方程中确定航迹和机身姿态的时间变化趋势。虽然模拟全飞行包线通常需要完整的非线性方程，但可以使用稳定性和操纵导数的概念，将方程线性化后进行分析，从而找到关于小扰动影响的答案。

4.3 稳定性分析

动态系统的运动稳定性是一个非常直观的概念，它抓住了早期航空先驱们的想象力。支撑飞行稳定性的原型理论是在载人飞行的早期发展起来的（参考文献 4.2 和 4.4）。稳定和控制不太可能成为"搭档"（后者从前者的缺陷中获益）的观点在初期同样得到认可，因此，在考虑规定的驾驶工作时，临界稳定甚至不稳定实际上是一个有用的性质。从那时起，已经有许多关于稳定性和控制的文章，低速固定翼飞机稳定性的理论基础在早期直升机得到真正发展之前就已经有了很好的发展。

最初的直升机并不稳定，但在低速时出现轻微的不稳定可能是件好事，因为在这些早期的飞行器上，控制性能相当有限。虽然固定翼飞机已经发展起来，可以很容易地获得高水平的固有稳定性和控制协调水平，但直升机基本上仍然是固有不稳定的，需要一定程度的人工稳定，以确保在恶劣天气和根据仪表飞行（IFR）时的安全操纵。直升机为确保安全运行所需的稳定性程度是一个重要的飞行品质考虑因素，稍后将在第 6 章详细讨论。

理解直升机的飞行特性，理解它们为什么难以构建固有稳定性，并对许多奇异的动力特性做出合理的解释，不能仅仅通过推导第 3 章的方程，甚至不能通过建立仿真模型来实现。这些活动是必要的，但还不够。深入理解飞行特性的发展来自理论知识和实践知识之间的互动，强调实践和分析理论。对稳定性和控制的理解大多来自相对简单的理论近似，这些近似允许以参数形式表达因果关系。巧合的是，最早对固定翼和旋翼的稳定性和控制进行权威论述的文献发表于 1952 年（参考文献 4.2、4.5）。这两篇文章都用分析的方式处理至今仍然有效的基本概念。虽然我们对愈加复杂的空气动力学和飞机动力学的建模能力每年都在提高，但我们对事物为何会以这种方式发生的理解，本质上仍来源于简单的理论和良好物理理解的结合。

带着这些介绍，我们开始为这一节的稳定性（和操纵）这些复杂行为寻找简单近似装上了指路明灯。我们将大量借鉴线性动态系统理论，基本的向量矩阵理论方法，包括对特征分析的讨论，包含在附录 4A 中，以供不熟悉的读者参考。经典的飞机稳定性描述是静态和动态稳定性的概念，前者涉及扰动后的瞬时特性，后者涉及长期特性。这些都是有用的基本概念，特别是对于固定翼飞机，在一个简单的机械模拟中画出与刚度和阻尼的平行线，但在直升机运动的研究中纵向和横向运动之间的强耦合，区分彼此开始变得模糊。我们在此采取的观点是区分局部稳定和全局稳定——前者涉及配平条件下小扰动后运动的稳定，后者与更大的、潜在的无界运动有关。当然，无界运动只是一个理论概念，这种情况下最终问题很可能是强度而不是稳定性。分析工具对飞机大的非线性运动分析是有限的，往往是基于运动近似线性（即非线性较弱）的假设。因此，可以使用近似描述函数，或分析描述一些特殊形式的强非线性。

固定翼飞机的非线性分析受失速（包括严重失速）、自旋、惯性耦合和机翼颤振等现象的影响。由于需要了解这些情况下的飞行动力学，因此对能够预测各种偏离的分析方法进行了广泛的研究，特别是在 20 世纪 70 年代和 20 世纪 80 年代（文献 4.6）。直升机飞行动力学也有其本质上的非线性现象，包括涡环状态，主旋翼尾桨相互作用，旋翼失速和旋翼尾翼相互作用。对这些非线性问题所做的建设性分析工作要少得多，需要对许多富有潜在成果的研究领域多加关注。这些在固定翼分析中发展的方法将同样适用于直升机，正如基本线性分析技术的转换给直升机工程师在早期带来相当大的影响力，描述功能和差异的技术也将如此，这些功能和差异技术使人们能够深入了解固定翼战斗机的动力学。非线性问题比线性问题要困难得多，令人欣慰的是，非线性问题通常也要有趣得多，但迄今为止，关于非线性直升机飞行动力学的研究还很少。

本章我们将讨论范围限定于线性分析上，详细讨论经典的 6 自由度运动。这种近似水平通常适用于中低频率的操纵品质分析。6 自由度理论的基本假设是，高阶旋翼和入流动力学比机身运动快得多，可在典型的全机响应模型时间常数内达到稳态。本主题第 2 章导论已有阐述，其有效性条件见附录 4A。

4.3.1 线性化

由非线性形式描述的直升机运动方程，以式（4-35）给出

$$\dot{x} = \boldsymbol{F}(x,\ u,\ t) \qquad (4-35)$$

在 6 自由度形式中，运动状态和操纵量为

$$\boldsymbol{x} = \{u,\ w,\ q,\ \theta,\ v,\ p,\ \phi,\ r,\ \psi\}$$

式中 u、v 和 w 为附录 3A 所述的机体轴沿三个正交方向的平动速度；p，q 和 r 是关于 x，y，z 轴的角速度，θ，ϕ 和 ψ 是机体方向相对于地球的欧拉角。

操纵向量由主旋翼总距、纵向周期变距、横向周期变距和尾桨总距四部分组成

$$\boldsymbol{u} = \{\theta_0,\ \theta_{1s},\ \theta_{1c}\theta_{0T}\}$$

式（4-35）的展开式可写成式（4-36）与欧拉角公式（4-37）（式（3A-42）的反函数）的组合形式，如第 3 章和附录 3A 所示。

$$\begin{cases} \dot{u} = -(wq - vr) + \dfrac{X}{M_a} - g\sin\theta \\[2mm] \dot{v} = -(ur - wp) + \dfrac{Y}{M_a} + g\cos\theta\sin\phi \\[2mm] \dot{w} = -(vp - uq) + \dfrac{Z}{M_a} + g\cos\theta\cos\phi \\[2mm] I_{xx}\dot{p} = (I_{yy} - I_{zz})qr + I_{xz}(\dot{r} + pq) + L \\[2mm] I_{yy}\dot{q} = (I_{zz} - I_{xx})rp + I_{xz}(r^2 - p^2) + M \\[2mm] I_{zz}\dot{r} = (I_{xx} - I_{yy})pq + I_{xz}(\dot{p} - qr) + N \end{cases} \tag{4-36}$$

$$\begin{cases} \dot{\phi} = p + q\sin\phi\tan\theta + r\cos\phi\tan\theta \\[2mm] \dot{\theta} = q\cos\phi - r\sin\phi \\[2mm] \dot{\psi} = q\sin\phi\sec\theta + r\cos\phi\sec\theta \end{cases} \tag{4-37}$$

利用小扰动理论，假设在受扰运动期间，直升机的特性可以描述为来自配平的扰动，其形式为

$$\boldsymbol{x} = \boldsymbol{x}_e + \delta\boldsymbol{x} \tag{4-38}$$

线性化的基本假设是：外力 X，Y，Z 以及力矩 L，M，N 可以表示为受扰运动变量及其导数的解析函数。根据解析函数的泰勒公式含义，如果力和力矩函数（即气动载荷）及其所有导数在任意一点（配平条件）已知，则通过对函数在已知点附近的一系列展开，可以估计出该函数在其解析范围内的任何位置的特性。气动载荷和动载荷必须是运动和操纵变量的解析函数的要求通常是有效的，但也存在滞后和尖峰不连续等非解析特性的例子，在这种情况下过程会不可预测。线性化意味着忽略除展开式中的线性项外的所有项。线性化的有效性取决于力在小幅值下的行为。当运动和操纵扰动变得非常小时，显性效应应该是线性的。这些力可以写成近似形式

$$X = X_e + \frac{\partial X}{\partial u}\delta u + \frac{\partial X}{\partial w}\delta w + \cdots + \frac{\partial X}{\partial \theta_0}\partial\theta_0 +, \text{ etc.} \tag{4-39}$$

所有六个力和力矩都可以这样展开。线性近似还包含运动变化率和操纵变量随时间的变化率项，但我们最初忽略这些。偏导数的性质表明，它们是在其他所有自由度保持不变的情况下得到的——这只是线性假设的另一种形式。为进一步分析，去掉扰动符号，因此，用常用字母 u、v 和 w 等表示扰动变量，并将其导数写成如下形式

$$\frac{\partial X}{\partial u} = X_u, \quad \frac{\partial L}{\partial \theta_{1c}} = L_{\theta_{1c}}, \text{ etc.} \tag{4-40}$$

完整的 6 自由度线性化运动方程描述了一般配平条件下的受扰运动，可以写成

$$\dot{\boldsymbol{x}} - \boldsymbol{A}\boldsymbol{x} = \boldsymbol{B}\boldsymbol{u}(t) + \boldsymbol{f}(t) \tag{4-41}$$

其中附加函数 $f(t)$ 已包含在内，以表示大气和其他扰动。由式（4-40）可知，所谓的系统和操纵矩阵来自非线性函数 $\boldsymbol{F}$ 的偏导数，即

$$\boldsymbol{A} = \left(\frac{\partial \boldsymbol{F}}{\partial \boldsymbol{x}}\right)_{x=x_e} \tag{4-42}$$

和

$$\boldsymbol{B} = \left(\frac{\partial \boldsymbol{F}}{\partial \boldsymbol{u}}\right)_{x=x_e} \tag{4-43}$$

$$
A =
\begin{bmatrix}
X_u+Q_e & X_w & X_q-W_e & -g\cos\Theta_e & X_v+R_e & X_p & 0 & X_r+V_e \\
Z_u-R_e & Z_w & Z_q+U_e & -g\cos\Phi_e\sin\Theta_e & Z_v-P_e & Z_p-V_e & -g\sin\Phi_e\cos\Theta_e & Z_r \\
M_u & M_w & M_q & 0 & M_v & M_p-2P_eI_{xz}I_{yy}-R_e(I_{xx}-I_{zz})I_{yy} & 0 & M_r-2R_eI_{xz}I_{yy}-R_e(I_{xx}-I_{zz})I_{yy} \\
0 & 0 & \cos\Theta_e & 0 & 0 & 0 & -\Omega_a\cos\Theta_e & -\sin\Phi_e \\
Y_u-R_e & Y_w & Y_q & -g\sin\Phi_e\sin\Theta_e & Y_v & Y_p+W_e & g\cos\Phi_e\cos\Theta_e & Y_r-U_e \\
L'_u & L'_w & L'_q+k_1P_e-k_2R_e & 0 & L'_v & L'_p+k_1Q_e & 0 & L'_r-k_2Q \\
0 & 0 & \sin\Phi_e\tan\Theta_e & -\Omega_a\sec\Theta_e & 0 & 1 & 0 & \cos\Phi_e\tan\Theta_e \\
N'_u & N'_w & N'_q-k_1R_e-k_3P_e & 0 & N'_v & N'_p-k_3Q_e & 0 & N'_r-k_1Q_e
\end{bmatrix}
\tag{4-44}
$$

$$
B =
\begin{bmatrix}
X_{\theta_0} & X_{\theta_{1s}} & X_{\theta_{1c}} & X_{\theta_{0T}} \\
Z_{\theta_0} & Z_{\theta_{1s}} & Z_{\theta_{1c}} & Z_{\theta_{0T}} \\
M_{\theta_0} & M_{\theta_{1s}} & M_{\theta_{1c}} & M_{\theta_{0T}} \\
0 & 0 & 0 & 0 \\
Y_{\theta_0} & Y_{\theta_{1s}} & Y_{\theta_{1c}} & Y_{\theta_{0T}} \\
L'_{\theta_0} & L'_{\theta_{1s}} & L'_{\theta_{1c}} & L'_{\theta_{0T}} \\
0 & 0 & 0 & 0 \\
N'_{\theta_0} & N'_{\theta_{1s}} & N'_{\theta_{1c}} & N'_{\theta_{0T}}
\end{bmatrix}
\tag{4-45}
$$

在完全展开式中，系统和控制矩阵可以写成上面的式（4-44）和式（4-45）。式（4-44）忽略了航向角ψ，水平面上的飞行方向对于气动力或动力和力矩没有影响。导数以半归一化形式表示，即

$$X_u \equiv \frac{X_u}{M_a} \qquad (4-46)$$

其中M_a是飞机的质量，且

$$L'_p = \frac{I_{zz}}{I_{xx}I_{zz} - I_{xz}^2}L_p + \frac{I_{xz}}{I_{xx}I_{zz} - I_{xz}^2}N_p \qquad (4-47)$$

$$N'_r = \frac{I_{xz}}{I_{xx}I_{zz} - I_{xz}^2}L_r + \frac{I_{xx}}{I_{xx}I_{zz} - I_{xz}^2}N_r \qquad (4-48)$$

I_{xx}和I_{zz}表示滚转和偏航转动惯量（惯性矩），I_{xz}是滚转/偏航惯性积。式（4-44）中惯量项的k常数由下列表达式给出

$$k_1 = \frac{I_{xz}(I_{zz} + I_{xx} - I_{yy})}{I_{xx}I_{zz} - I_{xz}^2} \qquad (4-49)$$

$$k_2 = \frac{I_{zz}(I_{zz} - I_{yy}) + I_{xz}^2}{I_{xx}I_{zz} - I_{xz}^2} \qquad (4-50)$$

$$k_3 = \frac{I_{xx}(I_{yy} + I_{xx}) - I_{xz}^2}{I_{xx}I_{zz} - I_{xz}^2} \qquad (4-51)$$

除线性化的气动力和力矩外，式（4-44）还包含关于配平条件线性化的小扰动惯性效应、重力效应和运动效应，定义为：Φ_e，Θ_e，U_e，V_e，W_e，P_e，Q_e，R_e。

飞机的配平角速度根据式（4-29）~式（4-31）中的飞机的转弯速度给出。

式（4-41）是描述配平条件下稳定性和小运动响应的基本线性化形式。矩阵A和B中的系数表示力和力矩在配平点的斜率，反映了稳定性和操纵导数的严格定义。力和力矩表达式的解析微分是求导数精确值所必需的。在实践中，另外两种计算导数的方法更为常用，这导致了有限幅值运动的等效线性化。

第一种方法是与解析微分等价的数值微分法。力和力矩依次受到单侧或双侧状态的扰动，如图4-13所示。图4-13（b）中的假设说明了增加小扰动量的影响，其中强非线性与图4-13（a）所示的小扰动情况有显著差异。当小扰动减小到零时，数值导数将收敛到解析真值。如果在小幅值处存在明显的非线性，那么配平处的斜率可能不会在相关的幅值范围内给出力的最佳拟合。通常，较大的扰动值用于确保在特定应用中对相关运动幅度范围进行最佳的整体线性化，例如，速度为1m/s，操纵、姿态和速度为0.1rad。在每种情况下，重要的是估计相关范围内的非线性程度，因为使用的导数值可能对稳定性和响应特性有显著影响。

在更详细地研究导数本身之前，应该参考用于推导导数估计值的第二种数值方法。这涉及一个拟合或模型的匹配过程，即用线性模型结构来拟合非线性仿真模型的响应。该方法也可应用于飞行数据，并在常规航向-系统辨识下进行了描述。我们在第2章简要讨论了这种方法，在第5章我们将更关注它的应用。系统辨识方法寻求的是最佳的整体模型拟合，因此，在等效导数估计中将体现所有非线性和耦合的影响。状态不再是相互独立的；

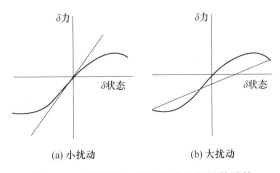

(a) 小扰动　　　　　　(b) 大扰动

图 4-13　通过后向-前向差分进行导数计算

相反，非线性模型或试验飞机由操纵激励，以便飞机以某种"最优"的方式响应，从而使导数的可辨识性最大化。导数作为一组整体变化，直到得到最佳拟合。这些估计值如何与纯解析和数值等效值之间的关系取决于诸多因素，包括非线性程度、响应状态之间的相关性以及试验数据中测量噪声的程度。在本章，我们将只讨论导数估计的解析和数值方法，并在第 5 章的应用中简要回到全局系统辨识方法。

4.3.2　导数

在标准的 6 自由度集中有 36 个稳定性导数和 24 个操纵导数。本节中，我们将讨论有限数量的较重要的导数及其随（飞机）构型和飞行条件参数的变化。所有三架参考飞机的完整数值导数如附录 4B.2 节中的图表所示。读者可能会发现，在展开讨论时参考这些数值导数是有用的。值得注意的是，附录 4B 中绘制的导数包括来自式（4-44）的惯性和引力效应。例如，参数 Z_q 和 Y_r 往往由前飞速度项 U_e 决定。每一个导数都由不同的飞机部件——主旋翼、机身等组成。鉴于旋翼在直升机飞行动力学中的主导地位，在下面的讨论中，我们将特别关注主旋翼导数，但肯定不是唯一的。三个最重要的旋翼倾斜盘变量是旋翼拉力 T 和两个多桨叶坐标倾斜盘倾斜角 β_{1c} 和 β_{1s}。在扰动运动时，这些旋翼状态将根据第 3 章（式（3-90）、式（3-65））推导出的代数关系而变化。考虑到旋翼拉力垂直于桨盘这一简单近似，对于较小的挥舞角，旋翼 X 和 Y 受力形式为

$$X_R = T\beta_{1c}, \quad Y_R = -T\beta_{1s} \tag{4-52}$$

对任意运动或操纵量的导数可以写成

$$\frac{\partial X_R}{\partial u} = \frac{\partial T}{\partial u}\beta_{1c} + T\frac{\beta_{1c}}{\partial u} \tag{4-53}$$

因此，旋翼力和力矩的导数与单个拉力和挥舞导数密切相关。许多导数是速度的强非线性函数，尤其是速度导数本身。这些导数同样是扰动运动期间下洗流变化的非线性函数，可以写成各种效应的线性组合，如拉力系数随前进比的变化，见式（4-54）

$$\frac{\partial C_T}{\partial u} = \left(\frac{\partial C_T}{\partial u}\right)_{\lambda=\text{const}} + \frac{\partial C_T}{\partial \lambda_0}\frac{\partial \lambda_0}{\partial u} + \frac{\partial C_T}{\partial \lambda_{1s}}\frac{\partial \lambda_{1s}}{\partial u} + \frac{\partial C_T}{\partial \lambda_{1c}}\frac{\partial \lambda_{1c}}{\partial u} \tag{4-54}$$

其中拉力系数 C_T 和 μ 被定义为

$$C_T = \frac{T}{\rho(\Omega R)^2\pi R^2}, \quad \mu = \frac{V}{\Omega R} \tag{4-55}$$

λ 是旋翼诱导入流分量，以谐波梯形的形式表示

$$\lambda_i = \frac{\omega_i}{\Omega R} = \lambda_0 + \frac{r}{R}(\lambda_{1s}\sin\psi + \lambda_{1c}\cos\psi) \qquad (4-56)$$

拉力系数关于 μ 的偏导数可以写成

$$\left(\frac{\partial C_T}{\partial \mu}\right)_{\lambda=\text{const}} = \frac{a_0 s}{2}\left[\mu\left(\theta_0 + \frac{\theta_{tw}}{2}\right) + \frac{\theta_{1sw}}{2}\right] \qquad (4-57)$$

第 3 章推导的旋翼力、力矩和挥舞方程用桨毂-风轴系的前进比表示。飞机重心的速度分量与旋翼面内和面外速度之间的关系在第 3 章 3A.4 节中给出。此处的目的并非推导导数的一般解析表达式，因此，除非对增强理解很重要，否则不必关注旋翼轴到机身轴转换的全部细节。

平动速度导数

速度扰动会引起旋翼挥舞、旋翼升力与阻力以及机身与尾翼周围气流的迎角和侧滑角的变化。虽然我们可以从第 3 章式（3-70）系列方程中看出，挥舞似乎是一个强非线性的前飞速度函数，但如图 4-10（a）所示，在中等前飞速度下，需要配平的纵向周期变距实际上是相当线性的。这就证明了在不同速度下配平挥舞所需的力矩是相当恒定的，因此主要的纵向挥舞导数随前飞速度也是相对恒定的。机体轴系与桨毂-风轴系之间的方位取决于轴倾斜、旋翼挥舞和侧滑角，因此在机体轴系中速度扰动 μ 会转换到旋翼轴系 μ_x、μ_y 和 μ_z 上，这使得解释复杂化。例如，旋翼力对 μ_z 的扰动响应远强于对平面内速度的响应，并且这个力仅通过小角度解析就能达到和平面内载荷相同的数量级。这一点在低速时的 X_u 导数和 Z_u 导数中得到证明，其初始趋势与前飞的总趋势相反。

导数 X_u，Y_v，X_v 和 Y_u（M_v 和 L_u）

X_u，Y_v，X_v 和 Y_u 这四个导数在低速时彼此密切相关。它们在图 4-14 中表现为 Lynx 直线飞行和水平飞行时速度的函数。在高速飞行时，耦合导数相当小，直接力阻尼 X_u 和 Y_v 与速度几乎呈线性关系，分别反映了旋翼-机身组合的阻力和横向力。悬停和低速时，这四个导数的大小相同。航向导数主要是由于桨盘在受 u 和 v 扰动后向尾部和左侧倾斜，见式（4-53）。耦合导数不太明显，我们必须研究第 3 章中描述的非均匀入流理论，以解释为什么 X_v 和 Y_u 的值甚至在前飞速度 40kn 时也惊人的大。悬停状态下前飞速度 u 的扰动会导致尾流角 χ 的剧烈变化（式（3-145））和不均匀入流 λ_{1c}。从式（3-144）中可以近似地得到桨盘后部入流量的增加

$$\frac{\partial \lambda_{1c}}{\partial \mu} \approx \frac{1}{2} \qquad (4-58)$$

前飞速度每增加 1m/s，桨盘后部的下洗气流就增加 0.5m/s。入流沿桨叶半径线性变化导致入流角均匀变化，因此，周期变距在悬停时的效果完全相同。旋翼对纵向入流角分布的直接响应是桨盘侧倾 β_{1s}。横向挥舞随入流的导数可由式（3-71）导出，即

$$\frac{\partial \beta_{1s}}{\partial \lambda_{1c}} = -\frac{1}{1+S_\beta^2}, \quad S_\beta = \frac{8(\lambda_\beta^2 - 1)}{\gamma} \qquad (4-59)$$

其中刚度以挥舞频率比和洛克数表示。

目前直升机的刚度值范围在 0.3 左右，因此，式（4-58）中横向挥舞导数接近整数，在前飞速度 1m/s 的扰动下，倾斜盘向右倾斜约 0.2°~0.3°，这取决于旋翼转速。可以用

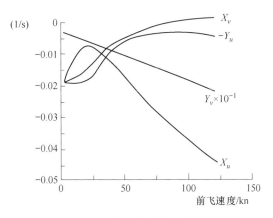

图 4-14 力/速度导数随前飞速度的变化

类似的理论来解释 X_v 的低速变化，同样的效果也反映在力矩导数 M_v 和 L_u 上。这些非均匀入流的变化可能会影响低速时横向和纵向运动的耦合。在稍后讨论自然运动模态时将再回到这个主题。

导数 M_u 和 M_w

　　所谓的速度和迎角静稳定性导数 M_u 和 M_w 对纵向稳定性和操纵品质有重要影响。对于低亚声速飞行的固定翼飞机，速度稳定导数几乎为零——所有的气动力矩都与动压成正比，其导数与气动俯仰力矩的配平值成正比，即"0"。对于直升机，由于速度变化引起的主旋翼力矩在整个速度范围内大致恒定，但机身和尾翼上的气动载荷是前飞速度的强函数。特别是，水平尾翼上的正常载荷在重心产生了强大的俯仰力矩，这个分量对 M_u 的贡献与尾翼的配平载荷成正比。如图 4-15 比较了 Lynx 和 Puma 两种静稳定导数随速度的变化情况。相对于 Puma、Lynx 的 M_u 增加了四倍，这是由于在相同的速度扰动下，无铰链旋翼产生了更高的旋翼力矩。两架飞机均表现出速度静稳定性，前飞速度的增加会导致桨盘向后挥舞，同时也会增加尾翼向下的载荷，从而导致俯仰力矩和速度下降。这种正向（明显）的速度稳定性对于前飞时良好的操控品质非常重要（见第 6 章），但会降低悬停和前飞时的动态稳定性（见下文关于自然模态稳定性部分）。对比两架飞机的迎角稳定性导数 M_w，可以看到：相似的数量级，但是 Lynx 表现出不稳定性，而 Puma 是稳定的。这

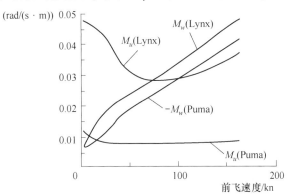

图 4-15 纵向静稳定导数随前飞速度的变化

个导数在第 2 章有详细的讨论（见图 2-25 和 2-26）。前飞时，正常速度 w 的正扰动，在前进方向上引起的升力比在后退方向上引起的升力要大。桨盘向后挥舞，产生一个正向的、上仰的、不稳定的俯仰力矩。这种效应在铰接旋翼（Puma）和无铰链旋翼（Lynx）之间的性质没有变化，但其大小是由桨毂刚度决定的。俯仰力矩主要有三个来源——主旋翼、尾翼和机身（见图 4-16），如式（4-60）所示。

$$M = M_{R} + M_{tp} + M_{f} \tag{4-60}$$

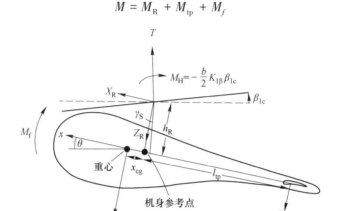

图 4-16　飞机重心处俯仰力矩示意图

在非常近似的形式下，旋翼力矩可以写成与桨盘倾角和旋翼拉力成正比的力矩的组合，即

$$M \approx -\left(\frac{N_b}{2}K_\beta + h_R T\right)\beta_{1c} - (x_{cg} + h_R \gamma_s)T + (l_{tp} + x_{cg})Z_{tp} + M_f \tag{4-61}$$

旋翼、尾翼和机身的俯仰力矩如图 4-16 所示。尾翼对 M_w 的贡献总是稳定的——随着迎角正向变化，尾翼升力增加（Z_{tp} 减小），从而产生机头俯仰力矩。在参考文献 4.7 中概述了水平尾翼对导数 M_w 和直升机俯仰稳定性的重要性，并讨论了 YUH-61A 尾翼的尺寸。机身的贡献几乎总是不稳定的，通常机身的气动中心在重心的前方。主旋翼的总体贡献取决于式（4-61）中前两项之间的平衡。我们规定，桨盘总是以 w 的正向（向上的）扰动向后挥舞，但是拉力也会增加；因此，第二项由于重心和拉力的偏移，前重心和轴前倾的构型是稳定的。在固定翼飞机中，重心与整个飞机气动中心之间的距离称为静态裕度，这是固定翼飞机的主要影响。对于小偏置铰接式旋翼，其重心在轴的正上方，拉力偏置效应可与式（4-61）中的桨毂力矩项一样大，导致旋翼的整体力矩相当小，这是 Puma 的情况，其基线配置位于前重心；此外，挥舞铰链偏移量仅为旋翼半径的 3.8%。对于后重心无铰旋翼，拉力偏置和桨毂力矩均不稳定，桨毂力矩主要由挥舞引起。当速度在 40kn 以上时，这三种对迎角稳定性的贡献近似呈线性变化。如图 4-17 所示说明了在 120kn 高速条件下，不同部件对 M_w 的贡献。Lynx 这三个部件的整体量级都更大，与 Puma 相比，Lynx 的俯仰惯性矩（使导数正常化）要小得多。

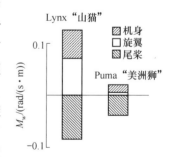

图 4-17　Lynx（"山猫"）和 Puma（"美洲豹"）在 120kn 时对静稳定性导数 M_w 的贡献

导数 M_w，M_v 和 M_v

在将俯仰力矩导数与速度分开之前，还应该注意到尾翼的迎角是机身迎角和尾翼处主旋翼下洗效应的组合，当用 w 扰动力和力矩时，通常会考虑这种效应；旋翼拉力和下洗气流会发生变化，导致尾翼迎角扰动。尾翼处下洗气流的大小取决于尾翼和旋翼之间的距离。令机身迎角为 α_f，μ 为前进比，λ_{tp} 为尾翼处下洗气流，可以把尾翼的迎角写成

$$\alpha_{tp} = \alpha_f - \frac{\lambda_{tp}}{\mu} \tag{4 - 62}$$

尾翼在 t 时刻的下洗气流，在更早的 $t - \ell_{tp}/U_e$ 时刻产生于桨盘处。假设这个时间增量与响应时间相比很小，可以写作

$$\lambda_{tp}(t) \approx k_{tp}\lambda\left(t - \frac{\ell_{tp}}{U_e}\right) \approx k_{tp}\left(\lambda(t) - \frac{d\lambda}{dt}\frac{\ell_{tp}}{U_e}\right) \tag{4 - 63}$$

其中 k_{tp} 为下洗气流的放大系数。因此，尾翼的迎角很明显取决于旋翼入流随时间的变化率。应用小扰动理论，可以将下洗加速度写成飞机状态和操纵量变化率的线性组合，即

$$\frac{d\lambda}{dt} \approx \frac{\partial \lambda}{\partial \theta_0}\dot{\theta}_0 + \frac{\partial \lambda}{\partial w}\dot{w} + \cdots \tag{4 - 64}$$

因此，在纵向运动中出现了加速度等导数，如 $M_{\dot{w}}$，其解析表达式从拉力系数和均匀入流方程推导而来，相对简单。由于非均匀入流和尾流收缩，使整体效应复杂化，降低了上述简单近似的有效性。这种物理机理与固定翼飞机非常相似，飞机尾部的下洗气流滞后完全归因于主机翼的迎角变化，导致了有效的加速度导数。尾翼处下洗气流的任何横向变化将导致偏航操纵时俯仰力矩的改变。在参考文献 4.8~4.10 中进行了这种影响的讨论，其中相对简单的水平尾流模型在由侧滑引起的俯仰力矩建模中非常有效（见第 3 章），从而使导数 M_v 和 $M_{\dot{v}}$ 与小扰动 w 的效应类似。

导数 Z_w

升降阻尼导数 Z_w 在本书的（第 2 章）导论部分和本章前面已经有过一些深入的讨论。虽然机身和尾翼有助于高速飞行，但主旋翼往往在整个飞行包线中主导着 Z_w，可以用式（4-65）中的拉力系数导数近似

$$Z_w = -\frac{\rho(\Omega R)\pi R^2}{M_a}\frac{\partial C_T}{\partial \mu_z} \tag{4 - 65}$$

拉力系数和均匀入流 λ_0 的表达式在第 3 章（式 3-90）中已推导，由以下方程式（4-66）和式（4-67）的形式给出

$$C_T = \frac{a_0 s}{2}\left[\theta_0\left(\frac{1}{3} + \frac{\mu^2}{2}\right) + \frac{\mu}{2}\left(\theta_{1s_w} + \frac{\bar{p}_w}{2}\right) + \left(\frac{\mu_z - \lambda_0}{2}\right) + \frac{1}{4}(1 + \mu^2)\theta_{tw}\right] \tag{4 - 66}$$

$$\lambda_0 = \frac{C_T}{2\sqrt{[\mu^2 + (\lambda_0 - \mu_z)^2]}} \tag{4 - 67}$$

因此，拉力系数与法向速度分量 μ_z 成正比，正如假设的线性空气动力学所期望的那样，但垂直扰动下的诱导入流也将有所不同，如下式

$$\frac{\partial C_T}{\partial \mu_z} = \left(\frac{\partial C_T}{\partial \mu_z}\right)_{\lambda=0} + \frac{\partial C_T}{\partial \lambda}\frac{\partial \lambda}{\partial \mu_z} = \frac{a_0 s}{4}\left(1 - \frac{\partial \lambda}{\partial \mu_z}\right) \qquad (4-68)$$

在表 4-2 中可以得到悬停和前飞（$\mu > 0.15$）时升降阻尼的良好近似。

可以看到，旋翼桨叶载荷定义为飞行器质量除以桨叶面积（M_a/A_b），是决定悬停和前飞时升降阻尼的一个非常重要的参数。导数 Z_w 表示垂直突风后的初始加速度，与桨叶载荷成反比（见第 2 章，式（2-63））。与同等重量的固定翼飞机相比，旋翼机的典型桨叶载荷要高得多，部分原因是 Z_w 值较小，因此前飞时直升机的突风敏感度较低。第二个主要因素是升降阻尼随速度的变化。表 4-2 中前飞近似值与如图 4-18 所示的 Lynx 仿真模型值进行了对比：在较高的前进比下，10% 的差异是由于机身和尾翼的不同造成的。在较高的速度下，这种变化趋于平稳，而固定翼飞机的阵风敏感性继续随速度线性增加（见图 2-28）。正如第 2 章所讨论的，直升机阻尼项渐近特性的原因是随着速度的增加，载荷的谐波分布增加。拉力系数可以写成

$$\frac{2C_T}{a_0 s} = \int_0^1 (\overline{U}_T^2 \theta + \overline{U}_P \overline{U}_T)\,\mathrm{d}\bar{r} \qquad (4-69)$$

表 4-2 升降阻尼导数 Z_w 近似值

悬停	前飞
$v_{i_0}^2 \approx \dfrac{T}{2\rho A_d}$	$v_{i\mu} \approx \dfrac{T}{2\rho A_d V'}$
$\dfrac{\partial C_T}{\partial \mu_z} \approx \dfrac{2a_0 s\lambda_0}{16\lambda_0 + a_0 s}$	$\dfrac{\partial C_T}{\partial \mu_z} \approx \dfrac{2a_0 s\mu}{8\mu + a_0 s}$
$Z_w \approx -\dfrac{2a_0 A_b \rho(\Omega R)\lambda_0}{(16\lambda_0 + a_0 s)M_a}$	$Z_w \approx -\dfrac{\rho a_0 \mu(\Omega R)A_b}{2M_a}\left(\dfrac{4}{8\mu + a_0 s}\right)$

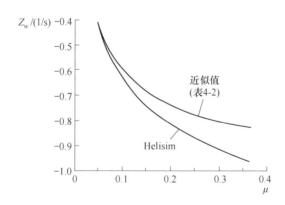

图 4-18 Lynx Z_w 近似值与"精确"结果的比较

面内速度分量和法向速度分量可近似表示为

$$\overline{U}_T \approx \bar{r} + \mu\sin\psi, \quad \overline{U}_P = \mu_z - \lambda_i - \mu\beta\cos\psi - \bar{r}\beta' \qquad (4-70)$$

因此，式（4-69）中展开的拉力谐波分量定义了到达机身的准稳态和振动载荷水平。

w 中的扰动出现在式（4-69）括号中的第二项。随着前飞速度线性增加的分量也是每转加载一次。因此，当转速为零或准稳态项在较高转速下趋于稳定时，每转 N_b（其中 N_b 为桨叶数）突风的振动响应继续增加。虽然这些载荷不会导致明显的航迹或姿态变化，也不太可能导致操纵问题，但它们确实会影响整机的乘坐品质。在第 5 章将进一步讨论飞行品质的一般问题。

导数 L_v，N_v

其余的速度导数属于横/航向自由度，其中最重要的是侧滑导数——上反效应导数 L_v 和方向稳定性导数 N_v。当侧滑增加时，这两个力矩的大小决定了横/航向的静稳定性。N_v 为正时稳定，L_v 为负时稳定。两者对旋翼机的作用与固定翼飞机相同，但对于旋翼机，新增了部件尾桨，它对这两者的贡献都很大。尾桨对上反效应贡献的大小取决于尾桨高于飞机重心的程度。如果气动中心与重心垂直偏移，机身也会对 L_v 产生影响，就像深机身蒙皮通常会产生负的 L_v 分量。主旋翼通常是主要的影响因素，特别是无铰链旋翼直升机，所有主旋翼力矩均与旋翼刚度成比例放大。悬停过程中，导数 L_v 是由类似于俯仰导数 M_u 的气动力产生的，随着前飞速度的增加，一些基本的相似性仍然存在。当桨叶受到速度扰动时，前行桨叶升力增大，后行桨叶升力减少，每转一次的挥舞响应大约发生在方位角 90° 附近，为横向速度扰动产生一个左滚转力矩（旋翼顺时针为右），为响应纵向速度扰动提供向上的俯仰力矩。挥舞响应的大小取决于旋翼刚度、洛克数以及旋翼桨叶上的配平升力。检验挥舞导数可以参考第 3 章的式（3-70）~式（3-72）。悬停时，可以写成

$$\left(\frac{\partial \beta_{1s}}{\partial \mu_y}\right)_{\mu=0} = -\left(\frac{\partial \beta_{1c}}{\partial \mu_x}\right)_{\mu=0} = \frac{\gamma}{8\lambda_\beta^2}\eta_\beta\left\{\frac{4}{3}\left(S_\beta + \frac{16\lambda_\beta^2}{\gamma}\right)\theta_0 + \left(\left(\frac{4}{3}\right)^2 S_\beta + \frac{16\lambda_\beta^2}{\gamma}\right)(\mu_z - \lambda_0)\right\}$$

$$(4-71)$$

对于铰接旋翼在桨毂中心的特殊情况，挥舞响应仅取决于桨叶上的配平升力，即

$$\left(\frac{\partial \beta_{1s}}{\partial \mu_y}\right)_{\mu=0} = \frac{8}{3}\theta_0 - 2\lambda_0 \qquad\qquad (4-72)$$

因此，由于挥舞响应和相关桨毂力矩的反转，在旋翼低拉力和负拉力的情况下，上反效应可能会潜在地改变飞机在使用飞行包线之外的"跷跷板"旋翼的特征。

直升机航向稳定性导数 N_v 对直升机的静、动稳定性均有重要影响，主要贡献部件是尾桨、垂直安定面和机身。通常机身压力中心在重心之前时不稳定；尾桨和垂直安定面都是起稳定作用的（即正的 N_v）。在中等前飞速度以前，所有这些都是与速度近似线性的。然而，尾桨的贡献与主旋翼的升降阻尼相似，主要原因是尾桨拉力随桨盘法向速度的变化而变化，在高速时趋于平稳，垂直安定面和机身的贡献在正向和负向上不断增加。航向稳定性受尾桨 δ_3 角的强烈影响（见第 3 章，3.2.2 节），使桨距作为桨叶挥舞的函数而降低。在 Lynx 的四叶尾桨上，尾桨拉力的变化引起旋翼锥度的变化，从而导致尾桨总距的变化。图 4-19 所示比较了 Lynx 包含与不包含 δ_3 时的导数 N_v，表明了在高速时 δ_3 造成 N_v 减少约 40%。

对于 Lynx，N_v 的低速值往往由惯性耦合与滚转（因此上反效应 N_v 更强）通过惯性积 I_{xz} 决定（见式（4.48））。尾桨对航向稳定性的影响降低，使得垂直安定面对方向稳定性的贡献更加重要。对于高尾桨直升机，垂直安定面也支撑着尾桨传动轴，并具有较大的厚度。具有这一特性的翼型截面在较小的迎角时，升力线斜率呈平坦甚至反转的趋势（参考

文献 4.11）。在这种情况下，由侧滑引起的偏航力矩与侧滑速度呈较强的非线性关系。参考文献 4.12 讨论了 Puma 的这种特性及其对稳定性的影响，垂直安定面气动力概述见附录第 4B.1 节。如图 4-20 所示显示了在 120kn 的配平速度下，Puma N_v 值如何随速度扰动的大小而变化。在小幅值时，扰动高达约 5m/s（对应约 5°的侧滑），垂直安定面对航向稳定性没有贡献。随着扰动增加到 30m/s（对应约 30°侧滑），N_v 增加了 10 倍。这种非线性对稳定性和响应的影响将在后面讨论，显然，在线性化过程中需要考虑这种非线性特性。

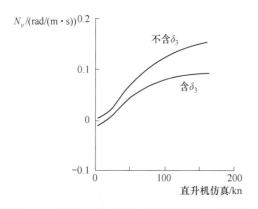

图 4-19　尾桨 δ_3 角对方向稳定性导数 N_v 的影响　　图 4-20　Puma 导数 N_v 随 "v" 速度扰动的变化

导数 N_u，N_w，L_u，L_w

这四个导数对直升机低频纵向和横向运动耦合起着重要作用。偏航力矩导数主要来源于主旋翼扭矩随速度扰动的变化，但也有垂直安定面的影响（N_u），类似于水平安定面对 M_u 的贡献。由于扭矩对垂直速度的变化类似于直接控制耦合——总距输入对扭矩的变化，因此 N_w 效应可能相当显著。L_u 效应反映了横向周期变距随配平前飞速度所发生的改变，主要受低速时主旋翼效应的影响。前飞速度扰动增加了（锥形）桨盘前向部分的迎角，降低了后向的迎角。因此，对于逆时针方向的旋翼，桨盘将向右侧倾斜（对于顺时针方向的旋翼，桨盘将向左侧倾斜）。随着前飞速度的增加，四个导数呈现出相似的趋势，主导主旋翼分量的是轴倾斜和惯性积。

角速度导数

对滚转、俯仰和偏航角速度导数的讨论涵盖了三个不同组——力导数、滚转和俯仰引起的滚转/俯仰力矩导数，以及偏航和俯仰引起的滚转/偏航导数。第一组导数在系统矩阵（式（4-44））中与配平惯性速度分量位置相同。在某些情况下，惯性速度占主导地位，因此气动效应可以忽略不计（如 Z_q、Y_r）。其他情况下，气动效应对主响应特性很重要。两个这样的例子是 X_q 和 Y_p。

导数 X_q 和 Y_p

这些导数主要由主旋翼的贡献决定。对于跷跷板旋翼和低挥舞铰接偏置旋翼，旋翼桨毂 X 和 Y 力的变化是影响飞机重心俯仰力矩和滚转力矩的主要因素。因此，X_q 和 Y_p 导数对飞机俯仰和滚转阻尼有显著影响。这两种导数的基本物理效应是相同的，可以通过对悬停飞行中"跷跷板"旋翼的分析来理解。假设拉力在操纵过程中垂直作用于桨盘，且忽略较小的阻力，则旋翼 X 力可表示为拉力矢量的倾斜度

$$X = T\beta_{1c} \tag{4-73}$$

俯仰角速度导数仅与俯仰角速度的挥舞导数相关。当飞机俯仰时，桨盘滞后于轴，滞后量与俯仰角速度成正比。这种效应在第 3 章进行了建模，并在式（3-71）和（3-72）中建立了关系。对于零弹簧刚度的中心铰接旋翼，桨盘滞后于轴的量由以下表达式给出

$$\frac{\partial \beta_{1c}}{\partial q} = \frac{16}{\gamma \Omega} \tag{4-74}$$

洛克数 γ 是作用于旋翼桨叶上的气动力与惯性力的比值，因此，在展弦比较低的重型桨叶上，桨盘的挥舞会更大。由式（4-74）可知，俯仰过程中的力在重心附近产生一个与俯仰角速度相反的俯仰阻尼力矩。然而，拉力仍然垂直于桨盘的假设忽略了由于升力矢量的倾斜度对单个桨叶截面所产生的面内升力的影响。为了更详细地检查这种影响，需要回顾第 3 章式（3-88）~式（3-99）中旋翼桨毂力的表达式。仅考虑纵向运动，从而降低桨毂-阵风的修饰，归一化的旋翼力 X 可表示为

$$\left(\frac{2C_x}{a_0 s} \right) = \frac{F_0^{(1)}}{2} \beta_{1c} + \frac{F_{1s}^{(2)}}{2} \tag{4-75}$$

式（4-75）的第一项表示桨盘倾斜时前后桨叶对 X 力的贡献，与下列表达式中旋翼拉力系数有关

$$F_0^{(1)} = -\left(\frac{2C_T}{a_0 s} \right) \tag{4-76}$$

这种效应只占式（4-73）中给出近似值的一半。额外的影响来自水平位置的旋翼桨叶，此处的贡献来自面内升力的倾斜，即

$$F_{1s}^{(2)} = \left(\frac{\theta_0}{3} - \lambda_0 \right) \beta_{1c} - \frac{\lambda_0}{2} \theta_{1s} \tag{4-77}$$

悬停俯仰操纵时，俯仰周期变距可表示为（见式（3-72））

$$\theta_{1s} = -\beta_{1c} + \frac{16}{\gamma \Omega} q \tag{4-78}$$

将式（4-78）代入式（4-77）再代入式（4-75），力的导数可以写成这种形式

$$\frac{\partial C_x}{\partial q} = C_T \left(1.5 - \frac{\theta_0}{12 C_T / a_0 s} \right) \frac{\partial \beta_{1c}}{\partial q} = C_T \left(1.5 - \frac{\theta_0}{12 C_T / a_0 s} \right) \frac{16}{\gamma \Omega} \tag{4-79}$$

可以看出总距操纵时，由于桨叶处于横向位置时的面内载荷，拉力相对于桨盘是倾斜的。式（4-79）中给出的比例系数在悬停时减小到

$$\left(1.5 - \frac{\theta_0}{12 C_T / a_0 s} \right)_{hover} = \left(1 - \frac{a_0 s}{8 \sqrt{2 C_T}} \right) \tag{4-80}$$

这被描述为"阿默尔（Amer）效应"（参考文献 4.13），进一步的讨论可以在Bramwell（参考文献 4.14）和 Sissingh（参考文献 4.15）早期的论文中找到。虽然分析仅限于悬停，但在中等前飞速度下，式（4-79）中的近似值相当准确。这种效应在高总距和低拉力的情况下最为明显，例如，高功率爬升，其中旋翼阻尼可以减少多达 50%。在自转过程中，阿默尔（Amer）效应几乎消失。这种效应在倾转旋翼机的固定翼飞机模式下最为明显，我们将在第 10 章中对此进行探讨。

导数 M_q，L_p，M_p，L_q

直接阻尼导数和耦合阻尼导数是系统矩阵中最重要的一类。主阻尼导数反映了短周期、小、中幅值、操纵特性，而耦合阻尼在俯仰-滚转和滚转-俯仰耦合上起主导作用。它们是操纵品质方面最有效的导数，但由于它们与短周期旋翼稳定性和响应密切相关，故将其作为操纵参数可能不可靠。我们将在后面第5章讨论这个问题，并在第7章进行更详细的分析，首先我们探索构成这些导数的许多物理机理。第2章在介绍旋翼动力学基本概念时，已经对滚转阻尼导数进行了讨论。读者可参阅导览（第2.3节）进行复习。

以俯仰力矩为例，我们可以把相对于重心的旋翼力矩近似表示为

$$M_R = -\left(N_b \frac{K_\beta}{2} + Th_R\right)\beta_{1c} \qquad (4-81)$$

式中：K_β 是挥舞刚度；T 是旋翼拉力；h_R 是旋翼距重心的垂直位移。在这个简化分析中，忽略了由旋翼面内载荷引起的力矩，我们在本节稍后讨论这些力矩的影响。因此，旋翼力矩有两个分量，一个是由于拉力矢量从重心倾斜产生的力矩，另一个是由实际或有效旋翼刚度引起的桨毂力矩。有效刚度来自任意挥舞铰链偏移，其中桨毂力矩由挥舞铰链处桨叶升力切力的偏移产生。根据式（4-81），旋翼力矩与桨盘倾斜成比例，与桨盘倾斜等相位（对于中心弹簧旋翼）。两个分量的相对贡献取决于旋翼刚度。桨毂俯仰力矩可按照式（4-82）展开（见式（3-104）、式（3-105））

$$M_h = -N_b \frac{K_\beta}{2}\beta_{1c} = -\frac{N_b}{2}\Omega^2 I_\beta(\lambda_\beta^2 - 1)\beta_{1c} \qquad (4-82)$$

相应地，滚转力矩可表示为

$$L_h = -N_b \frac{K_\beta}{2}\beta_{1s} = -\frac{N_b}{2}\Omega^2 I_\beta(\lambda_\beta^2 - 1)\beta_{1s} \qquad (4-83)$$

桨毂力矩导数可直接从挥舞导数中导出。由准定常假设，在机身开始移动前，桨盘倾斜达到其稳态值，挥舞导数可从式（3-72）的矩阵中求出。因此，悬停时，在挥舞效应对称的情况下，可以表示为

$$\frac{\partial \beta_{1c}}{\partial \bar{q}} = \frac{\partial \beta_{1s}}{\partial \bar{p}} = \frac{1}{1 + S_\beta^2}\left(S_\beta + \frac{16}{\gamma}\right) \qquad (4-84)$$

$$\frac{\partial \beta_{1c}}{\partial \bar{p}} = \frac{\partial \beta_{1s}}{\partial \bar{q}} = \frac{1}{1 + S_\beta^2}\left(S_\beta + \frac{16}{\gamma} - 1\right) \qquad (4-85)$$

刚度 S_β 值由式（4-59）给出。

第2章讨论了式（4-84）和式（4-85）中挥舞阻尼导数随基本刚度和洛克数的变化（见图2-21（b）和（c））。对于刚度值为0.4左右的直升机，与目前大多数直升机的实际使用极限相对应，直接挥舞导数相当恒定，因此无铰旋翼直升机与跷跷板旋翼直升机的挥舞方式基本相同。洛克数对直接挥舞运动的影响更为明显。观察耦合导数，可以发现在相同的刚度范围内的线性变化，具有低洛克数的旋翼经历符号反转。如附录4B.2节中的导数图表所示，Bo105型直升机上出现了这种效应，其中洛克数为5，刚度为0.4左右，导致由于俯仰角速度 L_q，实际抵消了滚转力矩。旋翼洛克数对俯仰滚转的耦合起着至关重要的作用。

根据第3章的挥舞动力学理论，我们可以解释挥舞导数中这两项的存在。挥舞和旋翼

阻尼主要源自式（4-84）括号中的第二项，由旋翼俯仰时的挥舞气动力矩引起（方位角位置90°和270°）。由于这些方位角的气动力作用，旋翼桨盘进动，并以（$16/\gamma\Omega$）×俯仰角速度的角度滞后于旋翼轴。耦合的主要机理是当旋翼俯仰或滚转时产生每转一次气动升力的变化，如式（4-85）中的第二项所示，增加有效的周期变距。这两种效应相对旋翼刚度的变化不敏感。式（4-84）和式（4-85）中附加项 S_β 是由于挥舞响应与所施加的气动载荷相位差小于90°。由于气动效应的直接作用，产生的纵向和横向挥舞分别耦合成横向挥舞和纵向挥舞。由于直接挥舞导数通过气动载荷与挥舞响应之间的相位角符号提供了一个耦合意义上的分量，因此对耦合的影响尤其强烈。

将式（4-82）、式（4-83）中桨毂力矩与挥舞导数结合，可推导出旋翼桨毂力矩导数对于 S_β 小值的半归一化近似表达式

$$(M_q)_h \approx - \frac{N_b S_\beta I_\beta \Omega}{I_{yy}}\left(1 + S_\beta \frac{\gamma}{16}\right) \tag{4-86}$$

$$(L_p)_h \approx - \frac{N_b S_\beta I_\beta \Omega}{I_{xx}}\left(1 + S_\beta \frac{\gamma}{16}\right) \tag{4-87}$$

$$(L_q)_h \approx - \frac{N_b S_\beta I_\beta \Omega}{I_{xx}}\left(S_\beta - \frac{\gamma}{16}\right) \tag{4-88}$$

$$(M_p)_h \approx - \frac{N_b S_\beta I_\beta \Omega}{I_{yy}}\left(S_\beta - \frac{\gamma}{16}\right) \tag{4-89}$$

因此，桨毂力矩导数按刚度数进行缩放，但在其他方面与挥舞导数遵循相同的行为。它们也随着桨叶数量和转速的增加而增大。比较桨毂力矩与拉力倾角对旋翼导数的影响很有意义。对于 Lynx，桨毂力矩约占总距和滚转阻尼的80%。对于 Puma，总的大小为 Lynx 直升机的25%，这一比例接近30%。旋翼挥舞刚度对所有桨毂力矩导数有如此强大的影响，反映在 Lynx 和 Puma 上的 S_β 值分别为0.22和0.044。从附录4B.2导数图表中可以看出，除桨毂阻尼外，上述大部分速度导数在转速范围内相当恒定，反映了旋翼对等效周期变距的变化响应随转速变化不敏感。水平尾翼对俯仰滚转阻尼导数 M_q 的稳定性也有显著的贡献，在高速下约占总阻尼的40%。

在离开滚转和俯仰力矩导数之前，重要的是考虑飞机面内载荷对机身力矩的影响。之前关于力导数 X_q 和 Y_p 的讨论中，我们已经看到尤其是在低拉力飞行条件下的跷跷板旋翼，Amer 效应是如何有效地降低旋翼阻尼。另一个影响来自相对于轴的面内载荷的方向，当桨盘以每转一拍的速度倾斜时，其效果如图4-21所示，旋翼扭矩的方向分量为横向挥舞的俯仰力矩（纵向挥舞的滚转力矩也是相同的效果）。桨毂力矩增量可表示为稳定力矩分量与桨盘倾角的乘积；因此，对于四叶旋翼

$$(\delta L)_{torque} = - \frac{Q_R}{2}\beta_{1c} \tag{4-90}$$

$$(\delta M)_{torque} = \frac{Q_R}{2}\beta_{1s} \tag{4-91}$$

这些力矩与拉力倾角矢量和桨毂力矩结合，得出旋翼总力矩。

为了检验这三种效应对导数的贡献，我们比较了 Puma 和 Lynx 的分解情况。利用 Helisim 模型预测 Puma 和 Lynx 的悬停扭矩分别为31000N·m 和18000N·m。相应的旋翼

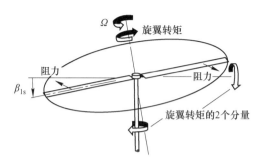

图 4-21　旋翼转矩轴向倾斜引起旋翼桨毂耦合源

拉力为 57000N 和 42000N，有效弹簧刚度为 48000（N · m）/rad 和 166000（N · m）/rad。由此得到的导数分解可以写成这种形式

$$M_q = -6.62 \frac{\partial \beta_{1c}}{\partial q} + 0.46 \frac{\partial \beta_{1s}}{\partial q}, \ M_q = -27.82 \frac{\partial \beta_{1c}}{\partial q} + 0.66 \frac{\partial \beta_{1s}}{\partial q} \qquad (4-92)$$

$$M_p = -6.62 \frac{\partial \beta_{1c}}{\partial p} + 0.46 \frac{\partial \beta_{1s}}{\partial p}, \ M_q = -27.82 \frac{\partial \beta_{1c}}{\partial q} + 0.66 \frac{\partial \beta_{1s}}{\partial p} \qquad (4-93)$$

　　扭矩对直接阻尼导数的影响可以忽略不计。在耦合导数的情况下，这种影响似乎只针对铰接旋翼，其次只针对桨叶非常轻的旋翼（参见图 2-21（b）和（c）中的低洛克数情况）。

导数 N_r，L_r，N_p

　　最后一组速度导数在它们的物理组成方面几乎没有什么共同之处，但与它们的"老大哥" L_p 一样，它们主要影响直升机横/航向稳定性和操纵特性。我们从讨论偏航阻尼导数 N_r 开始。之前讨论力的导数时，因为由正向速度（Uer）引起的惯性效应占主导地位，故忽略了偏航角速度 Y_r 引起的横向力。然而，气动对 Y_r 的贡献与偏航阻尼有直接关系，主要由尾桨和垂直安定面上的载荷所决定，假设这些部件的位置大致相同，我们可以将偏航阻尼表示为

$$N_r \approx -\ell_t \frac{M_a}{I_{zz}} Y_r \qquad (4-94)$$

　　根据理论预测，悬停状态下 N_r 几乎完全由尾桨引起，数值介于 -0.4 ~ -0.25 之间，取决于尾桨设计参数，类似于主旋翼设计参数对 Z_w 的影响（见表 4-2）。通过内置于尾桨中 δ_3 机械耦合以减少瞬态挥舞的作用，偏航阻尼的低值进一步降低（约 30%）。根据尾翼对尾桨的"阻塞效应"，N_r 还可以再降低 10% ~ 30%，这取决于尾翼与尾桨的分离和相对重合程度。因此，悬停时偏航运动受到的阻尼非常小，时间常数为几秒。

　　在低速操纵中，主旋翼对尾梁的下洗作用会对偏航阻尼产生强烈的影响。尾梁上方的气流倾斜会导致深而细长的尾梁产生强大的周期载荷。这种影响已经在横向飞行的尾桨控制裕度（参考文献 4.9、4.16 和 4.17）以及稳定条件下的相关尾梁载荷方面进行了讨论，从中我们可以推断出在操纵时可能出现的效果。偏航操纵中，尾梁的侧向载荷力矩的大小取决于几个因素，包括主旋翼下洗的强度和分布、尾梁的"厚度比"以及控制流分离点的任何边条的位置（参考文献 4.16）。位于尾梁一侧的固定边条（如为降低右偏飞时的尾桨功率要求）可能会导致偏航操纵的显著不对称。静扭转度低的主旋翼具有下洗分布，该分

布会朝翼尖显著地增加，从而导致操纵中在飞机重心后方产生尾梁压力中心。整体效果相当复杂，并且取决于飞行方向，但偏航阻尼导数的增量可能相当高，甚至可能高达100%。

随着前飞速度的增加，偏航阻尼也会以近似成比例的方式增加到中速，然后在高速时趋于稳定，这又类似于主旋翼的升降阻尼。与 Lynx 和 Bo105 直升机相比，Puma 的 N_r 值较低，如附录 4B 所示，这是由于在之前讨论的风向稳定性导数 N_v 中，小侧滑角下垂直安定面效率低所致。对于较大的侧滑偏移，导数增加到与其他飞机同等水平。偏航阻尼的一个小的附加修正效应与旋翼转速调节器有关，该调速器将偏航角速度作为旋翼速度的有效变化进行感应。在低速前飞时，偏航角速度可高达 1rad/s，或在旋翼转速的 2% 到 4% 之间。这将转化为功率的变化——从而导致转矩变化和机身偏航反应，以增加偏航阻尼，其大小取决于旋翼转速调节器控制回路中的增益。

N_p 和 L_r 将偏航和滚转自由度耦合在一起。偏航角速度引起滚转力矩的物理来源是飞机尾桨推力的垂直偏移量和垂直尾翼相对于飞机重心的侧向力。因此，L_r 应为正，随着机头向右偏，尾桨推力也向右增加。但是如果偏移量很小，并且惯性积 I_{xz} 的值相对较高，则 N_r 对 L_r 的贡献增加，L_r 可以改变符号，这种情况发生在 Lynx 直升机，如 4B.2 节导数图表所示。

导数 N_p 更为重要，尽管主旋翼和尾桨的气动效应相对较小，但惯性积 I_{xz} 将滚转耦合到偏航，产生强大的影响。对于 Lynx 和 Bo105 直升机来说，这种影响最为明显。较大的负 N_p 值会导致不利的偏航效应，使飞机偏离滚转方向（因此转向）。下一节，我们将看到这种效应如何影响横/航向运动的稳定性特征。

然而，在离开 N_p 和稳定性导数之前，有必要讨论一下在快速滚转操纵过程中观察到的大扭矩变化的影响（参考文献 4.18 和 4.19）。在一些直升机上，这种影响可能非常严重，以至于发生过扭矩，机组手册中的"警告"说明中对此问题给予了注意。该效应可表示为一个有效的 N_p。在低至中幅操纵过程中，由于桨叶阻力增量引起的旋翼扭矩变化是相对温和的。然而，随着滚转角速度的增加，旋翼桨叶可能会失速，特别是当滚转到桨盘的后行侧时（如滚转角速度为 90°/s 将在叶尖产生约 3° 的局部迎角变化）。由此产生的瞬时旋翼扭矩变化可能非常明显，并导致对发动机的巨大（功率）需求。当桨叶失速时，纵向挥舞和俯仰力矩随滚转角速度的变化加剧了这种情况。在一级 Helisim 模型结构中，这种效果无法显性建模，需要一个具有非线性气动力的旋翼叶素模型。这种现象的非线性性质不断扩展，在一定程度上也使得它无法使用等效线性化，尤其在滚转角速度增加的时候对该现象进行建模。

操纵导数

在 24 个操纵导数中，我们选择了 11 个最重要的进行详细讨论，并将它们分为四组：合力、合力矩、周期性力矩、尾桨合力与合力矩。

导数 Z_{θ_0}，$Z_{\theta_{1s}}$

本章前面介绍的拉力和均匀入流方程，可推导主旋翼总距和纵向周期拉力导数式（4-66）、式（4-67）。悬停和前飞可写成以下近似形式

$$\mu = 0: \frac{\partial C_T}{\partial \theta_0} \approx \frac{8}{3}\left(\frac{a_0 s \lambda_0}{16\lambda_0 + a_0 s}\right), \quad Z_{\theta_0} \approx -\frac{8}{3}\frac{a_0 A_b \rho(\Omega R)^2 \lambda_0}{(16\lambda_0 + a_0 s)M_a} \tag{4-95}$$

$$\mu > 0.1: \frac{\partial C_T}{\partial \theta_0} \approx \frac{4}{3}\left(\frac{a_0 s\mu(1+1.5\mu^2)}{8\mu+a_0 s}\right), \ Z_{\theta_0} \approx -\frac{4}{3}\frac{a_0 A_b\rho(\Omega R)^2\mu}{(8\mu+a_0 s)M_a}(1+1.5\mu^2)$$

$$(4-96)$$

如第 4B.2 节的导数图表，从悬停到高速飞行，这种 Z 力操纵导数的大小增加了一倍。这是升降操纵灵敏度，与升降阻尼导数 Z_w 一样，它主要受桨叶载荷和叶尖速度的影响。需要提醒的是，力的导数是半归一化形式，即除以飞机质量。所有三种飞机的拉力灵敏度约为 $0.15g/$总灵敏度。与升降阻尼不同，操纵灵敏度随着前飞速度不断增加，这反映了总距变化产生的旋翼升力分为恒定和每转两倍频分量，而由垂直阵风产生的升力则由每转一倍频迎角变化控制。

悬停过程中，纵向周期拉力变化为零，前飞可近似为

$$\mu > 0.1: \frac{\partial C_T}{\partial \theta_{1s}} \approx \frac{2a_0 s\mu^2}{8\mu+a_0 s}, \ Z_{\theta_{1s}} \approx -\frac{2a_0 A_b\rho(\Omega R)^2\mu^2}{(8\mu+a_0 s)M_a}$$

$$(4-97)$$

随着前飞速度的增加，由于动压差的存在，前行桨叶后周期升力变化大于后行桨叶相应的减少。与更高速度下的总距导数一样，$Z_{\theta_{1s}}$ 几乎随速度线性增加，在高速时达到与悬停时总距灵敏度相似的水平。

导数 M_{θ_0}，L_{θ_0}

操纵总距产生的俯仰滚转有两个物理源。首先，旋翼拉力偏离飞机重心时，旋翼拉力的变化（上面已经讨论过）将产生力矩。其次，任何由总距引起的挥舞变化都会产生与挥舞角成比例的桨毂力矩。我们在此着重讨论第二个影响。参考第 3 章（式（3-70））中的挥舞响应矩阵，考虑一个中等前飞速度的"跷跷板"旋翼的特性，得到总距对挥舞的主要影响。假设

$$\lambda_\beta^2 = 1, \ \mu^2 \ll 1$$

$$(4-98)$$

从而纵向和横向挥舞导数表达式可简化成

$$\frac{\partial \beta_{1c}}{\partial \theta_0} \approx -\frac{8}{3}\mu$$

$$(4-99)$$

与

$$\frac{\partial \beta_{1s}}{\partial \theta_0} \approx -\frac{\gamma}{6}\mu$$

$$(4-100)$$

在前飞过程中，后挥舞是由前行桨叶的升力大于后行桨叶的升力而产生的。这种效应随着前飞速度的增加而增强，近似正比于速度。从附录 4B.2 图表中可以看到，正如预期，对于无铰旋翼这种影响要大得多。高速飞行中，来自总距的俯仰力矩与周期力矩大小相同，说明来自总距的不同载荷具有强大的影响。增加总距也会导致桨盘向右倾斜（Puma 向左倾斜）。其物理机理没有俯仰力矩明显，根据等式（4-100）的近似，横向挥舞改变总距的程度是旋翼洛克数的函数。桨盘倾斜是由于旋翼锥度引起的，这导致桨盘前部的升力增加，而当桨叶向上倾斜时（如随着总距的增加），桨盘后部的升力减小。横向挥舞取决于锥度，锥度本身是旋翼洛克数的函数。同样，产生的滚转力矩取决于拉力变化和桨盘倾斜效应之间的平衡，这种情况因飞机而异（见附录 4B.2 节中的操纵导数图表）。

导数 $M_{\theta_{1s}}$，$M_{\theta_{1c}}$，$L_{\theta_{1s}}$，$L_{\theta_{1c}}$

对于中心弹簧等效旋翼，主旋翼力矩与桨盘倾角成正比，可以写成

$$M_R \approx -\left(\frac{N_b}{2}K_\beta + h_R T\right)\beta_{1c}, \quad L_R \approx -\left(\frac{N_b}{2}K_\beta + h_R T\right)\beta_{1s} \quad (4-101)$$

因此，周期操纵导数可以近似为括号内的力矩系数乘以挥舞导数。在本书第 2 章对这些功能做了一些说明。实际上，周期操纵输入的直接响应和挥舞耦合响应与前飞速度无关，可以用以下形式表示

$$\frac{\partial \beta_{1c}}{\partial \theta_{1s}} \approx -\frac{\partial \beta_{1s}}{\partial \theta_{1c}} \approx -\frac{1}{1 + S_\beta^2} \quad (4-102)$$

$$\frac{\partial \beta_{1c}}{\partial \theta_{1c}} \approx -\frac{\partial \beta_{1s}}{\partial \theta_{1s}} \approx \frac{S_\beta}{1 + S_\beta^2} \quad (4-103)$$

其中刚度值由式（4-59）给出。图 2-21（a）表示直接耦合和交叉耦合挥舞导数随刚度的变化，为了方便读者理解，在此重复如图 4-22 所示。在刚度值达到 0.3 左右时，直接挥舞导数保持在个位数的百分之几以内。这意味着所谓的无铰或半刚性旋翼（如 Lynx 和 Bo105 直升机）的挥舞与"跷跷板"旋翼相同，即周期操纵输入 -1° 直接产生 1° 周期变距挥舞，由于挥舞运动的频率小于每转一拍，导致挥舞响应相位小于 90°，故非零刚度下产生了交叉挥舞导数，相位角是 -arctanS_β，因此在 $S_\beta = 0.3$ 时减小到 -73°，虽然交叉操纵导数最多可以是航向导数的 30%，但在考虑俯仰-滚转耦合时，由于俯仰惯量与滚转惯量的比值很大，可能导致飞机对操纵输入更大的耦合响应。附录 4b.2 的图证明了 Lynx 和 Bo105 直升机的耦合导数 $L_{\theta_{1s}}$，其量级高于直接控制力矩 $M_{\theta_{1s}}$。因此，在阶跃纵向周期性输入后，飞机将经历一个比俯仰加速度更大的初始滚转。周期操纵通常在倾斜盘处"混合"，部分用于抵消这一初始耦合。我们已经讨论了桨距和滚转角速度的交叉耦合效应，根据旋翼简化理论，整个短周期耦合是这两个效应的组合。

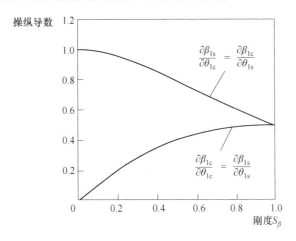

图 4-22 旋翼挥舞导数随刚度值变化

导数 $Y_{\theta_{0T}}$，$L_{\theta_{0T}}$，$N_{\theta_{0T}}$

根据尾桨简化作用盘模型，操纵导数均来自尾桨总距引起的尾桨拉力变化。同导数 N_v 和 N_r 一样，由于 δ_3 机械式铰链的作用，操纵导数也减少了 30%，该铰链设置为每挥舞 1° 将减弱 1°。挥舞准确的数值取决于尾桨洛克数。

从附录 4B.2 导数图表可以看到 Bo105 力导数 $Y_{\theta_{0T}}$ 高出 Lynx 和 Puma 直升机相应值的

20%。Bo105 采用"跷跷板"尾桨，δ_3 机械式铰链效应仅是抵消周期性挥舞。操纵导数随速度的增加而增加，与主旋翼合力 Z 导数的增加方式基本相同，高速飞行随着气动力 V^2 效应产生，操纵导数比悬停时的值约增加了一倍。

非均匀旋翼入流对阻尼和操纵导数的影响

第 3 章，我们介绍了应用于旋翼桨盘的局部动量理论而得出的非均匀入流的概念（见式（3-161），式（3-181））。正如均匀入流平衡了旋翼的拉力，流动须对旋翼产生的任何桨毂力矩做出反应，第一个近似由每转一拍的变化给出，非均匀入流分量可写成

$$\lambda_{1c} = (1 - C'_1)(\theta_{1c} - \beta_{1s} + q) \tag{4-104}$$

$$\lambda_{1s} = (1 - C'_1)(\theta_{1s} - \beta_{1c} + p) \tag{4-105}$$

悬停时的升力亏损系数采用如下形式

$$C'_1 = \frac{1}{1 + a_0 s / 16\lambda_0} \tag{4-106}$$

非均匀入流直接影响挥舞运动，进而影响力矩导数。在参考文献 4.20、4.21 中研究了这种影响，其中旋翼洛克数的简单缩放反映了桨毂力矩修正的主要特征。可以将挥舞导数写成部分效应的线性组合，挥舞阻尼如下所示

$$\frac{\partial \beta_{1c}}{\partial q} = \left(\frac{\partial \beta_{1c}}{\partial q}\right)_{ui} + \frac{\partial \beta_{1c}}{\partial \lambda_{1s}} \frac{\partial \lambda_{1s}}{\partial q} + \frac{\partial \beta_{1c}}{\partial \lambda_{1c}} \frac{\partial \lambda_{1c}}{\partial q} \tag{4-107}$$

下标 ui 表示导数仅在均匀入流情况下计算。利用本节前面提到的挥舞导数表达式，我们可以把修正后的挥舞导数写成下面这种形式

$$\beta_{1c_q} = \beta_{1s_p} = \frac{S_\beta}{\Omega} + \frac{16}{\Omega \gamma^*} + S_\beta C'_2 \beta_{1s_q} \tag{4-108}$$

$$\beta_{1s_q} = -\beta_{1c_p} = \frac{1}{\Omega} - S_\beta \frac{16}{\Omega \gamma^*} - S_\beta C'_2 \beta_{1c_q} \tag{4-109}$$

其中由于升力亏损系数引起的等效洛克数减小，如下

$$\gamma^* = C'_1 \gamma \tag{4-110}$$

新系数 C 表达式为

$$C'_2 = \frac{1 - C'_1}{C'_1} = \frac{a_0 s}{16\lambda_0} \tag{4-111}$$

式（4-108）给出了非均匀入流的第一个重要影响，即使对桨毂刚度为零的旋翼依然适用。当直升机俯仰时，旋翼滞后于轴的量在式（4-108）中给出。这种挥舞运动导致在前行桨叶和后行桨叶上力矩的最大值和最小值不平衡。由挥舞速度产生的气动力矩会引起尾流反应，并产生不均匀、横向分布的下洗流分量 λ_{1s}，该分量用于减少前行桨叶和后行桨叶的迎角和升力。反过来，桨叶在桨盘的前部和后部挥舞进一步增加了桨距阻尼 M_q。滚转运动也有相同的情况。该影响在悬停过程中十分显著，升力亏损系数可低至 0.6。

通过整理式（4-108）、式（4-109），可以把挥舞导数写成这种形式

$$\beta_{1c_q} = \beta_{1s_p} = \frac{C'_3}{\Omega} \left[S_\beta + \frac{16}{\gamma^*} + S_\beta C'_2 \left(1 - S_\beta \frac{16}{\gamma^*} \right) \right] \tag{4-112}$$

$$\beta_{1s_q} = -\beta_{1c_p} = \frac{C'_3}{\Omega} \left[1 - S_\beta \frac{16}{\gamma^*} - S_\beta C'_2 \left(S_\beta + \frac{16}{\gamma^*} \right) \right] \tag{4-113}$$

第三个 C 系数的形式为

$$C_3' = \frac{1}{1 + (C_2' S_\beta)^2} \qquad (4-114)$$

可以用单位近似。

式（4-112）、式（4-113）中括号内的新项表示非均匀入流引起的挥舞耦合分量，对俯仰（滚转）速度引起的横向（纵向）挥舞及耦合速度导数 L_q 和 M_p 产生重要影响。

类似的分析可得出操纵导数，可写成

$$\beta_{1c_{\theta_{1s}}} = -\beta_{1s_{\theta_{1c}}} = -C_3'(1 - C_2' S_\beta^2) \qquad (4-115)$$

$$\beta_{1c_{\theta_{1c}}} = -\beta_{1s_{\theta_{1s}}} = C_3' \frac{S_\beta}{C_1'} \qquad (4-116)$$

悬停状态中，对于挥舞刚度为零的旋翼，由挥舞产生的气动力矩与施加周期变距所产生的气动力矩完全相等；因此这种情况下不存在不均匀的入流。由式（4-116），可以得出耦合挥舞/操纵响应是操纵力矩的唯一的明显影响因素，当升力亏损系数为 0.6 时，耦合挥舞增加了约 60%。

关于导数的几点思考

稳定性和操纵导数有助于理解直升机飞行动力学，前面的定性讨论以基本分析为支撑，旨在帮助读者掌握旋翼动力学中的一些基本物理概念和运行机理。在本章的前面，指出了三种截然不同的评估稳定性和操纵导数的方法：解析法、数值后向-前向差分法和系统辨识法。前面的一些章节中讨论了导数的解析性质，并在 4B.3 节中给出了导数图表，阐述了 Helisim 非线性仿真模型的数值估计。在 AGARDWG18-旋翼机系统辨识的报告工作中（参考文献 4.22，4.23），记录有关于 Bo105 和 Puma 直升机稳定性和操纵性导数的飞行评估值。通过几种不同的系统辨识方法，用 6 自由度模型来匹配多级操纵输入的响应。广义地讲，与本书的一级模型相比，对主阻尼和操纵导数的评估要更优。然而，对于交叉耦合导数和某种程度上较低频速度导数相比，则要差得多。在某些情况下，这显然可以归因于建模中缺少特征（值/参数），但在其他情况下，试验数据中缺乏信息和不适当的模型结构（如过度参数化模型）的组合表明，对飞行评估的错误更多。AGARDWG18 的工作是系统辨识技术应用于直升机的里程碑，和高质量飞行试验数据的持续分析报告大大增进了对直升机飞行动力学的理解。这项工作的选择结果将在第 5 章讨论，下一节将对评估和预测的稳定性特征进行比较。

根据定义，导数是直升机行为的一维视角，符合叠加原理，我们需要将各种构成的运动结合起来，以了解无约束航迹如何发展并分析直升机运动的稳定性。然而，我们应该注意的是无论存在多小的非线性效应，叠加都不再适用，在这方面，我们必然处于近似科学的领域。

4.3.3 运动的自然模态

对于小幅稳定性分析，可以将直升机运动视为自然模态的线性组合，每个模态都有自己独特的频率、阻尼和响应变量分布。这种线性近似方法对在扰动飞行中复杂运动的物理理解方面非常有效。附录 4A 总结了线性动力系统的数学分析，但我们需要回顾一些关键结果，以便为下面的讨论奠定基础。直升机的自由运动用式（4-41）的齐次形式描述

$$\dot{x} - Ax = 0 \qquad (4-117)$$

初始约束条件

$$x(0) = x_0 \tag{4-118}$$

初始值的解可写成

$$x(t) = W\mathrm{diag}[\exp(\lambda_i t)]W^{-1}x_0 = Y(t)x_0 \tag{4-119}$$

矩阵 A 的特征值 λ，满足方程

$$\det[\lambda I - A] = 0 \tag{4-120}$$

特征向量 w，以列形式形成方阵 W，为矩阵 A 的特殊向量，满足关系

$$Aw_i = \lambda_i w_i \tag{4-121}$$

其解可写成另一种形式

$$x(t) = \sum_{i=1}^{n}(v_i^T x_0)\exp(\lambda_i t)w_i \tag{4-122}$$

其中 V 向量是 A 的转置（W^{-1}，列）的特征向量，即

$$A^T v_j = \lambda_j v_j \tag{4-123}$$

式（4-122）所示的运动为自然模态的线性组合，每个自然模态具有由特征值定义的时间指数特征，以及由特征向量定义的状态分布。

完整直升机 6 自由度方程为九阶，通常按 $[u, w, q, \theta, v, p, \phi, r, \psi]$ 排列，但由于航向角 ψ 只出现在欧拉角变化率 ψ 与机身速度 p、q、r 变化有关的运动方程中，通常在稳定性分析时通常忽略该方程。注意，对于包括偏航角的九阶系统，附加特征值为零（航向变化不存在气动或重力反应），相关特征向量为 $\{0, 0, 0, 0, 0, 0, 0, 0, 1\}$。

这八种自然模态被描述为线性独立的，因此任一个单一模态都不能由其他线性模态组合而成，如果一个单一模态被精确地激发，运动将只停留在该模态下。特征值和特征向量可以是复数，因此模态具有振荡特性，并且该模态可用一对共轭复数的两个特征值来描述。如果所有的模态都是振荡的，那么总共只有四个模态。

直升机的稳定性可以用各个模态的稳定性来讨论，而各模态的稳定性完全取决于特征值实部的符号。正实部表示不稳定，负实部表示稳定。正如所料，直升机的操纵品质，或者飞行员对直升机在某项任务中飞行能力的感知，都受到自然模态稳定性的强烈影响。在某些情况下（对于某些任务），轻微不稳定性是可以接受的；在另一些情况下，可能需要规定稳定性水平。

特征值可以表示为复平面上的点，特征值随飞行条件或飞机外形参数的变化可以表示为根轨迹。式（4-120）以行列式的解的形式给出了特征值，也可以用交替多项式形式表示特征方程

$$\lambda^n + a_{n-1}\lambda^{n-1} + \cdots + a_1\lambda_1 + a_0 = 0 \tag{4-124}$$

或是单个因数的乘积

$$(\lambda - \lambda_n)(\lambda - \lambda_{n-1})\cdots(\lambda - \lambda_1) = 0 \tag{4-125}$$

特征方程的系数是前一节讨论的稳定性导数的非线性函数。在讨论直升机的特征值和特征向量之前，我们需要一个进一步的分析工具，该工具对于将稳定性特征与导数联系起来是必不可少的。

虽然特征分析是一项简单的计算任务，但是八阶系统太复杂，无法用解析的方法来处理，我们需要用解析的方法来获得任何有意义的理解。从上一节的讨论中可以看到，许多

纵向/横向耦合导数非常强，并且很可能对响应特性产生显著影响。

然而，就稳定性而言，首先需要做一个初步的近似，将特征值分成纵向和横向两组，并在分析后附加对耦合效应的讨论。即使分解为两个四阶集合，也会带来棘手的分析问题，为了获得最大的物理理解，我们把模型的近似进一步降低到可能的最低阶。在附录4A中描述了这些降阶模型近似的有效性条件，其中讨论了弱耦合系统的方法（参考文献4.24）。在本书中，该方法用于根据主要构成运动分离成不同的自然模态。只有在复平面中存在模态的自然分离时，分割才有效。通过假设快模态具有准稳态特性，可以有效地估计慢模态特征值的近似值。同样地，通过假设慢模态不会在快模态时间尺度内发生反应，可以导出快模态的近似值。第二个条件要求参与运动之间的耦合效应很小。附录4A介绍了这一理论，在处理本节后面描述的示例之前，建议读者理解该理论。

如图4-23~图4-25所示分别显示了根据Helisim理论所预测的Lynx、Bo105和Puma的特征值。这些图既显示了每架飞机耦合的纵向/横向特征值，又显示了相应的非耦合值。Lynx和Bo105的预测稳定性特征非常相似。首先观察这两架飞机的耦合结果，在整个速度范围内，不稳定的长周期型振荡持续存在，幅值倍增的时间从悬停时的约2.5s到高速时的略低于2s不等。在悬停状态下，该长周期振荡模态是一个耦合的纵向/横向振荡，并伴随着一个相似的横向/纵向振荡，在前飞过程中发展为经典的荷兰滚振荡，频率随速度而显著增加。除了悬停时的弱升降振荡/偏航振荡外，其他模态在悬停和低速时都具有明显

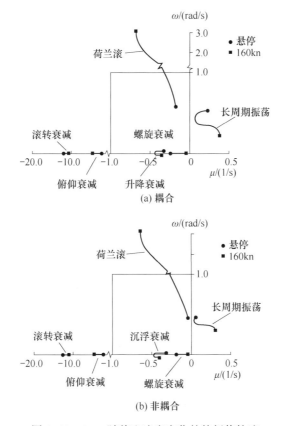

图4-23　Lynx随前飞速度变化的特征值轨迹

特征（滚转、俯仰、升降和偏航），但在向前飞行中发展为更多的耦合模态，如滚转/偏航螺旋模态。耦合情况（图4-23（a）和4.24（a））和非耦合情况（图4-23（b）和4.24（b））之间的主要区别在于低速时振荡模态的稳定性，其中耦合情况显示出更高程度的不稳定性。这种效应几乎完全是由速度扰动引起的尾流角变化导致的非均匀入流的耦合效应造成的，其中重要的导数是 M_v 和 L_u，它们分别由一次谐波入流的横向和纵向分布引起的耦合旋翼挥舞响应导致。不稳定模态是一个耦合的俯仰–滚转振荡，其特征向量中具有相似的 p/q 和 v/u 比值。

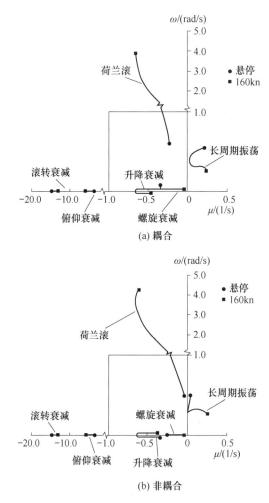

图4-24　Bo105 随前飞速度变化的特征值轨迹

Puma 对比如图4-25（a）、（b）所示。低速时耦合情况再次出现更大的不稳定性，还可看到短周期滚转、俯仰衰减在低速和悬停时结合为弱振荡。至少就稳定性而言，随着速度的增加，耦合效应再次减小。我们期望耦合响应特性在高速下很强，在此不讨论，将在下一章回到这个主题。在较高的速度下，带有铰接旋翼的 Puma 的模态类似于经典的固定翼：俯仰短周期、长周期、荷兰滚、螺旋和滚转衰减。Puma 稳定特性的一个有趣的特点是荷兰滚稳定性从中速到高速发生巨大变化，我们将在本节后面讨论这个问题。

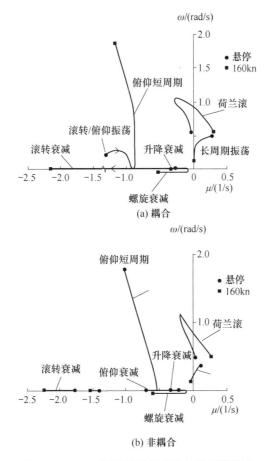

图 4-25　Puma 随前飞速度变化的特征值轨迹

除了相对局部的影响（虽然很重要）外，耦合对稳定性的重要性很低，可以根据非耦合的结果进行有意义的研究，因此，从纵向飞行动力学的稳定性开始，重点对特性进行近似，如图4-23（b）、图4-24（b）和图4-25（b）所示。

纵向模态

长期以来，降阶建模一直是悬停动力学的难点。表4-3 给出了三架飞机不稳定悬停"长周期振荡"的特征向量，并强调了垂向速度 w 对该振荡的贡献小于前飞速度 u 的 10%。

表 4-3　悬停长周期振荡特征向量

	量级/相位/(°)	量级/相位/(°)	量级/相位/(°)
u	1.0	1.0	1.0
w	0.08/-1.24	0.36/9.35	0.02/75.8
q	0.24/-13.7	0.027/-7.8	0.017/-35
θ	0.49/-97.0	0.053-94	0.042/-107.7

这表明，可通过忽略垂向运动并用由纵向振荡和俯仰方程给出的简化系统分析稳定

性，从而获得对这种模态的有效近似

$$\dot{\mu} - X_u u + g\theta = 0 \qquad\qquad (4-126)$$

$$\dot{q} - M_u u - M_q q = 0 \qquad\qquad (4-127)$$

在第一次近似中，小 X_q 导数也被忽略了。该方程可以写成向量矩阵形式

$$\frac{\mathrm{d}}{\mathrm{d}t}\begin{bmatrix} u \\ \theta \\ \bar{q} \end{bmatrix} - \begin{bmatrix} X_u & -g & 0 \\ 0 & 0 & 1 \\ M_u & 0 & M_q \end{bmatrix}\begin{bmatrix} u \\ \theta \\ q \end{bmatrix} = 0 \qquad\qquad (4-128)$$

增加分区来表示近似的子系统——相对高频的俯仰衰减和低频的长周期振荡。遗憾的是，第一个弱耦合近似表明模态阻尼完全由导数 X_u 表示，因此预测了一个稳定的振荡。这种情况下，我们可以将分析扩展到第二个近似以获得更好的精度（见附录 4A），从而低频振荡的近似特征方程写为

$$\begin{vmatrix} \lambda - X_u & g \\ \dfrac{M_u}{M_q}(1 + \lambda/M_q) & \lambda \end{vmatrix} = 0 \qquad\qquad (4-129)$$

或以二次方程的形式展开

$$\lambda^2 - \left(X_u + g\frac{M_u}{M_q^2}\right)\lambda - g\frac{M_u}{M_q} = 0 \qquad\qquad (4-130)$$

用简化表达式给出近似的长周期振荡频率和阻尼

$$\omega_p^2 \approx -g\frac{M_u}{M_q} \qquad\qquad (4-131)$$

$$2\zeta_p\omega_p = -\left(X_u + g\frac{M_u}{M_q}\right) \qquad\qquad (4-132)$$

由于速度（速度稳定性）和俯仰角速度（阻尼）引起的俯仰力矩之比对振荡频率和阻尼都起着重要的作用。这种模态可以以直升机绕虚拟铰链像钟摆一样旋转的形式可视化（见图 4-26）。摆的频率由下式给出

$$\omega^2 = \frac{g}{\ell} \qquad\qquad (4-133)$$

其中 ℓ 为摆的长度（即直升机重心在虚拟铰链下方的距离）。该长度决定了此模态的特征向量 u 与 q 的比值（参考式 4-131）。表 4-4 给出了上述近似与"精确的"非耦合长周期模态根的比较。

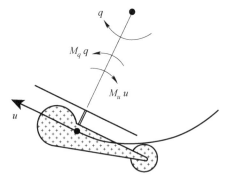

图 4-26 悬停时俯仰长周期
不稳定简化表示

表 4-4 悬停长周期"精确"与近似值比较

	Lynx	Bo105	Puma
X_u	-0.02	-0.021	-0.0176
M_u	0.047	0.105	0.0113

表 4-4 （续）

	Lynx	Bo105	Puma
M_q	−1.9	−3.75	−0.451
Im(λ) exact	0.474	0.515	0.382
Im(λ) approx.	0.489	0.524	0.42
Re(λ) exact	0.056	0.034	0.116
Re(λ) approx.	0.054	0.026	0.264

两者具有较好的一致性，特别是 Lynx 和 Bo105、Puma 较小的俯仰阻尼导致其运动更不稳定，这是铰接式旋翼直升机低速运动的特点。速度稳定性导数 M_u 与挥舞导数近似成正比

$$\frac{\partial \beta_{1c}}{\partial \mu} = \frac{8}{3}\theta_0 - 2\lambda_0 \qquad (4-134)$$

并根据桨毂力矩进行缩放，根据总距和入流分量定义，速度增量（引起的）挥舞量只取决于旋翼负载。该导数是不稳定的根源，主导式（4-132）中的阻尼。当直升机通过振荡的"波谷"时，速度 u 和俯仰角速度 q 均达到最大值，前者导致俯仰增大，后者导致俯仰减小，进而造成速度分量 u 进一步增大。这些效应的强耦合导致常规直升机悬停中总是处于自然不稳定状态。

参考文献 4.9 中，普劳蒂（Prouty）分析了直升机像钟摆一样摆动的概念，其运动频率的近似表达式为

$$\omega_p \approx \frac{\sqrt{\left(g\frac{C_T}{a_0 s}\gamma\right)}}{\sqrt{R}} \qquad (4-135)$$

根据式（4-133），可以近似得到直升机上方虚拟旋转点的位置

$$\ell \approx \frac{R}{(C_T/a_0 s)\gamma} \approx 10R \qquad (4-136)$$

式（4-132）给出的近似阻尼表达式为设计用于稳定此模态的反馈控制的可能影响提供了线索。增加俯仰角速度反馈（即增加 M_q 值）似乎相当无效，并且永远无法向此模态添加比小 X_u 自然源更多的阻尼。因此，速度反馈增加 M_u 似乎会有更明显的效果；通过姿态反馈也可以得到类似的结果，因此增加有效导数 X_θ 和 M_θ。

低速时纵向俯仰和升降衰减没有奥秘，其特征值与这两个轴的阻尼导数有直接关系。比较结果如表 4-5 所示。

表 4-5 纵向衰减"精确"与近似对比

	Lynx	Bo105	Puma
λ_{pltch}	−2.025	−3.836	−0.691
M_q	−1.896	−3.747	−0.451
λ_{heave}	−0.313	−0.323	−0.328
Z_w	−0.311	−0.322	−0.32

悬停近似值对于预测低速时的稳定性有良好的效果，但在中高速范围内，俯仰和升降通过"其他"静稳导数 M_w 耦合，使得悬停近似失效。由图 4-23（b）、4-24（b）和 4-25（b）可以看出，Lynx 和 Bo105 直升机的稳定性特征与 Puma 直升机有很大的不同。正如所料，这是由于不同旋翼类型，无铰链旋翼（直升机）在高速下表现出更不稳定的长周期振荡模态，而具有铰接旋翼的 Puma 直升机具有典型的短周期俯仰/升降振荡和中性稳定的长周期振荡。高速时，垂向速度 w 具有长周期和短周期两种模态特性，这使得纵向系统矩阵很难分割成基于传统的飞机状态 $\{u,\ w,\ q,\ \theta\}$ 子系统。在参考文献 4.25 中，通过识别长周期模态下关联的更多垂直速度分量运动，可以找到更合适的划分方法。

$$w_0 = w - U_e\theta \tag{4-137}$$

将纵向方程转化为新变量进行划分，如式（4-138）所示：

$$\frac{d}{dt}\begin{bmatrix} u \\ w_0 \\ \hline w \\ q \end{bmatrix} - \begin{bmatrix} X_u & g\cos\Theta_e/U_e & X_w - g\cos\Theta_e/U_e & X_q - W_e \\ Z_u & g\sin\Theta_e/U_e & Z_w - g\sin\Theta_e/U_e & Z_q \\ \hline Z_u & g\sin\Theta_e/U_e & Z_w - g\sin\Theta_e/U_e & Z_q + U_e \\ M_u & 0 & M_w & M_q \end{bmatrix}\begin{bmatrix} u \\ w_0 \\ \hline w \\ q \end{bmatrix} = 0 \tag{4-138}$$

根据附录 4A 中的弱耦合系统理论，我们注意到低频振荡的近似特征方程可以写成

$$\lambda^2 + 2\zeta_p\omega_p\lambda + \omega_p^2 = 0 \tag{4-139}$$

其中频率和阻尼由以下表达式给出（假设 Z_q 很小，忽略 $g\sin\Theta_e$）

$$2\zeta_p\omega_p = \left\{ -X_u + \frac{\left(X_w - \dfrac{8}{U_e}\cos\Theta_e\right)(Z_uM_q - M_u(Z_q + U_e)) + (X_q - W_e)(Z_wM_u - M_wZ_u)}{M_qZ_w - M_w(Z_q + U_e)} \right\} \tag{4-140}$$

$$\omega_p^2 = -\frac{g}{U_e}\cos\Theta_e\left\{ Z_u - \frac{Z_w(Z_uM_q - M_u(Z_q + U_e))}{M_qZ_w - M_w(Z_q + U_e)} \right\} \tag{4-141}$$

同样，预测短周期模态稳定性的近似特征方程为

$$\lambda^2 + 2\zeta_{sp}\omega_{sp}\lambda + \omega_{sp}^2 = 0 \tag{4-142}$$

其中频率和阻尼为

$$2\zeta_{sp}\omega_{sp} = -(Z_w + M_q) \tag{4-143}$$

$$\omega_{sp}^2 = Z_wM_q - (Z_q + U_e)M_w \tag{4-144}$$

在短周期和长周期模态下，平动速度与角速度的强耦合导致了无铰旋翼直升机弱耦合条件失效。强大的 M_u 和 M_w 效应导致所有自由度与长周期振荡之间的强耦合无法通过式（4-140）进行预测。另一方面，Puma 的自然模态更为经典，类似于固定翼飞机，随着速度的增加，两种振荡模态之间的差距越来越大。表 4-6 为高速时长周期振荡、短周期稳定性近似值与精确纵向结果的比较。尤其是对于短周期模态，一致性非常好。

表 4-6　Puma "精确"和近似纵向特征值比较（精确结果见括号）

	120kn	140kn	160kn
$\mathrm{Re}(\lambda_p)$	−0.025	−0.023	−0.021
(1/s)	−0.0176	−0.019	−0.019

表 4-6（续）

	120kn	140kn	160kn
$Im(\lambda_p)$	0.151	0.139	0.12
（rad/s）	0.159	0.147	0.13 .
$Re(\lambda_{sp})$	−0.91	−0.96	−1.01
（1/s）	−0.906	−0.96	−1.01
$Im(\lambda_{sp})$	1.39	1.6	1.82
（rad/s）	1.4	1.58	1.8

短周期模态涉及前飞速度变化很小和迎角的快速调节，Puma 在高速时的频率约为 2rad/s，增加桨距刚度 M_w 可增大该频率。影响该导数大小的关键配置参数是尾翼的效率（力臂×尾翼面积×尾翼升力斜率）和飞机重心的位置。正如前面关于导数的章节所述，桨毂力矩对 M_w 的贡献总是正的（不稳定的），这就解释了 Lynx 和 Bo105 的强正值以及与之相关的纵向模态特征的主要变化。

如图 4-27 所示为飞机重心位置对纵向稳定性的显著影响，图中显示了 Lynx 长周期模态下的前向（0.035R）、中立（0.0）和后向（−0.035R）重心位置随前飞速度变化的特征值。在后重心的情况下，模态变得严重不稳定，幅值增加一倍的时间小于 1s。这种情况下，短周期近似方程式（4-142）可非常有效地预测稳定性特征的变化。由方程式（4-144）给出的短周期近似刚度部分，有时被称为飞机的操纵裕度（或操纵过程中气动中心相对于重心的位置）。从表 4-7 中可以看出，在高速情况下，后重心时完全是由于正 M_w 的强烈影响，该参数已成为负数。由导数 M_q 主导的强俯仰衰减在短周期近似下很好地预测了发散。

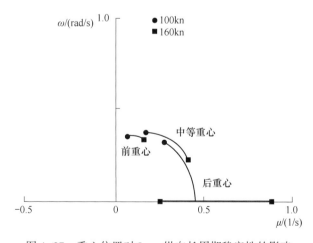

图 4-27　重心位置对 Lynx 纵向长周期稳定性的影响

表 4-7　后重心的 Lynx 的稳定性特性

	120kn	140kn	160kn
$Z_w + M_q$	−3.49	−3.66	−3.84
$Z_w M_q - M_w(Z_q + U_e)$	−1.49	−2.33	−3.214

表 4-7（续）

	120kn	140kn	160kn
λ	−3.87	−4.213	−4.45
近似/（1/s）	+0.384	+0.553	+0.7
λ	−3.89	−4.238	−4.586
精确/（1/s）	+0.339±0.311i	+0.421±0.217i	+0.647

横向/航向模态

直升机前飞时的横/航向运动是由滚转/偏航/侧滑（荷兰滚）振荡和两个通常称为滚转和螺旋的非周期衰减模态组成。悬停时，模态具有大致相似的特征，但模态的内容不同。在悬停过程中，除个别情况，整个速度包线内的滚转衰减模态均与滚转阻尼密切相关。悬停过程中的螺旋模态主要由偏航运动构成（偏航阻尼 N_r 决定其稳定性），鉴于振荡模态与已经讨论过的纵向长周期振荡模态的相似性，更适宜将振荡模态地描述为横向长周期振荡。虽然这两种悬停振荡的频率非常相似，但与横向长周期振荡的一个很大区别是，由于偏航运动对模态的巨大贡献，预测模态是稳定的（对于 Bo105 和 Lynx）或几乎稳定的（Puma）。在这种模态下，三架飞机的偏航与滚转的比例通常都在 2 左右，类似分析得出的近似结果不适用于俯仰长周期振荡。必须进入前飞，找到更适合的荷兰滚模态降阶稳定性分析方法，但即便如此，也会由于滚转/偏航比而出现复杂情况。对于样例飞机，Lynx 和 Bo105 再次表现出相似的特性，而 Puma 表现出更多的个体差异，尽管主要原因不是它的铰接旋翼。我们将在本节的稍后部分回到 Puma，首先我们研究以 Lynx 为代表的更常规的行为。

为找到一个合适的分区来近似横/航向模态，需要在横向自由度中引入一个新的状态变量。对于纵向运动，我们发现划分长周期/短周期子集需引入垂直速度代替欧拉角 θ。基本思路是相同的，在短周期和长周期振荡都包含 w 偏移的情况下，螺旋和荷兰滚模态通常都包含横向速度 v 的偏移以及滚转和偏航运动。可以看出，螺旋模态的特征是倾斜速度分量的偏移（参考文献 4.12、4.26）。

$$v_0 \approx v + U_e\psi \tag{4-145}$$

转换横向方程，用倾斜速度代替滚转角 ϕ 形成如下新形式的横/航向子集

$$\frac{d}{dt}\begin{bmatrix} \dot{v}_0 \\ v \\ \dot{v} \\ p \end{bmatrix}\begin{bmatrix} 0 & 0 & Y_v & g \\ 0 & 0 & 1 & 0 \\ -N_r & -U_eN_v & N_r+Y_v & g-N_pU_e \\ L_r/U_e & L_v & -L_r/U_e & L_p \end{bmatrix}\begin{bmatrix} \dot{v}_0 \\ v \\ \dot{v} \\ p \end{bmatrix} = 0 \tag{4-146}$$

在此忽略了小导数 Y_p 和 Y_r。

所示的划分导致了三个层次的近似，即螺旋模态近似为复平面内以半径 −O（0.1rad/s）为界的区域，荷兰滚转模态近似半径 O（1rad/s）区域，滚转衰减模态近似为 O（10rad/s）区域。在附录 4A 中给出三层系统分析的矩阵描述

$$A = \begin{bmatrix} A_{11} & A_{12} & A_{13} \\ A_{21} & A_{22} & A_{23} \\ A_{31} & A_{32} & A_{33} \end{bmatrix} \tag{4-147}$$

其中修正后子系统最低阶的近似特征值

$$A_{11}^* = A_{11} - \begin{bmatrix} A_{12} & A_{13} \end{bmatrix} \begin{bmatrix} A_{22} & A_{23} \\ A_{32} & A_{33} \end{bmatrix}^{-1} \begin{bmatrix} A_{21} \\ A_{31} \end{bmatrix} \qquad (4-148)$$

因此，螺旋模态的稳定性可近似为

$$\lambda_s \approx \frac{g}{L_p} \frac{(L_v N_r - N_v L_r)}{(U_e N_v + \delta_s L_v)} \qquad (4-149)$$

其中

$$\delta_s = \frac{g - N_p U_e}{L_p} \qquad (4-150)$$

此近似简化由特征方程的最低阶得到，给出了与 Bairstow 近似相同的结果（文献 4.2）。

采用中位近似的荷兰滚模态可表示为

$$\lambda^2 + 2\zeta_d \omega_d \lambda + \omega_d^2 = 0 \qquad (4-151)$$

其中阻尼由下式给出

$$2\zeta_d \omega_d \approx -\left(N_r + Y_v + \sigma_d \frac{L_r}{U_e} \right) \qquad (4-152)$$

或二阶近似（见式（4A-50））

$$2\zeta_d \omega_d \approx -\left(N_r + Y_v + \sigma_d \left\{ \frac{L_r}{U_e} - \frac{L_v}{L_p} \right\} \right) / \left(1 - \frac{\sigma_d L_r}{L_p U_e} \right) \qquad (4-153)$$

以及频率表达式

$$\omega_d^2 \approx (U_e N_v + \sigma_d L_v) / \left(1 - \frac{\sigma_d L_r}{L_p U_e} \right) \qquad (4-154)$$

或二阶近似（见方程（4A-50））

$$\omega_d^2 \approx (U_e N_v + \sigma_d L_v) / \left(1 - \frac{\sigma_d L_r}{L_p U_e} \right) \lambda_r \approx L_p \qquad (4-155)$$

其中

$$\sigma_d = \sigma_s \qquad (4-156)$$

推导这一近似过程中，我们将分析扩展到二阶项（见附录 4A，式（4A-34）），以模拟式（4-153）中所示上反效应的不稳定作用。

最后，第三级滚转模态由下式表示

$$\lambda_r \approx L_p \qquad (4-157)$$

这组近似值的精度可用 Lynx 120kn 前飞的情况来说明，如下所示：

$$\lambda_{s_{approx}} = -0.039/s \quad \lambda_{s_{exact}} = -0.042/s$$

$$2\zeta_d \omega_{d_{approx}} = 1.32/s \quad 2\zeta_d \omega_{ds_{exact}} = 1.23/s$$

$$\omega_d \omega_{d_{approx}} = 2.66 rad/s \quad \omega_{ds_{exact}} = 2.57 rad/s$$

$$\lambda_{r_{approx}} = -10.3/s \quad \lambda_{r_{exact}} = -10.63/s$$

近似特征值大多在全子集预测的 10% 以内，这使人们对其价值充满了信心，并且对于 Lynx 和 Bo105 从中速到高速均保持良好。荷兰滚模态近似的有效性取决于滚转和偏航之间的耦合。关键的耦合导数是 N_p 和 L_v，对于两架无铰链旋翼直升机来说，这两个导数都很大，且均为负值。由滚转导数引起的偏航被惯性耦合效应所增强（式（4-48））（对于Lynx，$I_{xz} = 2767 \text{kg/m}^2$；对于 Bo105，$I_{xz} = 660 \text{kg/m}^2$）。当耦合为零时，会产生最简单的荷兰滚近似值，所以运动本质上是偏航/侧滑振荡。偏航角速度相对于侧滑表现出 90 相位滞后，阻尼由式（4-152）分子中的前两项给出（即 $N_r + Y_v$）。负 N_p 值会使滚转运动叠加到模态中，从而使振荡不稳定，因此 $N_p p$ 项有效地增加了负阻尼。如下所示 Lynx 在 120kn速度下的荷兰滚模态的特征向量表明，在偏航角速度与侧滑相位差接近 90°时，由于滚转角速度造成的偏航力矩几乎与侧滑反相位，滚转/偏航角速度比值是 0.5。

$$v \quad 0.1\text{m/s}; \qquad p \quad 0.02\text{rad/s}(160°); \qquad r \quad 0.04\text{rad/s}(-80°)。$$

当荷兰滚振荡的滚转/偏航比较高时，上述近似就失效了。Puma 会出现这种情况，在第 4 章结束时我们会讨论这种情况。

参照图 4-25（b），Puma 特征值的轨迹以速度绘制。在 100kn 以上，荷兰滚模态变得越来越不稳定，直到在高速时阻尼发生改变。在 120kn 速度时，Puma 荷兰滚特征向量是：

$$v \quad 0.1\text{m/s}; \qquad p \quad 0.04\text{rad/s}(150°); \qquad r \quad 0.01\text{rad/s}(-70°)。$$

与 Lynx 模态振型相比，它包含了更多的滚转运动，滚转/偏航比约为 4，是 Lynx 的 8倍。Puma 荷兰滚模态出现"异常"行为的原因可归结为 N_v 的导数。在前面关于航向稳定性导数的讨论中，我们发现 Puma 在侧滑时受到垂直安定面强非线性力的影响。当小角度侧滑时，由于厚翼段下表面的强吸力，垂尾横向力几乎为零（参考文献 4.11、4.12）。当侧滑角较大时，环流升力以正常方式建立。因此，垂尾对 N_v 的贡献取决于产生导数的扰动幅值（偏航阻尼 N_r 一样，但程度较轻）。如图 4-28 所示，N_v 随速度的变化表现出三个不同的扰动水平，对应的 <5°、15° 和 30° 的侧滑。在小幅情况下，航向稳定性在 140kn 左右发生变化，这就是图 4-25（b）中荷兰滚失稳的原因。对于幅值较大的扰动，导数随速度的增大而增大，说明垂尾对这种水平的侧滑是完全有效。

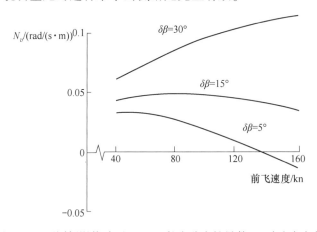

图 4-28　不同侧滑扰动下，Puma 航向稳定性导数 N_v 随速度变化

如图 4-29 所示给出了三种扰动情况下荷兰滚特征值随速度变化的轨迹，揭示了航向稳定性参数的显著影响。在高侧滑扰动情况下，模态保持稳定。结果表明，可以预测Puma 小幅扰动不稳定，而大幅时稳定。这是所谓极限环振荡的经典条件，我们期望振荡的幅值在某一有值处受到限制，模态最初由滚转控制，然后随着幅值的增长，逐渐演变成

更常规的偏航/滚转运动。我们在第 5 章讨论响应时会回到这一运动的本质。

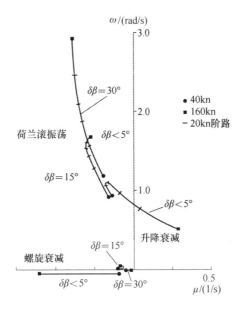

图 4-29 不同侧滑扰动下，Puma 荷兰滚模态特征值随速度变化轨迹

飞行对比

表 4-8 给出了 Puma 与 Bo105 的 Helisim 预测稳定性与来自 AGARD WG18 的飞行评估结果的比较（参考文献 4.22，4.23）。模态频率对比通常非常好，但阻尼预测不太好，特别是对于弱阻尼或不稳定的长周期与螺旋模态。Bo105 的俯仰升降衰减模态表现出显著的一致性，而滚转衰减模态似乎被理论预测过度，主要原因是推导飞行评估所采用的模型结构中增加时间延迟的补偿效应（参考文献 4.22）。第 5 章，当从模拟横向周期性滚转响应的不同模型中给出结果时，将重新讨论这方面内容。

表 4-8 Puma 和 Bo105 稳定性飞行评估和理论预测对比

运动模态	Puma		Bo105	
	飞行评估[1]	Helisim 预测	飞行评估[2]	Helisim 预测
长周期	[0.001, 0.27]	[0.047, 0.22]	[-0.15, 0.33]	[-0.058, 0.3]
短周期	[0.934, 1.4]	[0.622, 1.28]	(4.36), (0.6)	(4.25), (0.653)
螺旋	(0.0055)	(0.12)	(0.02)	(0.024)
荷兰滚	[0.147, 1.35]	[0.162, 1.004]	[0.14, 2.5]	[0.214, 2.64]
滚转衰减	(2.07)	(1.683)	(8.49)	(13.72)

注：

λ 复变换：$\mu \pm i\omega$；

$\lambda^2 + 2\zeta\omega_n\lambda + \omega_n^2$ 根相关阻尼比和固有频率 $[\zeta, \omega_n]$；

$(\lambda - 1/\tau)$ 根时间常数 τ 以及时间常数倒数 $1/\tau$。

[1] 参考文献 4.22 中 Glasgow/DRA 关于 Puma 的飞行评估分析；

[2] 参考文献 4.22 中 DLR 关于 Bo105 的飞行评估分析。

上述讨论集中在 6 自由度运动分析上，在直升机飞行动力学中，由于将旋翼动力学和其他高阶效应以准定常形式折算到机身运动中，有几个方面的重要影响被忽略了，这些问题将在第 5 章以及第 10 章中进行讨论。

附录4A 线性动力学系统分析（参考6 自由度直升机飞行）

将牛顿运动定律应用于飞行中的直升机，可得到一组非线性微分方程，用于描述飞机航迹和姿态随时间的变化，该运动是指固定在飞机重心上的一个正交轴系中。在第 3 章中，我们讨论了如何将这些方程以一阶向量与 n 维的状态向量 $x(t)$ 的形式组合在一起，并写成

$$\dot{x} = F(x, u, t) \qquad (4A-1)$$

动态系统的维数取决于包含自由度的数量。目前，我们考虑维数 n 的一般情况。式 (4A-1) 的解取决于运动状态向量的初始条件和向量函数 $F(x, u, t)$ 的时间变化，其中包括气动载荷、重力、惯性力和力矩。轨迹可以使用不同数值积分方案中的任意一种来计算，这些数值积分方案随着时间的推移进行模拟，在每一个时间步长上实现加速度分量与所施加的力和力矩的近似平衡。虽然这是求解方程式 (4A-1) 的一个有效过程。但是数值积分对飞机飞行的物理意义几乎没有深入涉及。我们需要求助于解析解来加深对因果关系的理解。不幸的是如式 (4A-1) 所示，推导一般非线性微分方程解析解的范围极为有限；只有在特殊的情况下才能找到函数形式，即使这样，有效范围也可能很小。幸运的是，式 (4A-1) 的线性化的情况并非如此。在过去的一个世纪中，人们对复杂动态飞机运动的理解大多是通过研究一般非线性运动的线性近似来实现。参考文献 4A.1~4A.3 提供了适当的背景知识和对动态系统基本理论的解释。线性化的本质是假设运动可以被看作是关于平衡或平衡条件的扰动，且扰动很小，则函数 F 通常可以根据运动和控制变量（如本章前面所讨论的）以及响应展开

$$x = X_e + \delta x \qquad (4A-2)$$

其中 X_e 是状态向量的平衡值，δ 是扰动。为方便起见，把 δ 去掉，写出扰动方程的线性化形式为

$$\dot{x} - Ax = Bu(t) + f(t) \qquad (4A-3)$$

其中 $(n \times n)$ 状态矩阵 A 为

$$A = \left(\frac{\partial F}{\partial x}\right)_{x=x_e} \qquad (4A-4)$$

$(n \times m)$ 操纵矩阵 B 为

$$B = \left(\frac{\partial F}{\partial u}\right)_{x=x_e} \qquad (4A-5)$$

一般条件下，假设函数 F 可微，且所有一阶导数都有界于航迹 x 和时间 t 的界值。$t = 0$ 时的初值写成

$$x(0) = x_0 \qquad (4A-6)$$

飞行状态向量 x 是 n 维空间向量，其中 n 是独立分量的个数。以式 (4A-3) 为例，考虑直升机的纵向运动，从横向/航向动力学解耦，并将旋翼和其他"更高"的自由度纳

入四阶刚体方程中。直线飞行运动方程扰动小线性化可写成

$$\frac{\mathrm{d}}{\mathrm{d}t}\begin{bmatrix} u \\ w \\ q \\ \theta \end{bmatrix} - \begin{bmatrix} X_u & X_w & X_q - W_e & -g\cos\Theta_e \\ Z_u & Z_w & Z_q + U_e & -g\sin\Theta_e \\ M_u & M_w & M_q & 0 \\ 0 & 0 & 1 & 0 \end{bmatrix}\begin{bmatrix} u \\ w \\ q \\ \theta \end{bmatrix}$$

$$= \begin{bmatrix} X_{\theta_0} & X_{\theta_{1s}} \\ Z_{\theta_0} & Z_{\theta_{1s}} \\ M_{\theta_0} & M_{\theta_{1s}} \\ 0 & 0 \end{bmatrix}\begin{bmatrix} \theta_0(t) \\ \theta_{1s}(t) \end{bmatrix} + \begin{bmatrix} X_w \\ Z_w \\ M_w \\ 0 \end{bmatrix}\begin{bmatrix} w_g(t) \end{bmatrix} \qquad (4A-7)$$

纵向运动由四维向量描述，其中 u（来自配平 U_e 的前飞速度扰动），w（来自配平 W_e 的正常速度扰动），q（俯仰角速度）和 θ（来自配平 Θ_e 的俯仰姿态扰动）。在这个受迫函数的例子中，包括了旋翼总距、周期变距控制以及一个常规的阵风域 w_g。在本书附录中，我们用式（4A-7）的示例说明理论推导结论的物理意义。

式（4A-3）适用于计算配平点的扰动响应，但它是齐次形式，无受迫函数，可以用来量化式（4A-1）所描述的非线性动力系统小运动的稳定性特征。这是一个非常重要的应用，也是对飞行动力学理解的基础。式（4A-3）的自由运动解采用指数函数形式；实部的符号决定稳定性，正值表示不稳定性。线性动力学系统的运动稳定性理论可以用线性代数、特征值和特征向量的概念简化表示。考虑自由运动为

$$\dot{x} - Ax = 0 \qquad (4A-8)$$

为了简化方程，引入变换

$$x = Wy \qquad (4A-9)$$

故式（4A-8）可以写成

$$\dot{y} - \Lambda y = 0 \qquad (4A-10)$$

其中

$$\Lambda = W^{-1}AW \qquad (4A-11)$$

对于一个给定的矩阵 A，有一个唯一的变换矩阵 W 可把 A 变换成标准形，Λ 通常是对角矩阵，这样式（4A-10）可写成一系列非耦合方程

$$\dot{y}_i - \lambda_i y_i = 0, \quad i = 0, 1, 2, \cdots, n \qquad (4A-12)$$

其解为

$$y_i = y_{i_0}\mathrm{e}^{\lambda_i t} \qquad (4A-13)$$

以向量的形式组合在一起，解可以写成

$$y = \mathrm{diag}[\exp(\lambda_i t)]y_0 \qquad (4A-14)$$

将其转换成飞行状态向量 x，得到

$$x(t) = W\mathrm{diag}[\exp(\lambda_i t)]W^{-1}x_0 = Y(t)x_0 \equiv \exp(At)x_0 \qquad (4A-15)$$

其中主矩阵解 $Y(t)$ 定义为

$$Y(t) = 0, \quad t < 0 \qquad Y(t) = W\mathrm{diag}[\exp(\lambda_i t)]W^{-1}, \quad t \geqslant 0 \qquad (4A-16)$$

需要在此进行评估。变换矩阵 W 和数集 λ 在线性代数中有特殊意义；如果 w_i 是 W 的列，那么 $[w_i, \lambda_i]$ 是矩阵 A 的特征向量和特征值。特征向量的特殊之处在于当矩阵 A 变

换时，所发生的就是其长度发生了变化，如方程所示

$$Aw_i = \lambda_i w_i \tag{4A - 17}$$

在矩阵 A 运算时，没有其他向量与特征向量一样。它们的特殊性质使其适合作为描述更一般运动的基向量。相关特征值是多项式的 n 个解给出的实标量或复数标量

$$\det\lfloor \lambda I - A \rfloor = 0 \tag{4A - 18}$$

因此，直升机的自由运动是由简单指数运动的线性组合来描述的，每个简单指数运动模态形状由特征向量给出，轨迹包络由特征值定义。每一种模态都是线性无关的，即模态中的运动是唯一的，不能由其他模态组合构成。在本章前面，对运动模态特征以及它们如何随飞行状态和飞机结构的变化进行了全面的讨论。如图 4A-1 和 4A-2 所示，给出了 Puma 在 100kn 直线和水平飞行的纵向短周期模态的特征值与特征向量；包含所有八个状态向量的模态分量 u、w、q、θ、v、p、ϕ、r。如图 4A-1 所示，特征值由下式给出

$$\lambda_{sp} = -1.0 \pm 1.3i \tag{4A - 19}$$

单位负实部给出半幅的时间

$$t_{1/2} = \frac{\text{Im}(2)}{\text{Re}(\lambda_{sp})} = 0.69s \tag{4A - 20}$$

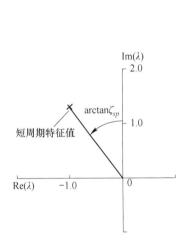

图 4A-1　100kn 时，Puma 纵向短周期特征值　　　图 4A-2　100kn 时，Puma 纵向短周期特征向量

短周期频率为

$$\omega_{sp} = \text{Im}(\lambda_{sp}) = 1.3\text{rad/s} \tag{4A - 21}$$

最后，阻尼比为

$$\zeta_{sp} = -\frac{\text{Re}(\lambda_{sp})}{\omega_{sp}} = 0.769 \tag{4A - 22}$$

我们在图 4A-2 所示的特征向量中分别用（°）/s 和 m/s 表示角速度和平动速度。由于模态是振荡的，每个分量都有一个幅值和相位，如图 4A-2 所示以极坐标形式表示。在短周期振荡中，状态变量的指数与包络线大小之比保持不变。虽然该模态被描述为一个短周期的俯仰，但在图 4A-2 中可以看到显著的滚转与侧滑耦合成分，滚转是俯仰大小的两

倍。俯仰角速度与升降速度大致正交。

特征向量对于解释飞机对初始条件扰动的自由响应特征十分有效，它们也可以提供有关操纵和大气扰动响应的关键信息。齐次方程式（4A-3）的通解可以写成

$$x(t) = Y(t)x_0 + \int_0^t Y(t - \tau)(Bu(\tau) + f(\tau))\mathrm{d}\tau \qquad (4A - 23)$$

或展开为：

$$x(t) = \sum_{i=1}^n \left[(v_i^{\mathrm{T}} x_0)\exp(\lambda_i t) + \int_0^t (v_i^{\mathrm{T}}(Bu(\tau) + f(\tau))\exp[\lambda_i(t - \tau)])\mathrm{d}\tau \right] w_i$$

$$(4A - 24)$$

其中 v 为矩阵 A^{T} 的特征向量，即 v_i^{T} 是 $W^{-1}(v^{\mathrm{T}} = W^{-1})$ 的行，因此

$$A^{\mathrm{T}} v_j = \lambda_j v_j \qquad (4A - 25)$$

对偶向量 w 和 v 满足双正交关系

$$v_j^{\mathrm{T}} w_k = 0, \quad j \neq k \qquad (4A - 26)$$

式（4A-24）和式（4A-26）提供了关于系统响应的有用信息。例如，如果初始条件或受迫函数以与特征向量相同的比率分布在整个状态中，则响应将保持在该特征向量中。解的特定积分分量中的模态参与因子，由式（4A-27）

$$v_i^{\mathrm{T}}(Bu(\tau) + f(\tau)) \qquad (4A - 27)$$

确定每个模态 w_i 中响应的贡献。

一种特殊情况是这种形式的周期性受迫函数的解

$$f(t) = Fe^{i\omega t} = F(\cos\omega t + i\sin\omega t) \qquad (4A - 28)$$

输入频率 ω 处的稳态响应由下式给出

$$\begin{cases} x(t) = Xe^{i\omega t} \\ X = [i\omega I - A]^{-1}F = W(i\omega I - \Lambda)^{-1}V^{\mathrm{T}}F \equiv \sum_{j=1}^n \dfrac{w_j(v_j^{\mathrm{T}}F)}{i\omega - \lambda_j} \end{cases} \qquad (4A - 29)$$

频率响应函数 X 由虚轴上（拉普拉斯）传递函数（复变量 s）推导而来。给定输入（i）/输出（o）的传递函数可以写成一般形式

$$\frac{x_{\mathrm{o}}}{x_{\mathrm{i}}}(s) = \frac{N(s)}{D(s)} \qquad (4A - 30)$$

响应向量 X 通常是复杂的，其大小和相位与输入函数 F 有关。如图 4A-3 所示说明当 $s = i\omega$ 时，如何将频率响应作为频率函数的幅值来表示传递函数的值。图 4A-3 所示为指定俯仰短周期振荡模态。实际应用中，对于 6 自由度直升机模型，所有的八个极点都存在，但叠加原理也适用于传递函数。频率响应的峰值对应于系统的模（即分母 $D(s) = 0$ 在式（4A-30）中的根），模在复平面的右侧或左侧，取决于特征值实部是正的（不稳定的）还是负的（稳定的）。当输入与输出之间的反馈回路闭合时，频响函数中的波谷对应于传递函数的零点，或在无限增益情况下的特征值（即在式（4A-30）中分子 $N(s) = 0$ 的根）。最终，在足够高的频率下，当 $D(s)$ 阶数大于 $N(s)$ 时，增益通常会降到零。输入和输出之间的相位在不同的频率范围内变化，有一系列 180° 的斜坡随着每个模的遍历而改变；对于相互靠近的模，情况要复杂得多。

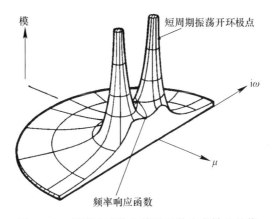

图 4A-3　频率响应作为传递函数在虚轴上的值

对于系统模广泛分离的情况，有时可以用一种有用的近似方法，将系统有效地划分为一系列弱耦合子系统（参考文献 4A.4）。以 n 维齐次系统为例，将其划分为状态 x_1 和 x_2，维度为 1 和 m，且 $n = 1 + m$ 的两级子系统来说明该方法

$$\begin{bmatrix} \dot{x}_1 \\ \dot{x}_2 \end{bmatrix} - \begin{bmatrix} A_{11} & A_{12} \\ \hline A_{21} & A_{22} \end{bmatrix} \begin{bmatrix} x_1 \\ x_2 \end{bmatrix} = 0 \qquad (4A-31)$$

式（4A-31）可展开成两个一阶方程，特征值可由特征方程的任一种形式确定

$$f_1(\lambda) = \left| \lambda I - A_{11} - A_{12}(\lambda I - A_{22})^{-1} A_{21} \right| = 0 \qquad (4A-32)$$

$$f_2(\lambda) = \left| \lambda I - A_{22} - A_{21}(\lambda I - A_{11})^{-1} A_{12} \right| = 0 \qquad (4A-33)$$

利用矩阵求逆的展开式（参考文献 4A.4），可以写成

$$(\lambda I - A_{22})^{-1} = -A_{22}^{-1}(I + \lambda A_{22}^{-1} + \lambda^2 A_{22}^{-2} + \cdots) \qquad (4A-34)$$

假设子系统特征值 $A_{11}\{\lambda_1^{(1)}, \lambda_1^{(2)}, \cdots, \lambda_1^{(i)}\}$ 和 $A_{22}\{\lambda_2^{(1)}, \lambda_2^{(2)}, \cdots, \lambda_2^{(m)}\}$ 在模上广泛分离。具体来说，所有 A_{11} 特征值都在半径 $r(r = \max|\lambda_1^{(j)}|)$ 的圆内，A_{22} 的特征值在半径 $R(R = \min|\lambda_2^{(j)}|)$ 的圆外。假设模较小的特征值属于矩阵 A_{11}。弱耦合系统理论是基于特征方程式（4A-32）的解可用起始 $m+1$ 项根来近似，特征方程式（4A-33）的解可以用最后 $\ell + 1$ 项的根来近似，分别求解。参考文献 4A.4 表明，当满足两个条件时，假设成立：

① 特征值由两个互不相交的集合组成，如前所述，它们是分开的。

$$\left[\frac{r}{R} \right] \ll 1 \qquad (4A-35)$$

② 耦合项很小，如果 γ 和 δ 是耦合矩阵 A_{12}、A_{21} 的最大元素，那么

$$\left[\frac{\ell \gamma \delta}{R^2} \right] \ll 1 \qquad (4A-36)$$

当这些弱耦合条件满足时，整个系统的特征值可以近似为两个多项式

$$f_1(\lambda) = \left| \lambda I - A_{11} + A_{12} A_{22}^{-1} A_{21} \right| = 0 \qquad (4A-37)$$

$$f_2(\lambda) = \left| \lambda I - A_{22} \right| = 0 \qquad (4A-38)$$

根据式（4A-37）和式（4A-38），较大的特征值集近似于 A_{22} 的根，不受较慢动态子

系统 A_{11} 的影响。相反，表征较慢的动态子系统 A_{11} 较小的根，受到较快的子系统 A_{22} 的强烈影响。在短周期内，慢模态的运动没有发展到足以影响整体运动，而在长周期内，快模态已经达到稳态值，可以用准稳态效应来表示。

该方法在本章的前面已被广泛使用，但在这里，我们通过更仔细地观察 Puma 前飞时的纵向运动来提供了一个例证，式（4A-7）中以齐次形式给出，即

$$\frac{\mathrm{d}}{\mathrm{d}t}\begin{bmatrix} u \\ w \\ q \\ \theta \end{bmatrix}\begin{bmatrix} X_u & X_w & Xq - W_e & -g\cos\Theta_e \\ Z_u & Z_w & Z_q + U_e & -g\sin\Theta_e \\ M_u & M_w & M_q & 0 \\ 0 & 0 & 1 & 0 \end{bmatrix}\begin{bmatrix} u \\ w \\ q \\ \theta \end{bmatrix} = 0 \qquad (4A-39)$$

纵向子系统的特征值为经典短周期和长周期振荡模态，其在 100kn 飞行速度的值为

$$长周期： \qquad \lambda_{1,2} = -0.0103 \pm 0.176i \qquad (4A-40)$$

$$短周期： \qquad \lambda_{3,4} = -1.0 \pm 1.30i \qquad (4A-41)$$

虽然这些模态在数量级（$r/R = O(0.2)$）上明显地容易分区，但式（4A-39）给出的动态系统的形式本身不适合分区。长周期模态本质上是势能和动能的交换，具有前飞速度和垂向速度的偏移，而短周期模态是一种快速的速度变化很小的迎角调节。然而，这两种经典形式的纵向模态并不总是直升机运动的特征。在本章的前面，我们已经证明对于刚性旋翼直升机，这个近似是不成立的。对于铰接旋翼，可以将方程转换成更合适的坐标，从而实现有效的分区。长周期模态可以更恰当地表示为前飞速度 u 和垂向速度 w_0。

$$w_0 = w - U_e\theta \qquad (4A-42)$$

式（4A-39）可通过分区的形式重构

$$\frac{\mathrm{d}}{\mathrm{d}t}\begin{bmatrix} u \\ w_0 \\ w \\ q \end{bmatrix}\begin{bmatrix} X_u & g\cos\Theta_e/U_e & X_w - g\cos\Theta_e/U_e & X_q - W_e \\ Z_u & g\sin\Theta_e/U_e & Z_w - g\sin\Theta_e/U_e & Z_q \\ Z_u & g\sin\Theta_e/U_e & Z_w - g\sin\Theta_e/U_e & Z_q + U_e \\ M_u & 0 & M_w & M_q \end{bmatrix}\begin{bmatrix} u \\ w_0 \\ w \\ q \end{bmatrix} = 0 \qquad (4A-43)$$

然后用式（4A-37）和（4A-38）导出了长周期和短周期模态的近似多项式，即低模量长周期模态（假设 Z_q 较小）

$$f_1(\lambda) = \lambda^2 + \left\{-X_u + \frac{\left(X_w - \frac{g}{U_e}\cos\Theta_e\right)(Z_uM_q - M_u(Z_q + U_e)) + (X_q - W_e)(Z_wM_u - M_wZ_u)}{M_qZ_w - M_w(Z_q + U_e)}\right\}\lambda$$

$$- \frac{g}{U_e}\cos\Theta_e\left\{Z_u - \frac{Z_w(Z_uM_q - M_u(Z_q + U_e))}{M_qZ_w - M_w(Z_q + U_e)}\right\} = 0 \qquad (4A-44)$$

高模量短周期模态

$$f_2(\lambda) = \lambda^2 - (Z_w + M_q)\lambda + Z_wM_q - M_w(Z_q + U_e) = 0 \qquad (4A-45)$$

表 4A-1 使用附录 4B 图表所示的导数对精确和近似特征值进行了比较。对于完全耦合的纵向和横向方程以及非耦合的纵向方程组，给出了两种不同的"精确"结果。对两种飞行速度（100kn 和 140kn）进行了比较。

表 4A-1　纵向运动模态精确和近似特征值的比较

	100kn 前飞速度		140kn 前飞速度	
	长周期	短周期	长周期	短周期
完全耦合	−0.0103±0.176i	−1.0±1.30i	−0.0006±0.14i	−1.124±1.693i
完全解耦	−0.0153±0.177i	−0.849±1.17i	−0.0187±0.147i	−0.96±1.583i
弱解耦近似	−0.025±0.175i	−0.85±1.47i	−0.022±0.147i	−0.963±1.873i

首先要注意的是，横向运动的耦合显著降低了长周期模态的阻尼，特别是在140kn时，振荡几乎是中立稳定的。对于短周期模态，反之亦然。弱耦合近似在更高速度下表现得更好，并且似乎收敛于非耦合的精确结果。然而，这种近似并不能预测由于横向动力学耦合而导致的长周期稳定性的不断下降。直升机的前飞速度越高，长周期模态就越类似固定翼飞机，近似对于操纵裕度为强正的（固定翼）飞机非常有效（式（4A-45）中常数项含负 M_w）。

第4章中讨论了众多式（4A-44）和式（4A-45）近似描述的案例，这些案例有助于对各种飞行条件下的复杂行为提供更多的物理解析。这些表达式强调了速度稳定导数 M_u 对长周期模态阻尼和频率的重要意义。对于低速固定翼飞机，M_u 通常为零，而由速度效应引起的俯仰力矩影响支配着直升机的长周期模态。式（4A-45）中最后一项代表操纵裕度，并且在静稳定导数 M_w 为正，不稳定发生之前，近似就已经失效（参考文献4A.5）。

为完成本附录，我们给出了弱耦合系统理论的两个附加结果。对于系统一般划分为三阶形式：

$$\begin{bmatrix} A_{11} & A_{12} & A_{13} \\ A_{21} & A_{22} & A_{23} \\ A_{31} & A_{32} & A_{33} \end{bmatrix}$$

近似多项式为（见参考文献4A.6）。

$$A_{11}^* = A_{11} - \begin{bmatrix} A_{12} & A_{13} \end{bmatrix} \begin{bmatrix} A_{22} & A_{23} \\ A_{32} & A_{33} \end{bmatrix}^{-1} \begin{bmatrix} A_{21} \\ A_{31} \end{bmatrix} \tag{4A-46}$$

$$A_{22}^* = A_{22} - A_{23} A_{33}^{-1} A_{32} \tag{4A-47}$$

$$A_{33}^* = A_{33} \tag{4A-48}$$

类似的弱耦合条件也适用于子系统 A_{11}、A_{22} 和 A_{33} 的三个层级。

第二个结果涉及需要二阶近似来确定低阶特征值的精确估计的情况。式（4A-34）逆矩阵展开的近似形式

$$(\lambda I - A_{22})^{-1} \approx -A_{22}^{-1}(I + \lambda A_{22}^{-1}) \tag{4A-49}$$

得到低阶近似

$$f_1(\lambda) = \det\left[\lambda I - A_{11} + A_{12} A_{22}^{-1}(I + \lambda A_{22}^{-1}) A_{21} \right] \tag{4A-50}$$

这两个更基础技术的拓展在第4章的分析中均有涉及。

附录4B 三架案例直升机：Lynx，Bo105和Puma

4B.1 飞机构型参数

DRA（RAE） ResearchLynx，ZD559

韦斯特兰 LynxMk7 直升机重 4.5t，是一款双引擎、多用途战场直升机，目前在英国陆军航空兵服役。1985 年，DRA Research Lynx（见图 4B-1）Mk 5 型下线交付给 RAE，并于 1992 年升级为 Mk7 型。该飞机配备了一套综合仪表和数字记录系统。其特点为包括主旋翼桨叶和尾桨上都安装了压力应变传感器，并使用疲劳应变计进行健康监测。该飞机已被广泛用于校准未来直升机敏捷性标准的研究计划中。无铰链旋翼装有四片桨叶可产生大的控制力矩和角加速度。Lynx 直升机于 1960 年设计，许多技术体现了当时的重大创新，如采用带弧形翼型的无铰链旋翼（RAE 9615，9617），整体钛合金桨毂和共形齿轮。

图 4B-1 飞行中的 RAE 研究机型 Lynx ZD559

飞机的三视图如图 4B-1 所示。构建 Helisim 仿真模型所用飞机的物理参数如表 4B-1 所示。

表 4B-1 Lynx 直升机配置参数

项目	数据	项目	数据	项目	数据
a_0	6.0rad	I_{zz}	12208.8kg/m^2	x_{cg}	−0.0198
a_{0T}	6.0rad	K_β	166352N·m/rad	δ_0	0.009
α_{tp0}	−0.0175rad	l_{fn}	7.48m	δ_2	37.983
β_{fn0}	−0.0524rad	l_{tp}	7.66m	δ_3	−45°
c	0.391m	l_T	7.66m	δ_{T0}	0.008

表 4B-1 （续）

项目	数据	项目	数据	项目	数据
g_T	5.8	Ma	4313.7kg	δ_{T2}	5.334
h_R	1.274m	N_b	4		
h_T	1.146m	R	6.4m	γ	7.12
I_β	678.14kg/m^2	R_T	1.106m	γ_s	0.0698rad
I_{xx}	2767.1kg/m^2	S_{fn}	1.107m^2	λ_β^2	1.193
I_{xz}	2034.8kg/m^2	S_{tp}	1.197m^2	θ_{tw}	−0.14rad
I_{yy}	13904.5kg/m^2	s_T	0.208	Ω_{idle}	35.63rad/s

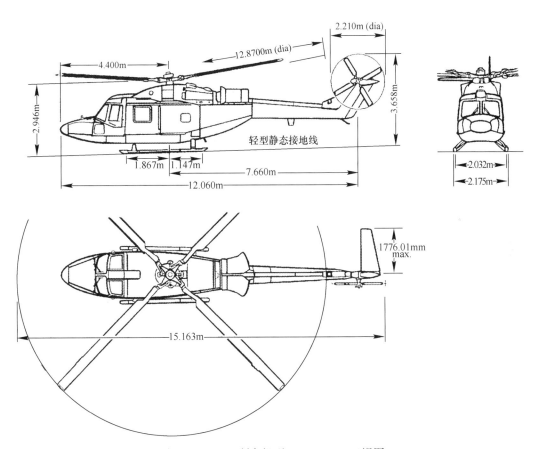

图 4B-2　RAE 研究机型 Lynx ZD559 三视图

DLR 研究机型 Bo105 S123

　　Bo105 是欧洲直升机公司（德国，前 MBB）研制的一款 2.5t 级双引擎直升机，可在运输、海上行动、维稳和作战运用中扮演多种角色。DLR Braunschweig 运营的是标准串列型（Bo105 S123），如图 4B-3 所示。Bo105 直升机的特点是采用四片桨叶、无铰链旋翼及 20 世纪 60 年代的关键创新设计——增强纤维复合材料桨叶。

　　飞机的三视图如图 4B-4 所示。构建 Helisim 仿真模型所用飞机的物理参数如表 4B-2 所示。

207

图 4B-3　飞行中的 DLR 研究机型 Bo105 S123

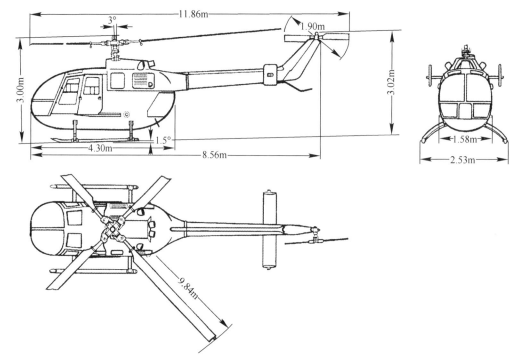

图 4B-4　DLR research Bo105 S123 三视图

表 4B-2　Bo105 配置参数

项目	数据	项目	数据	项目	数据
a_0	6.113rad	I_{zz}	4099kg/m²	x_{cg}	0.0163
a_{0T}	5.7rad	K_β	113330N·m/rad	δ_0	0.0074
α_{tp0}	0.0698rad	l_{fn}	5.416m	δ_2	38.66
β_{fn0}	−0.08116rad	l_{tp}	4.56m	δ_3	−45°

表 4B-2 （续）

项目	数据	项目	数据	项目	数据
c	0.27m	l_T	6m	δ_{T0}	0.008
g_T	5.25	Ma	2200kg	δ_{T2}	9.5
h_R	1.48m	N_b	4		
h_T	1.72m	R	4.91m	γ	5.087
I_β	231.7kg/m^2	R_T	0.95m	γ_s	0.0524rad
I_{xx}	1433kg/m^2	S_{fn}	0.805m^2	λ_β^2	1.248
I_{xz}	660kg/m^2	S_{tp}	0.803m^2	θ_{tw}	-0.14rad
I_{yy}	4973kg/m^2	s_T	0.12	Ω_{idle}	44.4rad/s

The RAE （DRA）ResearchPuma，XW241

SA 330Puma 是一款 6t 级双引擎中型支援直升机，由欧洲直升机公司（法国，ECF，现为空中客车直升机公司，前身为法国宇航公司，以前为南部航空工业公司）研制，该机在包括英国皇家空军在内的多家民用运营商和部队一起服役，以支持战场作战。RAE Puma XW241 （图 4B-5）是 RAE 在 1974 年早期研发的机型之一，广泛用于飞行动力学和旋翼空气动力学研究。20 世纪 70 年代，Puma 采用原始的模拟数据采集系统，通过测量修正后的桨叶表面压力，为新型旋翼机的发展提供了直接支持。在 20 世纪 80 年代早期，飞机上安装了一套数字 PCM 系统，并参与了一项支持仿真模型验证和操纵品质分析的研究计划。1981 年至 1988 年期间，进行了 150 多小时的飞行试验，在飞机的全飞行包线内收集基本飞行力学数据（参考文献 4B.1）。该飞机于 1989 年从 RAE 退役。

图 4B-5　飞行中的 DRA 研究机型 Puma XW241

如图 4B-6 所示为试验构型飞机的三视图。飞机有一个四叶铰接旋翼（改进型 NACA 0012 翼型，3.8% 挥舞铰偏置）。构建 Helisim 仿真模型所用飞机的物理参数如表 4B-3 所示。

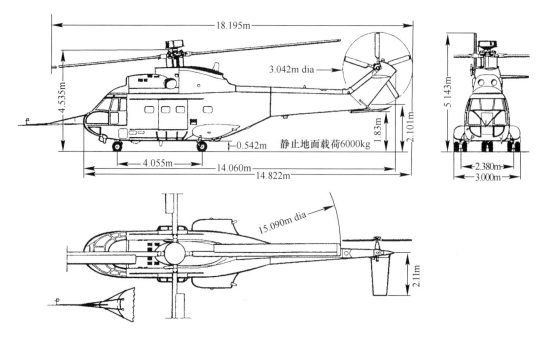

图 4B-6　RAE 研究机型 Puma XW241 三视图

表 4B-3　Puma 配置参数

项目	数据	项目	数据	项目	数据
a_0	5.73rad	I_{zz}	25889kg/m^2	x_{cg}	0.005
a_{0T}	5.73rad	K_β	48149N·m/rad	δ_0	0.008
α_{tp0}	−0.0262rad	l_{fn}	9m	δ_2	9.5
β_{fn0}	0.0175rad	l_{tp}	9m	δ_3	−45°
c	0.5401m	l_T	9m	δ_{T0}	0.008
g_T	4.82	Ma	5805kg	δ_{T2}	9.5
h_R	2.157m	N_b	4		
h_T	1.587m	R	7.5m	γ	9.374
I_β	1280kg/m^2	R_T	1.56m	γ_s	0.0873rad
I_{xx}	9638kg/m^2	S_{fn}	1.395m^2	λ_β^2	1.052
I_{xz}	2226kg/m^2	S_{tp}	1.34m^2	θ_{tw}	−0.14rad
I_{yy}	33240kg/m^2	s_T	0.19	Ω_{idle}	27rad/s

机身气动特性

　　第 3 章给出了作用于机身上气动力和力矩的一般形式；表 4B-4 表示了一组随迎角和侧滑角的一维分段线性变化的力和力矩系数值。这些数值反映了机身形状的广泛特征，其在 Helisim 模型中用于表示大角度近似值。

表 4B-4 机身广义气动系数

项目	1	2	3	4	5	6	7	8	9	10	11
α_f	−180	−160	−90	−30	0	20	90	160	180		
C_{xf}	0.1	0.08	0.0	−0.07	−0.08	−0.07	0.0	0.08	0.1		
α_f	−180	−160	−120	−60	−20	0	20	60	120	160	180
C_{zf}	0.0	0.15	1.3	1.3	0.15	0.0	−0.15	−1.3	−1.3	−0.15	0.0
α_f	−205	−160	−130	−60	−25	25	60	130	155	200	
C_{mf}	0.02	−0.03	0.1	0.1	−0.04	0.02	−0.1	−0.1	0.02	−0.03	
β_f	−90	−70	−25	0	25	70	90				
C_{nfa}	−0.1	−0.1	0.005	0.0	−0.005	0.1	0.1				
β_f	−90	−60	0	60	90						
C_{nfb}	−0.1	−0.1	0.0	0.1							

式（4B-1）~式（4B-15）给出了基于风洞测量的 Lynx、Bo105 和 Puma 机身空气动力学的小角度（$-20° < \alpha_f,\ \beta_f < 20°$）近似值；以及以 30.48 m/s（约 100 ft/s）的速度作为迎角和侧滑的力和力矩（N、N/rad、N·m 等）方程。Bo105 和 Puma 多项式近似阶数的增加是基于风洞试验数据更广泛曲线的拟合。小角度近似应采用大角度分段逼近的形式。

Lynx：

$$X_{f100} = -1112.06 + 3113.75\alpha_f^2 \tag{4B-1}$$

$$X_{f100} = -8896.44\beta_f \tag{4B-2}$$

$$Z_{f100} = -4225.81\alpha_f \tag{4B-3}$$

$$M_{f100} = 10168.65\alpha_f \tag{4B-4}$$

$$N_{f100} = -10168.65\beta_f \tag{4B-5}$$

Bo105

$$X_{f100} = -580.6 - 454.6\alpha_f + 6.2\alpha_f^2 + 4648.9\alpha_f^3 \tag{4B-6}$$

$$Y_{f100} = -6.9 - 2399.0\beta_f - 1.7\beta_f^2 + 12.7\beta_f^3 \tag{4B-7}$$

$$Z_{f100} = -51.1 - 1202.0\alpha_f + 1515.7\alpha_f^2 - 604.2\alpha_f^3 \tag{4B-8}$$

$$M_{f100} = -1191.8 + 12752.0\alpha_f + 8201.3\alpha_f^2 - 5796.7\alpha_f^3 \tag{4B-9}$$

$$N_{f100} = -10028.0\beta_f \tag{4B-10}$$

Puma

$$X_{f100} = -822.9 + 44.5\alpha_f + 911.9\alpha_f^2 + 1663.6\alpha_f^3 \tag{4B-11}$$

$$Y_{f100} = -11672.0\beta_f \tag{4B-12}$$

$$Z_{f100} = -458.2 - 5693.7\alpha_f + 2077.3\alpha_f^2 - 3958.9\alpha_f^3 \tag{4B-13}$$

$$M_{f100} = -1065.78745.0\alpha_f + 12473.5\alpha_f^2 - 10033.0\alpha_f^3 \tag{4B-14}$$

$$N_{f100} = -24269.2\beta_f + 97619.0\beta_f^3 \tag{4B-15}$$

尾翼气动特性

遵循第 3 章中使用的惯例和符号后，垂直水平尾翼和水平安定面（正常）气动力系数小角度近似（$20 < (\alpha_{tp},\ \beta_{fn}) < 20°$）由以下方程给出。在机身力方面，Puma 近似法在小

迎角和侧滑角范围内拟合得更为逼真。

Lynx：
$$C_{ztp} = -3.5\alpha_{tp} \tag{4B-16}$$
$$C_{yfn} = -3.5\beta_{fn} \tag{4B-17}$$

Bo105：
$$C_{ztp} = -3.262\alpha_{tp} \tag{4B-18}$$
$$C_{yfn} = -2.704\beta_{fn} \tag{4B-19}$$

Puma：
$$C_{ztp} = -3.7(\alpha_{tp} - 3.92\alpha_{tp}^3) \tag{4B-20}$$
$$C_{yfn} = -3.5(11.143\beta_{fn}^3 - 85.714\beta_{fn}^5) \tag{4B-21}$$

4B.2 稳定性与操纵导数

三种直升机 Helisim 仿真的稳定性和操纵导数与前飞速度的函数关系如图4B-7~图4B-13 所示。飞行条件对应于悬停到140kn，海平面（$\rho = 1.227\text{kg/m}^3$）和零侧滑转弯。图4B-7和4B-8 分别表示直接的纵向导数和横向导数。图4B-9 和图4B-10 分别表示横向-纵向与纵向-横向的耦合导数。图4B-11 和图4B-12 表示纵向和横向主旋翼操纵导数，图4B-13 表示尾桨操纵导数。为辅助理解附录图表，应注意：

①力导数由飞行器质量归一化，力矩导数由惯性矩归一化。

②对于力矩导数，进行了惯性矩阵的预乘，以便所示导数体现惯性积 I_{xz} 的影响（见式（4-47）~式（4-51））。

③导数单位如下：

力/平动速度，如 X_u	1/s
力/角速度，如 X_q	m/(s·rad)
力矩/平移速度，如 M_u	rad/(s·m)
力矩/角速度，如 M_q	1/s
力/控制，如 $X_{\theta0}$	m/(s²·rad)
时间/操纵，如 $M_{\theta0}$	1/s²

④力/角速度的导数，包括配平速度，如

$$Z_q \equiv Z_q + U_e \tag{4B-22}$$

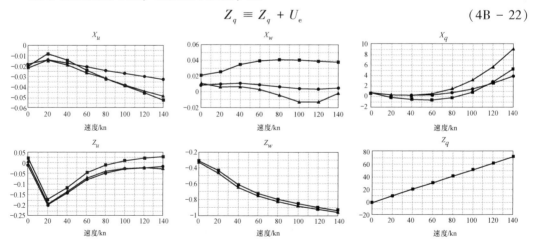

图4B-7　纵向稳定性导数

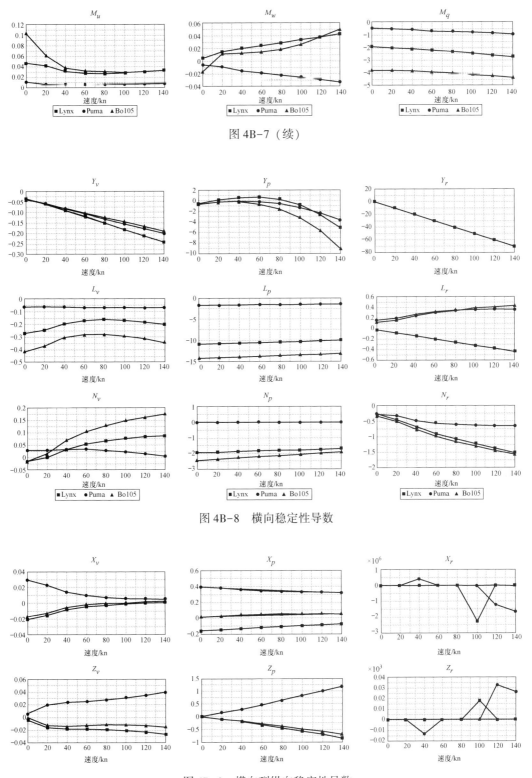

图 4B-7（续）

图 4B-8　横向稳定性导数

图 4B-9　横向到纵向稳定性导数

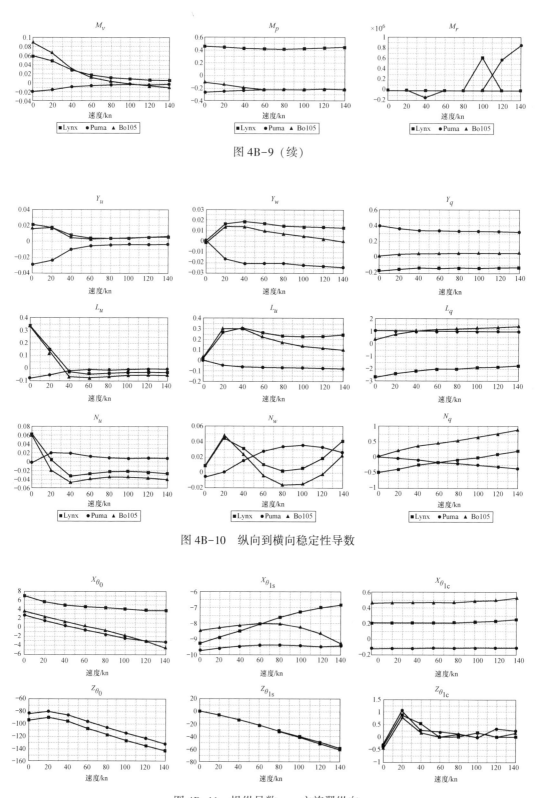

图 4B-9（续）

图 4B-10　纵向到横向稳定性导数

图 4B-11　操纵导数——主旋翼纵向

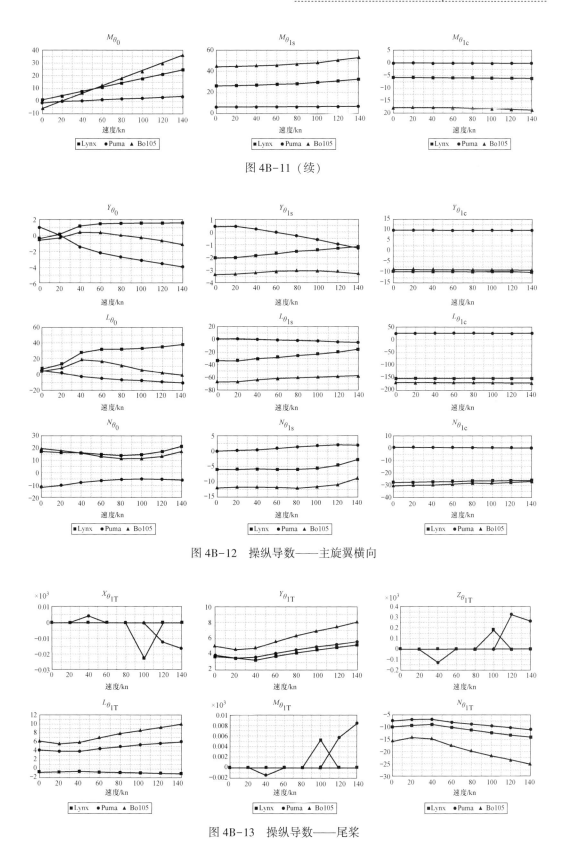

图 4B-11（续）

图 4B-12　操纵导数——主旋翼横向

图 4B-13　操纵导数——尾桨

4B.3 稳定性、操纵导数与系统特征值表

式（4-44）和式（4-45）[①] 线性方程中的稳定性和操纵矩阵 $\mathrm{d}x/\mathrm{d}t - Ax = Bu$，系统矩阵 A 和操纵矩阵 B 写成通用形式为

$$A = \begin{bmatrix} X_u & X_w - Q_e & X_q - W_e & -g\cos\Theta_e & X_v + R_e & X_p & 0 & X_r + V_e \\ Z_u + Q_e & Z_w & Z_q + U_e & -g\cos\Phi_e\sin\Theta_e & Z_v - P_e & Z_p - V_e & -g\sin\Phi_e\cos\Theta_e & Z_r \\ M_u & M_w & M_q & 0 & M_v & \begin{array}{c} M_p - 2P_e I_{xz}/I_{yy} \\ - R_e(I_{xx}-I_{zz})/I_{yy} \end{array} & 0 & \begin{array}{c} M_r + 2R_e J_{xz}/I_{yy} \\ - P_e(I_{xx}-I_{zz})/I_{yy} \end{array} \\ 0 & 0 & \cos\Phi_e & 0 & 0 & 0 & -\Omega_a\cos\Theta_e & -\sin\Phi_e \\ Y_u - R_e & Y_w + P_e & Y_q & -g\sin\Phi_e\sin\Theta_e & Y_v & Y_p + W_e & g\cos\Phi_e\cos\Theta_e & Y_r - U_e \\ L'_u & L'_w & I'_q + k_1 P_e - k_2 R_e & 0 & L'_v & L'_p + k_1 Q_e & 0 & L'_r - k_2 Q_e \\ 0 & 0 & \sin\Phi_e\tan\Theta_e & \Omega_a\sec\Theta_e & 0 & 1 & 0 & \cos\Phi_e\tan\Theta_e \\ N'_u & N'_w & N'_q - k_1 R_e - k_3 P_e & 0 & N'_v & N'_p + k_3 Q_e & 0 & N'_r - k_1 Q_e \end{bmatrix}$$

$$B = \begin{bmatrix} X_{\theta_0} & X_{\theta_{1s}} & X_{\theta_{1c}} & X_{\theta_{0T}} \\ Z_{\theta_0} & Z_{\theta_{1s}} & Z_{\theta_{1c}} & Z_{\theta_{0T}} \\ M_{\theta_0} & M_{\theta_{1s}} & M_{\theta_{1c}} & M_{\theta_{0T}} \\ 0 & 0 & 0 & 0 \\ Y_{\theta_0} & Y_{\theta_{1s}} & Y_{\theta_{1c}} & Y_{\theta_{0T}} \\ L'_{\theta_0} & L'_{\theta_{1s}} & L'_{\theta_{1c}} & L'_{\theta_{0T}} \\ 0 & 0 & 0 & 0 \\ N'_{\theta_0} & N'_{\theta_{1s}} & N'_{\theta_{1c}} & N'_{\theta_{0T}} \end{bmatrix}$$

在下表中，列出了 Lynx、Puma 和 Bo105 在航线和水平飞行时从悬停到 140kn 速度下的 A、B 矩阵，以及 A 的特性值，即 $\Omega_a = P_e = Q_e = R_e = 0$，特征值包含纵/横/航向耦合与非耦合的情况。

注：第 1 版中的 Lynx 导数是在设置尾桨 δ_3 为 0 的情况下计算的；新结果为 $\delta_3 = -45°$，其主要影响横/航向稳定性和操纵导数。

Lynx

Lynx $v = 0$kn

A 矩阵：

−0.0199	0.0215	0.6674	−9.7837	−0.0205	−0.1600	0.0000	0.0000
0.0237	−0.3108	0.0134	−0.7215	−0.0028	−0.0054	0.5208	0.0000
0.0468	0.0055	−1.8954	0.0000	0.0588	0.4562	0.0000	0.0000
0.0000	0.0000	0.9985	0.0000	0.0000	0.0000	0.0000	0.0532
0.0207	0.0002	−0.1609	0.0380	−0.0351	−0.6840	9.7697	0.0995
0.3397	0.0236	−2.6449	0.0000	−0.2715	−10.9760	0.0000	−0.0203
0.0000	0.0000	−0.0039	0.0000	0.0000	1.0000	0.0000	0.0737
0.0609	0.0089	−0.4766	0.0000	−0.0137	−1.9367	0.0000	−0.2743

---

① 英文原版为（4B.44）和（4B.45），根据内容对应改为（4-44）和（4-45）。

***B* 矩阵：**

6. 9417	−9. 2860	2. 0164	0. 0000
−93. 9179	−0. 0020	−0. 0003	0. 0000
0. 9554	26. 4011	−5. 7326	0. 0000
0. 0000	0. 0000	0. 0000	0. 0000
−0. 3563	−2. 0164	−9. 2862	3. 6770
7. 0476	−33. 2120	−152. 9537	−0. 7358
0. 0000	0. 0000	0. 0000	0. 0000
17. 3054	−5. 9909	−27. 5911	−9. 9111

特征值（耦合）	特征值（解耦）
0. 2394±0. 5337i	0. 0556±0. 4743i
−0. 1703±0. 6027i	−0. 0414+0. 4715i
−0. 2451	−0. 1843
−0. 3110	−0. 3127
−2. 2194	−2. 0247
−10. 8741	−11. 0182

Lynx $v=20$kn

***A* 矩阵：**

−0. 0082	0. 0254	−0. 0685	−9. 7868	−0. 0158	−0. 1480	0. 00000	0. 0000
−0. 1723	−0. 4346	10. 4965	−0. 6792	−0. 0150	−0. 1044	0. 45450	0. 0000
0. 0417	0. 0157	−2. 0012	0. 0000	0. 0482	0. 4441	0. 00000	0. 0000
0. 0000	0. 0000	0. 9989	0. 0000	0. 0000	0. 0000	0. 00000	0. 0464
0. 0173	0. 0161	−0. 1435	0. 0311	−0. 0604	0. 0308	9. 77607	−10. 1108
0. 1531	0. 2739	−2. 4044	0. 0000	−0. 2439	−10. 9208	0. 00000	−0. 0793
0. 0000	0. 0000	−0. 0032	0. 0000	0. 0000	1. 0000	0. 00000	0. 0694
0. 0037	0. 0455	−0. 3753	0. 0000	0. 0025	−1. 9201	0. 00000	−0. 4404

***B* 矩阵：**

5. 6326	−8. 9083	2. 0273	0. 0000
−89. 9908	−6. 0809	0. 0010	0. 0000
3. 8558	26. 6794	−5. 7663	0. 0000
0. 0000	0. 0000	0. 0000	0. 0000
0. 1249	−2. 0098	−9. 3275	3. 4515
13. 2029	−32. 8252	−153. 5913	−0. 6907
0. 0000	0. 0000	0. 0000	0. 0000
16. 5240	−5. 9080	−27. 5007	−9. 3029

特征值（耦合）	特征值（解耦）
0.1273±0.5157i	0.0471±0.4396i
−0.0526	−0.0986
−0.2213±0.8272i	−0.1637±0.7956i
−0.3554	−0.3556
−2.4185	−2.1826
−10.8511	−10.9956

Lynx $v=40$kn

A 矩阵：

$$
\begin{array}{cccccccc}
-0.0146 & 0.0347 & -0.5681 & -9.7934 & -0.0083 & -0.1321 & 0.0000 & 0.0000 \\
-0.1186 & -0.6156 & 20.6855 & -0.5779 & -0.0180 & -0.2022 & 0.3519 & 0.0000 \\
0.0319 & 0.0212 & -2.1033 & 0.0000 & 0.0277 & 0.4210 & 0.0000 & 0.0000 \\
0.0000 & 0.0000 & 0.9994 & 0.0000 & 0.0000 & 0.0000 & 0.0000 & 0.0359 \\
0.0070 & 0.0184 & -0.1303 & 0.0205 & -0.0915 & 0.5342 & 9.7869 & -20.3077 \\
-0.0255 & 0.3040 & -2.1361 & 0.0000 & -0.1949 & -10.7839 & 0.0000 & -0.1441 \\
0.0000 & 0.0000 & -0.0021, & 0.0000 & 0.0000 & 1.0000 & 0.0000 & 0.0590 \\
-0.0325 & 0.0314 & -0.2522 & 0.0000 & 0.0316 & -1.8857 & 0.0000 & -0.68597
\end{array}
$$

B 矩阵：

$$
\begin{array}{cccc}
4.8686 & -8.5123 & 2.0305 & 0.0000 \\
-95.5241 & -12.7586 & 0.0003 & 0.0000 \\
7.2883 & 27.0667 & -5.7827 & 0.0000 \\
0.0000 & 0.0000 & 0.0000 & 0.0000 \\
1.1239 & -1.8435 & -9.3132 & 3.3289 \\
27.3295 & -30.1532 & -153.4552 & -0.6662 \\
0.0000 & 0.0000 & 0.0000 & 0.0000 \\
15.9423 & -5.8252 & -27.2699 & -8.9726
\end{array}
$$

特征值（耦合）	特征值（解耦）
0.0878±0.4135i	0.0542±0.3933i
−0.0053	−0.0571
−0.3321±1.2240i	−0.3098±1.1926i
−0.3896	−0.4457
−2.6712	−2.3962
−10.7402	−10.8845

Lynx $v = 60\text{kn}$

A 矩阵：

-0.0243	0.0392	-0.6705	-9.8014	-0.0041	-0.1190	0.0000	0.0000
-0.0467	-0.7285	30.8640	-0.4200	-0.0186	-0.3216	0.3117	0.0000
0.0280	0.0248	-2.2156	0.0000	0.0159	0.4108	0.0000	0.0000
0.0000	0.0000	0.9995	0.0000	0.0000	0.0000	0.0000	0.0318
0.0035	0.0159	-0.1293	0.0133	-0.1228	0.6465	9.7964	-30.5334
-0.0437	0.2611	-2.0532	0.0000	-0.1713	-10.6565	0.0000	-0.2069
0.0000	0.0000	-0.0014	0.0000	0.0000	1.0000	0.0000	0.0429
-0.0273	0.0109	-0.1661	0.0000	0.0529	-1.8568	0.0000	-0.9039

B 矩阵：

4.6289	-8.0560	2.0386	0.0000
-107.3896	-21.2288	0.0000	0.0000
10.7004	27.6889	-5.8115	0.0000
0.0000	0.0000	0.0000	0.0000
1.4472	-1.6712	-9.3018	3.7509
31.4636	-27.4424	-153.3177	-0.7505
0.0000	0.0000	0.0000	0.0000
14.5826	-5.9178	-27.0369	-10.1087

特征值（耦合）	特征值（解耦）
$0.1058 \pm 0.3816i$	$0.0736 \pm 0.3823i$
-0.0262	-0.0428
-0.4055	$-0.4253 \pm 1.5923i$
$-0.4355 \pm 1.6130i$	-0.4723
-2.9217	-2.6433
-10.6387	-10.7897

Lynx $v = 80\text{kn}$

A 矩阵：

-0.0322	0.0403	-0.2262	-9.8081	-0.0021	-0.1086	0.0000	0.0000
-0.0010	-0.8018	41.0936	-0.2113	-0.0194	-0.4512	0.3223	0.0000
0.0271	0.0288	-2.3350	0.0000	0.0104	0.4102	0.0000	0.0000
0.0000	0.0000	0.9995	0.0000	0.0000	0.0000	0.0000	0.0329
0.0032	0.0143	-0.1287	0.0069	-0.1535	0.2134	9.8028	-40.7844
-0.0371	0.2344	-1.9959	0.0000	-0.1659	-10.5388	0.0000	-0.2668
0.0000	0.0000	-0.0007	0.0000	0.0000	1.0000	0.0000	0.0215
-0.0227	0.0025	-0.0877	0.0000	0.0662	-1.8331	0.0000	-1.0840

B 矩阵：

4.3447	−7.6327	2.0578	0.0000
−117.7857	−30.3913	0.0000	0.0000
14.0778	28.5401	−5.8552	0.0000
0.0000	0.0000	0.0000	0.0000
1.4988	−1.5282	−9.3201	4.1854
32.0714	−25.0312	−153.2298	−0.8376
0.0000	0.0000	0.0000	0.0000
13.9462	−5.9565	−26.8073	−11.2811

特征值（耦合）	特征值（解耦）
0.1357±0.3772i	0.1037±0.3832i
−0.0330	−0.0396
−0.4035	−0.4582
−0.5151±1.9608i	−0.5095±1.9513i
−3.1945	−2.9182
−10.5556	−10.7176

Lynx $v = 100$kn

A 矩阵：

−0.0393	0.0398	0.8831	−9.8103	−0.0010	−0.0997	0.0000	0.0000
0.0104	−0.8564	51.3352	0.0397	−0.0210	−0.5854	0.3744	0.0000
0.0279	0.0334	−2.4604	0.0000	0.0075	0.4148	0.0000	0.0000
0.0000	0.0000	0.9993	0.0000	0.0000	0.0000	0.0000	0.0382
0.0037	0.0134	−0.1282	−0.0015	−0.1838	−0.8825	9.8032	−51.0333
−0.0327	0.2252	−1.9302	0.0000	−0.1713	−10.4201	0.0000	−0.3253
0.0000	0.0000	0.0002	0.0000	0.0000	1.0000	0.0000	−0.0040
−0.0219	0.0056	−0.0044	0.0000	0.0751	−1.8067	0.0000	−1.2436

B 矩阵：

4.0394	−7.2845	2.0955	0.0000
−126.8300	−39.8088	0.0000	0.0000
17.4865	29.6369	−5.9169	0.0000
0.0000	0.0000	0.0000	0.0000
1.5127	−1.4002	−9.4000	4.5569
32.9346	−22.4516	−153.2494	−0.9119
0.0000	0.0000	0.0000	0.0000
14.7283	−5.6161	−26.5849	−12.2824

特征值（耦合）	特征值（解耦）
0.1799±0.3731i	0.1466±0.3847i
−0.0365	−0.0404
−0.3912	−0.4356
−0.5773±2.2781i	−0.5726±2.2763i
−3.4965	−3.2136
−10.4845	−10.6621

Lynx $v=120$ kn

A 矩阵：

−0.0460	0.0385	2.7192	−9.8052	−0.0001	−0.0916	0.0000	0.0000
0.0221	−0.9008	61.5464	0.3205	−0.0236	−0.7219	0.4681	0.0000
0.0299	0.0380	−2.5919	0.0000	0.0058	0.4225	0.0000	0.0000
0.0000	0.0000	0.9989	0.0000	0.0000	0.0000	0.0000	0.0477
0.0043	0.0129	−0.1283	−0.0152	−0.2142	−2.7024	9.7940	−61.2455
−0.0320	0.2281	−1.8534	0.0000	−0.1847	−10.2992	0.0000	−0.3827
0.0000	0.0000	0.0016	0.0000	0.0000	1.0000	0.0000	−0.0327
−0.0237	0.0187	0.0877	0.0000	0.0811	−1.7721	0.0000	−1.3896

B 矩阵：

3.8024	−7.0223	2.1602	0.0000
−135.2500	−49.3051	0.0001	0.0000
20.9344	30.9867	−6.0002	0.0000
0.0000	0.0000	0.0000	0.0000
1.5360	−1.2845	−9.5747	4.8851
34.9038	−19.4471	−153.4332	−0.9776
0.0000	0.0000	0.0000	0.0000
17.1838	−4.6280	−26.3702	−13.1671

特征值（耦合）	特征值（解耦）
0.2391±0.3576i	0.2010±0.3787i
−0.0397	−0.0429
−0.3780	−0.4184
−0.6235±2.5705i	−0.6164±2.5713i
−3.8269	−3.5222
−10.4281	−10.6271

Lynx $v = 140$ kn

A 矩阵：

−0.0525	0.0370	5.2710	−9.7910	0.0000	−0.0838	0.0000	0.0000
0.0286	−0.9392	71.6880	0.6160	−0.0272	−0.8596	0.6083	0.0000
0.0328	0.0426	−2.7297	0.0000	0.0047	0.4327	0.0000	0.0000
0.0000	0.0000	0.9981	0.0000	0.0000	0.0000	0.0000	0.0621
0.0052	0.0127	−0.1297	−0.0383	−0.2446	−5.2343	9.7720	−71.3836
−0.0338	0.2396	−1.7657	0.0000	−0.2050	−10.1775	0.0000	−0.4394
0.0000	0.0000	0.0039	0.0000	0.0000	1.0000	0.0000	−0.0629
−0.0269	0.0406	0.1928	0.0000	0.0851	−1.7264	0.0000	−1.5264

B 矩阵：

3.6956	−6.8427	2.2599	0.0000
−143.5034	−58.7853	0.0001	0.0000
24.4192	32.5904	−6.1083	0.0000
0.0000	0.0000	0.0000	0.0000
1.5764	−1.1831	−9.8730	5.1875
38.1461	−15.8917	−153.8247	−1.0381
0.0000	0.0000	0.0000	0.0000
21.4497	−2.7783	−26.1582	−13.9821

特征值（耦合）	特征值（解耦）
0.3123±0.3175i	0.2637±0.3580i
−0.0430	−0.0464
−0.3675	−0.4099
−0.6538±2.8411i	−0.6414±2.8379i
−4.1847	−3.8388
−10.3916	−10.6193

PUMA

Puma $v = 0$ kn

A 矩阵：

−0.0176	0.0076	0.6717	−9.8063	0.0287	0.3966	0.0000	0.0000
−0.0092	−0.3195	0.0126	−0.2803	0.0059	0.0210	−0.4532	0.0000
0.0113	−0.0057	−0.4506	0.0000	−0.0193	−0.2667	0.0000	0.0000
0.0000	0.0000	0.9989	0.0000	0.0000	0.0000	0.0000	−0.0467
−0.0287	0.0012	0.3973	−0.0129	−0.0374	−0.6983	9.7953	0.1415
−0.0684	−0.0009	0.9462	0.0000	−0.0491	−1.6119	0.0000	0.0713
0.0000	0.0000	0.0013	0.0000	0.0000	1.0000	0.0000	0.0285
−0.0082	−0.0050	0.1107	0.0000	0.0249	−0.1361	0.0000	−0.2850

***B* 矩阵：**

2.5041	-9.7041	0.4273	0.0000
-84.7599	-0.0019	-0.0004	0.0000
-1.4979	6.5240	-0.2873	0.0000
0.0000	0.0000	0.0000	0.0000
1.0110	0.4273	9.7042	3.8463
1.3939	1.0185	23.1286	1.9123
0.0000	0.0000	0.0000	0.0000
-12.1328	0.1196	2.7198	-7.6343

特征值（耦合）	特征值（解耦）
0.2772±0.5008i	0.1154±0.3814i
-0.0410±0.5691i	0.0424±0.5019i
-0.2697	-0.2355
-0.3262	-0.3279
-1.2990±0.2020i	-0.6908
	-1.7838

Puma $v=20$kn

***A* 矩阵：**

-0.0143	0.0083	0.3923	-9.8071	0.0226	0.3803	0.0000	0.0000
-0.1960	-0.4515	10.6478	-0.2534	0.0196	0.1577	-0.3887	0.0000
0.0070	-0.0096	-0.5195	0.0000	-0.0152	-0.2561	0.0000	0.0000
0.0000	0.0000	0.9992	0.0000	0.0000	0.0000	0.0000	-0.0396
-0.0234	-0.0167	0.3609	-0.0097	-0.0592	-0.4329	9.7991	-10.1149
-0.0391	-0.0440	0.8680	0.0000	-0.0492	-1.6035	0.0000	0.0878
0.0000	0.0000	0.0010	0.0000	0.0000	1.0000	0.0000	0.0258
0.0173	-0.0032	0.0482	0.0000	0.0265	-0.1383	0.0000	-0.3526

***B* 矩阵：**

1.2644	-9.6244	0.4308	0.0000
-81.7293	-6.2038	0.0008	0.0000
-0.6852	6.4851	-0.2897	0.0000
0.0000	0.00000	0.0000	0.0000
0.0166	0.4350	9.7707	3.5755
-0.7952	0.9708	23.2954	1.7777
0.0000	0.0000	0.0000	0.0000
-10.7813	0.1326	2.7028	-7.0969

特征值（耦合）	特征值（解耦）
0.1206±0.4429i	0.0809±0.3364i
−0.0685±0.7055i	−0.0433±0.7116i
−0.1089	−0.1491
−0.4635	−0.5737±0.2943i
−1.2663±0.2583i	−0.6908

Puma $v=40$kn

A 矩阵：

−0.0173	0.0091	0.2635	−9.8085	0.0138	0.3575	0.0000	0.0000
−0.1434	−0.6300	20.7701	−0.1884	0.0232	0.2926	−0.2924	0.0000
0.0065	−0.0156	−0.5974	0.0000	−0.0093	−0.2413	0.0000	0.0000
0.0000	0.0000	0.9995	0.0000	0.0000	0.0000	0.0000	−0.0298
−0.0101	−0.0207	0.3368	−0.0054	−0.0867	−0.3036	9.8040	−20.3363
−0.0117	−0.0541	0.8079	0.0000	−0.0503	−1.5802	0.0000	0.1246
0.0000	0.0000	0.0005	0.0000	0.0000	1.0000	0.0000	0.0192
0.0188	0.0118	−0.0232	0.0000	0.0315	−0.1300	0.0000	−0.4998

B 矩阵：

0.2349	−9.5134	0.4313	0.0000
−87.3055	−13.0706	0.0004	0.0000
0.0124	6.4310	−0.2904	0.0000
0.0000	0.0000	0.0000	0.0000
−1.4329	0.2270	9.7444	3.6518
−4.0991	0.4344	23.2602	1.8156
0.0000	0.0000	0.0000	0.0000
−8.7652	0.4391	2.6618	−7.2483

特征值（耦合）	特征值（解耦）
0.0275±0.3185i	0.0301±0.2944i
−0.0976	−0.1299
−0.1543±0.9181i	−0.1372±0.9193i
−0.9817	−0.6525±0.5363i
−1.0394±0.2798i	−1.7625

Puma $v=60\text{kn}$

A 矩阵：

−0.0210	0.0073	0.3765	−9.8099	0.0091	0.3432	0.0000	0.0000
−0.0795	−0.7421	30.8776	−0.0907	0.0250	0.4551	−0.2475	0.0000
0.0066	−0.0200	−0.6761	0.0000	−0.0062	−0.2323	0.0000	0.0000
0.0000	0.0000	0.9996	0.0000	0.0000	0.0000	0.0000	−0.0252
−0.0056	−0.0206	0.3314	−0.0022	−0.1124	−0.4077	9.8067	−30.5902
−0.0068	−0.0541	0.7943	0.0000	−0.0525	−1.5530	0.0000	0.1467
0.0000	0.0000	0.0002	0.0000	0.0000	1.0000	0.0000	0.0092
0.0120	0.0242	−0.0788	0.0000	0.0304	−0.1347	0.0000	−0.5884

B 矩阵：

−0.7331	−9.4443	0.4325	0.0000
−98.2248	−21.6573	0.0000	0.0000
0.6804	6.4103	−0.2917	0.0000
0.0000	0.0000	0.0000	0.0000
−2.2031	−0.0321	9.7074	4.1752
−5.9234	−0.2301	23.2099	2.0758
0.0000	0.0000	0.0000	0.0000
−7.1877	0.9154	2.6188	−8.2872

特征值（耦合）	特征值（解耦）
0.0016±0.2511i	0.0004±0.2416i
−0.1189	−0.1244
−0.2057±1.0360i	−0.1867±1.0628i
−0.8944±0.7315i	−0.7200±0.7579i
−1.3772	−1.7559

Puma $v=80\text{kn}$

A 矩阵：

−0.0242	0.0047	0.7972	−9.8103	0.0069	0.3347	0.0000	0.0000
−0.0477	−0.8162	41.0540	0.0312	0.0274	0.6321	−0.2402	0.0000
0.0066	−0.0238	−0.7534	0.0000	−0.0047	−0.2273	0.0000	0.0000
0.0000	0.0000	0.9997	0.0000	0.0000	0.0000	0.0000	−0.0244
−0.0046	−0.0211	0.3279	0.0007	−0.1367	−0.8151	9.8073	−40.8630
−0.0063	−0.0558	0.7861	0.0000	−0.0552	−1.5234	0.0000	0.1586
0.0000	0.0000	0.0000	0.0000	0.0000	1.0000	0.0000	−0.0031
0.0088	0.0304	−0.1337	0.0000	0.0251	−0.1448	0.0000	−0.6366

B 矩阵：

−1.7044	−9.4462	0.4351	0.0000
−108.0689	−30.9385	0.0002	0.0000
1.3741	6.4432	−0.2938	0.0000
0.0000	0.0000	0.0000	0.0000
−2.6987	−0.3062	9.6749	4.6260
−7.1694	−0.9469	23.1637	2.2999
0.0000	0.0000	0.0000	0.0000
−6.2441	1.3939	2.5758	−9.1820

特征值（耦合）	特征值（解耦）
−0.0085±0.2074i	−0.0106±0.2030i
−0.1358	−0.1348
−0.1854±1.0546i	−0.1955±1.1176i
−0.9252±1.0503i	−0.7863±0.9666i
−1.5163	−1.7709

Puma $v = 100$kn

A 矩阵：

−0.0273	0.0027	1.5563	−9.8089	0.0058	0.3287	0.0000	0.0000
−0.0316	−0.8714	51.2609	0.1683	0.0306	0.8161	−0.2598	0.0000
0.0067	−0.0275	−0.8289	0.0000	−0.0040	−0.2243	0.0000	0.0000
0.0000	0.0000	0.9996	0.0000	0.0000	0.0000	0.0000	−0.0264
−0.0042	−0.0221	0.3240	0.0044	−0.1602	−1.5564	9.8054	−51.1379
−0.0061	−0.0590	0.7766	0.0000	−0.0584	−1.4915	0.0000	0.1653
0.0000	0.0000	−0.0004	0.0000	0.0000	1.0000	0.0000	−0.0171
0.0076	0.0313	−0.1912	0.0000	0.0176	−0.1551	0.0000	−0.6639

B 矩阵：

−2.5532	−9.4968	0.4400	0.0000
−116.9950	−40.5003	0.0000	0.0000
2.0420	6.5254	−0.2972	0.0000
0.0000	0.0000	0.0000	0.0000
−3.1281	−0.6053	9.6625	5.0042
−8.3224	−1.7510	23.1411	2.4880
0.0000	0.0000	0.0000	0.0000
−5.9403	1.7385	2.5342	−9.9326

特征值（耦合）	特征值（解耦）
$-0.0103+0.1760i$	$-0.0152\pm0.1772i$
$-0.1072\pm1.0231i$	-0.1630
-0.1667	$-0.1687\pm1.0864i$
$-0.9990\pm1.3006i$	$-0.8485\pm1.1691i$
-1.6435	-1.8153

Puma $v=120\mathrm{kn}$

A 矩阵：

-0.0303	0.0021	2.6514	-9.8054	0.0051	0.3230	0.0000	0.0000
-0.0231	-0.9159	61.4724	0.3121	0.0346	1.0041	-0.3036	0.0000
0.0069	-0.0314	-0.9017	0.0000	-0.0036	-0.2220	0.0000	0.0000
0.0000	0.0000	0.9995	0.0000	0.0000	0.0000	0.0000	-0.0309
-0.0041	-0.0234	0.3202	0.0096	-0.1834	2.6293	9.8007	-61.4031
-0.0057	-0.0630	0.7660	0.0000	-0.0619	-1.4583	0.0000	0.1686
0.0000	0.0000	-0.0009	0.0000	0.0000	1.0000	0.0000	-0.0318
0.0072	0.0277	-0.2524	0.0000	0.0087	-0.1614	0.0000	-0.6779

B 矩阵：

-3.1457	-9.5395	0.4479	0.0000
-125.6242	-50.1868	0.0001	0.0000
2.6325	6.6388	-0.3021	0.0000
0.0000	0.0000	0.0000	0.0000
-3.5316	-0.9271	9.6842	5.3451
-9.4816	-2.6468	23.1589	2.6574
0.0000	0.0000	0.0000	0.0000
-6.3276	1.8255	2.4952	-10.6091

特征值（耦合）	特征值（解耦）
$-0.0031\pm0.9409i$	$-0.0176\pm0.1596i$
$-0.0067\pm0.1538i$	$-0.0965\pm0.9659i$
-0.2256	-0.2255
$-1.0699\pm1.5057i$	$-0.9064\pm1.3729i$
-1.7824	-1.9009

Puma $v = 140\text{kn}$

A 矩阵：

−0.0331	0.0035	4.0531	−9.7998	0.0045	0.3157	0.0000	0.0000
−0.0191	−0.9537	71.6757	0.4557	0.0394	1.1947	−0.3726	0.0000
0.0072	−0.0357	−0.9712	0.0000	−0.0033	−0.2196	0.0000	0.0000
0.0000	0.0000	0.9992	0.0000	0.0000	0.0000	0.0000	−0.0380
−0.0040	−0.0245	0.3172	0.0173	−0.2064	−4.0045	9.7927	−71.6501
−0.0050	−0.0672	0.7554	0.0000	−0.0657	−1.4244	0.0000	0.1696
0.0000	0.0000	−0.0017	0.0000	0.0000	1.0000	0.0000	−0.0465
0.0071	0.0196	−0.3186	0.0000	−0.0010	−0.1610	0.0000	−0.6825

B 矩阵：

−3.3699	−9.5029	0.4596	0.0000
−134.3683	−59.9275	0.0000	0.0000
3.1013	6.7591	−0.3088	0.0000
0.0000	0.0000	0.0000	0.0000
−3.9131	−1.2629	9.7500	5.6673
−10.6581	−3.6219	23.2288	2.8177
0.0000	0.0000	0.0000	0.0000
−7.5059	1.5310	2.4590	−11.2488

特征值（耦合）	特征值（解耦）
0.1297±0.7846i	0.0516±+0.7605i
−0.0005±0.1399i	−0.0187±0.1466i
−0.3385	−0.3756
−1.1238±1.6931i	−0.9604±1.5827i
−1.9435	−2.0409

BO105

Bo105 $v = 0\text{kn}$

A 矩阵：

−0.0211	0.0113	0.7086	−9.8029	−0.0170	0.0183	0.0000	0.0000
0.0091	−0.3220	−0.0311	−0.3838	−0.0008	−0.0006	0.4445	0.0000
0.1045	−0.0151	−3.7472	0.0000	0.0900	−0.0972	0.0000	0.0000
0.0000	0.0000	0.9990	0.0000	0.0000	0.0000	0.0000	0.0453
0.0170	−0.0010	0.0182	0.0168	−0.0405	−0.7365	9.7927	0.1017
0.3402	0.0155	0.3688	0.0000	−0.4114	−14.195	0.0000	0.1277
0.0000	0.0000	−0.0017	0.0000	0.0000	0.0000	0.0000	0.0392
0.0607	0.0088	0.0656	0.0000	−0.0173	−2.4296	0.0000	−0.3185

***B* 矩阵：**

3.6533	−8.4769	3.3079	0.0000
−92.9573	−0.0020	−0.0004	0.0000
−5.6815	44.9965	−17.5587	0.0000
0.0000	0.0000	0.0000	0.0000
−0.5527	−3.3079	−8.4770	5.0433
4.9933	−66.3704	−170.0832	6.1969
0.0000	0.0000	0.0000	0.0000
19.7319	−11.8019	−30.2442	−15.4596

特征值（耦合）	特征值（解耦）
−14.2112	−3.8362
−3.8365	0.0343±0.5141i
0.2361±0.5248i	−0.3227
−0.2098±0.5993i	−14.2136
−0.3246±0.0053i	−0.0338±0.5107i
	−0.2728

Bo105 $v=20$kn

A 矩阵：

−0.0144	0.0066	0.3366	−9.8046	−0.0124	0.0277	0.0000	0.0000
−0.1988	−0.4579	10.5118	−0.3362	−0.0123	−0.0891	0.3763	0.0000
0.0625	0.0124	−3.7648	0.0000	0.0673	−0.1342	0.0000	0.0000
0.0000	0.0000	0.9993	0.0000	0.0000	0.0000	0.0000	0.0384
0.0162	0.0137	0.0405	0.0129	−0.0579	−0.3853	9.7974	−10.1266
0.1194	0.3051	0.7778	0.0000	−0.3693	−14.096	0.0000	0.1694
0.0000	0.0000	−0.0013	0.0000	0.0000	1.0000	0.0000	0.0343
−0.0200	0.0488	0.2180	0.0000	0.0150	−2.3684	0.0000	−0.4951

B 矩阵：

2.3711	−8.2871	3.3178	0.0000
−89.2133	−6.2995	0.0009	0.0000
0.3168	44.9332	−17.6247	0.0000
0.0000	0.0000	0.0000	0.0000
−0.2429	−3.3151	−8.4930	4.6002
8.5867	−65.9671	−170.3937	5.6525
0.0000	0.0000	0.0000	0.0000
17.9170	−11.6194	−29.8891	−14.1015

特征值（耦合）	特征值（解耦）
−14.1327	−3.8506
−3.8553	0.0155±0.3991i
−0.2762±0.9791i	−0.4174
0.0663±0.4906i	−14.1412
−0.4486	−0.2050±0.9845i
−0.0298	−0.0980

Bo105 $v=40$kn

A 矩阵：

−0.0185	0.0063	0.2281	−9.8080	−0.0054	0.0399	0.0000	0.0000
−0.1329	−0.6443	20.6582	−0.2187	−0.0136	−0.1716	0.2856	0.0000
0.0384	0.0140	−3.8153	0.0000	0.0307	−0.1885	0.0000	0.0000
0.0000	0.0000	0.9996	0.0000	0.0000	0.0000	0.0000	−0.0291
0.0047	0.0136	0.0523	0.0064	−0.0815	−0.2839	9.8038	−20.3319
−0.0662	0.3002	1.0841	0.0000	−0.3050	−13.9073	0.0000	0.2507
0.0000	0.0000	−0.0007	0.0000	0.0000	1.0000	0.0000	0.0223
−0.0470	0.0240	0.3649	0.0000	0.0685	−2.2679	0.0000	−0.7706

B 矩阵：

1.2496	−8.1445	3.3196	0.0000
−96.3119	−13.4400	0.0003	0.0002
6.7362	45.2389	−17.6777	0.0000
0.0000	0.0000	0.0000	0.0000
0.4085	−3.1839	−8.4690	4.8124
18.8799	−63.2958	−170.1924	5.9132
0.0000	0.0000	0.0000	0.0000
16.0420	−11.5423	−29.4425	−14.7520

特征值（耦合）	特征值（解耦）
−13.9468	−3.9300
−3.9368	0.0091±0.3172i
−0.4000±1.5964i	−0.5664
−0.5727	−13.9624
0.0100±0.3548i	−0.3743±1.5762i
−0.0013	−0.0485

Bo105 $v = 60\text{kn}$

$\boldsymbol{A}$ 矩阵：

-0.0259	0.0031	0.5799	-9.8104	-0.0019	0.0469	0.0000	0.0000
-0.0681	-0.7526	30.8197	-0.0352	-0.0124	-0.2691	0.2558	0.0000
0.0331	0.0155	-3.8998	0.0000	0.0118	-0.2152	0.0000	0.0000
0.0000	0.0000	0.9997	0.0000	0.0000	0.0000	0.0000	0.0261
0.0022	0.0099	0.0520	0.0009	-0.1041	-0.6331	9.8070	-30.5612
-0.0752	0.2249	1.1333	0.0000	-0.2813	-13.7516	0.0000	0.3075
0.0000	0.0000	-0.0001	0.0000	0.0000	1.0000	0.0000	0.0036
-0.0387	-0.0035	0.4570	0.0000	0.1041	-2.1940	0.0000	-0.9847

$\boldsymbol{B}$ 矩阵：

0.3538	-8.0368	3.3259	0.0000
-108.0952	-22.2694	0.0000	0.0000
12.2033	45.8401	-17.7685	0.0000
0.0000	0.0000	0.0000	0.0000
0.3505	-3.0808	-8.4369	5.6547
16.7547	-61.2387	-169.9602	6.9482
0.0000	0.0000	0.0000	0.0000
13.4132	-11.7472	-28.9891	-17.3339

特征值（耦合）	特征值（解耦）
-13.8140	-4.0680
-4.0705	$0.0107 \pm 0.3015i$
$-0.4979 \pm 2.1473i$	-0.6317
-0.6414	-13.8323
$0.0107 \pm 0.3154i$	$-0.4864 \pm 2.1301i$
-0.0185	-0.0353

Bo105 $v = 80\text{kn}$

$\boldsymbol{A}$ 矩阵：

-0.0325	-0.0041	1.5364	-9.8084	-0.0003	0.0505	0.0000	0.0000
-0.0394	-0.8260	41.0254	0.2001	-0.0116	-0.3738	0.2705	0.0000
0.0309	0.0195	-3.9954	0.0000	0.0029	-0.2254	0.0000	0.0000
0.0000	0.0000	0.9996	0.0000	0.0000	0.0000	0.0000	0.0276
0.0026	0.0070	0.0519	-0.0054	-0.1259	-1.5838	9.8046	-40.7909
-0.0639	0.1723	1.1687	0.0000	-0.2812	-13.6124	0.0000	0.3474
0.0000	0.0000	0.0006	0.0000	0.0000	1.0000	0.0000	-0.0204
-0.0347	-0.0153	0.5476	0.0000	0.1283	-2.1328	0.0000	-1.1568

B 矩阵：

−0.6669	−8.0493	3.3486	0.0000
−118.0582	−31.6696	0.0000	0.0000
17.7191	46.8384	−17.9056	0.0000
0.0000	0.0000	0.0000	0.0000
0.0658	−3.0325	−8.4263	6.3678
11.3877	−59.9090	−169.7559	7.8245
0.0000	0.0000	0.0000	0.0000
11.8374	−11.9066	−28.5328	−19.5199

特征值（耦合）	特征值（解耦）
−13.7201	−4.2569
−4.2542	0.0174±0.2997i
−0.5648±2.6403i	−0.6319
−0.6533	−13.7404
0.0162±0.3051i	−0.5611±2.6299i
−0.0243	−0.0324

Bo105 $v = 100$kn

A 矩阵：

−0.0386	−0.0126	3.1987	−9.7989	0.0007	0.0526	0.0000	0.0000
−0.0275	−0.8818	51.2163	0.4745	−0.0116	−0.4818	0.3198	0.0000
0.0300	0.0270	−4.1011	0.0000	−0.0023	−0.2278	0.0000	0.0000
0.0000	0.0000	0.9995	0.0000	0.0000	0.0000	0.0000	0.0326
0.0036	0.0047	0.0530	−0.0155	−0.1472	−3.2372	9.7937	−50.9843
−0.0561	0.1382	1.2229	0.0000	−0.2937	−13.4749	0.0000	0.3785
0.0000	0.0000	0.0016	0.0000	0.0000	1.0000	0.0000	−0.0484
−0.0346	−0.0140	0.6470	0.0000	0.1465	−2.0724	0.0000	−1.3068

B 矩阵：

−1.8276	−8.2366	3.3998	0.0000
−126.7841	−41.2529	0.0000	0.0000
23.5122	48.3289	−18.0972	0.0000
0.0000	0.0000	0.0000	0.0000
−0.2703	−3.0357	−8.4657	6.9809
6.3316	−58.8399	−169.6293	8.5778
0.0000	0.0000	0.0000	0.0000
11.8610	−11.6747	−28.0705	−21.3991

特征值（耦合）	特征值（解耦）
−13.6522	−4.5177
−4.5113	0.0363±0.3087i
−0.6103±3.0909i	−0.5764
−0.6048	−13.675
0.0329±0.3096i	−0.6106±3.0871i
−0.0271	−0.0328

Bo105 $v=120\text{kn}$

A 矩阵：

$$
\begin{array}{rrrrrrrr}
-0.0443 & -0.0128 & 5.6197 & -9.7796 & 0.0014 & 0.0540 & 0.0000 & 0.0000 \\
-0.0243 & -0.9240 & 61.3411 & 0.7760 & -0.0126 & -0.5914 & 0.4027 & 0.0000 \\
0.0305 & 0.0386 & -4.2184 & 0.0000 & -0.0062 & -0.2259 & 0.0000 & 0.0000 \\
0.0000 & 0.0000 & 0.9992 & 0.0000 & 0.0000 & 0.0000 & 0.0000 & 0.0412 \\
0.0047 & 0.0025 & 0.0553 & -0.0320 & -0.1684 & -5.6461 & 9.7713 & -61.1001 \\
-0.0523 & 0.1160 & 1.2962 & 0.0000 & -0.3148 & -13.3381 & 0.0000 & 0.4042 \\
0.0000 & 0.0000 & 0.0033 & 0.0000 & 0.0000 & 1.0000 & 0.0000 & -0.0794 \\
-0.0367 & -0.0019 & 0.7586 & 0.0000 & 0.1612 & -2.0062 & 0.0000 & -1.4436 \\
\end{array}
$$

B 矩阵：

$$
\begin{array}{rrrr}
-3.1064 & -8.6332 & 3.4922 & 0.0000 \\
-135.0215 & -50.8604 & 0.0000 & 0.0000 \\
29.5811 & 50.3616 & -18.3518 & 0.0000 \\
0.0000 & 0.0000 & 0.0000 & 0.0000 \\
-0.6407 & -3.1012 & -8.5830 & 7.5485 \\
2.2099 & -57.8314 & -169.6238 & 9.2753 \\
0.0000 & 0.0000 & 0.0000 & 0.0000 \\
13.6405 & -10.7871 & -27.5920 & -23.1392 \\
\end{array}
$$

特征值（耦合）	特征值（解耦）
−13.6137	−4.8670
−4.8596	0.0832±0.3240i
−0.6376±3.5057i	−0.4862
−0.5127	−13.6394
0.0768±0.3230i	−0.6381±3.5072i
−0.0293	−0.0344

Bo105 $v=140$kn

A 矩阵：

-0.0483	-0.0021	9.0876	-9.7448	0.0022	0.0558	0.0000	0.0000
-0.0268	-0.9610	71.3231	1.1306	-0.0149	-0.7019	0.5336	0.0000
0.0326	0.0498	-4.3502	0.0000	-0.0098	-0.2218	0.0000	0.0000
0.0000	0.0000	0.9985	0.0000	0.0000	0.0000	0.0000	0.0548
0.0059	-0.0001	0.0590	-0.0620	-0.1898	-9.0982	9.7302	-71.0636
-0.0511	0.1015	1.3886	0.0000	-0.3455	-13.2145	0.0000	0.4264
0.0000	0.0000	0.0064	0.0000	0.0000	1.0000	0.0000	-0.1160
-0.0398	0.0226	0.8882	0.0000	0.1732	-1.9288	0.0000	-1.5715

B 矩阵：

-4.4500	-9.2674	3.6495	0.0000
-143.1715	-60.3623	0.0002	0.0000
35.8480	52.9534	-18.6836	0.0000
0.0000	0.0000	0.0000	0.0000
-1.0897	-3.2669	-8.8310	8.1049
-0.8726	-56.8271	-169.8386	9.9589
0.0000	0.0000	0.0000	0.0000
17.8367	-8.8322	-27.0839	-24.8447

特征值（耦合）	特征值（解耦）
-13.6301	-5.2455
-5.2399	0.1573 ± 0.3225i
-0.6430 ± 3.8845i	-0.4285
-0.4482	-13.6595
0.1503 ± 0.3215i	-0.6396 ± 3.8893i
-0.0318	-0.0372

附录4C 配平方向问题

在本节，我们推导飞行配平参数与机体轴系速度之间的关系，供本章前面使用。如图 4C-1 所示显示了沿机体轴 x、y、z 正向分量的飞机配平速度矢量 V_{fe}，分别由 U_e、V_e、W_e 给出，下标 e 表示平衡或配平条件。

配平条件由配平速度 V_{fe}、航迹角 γ_{fe}，侧滑角 β_e 和垂直轴角速度 Ω_{ae} 定义。后者与平动速度导数无关。迎角与侧滑角定义为

$$\alpha_e = \arctan\left(\frac{W_e}{U_e}\right) \qquad (4C-1)$$

$$\beta_e = \arcsin\left(\frac{V_e}{V_{fe}}\right) \qquad (4C-2)$$

图 4C-1 配平中相对于机体轴的飞行速度矢量

根据配平量推导机体速度所需的离散方向顺序如图 4C-2 所示。

坐标轴首先通过航迹角绕水平 y 轴旋转。接着，坐标轴沿航迹角旋转，左为正（对应于正侧滑角），得到水平速度分量相对于飞机轴投影的方向；最后两个关于欧拉俯仰角和滚转角的旋转使坐标轴与第 3 章 3A.1 节定义的飞机轴对齐。

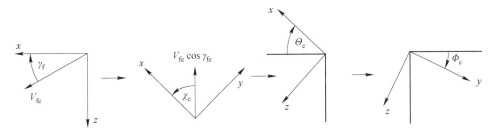

(a) 通过航迹角 γ_f 旋转到水平方向 (b) 通过轨迹角 χ_e 旋转 (c) 通过欧拉俯仰角 Θ_e 旋转 (d) 通过欧拉滚转角 Φ_e 旋转

图 4C-2 配平中速度矢量转到机体轴系方向顺序

机体固定轴系的配平速度分量可写成

$$U_e = V_{fe}(\cos\Theta_e\cos\gamma_{fe}\cos\chi_e - \sin\Theta_e\sin\gamma_e) \qquad (4C-3)$$

$$V_e = V_{fe}(\cos\Phi_e\cos\gamma_{fe}\sin\chi_e + \sin\Phi_e(\sin\Theta_e\cos\gamma_{fe}\cos\chi_e + \cos\Theta_e\sin\gamma_{fe})) \qquad (4C-4)$$

$$W_e V_{fe}(-\sin\Phi_e\cos\gamma_{fe}\sin\chi_e + \cos\Phi_e(\sin\Theta_e\cos\gamma_{fe}\cos\chi_e + \cos\Theta_e\sin\gamma_{fe})) \qquad (4C-5)$$

通过式（4C-4）可得出航迹角与侧滑角相关。航迹角由二次方程的解给出，即

$$\sin\chi_e = -k_{\chi4} \pm \frac{1}{2}\sqrt{(k_{\chi4}^2 + k_{\chi5})} \qquad (4C-6)$$

其中

$$k_{\chi4} = \frac{-k_{\chi2}k_{\chi3}}{k_{\chi1}^2 + k_{\chi2}^2} \qquad (4C-7)$$

$$k_{\chi5} = \frac{k_{\chi3}^2 - k_{\chi1}^2}{k_{\chi1}^2 + k_{\chi2}^2} \qquad (4C-8)$$

系数 k 为

$$k_{\chi1} = \sin\Phi_e \sin\Theta_e \cos\gamma_{fe} \qquad (4C-9)$$

$$k_{\chi2} = \cos\Phi_e \cos\gamma_{fe} \qquad (4C-10)$$

$$k_{\chi3} = \sin\beta_e - \sin\Phi_e \cos\Theta_e \sin\gamma_{fe} \qquad (4C-11)$$

在任何情况下，式（4C-6）只有一个解在物理上是有效的。

最后，利用与重力相同的变换，可以很容易地推导出机身角速度与配平旋转速度之间的关系。因此

$$P_e = -\Omega_{ae} \sin\Theta_e \qquad (4C-12)$$

$$Q_e = \Omega_{ae} \cos\Theta_e \sin\Phi_e \qquad (4C-13)$$

$$R_e = \Omega_{ae} \cos\Theta_e \cos\Phi_e \qquad (4C-14)$$

注意，对于常规水平转弯，滚转角速度 P_e 很小，俯仰和偏航角速度是主要的组成部分，两者之间的比例取决于配平倾斜角。在高爬升率或下降率下配平时，俯仰角可能明显不等于零，从而增加转弯操纵的滚转角速度。

德国 DLR 可变稳定性（电传/光传）Bo105 S3（照片由 DLR Braunschweig 提供）

5 直升机飞行动力学建模：约束稳定性与响应分析

任何仿真模型在被证明正确之前都是不可靠的。

——托马斯·H. 劳伦斯，1994 年（华盛顿第 50 届美国直升机协会年度论坛）

5.1 引言和范围

本章继续"与模型共处"并且讨论两个相关的主题——约束稳定性和响应。对操纵和大气扰动的响应是直升机飞行力学三部曲中的第三个主题；第 4 章侧重于配平和自然稳定性，第 5.3 节主要关注响应分析。可以理解的是，直升机的响应特性主导了飞行员在执行飞行任务或任务科目基元时对飞行品质的印象。例如，在（直升机）对操纵的响应迅速且足够大的前提下，飞行员能够补偿降低的稳定性。当（直升机）处于掌控中时，飞行员可能不在意飞机的配平能力。他所关心的是直升机在不同地点之间平稳飞行的能力，以及在需要时灵活飞行的能力，和为补偿交叉耦合、大气扰动和低稳定性相关的飞行工作负荷。自 20 世纪 80 年代初期起，量化这些响应特征的品质一直是一个广泛国际研究计划的主题。第 6 章详细讨论了这些问题，在本章中，我们将研究主要的空气动力学和动力学效应，这些效应是直升机特有的，会导致各种响应特性。响应本质上是一个非线性问题，但可以通过线性化的运动方程来研究小幅响应以获得深刻的理解。这对飞行员、其他人员或自动驾驶（系统）试图约束运动以实现任务的情况尤其如此。

在 5.2 节将重点讨论飞行员/飞行器稳定性变化问题，因此延续了第 4 章的内容。附录 5A 是本书第 3 版的一个亮点，它更深入探讨了与垂直航迹控制有关的问题。并对低于最小功率飞行速度的固定翼飞机和倾转旋翼机的飞行数据以及从相关的事故中提取的材料进行了比较，并使用从特定事故中提取的材料来强调近似值的持续相关性。第 5.3 节接着讨论了有关直升机临界操纵输入的响应特性，本章最后简要说明了直升机对大气扰动的响应问题。

第 4 章和第 5 章的大部分理论都涉及 6 自由度运动，可以加深对直升机飞行动力学的理解。然而，在与频率/幅值方面相关的领域内，包括与旋翼、发动机、传动和飞行控制系统相关的更高阶自由度时，该理论可能严重受限，须借助更复杂的理论解释。本章将介绍一些必要的更高复杂性的主题。

5.2 约束稳定性

民用和军用直升机必须在有限空间内作业，通常是在能见度低且存在大气扰动的情况下。为了帮助飞行员进行航迹（导航）和姿态（稳定）控制，一些直升机配备了自动控制增稳系统（SCASs），该系统通过控制律将飞行状态中的误差整合反馈给旋翼控制装置。根据控制增稳系统的复杂程度，通过飞行员控制也可以达到同样的效果，只是承担的工作量大小不同。飞机、控制增稳系统和飞行员组合在一起形成一个动态系统，可以得到与第 4 章讨论的与自然行为截然不同的稳定性特征。

控制增稳系统和飞行员操纵的一个明显目的是提高飞机的稳定性和执行任务的能力。在大多数情况下，实现这一目标的控制策略在概念上是简单易懂的：通过比例控制消除主要误差，微分控制加快或抑制响应，积分控制消除稳态误差。然而，某些情况下，该方法不能改善稳定性和提升响应。例如，对一个组合运动的严格控制可能会导致另一种不稳定情况的发生。能够预测这种行为并理解工作中的物理机制是有意义的。然而，这种情况下理解物理机制的潜在障碍是增加的问题的维度。第 3 章中 Lynx 直升机的控制增稳系统草图（见图 3-36）强调了相对简单的自动系统的复杂性。将控制增稳系统与飞机结合在一起将形成一个比飞机本身更高阶的动态系统，随着集成系统模型的复杂性的增加，飞行员的行为将更加复杂化，并且能进一步理解的动态行为的范围也会缩小。

南尤马克（Neumark）在参考文献 5.1 中首次讨论了解决这一困境的方案。他指出：可以想象控制是如此之强，以至于一个或多个运动变量可以保持在平衡状态或在一些规定值附近。然后，剩余的、无约束变量的行为将由降阶动力学系统来描述，该系统维数甚至小于飞机本身的阶数。这种约束飞行概念对于飞行员或控制增稳系统控制下的运动分析具有相当大的吸引力，因为有可能从易处理的低阶分析中获得物理解析方案。南尤马克（Neumark）致力于解决固定翼飞机在最小阻力速度以下飞行的速度稳定性问题；飞行员通过升降舵强行控制航迹，使飞机有效地进入速度不稳定状态。附录 5A 解释了南尤马克（Neumark）的理论，并检验了它与直升机飞行的相关性。在后来的一份报告中，Pinsker（参考文献 5.2）展示了如何在副翼–偏航值相对较高的固定翼飞机上，通过对滚转姿态的强力控制，飞行员可以有效地将方向刚度变为负，从而使机头偏离。

显然，直升机飞行员只有四个操纵通道来实现 6 个自由度的控制。如果运行情况要求飞行员对某些运动约束更严格，那么无约束运动的稳定性始终存在问题。例如，如果需要强行操纵来保持水平姿态，那么航迹的精度可能会受到影响，反之亦然。如果对某些变量的控制导致其他变量不稳定，那么飞行员应该很快意识到这一点，然后通过在约束主自由度和补偿剩余的弱约束自由度之间来分配他的工作量。这种明显的稳定性损失可以描述为飞行员诱发振荡（PIO），或者更普遍地描述为人机耦合（APC）。然而，这种形式的人机耦合可能在两个方面具有隐蔽性：第一，无约束的运动状态过程缓慢，使得飞行员很难识别偏离航向，直到偏离充分暴露；第二，少量的飞行员增益增加，会导致稳定性快速丧失。对于直升机，旋翼和机身之间相对柔性的耦合（与固定翼飞机的机翼和机身相比）会加剧约束飞行的问题，耦合的旋翼/机身运动对飞机的航迹产生限制效应，造成明显的飞行姿态漂移。

在接下来的分析中，我们将分别讨论强姿态控制和强航迹控制。我们将广泛利用弱耦合系统理论（参考文献 5.3），该理论曾用于研究参考文献 5.4 中的约束下的运动。该理论已在附录 4A 中描述，并已在第 4 章中用于推导直升机自然稳定特性的近似值。读者可参考本书的这些章节和参考文献以进一步理解。理想情况下该方法适用于强控制飞机的分析，当运动倾向分为两种类型时，即受控运动和非受控运动，后者倾向于形成新的模态，其稳定性特性与不受控的飞机截然不同。在控制理论中，这些模态成为闭环系统在无限增益限制下的零点。

5.2.1 姿态约束

为了说明强姿态控制的主要作用，我们首先研究了俯仰控制，并且只考虑纵向子集的简化分析，在这种解耦近似下基本特征得以保留。假设飞行员或 SCAS 通过俯仰姿态对纵向周期变距采用简单比例和速度反馈来实现对俯仰的强控制。

$$\theta_{1s} = k_\theta + k_q \quad k_\theta, \ k_q < 0 \tag{5-1}$$

其中增益 k 以 deg/deg（deg/deg/s）或 rad/rad（rad/rad/s）表示。在有限权限 SCAS 系统中使用的典型值是 O（0.1），而飞行员在密切跟踪任务中可以采用与此相比大一个数量级的增益。我们假设，对于高增益值，俯仰姿态 θ 和速度 q 的运动与航迹平移速度 u 和 w 无关，让后两个变量支配无约束模态。这一假设引出了形式上纵向系统矩阵（式（4-45）的子集）的划分

$$\begin{bmatrix} X_u & X_w & X_q - W_e + k_q X_{\theta_{1s}} & -g\cos\Theta_e + k_\theta X_{\theta_{1s}} \\ Z_u & Z_w & Z_q - U_e + k_q Z_{\theta_{1s}} & -g\sin\Theta_e + k_\theta Z_{\theta_{1s}} \\ \hline M_u & M_w & M_q + k_q M_{\theta_{1s}} & k_\theta M_{\theta_{1s}} \\ 0 & 0 & 1 & 0 \end{bmatrix} \tag{5-2}$$

如式（5-6）所示，导数被控制项扩大。在推导低模量（u，w）和高模量（θ，q）子系统的近似多项式之前，我们注意到纵向周期姿态响应的传递函数可以写成

$$\frac{\theta_{(s)}}{\theta_{1s}(s)} = \frac{(\lambda k_q + k_\theta)R(s)}{D(s)} \tag{5-3}$$

其中，多项式 $D(s)$ 是纵向开环特征值的特征方程。闭环系统的特征值由以下表达式给出

$$D(\lambda) - (\lambda k_q + k_\theta)R(\lambda) = 0 \tag{5-4}$$

其中，多项式 $R(\lambda)$ 给出了闭环零点，或无限控制增益的特征值，并且可以用展开形式来表示

$$R(\lambda) = \lambda^2 - \left(X_u + Z_w - \frac{1}{M_{\theta_{1s}}}(M_u X_{\theta_{1s}} + M_w Z_{\theta_{1s}})\right)\lambda +$$

$$\left(X_u Z_w - Z_u X_w + \frac{1}{M_{\theta_{1s}}}(X_{\theta_{1s}}(Z_u M_w - M_u Z_w) + Z_{\theta_{1s}}(M_u X_w - M_w X_u))\right) \tag{5-5}$$

式（5-5）表示存在两个有限零点用于强姿态控制，参考式（5-4），可以看到强俯仰角速度控制的原点处还有一个零点。如图 5-1 所示为 k_θ 和 k_q 变化的纵向特征值轨迹示意图。轨迹的形式适用于无铰接旋翼结构，其在整个速度范围内呈现两个阻尼的非周期模态。铰接式旋翼直升机的短期动力学特征是短周期振荡，呈现出类似的零点模态。姿态和速度由控制回路共享的两个有限零点由式（5-5）的根给出，并且两者在前飞包线上保持稳定。对于强控制，我们可以从式（5-2）中低阶（无约束运动）和高阶（约束运动）子系统的弱耦合近似中导出，与式（5-2）中增广矩阵的闭环极点近似。近似二次方程的一般形式可写为

$$\lambda^2 + 2\zeta\omega\lambda + \omega^2 = 0 \tag{5-6}$$

对于低阶子系统，可以写成

$$2\zeta\omega = -\left(X_u + Z_w - \frac{1}{M_{\theta_{1s}}}\left(X_u X_{\theta_{1s}} + M_w Z_{\theta_{1s}} + \frac{M_u g}{k_\theta}\right)\right) \tag{5-7}$$

$$\omega^2 = \left(X_u Z_w - Z_u X_w + \frac{1}{M_{\theta_{1s}}} \left(\left(X_{\theta_{1s}} - \frac{g}{k_\theta} \right) \times (Z_u M_w - M_w Z_w) + Z_{\theta_{1s}} (M_u X_w - M_w X_u) \right) \right)$$

$$(5-8)$$

以及高阶子系统

$$\lambda^2 - (M_q + k_q M_{\theta_{1s}}) \lambda - k_\theta M_{\theta_{1s}} = 0 \qquad (5-9)$$

对于中高水平的反馈增益（$kO(1)$），这种近似结果良好，然而，对于弱控制（$kO(0.1)$），上述近似会产生不准确的结果，要在这方面取得进展，我们必须对第 4 章中导出的开环极点的近似进行解析扩展。式（5-7）、（5-8）中与操纵导数无关的项反映了通过完全约束俯仰姿态而得到的粗略但有效的近似。由强姿态控制产生的两个低阶近似的衰减，本质上是一种速度模态（由 u 控制），具有几乎中性的稳定性，而升降模态（由 w 控制），其半幅时间近似由升降阻尼 Z_w 决定。强控制模态的稳定性根据式（5-9）给出，其频率与姿态反馈增益的平方根成正比，阻尼与速度反馈增益成比例。高增益下，（开环）俯仰和升降模态向（闭环）升降和速度模态的转换伴随着其航迹运动稳定性的降低，但是整体耦合的飞机/控制系统保持稳定。

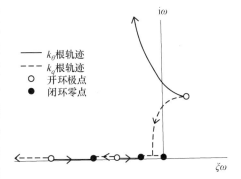

图 5-1　具有不同姿态和速度反馈增益的纵向稳定性特征的根轨迹

强姿态控制的重点实际上不在于无约束运动，而在于考虑特征值进一步深入到复平面的高阶模态时受到约束的运动，这一问题对滚转姿态的强控制是一个最好的说明，我们讨论限定在悬停状态，尽管这些原则同样适用于前飞。如图 5-2 所示描述了 Helisim Lynx 直升机模型在悬停时的变稳态特性。其简单的比例反馈回路定义为

$$\theta_{1c} = k_\phi \phi \qquad k_\phi > 0 \qquad (5-10)$$

其中，同样地，控制可以由 SCAS 和（或者）飞行员来实现。图 5-2 的数值范围是特意选择的，用于与以后的结果进行比较。本讨论中，原点周围的零极点簇没有意义，所有

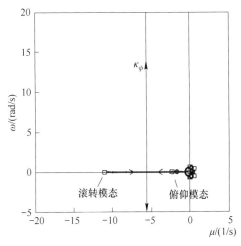

图 5-2　Lynx 直升机悬停 6 自由度滚转姿态反馈增益变化根轨迹

的这些特征值都位于半径小于 1rad/s 的圆内，代表着无约束、耦合的横向和纵向模态，均没有受到高增益效应不稳定性的影响。然而，位于强控制模态路径中的任何系统模态（显示为轨迹随频率增大而增大，且偏离虚轴约 $L_p/2$）对整体的稳定性可以产生显著的影响。

表 5-1 显示了 6 自由度"刚体动力学"和 9 自由度耦合动力学情况下的耦合系统特征值的比较，后者包括多桨叶坐标系下的挥舞自由度（见第 3 章，式（3-55）~式（3-63））。根据一阶与二阶的挥舞动力学公式的对比，说明通过忽略多桨叶坐标系 β_{1c} 和 β_{1s} 中的加速度效应可以很好地预测挥舞衰减模态。

滚转衰减和挥舞衰减模态的相似模值（两者都近似在半径为 10rad/s 的复平面圆上），以及后者明显的滚转运动都表明使用 6 自由度弱耦合分析强侧倾控制可能对横向运动稳定性无影响。根据表 5-1 中挥舞衰减模态特征值的位置，并参考图 5-2，我们还可以看到挥舞衰减模态位于强控制滚转模态根轨迹上——另一个明确的迹象表明随着更高阶的挥舞动力学问题的出现，状况必然会发生变化。

表 5-1　Lynx 直升机悬停状态 6 自由度与 9 自由度运动特征值

模态类型	6 自由度无耦合 横向/纵向	6 自由度耦合 横向/纵向	9 自由度无耦合 一阶挥舞	9 自由度耦合 二阶挥舞
偏航衰减	−0.184	−0.245	−0.245	−0.245
升降衰减	−0.313	−0.311	−0.311	−0.311
长周期	0.056	0.239	0.24	0.24
长周期振荡	±0.474i	±0.534i	±0.532i	±0.532i
滚转/偏航	−0.041	−0.17	−0.171	−0.17
振荡	±0.472i	±0.603i	±0.606i	±0.606i
俯仰衰减	−2.025	−2.219	−2.602	−2.59
滚转衰减	−11.02	−10.87	−11.744	−13.473
滚转/回归	—	—	−7.927	−8.272.
挥舞			±10.446i	±10.235i
锥角	—	—	−47.78	−15.854
				±35.545i
前行	—	—	—	−15.5
挥舞				±71.06i

如图 5-3 所示，二阶 9 自由度模型的横向周期变距滚转姿态反馈的根轨迹表明：通过增加挥舞衰减模态，稳定性如预期发生显著变化。机身特征值不再合并，并使滚转轴响应加强为高频振荡，高增益响应能量被夹带在耦合的滚转/挥舞模态中，这在相对较低的增益时会变得不稳定。对于图 5-3 所示的悬停中的 Lynx 直升机，增益的临界值约为 1，正如我们看到的，这个值对于所有的直升机都是一样的。实际上，响应幅度受到 SCAS 操作驱动系统的非线性限制，或者由飞行员减小其增益并退出控制回路。即使姿态增益值较低，

例如 SCAS 中的典型姿态增益值（$O(0.2)$），耦合模态的稳定性也可能降低到会引起穿越湍流飞行问题的水平。为了缓解这个问题，将陷波滤波器引入 SCAS 是一种相当普遍的做法，它可以减少机身/旋翼耦合模态频率周围的反馈信号和响应。

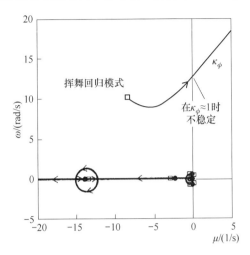

图 5-3 Lynx 直升机悬停状态 9 自由度滚转姿态反馈增益变化根轨迹

因此，高增益控制是飞行员和 SCAS 设计人员面临的一个问题，通过对耦合系统在失稳点的近似稳定性分析，可以了解滚转/挥舞衰减模态下阻尼的损失，假设多挥舞动力学的一阶表示足以预测挥舞衰减模态的行为。我们也忽略了低模值机身动力学。第 3 章给出了悬停过程中旋翼-机身角变化的运动方程。

$$\begin{bmatrix} -2 & \gamma/8 \\ \gamma/8 & 2 \end{bmatrix}\begin{bmatrix} \beta'_{1c} \\ \beta'_{1s} \end{bmatrix} - \begin{bmatrix} \gamma/8 & -(\lambda_\beta^2 - 1) \\ -(\lambda_\beta^2 - 1) & -\gamma/8 \end{bmatrix}\begin{bmatrix} \beta_{1c} \\ \beta_{1s} \end{bmatrix} = \begin{bmatrix} -2\bar{q} + (\theta_{1s} + \bar{p})\gamma/8 \\ -2\bar{p} + (\theta_{1c} + \bar{q})\gamma/8 \end{bmatrix}$$

$$(5-11)$$

$$I_{yy}\bar{q}' = -\frac{M_\beta}{\Omega^2}\beta_{1c} \tag{5-12}$$

$$I_{xx}\bar{p}' = -\frac{M_\beta}{\Omega^2}\beta_{1s} \tag{5-13}$$

其中，机身速度为通过旋翼转速归一化后的速度，即

$$\bar{p} = p/\Omega \tag{5-14}$$

$$\bar{q} = q/\Omega \tag{5-15}$$

符号右上角的标记表示相对于方位角 ψ 的微分，即

$$\beta'_{1c}c = \frac{\mathrm{d}\beta_{1c}}{\mathrm{d}\psi} \tag{5-16}$$

相对于飞机质心的桨毂力矩近似表示为

$$M_\beta = \left(\frac{N_b}{2}K_\beta + Th_R\right) \tag{5-17}$$

其中包括拉力矢量倾斜和桨毂刚度引起的力矩。

式（5-11）~式（5-33）表示一个四阶耦合系统，当包含式（5-18）给出的姿态反馈

控制律时，系统的阶数增加到五。

$$\theta_{1c} = k_\phi \phi \qquad (5-18)$$

进一步假设，在分析中可忽略机身俯仰运动；实际上，我们考虑的是与挥舞无关，旋翼桨盘在机身上只有一个滚转自由度，转换的时间为 t，式（5-11）~式（5-33）可写成一阶形式

$$\dot{x} - Ax = 0 \qquad (5-19)$$

其中

$$x = \begin{bmatrix} \beta_{1c}, & \beta_{1s}, & p, & \phi \end{bmatrix}^\mathrm{T} \qquad (5-20)$$

并且

$$A = \begin{bmatrix} -\delta_\gamma \gamma^*(\lambda_\beta^2 + 1) & \delta\Omega(2(\lambda_\beta^2 - 1) - \gamma^{*2}) & 0 & \Omega\delta_\gamma \gamma^{*2} k_\phi \\ -\delta\Omega(2(\lambda_\beta^2 - 1) - \gamma^{*2}) & -\delta_\gamma \gamma^*(\lambda_\beta^2 + 1)\Omega & 1 & 2\Omega\delta_\gamma \gamma^* k_\phi \\ 0 & -M_\beta/I_{xx} & 0 & 0 \\ 0 & 0 & 1 & 0 \end{bmatrix} \qquad (5-21)$$

此矩阵写成简化洛克数参数形式

$$\begin{cases} \delta_\gamma = 1/(4 + \gamma^{*2}) \\ \gamma^* = \gamma/8 \end{cases} \qquad (5-22)$$

从式（5-21）的矩阵可以看出，反馈项不出现在对角线上，因此控制不会改变系统的总阻尼。式（5-21）的矩阵中的各种参数如表5-2所示。

表5-2 附录4-B 中三种飞机矩阵 A 中参数

	Lynx	Bo105	Puma
λ_β^2	1.193	1.248	1.052
γ	7.12	5.09	9.374
$M_\beta/(\mathrm{N\cdot m/rad})$	386616.4	258601.4	219132.7
$K_\beta/(\mathrm{N\cdot m/rad})$	166352.0	113330.0	48149.0
$T = Mg/\mathrm{N}$	42317.4	21582	56947.0
$I_{xx}/(\mathrm{kg/m^2})$	2767.1	1433.0	9638.0
$\Omega/(\mathrm{rad/s})$	35.63	44.4	27.0
h_R/m	1.274	1.48	2.157

如图5-4~图5-6所示显示了三种飞机的增益 k_ϕ 变化的根轨迹，随着滚转/挥舞衰减模态中的阻尼减小（特征值的实部向右移动），其他模态中的阻尼增大，因此它们通常向左移动。

图5-4中继承了图5-3中 Lynx 直升机的一般模态，特别是滚转/挥舞衰减模态的不稳定性。对于采用铰接旋翼的 Puma 直升机，其根轨迹的拓扑结构不同，不稳定性来源于低频模态。为了从物理上了解导致不稳定的原因，我们可以进一步降低自由度，除去纵向挥舞。滚转/挥舞衰减模态现在只剩下滚转和 β_{1s} 挥舞特征。其状态向量

$$x = \begin{bmatrix} \beta_{1s}, & p, & \phi \end{bmatrix}^\mathrm{T} \qquad (5-23)$$

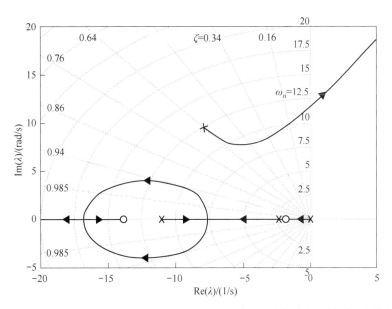

图 5-4 4 自由度 Lynx 直升机（×开环极点，○闭环零点）滚转姿态反馈增益变化根轨迹

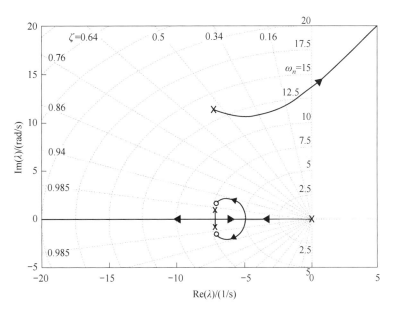

图 5-5 4 自由度 Bo105 直升机（×开环极点，○闭环零点）滚转姿态反馈增益变化根轨迹

三阶系统矩阵更新后的表达形式为

$$\boldsymbol{A} = \begin{bmatrix} -\delta_\gamma \gamma^*(\lambda_\beta^2 + 1)\Omega & 1 & 2\Omega\delta_\gamma \gamma^* k_\phi \\ -M_\beta/I_{xx} & 0 & 0 \\ 0 & 1 & 0 \end{bmatrix} \qquad (5-24)$$

开环极点可以通过设置 k_ϕ 为零来检测，从而得到一个二阶系统，其相对阻尼为 ζ，固有频率 $\boldsymbol{\omega}_n$。

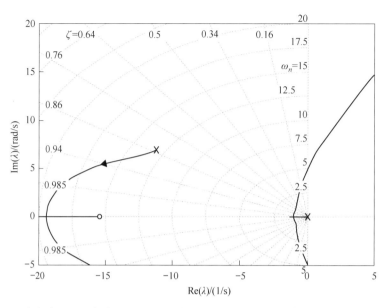

图 5-6　4 自由度 Puma 直升机（✕开环极点，○闭环零点）滚转姿态反馈增益变化根轨迹

$$
\begin{cases}
\ddot{\beta}_{1s} + 2\zeta\omega_n\dot{\beta}_{1s} + \omega_n^2\beta_{1s} = 0 \\
2\zeta\omega_n = \delta_\gamma\gamma^*(\lambda_\beta^2 + 1)\Omega \\
\omega_n^2 = \dfrac{M_\beta}{I_{xx}}
\end{cases} \tag{5-25}
$$

在初始的挥舞方程中忽略了惯性力和力矩，但现在可以发现，有效的两个分量惯性和阻尼"隐藏"在式（5-25）中：其中一个与挥舞刚度（λ_β^2-1）成比例，另一个与滚转角速度阻尼成比例，其值为 2（见式（5-11）等式右侧）。固有频率等于桨毂力矩除以转动惯量的平方根，是每挥舞弧度的滚转加速度。相较于 Lynx 和 Bo105 直升机，Puma 直升机这一参数要小得多（见表 5-2），其铰接旋翼（低 M_β）和高转动惯量（I_{xy}）部分解释了图 5-6 中的特征值。四阶和三阶系统（包括零阶 ϕ 型）的开环特征值如表 5-3 所示，表明了近似后的二阶系统保留了滚转/挥舞衰减模态的特征，表 5-1 所示的九阶系统也如此。

表 5-3　四阶和三阶滚转/挥舞衰减模态特征值，$k_\phi = 0$

Lynx		Bo105		Puma	
四阶	三阶	四阶	三阶	四阶	三阶
0.00	0.00	0.00	0.00	0.00	0.00
$-7.89\pm9.53i$	$-7.93\pm8.77i$	$-7.93\pm8.77i$	$-7.93\pm8.77i$	$-11.11\pm6.96i$	$-7.93\pm8.77i$
$-10.99,\ -2.32$	—	$-7.16\pm0.898i$	—	$-1.25,\ 0.696$	

随着 k_ϕ 增加，三阶 Bo105 直升机根轨迹如图 5-7 所示，滚转/挥舞衰减模态的变化如图 5-5 所示类似，因此不稳定性不受纵向挥舞或机身运动的影响，滚转和横向挥舞运动是不利耦合问题的主要运动考虑量。

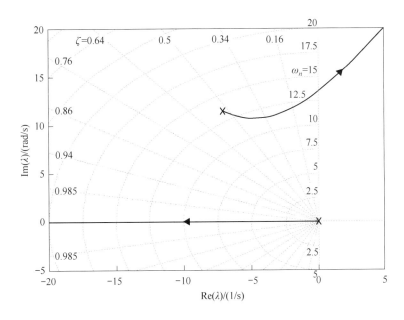

图 5-7　Bo105 直升机 3 自由度滚转姿态反馈增益变化根轨迹

失稳时的增益值可以通过劳斯-赫尔维茨（Routh-Hurwitz）稳定性判据确定（参考文献 5.5），由基于系统矩阵 A 的行列不等式构成。

$$|\lambda I - A| = 0 \qquad (5-26)$$

得到

$$\begin{cases} \lambda^3 + a_2\lambda^2 + a_1\lambda + a_0 = 0 \\ a_2 = \delta_\gamma{}^*(\lambda_\beta^2 + 1)\Omega \\ a_1 = M_\beta/I_{xx} \\ a_0 = 2\Omega\delta_\gamma\gamma^*(M_\beta/I_{xx})k_\phi \end{cases} \qquad (5-27)$$

为了使系统稳定（参考文献 5.4）看写成

$$a_1 a_2 > a_0 \qquad (5-28)$$

在稳定边界处，定义了反馈增益的临界值，该临界值只是挥舞频率比 λ_β 的函数

$$k_{\phi c} = \frac{(\lambda_\beta^2 + 1)}{2} \qquad (5-29)$$

如图 5-8 所示显示了 Bo105 直升机在 β_{1s} 初始位移为 1°（向左侧）下的横向挥舞和滚转角速度响应，其中 k_ϕ 三个值分别配置为（0，$k_\phi = k_{\phi c}$ 及 $k_\phi > k_{\phi c}$）。图 5-8（a）显示了当挥舞在不到 0.5s 衰减到零时，机身在相同的时间段内向左侧滚转了 1°；图 5-7 为相对阻尼大于 0.5 的振荡模态，确保了快速响应。桨毂力矩使机身向左侧滚转，但滚转角速度一旦增大，大的阻尼（L_p）就会减缓该运动。临界条件下，初始挥舞角会导致旋翼与机身的反相位无阻尼振荡，当旋翼向左滚转斜时（正 β_{1s}），机身向右滚转斜（正 ϕ）。如图 5-9 所示，反馈控制有效地消除了由于滚转阻尼引起的挥舞不稳定，随着增益的进一步增加，系统变得不稳定，负 β_{1s} 产生的不稳定力矩使机身出现过零状态（见图 5-9）。

在滚转姿态与横向总距相等或相反的临界条件下，我们可以探究耦合问题的核心是什

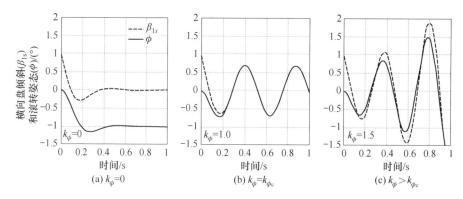

图 5-8 Bo105 直升机在 β_{1s} 初始 1 度扰动后的时间响应

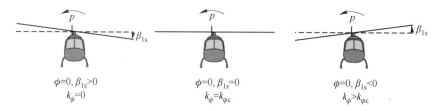

图 5-9 横向挥舞 β_{1s} 如何随着反馈增益的增加而变化；所有飞机都在零滚转角处向右滚转

么。在临界条件下，滚转姿态控制产生的后果是，当旋翼向左侧（$+\beta_{1s}$）倾斜，控制器作用于 $+\theta_{1c}$ 促使旋翼左侧偏转进一步加剧。为了进一步了解对临界条件附近阻尼变化有影响的旋翼参数，我们就必须找到滚转-挥舞振荡模态的近似，为此将其与图 5-7 中沿实轴减小的方向向"西"偏移。

根据弱耦合系统理论，在中性稳定条件下，如图 5-8（b）所示，当姿态挥舞总和为零，可得到一个合理的近似。这使得我们可以进一步探究可由二阶动态系统表征的滚转/挥舞衰减模态，从而更清晰地表示姿态反馈的不稳定贡献。式（5-30）引入新变量和状态向量

$$\begin{cases} \sigma = \phi - \beta_{1s} \\ x^* = [\sigma, \ \beta_{1s}, \ p] \end{cases} \tag{5-30}$$

新系统矩阵可写成

$$A = \begin{bmatrix} -k^* & 2\zeta\omega_n - k^* & 0 \\ k^* & -2\zeta\omega_n + k^* & 1 \\ 0 & -\omega_n^2 & 0 \end{bmatrix} \tag{5-31}$$

$$k^* = 2\Omega\delta_\gamma\gamma^*k_\phi \tag{5-32}$$

其中

$$\begin{cases} \lambda_1 = -k^* \\ \lambda_2^2 + 2\zeta\omega_n\lambda_2 + \omega_n^2 = 0 \end{cases} \tag{5-33}$$

对于临界值附近的增益，我们假设衰减受控于 σ，滚转挥舞振荡形成二阶 $[\beta_{1s}, p]$ 模态，对系统进行适当的划分，可以得到该模态的近似表达式（见式（4A-37）和式（4A-38））

$$2\zeta^*\omega_n = 2\zeta\omega_n - k^* = \delta_\gamma\gamma^*\Omega[(\lambda_\beta^2+1)-2k_\phi] \tag{5-34}$$
$$= \delta_\gamma\gamma^*[(\lambda_\beta^2-1)+2(1-k_\phi)]$$

其中，阻尼由下式给出

$$\omega_n^2 = \frac{M_\beta}{I_{xx}} \tag{5-35}$$

对式（5-34）括号中的项扩展，来表示旋翼刚度（λ_β^2-1）和陀螺阻尼（式（5-11）右侧的"$2p$"项）的直接贡献。当 $k_\phi=1$ 时，后者被姿态反馈有效抵消，尽管式（5-34）中的近似（值）给出了图 5-7 中开环极点的精确预测，但随着姿态增益从零开始增加，可以看出，闭环极点遵循固有频率恒定但相对阻尼减小的轨迹——图 5-7 中的结果与五阶和三阶的结果相比，是明显的凸圆弧。如前所述，在中性稳定点附近，近似值准确地预测了临界增益和频率，并解释了这种逆耦合的物理性质。衰减模态（我们称之为 σ 模态）的近似，预测振荡模态中的阻尼损耗与衰减阻尼增益是平衡的（也就是 k^*），这表明了姿态控制不会改变系统中总阻尼这一事实。

表 5-4 表示了临界条件下二阶近似与原始五阶系统的比较结果。临界增益和固有频率均可很好地完成预测，Lynx 和 Puma 直升机的 σ 模态实际上为一种振荡（见图 5-4 和图 5-6），而二阶衰减无法预测该模态。

表 5-4 二阶和五阶近似预测的比较

	$k_{\phi c}$		$\omega_n(k_{\phi c})$		$\lambda_1(k_{\phi c})$	
	五阶	二阶	五阶	二阶	五阶	二阶
Lynx	1.03	1.09	11.7	11.8	$-13.5\pm3.85i$	-14.45
Bo105	1.16	1.12	13.5	13.4	-15.0	-14.64
Puma	1.0	1.02	4.76	4.8	$-11.9\pm6.52i$	-12.0

为了完成对滚转/挥舞衰减模态耦合问题的分析，考虑滚转角速度对横向周期的反馈，增益为 k_p，采用上述二阶近似，我们可以看到阻尼项不变，而固有频率变为

$$\omega_n^2 = \frac{M_\beta}{I_{xx}}(1+2\Omega\delta_\gamma\gamma^*k_p) \tag{5-36}$$

随着增益的增加，模态频率的增加与 k_p 成正比，相对阻尼则随着频率的增加而减小。根轨迹在复平面上垂直上升（见图 5-7）。

故滚转角速度反馈不会破坏挥舞衰减模态的稳定性，然而，通过将滚转模态与挥舞衰减模态耦合，通常会发展成为比挥舞衰减模态阻尼低得多的模态，速度反馈确实会引起不良反应。这个问题在第 3 章中已进行了简要的讨论（见 3.2.1 节旋翼平面内运动：摆振运动），其中重点介绍了 Curtiss（柯蒂斯）的工作（参考文献 5.6）。如 5.6 节中的图 5-10 所示，显示了 Curtiss 对速度和姿态反馈控制稳定性边界的估计。参考文献 5.6 中提及的直升机为铰接式旋翼，但驱使机身挥舞模态不稳定的姿态增益水平与前面提到的近似预测非常相似。即零速度增益约为 1 (°)/(°)。根据 Curtiss 的理论，在机身延迟模态变得不稳定之前，速度阻尼的稳定性水平甚至更低，约为 0.2 (°)/((°)/s)。根据参考文献 5.7 中作者提出 Bo105 直升机的旋翼-机身的耦合性分析，可得到相同的结果。

稍后，在第 6 章中，我们将讨论姿态控制的一些操纵品质（HQ）注意事项。通常飞行员在闭环高增益跟踪任务中，潜在的稳定性问题被视为与频率上限附近的姿态频响形状有关。旋翼和其他高阶动态元件的存在，导致飞行员和飞机操纵响应之间存在滞后，飞行员由于神经肌肉效应会产生更大的滞后，这两种效应的结合降低了高频姿态响应相位的幅值并增加了相位的斜率。这两种效应都会导致飞行员对飞机操纵的感知发生偏离。有关 SCAS 增益对旋翼机身稳定性进一步影响的讨论见参考文献 5.8~5.11，参考文献 5.12 讨论了相同的问题，通过飞行员的影响模拟了一个简单的动态系统。

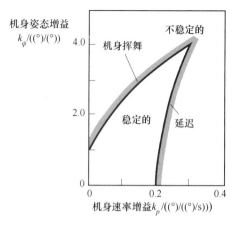

图 5-10　作为滚转反馈增益函数的稳定性极限（参考文献 5.6）

现在我们转到强控制和约束稳定性的第二个应用领域：飞行员或自动控制系统试图约束航迹，使其沿着空中的虚拟路径飞行。我们将看到，只有在飞机姿态控制占据着主导地位时，在付出相当大的稳定性代价后，我们才能实现无约束模态的稳定性。

5.2.2　航迹约束

本章描述的用于推导约束条件下稳定性的近似理论，首先被应用于固定翼飞机，并举例说明了飞行员在低于最小功率或阻力时试图用升降舵保持垂向速度或航迹时遇到的问题。纵向周期变距与直升机航迹的控制有明显的相通性，本章节我们将这一理论应用到直升机场景。附录 5A 对直升机与固定翼飞机飞行动力学的相似之处进行了充分的阐述，对理论进行了扩展，得出比较性结论并讨论了问题的历史背景。虽然人们对这个问题已经了解了一段时间，但是由于飞行员的失误，事故仍在继续发生。这表明人们显然没有意识到稳定性问题的严重性。我们研究了两起此类事故，一起发生在固定翼商业运输机上，另一起发生在商业运输直升机上。两起事故均在 2013 年，发生在飞机进近着陆时。相关事故报告提供了必要的数据和分析，为理论研究提供了支撑。

纵向运动

以直升机飞行为例，飞行员使用周期性变距和总距来保持垂向速度 $w_0 = w - U_e\theta$ 恒定。在垂向速度配平为零的情况下，飞行员保持恒定的纵向航迹，可将约束条件写成如下形式

$$w = U_e\theta \tag{5-37}$$

当飞机俯仰运动时，航迹保持直线，我们可以想象控制力的强大，以至于升降轴动力学问题可以用简单的代数关系来描述

$$Z_u u + Z_w w \approx 0 \tag{5-38}$$

纵荡运动的动力学特性可用微分方程描述为

$$\frac{\mathrm{d}u}{\mathrm{d}t} - X_u u - \left(X_w - \frac{g}{U_e}\right)w = 0 \tag{5-39}$$

在这种约束飞行中，升降和纵荡速度的扰动与升降导数的比值有关，因此

$$w \approx -\frac{Z_u}{Z_w}u \tag{5-40}$$

用一阶系统描述单一的无约束纵荡自由度

$$\frac{\mathrm{d}u}{\mathrm{d}t} - \left[X_u - \left(X_w - \frac{g}{U_e} \right) \frac{Z_u}{Z_w} \right] u = 0 \qquad (5-41)$$

因此，速度稳定性的条件可以写成

$$\left(X_u - \left(X_w - \frac{g}{U_e} \right) \frac{Z_u}{Z_w} \right) < 0 \qquad (5-42)$$

对于 Lynx 和其他大多数直升机，这种情形大约在 60kn 以下就被打破，因为旋翼拉力随前进速度扰动的变化越来越受到入流强烈变化的影响。在低于近似最小功率速度下，无论飞行员操纵周期性变距还是总距来保持恒定的航迹，均存在速度发散的风险，除非受到控制。在实际操作中，飞行员通常会使用周期性变距和总距来保持低速时的速度和航迹。在更高的飞行速度下，虽然速度模态从来没有很好的阻尼，但它会变得稳定，并由于飞机阻力导数（X_u 导数）的控制，在以陡斜坡角下降时，由于对反向的总距和周期变距的长周期垂直响应，控制问题会变得更加严重。即在向后周期变距与向上的总距操纵时，航迹角的变化是向下的。

航迹角的强控制对飞机俯仰姿态模态的影响更大，在垂直运动约束下，俯仰姿态模态也会发生变化。考虑垂直速度和纵向周期变距之间的反馈控制，可以由简单的比例控制来描述

$$\theta_{1s} = k_{w_0} w_0 \qquad (5-43)$$

重新排列式（4-138）中的纵向系统矩阵，将纵荡变量（w_0）移动到最低水平（即最高模量）导出修正系统矩阵，按图所示进行分区，即

$$\begin{bmatrix} X_w & X_w - g\cos\Theta_e/U_e & X_q - W_e & g\cos\Theta_e/U_e \\ Z_u & Z_w & U_e & k_{w_0}Z_{\theta_{1s}} \\ M_u & M_w & M_q & k_{w_0}M_{\theta_{1s}} \\ Z_u & Z_w & 0 & k_{w_0}Z_{\theta_{1s}} \end{bmatrix} \qquad (5-44)$$

低模速度下的阻尼由以下表达式来近似

$$\lambda_1 \approx X_u + \frac{Z_u}{Z_w} \left[X_w + \frac{g}{U_e} \left(1 + \frac{1}{M_{\theta_{1s}} k_{w_0}} \left(M_w - \frac{M_u Z_w}{Z_u} \right) \right) \right] \qquad (5-45)$$

我们注意到，随着反馈增益的增加，稳定性变得渐近于式（5-42）中通过简单近似给出的值，通过合理假设，低速情况下

$$X_w \ll \frac{g}{U_e} \qquad (5-46)$$

稳定性条件由以下表达式给出

$$k_{w_0} < \frac{g}{U_e M_{\theta_{1s}}} \frac{1}{\lambda_\infty} \left(M_u - M_w \frac{Z_u}{Z_w} \right) \qquad (5-47)$$

其中无穷增益特征值 λ_∞ 由下式给出

$$k_{w_0} \Rightarrow \infty, \ \lambda_\infty \Rightarrow X_u + \frac{gZ_u}{U_e Z_w} \qquad (5-48)$$

Lynx 直升机在 40kn 飞行速度下，约 0.35（°）/（m/s）的增益足以破坏速度模态的稳定性。中模俯仰姿态模态的近似表达式如下

$$\lambda_2^2 - M_q \lambda_2 + M_{\theta_{1s}} = 0 \qquad (5-49)$$

其中，采用了附加近似值

$$M_{\theta_{1s}} \approx U_e M_w \qquad\qquad (5-50)$$
$$Z_{\theta_{1s}} \approx U_e Z_w \qquad\qquad (5-51)$$

因此，按照式（5-49）的形式，只能近似估算俯仰模态在无限增益下的位置。可以预测该模态是稳定的，其阻尼由俯仰阻尼导数给出，频率由控制俯仰灵敏度的导数的平方给出。当机身在旋翼下摇摆时，旋翼相对航迹保持固定。上述分析中存在一个明显的问题是：这种模态对操纵品质的影响有多大，以及在较低的增益值下可能的模态特性。图5-11显示了 Lynx 直升机以 60kn 速度平飞时，3 自由度纵向模态的根轨迹。原点附近的轨迹是已经讨论过的速度模态的特征值。原点为闭环零点（中性稳定性）。根在实轴上，向左移动对应强控制的垂直模态。有限零点表示俯仰模态，显示在近似理论预测的位置，阻尼比约为 0.2，特别值得注意的是，随着反馈增益的增加，根轨迹显示了在很大范围内（达到近似单位的增益），模态是如何变得越来越不稳定的。这一特性很可能抑制飞机垂直面对航迹的强控制，但不代表速度模态下会失去稳定性。

在高增益时，中高频俯仰模态存在与挥舞衰减模态耦合的可能性，图 5-12 显示了 Lynx 直升机 9 自由度模型的根轨迹，其中较低水平的振荡根表示荷兰滚振荡。滚转衰减模态实际上几乎不受控制的影响。俯仰模态在极限范围内变为中稳定，当增益较低时，不稳定范围内的偏移相对较大。即使通过俯仰姿态和速度反馈使开环极点稳定，我们也可以预测同样的总体趋势。不稳定发生在相对较低的增益值，失稳的物理根源是利用周期性变距控制垂直速度降低了迎角稳定性（M_w），迎角的正变化表明下降速度增加并将正（后）周期性变距抵消，因此降低了静稳定性。一种更普遍的策略是使用总距操纵航迹，周期性变距控制速度和姿态。这是中低速度下的首选控制策略，并且能提供足够的总距裕度，来消除飞行员对旋翼/发动机/转矩超负荷的顾虑。然而，当功率裕度较小时在更高的速度下，航迹对周期变距的响应较强，通过周期变距直接控制航迹更为可靠。

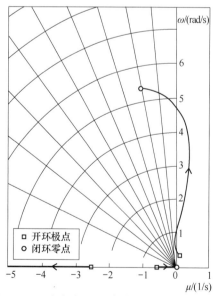

图 5-11　6 自由度 Lynx 直升机 60kn 速度下垂向速度增益变化的根轨迹

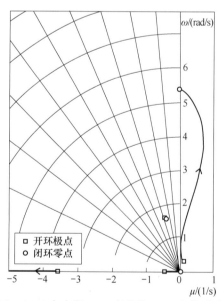

图 5-12　9 自由度 Lynx 直升机 60kn 速度下垂向速度增益变化的根轨迹

图 5-11 和图 5-12 显示的结果表明，在这些条件下，姿态控制和航迹控制之间存在潜在的冲突。如果飞行员加强了航迹控制（如空中加油或目标跟踪），那么，飞行员诱发振荡（PIO）可能会发散。我们已经从上一节强姿态控制的分析中看到了 PIOs 的迹象，这两种影响最终都是由机身和旋翼之间的离散耦合引起的，而且直升机比固定翼更为明显。PIO 代表了两种类型飞机安全飞行的限制，需要确保设计不出现 PIO。这个问题将在第 6 章进一步讨论。

在这里讨论的例子突出了直升机飞行员姿态控制（或稳定性）和航迹控制（或制导）之间的冲突，这一冲突将通过对水平面的约束飞行的分析来说明（参考文献 5.15）。

横向运动

我们考虑一个简单的模型，一架直升机在二维空间中沿指定的路线飞行（见图 5-13）。通过对直升机飞行动力学（准定常旋翼动力学）的仿真，可以得出结论。假设飞行员分别通过总距和脚蹬来保持直升机的高度和平衡。以横向挥舞 β_{1s} 的形式给出了滚转运动方程

$$I_{xx}\ddot{\phi} = -M_{\beta}\beta_{1s} \tag{5-52}$$

其中 M_{β} 为单位挥舞的滚转力矩，由下式给出

$$M_{\beta} = \left(\frac{N_b K_{\beta}}{2} + h_R T\right) \tag{5-53}$$

为保持水平飞行，旋翼拉力 T 在操纵过程中变化。如第 3 章所述，桨毂刚度 K_{β} 可由挥舞频率比 λ_{β}^2，挥舞惯性矩 $I\beta$ 和旋翼转速 Ω 来表示

$$K_{\beta} = (\lambda_{\beta}^2 - 1)I_{\beta}\Omega^2 \tag{5-54}$$

地轴系上力平衡方程可以写成

$$T\cos(\phi - \beta_{1s}) = mg \tag{5-55}$$

$$T\sin(\phi - \beta_{1s}) = m\ddot{y} \tag{5-56}$$

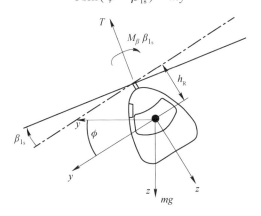

图 5-13　简单横向操纵的直升机力平衡

其中 $y(t)$ 是横向航迹位移，组合式（5-22）、式（5-55）和式（5-56），忽略小的滚转和挥舞角（包括恒定的旋翼转速），可以得到滚转角 ϕ 的二阶方程

$$\frac{\mathrm{d}^2\phi}{\mathrm{d}t^2} + \omega_{\phi}^2\phi = \omega_{\phi}^2 v \tag{5-57}$$

其中 v 是归一化的侧向力（即横向加速度），由下式线性化得到

$$v = \ddot{y}/g \tag{5 - 58}$$

通过以下表达式，可以看出"固有"频率 ω_ϕ 与旋翼力矩系数有关

$$\omega_\phi = \sqrt{\frac{M_\beta}{I_{xx}}} = \frac{1}{\sqrt{\tau_\beta \tau_p}} \tag{5 - 59}$$

旋翼和机身滚转时间常数是根据基本的旋翼参数，即旋翼洛克数以及滚转阻尼导数 L_p 得到

$$\tau_\beta = \frac{16}{\gamma\Omega}, \quad \tau_p = -\frac{1}{L_p} \tag{5 - 60}$$

读者应注意，假设频率 ω_ϕ 恒定，意味着与旋翼桨毂力矩分量相比，拉力变化很小。频率 ω_ϕ 与在第 2、第 4 章讨论的滚转挥舞衰减模态中的固有频率相等。

式（5-57）适用于一般的小幅横向操纵，并且可用于估算旋翼拉力及力矩，从而控制以横向航迹 $y(t)$ 为特征的操纵活动。这代表了所谓逆模型的一种简单情况（参考文献 5.16）。据此规定了航迹并求解了控制和载荷的运动方程。旋翼和固定翼飞机之间用这种方法建模的一个显著区别是式（5-57）中的惯性项，在固定翼飞机中无此惯性项，侧向力仅与滚转角成正比。对于直升机，旋翼与机身之间存在一个离散的耦合模态，其动力学可用式（5-57）描述，频率为 ω_ϕ，表示机身相对于旋翼的振荡，而旋翼在空间中保持规定的方向。我们已经在先前约束垂直运动的分析中给出了类似模态的证据。因此，这种模态下机身的振荡不影响飞机的航迹。需要注意的是，这种模态不是无约束飞行的特征，其中两种自然模态是滚转衰减模态（量级 L_p）和中性振荡模态（量级 0），它们表示飞机动力学与航向或横向位置无关。新自由模态的激励程度取决于航迹偏移的大小，因此与侧向力 v 有关。例如，当规定的航迹与自由振荡真正正交时（如正弦组合），则不会受到自由振荡的影响。实际上，障碍滑雪式操纵虽然与正弦波的特性相似，但在转折点处可能有明显不同的载荷要求，并且自由振荡的激发范围可能很高。关于式（5-57）解的特性，需要注意的另一个重点是，当航迹的频率接近固有频率 ω_ϕ，滚转角接近共振条件。为了解实际情况，我们必须研究"正向模型"而非"逆模型"。这可以被表述为侧向周期性操纵输入 θ_{1c}，其为侧向航迹驱动力 v，近似表达式为

$$\frac{\mathrm{d}^2 v}{\mathrm{d}t^2} - L_p \frac{\mathrm{d}v}{\mathrm{d}t} = \left[\frac{\mathrm{d}^2 \theta_{1c}}{\mathrm{d}t^2} + \omega_\phi^2 \theta_{1c} \right] \tag{5 - 61}$$

该方程的推导依赖于这样一种假设，即旋翼对控制作用和机身角速度的响应是准定常的，并在瞬间产生一个新的桨盘倾角。实际上，旋翼响应时间常数等于 $(16/\gamma\Omega)$，为了论述当前的论点，则忽略此延迟。式（5-61）右侧的加速度控制项对固有频率附近的情况至关重要。在极限情况下，当输入频率为固有频率时，由于取消了控制项，航迹响应为零，因此，式（5-57）理论的物理解释为：在该频率处滚转角将无限增大。

当飞行员以临界频率移动驾驶杆时，旋翼桨盘保持水平状态，机身在桨盘下方摇摆。我们发现纵向运动也有类似的效果。对于频率较低的周期性操纵输入，侧向力仍然非常小，需要大的操纵位移来产生回转力矩。驾驶杆以略高于 ω_ϕ 的频率移动产生较小的反向力作用于不同的方向。因此尽管驾驶杆被剧烈地移动，飞行员仍然可能无法获得理想的航迹。飞行员所能做的和正在努力做的差异随着预期操作的严重性急剧增加，而有效或者安

全完成任务所需的带宽上限由 ω_ϕ 决定。对于当前的直升机，其固有频率范围 ω_ϕ 从包括低铰链偏移量、慢旋翼转速的 6rad/s，到无铰链高旋翼转速的 12rad/s。

通过以上简单的分析，提出了三个问题：

①随着任务严峻程度的增加，是什么影响了截止频率，一旦超过截止频率，控制活动会变得异常或不合理吗？

②截止频率可以被预测吗？

③如果无约束振荡确实在实际中表现出来，飞行员该如何应对？

在第一个问题背景下，飞机与任务固有频率的比率是一个有用的参数。一般来说，任务固有频率 ω_t 可以从航迹变化的频率分析中得出，但对于简单的障碍滑雪操纵，与任务时间的倒数近似相关，参考文献 5.15 认为任务频率的上限可用以下形式表示

$$\frac{\omega_\varphi}{\omega_t} > 2n_v \tag{5-62}$$

式中，n_v 是给定任务中所需航迹变化的次数，如图 5-14 所示，该操纵包含 5 种不同的变化，因此，对于障碍滑雪操纵而言至少保证

$$\frac{\omega_\varphi}{\omega_t} > 10 \tag{5-63}$$

这表明，飞行员驾驶一架相当敏捷的飞机，其 $\omega_\varphi=10$rad/s，当飞行员试图在 6s 内飞障碍滑雪动作时，可能会遇到操纵问题。飞行员驾驶一架相对不敏捷的飞机（$\omega_\varphi=7$rad/s），可能在进行 9s 内障碍滑雪动作时遇到类似的操纵问题。将一架灵巧的直升机的可用性能提升 50% 对于执行军事及一些民事任务具有重要意义。

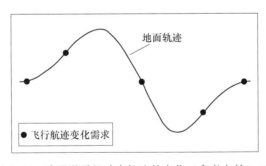

图 5-14　障碍滑雪机动中航迹的变化（参考文献 5.15）

如图 5-15（a）~（c）所示反映了安装不同旋翼类型的 Helisim Lynx 直升机进行障碍滑雪科目的逆仿真结果（参考文献 5.15）。图中显示了三种旋翼配置，分别对应 $\omega_\phi=11.8$（标准 Lynx），$\omega_\phi=7.5$（铰接式），$\omega_\phi=4.5$（跷跷板式）。飞行速度为 60kn 时，在横向周期控制达到极限前，障碍滑雪的长宽比（总宽度与长度的比）为 0.077，是跷跷板式旋翼所能达到的最大值。图 5-15（a）、（b）分别比较了滚转姿态和速度响应。不出所料，三种情况的姿态和速度变化非常相似，尽管我们可以观察到在"跷跷板"和铰接式旋翼中存在较高频率的运动。跷跷板式旋翼滚转角速度峰值比无铰旋翼的要求高 10%~20% 左右，这完全是由于飞机响应中的自由模态造成的。图 5-15（c）给出了飞行长宽比限制为

0.077"障碍滑雪"所需的横向周期变距及"跷跷板"的配置。不同程度滚转激励下的振动，以及更高频率的"稳定"操纵输入，都在横向周期变距的时间变化中清楚地展现出来。现在，可以看到三种旋翼结构之间的差异非常明显，Lynx 直升机标准的无铰接旋翼需要 30% 的最大控制摆幅，而铰接式旋翼的要求略高，约为 35%。

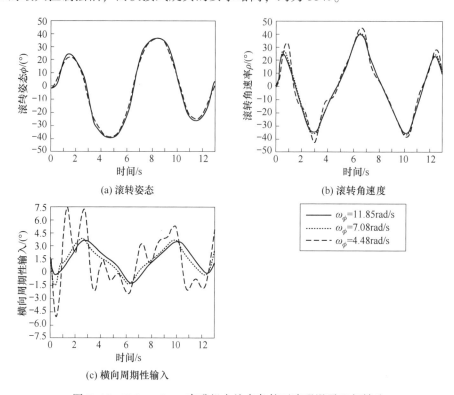

图 5-15　Helisim Lynx 直升机在约束条件下障碍滑雪飞行结论

在参考文献 5.15，以上分析被扩展到基于控制活动的飞行员工作负荷指标。其前提是，当飞行员试图在超临界飞机/任务带宽比的情况下进行飞行操纵时，制导和稳定之间的冲突是其工作负荷的主要来源。参考文献 5.15 讨论了时域和频域工作负荷指标，Lynx 直升机飞行试验结果与逆向仿真之间契合度很好。两种情况下的极限值约为 0.11，用这种确定可靠的工作量指标来预测临界飞行品质边界化的研究是相当可行的。

约束条件下的稳定性是飞行动力学的一个重要课题，本节的案例说明了通过合理的近似可以实现相对简单的分析，有时可以揭示稳定性边界的物理性质。这看起来很偶然，但事实上有一个更深层次的原因，为什么这些简单的模型能很好地预测问题。一般来说，飞行员通常会采用一种看起来不太复杂的控制策略，使用广义的操纵输入（频率和幅值）来驾驶飞机完成一项任务。有证据表明，飞行策略对于保证飞行员完成飞行任务至关重要。这样，才有充足的能力余量来应对紧急情况。因此，飞行员采用中低等水平的工作量来维持操纵，并不断地运用各种控制策略是一种良好状况的标志。当遭遇稳定性问题的飞行员，特别是人为导致的问题，被锁定在一个有限的人机极限循环中时，通常会将精力越来越多地集中在一个狭窄的范围内。飞行员控制操纵中的这些固化操纵模式，通常是品质下降或工作量增加的表现。

5.3 操纵响应分析

5.3.1 概要

前面的章节主要关注配平和稳定性分析。操纵或干扰输入后的飞行特性分析作为本系列章节的最后一个主题，与本章标题"响应"相呼应。配平、稳定性分析和响应为第 3 章的建模活动和第 6~8 章的飞行品质分析之间构建了桥梁。在下面的章节中，将介绍所谓的系统辨识技术，强烈建议不熟悉这些技术的读者应花些时间去了解不同的工具（参考文献 5.17，5.18）。在验证环境中理解直升机动态飞行试验数据需要结合经验（例如，知道预判结果）和分析工具，来帮助理解分析因果关系，而系统辨识技术为该过程提供了一种合理、系统的方法。

在研究四个不同响应的主题之前，我们需要回顾之前章节和附录 4A 中给出的直升机响应的基本方程。根据施加的操纵输入 $\boldsymbol{u}(t)$、扰动 $\boldsymbol{f}(t)$、结合状态向量 $\boldsymbol{x}(t)$，机身、旋翼和其他动态元素运动的非线性方程，可写成

$$\frac{\mathrm{d}\boldsymbol{x}}{\mathrm{d}t} = \boldsymbol{F}(\boldsymbol{x}(t),\ \boldsymbol{u}(t),\ \boldsymbol{f}(t);\ t) \tag{5-64}$$

方程的解为时间的函数可写成

$$\boldsymbol{x}(t) = \boldsymbol{x}(0) + \int_0^t \boldsymbol{F}(\boldsymbol{x}(\tau),\ \boldsymbol{u}(\tau),\ \boldsymbol{f}(\tau);\ \tau)\mathrm{d}\tau \tag{5-65}$$

在正向仿真模拟中，式（5-65）是通过规定 $\boldsymbol{F}(t)$ 在每个时间间隔上的演化形式并进行积分来求解的。对于足够小的时间间隔，$\boldsymbol{F}(t)$ 的线性或低阶多项式通常能够快速地收敛。或者可以通过在每个时间步长迭代求解来预测和校正。选择使用哪种技术不是关键。对于特殊的系统（参考文献 5.19）会出现例外的情况，在很大程度上取决于特征值的分布，可能导致过早的数值不稳定性；有时会导致在式（5-64）中包含旋翼和其他高阶动态模态之类的问题。对于实时的仿真，需要注意并建立一个当约束达到最大可能的积分周期时，足够鲁棒的积分方法，这里将不详细讨论这些问题，留给读者思考。

式（5-64）的线性化形式的解有两种表示形式（见附录 4A）

$$\boldsymbol{x}(t) = \boldsymbol{Y}(t)\boldsymbol{x}_0 + \int_0^t \boldsymbol{Y}(t-\tau)(\boldsymbol{B}\boldsymbol{u}(\tau) + \boldsymbol{f}(\tau))\mathrm{d}\tau \tag{5-66}$$

$$\boldsymbol{x}(t) = \sum_{i=1}^n \left[(\boldsymbol{v}_i^{\mathrm{T}}\boldsymbol{x}_0)\exp(\lambda_i t) + \int_0^t (\boldsymbol{v}_i^{\mathrm{T}}(\boldsymbol{B}\boldsymbol{u}(\tau) + \boldsymbol{f}(\tau)\exp[\lambda_i(t-\tau)])\mathrm{d}\tau \right] \boldsymbol{w}_i \tag{5-67}$$

其中主矩阵解 $\boldsymbol{Y}(t)$ 由式（5-68）给出

$$\boldsymbol{Y}(t) = 0,\ t < 0 \quad \boldsymbol{Y}(t) = \boldsymbol{W}\mathrm{diag}[\exp(\lambda_i^t)]\boldsymbol{V}^{\mathrm{T}},\ t \geqslant 0 \tag{5-68}$$

$\boldsymbol{W}$ 是系统矩阵 $\boldsymbol{A}$ 的右特征向量，矩阵 $\boldsymbol{V}^{\mathrm{T}} = \boldsymbol{W}^{-1}$ 为 $\boldsymbol{A}^{\mathrm{T}}$ 的特征向量矩阵，λ_i 为对应的特征值；$\boldsymbol{B}$ 为控制矩阵，线性化的效果取决于非线性的程度、输入值及响应值。线性公式易于分析。在接下来的章节中，我们将经常使用线性近似来获得更好的理解，特别是在稳定性分析中，充分利用封闭式解析进行趋势估算的能力，突出线性分析的优势，除非非线性明显起着重要的作用，否则在第一种情况下，等效线性系统分析总是首选。

不可避免的是，下面的处理必须具有选择性。我们将分别考察不同坐标轴上的反应特

性，主要是考虑对操纵的直接反应。在几个案例中，展示了与 Helisim 仿真的对比，并且参考了皇家航空研究院（RAE）的第 18 工作组（旋翼机系统辨识）的 Puma 直升机和德国航空航天研究所的 Bo105 直升机的飞行试验数据库（参考文献 5.17）。

5.3.2　悬停状态下总距操纵输入的响应

悬停状态下的总距响应

在例子中，详细研究了直升机悬停状态的总距垂直响应。在第 2 章和第 4 章中，我们已经讨论了由一阶垂直速度方程给出的直升机垂直运动的准稳态近似

$$\dot{w} - Z_w w = Z_{\theta_0}\theta_0 \tag{5-69}$$

其中，升降阻尼和操纵灵敏度导数由动量原理得出，由桨叶载荷 M_a/A_a、桨尖速度 Ω 和悬停诱导速度 λ_0（或拉力系数 C_T），可表示为（见第 4 章）

$$Z_w = -\frac{2a_0 A_b \rho (\Omega R)\lambda_0}{(16\lambda_0 + a_0 a)M_a} \tag{5-70}$$

$$Z_{\theta_0} = -\frac{8}{3}\frac{a_0 A_b \rho (\Omega R)^2 \lambda_0}{(16\lambda_0 + a_0 s)M_a} \tag{5-71}$$

将式（5-96）得出的总距阶跃输入加速度响应，与皇家航空研究院（RAE）研究 Puma 直升机的飞行试验数据比较，如图 5-16 所示（参考文献 5.20）。可以看出，准稳态模型未能在短周期内捕捉到响应性状的一些细节，但是对于长周期衰减进行了很好的预测。对于低频的总距输入，准稳态模型有望为飞行品质评估提供相当高的可信度，但在中高频中，可信度会降低。特别是在急剧变化的总距输入下，观察到的瞬态拉力峰值将会变得平滑。

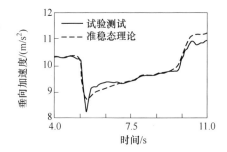

图 5-16　悬停状态下 Puma 直升机阶跃总距输入的垂直加速度响应与飞行试验数据的比较（参考文献 5.20）

20 世纪 50 年代初，卡彭特（Carpenter）和福瑞德维切（Fridovitch）结合旋翼机起飞过程中的性能特点（参考文献 5.21），首次详细研究了这种影响的重要性。测试了大总距和急剧变化总距输入下的旋翼拉力情况，并与动态旋翼锥度/入流非线性仿真模型预测的结果进行了比较。拉力 T 变化的建模方式可由动量原理扩展到旋翼外接球面定义的表面空气流质量的非定常效应

$$T = m_{am}\frac{\mathrm{d}v_i}{\mathrm{d}t} + 2\pi R^2 \rho v_i\left(v_i - w + \frac{2}{3}R\frac{\mathrm{d}\beta}{\mathrm{d}t}\right) \tag{5-72}$$

其中

$$m_{am} = 0.637\rho\frac{4}{3}\pi R^3 \tag{5-73}$$

式（5-72）加入了未被文献 5.21 中试验台约束纳入的飞机垂直运动 w 的影响。v_i 为诱导速度，β 为桨叶挥舞角。通过相对简单的理论，可以测量接近 100% 的推力过冲，并且预测结果相当好。如式（5-72）所模拟的流入增加占了这种影响的很大一部分。这种形式的入流模型和相关的方位角不均匀性的基础研究最早出现在 20 世纪 70 年代的早期文献中，首先应用于桨毂力矩预测（参考文献 5.22），后来随着皮特（Pitt）和彼得斯（Peters）（参考文献 5.23）的开创性工作而出现。皮特（Pitt）和彼得斯（Peters）关于动态入流的研究工作，以及彼得斯（Peters）和他同事进一步的研究，已在本书的第 3 章和第 4 章有所论述。在这里可以看到，参考文献 5.23 采用多项式函数的线性组合模拟了旋翼载荷，该多项式函数既满足旋翼翼尖边界条件，也满足潜在的非定常势流方程。参考文献 5.23 验证了卡彭特-福瑞德维切（Carpenter-Fridovitch）表观质量的近似值，但提出了一个"修正"和简化值作为更好的匹配旋翼内载荷的替代方案。

在参考文献 5.21 和 5.23 的基础上，陈（Chen）和汉德森（Hindson）对直升机悬停状态垂直运动的飞行动力学进行了广泛的分析，包括飞行运动、旋翼挥舞和入流的影响，并在参考文献 5.24 进行了论述。给出了线性化式（5-72）的形式

$$\delta T = m_{am} \dot{v}_i + 2\pi\rho \left\{ 2\lambda_0 (2v_i - w) + \frac{2}{3} R\dot{\beta} \right\} \tag{5-74}$$

Chen 和 Hindson 预测了集成 3 自由度系统的性能，并与 CH-47 直升机上测得的飞行试验数据进行了比较。结果表明，大的瞬时推力超调与旋翼配平条件和洛克数有很大的函数关系。参考文献 5.24 中的理论是在评估旋翼动力学对高增益数字飞行控制性能的影响背景下开发的，其中在相对宽的频率范围内的动态行为可能会影响控制系统的性能。参考文献 5.24 中的一项观察结果与桨叶挥舞对机身响应的短期影响有关。物理上，当旋翼桨叶产生升力时，桨毂处的惯性反应主要取决于相对于空气动力学中的质量分布。对于桨毂处的惯性反应随升力的增加而下降的情况，飞机法向加速度对总距的传递函数将表现出所谓的非最小相位特性；虽然最终响应与输入方向相同，但初始响应与输入方向相反。这种系统的高增益反馈控制的后果之一是不稳定性。在实际操作中，由于这种影响而引起的增益水平可能远远超出直升机垂直运动控制所需的范围。

在 20 世纪 80 年代后期，休斯敦对皇家航空研究院的 Puma 进行了 Chen-Hindson 模型和飞行试验数据的比较，并在参考文献 5.20、5.25~5.27 中进行了描述，我们将继续这个案例的研究，并阐述休斯敦的研究成果。这些展示了应用系统辨识的实用性，并突出了一些经常出现的缺陷。3 自由度垂直速度 w 的线性化微分运动方程可以写成均匀流入 v_i 和旋翼上反角 β_0（参考文献 5.24）的形式。

$$\frac{d}{dt} \begin{bmatrix} v_i \\ \beta_0 \\ \dot{\beta}_0 \\ w \end{bmatrix} = \begin{bmatrix} I_{v_i} & 0 & I_{\dot{\beta}_0} & I_w \\ 0 & 0 & 1 & 0 \\ F_{v_i} & F_{\beta_0} & F_{\dot{\beta}_0} & 0 \\ Z_{v_i} & Z_{\beta_0} & Z_{\dot{\beta}_0} & Z_w \end{bmatrix} \begin{bmatrix} v_i \\ \beta_0 \\ \dot{\beta}_0 \\ w \end{bmatrix} = \begin{bmatrix} I_{\theta_0} \\ 0 \\ F_{\theta_0} \\ Z_{\theta_0} \end{bmatrix} [\theta_0] \tag{5-75}$$

其中流入 I，锥度 F 和升降 Z 的导数由以下表达式给出

$$I_{v_i} = -4k1 \left(\lambda_0 + \frac{a_0 s}{16} \right) C_0, \quad I_{\dot{\beta}_0} = -\frac{4}{3} Rk_1 \left(\lambda_0 + \frac{a_0 s}{8} \right) C_0 = -\frac{2R}{3} I_w \tag{5-76}$$

$$F_w = -\frac{\Omega\gamma}{k_2 R} \left(\frac{1}{6} - \frac{N_b M_\beta}{4M_a R} \right), \quad F_{\beta_0} = -\frac{\Omega^2}{k_2}, \quad F_{\dot{\beta}_0} = -\frac{\Omega\gamma}{k_2} \left(\frac{1}{8} - \frac{N_b M_\beta}{6M_a R} \right) \tag{5-77}$$

$$\begin{cases} Z_{v_i} = -Z_w = \frac{N_b \Omega\gamma}{k_2 R M_a} \left(\frac{I_\beta}{4R} - \frac{M_\beta}{6} \right), \quad Z_{\beta_0} = -\frac{N_b M_p \Omega^2}{k_2 M_a} \\ Z_{\dot{\beta}_0} = -\frac{N_b \Omega\gamma}{k_2 M_a} \left(\frac{I_\beta}{6R} - \frac{M_\beta}{8} \right) \end{cases} \tag{5-78}$$

$$\begin{cases} I_{\theta_0} = \dfrac{25\pi\Omega^2 R a_0 s}{256} C_0, \ \ F_{\theta_0} = \dfrac{\Omega^2 \gamma}{k_2}\left(\dfrac{1}{8} - \dfrac{N_b M_\beta}{6 M_a R}\right), \\ Z_{\theta_0} = -\dfrac{N_b \Omega^2 \gamma}{k_2 M_a}\left(\dfrac{I_\beta}{6R} - \dfrac{M_\beta}{8}\right) \end{cases} \tag{5-79}$$

Carpenter-Fridovitch 的质量系数 C_0 等于 0.64，并且是 Pitt-Peters 值。M_β 和 I_β 是围绕桨毂中心的桨叶的第一和第二质量矩，系数 k 由表达式给出

$$k_1 = \frac{75\pi\Omega}{128}, \ \ k_2 = 1 - \frac{N_b M_\beta^2}{M_a I_\beta} \tag{5-80}$$

其中 M_a 是飞机的质量。

桨叶洛克数和悬停入流量由表达式给出

$$\gamma = \frac{\rho c a_0 R^4}{I_\beta}, \ \ \lambda_0 = \sqrt{\left(\frac{C_T}{2}\right)} \tag{5-81}$$

导数 Z 的表达式表明，合力值是由两个类似的惯性效应数值之差决定的。因此，为了获得振荡自由度的逼真值，需要对质量力矩进行精确估计。在休斯敦的分析中，假设旋翼转速是恒定的，这是短期响应模型的有效近似。在参考文献 5.28 中，相关结果包括了对旋翼速度的影响，表明该变量可以在上述 3 自由度模型中被描述，且精度损失不大。

在 Puma 直升机上进行飞行试验以测量总距扫频响应后的垂直运动和旋翼锥度。如图 5-17 所示是试验数据的样本，包含了总距、旋翼角（从多桨叶坐标分析得出）和飞机质心的法向加速度（参考文献 5.25）。测试输入的频率范围很广，从小于 0.1Hz 到 3.5Hz。利用傅里叶变换将试验数据转换到频域信号来进行传递函数的建模。如图 5-18 所示显示了一个加速度和角度响应的幅值，相位以及拟合的 3 自由度模型的示例，该模型源自幅值和相位的最小二乘拟合。相位函数表明了高达约 2Hz 的强线性度，一些约高达 3Hz。升降自由度和锥度自由度的响应幅值的增加是动力学影响的一个特征。确定的模型参数和模态稳定性特征（如表 5-5 所示，）令式（5-76）~式（5-79）中的导数表达式与 Puma 直升机的理论预测可以进行比较。六组不同的试验数据预测了相关数值的范围。

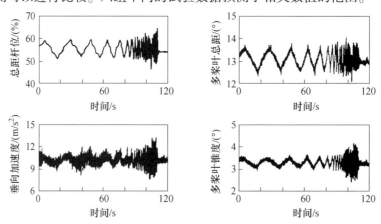

图 5-17　悬停时的 Puma 总距频率响应（参考文献 5.25）

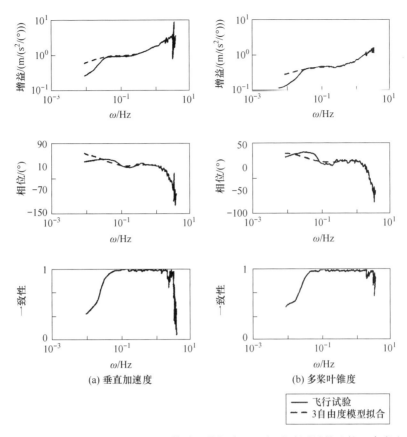

图 5-18　悬停时 Puma 频率响应与总距的等效系统拟合和飞行试验测量的比较（参考文献 5.16）

表 5-5 的结论是：理论可以合理准确地预测入流导数，但对锥度导数高估超过 30%；振荡导数通常是负的，预测的稳定性远大于飞行估计的稳定性。为了调整这些差异，休斯敦根据空气动力学和结构效应的物理推理检验了一系列大模型"修正"的影响，但造成了式（5-76）~式（5-79）中的导数的变化。仔细分析休斯敦的研究表明：两个校正因子有效的相互补偿，产生了一些意想不到的最终值。我们可以沿着类似的路线进行下去，注意到每一阶导数组的入流、锥度和升降在理论预测中都有类似的误差，这意味着从理论上说可以对每一阶段的导数进行改进。考虑到入流导数，可以看到入流/总距导数预计在飞行试验的 2% 以内。这证明了质量系数 C_0 的 Carpenter-Fridovitch 值的可信度。式（5-76）中其他的关键参数是悬停时的旋翼入流数值。

表 5-5　Puma 直升机导数和稳定性特性理论预测与飞行估算对比

导数	理论值	飞行评估	分布范围/（%）	修正理论
I_{v_i}	−11.44	−8.55	（−16.4, 17.3）	−10.0
$I_{\dot{\beta}_0}$	−39.27	−35.34	（−10.9, 7.9）	−35.67
I_w	7.86	7.07	（−10.9, 7.9）	7.13
I_{θ_0}	589.37	578.83	（−4.1, 2.8）	580.2

表 5-5（续）

导数	理论值	飞行评估	分布范围/(%)	修正理论
F_{v_i}	−5.69	−4.11	(−24.3, 16.9)	−4.2
F_{β_0}	−794.0	−803.72	(−10.0, 10.6)	−794.0
$F_{\dot{\beta}_0}$	−32.16	−22.52	(−21.2, 12.9)	−23.6
F_w	5.69	4.11	(−24.3, 16.9)	4.2
F_{θ_0}	887.68	638.58	(−13.8, 10.4)	650.6
Z_{v_i}	−0.168	0.449	(−38.1, 42.1)	0.383
Z_{β_0}	−177.8	−109.41	(−30.0, 23.8)	−109.41
$Z_{\dot{\beta}_0}$	−1.618	2.619	(−69.0, 58.1)	1.56
Z_w	0.168	−0.449	(−38.1, 42.1)	−0.383
Z_{θ_0}	44.66	−44.39	(−39.7, 48.2)	−42.9
	特征值	特征值		修正理论
入流模式	−19.74.	−12.35		−11.51
锥度模式	−11.7±19.61i	−9.51±22.83i		−9.04±23.62i
升降模式	−0.303	−0.159		−0.151

应用于该值的经验修正系数为 0.7，同时 C_0 减少 2%，导致表 5-5 中给出的修正的理论估计在飞行值的 10% 以内。锥度导数是桨叶洛克数的强函数，如式（5-77）所示：桨叶洛克数从 9.37 减到 6.56，使锥度导数全部在飞行值的 5% 以内，如表 5-5 所示。如前面已经讨论的，升降导数十分依赖旋翼桨叶的惯性分布。从式（5-78）可以看出，锥度引起的升降与第一质量矩 M_β 成正比。使用这种简单的关系来估计 M_β 的校正值，可以在 $200\sim300kg/m^2$ 处的获得 30% 减少量。如表 5-5 所示，升降导数的修正值现在更接近飞行估计值，升降阻尼在 15% 以内，操纵灵敏度在 4% 以上。

这种模型参数失真技术在验证研究中的应用表明了模型的缺陷程度。修正后的旋翼参数可以在以下数个缺失效应方面被定性地理解——非均匀流入，尖端和根部损失，桨叶弹性和非定常空气动力学，以及桨叶结构参数估计的不准确性。对于本示例，整个参数集的校正一致性是对修正具有物理意义的良好指示。

这个例子强调了参数辨识的潜在问题，因为测量是有缺陷的。在本例中，没有测量数据，频率响应函数的相关性在约 3Hz（固有频率）以上急剧下降（见表 5-5）。试验数据仅足以覆盖定义的模型结构中相关的频率范围，尽管锥度模态特性的预估效果很好。在时域中，估计的 3 自由度模型现在能够反映准稳态模型遗漏的许多细节。图 5-19 所示显示了在总距操纵中 1° 步长后锥度和法向加速度的时间响应比较。较长时间的不匹配在大约 5s 后出现，可能是由于未建模的转速变化的影响。在短期内，瞬态挥舞和加速度过冲被完全捕获。最近，这些高阶模型的重要性在 Ames Genhel 仿真模型的验证研究中得到了证实，该验证的实验数据是在 UH-60 直升机在悬停飞行取得的（参考文献 5.29）。

休斯敦进行 RAE 相关试验的动机反映了对垂直轴操纵品质的严格标准的需求。当时，国际上制定新的操纵品质标准所作的努力包括几个有争议的方案。在这种情况下，采用了一个简单的模型结构来满足快速上移式操纵所需的低频控制策略。这个主题在第 6 章 6.5 节将更进行详细的讨论。然而，对于高增益反馈控制的研究，应该使用 3 自由度模型来解决相关的设计约束，例如，高精度的高度保持。

前飞总距响应

前飞的总距响应比悬停要复杂得多。虽然总距操纵仍然是垂向速度和以中等飞行航迹角飞行时前进速度的主要控制方式，但飞行员通常使用总距和周期变距的组合来实现高速飞行中的瞬态飞行航迹的变化。此外，总距操纵在前飞中引起很大的俯仰和滚转力矩。如图 5-20 所示比较了 60kn 和 120kn 时 Helisim Bo105 对悬停总距操纵的纵向响应。并比较了前飞速度 u、升降速度 w、俯仰角速度 q、高度 h 之间的扰动。应特别注意 w 的速度分量与爬升率的比较关系。在悬停时，直升机在约 5s 内达到其稳定的爬升速度约 4 m/s（约 750ft/min）。在 120kn 时，升降速度分量最初是负的，但几乎立即反转并且仅在 3s 内增加到约 7m/s。高度响应表明飞机在大约 4s 后达到了 20 m/s（约 3800 ft/min）的爬升率。由总距输入（M_{θ_0}）产生的强大俯仰力矩与俯仰不稳定性（M_w）一起，使飞机陡然爬升，仅在 2s

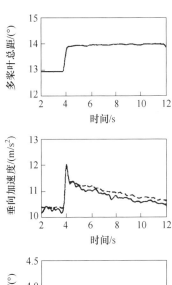

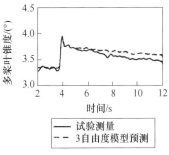

—— 试验测量	
- - - 3自由度模型预测	

图 5-19 Puma 悬停时对总距响应的 3 自由度估计模型和飞行测量值对比（参考文献 5.20）

后达到约 10（°）/s 的俯仰角速度。因此，当升降速度（爬升率，V_θ）正向增加时，飞机爬升。如图 5-21 所示，1 级 Helisim 模型很好地预测了由于总距引起的俯仰响应，该模型比较了以 80kn 的总距（改进）3211 输入激励的 Bo105 的飞行和模拟。标准和改进形式的 3211 测试输入是由德国航空航天研究所（参考文献 5.17）开发的，作为通用测试输入，具有频率范围宽和良好的配平特性。图 5-21 比较了俯仰和滚转对总距扰动的响应。尽管

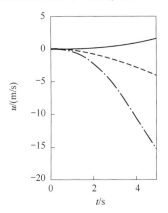

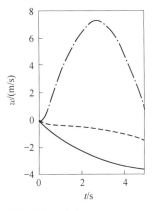

图 5-20 Bo105 的 1°总距阶跃输入响应

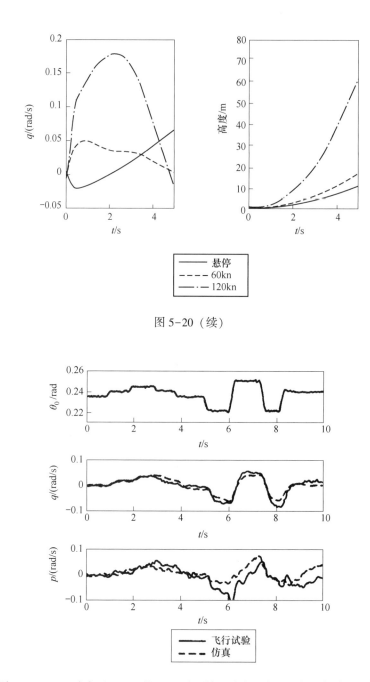

图 5-20（续）

图 5-21　80kn 速度下 Bo105 的 3211 总距输入响应：实际飞行和仿真的比较

趋势是正确的，但是对滚转响应的预测不如俯仰，模拟幅度仅为飞行测试值的 50%。由弹性锥度、俯仰角速度和不均匀入流效应引起的纵向平面中主旋翼迎角的变化将主要影响滚转响应。当然，Helisim 刚性桨叶近似（模型）不会模拟桨叶的曲率。

5.3.3　周期变距输入下的俯仰和滚转响应

在第 2 章，讨论了周期变距操纵和周期挥舞的机制以及由桨盘倾斜产生的桨毂力矩。在第 3 章和第 4 章中，详细描述了与周期挥舞相关的气动力。本节中，将在以上广泛的基础上，主要以 Helisim Bo105 为参考，对周期变距的姿态响应特征进行检查。除非另有说明，否则将只使用 Helisim 的完整非线性版本以及旋翼上的操纵输入（θ_{1s} 和 θ_{1c}）来计算模拟响应。

悬停时的阶跃输入响应——一般功能

图 5-22 显示了悬停时以 1°周期变距阶跃输入的俯仰和滚转响应。可以看出，在 1s 之后的响应，即 q 到 θ_{1s} 和 p 到 θ_{1c}，对于俯仰和滚转具有相似的幅度——在当前情况下，约为每度 12（°）/s 角速度。然而，尽管桨毂力矩和速度灵敏度（即每 1°周期变距阶跃输入的稳态速度响应）相似，但操纵灵敏度和阻尼根据各自的惯性进行缩放（俯仰惯性矩是滚转惯性矩的三倍）。因此，在达到最大俯仰角速度的大约三分之一时间内就可以实现最大滚转角速度响应。短期交叉耦合响应（q 和 p）表现出相似的特征，在机动中大约 40% 的直接速度响应（p 和 q）不到 1s。图 5-17 中的附图说明了在悬停状态响应的最初几秒内对直升机的各种影响。当操纵力矩和阻尼力矩有效平衡时，初始提升加速度随后快速增长到最大速度。交叉耦合操纵力矩在同一时间范围内通过耦合阻尼力矩得到加强。随着飞机平移加速，波动和速度引起的恢复力矩发挥作用。然而，由于旋翼桨盘正常的非均匀感应速度（λ_{1s} 和 λ_{1c}）被交叉耦合力矩抵消。3~4s 后，尽管方向相反，飞机在俯仰或滚转操纵输入后，滚转角仍接近 30°。来自悬停的瞬态运动主要由主旋翼动力学和空气动力学决定。在非常短的时间范围内（<1s），姿态响应受到挥舞动力学的影响较大，下一节将更详细地讨论这种影响（见图 5-23）。

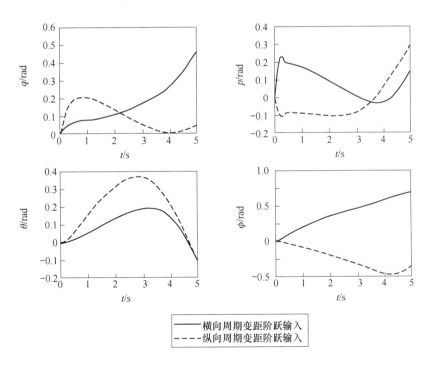

图 5-22　悬停时俯仰和滚转 1°周期变距阶跃输入响应

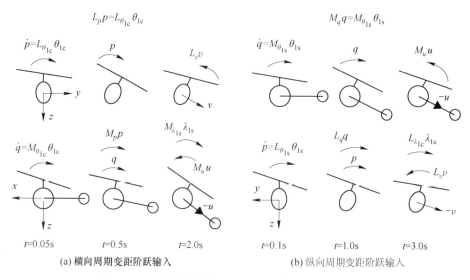

图 5-23　在悬停中周期变距输入后直升机运动的简图

旋翼动力学的影响

　　第 3 章的旋翼理论描述了桨叶挥舞运动的多桨叶坐标的三种形式——准稳态、一阶和二阶。如图 5-24 所示比较了悬停时三种不同旋翼模型对横向周期变距阶跃输入的短周期响应。大约 1s 后，所有三种模型的响应变得难以区分，但在第一部分的四分之一秒滚转角速度响应中，旋翼衰减挥舞模态（Bo105 频率约为 13rad/s，见第 4 章）最为明显；与准稳态模型的无差响应相比，引起 20% 的超调。大比例插图显示了前 0.1s 的对比，突出了更高阶的动态效果，包括二阶表达式中前进挥舞模式的快速动态。在包含旋翼动力学的情况下，最大角加速度（因桨毂力矩）发生在大约 50 ms 之后，或者在 Bo105 旋翼旋转大约 120° 之后。因此，预测 $t=0$ 时的最大桨毂力矩的近似稳态仅对低频（低于约 10rad/s）有效。在本章之前已经讲到旋翼动力学如何在强姿态控制的影响下对旋翼/机身模式的稳定性产生的影响。这是由图 5-24 所示的旋翼瞬态引起的有效时间延迟的直接结果。除非另有说明，否则本节中所示的示例都是使用一阶旋翼挥舞近似推导出来的。

悬停中的阶跃响应——关键旋翼参数的影响

　　影响直升机角运动的两个基本旋翼参数是有效的挥舞刚度，体现为挥舞频率比 λ_β 和旋翼洛克数 γ，由式（5-82）给出

$$\lambda_\beta^2 = 1 + \frac{K_\beta}{I_\beta \Omega^2}, \quad \gamma = \frac{\rho c a_0 R^4}{I_\beta} \tag{5 - 82}$$

　　这些参数对直升机稳定性的影响已经在第 4 章中讨论过，在第 2 章中简要地研究了对动态响应的影响。如图 5-25 和图 5-26 所示分别比较了 Bo105 悬停时对阶跃横向周期变距输入的响应随 λ_β 和 γ 在当前确定值范围内的变化。旋翼挥舞刚度的影响会在短周期内被观察到。随着桨毂刚度降低，初始角加速度减小并且达到最大滚转角速度的时间增加。另一方面，对于所有三个旋翼，速度灵敏度实际上是相同的。同样显而易见的是，随着旋翼刚度降低，衰减挥舞模式对短周期响应的影响减小。为了在第一秒使用两个较柔的旋翼实现标准 Bo105 的等效姿态响应，需要更大的输入和更复杂的外形。旋翼通过更简单的控制

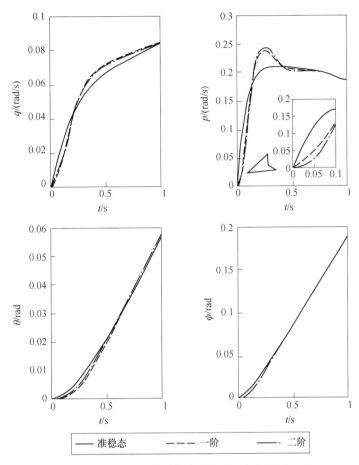

图 5-24　悬停时对横向周期变距阶跃的短周期响应对比

策略可以提供更灵活的响应，详见 5.2.2 节。旋翼刚度的一个负面影响是更强的交叉耦合，见图 5-25。控制和速度耦合的强烈影响（见第 4 章中的导数 $M_{\theta_{1c}}$ 和 M_p）可以在标准 Bo105 旋翼配置的俯仰响应中看到。仅 2s 后三个旋翼的俯仰姿态偏移比为 7：4：1。交叉耦合必须由飞行员进行补偿，这一任务明显增加了工作量。稍后，将研究刚性旋翼的另一个负面因素——俯仰稳定性下降。一如既往，最佳旋翼刚度将取决于如何应用，但通过主动飞行控制的增强，基本上可以消除旋翼的大部分负面影响。

　　旋翼洛克数的选择也取决于如何应用，图 5-26 中的结果说明了悬停时的主要影响因素；在图 5-26 所示的情况下，通过改变旋翼桨叶惯性以及旋翼刚度的补偿变化（式（5-85）中的 K_β）来改变洛克数以保持恒定的 λ_β。操纵灵敏度（即初始加速度）不受洛克数的影响，即在施加周期变距后，所有三个旋翼都以相同的量振动（实际上对于不同刚度的三个旋翼实际上是相同的，但在这些情况下，桨毂力矩也是由刚度缩放的）。洛克数的主要影响是改变速度灵敏度，较轻的桨叶与较高的 γ 值将导致较低的陀螺阻尼值，从而延迟桨毂操纵力矩。较低的阻尼也增加了姿态响应时间常数。洛克数对交叉耦合也有显著影响，如图 5-26 所示。

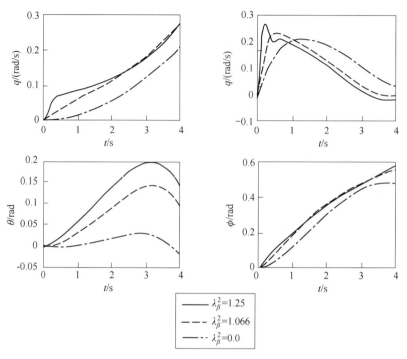

图 5-25　旋翼挥舞刚度变化的响应特性（$\gamma = 5.09$）

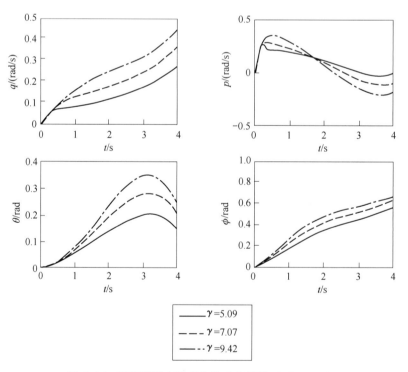

图 5-26　随旋翼洛克数变化的响应特性（$\lambda_\beta^2 = 1.25$）

响应随前飞速度的变化

　　直升机的特征之一是响应随前飞速度的变化而变化。由于飞机的姿态基本上限定了旋翼推力的方向，因此航迹控制的有效性也随速度而变化。这增加了飞行员的工作量，特别是在涉及大速度变化的操纵中。这里选择纵向周期变距的姿态响应来说明各种影响。

　　图5-27比较了俯仰和滚转角速度响应，以及来自三种不同配平飞行条件下（悬停、60kn和120kn）的阶跃周期变距输入响应进行比较。我们已经讨论了悬停时阶跃响应的特性。60kn时，俯仰响应几乎为纯速度，持续3s以上。在120kn时，由于操纵输入，在初始瞬态之后，俯仰角速度继续增加。这种持续的俯仰主要是由Bo105上迎角的强正俯仰力矩（M_w）引起的。在这种急剧爬升操纵中，在非常高的机头俯仰姿态的影响下，俯仰运动最终随着速度的降低而减弱。耦合滚转响应在高速条件下形成了一个新特征：飞机的偏航响应开始产生更强的影响。旋翼转矩随着飞机的俯仰而减小，从而导致机头向左侧滑，使旋翼暴露在强大的上反效应中，飞机向左滚转，并在荷兰滚模态下开始瞬态运动。显然，飞行员不能只通过周期变距控制飞行。

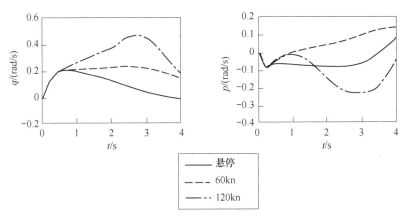

图5-27　响应特性随前飞速度的变化

稳定性与敏捷性——水平尾翼的贡献

　　在图5-24和图5-25中看到无铰链旋翼是如何有效地使飞机快速滚转的。这种高水平的可控性也适用于俯仰轴，尽管加速度被更高的惯性矩缩小了。无铰链旋翼直升机通常被形容为具有更高的敏捷性，因为它们有快捷的姿态响应特性。在第4章中，强调了不同的挥舞保持系统对直升机的操纵和阻尼导数的影响，也考察了稳定性，并注意到无铰链旋翼直升机的纵向稳定性显著降低，这是由于正向俯仰力矩随迎角增加所造成的。对于无铰链旋翼直升机，稳定性和敏捷性显然是冲突的。增加纵向稳定性的一种自然方法是增加尾翼效率，可通常通过增加尾部面积来实现。图5-28和表5-6中的结果说明了尾翼尺寸对敏捷性和稳定性的影响。比较了三种情况：第一种将尾翼完全拆除，第二种是标称Bo105尾翼大小约为桨盘面积的1%，第三种是将尾翼面积增加三倍。图5-28所示对120kn的直线水平配平飞行的纵向周期变距中进行大约1°的阶跃输入之后的时间响应，表现为机身俯仰角速度和垂直位移。在表5-6中，比较了三种构型的主要气动俯仰力矩导数和短周期俯仰模态的特征值。与标准Bo105相比俯仰阻尼变化了约10%～20%，而静稳定性变化了数倍。

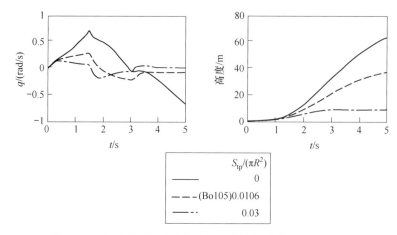

图 5-28　水平安定面对稳定性和敏捷性的贡献（$V = 120$kn）

表 5-6　纵向稳定性特征值随飞机尺寸的变化（Bo105，120kn）

$S_{tp}/(\pi R^2)$	M_q	M_w	λ_{sp}
0.0	−3.8	0.131	0.77，0.284
0.0106	−4.48	0.039	0.077±0.323i
0.03	−5.0	−0.133	−0.029±0.134i

假设根据在给定时间内可以飞越障碍物的高度来衡量敏捷性，那么无尾翼飞机要敏捷得多。然而，这种结构也是非常不稳定的，其倍频幅值的时间小于 1s。虽然在图 5-28 中没有显示，但是在飞越 50m 的障碍物时，无尾翼飞机已经减速到几乎悬停，并且仅 4s 内就进行了大约 60° 的滚转。补偿这些瞬态的飞行操纵活动是十分宽泛的。另一个极端是，拥有大型尾翼飞机是稳定的，具有清晰的俯仰角速度响应，但在同一时间内仅仅上升了大约 10m。为了实现与无尾飞机相同的航迹（高度）变化，需要四倍于无尾翼飞机的操纵输入；简单地说，增加稳定性的代价是敏捷性的降低，尾翼引入了强大的稳定刚度（M_w）和阻尼（M_q）。避开这种二选一的方法是使用移动的尾翼，提供对大气扰动的稳定性和对飞行员操纵输入的敏捷性。

与飞行比较

在前面的小节中，我们得到了预测性 Helisim 行为响应的周期变距操纵的一些特征。我们将通过讨论飞行试验数据的相关性来完成本节。如图 5-29 和图 5-30 所示是在 80kn 配平条件下 Bo105 飞机的仿真结果和飞行试验数据的比较。飞行员的输入是侧杆（见图 5-29）和纵向杆（见图 5-30）上的 3211 操纵，在图中，这些操纵输入已经转换为倾斜盘的周期变距，由桨叶变距轴承上的传感器提供。当每个桨叶具有略微不同的平均位置时，周期变距操纵信号包含将各个桨叶角度组合成多桨叶形式的谐波分量。旋翼上的操纵输入幅度在直轴上约为 1°，在耦合轴上约为 0.3°，代表了 Bo105 上的倾斜盘相位。直接或轴上的响应比较好，耦合或轴外响应要差得多。在仿真中倾斜盘相位似乎对抵消耦合响应起到完美的作用，而飞行数据显示出明显的耦合，尤其是纵向操纵中的滚转，这是滚转与俯仰飞行器惯性矩低比率的结果。1 级模型存在俯仰滚转和滚转俯仰交叉耦合的缺陷，这似乎是当前建模标准的共同特征，可将其归因于缺少各种旋翼建模源，包括动态流入、非定常空气动力学（改变有效操纵相位）和扭转动力学。无论何种解释，在不同的情况下可能都会有所不同，交叉耦合似乎对大量的小效应很敏感，例如，倾斜盘相位5°的调整可导致滚转加速度高达阶跃纵向周期变距输入的俯仰加速度的40%。

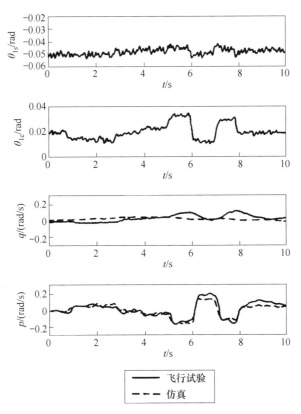

图 5-29 Bo105 在 80kn 时横向周期变距 3211 输入的飞行试验和仿真响应的对比

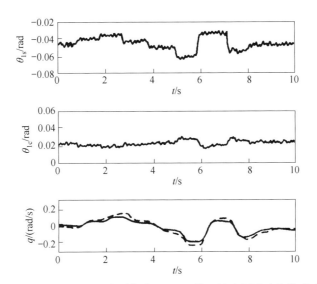

图 5-30 Bo105 在 80kn 时的纵向周期变距 3211 输入的飞行试验和仿真响应的对比

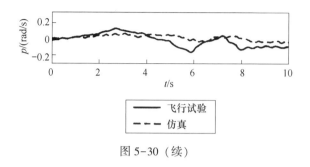

图 5-30（续）

另一个近年来受到关注的主题是低阶模态在飞行动力学中的充分应用。在参考文献 5.8 中，Tischler 主要设计和分析了具有高带宽性能的自动飞行控制系统的建模要求。Tischler 使用德国航空航天研究所的航空研究与发展咨询小组对 Bo105 的试验数据库，研究了不同模型结构对横向周期变距杆（η_{1c}）的滚转姿态响应（ϕ）的逼真度水平。使用扫频试验数据，从飞行数据中辨识参数传递函数模型，覆盖范围为 0.7～30rad/s。在 2～18rad/s 的建模频率范围内，良好的逼真度被认为是执行控制律设计的必要条件。基线七阶模型和带限准定常模型的最小二乘拟合分别如图 5-31 和 5-32 所示。确定的基线模型的传递函数由式（5-83）给出，包含了滚转/挥舞衰减动力学、摆振衰减动力学、荷兰滚模态、滚转角积分（0）和作动器动力学（后者被建模为简单的时滞）。

$$\frac{\bar{\phi}}{\bar{\eta}_{1c}}(s) = \frac{2.62[0.413,\ 3.07] \cdot [0.0696,\ 16.2]\mathrm{e}^{-0.0225s}}{(0) \cdot [0.277,\ 2.75] \cdot [0.0421,\ 15.8] \cdot [0.509,\ 13.7]} \qquad (5-83)$$

括号表示

$$[\zeta,\ \omega] \rightarrow s^2 + 2\zeta\omega s + \omega^2,\quad (1/T) \rightarrow s + (1/T) \qquad (5-84)$$

荷兰滚（2.75rad/s）和滚转/挥舞衰减模态（13.7rad/s）的频率，其相应的 Helisim 预测分别为 2.64rad/s 和 13.1rad/s。从飞行试验数据中也发现了 23ms 的作动器滞后。从图 5-31 可以看出，频率响应的幅度和相位都很好地被七阶基线模型捕获。

图 5-32 所示的模型由式（5-68）中给出的传递函数建模

$$\frac{\bar{\phi}}{\bar{\eta}_{1c}}(s) = \frac{0.3\mathrm{e}^{-0.0838s}}{(0) \cdot (14.6)} \qquad (5-85)$$

响应由一个简单的指数摆振建模，其特征是阻尼导数 L_p，并辅以一个纯时间延迟来解释未建模的摆振。Tischler 在参考文献 5.8 中通过识别最小二乘拟合误差开始发散的频率，建立了该限带模型有效的频率范围。这适用于大约 14rad/s 的频率下，超过这个频率，估计

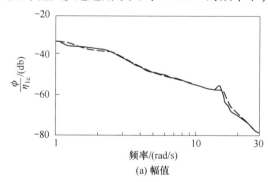

图 5-31　开环滚转姿态频率响应的比较；Bo105 在 80kn 时的七阶基准模型与飞行试验对比（参考文献 5.8）

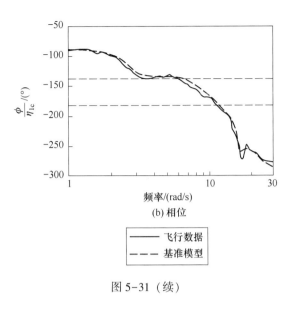

图 5-31（续）

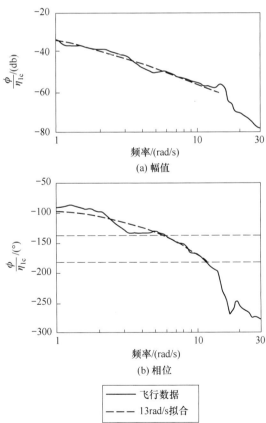

图 5-32　开环滚转姿态频率响应的比较；Bo105 在 80kn 时的带限辨识准稳态模型与飞行试验对比
（参考文献 5.7）

参数会对所选的频率变得十分敏感。这种敏感性通常表明该模型结构是不合适的。通过式（5-85）的估计，滚转阻尼为 14.6/s，Helisim 值为 13.7/s；超过 80ms 的总延迟解释了驱动和旋翼响应。Tischler 的结论是，这种准稳态（滚转和俯仰响应）模型，有用的频率范围几乎延伸到衰减挥舞模态。通过航空研究与发展咨询小组试验数据库，Tischler 已经证明了频域辨识和传递函数建模的强大功能和用途。支持参考文献 5.8 结论的其他工作可以在参考文献 5.30 和 5.31 中找到。

对周期变距桨有关的滚转和俯仰响应的建模，反复出现的问题之一是需要包含旋翼自由度。在本书中已经多次讨论过这个问题，Tischler 的工作清楚地表明旋翼建模的需求主要取决于应用。Hanson 在参考文献 5.32 中对该主题进行了理论回顾，他还讨论了高阶旋翼效应各种近似的优点以及旋翼动力学在系统辨识中的重要性。参考文献 5.33 和 5.34 还报告了飞行试验数据的频域拟合结果——RAE Puma 直升机对纵向周期变距输入的俯仰响应。同样，需要包含有效时间延迟，以获得 6 自由度模型参数（稳定性和操纵导数）的合理估计。在模型结构中没有任何时间延迟，与 Helisim 预测的 -0.835 相比，参考文献 5.33 报告了 Puma 俯仰阻尼（M_q）的估计值为 -0.353。包含有效时间延迟的估计过程识别的 Mq 为 -0.823。这一结果是许多报告研究的典型结果，仅仅因为该模型结构的不合适，其中对关键物理参数的飞行估计值是不现实的。

前面讨论的关于 Bo105 和 Puma 的前飞结果中省略了一个重要的建模元素，即非均匀动态入流的影响。我们从第 3 章和第 4 章中看到，"不稳定"动量理论预测在响应中存在较大的非均匀效应，以响应气动桨毂力矩的发展。参考文献 5.29、5.35 和 5.36 报告了旋翼叶素模型与 NASA UH-60 悬停试验数据库（参考文献 5.29）的预测比较，其中入流效应预计最好。所有三个参考文献的结果都非常一致。参考文献 5.36 中的如图 5-33 所示说明了飞行与 FLIGHTLAB 仿真模型之间对悬停时横向周期变距 1ft 阶跃输入的响应比较。可

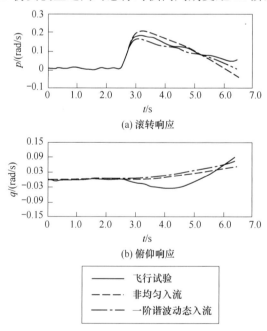

图 5-33　周期变距阶跃输入的飞行和仿真滚转响应比较，显示 UH-60 在悬停时的动态入流量的贡献
（参考文献 5.36）

观察到动态入流前半秒的峰值滚转角速度响应降低了约25%。然而，入流效应并没有改善交叉耦合的预测。

5.3.4 脚蹬操纵输入的偏航/滚转响应

在本节中，我们将研究前飞中脚蹬操纵输入的偏航/滚转耦合响应的特性：注意力将集中在与 RAE Puma 直升机的试验数据进行比较。偏航/滚转运动通过各种不同的物理机制耦合。即使在悬停时，尾桨与飞机重心的任何垂直偏移都会产生来自尾桨总距的滚转力矩。随着前飞速度的增加，在各种耦合稳定性导数中反映的力和力矩（如上反角 L_v、不利偏航 N_p），组合形成第 4 章中讨论的荷兰滚模态的特征。如图 5-34 所示（取自参考文献 5.37），说明了在 3211 多级脚蹬操纵输入之后来自飞行和 Helisim 的偏航，滚转和侧滑响应的比较。可以看出，模拟过高地预测了所有 3 个自由度中的初始响应，并且在较长时间来看似乎过高预测了自由振荡的阻尼和周期。在第 4 章中，我们检查了这种模态的近似值，得出的结论是，对于 Puma 和 Bo105，3 自由度偏航/滚转/侧滑模型是必要的，但是与侧滑相比较，如果横向运动较小，则二阶近似是足够的。通过这种近似，稳定性由式（5-86）的根来描述。

$$\lambda^2 + 2\zeta_d\omega_d\lambda + \omega_d^2 = 0 \qquad (5-86)$$

阻尼由式（5-87）给出

$$2\zeta_d\omega_d \approx -\left(N_r + Y_v + \sigma\left\{\frac{L_r}{U_e} - \frac{L_v}{L_p}\right\}\right)\bigg/\left(1 + \frac{\sigma_d L_r}{L_p U_e}\right) \qquad (5-87)$$

频率用式（5-88）给出

$$\omega_d^2 \approx (U_e N_v + \sigma_d L_v)\bigg/\left(1 + \frac{\sigma_d L_r}{L_p U_e}\right) \qquad (5-88)$$

其中

$$\sigma_d = (g - N_p V)/L_p \qquad (5-89)$$

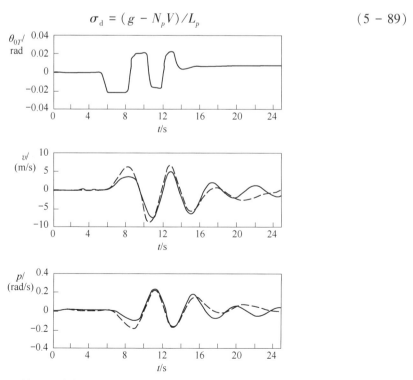

图 5-34 对脚蹬 3211 输入的响应——Puma 速度为 80kn 的飞行和仿真对比（参考文献 5.37）

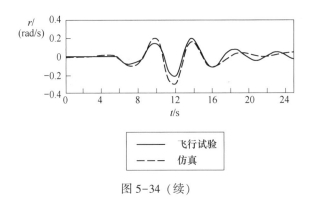

图 5-34（续）

如果已知稳定性导数和操纵导数的"真实"值，那么这种近似可能有助于解释模型缺陷所在的位置。使用图5-34中由德国航空航天研究所得出的Puma的飞行数据的导数估计值如表5-7所示，以及三种不同情况下的荷兰滚特征值——全耦合的6自由度运动、横向子集和由式（5-86）给出的近似值。可以看出，后者约占飞行结果阻尼的80%和频率的90%以上（比较$\lambda^{①}$与$\lambda^{③}$），因此可以作为荷兰滚的代表模型。需要注意的是，理论过度地多预测了60%的阻尼，而少估了20%的频率。

表 5-7　荷兰滚的振荡特性

导数	导数飞行试验——DLR	Helisim
Y_v	−0.135（0.0019）	−0.125
L_v	−0.066（0.0012）	−0.055
N_v	0.027（0.0002）	0.0216
L_p	−2.527（0.0534）	−1.677
N_p	−0.395（0.0092）	−0.174
L_r	−0.259（0.0343）	0.142
N_r	−0.362（0.0065）	−0.57
L_{lat}	−0.051（0.0012）	−0.043
N_{lat}	−0.008（0.0002）	−0.0047
L_{ped}	0.011（0.0007）	0.0109
N_{ped}	−0.022（0.0001）	−0.0436
τ_{lat}	0.125	0.0
$\lambda^{①}$	−0.104±1.37i	−0.163±1.017i
$\lambda^{②}$	−0.089±1.27i	−0.166±1.08i
$2\zeta\omega$	0.1674	0.390
ω^2	1.842	1.417
$\lambda^{③}$	−0.081±1.34i	−0.199±1.199i

表 5-7（续）

导数	导数飞行试验——DLR	Helisim
注： $\lambda^{①}$ 荷兰滚（全耦合）； $\lambda^{②}$ 荷兰滚（横向子集）； $\lambda^{③}$ 荷兰滚（二阶滚转/偏航、侧滑）近似； 括号中的数字表示估计导数的标准偏差值。仔细观察表 5.7 中的导数，会发现非常明显的不匹配。		

图 5-35 显示了飞行测试值与使用表 5-7 中飞行估计导数的 3 自由度二阶近似值之间的比较。这种结果在短期内明显更优，但阻尼略低，与在 $\lambda^{①}$ 与 $\lambda^{③}$ 之间比较相一致。

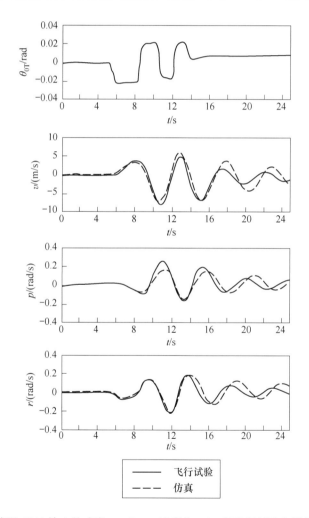

图 5-35 对脚蹬 3211 输入的响应——Puma 速度为 80kn 的飞行试验和辨识模型的比较
（参考文献 5.37）

更仔细地观察表 5-7 中的导数，会发现飞行试验与理论之间最显著的不匹配是偏航阻尼和操纵灵敏度的过度预测，约为 70%，而滚转阻尼和上反效应的预测误差分别为 30% 和

20%。不利偏航 N_p 的 Helisim 预测小于飞行数据估计值的一半。对偏航和滚转惯性矩进行简单的调整，虽然幅度很大，但可以使阻尼和操纵灵敏度的理论预测更接近飞行估计值。类似地，惯性积 I_{xz} 对不利的偏航具有直接的影响。众所周知，惯性矩难以估计，更难以测量（尤其是滚转和偏航），并且仿真模型中使用的值的误差可能高达 30%。然而，偏航轴上的较大差异不太可能仅仅是由于不正确的配置数据引起。主旋翼尾流/机身/尾翼和尾桨之间缺乏空气动力学方面的相互作用可能是造成某些模型缺陷的原因。在第 3 章中描述的 1 级标准中未建模的典型效应包括旋翼/尾翼处的机身尾流/尾桨中动压的降低，以及产生有效的 $\dot{v}$ 加速度导数的侧洗效应（类似于水平尾翼的 $M_{\dot{x}}$）。式（5-87）给出的荷兰滚阻尼的近似可以进一步减小，以体现滚转和侧滑中的有效阻尼导数。

$$N_{r_{\text{effective}}} = N_r + N_p \frac{VL_v}{L_p^2} \qquad (5-90)$$

$$Y_{r_{\text{effective}}} = Y_v - g \frac{L_v}{L_p^2} \qquad (5-91)$$

在这两种情况下，由于滚转运动引起的附加效应是不稳定的，不利的偏航效应将有效偏航阻尼减少了一半。不利的偏航几乎完全是惯性积 I_{xy} 的结果，即将滚转阻尼耦合到偏航运动中了。由于滚转导致的阻尼减小表现为力矩（式（5-90））和力（式（5-91）），这加强了振动等效中心的运动。由于运动的紧密耦合性质，这种解释是可能的。Puma 的荷兰滚中的偏航、滚转和侧滑运动被关联在一个紧密的相位关系中——侧滑使偏航角速度提前 90°，并且滚转角速度滞后偏航角速度 180°。因此，当飞机机头以正的横向角速度转向右侧时，飞机也向左滚转（由正侧滑的上反角效应引起），从而在与偏航角速度相同的方向上产生不利的偏航 N_p 阻尼。

通过参考文献 5.38 和 5.39 中的一个例子，可以更加生动地说明不利偏航对阻尼减小的强大影响。如图 5-36 所示显示了一系列 Puma 的飞行结果，比较了 100kn 时荷兰滚模式下的下降、水平与爬升的滚转和偏航响应：在所有三种情况下，操纵输入都是双重的。可以看出，振荡的稳定性受到航迹角的显著影响。在下降过程中，大约 10s 后运动已经衰减。在爬升飞行的同一时间段内，飞行员将进行干预以抑制明显的偏航。三种情况下响应的明显特征是滚转与偏航比例的变化。

参考文献 5.39 解释了这个问题，并指出当滚转和偏航运动大约 180°异相时，有效阻尼可以写成以下形式

$$N_{r_{\text{effective}}} = N_r + \left| \frac{p}{r} \right| N_p \qquad (5-92)$$

图 5-37 比较了三种条件下比率 p/r 的变化与式（5-90）（VL_v/L_p^2）的近似值，为复杂模式下的相对简单的近似提供了额外的验证。

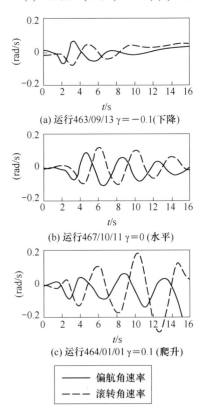

(a) 运行463/09/13 $\gamma = -0.1$（下降）

(b) 运行467/10/11 $\gamma = 0$（水平）

(c) 运行464/01/01 $\gamma = 0.1$（爬升）

—— 偏航角速率
---- 滚转角速率

图 5-36　对脚蹬双输入的响应——以 100kn 的速度改变 Puma 的航迹角（参考文献 5.35）

爬升过程中，当直升机迎角为负时，还有一个重要的影响改变了飞行动力学特性。这种效应在固定翼飞机上没有发现，因为他们没有负迎角的爬升。这一效应与直升机在飞行过程中滚转时摇摆速度扰动的变化有关。我们在第 4 章（式（4-145））中介绍了在构建荷兰滚模态近似值时的摇摆速度，但只考虑了飞机偏航的后果，由于 W_e 的值很小，所以假设贡献很小。要描述直升机滚转运动的影响，最简单的方法就是把它想象成滚转以外的所有运动都受到约束。这可以假设成一个风洞模型，其尾撑朝向自由流速度；机头朝向为正，模拟下降飞行的方向；机头朝向为负，模拟爬升的方向。如图 5-38 所示描述了速度 V、航迹角 γ_c（爬升）和 γ_d（下降）的情况。滚转运动的动力学可以采用单自由度方程和侧滑约束来描述。

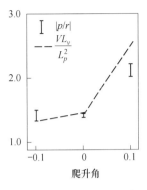

图 5-37　荷兰滚振荡滚转/偏航比随航迹角的变化（参考文献 5.39）

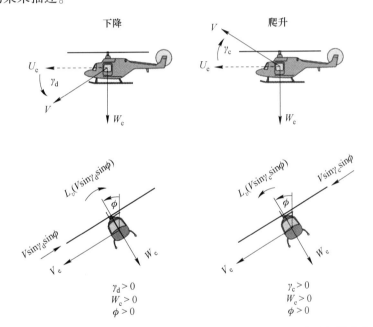

图 5-38　直升机在下降（左）和爬升（右）过程中，展示了滚转过程中的侧滑速度；在下降时，上反效应稳定，上升时不稳定

$$\begin{cases} \dot{p} - L_v v - L_p p = 0 \\ v - W_e \phi = 0 \end{cases} \tag{5-93}$$

此处 W_e 是飞机沿 z 轴的配平速度，将这两个方程结合起来，得到了滚转角的二阶方程组

$$\dot{p} - L_p p - L_v W_e \phi = 0 \tag{5-94}$$

该系统的上反刚度由法向速度 W_e 决定，法向速度在下降过程中为正，在上升过程中为负。侧滑速度分量在下降过程中稳定（$V\sin\gamma_d\sin\phi$），在上升过程中不稳定（$V\sin\gamma_c\sin\phi$），如图 5-38 所示。在 6 自由度运动中，由于横向平移和偏航引起了侧滑，因此结果更加复杂，将滚转角引入式（4-145），使得相应的三级划分无法揭示出荷兰滚

模态的良好近似。然而，反向侧滑效应将导致图 5-36 飞行实验数据所示的不稳定性。

在第 4 章最后，以 SA 330 Puma 为例，讨论了滚转与偏航运动的比值，还展示了小扰动线性分析如何预测约 120kn 的荷兰滚不稳定性。然而，当使用较大的侧滑扰动来计算导数时，侧滑的偏航力矩的非线性将导致风向标稳定性和稳定荷兰滚的更大值（见图 4-28）。这种强烈的非线性导致高速时 Puma 的周期变距发展受限。图 5-39 比较了小扰动线性 Helisim 与完全非线性 Helisim 对 Puma 荷兰滚的响应，在 140kn 的配平条件下侧滑的初始扰动为 5m/s。线性模型预测了仅在三个振荡周期后滚转角速度的不稳定运动就快速增长超过 70（°）/s。代表飞行行为的非线性响应表明了一个受限的周期变距，其振荡维持在约 5（°）/s 和 10（°）/s 的滚转和偏航角速度水平；侧滑偏移约为 10°，位于 5° 和 15° 的侧滑扰动之间，结果与图 4-28 中的稳定性变化一致。

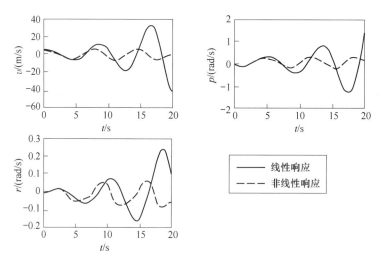

图 5-39   对航向双输入的响应——比较 Puma 在 120kn 的线性和非线性解

荷兰滚通常被描述为"讨厌"模式，因为它的存在对脚蹬或横向周期变距操纵的响应没有任何帮助。由于机身上的旋翼/发动机扭矩作用，在主旋翼总距和纵向周期变距操纵输入时，荷兰滚模式也变得相当容易受激励。在第 6 章中，给出了对荷兰滚阻尼和频率要求的标准，很明显大多数直升机天然地位于令人不满意的区域，这主要是由于上反角与风向稳定性的比值相对较高。因此，某些形式的人工稳定偏航是在恶劣天气下飞行或是飞行员被要求能在注意力分散的情况下飞行的直升机所需的常见特征。

5.4   大气扰动响应

直升机飞行品质准则试图考虑大气扰动对飞机响应的影响：在接近飞行包线边缘的控制裕度要求和因此增加的工作负荷而导致的飞行员疲劳。我们可通过对气动导数的线性分析，研究阵风对直升机响应的影响。在第 2 章中曾简要论述了对垂直阵风的响应，在此我们可以回顾一下。假设垂直阵风的初始升降响应为一阶，则运动方程为式（5-95）

$$\frac{\mathrm{d}w}{\mathrm{d}t} - Z_w w = Z_w w_g \qquad (5-95)$$

升降阻尼导数 Z_w 定义了瞬态响应和阵风输入增益。该表达式给出了突变阵风作用下的初始法向加速度

$$\left(\frac{\mathrm{d}w}{\mathrm{d}t}\right)_{t=0} = Z_w w_g \tag{5-96}$$

在第 2 章和第 4 章中，我们推导了导数 Z_w 大小的近似表达式，从而得到了悬停和前飞的初始升降凸点。

悬停

$$Z_w = -\frac{2a_0 A_b \rho(\Omega R)\lambda_i}{(16\lambda_i + a_0 s)M_a} \tag{5-97}$$

前飞

$$Z_w = -\frac{\rho a_0 V A_b}{2M_a}\left(\frac{4}{8\mu + a_0 s}\right) \tag{5-98}$$

式（5-97）、式（5-98）中的关键参数是桨叶载荷（M_a/A_b），阵风响应与桨叶载荷成反比。与固定翼飞机的翼载荷相比，旋翼机上的桨叶载荷要高得多，这是迄今为止直升机对阵风的敏感度低于相同重量和尺寸的固定翼飞机的一个最重要的原因。根据式（5-97），直升机在悬停状态下阵风响应的一个重要特征是随旋翼入流量的增加而减弱。但正如我们在 5.3.2 节中看到的，旋翼入流的时间常数约为 0.1s，因此在实际应用中对旋翼入流的抑制作用并不显著。在前飞中，阵风敏感度在约 120kn 的速度以上时相对恒定。这种饱和效应是由桨叶的周期性载荷引起的，与前飞速度成比例的载荷由每转一次的升力所决定。对直升机在三个方向速度扰动下的纵荡和横荡响应也可以进行类似的分析。该方法假设整个直升机瞬间沉浸在阵风场中，从而忽略了任何穿透效应或由旋翼引起周期性扰动。阵风强度空间变化的近似影响也可以通过有效速度导数（如 M_q、L_p、N_r）以线性变化的形式包含在机身和旋翼范围。在采用这种方法时，必须注意仅使用这些导数的气动部分来获得阵风增益。

尽管 6 自由度导数为理解直升机阵风响应提供了有用的起点，但建模问题却要复杂得多。20 世纪 60 年代和 70 年代，直升机阵风响应分析的早期工作（参考文献 5.40~5.45）主要借鉴了为固定翼应用开发的分析工具，研究了由旋翼动力学和穿透效应引起的各种减缓因素。在接下来的几十年里（80 年代末和 90 年代末），人们的注意力转为了解更能代表直升机运行环境的湍流模型的响应，例如近地飞行和着舰（参考文献 5.46 和 5.47）。这两个时期的活动没有明显的联系，近年来，飞行品质这个基础课题比操纵品质受到的关注要少得多。因此，直升机（整机）对阵风和湍流的响应这一课题并没有得到同样的发展。可以说，这个问题比飞行员操纵响应要复杂得多，并且需要一个不同的分析框架来描述和解决问题。

我们在本节采取的方法是将响应问题分为三个部分，并进行概述：第一，对直升机应用中的大气扰动进行表征和建模；第二，直升机响应建模；第三，推导合适的飞行品质。这篇综述的概要来自英国的研究，从而开发一个统一的分析框架，用于描述和解决这三个要素中包含的问题（参考文献 5.48）。

模拟大气扰动

在英国适航防御标准（参考文献 5.49）中，湍流强度有四个等级：轻度（0~3ft/s）、

中度（3~6ft/s）、重度（6~12ft/s）和极端（12~24ft/s）。湍流的统计方法是指在不同地形上方的规定高度上等于或超过给定强度的概率。湍流的第二个重要特性是其强度与空间或时间尺度或持续时间之间的关系，这种关系也随海拔高度的变化而变化。这样的分类对设计和认证目的具有明显的吸引力，并且在200ft以上的操作高度，可以将固定翼方法扩展到直升机。在此高度以下，由于缺乏三维大气扰动的测量意味着对湍流的特征了解甚少，人造建筑周围的气流除外（参考文献5.50）。为了便于讨论，我们回避了这种缺少了解的方面，只关注一般建模问题，而不关注特定的案例，但必须指出的是，固定翼研究结果的扩展可能不适用于直升机。

另一个需要重新解释的领域是湍流尺度长度的处理。在固定翼的工作中，通常的近似是假定一个"冻结场"的扰动，使得尺度长度和持续时间与飞机的前进速度直接相关。对于悬停或低速迎风飞行的直升机，这种方法显然无效，考虑飞机穿越（或悬停在）湍流叠加的稳定风场（中）更合适。

湍流模型最常见的形式是将速度分解为频率分量，其中飞机响应的均方根值与湍流的均方根强度有关。在参考文献5.49中，建议将功率谱密度（PSD）方法用于研究连续湍流的通用操纵品质。PSD包含关于大气中激发能量随频率（或空间波长）的函数信息，并且基于实际湍流的测量存在多个模型。例如，湍流垂直分量的冯·卡门（von Karman）PSD采用（参考文献5.51、5.52）

$$\Phi w_g(v) = \sigma_{w_g}^2 \frac{L_w}{\pi} \frac{1 + \frac{8}{3}(1.339 L_w v)^2}{(1 + (1.339 L_w v)^2)^{11/6}} \qquad (5-99)$$

式中：波数 v=频率/空速；L 是湍流尺度；σ 是强度的均方根。

冯·卡门（von Karman）方法假定扰动具有高斯特性，且将飞机的响应看作线性系统时，可以应用平稳随机过程广泛理论。这显然是该方法的一个优点，但同时也暴露出一个弱点。基本PSD方法的一个显著缺点是无法对扰动下的任一详细结构进行建模。假设幅值和相位特性在整个频谱中均匀分布，则大峰值和间断特征被平滑处理了。在PSD过程中，湍流记录中的任何相位相关信息都会丢失，从而消除了正弦分量彼此增强的能力。具有高度结构化特征的大气扰动，如与表现出剧烈速度梯度的剪切层相关，对于直升机在山丘和建筑物间尾流的应用显然很重要，在这些情况下需要不同形式的建模。

琼斯（Jones）在英国皇家航空研究院针对固定翼飞机开发了统计离散阵风（SDG）湍流建模方法（参考文献5.52~5.55），本质上是为了适应更多结构化的干扰，并且似乎非常适合低空直升机应用。在参考文献5.49中，SDG方法被推荐用于评估直升机对大扰动的响应和恢复。SDG方法的基础是一个基本斜坡阵风（见图5-40），其梯度距离（比例）为 H，阵风速度（强度）为 w_g。非高斯湍流记录可以重建为不同形状和大小的离散阵风的集合，具有自相似特性的不同元素形状（参考文献5.54）可以用于不同形式的湍流。湍流的某一特性可以被PSD方法正确模拟，PSD本身的形态似乎能很好地拟合测量数据，SDG方法必须保留这个特性。这种所谓的能量约束（参考文献5.54）是由阵

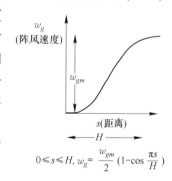

$$0 \leqslant s \leqslant H, w_g = \frac{w_{gm}}{2}\left(1-\cos\frac{\pi s}{H}\right)$$

图5-40 统计离散阵风方法中
使用的基本斜坡阵风

风幅值和长度之间的自相似关系来满足的，并被用于建立等效 SDG 模型。例如，对于长度小于参考谱尺度 L 的阵风，VK 谱的关系采用 $w_g \propto H^{1/3}$ 的形式。

在 PSD 方法采用频域线性分析的情况下，SDG 方法本质上是一种时域非线性技术。SDG 方法自出现以来，一种通用的瞬态信号分析理论得以发展，为其应用提供了一个合理的框架。这种分析的基础是所谓的小波变换，类似于傅里叶变换，但返回一个新的尺度和强度的时域函数（参考文献 5.55）。现在可以将 SDG 元素解释为一类特定的小波，采用所谓的自适应小波分析，湍流在时程分析中可以分解为小波的组合（参考文献 5.52）。这些新技术为结构化湍流的建模提供了更大的灵活性，并经常应用于直升机的响应分析中。

为了结束对湍流建模的简要回顾，如图 5-41 所示说明了两种形式的湍流记录重建之间的比较（参考文献 5.52）。这些测量结果显示出真实大气扰动所共有的特征——与剪切层相对静止期相关的急剧速度梯度（见图 5-41 (a)）。图 5-41 (b) 为采用 PSD 模型测得的幅值分量和随机相位分量重建的湍流。从 PSD 的角度来看，图 5-41 (b) 中的信息与测量结果一致，但可以看出，在重建过程中，测量结果中的所有结构化特征都明显消失了。另一方面，图 5-41 (c) 使用 PSD 模型中带随机幅值分量的测量相位分量进行了重建。这一结构在此过程中得到了保留，这是这些湍流测量值的非高斯特性的清晰证据，其中真实相位相关性保留了集中事件中能量的增强。这些湍流的结构特征对直升机的相关工作具有重要意义。它们出现在地球表面，靠近石油钻塔和船只。它们的尺寸也可以很小，在直升机速度较低时，尺寸长度和旋翼半径一样小，可能会影响驾驶和操纵。

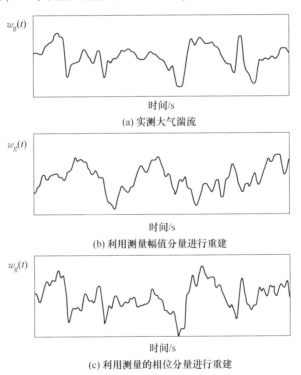

(a) 实测大气湍流

(b) 利用测量幅值分量进行重建

(c) 利用测量的相位分量进行重建

图 5-41　傅里叶幅值和相位对大气湍流结构的影响（参考文献 5.52）

直升机响应建模

在考虑直升机对大气扰动的响应时需要考虑许多因素，从第3章描述的简单一级建模中我们可以看出，旋翼对平面内和平面外速度扰动的响应与旋翼转速谐波相关的频率分布一致。在高速飞行中，桨毂处的受力响应往往由每转 n 次和每转 $2n$ 次两部分组成，许多研究集中在重要的疲劳和桨毂振动载荷问题上（参考文献 5.56、5.57）。只有零次谐波力和一次谐波力矩才会导致零频率的桨毂和机身响应，从而直接影响飞行任务。

一些研究（如参考文献 5.42~5.44）集中研究了减轻机身响应的因素，这些因素与"瞬时"模型预测的剧烈颠簸有关，如式（5-96）所示。旋翼-机身穿透效应与任何阵风斜坡特性相结合，往往主导着减弱效应，而由旋翼动力学和桨叶弹性原因产生的影响是次要的。旋翼非定常空气动力学也会对直升机响应产生重大影响，尤其是入流/尾迹动力学（见第3章）。在一些已发表的著作中涵盖的一个重要的方面均涉及旋翼桨叶响应的循环平稳性质（参考文献 5.56~5.59）。从本质上讲，湍流效应的径向分布是周期性变化的，因此桨毂和旋翼桨尖处的阵风速度环境也大相径庭。当直升机在 L 级尺寸和 w_{gm} 强度的正弦垂直阵风场中飞行时，桨毂和桨尖处的湍流速度可表示为

$$w_g^{(h)}(t) = w_{gm}\sin\left\{\frac{2\pi Vt}{L}\right\} \tag{5-100}$$

$$w_g^{(h)}(t) = w_{gm}\sin\left\{\frac{2\pi Vt}{L} - \frac{2\pi R}{L}\cos\Omega t\right\} \tag{5-101}$$

其中 V 是飞行器前飞速度和阵风场速度的合速度。响应研究仅包括桨毂固定湍流模型（式（5-100））并假设旋翼在任何时刻都被完全浸没，这显然忽略了单个桨叶经历阵风场时的许多局部细节。在尺度为 $O(R)$ 的低速情况下，该近似无效，需要求助于更详细的建模。假设阵风场沿旋翼呈线性变化，则可将扰动作为有效俯仰（滚转）率或非均匀入流分量纳入。这种近似可以被视为尺寸比旋翼大、但在任何给定时间仍然在桨盘上变化显著的阵风提供了一个中等精度的近似。在参考文献 5.60 中，报告了一项关于旋翼桨叶对湍流响应方式的各种近似方法的有效性研究，该方法更适用于实时仿真模型。该研究得出结论，可能需要对二维湍流效应进行建模，并且使用 3/4 半径处的值近似估算整个桨叶上的湍流强度来提供足够的精度。

除了表征大气扰动外，SDG 方法还增加了瞬态小波分析，为直升机响应提供了一个有用的视角。调谐响应的概念如图 5-42 所示。与每个斜坡阵风输入（见图 5-42（a））相关，假设关注的响应变量有一个幅值为 γ 的峰值，如图 5-42（b）所示。如果根据冯·卡门（von Karman）的功率谱密度，直升机模型被各种阵风等概率的激发，那么我们发现，响应峰值函数通常采用图 5-42（c）所示的形式。存在一个调谐阵风长度为 $\bar{H}$，可让直升机

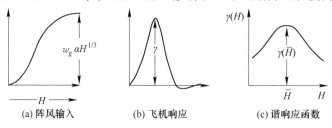

图 5-42　使用 SDG 方法进行瞬态响应分析

产生"共振"响应。这种瞬态响应共振相当于频域表示中的共振频率，可以用来量化直升机的乘坐品质。

乘坐品质

本节的第三个方面涉及飞机、机组人员、武器系统、乘客或设备对大气扰动的敏感度，在"乘坐品质"这个总标题下综合考虑。参考文献 5.61 讨论了根据法向加速度响应来量化军用固定翼飞机乘坐颠簸的参数。对于直升机应用而言，乘坐品质的含义是飞行任务和飞行条件的重要功能，飞行参数对飞行品质有重要影响。例如，设计一架民用运输直升机需要以 160kn 航速巡航时很可能会考虑到临界情况，因为在经过剧烈湍流时，客舱内每分钟有 0.5g 的垂直颠簸量。对于武装直升机而言，临界情况可能是悬停时的姿态扰动，而在低速低载状态下的货运直升机可能存在航迹移位的问题。对于第一个例子，可以从固定翼飞机的经验中直接类比。在参考文献 5.61 中，琼斯（Jones）用以下方法促进了统计离散阵风方法在飞机飞行品质中的应用。我们已经介绍过调谐阵风的概念，产生最大或调谐瞬态响应。基于调谐阵风分析，可将垂直颠簸的预测发生率写成

$$n_y = n_0 \exp\left(-\frac{y}{\beta\overline{\gamma}}\right), \quad n_0 = \frac{\alpha}{\lambda H} \tag{5 - 102}$$

式中：

y_n 是飞机每单位飞行距离的法向加速度峰值平均数，其幅值大于 y；

α 和 β 反映了飞机飞行所经过的湍流区的统计特性；

$\overline{H}$ 是调谐阵风尺度（长度）；

$\overline{\gamma}$ 是谐响应（图 5-42（c））；

λ 为阵风长度灵敏度。

除了相对简单外，这种公式的优点是它能满足结构化的湍流分析，从而满足飞机结构化的响应。该方法可以扩展到阵风场由阵风和其他更复杂的模式以及相关的复杂调谐函数表示的情况。统计离散阵风方法的基础是假定结构化大气扰动通过局部化瞬态特征更准确、更有效地建模。小波分析为将瞬态扰动和响应形式扩展到更具确定性分析提供了良好的理论框架。与此同时，新的操纵品质标准正在制定，用以描述中等幅值操纵下的响应以及瞬态响应。所谓的姿态快捷性（参考文献 5.62）将在第 6 章中详细讨论，它代表飞机对飞行员操纵输入响应的瞬态特性。同样的概念可以扩展到飞机对离散阵风的响应分析，如图 5-43 所示，通过辨识显著的速度变化（Δw 是严格的加速度积分）并估计相关的最大或峰值变化率，从信号中提取出适用于正常的响应速度，如图 5-43（a）所示，在这种情况下峰值法向加速度为（$a_{z_{pk}}$）；与事件相关的快捷性由离散参数给出

$$Q_w = \frac{a_{z_{pk}}}{\Delta w} \tag{5 - 103}$$

显然，每个离散阵风都有一个相关速度，在线性斜坡阵风的限制范围内，它实际上接近于 1/L。然后可以将机动性值在图 5-43（b）中以点的形式绘制出来。在本例中，假设一对输入-输出之间存在唯一关系，将这些值绘制为阵风输入强度的函数。布拉德利（Bradley）等人（参考文献 5.48）绘制了与 $\overline{\gamma}$ 有关的沿调谐线的速度点组，如图 5-43（b）中的理论形式所示。图中还显示了等响应或等舒适度的等值线，为制定乘坐品质提供了可能。

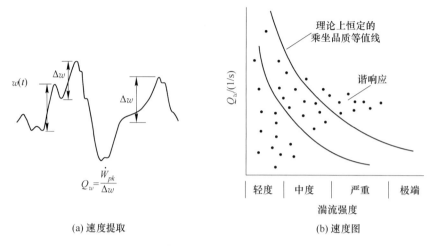

(a) 速度提取 　　　　　　　　　(b) 速度图

图 5-43　瞬态响应速度作为乘坐品质参数

　　目前正在进行的，关于乘坐品质的研究，可能会从不同的角度和经验，产生建模和分析扰动和响应的替代方法。更普遍接受的关键，是要通过实际经验和试验数据进行验证，这是目前主要的难题，需要做更多的工作。现有的试验数据很少，很多没有完全记录在案，这些数据描述了直升机在近地低空飞行时对湍流的响应，是未来的主要研究领域。数据对于验证仿真模型和建立新的乘坐品质标准非常重要，这些标准可用于新飞机和相关自动飞行控制系统的设计。目前的旋翼机操纵规范标准并未对与操纵和扰动响应相关的性能作出任何明显的区分。显然，一架敏捷的飞机也可能颠簸，而主动控制系统则需要具备应对操纵性和乘坐品质的要求。幸运的是，在过去 30 年里，人们对操纵品质标准进行了深入的研究，总体上，对这两种标准中更为重要的一种——操纵品质标准有了更好的理解，操纵品质是本书最后两章的主题。

附录 5A 低于最小功率的速度稳定性；一个被遗忘的问题？

本章的主要描述了一种预测闭环稳定性问题的理论，即飞行员可以通过加强对另一个自由度的控制，来降低某个自由度的稳定性。本附录更详细地研究了"约束条件下的不稳定性"。早在 1969 年的本科毕业论文中，作者就开始研究人机耦合（APC），利用罗纳德·米尔恩（Ronald Milne）的弱耦合系统理论来预测精确飞行任务中的失稳；这是对飞机稳定性和控制的有力和令人信服的介绍。当控制航迹、速度或姿态时，飞行员可以增加增益，以增加稳定性，但通常是以失去部分操纵性或完全失去不受操纵部分的运动稳定性为代价。在 20 世纪 60 年代，一些不利的人机耦合（APC）被合理地理解为操纵缺陷，部分原因是已经发展出理论和分析近似值来显示问题背后的物理原理，而且还因为自动飞行控制能够解决并有效隐藏问题，所以这种问题并不常见。

但 50 多年前，法国著名数学家和政治家保罗·潘列维（Paul Painlevé）发现了其中一个稳定性问题的根源。在 1908 年 10 月莱特兄弟访问法国期间，他曾作为一名乘客与威尔伯·赖特一起在奥沃（D'Auvours）营地（参考文献 5A.1）飞行。从早期的固定翼就开始这一评估和分析是有用的，它激发人们寻求更深入的理解，并且对直升机和倾转旋翼机有直接的影响。

莱特飞行器纵向不稳定，重心位于气动力中心之后，俯仰控制通过鸭翼面实现（参考文献 5A.2）。中等程度的俯仰不稳定性使飞行员在低速下有更好的操纵和机动性，但需要时刻注意俯仰姿态来保持航迹。当潘列维（Painlevé）在威尔伯（Wilbur）操控飞机体验到这一点时，他显然很感兴趣，并着手开展理论解释（见参考文献 5A.1）。他错误地将飞行员的操纵活动与控制速度不稳定联系在一起，他将这种不稳定归因于飞行速度低于最低阻力速度。飞机（或直升机）的阻力 D 由两个部分组成，一部分是由升力 L 在阻力方向上的倾斜（诱导阻力，由机翼下洗减小迎角引起），另一部分是由于在阻力方向上作用于飞机的综合压力和表面摩擦应力（寄生阻力）。随着前飞速度的增加，诱导阻力减小，寄生阻力增大。在某速度下，这两者是相等的，是因为两个分量随速度变化的方式（分别与 V^2 成比例和成反比），当阻力最小时，会发生这种情况。

用阻力系数（C_D）可写为

$$\begin{cases} C_D = C_{D0} + kC_L^2 \\ C_D = D/\left(\dfrac{1}{2}\rho V^2 S\right), \quad C_L = L/\left(\dfrac{1}{2}\rho V^2 S\right) \end{cases} \tag{5A-1}$$

式中：C_{D0} 为零升阻力系数；C_L 为升力系数；k 取决于飞机设计的参数，特别是机翼展弦比；ρ 为空气密度；V 为飞行速度；S 为飞机的机翼面积。在低速下，初步近似时，升力和阻力系数仅是迎角的函数。把方程展开，阻力可以写成

$$D = \frac{1}{2}\rho V^2 S C_{D0} + \frac{kL^2}{\dfrac{1}{2}\rho V^2 S} \tag{5A-2}$$

阻力 D 随前进速度变化的一般形式如图 5A-1 所示。

潘列维（Painlevé）的分析表明，当两个分量相等时且当阻力与升力之比最小时，以及当式（5A-3）成立时，阻力最小。

$$\frac{C_D}{C_L} = \frac{\mathrm{d}C_D}{\mathrm{d}C_L} \tag{5A - 3}$$

式（5A-3）可以通过对式（5A-2）速度 V 求微分并将结果置零来推导。潘列维（Painlevé）认为低于这个速度的飞行（在如图 5A-1 所示中阻力曲线的"背面"或左侧）是不稳定的，因为速度下降会导致阻力增加，从而导致速度进一步下降，反之亦然。在最小阻力速度以上（图 5A-1 中的正面或右侧），则出现相反的情况，通过增加或减少阻力可以自然纠正速度的变化。根据潘列维（Painlevé）的理论，最小阻力速度是稳定性的边界。

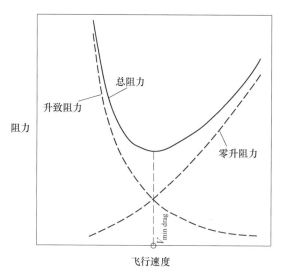

图 5A-1　阻力随空速变化的一般形式

大约在同一时间，英国科学家乔治·布赖恩（George Bryan）出版了他的著作《航空稳定性》（参考文献 5A.3），其中首次记录了飞行动力学方程，并分析了飞机运动模态的稳定性，包括长周期振荡模态。布莱恩（Bryan）指出：对于静稳定的飞机，飞行动力学，特别是长周期振荡模态，在最小阻力以下是稳定的。当然，莱特飞行器是静不稳定的，但这并没有改变一个关键结果，即无论是静稳定还是静不稳定的飞机，都不会像潘列维（Painlevé）所说的那样，在低于最小阻力速度以下出现速度不稳定。威尔伯（Wilbur）根据伸出的鸭翼的飞机的俯仰姿态得到了强烈的启发，姿态控制回路闭环被证明是稳定飞机的最有效的方法。这一策略将贯穿整个飞机历史。然而，在早期的滑翔机中，莱特兄弟飞得离地面如此之近，他们更关心的是保持高度和航迹，而不是保持姿态（参考文献 5A.4）。数百次滑翔机试飞中，大多数滞空持续时间不到 20s，许多还不到 10s；飞行通常会迅速减速，然后平缓失速，并缓慢下降到基蒂·霍克（Kitty Hawk）沙滩上。这些经验或许表明，潘列维（Painlevé）的理论中也是有可取之处的。但更为实质性的飞行动力学理论排除了这一可能，因此，这个原本不是问题的问题得到了解决，或者说并没有解决？

在 20 世纪 50 年代中期，人们似乎越来越关注什么是"舒适的"巡航速度；注意，以最小阻力速度飞行（C_L/C_D 比值最大）可实现最大效率，因此这是理想的巡航速度。诺优马克（Neumark）发表了一篇关于航迹约束下稳定性的分析报告（参考文献 5A.5），该结果表明，当飞行员试图使用升降舵保持恒定的直线航迹时，在低于最小阻力速度的情况下，可能有速度发散的危险。诺优马克（Neumark）指出，潘列维（Painlevé）的标准已经被证明是正确的，在干扰中，飞行员的升降舵操纵严格确保了一条恒定的直线路径。如果 C_L 超过了临界值，飞行员试图保持恒定高度，他很可能在任何初始干扰后获得（或失去）非正常速度。诺优马克（Neumark）的分析首先假设垂直速度通过升降舵保持恒定，所以迎角被限制为与俯仰角相等。将诺优马克（Neumark）的分析转化为本书的注释（第5A.2.2 节），我们将这个约束写成

$$\begin{cases} w_0 = w - U_e\theta = 0 \\ w = U_e\theta \end{cases} \tag{5A-4}$$

w_0 为垂直速度扰动，U_e 为配平速度沿飞机的 X 轴的分量。将该约束条件代入四阶方程式（4A-7）（第 4 章），得到无约束运动的简化一阶方程

$$\begin{cases} \dfrac{\mathrm{d}u}{\mathrm{d}t} - X_u u - \left(X_w - \dfrac{g}{U_e} \right) w = 0 \\ - Z_u u - Z_w w = 0 \end{cases} \tag{5A-5}$$

当然，从四阶到一阶的显著减少是由约束引起的，但也因为垂向力平衡同样导致近似的法向力平衡。与式（5A-5）的速度模态相对应的单个特征值 λ_{fw}（下标 fw 表示固定翼）可以写成

$$\lambda_{\mathrm{fw}} = X_u + \frac{Z_u}{Z_w}\left[-X_w + \frac{g}{U_e} \right] \tag{5A-6}$$

当 X、Z 轴垂直对齐于配平航迹（所谓的风轴）时，可用升力和阻力系数的配平值写出飞机低速飞行的 X 和 Z 加速度导数，如式（5A-7）所示（完整推导见邓肯（Duncan）的经典著作，参考文献 5A.6）

$$\begin{cases} X_u = -\dfrac{3g}{C_L U_e} C_D \\[2mm] X_w = \dfrac{g}{C_L U_e}\left[C_L - \dfrac{\partial C_L}{\partial \alpha}\dfrac{\partial C_D}{\partial C_L} \right] \\[2mm] Z_u = -\dfrac{2g}{U_e} \\[2mm] Z_w = -\dfrac{g}{C_L U_e}\left[C_D + \dfrac{\partial C_L}{\partial \alpha} \right] \end{cases} \tag{5A-7}$$

这些方程来自参考文献 5A.6，但在第 4 章中转化为加速度导数，注意到在水平配平飞行中，升力＝重量（W），因此 $C_L = C_w = W/\left(\dfrac{1}{2}\rho V^2 S\right)$。严格地说，下标 e 应包括在力系数中，如 U_e（如 C_{Le}）中，来表示配平值或平衡值，但为了减少方程的混乱，省略了这一配平符号。假设推力由恒速/恒功率螺旋桨（具有可变推力 T_{prop}）提供，从而对阻力导数 X_u 有贡献

$$\begin{cases} X_u = -\dfrac{2g}{C_L U_e} C_D + X_{uprop} \\[3mm] T_{prop} U_e = \text{constant} \\[3mm] X_{uprop} = -\dfrac{g}{C_L U_e} C_D \\[3mm] X_u = -\dfrac{3g}{C_L U_e} C_D \end{cases} \qquad (5A-8)$$

将式（5A-7）代入式（5A-6），并进一步近似

$$\frac{\partial C_L}{\partial \alpha} \gg C_D \qquad (5A-9)$$

速度稳定性条件变为

$$\lambda_{fw} < 0 \qquad \left[\frac{3}{2} \frac{C_D}{C_L} - \frac{\partial C_D}{\partial C_L} \right] > 0 \qquad (5A-10)$$

当 C_D 与 C_L 曲线的斜率等于 1.5 倍的阻升比时，就会出现稳定边界

$$\left[\frac{3}{2} \frac{C_D}{C_L} = \frac{\partial C_D}{\partial C_L} \right] \qquad (5A-11)$$

这类似于潘列维（Painlevé）的稳定性标准（式（5A-3）），但现在的条件是由最小功率的速度或 C_L 定义的，而并非由阻力定义（注意 $V_{\min power} \approx 0.75 V_{\min drag}$）。如果恒速螺旋桨的作用被忽略，或者推力与速度无关（例如，对于一阶涡轮喷气发动机），我们得到式（5A-3）。

回顾式（5A-6）中的特征值，可以看出速度导数 X_u 和 X_w 提供了稳定作用，但是当长周期和短周期模态被抑制，飞机被迫沿着固定航迹的轨道飞行时，X_w（与 $\partial C_D / \partial C_L$ 成比例）和重量（g）中的诱导阻力分量都随着 C_L 的增加而失稳，并且随着速度降低在式（5A-11）中给出的条件下起主导作用。

因此，诺优马克（Neumark）能够证明，当飞行员使用升降舵保持航迹时，低于最小阻力或功率的速度不稳定性是一个真正的影响。很可能莱特兄弟在 1902 年的滑翔机上就经历过这种情况，当时大部分飞行器飞行时间都很短，最后以失速和（轻微的）坠机着陆而告终（参考文献 5A.4）。

当然，如果飞行员用升降舵来控制姿态或速度，并使用油门来控制航迹，那么就不会有这种问题。对于精确的航迹控制，如在进近时，对升降舵的短期响应是在预期的方向上，尾舵驾驶杆使飞机的机头上仰，飞行员很容易使用这种策略。然而，当在功率曲线的背面飞行时，航迹的长周期响应与预期相反，这是升降舵对航迹传递函数不稳定性和非最小相位特性的结果。当考虑直升机周期变距控制的航迹响应时，也是如此。

如图 5A-2 所示总结了涡扇发动机飞机的情况，数据基于安德森（Anderson）（参考文献 5A.7）。涡扇发动机对 u 扰动的响应更像是涡轮螺旋桨发动机而不是涡轮喷气发动机，因此假设最小功率定义了稳定性边界。最小功率飞行速度的任何一侧，飞机在速度 u 负扰动（因此增加 w 和 θ）下的行为都显示出不同。低于最小功率速度时的负阻尼会使飞机减速并增加迎角。大于最小功率速度的正阻尼将抑制干扰，使飞机返回其初始状态。这些结果适用于线性化的飞机动力学，并且随着配平状态扰动的增大，其特性将发生变化；

然而，这不大可能改变这种强控制运动的响应方向。

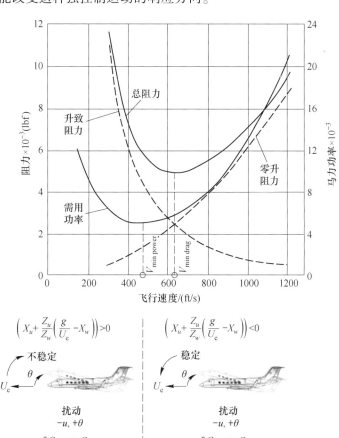

图 5A-2　低于最小功率的速度稳定性；涡扇发动机飞机阻力和功率曲线的稳定性关系

（基于参考文献 5A.7）

为完整起见，如图 5A-3 所示显示了该飞机的阻力系数随升力系数的变化情况，并指出了最小阻力的条件，即当直线的斜率等于阻力与升力之比时，是该条件的最小值点。当推进系统不响应速度变化或飞机滑行时，该条件将定义稳定性边界。

自动油门技术是 20 世纪 50 年代到 60 年代为解决速度稳定性问题而发展起来的。自动油门则负责控制速度时，飞行员可以专注于航迹控制。但这并不是完整的解决方案，正如皮斯克（Pinsker）在参考文献 5A.8 中所论述的。自动油门的活动抑制了长周期的自然能量转换；此外，"当飞机在自动油门接通的情况下人工进近飞行时，偶尔会观察到大量下滑轨迹错误的潜在危险。尽管在正常情况下飞行员的警惕性应能确保此类错误不会长时间不被发现，但有时飞行员会因其他任务而分心，或出于某种原因而无法集中注意力，在这种情况下，飞机稳定性降低可能意味着灾难"。

在这一飞行阶段事故不断发生，随着事故的发生，皮斯克（Pinsker）的话在各个时代都产生了深远的影响。我们将在适当的时候回顾一些最近的案例。

诺优马克（Neumark）所描述的完全约束航迹的情况可以看作是飞行员施加强控制来

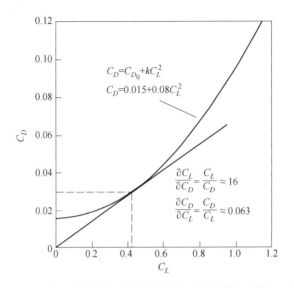

图 5A-3 阻力系数随升力系数的变化（基于参考文献 5A.7）

抑制垂直运动的极限。关于需要多强的控制，或者换句话说，飞行员增益为多少时才能引起不稳定的问题，是作者于 1968 年至 1969 年在伦敦大学玛丽女王学院（Queen Mary College）进行最后一个的本科生项目的课题，并随后发表在《航空季刊》（*Aeronautical Quarterly*）。式（5-43）和（5-44）展示了第 5 章中推导出的内容，但现在使用的不是纵向周期变距 θ_{1s}，而是俯仰角 η，并用比例增益 k_{w0} 来描述控制律。

$$\eta = k_{w0}w_0 \tag{5A-12}$$

动力学方程可以写成

$$\frac{d}{dt}\begin{bmatrix} u \\ w \\ q \\ w_0 \end{bmatrix}\begin{bmatrix} X_u & X_w - \dfrac{g}{U_e} & X_q - W_e & \dfrac{g}{U_e} \\ Z_u & Z_w & U_e & k_{w_0}Z_\eta \\ M_u & M_w & M_q & k_{w_0}M_\eta \\ Z_u & Z_w & 0 & k_{w_0}Z_\eta \end{bmatrix}\begin{bmatrix} u \\ w \\ q \\ w_0 \end{bmatrix} = \begin{bmatrix} 0 \\ 0 \\ 0 \\ 0 \end{bmatrix} \tag{5A-13}$$

利用米尔恩（Milne）的弱耦合系统理论（参考文献 5A.10），如式（5-44）所示，该系统可以被划分为三个子系统级，从阻尼 X_u 导出最低模量，速度稳定性模态的特征值可以用近似形式表示

$$\lambda_{fw} \approx X_u + \frac{Z_u}{Z_W}\left[-X_W + \frac{g}{U_e}\left(1 + \frac{1}{M_\eta k_{w0}}\left(M_w - \frac{M_u Z_w}{Z_u}\right)\right)\right] \tag{5A-14}$$

在亚声速飞行的固定翼飞机 $M_u \approx 0$（这将不是第 4 章中所讨论的直升机案例），并且还假定 Z_η 效应很小，因此近似的速度稳定性导数变为

$$\begin{cases} \lambda_{fw} \approx X_u + \dfrac{Z_u}{Z_W}\left[-X_W + \dfrac{g}{U_e}\left(1 + \dfrac{M_w}{M_\eta k_{w_0}}\right)\right] \\ k_{w_0} \Rightarrow \infty, \ \lambda_{fw} \Rightarrow X_u + \dfrac{Z_u}{Z_W}\left[-X_w + \dfrac{g}{U_e}\right] \end{cases} \tag{5A-15}$$

增益为无穷大时的极限值（诺优马克（Neumark）的结果，式（5A-6））也如上所示。

在诺优马克（Neumark）发展其理论期间，由 NACA 进行的飞行试验中展示了一个低于最小功率的速度不稳定性的例子，以确定不稳定性对着舰期间的工作负载和控制策略的影响（参考文献 5A.11）。如图 5A-4 所示显示了在最小阻力速度和低于最小阻力速度下进近时的速度变化之间的差异，其中飞行员用升降舵控制航迹。在前一种情况下，速度保持相对恒定，而在后一种情况下，在飞行员以略高于失速速度的速度执行恢复动作之前，速度会逐渐减小。自从潘列维理论在动力飞行领域被发现的头十年中以来，它似乎一直处于"休眠"状态，在 20 世纪 50 年代，人们对低速飞行时的速度稳定性有了正确的理解，并提出了解决方案。

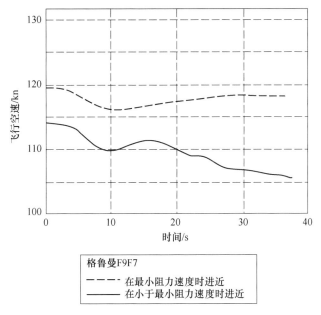

图 5A-4　着舰进近时的速度变化（参考文献 5A.11）

然而，与固定翼飞机速度不稳定有关的事故，特别是在进近着陆过程中发生的事故，仍持续发生并引起了公众的注意，最引人注目的是 2013 年 7 月韩亚航空（Asiana Airlines）214 号航班在旧金山机场着陆时的坠毁事件。事故调查和结论全面记录在国家交通安全委员会（NTSB）报告中（参考文献 5A.12）。NTSB 的报告十分深入细致，涉及事故的许多方面，包括波音 777-200ER 上的飞行自动化系统。其中许多系统旨在帮助机组人员建立和保持稳定的着陆方法。读者可以从报告中全面了解所发生的情况，但问题的起因是机组人员在进近时不小心将飞机定位在远高于预期下滑轨道的位置（"高且快"），随后难以建立稳定的进近条件。为了纠正这个错误，并降低高度。"PF（飞行员飞行）断开 A/P（自动驾驶仪），并手动取消推力杆的向前运动，将其移动到空转位置。然后，他通过向前推动驾驶杆来降低俯仰。由于飞行员手动超控 a/T（自动油门），a/T 模式切换到保持模式，其中 A/T 无法移动驾驶杆，也无法控制推力或空速。"

作者在此处用加粗体字表示强调，并在括号内加上文字以作说明。报告还指出，"飞行员对飞机自动化逻辑的错误思维模式导致了他无意中停用了自动空速控制"。在自动油门断开的情况下，当飞机以低于最低功率速度飞行时，很容易出现速度不稳定，但最关键的是，机组人员没有意识到自动油门已经断开或断开会产生什么影响。这些和其他不恰当的模式选择发生在坠机前 30 多秒，在模式操纵面板（MCP）处的空速设定为 137kn。从那时起，飞行员基本上是手动操纵的（见图 5A-5）。为了保持下滑轨迹，飞行员后拉驾驶杆，增加俯仰。在飞机撞到海堤之前的 10 个周期内，俯仰角从 5° 增加到 12° 左右。如图 5A-5 所示，在此期间，空速从约 120kn 下降到略高于 100kn。在这种"低速"状态下，飞机深深陷入了速度不稳定的状态。

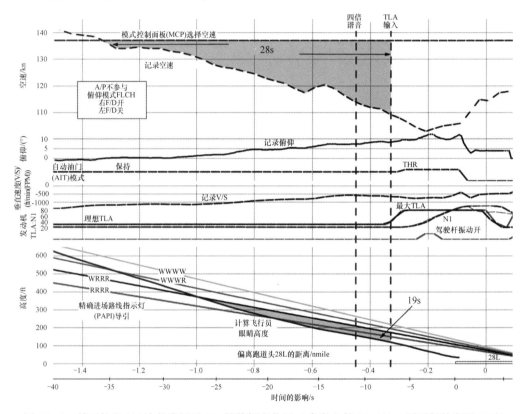

图 5A-5　韩亚航空 214 次航班最后 40s 的数据变化图（参考文献 5A.12）；图下部的字母 W 和
R 对应于精确进近航道指示器（PAPI）引导灯上的白色和红色——根据该数据，在零时
撞击 19s 之前会看到四个红色灯

引用国家运输安全委员会（NTSB）的报告：

国家运输安全委员会认定，这起事故的可能原因是机组人员在目视进近过程中对飞机的下降管理不善，飞行员意外停用自动空速控制，机组人员对空速的监控不足以及机组人员意识到飞机低于可接受的滑翔轨迹和空速容差后，延迟了复飞。造成事故的原因有：①自动油门和自动驾驶飞行导引系统的复杂性在波音的文件和韩亚飞行员培训中没有充分描述，这增加了发生模式错误的可能性；②机组对自动油门、自动驾驶飞行导引系统方面的非标准沟通和协调；③飞行员在目视进近的规划和执行方面的培训不足；④PM/飞行教官对飞行员的监督不足；⑤机组人员疲劳，这可能会降低他们的表现。报告接着指出，"美国联邦航空管理局（FAA）的指导和美国最近的一项监管改革支持飞行员需要定期执行人工飞行，这样他们的飞机操纵技能就不会降低"。

这样的事故提醒我们，当基本的飞行技能下降，同时对自动化功能了解不足时，事情可能会很糟糕。进近的飞行控制要求很高，但对于每天 10 万次以上的航班中的大多数而言，结果均是安全着陆。

我们被告知飞行是最安全的交通方式，虽然这可能是真的，但乘客是脆弱的，依赖于驾驶舱内人员的技能和理解。在作者看来，航迹约束下的速度稳定性是训练大纲中非常重要的问题。

那么，直升机也有同样的问题吗？当然有，并且已经在本书的早期版本中对此进行了讨论（参考文献 5A.13），并在本章的正文中进行了更新，但对于固定翼飞机（包括可以在固定翼模式下进行进近着陆的倾转旋翼机）来说，可以参考上述类似材料。毕竟这本教科书被称为《直升机飞行动力学》。对于直升机和直升机模式下的倾转旋翼机，与固定翼飞机的一个显著区别是存在总距操纵功能，使飞行员能够直接控制垂直航迹。

与航迹周期性俯仰控制相关的问题是作者和利物浦大学同事的文章主题，这是由英国工程和物理科学研究委员会资助的旋翼机-飞行员耦合通用项目的一部分（参考文献 5A.14～5A.16）。该研究还与欧洲航空研究和技术团队（GARTEUR）中研究同一主题（HC/AG-16）的行动小组有关，该小组旨在为行业提供设计指南，并为研究界提供有关现有技术的综述。事实证明，在低/中等飞行速度下，纵向周期俯仰强控制下的弱耦合条件是成立的，因此近似值（式 5（A-14））也适用。去掉旋翼下标，速度特征值为

$$\lambda \approx X_u + \frac{Z_u}{Z_w}\left[-X_w + \frac{g}{U_e}\left(1 + \frac{1}{M_{\theta_{1s}}k_{w_0}}\left(M_w - \frac{M_u Z_w}{Z_u}\right)\right)\right] \qquad (5A-16)$$

其中

$$\theta_{1s} = k_{w_0}w_0 \qquad (5A-17)$$

力-速度导数 X_w、Z_u 等的物理解释并不像固定翼飞机分析那样简单，在固定翼飞机分析中，我们使用风轴系，仅考虑升力和阻力及其系数。例如，仅旋翼的导数 X_w 是由推力和挥舞引起的变化组成。回到第 4 章，式（4-52），我们可以写为

$$\begin{cases} X_R = T\beta_{1c} \\ \dfrac{\partial X_R}{\partial w} = \dfrac{\partial T}{\partial w}\beta_{1c} + T\dfrac{\partial \beta_{1c}}{\partial w} \end{cases} \qquad (5A-18)$$

因此，X_w 的主旋翼分量包括由推力变化（由配平纵向挥舞 β_{1c} 决定）做出的贡献，以及由 w 改变引起挥舞做出的贡献（由配平推力计算 T 决定）。如第 4 章所述，在前飞时，倾斜盘会因 w 的扰动而向后倾斜，从而对 X_w 贡献为负。配平挥舞取决于机身和尾翼俯仰力矩之间的合力，也取决于内在的旋翼轴倾角。如果这些效应的组合导致正配平 β_{1c}（倾斜盘向前倾斜），则对 X_w 产生正向贡献。不同的影响通常导致导数 X_w 的值较小，对于第 4章所研究的三种飞机，其导数的值与 X_u（见图 4B-7）相似。作为进一步的近似，我们将忽略该导数，并将速度特征值及其极限值（λ_∞）用于强控制（无限增益），写为

$$\begin{cases} \lambda \approx X_u + \dfrac{gZ_u}{U_e Z_w}\left[1 + \dfrac{1}{k_{w_0}M_{\theta_{1s}}}\left(M_w - \dfrac{M_u Z_w}{Z_u}\right)\right] \\ k_{w_0} \Rightarrow \infty, \ \lambda_\infty \Rightarrow X_u + \dfrac{gZ_u}{U_e Z_w} \end{cases} \qquad (5A-19)$$

对于固定翼飞机，极限情况可与式（5A-15）进行比较；区别在于，我们忽略了与重力项相比影响较小的 X_w。与固定翼飞机一样，阻力导数 X_u 是稳定的，Z 力导数的比值为正且不稳定。该比率随着速度的降低而急剧增加，导致负阻尼（失稳）增加。我们的 Puma 直升机 Helisim 模型的不稳定性可以用附录 4B.3 中的导数来说明。作为参考，将直升机 Helisim 总距预测与如图 5A-6 所示的（参考文献 5A.17）飞行试验结果进行比较。总距和所需的功率遵循相同的形式，所以我们看到最小功率出现在飞行速度大约为 60kn时——在直升机 Helisim 模型中会略高。在 20～100kn 的配平飞行速度下，如图 5A-7 所示，极限速度特征值是飞行速度的函数。在 40kn 的速度下，速度模态在大约 7.5s 的时间内会使幅值加倍，稳定边界在 60～70kn 之间，确认可用最小功率速度来定义稳定边界。根据这一近似理论，在低于最小功率速度的飞行速度下，如果飞行员试图用纵向周期变距保持恒定直线航迹，在某些有限控制增益下，速度模态将变得不稳定。增益的失稳值可由式（5A-19）推导，方法是将纵荡 λ 设置为零，并重新排列

$$k_{w_0,\,\lambda=0} = \frac{g}{U_e M_{\theta_{1s}}} \frac{1}{\lambda_\infty}\left(M_u - M_w \frac{Z_u}{Z_w}\right) \qquad (5A-20)$$

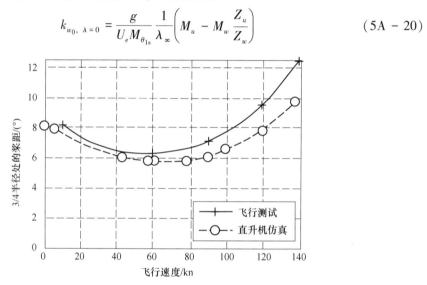

图 5A-6　Puma 在四分之三半径处的总距与飞行速度的函数关系；飞行试验与 Helisim 的对比
（参考文献 5A.17）

我们已经重新排列，以显示"有效"速度稳定性 M_u 的增益。对于像 Puma 这样的静稳定飞机（M_w 为负），机头上仰的俯仰力矩随速度变化幅度（M_u 为正）有效增加。在 40kn 时，中性稳定性速度增益值为 0.0082rad/（m/s）或 0.24（°）/（100ft/min），这被描述为低水平的飞行员增益。在 60kn 时，接近稳定边界，失稳增益约为 1.7（°）/（m/s），即 0.86（°）/（100ft/min）垂直速度变化。从图 5A-7 中我们可以看到，在这个飞行速度下，即使增益无穷大，速度模态的倍幅时间也很长，达 46s。

图 5A-8 显示了精确值[①]和 40kn 速度下 Puma 直升机 Helisim 模型的近似纵向特征值（作为控制增益 K_{w_0} 的函数）的比较，用于增益值的范围为（0.003～0.05rad/（m/s）或 0.086～1.47（°）/（100ft/min）。低于该增益水平，精确的特征值是一个复数，与短周期振荡有

---

①　使用附录 4B.3 中 40kn 情况下的 4×4 纵向子集确定。

关。这种反馈增益可以应用于飞行员操纵或增稳系统。在后一种情况下，在20°周期范围内，且对于典型的串联执行机构权限为满量程的±10%，增稳系统只能抵消饱和前±136ft/min配平条件下的垂直速度误差。弱耦合理论被认为是行之有效的。与固定翼分析一样，这种近似的价值在于它提供了对稳定性变化机制的物理理解。

利物浦大学的这项研究包括在加拿大国家航空研究委员会（NRC，渥太华）的飞行模拟器上的飞行试验，贝尔412先进系统研究飞机（ASRA）的飞行试验，并与利物浦的HELIFLIGHT-R六轴运动飞行模拟器（参考文献5A.18）进行对比测试。该仿真在利物浦开发的FLIGHTLAB FB-412非线性飞行模型（参考文献5A.19）中进行（在复杂性层次结构中属于2级模型，见表3-1）。参考文献5A.14介绍并深入讨论了研究的结果。事实证明，对于Puma来说，情况比上文描述的要复杂得多，特别是在飞行员增益较低的情况下。使用从非线性FLIGHTLAB FB-412导出的线性化6自由度飞行模型，结果表明，速度模态最终由于较高的增益值而变得不稳定，但在长周期模态（由于 M_u 影响而自然不稳定）最初通过闭环控制稳定，但随后又变得不稳定，并且在高增益下又会再次稳定。正如本章正文所述，关于图5-11和图5-12，这种振荡不稳定性将进一步抑制飞行员通过周期变距控制垂直速度的能力。最终，随着飞行员增益的增加，不稳定速度模态将在低于飞行速度的情况下以最小功率主导飞行行为。

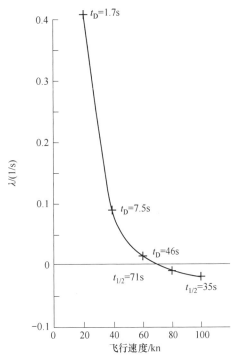

图 5A-7 Puma Helisim 模型的极限速度特征值作为飞行速度的函数，显示了在最小功率速度附近从不稳定过渡到稳定的过程

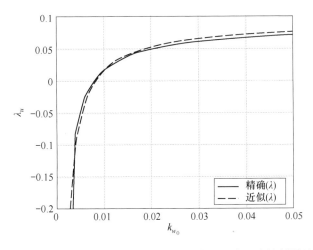

图 5A-8 在实际值范围内精确和近似纵向特征值作为垂直速度控制增益函数的比较

与已讨论的 Puma 结果相比，在 40kn 情况下，FB-412 的速度模态下其双倍幅值时间长达 9.2s。FB-412 的研究还着重指出，随着配平下降率的增加，不稳定性会恶化，这主要是由于 Z 力的比值 Z_u/Z_w 增加了。在 40kn 的情况下，当下降航迹角为 7° 时，由近似值预测的双倍幅值时间减少到 7.2s。

上述理论存在一些局限性，因此需要注意这种近似理论对实际飞行的影响。首先，这只是一个近似，因此需要仔细检查每种情况下的所有弱耦合条件。其次，它是线性理论的预测，因此一旦飞行行为偏离配平条件 10% 以上，非线性就变得越来越重要。对低于最小功率速度飞行期间的速度扰动尤其如此，其中导数随飞行速度显著变化；参见附录 4B.2 中的 X_u、Z_u 和 M_u，这表明存在较强的非线性，如不断变化的旋翼下洗量和尾迹角。尽管如此，线性近似给我们提供了重要的指示，它指出了潜在的棘手飞行行为。为了检查对操作的影响，同一名试飞员在 ASRA 和 HELIFLIGHT-R 上飞行了多次测试。在稳定的配平条件下，对飞机施加俯仰扰动，要求飞行员将下降速度常数保持在零，然后将各种数值调整到 15° 的航迹角。该矩阵涵盖了从 40~80kn 的初始配平速度范围内的一系列测试点。

在每个测试条件下，飞行员最初按要求使用周期变距和总距两种方式飞行，以保持航迹和空速，然后进行第二次飞行，仅使用周期变距来控制垂直航迹。如图 5A-9 所示显示了飞行试验和仿真的比较，初始测试条件为 $V_x=50\text{kn}$（沿机身 X 轴的配平速度），航迹角度为 6°。当飞行员使用组合控制策略，在最初失控时，配平速度会以几节的速度保持 20s 以上。仅使用周期变距保持垂直航迹，在飞行员开始恢复操纵前，速度不稳定性在试验中的反映为：10s 内衰减率 V_x 约为 1。在 HELIFLIGHT-R 中，40kn 和 20kn 之间速度衰减率的非线性比 2kn/s 大，最大值约 2kn/s。出于安全原因，模拟器上的测试运行时间比实际飞行更长，后者的测试点有所减少。

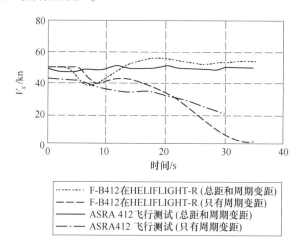

图 5A-9　在有航迹角 6° 约束的航迹下降期间，沿飞机 X 轴的飞行速度作为时间的函数；飞行（ASRA）和地面模拟（HELIFLIGHT-R）在有无总距辅助下的飞行比较（参考文献 5A.14）

由人-机耦合驱动下的不稳定性在飞行和仿真结果中都很明显。飞行速度衰减率不是指数，但飞行员也不是纯比例增益。飞行员的周期变距策略更为复杂，当飞行员试图保持垂直航迹和下降速度时，飞行员的直觉也是试图控制速度。当飞行在低于最小功率速度下受到干扰，最终速度衰减失控时，单靠周期变距是无法做到这两点的。周期变距和总距的

"正常"策略当然允许飞行员保持飞行状态，就像固定翼飞机的飞行员使用升降舵和油门就能使飞机沿着预定的航迹保持速度一样。在韩亚航空 214 航班的情况下，飞行员已经松开自动油门，因此很容易受到这种潜在不利的人-机耦合影响。在参考文献 5A.14 中，作者承认当单独采用周期变距的控制策略并非常规操作，可能更适用于总距出于某些原因无法使用时的紧急情况。"经历速度不稳定可能会让飞行员感到困惑。建议在制定有关紧急情况下的飞行员培训大纲时，考虑到这一方面。"

但是，就像韩亚航空 214 航班一样，当飞行员在低于最小功率速度下驾驶飞机进近时，如果不采用标准的操作程序，就会出现速度不稳定的情况。

这导致 2013 年 8 月，在韩亚航空 214 航班坠毁约 6 周后，Super Puma G-WNSB 在接近萨姆堡（Sumburgh）机场时发生事故。该事故在英国航空事故调查局（AAIB）的特别公报和最终报告（参考文献 5A.20、5A.21）中有详细记录。这起事故的一个关键原因是，进近时只使用了飞行自动化系统的垂直速度（V/S）保持功能。该系统试图在整个进近过程中保持选定的 500ft/min 的下降速度，有效地充当了式（5A-17）给出的比例控制器，并且在大多数进近中都成功地做到了这一点。为了帮助读者，飞行数据记录器（FDR）的测量如图 5A-10 所示。

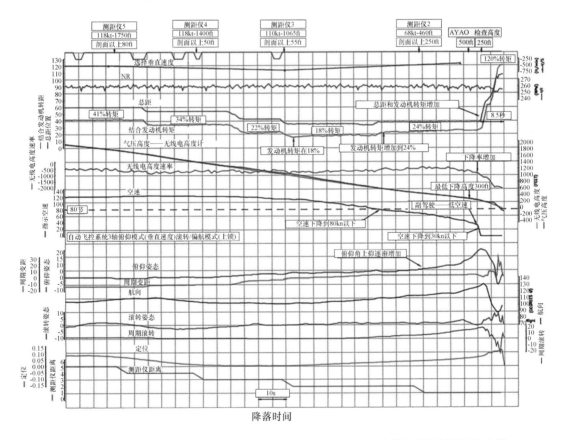

图 5A-10 2013 年 8 月 23 日 AS 332 L2 Super Puma，G-WNSB 在萨姆堡机场进近的飞行数据记录器（FDR）记录（参考文献 5A.21）

引用英国航空事故调查局（AAIB）报告：

"该进近是由 3 轴自动驾驶仪以垂直速度（V/S）模式进行飞行，这要求机长手动操作总距来控制直升机的空速。副驾驶员负责根据发布的进近垂直剖面监测直升机的垂直航迹，并寻找继续进近和着陆所需的外部视觉参考。程序允许直升机下降到 300ft 的高度，即进近的最低下降高度（MDA），此时如果还没有获得视觉参考，则需要在该点进行平飞。虽然最初保持了进近的垂直剖面，但机长没有足够的总距操纵输入来保持进近剖面和 80kn 的目标进近空速，这导致发动机功率供给不足，直升机在最后进近时的空速持续下降。航迹失去控制，直升机继续下降到最低下降高度（MDA）以下。在进近的后几个阶段，直升机的空速降到了 35kn 以下，并高速下降。飞行员直到最后的阶段，即当直升机处于临界低动力状态时才注意到下降的空速。机长试图恢复局势的努力没有成功，直升机坠毁在萨姆堡机场以西约 1.72nmile 的海面。它迅速装满水并翻转，但被展开的漂浮袋浮在水面上。"

英国航空事故调查局（AAIB）的调查确定了以下事故原因：

● 在非精密仪表进近的后期，直升机的飞行仪表未得到有效监控。这使得直升机进入了临界动力状态，无法从中恢复。

● 最低下降高度（MDA）未获得视觉参考，且未按飞行员仪表进近程序的要求，采取有效措施使直升机平飞。

从图 5A-10 中可见，当空速从 60kn 降低到 30kn，垂直速度（V/S）保持系统将俯仰角从约 7°增加到 20°时，可以看到一个关键的 15s 周期。在这段时间的前 5s 中，垂直速度（V/S）保持在 500ft/min 钟，但在剩余的 10s 中，下降速度增加到近 1000ft/min，原因是垂直速度保持系统可能已经失效。在这个关键时期，飞行员几乎没有动周期变距或总距。速度衰减率最初约为 2kn/s 但在这段时间结束时增加到约 3kn/s，空速达到 30kn。低于这个速度，空速传感器将无法提供可靠的测量数据。

通过拟合指数函数，可以进一步分析在这 15s 期间对垂直速度（V/S）保持的俯仰响应。结果如图 5A-11 所示。拟合效果非常好，显示了接近指数的增长速度，并在大约 4s

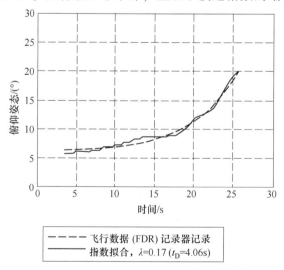

图 5A-11　当空速衰减到 30kn 以下，俯仰角在 20s 期间增加到最大值 20°的指数拟合

（图 5A-10，参考文献 5A.21）。

的时间内增长了一倍，结果与图 5A-7 所示的 Puma 直升机 Helisim 模型结果并不矛盾。当然，在这种减速过程中飞机动力学是非线性的，但是俯仰姿态的线性响应拟合非常好。

不幸的是，上述两起事故并非孤立事件。参考文献 5A.22 描述了 S-61N 在着陆时"意外"损失高度。报告强调了一个 25s 的时间段，在这一时间段空速从 70kn 降至 30kn 以下，飞行员回拉 20%的周期变距，俯仰角随之变化 15°，但没有总距输入补偿。报告指出："这架直升机相对较低的速度，再加上重量接近允许上限，导致直升机在接近所谓的功率曲线的拐点附近工作。[①] 在这种情况下，未经修正的速度下降会导致下降速度迅速增加。"下列引述中承认了这种飞行状态中的速度不稳定问题的存在，尽管没有认识到根本原因是人-机/自动驾驶仪的耦合：

当直升机的速度降到某一数值以下时，很容易出现速度不稳定的情况。这意味着降低速度需要增加动力以保持高度。如果没有选择额外的动力，速度将进一步降低，需要更多的动力才能恢复到原来的速度和/或高度。如果没有选择额外的动力，直升机将以越来越快的速度下降。最初，飞行员故意降低了直升机的速度，因为它的速度高于进近时将要保持的 70kn。但是，这一减速并未停止；直升机的飞行速度继续下降。由于减速没有通过增加发动机功率来补偿，直升机的下降速度增加了。

参考文献 5A.23 是英国航空事故调查局（AAIB）的另一份关于直升机在北海直升机甲板进近的事故报告。飞机在 16s 的时间内从 65kn 减速到 30kn，并伴随 12%的尾部周期运动和 15°的俯仰姿态变化；在此期间，没有进行总距补偿。

在没有技术故障的情况下，这些事故几乎总是归咎于飞行员在识别、判断和行动上的错误（上述四起事故就是如此）。但是，据作者所知，这些调查都没有发现问题的根本原因是飞机/旋翼机-飞行员/自动驾驶仪在低于最小功率或阻力的飞行速度下存在潜在的不利耦合。

虽然保罗·潘列维（Paul Painlevé）对莱特飞行器稳定性问题的评估是不正确的，但他发现了操纵问题的症结，这个问题将在整个航空时代一再出现。进近到悬停或着陆恰好是飞机通过最低功率速度的地方，在控制空速和航迹时需要警惕，在管理飞机动力时需要警惕，这一点是至关重要的。已经开发了自动系统在这种情况下来帮助飞行员，设计这些系统旨在消除任何不利的操纵品质。它们使其他不可能的操作成为可能。在这种限制下，通过适当的机载和地面系统，可以实现完全自动悬停或着陆。但对于手动或部分自动进近以及速度不稳定相关的操纵缺陷需要飞行员在视觉和仪表气象条件下集中注意力。

那么，当飞行员在这种闭环航迹回路下的飞行状态时，是否需要操纵品质标准来区分什么是 2 级甚至 3 级特性? 当然，如果飞行员无法同时成功地控制航迹和速度，那么使用这种策略时，任务失败甚至失控的风险必须被认定为高风险。上述事故的主要原因是飞行员失误，他们没有采取标准的操作程序。因此，考虑飞行员判断和行动失误的后果，降低操纵品质似乎是不合适的。然而，正如我们在接下来的几章中看到的，当系统出现故障时，为所谓的降级操纵品质（HQ）定义了标准。特别是，仅当遇到故障的概率足够小的情况下，才"允许"从 1 级降级到 2 级（有关 ADS-33 的要求见表 8-5）。但遇到飞行员"故障"的概率是多少? 在第 7 章中，作者提出了一个故障分析，将飞行员视为具有不同

---

① 作者注：这相当于本附录术语中的最小功率点。

可靠性水平的系统组件（见图 7-45），进行了故障分析，在任务失败（如无法在着陆前建立稳定的进近）和失去控制（如上述两种事故的最终结果）的概率方面有着显著结果。从事故原因中剔除飞行员"故障"是一项挑战，可通过提高飞行员的可靠性来部分实现，如通过培训，特别是接近人机耦合（APCs）和操纵品质（HQ）的边缘，并确保在长途飞行中保持良好的状态。

当然，还有其他的情况，如在发生技术故障后，不可避免地会以最小功率或阻力速度进近着陆，此时飞行员将面临与缺陷做对抗。在这种情况下，采用控制策略的问题以等式形式展现出来。式（5A-12）、式（5A-17）是指飞机的迎角/速度和姿态被锁定在一起。解决"锁定"这一问题需要一种不同的飞行技术，一种对基本飞行技能和操作技能至关重要的飞行技术。对于固定翼飞机和旋翼机，飞行员都可以通过升降舵或周期性变距控制俯仰姿态（从而控制速度），并达到最佳的飞行性能和安全性，在低速时，这可能要以航迹误差为代价。1908 年，威尔伯·赖特（Wilbur Wright）在奥古斯（D'Auvours）营地飞行时就明白了这一点，此处正是附录开始的地方。

对于 Puma 直升机 Helisim 模型，如图 5A-12 所示给出了在 40kn 的飞行条件下，周期变距到垂向速度和周期变距到俯仰角比例反馈控制的（纵向）根轨迹比较。垂直速度控制中不稳定的长周期和纵荡模式得到了清晰的说明，后者是由短周期模式发展而来的。对于姿态控制，飞机-飞行员或飞机-自动驾驶仪系统在低于最小功率速度时保持稳定，但短周期模态的相对阻尼随着增益的增加而减小。长周期模态分解为一个衰减组合，其中一个在无限增益下变得中性稳定。然而，根据 ADS-33（第 6 章），仅姿态控制不足以达到 1 级操纵品质。为了达到相对阻尼和固有频率的 1 级标准，需要飞行员或增稳系统对姿态和速度进行混合控制（见图 2-53）。

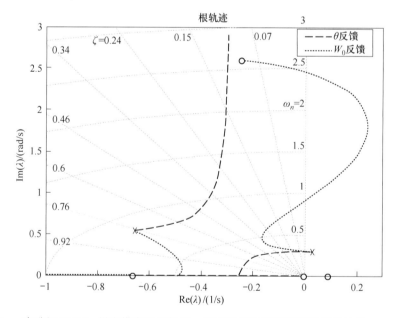

图 5A-12　Puma 直升机 Helisim 纵向模态的根轨迹；垂直速度和姿态反馈结果的比较；$V_x = 40kn$

许多固定翼飞机和旋翼机都具有姿态和速度控制增稳系统，因此任何额外的手动姿态控制都应增强低速稳定性，并确保本附录中讨论的人机耦合（APC）不会发生。然而，旋翼机似乎总有一个"然而"，正如我们在本章的正文部分所看到的那样，强烈的姿态和速度反馈会破坏旋翼–机身耦合模态的稳定性，因此自动飞行控制系统的设计者需要将这一点纳入考虑范围。

加拿大 NRC 可变稳定性（电传飞控）贝尔 205 在渥太华附近的操纵品质评估（作者收藏照片）

6 飞行品质：客观评价和标准制定

经验表明，在开发新项目的早期设计和定义阶段，就决定了飞机的全生命周期成本——大约65%的部分。此外，军用直升机的绝大部分操纵品质和任务能力也在早期定义阶段就确定了。因此，合理的设计标准对于实现所需的性能和避免不必要的项目成本至关重要。ADS-33（航空设计标准-33）在飞行品质方面提供了良好的指导，该标准的权威性是建立在TTCP（技术合作计划）合作下开发的先进仿真研究和飞行验证研究的独特基础上的。（摘自TTCP成就奖，军用直升机操纵品质要求，1994年）（TTCP-技术合作计划（英国，美国，加拿大，澳大利亚，新西兰））。

6.1 飞行品质概述

在第2章导论中介绍了在皇家航空研究院（RAE）进行直升机飞行品质测试早期发生的一个事件（参考文献6.1）。一架S-51直升机在进行纵向稳定性和操纵性测试飞行时，飞行员失去了对直升机的控制。这架飞机持续失控飞行了一段时间，然后自动恢复正常，飞行员才得以重新获得控制权并安全着陆。这起事件凸显了操纵品质差的潜在后果——飞行失控和结构损坏。在上述事件中的机组人员是幸运的，在许多其他情况下，这些后果可能导致机毁人亡。良好的飞行品质对飞行安全起着重要作用。但是飞行品质也需要与提高飞行性能相协调，这种安全性与性能之间的矛盾关系一直存在于飞行品质工程师的工作中。一个不太准确的说法是——军事装备更重视性能，而民用产品更关注安全性。在本章后面的章节用一些新的见解来阐述这种矛盾，首先介绍本章主题的范围。

库伯（Cooper）和哈伯（Harper）对操纵品质的"原始"定义（参考文献6.2）：飞机的品质或特性，其决定着飞行员能够轻松准确操纵飞机执行任务的能力。该定义至今仍然适用，但需要详细阐述来说明当前和未来的适用范围。如图6-1所示试图通过影响范围来说明这点——飞机和飞行员的外部影响和内部影响。为了能够明确飞行品质是这两组影响因素之间的协同作用的结果。可以说，如果没有对影响因素的完整描述，谈论飞行品质是不清晰的。也可以说，在库伯-哈珀的时代没有1级和2级品质的飞机。飞行品质只能参考特定的任务（或者任务科目基元（MTE））特别是视觉信息等。在学术意义上，这种说法很难反驳，但是在本书中，采用了更为宽泛的方法，通过考察每个方面、每个影响因素，并通过讨论相关的品质标准作为更多的参考。这些将在第7章中再次讨论。

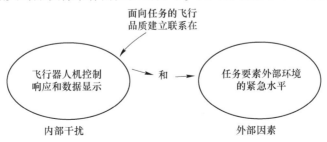

图6-1 面向任务的飞行品质（参考文献6.3）

在前一段中，术语"操纵品质"和"飞行品质"故意被交替使用，并且这种交替会贯穿于本书中。坦诚地说，虽然这可能会使读者混淆，但学界在这个问题上远远没有达成共识。为了阐明和强调任务的相关性，如参考文献6.4所述，Key提出了"操纵品质"和"飞行品质"的一个区别，即飞行品质被定义为飞机的稳定性和操纵性（即内部属性），而操纵品质的定义与任务和环境（外部影响）有关。尽管很想与这种观点保持一致，但笔者在承认任务和环境有重要影响的基础上对该观点进行了否定，因为没有充分的理由将飞行品质作为操纵品质的一个子部分。

当前的民用和军用装备都被要求要有良好的飞行品质，以确保在整个使用飞行包线（OFE）内都能安全飞行。飞行品质需要一个衡量标准来判断飞机是否能满足要求，多年来飞行品质工程师的大部分努力都是为了制定适当的标准和指标，这些标准和指标由飞行试验数据来支持和验证。库伯和哈珀提出了最成熟和最广泛的认可品质标准（参考文献6.2）。根据库伯-哈珀（Cooper-Harper）的说法，性能或品质可以用三个等级的标准来衡量（见图6-2）。在整个使用飞行包线（OFE）中，飞机通常为1级（参考文献6.5、6.6）；2级在故障和紧急情况下是可接受的，但3级被认为是不可接受的。1级品质的实现意味着在设计中达到或超过了最低设计要求，并且在实际使用中，任务效率和工作负荷也要能达到最低的设计要求。因此，需要进行相关的飞行试验，证明直升机满足相关的标准和目标参数（从以往的经验中得到）。它还涉及"飞行员在环"任务科目基元（MTE）的性能、主观评价以及飞行员评级。强调最低设计要求是很重要的，这样可以确保生产商在商业设计研究时不会被过度限制。因此，确定飞行品质需要既客观又主观的评估，这是第6章和第7章的主题。

将库伯-哈珀给出的评估准则称为操纵品质评级（HQR）。操纵品质评级（HQR）是飞行员根据图6-2的决策树确定的，根据任务效率和飞行员承担量来评定飞机在全作战飞行包线内的等级。将任务效率要求设置在理想水平，并且应保证有足够的提示信息，以支持对其完成情况的判断。在任务明确的试验中，飞行员可以自行判断。但在任务不明确的飞行试验中，飞行员会因为感知的不同（有关此主题的更多讨论，请参见第7章），导致注意力分散的增加。任务效率能通过飞行航迹精度，追踪性能或者着陆散点来测量，并可以绘制结果图以显示飞行品质的相对值。另一方面，飞行员的工作负荷更难以量化，但可以让飞行员描述工作量，以及根据他们的希望得到相应的操纵补偿，其等级为——小、中、中大、大和最大。该评级表试图表达飞行员有多少富余能力来完成其他任务，或者在紧急情况下提前思考并做出迅速反应的能力。McRuer（参考文献6.7）提出了"注意力需求"和"额外的操纵能力"双重概念用于区分和度量飞行员工作负荷的影响因素。然而，由于飞行员训练水平和技巧的差异，HQR的结果是主观的，因此也可能存在缺陷，但是与飞行员评价和任务执行结果一起，自20世纪60年代以来一直主导着飞行品质的研究。人们认识到，至少应有三名飞行员参加飞行品质试验（最好是更多，理想情况下是五或六名），并且可以绘制出平均、最大和最小的HQR图表；两个或三个飞行员的评级超过范围应提醒飞行品质工程师注意试验设计中的故障。这些具体的问题，将在后面第7章讨论，但读者应该保持严谨的态度，滥用HQR和库珀-哈珀评级表是最常见且普遍的问题。

任务效能要求推动了HQR发展，并为现代军用飞行品质标准，如美国陆军航空设计

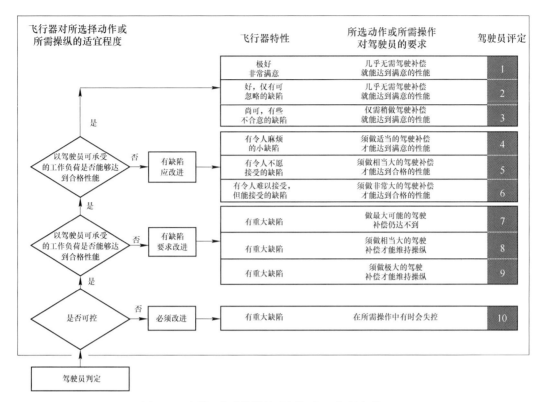

图 6-2　库伯-哈珀操纵品质评级表（参考文献 6.2）

标准 ADS-33C（参考文献 6.5），提供任务导向。飞行品质旨在支持完成相关任务。ADS-33C 以分层的方式定义了响应类型（RT）（即对操纵输入的响应的短周期特征），其被要求在各种不同种类的任务科目基元 MTE 中都能拥有 1 级或 2 级操纵品质，以在正常和失败状态的可用感示环境（UCE）中让飞行员可以集中注意力或者适当分散注意力。

考虑到悬停/低速和前飞两种工作状态下的不同任务科目基元 MTE 和飞行员飞行技术差异，从而定义了两种工作状态下的飞行标准。在有些飞行阶段，标准更是与飞行员做攻击性机动或任务科目基元（MTE）时的主观积极性有关。在更深的层次上，响应特性按幅值和频率范围进行分解，从由等效低阶系统响应或带宽相关标准设定的小幅值、高频率要求，到由操纵性设定的大幅值操纵要求。相比之下，MIL-F-8785C（参考文献 6.6）等效固定翼标准在飞行阶段和飞机类别方面有点不同，但基本内容是相同的——如何在与相关任务中评估飞行品质。

我们将在本章中介绍 ADS-33 的创新多样化；它与其前身标准 MIL-H-8501A 的不同点是，它没有根据飞机的尺寸进行分类，也没有明确地根据角色进行分类，而是仅根据相关的任务科目基元 MTE 进行分类。这强调了直升机的多功能性，并赋予了新标准的通用性。毫无疑问，自 20 世纪 80 年代中期首次出版以来，ADS-33 影响了采购过程和制造过程中对飞行品质的关注度，并可能在未来几年被视为直升机发展的分水岭。

如图 6-3 所示的 Key 图（参考文献 6.8）最好地展示了新的飞行品质方案。在这张图中，制造商的角色被专门强调，并且本章之后将更详细地讨论 ADS-33 的几个创新点，如响应类型和可用感示环境（UCE）。

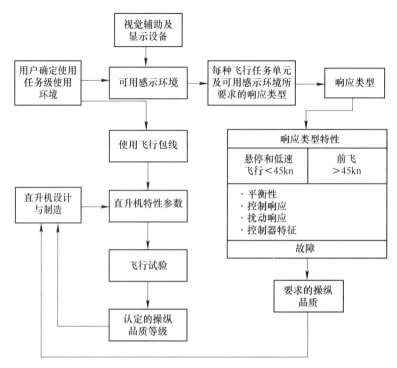

图 6-3 操纵品质规范的概念框架

在 ADS-33C 被开发的同时，英国的 Def Stan 970 也进行了修订（参考文献 6.9）。该文件保持了英国的传统——以定性的方式说明强制性要求，并附以相关附件来为如何实现这些特性提供指导。其对操纵输入响应有关的"970"要求如下所示：

10.1.2 节飞行控制不应过于灵敏，以免直接导致难以建立或维持所期望的飞行条件，或导致飞行员诱发振荡。

使用类似的定性的说明，Def Stan 970 让制造商来决定如何实现这些要求。相比之下，ADS-33 中的标准量化了响应性和灵敏度，并在可测量参数上规定了强制性的品质界限。比较这两种不同方法中的思想体系会占据本章大量篇幅，因此作者不准备这样做。然而，在作者看来，有一点需要强调是用于 ADS-33 开发的资源和最好的国际设施的使用，使直升机飞行品质标准开发取得了突破性进展——所有这些都建立在新的飞行品质试验数据库的基础上，在过去的 25 年里试验数据库的缺乏，严重阻碍几项新标准的确立。Def Stan 970 补足了美国的相关要求，本章将重点介绍"970"中额外的见解。

如果转向民用直升机的飞行品质要求，会发现安全性是一个更重要的驱动因素，因此民用直升机的要求在本质上会更加严苛（参考文献 6.10~6.13）。相关人员主要关注的是在不断恶化的恶劣天气条件下的操作安全，以及飞行员在重大系统故障后恢复安全飞行的能力。因此，操纵品质研究工作的重点是开发人工稳定性要求来支持仪表飞行准则（IFR）下的飞行和从故障中恢复的飞行试验程序。近年来，相关方对军用飞行品质要求的日益重视促使人们更仔细地研究新的民用标准。上述观点在参考文献 6.12 中被提到，其中的一些想法将贯穿第 6 章和第 7 章。

本章主要讨论的是一级直升机的特性以及如何测试它的操纵性，而不是如何制造。在相关标准的开发过程中，设计问题只是偶尔被提到，但不会成为讨论的主题。读者可参考第 4 章和第 5 章，通过对配平、稳定性和响应的分析来了解隐含的设计考虑。然而，直升机飞行品质设计方面的影响因素包括机身、稳定性以及控制增稳，希望未来有制造方面的学者来撰写相关书籍。

6.2 介绍和概述：品质的客观测量

本章的主要内容是可用参数或数值来量化的飞行品质特性。20 世纪 80 年代，在品质鉴定方面一系列新的概念确立，现在这些概念在欧洲和美国的新项目开发中占据了重要的地位。本文从作者个人的角度对相关理论发展的背景进行了一些解释和讨论，特别是对美国陆军 ADS-33 中的量化标准进行了阐述。在 ADS-33 之前，已有的强制性和参考性的设计规范都与高性能直升机的需求不匹配，因此在仿真中实现的性能对解决直升机飞行中可能出现的问题没有太大帮助。此外，在飞行试验中表现良好的飞机可能仍然不适合预期用途。自从设计规范被确定下来，这两个矛盾就一直存在，他们的存在只在两种条件下被允许。首先，规范不应过度限制设计创造力；其次，新设计的操纵品质不应受到来自旧类型的数据库的影响。这两点提醒现有的需求规范要"稳健"，"稳健"一词也适用于满足所谓的 CACTUS 准则（参考文献 6.14）：

①完整性（Complete）——涵盖所有任务、飞行阶段和响应特性，即所有内部和外部影响因素；

②适当性（Appropriate）——规范应足够"稳健"，以评估应用范围内的品质（例如，飞行员诱发振荡（PIO）的频域边界而非时域边界）；

③正确性（Correct）——所有 1~2 级和 2~3 的级品质边界应正确定位；

④可测试性（Testable）——从设计到认证都应有可测试性；

⑤明确性（Unambiguous）——清晰简单，易于解释，可能是最具挑战性的规则，对广泛至关重要；

⑥可验证性（Substantiated）——从执行相似角色的相似类型相关的数据库中提取和配置的数据，可能是支持新规范可信度的最重要的方面。

随着准则的发展和新数据的"可用"，满足 CACTUS 准则被认为是飞行品质工程师的一项持续挑战。本章讨论的规范在不同程度上或多或少都满足该准则。本章尝试思考这些一致性的不同级别。

关于 ADS-33 的框架，表 6-1 提供了所选任务科目基元（MTE）的概览。该表将规范的关键创新 RT、MTE 和 UCE 联系在一起。UCE 得出自飞行员在不同视觉任务信息下对飞行能力的主观评估。我们将在第 7 章中对其进行更详细的讨论。它被引入到 ADS-33 中以引起了人们对在不同视觉条件下进行近地飞行时（即所谓的不良视觉环境（DVE）），需要不同飞行品质的关注。UCE 1 对应飞行员具有非常好的视觉信息来控制姿态和速度，而 UCE 3 对应飞行员会因为视觉信息不足而只能进行小而缓慢的修正。如表 6-1 所述，要在选定的 MTE 中取得一级飞品质，速度指令（RC）在 UCE 1 中是足够的，而在较差的 UCE 中会有更高要求。在 UCE 为 2 的情况下，俯仰和滚转需要姿态指令（AC），而在 UCE 为 3 的情况下，需要位置和高度保持不变的平移速度指令（RC）。

表 6-1　所选任务科目基元（MTE）在不同可用感示环境中的响应类型要求

UCE	悬停/低速飞行时的响应类型	前飞时的响应类型
UCE 3	TRC+RCDH+RCHH+PH	
UCE 2	ACAH+RCDH	RC+TC
UCE 1	RC	
	响应类型	所选的任务科目基元
RC	速度指令	迅速升降、悬停转弯
TC	转弯协调（应用于偏航和俯仰响应）	快速平移、精确悬停
ACAH	姿态指令，姿态保持（滚转和俯仰）	声呐浸入
RCDH	速度指令，方向保持（偏航）	急速侧移，快速加/减速
RCHH	速度指令，高度保持（升降）	目标探测和追踪
PH	位置保持（水平面）	多目标任务
TRC	平移速度指令	

响应类型与飞行员使用阶跃操纵输入后前几秒的响应特性有关。图 6-4 展示了不同类型下纯形式的姿态变化和加速度响应类型（RT）。速度指令（RC）响应通常被认为是常规直升机最简单的实际响应类型。ADS-33 中速度指令（RC）的定义允许响应偏离纯速度的变化，以包括不能简单地归入单个类别但仍表现出令人满意的操纵品质的各种现役直升机。一个基本要求是：在姿态变化后，驾驶舱控制器的初始力和最终力应是相同的符号。随着响应类型（RT）越来越直接地与位移响应相关，这两个相关因素影响着导航。首先，姿

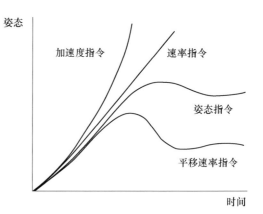

图 6-4　阶跃周期操纵输入的姿态响应

态指令（AC）比速度指令（RC）更容易控制飞行，同时平移速度指令（TRC）比姿态保持指令（ACAH）更容易控制飞行。使用平移速度指令（TRC）时，姿态回路会自动关闭，从而将飞行员从高增益姿态稳定中解放出来，而且速度反馈环也自动关闭了，从根本上减少了飞行员的操纵任务。其次，额外的稳定性是以牺牲机动性和敏捷性为代价的。原则上，最高性能可以控制力/力矩通过加速度 RT 来实现，但是飞行员将以工作负荷将骤增的代价（3 的指数倍的压力）来实现精确飞行，以至于几乎会用尽所有的额外"可用性能"。随着响应类型（RT）逐渐变得更加稳定，可用的操纵性能包线逐渐减小。当然，这完全符合更高层次的增长的需要。飞行员通常不需要高性能的不良视觉环境（DVE）。表 6-1 强调了不同任务对飞行品质的重要性。但它对响应类型（RT）的定义是不够的，还需要对响应周期的长短、幅值的大小等详细特征进行量化。因此需要一个框架来更深入研究响应品质。

图 6-5 展示了如何方便地划分飞机响应特性，显示了响应频率与幅值的关系。鉴别大、中、小幅值和高、中、低频率旨在以有意义和系统的方式涵盖飞行员可能遇到的所有

任务需求。该框架包括零和极低频微调以及零和极低幅值稳定区。增加了一个三维交叉耦合以强调直接响应特性不足以充分描述响应品质。双曲线型边界显示了飞机的操纵包线是如何受限制——随幅值的增加，各种物理机制开始发挥作用，限制了操纵的完成速度，如操纵范围、作动器速度、旋翼推力/力矩能力等。该边界表示飞机在整个频率和幅值范围内，动态使用飞行包线（OFE）和飞行品质标准都是必需的。

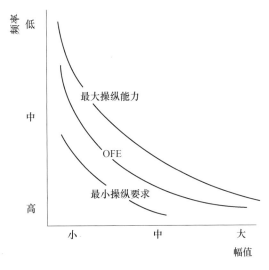

图 6-5　频率–幅值平面上的等响应线

　　本章主要关注拥有一级飞行品质的直升机所需的特性，由于大多数现役直升机也会在二级品质下飞行相当长的时间，因此还将对二级品质给予一些关注。在本节中，将讨论四个主要的响应要素——滚转、俯仰、偏航和升降，以及各种不同的交叉耦合情况。第 7 章将讨论其他重要的内部因素即接收和显示；它们都对飞行品质有很大的影响，特别是在视觉条件降级和飞行包线受限时，通过触觉提示来帮助飞行员操纵就会显得特别重要。在适当的情况下，将与固定翼飞机的标准和品质边界进行一些比较。第 8 章将降低操纵品质到 2 级和 3 级标准来更深入地讨论。当读者开始阅读这一章时将会注意到，从 20 世纪 80 年代中期和 20 世纪 90 年代初，到进入 21 世纪，直升机飞行品质规范取得了相当大的进步，这一进程仍在继续。本书第 3 版第 9 章将带领读者回顾旋翼飞行器飞行品质的根源，为这些进步和未来学科的发展提供支持。

　　由于有大量的相关著作文献发表，作者不得不对相关的材料加以筛选。这些资料与 ADS–33 规范密切相关；读者可参考这些设计规范和公开文献中的相关内容加深对操纵边界的了解。下节的主要内容是通过引入和开发一系列也适用于其他轴的滚转轴的概念开始的。

6.3　滚转轴响应准则

　　围绕飞机重心产生的滚转力矩的能力有三个作用。第一，它能帮助飞行员在飞机悬停、规避、斜坡着陆、侧风悬停时配平机身、尾翼和尾桨的残余力矩。第二，它允许飞行器在横向上机动，例如，在狭窄的飞行航迹中进行姿态调节时，旋翼推力的矢量方向可以重新定向。第三，它帮助飞行员消除大气扰动的影响。三者都对飞机有不同的要求，飞行品质标准必须以一种互补的方式接受它们。

6.3.1 任务裕度和机动速度

近年来，滚转轴可能比其他操纵轴要受到了更多的关注，这可能是受到大量固定翼飞行品质研究数据的影响，也可能是因为滚转操纵可以表现出最纯粹的特征并且最适合分析。参考文献 6.15 中包含了对滚转飞行品质的全面介绍。在这些工作中，Heffley 和他的合著者介绍了在本书第 2 章中讨论过的"任务署名"或"任务肖像"的概念（见图 2-40），以及当前任务所需的"任务裕度"或超出当前任务所需的控制裕度。如图 6-6 所示对基本观点进行了概念性总结，该图显示了滚转角速度要求如何随机动幅度（即滚转角度的变化）而变化。机动需求限制线由直升机在特定任务中的任务需求定义。任务裕度是紧急操纵时所需的额外能力。机动幅度可以方便地分为前面所说的三个等级——小、中、大——分别对应精确追踪任务、离散机动任务和最大机动任务。

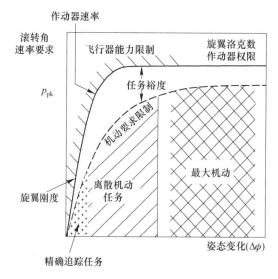

图 6-6　作为机动幅度函数的滚转角速度要求（参考文献 6.15）

图 6-6 中凸显的主要设计特征是定义直升机能力的外部极限，即小幅值范围内的旋翼刚度和高幅值范围内的洛克数；作动速度和能力极限也定义了中幅值至高幅值范围内能力边界的形状。要将图 6-6 转换为图 6-5 中的频率/幅值图的形式，需要回顾一下非常简单的任务特征。

图 6-7 显示了 Lynx 直升机在横向周期变距时执行障碍滑雪 MTE 的滚转姿态和速度随时间变化的过程（参考文献 6.16）。将机动运动学简单地解释为一系列姿态的变化，每个变化都与特定的滚转角速度的峰值相关，如图 6-8 所示的相位平面图。对于 Lynx 直升机来说，滚转操纵本质上是对速度指令（RC）的操纵，因此姿态速度随操纵的变化而变化（见图 6-9）。如图 6-10（a）所示的任务特征图表明了在障碍滑雪过程中选定的速度峰值随相应姿态的变化而变化。每一个相位点代表了当迅猛动作被完成时离散机动的变化。位于同一条"辐射"线上的点对应于飞行员近似的攻击级别。使用"攻击"和"积极性"这两个词汇来定义飞行员的行为，并使用"快捷性"一词来描述操纵的时间特性。操纵快

捷性，或在当前情况下的姿态滚转速度，是离散操纵时的峰值速度与姿态变化速度之比，其在参考文献 6.15 中作为另一种飞行品质或操纵效率参数被首次提出

$$滚转姿态快捷性 = \frac{p_{pk}}{\Delta\phi} \tag{6-1}$$

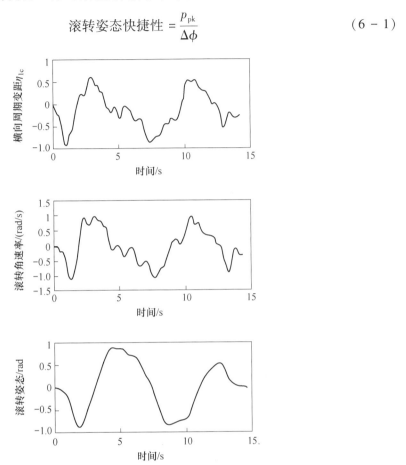

图 6-7　Lynx 直升机障碍滑雪飞行时操纵和响应随时间变化的曲线

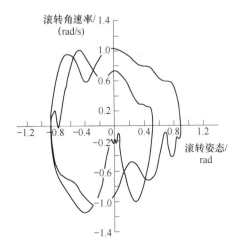

图 6-8　Lynx 直升机障碍滑雪飞行时相位平面图

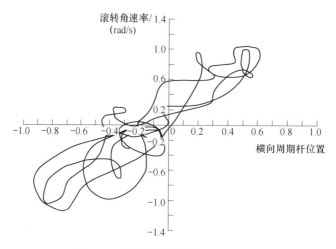

图 6-9　横向周期滚转角速度交会图

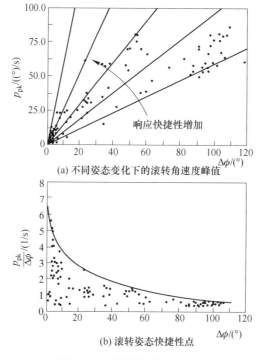

(a) 不同姿态变化下的滚转角速度峰值

(b) 滚转姿态快捷性点

图 6-10　障碍滑雪任务特征

　　图 6-10（a）中数据被转换为图 6-10（b）中的快捷性参数。通过绘制边界线斜率与姿态变化的关系，可以将图 6-6 中的广义边界转换为快捷性，得到图 6-11。如图 6-11 所示显示了图 6-5 中幅值的双曲线特征。对于给定的滚转姿态变化，将由飞行器极限能力的最大敏捷性值来定义。当操纵幅度足够大时，图 6-11 中的极限函数将会是双曲形的，这是因为达到了最大速度，并且极限值与姿态变化趋势成反比。这一趋势在图 6-10（b）中得到证实，该图显示了参考文献 6.16 中给出的 Lynx 直升机障碍滑雪飞行最大快捷性曲线。在 MTE 的滚转操纵反效阶段，最大的滚转姿态变化超过了 100°。在反向滚转阶段测

量的快捷性高达 1rad/s，表明飞行员在最高攻击水平下使用了至少 100 （°）/s 的滚转速度。在小幅值范围内，快捷性上升到 5rad/s 以上，但由于滚转姿态变化值较小，很难提取出准确的快捷性数值。快捷性参数作为 ADS-33 的创新之一，已获得认可，适用于中等幅值范围的操纵。本节后面再回到这个问题，首先研究快捷性的理论内容，即应用在一个简单的滚转控制模型。

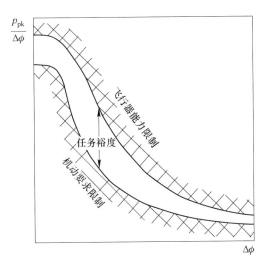

图 6-11　广义响应快捷性图（参考文献 6.15）

在第 2、4 和第 5 章中，讨论了滚转响应的一阶近似模型，将其在直升机上应用时，读者需要清楚地知道正确的限制范围。而且，这个简单的模型可以用来获得对快捷性理论特性有用的见解。考虑一个速度指令（RC）响应型直升机的一阶运动微分方程为

$$\dot{p} - L_p p = L_{\theta_{1c}} \theta_{1c} = - L_p p_s \theta_{1c} \qquad (6-2)$$

式中：p 是滚转角速度；θ_{1c} 是横向周期操纵。忽略了该模型中的任何旋翼或驱动动力学特性。第 4 章详细讨论了阻尼和操纵导数。横向周期变距的阶跃输入响应对稳态滚转角速度 P_s 是指数增长的。为了获得快捷性参数，需要持续时间为 t_1 的脉冲输入响应，这会导致离散的姿态变化 $\Delta\phi$（图 6-12）。滚转角速度和姿态响应的解析表达式有两种形式，一种是在脉冲期间，另一种是在脉冲之后

$$\begin{cases} t \leqslant t_1: p = (1 - e^{L_p t})\theta_{1c}, \quad \phi = \dfrac{p_s}{L_p}(1 + L_p t - e^{L_p t})\theta_{1c} \\ t > t_1: p = p_s e^{L_p t}(e^{-L_p t_1} - 1)\theta_{1c} \end{cases} \qquad (6-3)$$

$$\phi = \phi(t_1) - \frac{p_s}{L_p}(e^{-L_p t_1} - 1)(e^{-L_p(t-t_1)} - 1)\theta_{1c} \qquad (6-4)$$

通过这些方程可以定义姿态的快捷性，经过一定的简化，得到了简单的方程式

$$\frac{p_{pk}}{\Delta\phi} = \frac{L_p}{\hat{t}_1}(1 - e^{-\hat{t}_1}) \qquad (6-5)$$

其中

$$\hat{t}_1 = - L_p t_1 \qquad (6-6)$$

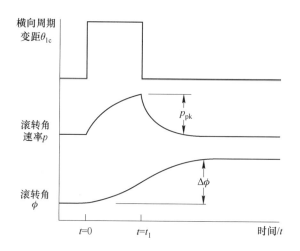

图 6-12　横向脉冲周期输入下的简单角速度响应

式（6-6）给出的归一化时间 $\hat{t}_1$ 可以被认为是操纵持续时间与飞机时间常数的比值。由滚转阻尼归一化的快捷性与 $\hat{t}_1$ 之比如图 6-13 所示。此分析的一个重要结果是，快捷性与操纵输入的大小无关。对于一个 2s 的脉冲，小输入和大输入的快捷性是相同的；式（6-2）可以近似为一个线性系统，当其为非线性时这个方程不再适用。对于小数值的 $\hat{t}_1$（与飞机时间常数相比的短时间操纵），快捷性近似于滚转阻尼本身，即

$$\hat{t}_1 \to 0, \qquad \frac{p_{pk}}{\Delta\phi} \to -L_p \qquad\qquad (6-7)$$

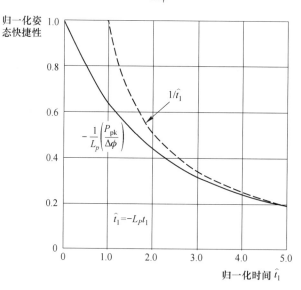

图 6-13　归一化的快捷性和操纵时间的比值变化

随着 $\hat{t}_1$ 变大，快捷性开始变小，即

$$\hat{t}_1 \to \infty, \qquad \frac{p_{pk}}{\Delta\phi} \to \frac{1}{t_1} \qquad\qquad (6-8)$$

由式（6-8）可知，当机动速度相对飞机时间常数较慢时，飞机时间常数对快捷性的影响很小，并且姿态变化速度等于脉冲时的滚转速度。式（6-7）描述了当滚转瞬时响应仍在演变时短时间持续操纵输入的极限。这种情况需要更仔细的检验，因为它具有显而易见的重要意义。滚转阻尼的倒数等于阶跃输入后达到 Ps 的 63% 所需的时间，但该参数在频域中有另一个解释。由此可看，快捷性对操纵输入的大小不敏感，因此频率似乎比幅值更重要。以横向周期变距作为输入，以滚转角速度作为输出，频率与相位角之间的函数关系为

$$\varPhi = \left\langle \frac{\bar{p}}{\bar{\theta}_{1c}}(\omega) \right\rangle = \arctan\left(\frac{\omega}{L_p}\right) \qquad (6-9)$$

当 $\bar{p}$ 和 $\bar{\theta}_{1c}$ 之间的相位为 $-45°$ 时，频率在数值上等于阻尼 L_p。这对应于姿态响应与操纵输入的相位相差 $135°$ 的情况，相位不同步。在本节后面可以看到，姿态响应滞后于操纵 $135°$ 时，频率由一个基本的操纵参数——（开环）姿态带宽定义。对于非经典响应类型，证明姿态带宽是比滚转阻尼更重要的参数，并且更符合 CACTUS 规则。带宽是 ADS-33 的核心参数之一。

回到框架图，可以更好地检查品质标准和相关的飞行试验测量技术；将图表分为三个"动态"区域，如图 6-14 所示。将大致遵循 ADS-33 所规定的幅值范围

①小，$\phi < 10°$，连续闭环，补偿跟踪；

②中等，$10° < \phi < 60°$，目标追踪，地形规避，重新定位；

③大，$\phi > 60°$，最大机动。

回顾所选的军用和民用标准。图 6-14 中有一个非常窄的从零到低频的范围来分类配平和准静态行为。最大的"机动"区域包含了中等和大幅值滚转姿态标准。

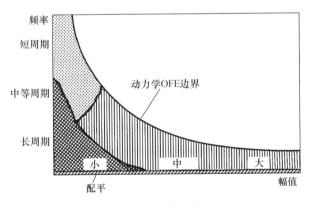

图 6-14 飞机响应特征的四个区域

6.3.2 中等至大幅值/低频至中等频率：快捷性和操纵性

可用操纵性（下同）是定义大幅值机动飞行品质的最合适的参数，即在配平状态下完全操纵时可用的最大响应。对于 RC 系统，以度/秒（(°)/s）来度量，而对于姿态控制响应，操纵性以（°）来度量。ADS-33 中的这一定义与早期的 MIL-H-8501 和固定翼标准对比后发现，前者的操纵性与最大可用操纵力矩有关。为了避免混淆，建议采用 ADS-33 的定义。

操纵性与任务密切相关，可能比任何其他操纵品质参数更依赖于任务。如图 6-15 所

示说明了这一点，其中 1 级操纵品质的最低操纵性要求（根据 ADS-33）对应于有限、中等和极限操纵的任务科目基元（MTE）。该图还显示了低速和前飞任务科目基元（MTE）下对速度响应类型的要求。最低速度操纵性要求在前飞仪表气象条件（IMC）下为 15（°）/s，在空战中为 90（°）/s。

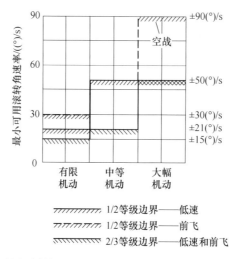

图 6-15　最小滚转操纵性需求——速度响应类型（参考文献 6.5）

20 世纪 70 年代末英国皇家空军进行的地面模拟（参考文献 6.17）旨在确定战场上直升机的敏捷性要求，并对滚转操纵性给予了特别的关注。如图 6-16 所示显示了飞机在进行三连转弯机动时，最大滚转角速度是不同飞行速度下滚转角变化的函数。

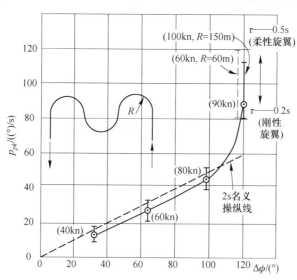

图 6-16　三连转弯机动时滚转角速度的峰值

虚操纵线对应在两秒内完成三连转弯的理论情况。对于所示情况，操纵性被设置在高水平（>120（°）/s），以使试飞员能够自由地进行发挥。当速度达到 70kn 时，飞行控制策略仍遵循理论线，但是当速度增加到 90kn、100kn 时，最大滚转角速度有明显的增加。

随着任务需求的增加，控制策略在某些关键点上进行快速变化是非常重要的，这些将在后面第 7 章讨论。数据点的分布对应于不同的旋翼构型，从而产生不同的滚转时间常数。较大的时间常数对应于铰接或跷跷板式旋翼，与较短时间常数的无铰链旋翼相比，飞行员通常多使用 30%~40% 的滚转角速度。由此可见，使用"软"旋翼，飞行员将需要更多的操纵来加快机动速度。这种更为复杂的控制策略导致了工作负荷的增加和飞行员对操纵品质看法的下降，第 7 章中将回到这个话题。根据参考文献 6.17 的研究，为了在中速范围内进行快速的近地飞行（NoE），对于具有中等刚性旋翼（典型的当今无铰链旋翼配置）的直升机，最低操纵性要求为 100（°）/s。

从理论上讲，操纵性的测量非常简单；建立配平飞行并施加最大操纵，直到响应达到稳定状态。实际上，除非格外小心，否则很可能会导致滚转的大幅偏移，使飞机处于潜在的不安全状况，尤其是对于 RC 响应类型。一种更安全的策略是建立一个配平的倾斜角（<60°），并在横向周期变距中施加一个适度的阶跃输入，然后在飞机沿相反的方向滚转相同的倾斜角之前恢复。

现在可以通过增加操纵输入的大小和收集一些数据点来重复该操作，以建立滚转响应和操纵步长之间的功能关系。应用这种增量技术，通常不需要在操纵输入极限大小的情况下进行测试。这是因为要么较低的输入满足最低要求，要么响应明显呈线性并允许放开至完全控制。对于需要最高操纵性的情况，如空战任务（MTE），可能有必要（更安全）在闭环飞行试验中获数据据，如执行过空战任务的飞机。

在开环和闭环测试中，都需要额外考虑两个方面。第一，应注意避免使用脚蹬来增加滚转角速度。在正常操作情况下，飞行员可以选择这样做来提高性能，但这可能会干扰滚转操纵性的测量。第二，在高旋翼推力下，旋翼桨叶在剧烈的操纵过程中可能失速。升力损失会降低滚转的操纵性，并且会增加阻力从而导致扭矩增加，进而导致需求功率的增加。这些都是真实的影响，如果它们导致了最低要求没有被实现，那么这个设计就是有缺陷的。由于用于估算操纵性的试验具有潜在的破坏性，因此需要实时监测临界旋翼应力和机身应力。

无论民用操纵要求（参考文献 6.10）还是 Def Stan 970（参考文献 6.9）均未涉及操纵性本身的标准，而是在飞机响应方面设定了操纵裕度的最低限度。这通常与在使用飞行包线（OFE）边缘的稳定飞行操纵能力有关。Def Stan 970 定义了操纵裕度——在 1.5s 内产生 15（°）/s 的响应。"旧" MIL-H-8501A 要求在飞行包线边界处，周期操纵裕度至少应产生 10% 的最大悬停滚转（或俯仰）力矩。联邦航空管理局（FAA）采用更灵活的方法进行了测试，在基本情况下某些构型 5% 的裕度已经足够，而在其他情况下，20% 的裕度还不够（参考文献 6.13）。具体来说，对于 FAA 认证，飞行试验应能证明在从不超过空速的情况下"在合理的滚转角速度下，横向操纵裕度必须保证倾斜转弯的角度不少于 30°"。ADS-33 在设定最小操纵性要求时显然更注重性能，这一理念还延伸到中等幅值标准，并且还引出了一个新的参数，即操纵快捷性，这使飞行品质真正很好地纳入了非线性领域。

中等幅度滚转要求广泛适用于 -60° < φ < 60° 范围内的操纵，包括军用飞机的近地飞行任务如急停、滑雪障碍和在恶劣条件下的民用直升机操作（例如，在阵风条件下恢复，在发动机或控制增稳系统故障后恢复（SCAS））。姿态敏捷性已经进行了较为详细的论述，ADS-33 中使用的快捷性定义已经涉及了非纯粹的响应类型，且包括一个微妙的振荡响应的解释。

图 6-17 展示了 ADS-33 的滚转轴快捷性标准的边界，包括为了获得快捷性所需的姿

态参数的定义。在此再次强调飞行品质的任务导向性，因为即使在低速状态下，不同的任务科目基元（MTE）也有不同的边界线（详情见参考文献6.5）。如图6-18所示是Lynx直升机横向规避的快捷性包线与两个1级ADS-33边界线的对比图。如图6-19所示为在三个操纵级别上飞机的侧飞相位平面图。即使在相对较小的任务科目基元中，转弯过程中也使用了近70（°）/s的滚转角速度（见图6-8）。在微风条件下的规避任务与"常规MTE"密切相关，这还表明即使Lynx直升机在执行这种特殊的MTE时至少留有60%的任务裕度。图6-18中的其他要点将在下面讨论。

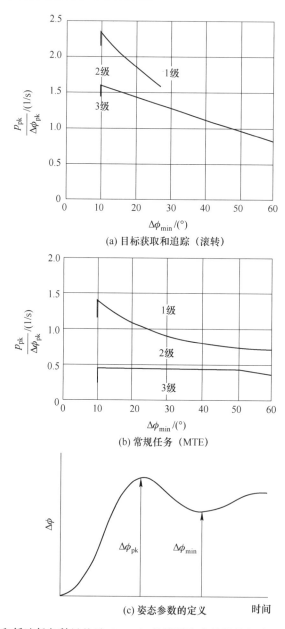

(a) 目标获取和追踪（滚转）

(b) 常规任务（MTE）

(c) 姿态参数的定义

图 6-17　悬停和低速任务科目基元（MTE）的滚转姿态快捷性标准（参考文献6.5）

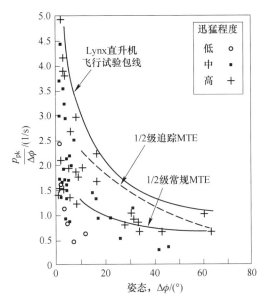

图 6-18　横向急速侧移机动的滚转快捷性

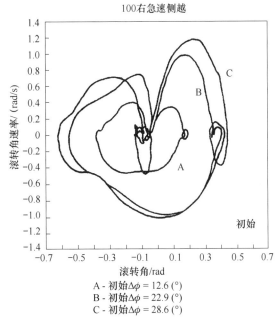

图 6-19　Lynx 直升机横向急速侧移 MTE 的相位图

在轨迹的边界，裕度值开始减小，但需要注意的是，在低风速下的规避认为并不是 MTE 的最高需求，并且 Lynx 的任务裕度比显示的要更多。为了突出这一点，图 6-20 显示了 Lynx 以 60kn 的速度在横向滑雪障碍 MTE 上飞行时的滚转敏捷性包线和 ADS-33 用于前飞行任务 MTE 时的 1~2 级边界。当飞行员在反向滚转达到横向周期停靠点时，该飞机的敏捷性在最大展弦比时达到极限。Lynx 滚转时特别敏捷，并且可以在图 6-20 中看到现代直升机能达到的最大敏捷性数值。

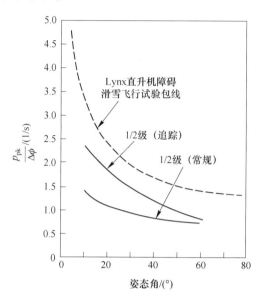

图 6-20　横向障碍滑雪机动的滚转姿态敏捷性

　　快捷性的符合性测试取决于滚转响应类型；对于 RC 响应，配平状态下的横向周期脉冲式输入将产生离散的姿态变化。如上所述，对于具有线性响应特性的直升机，快捷性与输入的大小无关，所需的是减少周期脉冲的持续时间，直到达到所需的响应水平。实际上，脉冲越短，需要的脉冲幅度就越大，这样才能得到可测量的响应。如图 6-21 所示展示了德国航空航天研究所的飞行试验结果：飞机姿态在 10° 和 20° 之间变化时，取得的滚转敏捷性数值不同。在中等幅值的区间下限，该测试得到的最大敏捷性为 4rad/s。对于较长持续时间的输入，只测量到了略高于 ADS-33 边界的敏捷性数值，也显示了通过足够快速的输入来建立敏捷性裕度的重要性。但需要注意的是，为了符合 ADS-33 的示例，所需的数据只能在 1 级区域内获取。

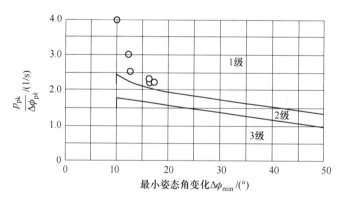

图 6-21　Bo105 在 80kn 速度下测量的滚转姿态敏捷性

　　对于姿态响应类型，可能需要超速的初始操纵输入，然后再返回与目标姿态一致的稳定状态。建议采用反向操纵以克服姿态指令响应类型的自然稳定性，并且以适度的量来实现最大快捷性。

姿态快捷性在建立民用直升机操纵品质操纵性要求中具有一定的应用价值。然而，与军事需求一样，在确定边界之前，通过民用 MTE 建立试验数据库是必不可少的。快捷性可以很好地将所需的响应特性从控制增稳系统（SCAS）故障中恢复过来，另外还可以（将直升机）从固定翼飞机或其他直升机的涡流尾迹引起的混乱中恢复。在这些领域建立定量标准，一方面会直接影响到对增稳系统的完整性要求，另一方面也会影响到直升机地面的操作程序。稳健的操纵标准的一个明显的好处是可以在设计阶段量化这些方面。

图 6-18 所示的额外数据点是根据在 RAE/DRA（皇家航空研究院/国防研究局）先进飞行模拟器（AFS）上进行试验获得的时间历程规避数据（参考文献 6.3）。这些和其他 MTE 试验将在第 7 章中进行更详细的讨论，但这里值得强调的一点是快捷性数值的分布与飞行员所采取的机动水平有关。机动水平是由初始滚转角和因此产生的水平加速度定义的。高机动性对应大约 30°的滚转角，同时用于悬停推力裕度约为 15%。在中等幅值范围的下限（在 10°和 20°之间），低机动水平下获得的最大敏捷性为 0.7rad/s，这与在 UCE 2 或 3 情况下飞行所需的性能水平相对应。ADS-33 指出，在上述情况下不一定必须满足快捷性要求（参考文献 6.5）。常规操纵的典型情况是中等机动水平，此时最大快捷性为 1.5rad/s，这与 ADS-33 最低要求的边界相吻合。在更高机动水平下，快捷性与 Lynx 直升机在约 2.5rad/s 的飞行试验中取得的数值类似，这并不是一个令人惊讶的结果，因为仿真试验的目的是在探索在与飞行试验相似的推力裕度下可实现的最大任务性能。

大幅值和中等幅值的标准可延伸到 10°倾角的滚转姿态。在此之下，从图 6-18 中看出，在小幅值范围内，快捷性测量值增加到远远超出中等幅值的边界。但是在这个区域内快捷性不再是一个合适的参数，必须研究不同的公式来测量飞行品质。

6.3.3 小幅值/中高频：带宽

可以毫不夸张地说，对固定翼飞机和旋翼机的操纵品质研究都集中在对操纵输入的短周期响应上，而且研究的大部分成果都在研究滚转轴和俯仰轴上。该方面主要的飞行任务是姿态调节，适用于需要精确姿态修正以保持精确飞行轨迹或位置的跟踪任务。该方面大多数的早期工作旨在定义飞行品质，重点是对阶跃式操纵输入的响应。如图 6-22 所示说明了与阶跃响应相关的关键特性

①操纵灵敏度——每单位操纵输入的初始角加速度（例如，驾驶杆每英寸的行程）；

②速度灵敏度——每单位操纵输入的最终稳态速度，通常在其他响应类型中被称为响应灵敏度；

③响应时间常数（s）——稳态响应的某个比例的时间，对于简单的一阶系统，时间常数 $t_{63\%}$ 足以表征简单的指数增长；

④时间延迟——在测量到飞机响应之前的延迟时间，可将其划为③类，但由于其特殊含义，将其分开；

⑤超调——振荡时间响应中连续峰值的比例。

以上内容表明，至少需要有 5 个，甚至更多的操纵品质参数，这些参数表征了在时域内阶跃操纵响应的上升时间、灵敏度和阻尼。在进一步讨论方法的适用性之前，有必要回顾一下在 ADS-33 发布之前已被广泛接受的一项标准，即阻尼/灵敏度图（见图 6-23）。

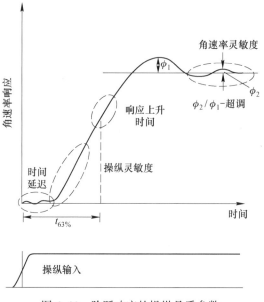

图 6-22　阶跃响应的操纵品质参数

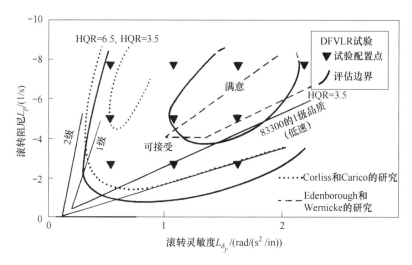

图 6-23　短周期滚转操纵品质-阻尼/灵敏度边界（参考文献 6.20）

阻尼导数 L_p 与操纵灵敏度导数 L_{δ_y} 相对应，其中 δ_y 是横向周期变距驾驶杆的位移。这种标准格式使用的导数源于线性一阶响应的相关假设，其中这两个参数充分描述了时间响应特性（L_p 是 $t_{63\%}$ 的倒数，L_{δ_y} 是阶跃响应函数的初始加速度；速度灵敏度为操纵灵敏度与阻尼之比）。图 6-23（参考文献 6.20）中，首先绘制了由先前试验数据确定的各种边界，且这两种操纵品质参数图的边界线与任务有关，而图 6-23 中的品质边界是一个信号，表明大部分情况下标准不适合短周期响应标准。对于简单的一阶系统，或在模拟中容易建模的经典滚转角速度响应类型，图中的轮廓形状与之完全符合。然而，有两个主要原因导致图 6-23 不普遍适用，并且这种情况也不符合 CACTUS 规则。

①直升机的短周期滚转响应通常是非经典的，高阶动力学与一阶响应混杂在一起。

②对于要求飞行员执行姿态调节的任务，有证据表明，飞行员对操纵品质的评价与阶跃输入响应的形状不是特别敏感。

关于第一点，在 MIL-H-8501 的早期未出版版本中，根据固定翼经验提出了时域阶跃响应标准，其中包括三个上升时间参数和一个超调参数，如表 6-2 所示。

表 6-2 悬停和低速 MTE 滚转速度响应类型的时间响应参数的极限值

参数	1 级	2 级和 3 级
$t_{r10}(s)$ max	0.14	0.27
$t_{r50}(s)$ max	0.35	0.69
$t_{r90}(s)$ max	1.15	2.30
ϕ_2/ϕ_1 max	0.3	0.44

该标准集完全基于飞行数据建立，这些数据主要是由渥太华飞行研究实验室（FRL）使用的变稳定性 Bell 205 收集；地面模拟器的试验结果被忽略，因为通过模拟获得的速度响应类型的数据存在太多未解决的问题。参考文献 6.21 总结了加拿大 FRL 对 ADS-33 的贡献，其提出了地面模拟与飞行模拟结果之间存在差异；地面试验没有有效达到的 1 级水平。

表 6-2 中提出的时域参数来自当时有限的飞行试验结果。姿态指令系统标准要求上升时间是响应有效阻尼比的函数，这使情况更加复杂。当前的重点在于为滚转和俯仰姿态短周期响应寻找合适的时域标准，一部分原因是直升机相关从业者熟悉这种格式，另一部分原因是 MIL-H-8501A 和传统的阻尼/灵敏度双参数操纵品质图的使用历史。如果没有一个潜在的非常有效的替代方案用于时域参数的并行开发，ADS-33 的发展很可能一直采用这种格式。

撇开测量问题不谈（这些问题仍然很重要），事实是，尽管阶跃响应函数可能只是一个简单的应用概念，飞行员却很少在姿态调节和跟踪任务中使用阶跃控制策略，但是，大众接受频域和带宽标准只是一个时间问题。在详细讨论带宽之前，有必要对典型的频域方法，即低阶等效系统（LOES）简单介绍一下，该方法广泛应用于固定翼操纵标准（参考文献 6.6）。该标准认为，飞行器动力学表征的短周期响应的高频段主要受滚转升降和短周期俯仰模态控制。通过在固有频率附近激励飞机，获得频率响应数据，从而得到幅值和相位特性，再对低阶等效系统（LOES）进行数值拟合，以估算自然频率和阻尼，这样就可以在这两个参数的数据图上定义品质边界。固定翼操纵要求指出，这种方法不适用于非经典响应类型，可以用带宽标准作为这些情况下的替代方法。在早期的开发工作中，人们认识到直升机的自然非经典特性会排除低阶等效系统（LOES）作为滚转和俯仰响应的适用方案（参考文献 6.22），特别是对于 2 级和 3 级状况，但是很少有人对这一领域进行研究，至少在滚转响应方面是这样。

带宽

在参考文献 6.23 中，Hoh 描述了为着舰 MET 能力而对姿态指令响应类型进行模拟评估的结果。这些测试是在 NASA 垂直运动模拟器（VMS）上进行的，特别用来评估上升时间标准的有效性。不同状况的阶跃响应特性测试结果如图 6-24 所示。测试的一个重要结果是，三名评估飞行员对一个狭窄的操纵品质评定（HQR）范围内对所有状况进行了评级。评价结果显示这些飞行员几乎不知道这种精确着陆操纵的不同时域特征。如图 6-24 所示的配置的共同点是相同的姿态带宽，即使阻尼比在 0.5 到 1.3 之间变化。定义和描述一个独特的新操纵品质参数是一个非常令人信服的结果。

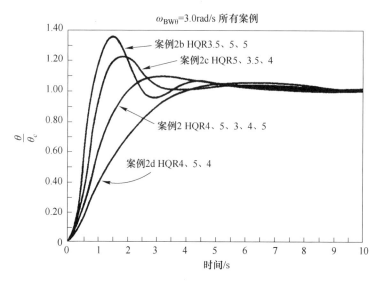

图 6-24　恒定带宽下不同阶跃响应特性的飞行员操纵品质评级结果（参考文献 6.23）

　　如图 6-25 所示，带宽参数定义为两个频率中的较小者，即相位限制带宽或增益限制带宽，由飞行员周期变距操纵相关的姿态频率响应的相位和增益得出。相位带宽由相位为135°的频率给出，即姿态滞后于操纵 135°。增益带宽由频率确定，增益函数比相位为 180°时的增益增加了 6 dB。180°相位参考意义重大，因为它代表了飞行员进行闭环跟踪操纵时的潜在稳定性边界。如果在湍流条件下要求飞行员跟踪移动目标或遵循严格的飞行航迹，则存在三个问题会降低操纵性。首先，在足够高的频率下，飞机的响应将使飞行员的操纵输入滞后 180°，飞行员必须使用有效的操纵来追踪航迹或抵消干扰（当飞机向左边发生滚转时，飞行员必须对左偏施加横向周期操纵来抵消运动）。其次，在较高的频率下，响应会衰减，为了达到相同的跟踪性能，飞行员必须增加其操纵增益。最后，也是最重要的一点，姿态误差和飞行员周期变距之间的反馈回路中的自然滞后，可能导致飞行员与飞机之间变成弱阻尼甚至不稳定系统。

　　这三种效应的组合将使所有飞行器在一定的干扰频率以上容易出现飞行员诱发振荡（PIO），而带宽标准的目的之一是确保该频率远远超出精确执行规定的任务科目基元（MTE）所需的范围。因此，高相位带宽将确保 45°（相对于 180°相位滞后）的相位裕度足以允许飞行员以纯增益控制的方式来飞行，虽然有相位滞后但不会危及稳定性。如果飞行员在高频选择增加增益或操纵，增益带宽限制可以防止出现不稳定情况。当然，熟练的飞行员可以通过使用更复杂的控制策略，有效地超出简单理论所定义的范围。这将导致工作负荷增加，因此飞行员关注次要任务的剩余能力将减少；考虑到总体安全或生存能力，任何次要任务都可能随时成为首要任务。对于大多数系统，相位带宽等于或小于增益带宽。

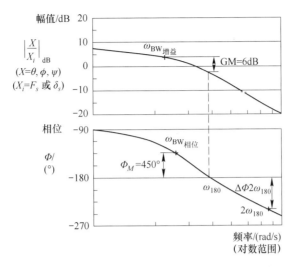

图 6-25 ADS-33 中带宽和相位延迟的定义（参考文献 6.5）

ADS-33 中的带宽标准适用于速度和姿态响应类型，但姿态响应类型仅适用于相位带宽。这种细微差别使得学者们更详细地研究增益受限的带宽，正如参考文献 6.24 中所述，其中 Hoh 的论述如下：“……包括增益带宽在内，因为低增益裕度往往容易导致 PIO。低增益裕度是 PIO 倾向的一个明确的指标，因为飞行员增益的微小变化会导致相位裕度的快速降低。”参考文献 6.24 给出了增益受限带宽系统的一个例子，如图 6-26 所示。图中，相位带宽是一个适中的值，但是当在这个频率附近操纵时，飞行员可用的增益裕度（如为了提高性能而“收紧”）是有限的，并且远小于增益带宽可用的 6dB。Hoh 简洁地描述了这个问题，他说：“这一现象是隐蔽的，因为它取决于飞行员的技术。一个稳健的，非积极的飞行员可能永远不会遇到这个问题，而一个更具进攻性的飞行员可能会遇到严重的PIO。”Hoh 还论述了姿态命令系统不包含增益裕度限制的理由。基本上，由于姿态稳定任务是由增稳系统完成的，因此不应要求飞行员通过内环姿态控制在高增益下操纵。如果飞行员这样做了，并且有了 PIO 趋势，那么简单地退出收紧的控制策略就可以解决问题。为了确立这一结论，将进一步引用 Hoh 的话（参考文献 6.24）：

一个两难的境地是：一方面有增益裕度限制的 ACAH 响应类型会导致超精确任务出现PIO，另一方面，不允许这样的方案会增加飞行员对许多其他低紧迫性 MTE 的工作负荷。在此（在 ADS-33C 规范中）采取的方法是从 ACAH 响应类型的带宽定义中消除增益裕度，但建议在 ACAH 系统中应避免增益带宽小于相位带宽，特别是在需要执行超精确任务的情况下。不将增益带宽作为 ACAH 的常规要求的另一个原因是，对于 ACAH 响应类型来说由增益裕度受限而产生的 PIO 并不严重。应该强调的是，对于速度或 RCAH 响应类型来说，预计不会出现这种情况，因为飞行员姿态控制闭环是保持稳定悬停所必需的，所以不能完全“退出”姿态控制。因此，这些响应类型保留了增益带宽。

增益裕度限制系统是由大相位延迟与平稳的幅值特性（见图 6-26）共同作用的结果。大相位延迟通常由固有的旋翼系统时间延迟（65~130ms）以及计算机运行延迟、作动器延迟、滤波器延迟等组成。平稳的幅值特性当然是 ACAH 固有的，并且由于前馈均衡的性质，可以出现在 RCAH 响应类型中。

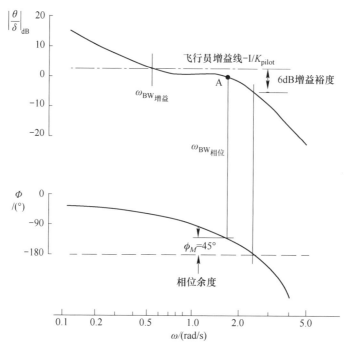

图 6-26 增益裕度限制系统示例

带宽的另一种解释可以从飞行员行为交叉模型（参考文献 6.25）的发展中得出，该模型将执行跟踪操纵任务时的飞行员行为视为反馈回路中的一个元素（见图 6-27）。在单一操纵轴任务中，由于飞机动态特性的多样性，飞行员会调整操纵策略使飞行员的决策与飞机动力学的乘积呈现出简单的传递函数形式

$$Y_p(s)Y_a(s) \approx \frac{\omega_c e^{-\tau s}}{s} \tag{6-10}$$

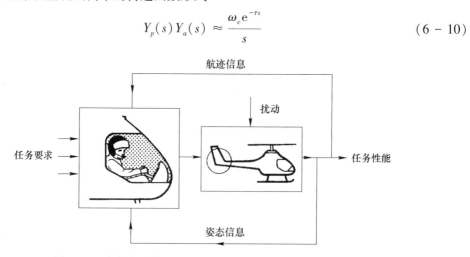

图 6-27 在任务反馈回路中作为传感器和激励器的飞行员

因此，举例来说，如果速度响应是简单的一阶滞后，则飞行员可以通过施加一个时间常数以及与响应滞后大致相同的简单前置操纵来进行补偿。这种形式的整体开环特性适用于各种频率范围，具体取决于应用。在闭环系统中，其稳定性特征的根轨迹图突出显示了

这种模型形式的一个关键特性（见图 6-28）。飞行员可以通过增加总增益 ω_c 来调节跟踪任务的性能，但这样做会降低闭环系统的稳定性。由反应速度和肌肉滞后引起的纯时间延迟，可以用复数平面上的指数函数（即拉普拉斯变换）来表示，其在传递函数左平面上有无穷多个极点。如图 6-28 所示，随着交叉模型中飞行员增益的增加，这些位移的最小值向右移动，并与向左移动的速度极点交汇，并且最终在频率交叉处以 180° 相位差取得稳定。这种简单但非常有效的飞行员行为模型已被证明可以很好地用于小幅值单操纵轴跟踪任务，并引出了由增益或相位裕度定义的自然稳定裕度的概念。这是带宽标准的由来。

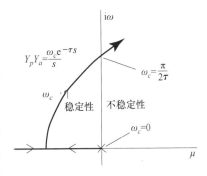

图 6-28　模型特征值根轨迹随飞行员
增益增加的变化

相位延迟

在框架图中，小幅值-高频率范围内的飞行品质最初被限定在单参数带宽。但是，实际情况更加复杂，不久就出现了具有相同的带宽配置却有不同操纵品质的情况。Hoh 在参考文献 6.23、6.24 中对此进行了阐述。对于各种各样的系统，带宽频率与超出带宽频率的频域相位曲线形状之间有着独特的关系。相位"衰减"越陡，则带宽越低，由于传输延迟和执行器滞后等相对简单的高阶效应，相位斜率的增加与带宽直接相关。然而，对于更一般的高阶动力学，相位延迟必须作为操纵的独立计量项来计算，因为即使相位斜率明显不同也可以具有相同的带宽。如参考文献 6.24 中的一个例子，具有相同带宽的两个飞机构型分别被评为 2 级和 3 级，仅仅是因为相位斜率有很大差别（见图 6-29）。飞行员对高频相位的斜率特别敏感，远超带宽频率，但仍在飞行员频率范围内，如 >10rad/s。在闭环跟踪任务中，当需要高精度时，飞行员会发现大的相位斜率将使其很难调整控制策略（即使频率变化很小），这会干扰任务的进行。这点和其影响强化了这样结论：对于跟踪任务，飞行员对频域中容易出现的影响非常敏感，但由于阶跃输入的延迟而很难引起注意。表示相位形状的参数叫相位延迟 τ_p，定义为

$$\tau_p = \frac{\Delta\Phi_{2\omega_{180}}}{57.3 \times 2\omega_{180}} \qquad (6-11)$$

其中 $\Delta\Phi 2\omega_{180}$ 是 ω_{180} 和 $2\omega_{180}$ 之间的相位变化。因此，相位延迟与交叉频率和 ω_{180} 之间的相位斜率有关。参考文献 6.5 指出，如果相位在该区域是非线性的，那么相位延迟可以通过线性最小二乘曲线拟合来确定，类似于 LOES 分析中等效时间延迟的计算方法。

带宽/相位延迟的边界

带宽和相位延迟的 ADS-33C 品质边界如双参数操纵品质如图 6-30（a）~（c）所示，图中品质边界对应于不同 MTE 等级；滚转轴边界适用于低速和前飞状态。图例中提供的参考目录表明了每个图形边界建立的数据来源。为了定义这些边界，可能比任何其他方面都付出了并将持续付出更多的努力。这些标准是全新的，因此需要付出相当大的努力来说服相关行业相信频域标准比时域参数更合适。每个边界的下方垂直部分表示最小可接受带宽，对于 1 级、跟踪和空战 MTE 在 3.5rad/s 时要求最高。边界的弯曲部分和上部表示带宽越高，可接受的相位延迟越高，两个是互补的原理。

令人惊讶的是，1 级操纵品质可能有超过 300ms 的相位延迟。需要对这一特性做两点

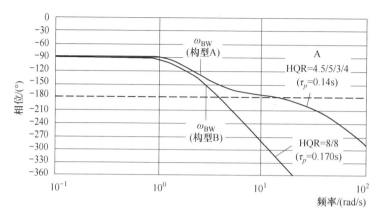

图6-29 HQR 对超过 ω_{BW} 频率的相位特性的灵敏度（参考文献 6.24）

说明。首先，参考文献的研究表明，尽管这些领域的数据非常稀少，但它们确实证实了上述趋势。其次，几乎不可能建造一架带宽为 3rad/s、相位延迟为 300ms 的直升机（见图6-30（b））；如果相位延迟为 300 ms，带宽必须降低到小于 1rad/s。带宽依赖于对相位延迟有一阶效应的参数，这也许是双参数操纵品质图的唯一缺点。如图 6-31 所示的点显示了沿 UCE 1 滚转带宽边界分布的等阻尼和时间延迟的轮廓。单速度响应的"操纵品质概念模型"轮廓的传递函数如下所示

$$\frac{\bar{p}}{\bar{\eta}_{1c}}(s) = \frac{Ke^{-\tau s}}{\left(\dfrac{s}{\omega_m} + 1\right)} \qquad (6-12)$$

式中：K 是总增益或此情况下的速度灵敏度；τ 是纯时间延迟；ω_m 等于滚转阻尼 $-L_p$。图 6-31 中的结果表明，纯时间延迟的增加对带宽和相位延迟都有显著的影响。当 τ 设为零时，带宽将等于 ω_M。因此，70ms 的纯时间延迟可以将飞机（如无铰链旋翼直升机）的带宽由 12rad/s 降低到 4rad/s。在具有低滚转阻尼的直升机上（如跷跷板式旋翼的直升机），带宽降低的程度不大；同样的延迟（70ms）只将直升机的带宽从 3rad/s 降低到 1.9rad/s 左右。图 6-30（a）定义了跟踪任务的滚转带宽要求，4rad/s 的带宽对应于 1 级操纵品质，而 1.9rad/s 的带宽对应于 3 级操纵品质。

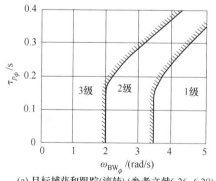

(a) 目标捕获和跟踪(滚转)（参考文献6.26~6.29）

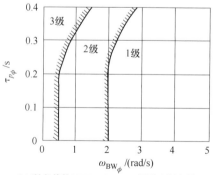

(b) 所有其他MTE-UCE=1，目视飞行条件(VMC)和集中注意力操作(滚转)（参考文献6.30~6.32）

图6-30 ADS-33C 对小幅滚转姿态变化的要求——悬停/低速和前飞 MTE（参考文献 6.5）

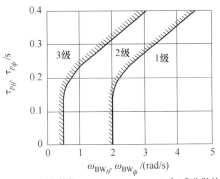

(c) 所有其他MTE-UCE＞1，IMC 和/或分散注意
力的操作(俯仰和滚转) (参考文献6.33、6.34)

图 6-30 （续）

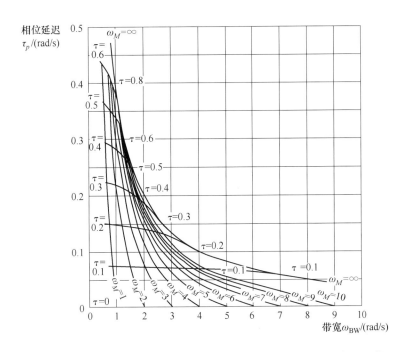

图 6-31 在 ADS-33C 操纵品质图上叠加的等阻尼和时间延迟线 （参考文献 6.8）

该模型与式（6-12）所描述的模型相似，使用了 RAE/DRA （皇家航空研究院/国防研究局）的先进飞行模拟器 （AFS），研究了不同等级的飞行员行为或任务带宽对图 6-31 中操纵品质边界位置的影响。相关的结果将在第 7 章中品质的主观测量中讨论，但测试结果证实 ADS-33C 的界线在 0.5 HQR 内，达到中等程度的状态。参考文献 6.3 中涉及的研究是一个更大的欧洲主动控制技术 （ACT） 计划的一部分，该计划旨在为未来 ACT 直升机的操纵特性制定指导准则 （参考文献 6.36）。这一国际项目同时利用了地面试验和飞行模拟设施来相互补充。值得关注的是由 ACT 使用的数字计算引起的传输延迟的影响，并且该测试还尝试确定 ADS-33C 标准的曲线边界是否仍然适用。

在同一时间，美国陆军/德国根据谅解备忘录（MOU）进行了一系列新的飞行和模拟器测试，以测试相位延迟的上限（参考文献 6.37），并提出了一种新的横向障碍滑雪任务，该任务包含了能够识别 PIO 倾向的密切跟踪元素。欧洲 ACT 和美国/德国的合作研究结果都表明相位延迟边界应该在 100~150ms 之间。图 6-32 总结了结果，展示了这两次研究所建议的相位延迟上限。这导致了 D 版设计规范的修订（ADS-33D，参考文献 6.38），如图 6-33 所示。相位延迟的减少伴随着滚转跟踪任务带宽要求的放松。这些规范的演变再次说明了任务对操纵品质的巨大影响，以及操纵品质对未来 ACT 直升机设计的强大的驱动力。

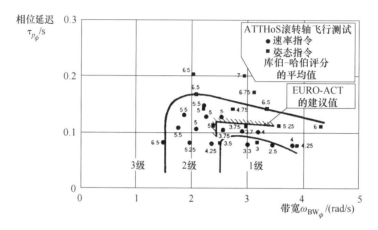

图 6-32　欧洲相关试验中建议的滚转轴带宽标准（参考文献 6.36、6.37）

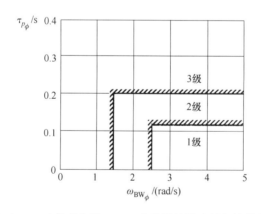

图 6-33　根据 ADS-33D（参考文献 6.38）中滚转轴跟踪任务的带宽/相位延迟标准

民事应用

在闭环补偿跟踪任务中，操纵品质会避免或加剧某些飞行员"操纵收紧"时遇到的问题，带宽规范目的是识别这些操纵品质。由于显而易见的原因，这种高精度/性能规范在军用直升机上有着广泛的应用。考虑到民用直升机的设计、认证和运营，有几个应用领域可能从带宽中受益（参考文献 6.39），如吊挂载荷的精确位置。另一个例子是舰船甲板上的全天候作业要求。在搜索救援领域，民用和军用都要求在密闭空间内进行精确飞行，这将挑战飞行员的能力极限。民用直升机作业以安全为重点，将包括高精度要求的民用 MTE

引入认证过程是十分合理的。ACT 未来在民用直升机上的应用可能会增加相位延迟，这将加强这种情况；在认证时强调潜在的问题要比在操纵时第一次面对它要好得多。当然，经认证的规范（如带宽）的一大优点是，它们可以在设计过程中就使用以确保建立令人满意的飞行品质，还可以使认证过程正规化。

带宽的测量

时域规范的一个缺点是在尝试准确测量阶跃响应的上升时间时出现。虽然采用了相对简单且经济的阶跃输入，但速度响应和姿态响应的形状还是对操纵输入和飞机初始条件的详细类型非常敏感。上升时间计算中的错误，特别是对较小值（$O(0.1s)$）的错误可能很大。由于最重要的操纵品质参数是相位的斜率，因此上升时间计算中的任何误差都将反映为对高频相位的错误估计。另一方面，尽管需要相当多的计算工作，但频率响应函数对分析的鲁棒性很强，并且在飞行试验中获得频率响应数据更加困难且耗时更多。ADS-33自从 80 年代中期首次发布以来，人们在测量带宽和飞行中的相位延迟方面已经获得了丰富的经验（参考文献 6.40~6.49）。ADS-33 推荐的测试输入是一个正弦波形式，并在飞行员的操纵下其频率逐渐增加。如图 6-34 所示为滚转轴扫频图，显示了 Bo105 在 80kn 测试速度下飞行员的操纵位置和飞机滚转角速度响应的变化趋势。试验操纵在大约 1 分钟内完成，飞行员使用了大约 10%~15%的控制范围，滚转角速度控制在±20（°)/s 的范围内。

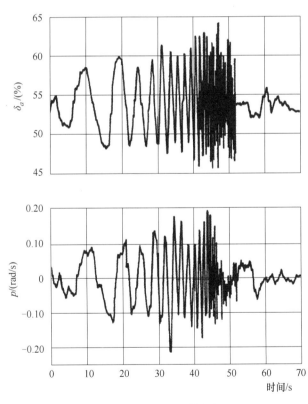

图 6-34　Bo105 滚转轴扫频图

根据已积累的扫频资料，在设计和进行飞行试验时有 10 条经验法则可以应用。这些问题涉及安全和性能两个方面，现在依次讨论：

①频率范围：扫频所涵盖的频率范围仅需足够大，即能够获得 180°相位滞后频率两倍处的相位特性。不过，在测试之前可能无法确切知道后者的频率，经验表明，该频率在不同类型飞机之间可能有很大差异，如 Bo105 上的 22rad/s（参考文献 6.43）和 OH-58D 上的 12rad/s（参考文献 6.41、6.42）。此外，在此频率范围内，机身/旋翼结构模式的可用数据可能也是有限的。因此，在进行全频段扫频之前，必须非常仔细地用测试性输入来确定频率上限和对结构模态的影响，这一点非常重要。参考文献 6.42 建议频率范围为 0.1~2Hz，但显然这不适合像 Bo105 这样的高带宽直升机。

②保持配平-不稳定性：在没有增加稳定性的情况下，直升机扫频的一个主要问题是它们会自然偏离配平状态，特别是在扫频输入的低频部分。如果允许这种情况发生，那么数据的有效性显然是有问题的；工程师不能再将计算的带宽与特定的飞行条件联系起来，非线性效应可能会破坏数据的整体品质。

飞行员必须施加"无关的"校正输入，并叠加在扫频上，以保持飞机在配平状态下的操纵。这种操纵即使不是不可能也是非常难完成的，尤其是在悬停或俯仰轴高速扫频时。如果飞机的自然稳定性很差，无法进行扫频，那么很可能有必要在启用 SCAS 的扫频结果中推论出相应的开环自然飞机特性。

③交叉耦合：虽然交叉耦合本身并不是扫频过程中的问题，但使用操纵输入消除交叉耦合运动已经成为飞行员用来保持配平状态的一种惯例。如滚转扫频过程中产生的俯仰和偏航力矩会很快引起较大的航迹偏移。即使飞行员可以完美地将输入抵消，也需要考虑两个数据之间相互的干扰效应。首先，滚转响应将不再仅由横向周期变距引起，而是因为交叉操纵输入而在各种频率下存在。原则上，可以使用状态频率分析（见下文）提取这些频率，从而有效获得二级频率特性和一级频率特性。其次，即使使用状态技术，一级和二级操纵输入之间的任何相关性都将使分离一级频率响应变得非常困难。如上所述，一种解决方案是应用与主轴不相关的校正交叉耦合操纵输入，如偶尔的脉冲型输入，以恢复空速、俯仰姿态或侧滑。

④操纵幅度：操纵输入的大小是实现最高信噪比——最大程度地提高信息含量与最小化过度配平和激发危险负载的可能性之间的折中。研究发现，经验不足的飞行员会随着频率的增加自然地增加操纵幅度，以保持飞机响应的整体幅度不变。这应该随着训练而减少（见第⑦点）。一般经验法则是，操纵输入应保持在操纵输出全行程的-10%~10%内。

⑤重复性：飞行品质测试中总是需要重复试验，以确保至少捕获一个良好的数据点；对于扫频，建议的最小重复次数为两次，以便在频率分析中对品质进行平均。

⑥持续时间：扫频的持续时间取决于要覆盖的频率范围，主要影响因素是频率范围下限和频率变化率。假设后者约为 0.1Hz，经验表明典型的扫频持续时间是 50~100s。制约因素是飞机的自然稳定性（影响在低频段的扫描时间）和旋翼速度（很大程度上影响上限）。

⑦训练和实践：扫频测试程序中包含的最重要的安全因素之一是对飞行员进行足够的训练。首先，一个简单的问题是训练飞行员应用一个缓慢变化的正弦波，幅值可能为±1cm。经验表明，不熟悉扫频测试的飞行员往往会随着频率的增加而增加操纵的幅度，而且他们并不总是清楚地意识到这一点。此外，飞行员在没有经验的情况下很难分辨 2Hz、3Hz 或 4Hz 输入。理想情况下，当教练在地面上对飞机进行扫频时，飞行员可以通

过跟踪操纵装置来开始自己的训练。所有扫频操纵装置都可以通过这种方式教给飞行员所需的手感和脚感。然后，飞行员就可以通过反馈频率和幅度的显示器进行练习。在受训飞行员对自身施加输入情况的能力有信心之后，训练可以在模拟器中继续进行，并最终进行飞行训练，飞行员在进行选定的输入之前需要进行练习。训练使飞行员知道其他轴上需要什么样的修正输入来保持飞机在建议的飞行状态下。训练还允许工程师进行结构载荷监控，以更好地指导试验。但是最好由两名机组人员进行飞行应用扫频，其中一名操纵输入，另一名进行调谐。

⑧手动或自动输入：扫频需要两个步骤。从理论上说，应该可以通过自动操纵输入设备来进行扫频，该设备优于手动输入，如其重复性好并能更好地定义频率。但是，迄今为止大量的扫频经验，特别是对于不稳定的直升机的经验表明，由于在不确定情况下灵活性的提高，手动输入是更好的选择；因为形状越不规则的手动输入包含的信息内容越多。随着时间的推移，这种情况会随着自动输入的使用而改善，但应记住，带宽频率与飞行员驾驶杆输入的姿态响应有关，而不是与伺服操纵输入有关。当自动输入应用于伺服作动器时，仍然需要确定驾驶杆和伺服之间的附加传递函数。英国皇家空军在手动扫频方面的经验强调了第二名机组人员的价值，即通过有节奏的计数（尤其是在较低频率）为飞行员提供计时辅助。计算 20s、16s、12s、8s、4s 和 2 s 的周期有助于飞行员集中精力以不断增加的频率施加一系列正弦波。在较高的频率下，飞行员需要依靠记录技术，因为进行计数会造成很大的干扰。

⑨结构共振载荷监测：扫频对直升机有损害，因此，请务必认真对待这一警告。但是，通过正确的准备和预防措施，可以控制和量化损坏。在频率范围和幅值项中已经讨论了一些预防措施，但是在着手进行此类测试输入之前，尽可能多地了解结构共振特征也是非常重要的。对于新飞机，在进行带宽测量之前，应先使用结构测试的飞机样机建立旋翼/机身耦合模态。但是，20 世纪 80 年代后期进行的大多数测试都是在实验飞机上进行的，有时没有对潜在共振进行彻底的分析。美国陆军对 AH-64A 和 OH-58D 进行的测试（参考文献 6.42）揭示出了一些潜在的问题。AH-64 在纵向周期悬停扫频过程中，在大约 5Hz 的频率下出现了垂直发散。而在对 AH-64 飞机进行偏航轴扫频后，发现尾桨支撑部件损坏。在 OH-58D 上，扫频测试引发了旋翼轴顶部瞄准具中的一个振荡，但机组人员感觉不到这种振荡，只能由追踪飞机的地面人员通过目视和地面遥测检测到。

早些时候，在英国皇家航空工程师学会（RAE），英国使用装有全疲劳使用应变监测计的 Puma 进行了第一次扫频试验（参考文献 6.45）。在前飞时，俯仰轴扫频中会遇到更高的疲劳使用率，尽管仍需要讨论侧倾轴，但结果对于理解载荷监测的作用具有普遍意义。试验的目的是得出俯仰轴动力学的等效低阶系统模型（见参考文献 6.28 和 6.45），但测试输入与带宽测量基本相同。如图 6-35（a）给出了在 60kn 速度下获得的两个纵向周期扫频结果，一个是在有 SCAS 的情况下，另一个没有。其他数据包括机身底部的法向加速度和前齿轮箱支座的应力，这些应力是由部件应变产生的，这对于俯仰操纵是很关键的。操纵输入保持在推荐范围内，操纵频谱要低于 2 Hz（测试所需的上限）。在不使用 SCAS 的情况下，较低频率的响应较大。图 6-35（b）显示了两种情况下 100kn 速度时的结果，一种情况是频率范围被限制在 2Hz 以下，第二种情况是频率范围扩展到 4Hz。在第二种情况下，机组在频率范围的上限遭遇了明显的垂直反弹。正常的加速度记录显示，高频情况下幅值偏移为±0.25g。

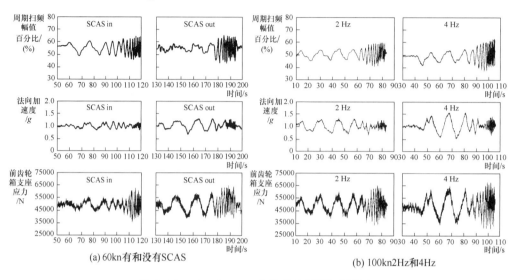

图 6-35　RAE 在 Puma 上的纵向周期扫频研究

通过与地面站遥测链路的实时监控与飞行后疲劳寿命累积分析相结合，揭示了在这些测试中遭受的损伤程度。如图 6-36 所示显示了某次飞行（飞行编号 728）的数据，这次飞行在 60~120kn 的速度范围内进行了 9 次扫频。该图显示了前齿轮箱支座未超过疲劳载荷水平（β级）的百分比，以及在控制增稳系统（SCAS）使用和未使用时整个速度范围内的疲劳寿命。一个显著的结果是，SCAS 未使用时的破坏性比 SCAS 使用时小。在 120kn

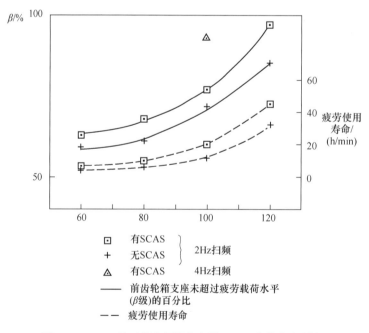

图 6-36　REA 基于纵向周期扫频的 Puma 疲劳寿命研究

速度下进行扫频时，在使用 SACS 的情况下，只有 5% 的前齿轮箱支座的应力在 β 内。图 6-35（b）中三角点表示在 100kn 时，即使频率范围扩展到 4Hz，应力也会再次接近极限。在更高的速度下，部件寿命以超过 40h/min 的速度疲劳。在这些测试之后，对 728 次飞行中使用疲劳寿命的计算表明，只有 9 次扫频中使用寿命超过 11 小时。测试期间的累积寿命表明齿轮箱支座过早接近其 2000l 的使用极限。飞机在更换齿轮箱支座和其他相关部件前必须停飞。

从最初几年的扫频实验中吸取的经验教训表明，对载荷进行实时监测是防止结构过度损坏的最安全的措施。这一要求提高了与飞行品质测试相关的风险水平，增加了对原型机的监测要求。然而，正如第 7 章中对主观评估所讨论的那样，常规飞行 MTE 也可能导致比平常更大的使用寿命疲劳。因此以 ADS-33 为代表的飞行品质标准和测试新方法显然不仅仅是一本新的参考书。

⑩增量安全：最后一条规则试图强调以增量的方式进行扫频对安全的重要性，只有在较低值下获得可信度时才能增加频率和幅度。

这 10 条规则之所以采用，是因为扫频的新颖性和安全性，以及公开资料中相关规则的缺乏。扫频是与飞行品质有关的测试，但它与负载测试有许多相同的特性。事实上，可能有人认为，使用相同的测试技术对旋翼/机身载荷进行扫频，将为应力工程师进行机身设计提供有价值的数据。将这些方面合并到一架新飞机的测试程序中似乎是既自然又经济的，只有这样才将带宽测试中涉及的安全问题提升到适当的水平。

估计 ω_{BW} 和 τ_p

在测量了飞机操纵激励的频率响应后，剩下的任务是根据响应的幅值和相位的图表来估算带宽和相位延迟，如图 6-25 所示。但是，如何确保估算频率响应的函数尽可能准确，甚至有效？频率响应分析通过使用快速傅里叶变换（FFT）技术将时间响应数据转换为频域（参考文献 6.50）。假设输入-输出关系近似线性，并且信号上的任何噪声都是随机的，与响应无关。这两种假设在实际应用中都有一定程度的失真，因此按时间历程系统地推进过程对保证数据的质量具有重要意义。线性快速傅里叶变化将一个扫频持续时间 T 内的滚转角速度转换为频率的复合函数（具有同相和正交分量），该关系如下

$$\bar{p}(\omega,\ T) = \int_0^T P(t)\mathrm{e}^{-\mathrm{j}\omega t}\mathrm{d}t \qquad (6-13)$$

转换函数中的最小频率与简单函数的扫频持续时间有关

$$\omega_{\min} = \frac{2\pi}{T} \qquad (6-14)$$

实际上，对于数字化数据，转换的形式是将时间响应样本 P_n 在每个 Δt 上进行离散，如下所示

$$\bar{p}_k(\omega_k) = \Delta t \sum_{n=0}^{N-1} p_n \exp\left(-\mathrm{j}2\pi\frac{kn}{N}\right),\ k = 0,\ 1,\ 2,\ \cdots,\ N-1 \qquad (6-15)$$

所有所需输入-输出组合（例如，η_{1c}，P）的频率响应函数 H 可以根据频谱密度函数 G（参考文献 6.50）组合为

$$H_{\eta_{1c}p(\omega)} = \frac{G_{\eta_{1c}p(\omega)}}{G_{\eta_{1c}\eta_{1c}(\omega)}} \qquad (6-16)$$

由输入和输出之间的线性相关性导出派生频率响应函数，其测量精度由一致性函数决定

$$\gamma^2_{\eta_{1c}p} = \frac{|G_{\eta_{1c}p(\omega)}|}{G_{\eta_{1c}\eta_{1c}(\omega)}\, G_{pp}(\omega)} \qquad (6-17)$$

任何小于 1 的相干性都表示响应中存在非线性或噪声。在接近理想的条件下，由等式给出的式（6-15）和式（6-16）将得出频率响应数据，从中可以得到带宽和相位延迟较好的估值。在实践中，往往需要更先进和更详细的过程来确保获得最好的操纵品质参数估计。在参考文献 6.51 中，Tischler 和 Cauffman 讨论了美国陆军 CIPHER 分析软件的细节，涉及时域和窗口中多个扫频的联和，以获得单个功率谱的最佳估值。第二个过程涉及状态频率响应以考虑副轴中校正操纵输入的影响。相关的部分相干函数可作为结果准确性和输入输出线性度的指导。第三个过程中数据质量的改进将确保噪声对数据的负面影响降至最低。实际上，复合频率响应是通过在频域中根据不同数据"窗口"大小的平均值得出的——对于高频范围来说较小，对于低频范围来说较大。当相干函数超过 0.8 时，给出了数据有效性的一个粗略经验法则。

图 6-25 给出了带宽和相位延迟的计算步骤。上述大多数数据推导步骤的目的是在相位延迟的情况下，提高临界频率范围 ω_{180} 和 $2\omega_{180}$ 之间的一致性。准确估计相位延迟对于定义操纵品质显然是很重要的，但是测量相位衰减的斜率并不总是那么简单。参考文献 6.41 描述了要限制相线的最小二乘拟合，以避免因旋翼结构模态引起高频相位的下降而失真的情况。

带宽和相位延迟已成为反映小幅值区域姿态操纵品质的两个关键参数。自从时域和频域方法的优点被注意到以来，相关支持性的试验和分析方法受到了相当大的关注，而且其范围更广泛、更具普遍性，本节中对该主题的介绍反映了旋翼机领域对带宽概念的重视程度和研究深度。

表 6-3 给出了几种当前正在服役的直升机悬停时的滚转轴带宽和相位延迟，以及相关的数据源。

表 6-3　现役直升机的滚转姿态带宽表

测试机型	带宽/(rad/s)	相位延迟/ms	数据源
Bo105	5.72	62	参考文献 6.18、6.43
Bell OH-58D	3.4	120	参考文献 6.40~6.42
Bell 214ST	2.4	85	参考文献 6.44
UH-60A DOCS	2.33	181	参考文献 6.52

在结构图 6-5 中描述的直升机响应特性中，没有提到 ADS-33 操纵灵敏度发布前处于中心地位的操纵品质，在忽略小幅值动力学之前，重要的是讨论该参数明显消失的情况。

操纵灵敏度

操纵灵敏度是飞机在阶跃输入指令后飞机初始角加速度的测量值，其单位通常为 rad/s²，被认为是影响飞行员对飞机操纵意见的主要参数。ADS-33 对此没有异议，但表示，"在任何飞行条件下，操纵灵敏度都应与每个轴上的飞机动态响应特性一致"；加速度灵敏度

的标准没有给出。不难得出在简单的一阶响应情况下操纵灵敏度是带宽和操纵性的乘积。在一阶导数情况下，灵敏度通过操纵传动比与操纵导数相关联，即

$$(\theta_{1cmax})L_{\theta_{1c}} = -p_s L_p \qquad (6-18)$$

因此，对于简单的响应类型，灵敏度的要求由以上讨论的响应特性定义。Edenborough 和 Wernicke（参考文献6.53）解释了灵敏度和响应特性之间的关系，即最先试图确定武装直升机的滚转操纵特性的要求。边界线如图6-23所示，最小灵敏度等级为1rad/($s^2 \cdot$ in)，灵敏度可接受的范围会随着滚转阻尼的增大而增大。灵敏度的上限反映了这样一个事实，即初始响应可能过于不稳定和也可能过于缓慢。图6-23中显示了在过去几十年各种不同研究的边界，表明了灵敏度可以接受的范围。在参考文献中6.54中，Pausder 和 Von Grunhagen 根据来自 DLR ACT Bo105 的飞行数据，用带宽代替了滚转阻尼（见图6-37），从而将品质边界映射到类似的图表上。这似乎是将短周期响应与灵敏度联系起来的最合适的形式，但与讨论的所有其他标准一样，对于不同类型的 MTE 肯定会有不同的边界线。请注意，1级和2级操纵品质的最小带宽不符合 ADS-33C 边界。参考文献6.55记录了探索灵敏度边界的其他一系列飞行试验，这些试验基于加拿大 ACT Bell 205 的试验。该文献的作者认为，速度灵敏度（以（°）/($s \cdot$ in) 为单位测量）是更灵敏的灵敏度测量指标，而不是操纵灵敏度。在图6-23、6-37中，速度灵敏度沿径向线是恒定的。参考文献6.55的结果表明，对于给定的带宽，存在一个可接受的灵敏度范围，但降低灵敏度比增加灵敏度的降幅要明显得多。这可能反映了不能飞行的状态和难以飞行的状态之间的差异。所有关于灵敏度的研究似乎都清楚地表明，带宽越低，可接受灵敏度的范围就越窄。图6-37中的结果表明，如 Edenborough 和 Wernicke（参考文献6.53）所假设的，一级边界可能是一个闭合的轮廓，反映了一架超响应飞机的潜力。迄今为止，对该主题的关注不够，无法提供明确的指导，但与固定翼飞行品质类似，超高性能的战斗机明确规定了灵敏度和带宽的上限（参考文献6.6）。

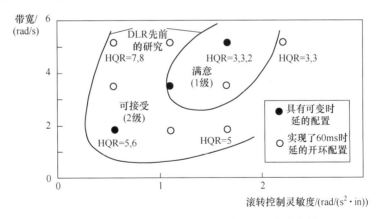

图6-37　带宽与操纵灵敏度的操纵品质边界（参考文献6.54）

对操纵品质或速度灵敏度还有另一个主要影响因素，即飞行员控制器或接收器的特性。即使常规的驾驶杆也在形状和大小上有所不同，并且在给定操纵性要求的情况下，灵敏度也会取决于操纵行程的大小。随着侧置驾驶杆的出现，灵敏度要求变得更加复杂。早期对直升机侧杆的研究很快确立了响应/操纵偏转关系非线性型的必要性（参考文献6.56~

6.58）。对于具有线性响应梯度的小位移控制器，飞行员发现对于小幅值输入的灵敏度太高，无法实现平滑的操纵动作，并且需要在中心附近减小的梯度。为了在最大控制行程处获得高操纵性，通常必须将梯度增加好几倍，可能造成在较大位移时灵敏度过高的情况。侧置驾驶杆有许多与飞行品质相关的问题，将在第 7 章中进行更多的探讨。所以，对灵敏度来说，它是一个重要的因素但仍有很多问题，几乎没有数据能给出明确的品质边界。或许这样一个关键参数也可以留给工程师和飞行员在设计阶段进行优化。

在小幅度的运动时，通过增加时间尺度来讨论直升机飞行品质，可能是最糟糕（即使不是最关键的）的方面，即稳定性。

6.3.4 小幅/低频至中频：动稳定性

稳定性在任何动态系统中都很重要，而对于直升机来说，这反映在如果飞行员暂时放开操纵装置，飞机不会偏离其配平状态。动稳定性的理论基础已经在第 4 章中详细介绍，并且读者在那里讨论了运动模态和相关的特征值。第 4 章从飞机对小扰动的响应特性和飞机返回或偏离平衡的趋势等方面讨论了飞机的稳定性。在讨论偏离轴形式的稳定性准则时遇到的一个问题是，运动的自然模态通常是耦合的，而滚转自由度（DoF）在大多数情况下都会存在。但是，每个模态通常（但不总是）有一个主轴，这似乎是进行探讨的最合乎逻辑的方式。以此原理，讨论了在偏航稳定性下的横/航向振荡模态和在俯仰稳定性下的俯仰-滚转长周期振荡模态，尽管两者都对滚转稳定性有影响。剩余与稳定性有关的模态是滚转-偏航螺旋，在本节中选择讨论相关标准。

螺旋模态的特性决定飞机在滚转扰动之后恢复或离开平衡状态的趋势。螺旋稳定性和荷兰滚稳定性天然的会因相互影响，因此，强稳定的螺旋模态将造成滚转中的姿态指令响应类型，并伴随着在简单的转弯期间不协调的弱稳定甚至不稳定的滚转-侧滑振荡的强激励。第 6.7 节讨论了滚转-侧滑耦合有关的标准，同时，第 6.5 节讨论了荷兰滚的稳定性。在横向周期变距脉冲输入后，ADS-33 规定了螺旋模态下滚转角倍幅值时间历程的操纵边界，例如：

1 级：　　　　$t_d > 20s$。

2 级：　　　　$t_d > 12s$。

3 级：　　　　$t_d > 4s$。

螺旋稳定性的等级可以通过"间或开启控制"技术来定性的证明。建立起配平条件后，使用横向周期变距将飞机滚转到较小的倾斜角。通过纵向周期变距保持速度恒定，并重新调整横向周期以保持新的倾斜角和转弯速度；相反，如果需要转弯控制，则飞机是螺旋稳定的。回顾第 4 章中的线性化导数理论，并在稳定的转弯中结合滚转和偏航运动方程项，那么操纵扰动可以写为

$$\delta\eta_{1c} = \frac{(L_v N_r - N_v L_r)}{L_{\eta_{1c}} N_v} r \tag{6-19}$$

$$\delta\eta_p = \frac{L_v N_r - N_v L_r}{(L_{\eta_p} N_v - N_{\eta_p} L_v)} r \tag{6-20}$$

这里，r 是转弯时的偏航角速度，另外假设可以忽略转弯时直升机俯仰角速度产生的滚转力矩。上述方程中的分子是第 4 章中导出的螺旋稳定性参数。从试验结果来看，只有该参数与操纵导数的比值可以作为飞行状态的函数，而由脚蹬引起的滚转力矩的引入使分

析更加复杂化。FAA 推荐的螺旋稳定性试验技术（参考文献 6.10、6.13）包括建立失衡配平、将操纵装置返回配平位置和测量倾斜角响应。参考文献 6.13 指出，倾斜角超过 20° 的时间不应太短，以免使飞机在 IFR 环境中具有令人不适的飞行特性。对于不稳定的飞机，倍幅时间应增加到至少 9 s。

当基于其他轴的稳定性来检查操纵品质边界时，将看到飞行员可以在直升机的长周期运动模态中忍受某种程度的不稳定性，特别是在专注飞行阶段。但在飞机起飞之前，将关心飞行员建立和保持配平的能力。现在进入响应图的最后区域，包括配平和经典的准静稳定性。

6.3.5 配平和准静稳定性

一个关键的飞行品质问题是，在整个 OFE 中，直升机应在保持足够操纵裕度的情况下配平的能力。已经在"操纵性"一节中讨论了操纵充分性的各个方面，但现在可以将其在滚转轴方面进行扩展。然而，与动稳定性一样，很难单独讨论滚转运动。飞行员能否进行协调转弯、是否能在非对称飞行中保持配平或使机身偏离飞行方向的难易程度，都取决于两个静态稳定参数的比率，即偏航力矩（N_v）和由侧滑引起的滚转力矩（L_v）之比，即方向稳定性和上反角稳定性。对于 1 级飞行品质，ADS-33 要求上反角为正，并且基本上呈线性。为了防止在侧滑或侧向飞行中达到操纵极限，在相应的 MTE 中，上反效应的上限应根据所需的操纵量来定义，如下所示：

等级 1： < 75% 操纵 /49N（约 11lbf）操纵力。

等级 2： < 90% 操纵 /60N（约 13.5lbf）操纵力。

滚转力矩和偏航力矩的估计值都可以通过从爬升到自转飞行的一系列前飞速度下的稳定航向侧滑飞行试验得出。这些试验还可以暴露出侧滑包线内的任何控制问题，这些问题通常是机身应力与空速之间的分段线性函数。每个测试点都会记录用于配平和调节飞机姿态的操纵角。如图 6-38（a）~（c）所示显示了 Puma 的配平操纵结果；图 6-38（a）显示了操纵梯度如何随前进速度而变化，同时图 6-38（b）、（c）显示了三种不同飞行状态下的结果——下降、水平和爬升速度为 100kn，曲线的斜率为方向稳定性和上反角稳定性之比。导数比的计算可以利用第 4 章的分析获得。侧滑机动中的稳态力矩之间的平衡可得出以下比率

$$\frac{\delta\eta_{1c}}{v} = -\frac{(L_v - L_{\eta_p}N_v/N_{\eta_p})}{L_{\eta_{1c}}} \quad\quad (6-21)$$

$$\frac{\delta\eta_p}{v} = -\frac{N_v}{N_{\eta_p}} \qu\quad\quad (6-22)$$

其中 η_{1c} 和 η_p 是飞行员操纵偏离水平配平的偏差，而 v 是侧滑速度。假设可以忽略操纵导数随速度的变化，则可以得出上反角稳定性和方向稳定性的趋势，尽管不是绝对趋势。对于高尾桨布局的直升机，尾桨的滚转力矩将显著影响稳定侧滑飞行所需的横向周期变距。当上反效应很小时，周期配平可能与脚蹬配平的方向相同，可以达到 ADS-33 规定的 2 级品质。在测试方向稳定性和上反稳定性时，清晰明确侧滑方向的侧向力指示应该是飞行员最主要的考虑因素。当接近侧滑极限时，需要这些提示清楚地给飞行员发出警告，因为通常飞行员无法获得侧滑信息。

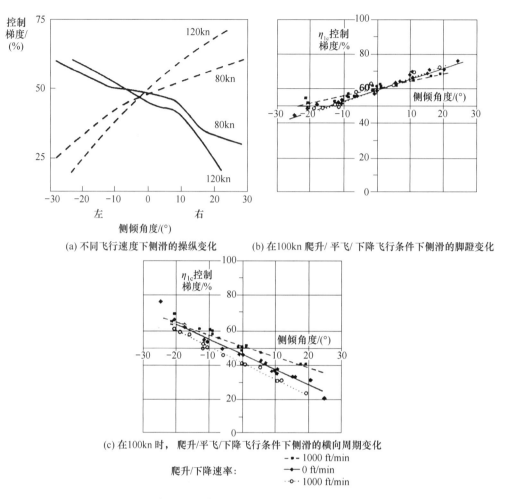

(a) 不同飞行速度下侧滑的操纵变化　　　　(b) 在100kn 爬升/ 平飞/ 下降飞行条件下侧滑的脚蹬变化

(c) 在100kn 时，爬升/平飞/下降飞行条件下侧滑的横向周期变化

爬升/下降速率：
- ■ - 1000 ft/min
- ◆ - 0 ft/min
- ○ 1000 ft/min

图 6-38　侧滑试验中 Puma 的横向周期变距和脚蹬位置

6.4　俯仰轴响应准则

在讨论俯仰轴飞行品质准则之前，有必要考虑飞行品质中出现的不同的轴之间的配对。在横向和纵向运动中，传统上习惯把滚转和偏航放在一起，俯仰和升降放在一起。这也是在第 4 章中用自然模态分析飞行动力学时所采用的方法。但当谈到飞行品质标准时，通常会发现滚转和俯仰有很多共同点。与固定翼飞机一样，在高速飞行中，飞行员对飞机的航迹最有力的控制方式是用驾驶杆操纵副翼和升降舵或横向和纵向周期变距。在悬停和低速飞行中，周期变距被用来改变直升机旋翼的推力方向，滚转和俯仰飞行品质之间的协调尤为重要，因为飞行员的指令经常发生混淆。在这种情况下，应该希望滚转和俯仰飞行品质标准具有相似的格式。虽然在低速操纵中是这样，但在许多细节上，前飞时对俯仰轴要求的许多细节与滚转轴有很大不同。俯仰周期变距主要是一种速度控制，提供了操纵中的机动过载，可以确保机身方向，是高速飞行中控制航迹角的有效方式。常规直升机飞行员对前飞时俯仰轴上的混合响应类型是熟悉的；在短周期内随着速度和迎角的变化，速度会迅速衰减，从而能在中等时间内产生姿态变化。因此，纵向驾驶杆位置为飞行员提供了

一个关于直升机前进速度和俯仰姿态的有力提示。在响应类型术语中，这非常类似于速度响应类型，因此相关规范适用。

当检查响应图上不同区域的规范时，就会发现其与滚转轴规范之间有许多相似之处，也会看到差异，尤其是动稳定性和准静稳定性方面之间的差异。与固定翼飞机的同等标准进行比较，通过比较两种飞机的不同角色和相关任务带宽为本书提供了有趣的讨论点。

6.4.1　中等至大幅值/低频至中等频率：敏捷性和操纵性

对于低速和悬停 MTE，中等幅值和大幅值俯仰轴操纵品质的规范与滚转轴非常接近。飞行员的操纵能力取决于相同的性能或敏捷性参数——操纵性和姿态敏捷性。如图 6-39 所示显示了 RAE 对 Lynx 直升机执行快速跳跃 MTE 的研究结果（参考文献 6.45）；飞机从一个悬停位置重新定位到另一个相隔 50m（约 150ft）的悬停位置。其结果被绘制成俯仰角速度和三种不同等级的飞行员攻击性（低，中，高）下的姿态角的相位图，飞行员的攻击性由初始俯仰和应用的周期操纵速度定义。在攻击性最高的情况下，飞行员应尽可能快地进行操纵，以在加速阶段达到 30° 以上的俯仰角和 40 (°)/s 的相应速度。在反向操纵中使用 50 (°)/s 的俯仰角速度来开始减速。在许多方面，快速机动都类似于前面所述的横向规避，如图 6-19 所示。此外，在悬停时，俯仰轴上的操纵性与滚转轴上的操纵性基本相同，并随着操纵范围的比例进行缩放。这意味着俯仰轴操纵性高于相应的滚转轴操纵性。

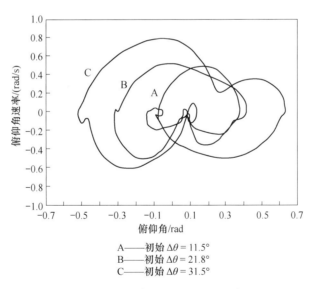

A——初始 $\Delta\theta = 11.5°$
B——初始 $\Delta\theta = 21.8°$
C——初始 $\Delta\theta = 31.5°$

图 6-39　Lynx 直升机快速机动相位图

但是，可以从两个操作方面来区分俯仰和滚转对操纵性和敏捷性的要求。首先，由大的正负俯仰偏移产生的视野限制往往使飞行员不太愿意在俯仰轴上使用全部敏捷性。这与飞行员担心机尾的位置有关。例如，在最大机动水平下的快速跳跃翻转过程中，Lynx 直升机的尾桨下降到接近地面 10m（约 30ft）的距离。在规避过程中的翼尖也会距地面非常近，但飞行员可以在"观察"操纵时轻松地监控飞机的安全。其次，要在俯仰和滚转中达到相似的机动水平，飞行员需要采用更大的操纵输入来有效地加快俯仰响应，因为在相同的控制力矩下，俯仰轴上更大的惯性会降低可实现的角加速度，从而导致带宽降低。这可能会导致在接近地面时操纵过度并降低安全裕度。这些影响的结果是，对俯仰轴操纵性和敏捷性的要求往往低于对滚转轴的要求。如图 6-40 和图 6-41 所示显示了不同 MTE 等级的

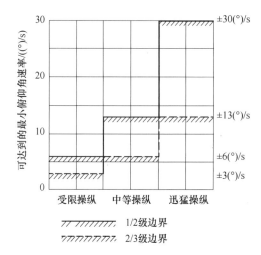

图 6-40　最小俯仰操纵性要求——响应类型（参考文献 6.5）

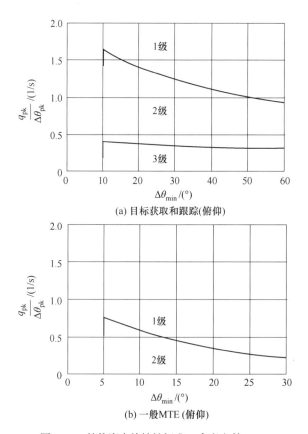

(a) 目标获取和跟踪(俯仰)

(b) 一般 MTE (俯仰)

图 6-41　俯仰姿态快捷性标准（参考文献 6.5）

速度响应所需的 ADS-33 最小操纵性和速度。与图 6-15 和图 6-17 所示的滚转轴规范不同，俯仰规范仅定义了悬停/低速 MTE。在前飞 MTE 中，ADS-33 更有参考价值，其要求在恒定高度下，俯仰机构能够有效地在规定的速度之间加速，而没有定义机动性水平。

图 6-40 中的最小操纵性水平是根据在地面和飞行模拟器上进行的飞行和仿真试验得出的，适用于在临界风速下悬停中的直升机进行俯仰操纵的情况。它们代表了直升机能成功完成战场作战的最小机动裕度。对于中等幅度的操纵，适用于图 6-41 中的最小快捷性。由于上述原因，与滚转边界相比，可以看到操纵等级在整个范围内显著降低。虽然俯仰和滚转要求之间不匹配的原因是可以理解的，但当这些要求在实践中出现时，飞行员没有完全协调的周期控制。如果飞行员向右进行 45° 周期变距，飞机可能会加速变到 70°，这仅仅是因为滚转快捷性高于俯仰快捷性。作者认为，在低速 MTE 中，应充分协调速度响应类型或姿态响应类型，如平移速度指令（见 6.8 节）。

使用快捷性和对大操纵输入的响应来量化中到大幅值的姿态飞行品质是 ADS-33 的一项创新，它取代了 MIL-H-8501A 和英国的 Def Stan 基于姿态响应的早期方法，其基于定义时间内的姿态相应，而与响应类型无关。ADS 的早期版本，在原始版本的 Mil Spec 8501B 草案中，确实采用了"在一秒钟内改变姿态"的标准，但被更有说服力和更直观的快捷性所取代；快捷性以自然滚转轴操纵参数和敏捷性参数出现，并很快在偏移范围为 10°~30° 之间的中幅俯仰姿态操纵中取代了早期标准。

如图 6-42 所示显示了来自 RAE 快速跳跃实验中 Lynx 直升机快捷性包线，其与跟踪和一般 MTE 的 ADS-33 1~2 级边界重叠。姿态变化幅度已扩大到 60° 以上，以包含俯仰反向时的偏移。该快捷性对应于操纵范围内 ADS-33 的最低操纵性要求，约为 0.5rad/s，或约为 Lynx 直升机的一半。滚转规避时也出现了类似的结果。Lynx 直升机有一个非常灵活的机身，尤其是由无铰链旋翼提供动力，但这也引起了对于不同的 MTE 其快捷性的理想水

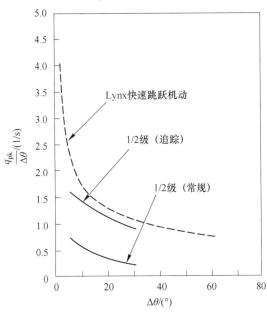

图 6-42　俯仰姿态快捷性——Lynx 快速跳跃包线（参考文献 6.18）

平究竟是多少的问题。在第 7 章的敏捷性专题将回到这个主题。在图 6-42 中幅值范围的下沿，测量得到的快捷性值远远超出了最低要求；本章处于 MTE 的追踪阶段，需再次参考带宽标准来设置基准。

6.4.2 小幅值/中高频：带宽

在开发固定翼飞机的俯仰操纵品质（参考文献 6.6）时，一直存在着针对主要标准最合适格式的争议。大多数未改装或部分改装的飞机具有典型的短周期俯仰模态，该模态主导了升降舵的短周期响应，其频率随空速的增加而增加。与此模态相关的自然参数是其频率和阻尼（ζ 和 ω），并且响应也由俯仰姿态（θ）到升降舵（η）的传递函数分子（μ_0）中的零决定，如式（6-23）所示

$$\frac{\theta}{\eta}(s) = \frac{M_\eta(s + \mu_0)\,e^{-\tau_e s}}{s(s^2 + 2\zeta_{sp}\omega_{sp}s + \omega_{sp}^2)} \tag{6-23}$$

方程添加了指数函数以解决飞机中任何未建模的时间延迟或高频滞后问题，如时间常数为 τ 的执行器。固定翼飞机的短周期俯仰操纵品质可以基于上面给出的短周期模态模型结构中的参数来确定。如参考文献 6.59 中所述，这些参数用于推导控制期望参数，这是固定翼飞机的基本操纵裕度参数。这种所谓的 LOES 方法（参考文献 6.60）从与频率响应飞行试验数据相匹配的模型中导出参数，目前在经典响应类型或拟合误差很小的情况下，可以作为主要标准，这意味着二阶动态特性。对于常规的固定翼飞机，在俯仰轴上没有控制增稳的情况下，长周期模态与短周期模态在频率项上可以很好地区分，并且近似具有广泛的应用。对于非经典响应类型，或者当拟合误差太大而无法信任估计的频率和阻尼时，提出的替代准则之一是带宽。事实上，带宽和相位延迟参数是在实现与固定翼飞机复杂高阶控制系统相匹配的等效系统的困难中产生的，高阶控制系统完全改变了频率响应的形式，用其他模态的组合来代替经典的短周期模态。

对带宽概念的讨论在上一节中成为理解滚转操纵品质的一部分，并且也会直接影响到俯仰轴，对于直升机来说，带宽不再是可替代参数，而是主要的参数。事实上，直升机俯仰轴操纵需要一个替代 LOES 的方案，典型的长周期模态和短周期模态在频率范围内更接近。Houston 和 Horton 提出的研究结果（参考文献 6.28）表明，前向俯仰-升降动力学的二阶等效系统确实具有潜力，并且可以用来模拟对有限带宽输入的响应，尽管并非所有预估的操纵参数是实际可行的。第 4 章讨论了纵向模态的特性，以及线性化俯仰动力学模型的理论框架。

固定翼飞机和旋翼机的带宽/相位延迟操纵品质边界的对比如图 6-43、图 6-44 所示。图6-43 比较了空战和悬停/低速跟踪任务的边界，图 6-44 比较了常规旋翼机 MTEs 和固定翼飞机在 C 类飞行阶段（包括着陆）的边界。有两点是显而易见的。第一，固定翼 1~2 级边界的带宽通常是直升机的 2~4 倍。第二，固定翼飞机的相位延迟边界设置得更低。这两种差异反映了旋翼机和固定翼飞机 MTE 的不同特性，而旋翼机和固定翼飞机的不同特性又反映了飞机运行的不同速度范围。

通常固定翼飞机空战中的速度是旋翼机速度的 3~4 倍，并在目标闭合的距离和速度上有相似的差异。固定翼需要更高的带宽使飞行员能够有效地跟踪目标，不过在战斗时更高的速度提供的更大的空气动力可以实现更高的带宽。对 100kn 的速度下旋翼机的机动，要设计出 6rad/s 的能力，不是不可能就是非常困难。出于与滚转轴类似的原因，旋翼机允许更大的相位延迟仍然存在争议。一些研究发现表明（参考文献 6.45、6.51），将相位延

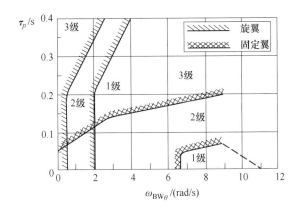

图 6-43　俯仰姿态带宽边界——旋翼与固定翼飞机（A 类飞行阶段）在空战和追踪任务中的对比

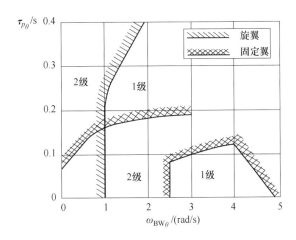

图 6-44　俯仰姿态带宽边界——旋翼和固定翼飞机在 C 类飞行阶段一般 MTE 的比较（参考文献 6.5、6.6）

迟边界限制在 200 ms 或更低是合理的，作者支持这一观点。然而，在为俯仰轴 MTE 提供一个更为丰富可靠的操纵品质数据库，以清楚地证明能通过降低操纵或者 PIO 趋势来取得更高的带宽/相位延迟之前，ADS-33 边界可能会被保留。应该强调的是，为了在 4rad/s 带宽下实现 300 ms 的相位延迟，制造商倾尽全力，并在设计中突破常规；事实上，这似乎是极不可能的情况。然而，随着数字飞行控制在直升机上的应用，俯仰轴动力学的相位延迟限制这一有争议的问题很可能再次出现。

6.4.3　小幅/中低频：动稳定性

第 2 章强调了直升机缺乏自然纵向稳定性，这是固定翼飞机和旋翼机之间的显著差异之一。第 4 章也对这方面进行了详细的讨论，其中近似理论模型对相关的物理原理提供了论证——由迎角和速度引起的俯仰力矩导致了飞行的不稳定性。对于悬停和前飞，未改良的直升机的不稳定模态通常被称为长周期振荡，尽管在两种速度状态下的特征明显不同。如第 4 章所述，对于某些配置，"长周期振荡"频率在高速飞行时降为零，并且运动可能变得发散，以致主要影响短周期操纵响应，而不是长周期稳定性本身。

为了读者的方便，再次使用图 2-39 作为图 6-45，其显示了长周期模态下频率/阻尼平面上固定翼飞机和旋翼机操纵品质边界的对比。旋翼机的要求来自 ADS-33，仅适用于 RC 响应类型，但 Def Stan 970 中的标准与民用标准非常相似。虚线边界对应的阻尼比为

0.35，适用于要求飞行员需同时兼顾任务和在 DVE 飞行中分散注意力的情况。对于须集中注意力操作的情况，允许出现少量不稳定，但对于频率高于 0.5rad/s 的情况，这种不稳定会突然减少。与固定翼边界相比，在阴影区域内，1 级旋翼机的操纵品质比 3 级固定翼飞机的操纵品质还差。此外，对于频率高于 0.5rad/s 的情况，在很大范围内，1 级旋转机翼操纵品质与 2 级固定机翼操纵品质一致。只讨论其中的第一个观察结果，这似乎是非常反常的。但必须认识到，在制定新的飞行品质要求时，任何新的规范都不应忽视现有在役飞机（除非有充分的理由），如图 6-45 所示的不稳定区域的容差符合这一原则。另一方面，对 0.35 阻尼的要求表明，如果要执行任何 "重要" 任务相关的飞行，必须进行某种形式的人工控制增稳。这正是设计与实践相结合的方式，通常，一种新型飞机开发过程的很大一部分将致力于改进 SCAS，重点是纵向操纵。如图 6-46 所示显示了 BK 117 直升机 130kn 时的长周期振荡模态是如何通过速度和姿态反馈的组合来保持稳定的，其增益值相对较低，分别为 −0.06 (°)/((°)/s) 和 0.3 (°)/(°)，其中姿态稳定做出了最大的贡献（参考文献 6.61）。

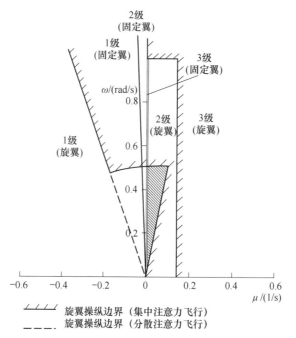

图 6-45　长周期俯仰振荡稳定性——旋翼与固定翼需求的对比（参考文献 6.5、6.6）

纵向周期变距的脉冲输入通常足以引发俯仰长周期振荡；周期可以在 10～30s 之间，甚至更高；因此，必须保证运动在足够长的时间内发展，以较好地评估阻尼和频率。如第 2 章所述，这可能会导致大幅度的运动，由此产生的恢复的幅度可能比试验时的操纵本身更为剧烈。过往经验是使用一个小幅值的激励脉冲，并确保运动不超过正常的线性范围（例如，姿态偏移<10°，速度偏移<10kn）。

6.4.4　配平和准静稳定性

湍流条件下，在仪表飞行（IFR）的飞行员在尝试用周期变距控制速度误差时，如果驾驶杆的新平衡位置与最初消除扰动的位置相反，那么飞行员的工作负荷将显著增加。同样地，当操纵避障时，如果飞行员已经进入转弯并以周期变距方式向后拉驾驶杆以增加转

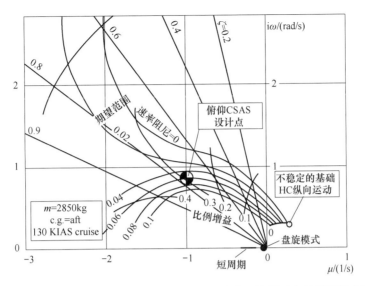

图 6-46　BK 117 在 130kn 时巡航-俯仰角速度和姿态反馈增益在长周期模态的影响

弯率，飞行员会发现需要向前推驾驶杆以避免飞机"低头"。这两种操纵特性均不符合任何军事或民用标准，因此需要进行飞行试验以确定它们是否存在于 OFE 中。它们分别代表速度和操纵稳定性的负裕度，与它们的邻近飞行航迹稳定性一起构成本节的主题。对配平和静态/机动稳定性的要求往往是定性的，因此，下面的重点是所需的飞行试验技术。

　　如图 6-47 所示说明了正速度稳定性和负速度稳定性对周期变距操纵的影响——在这两种情况下，速度偏移是相同的，但是，对于负速度稳定性，周期变距以"错误的方式"重新启动。传统上与此特性相关的有两个概念，分别是表征速度稳定性和真速度稳定性。表征速度稳定性由纵向周期配平随速度变化的斜率决定，即通过总距变化保持水平飞行或规定的爬升速度或下降速度。另一方面，真速度稳定性，通常是飞行员更关心的，是在给定的速度下，总距一定时，通过记录速度增量对应的配平杆的新位置来确定的。这两个结果如图 6-48 所示，在低速配平状态下，真速度稳定性为负，与表征速度稳定性相反。

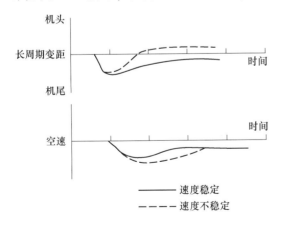

图 6-47　速度稳定性对周期配平的影响
（参考文献 6.62）

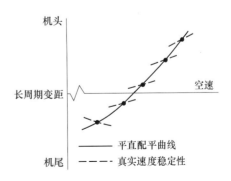

图 6-48　速度稳定性影响；真实和视在
速度稳定性（参考文献 6.62）

研究真速度稳定性的测试技术很简单。在规定的空速和功率配置下建立配平飞行后，直升机在接收到试验空速以下和以上的一系列速度增量后重新进行配平，并进行周期循环。正增量和负增量的交替出现保证飞机能在合理的海拔内（如1000ft）进行水平空速飞行试验。爬升和下降时通常需要两次通过要求的高度区。在进行这些测试时，飞行员还将关注任何"配平简化"相关的问题，如操纵装置突变力和力梯度。应特别注意识别强非线性（如速度稳定性的不连续），并将其与任何不利的操纵力特性或大气扰动的影响区分开来。

大多数认证要求允许在低速时有一定程度的速度不稳定性，这是因为其影响并不是很关键，飞行员可以采取周期变距/总距控制策略来同时控制速度和航迹角。在更高的速度下，特别是在寒冷的天气下，较差的速度稳定性会限制最大安全飞行速度，需要详细的实验以揭示前行桨叶马赫数的影响。前飞速度的增加将导致前行桨叶外侧压力中心后移的问题。这种压缩效应将使桨叶产生周期性的扭转，从而在直升机上产生"低头"力矩，这需要通过向后周期变距来抵消。

在第4章讨论的线性稳定理论的框架内，直升机的速度稳定性由从速度扰动引起的初始俯仰力矩方程和最终稳态循环增量方程获得的有效导数的值确定。该影响通常由俯仰力矩导数 M_u 主导，该导数具有主旋翼的稳定作用。机身和尾翼的影响将取决于这些组件的配平迎角。在某些情况下尾翼的影响可能占主导。参考文献中6.63描述了SA 365N直升机在爬升过程中因尾翼失速而对速度稳定性造成的不利影响。在尾翼上安装小的后缘小翼可以减弱这种影响，但为了保证以80~100kn的速度快速爬升时的速度稳定性，自动驾驶中增加了额外的速度保持功能。为了实现BK117直升机的速度稳定性，需要对尾翼前缘和后缘进行类似的小幅设计修改（参考文献6.61）。

$$M_u^* = M_u - \frac{Z_u}{Z_w}M_w \qquad (6-24)$$

除了刚刚描述的速度稳定性测试外，还需要进一步测试以探索从自转到最大功率爬升时，不同速度下功率设置的周期性配平变化。这些测试主要是为了检查在这些条件下是否有足够的操纵裕度，但也突出了航迹稳定性的基本特征。虽然没有关于直升机航迹稳定性的一般要求，但对于需要精确航迹控制的飞机（如引导进近），必须进行测试以确定各个飞行阶段飞行员的最佳控制策略。这些测试可能与相关显示系统的开发和增稳一起进行。当然，总距控制是能抵消飞行航迹误差的自然控制，但在最小功率速度以上使用周期变距控制也能达到类似的效果。例如，如果飞机在滑翔路径以下飞行并且飞行速度过快，向后拉驾驶杆能最终消除这两个问题。当问题出现在最低功率速度以下时，虽然向后拉杆的最初效果是使飞机爬升，但在新的平衡状态下速度将快速降低。读者请注意附录5A中的"速度不稳定性理论"。虽然正常的控制策略应该在"受控"条件下排除此类问题，但对于无制导陡峭航迹进近或紧急情况，飞行员需要意识到潜在的问题。在非常陡的下降角下，功率沉降效应（参考文献6.64）和涡环状态（见6.5节）会加剧该问题，在涡环条件下，静稳定性特征被动态效应掩盖。

虽然速度和飞行航迹稳定性主要与1g飞行时的周期配平要求有关，但操纵稳定性与机动中所需的周期变距变化有关，包括法向加速度的变化，或每g过载的杆位移（或力）的变化。所有操纵要求均规定该值应为正，即要求后驾驶杆保持增加的过载系数，因此在转弯过程中不应有"低头"的趋势。当飞机水平飞行速度接近测试速度时，用一个阶跃后向周期变距来达到所需的过载系数和空速。随着后周期变距增量的增加，重复试验，直到达到最大允许过载系数。使用急推杆技术，进行类似试验，以确定过载系数小于1的操纵裕度。对于稳态转弯试验，飞机在试验空速下再次进行平飞配平。通过在恒定的总距和空速下增加倾斜角并用脚蹬保持平衡，来逐渐施加过载系数。在每个测试条件下都重新进行周期变距操纵，并针对左右转弯进行测试。应将旋翼速度保持在功率限制内，并且由于要实现较高的下降速度，应注意保持在规定的高度范围内（例如，测试条件+1000ft）。

图 6-49 显示了从这些测试中可能得出的结果，在较高的速度下，操纵稳定性显示为负（因此不是 1 级）。由于在给定的载荷系数下，转弯中的爬升率增加，因此在稳定转弯中，随载荷因数变化的周期变距配平量会比相应的急拉杆操纵结果更陡峭。在忽略飞行航迹角影响的情况下，周期变距配平和俯仰角速度或过载因数之间的关系可以从线化理论（见第 4 章）中导出。

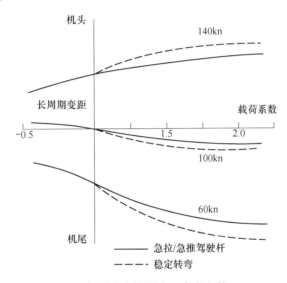

图 6-49 操纵稳定性影响（参考文献 6.62）

对急拉杆来说

$$\delta\theta_{1s} = -\left(\frac{M_q Z_w - M_w V}{Z_w M_{\theta_{1s}} - M_w Z_{\theta_{1s}}}\right) q \qquad (6-25)$$

$$q = \frac{g}{v}(n-1) \qquad (6-26)$$

对转弯来说

$$\delta\theta_{1s} = -\left(\frac{M_q Z_w - M_w V\left(\dfrac{n}{n+1}\right)}{Z_w M_{\theta_{1s}} - M_w Z_{\theta_{1s}}}\right) q \qquad (6-27)$$

$$q = \frac{g}{v}\left(n - \frac{1}{n}\right) \qquad (6-28)$$

θ_{1s} 是施加的周期变距（正后），俯仰角速度 q，飞行速度 v，载荷因数 n。稳定性导数和操纵导数将随旋翼推力和桨盘迎角的变化而变化，对于更高的 n 值，必然需要更精确的分析。无论如何，式（6-25）和式（6-27）都是操纵稳定性参数的有效表示。式（6-25）中的分子是典型的操纵裕度参数，对于"稳定性"和可接受的操纵特性其应为正值。通常情况下，随着速度的增加，M_w 的正变化将导致操纵稳定性恶化，直到裕度改变符号。稳定转弯操纵裕度中的过载系数来自重力分量与机身法线的倾斜，较小的倾斜角将有助于减少正 M_w 的任何不良影响。然而，在较高的倾斜角下，不稳定的趋势可能再次出现。

上述确定操纵裕度的试验是在恒定的总距下进行的。然而，在许多实际情况下，飞行员将使用总距和周期变距来保持高度。总距产生的俯仰力矩使机身抬头，因此要配平的周期变距位置将比恒定总距下的试验显示的位置更靠前，除非已建立操纵间的耦合。这种影响随着从主旋翼到机尾的下洗气流的增加而加剧。在其他情况下，飞行员可以选择在转弯时使飞机减速，因此需要增加向后的周期变距位移。驾驶杆位置随过载系数的变化取决于飞行的操纵类型，因此不能在操纵中为飞行员提供可靠的操纵触觉提示。在任何情况下，每 g 过载的驾驶杆力都是飞行员更关心的问题，特别是在中高速时，目前几种直升机（如AH-64、SH-60）都有力反馈系统，为飞行员提供了积极可靠的操纵裕度提示。

6.5　垂直轴响应准则

垂直轴操纵品质准则主要与飞机对总距的响应有关。在悬停/低速飞行中，总距控制直接为飞机提供升力，这是直升机独一无二的特性。在前飞过程中，飞机的飞行航迹控制可以通过总距控制和周期变距控制相结合的方式来实现，但在本节中，将仅讨论对总距控制的响应。飞行员能够使用这种自由度的程度取决于几个我们将要讨论的因素，这些因素通常由超过传动扭矩、旋翼转速或发动机等的极限之前可用的推力裕度决定。推力裕度是配平飞行所需功率变化而产生的空速的强函数；这一点在前面的建模章节中已经讨论过了，但值得回顾图 4-11 中给出的需用功率曲线的形状。通常，对于满载任务重量的直升机，悬停时的功率裕度非常低，约为 5%~10%，推力裕度介于 3% 和 7% 之间。在最小功率速度下，同一架直升机可能有超过 100% 的推力裕度，使飞机能够以 2g 的过载转弯。其他的基本响应参数是升降阻尼和操纵灵敏度导数。同样，这两个参数都随前飞速度变化而显著变化。这些气动效应反映出在达到中速范围之前，旋翼作为升力装置的效率不断提高。随着速度的进一步提高，需用功率再次增加，随着气动升力在高谐波载荷处发散，响应导数趋于其最大值，但对飞行航迹响应没有影响。因此，与滚转响应特性不同，升降动态特性会随着前飞速度而显著变化。飞行员可以以不同的方式利用这些变化的特性，我们期望相关的操纵标准能够反映出这一点。

低速垂直轴响应特性在快速上移任务中有重要作用，如图 6-50 所示为垂直解除隐蔽操作。如图 6-51 和图 6-52 所示显示了 RAE 关于 Puma 的试验结果；飞行员的任务是从低悬停位置以最大功率爬升，并在地面标记与参照门顶部对齐时重新悬停（参考文献 6.65）。图 6-51 显示了当爬升速度超过 30ft/s（约 10m/s）时，以最大功率垂直爬升的情况下，快速上移高度从 25ft 到 80ft 的高度响应。相比之下，在 25ft 快速上移过程中获得的最大速度仅为 14ft/s。上述结果是旋翼垂直阻尼的函数，它给出了几秒的有效时间常数，同时还限制了飞行员对 Puma 总距的操纵。图 6-52 显示了在 25ft（约 7.5m）上升过程中所选变量随时间的变化。飞行员输入总距的 20%，使法向加速度急剧上升。法向过载 g 的时间历程中的超调是由诱导入流的累积延迟造成的，如第 3 章和第 5 章所述。以大约 15%的推力裕度持续约 1s，然后飞行员将总距降低 40%以上，再立即增加动力以停止减速，并在快速上移的顶部保持水平。虽然上述操纵相对简单，但要求飞行员在三个阶段使用大的操纵输入。图 6-52 中靠下的轨迹图显示了旋翼转速和扭矩的变化轨迹。在快速上移顶部的沉降阶段，旋翼转速达到下限的 240r/min。旋翼的总距、扭矩和转速限制在飞行员对垂直轴的操纵品质中有重要作用。该作用在支持相关标准制定的大多数飞行和地面仿真工作中得到证明，将在后续内容和第 7 章中再讨论。

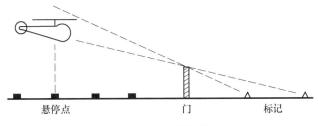

图 6-50　快速上移任务科目基元

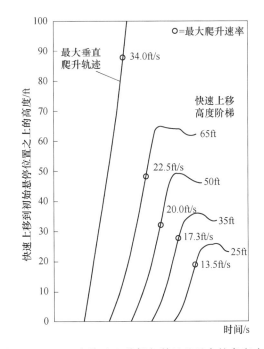

图 6-51　Puma 在快速上移任务科目基元中的高度响应

如图 6-53 所示显示了 Puma 试验得出的高度快捷性结果，即使飞行员通过使用双倍总距加快了快速上移的速度，但其数值仍然比姿态响应的值低得多。直升机垂直运动的控制通常被认为是飞行员的一项低增益任务，而标准的制定仅适用于整个频率范围内的简单格式。上面提到的 RAE 的 Puma 试验是在 20 世纪 80 年代初至中期进行的一系列试验之一，目的是在先前对垂直/短距起降飞机的工作基础上，为旋翼机制定新的升降操纵标准（参考文献 6.65~6.68），工作的重点方向是悬停和低速飞行。前飞中的航迹控制将在本节后半部分讨论。

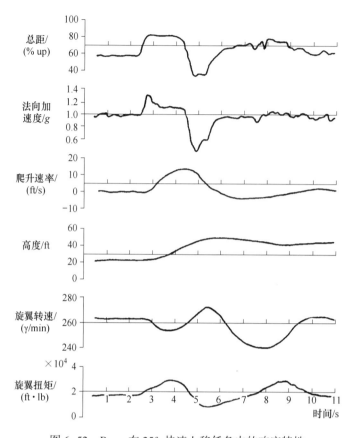

图 6-52 Puma 在 25ft 快速上移任务中的响应特性

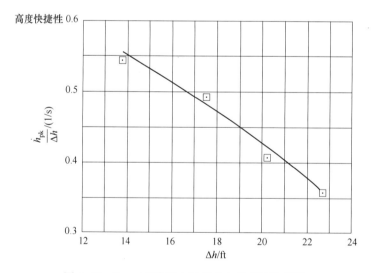

图 6-53 Puma 在快速上移任务中的高度快捷性

6.5.1 悬停和低速飞行的标准

参考文献 6.65 和 6.66 对短距垂直起降（VSTOL）飞机依然适用，MIL-H-8501 的早

354

期修订版本基于对阶跃总距输入的高度率响应，在时域参数（上升时间、响应形状和操纵灵敏度）上设置了边界。1~2级操纵的下边界对应于-0.25/s的垂直阻尼 Z_w，其以总距灵敏度 0.4g/in 为中心。随后在 NASA VMS（参考文献 6.68）和加拿大飞行研究实验室（参考文献 6.69）上进行的测试证明了推重比（T/W）的重要性。他们提出了一种基于 T/W 的新格式，并修改了升降阻尼边界（见图 6-54）。加拿大的试验为旋翼机的垂直轴操纵提供了五种新观点：

①对于快速上移任务，如果阻尼高于 0.25 的最低值要求，1 级操纵品质所需的升降阻尼似乎与 1.08 处边界的 T/W 无关（即 8% 推力裕度）。2 级操纵可在推力裕度大于 4% 的情况下实现，任何阻尼值都可降至零。

②先前讨论的响应形状准则在确定 1 级操纵品质时似乎没有多大意义，因为旋翼机在其任务总重量下的 T/W 值较低。

③扭矩响应的动态特性，特别是驾驶舱显示扭矩的动态响应，显著影响了飞行员的控制策略，从而影响了操纵品质，因此需要制定与此相关的标准。

④飞行员更喜欢与升降阻尼线性匹配的总距操纵灵敏度，因为其比值为常数。

⑤早期 NASA VMS 试验（参考文献 6.66）所建议的阻尼/推力裕度图上的边界有不同的斜率；国家研究委员会（NRC）飞行试验的结果表明，随着阻尼的增加，推力裕度应至少保持不变或者增加，以给飞行员与水平时相似的爬升性能。

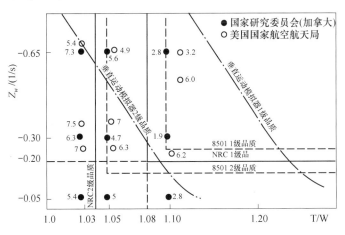

图 6-54 阻尼与 T/W 表上的升降操纵品质边界

此处涉及一个明确的权衡——性能与稳定性——飞行数据有利于前者，至少对于快速上移任务来说是这样。参考文献 6.69 认为，在地面仿真试验中，由于缺乏视觉提示，飞行员在稳定任务上比实际飞行中更困难，因此飞行员偏好更大的稳定性。最后，俯仰和滚转操纵等级的增强对飞行员用于垂直轴任务的工作负荷能力有显著影响。这些结果为美国陆军军用操纵要求的制定提供了依据，高度响应规范的重大修订最终出现在 ADS-33（参考文献 6.5）中。

参考文献 6.5 中对垂直轴响应特性的要求基于以下前提：对总距阶跃输入的高度速度响应应具有特定的一阶形状，如图 6-55 所示。操纵品质参数可以从一阶响应模型结构中导出

$$\frac{\dot{h}}{\delta_c} = \frac{Ke^{-\tau \dot{h}_{eq}s}}{T_{\dot{h}_{eq}}s + 1} \tag{6-29}$$

其中 h 为高度，δ_c 是飞行员的总距操纵量，估算的（时域）操纵品质参数的值应小于表 6-4 中给出的值。

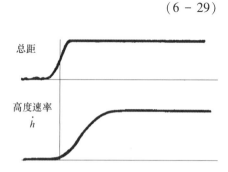

图 6-55 高度-速度响应的一阶形状

1 级操纵品质的时间常数 T 的最大可接受值等于升降阻尼的最小值 -0.2。模型结构中包含了时间延迟，以考虑驱动和旋翼动态延迟。增益或操纵性 K 由阶跃输入的稳态响应确定，对于简单的一阶表达式，由操纵灵敏度与阻尼之比给出。在 ADS-33 中，垂直轴操纵性的限制值由 1.5s 内可达到的高度速度表示，并在表 6-5 中给出。

表 6-4 总距-高度响应时间参数的最大值

品质等级	$T_{\dot{h}_{eq}}$ (s)	$\tau_{\dot{h}_{eq}}$ (s)
1	5.0	0.20
2	∞	0.30

表 6-5 垂直轴最小操纵性要求

品质等级	在 1.5s 内可达到的垂直速度/（m/s）或（ft/min）
1	0.81（160）
2	0.28（55）
3	0.20（40）

如果假设高度响应的初始 1.5s 采用一阶指数函数的形式，则表 6-5 的要求可以用所需的悬停推力裕度来解释。1 级要求对应于 5.5% 的推力裕度，而 2 级边界在零阻尼时为 1.9%。这两个值都远低于先前任何快速上移任务飞行品质试验的结果。在表 6-5 的需求中，当前能力和未来需求之间存在一定程度的冲突。大多数直升机，无论是民用还是军用，都倾向于在任务中携带最大的有效载荷，这通常导致几乎没有低速机动裕度。随着燃料的消耗，可用的推力和功率裕度会增加，但在起飞时，坚持 8%、10% 甚至更高的裕度会显著降低有效载荷和任务效能，从生产率角度看这降低了任务效率。因此，考虑到当前的操作习惯，已经在垂直轴的操作性能要求方面做了相应折中。为了增加升降阻尼，T/W 必须增加以保持垂直速度不变，表 6-5 中的操纵性要求可以解释为图 6-54 中的边界。以上描述再次表明，在像快速上移这样的 MTE 中，人们显然更喜欢性能，而不是稳定性。相反，RAE/DRA 在恶劣天气条件下的着舰降落仿真试验结果（参考文献 6.70）表明，当 T/W 降低时，最好增加稳定性（阻尼）。参考文献 6.70 中公布的初步结果表明，在 5 级海况（甲板运动 ±2 m 的典型最恶劣操作条件）下，T/W 为 1.08 时，需要 -0.4 的升降阻尼。

式（6-29）中的操纵参数可从参考文献 6.5 中定义的曲线拟合方程中导出，并总结如下。这是 ADS-33 中唯一需要通过模型拟合来准确估计参数的准则。本书的第 5 章已经讨论了这种技术和一些示例。在本例中，拟合过程被归类为最小二乘法，即输出误差，并按如下步骤完成：

①直升机在悬停状态下保持平衡，并施加阶跃输入操纵总距；在 5s 的时间内以 0.05s 的间隔获得高度速度的测量值。

②为式（6-29）中的参数设置初始值，基于先前的知识，求解式（6-29）以获得高度速度的估计值

$$\dot{h}_{est} = K \left[1 - e^{\frac{1}{T_{\dot{h}_{eq}}}(t - t_{\dot{h}_{eq}})} \right] \delta_c, \ t \geqslant \tau \tag{6-30}$$

$$\dot{h}_{est} = 0, \ t < \tau \tag{6-31}$$

式（6-30）中的 $t \geqslant \tau$ 要求是为了确保响应是有因果的，参考文献 6.71 中指出了这一点。

③飞行测试的高度速度和估计的高度速度之间的差异被定义为误差函数 $\varepsilon(t)$，即

$$\dot{h}_{est} = K \left[1 - e^{\frac{1}{T_{\dot{h}_{eq}}}(t - t_{\dot{h}_{eq}})} \right] \delta_c, \ t \geqslant \tau \tag{6-32}$$

通过改变参数集 K，$T_{\dot{h}_{eq}}$，和 $\tau_{\dot{h}_{eq}}$，使误差函数的平方和最小化。

④拟合的好坏或质量可以从式（6-33）给出的相关性系数得出

$$r^2 = \frac{\sum_{i=1}^{101} (\dot{h}_{est_i} - \bar{\dot{h}})^2}{\sum_{i=1}^{101} (\dot{h}_i - \bar{\dot{h}})^2} \tag{6-33}$$

高度速度测量值的均值由以下方程给出

$$\bar{\dot{h}} = \frac{\sum_{i=1}^{101} \dot{h}_i}{101} \tag{6-34}$$

⑤为了获得良好的拟合，相关性系数应大于 0.97 且小于 1.03。上文描述的低速垂直轴操纵品质的 LOES 是通过在 ADS-33 开发过程中对重要的操纵效果进行多次建模尝试的基础上发展而来的。在飞行员闭环操纵频率范围内的机动如快速上移和精确着陆，LOES 似乎以相当高的准确度捕捉到了未改良的直升机升降运动的自然特性。

总距响应涉及的最后一个方面是在非常剧烈的操纵输入之后的法向加速度的形状。这个问题已在第 5 章进行了讨论，参考文献 6.67 也给予了一些关注。旋翼入流累积的延迟导致加速度响应峰值远高于稳态（见图6-52）。这种"高阶"效应将反映在高度速度响应中，并将"破坏"简单的一阶特性，从而可能导致模型参数在试图匹配更复杂的响应形状时发生扭曲。解决这一潜在难题的一个办法是，确保飞行员在一段时间例如 1s 内使用斜坡总距输入，从而允许入流时间随着输入变化而变化。这是满足式（6-29）所包含的中低频率操纵效果要求的权宜方法，但较高的飞行员增益掩盖了任何额外的操纵效果。

前文已经提及，对飞行员来说，垂直运动的控制在很大程度上是一项低—中等增益的任务，但是高度自动保持控制器通常必须在更高的频率下工作，因此上面给出的简单模型结构是有缺陷的。在这里提及上述问题是为了突出操纵品质和控制律设计之间不同的建模要求，这是本书第 5 章中讨论过的一个主题。

6.5.2　垂直轴操纵时扭矩和旋翼速度标准

如参考文献 6.67 和 6.69 中所述，NASA Ames 和加拿大 FRL 进行的垂直操纵品质研究

都强调了在诸如快速上移之类的 MTE 期间监测旋翼转速和扭矩的重要性。在某些情况下，对监控的要求占据了飞行员主要的工作负荷和操纵品质评级。对于低 T/W 或较慢的发动机-旋翼控制系统将导致旋翼转速大幅偏移的配置尤其如此。人们进行了各种尝试来开发与这些变量的响应有关的补充标准，但基于现有数据库的发现并不完全一致。ADS-33 中最终确定的格式是旋翼速度控制的定性格式，要求在 OFE 内飞行的所有任务的瞬态保持在限制范围内，并且扭矩以定量格式来显示，如图 6-56 所示。1~2 级和 2~3 级的边界基于被显示的扭矩的特征，即达到第一个峰值的时间和超调率。据作者所知，公开文献中能验证图 6-56 所述标准的数据很少，该方面被认为是当前操纵标准的薄弱领域之一，鉴于其对飞行员工作负荷的重要性，需要进一步研究。

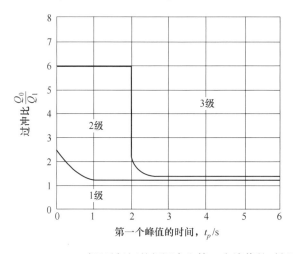

图 6-56　ADS-33C 对显示扭矩的超调率和第一个峰值的时间要求

6.5.3　前飞时的垂直响应标准

在固定翼飞机飞行品质领域，航迹响应问题受到了相当大的关注，仍然是目前研究甚至争议的领域之一（参考文献 6.23）。有两个原因可以解释为什么这种关注没有延续到旋翼机的操纵上。第一，固定翼飞机一个关键的飞行阶段和 MTE 是进近和精确的引导着陆。与高度增稳的飞机相比，传统飞机在引导期间的航迹响应是大不相同的，并且每种飞机都需要不同的规范以适应姿态和航迹角的带宽要求。对于直升机，没有实际等效的 MTE，因为对于常规的制导方法，当直升机进近着陆时，速度将降低到俯仰和航迹是相互独立的自由度。第二，通过总距俯仰，直升机飞行员可以通过直接对升力或直接对航迹进行控制，通常可以采用总距和周期变距相结合的方式实现俯仰和航迹角的组合控制，以适应飞行任务的要求。这两个原因在某种程度上解释了为什么没有对旋翼机给予同样的关注。问题虽然不完全相同，但旋翼机的低速规范更为重要。在缺乏大量试验数据的情况下，ADS-33 提出了一个基于等效一阶系统响应的、适用于悬停和低速飞行的准则。自 ADS-33 出版以来的几年中，已经有几个尝试使用这种方式的试验被公布。对于未改良的飞机，俯仰和迎角之间的重要耦合参数是静稳定导数 M_w。对于接近静态稳定的飞机，俯仰运动和升降运动在短期内是解耦的，航迹具有明显的一阶形状。参考文献 6.72 中给出了 AH-64A 在 130kn 时的一个例子。时域拟合如图 6-57 所示，根据一阶拟合估计的操纵参数与使用 6 自由度模型从试验数据计算的稳定性和操纵导数能很好地吻合。参考文献 6.19 和 6.71 给出了更差的结果。参考文献 6.19 给出了 80kn 时 Bo105 的结果。如图 6-58 所示显示了阶跃总距输入时的高度速度响应，在 5s 窗口中显示出非一阶形状。对于 Bo105 来说，阶跃总距输入引起的俯仰响应非常强烈，会导致速度降低，飞机航迹随着机头的俯仰而改变。可以应用周期变距将俯仰偏移减至最小，但会产生一阶高度速度响应（见图6-58 中的完整曲线），并且各项参数取决于周期变距控制策略。Bo105 的结果清楚地表明，简单的一阶等效系统并不是一个良好的升降动力学的近似，因此应谨慎使用。前飞垂直轴操纵品质是一个值得关注的领域。

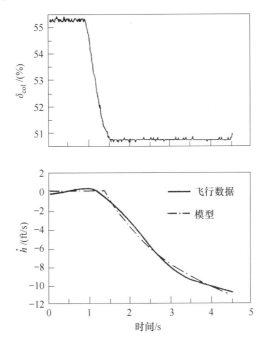

图 6-57 AH-64 总距阶跃响应的拟合操纵品质模型

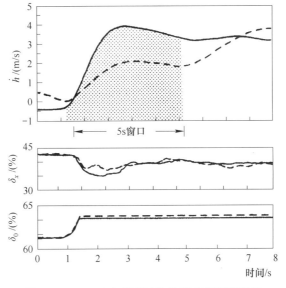

图 6-58 Bo105 在前飞时的总距垂直速度响应

6.5.4 大迎角时的垂直响应特性

大迎角下降飞行对直升机特别危险。飞行员通常会避免这种情况，但在这种飞行状态下，事故和事件的持续发生表明，这种方法在操作上是有用的（如定位吊挂的负载），但也很容易无意中造成意外。在第 5 章中，在大迎角下降时对总桨距的响应可能会发生逆转，因此需要增加总桨距，才能更快地下降。在受控或定向条件下，飞行员可以控制该特性，但在其他条件下，该特性很容易导致严重的操纵缺陷。在第 4 章和第 5 章中，讨论了当航迹因总距增加而迎角增大时功率调节的问题。在参考文献 6.64 中，Heyson 给出了对该问题有价值的理论分析。读者可以参考图 4-12，其中说明了大迎角下降时的功率需求。Heyson 还评论了功率调节的操作意义（参考文献 6.64）：

在操作上，这种现象的出现是迅速的且通常是出乎意料的。飞行员有时称之为"踏入深坑"。主要问题是飞行员无法确定他的气动航迹。飞行员可能曾多次组合下降的坡度和速度并成功地完成操纵，从而对飞机的安全性充满信心；然而，下一次他可能遇到会产生灾难性后果的风。

即使没有顺风，也会遇到类似的一系列事件。如遇到增加沿下降迎角方向的速度的干扰时，飞行员的本能反应就是通过拉回周期俯仰驾驶杆来增加旋翼的倾斜度从而修正空速。如果初始稳定状态下的下降迎角接近最小功率条件，图 4-12 中各部分的比较表明，这种向后拉驾驶杆的运动需要的功率可能远远超过直升机的可用功率。

这种效果的操作意义在于，在大迎角时，飞行员应特别注意任何大的或快速的后拉驾驶杆的动作。

从功率调节中恢复可能导致高度的显著降低。因此，最安全的飞行方式是在任何时候都要避免功率沉降。

功率沉降和与相关的非线性航迹响应控制出现在大迎角下降（>60°）时，约为悬停诱导速度 1~2 倍的速度范围（20~50kn，取决于旋翼桨盘载荷）。在超低速下降和接近垂直下降时，直升机可能进入一种潜在的危险飞行状态，在这种状态下，下降速度会迅速增加，并且会产生不稳定的俯仰和滚转振荡。此外，操纵性可能会发生显著变化，特别是总距控制，常规的恢复技术似乎只会加剧这种情况。这种情况类似于固定翼飞机的失速，至少在对飞行航迹的影响上是这样，但在气动起源上是完全不同的，这种所谓的涡环状态是一种需要避免的状态，特别是在低空。在涡环状态下飞行品质严重下降，飞行员首先要考虑的是脱离涡环飞行状态。

这种现象源于直升机状态和风车工作状态之间形成的特殊气动特性（见图 2-8）。在非常低的飞行速度（<15kn）和 500~1500ft/min 的下降速度下，涡环状态取决于旋翼桨盘载荷，气流被卷入环形涡环，导致旋翼桨盘外部区域大范围的回流。涡环对气流方向的微小变化非常敏感，涡环的快速波动的不对称发展会导致巨大的力矩作用在机身上。

标准的恢复操纵包括降低机头直到获得足够的速度，使涡流被"冲走"，然后使用总距来消除下降速度。不同的机型在涡环状态（VRS）中有其独特的特点。RAE 进行的早期试验（参考文献 6.73）产生的结果包括失控到轻微的滚转不稳定性等。一般来说，某一类型的机组人员操作手册将包含一个条目，描述所有特定情况，并建议最佳的恢复程序。其中一本手册指出，如果涡环状态（VRS）完全形成，下降速度可以达到 6000ft/min，并且"如果向后飞行，飞机机头会急剧俯冲"。另一种说法是"两个方向都无法控制的偏航"会最终发生。该手册还补充道，"在已形成的涡环状态下，总距的任何增加都会产生明显的俯仰力矩，应避免"。所有这些参考文献都清楚地表明，如果在采取恢复措施之前允许 VRS 充分发展，则会造成相当大的高度损失。

对恢复期间总距操纵有效性产生的浓厚兴趣，促使作者在 RAE Bedford 使用 Wessex 2 和 Puma 直升机进行了一系列试验。这些试验本质上是定性的，目的是探索这两种飞机在 VRS 中的性能，并确定在降低机头以获得空速之前增加总距对恢复涡环剖面的益处。接近涡环条件的试验技术受到了一定的限制，因为一些操作需要在离地之后进行（启动恢复动作的最低高度是 3000ft 以上），并且两种飞机都缺少可靠的低速测量方法。试验步骤包括从 50kn 减速到悬停，保持恒定的预先设定（悬停）姿态和下降速度。然后下降速度逐渐增加，直到遇到涡环区（见图 6-59）。对于这两架试验机来说，涡流区域很难出现，而且显然还局限在很低的空速范围内。对 Wessex 来说，第一次以 800ft/min 的下降速度进入到涡环区。引用飞行员的报告（参考文献 6.62）：

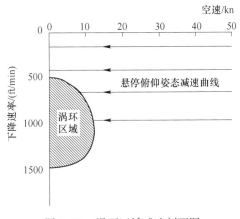

图 6-59 涡环区域减速剖面图

随着下降速度达到大约 800ft/min，飞机进入了涡环；尽管功率增加到 3000ft·lb（悬停扭矩读数），下降速度仍增加了 2000ft/min。振动水平被标记，虽然周期变距操纵一直正常响应，但需要大量的操纵动作来保持姿态。一旦旋翼进入无涡气流，使用全功率可迅速降低下降的速度。

试验的一个重要结果是，在机头降低之前使用总距控制，导致飞机在恢复过程中损失约 150ft 的高度，而如果总距先降低，然后随着空速的增加而增加，则高度损失约为 500ft。Puma 也有类似的结果，除此之外，俯仰力矩和滚转力矩的幅值和频率都较高，并且在恢复过程中随着总距杆的升高而变得更剧烈。需要强调的是，上述讨论结果仅适用于特殊的机型，在恢复过程中使用总距的好处可能不适用于其他飞机。然而，上述两种在恢复过程中的操纵，其高度损失的差异非常显著，特别是在低空飞行中。涡环是一个真正的危险区域，在各种情况下都会遇到，但某些情况比垂直下降到受限着陆区域时更不明显。例如，如果飞行员对风向判断错误，不经意地在进入着陆区时转向顺风，此时他可能更注意地速而不是空速，那么他可能会进入危险的 VRS。快速停止机动作为最后手段可以在飞行员加力时使旋翼摆脱涡环状态。快速停止机动通常是在接近地面时进行，延误或不当的恢复步骤可能造成严重的后果。

对于大迎角向下飞行的响应特性，不存在具体的飞行品质标准，但也许重点应该放在引导方法上，帮助飞行员遵守飞行状态中的真正的安全飞行限制，即"无忧操纵"，这是第 7 章的主题。而第 10 章讨论了倾转旋翼机独特的 VRS 特性。

6.6　偏航轴响应标准

将注意力转移到第四个也是最后一个控制轴上，你可能会发现，回顾一下这样一个事实是很有用的：在飞行员所有可用的"控制"轴中，偏航是最复杂的，并且直接或间接地定义了飞行包线边界的最大范围。如图 6-60（a）、（b）所示显示了 Puma 前飞侧滑包线的控制极限，包线在更高的速度处形成边界，在右侧风中悬停时，包线在低速处形成边界。超出这些边界的偏移可能导致失控或结构损坏。在这些限制条件下，飞行员会感到能够以相对轻松的方式控制偏航运动。然而，飞行员没有得到尾桨关键部件上负载大小的提示。尾桨可以消耗高达 30% 的发动机总功率，在某些飞行条件下，尾桨扭矩瞬变会导致破坏性负载。飞行员也没有对侧向速度或侧滑角的准确了解，但通常会对照地面参照物在低空飞行，不受空气密度与速度的关系影响，主要通过驾驶杆位置的触觉提示获取飞机接近气动力极限时的信息。经讨论表明，偏航控制远不是"无忧操纵"，无论民用或军用，任何操纵缺陷都会大大增加飞行员操纵时的工作负荷。

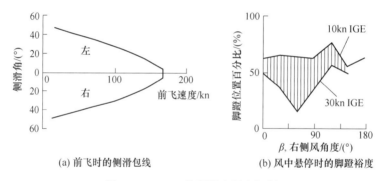

(a) 前飞时的侧滑包线　　　　(b) 风中悬停时的脚蹬裕度

图 6-60　Puma 的侧滑和侧飞极限

偏航控制功能可分为四类：
①在稳定状态和机动飞行中，平衡机身上动力装置的扭矩；
②在悬停和低速飞行中控制航向和偏航角速度，提供全方位飞行能力；
③前飞侧滑控制，赋予机身指向能力；
④平衡或不平衡机动，增加或减少转弯速度。

其中，类别②中的控制函数可能是迄今为止最大范围的偏航操纵问题的原因，主要源于主旋翼尾迹-尾桨-后机身-尾翼相互作用的影响（参考文献 6.74~6.76）。

在 ADS-33 中，偏航操纵的标准与滚转和俯仰的定义格式基本相同。本节将简要回顾这些内容。

6.6.1　中到大幅值/低到中等频率：快捷性和操纵性

根据滚转和俯仰操纵标准采用的格式，图 6-61 显示了悬停和低速 MTE 的航向敏捷性边界，图 6-62 显示了速度响应类型的最低操纵性要求。可以看出，对快捷性的要求与对滚转响应的要求一样严格，特别强调了偏航力矩的作用。如在离散的 20°航向变化中实现

40（°)/s 偏航角速度大约需要 2rad/s² 的最大加速度。对于像 Lynx 这样的飞机，这相当于尾桨产生了约 1000 lbf 的推力扰动。图 6-61 是 Lynx 在执行精确悬停转弯时（航向从 30° 到 180°）的最大敏捷性边界。ADS-33 对目标获取和跟踪的要求很高，需要一个强劲的尾桨，或者说 ADS-33 倾向于研发一种涵道风扇尾桨的飞机，例如 RAH-66。通过在仿真器上进行的仿真试验，部分地确立了高敏捷性水平。参考文献 6.77 给出了包括目标捕获和跟踪 MTE 在内的仿真试验结果。研究中的试验变量包括偏航阻尼、方向稳定性和响应形状。如图 6-63 所示取自参考文献 6.77，在阻尼/响应形状图上显示了在空对空目标对战中 1 级品质明显有限的区域。在没有显著的人工响应增强的情况下，通常无法产生实现此类操作 1 级品质所需的高水平偏航阻尼。参考文献 6.78 也给出了类似的结果。空战的跟踪阶段更关心的是更高频、小幅的操纵，ADS-33 的作者再次使用带宽来辨别品质。

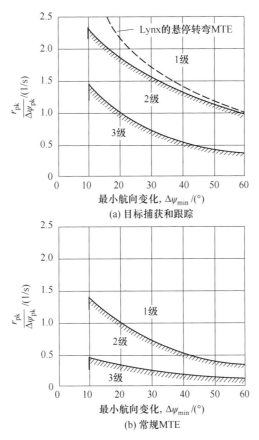

图 6-61　偏航轴快捷性——悬停和低速飞行（参考文献 6.5）

6.6.2　小幅值/中到高频：带宽

航向响应带宽要求如图 6-64（a)、(b) 所示。跟踪任务所需的更高性能对于悬停/低速前飞 MTE 来说是常见的，如 3.5rad/s 的一级边界。如此高带宽值在直升机中不是自然出现的，通常，偏航轴的阻尼非常低，尤其是在低速时，其上升时间约为 2s（见第 4 章）。参考文献 6.77 和 6.78 的结果指出了飞行员认为适用于机动偏航任务的阻尼水平。3.5rad/s 及以上的带宽更符合 0.5s 量级的上升时间，因此需要某种形式的响应加速增强。

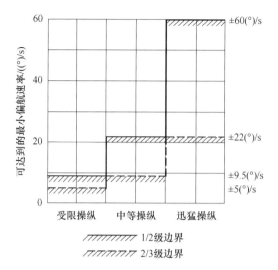

图 6-62　最小偏航操纵性需求——速度响应类型（参考文献 6.5）

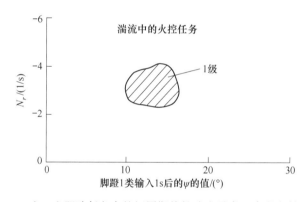

图 6-63　空—空跟踪任务中的短周期偏航响应需求（参考文献 6.77）

6.6.3　小幅值/低到中频率：动稳定性

在高速前飞时，直升机通常会遭受与固定翼飞机相同的、令人讨厌的模态，即荷兰滚，弱的顺风稳定性和强的上反效应加剧了这种情况。第 4 章介绍了这种耦合模态的理论基础。对于双脚蹬输入的响应，飞机的运动很快将被弱阻尼振荡控制，对直升机来说包括强耦合的偏航、滚转、侧滑和俯仰运动。

两个基本参数是固有频率和阻尼，因此，将与该模态稳定特性相关的操纵品质的定义工作集中在两个参数的关系图或经典的频率/阻尼平面上也就不足为奇了。ADS-33 中定义的品质边界主要来源于固定翼飞机的大量数据（参考文献 6.6），对稳定性要求稍有放宽。如图 6-65（a）、(b) 显示了军用和民用需求的比较（对于单飞行员 IFR）。图 6-65（a）中绘制的各种边界再次反映了军事需求的任务方向。民用和军用要求之间的比较突出了先前标准中已经存在的几个方面的需求，主要是对军用飞机设计师提出的要求更高。另一个明显的区别是低频阻尼要求。两者都基于零频率下的最小总阻尼。更严格的 1~2 级军事边界的时间设置为 0.69s 的半幅时间，而民用边界的时间设置为 9s 的倍幅时间。图 6-65（a）中

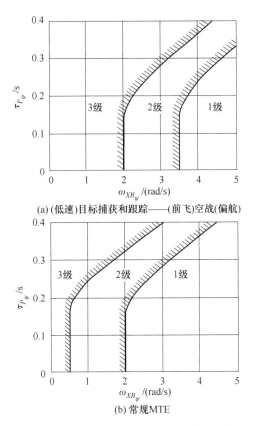

(a) (低速)目标捕获和跟踪——(前飞)空战(偏航)

(b) 常规MTE

图 6-64 偏航轴带宽/相位延迟边界（参考文献 6.5）

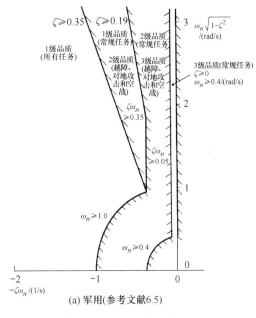

(a) 军用(参考文献6.5)

图 6-65 横/航向振荡要求

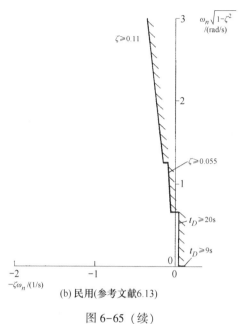

(b) 民用(参考文献6.13)

图 6-65（续）

支持军用直升机最小 ω_n 边界的证据被认为是相当有限的，据作者所知，自 ADS-33 出版以来，公开文献中没有出现这些与直升机相关的边界的支撑数据。值得注意的是，长周期俯仰和滚转模态（频率小于 1rad/s）稳定性的标准在 $\omega_n > 1.0$ 轮廓内（见图 6-45）。这就说明了低稳定性模态之间频率分离时操纵品质的重要性。频率重叠的模态可能导致飞行员额外的工作负荷，特别是存在强交叉耦合的情况下。

读者可参考第 4 章和第 5 章对荷兰滚稳定性和响应的分析，其中讨论了航空研究与发展咨询组（AGARD）WG18 关于荷兰滚稳定性的研究结果（参考文献 6.79）。大多数军用和民用直升机在偏航轴上都有自动稳定功能，以改善荷兰滚阻尼特性，一般来说，增加的速度阻尼足以达到 1 级。在某些情况下，设计工作在改善偏航时的自然气动稳定性方面是成功的。例如，参考文献 6.63 描述了如何对 SA332 超级 Puma 的尾翼进行改进，与原 Puma 相比，显著改善了该飞机的荷兰滚特性。如图 6-66 所示取自参考文献 6.61，说明了通过在 BK117 直升机上安装端板，荷兰滚阻尼显著改善。新设计满足联邦航空局的要求，无须自动稳定。

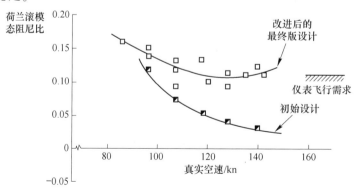

图 6-66　BK117 荷兰滚阻尼随空速的变化

关于横/航向振荡模态，需要作最后两点说明。首先，在高速情况下，频率减小了适于小幅值跟踪的范围，对阻尼的要求应被视为对带宽标准的补充。其次，与荷兰滚运动相关的一个非常重要的操纵特性是滚转和偏航之间的相位和相对幅值；在横向周期变距的偏航–侧滑响应状态下，提出了一些与标准相关的问题，将在第6.7节讨论交叉耦合时解决这些问题。

6.6.4 配平和准静稳定性

在滚转轴响应特性一节中讨论了许多与横/航向配平和准静稳定性相关的问题，特别是对正向配平操纵梯度的需求。最适合这一类别的一个附加操纵标准是 ADS-33 中定义的对航向（或滚转和俯仰姿态）保持功能的要求。当航向保持通过放开偏航控制装置并激活时，参考航向应在 10% 的偏航角速度内确定。此外，偏航扰动后，UCE 1 的航向应在 20s 内恢复到偏移峰值的 10% 以内，UCE>1 的航向应在 10s 内恢复到偏移峰值的 10% 以内。

如本节引言中所述，在悬停和低速时，尤其是在接近地面的情况下，直升机尾桨会产生一个扰动的气动环境。当主旋翼强大的涡流冲击尾翼时，特别是从左侧，或在后飞时以地面涡的形式（见第 3 章中关于相互作用空气动力学的讨论），较大的偏航力矩干扰会使飞行员难以操纵飞机或很难维持简单的自动保持功能。该问题与开放式尾桨密切相关；虽然在良好的气动条件下，开放式尾桨通常比涵道式或喷气推力装置更有效，但尾桨往往对风力强度和风向更敏感，尤其是在靠近垂直安定面时。这种灵敏度表现为尾桨旋翼上推力的不均匀分布，在临界飞行条件下会产生较大的总距和功率需求。参考文献 6.76 讨论了尾桨周期控制的优点——配合总距操纵，在所有的飞行条件下，可提供最佳的升力分布。

6.7 交叉耦合标准

直升机的特点是几乎在每个轴对中都有交叉耦合，交叉耦合是飞行员驾驶这类飞机时需要长期训练和高技能水平的主要原因之一。满足前几节中描述的滚转、俯仰、升降和偏航的直接或"轴上"响应特性是必要的，但不足以保证直升机拥有良好的飞行品质。任何直升机试飞员都会很快认识到这一点，甚至可能建议固定非操纵轴，因为交叉耦合响应更直接影响 1 级轴上的操纵。理想情况下，设计师希望消除所有耦合源。这不仅是不可能的（只有四个操纵通道），而且也是不必要的，操纵研究的一个重点是建立最大程度的可容忍耦合。与轴上响应规范一样，耦合已被证明是特定任务导致的，特别是任务增益或任务带宽都依赖于任务本身。一般而言，低频/配平耦合效应由速度耦合驱动；无论是持续的还是瞬态形式，中频效应反映在角速度耦合中，而高频效应则由操纵耦合主导。因此，飞行员对降低耦合影响的主观看法将取决于任务本身，如精确定位、快速回转或目标跟踪。本书第 4 章描述和讨论了交叉耦合的许多物理来源。在此，回顾耦合的主要类型，以及与操纵品质标准相关的数据库，并讨论需要做什么来设置品质要求。在后续小节中，使用缩略语，如俯仰–滚转，是指由于俯仰引起的滚转响应；操纵耦合和运动耦合之间的区别将视情况而定。

6.7.1 俯仰–滚转和滚转–俯仰的耦合

俯仰–滚转和滚转–俯仰交叉耦合可能是强大而又隐蔽的。两者都是来自主旋翼产生的陀螺力矩和气动力矩，在大姿态偏移的动态操纵中，可能需要飞行员特别关注不受控的、不可预测的离轴运动。一般来说，由于俯仰–滚转惯性矩的比值较大，俯仰–滚转耦合的幅度比滚转–俯仰耦合更严重,但也可以说,在低到中等频率时,这种耦合更容易控制。滚转–俯仰耦合效应对航迹和速度控制有更大的影响,因此对中等到大机动的操纵品质影响更大。国家航空航天局先进飞机飞行模拟器(FSAA)的飞行仿真试验研究表明,Chen 和 Talbot(参考文献 6.80)假设临界交叉耦合操纵品质参数是短周期稳态滚转(俯仰)与俯仰(滚转)角速度之比,近似为气动导数之比:$\left(\dfrac{L_q}{L_p}\right)$ 和 $\left(\dfrac{M_q}{M_p}\right)$。

在 2 级区域,飞行员的 HQRs 值始终大于 0.35。当对 MIL-H-8501 的修订在 20 世纪 80 年代初启动时,NASA 的结果最初被用作新的俯仰–滚转规范的基础。然而,导数比显然没有考虑操纵耦合,也很难精确测量。经过一些改进后,ADS-33 中采用的标准基于时域公式,即在突然阶跃输入 4s 后,峰值离轴响应与期望轴上响应之比,形式如下

$$\text{roll step}\left(\frac{\theta_{pk}}{\phi}\right),\quad \text{pitch step}\left(\frac{\phi_{pk}}{\theta}\right)\leqslant \pm 0.25\,(\text{Level 1}),\quad \pm 0.6\,(\text{Level 2})\quad (6-35)$$

20 世纪 80 年代末在美国 Ames 研究中心(参考文献 6.81、6.82)进行的一系列附加的飞行仿真和飞行试验证实了导数比的重要性,但认为新的 ADS-33 标准并没有考虑更高频率的操纵耦合效应,也没有考虑与轴上特性的相互作用。关于操纵耦合,参考文献 6.81 和 6.82 中的数据表明,大约 30° 的等效旋翼操纵相位角将导致 3 级操纵,这证实了参考文献 6.17 早些时候报告的 RAE 的结果。ADS-33 标准和等效线性系统参数之间的关系可以用简单的一阶速度响应公式(参考文献 6.83)来说明,方程为

$$\dot{p}-L_p\left(p+\left(\frac{L_q}{L_p}\right)q\right)=L_{\eta_{1c}}\left(\eta_{1c}+\left(\frac{L_{\eta_{1c}}}{L_p}\right)\left(\frac{L_p}{L_{\eta_{1c}}}\right)\eta_{1s}\right)\qquad (6-36)$$

$$\dot{q}-M_q\left(q+\left(\frac{M_p}{M_q}\right)p\right)=M_{\eta_{1s}}\left(\eta_{1s}+\left(\frac{M_{\eta c}}{M_q}\right)\left(\frac{M_q}{M_{\eta_{1s}}}\right)\eta_{1c}\right)\qquad (6-37)$$

ADS-33 标准与式(6-36)和式(6-37)参数的关系可以简化为

$$\left(\frac{\theta_{\text{pk}}}{\phi}\right)=\left(\left(\frac{L_p}{M_q}\right)\left(\frac{M\,\eta_{1c}}{L\,\eta_{1c}}\right)-\left(\frac{M_p}{M_q}\right)\right)L\,\eta_{1c}\qquad (6-38)$$

表明滚转操纵中与俯仰姿态耦合取决于参考文献 6.80(M_p/M_q)中的交叉阻尼比和由滚转/俯仰阻尼比缩放的操纵灵敏度。即使速度耦合 M_p 为零值,操纵耦合也会造成类似的俯仰姿态偏移。因此,这个简单模型中的 ADS-33 时域参数与导数比 M_p/M_q 和 $M_{\eta_{1c}}/L_{\eta_{1c}}$ 呈线性相关。考虑到滚转轴操纵灵敏度和带宽,操纵耦合的重要性与俯仰姿态带宽 M_q 成反比,进而强调了俯仰轴有效性在抵消耦合效应中的重要性。因此,图 6-67 给出了等效的 ADS-33 响应轮廓。

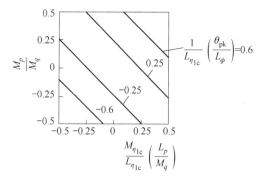

图 6-67　交叉耦合图上的等效响应轮廓

20 世纪 90 年代初,美国陆军和德国航空航天研究所(DLR)在国防研究局(DRA)的支持下进行了一系列飞行/仿真实验,极大地扩展了滚转–俯仰耦合操纵品质效应的理

解。参考文献 6.84 和 6.85 报告了迄今为止的工作重点是评估以横向回转为代表的前飞 MTE 的操纵品质。在参考文献 6.84 中，耦合被分为三种类型，即由速度和操纵效应引起的耦合以及所谓的洗出耦合效应，更典型的是增强型旋翼机。参考文献 6.85 的结论是，当前的 ADS 类型足以区分前两类中不可接受的特征，但不足以区分看起来与频率相关的洗出效应。然而，参考文献 6.85 中给出的数据建议对 ADS-33 1~2 级边界进行了修改，如图 6-68（a）所示，其中可接受的耦合水平降低至 0.1。参考文献 6.85 提出了一种新的频域准则，它近乎给出了所有三种耦合更一致的图像。标准的一般形式如图 6-68（b）所示，其中关键参数是在离轴姿态响应带宽下评估的俯仰（滚转）和滚转（俯仰）角速度之间的频率响应函数的大小。因此，这种格式再次反映了耦合轴响应特性的重要性。严格地说，参考文献 6.85 中的数据仅定义图 6-68（b）中边界的垂直部分：假设上边界、水平边界（为俯仰轴任务而定义）和曲线边界（当耦合在两个轴上都出现时，其反映多轴任务中存在的额外的降级）。

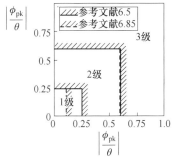
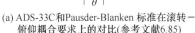
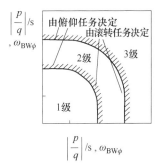

(a) ADS-33C 和 Pausder-Blanken 标准在滚转－俯仰耦合要求上的对比(参考文献6.85)

(b) 滚转－俯仰－滚转耦合的频域格式建议(基于参考文献6.85)

图 6-68　基于参考文献 6.85 的建议

在高速情况下，主旋翼总距可以在机身上产生很大的俯仰和滚转力矩。文献 6.86 中的试验量化了总距-俯仰耦合对操纵品质的影响。结果虽不是决定性的，但展示了强有力的降级效应，随着耦合参数的增加，在整个 2 级范围内进行操纵品质评级（HQRs）。ADS-33 反映了总距-姿态耦合的有限数据集，并对总距输入后 3s 内的俯仰姿态变化设定了限制。限制极限设定为俯仰姿态变化与法向加速度相应变化之比，并采用

$$\eta_c < 0.2\eta_{c_{max}}, \quad \left|\frac{\theta_{pk}}{n_{z_{pk}}}\right| < 3.0(°)/(m/s^2) \qquad (6-39)$$

$$\eta_c \geqslant 0.2\eta_{c_{max}}, \quad \left|\frac{\theta_{pk}}{n_{z_{pk}}}\right| < +1.5 \cdot (-0.76)(°)/(m/s^2) \qquad (6-40)$$

式（6-40）中的负值对应于降低总距输入。以上标准适用于前飞。在低速飞行中，重点是总距-偏航耦合。

6.7.2　总距-偏航耦合

总距操纵导致旋翼减速（或加速），控制器增加（或减少）燃油流量，从而增加（或减少）发动机扭矩，进而导致机身上的偏航力矩反向作用。直升机飞行员在训练初期就学会了对这种影响进行补偿，飞行员在操纵总距时，需要分配一定的工作负荷，以实现脚蹬

的协调补偿。大多数直升机的尾桨总距和主旋翼总距杆之间有一个机械连接，因此在飞行状态下消除了总耦合效应。ADS-33 设定了瞬间总距输入产生最大偏航角速度 5 (°)/s 的限制，并对偏航角速度与垂直速度之比设置了更复杂的限制，但公开文献中未出现任何证实数据。详情请参阅参考文献 6.5。

6.7.3 侧滑与俯仰和滚转的耦合

剩余的交叉耦合效应，尤其值得注意的是侧滑的姿态响应。侧滑–俯仰响应是直升机的一种特殊现象，当需要将机身偏离其飞行航迹时，这种现象会导致不协调的操纵问题。旋翼的下洗会影响水平安定面，在零侧滑条件下会造成很大的机头上仰力矩。随着侧滑加剧，尾流下洗朝向一侧，尾部暴露在自由流中，导致左右舷存在下俯力矩。如图 6-69 所示摘自参考文献 6.87，说明了 UH-60 直升机侧滑对俯仰力矩的各种影响。倾斜的尾桨产生了 50% 的强交叉耦合，水平安定面产生了 25%。导数 M_β 的总数值约为 2000ft·lb/(°) 并且与主旋翼周期变距一样，因此需要飞行员的巨大补偿。侧滑的强俯仰响应会加剧尾桨故障后飞行员迷失方向的问题。据作者所知，当前尚无公开的数据定义侧滑–俯仰效应的操纵品质边界，这仍然是一个有待研究的课题。

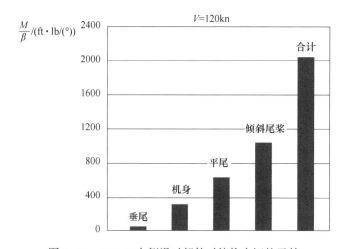

图 6-69　UH-60 在侧滑时部件对俯仰力矩的贡献

滚转–侧滑耦合在 ADS-33 中被定义为横/航向振荡特性前飞标准的一部分（参考文献 6.5）。它遵循固定翼的格式，并用横向周期变距输入后的滚转姿态响应的振荡分量与平均分量之比表示。该参数假设滚转振荡是由滚转操纵中的侧滑偏移引起的。此参数的 1~2 级边界取决于滚转和侧滑之间的相位角。

一般情况下，交叉耦合需要注意最后两点。首先，大多数直升机都是采用机械连接或操纵连接设计的，这种机械连接或操纵连接可以最大限度地减少突然操纵输入后初始的耦合运动。例如，在西科斯基 CH-53E 和 UH-60A 中，通过机械连接将总距杆耦合到所有其余的操纵装置上。这是一种相对简单而有效的方法，可以减少一些主要影响，但对角速度和速度耦合没有任何作用。其次，有证据表明，可接受的最大耦合水平是轴上响应特性的一个强函数——轴上操纵品质越差，飞行员的耦合容忍度就越低。这与直观感觉一致，即降低多个操纵将导致组合操纵的效果比单个特征的平均效果更差。当然，这是个坏消息，但对于那些试图用不稳定或部分稳定的直升机来"加强"操纵装置，或试图用具有 2 级俯仰或交叉耦合特性的配置来定义 1 级滚转轴响应边界的飞行员来说，这并不意外。但是，未来有 ACT 的直升机在设计上会有低水平的耦合。对于这些高度增强的飞机，需要考虑的是耦合增强的任务关键度甚至飞行关键度。未来的飞行员如果没有受过良好的训练，可能无法驾驶交叉耦合的直升机，而失去耦合增强能力可能类似于今天直升机运行中的发动机或尾桨故障。然后，中心问题就变成了系统完整性的问题，特别是与传感器相关的系统完整性问题，需要考虑足够的完整性/冗余，使耦合增强的损失风险降低到极小。

6.8   多轴响应标准和新响应类型

本节涵盖两个成熟度相对较低的领域，并与现有的基础飞行品质数据库有关。所有飞行品质要求的重点是将标准按飞行员操纵轴划分。事实上，大多数 MTE 需要在所有轴上协调操纵的输入，由此产生的问题是，单轴标准的组合是否能确保被多轴任务中的飞行员接受。实际上，本章前面章节中的所有材料都涉及最传统的速度或姿态指令和响应类型。随着电传/光传和随之而来的主动控制技术的出现，飞行员驾驶直升机方式被极大地改变了。用"新响应类型"一词形容对非姿态系统的分类，对该领域的现状和思考构成了本节的最后一个主题。

6.8.1   多轴响应标准

ADS-33 中的大多数试验 MTE 主要是单轴任务，如加-减速（俯仰）、快速上移（垂直）、规避（滚转）和悬停转弯（偏航）。对这些，至少在理论上，离轴操纵输入仅用于补偿交叉耦合。耦合的飞行品质要求（见 6.7 节），至少在充分开发后，应确保飞机的制造只需要最低补偿。其他 MTE 本质上是多轴的，要求飞行员采用协调控制以达到令人满意的任务性能，如盘旋、斜坡悬停进近、"摇一摇"战斗机动，以及在降低和提高过载系数时的滚转。至少在最近几年，很少有人对与现代任务有关的、特别适合直升机多轴操纵的飞行品质标准进行研究。ADS-33 只提到操纵灵敏度应可兼容、响应协调的要求。操纵协调性可以说是飞行品质最重要的方面之一，但要进行任何形式上的量化都很困难。一个直观的定义是，协调是使用具有相似水平的特征响应参数（至少在相互作用的轴上）取得的品质。在基本层面上，协调意味着在不同的轴上有相同的响应类型，例如，俯仰时的 RC 与滚转时的姿态组合不协调，甚至可能导致评级下降。协调性主要应用于俯仰和滚转，通常通过同一个右手驾驶杆来控制。在低速并靠近地面的情况下，飞行员用右手驾驶杆控制旋翼推力。作者认为，这种操纵模式中的协调性应尽可能包括响应类型、带宽和操纵性（尤其是 AC 响应类型）。然后，如果飞行员想以 45° 的角度向右飞行，他启动和终止操纵都将通过驾驶杆向所需方向移动来进行。下面讨论的 TRC 响应类型自然满足这一要求，但如果 ADS-33 的最低要求比率保持不变（例如，UCE 1 中姿态响应类型的机动操纵为：±30°俯仰，±60°滚转），则 AC 或 RC 类型不满足这一要求。

在前飞过程中，转弯协调要求是受关注的重要的多轴标准之一。当飞行员进入转弯时，应采用两种补偿操纵。对于具有操纵稳定性的直升机，需要后周期变距，以补偿转弯时的俯仰阻尼力矩。转弯时需要脚蹬来补偿偏航阻尼。飞行员还需要对增加转弯性能所需的任何稳态迎角或侧滑进行额外补偿。6.3 节已经讨论了操纵稳定性的要求。偏航控制的协调性和相关侧滑响应的要求更为复杂，因为它们取决于荷兰滚横/航向振荡中滚转和侧滑之间的相位。例如，ADS-33 中的转弯协调要求侧重于突发的横向周期操纵输入引起的侧滑量，该标准还强调了当侧滑响应明显滞后于滚转响应时，侧滑响应能被接受。

中高速机动飞行对周期变距操纵协调性的要求转化为对滚转姿态和法向加速度响应时间常数的要求。幸运的是，这种情况通常是这样的，俯仰带宽和操纵性与相应较高的滚转参数相协调。例如，当飞行员在俯仰和滚转两个方向都有 RC 时，可以在类似的时间（敏捷直升机大约 1.5s）内达到 60° 的倾斜角和 2g 的过载系数。在滚转操纵反效机动中使用纯粹的 RC 响应会引起一个潜在的问题。稳定转弯飞行时，飞行员将向后拉（驾驶杆）以保持转弯时的俯仰角速度。当飞行员进行滚转操纵反效时，他必须仔细考虑他的控制策略，确保周期变距时俯仰输入为零，以避免俯仰姿态的离散变化。参考文献 6.35 报告了评估速度和姿态指令响应类型相对效益的研究。飞行员强调了 RC 的一个工作负荷问题是在反效滚转操纵时需小心，避免在操纵过程中造成俯仰变化，进而导致速度降低或增加。为了克服这一问题，提出了一个速度保持功能。此外，自动转弯协调通常是飞行员的首选，至少达到中等敏捷性水平，无须应用任何补偿性的俯仰或偏航输入。

多轴任务的最后一点——假设根据现场目标标准，在所有轴上均满足 1 级的飞机在实践中始终能达到"期望性能"。这是一个有争议的话题，但就目前情况而言，假设个别标准足够可靠，如不遵守将导致很糟糕的飞行品质。众所周知，在飞行员进行高度机动或环境条件恶化的情况下，1 级飞机品质可能降级为 2 级。该情况普遍被认为是在恶劣环境下运行直升机的必然结果，适用于军用和民事行动。但这就提出了一个问题，即在两个或多个轴上降级到 2 级的直升机是否仍能在多轴操纵中达到足够的性能水平。有证据表明答案是否定的。在讨论组合轴操纵品质时，Hoh（参考文献 6.60）提出了一个建议性的"产品规则"，该规则预测，在库珀-哈珀 HQR 评级表中，双轴均获得 5 级评级的飞机在实际操作中将达到 7 级评级，即 3 级操纵品质。下一章将回到这一观点和其他主观性意见的问题上。

6.8.2 新响应类型

直升机在三维空间飞行的独特能力表现为接近地面的低速机动。飞行员的任务从概念上可分为三个子任务：导航、制导和稳定。导航，通常是飞行员在一段时间内（长周期）想去的地方，需要较低的工作量和间歇性的注意力来进行航向修正。制导更多地涉及飞行员在短时间内（短周期）想去哪里，需要适度的工作量，主要取决于飞行速度和能见度，或者飞行员可以目视的前方飞行的秒数。在低能见度情况下，制导工作量会变得非常大。稳定性与保持所需飞机姿态的持续活动和工作量有关。对未经改良的直升机，当受到干扰并偏离预定航迹时，保持稳定的工作量可能很高，需要飞行员持续补偿。大多数为提高接近地面和障碍物时的精确飞行航迹控制所做的努力，都是通过加入姿态保持功能，结合 RC，甚至姿态指令响应类型，来减少稳定性的工作量。如 Puma 和 Lynx 都有短周期姿态保持功能作为其有限权限 SCAS 的一部分，当姿态变化在接近零的小范围内（Lynx）或飞行员的周期变距保持不变（Puma）时触发。

随着高权限数字飞行控制技术的出现，现在已经具备了提供响应类型的能力，这种响应类型不仅可以免去保持稳定的工作量，而且可以支持直接制导任务。从概念上讲，飞行员只需要控制飞机速度矢量的大小和方向。迄今为止，制导任务中飞行品质的唯一标准是根据 ADS-33（参考文献 6.5）在 DVE 中运行所需的 TRC 响应类型。TRC 是指恒定的飞行员操纵输入引起等比例的以地球为参考的平移速度响应的响应特性。一级飞行品质是由一个一阶形状其等效上升时间在 2.5~5s 之间的 TRC 响应定义的。设置下限是为了避免在 TRC 操纵期间突然改变姿态。等效上升时间和 1 级 TRC 操纵性和灵敏度边界如图 6-70 所示。参考文献 6.32 中公布了 TRC 响应特性的有限支持数据。

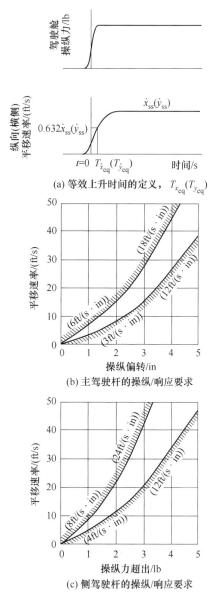

图 6-70 TRC 响应灵敏度边界（参考文献 6.5）

值得注意的是，新型响应类型的应用有两个显著的例子-麦克唐纳-道格拉斯实验性 AH-64 Apache AV 05（参考文献 6.88）中使用的高级数字化飞行控制系统（ADFCS）和专为波音/西科斯基生产的 RAH-66 科曼奇而设计的 Velstab 系统（参考文献 6.89、6.90）。ADFCS 实验系统的设计计划是在 20 世纪 80 年代中后期设计并投入使用，目的是为单个飞行员的操作提供低工作负荷的飞行控制管理。提供自动模变是这一理念的一部分，因此不是"按个按钮就会改变飞行航迹"。在 AV05 中实现的飞行航迹控制逻辑包括两种可选模式——飞行航迹矢量系统（FPVS）和特技飞行系统。FPVS 的控制逻辑包含许多创新功能，如图 6-71 所示，其中显示了悬停、低速和巡航三种自动过渡模式。在低速模式下，惯性速度保持不变，（平移）惯性加速度由右驾驶杆控制。这种响应类型被用于低速 NoE 飞行，以确保不需要飞行员长期保持驾驶杆力，就像纯 TRC 系统那样。在巡航模式下，转弯速度保持功能使飞行员能够在改变速度的同时保持相对的飞行航迹。在低速和巡航模式下，加速命令/航迹保持的垂直轴响应类型简化了地形跟踪飞行任务——飞行员可以将航迹矢量符号显示在地形上所需点（如山顶）的头盔显示器上，以确保排除垂直障碍物。在作者看来，AV 05 代表了具有新颖响应类型的全飞行包线 ACT 系统的最先进状态。引用参考文献 6.88 的观点，"……在一个小时的示范飞行过程中，无人系统可能从飞机上获得接近包线极限的性能"。作者可以证明这一点，因为他是以这种方式飞行 AV 05 的特殊工程师之一。

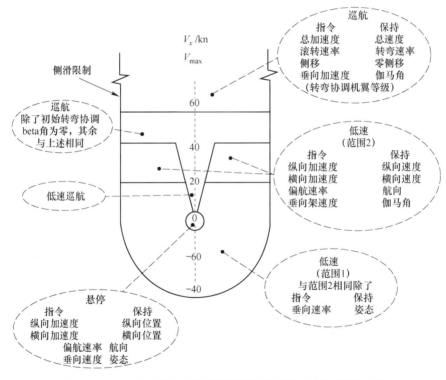

图 6-71　AH-64 速度/方位控制逻辑极坐标图（参考文献 6.88）

在编写本书第 1 版时，RAH-66 科曼奇的核心主动飞行控制系统（AFCS）已在试飞模拟中进行了演示，为 UCE 1 ADS-33 MTE 提供了 1~2 级飞行品质（参考文献 6.89）。此外，对于 ADS-33 DVE MTE（参考文献 6.90），可选择的控制模式（给予飞行员混合 ACVH（姿态指令，速度保持）用于 DVE 飞行）被评估为稳定 1 级。在 RAH-66 上，DVE 控制系统被描述为 VELSTAB 模式，与惯性地面速度（$V<60kn$）/空速（$V>60kn$）相关的特性如图 6-72 所示（参考文献 6.90）。在非常低的速度下（地速在 ±5nmile/h 内），在图 6-72 的阴影悬停保持区域，提供有位置保持（TRCPH）的平移速度指令，为飞行员提供精确的定位辅助。当飞行员要求的速度超出阈值或使用大的周期变距需求时，启用悬停保持超越。当近地速度在 60kn 以下时，飞行员使用 ACVH 飞行，并进行风速补偿，以尽可能消除大风条件下飞行控制策略的不均匀性，并确保 60kn 时地速和空速的平稳过渡。低速转弯协调与高度保持相结合，使飞行员能够单手飞行，使机身轴线始终与飞行航迹保持一致。

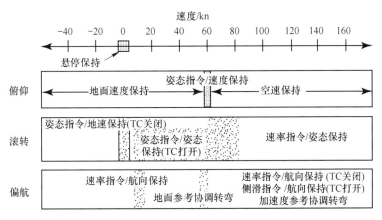

图 6-72　科曼奇 VELSTAB 特征（参考文献 6.90）

阿帕奇上的 ADFC 和科曼奇 VELSTAB 上的 AFC 是 20 世纪 90 年代中期直升机飞行控制和飞行品质的目标，这些已经在飞行和仿真中成功实现。随着传感器和数字化飞行控制系统技术的进步，使用新的地面参考响应类型的飞行已成为可能，为大幅降低飞行员的工作负荷提供了可能，尤其是 DVE 飞行，飞行员驾驶的军用飞机将具有以前不可能达到的能力。在能见度低或狭小和/或受限区域的民用操作中，也可能通过该技术实现显著的安全改进。

6.9　重新审视客观标准

在本章中，动态响应标准的概念发挥了巨大作用，用于形成预测的操纵品质，并与之前在图 6-5 和图 6-14 中的频率-幅值图相匹配。使用如图 6-73 所示的内容可以更全面地总结这一点，其中的不同标准可以进一步分为两类——决定飞机敏捷性的标准和决定飞机稳定性的标准（参考文献 6.91）。

如上所述，操纵包线被描述为实际操纵的限制标准，可实现的操纵幅值随着频率的增加而减小。在整个包线范围内，可以分为四个方面，两个涉及稳定性，两个涉及敏捷性。敏捷性和稳定性相关的动态响应要求不能简单"分离"，因为过高的稳定性会降低敏捷性，反之亦然。为了达到良好的平衡，需要进行仔细的优化设计，与固定翼飞机的设计一样，数字化电传/光传飞行控制技术为设计师提供了更大的自由度。然而，对于控制增稳系统来说，操纵执行机构具有全权限以能够处理敏捷性与稳定性问题的能力显然不是必需的。这种具有挑战性的折中方案的精髓可以从本书中介绍的两种飞机——Lynx 和 Puma 增强系统的设计中看出。Lynx 的系统同时具有俯仰-滚转姿态信号和速度反馈信号，但姿态信号的增益有两个值，一个是小扰动的高值，另一个是当姿态增加到一定数值以上时大大降低的值。因此，小幅值输入的响应类型为 ACAH，大幅值输入的响应类型为 RC。姿态反馈所带来的稳定性增强也改善了飞机在湍流条件下的飞行品质，在湍流条件下，飞行员不必

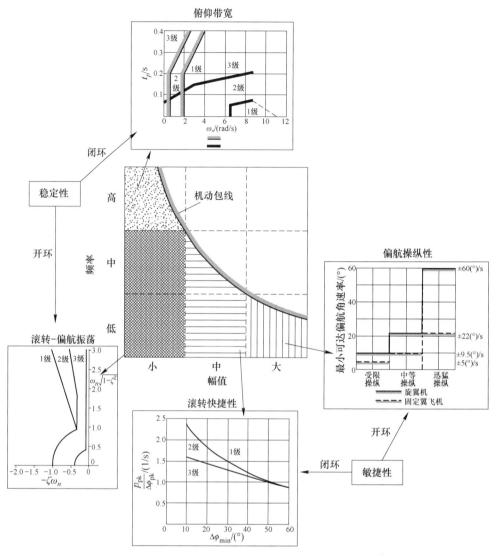

图 6-73　频率–幅值图上的敏捷性和稳定性标准区别

应用连续的纠正措施来保持期望的姿态和速度。在 Puma 的系统中，使用了不同的方法。通过对来自速度陀螺的信号进行积分得到"伪姿态"，其用于提供短周期的姿态稳定。当飞行员将周期变距杆从配平位置移动到规定范围外时，"伪姿态"分量被切换，为飞行员提供完整的 RC 响应。50 年前，Lynx 和 Puma 的设计都是创新的，专门设计用于解决稳定性和敏捷性之间的权衡问题，通过一系列的有限权限（约±10%）执行机构，增强了两种飞机的性能。如今，基于任务定制控制和飞行品质已经是司空见惯的概念，尽管这种强非线性设计功能的实现似乎并不常见。

　　图 6-73 举例展示了 ADS-33 的敏捷性和稳定性标准。中等幅值敏捷性标准（滚转轴）提供了闭环稳定性（与带宽标准有关）（俯仰轴）和最大敏捷性（与操纵性标准有关）（滚转轴）之间的直接联系。基本稳定性由复平面上特征值的位置来定义，如图中所示的荷兰滚–偏航振荡。当然，飞行品质的要求远远超出了图 6-73 中概述，包括配平和静稳定

性、航迹响应、交叉耦合现象和控制器特性，本章已不同程度地涵盖了这些方面的大部分内容。在《直升机飞行动力学》第 1 版和第 2 版出版以来的这段时间里，各种基础研究和应用研究已经完善了对直升机飞行/操纵品质的理解，其中一些已经体现在 ADS-33E 的性能规范版本中（参考文献 6.92）。在整个第 6 章中使用的 C 版本有很多的变化，并且没有对前面介绍的材料进行全面修改。相反，这里重点介绍了几个关键的发展，以引起读者对他们的特别关注。

ADS-33 包含了第一组真正面向任务的需求，具体体现在标准边界的位置与"任务科目基元"飞行类型有关，而不是飞机的尺寸或重量。在 ADS-33E-PRF 中，飞机的作用（即攻击、侦察、公共事务、货运）由推荐飞行的 MTE 子集和使用的敏捷性水平（即有限、中等、高机动、跟踪）来描述。相关标准以两种方式与 MTE 联系起来——响应类型表（见表 7-4）和与 MTE 相关的敏捷性水平（后者又定义了要使用的操纵品质边界）。参考文献 6.92 中的一个例子是悬停和低速飞行时大幅值姿态变化的一系列要求，例如操纵性，如表 6-6 所示。本书定义了用于定义操纵性需求的 13 种不同 MTE 的正常敏捷性水平。例如，障碍滑雪通常以中等敏捷性飞行，而加/减速则需要高机动的敏捷性。

表 6-6　垂向的大振幅响应标准

灵活类 MTE	速度响应类型可达到的平均速度/((°)/s)						姿态指令响应类型可达到的角度/(°)			
	1 级			2 级和 3 级			1 级		2 级和 3 级	
	俯仰	滚转	偏航	俯仰	滚转	偏航	俯仰	滚转	俯仰	滚转
有限机动	±6	±21	±9.5	±3	±15	±5	±15	±15	±7	±10
悬停										
着陆										
斜面着陆										
中等机动	±13	±50	±22	±6	±21	±9.5	+20/−30	±60	±13	±30
悬停转弯										
垂直机动										
出航/中断										
横向移位										
障碍滑雪										
迅猛机动	±30	±50	±60	±13	±50	±22	±30	±30	+20/−30	±30
垂向隐蔽										
加速/减速										
急速侧移										
目标捕获与追踪										
转弯到目标										

对于 UCE> 1 或注意力被分散的情况下，一般或"所有其他"（任务基元）MTE 的带宽会出现闭环稳定性要求的变化。如图 6-74 所示应与图 6-30（c）进行比较后显示 2~3 级的边界从 0.5rad/s 移动到 1rad/s，该边界也因为前飞而提高了。对定义 2~3 级操纵品质边界的研究远少于对 1~2 级操纵品质边界的研究，众所周知，飞行员对 2~3 级操纵品质边界的感知非常依赖于技能和训练。考虑到简单的一阶滚转响应（根据式（6-2）和图 6-3 的分析），0.5 的带宽对应于 2s 的滚转时间常数，因此，并不奇怪飞行员在遇到这种响

应滞后时，精确的障碍滑雪机动或规避会机动遇到重大的困难。

姿态敏捷性标准仍如 ADS-33C 中所述，除了与试验要求做区分外，特别强调了飞行员需要"在驾驶舱操纵输入信号没有显著反转的情况下，尽快改变姿态"。众所周知，控制超调会导致快捷性增加，并给人一种虚假的敏捷感，即使飞行员通常会使用这种技术来改变姿态。这一点也强调了涵盖中等幅值的全部范围。图 6-10 和图 6-18 显示了 Lynx 直升机障碍滑雪和急速侧移 MTE 的闭环快捷性（飞行员使用超调技术），其在大范围姿态变化中的数据均被测量。一个重大的变化是，UCE 等于 2 和 3 的飞机响应类型不应再满足快捷性要求，因为 DVE 中的操作只需要有限的敏捷性。

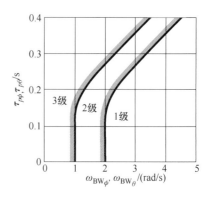

图 6-74 悬停和低速飞行的小幅
（滚转-俯仰）姿态变化要求

在 6.5.3 节中，重点讨论了前飞中直升机航迹控制的复杂性和 ADS-33C 要求的缺点，特别是与试验中的难点和某些明显的非一阶响应类型有关的问题（见图 6-58）。在 ADS-33E-PRF 中，引入了一种新的飞行航迹特性标准，该标准通过具有固定总距的周期变距来对俯仰姿态的变化进行响应。标准被分为（功率曲线的）正向和反向操纵。如果 $\Delta\gamma_{ss}$ 是飞行航迹的变化，而 ΔV_{ss} 是俯仰姿态阶跃变化引起的速度变化，则

$$\text{正向操纵} \quad \Delta\gamma_{ss}/\Delta V_{ss} < 0 \quad\quad (6-41)$$

$$\text{反向操纵} \quad \Delta\gamma_{ss}/\Delta V_{ss} \geqslant 0 \quad\quad (6-42)$$

对于反向操纵，飞行航迹操纵要求基本上与第 6.51 节中讨论的对总距需求的低速高度响应相同，只是 2 级操纵的时间常数 $T_{h_{eq}}$ 的最大值降低到 10s。对于正向操纵，标准基于飞行航迹和俯仰姿态之间的延迟（相当于低频时的垂直时间常数或导数 $-Z_w$ 的逆），在频域中表示如下：在所有频率下，1 级应小于 0.4rad/s，2 级应小于 0.25rad/s。通常认为，这些标准仍需要开发，特别是对于复杂的精确近地轨迹，以保证直升机在繁忙的枢纽能正常、无干扰地飞行。

最后讨论交叉耦合标准，如图 6-75 所示总结了直升机中各种重要的交叉耦合效应。方框带有星号的表示目前没有操纵品质标准。

ADS-33 中的要求包括详细的定量比例标准——例如，滚转/俯仰或总距/偏航，以及定性的"无异议"类的说明，尽管参考文献 6.92 中已将俯仰姿态变化对应的飞行航迹响应发展为上一段中描述的定量标准。但在需要更高精度和攻击性的机动中，交叉耦合严重阻碍了任务的执行，这已在参考文献 6.92 中得到考虑。总距与偏航以及俯仰-滚转/滚转-俯仰的耦合要求被应用于需要满足捕获/跟踪机动与敏捷性的飞机。在文献 6.93 和 6.94 的研究基础上，提出了对跟踪水平敏捷性的新要求，确定了小幅值跟踪操纵品质的频率依赖性。如图 6-76 所示，响应比（平均 q/p（dB）、平均 p/q（dB）由频率响应函数 q/δ_{lat} 除以 p/δ_{lat} 和 p/δ_{long} 除以 q/δ_{long} 的幅值求出，在姿态带宽频率和姿态响应相位为-180°的频率之间取平均值。要求侧重于由于滚转要求而引起的俯仰，而俯仰要求源自在滚转跟踪任务期间因耦合程度的变化而中断的俯仰控制试验（参考资料 6.93）。

自本书第 1 版和第 2 版发布以来，ADS-33 中阐述的方法已得到广泛应用。参考文献

	俯仰	滚转	升降	偏航
俯仰		$\Delta\theta_{pk}/\Delta\phi_4$ （悬停和前飞）	前飞中航迹响应不令人讨厌	主动变距操纵旋翼转矩变化引起的偏航响应 *
滚转	$\Delta\theta_{pk}/\Delta\phi_4$ （悬停和前飞）		快速滚转反转中的推力/扭矩峰值 *	$\Delta\beta/\Delta\phi$ 前飞比
升降	$\Delta\theta_{pk}/\Delta n_{zpk}$ （前飞）	$\Delta\phi_{pk}/\Delta n_{zpk}$ （悬停和前飞） *		$r/\lvert\dot{h}\rvert$ 悬停比
偏航	前飞侧滑引起的俯仰力矩 *	滚转操纵性中的上反效应	不令人讨厌的悬停	

注：*——当前无要求。

图 6-75　交叉耦合或离轴响应的动态响应标准

6.95 中给出了一些针对特定用途的需求量身定制的指南。在英国，最初的重点放在了攻击直升机采购竞标的应用上（参考文献 6.96），而在欧洲大陆，则是 NH90 的设计和开发（参考文献 6.97）。相关学界的一个持续主题是开发海事版本的 ADS-33，并将其应用于从舰船上起降的操作中。已经进行了一系列飞行和飞行仿真试验，并报告了结果（参考文献 6.98~6.101），这些试验已经指导了特定的应用，但尚未出现公认的结论性产品。然而，似乎一个普遍共识是（参考文献 6.101）：在高海况下，以现役标准飞机的强化水平进行着舰时，无法达到 1 级操纵品质。在将侦察/攻击直升机的需求（最初是 ADS-33 的重点）扩展到运输直升机方面，出现了一些类似的情况，特别是在外部、吊挂载荷的任务中。参考文献 6.102~6.104 记录了部分事件，但最终 ADS-33E-PRF 在其关于为制定标准而进行的飞行和仿真试验的讨论中得出结论，"这一试验的结果是压倒性的证据，证明定量标准极难得出"。在参考文献 6.105 中，报告了 UH-60M 在首飞前的操纵品质综合分析，证明了该方法在飞行器升级中的实用性。

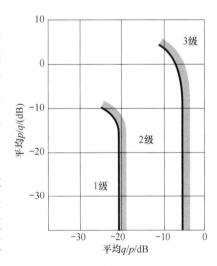

图 6-76　目标捕获和跟踪 MTE 的俯仰-滚转交叉耦合要求

作者自己的研究也将该方法引入了新的方向，特别是操纵品质与负荷之间的关系。例如，在参考文献 6.106 中，讨论了直升机飞行试验中的一些结构疲劳问题，强调了飞行品质试验的重要性。在参考文献 6.107 中，提出了一种集成操纵品质/敏捷性和减轻负载的设计过程，利用并扩展了 ADS-33 标准，以涵盖这两个准则。

最后，简要介绍一下 ADS-33 开发工作的主要对象——RAH-66 科曼奇。该计划于 2004 年 2 月 23 日取消，但在此之前，其展示了设计和制造一架至少在良好的视觉环境中、在整个 OFE 中具有 1 级操纵品质的直升机的成果（参考文献 6.108）。参考文献 6.108 的结论总结了有益的教训：

……尽管 ADS-33D 第 3 节的分析要求是控制律的开发是不可代替的，但并不能改变飞行员和工程师之间积极开展飞行试验的现实，没有这些试验，许多关键的改进……是不可能的。

伴随这些话，参考文献 6.108 的作者自然而然地引导我们进入操纵品质的主观飞行员评级和规定的操纵品质主题。

具有可变稳定性的阿帕奇 AV05 在亚利桑那沙漠上进行飞行品质评估（来自作者收藏的图片）

7 飞行品质：主观评价和其他主题

如果连经验丰富的飞行员在严格受控环境中的试飞操纵都具有危险性，那么显然无法期待普通用户在陌生及恶劣的战场环境中进行飞行操纵。

——基，1993 年

7.1 引言和范围

客观的试验与评估是验证飞机品质标准满足性的必要条件，但仍不足以确保一架新研直升机能够安全地实现其运行目标。由于试验数据有限，标准上的差异性，以及新领域运行（需求）的驱使，使得在认证前必须进行飞行员导向的试验性试验。另外，（飞行员导向的试验性试验）还关系到标准的鲁棒性和飞机在更高性能水平下的飞行品质。曾有人多次提出，ADS-33 等规范能够确保 1 级正常运行的最低要求。优秀的设计不能仅将满足 1 级需求作为目标，还应做得更好，大多数操纵参数没有上限，意味着实际上没有关于何时或是否处理再次降级的指导。飞机需要进行飞行试验，以评估其在一系列任务科目基元（MTE）中的飞行品质，包括其在使用飞行包线（OFE）内和在性能极限运行下的飞行品质，从而确定该机的操纵极限。这些试验将记录飞机的任务性能和操纵活动，其中飞行员的主观评价在整个过程中是无可替代的。飞行员主观评价的分级和解释贯穿本章，它是7.2 节的主题，本章节中涵盖了一系列的主题，包括操纵品质评级（HQR）、MTE 和操纵品质试验的设计和实施。

7.3 节涉及特殊飞行品质的选择，包括敏捷性、无忧操纵和在不良视觉环境下的飞行。

第 6 章忽略了对飞行员接收和操纵的要求。围绕着接受者品质评价的问题，特别是驾驶杆品质评价的问题，是以飞行员为中心的，因此我们认为本章的内容是更为合适的，在7.4 节中将详细讨论这个问题。

对于军用和民用直升机，主动控制技术（ACT）提供潜在的飞行品质提升的方式是通过几乎无限多的响应整形（其中计算机执行各种"补偿"），这使得人们更加深入地研究改进飞行品质对安全和性能的好处。由所谓的飞行员失误造成的直升机事故和意外仍然太多，从广义上讲，其中的许多都是因为直升机飞行品质差导致的。甚至那些由系统故障引起的事故最终也可以归因于飞行品质的下降，因为飞行员总是会尽最大努力尝试确保故障飞机能够安全降落。考虑到这些因素，我们在 7.5 节中将飞行员看作一个系统元素，重点讨论飞行员对性能和安全的影响。讨论了其在"压力"下出现故障的可能性，并提出了一种量化失败风险的新方法。

7.2 飞行品质的主观评价

长期以来，飞行员对飞行品质的看法广泛多样，每个人都会有不同的理解，想要在品质规范的各个方面达成共识是不现实的，也是不可取的。幸运的是，飞行员和大多数人一样，具有极强的适应能力，他们能够学会如何高效地操纵飞行器。如果说飞行员在审美和功能方面都重视飞行品质，那么飞行品质工程师的本职工作就是试图在功能品质方面达成共识。通过制定面向任务或功能的品质规范，使这项工作产生了相当大的影响力。在此之前的几十年里，功能价值和美学价值的结合导致了对品质的认可成为一种"值得拥有"的属性，而不是满足安全和性能的必要条件。美学品质的重要性是公认的，但这方面的问题超出了本书的范畴。以任务为导向的飞行品质的重点是在时间和空间条件的约束下执行一组飞行任务的能力，完成任务本身就是最好的试验。当执行任务时（或在 MTE 中使用 ADS-33（参考文献 7.1）），飞行员将采用操纵策略，最大限度提高飞机性能和减小工作负荷。不同飞行员采用的策略可能会有所区别，反映了不同飞行员选择如何使用控制的复杂关系，如图 7-1（参考文献 7.2）所示对此进行了说明。给定环境中的任务需求将决定所需的准确性和备用工作负荷能力；麦克鲁尔（McRuer）通过专注力需求和备用操纵能力的双重概念对此进行了描述（参考文献 7.3）。将直升机降落在小型舰船的甲板上可能

需要很高的精度，飞行员需要花费一些时间才能实现安全着舰。与精确飞行相比，躲避威胁时可能对快速机动提出了更高的要求，无论飞行员是谁，飞行器响应特性和任务要求共同决定飞行员所采取的操纵方案，进而体现在实现的任务性能和飞行员的实际工作负荷中。在对飞行品质进行主观评级时，飞行员需要考虑这些相互影响的因素，然后向工程师反馈自己的想法，而工程师在该阶段的工作则是尽可能对飞行品质进行优化。飞行员主观意见的表达和相关说明是实现飞行品质提升的基础，这可以通过评分表和问卷调查等多种途径实现。自 20 世纪 60 年代末库珀-哈珀

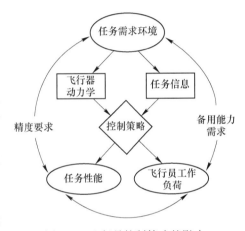

图 7-1　飞行员控制策略的影响

HQR 评级标准（参考文献 7.4）首次提出即获得了广泛的使用。鉴于其对本章主题的重要性和强调误用的可能性，下一节将重点介绍该规则和相关飞行员 HQR。

7.2.1　飞行员操纵品质等级——HQR

如图 7-2 所示展示了库珀-哈珀飞行品质飞行员评级规定的标准。飞行员和飞行品质工程师需要非常熟悉其格式、用途和可能的错误情况。在讨论评级标准之前，我们先回顾图 7-1 和操纵方案的关键影响，这些影响都应该在飞行员的意见中体现出来。我们可以进一步回顾图 6-1，强调内部属性和外部因素对飞行品质的影响。飞行员通常采用闭环操纵行为，根据他或她执行任务的能力来判断品质。这两者的一个关键点是，操纵品质和飞行员操纵方案是飞机特性和任务规则相结合的产物。同一架飞机可以在白天 1 级飞行，也可以在晚上、有大风影响或者在冲突区域内完成 3 级飞行着陆。通过为飞行员提供夜视辅助设备，可以将 3 级提升至 2 级，或者通过在头盔式显示器（HMD）上提供必要的辅助信息将飞机从 2 级提升至 1 级。驾驶品质是和任务条件相关的（如执行任务时的自然环境条件），飞行员将会对飞机和任务情况进行评估。我们将以经验法则的形式讨论评级标准和 HQR 的应用。

①按照评级规则由左至右。飞行员应该通过系统地分析评级规则来确定相应的等级。这是首要条件，因为它能帮助飞行员在执行任务时对飞机进行评级。评级规则中需要参考

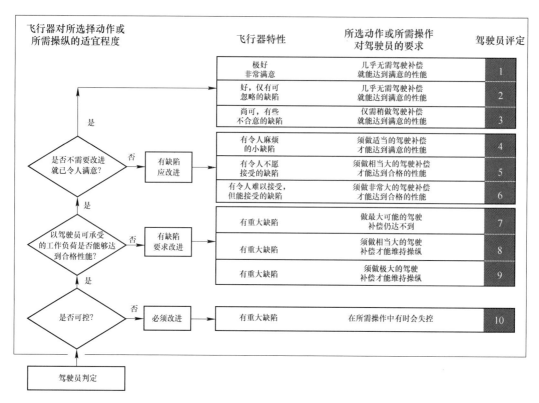

图 7-2　库珀-哈珀操纵品质评级表

飞行员一些关于飞机在可监测的工作负荷下达到规定性能水平能力的意见。

②HQR 是飞行员对完成一项性能等级已确定的任务时，所需工作负荷的主观感受总结。如果没有飞行员的持续意见，那么 HQR 会变得毫无意义。用于做出技术决策的是被记录的飞行员的主观感受，而不是 HQR，因为 HQR 并没有告诉工程师问题出在哪里。通常，一种结构化的定性评估方法会采用问卷调查的方式，确保所有被调查者回答的是一组同样的问题。后续我们会更详细地考虑问卷所包含的内容。

③飞行员 HQR 应该反映飞机执行任务的能力。MTE 的设计应符合实际的性能要求和任务约束。然后飞行员需要根据自己的判断，对一名"平均"的、具有正常附加战术职责的飞行员如何在类似的实际任务中执行任务进行评级。

④评级由任务性能和工作负荷共同组成，其中工作负荷是主要因素。如图 7-3 所示，为了强调重点，工作负荷和任务性能在飞行员权衡中被显示为两个维度。任务性能分为三类：理想的、充分的和不充分的。工作负荷也分为三类：低、中、高，作为评级表的术语。库珀-哈珀评级表上的 HQR 属于阴影所示的区域。图 7-3 显示飞行员可能会非常努力地工作（如给予最大可容忍补偿）并达到期望的性能要求，但因此返回到 1 级是不合适的。相反，他应该以在备用工作负荷下获得充分的性能为目标。同样，飞行员不应满足于在低工作负荷的情况下获得充分的性能，他应该努力做得更好。在这种情况下，飞行员的一个共同目标是在 2 级的底端（即 HQR 4）达到期望的性能。1 级特性应保留给最好的飞机，即用于服务任务的飞机。HQR 4 意味着飞机几乎足够好，但性能仍需要改进。

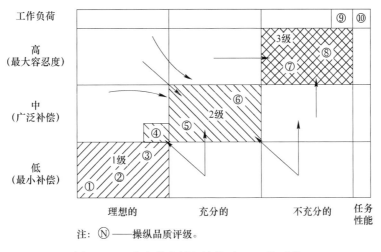

注：Ⓝ——操纵品质评级。

图 7-3 工作负荷和任务性能对 HQR 的贡献

⑤两个错误就可能引发一场灾难。操纵品质试验一般每次只关注一个响应轴，最多两个。在第 6 章，我们已经说明了要达到 1 级直升机需要具备的条件，并且经常会出现一个问题，即仅有一两个缺陷而其他品质卓越时会多大程度地降低飞机的性能。答案是任何 2 级或 3 级缺陷都会降低整机的性能。第二点是多个 2 级缺陷会使飞机降为 3 级。关于这个问题旋翼机数据非常少，不过霍布在"产品手册"（参考文献 7.5）中给出了一个可能的降级思路。其中 R_m 是预估的总体评级，R_i 是单个 m 轴的预估评级。根据前文所述，两个单独的 HQR 5 级将导致多轴评级为 7 级。这种预测算法的脆弱性强调了飞行员在判断总体操纵品质方面的关键作用，以及正确执行飞机多轴任务的重要性。因此，虽然急速侧移和快速跳跃可能是最适合用来确定滚转和俯仰操纵性输出需求的 MTE，但评估应该以飞行员在执行滚转-俯仰混合操纵时检查协调性的任务而告终。最终，混合操纵应在实际任务中与伴随任务职责一起进行评估，然后才被视为适合执行任务。

$$R_m = 10 + \frac{-1^{(m+1)}}{8.3^{(m-1)}} \prod^m (R_i - 10) \qquad (7-1)$$

⑥HQR 评级表是有序的，但间隔并不均匀。例如，飞行员反馈的 HQR 为 6 时，其工作负荷并不一定是 HQR 3 级时的两倍。库珀和哈珀在讨论这个问题时建议"在整个评级范围内，飞行员品质评级每单位的变化应该是相同的"。工作负荷的非线性并没有影响平均评分和分析其统计意义的普遍性。本书中许多例子都给出了 HQR 的平均值和外部评级，作者明确支持使用 HQR 进行简单的算术运算。然而这种做法应非常谨慎，特别要注意评级的范围，如果这个值很大，如一个构型的评级出现在所有的三个级别中，此时用平均值就不太合适。如果评分的差距只有 1、2 分，则飞行员可能"体验"了相同的操纵品质。当然，如果评级正好处在等级交界处，如平均值接近 3.5 或 6.5，那么可能需要让更多的飞行员参与评级或者改变一些任务。平均值的整个问题，可以使数据呈现如此吸引人，必须根据飞行员的主观意见来进行。显然，当飞行员笔记中记录的操纵缺陷不同时，对一组评分进行平均是不合适的。

⑦非整数评级合理吗？人们似乎普遍认为飞行员不应该给出 3.5 或 6.5 的评级。没有

可以停留在整数上，试验工程师应该始终强调这一点。除了这一点之外，似乎没有很好的理由将飞行员人数限制在整数范围内，只要他们能够解释他们为什么需要在更具体的细节上进行评级。HQR 4 和 HQR 5 之间的"间距"就是一个很好的例子，它是评级中最重要的一项，飞行员应当特别小心，不要陷入 HQR 4 操纵品质"潜在良好"的综合征。在许多方面，从 HQR 4 到 HQR 5 的工作负荷要比从 HQR 3 到 HQR 4 的还要大，飞行员可能会觉得想要给出 4 到 5 之间的 HQR 评级。同样，飞行员可能更喜欢 HQR 2、3 良好与非常好之间的区域配置。

⑧有多少飞行员给出了好的评级？在设计操纵品质试验时，经常会提出这个问题。数据价值的明显权衡表现在真实性与经济性。最少需要 3 名飞行员参与进来，4 或 5 名飞行员则会使结果更加可信，而 6 名飞行员是获得平均 HQR 的最合适人数（参考文献 7.6）。对于精心设计的操纵品质试验，由于飞行员的背景不同，技能水平、他们对环境的感知、他们的驾驶技术，以及他们习惯的标准也不同（例如，一名飞行员的 HQR 4 可能是另一名飞行员的 HQR 5），导致飞行员评分不可避免地会有所不同。测量这种"分布度"是了解飞机实际工作情况的重要部分。但如果不同飞行员之间的分布度大于两个等级，工程师可能需要考虑重新设计试验。

⑨如何判断什么时候出了问题？同一 MTE 的额定值差异很大，对试验工程师来说应该引起重视。HQR 的变化有许多合理的原因，但也有一些不合理的原因，其中一个原因可能是飞行员执行的任务不同。任务定义的一部分是期望和适当性能的标准，这些将基于一些真实工况，如从一个点急速侧移 100m 至另一个点，并在一个已定义的环境背景下执行悬停，允许误差在 2m 内。任务定义可能还会补充要求，飞行员应该将飞机保持在离地高度 10m 以内，并在规定的时间内完成任务。任务定义中的细节越多，不同的飞行员就越有可能尝试飞行相同的 MTE，而 HQR 的差异也就越大，这正是我们要的结果。相反，细节越少，不同飞行员对任务的理解就越有可能不同，一个人可能在 15s 内完成任务，另一个在 20s 内完成任务，不同的需求会改变工作负荷，从而影响评级。除了需要完整和连贯的任务定义外，关键的一点是还需要为飞行员提供足够的提示，使他能够判断自己的任务表现。实际情况下，飞行员会判断自己的任务性能要求，他们通常会在中低要求飞行员补偿的基础上这么做。飞行员通常不会选择在高负荷下飞行，除非他们必须这样做，而且通常会根据他们能够明确得到的任务信息来设定性能要求。除非飞行员判断失误，否则他或她通常不会飞入任务提示不足以引导和稳定的情况。在飞行品质试验中，重要的是试验工程师要与"调试"飞行员密切合作以确定一个普通飞行员在操作中所期望的实际性能目标。然后，当飞行员给出一个 HQR 时，实际完成的任务性能应当与飞行员自身感知到的任务性能良好关联。如果处理不当，这个问题会降低操纵品质试验的结果。HQR 分布度中的第三个因素需要单独制定规则。

⑩飞行员需要多久才能准备好评级？这个问题没有简单的答案，但飞行员和工程师应该对新构型的学习效果保持敏感。简而言之，飞行员应该有足够的时间来熟悉一般飞行和试验 MTE 的配置，然后再准备进行评价。在飞行模拟过程中采用德国航空航天研究所（DLR）试验技术，包括计算 MTE 的"评分因子"，即连续性能指标的比率（见图 7-4，参考文献 7.7）。当评分因子高于预先设定的值时，即使不是工作负荷，飞行员至少达到了可重复的任务性能。最终，飞行员应该判断何时准备好进行正式评估，试飞工程师应保

证 HQR 准备充分。飞行员和试飞工程师在学习阶段记录的主观意见对于理解最终 HQR 的基础非常重要。在这个阶段，善于沟通的飞行员通常会提出很多非常有用的意见，这就引出了飞行员和工程师之间的沟通以及飞行品质术语的话题。

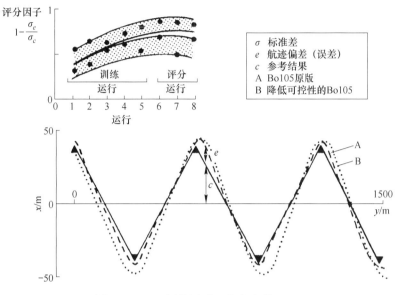

图 7-4　DLR 评分因子（参考文献 7.7）

⑪解释飞行员的陈述。在操纵品质评估时，飞行员会在主观评级中使用各种描述来解释好和坏的特性的影响。为了简化讨论，我们将涉及两个不同的方面：飞行员经典语言，如缓慢、清晰、平滑和可预测；工程术语，如操纵性、阻尼和带宽。HQR 是飞行员意见的总结，飞行员意见的一致性和可理解性非常重要；其次是飞行员的意见指导工程师进行优化改进。关于飞行员意见这里有两点值得强调。首先是任何经典的口语都应该用与任务相关的术语来定义；如这架飞机的滚转响应缓慢，因为它需要较长的时间才能达到所需的倾角。由于没有通用的术语词典，因此最好在试验早期定义一些约定含义，这样会使得 HQR 更有意义。其次，经过作者深思熟虑的观点是，强烈建议飞行员在评级过程中不要使用工程术语，除非他们非常熟悉工程背景。有时，完全不同的工程参数也可能产生相似的影响，如果飞行员试图将影响与原因联系起来，他们就有可能根据他们认为的情况作出预判。工程师需要飞行员来告诉他们哪些方面是好的，哪些是坏的，而不是试图找出原因。讽刺的是，飞行员所看重的技能——思考与解释他们反应的能力——可能会降低他们的评级。当涉及评估时，深入学习和本能发挥了作用，某种程度上，思维可能会干扰这一过程。对于飞行员来说，用主观且明确的术语来描述他们的工作内容要好得多。

⑫何时 HQR 不是 HQR？在整理操纵品质数据库过程中，会在整个范围内评估由好到坏的配置，飞行员不必认为无法达到性能目标是他们的问题。在新产品开发过程中可能会出现飞行品质缺陷，飞行员需要独立地提出他们的意见。最重要的是，参加这种评估的飞行员必须不受可能影响其评级的商业限制或方案承诺的影响，Hob 在参考文献 7.8 中强调了这一点。最终，将建立最佳的符合用户和制造商利益的飞行品质等级。

⑬飞行员疲劳——HQR 何时失去新鲜感？这当然会因飞行员和任务的不同而有所区

别，但根据经验，45~90min 的评估时间是合理的范围。飞行员的疲劳程度在一定范围内会影响他们对评估的态度，可能是 HQRs 传播的主要原因。飞行员通常由自己来判断是否疲劳，但一个有效的做法是在某些情况下将参考配置引入试验矩阵中，作为飞行员校准的一种手段。

⑭HQR 是绝对而非相对的。这是一条重要原则，但可能也最难实施或遵守，尤其是在试验中比较几种不同的飞机时，飞行员总是很容易将一架飞机或其中某个配置与另一架已经达到特定标准并获得评级的飞机进行比较。规范地使用库珀-哈珀评级规则可以帮助飞行员纠正这种习惯，而适当的培训和良好的早期训练可以预防这种不良习惯。

⑮HQR 是针对飞机的，而不是针对飞行员的。飞行员工作负荷决定了评级，但评级需要根据库珀-哈珀评级表中定义的飞机的特征和任务要点决定。强调 HQR 不是飞行员评级，可以突出这一重要区别。

⑯HQR 并不能说明所有情况。在此我们重申第②条规则，即每个 HQR 都应附有一份飞行员意见表以便提供完整的情况。一般通过问卷方式的一系列答案得出库珀-哈珀评级中涉及的各个方面的内容，如飞行器特征、工作负荷（补偿）和任务性能。需要格外重视任务提示以及飞行员对任务提示品质的主观印象，如夜间和恶劣天气时提供视觉辅助设备等。该主题将在 7.3.3 节中进一步讨论。

7.2.2　开展操纵品质实验

操纵品质试验根据不同目标采用不同飞行或地面模拟设备以及试验团队，试验周期可能有几天、几周乃至几个月。收集到的主观和客观数据则可能需要数月甚至数年才能得到全面分析。此项工作的价值和有效性在很大程度上取决于试验设计和试验计划，其中涉及了众多问题，大部分并不适合在本书中讨论，其中一个关键因素是用来评估操纵品质 MTE 的设计。上述关于 HQR 的讨论中，任务性能决定工作负荷，从而驱动飞行员评级已经作为一个重要问题被提了出来。在检验操纵品质试验的结果之前，必须仔细地研究 MTE 的设计。

设计任务科目基元

MTE 的概念在本书第 2 章"引言"中已有介绍。任何飞行任务都可以按照飞行任务阶段、MTE 和操纵样本进行分析。MTE 可以通过其明确定义的开始和结束条件来识别。要使 MTE 成为可行的操纵品质试验，还需要根据空间和时间约束定义 MTE，而且这些约束必须与实际的操作需求相关，否则得出的数据就没有说服力，飞行员也会很快失去兴趣。自 20 世纪 80 年代初以来，MTE 已经成为制定军用操纵品质标准发展的重心，在相关会议和期刊上都有大量 MTE 和 HQR 相关的内容。其中，ADS-33 MTE 发展成为一套成熟的试验内容，目的是为新型军用直升机提供严格的试验。在 20 世纪 90 年代初，实施了一项重要的精确化操纵改进，见参考文献 7.9~7.11，改进的重点是（参考文献 7.10）：更易于理解、面向任务的性能标准、适用于良好和不良视觉环境（DVE）、简单的任务提示和价格合理的仪器。

本方案使用了几架正在服役的武装直升机用于试验，重点关注飞行安全的问题。由于安全操纵边界的划定，操纵品质试验本质上是具有风险的。新版 ADS-33 MTE 突出了试验操纵环境中的所有缺陷，试验程序须比以往更加重视安全性。参考文献 7.10 中 Key 很好地总结了关于 AH-64 直升机依据 ADS-33 试验程序的重要性和合理性，"一些具有攻击性的操纵，特别是在 DVE 中，是令人非常兴奋的"。如果经验丰富的试飞员在严格控制的环境中进行试飞操纵具有危险性，那么期待用户在陌生、恶劣的战场环境中进行安全飞行操纵显然是不合理的。

表 7-1 总结了参考文献 7.12 中建议的初始试验操纵，包括 GVE（良好的视觉环境）和 DVE 情况。

表 7-1　ADS-33 飞行试验操纵（参考文献 7.12）

良好目视环境		不良目视环境	
任务精度	攻击性任务	任务精度	攻击性任务
过渡到悬停 悬停转弯 着陆 向心回转 斜面着陆	转向目标 快速向上/下 垂直隐蔽 加速/减速 急速侧移 障碍滑雪 减速到冲刺 瞬态转弯 急拉杆/急推杆 降低和提高负载系数时的滚转 高/低 摇一摇	减速进入 IMC 过渡到悬停 悬停转弯 着陆 向心回转	快速向上/下 加速/减速 急速侧移 障碍滑雪

如图 7-5 所示取自参考文献 7.9，分别使用了三种试验飞机：NRC（美国国家研究委员会）Bell 205、AH-64A 和 UH-60A，图中展示了这三种飞机在改进的 MTE 中的操纵品质试验结果。根据 ADS-33 标准，对 Bell 205 进行了 1 级和 2 级响应特性试验。ADS-33 的制定以 RAH-66 科曼奇直升机为目标，因此当前作战飞机的平均水平能达到 2 级也就不足为奇了。

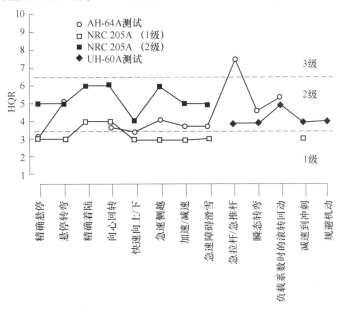

图 7-5　不同飞机飞行 ADS-33 任务的 HQR（参考文献 7.9）

为了更详细地说明 MTE，用急速侧移机动来阐述，并将 ADS-33 的任务描述和性能标准与 RAE/DRA 的 ACT 研究计划（参考文献 7.13）进行比较。DAR ACT 模拟的规避地面标记布局如图 7-6 所示，并在表 7-2 中进行了量化。飞行员需要从一个与三角形和正方形对齐的悬停点开始 MTE，然后再急速侧移到一个新的悬停位置，再次将三角形和正方形对齐。DRA 和 ADS-33 的操控有相似之处，但 DRA 的要求略高，反映了 ACT 提供的预期改进。而在时间和空间的约束条件方面的差异较大，DRA 更加强调迅猛飞行的影响（具体分为三个等级），并在定义点上重新定位，以引入实际的空间约束。相比之下，ADS-33 标准更强调飞行员的横向速度要达到或接近最大值，加速和减速过程都非常"迅猛"。

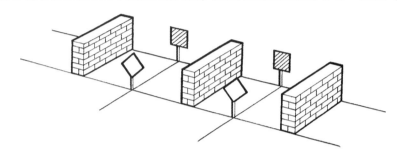

图 7-6　RAE/DRA 急速侧移 MTE 的布局（参考文献 7.13）

表 7-2　ADS-33 和 DRA ACT 急速侧移 MET 的任务描述和性能标准的比较

项目	急速侧移任务性能需求			
	期望值		最低值	
	ADS-33	DRA ACT	ADS-33	DRA ACT
高度	（9.14~3.05）m	（8±2.5）m	（9.14~4.57）m	（8±5.0）m
追踪	±3.05m	±3.0m	±4.57m	±3.0m
航向	±10°	±5°	±15°	±10°
悬停	未指定	±3.0m	未指定	±6m
T_{stab}	5s	未指定	10s	未指定
ϕ_{accel}	25°（in 1.5s）	10°, 20°, 30°	25°（in 3s）	10°, 20°, 30°
ϕ_{decel}	30°（in 1.5s）	未指定	30°（in 3s）	未指定
V_{max}	V_{limit}——5kn	未指定	V_{limit}——5kn	未指定
S_{ss}	未指定	50m	未指定	50m

注：两次急速侧移是为了评估旋翼机接近性能极限时强机动的横向操纵品质。飞行轨迹的限制反映了接近地面和障碍物的操作。次要目的是检查是否存在任何不良的交叉耦合，并评估调整倾斜角和总距来保持恒定高度的能力。

任务描述：

这两个急速侧移都要求飞行员从一个悬停位置通过横向机动重新定位到另一个悬停位置，任务性能要求如上所示。ADS-33 急速侧移侧重于在没有步长限制的情况下实现接近极限的横向速度。DRA ACT 急速侧移强调重新定位到一个特定的位置，因此要求飞行员仔细地判断加速和减速阶段，因为操作急速侧移可能具有非常严格的最终位置限制。ADS-33 急速侧移要求飞行员在加速和减速阶段的最长时间内达到最小的倾斜角度。DRA ACT 急速侧移要求飞行员以三个初始倾斜角度飞行，以量化飞行员战斗能力的影响。

滚转轴操纵特性评估

第6章重点描述了滚转轴操纵特性，其中介绍了许多现代面向任务响应标准相关的新概念，并阐述了其发展历程。当讨论主观测量和评估时将再次回到该主题，同时展示了20世纪90年代早期DRA使用的地面飞行品质设备——先进飞行模拟器（AFS）的试验结果（参考文献7.13）。在详细讨论这项工作之前，应该回顾有助于定义滚转特性的原始数据，特别是小幅值带宽准则。在参考文献7.14中，康登（Condon）强调了在20世纪80年代早期，人们认为地面模拟器的真实度不足以确定旋翼机速度指令（RC）的1~2级边界。如图7-7（参考文献7.11）所示为来自NRC Bell 205的（试验）HQR与从NASA垂直运动模拟器（VMS）等效MTE获得的HQR的比较。通过比较结果，地面模拟数据被认为不可靠，也没有应用于早期ADS-33速度指令系统的开发。这些问题可以归因于几个方面，包括不良视觉提示信息，尤其是精确性和视野、视觉和动作提示之间的协调，以及提示的时间延迟，所有这些领域的飞行问题各不相同。20世纪80年代末到90年代初，仿真技术得到了显著发展，据报告有几项研究取得了不同程度的成功，但需承认，与飞行模拟相比仍存在局限性（参考文献7.14~7.16）。随着1991年DRA的AFS投入直升机研究，人们用速度指令系统的操纵品质结果来确定AFS逼真度是否足以进行明确的飞行品质研究是很重要的。参考文献7.13研究了滚转轴和俯仰轴，主要目的是确定飞行员在何种姿态带宽下才能一致地给出1级评级。试验使用了ACT未来概念直升机，具有双轴驾驶杆，常规的总距杆和脚蹬，主飞行仪表平视显示和纯速度响应特性。

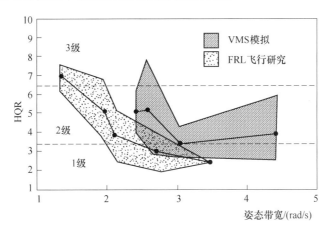

图7-7　飞机急速侧移MTE速度指令的飞行和仿真结果比较（参考文献7.11）

如图7-8所示总结了试验的关键要素，展示了大型运动系统、计算机生成图像（CGI）视觉效果、通用直升机座舱和概念仿真模型（CSM）。在CGI数据库上开发的几个MTE，以及众多细节，可供飞行员清楚地感知所需和适当的任务性能标准，如图7-9所示的照片显示了4个关键MTE的布局，用于评估低速前飞时的滚转和俯仰操纵——低速急速侧移和快速跳跃以及前飞时的横向急转和障碍跨越。任务定义包括飞行员飞行任务迅猛性水平的说明，如表7-2中的横向移位所示，其中初始倾角作为定义参数。稍后我们将返回横向移位的结果，但首先将更仔细地考虑横向急转MTE，它以如图7-10所示的形式展现，任务性能标准的定义见表7-3。

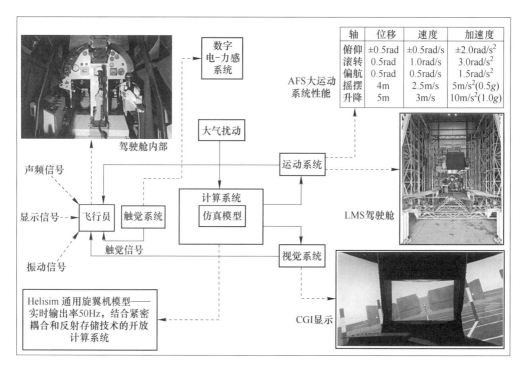

轴	位移	速度	加速度
俯仰	±0.5rad	±0.5rad/s	±2.0rad/s²
滚转	0.5rad	1.0rad/s	3.0rad/s²
偏航	0.5rad	0.5rad/s	1.5rad/s²
摇摆	4m	2.5m/s	5m/s²(0.5g)
升降	5m	3m/s	10m/s²(1.0g)

图 7-8　DRA 仿真验证要素

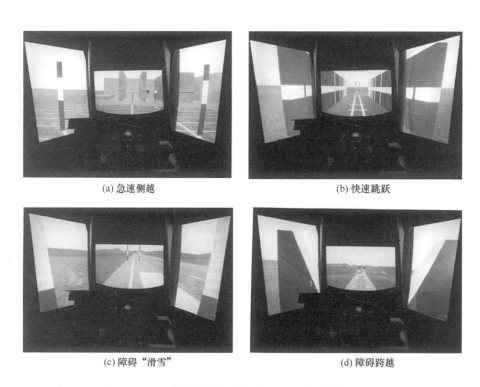

(a) 急速侧越

(b) 快速跳跃

(c) 障碍"滑雪"

(d) 障碍跨越

图 7-9　DRA 仿真试验中的飞行 MTE（参考文献 7.13）

表 7-3 横向急转 MTE 的任务性能要求

MTE 阶段	性能	速度/kn	高度/m	追踪/m	航向/(°)	终点门限/m
平移	期望	60±5	8±2.5	—	—	±3
	足够	60±7.5	8±5	—	—	±6
追踪	期望	60±5	8±2.5	±3	±5	—
	足够	60±7.5	8±5	±6	±10	—

横向急转或障碍滑雪机动本质上是一个前飞滚转轴任务，包括一系列"S"形转弯机动，随后是直线跟踪要素，飞行员要穿过如图 7-10 所示的门限。次要操纵品质需要考虑的因素包括通过俯仰和偏航操纵协调完成转弯的能力，以及协调操纵总距和滚转进行高度保持的能力。任务的紧迫性是通过转弯阶段最大滚转角来定义的。当最大滚转角为 15°、30°、45°时分别代表低、中、高紧迫性。这些级别分别对应于轻松飞行、紧急程度的正常操作以及紧急情况或其他危及生命的情况。任务目标是在设定的紧迫性等级限制下，保持 8m 高度和 60kn 速度的同时，在指定门限处转弯，并尽快汇入新的跟踪航线。转弯门限用相邻的垂直立柱表示，立柱带有白色的刻度提供高度信息——立柱上的白带描绘了所需的性能裕度。增加了中间门和航路指示线，用来提供更多的航迹信息。门限的宽度根据跟踪任务的适当性能裕度（±20ft 或±6m）决定。

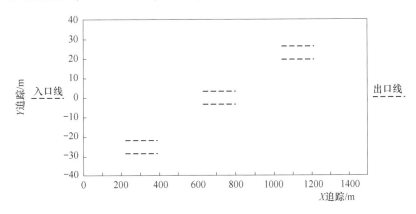

图 7-10 障碍"滑雪"MTE 的平面图（参考文献 7.13）

试验中使用的直升机模型是 CSM 等效系统（参考文献 7.17）。滚转轴特性由简单的二阶系统描述

$$\frac{\bar{p}}{\bar{\eta}_{1c}}(s) = \frac{Ke^{-\tau s}}{\left(\dfrac{s}{\omega_m} + 1\right)\left(\dfrac{s}{\omega_a} + 1\right)} \qquad (7-2)$$

式中：K 为总增益，或在这种情况下为速度灵敏度（每单位操纵（°）/s）；τ 是纯时间延迟；ω_m 可认为等效于飞机的滚转阻尼 L_p；ω_a 是伪作动器滞后的带宽。作动器将阶跃操纵输入后的瞬态加速度有效地降低到实际值。在试验中 ω_a 被设置为 20rad/s。感兴趣的主要参数——带宽和相位的延迟的变化可通过式（7-2）中给出的 CSM 参数来实现。图 7-11 显示了覆盖带宽相位延迟上的 CSM 的恒定阻尼和时间延迟轮廓，带有 ADS-33 操纵品质边

界的图表。图中显示了需要讨论的 4 种配置，分别命名为 T103、T306 和 T509（参考文献 7.13）。后两位数字表示滚转阻尼值，如图所示 T509 的滚转阻尼为 9rad/s。第一个数字代表操纵灵敏度（T1 = 0.1，T3 = 0.2，T5 = 0.3）。所有配置采用相同的滚转操纵性，即 96（°）/s，因此操纵灵敏度与阻尼成比例增加。三种配置都有约 110ms 的相位延迟，主要包括作动器滞后、AFS 系统计算过程和图像生成的时间延迟。自然阻尼为 9rad/s 的 T509 配置的带宽由于时间延迟而减少到 3rad/s。T306+80 包括额外 80ms 的纯时延，对位于 2rad/s 的一般 MTE，配置跨越 ADS-33C 1~2 级操纵品质边界。

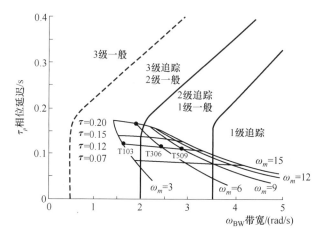

图 7-11　分布于 ADS-33 滚转带宽图上的 CSM 配置（参考文献 7.13）

试验由 6 名试飞员参与，其 HQR 为滚转带宽的函数，如图 7-12 所示。评级时用平均值、最大值和最小值表示。对于每个配置，都显示了三个紧迫性级别的飞行员等级。每个配置/紧迫性 HQR 的最大分布约为 2。2 的差值是可以接受的，但如果差值远大于此，则需要引起警惕。根据试验中统计的飞行员意见，并对主要意见归纳以下几点见解：

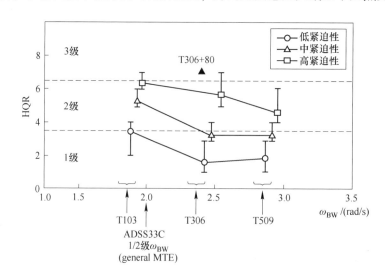

图 7-12　障碍滑雪 MTE 与滚转姿态带宽的 HQR（参考文献 7.13）

①首先，我们阐述了试验的主要目标——为 AFS 上的速度响应类型建立 1~2 级边界。结果取决于采用的紧迫程度如何，具体我们稍后再讨论。基于飞行员可以定期以一定的"迅猛"操纵完成一些紧急任务，我们认为 T306 配置（约 2.5rad/s）和更高的带宽可以达到 1 级品质。该值略高于 ADS-33 的 2rad/s，但与图 7-7 所示的 NRC 平均评级线一致。这一结果清楚地表明 AFS 能够准确地预测一级操纵品质。

②在高紧迫性级别，1 级评级无法达到，并且对于较低带宽配置 T103 和 T306，评级会偏离 3 级范围。飞行员在低带宽配置（直升机）进行更加紧急的转弯操纵时会感觉反应迟钝并抱怨操纵不足。T509 配置为稳定的 2 级，可以预测，更高的带宽将提供更好的飞行品质。

③配置评级分布表明任务需求对飞行员工作负荷影响巨大。飞行员对同一架 T103 型飞机的评分按紧急程度不同从低到高分别为 2~7 级，强调了定义飞行员操纵"迅猛"程度的重要性，这也是工作负荷最敏感的参数之一，甚至比考虑的范围内的带宽更敏感。在更高的紧急等级，除了一些新的操纵品质问题，包括飞行包线极限监控、大倾斜角任务线索缺陷以及需要改进飞行员对飞行轨迹的判断等。我们将在本章后面的章节中更详细地讨论这些问题。

④驾驶低带宽飞机的飞行员进行中等要求机动飞行时遇到的一个典型问题是，需要用较大的滚转角速度来补偿较长的上升时间，同时需要快速地消除滚转角速度以稳定在新的姿态上，这可能会导致过操纵及飞行轨迹控制困难。如图 7-13 所示显示了 T306 和 T509 配置的中等迅猛程度的姿态快捷性（见第 6 章），均达到了 1~2 级临界等级。飞行员使用较低带宽配置的 T306，其快捷性等级明显高于 T509，通过使用更多的操纵性来补偿较低的带宽。读者可能会注意到，有一条规则可用于带宽和操纵性之间的权衡，T306 的滚转快捷性达到了 ADS-33 等级 1~2 级的边界。

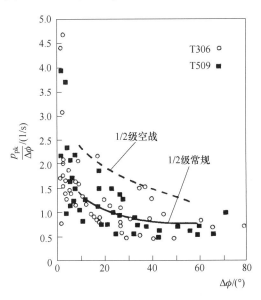

图 7-13　障碍滑雪时的滚转姿态快捷性（参考文献 7.13）

⑤图 7-12 还显示了 T306+80 配置在中等迅猛程度下的 HQR 7。如图 7-11，T306 上

增加 80ms 的时间延迟，将导致一般 MTE 2 级飞行品质和 3 级跟踪 MTE 的飞行品质，该案例中，给出的结果等级为 3 级，表明中到高等级紧迫性下，横向急转任务的内容很有意义。这种情况下，飞行员试图拉紧航线以穿过门限时，经历了一次滚转飞行员诱发振荡（PIO）。图 7-14 展示了任务的平面图，显示了同一名飞行员飞行 T306（上图）和 T306+80（下图）的飞机地面投影轨迹。在接近和穿过第三个门限时的（滚转）PIO 相当明显，表明在这种任务中使用具有较大相位延迟的低带宽飞机的现实风险。它向配备数字飞行控制系统的 ACT 直升机的设计师传达了一个特别强烈的信息，数字系统传输延迟和滤波器可以引入高量值的相位延迟。

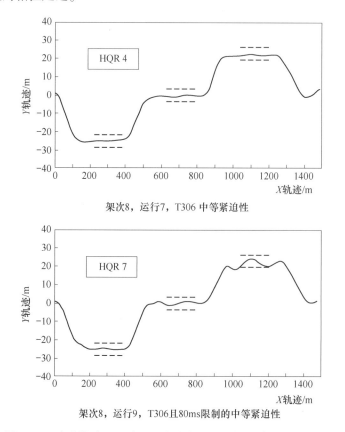

架次8，运行7，T306 中等紧迫性

架次8，运行9，T306且80ms限制的中等紧迫性

图 7-14　障碍滑雪 MTE 中地面投影轨迹的比较（参考文献 7.13）

⑥增加 80ms 时间延迟的一个重要结果是飞行品质从临界 1~2 级恶化到 3 级，这表明飞行员对相位延迟的敏感性比图 7-11 中所示的边界更甚。我们已经在第 6 章给出了结果，表明相位延迟应该被加以限制，而不是线性延伸到 150ms 以上。AFS 障碍滑雪数据能够证实这一点，尽管飞行员对 T306+80 采用比标准 T306 更加"迅猛"的操纵策略，但在滚转过程中仍经常触及操纵限制。本书中多次指出，随着任务或配置的某些细节发生改变，操纵缺陷可能会发生"陡峭突变"。障碍滑雪 PIO 就是一个典型的例子，提醒我们中等乃至高迅猛程度试验的重要性。

DRA 横向移位的飞行员评级如图 7-15 所示，与 ADS-33 飞行试验数据进行了比较，结果显示其与障碍"滑雪"数据趋势相似，只是在更高的带宽配置下，紧迫性的降级没那么明显。飞行员评级解释了这一点，即如果提供足够的姿态带宽和操纵性，那么采用比障碍滑雪更"迅猛"的操纵策略，急速侧移任务显得更容易和顺畅。

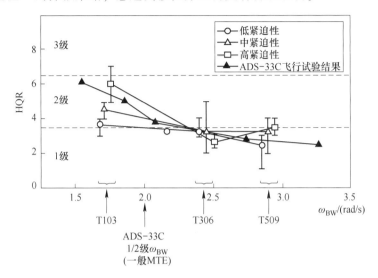

图 7-15　急速侧移 MTE 与滚转姿态带宽的 HQR（参考文献 7.13）

参考文献 7.18 论述了 DRA 的 AFS 在海上任务中的试验结果，即在不同海况（SS）将大型直升机回收到非航空母舰上。着舰 MTE 很快被确定为迄今为止对所有海况的操纵品质的最关键 MTE。如图 7-16 所示说明了着舰任务性能的要求，这是基于规定速度约束下甲板栅格的需求。飞行员需要将直升机悬停在舰船边，并等待舰船运动的静止期，然后向甲板横向急速侧移并降落。实际经常发生的情况是，当直升机到达甲板上方时，飞行员不能立即成功着舰，必须悬停在甲板栅格上方的位置，保持一段时间，等待另一个静止期。参考文献 7.18 中报告，针对更大尺寸的直升机，再次使用 CSM 检查了滚转、俯仰和升降操纵品质。图 7-17 显示了着舰 MTE 的飞行员 HQR，作为不同海况下滚转姿态带宽的函数。图 7-18 显示了着舰分布和着舰速度方面取得的任务性能，其中包括与"海王"直升机的飞行试验数据的对比。飞行员可以在所示各点上实现足够的性能，而 HQR 由更复杂海况所需的极端工作负荷得到的。对于这种 MTE，海况是影响任务的主要因素，就像在战场中横移和障碍滑雪 MTE 的紧急程度一样，飞行员在低工作负荷下达到期望性能水平的能力是海况引起甲板运动的重要功能。数据表明，海况 3 时的着舰可以通过相对较低的带宽配置（约为 1.5rad/s）来实现，但海况 5 则需要的较高，可能会高达 ADS-33 空战/跟踪任务的 3.5rad/s 边界，如图 7-17 阴影部分所示。这在大型直升机上会更难实现，可能需要高增益/高权限的主动控制来保证在恶劣天气条件下的一致性能。

本节讨论了飞行员对飞机操纵品质的主观意见和与库珀-哈珀 HQR 评级规定实际使用相关的重要问题。读者能够在 20 世纪 80 年代、90 年代和 21 世纪初发表的文献中找到许多操纵品质试验的案例。这是一个成果丰富的时期，很大程度上是受到了新的操纵品质规范和 ACT 的影响。以前的工作虽尚未完结，但这些广泛卓越的工作定义和操纵品质的提升，也拓展和开辟出了许多新操纵领域。现在我们来研究一下这些特殊的飞行品质。

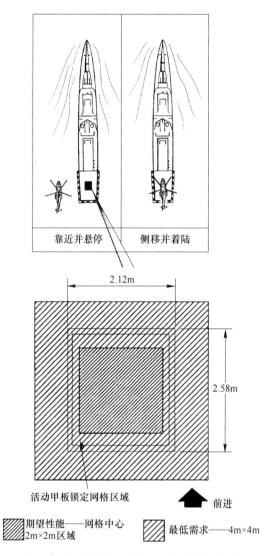

图 7-16　直升机/着舰 MTE 平面图（参考文献 7.18）

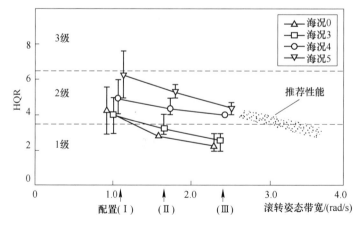

图 7-17　直升机/着舰 MTE 对滚转姿态带宽的 HQR（参考文献 7.18）

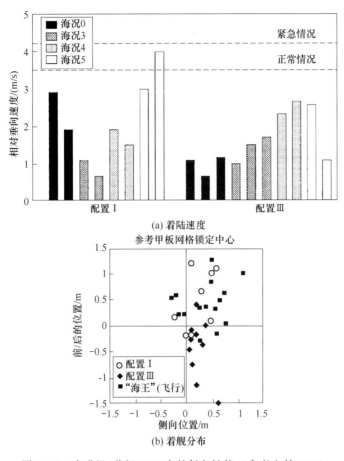

(a) 着陆速度

(b) 着舰分布

图 7-18 直升机/着舰 MTE 中的任务性能（参考文献 7.18）

7.3 特殊飞行品质

7.3.1 敏捷性

军机敏捷性

在第 6 章和 7.2 节，分别从客观和主观两个角度对飞行品质的评级进行了论述。在品质评级表和评估中还出现了两个问题。第一，边界划定是为了满足最低限度的要求，这些要求仅反映和适用中级水平的动态 OFE，而不是高级别或极端水平。第二，评估通常是在"干净"或实际环境下进行的，由次要任务、模糊的视觉信息或真实战场压力组成。除了最低品质等级外，还存在优秀飞行品质对整个任务效能的贡献问题。例如，如果一架飞机的滚转操纵性是最低要求（1 级）的两倍，那么它的效率会提高多少？第二个问题是，关于飞行品质参数是否存在上限，从而使品质边界闭合。这些问题的答案通常无法在 ADS-33 这样的飞行品质规范中找到。在更高的性能等级上，很少有关于飞行品质的数据，也就很少有关于操纵参数的明确上限。定期、安全或无忧地使用高等级的瞬态性能已经成为敏捷性的代名词。飞行员和敏捷性之间的关系很重要，因为它潜在地量化了飞行品质对作战效能的价值。我们将在 7.5 节中回到这个价值问题，但首先我们将在一般的环境中检验敏捷性。

作战敏捷性是武器系统效能的关键属性。在整个武器系统的更广泛背景下，任务自然地扩展到包括不同的配合和非配合子系统的动作，每个子系统都有与自己相关的时间延迟（参考文献 7.19）。例如，我们可以想象空战的执行顺序——威胁探测、交战（接触）、战斗、脱离战斗。飞行员发起行动并全程保持指挥，但是操纵敏捷性的关键是子系统的自动操纵——传感器、任务系统、机身/发动机/控制系统以及武器在过程中效能最大化。并发性是操纵敏捷性的关键之一。另一个关键是最小化子系统的时间延迟，以实现充分的运行能力，从而提高 MTE 的效率。这里需要对 MTE 概念进行扩展，以涵盖子系统的功能操作，从而提供评估系统操纵敏捷性的方法。航空研究与发展咨询组（AGARD）于 1990 年成立的第 19 工作组的任务就是解决这些问题（参考文献 7.19）。在这项研究中，无论是固定翼飞机还是旋翼机，飞行品质都是一个重要问题。最小化时间延迟对于机身至关重要，但如果加速度太大或时间常数太短，就会发生抖动，从而影响飞行品质。下面的讨论基于作者对 AGARD WG 19 的研究成果。

我们需要检查现有的飞行品质规范如何良好地解决敏捷性问题，但为了设置场景，我们首先重新考虑 WG 19 对敏捷性的广义定义。

"能够快速、准确、安全、平稳地适应和应对，并最大限度地提高任务效率。"

为了将这一定义与上下文相结合，列出对敏捷性要求很高的四个任务场景：

①隐身飞行，特别是利用地形隐蔽，避免被探测；

②快速规避威胁；

③主要任务（如威胁到交战）；

④从受限或其他特殊要求区域的起飞或着陆。

此外，我们还可以考虑对军事和民事行动的紧急情况（如重大系统发生故障的紧急情况）做出敏捷反应的需要。上述定义中包含的机身敏捷性的关键属性如下：

①迅速。强调响应速度，包括机动变化中的瞬态和稳态阶段；飞行员需要在最短的时间内完成机动动作，这些机动动作可能会受到几个不同方面的限制。

②精确。任务所需的精确性越高，则需要飞机具有越高的精确度。例如，按照规定的轨迹飞行，飞机精确度越高则越有可能完成。

（注：速度和精度的结合强调了敏捷的特殊性质，人们通常会缓慢地执行一个过程以达到精度，但敏捷性要求两者兼而有之。）

③安全。这反映出有必要减少飞行员的工作负荷，使飞行更加容易，并使飞行员不用担心与飞行安全有关的一系列问题，如遵守飞行包线限制等。

④稳定。这关系到飞行员能否迅速建立新的稳定状态，并能不受限制地完成下一个任务；它关系到姿态变化的最终精度，也是在有扰动存在时增强稳定性操纵品质的关键因素。

（注：稳定可以被认为是一个效率系数，或未使用的潜在动力的衡量标准。）

⑤适应。需要特别强调的是，飞行员和飞机系统需要不断更新作战情况的认识。本章前面讨论的外部因素（如威胁、可用感示环境（UCE）、风切变/涡流尾迹）或内部因素迅速变化的可能性，在系统失效或损坏时，必须考虑敏捷性，这不仅关系到定点精确打击和经典战法，而且对于低功耗、高易损性或不确定性的初始条件环境来说也非常重要。

现有的飞行品质通过使用 HQR 来解决这些敏捷性属性一些问题，HQR 将飞行员的工作负荷与任务性能的实现联系起来，并通过响应性能的标准（如操纵性、带宽、稳定性）解决这些问题。敏捷系数这个新的参数，将飞行固有性能和操纵性直接联系起来。

敏捷系数

最常见的飞行员 HQR 分散的原因之一是 MTE 中对性能需求的定义不准确或不恰当，从而导致理解上的差异，进而影响到完成任务性能和对工作负荷的感知。我们已经用 AFS 障碍"滑雪"和急速侧移 MTE 的试验数据对比说明了这一点。在操作环境中，这转化为任务驱动进程的可变性和不确定性，通常用精确性来表示，时间上的要求也同样重要。现在已有大量文献（参考文献 7.20~7.24）介绍了任务时间对操作感知的影响，这是飞行员工作负荷的最重要外部影响因素之一。在 RAE（参考文献 7.20、7.23、7.24）上收集到的 Puma 和 Lynx 的飞行试验结果表明，实现的任务性能与飞机可用的最大性能的比值是一个关键参数，该比值间接衡量了能力裕度或性能裕度，因此被称为敏捷系数。这一概念认为，如果飞行员能够安全使用所有性能，同时达到预期的任务精度要求，那么就可以认为飞机是敏捷的。如果没有，那么无论直升机的性能裕度有多大，都不能称之为敏捷。RAE 敏捷性试验使用直升机 Lynx 和 Puma，以模拟在未来（例如，高达 20%~30% 的悬停拉力余量）即使在任务全重下也可以很容易获得高性能水平的构型。此处提出了一种敏捷系数的简便计算方法，即理想任务时间与实际任务时间之比。任务被认为是从飞行员第一个操纵输入开始，在飞机运动衰减到规定范围内（如在规定的立方体内的位置，速度<5（°）/s）进行重新定位时完成，或者在满足追踪任务的精度/时间要求时内完成。理想的任务时间是通过假设瞬间达到最大加速度来计算的，这与一些飞行器模型在战斗游戏中的设定类似。例如在急速侧移再定位机动中，理想任务时间是通过假设最大平移加速度（即飞机的滚转角）是在瞬间达到的，并持续一半操纵时间，然后反方向并一直持续到速度恢复为零。

理想的任务时间可以简单地由下式给出

$$T_i = \sqrt{4s/a_{max}} \qquad (7-3)$$

其中，s 是急速侧移的距离，a_{max} 是最大平移加速度。在 15% 的悬停推力裕度下，相应的最大倾斜角约为 30°，$a_{max} = 0.58g$。对于 100ft 的急速侧移距离，$T_i = 4.6s$。四个原因导致完成任务的时间超过了理想时间：

①实现最大加速度的延迟（如由于低滚转姿态带宽/操纵性）；

②飞行员不愿意使用最大性能（如没有高超的操纵技术，害怕坠机）；

③由于阻力效应和横向速度限制无法维持最大加速度；

④飞行员判断失误导致末端重新定位问题（如不良任务提示，强交叉耦合）。

为确保飞行试验中实现的各种敏捷性因素，Lynx 和 Puma 的飞行员使用由最大姿态角和操纵率来定义的各种级别迅猛机动"攻击"动作。对于低速、急速侧移重定位和快速跳跃的 MTE，在 10°、20°、30° 滚转角和俯仰角下采集数据，分别对应低、中、高级别的攻击动作。图 7-19 显示了两架飞机（参考文献 7.24）的 HQR 随敏捷性系数的变化。Lynx 敏捷性更高主要是由于无铰链旋翼系统和更快的发动机/调节器响应。即便如此，记录的最大值仅为 0.6~0.7，而 Puma 的最大值为 0.5~0.6。对于这两架飞机，最大的敏捷系数都是在 2~3 级边界操纵实现的。这种情况下，要么飞行员能力"备用容量"不足，要么无法达到飞行轨迹精度要求。根据图 7-19，当飞行员试图充分发挥性能时，（品质级别）由 1 级迅速下降到 3 级，体现了操纵缺陷的"陡峭突变"特性。Lynx 和 Puma 采用了 20 世纪 90 年代的典型操纵类型，具有低权限、稳定性和增强控制功能。虽然它们已经足以胜任其任务，但在模拟未来武装直升机所需的更高性能时，飞行品质仍表现为不足。

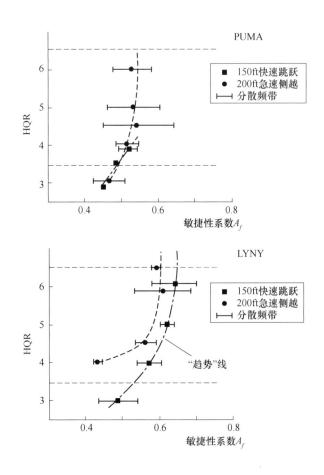

图 7-19　HQR 随 A_f 的变化显示了操纵品质缺陷的"陡峭突变"（参考文献 7.24）

　　如图 7-20 所示显示了不同的可能情况。假设这三种配置都具有相同的性能裕度，因此都具有理想的任务时间。配置 A 可以在高敏捷性条件下达到任务性能要求，但需要以飞行员付出最大负荷为代价（较差的 2 级 HQR），这种飞机不能用敏捷来形容。当飞行员增加其攻击且评级为 3 级时，配置 B 无法实现任务性能，此外通过增加机动攻击来提高任务性能的尝试导致了敏捷系数降低，从而造成性能浪费。这种情况可能发生在飞机存在 PIO 倾向并难以恢复，或在瞬态响应中很容易超出控制或超出飞机极限时。配置 B 肯定不是敏捷的，"欲速则不达"说的就是这种情况。飞行员使用配置 C 可以在低工作负荷下充分发挥飞机性能。飞行员有富余精力来感知情况，并为应对突发事件做好准备。我们认为配置 C 才是真正的敏捷性。在敏捷性的概念中包含安全、平衡等属性强调了它作为飞行品质的本质，并建议与品质等级相一致。这些概念的发现具有重要意义，因为区分不同品质等级的飞行品质边界，现在成为可用敏捷性的边界。虽然良好的飞行品质有时被认为是"拥有就很好"，但通过这种解释，就能描绘出一架飞机可实现的性能。这就更加迫切地需要确定这些边界位置。简而言之，如果使用"高性能"是危险的，那么大多数飞行员就会避免使用它。

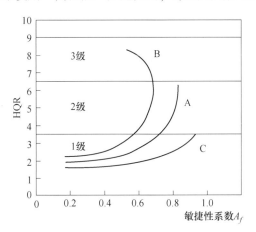

图 7-20　不同概念配置的 HQR 随 A_f 的变化（参考文献 7.25）

在敏捷性系数试验中，机动攻击等级的定义需与关键机动参数相关，如飞机速度、姿态、转弯速度或目标运动。通过增加试验中的攻击性，我们试图减少任务的时间常数，或者增加任务带宽。可以定义三个级别：低、中、高。低级别对应于正常操纵，高级别对应于紧急操纵。

在对比飞机时敏捷性系数也有潜在的误用。A_f 的主要用途是测量不同性能要求下执行不同 MTE 的特定飞机的特性。然而，A_f 也比较不同飞机在相同 MTE 中的表现。显然，在其他条件相同的情况下，低性能飞机要比高性能飞机花费更长的时间才能完成任务。因此，低性能飞机的归一化理想时间相对要长一些，如果比较敏捷性系数，会有利于表现较差的飞机。此外，对于低性能飞机，稳态时间与瞬态时间的比值很可能更高。为确保不会遇到此类潜在的异常情况，当使用敏捷性系数比较飞机时，使用相同的归一化系数非常重要，归一化系数由性能需求计算的理想时间定义。

敏捷性与操纵品质参数的关系

根据模拟图 7-20 中的配置 C，赋予未来旋翼机操纵敏捷性，则需要在操纵性方面有显著改进，但需要研究高性能等级标准来引领这一方向。ADS-33 的创新之一是开发了一种自然的敏捷性参数——响应快捷性。我们在第 6 章已经讨论了这个参数的性质，仔细地分析响应如图 7-21 所示，研究响应快捷性与其他操纵参数的影响是有意义的。通过一个简单的例子，我们参考了滚转角速度指令响应类型的 CSM 模型结构。

$$\frac{\bar{p}}{\bar{\eta}}(s) = \frac{Ke^{-\tau s}}{\left(\dfrac{s}{\omega_m} + 1\right)\left(\dfrac{s}{\omega_a} + 1\right)} \qquad (7-4)$$

如果将频率轴解释为图 7-21 所示的滚转响应快捷性，则式（7-4）中不同参数的独立变化影响如图 7-22 所示。敏捷系数对 CSM 参数的敏感性相对容易确定。例如，如果我们考虑一个倾斜及停止 MTE（见图 7-23），获得一些有用的信息。虽然实际情况下，飞行员会采用更复杂的策略来提高敏捷性系数，但仍假设采用脉冲式操纵输入。为了分析主要

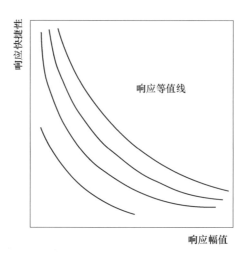

图 7-21　频率-幅值平面上的响应特性：响应等值线

影响，我们将"次要"时间延迟值设定为 0 （即 $\tau = 0$，$\omega_a = \infty$）。对于 $\Delta\phi$ 的滚转角变化，理想时间（假设达到最大加速度的时间为 0）由下式给出

$$T_i = \Delta\phi / K = \Delta t \tag{7-5}$$

其中 Δt 为脉冲操纵持续时间。

将倾斜角减小到峰值 5% 以内所需的时间由下式给出

$$T_a = \Delta t - \ln 0.05 / \omega_m \tag{7-6}$$

敏捷系数由下式给出

$$A_f = \frac{T_i}{T_a} = \frac{\omega_m \Delta t}{\omega_m \Delta t - \ln 0.05} \tag{7-7}$$

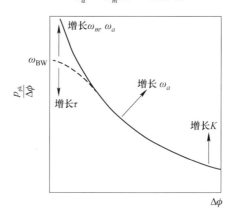

图 7-22　频率-幅值图上的 CSM 参数（参考文献 7.25）

如图 7-24 所示表示 A_f 随 $\omega_m \Delta t$ 的变化趋势，带宽 ω_m 是在这种简单情况下可实现的最大快捷性。因此该函数显示了带宽和快捷性的敏感程度。归一化带宽是一个有用的参数，因为它代表飞机带宽与操纵输入带宽的比值。简而言之，精确的操纵输入，典型的跟踪修正需要较高的飞机带宽，以实现合理的敏捷性系数。如在 ADS-33C 中要求最小滚转姿态带宽为 3.5rad/s 和 1s 脉冲时，飞行员可以通过在倾斜和停止操纵中使用简单的控制策略

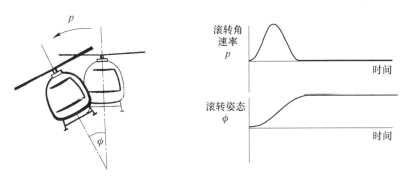

图 7-23 倾斜和停止 MTE

实现 0.5 的敏捷性系数。若要用 0.5s 的脉冲实现相同的敏捷性系数，则需要双倍的带宽。这与 ADS-33C 的边界设置为低到中等攻击等级的论点完全一致。如图 7-24 所示，如果要实现高达 0.75 的敏捷性系数，则需要 8rad/s 的带宽。减少 30% 的任务时间，是否值得付出额外的努力和成本开发更高的带宽，唯有在总体操作环境中进行判断。如此高的滚转带宽在高性能的固定翼飞机上是可以实现的，图 7-24 说明并强调了两种飞机的不同操作要求，并在很大程度上也说明了操作者的不同期望。

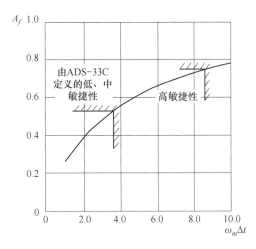

图 7-24 倾斜和停止 MTE 的 A_f 随归一化带宽的变化（参考文献 7.25）

这个简单实例包含许多有问题的假设，但是在 1~2 级的边界以上增加关键飞行品质参数对任务性能的一阶影响仍然存在，但它并没有任何提示来说明通过检查飞行品质系数可能设定的性能上限。现有的要求并没有直接解决上限问题，需要研究更多的高性能可变稳定性直升机来解决这个问题。直观地说，我们可能认为上限与飞机的加速能力有关（文献 7.25），固定翼飞机基本上如此，但俯仰姿态带宽也有理论上限（如图 6-43、图 6-44）。然而这些反映了达到规定的操纵性级别的高操纵灵敏度，并不认为是带宽本身的高值。对于小幅度精确操纵，通常设置操纵灵敏度上限以增加其平稳性与降低突变性，但数值在很大程度上取决于接收器特性。对于中、大幅运动，最多只能讲快捷性——幅值图上的参数很可能有上限，超过此上限敏捷性就会下降。

敏捷性是一种满足极端作战需求的特殊飞行品质，是军事功能关键技术的驱动因素。我们发现了一个同样苛刻的要求，即在能见度非常低的情况下飞行，这时飞行员就不太关注敏捷性了，而是更希望增加稳定性和增强制导信息的提示。在视觉条件下降的情况下飞行体现了稳定性和敏捷性要求之间的关系和对比，并对提供制导的驾驶舱提出了更高要求，这也是接下来需要研究的课题。

7.3.2 不良视觉环境（DVE）中飞行的集成控制与显示

DVE 中飞行

对于固定翼飞机，飞行员可以根据视觉或仪表条例（VFR 或 IFR）飞行，分别与外部视觉或气象条件（VMC 或 IMC）的定义级别相对应。如果飞机必须在 IMC 中飞行，那么通常会有两名机组人员，一名负责飞行，另一名则负责留意视觉场景中出现的任何危险。军用固定翼飞机除非为躲避雷达和其他探测设备而低空飞行外，几乎所有的固定翼 IMC 飞机都是在远离障碍物的高空飞行，在夜间和云层中时则借助仪表飞行。飞行员需要重点关注的仪表包括姿态指示器、航向陀螺仪、空速计、侧滑指示球，以及爬升/下降速度指示器。此外，引导进近着陆点还需要飞行员按照特殊制导仪器指示的航迹飞行，直到飞机进入云层下方的 VMC 进行正常着陆。机场配备了各种级别的制导设施，能在可见度低或 IMC 条件下实现全自动着陆。因此，对于固定翼飞机来说，可见度条件的描述和相关的作战决策相对简单，如可以看到多大范围的机场并基于相对简化标准决定是否出击。旋翼机飞行也受到同样物理条件的限制，因其低速飞行特性和军方对低空飞行环境规避雷达探测的需求，发展出一种更加详细和结构化的方法来描述外部视觉信息（OVC）。对于旋翼机，用来描述低可见度条件下的通用术语是 DVE，本节将讨论 DVE 中伴随直升机操纵和飞行品质的一些特殊考虑因素。

导航功能

在开始讨论之前，有必要回顾一下飞行任务和我们之前定义的三个阶段：导航（总体态势感知）、制导与稳定。如图 7-25 所示显示了飞行员在闭环任务中作为反馈单元时的情况，这将有助于讨论。导航关注的是确定自身位置和目的地，图 7-25 中的最外环，属于典型的时间和空间尺度，以分钟（min）和千米（km）为单位。大多数情况，飞行员不会考虑使用操纵动作来支持导航功能。通常，他们按照地图指示操纵飞机由一个航迹点飞往下一个，或伴有速度和高度要求。低空飞行和近地飞行（NoE）对驾驶提出了相当高的要求，特别是内环功能方面。制导功能需要在几秒和几十米的时间与空间范围内发挥作用，并避开障碍物和地面。飞行员越靠近障碍物，制导任务就越困难，通常情况下地速也就越慢。飞行员一般的做法是确定某个速度，使其感知—行动时间范围在 3~5s 间。因此，3s 控制时间的飞行员选择 40kn 的速度飞行，须具备 60m 的视野距离以避开障碍物。在 80kn 的速度下，则需要 120m 的视野距离。这些都是最小距离要求，通常飞行员在飞行时给自己留的安全裕度要大得多。例如，在相同的地形中，飞行员可能更喜欢非紧急飞行任务，这样就有更多的时间空间可以用于观察，并以 20kn 速度飞行，选择 3s 控制时间、30m 视野距离或 6s 在 DVE（不良视觉环境）下 60m 视野距离。同样，随着前飞速度的增加，扰动引起的垂直飞行轨迹偏移也会增加，这使得飞行员必须飞得更高以保证相同的安全等级。在 NoE 中，一般规则是用高度衡量速度，10ft 高度对应 10kn，60ft 高度对应 60kn。选择总体制导策略由几个因素共同决定：飞行员是否熟悉地形和其 NoE 飞行经验、飞机响应特性、任务紧急程度，以及最重要的 OVC 质量。这是本节的重点，但在详细讨论 DVE 飞行品质之前，我们需要研究直升机领航中的第三个问题，也是最显著的特征——稳定性。

汽车驾驶员通常不关心稳定性，除非是在急转弯或路面较滑情况下，或转向失灵、轮胎磨损不均或平衡性不佳的时候。然而，如果没有某种形式的人工增稳，直升机飞行员则需要不断修正操纵装置，以确保飞机不偏离规定的航迹。不同的直升机都具有各自的稳定性特点和问题，但大多数直升机在纵向和横向运动中都存在着自然不稳定性，难以在有限权限的人工增稳下完全解决。如图 7-25 所示，不稳定的控制主要是通过姿态来实现的，这通常需要飞行员持续关注航迹控制，因此大大增加了飞行员的工作负荷。

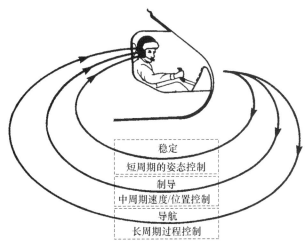

图 7-25　三个层次的飞行活动

DVE（不良视觉环境）飞行

军用直升机要求飞行员能够在夜间和恶劣天气中完成 NoE 的低空飞行操纵，显然 DVE 对导航、制导和稳定这三种导航功能都有重大影响。一定程度上，在恶劣天气中将民用运输机降落到规定的着陆点（如舰船甲板或建筑物顶部）对飞行品质提出了更高的要求。飞行员需要具备上述所有三项功能。迷航可能是一个主要的问题，但导航并不是一个简单的飞行品质问题。我们更关心的是制导和稳定性。随着 OVC 的降级，飞行员将面临两个相关问题。首先他们需要补充正在失去的外部位置和速度信息，以便在此情况下能够继续安全地在低空飞行，且不会撞到障碍物或产生其他灾难性后果。其次，他们需要注视仪表调整飞机姿态防止其失去平衡，尤其是在阵风扰动情况。如果没有任何人工引导和稳定性辅助装置，那么这些要求显然是相互矛盾的（一个要求飞行员注视外部航线，一个要求注视显示器），飞行员将操纵飞机爬升以脱离这种不安全的飞行状态。目前正在开发新型制导和控制技术，使直升机能够持续在低等级 DVE 条件下工作，ADS-33 的新术语阐述了这些技术要求。

人们意识到，唯有在飞行员头盔面罩或驾驶舱仪表面板上投射增强信息提示，才能真正全面有效地提升导航功能。AH-64A 阿帕奇直升机使用了第一代此类系统，系统带有集成头盔和显示系统（IHADS），将前视红外传感器（FLIR）的热成像图像发送到单目显示器上，叠加飞行轨迹符号，并与飞行员头盔集成在一起（参考文献 7.26）。我们将在本节后续讨论这个问题。人们还认为，只有通过反馈控制功能，增加直升机的自然阻尼和气动刚度（在低速时几乎不存在），才能充分地增加稳定性。从这个简单分析中产生了两个突出的问题——如何确保 DVE 飞行的最优制导与稳定增强的完美结合，以及在相关的显示、控制增稳系统（SCAS）技术设计中的综合权衡问题。

可用感示环境（UCE）

ADS-33 通过在不同的可用感示环境（UCE）中要求不同的响应类型（有效的稳定性等级）来解决这些问题，以确保 1 级的飞行品质。当然，飞行品质仍然取决于飞行员在MTE 方面试图实现的目标。如图 7-26 所示从概念上说明了与这个问题相关的三个方面。我们简要回顾第 2 章和第 6 章中涉及的一些问题，DVE 中飞行品质是 UCE 概念的核心，我们应当给予更多的关注。文献 7.27 首次讨论了是否需要更精细的结构来定义旋翼机操纵的视觉信息品质。Hoh 在如图 7-27 所示描述了 OVC 评级表的概念，以建立用于控制姿态、速度或平移率的任务信息的品质。在飞行试验研究中，Hob 定义了纹理和视场等属性的相对重要性，并提出了 OVC 概念，收集了飞行员对视觉信息的评级，即所谓的目视信息等级（VCR）（参考文献 7.28）。本研究的一个结论是，在较狭窄的视场内可以很好地实现稳定功能，精细的纹理也至关重要。制导和更全面的态势感知需要具有宏观纹理的广阔视野。OVC 评级表进一步发展为 UCE（文献 7.28、7.29）来衡量人工视觉辅助设备的有效性和品质。如图 7-28 所示显示了不同主观 VCR 和 UCE 评级表的含义。飞行员必须根据其执行的各种低速/悬停 MTE 的能力（根据 DVE 而非白天的任务性能要求）对目视信息进行评分。参考文献 7.29 和 7.30 描述了推导 UCE 的方法。必须使用来自至少三名飞行员的 VCR 来获得 UCE，一旦由给定的任务推导出，则根据参考文献 7.30 中的规则处理各个 VCRs:

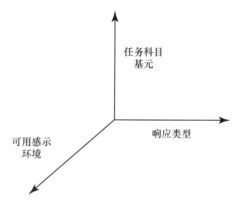

图 7-26　不良目视环境（DVE）中飞行的三个维度

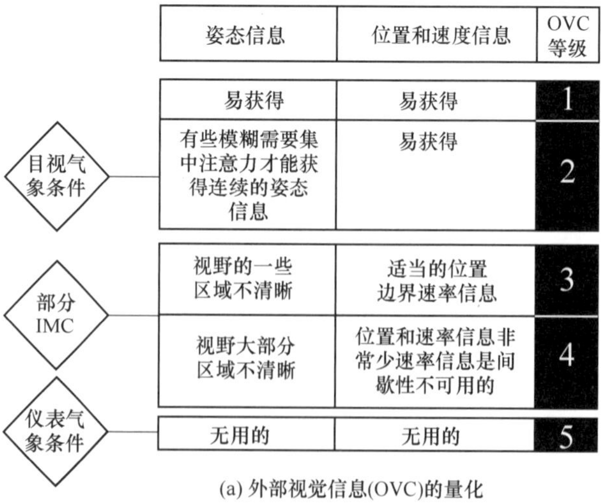

姿态信息	位置和速度信息	OVC 等级
易获得	易获得	1
有些模糊需要集中注意力才能获得连续的姿态信息	易获得	2
视野的一些区域不清晰	适当的位置边界速率信息	3
视野大部分区域不清晰	位置和速率信息非常少速率信息是间歇性不可用的	4
无用的	无用的	5

目视气象条件　部分 IMC　仪表气象条件

(a) 外部视觉信息(OVC)的量化

图 7-27　外部视觉信息评级表（参考文献 7.27）

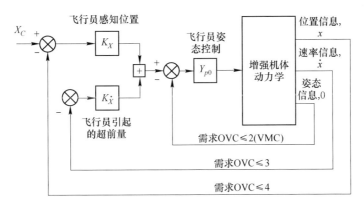

(b) 控制所需的外部视觉信息

图 7-27（续）

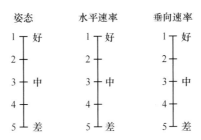

信息的定义	X=俯仰或滚转姿态，以及横向、纵向和垂向平移速率
好的X信息	能够有把握完成迅猛而精确的X修正，且精度高
中等的X信息	能够有把握实施有限的X修正动作，精度尚可
差的X信息	只能实施小幅而平缓的X修正动作，且精度难以保证

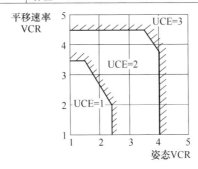

图 7-28　可用感示环境（参考文献 7.1）

①选择在各任务中各飞行员最差姿态 VCR 和最差平移 VCR；
②对所有飞行员的最差姿态 VCR 和最差平移 VCR 取平均值；
③计算步骤②中的 VCR 的标准差；

④检查标准差是否小于 0.75；

⑤在 UCE 二维图上画出两个 VCR 平均值，得出整个任务 UCE（见图 7-28）。

在推导 UCE 中的重要一点是，所使用的样例飞机应在昼间视觉条件及无增稳和导航设备情况下，具备 1 级速度响应特性。这是为了确保 VCR 不受被飞机不良操纵品质的影响。ADS-33 中 UCE 的创新以保证稳定性和/或显示增强的需求。表 7-4 中对这一要求进行了总结，说明在不同 UCE 中 1 级飞行品质所需的响应类型。因此，如果一架带有视觉辅助设备的飞机需要在 UCE 3 级运行，那么只有通过平移速度控制和位置保持（TRCPH）指令的增强效果才有可能达到 1 级。如果可以通过增强视觉辅助将 UCE 从 3 级提高到 2 级，则只需姿态指令——姿态保持（ACAH）就足够了。如果在驾驶舱内提供高质量的外界场景信息，那么只需要提供最低级别的增强就可将 UCE 从 3 级提升到 1 级。现在我们可以看到在视觉、制导、辅助和操纵、稳定性与增强之间的权衡，随着技术的发展，在未来很可能根据任务的类型特点采取不同的选择方式。例如，在将民用或军用直升机降落到能见度较低的小型舰船上的操作中，如果要降低操纵风险，那么肯定需要改进导航和增稳设备。

表 7-4　不同可用感示环境下 1~2 级操纵品质响应类型（参考文献 7.1）

	UCE = 1		UCE = 2		UCE = 3	
	1 级	2 级	1 级	2 级	1 级	2 级
垂直起飞并过渡到前飞/远离地面	评级	评级	评级	评级	评级	评级
精确悬停 吊挂物的抓取和投放 吊挂物运输 包含 RAST 恢复的舰载着陆 垂直起飞和平移到近地飞行 悬停-滑行/近地移动 急速障碍"滑雪"			ACAH + RCDH +RCHH	Rate + RCDH	TRC + RCDH + RCHH+ PH	ACAH + RCDH + RCHH
斜面着陆 精确垂直着陆 急拉杆/急推杆			ACAH + RCDH			ACAH + RCDH
快速向上和快速向下 急速悬停转弯			ACAH + RCDH +RCHH+PH			Rate + RCDH +RCHH+PH
分散注意力飞行任务 声呐浸入 扫雷	Rate + RCDH +RCHH+PH					
快速过渡到精确悬停 急速侧移 急加速/减速 目标捕获与跟踪	评级					

表 7-4（续）

	UCE = 1		UCE = 2		UCE = 3	
	1 级	2 级	1 级	2 级	1 级	2 级

注：Rate = 速率或具有方向保持功能的速率响应类型（RACH）；转弯协调响应类型（TC）；ACAH = 具有姿态保持功能的姿态响应类型（ACAH）；RCHH = 具有高度保持功能的垂向速率响应类型（RCHH）；RCDH = 具有方向保持功能的速率响应类型（RCDH）；PH = 位置保持响应类型（PH）TRC = 平移速度响应类型（TRC）；UCE-2 和 3 可能无法实现高水平的攻击性。

这些任务通常在视觉信息可能与 UCE = 2 和 3 一致的环境中完成，即使在"白天 VFR 条件"下也是如此。

不建议将等级提升到 TRC 用于俯仰指令任务。

表 7-4 中所示的内容基本证明数据最初是来自加拿大 Bell 205 飞行模拟器的飞行试验数据（参考文献 7.31）。试验时飞行员佩戴夜视仪，进行不同程度的稳定性增强试验，并进行了不同 UCE 等级试验。后来，在 NASA 的 VMS 上进行了更系统的飞行仿真，用于研究 DVE 中增强稳定性的必要性（参考文献 7.30）。如图 7-29（参考文献 7.30）所示 HQR 显示了 5 个低速 MTE 响应类型的关系曲线，依次为：悬停、悬停、垂直着陆、向心回转、2 次加速和减速、急速侧移、悬停、悬停和着陆（见图 7-30）。通过对远场进行模糊处理，减小近场到中场的微观与宏观纹理，将 CGI 视景降为 UCE 3。HQR 清楚地说明了随着视觉增强的增加，工作负荷是如何减少的，所有 MTE 中 RC 响应类型的 2 级评级很低。在大多数 MTE 中，对平移速度控制（TRC）给出了 1 级评级，ACAH 系统一般位于 2 级良好区域，该结果是在没有任何视觉显示增强的情况下获得的。DRA 使用 AFS 进行的一系列类似试验中，如图 2-50 所示，飞行员通过单色双目头盔显示器（HMD）（参考文献 7.32）观察 UCE 3 的场景，外部景象是一个全方位的视野，其中在 48°×36° 的视野范围内会提供不同的信息来引导和辅助飞行员完成任务。图 7-29 为 ADS-33 中两个 DVE 任务，即悬停和横移任务的 HQR 数据结果对比。在 AFS 试验中，UCE 3 通过较少的外部世界场景与叠加的符号组合来实现；严格地说，这些数据不能直接与 VMS 进行比较，VMS 中飞行员仅靠外部世界场景飞行。尽管如此，这些数据的相关性非常好，并且证实了性能和工作负荷随稳定性增强的明显变化。如图 7-31 所示描述参考文献 7.32 中基于 AH-64A 直升

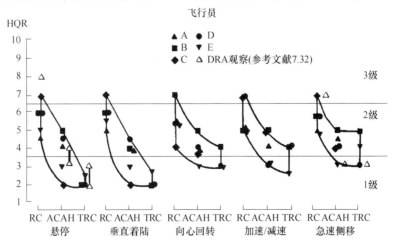

图 7-29 不同 MTE 在不同响应类型下的 HQR（参考文献 7.30）

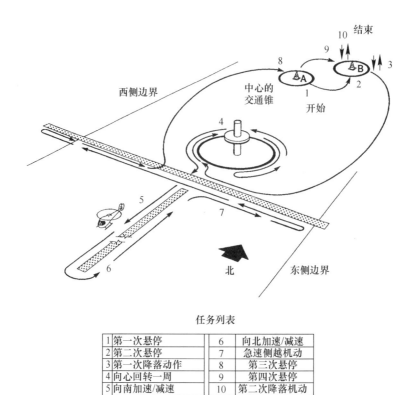

任务列表

1	第一次悬停	6	向北加速/减速
2	第二次悬停	7	急速侧越机动
3	第一次降落动作	8	第三次悬停
4	向心回转一周	9	第四次悬停
5	向南加速/减速	10	第二次降落机动

图 7-30 十个依次相邻的 MTE（参考文献 7.30）

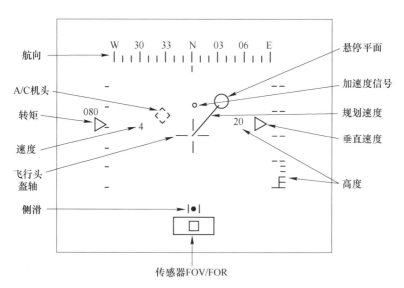

图 7-31 AH-64A Apache 中使用的低速显示符号格式（参考文献 7.26）

机的水平姿态的显示符号。我们将在本节后面更详细地讨论这种格式。AFS 试验的结果强调了高度保持设备的重要性，以确保 ACAH 和 TRC 响应类型的 1 级评级。AFS 试验的另一个结果对超低速 MTE 过程中显示器上的姿态栏的价值产生了质疑，特别是在人工姿态稳定的情况下，诸如 ACAH 和 TRC 响应类型，姿态条对于 RC 响应没有提供明显的改善。

此外，姿态条提供的动态信息可能会分散注意力，而无法实现有用的功能。本文介绍如何使用符号来补充 OVC，从而引出本节的最后一个主题。

UCE 符号叠加增强

读者应该很清楚，DVE 中 NoE 飞行对飞行任务提出了相当高的要求。飞行员完成性能需要稳定和制导设备的支持。从 20 世纪 80 年代末到 21 世纪初，显控技术的发展突飞猛进，以至于飞行品质要求的发展难以跟上这些技术进步的速度。本书第 2 版和第 3 版的章节下该主题也向多个方向扩展，包括传统的飞行品质和人机工程学科的融合。正如技术合作项目（TTCP）专题研讨会（文献 7.33）的一位撰稿人所说，"我们对该主题了解得越多，似乎理解得就越少"。这句话看起来与当前的主题密切相关，并且凸显了飞行员均倾向于以自己的喜好开发显示界面的概念。从细节上讲，回顾 DVE 任务中机组人员所需的各种信息，可以发现它们是外部世界场景叠加的备选信息：

①用于制导和稳定的主要飞行航迹信息，包括速度、高度、姿态、航向等；

②与特殊任务有关的制导信息，如舰载回收、近地飞行 NoE 的空中路径、目标捕获和武器瞄准等；

③飞行包线和"无忧"操纵信息；

④飞机系统状态，如发动机转矩、自动飞行控制系统（AFCS）模式；

⑤态势（战术）感知数据，例如：导航——我在哪里？危险、障碍或威胁在哪里？

任何将上述所有信息放入一个显示界面的做法都会导致机组人员超负荷工作。显示界面设计中的基本内容之一是仅提供有用的功能信息，从而提高环境感知或任务性能。不幸的是，实现最大的环境感知有时会与实现特定的任务表现不一致。换言之，良好的显示界面设计可以帮助恢复 DVE 中因飞行而减少的全局 OFE，但代价是由于不良视场、分辨率差及空间定位障碍因素的增加导致飞行员高工作负荷。有时机组人员需要凝视狭窄的"苏打吸管"视场并观察精确的符号细节，而其他人员则需要持续观察显示有制导符号信息的 220°视场环境。每种方法都对显示技术提出了不同的要求，但最终与许多显示属性一样，视图和符号内容只需要提供特定任务所需的功能。

在所谓的悬停"面板捕获"或"快速上移"模式下，图 7-31 所示的 AH-64A 提供的一个良好样例说明如何设计符号来帮助完成特定的任务。参考文献 7.26 提供的图 7-32、7-33 对图 7-31 进行了补充，展示了飞行员如何在极低速状态下使用这个特殊的显示界面对飞机进行定位。这个显示界面的目的是帮助飞行员在 DVE 中保持精确悬停。通过将加速度信息"飞"至悬停面板，并将信息和悬停面板"飞"到固定的飞机"十"字线上，飞行员可以在由悬停面板定义的指定位置实现悬停。显示界面上的其他飞行数据包括航向、高度、爬升率和空速。速度矢量表示飞机的水平惯性速度。显示界面下部的方框显示飞行员在单目显示器上位于 FLIR 传感器视野中的 FLIR 图像。图 7-33 显示了在面板捕获 MTE 过程中决定飞行员注意力的三个平面特征，包括速度矢量、加速度信息和悬停平面。8ft 的悬停平面相对于固定的"十"字参考线显示在屏幕上。速度矢量具有 12ft/s 的满标度偏转，因此该显示界面旨在辅助极低速的飞行操纵并在飞行员选定的计划位置上方悬停。这样可以深入了解动态显示如何在实现总体任务性能中发挥关键作用。显示界面动态特性由图 7-32 中的 A_x/δ_b（平移加速度到驾驶杆）传递函数表示，定义了加速度信息（A_x）和飞行员驾驶杆（δ_b）之间的动态关系。正如参考文献 7.26 所指出的，纯粹的增益显示是最容易控制的，但可能导致悬停性能较差。另一个极端是，基于航迹需求的加速信息可以提高任务性能，但必将增加飞行员的工作负荷。在量产版阿帕奇的显示设计中，实现了两者相互权衡的效果。

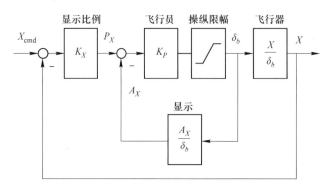

图 7-32　飞行员-飞行器显示框图（参考文献 7.26）

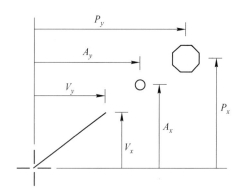

图 7-33　AH-64A 显示格式的中心符号变量（参考文献 7.26）

　　参考文献 7.26 中讨论三种可选的显示律设计，分别为指定改进的生产设计、性能设计和工作负荷设计，它们比生产版本有了显著的改进，主要是通过调整高于 2rad/s 的频域特性，飞行员在该处进行小而精确的位置修正。图 7-34 显示了图 7-32 的仿真分析中推导出的飞机水平位置和纵向周期变距驱动的时间响应，理论上对性能提高和工作符合减少的预测是显而易见的。参考文献 7.26 中还报告了一些试飞模拟的结果，10 名飞行员对不同的设计进行了评估，得出的结论是性能和工作负荷设计相较于其他设计更为重要。如图7-35 所示显示了不同设计的 HQR，表明平面捕获任务的 2 级评级从差提升至好，非常具有统计学意义。

　　如图 7-32 所示，显示律设计显然取决于飞机的响应特性。例如，DRA 模拟试验（参考文献 7.32）中 Ames 显示律的设计方法（参考文献 7.26）使用性能变量，用于推导评估 RC、ACAH 和 TRC 三种响应类型的兼容规律。通常的原则是根据一般式给出的传递函数，根据飞机位置 x，姿态 θ 和周期变距 δ 调整加速度信息响应

$$\frac{A_x}{\delta_b}(s) = f_x(s)\,\frac{\dot{x}}{\delta_b}(s) + f_\theta(s)\,\frac{\theta}{\delta_b}(s) + f_{\delta_b}(s) \tag{7-8}$$

通过匹配响应需求并从提示运动中取消不需要的飞行动力学。参考文献 7.26 描述了

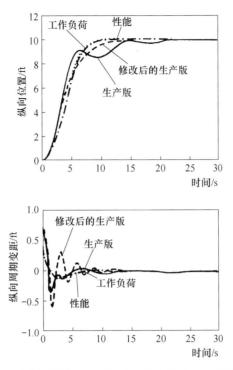

图 7-34　各种动态操纵输入和飞机响应的比较显示（参考文献 7.26）

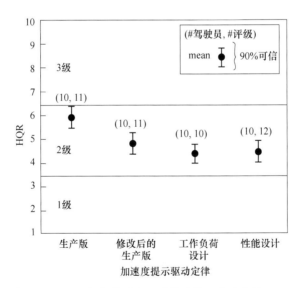

图 7-35　HRQ 与各种动态显示的比较（参考文献 7.26）

实现不同设计目标的原则。与调整飞机响应特性的控制律设计一样，利用线性控制技术可以离线完成显示律设计，但最终的优化仍需要飞行员评估。该样例强调了一些支持领航的显示界面与飞机响应特性之间的重要集成，从而实现了自动制导和控制增稳。参考文献7.33 讨论了用于补充 OVC 新型显示格式的其他样例，并指出了未来可能出现的情况，但它们或许只是通往虚拟现实和执行所有机械航空功能的计算机化飞行员辅助（包括引航、任务管理等）的薄弱航空概念的根基。

DVE 飞行和敏捷性代表了操作的极限，具有非常重要的军事意义。我们的第三个主题是"无忧操纵"，可用于民事和军事行动，这一前沿技术的研究再次由军事需求牵引。

7.3.3 无忧操纵飞行品质

20 世纪 80 年代，英国通过对三军种军事飞行员的调查，得出大约 40% 的飞行员工作负荷来自监视飞机和飞行包线限制（参考文献 7.34）的结论。在调查中，约 70 名飞行员完成了问卷调查，涵盖了 7 种不同类型的飞机。其中一个问题是，哪些限制对飞行员工作负荷要求最高。从反馈中可以明显看出，前两项限制中，75% 的飞行员选择发动机/减速器扭矩，约 60% 的飞行员选择旋翼转速。所考虑的一些限制指实际限制，飞行员认为是显示关键飞行参数的仪表和带有适当绿色和红色的区域，如扭矩、发动机温度、旋翼转速。其他的则是衍生出的限制，仪表上显示的参数基本上给出了飞机的运动状态信息。包括空速（反映旋翼和机身载荷）、协调转弯时的侧倾角和法向加速度（反映旋翼疲劳载荷和静强度）。一些限制通常根本不向飞行员显示，如侧滑和横向速度（反映后机身强度）和偏航角速度（反映尾桨减速器扭矩）。参考文献 7.34 还对可能有助于监测和遵守限制的不同系统的潜在价值征求了飞行员的意见。此类系统被描述为"无忧操纵系统"，包括平视/俯视视觉信息、声频信息、触觉信息和直接干预控制系统、有/无飞行员超控。多数飞行员认为，飞行包线限制在头盔上显示可以解决他们的大部分担忧，并能有效地减少监视工作负荷。同样，大多数飞行员认为无飞行员超控的直接干预控制系统是不可接受，约一半的受访飞行员认为这种系统的潜在有效性为零。最后一点应该放在固定翼飞机经验的背景内，其中大多数的无忧操纵功能都属于直接干预类，飞行员能够控制它们的唯一方法是将其关闭。通过当前认知和实践回顾，促使英国开展直升机无忧操纵系统课题研究，研究结果如下。

在固定翼领域，"无忧操纵"是一个极其常见的概念，Tornado、F-16、F-18 和空客 A320 都采用某种形式的系统保证飞机不超越极限。如上所述，一般除非飞行员将这些系统关闭，否则其操纵权限无法超越这些系统。主要原因是，受保护的极限是存在高度失控风险的边界区域，如 F-16 的严重失速、Tornado（"狂风"）的失速和自旋偏离。相比之下，对于直升机来说，大多数限制都与结构考量相关，一般来说，应力过大总好过撞击地面。

如图 7-36 所示，可将直升机极限分为四类，并与旋翼或机身上的结构/气动载荷、发动机转速、温度、传动载荷和失控相关联。除了最后一类（它主导了固定翼体验）之外，其他所有的极限都可以描述为软的或具有不同程度的硬极限。例如，当飞行员为了躲避障碍物而向上拉起时，可以超过减速器瞬时扭矩限制，不过对飞机可能已经造成了永久性损坏，或许需要更换减速器，但飞机和机组人员却能幸免于难。正是出于这个原因，直升机飞行员几乎一致不愿意接受没有超控能力的无忧操纵。在讨论这一领域的研究工作之前，有必要简要讨论直升机失控的潜在关注点。涡环对直升机飞行员的影响可能与失速对固定翼飞行员的影响一样严重，它对直升机低速时的垂直操纵有明显的抑制作用。同样，尾桨失控可能导致偏航运动不受控制，这在有限的区域限制内可能产生灾难性后果。这两个例子都需要较好地了解飞机相对于空气的速度，而其在低速时是不准确的。第三个例子是，当直升机的飞行包线由于控制因素限制位于较低法向过载，对于跷跷板旋翼来说是个需要特别注意的问题，操纵性可以减少到零，甚至在负过载的情况下反转。直升机因驶入不安全的操纵区域而产生损失，想要实现安全无忧操纵，不应忽视这些飞行包线的细节。

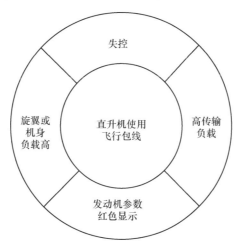

图 7-36 飞行包线限制的来源

在参考文献 7.34 的研究中，RAE Bedford 地面飞行模拟器对四种不同的无忧操纵特性的组合进行试验。表 7-5 列出了评估的特性，配置 4 和 5 的特点是直接干预无忧操纵。通过测量连续估计飞机飞行状态与飞行包线极限之间的误差，并在接近极限时触发高增益反馈控制。警告系统包括平视显示器（HUD）上的视觉信息、声音信息和通过可变力感控制系统提供的触觉信息。垂直轴包括扭矩指令系统（TCS），用来代替直接的总距操纵。

表 7-5 参考文献 7.34 中评估的无忧操纵特性

配置	无忧操纵功能
1	无
2	HUD 上的视觉警告，围板上的主警示灯，转矩限制的总距振动器，横侧空速脚蹬振动器
3	桨毂力矩监控，所有极限时的声音告警
4	直接干预保护所有限制，基于桨毂的操纵限制
5	转矩要求保护转矩和转速，直接干预保护极限，基于过载的操纵极限，通过感觉力的触觉信号

六名试飞员参加了这项试验，其中包括八个 MTE，旨在以单一和组合的方式进行限制。这项研究的结果很有启发性。与飞行员调查预测的结果一致，旋翼扭矩和转速保护最为重要。与飞行员观点调研结果相反的是，在平视显示器（HUD）上的视觉警告（闪烁）信息并没有改善所选 MTE（构型 2）的性能。通常情况下，飞行员可能会被视觉警告分散注意力，在高工作负荷的情况下甚至会忽略它们，故通常违反限制与没有无忧操纵功能的情况一样高（构型 1）。在告警系统中，声频和触觉相对更有效，因为其减少了飞行员的工作负荷，尽管它们仍然需要飞行员在接近或超限后采取纠正措施。直接干预系统在性能改善和减少工作负荷方面得分最高，如操纵装置上的硬制动，通过触觉信息阻止飞行员推杆操纵。总体来说，采用软制动与加强控制力相结合的方式是首选，因为在需要的时候有富余的性能可用，飞行员会更有信心。

图 7-37 显示了 100m 急速侧移机动的结果。根据五种配置任务时间的试验结果绘制了平均 HQR，表明随着直接干预系统的引入，任务时间显著缩短，工作负荷明显降低（见图 7-37（a））。该 MTE 的主要飞行限制是横向速度，设置为 30kn，如图 7-37（b）所示。当只包含警报系统时，通常会超过上限的 30%，而存在直接干预系统时，可将超限保持在 10% 以内。当进行这些试验时，在地面模拟器上高迅猛性飞行的 MTE 实现 1~2 级 HQR 是一项重大成就，这归功于飞行员能够真正轻松地执行任务。TCS 也很受飞行员的欢迎，即使是在障碍滑雪和加/减速这样的多轴机动中，也很少发生扭矩过大的情况。然而，飞行员反馈与直接驾驶相比，TCS 似乎降低了垂向轴方向的性能。模拟中使用的飞机模型是本章前面讨论 RAE 的 CSM，它具有良好的一级速度指令飞行品质。

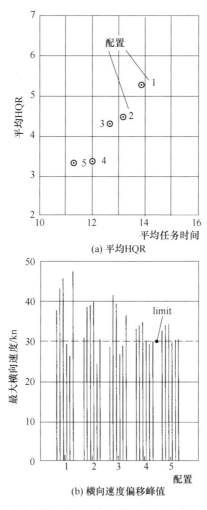

(a) 平均HQR

(b) 横向速度偏移峰值

图 7-37　不同无忧操纵系统仿真结果比较（参考文献 7.34）

自从英国完成了无忧操纵的概念研究以来，无忧操纵已经扩展和应用到了不同类型的航空器。在参考文献 7.35 中，主要关注了转矩的控制问题，并应用于 Bo105 直升机的仿真。证明了 TCS 的垂向迟滞响应特性是线性非周期转矩响应的固有特性。解决这一矛盾的关键在于采用创新的控制律设计技术，接近极限时要有效地改变控制律增益和结构，从而同时实现高度和扭矩指令响应。如图 7-38 所示为改进的 TCS 设计中对不同总距脉冲输入的转矩和高度率响应特性。对于 10% 的小脉冲，高度响应伴随着 50% 的转矩超调，当然，如果试验输入接近最大瞬态转矩极限，则不可接受。对于要求 50% 转矩的较大输入，由于转矩保持在极限时，高度变化率将受到限制，对于自动总距操纵，高度保持、配平随动功能将自动按所需的扭矩调整总距提供。该设计在 DRA 的 AFS 上进行了成功的仿真试验，试验中飞行员进行了目标捕获和地形跟踪。如图 7-39 所示显示了 ATA 的 MTE，飞行员的任务是转弯、爬升和加速，以捕获和跟踪移动目标飞机。模拟结果如图 7-40 所示，显示了转矩无忧操纵系统，Bo105 的任务时间（ⅰ）、传输转矩（ⅱ）和飞行员 HQR（ⅲ）的比较。与无转矩无忧操作系统的任务时间（ⅰ）、传输扭矩（ⅱ）和飞行员 HQR（ⅲ）的比较，该无忧操纵系统使目标被捕获的时间减少 20%，几乎消除了无意的超限行为，使原本 2 级的飞机获得了 1 级的飞行品质。在本研究中模拟所使用的参考飞机是一架具有全权限主动控制系统的 Bo105，根据 ADS-33 标准，该系统具有 1 级固有操纵性能。

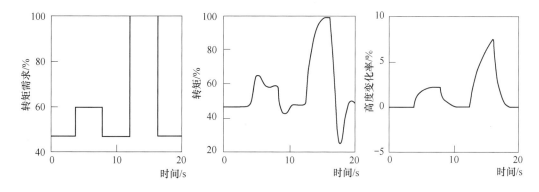

图 7-38 扭矩和高度变化的响应形状特征（参考文献 7.35）

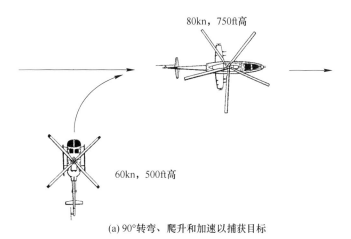

(a) 90°转弯、爬升和加速以捕获目标

图 7-39 无忧操纵模拟中的空战 MTE 飞行（参考文献 7.35）

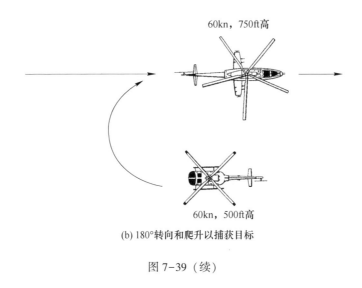

(b) 180°转向和爬升以捕获目标

图 7-39 （续）

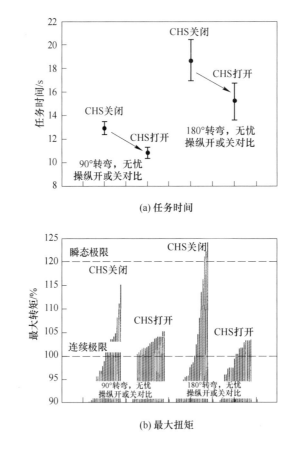

(a) 任务时间

(b) 最大扭矩

图 7-40　无忧操纵系统扭矩指令打开和关闭时的结果对比（参考文献 7.35）

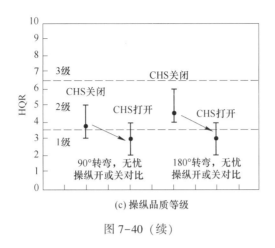

图 7-40（续）

英国关于无忧操纵品质优点的仿真研究令人相当信服，至少在军事行动中，明确要求需定期使用直升机的极限性能。相比之下，民用飞行除了在紧急情况下，飞行员无须接近包线极限飞行。因此，军事领域应用很可能继续推动主动控制技术的发展，可以肯定这会对民航安全性的改善带来影响。上述研究的一个发现是，考虑到在极限状态下的操纵安全性，飞行员可以更频繁地将飞机飞到接近极限，因此，采用无忧操纵的飞机很可能面临更具破坏性的疲劳使用。在这种情况下，无忧操纵必须与疲劳使用监测系统集成。这种额外复杂性积极的一面是，根据需要飞行员与辅助无忧操纵系统可以尝试使用破坏性较小的控制策略飞行。在性能和结构完整性之间总会涉及权衡，但任何情况，飞行员都应该能够做出用哪种方式作为主导的决定。

波音-贝尔 V-22 "鱼鹰" 倾转旋翼机是一款将一定程度的无忧操纵纳入研发计划的飞机。参考文献 7.36 描述了一些旨在保护飞机免受超标的结构荷载影响的创新特性：

①限制高载荷因数操纵时的桨盘迎角，使用升降舵降低高负载旋翼的桨叶失速（直升机模式）；

②通过限制高频旋翼指令（直升机模式），降低剧烈俯仰机动过程中的旋翼瞬时挥舞和桨毂弯曲载荷；

③利用升降舵控制减少配平旋翼挥舞（直升机模式）；

④通过对旋翼总距差动（飞机模式）的滚转角速度反馈，降低滚转操纵中瞬态的旋翼轴和传动轴扭矩；

⑤通过滚转加速度限制器（飞机模式）防止发动机短舱在剧烈滚转操纵期间从下制动点升起；

⑥通过调整俯仰响应特性，减少俯仰操纵中的振动轭弦弯曲。

参考文献 7.36 中所述的这些设计控制律构型特性的功能已在仿真中得到验证，最坏情况下的载荷已包含在设计极限载荷内，对 V-22 MTE 飞行时的操纵品质几乎没有影响。第 10 章将对这一领域进行更深入探讨。

需要讨论的是，直升机的设计应在飞行限制超出飞机的能力范围时，仍要保持在 OFE 之内。那么飞行品质工程师就无须关注人工辅助设备，飞机将自然具备无忧操纵。飞行员绝不能使减速器扭矩过大，旋翼转速降低，严重过载或超过侧滑、侧向速度限制（等情况出现）。问题是，实现这一多目标设计的工程非常困难。在经典的直升机设计中，多数飞行条件下，在整个速度范围内进行配平的宽泛控制在提供了足够的控制力，会无意中超过一个或另一个限制。对于倾转旋翼机，实现平衡的设计似乎更加困难，这架飞机已经证明，真正的无忧操纵（即完全不受安全原因的限制），只有通过应用主动飞行控制才能实现。

7.4 飞行员操纵装置

直升机飞行品质的评估包括对飞行员操纵装置机械特性的评估。无论飞机的响应特性有多好，总的飞行品质都将由飞行员操纵装置的操纵品质来判断，这些操纵装置反映在一系列的设计特性中，包括周期自回中、操纵力超调和力梯度、死区和配平作动器。例如，操纵力超调会妨碍飞行员在飞行轨迹上进行小而精确的调整，迟钝的液压系统会降低机动性，低速配平电机会增加飞行员的工作负荷，操纵力梯度过轻或过强都会破坏飞行员的平稳控制。现在来讨论具有大位移的主周期驾驶杆，关于什么是构成良好的操纵装置特性应该鲜有争议，几十年来，多数中大型直升机都采用这种通过液压系统驱动的具有固定刚度定心弹簧的装置。由于通常操纵力必须与响应特性相协调，故需要更广的特性接受范围。如图 7-41 所示为操纵力/位移关系的一般形式，显示了突破操纵力等级和梯度的最大与最小值，附表给出了 ADS-33 C（文献 7.1）和 Def Stan 00970（文献 7.37）定义的 1 级品质值。显著差异在于滚转力梯度和最大可承受驾驶杆力超调，这似乎反映了各国军方的传统偏好。不同于固定翼飞机，直升机通常不包括任何人感增强来提示飞行员操纵。然而，ADS-33 中关于达到 1 级操纵的新要求是，驾驶杆的操纵力在每 g 3 lb（约 13 N）和 15 lb（约 67 N）之间（参考文献 7.1）。

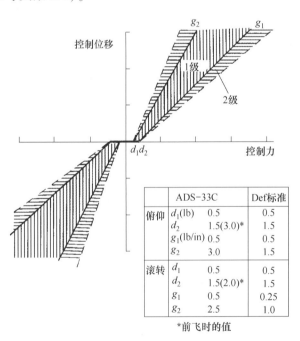

		ADS-33C	Def标准
俯仰	d_1(lb)	0.5	0.5
	d_2	1.5(3.0)*	1.5
	g_1(lb/in)	0.5	0.5
	g_2	3.0	1.5
滚转	d_1	0.5	0.5
	d_2	1.5(2.0)*	1.5
	g_1	0.5	0.25
	g_2	2.5	1.0

*前飞时的值

图 7-41　主驾驶杆的操纵力与操纵位移（参考文献 7.1、7.37）

目前大多数武装直升机都配备了传统的主周期驾驶杆、总距驾驶杆和脚蹬，具有各种不同的机械特性，反映了不同的设计偏好，最终反映了飞行员的适应性。未来电传操纵系统直升机可能会采用集成的操纵控制杆，20世纪70年代末至80年代末，大部分基础研究都是为了探索这种装置的潜力（参考文献7.38~7.41）。考虑到直升机的高耦合特性，首先一个关键问题是，能否用侧驾驶杆达到同样的操纵品质和性能。与所需的稳定性和控制增稳水平相关的其他问题，以实现满意的侧驾驶杆性能、配平机构、手柄设计和力-感特性。加拿大飞行研究实验室（FRL）的飞行模拟研究综述文件（参考文献7.41）对目前已知的直升机被动侧驾驶杆提供了最全面和一致的描述，这也是本节简短论述的基础。侧驾驶杆控制现在被普遍认为是直升机迈出的正确一步，这完全符合电传操纵的发展。驾驶舱人机工程学的显著进步是其得以应用的重要原因，包括对坐姿调整的改进、减轻飞行员疲劳和降低脊柱损伤，另外通过综合的手部运动可获得更高的控制精度。

直升机侧驾驶杆首先遇到的一个问题是，需要对指令进行整形，以调整操纵灵敏度。基本上，为了提供与传统操纵装置相同的操纵性等级，驾驶杆对齿轮传动系统的响应需要是非线性的，且斜率陡峭（见图7-42）。线性齿轮传动导致对于小幅操纵的输入灵敏度太高，从而产生强烈的操纵超调。使用侧置驾驶杆的一个主要问题是，在单个接收器内应该包含多少控制功能——2、3或4个？另一个问题涉及是否存在位移或力感测的强烈偏好，这两个问题并非没有联系。参考文献7.41描述了飞行员偏好带有单独总距

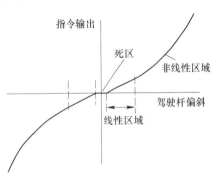

图7-42　侧杆操纵装置的典型非线性函数

操纵的侧置驾驶杆，而不喜欢具备力传感的4+0和3+1（总距）驾驶杆。加拿大研究表明，四通道控制对于低/中等增益任务是完全可行的。对于比FRL Bell 205更高机动性和更高带宽的直升机，公开文献中很少发表飞行数据，但3+1（总距）集成驾驶杆是发展趋势值得怀疑。文献7.41中加拿大的研究者自信地宣称：

研究……一致认为没有证据表明在直升机上使用集成侧置驾驶杆……不利于飞行器的整体操纵品质，也不要求飞行员在使用时具备特殊的技能。无论是操纵品质还是飞行员的表现都不能决定直升机集成侧置驾驶杆的使用。

然而，对于任何具体应用，没有足够的数据对所涉及的诸多设计问题（最佳力特性、手柄形状和方向等）提供明确的指南。ADS-33保留了侧置驾驶杆，以满足未来需求。在参考文献7.42中，RAH-66侧驾驶杆的设计被称为三轴（滚转、俯仰和偏航）侧置驾驶杆，具有有限的垂直轴能力，需要与高度保持功能结合使用。在参考文献7.43中，NH90的设计包括一个更保守的双轴侧置驾驶杆。本样例中，这架电传飞机采用了传统的驾驶舱操纵装置，新型主动侧置驾驶杆正在研究中，该研究应能主动控制直升机不断变化的响应类型，提供触觉信息和更普遍的、可变的力-感特性。

7.5　飞行品质对作战效能和飞行安全的贡献

军/民用旋翼机运行的两个首要目标是在低工作负荷下获得良好的性能。像稳定性和敏捷性一样，这两个目标经常会相互矛盾。通常军用领域的特点是优先实现性能目标，而

民用方面则偏向于安全。在任何任务或作战情况下，飞行员都会做出有利于自己的战术决定，但性能和安全之间的紧密联系始终存在。在考虑飞行品质对效能和安全的贡献时，这种关系便成为讨论的焦点。HQR 评级表度量达到规定的性能所需飞行员的工作负荷，从而给出可用的安全裕度。HQR 是飞行员工作负荷的直接度量，是飞机稳定性和操纵特性的间接度量。然而，使用 HQR 方法在操纵效能方面的作用似乎很少。例如，当飞行员因天气恶劣或需要快速行动而感到压力时，1 级飞机的任务效能比 2 级飞机的任务效能高多少？一般来说，从客观上讲，良好飞行品质的价值应体现在三个主要方面：

①生产率：能完成多少任务或架次？

②性能：每架次的完成情况如何？

③损耗：预计会有多少损失？

我们将按照在参考文献 7.44 和 7.45 中首次提出，并在参考文献 7.25 中得以发展的概率方法研究问题。基本概念是飞行品质的缺陷会增加飞行员的出错概率，从而导致事故、意外或 MTE 失败。这是一个有争议的概念。事故和意外中很大一部分是由于人为失误造成的，但经常有人提出反驳，认为是飞机的操纵品质存在一定缺陷造成的。在这方面，参考文献 7.44 和 7.45 中使用库珀-哈珀飞行员操纵品质评级表作为衡量标准，其中考虑了飞行安全的益处（图7-2）。这些参考文献将飞行员视为一个与任何机械或电气组件一样重要的系统组件，飞行员在操纵环境中也可能出现故障（即压力导致故障）。飞行员失误可表现为 MTE 失败，对应于 HQR>6.5；或者在极端情况下表现为失控，对应于 HQR>9.5。我们已经多次讨论了飞行品质的可变性，包括内在属性和外部因素。在飞机的生命周期中，整个范围内的"虚拟"评级出现的概率是有限的。我们将这些称为虚拟评级，因为在现实中，它们是不被赋予的；然而，我们可以想象一个 HQR 测量仪、采样工作负荷和试飞员设定的性能目标。对于所执行的每一个可识别的 MTE，HQR 都会进行记录。表7-6 提供了一些样例。

表 7-6   相同飞机不同 MTE 中可能的 HQR

操纵品质评级	任务科目基元
1	自动驾驶巡航
3	良好目视环境限制降落
4	近地飞行训练中急速侧移
5	阵风条件下船上着陆
6	不良目视环境受限制区域降落
7	转向瞄准目标，但目标处在射程外
9	阵风不良目视环境悬挂负载
10	尾桨故障后坠毁

下一个假设是，在很长一段时间内，虚拟评级呈正态分布，如图7-43所示。明确指出了期望的、足够的和不足的性能区域。期望和足够区域可以被认为是不同程度的 MTE 成功，而不足的区域对应于 MTE 失败。实际上，每个任务由几个连续的 MTE 组成，每个 MTE 都有自己的虚拟 HQR。如果一个特定的 MTE 被指定为 3 级，那么飞行员必须再试一次或者放弃这个特定的 MTE。失控明显影响任务成功率。对于某些类型的操纵，失控几乎

肯定会导致坠毁。在其中一个区域获得评级的概率与该区域分布下的面积成正比。注意，如参考文献 7.25 所述，我们在分析中包括高于 10 且低于 1 的评级。其理由是，有特别糟糕或良好的飞机和情况，其品质对应于 13 或 -2 级评级。但是，评级表强制将它们记录为 10 或 1。

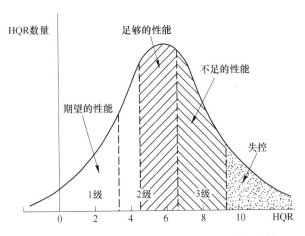

图 7-43　给定飞机飞行员 HQR 的正态分布（参考文献 7.25）

还需要注意的是，即使平均评级为良好，由于离散性，也会有很大概率使其性能仅仅只是够用，甚至存在完全失控的可能，某些情况下，还会导致坠毁。本书的其他章节讨论过，飞行品质是由内部属性和外部影响之间的相互作用决定的。因此，造成离散的原因有内因也有外因。内因包括注意力不集中、压力和疲劳、飞行员的技术和经验。外因包括环境干扰、不断变化的作战要求和时间线、威胁等。飞行品质领域重点关注实验协议（参考文献 7.6），同时已经开展了很多工作来使离散最小化，但在此需要强调，操纵环境中，有效的飞行员等级离散现象是一直存在。

如图 7-44 所示，假定各等级服从正态分布，可以计算各等级的均值和离散情况下的操纵损失概率 P（LOC）。P（LOC）是获得大于或小于 9.5 的评级的概率，而这又与 9.5 评级右边的分布面积成正比。因此，可以估算由于飞行品质缺陷而失控（即飞行故障）的

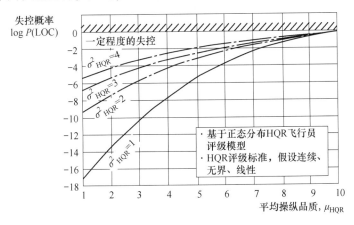

图 7-44　平均 HQR 和操纵损失概率之间的关系（参考文献 7.44）

概率。由参考文献 7.44 和 7.45 中研究的案例和文献 7.44 所描述的案例可以发现，相比于 2 级飞机，1 级飞机失控概率可降低一个数量级。有趣的是，在 1~2 级边界上，平均 HQR 为 3.5 的飞机的 P（LOC）为 $1/10^9$，这是民用运输中飞行关键部件可靠性的参考值。

如果我们现在考虑将同样的方法应用于 HQR 评级表的全范围，就 MTE 的成败而言，其有效性是可以估计的。图 7-45 显示了当统一了评级的标准差时，在不同区域获得评级的概率。这条曲线有一些有趣的特征，首先正如预期，这些线交点位置的等级分别为 4.5、6.5 和 9.5。此外，结果表明当平均评级为 7 时，表现不佳的概率相当高，而且还可以看到，实现预期的概率和失控的概率差不多，大约为百分之一。将平均 HQR 提高到 2 可将损失概率降低到 10^{-13} 级（几乎可认为是零），并确保性能基本处于期望的等级。将平均等级从 2 降到 5 将使任务失败的概率增加三个数量级。

如果我们将上述结果应用到 100 架相同机型的机队中，就会出现一些有趣的统计数据。假设机队中的每架飞机每天执行一次飞行任务，每个任务包括 20 个 MTE。在 20 年的时间里，机队将飞行约 15×10^6 个 MTE。如果我们假设失控等同于失去一架飞机，那么图 7-45 提供了在机队生命周期内由于飞行品质缺陷而造成的预期损失。对于平均 HQR 为 5 的飞机，机队预计每年损失一架飞机（即在机队寿命内损失 20% 的飞机）。在平均 HQR 为 3 时，在机队生命周期内，不会因操纵品质差而损失任何飞机。由于稳定性和控制增稳有限、飞行包线限制信息不足以及与故障和紧急情况相关的飞行品质下降，目前服役的大多数作战飞机很可能没有 1 级区域的平均 HQR。本书讨论的特定类型飞机数据是不合适的，但这些初步结论也引起了一些关注；另一方面，它们也为良好飞行品质的量化提供了一种方法。

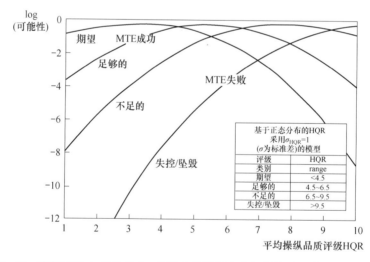

图 7-45　平均 HQR 与任务成功、失败和失控概率之间的关系（参考文献 7.25）

我们将这些结果描述为初步的，因为我们假设期望性能、充分性能和操纵损失之间存在一个合理的连续体。例如，期望的和充分的性能可以用在舰船舰艉部的分散着陆区域/速度来表示，而失控可以用诸如在舰船或机库边缘的着陆来表示。在较小的船舶（或更大的直升机）上，期望的和足够的区域面积可以大小相同，这使得甲板边缘更接近充分范围的边界，或代表类似比例的甲板大小，因此收紧整个连续体。这就引出了关于评级表潜在线性的基本问题，假设能够满意地解决这些问题，则还有一点，即如何确定特定机型的平均等级。原则上这可以根据本书第 6 章和第 7 章中描述的系列试验进行评估，但这需要获取飞机最恶劣条件下的飞行数据。

尽管这些问题依然存在，但通过图 7-45 中的数据可见，飞行员评级和任务成败有着强关联。简而言之，飞行品质本身即可决定作战灵活性和飞行安全是否完美，或是否失控。飞行品质是飞行动力学的核心主题，总体来说，本书试图在建模和操纵品质标准的理论基础与飞行安全和性能运行之间建立密切的联系。

当遇到诸如视觉信息丧失、某些飞行控制功能失效或飞机处于严重的大气扰流影响中导致操纵品质下降的问题时，安全问题尤为突出，这将是本书下一章的主题。

沙漠中 Merlin Mk 3 自身导致的不良视觉环境

8 飞行品质：降级形式

直升机拥有无限的未来，未来将进一步为人们所熟知。直升机能够提供许多其他飞行器无法提供的服务，特别是在紧急情况下，直升机可以发挥巨大的作用。

——伊戈尔·西科斯基（Igor Sikorsky）于 1947 年 9 月 8 日在伦敦大厦举办的大不列颠直升机年会上发表的题为《西科斯基直升机发展》的演讲

8.1 引言和范围

正如西科斯基在参考文献 8.1 中满怀信心预言的那样，直升机确实是作为人类的"急需之友"为人类服务，但通常的情况是，其独特的能力只有在飞行员具备非常高的飞行技能时才能发挥，并且在危险和紧急情况下，必须同时将安全性和性能提升到极限。西科斯基在演讲中谈到了直升机在救援服务中的重要性。他用"满意和极大的鼓舞"叙述了最近发生的一件事，引用如下：

警方给工厂打电话说，一艘载有两名男子的运油船遇险，开始解体，水已漫过船表面。我们立即派出一架带有吊索的直升机，尽管风很大，风速为 60mile①/h，但该直升机仍迅速到达运油船，并在其上方 20～25ft 处悬停，放下吊索帮助人员一个接一个地撤离。救援行动是在当天傍晚时进行的，人们普遍认为这两个人无法在受损的船上过夜。

实用型直升机诞生仅几年后，伊戈尔·西科斯基（Igor Sikorsky）发表了参考文献 8.1 中的演讲。他谈到了"控制的绝对精度"和"……像其他任何控制系统一样完美"。今天，我们只能想象一下，早期的先驱者创造第一台四轴控制的垂直起降飞行器时的动机、勇气和乐观。如参考文献 8.2 所述，在本书引言部分（第 2 章）中所讨论的那样，1948 年 4 月 19 日，一架西科斯基 S-51 在皇家飞机研究院进行试飞期间，由于飞行员在高速（4g）起飞过程中瞬间失控，在倾斜转弯中快速滚转 90°，几乎坠毁。这就是操纵品质降级的后果。直升机控制，定性地说虽然精确，但总是需要飞行员的密切关注和相对较高的工作负荷。

第 7 章结尾讨论了飞行品质对安全性和任务效能的影响。自 1903 年 12 月莱特兄弟首次飞行以来，安全和性能的双重目标及其矛盾关系已经渗透到整个航空业。在直升机领域，当近地飞行时——有时被称为任务紧迫性，或者在可用飞行包线边界，或者在恶劣环境中，或者当飞行员必须处理飞行系统故障时，性能与安全的矛盾关系尤为强烈。在近地飞行时，飞行员的首要任务是保持足够的"空间感知"裕度，以确保安全飞行。这种空间感知还具有时间维度。飞行员试图预测和控制接下来的飞行轨迹。

飞行员为保持安全的时间裕度，避开障碍物和地面一般采取宽松的控制策略，为导航和监控系统留出足够的余量。飞行员希望在飞机与潜在的风险之间保持足够长的"处置时间"，以便在需要时有足够的时间完成操纵、爬升甚至悬停。但是外部压力会增加飞行员

---

① 1 英里（mile）≈1609 米（m）。

的工作难度，加大工作负荷。比如，悬停任务是在紧迫的时间限制内，在敌方的威胁下，夜间向一片封闭的森林空地运送物资。在无情的时间压力下，飞行员需要根据当前的需求在性能和工作负荷之间进行权衡。飞行员被迫降低飞行高度以避免被敌人发现，而高速近地飞行会降低安全裕度；这就需要更高的精度或更高的机动，必然导致飞行员把注意力集中于飞行轨迹导航和姿态稳定。

飞行员越专注于飞行管理，对全局态势感知（SA）就越不敏感，与战场局势脱节的风险也就越大。飞行品质与这些需求会相互影响。如今，只有在面向任务的需求和标准方面才能合理地讨论飞行品质——因此，操纵品质工程和标准的发展，尤其是 ADS-33（参考文献8.3）就显得尤为重要。

军用规范中通过库珀-哈珀（Cooper-Harper）操纵品质评级（HQR）表对操纵品质评定等级和飞行员评估进行了定义，本书第 7 章对此进行了广泛讨论。为了使飞机适合使用，在整个正常使用飞行包线（OFE）内它应当具备 1 级飞行品质（根据 ADS-33 "……飞行品质的缺陷不会对飞行安全或执行预定任务的能力造成限制"）。在某些飞行功能失效后，紧急情况下或飞机偏离 OFE 时，降级到 2 级是"可接受的"。如果面临限制，如在恶劣海况下的舰船甲板着陆，也可允许在部分 OFE 范围内出现 2 级飞行品质。即使受到经验和标准操作程序的指导和约束，飞行员仍需要时刻判断某些机动动作是否可以实现。有时他们会做出错误的判断，但通常的结果是飞行员在着陆或投放负载或实施救援时有第二次机会。任务科目基元（MTE）执行失败可能会使飞机进入 3 级飞行品质，但前提是降级不太严重，情况仍是可以恢复的。然而，更突然的或迅速的降级会把飞机降到 4 级飞行品质，在这种情况下，失控的风险很高。第 7 章结束时，对具有不同等级飞行品质的飞机的飞行安全进行了统计（见图7-45）。在一定的分析假设条件下，可以得出一个初步结论，即对于飞机的平均 HQR 水平在 1 级和 2 级的分界处，整个机队中失控的概率约为 10^{-9} 个 MTE。相比之下，如果飞机的平均 HQR 处于 2 级范围的中间，则整个机队中失控的概率为 10^{-5} 个 MTE，安全风险大为增加。

这些结论得到了事故数据的证实。例如，在参考文献 8.4 中，Key 指出，在 1996 年之前的 10 年中，H-60"黑鹰"直升机的所有事故中有 54% 涉及操纵品质或（态势感知 SA）方面的缺陷。数据还显示，对于新手飞行员来说，边界操纵更是一个问题。在一项对美国民用直升机事故的补充研究（参考文献 8.5）中指出，在 1993 年至 2004 年之间发生的 547 起事故中，有 23% 是"……归因于飞行员失控——由于操纵品质不足，而导致或加剧的"。操纵性与安全性之间的关系是非常重要的，特别是，在"恶劣大气"飞行操作中，未来的旋翼机需要在比目前安全性更恶劣的情况下发挥作用，因此了解降级发生可能的方式以及后果，有助于形成对全天候增强系统的要求。本章讨论了这些问题，材料来自本书第 1 版出版后多年来的研究成果。如参考文献 8.6~8.9。这项研究大部分是在作者移居利物浦大学时进行的，作者创建并建立了一个专注于飞行科学和技术的研究小组，重点强调飞行安全。本章将介绍使用利物浦研究中心的 Bibby 飞行模拟器开展研究的大量结果。附录 8.A 中详细描述了仿真设备。

为创建本章的框架，操纵品质降级被分为四类：

（a）不良视觉环境下飞行而导致的降级；

（b）飞行系统故障（瞬态和稳态）导致的降级；

(c) 在严重的大气扰动下飞行导致的降级；

(d) 因失去控制有效性而造成的降级。

严格来说，在正常使用包线内，不应该出现（d）类降级，一般来说，（d）类降级通常是飞行员由于（a）~（c）类的降级而无意中偏离 OFE 而导致的。关于（d）类情况的讨论，例如，进入涡环后失去垂直方向控制、飞行中后侧来风导致尾桨有效性损失或在高速失速中俯仰/滚转失控等，将不包括在本章中，但是前两种情况在本书的其他部分进行了讨论。

8.2 不良视觉环境导致的降级

想象一下，一只鸟在混乱的环境中飞翔，雀鹰就是一个很好的例子，它在飞行中非常成功地躲避障碍物并最终捕获猎物，因此，我们可以假设这只鸟非常准确地知道它前进的方向、其飞行路径上障碍物的速度、它的目标，或者更通俗地说，是它的飞行轨迹。它是如何从周围世界的"视觉流"中获取所需的信息，并投射到它的视觉传感器上的？我们可能会遇到同样的问题，一个登山运动员成功地在崎岖的山路上行走而不会被绊倒，或者一个运动员，用两只脚精确地平衡地翻筋斗和着地，或者一只鸽子轻轻地落在窗台上，而不是翻过头并撞到窗户。运动控制在自然世界中无处不在，如果没有完全可靠和精确的功能，生命将非常脆弱。当视觉世界被遮挡时，对感知系统的刺激也将被遮掩，生命将再次变得脆弱。大多数生物都在夜间睡觉，作为视觉传感器的眼睛是闭合的，当然，也有一些例外。

但是，在机器世界中，我们经常在夜间或恶劣的视觉条件下练习飞行，我们甚至能够在能见度为零的情况下将固定翼飞机降落在狭窄跑道，或者将直升机操纵到悬停点。如果没有精确的控制增稳，这种机动将是不可能的，并且这种精确的进近只能在特定的空域中实现。不慎进入不良视觉环境（DVE）将极为危险，由于失去对空间方位的感知，极有可能失去控制。展望未来，正在开发的技术将为飞行员提供一个足够可靠的"合成"世界，他们有信心在没有外界自然信息的杂乱无章的环境中进行操纵和运动控制。而在此之前，能见度低的情况下飞行都是危险的。通过研究良好视觉环境（GVE）中的飞行，我们可以获得关于运动控制的有用的信息。通过这样做，我们还可以尝试建立一个使用视觉信息的运动控制工程框架，该框架可以为视景增强系统的开发提供信息。这就是本节的主题。通过对自然界中运动控制的研究，作者观察到该学科的发展存在不同的"思想流派"，所涉及的信息来源和处理机制不同。我们必须有选择性地尝试把现实物理世界和工程实际联系起来，本书选择詹姆斯·吉布森（James Gibson）的光流场理论，但是，在寻求复杂环境中的完全自主飞行解决方案时，仍然有很多东西要学习和理解，而许多现代的，看似矛盾的研究将有助于推动进步。

8.2.1 可用感示环境概述

就像雀鹰一样，飞行员在接近地面和障碍物附近飞行时，也需要清晰的视觉信息来稳定姿态和引导飞行路线，这些任务与骑自行车或在崎岖不平的地面上行走没有太大区别。虽然前庭运动信息对短周期稳定至关重要，但通常不可靠。关灯或闭上眼睛，骑自行车的人或步行者很快就会摔倒。直升机飞行的姿态稳定信息来自对视界的认识，对空间方位和旋转运动的感知。当可用感示环境（UCE）降级到 1 以下时，ADS-33 要求非常清楚增稳系统的重要性。图 8-1 总结了第 7 章介绍的内容——随着 UCE 降级为 2，增加了姿态稳定（姿态指令响应）。随着 UCE 降级到 3，增加了速度稳定（平移速度响应类型（TRC））。

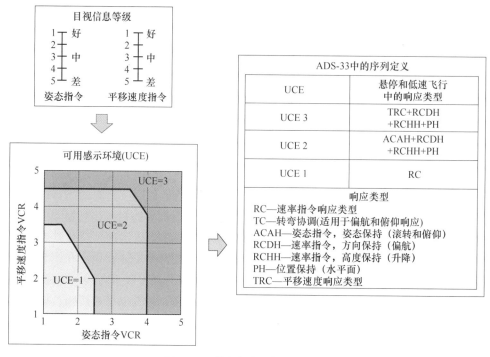

图 8-1　可用感示环境过程总结

在参考文献 8.10 中，Hoh 使用原始的 ADS-33 飞行试验数据库，将 UCE/VCR 方法用于量化在 DVE 中飞行时空间定位障碍的风险。报告的工作涉及当机组人员不知道他们对当前位置、高度或运动的感知存在不准确的情况时发生的各种地面/障碍物碰撞。Hoh 分析了飞行员的总体工作负荷是飞行控制的注意力需求（AD）与维持态势感知（SA）需求的组合。对控制注意力的需求越高，态势感知（SA）需求的能力就越弱。引用参考文献 8.10。

空间定位障碍事故的风险与以下控制所需的注意力需求相关。当注意力需求超过可用总工作负荷能力的 42% 时，即为高风险。当注意力需求超过可用工作负荷能力的 66% 时，定义为极端风险。DVE 中对旋翼机控制的注意力需求取决于两个因素：①GVE 中的基本操纵品质；②反馈类型（速度还是 ACAH+HH）。图 8-2 显示了这些因素之间的关系，为了简化过程，假设姿态 VCR 和平移 VCR 是相同的。这些结果表明，随着视觉环境的降级，使用 ACAH+HH 对减小 AD 非常有效，并且采用速度反馈类型（常规）的直升机的 AD 增加速度很快。任何降低 GVE 中 HQR 的因素（如边界基本操纵品质或湍流）都会使 AD 增加的速度更快。

图 8-2 中显示的结果是显而易见的，但也仅仅是定性描述，因为人们认为飞行品质、飞行员工作负荷和建议的 UCE 三者之间的关系未能定量描述或验证。尽管如此，该观点依旧是直观且令人信服的，说明了在 DVE 中为飞行员提供增稳控制的重要性。此外，Hoh 总结说，为"提示"飞行员而提供额外的仪器或显示的信息反而会增加而不是减少 AD，

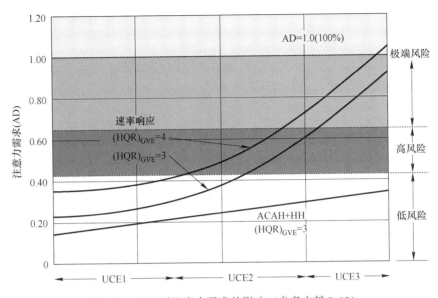

图 8-2　DVE 对注意力需求的影响（参考文献 8.10）

HQR—操纵品质评级；UCE—可用感示环境；GVE—良好目视环境

会进一步增加迷失方向的风险。

通过这种思路，对改进 UCE 的研究将重点集中在提高飞行员的空间感知上。本研究需要明确飞行员的 VCR、视觉环境特征与飞行员控制策略之间的关系。飞行员的 VCR 有两个组成部分：一个是飞行导航（平移速度）信息的充分性，另一个是飞行稳定（姿态角）信息的充分性。飞行器平移和转动也是空间感知的两个维度。尽管本书先前关于飞行品质的讨论都集中在飞行器及其响应特性上，但是要试图解决空间感知问题，我们必须面对系统乃至整个飞行品质学科中最具适应性和最难理解的要素——飞行员及其视觉感知系统。为了进一步了解 UCE/VCR 的组成，工程师对飞行员如何组织视觉信息和飞行控制的人为因素需要有所了解。在这方面加深了解可以开发更有效的飞行员辅助设备，使其与自然系统协调一致，从而更有效地帮助飞行员保持空间感知。但是，与飞机运动不同的是，飞行员的行为不仅仅是简单地受牛顿定律和连续介质力学原理的约束。感知-行为系统还远未被完全理解，行为常常被难以描述的错误判断和故障所混淆，更不用说模型了。鉴于这种不确定性，应阅读以下各章节。

8.2.2　飞行控制中的视觉感知——光流和运动视差

最早出版的有关飞行控制中视觉感知的著作之一介绍了飞行员着陆时使用的"运动透视"的数学分析（参考文献 8.11）。该文第一作者詹姆斯·吉布森（James Gibson）在考虑相对于表面（特别是接近表面）的运动时引入了光流和膨胀中心的概念。吉布森（Gibson）认为，"飞机着陆的心理影响不包括空间感知和深度信息等经典问题"。在提出这一建议时，吉布森（Gibson）挑战了传统的观念，即驾驶能力取决于线性/空中透视和视差提示的充分性。吉布森（Gibson）在参考文献 8.12 中引入了运动透视的概念，但在将其应用于飞行控制方面，他奠定了空间感知的新理解的基础。引用参考 8.11：

就视觉感受而言，可以说在视野中存在着两种截然不同的流动特征，一个是流动

"量"的梯度，另一个是流动"方向"的放射模式。前者可被视为感知距离的信息，而后者则可被视为感知相对于表面的运动方向的信息。

吉布森（Gibson）主要关注固定翼着陆，但他也给出了一个例子，说明了直升机垂直降落时由运动透视产生的光流场，如图 8-3 所示。"在直升机着陆的情况下，飞机下方平面上各点的视在速度首先会增加到最大值，然后又减小。"光流场概念显然与直升机在停机坪着陆、在活动甲板上着陆或在空地上着陆有关，他提出了飞行员如何在封闭的驾驶舱内重建足够连贯的运动图像，以便有效利用这些信息。

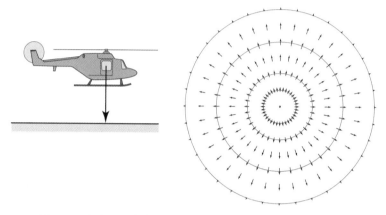

图 8-3　直升机垂直着陆时地面上的投影速度矢量（光流场）

吉布森（Gibson）的生态方法（参考文献 8.13）是一种视觉感知的"直接"理论，与"间接"理论不同，后者更多地涉及视觉系统和相关心理过程对视景中各个组成部分的重构和组织（参考文献 8.14）。直接理论可以与操纵品质的工程理论相联系。在接近障碍物和地面飞行时，需要关注的飞行变量都包含在 ADS-33 飞行操纵性能要求的定义中——速度、航向、地面以上高度、飞行轨迹精度等。在视觉感知领域，这些被描述为自身运动属性（参考文献 8.14），关键问题就是找到这些运动变量与光学变量之间的关系，如吉布森的运动透视理论。如果这些关系不是一对一的，那么在控制自身运动时就有不确定性的风险。而且，这些关系是否一致并是否是可预测的，是一个关键问题。规定一组光学变量，这组变量中的三个变量对于恢复直升机贴地飞行（NoE）的安全 UCE 非常关键，它们分别是光流、差动视差（DMP）和时间变量 τ，τ 为接触时间或闭合间隙时间。

图 8-4，摘自参考文献 8.15（包含在参考文献 8.16 中），说明了以 3 眼高/s 的速度近地飞行时的光流场（对应于快速 NoE 飞行——30ft 高度约 50kn 速度或跑步者观察到的光流场）。眼高标度已被用于人体工程科学中，因为它对于获得运动过程中与环境有关的人体标度信息具有重要的应用价值。每个光流矢量代表 0.25s 快门期间地面上某个点的角度变化。点间距离为 1 眼高。场景是在有限的视野窗口中显示的，这是当前头盔安装的显示格式的典型特征。360°透视图将显示围绕在飞机侧面和后部的弯曲流矢量（参考文献 8.12）。光学膨胀的中心在地平线上，尽管在此之前光流矢量已经"消失"，以向具有正常视力的观察者指示运动信息的"消失"。如果飞行员下降，光学膨胀的中心将向飞机靠近，理论上给飞行员提示，使其可以知道他的飞行轨迹已经改变。

光流矢量的长度表示飞行员可用的运动信息的指示，它们随着距离的增加而迅速减

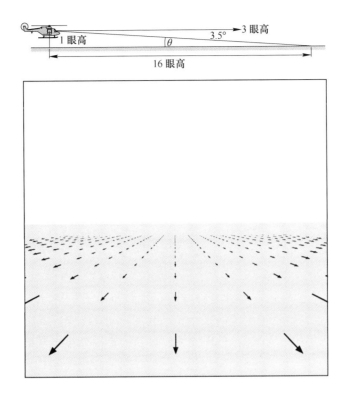

图 8-4 平面上运动的光流场（速度 3 眼高/s，快门 0.25s）

少。在图 8-4 中，"流"显示为在距离 16 眼高后消失。

以眼高为单位的每秒速度给出如下

$$\dot{x}_e = \frac{\mathrm{d}x}{\mathrm{d}t}\frac{1}{z} \tag{8-1}$$

根据光流或仰角 θ 的变化率（见图 8-5），我们可以写出

$$\frac{\mathrm{d}\theta}{\mathrm{d}t} = \frac{\dot{x}_e}{1 + x_e^2} \tag{8-2}$$

式中：x_e 是飞行员在飞机前方的视角距离，以眼高为单位。

当眼高速度 $\dot{x}_e$ 恒定时，光流也恒定；它们实际上是相同物理量的度量。但是，由方程（8-2）给出 $\dot{x}_e$ 与地面速度之间的简单线性关系被高度的变化打断。如果飞行员在保持前进速度不变的情况下下降高度，则 $\dot{x}_e$ 增加；如果他爬升，则 $\dot{x}_e$ 会减小。地形的变化会产生类似的效果，如果飞机前方的地面突起或凹陷，$\dot{x}_e$ 也会相应变化。将方程（8-2）推广到飞机相对于地面具有爬升或下降速度（dz/dt）的情况，我们得到

$$\frac{\mathrm{d}\theta}{\mathrm{d}t} = -\frac{\dfrac{\mathrm{d}x}{\mathrm{d}t}z - \dfrac{\mathrm{d}z}{\mathrm{d}t}x}{x^2 + z^2} \tag{8-3}$$

光流速度和运动变量之间的关系不再简单。由此可见，仅当飞机以恒定高度飞行时，流速和地速才具有唯一关联。

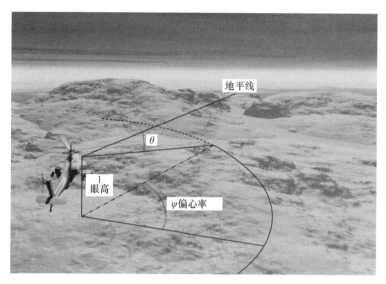

图 8-5　查看偏心率和仰角

相关的光学变量以方程（8-2）给出的离散形式出现，并且当表面纹理内的光学指定边缘通过飞行员视野中的某个参考点时出现，例如，通常用驾驶舱作为参考点。该光学边缘速度定义为

$$e_r = \frac{dx}{dt}\frac{1}{T_x} \qquad\qquad (8-4)$$

其中 T_x 是表面边缘间的间距，因此，以 50ft/s 的速度在边长 50ft 的网格上飞行的飞行员将经历每秒 1 格的边缘速度。与光流速度不同，边缘速度随高度变化保持不变。但是，当地速恒定时，边缘速度随地面纹理中的边缘变得密集而增加，而随着它们变得稀疏而减小。

由式（8-2）可知，流速随着与观察者距离的平方的增加而下降。参考文献 8.15 中的图 8-6 显示了以（'）/s（1°=60' 或 1°=60'）为单位的角速度如何随着以 3 个眼高/s 移动的视点距离而变化。

Perrone 提出，在复杂情况下，角速度感知阈值的实际值约为 40（'）/s。在图 8-6 中，这对应于距离观察者约 15~16 眼高的亚阈值信息。引用参考文献 8.15，这是由运动信息单独定义的"前照灯光束"的长度。以 3 眼高/s 的速度，仅有 5s 来响应运动过程所显示的地面特征。Johnson 和他的同事在一系列论文中讨论了光流在速度和高度检测和飞行控制中的价值（参考文献 8.16~8.20）。流速和纹理/边缘速度被确定为主要信息。这些速度信息可以从中央凹（由中央视网膜中央凹检测到的信息）和周围（由周边视网膜检测到的信息）视觉中获取。然而，环境信息的一个问题是，作为偏心率的函数，视力随偏心率显著降低。人眼的中央凹中有大量的视觉传感器，其视场小于 1°（在一个臂长处约为拇指的宽度）。20°偏心距处的视觉分辨率约为中央凹处的 15%，尽管 Cutting 指出，对于运动检测，这一比例增加到 30%（参考文献 8.21）。Cutting 还观察到，当在表面上移动时，运动灵敏度和运动流（流矢量的大小）的乘积是这样的——"检测平面上线性运动产生的运动的阈值在视网膜水平线上大致相同"。

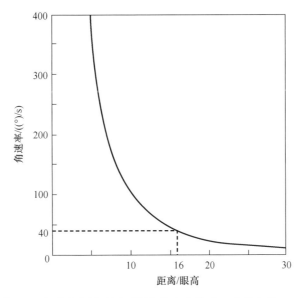

图 8-6 角速度与沿地平面距离的变化关系（参考文献 8.15）

在图 8-4 中，光学膨胀或流出的中心在地平线上。如果飞行员正直视这一点，那么所看到的信息将被整个视网膜上的可变灵敏度过滤。根据图 8-5 中定义的偏心率和仰角，运动敏锐梯度或视觉分辨率采用图 8-7（参考文献 8.21）中所示的形式。

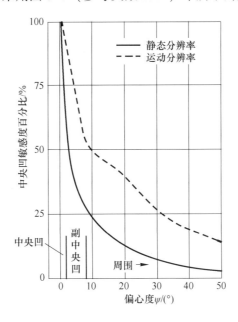

图 8-7 作为偏心率函数的视觉分辨率（参考文献 8.21）

在图 8-7 中，显示了静态分辨率和运动分辨率的数据，参考了 100 的中央凹性能。结果表明，与 15% 的静态输入强度相比，在运动时，偏离中心 20° 的视觉输入强度降低到中央凹所接收到的强度的 40% 左右。但是，图 8-4 中所示的运动流矢量的大小以图 8-8 中所示的归一化方式（也出自参考文献 8.21）在远离视线的方向增加。因此，视网膜对运动的敏感度是两种效应的总和，并且在整个水平线上相当均匀。图 8-9 显示了在地平线以下 8°处观看的情况，相当于飞机前方约 7 眼高。

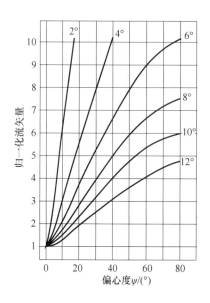

图 8-8 作为偏心率函数的归一化流矢量（参考文献 8.21）

不规则的表面会引起灵敏度变形，但是也会出现同样的潜在影响，从而导致飞行员的视线自然被吸引到飞行方向，即平均而言会均匀刺激整个视网膜。对于飞行员来说，这是个好消息。驾驶技能的决定性因素是将这种能力在个人的感知系统中"编程"的程度高低。

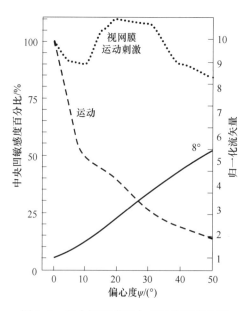

图 8-9 整个视网膜的合成运动阈值功能

参考文献 8.21 中也已经详细讨论了导航或确定飞行方向的问题，引入了定向感知的概念。Cutting 发展了光流场概念，认为人和动物更多地利用了视网膜流场，将中央凹固定在环境的特定部分，并从周围特征相对于视网膜上该点的移动方式中获取信息。以此方式，假设差动视差（DMP）为在杂乱环境中用于导航的主要光学变量。

图 8-10 说明了如何从 DMP 导出运动和运动方向。直升机在杂乱的环境中飞行，飞行员注视着其中一个障碍物（前进方向左侧），观察运动视差对越来越近的物体的影响。较远的物体向右移动，而较近的物体向左移动（如在视网膜阵列上看到的）。飞行员可以通过相对速度来判断哪些物体离得更近。图 8-10 表明，越近的物体在视线上移动得越快。不需要知道物体的实际大小或距离，飞行员可以根据这种运动感知判断运动方向在固定点的右侧。他（她）可以专注于不同的对象。如果距离较远（运动较慢）的物体向左移动，而距离较近（运动较快）的物体向右移动，则飞行员将感觉到运动方向在固定点的左侧。通过设置一系列此类固定点，飞行员将能够不断更新他或她的运动方向信息，并能以极高的精度（即视线中没有流动的点）确定真实的方向。Cutting 观察到，在高性能情况下，如固定翼飞机和旋翼机的着舰，所需的航向精度可能需要 0.5° 或更高。然而，DMP 并不总是有用，例如在运动方向上或在远场中没有 DMP，或在近场的地方，如果没有物体接近凝视点的一半距离，DMP 将失效（参考文献 8.21）。

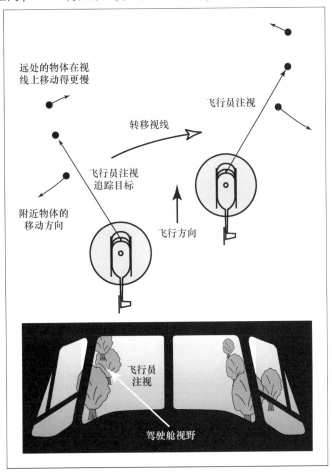

图 8-10　差动视差作为光学恒定量来辅助寻路

在参考文献 8.15 中，Perrone 还讨论了飞行员如何推断飞机前方的地形分布或地面倾斜的问题。这与 DVE 中的飞行尤其相关，在 DVE 中，被控飞机进入复杂地形是一个普遍存在的重大危险。正确的坡度感，对于在起伏地形上飞行时所需的"高度安全裕度"至关重要，因此，需要为垂直运动速度提供良好的目视信息等级（VCR）。图 8-11 显示了距离 8 眼高时看向 60°山丘时的光流场。光学膨胀的中心现在已经向上移动，并且在此附近重要区域上的运动信息非常稀疏。如果飞行员在接近山丘时想一直凝视运动阈值切入点（如前方 5s），那么他往往不得不抬头注视。在本章后面的部分中，将通过对地形飞行的模拟研究结果，再次讨论这一问题，在那一部分内容中，飞行员向前看多远的问题得到了解答。

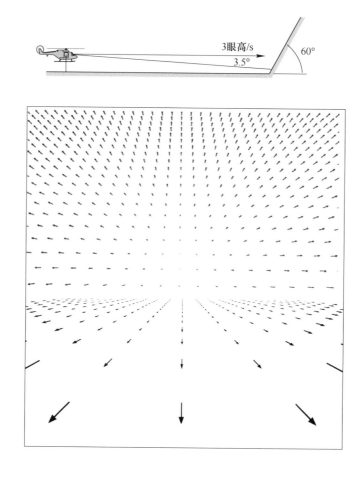

图 8-11　接近 60°斜坡的光流场（参考文献 8.15）

任何试图根据膨胀中心周围的光流矢量来推断坡度的视觉增强系统都可能无效。在参考文献 8.22 中，提出了一种新的视觉增强系统，用于夜间无特征地形时的飞行辅助。仿真中对一个障碍物检测系统进行了评估，该系统由一组指示灯组成，每个指示灯具有不同的预测时间，这些指示灯向飞行员展示飞机前方地形上的光束簇。随着高度或前方地形的改变，光束簇的形状也随之变化，从而为飞行员提供了一个"直观的运动空间提示"，来辅助爬升或下降。

在复杂的环境中，光学变量——光流/边缘速度和 DMP——似乎为飞行员提供了判断其飞行方向的主要线索。关于如何判断其速度和距离我们则需要参考第三个光学变量，其结果表明飞行员实际上不需要知道速度和距离即可进行安全的飞行控制；相反，预测控制是暂时基于有序空间环境的。

8.2.3 接近时间、光学时间变量 τ

当 $x_e \gg 1$（或 $x \gg z$），我们可以将方程（8-1）和方程（8-3）简化成

$$\dot{\theta} = \frac{\dot{x}_e}{x_e}\theta = \frac{\dot{x}}{x}\theta \qquad (8-5)$$

距离与速度之比是到达眼点的瞬时时间，我们将其定义为 $\tau(t)$

$$\tau(t) = \frac{x}{\dot{x}} \qquad (8-6)$$

这种时间光学变量被认为是飞行控制中的重要变量。飞行员保持安全飞行的一个明确要求是，他们可以预测飞机的飞行轨迹，以便在障碍前方足够远的地方停下、转弯或爬升以避免危险或沿着要求的轨迹飞行。可以用飞行员检测飞机前方运动的能力来解释这一要求。戴维·李（David Lee）在研究自然界中的时间光学变量时（参考文献 8.23~8.28），提出了一个基本观点，即动物并不需要确切知道障碍物大小、距离和相对速度就可以判断经过或接近障碍物的时间。如图 8-12 所示，飞行员视网膜上障碍物图像的大小与增长率之比等于距离与到达速度之比，并由方程（8-7）以角度的形式给出

$$\tau(t) = \frac{x}{\dot{x}} = \frac{\theta}{\dot{\theta}} \qquad (8-7)$$

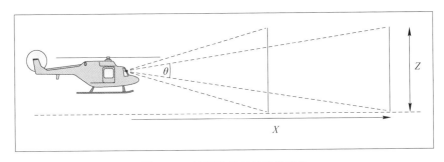

图 8-12　接近物体时的光学现象

Lee 假设这种"隐约可见"是一种基本的光学变量，在自然界已经进化，具有简单性和鲁棒性的特点。大脑不必对距离或速度变量进行计算，从而避免了相关的滞后和噪声干扰。利用地面和障碍物 $\tau(t)$ 的组合，可以很容易地根据眼高来衡量接近时间信息，从而为动物提供相关信息，例如障碍物相对高度。

在做出这些断言时，人们认识到飞行员可以获得许多空间信息，这些信息将为位置、方向乃至运动提供关键线索。例如，熟悉的物体可以清楚地提供比例参考，并可以指导飞行员做出有关距离或操纵选项的判断。然而，运动感知的时间观认为，空间信息对于运动控制中涉及的原始的、本能过程不是必不可少的。

τ 的研究使人们对动物和人类如何控制自身的运动以及人类如何控制交通工具有了更

好的理解。特别令人感兴趣的是驾驶员或飞行员如何使用 τ 来避免碰撞状态，或者 τ 怎样帮助动物落在物体上。接近障碍物的驾驶员需要采取避免碰撞的制动（减速）策略。一种避免碰撞的策略是直接控制光学 τ 的变化率，该变化率可以用停止的瞬时距离 (x)、速度 $(\dot{x})$ 和加速度 $(\ddot{x})$ 的形式表示

$$\dot{\tau} = 1 - \frac{x\ddot{x}}{\dot{x}^2} \qquad (8-8)$$

此处用于定义运动学的参数是相对于接近点的负间距 x。因此，当 $x<0$ 且 $\dot{x}>0$ 时，$\dot{\tau}>1$ 表示加速飞行，$\dot{\tau}=1$ 表示恒定速度，$\dot{\tau}<1$ 表示减速。在恒定减速度的特殊情况下，初始速度为 $\dot{x}$ 的停止距离为

$$x = -\frac{\dot{x}^2}{2\ddot{x}} \qquad (8-9)$$

因此，减速的直升机最终会在预定悬停点处速度恰好降为 0，且飞行中任一点处距离、速度、加速度关系满足下式

$$-\frac{\dot{x}^2}{2\ddot{x}} < -x \quad \text{或} \quad x\frac{\ddot{x}}{\dot{x}^2} > 0.5 \qquad (8-10)$$

通过方程（8-7）和式（8-8），这个条件可以简化为

$$\frac{\mathrm{d}\tau}{\mathrm{d}t} < 0.5 \qquad (8-11)$$

恒定的减速度导致 $\dot{\tau}$ 随时间逐渐减小，飞行员会在障碍物附近停止飞行，除非当飞行员刚刚到达目的地时 $\dot{\tau}=0.5$。

光学 τ 和 $\dot{\tau}$ 是动物检测和快速处理视觉信息的变量，这种假说表明，光学 τ 和 $\dot{\tau}$ 应该是飞行导航中的关键变量。在参考文献 8.26 中，Lee 将该概念扩展到转动运动控制上，这涉及运动员在空翻后如何确保自己双脚着地。对于直升机操纵，这可以应用于偏航方向的转弯控制，或者在垂直操纵中与航迹倾斜角相关联的控制。例如，在航向角为 ψ 且偏航角速度为 $\dot{\psi}$ 的情况下，我们可以将角度 τ 表示为

$$\tau(t) = \frac{\psi}{\dot{\psi}} \qquad (8-12)$$

飞行员需要成功地将转动运动和平动运动的 τ 组合与物理上的"间隙"相关联，以确保飞行安全。图 8-13 给出了三个示例，展示了不同运动模式 τ 变量与归一化时间的关系。这些结果来自在利物浦飞行模拟器上进行的飞行模拟试验，试验是在良好视觉条件下进行的。在所有这三种情况下，操纵的最后阶段（$\bar{t}$ 接近 1）的特征都是大致恒定的 $\dot{\tau}$，如上所述，这意味着恒定的减速度。

当然，在没有恒定减速的情况下，以恒定 $\dot{\tau}$ 达到目标是可以实现的，我们将在本章后面看到不同的减速曲线是什么样子。例如，接近目标的最大减速度出现在后期，即 $0.5<\dot{\tau}<1.0$，而较早的峰值减速度对应于 $0<\dot{\tau}<0.5$。当 $\dot{\tau}=0$ 时，会出现一个有趣的情况，无论距离目标多近，τ 都保持常数 c，即

$$\tau = \frac{x}{\dot{x}} = c \qquad (8-13)$$

满足这种关系的唯一运动是指数运动，随着目标逐渐逼近，τ 保持常数不变。

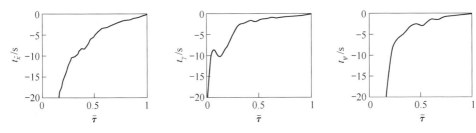

图 8-13   直升机运动中 τ 与归一化时间的函数关系

参考文献 8.29 中描述了 τ 控制的一个有趣的发现，尽管当时还没意识到。在 20 世纪 70 年代初期，美国国家航空航天局（NASA）兰利研究中心的研究人员使用几种不同类型的直升机进行了飞行试验，以帮助仪表飞行程序的开发和飞行导引显示器的设计，帮助飞行员在能见度低的情况下进近和着陆。工程师已将特定的减速曲线假定为高度和到着陆点距离的函数，并要求飞行员根据工作负荷和飞行性能对系统进行评估。对几种不同的设计理念进行了评估，飞行员评论说，没有一种感觉是适合的，他们一般在人工着陆时，尤其是在进近的最后阶段使用不同的控制策略。线性减速曲线导致飞行员担心根据指令飞机会在着陆点附近悬停。恒定的减速曲线同样不受欢迎，会导致飞机在进近过程中处于大俯仰/低功率状态。试验要求飞行员在良好的视觉条件下人工驾驶进近，从中得到减速曲线，然后将其用于飞行导引。图 8-14 显示了进近过程中减速的典型变化，其初始速度为 50kn，离地面 500ft。

图中还显示了计算机生成的曲线，该曲线显示了速度逐渐降低，加速度到距停机坪 70m 的地方达到峰值约为 0.15g。加速度、速度和距离之间的"计算机生成"关系采用以下形式

$$\ddot{x} = \frac{k\dot{x}^2}{x^n} \qquad (8-14)$$

式中：k 是从初始条件导出的常数。回顾式（8-8）中 $\dot{\tau}$ 的计算公式，由式（8-14）给出的关系可以写成以下形式

$$1 - \dot{\tau} = kx^{1-n} \qquad (8-15)$$

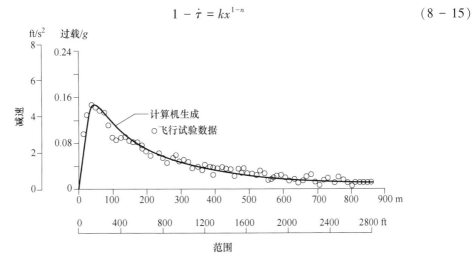

图 8-14   直升机下降到着陆区的减速曲线图（参考文献 8.29）

参数 k 和 n 在任何一次减速中均作为常数计算，但随着初始条件和飞行员的不同而变化。幂指数 n 在 1.2~1.7 的范围内变化。注意，整个机动过程中，n 值统一对应于固定的 $\dot{\tau}$。式（8-15）表明，在相同初始条件下，远距离时，飞行员保持恒定的速度（$\dot{\tau}=1$）。随着距离的缩小，$\dot{\tau}$ 减小，直到 $\dot{\tau}=0$ 时 $x=k^{\frac{1}{n-1}}$，呈指数变化。除此之外，式（8-15）中的表示会出现错误，因为它会预测到一个负 $\dot{\tau}$，即直升机从着陆点返回，尽管这在真实情况下可能会发生。恒定 τ 进近似乎无效，因为飞机将永远无法到达目标，但是有证据表明，飞行员有时会在固定翼飞机着陆期间使用此策略，可以认为这是作为一种"等待"策略，使飞机实际飞行轨迹与所期望的轨迹重合（参见参考文献 8.30）。

运动控制的概念对直升机在视觉条件降级下的飞行具有重要意义。如果获得充分视觉信息的关键问题是使飞行员能够获取物体和地面的 τ，那么 τ 就是空间感知的度量。随之而来的是，它们将是用于判断视景增强设备品质的因素，并构成视景增强设备设计和信息内容的基础。作者进行了几次实验来解决这个问题——飞行员如何知道何时悬停、转弯或拉起以避免碰撞？在以下各节中，将介绍该研究的一些成果。

8.2.4 减速停止机动中 τ 的控制

图 8-15 显示了加速-减速机动的示意图，显示了在 $x=0$ 处停止的距离。图 8-16 显示了在飞行模拟器中试验飞行 500ft 加速-减速的直升机的运动曲线，图 8-17 显示了在机动减速阶段停止时间 τ_x 的变化。参考文献 8.31，介绍了直升机飞行中 τ 控制的概念，也被认为是认识飞行控制时间性质的前馈控制。峰值速度约为 30kn，减速从约 11s 开始，持续约 10s 后停止，停止的时间接近 6s。

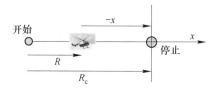

图 8-15 加速-减速机动的运动学

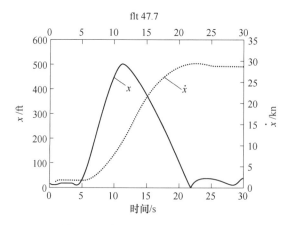

图 8-16 加速-减速机动的运动学

图 8-17 显示了 τ_x 与时间的相关性非常强，相关系数 R^2 为 0.998。拟合斜率（即 $\dot{\tau}$）为 0.582，表明在操纵的后半段出现非恒定减速峰值。因此，飞行员在距停车时间约为 6s 时启动减速，并保持近似恒定的 $\dot{\tau}$ 策略直至停止。

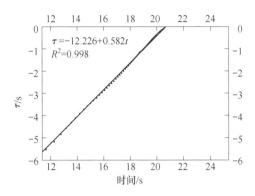

$$\tau=-12.226+0.582t$$
$$R^2=0.998$$

图 8-17　在减速阶段，停车时间是 τ 的函数

如上所述，τ 在运动控制中的应用一直是自然界研究的课题。在参考文献 8.32 中，Lee 和他的同事们测量了鸽子接近栖息地的 τ 控制策略。图 8-18 显示了在最后的 0.5s 动作期间拍摄的一系列静止图像。对摄影数据的分析表明，鸽子在飞行的最后一刻，即通过保持脚与栖木之间间隙的 $\dot{\tau}$ 恒定来停止，如图 8-19 所示。鸽子脚到着陆位置的 τ 由 $\tau(x_{\text{feet}}, lp)$ 给出。脚向前移动而头部向后移动，因此视觉"信息"绝非易事。图 8-19 （$\dot{\tau}$）中线的平均斜率约为 0.8，这表明最大减速发生在机动的最后阶段，鸽子几乎可以说是坠落着陆，或者说至少是硬着陆，这样做确保了正接近，这个行为是相当谨慎的过程。

图 8-18　鸽子接近栖息处（参考文献 8.32）

那么当飞行员或鸽子接近目标时，他们是如何设法保持恒定的 $\dot{\tau}$ 或其他任何 τ 变化？在解决这个问题时，Lee 对运动控制的整个过程作了新的解释，这对直升机的飞行控制和增稳系统的设计具有重要意义。现在，我们讨论 τ 耦合的一般理论，该理论还解决了在更复杂的操纵中控制多个运动 τ 的需求，并介绍了运动导引及其相关 τ 的概念。

8.2.5　τ 耦合——安全运行的范例

一般的 τ 理论假设，任何运动间隙的闭合都是通过感应和调整相关物理间隙的 τ 来实现的（参考文献 8.24）。该理论进一步证实了 8.2.4 节中提出的论点，即仅关于 $\dot{\tau}_x$ 的信息足以使间隙 x 能够以受控的方式闭合，例如平缓着陆或悬停在障碍物旁边时一样。根据该

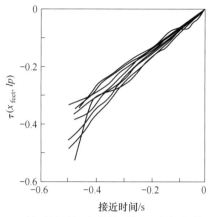

图 8-19　鸽子接近栖息处的时间（参考文献 8.32）

理论，对于进近和着陆的精确控制，不需要知道与着陆点的距离或进近速度和减速度的信息，这可能与预期的相反。该理论进一步表明，飞行员可以通过运动间隙 τ 与视觉感知系统中"感知流场"中间隙 τ 的比例来感知运动间隙 τ。在直升机飞行动力学中，直升机减速并悬停在着陆点上方的例子说明了这一点。着陆点图像和光流出中心（规定瞬时移动方向，见图 8-4）之间的光流场间隙 τ 等于通过着陆点的飞行员和垂直面之间的 τ 运动间隙。尽管光学间隙和运动间隙的实际尺寸相差很大，但情况总是如此。同样的操作也适用于在障碍物附近的某个点停车，如图 8-20 所示。

通常，必须快速协调运动，例如，同时转弯并减速停车，或下降并停车，或突然起伏并同时 90°转弯。这需要对不同间隙的闭合进行精确的同步和排序。为此，必须快速连续地获取视觉信息，并用其来指导操纵。理论表明，这种闭环控制是在运动过程中使间隙的 τ 保持恒定比例，通过 τ-耦合来实现的。参考文献 8.27 和 8.28 提供了自然界 τ-耦合的例子，如用于回声定位的蝙蝠降落在栖木上并喂食幼崽的试验。在当前情况下，如果直升机飞行员下降（沿 z 轴）和减速（沿 x 轴），也遵循 τ-耦合定律

$$\tau_x = k\tau_z \tag{8 - 16}$$

然后，当飞机停在着陆点时，将自动达到所需的高度。可以通过适当选择耦合常数 k 来调节运动。有证据表明，这种耦合可以用于视景增强设备中。例如，参考文献 8.22 中描述的系统的工作原理是设置一簇具有不同提前量的前向光束，这些光束的提前量是由给定速度计算的不同时间所得。设计这种系统是为了在自然光被遮挡的情况下提供帮助。

在许多动作中，如悬停、转弯或上升，实际上只有一个间隙需要闭合，但是原则上，无论是两个耦合的运动间隙还是只有一个，反馈动作必须类似。当飞行员能够感知到与位移和速度相关的运动间隙时，τ-耦合就呈现出一种特殊形式，

$$\tau_x = \frac{x}{\dot{x}}, \ \tau_{\dot{x}} = \frac{\dot{x}}{\ddot{x}} \tag{8 - 17}$$

其中

$$\tau_x = k\tau_{\dot{x}} \tag{8 - 18}$$

结合式（8-17）和式（8-18），我们可以写出

$$\dot{\tau}_x = 1 - \frac{\ddot{x}x}{\dot{x}^2} = 1 - k \tag{8 - 19}$$

因此，τ 恒定策略可以表示为飞行员将位移和速度的 τ 保持恒定比率。更普遍的假设是，单个运动间隙的闭合是通过保持运动间隙的 τ 与被描述为内在生成的 τ 导引 τ_g 耦合来控制的（参考文献 8.24）。这种引导的一种形式是从初始条件 $x_{g0}(<0)$ 开始的恒定减速运动，$v_{g0}(x>0)$ 由 $c(<0)$ 给出

$$a_g = c, \quad v_g = v_{g0} + ct, \quad x_g = x_{g0} + v_{g0}t + \frac{c}{2}t^2 \qquad (8-20)$$

在 $t=T$ 操纵过程中，我们可以写出

$$x_{g0} = \frac{cT^2}{2}, \quad v_{g0} = -cT \qquad (8-21)$$

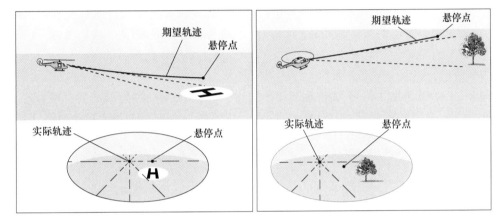

图 8-20　直升机接近悬停时的间隙 τ（参考文献 8.31）

代入式（8-20）中的运动关系，可得

$$\dot{\tau}_g = 1 - \frac{cx_g}{v_g^2} = \frac{1}{2} \qquad (8-22)$$

恒定减速 τ 导引的 $\dot{\tau}=0.5$，这是在本节前面获得的结果，并且以耦合常数 k 耦合到该导引意味着

$$\dot{\tau}_x = \frac{k}{2} \qquad (8-23)$$

对于运动过程中初始速度为 0，最终也减速到 0 的运动，我们需要找到其他形式的导引规律。在参考文献 8.24 中，Lee 认为，对于类似到达的自然运动，包括简单的加速阶段和减速阶段，可以合理地假设出一种简单形式的内在的 τ 导引，足以对这种基本运动进行导引。在直升机 NoE 飞行的情况下，任何经典的从悬停到悬停的操纵都适用于此类运动。实际上，在将飞机从一种状态带到另一种状态的任何操纵中，飞行员本质上都是在缩小间隙。假设的固有 τ 导引对应于一个时间变量，可能是感知系统中的一个触发模式，该模式以恒定的加速度从一种状态变为另一种状态，然而，令人惊讶的是，耦合到此"恒定加速度"的内在导引并不会产生恒定加速度的运动。所产生的运动，更确切地说是具有一个加速阶段，然后是减速阶段的运动。通过与恒减速导引相似的分析，可以得出描述 τ_g 变化的方程式，并将其写为

$$\tau_{\mathrm{g}} = \frac{1}{2}\left(t - \frac{T^2}{t}\right), \quad \dot{\tau}_{\mathrm{g}} = \frac{1}{2}\left(1 + \left(\frac{T}{t}\right)^2\right) \tag{8-24}$$

式中：T 是飞机或机体运动的持续时间；t 是运动开始的时间。然后，将运动间隙 τ_x 耦合到这种内在的 τ 导引 τ_{g} 上，可通过以下公式进行描述

$$\tau_x = k\tau_{\mathrm{g}} \tag{8-25}$$

对于某些耦合常数 k，固有 τ 导引 τ_{g} 具有一个可调参数 T，即持续时间。假设 T 值的设定要适合于相对应的运动规律，符合特定的时间结构，比如在有限空间中停止，或者通过简单的方式到达目的地。对于直升机在空地上从一个悬停点飞行到另一个悬停点的情况，我们可以假设时间限制与任务要求相关，飞行员可以通过干预控制，在限定范围内调整紧迫程度。可通过将 T 和式（8-18）中的耦合常数 k 设置为适当的值来调节运动规律。例如，k 值越高，运动的加速时间就越长，减速时间越短，运动结束越突然。我们将 $k > 0.5$ 的情况描述为硬停车（即 k 接近于 1 对应于峰值速度持续到最后的情况），$k < 0.5$ 的情况作为软停车，类似于恒定 $\dot{\tau}$ 策略。

图 8-21 中概念化了恒定加减速操作。图中圆点代表飞机和导航装置，从同一地点（归一化距离 $\bar{x} = -1.0$）和时间（$t = 0$）处开始，并在同一时刻 $t = T$ 结束机动动作。但从这点处，圆点仍继续加速直到直升机到达悬停点。对于 $k = 0.5$ 的情况，当 $\bar{x}_{\mathrm{g}} = -0.8$ 时，飞机已经完成了大约 35% 的机动距离，而当 $\bar{x}_{\mathrm{g}} = -0.4$ 时，飞机已经完成了大约 85% 的操纵距离。在 $k = 0.2$ 的情况下，当 $\bar{x}_{\mathrm{g}} = -0.8$ 时，飞机已经完成了机动距离的三分之二，而在 $\bar{x}_{\mathrm{g}} = -0.6$ 时，飞机在停止点的 10% 距离范围以内。随着 k 的增加，当从加速到减速发生逆转时，机动点也将增加。当反向时，机动时间 t_{r} 可以作为耦合系数 k 的函数导出，注意此时 $\dot{\tau}_x = 1$；由式（8-24）和式（8-25），得出

$$\dot{\tau}_x = \frac{k}{2}\left(1 + \left(\frac{T}{t_{\mathrm{r}}}\right)^2\right) = 1 \tag{8-26}$$

该式可写作

$$t_{\mathrm{r}} = \sqrt{\frac{k}{2-k}}\,T \tag{8-27}$$

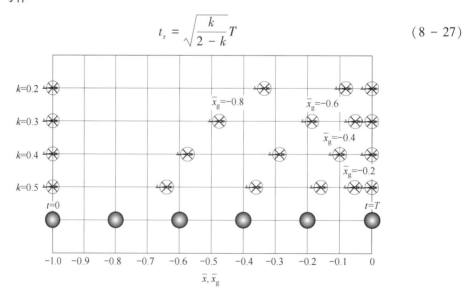

图 8-21 在加速-减速机动中遵循恒定加速度

因此，当 $k = 0.2$ 时，$t_r = 0.333T$，当 $k = 0.4$ 时，$t_r = 0.5T$，并且当 $k = 0.6$ 时，$t_r = 0.54T$，等。

当两个变量运动 x 和运动导引 x_g 遵循式（8-25）的关系时，可以证明（参考文献 8.23）它们也满足下式中的幂函数

$$x \propto x_g^{1/k} \tag{8-28}$$

这种关系是普遍存在的，它影响着视觉刺激和感官反应之间的关系。分别对机动距离和持续时间进行归一化处理，运动关系（对于负初始 x）可以写为

$$\bar{x} = -\left(1 - \bar{t}^{\,2}\right)^{\left(\frac{1}{k}\right)} \tag{8-29}$$

$$\bar{x}' = \frac{2}{k}\bar{t}\left(1 - \bar{t}^{\,2}\right)^{\left(\frac{1}{k}-1\right)} \tag{8-30}$$

$$\bar{x}'' = -\frac{2}{k}\left[\left(\frac{2}{k} - 1\right)\bar{t}^{\,2} - 1\right]\left(1 - \bar{t}^{\,2}\right)^{\left(\frac{1}{k}-2\right)} \tag{8-31}$$

耦合常数 k 决定了闭环控制函数，例如，当 k 接近 1 时函数是比例关系，或当 $k = 0.5$ 时函数是平方关系。图 8-22 给出了机动动作的运动学，该运动完美地跟踪了耦合常数 k 各种值的恒定加速度 τ 导引。运动 τ 如图 8-22（a）所示，运动间隙 $\bar{x}$ 如图 8-22（b）所示，间隙闭合度（归一化速度）如图 8-22（c）所示，间隙闭合加速度如图 8-22（d）所示。所有这些都是按归一化时间绘制的。

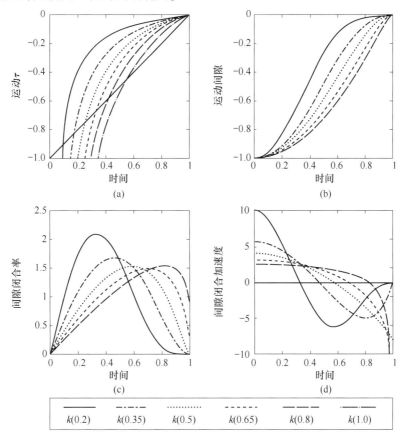

图 8-22　恒定加速度导引下的运动曲线

如图 8-22（c）所示，闭合速度说明了典型的加速-减速类型的速度曲线（参见图 8-16 中的 x）。对于 $k=0.2$，最大速度出现在机动 30%左右，而对于 $k=0.8$，峰值出现在机动接近结束时。

图 8-23 展示了参考文献 8.31 中一组更为普遍的控制策略，与之前图 8-16 所示情况一致，只不过图 8-23 展示的是直升机完整的减速机动。图 8-23 中，耦合系数为 0.28，功率因子为 3.5，相关系数为 0.98。

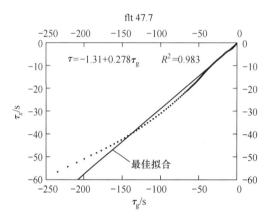

图 8-23　直升机加速-减速机动中 τ_x 和 τ_g 的相关性（参考文献 8.31）

在对参考文献 8.31 的数据分析中，机动操纵的开始时间点和结束时间点均以峰值速度的 10%为界进行截取。这些测试是在英国国防鉴定与研究署（DERA）Lynx 直升机大型运动模拟器上进行的一系列类似的直升机测试的一部分，试验是用一架 Lynx 直升机进行的，该测试旨在检验攻击等级对飞行品质和模拟器仿真逼真度的影响。考虑到所有飞行的 15 次加速-减速，k 的平均值遵循基于图 8-22 预期的趋势（低攻击性，$k = 0.381$；中等攻击性，$k = 0.324$；高攻击性，$k = 0.317$）。随着攻击性的增加，飞行员在操纵中选择提前开始减速：当 $\tau \approx 6s$ 时，低攻击 $0.5T$ 进入操纵；当 $\tau \approx 4.5s$ 时，高攻击 $0.4T$ 进入操纵。在减速阶段，飞行员受到的约束更大，飞行员将机头向上的姿态限制在 20°左右，以避免在垂直视野中完全丧失视觉提示信息。

固有的 τ 导引实际上是由神经系统创建的指导运动的心理模型。显然必须（在当前情况下通过视觉提示）充分了解该模型的安全性。恒定加速度是由引力场在短期内产生的为数不多的自然运动之一，因此，感知系统已经被训练来适应这种运动也就不足为奇了。但是耦合的性质、选择的机动时间 T 和曲线参数 k 必须取决于飞机（或执行有目的动作的动物）的性能，且飞行员（或鸟类）需要通过训练掌握这些模式的飞行技能。当视觉条件下降时，飞行员的感知系统获取所需信息的能力也将随之下降，从而在实际运动与内在的引导之间存在误差。从某种意义上说，UCE 是对这种能力的一种度量，它表明，在启动、停止、转弯或拉起运动时，UCE 与运动的 τ 之间应该存在一种关系。在参考文献 8.31 的低攻击性情况下，飞行员返回 1 级 HQR 并在 $\tau \approx 6s$ 时开始减速，大约 10s 后达到悬停点。自始至终，飞行员都可以清楚地获得终点处树木的视觉信息。

飞行员在未来需要看多远，或者更恰当地说需要看多长时间，这对飞行安全和视景增强系统的设计至关重要。该研究报告从参考文献 8.31 中的研究已经扩展到具体解决这个问题，参考文献 8.33 中报告了初步结果。本研究的重点是在能见度降低，特别是有雾情况下的地形跟踪；我们将在本章继续回顾这项工作的结果并分析 DVE 中的低速地形跟踪。

8.2.6 能见度降低时的地形跟踪飞行

当飞行员接近上升地形时，开始爬升的点取决于前进速度和飞机的动态特性，反映在垂直性能和响应总距输入的时间常数中；在低于最小功率的速度下，高度几乎完全通过总距输入来控制。相应的机动运动可以假定为飞行员在可以完成目标的最后时刻操纵总距，使飞机爬升率达到稳定状态，从而使飞机平行于山坡飞行。对于低速飞行，垂直操纵可以近似地由一阶微分方程来描述（参见式（5-69）），飞行员总距驾驶杆中阶跃输入为

$$\dot{w} - Z_w w = Z_{\theta 0} \theta_0$$
$$w = w_{ss}(1 - e^{Z_w t}) \tag{8-32}$$

通常的符号中，w 是飞机的法向速度（向下为正），w_{ss} 是 w 的稳态值，θ_0 是总距角。Z_w 是升降阻尼导数（请参阅第 4 章），或者是升降轴上飞机时间常数 t_w 的负倒数。有 $\delta_w = w/w_{ss}$，可以用以下形式写出达到 δ_w 的时间

$$\frac{t_{\delta w}}{t_w} = -\log_e(1 - \delta_w) \tag{8-33}$$

当 $\delta_w = 0.63$ 时，升降时间常数 $t_{\delta w} = t_w$。达到最终稳态的 90% 将需要 2.3 倍的时间常数，而达到 99% 则需要近 5.0 倍的时间常数。在 ADS-33 中如果 $t_w < 5s$，则达到 1 级飞行品质，对于许多飞机来说通常为 3~4s。由于响应的指数性质，飞机在阶跃输入后永远不会达到稳态爬升。实际上，在一个阶跃总距输入后，飞机会以一种特殊方式接近其稳态。达到稳态爬升率 $-w$ 的瞬时时间，τ_w 随时间变化，定义为瞬时微分（负）速度与加速度之比；因此

$$\dot{w} = -w_{ss} Z_w e^{Z_w t}$$
$$\tau_w = \frac{w - w_{ss}}{\dot{w}} = \frac{1}{Z_w} = -t_w \tag{8-34}$$

达到稳态的瞬时时间 τ_w 是一个常数，等于飞机 t_w 的时间常数的负值，这是升降时间常数的一种新的解释。阶跃输入不需要补偿性工作量，但理论上，飞机永远不会到达目标。为了达到稳态目标，飞行员需要采用更复杂的控制策略，并使用可用的视觉信息来确保当飞机达到适当的爬升率时，τ_w 达到零。该策略的复杂性决定了飞行员的工作负荷。

在参考文献 8.33 报告的仿真试验中，飞行员在低空悬停状态下启动，并被要求向前加速并爬升至他认为合适的水平飞行配平状态。为了确保用于稳定和制导的所有视觉信息均来自外界，关闭了头部俯视仪。确定配平条件后，要求飞行员越过坡度为 5° 且高于地面60m 的山丘。地形上具有丰富的、相对非结构化的表面，并且为了探索视觉条件降低的影响，在距离飞机前方 80m、240m、480m 和 720m 处设置了云雾。雾被模拟成一个模糊的外壳，围绕在飞行员周围。

表 8-1 中列出了不同情况下的 VCR 以及相关的 UCE 和 HQR。所采用的方法是对 ADS-33 中方法的一种改进，其中 UCE 是从三名飞行员进行的一组低速操纵所提供的 VCR 得出的。UCE>3 的概念也是一种调整，以反映飞行员未准备好在规定的等级（1~5）范围内给予 VCR 的视觉条件。VCR 也绘制在图 8-24 的 UCE 图上。正如预期那样，DVE 情况下增加的工作负荷导致飞行员给予较差的 HQR，UCE 从 1 降为 3。对于 HQR，适当的性能边界设置为标称高度的 50%，而理想边界设置为标称高度的 25%。速度没有数值限制，但要求飞行员保持合理的恒定速度。

表 8-1　近地机动的 **HQR** 和 **UCE**（参考文献 8.33）

雾线		80m	240 m	480 m	720 m
操纵品质评级		6	5	4	4
可用感示环境		3	2/3	2	1
目视信息等级	总距	4.0	3.5	2.5	2.0
	滚转	3.5	3.0	2.0	2.0
	偏航	3.5	3.0	2.0	2.0
	纵向	4.0	3.5	2.5	2.0
	横向	3.0	3.0	2.0	1.5
	垂向	4.0	4.0	2.0	2.5

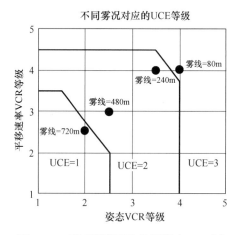

图 8-24　不同雾况下的地形跟踪 UCE 图

参考文献 8.33 中提出的关键问题是 "飞行员是否会选择在不同条件下以不同的高度和速度飞行？"，以及 "这些将如何与人体比例、眼高相关联？" "飞行员是否会使用内在的 τ 导引成功过渡到爬升阶段，这些导引将采取什么形式？" "是否可以根据 τ 遵循的以下原则对飞行员控制策略进行建模？" 在本章的前面，我们讨论了飞行员从飞机飞行层面上获取视觉信息的能力，参考文献 8.15 中，Perrone 假设在飞机前方大约 16 眼高（x_e）时，粗糙表面上的图案隐约可见。在利物浦进行的各种模拟飞行中，有一些证据表明，对于所使用的纹理表面，这可以减少到约 12 眼高（x_e）；因此，在下面的讨论中，我们将参考该度量的结果。

到达雾线的平均距离和时间，以及到飞机前方 12 眼高点的速度和时间，如表 8-2 所示。结果表明，随着离雾线距离的减小，飞行员的飞行速度越来越慢，同时保持眼高速度相对恒定。将 720m 与 240m 的雾线情况进行比较，平均眼高速度几乎相同，而实际速度和高度几乎增加了一倍。对于 UCE＝3 的情况，飞机到雾线的距离已减小到 12 眼高点的 20% 以内，因此速度已降至每秒 2 倍 x_e 以下。值得注意的是，具有丰富的军用和民用驾驶经验的试飞员宣称，除非有紧急操作要求，否则 UCE＝3 的情况是不可接受的；在起伏不定、杂乱的环境中，在导航制导需求被严重干扰的情况下，这绝对是不安全的。

表 8-2 贴地机动的平均飞行参数

雾线距离 和时间/(m，s)	高度/m	速度/ （m/s，眼高/s）	到 $12x_e$ 点的距离 和时间/(m，s)
720，13.0	24.4	55，2.25	292，5.3
480，12.0	14.8	40，2.70	176，4.4
240，7.7	13.8	31，2.24	166，5.36
80，8.0	5.6	10，1.78	67.4，6.74

图 8-25 显示了不同雾况下垂直飞行路径（高度单位为 m）和飞行速度（单位为 m/s 和眼高/s）。要求飞行员沿山顶再飞行 2000m 以完成飞行。

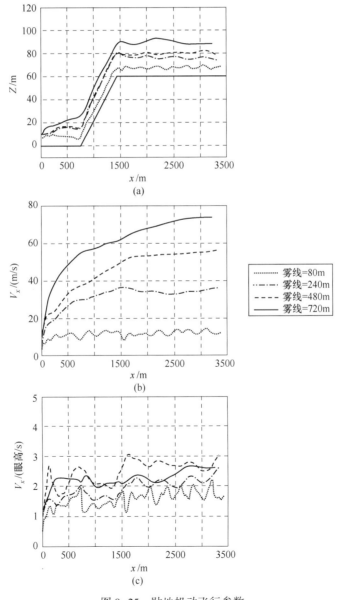

图 8-25 贴地机动飞行参数

453

当接近倾斜地面时，沿航迹到山坡的距离如图 8-26 所示。尽管实际距离相差很大，但在接近山丘和初始爬升阶段，眼点到地面的距离减少到 12~16 眼高之间。到坡面的时间如图 8-27 所示。通常，飞行员在开始爬升之前允许 $\tau_{surface}$ 减小到 6~8s 之间。这些结果与加速-减速操纵中得出的结果一致。在 UCE = 3 的情况下（80m 处有雾），飞行员以 10m/s 的速度飞行，对雾线的预见时间为 8s，而从 12 个 x_e 点开始只有 2~3s 的时间裕度。结果表明，UCE 与假定的 $12x_e$，预见点和任何遮蔽物间的裕度存在着关系。这一点将在本节末尾重新讨论，但在此之前，将先分析爬升过程中航迹角的变化，以研究操纵过程中 τ 导引跟随的程度。

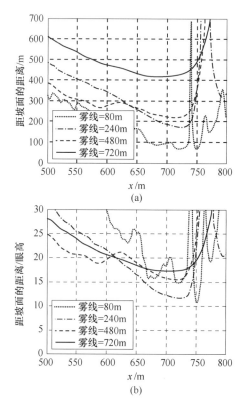

图 8-26　距坡面的距离（以 m 和眼高为单位）

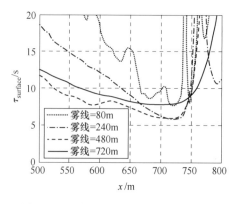

图 8-27　到坡面的时间（到坡面的 τ）

下面介绍爬升曲线上的 τ。

为进行 τ 分析，将飞机航迹角 γ 转换为 γ_a，即从最终状态开始 γ 的负扰动，如图8-28 所示。

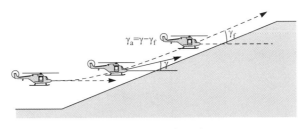

图 8-28 飞行轨迹角

如果飞机的法向速度 w 相对于前进速度 V 很小，则航迹角可以近似为

$$\gamma \approx -\frac{w}{V} \tag{8-35}$$

如果最终的飞行路径角为 γ_f，则可用 γ 将 γ_a 定义为

$$\gamma_a = \gamma - \gamma_f \tag{8-36}$$

图 8-29 绘制了 UCE = 1 和 UCE = 2 雾线情况下，γ 的行进时间和相关的时间变化率，但应该注意的是 240m 情况实际上是 UCE = 2 和 UCE = 3 的临界值。在图 8-29 中，已通过爬升瞬态的持续时间进行了归一化处理（雾线 = 240m 时，$T = 2.5s$；雾线 = 480m 时，$T = 4.3s$；雾线 = 720m 时，$T = 4.7s$）。选择航迹角的最终值作为 γ 首次为零时的值（从而定义 T 和 γ_f）；因此，尽管山坡的坡度为 5°，但所使用的值对应于第一个超调峰值。从那刻起，

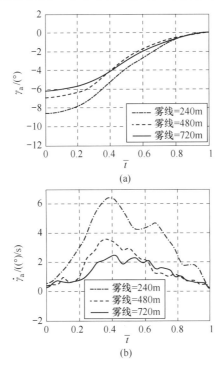

图 8-29 在爬升阶段的 γ_a 和 $\dot{\gamma}_a$

飞行员在新的 τ 间隙上闭合回路，该间隙与上面的飞行轨迹误差有关。从初始条件可以看出，当 UCE 降低时，飞行员倾向于越过 5° 的山坡所采用的航迹角如下：240 m 雾线（UCE2/3）的航迹角为 8.5°，480 m 雾线（UCE2）的航迹角为 7°，720m 雾线（UCE1）的航迹角为 6°。

图 8-30 显示了 τ_γ 随归一化时间的变化。波动反映了 $\dot{\gamma}$ 函数中高频部分。接近目标时，曲线变直并形成 0.6~0.7 的斜率，对应于飞行员遵循 $\dot{\tau}$ 常数导引，以最大减速度并接近目标。

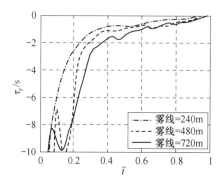

图 8-30　爬升瞬态 τ_γ 的变化

与加速-减速机动一样，飞行员从一种状态变为另一种状态（加速-减速的水平位置，爬升的航迹角），如前所述，确保成功实现这种状态变化的自然导向是恒定加速导向，其关系为 $\tau_\gamma = k\tau_g$。

图 8-31 显示了在三种有雾条件下地形爬升的 τ_γ 与 τ_g 相关性结果。在 UCE=1 的情况下（720m 雾线），除了在机动结束时略有偏离外，在整个 5s 内配合都很紧密（$R^2 = 0.991$）。在这种状态改变机动的起始点和结束点，偏离紧密配合都是瞬态效应，一方面原因是飞行员需要"组织"视觉信息，以便清楚地感知所需的间隙，另一方面是由于俯仰变化干扰了从光流中获取的飞行轨迹变化的视觉信息。表 8-3 给出了所有飞行情况下的耦合系数 k。k 值越低，出现最大运动间隙闭合率就越早（例如，值 0.5 对应于对称机动）。图 8-31 中的结果表明，k 随着 UCE 的降低而减小。在 UCE=2~3 的情况下，飞行员指令的航迹角速度约为 6（°）/s，小于机动的 40%，而在 UCE=1 的情况下为 2.5（°）/s，约为机动的 50%。

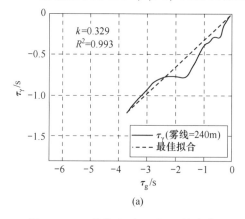

(a)

图 8-31　三种状态下 τ_γ 和 τ_g 的变化

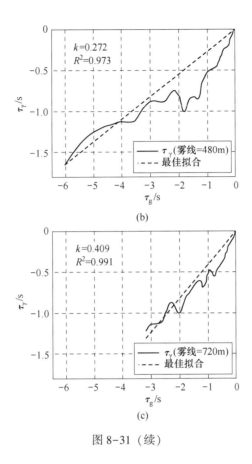

图 8-31（续）

表 8-3 相关常数和拟合系数——随恒定加速度导引

事例	k	R^2
雾线 = 720m（第 1 次）	0.3930	0.9820
雾线 = 720m（第 2 次）	0.3490	0.9130
雾线 = 720m（第 3 次）	0.4090	0.9910
雾线 = 480m（第 1 次）	0.2720	0.9730
雾线 = 480m（第 2 次）	0.3670	0.9960
雾线 = 240m（第 1 次）	0.3490	0.9960
雾线 = 240m（第 2 次）	0.2060	0.8850
雾线 = 240m（第 3 次）	0.3290	0.9930

τ_γ 和 τ_g 之间的典型相关性如图 8-32 所示，与归一化时间对应。在机动的后半段，斜率相对恒定，这表明飞行员采用了恒定的策略。正如预期的那样，试验数据在整个机动过程中始终密切跟踪恒定的加速度引导。

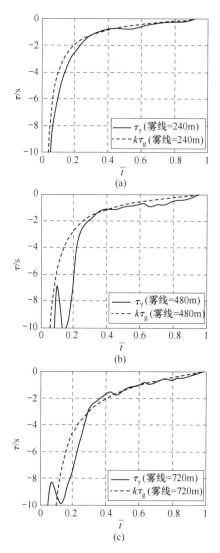

图 8-32　闭合运动和导引飞行航迹间隙时间相关性

结果表明与 τK 导引的耦合程度很强。这并不意外。在补充研究中，对固定翼飞机进近和着陆操纵的数据进行了 τ 分析（参考文献 8.30）。在着陆跑道灯引导下，飞行员遵循 τ 导引到达着陆点。研究了将能见度降低至三类 b（云层<50ft，跑道视距>150ft）的仪表进近，在某些情况下，耦合达到了常数 τ 的极限情况，飞行员在跑道上方保持平飞。所给出的结果与参考文献 8.30 中给出的一致。这并不奇怪，因为跑道灯和地形爬升任务对飞行员在视觉信息方面的要求非常相似。

从式（8-34）和式（8-35），我们可以把飞行航迹小扰动动力学方程写成

$$\dot{\gamma}_a - Z_w \gamma_a = Z_w \gamma_f - \frac{Z_{\theta 0}}{V} \theta_0 \qquad (8-37)$$

其中

$$\gamma_a(t=0) = -\gamma_f \qquad (8-38)$$

使用终值和操纵时间进行归一化

$$\bar{\gamma}_a' + \frac{1}{\bar{t}_w}\bar{\gamma}_a = -\frac{1}{\bar{t}_w}(1 - \bar{\theta}_0) \tag{8-39}$$

这里

$$\bar{\gamma}_a = \frac{\gamma_a}{\gamma_f}, \quad \bar{t}_w = \frac{t_w}{T}$$

$$\gamma' = \frac{d\gamma}{d\bar{t}} = T\dot{\gamma}$$

$$\bar{\theta}_0 = \frac{\theta_0}{\theta_{0f}}, \quad \theta_{0f} = \frac{VZ_w\gamma_f}{Z_{\theta0}} \tag{8-40}$$

达到 $\gamma = \gamma_f$ 目标的瞬时时间定义为

$$\tau_{\gamma a} = \frac{\gamma_a}{\dot{\gamma}_a} \tag{8-41}$$

在 τ 引导下，$\tau_x = k\tau_g$，飞机运动与导引直径遵循幂函数关系

$$x = Cx_g^{1/k} \tag{8-42}$$

式中：C 为常数。

总结一下本章前面的内容，恒定加速度导引具有以下形式

$$\tau_x = k\tau_g = \frac{k}{2}\left(t - \frac{T^2}{t}\right) = \frac{kT}{2}\left(\bar{t} - \frac{1}{\bar{t}}\right) \tag{8-43}$$

$$x_g = \frac{a_g}{2}T^2(\bar{t}^2 - 1) \tag{8-44}$$

式中：a_g 是导引的恒定加速度。正如前面讨论的并在图 8-21 中所示，该运动与导引同时开始和结束，但最初在跟踪上导引目标之前有一个超调。

然后，可以制定飞行轨迹运动及其微分的方程（见参考文献 8.34），并以归一化形式写成如下形式

$$\bar{\gamma}_a = -(1 - \bar{t}^2)^{1/k} \tag{8-45}$$

$$\bar{\gamma}_a' = \frac{2\bar{t}}{k}(1 - \bar{t}^2)^{\left(\frac{1}{k}-1\right)} \tag{8-46}$$

根据式（8-39），总距操纵可以写成一般形式

$$\bar{\theta}_0 = 1 + \bar{t}_a\bar{\gamma}_a' + \bar{\gamma}_a \tag{8-47}$$

与式（8-45）和式（8-46）结合，归一化的总距由表达式给出如下

$$\theta_0 = \left(\frac{VZ_w\gamma_f}{Z_{\theta0}}\right)\bar{\theta}_0$$

$$\bar{\theta}_0 = 1 - (1 - \bar{t}^2)^{1/k}\left[1 - \frac{2\bar{t}_w\bar{t}}{k(1 - \bar{t}^2)}\right] \tag{8-48}$$

在图 8-33 和图 8-34 中绘制了归一化的 $\bar{\theta}_0$ 和 $\bar{\gamma}_a$（与 $\bar{t}_w$ 无关），作为耦合常数 k 不同

值的归一化时间函数。这三种情况对应的参数 $\bar{t}_w$ 分别为 0.5、1.0 和 1.5，使用的策略是逐渐增加的总距（远远超过稳态值）随着目标爬升率的接近而逐渐降低。对于 $\bar{t}_w = 0.5$，当升降时间常数是操纵持续时间的一半时，控制器的超调量限制为稳态值的 50% 左右。当比率增加到 1.5 时，在较低的 k 值下，超调量也将高达 250%。即使在低功率裕度下运行，也不可能实现该超调。随着 k 的增加，总距杆会在操纵的后期达到峰值，极限情况是，在操纵的最后时刻总距杆呈阶跃下降，直到最后，使 $\bar{\gamma}_a$ 为零。当接近斜坡时，飞行员可以选择 T、$\bar{t}_w$ 和 k，以确保控制和操纵轨迹在飞机的能力范围内。无论选择什么值，控制策略都将大幅改善阶跃输入下的开环特性。

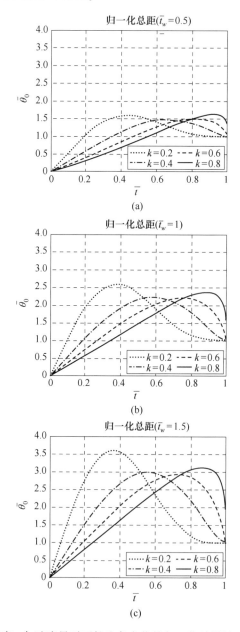

图 8-33　恒定 τ 加速度导引下航迹角变化的归一化总距随 k 和 t_w 的变化

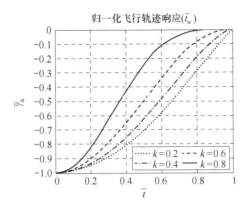

图 8-34　恒定 τ 加速度导引下航迹角变化的归一化轨迹响应随 k 的变化

图 8-35 显示了典型情况下归一化总距操纵和航迹角与 τ 跟随策略的比较。240m 雾线情况下的峰值较大导致前面讨论的航迹角超调量达到 10°，可以说是飞行员失去了使 τ 耦合保持一致的线索。实际的飞行员操纵输入似乎比预测值更为突然，飞行员需要这种初始的输入刺激光流场，可以证明，这对于航迹角的变化有很好的一致性。

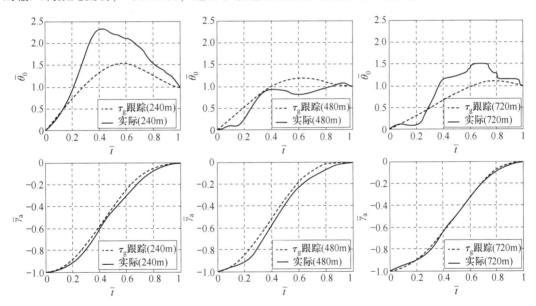

图 8-35　归一化飞行员操纵活动与航迹 τ 跟随策略的比较

在参考文献 8.31 中，提出了一个概念，即"飞行员的总体目标是将光流场叠加在所需的飞行轨迹上（穿过树木之间，越过山或穿过山谷所选择路径），从而使光和所需的飞行运动相匹配"。这个概念可以扩展到时间和空间两个层面。上述结果传达了一个令人信服的印象，在近地飞行机动中飞行员在爬升阶段的 3~5s 耦合一个自然 τ 导引。与加速-减速机动一样，飞行员在飞机前方约 12~15 眼高处获取了视觉信息，并确定了某一飞行速度，该速度提供 6~8s 的超前时间。随着高度的降低，飞行员会减速以保持相对恒定的眼高的速度以及相应的超前时间。通常，当 $\tau_{surface}$ 减小到大约 6s 并需要 4~5s 才能完成时，启动操纵。当然，操纵时间必须取决于飞机的升降时间常数。对于试验中使用的 FLIGHT-LAB 通用旋翼机（FGR）仿真模型，$\bar{t}_w$ 在悬停时在 3s 之间变化，在 60kn 时为 1.3s，在 100kn 以上时减少到 1s 以内。如图 8-33 所示，对于升降响应较慢的飞机（如具有大桨盘载荷的旋翼机），预计飞机和任务动力学之间的干扰会更强。

飞行控制的时间框架为开发更具量化的 UCE 指标提供了潜力。例如，在上述的地形操纵中，UCE=3 的特征在于，到视线模糊的距离在 12 眼高点的大约 20%（即约 1s）范围之内。对于 UCE=1 的情况，裕度大于 6s。充分的任务视觉信息是安全飞行的本质，可以想象与地形等高线和相关的 MTE 有关的 τ 包络线。然后，这些结构可用于定义在给定地形和视觉环境中飞行的适当速度和高度。图 8-36（参考文献 8.34）说明了这一概念。视觉信息为飞行员提供了清晰的提示，使其能够耦合到自然 τ 导引上，从而可以形成对人工辅助视觉导引头的定量要求，人工辅助视觉导引头可以提高姿态和平移速度对 UCE 的贡献。

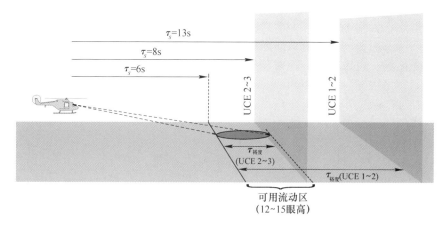

图 8-36　τ 和 UCE 之间的一种可能关系定义了 DVE 中飞行的安全裕度（参考文献 8.34）

设计用于在 DVE 情况下扩展操作能力的导航增强系统，其目标必须是在不损害安全性的前提下实现性能，通过减少感知的工作负荷并增强飞行员信心以减少疲劳，从而将精力集中于攻击机动。这种合成视觉系统的设计者可以结合利用这种自然的飞行员反射性的功能，以及正在开发或正在研究探索中的几种空中路径模式（如参考文献 8.35、8.36），以展示此类特性。设计人员还可以自由地将这些格式与更详细的显示结构结合起来以实现精确跟踪，如 AH-64A 上的抓拍模式（参考文献 8.37）。这种类型的设计要求飞行员运用感知注意力，使用详细的个人特征来闭合控制回路以达到所需的精度，因此有可能失去对外界的感知能力。在精度和安全性之间取得平衡是飞行员的任务，如何平衡将随着情况的不同而改变。但是，一般来说，当配备了足够的传感器时，自动飞行控制系统应当完成大部分稳定和跟踪任务。

改善 DVE 飞行品质的关键是视景增强和控制增稳的集成。UCE 描述了视觉信息在引导和稳定方面的实用性和充分性。飞行员根据对姿态和速度的积极、准确的校正来评估视觉信息。假设飞机在 GVE 中具有 1 级速度指令响应（RC）的操纵品质。在 DVE 中，由于视觉信息的恶化，飞机的操纵品质下降。根据 ADS-33 的 UCE 方法，如果 DVE 不低于 UCE=3，则可以通过控制增稳来"恢复"1 级操纵品质。因此，增强过程实际上比较显而

易见，要遵循如下原则：通过视觉增强恢复到 UCE = 3 或更好，然后使用控制增稳来恢复
1 级飞行品质，图 8-37 将这一想法概念化。

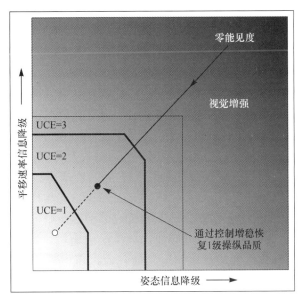

图 8-37　DVE 飞行品质改进的概念化

在能见度下降的情况下，直升机飞行仍然是危险的，因此如果没有视景增强，飞行安全的风险会更高。良好视景增强设备的关键特征是，它应为飞行员提供清晰连贯的信息，使其获得与操作有关的、期望的和充分的性能标准，以实现航迹规划和姿态控制。然后，ADS-33 的操纵品质要求提供了控制增稳的设计标准。增稳级别越高，控制反馈增益越强，就越需要提高安全监控和余度配置，以防止故障的负面影响，这就引出了本章的第二个主题，但是，在此之前，我们将回顾本书第 3 版出版之前十年间 τ 的一些发展。

8.2.7　τ 当前的情况

τ 理论的中心前提是，所有的目标动作——接球、演奏乐器、越野跑或驾驶直升机——都是按照记忆中的引导进行的，根据需要本能地或自动地进行。在本书和其他出版物中，作者给出了支持这一行为理论的结果，而没有试图解释心理或生理基础，这超出了其专业领域。光流之父詹姆斯·吉布森（James Gibson）的作品为这一多学科主题提供了基础材料。吉布森（Gibson）在其最早的著作中（参考文献 8.38）提到了汽车驾驶中的"安全行驶领域"（"汽车可畅通无阻行驶的可能路径"）。吉布森（Gibson）将其描述为空间场，但是在阅读本文时，人们期望吉布森（Gibson）能跨越到描述时间和 τ。但是，他没有。他在以后的参考文献 8.39 中也没有提到一般的视觉控制运动，其中他讨论了进近过程中的光影现象。引用一句话"视野的加速扩展说明了即将发生的碰撞，毫无疑问是对视觉系统发达的动物行为的有效刺激。"在较低的强度下，这种"迫近的运动"可能会产生较小程度的不适或进近速度的降低。事实上，动物需要在不与环境中许多固体物体碰撞的情况下进行接触：食物、配偶以及昆虫和鸟类与其降落的地面（更不用说直升机飞行员了）。吉布森没有提及 τ，但他确实与直升机飞行建立了联系。戴维·李（David Lee）在 20 世纪 60 年代后期与康奈尔大学的詹姆斯·吉布森（James Gibson）合作之后，将有

目的的行为描述为对光流的响应，为发展光流和 τ 理论奠定了数学基础。戴维·李（David Lee）的早期论文之一（参考文献 8.40）是吉布森（Gibson）在参考文献 8.39 中描述的数学指南。

显然，需要做更多的工作来验证和巩固理论，并在飞行控制领域提供支持和应用。在 τ 的感测中需要基础工程研究。当前使用的有源传感器，包括雷达和声呐，都是基于测量信号被物体反射的时间测量，所以核心的时间信息是可用的。然而，自然界中大多数视觉运动传感器都是被动的[①]，依赖于视网膜表面上动态图像的"解释"来感知 τ 及其衍生物。τ 理论认为，运动控制是通过保持光流中的不变量来实现的，如 $\mathrm{d}\tau/\mathrm{d}t$ 或运动间隙的 τ 与缩放导引的 τ 之间的差 $k\tau_g$。但是，即使没有有目的的控制，我们的传感器也会获取采取行动所需的信息，如在地形上以恒定速度飞行并启动规避障碍物的策略。图 8-36 表明，如果有足够的视觉信息，对直升机飞行员来说，提前 6~8s 就足够了，那么我们就能比较准确地飞行在周围有移动物体的环境，最起码我们知道需要在什么时间开始机动动作以缩小间隙。原则上，只要在具有足够分辨率的情况下，摄像机可以逐帧捕获表面上的光流，从而捕捉到不会轻易察觉的光，进而捕捉到接触或通过这些表面的 τ（如参考文献 8.41、8.42）。此处设想物体的增长比例与其增长速度可以从一系列恒定帧率的图像中导出。

自本书第 2 版出版以来，在 τ 的理论基础和实际应用上都取得了一些进展。参考文献 8.43 中，作者从 τ 的角度研究了不利的人-机耦合因素。在某些情况下，飞行员会发现自己被困在必须完成的冲突任务之间。如果两者在某种意义上都对安全性或性能至关重要，那么持续下去可能导致飞行员诱发振荡或边界规避跟踪振荡的发展。参考文献 8.43 探讨了如何用 τ 控制来解释这种现象。参考文献 8.44 探讨了这样一个问题——τ 控制解释了飞行员怎样适应不同的系统动力学。在仿真中设置了一个简单的制导和跟踪任务，要求飞行员将动态符号重新定位到静止目标上。符号动态建模为具有固有频率 ω_n 和相对阻尼 ζ 的二阶系统，如下式所示

$$\ddot{x} + 2\zeta\omega_n\dot{x} + \omega_n^2 x = \omega_n^2 Ky \qquad (8-49)$$

式中：x 是符号输出；y 是控制器输入；K 是输入和输出之间的增益。飞行轨迹角（或侧滑）变化率对升降舵（或方向舵）变化率的"短周期"响应采用式（8-49），并且已知飞行员对于飞行航迹跟踪操纵具有系统动态（飞行品质）偏好（参见图 6-45 和图 6-65）。参考文献 8.44 中报告的初步结果证实了这一点，显示了飞行员如何通过改变任务时间 T 和耦合常数 k 来适应不断变化的动态，而且随着飞行品质的下降（降低），围绕最终目标的捕获涉及越来越多的控制活动，更重要的是由稳定而不是导引所驱动。本文提出了采用 τ 控制的飞行器系统模型，该模型有助于解释此策略。

参考文献 8.44 中涉及的另一方面有如下观点：τ 控制策略有效地抵消了系统的固有动态特效。如式（8-49）所述，在整个操纵过程中以 τ 状态作为反馈过程的来源，控制功能确保惯性力、阻尼力和刚度的平衡。图 8-38 给出了四个不同阻尼对阶跃输入的响应；在所有情况下，固有频率均为 2.5rad/s。参考图 6-65，前两种情况分别对应 1 级和 1~2 临界等级飞行品质的荷兰滚模态。第三种情况（$\zeta=0.11$）对应于民用旋翼机可接受和不

---

① 在接收前，传感器从来没有发出任何信号。

可接受之间临界线上的飞行模态，如图 6-65（b）所示。第四种情况是不稳定系统，相对阻尼为-0.11；对应于约 2.5s 的倍幅时间。

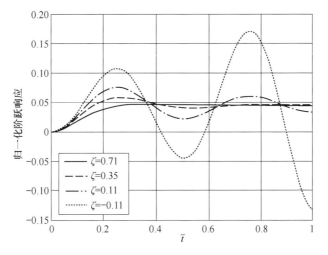

图 8-38 变 ζ 阶跃输入的荷兰滚模态动力学响应

图 8-38 中的阶跃响应反映了随着阻尼的降低和自然模态（如图 6-65 中的荷兰滚）持续越来越长时间而降低的飞行品质。改变状态的 τ 控制策略即归一化运动间隙，对所有情况均等对待，并产生如图 8-39（a）所示的响应。如果飞行员跟踪恒加速度的 τ 导引，就会发生这种情况，如式（8-25）和式（8-26）所示情况的耦合常数为 $k=0.4$，对应于飞行员选择在操纵中点达到最大速度。图 8-39（b）中的 τ 控制时间历程在不同的阻尼情况下是相似的，这与图 8-38 中的自然模态动态响应不同。与不稳定情况相比，在阻尼为 0.71 的情况下，需要大约 50% 的控制幅度来闭合间隙；反映了前面几章中提出的观点——稳定性更强，机动性更差。所有情况都需要同样的阶跃输入来启动间隙闭合动态。在自然界中，许多动物动态都是不稳定的（如鸟类飞行），随着控制能量遵循 τ 导引，而不是与不稳定作斗争，注意力可以集中在有目标任务上，如捕猎，至少理论上是这样的！

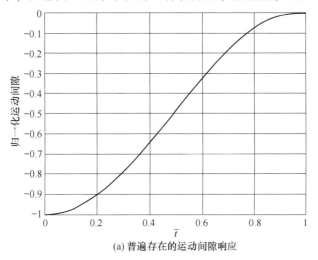

(a) 普遍存在的运动间隙响应

图 8-39 "荷兰滚"模态随 ζ 动态变化

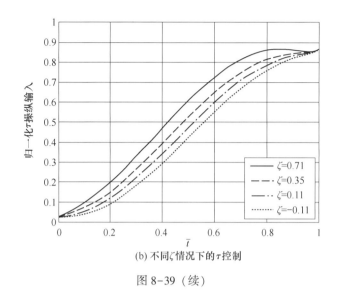

(b) 不同ζ情况下的τ控制

图 8-39（续）

像上面描述的那样简单的实验可以揭示飞行控制 τ 的一些基本方面，但做复杂飞行时，这些基本方面可能仍然隐藏在飞行员控制活动的不可解释的"残余"中。考虑的一种可能性是，飞行员可能能够在操纵过程中调整 k，这可能能够解释调制制导的更高频率稳定输入。飞行员也可以在操纵过程中选择延伸或扩大 T，例如，当船舶开始远离下降的直升机时，或由于加油机被阵风冲击而使加油锥套脱落时。在自然界中，时间不是用秒来衡量的，而是以与感知系统相关的单位来度量的。那么，T 的变化是否表示飞行员在采用的增益水平？作者认为参考文献 8.45 中引入了"感知的连续组织"概念，是建立飞行员行为模型的工程方法的良好开端，并且随着时间的推移，已经开发了越来越多的复杂的行为模型。在参考文献 8.39 中，詹姆斯·吉布森讨论了生理学或心理学的困境——在哪些学科中，感知模型可能被创建？引用一句话："空间感知的深度被认为是一个内部过程，涉及对感觉的解释或组织。"该过程的理论从未达到简单或合理的程度，而且，如果这是一个关联过程，那么就会出现一个困难，即为什么动物在获取运动行为方面不会犯更多的错误。作者认为（1950 年，本文的参考文献 8.12）摆脱这一理论困惑的唯一方法是抛弃关于对光的感官响应和对物体的感知响应的原始假设。在发展新理论"感觉被认为是知觉系统"（参考文献 8.46）时，吉布森（Gibson）继续奠定了综合方法的基础，该方法是一种运动感知的生物学方法，并引入了主动感觉的概念——"我们将必须以一种新的方式来构想外部感觉，是主动而不是被动，是系统而不是局部，是相互联系而不是相互排斥的"。如果它们的功能是获取信息，而不是简单地唤起感觉，那么这个功能应该用另一个术语来表达，它们在这里被称为感知系统。

戴维·李（David Lee）在吉布森（Gibson）的光流理论的基础上，发展了一个严谨的理论框架，并拓展和加深了其意义。Lee 及其同事探索的应用范围非常广泛，这丰富了跨学科吸取经验的范围，并刺激了创新。李（Lee）在参考文献 8.47 中选择了这一大范围的样本，此处仅突显两个。音乐家的表达是通过声音的流动来实现的，这些声音通过从声频感知到表达的持续反馈，例如，歌手的声音或手指在乐器弦上的移动以及随之而来的声音。这种反馈已证明是 τ 耦合的。对歌曲的分析表明，耦合常数 k 用于通过音调或音高差的间隙来改变音乐表达：未加重音高滑音以轻缓的减速结束（类似于直升机的软着陆），受压音高滑音以较快的减速结束（类似于硬着陆）。对贝斯演奏结果分析表明，"强滑动和产生它们的弦运动是紧密的 τ 导引的"。高的 k 值与表达悲伤情绪的声音相关，低 k 值与快乐情绪相关，与声音和弦的移动相关。第二个例子来自对帕金森综合征的研究，患者发现很难自我产生运动（来自内在的 τ 导引），而他们在运动间隙的帮助下能够更容易运动，如接球（使用外部 τ 导引）。中枢神经系统无法产生内在的 τ 导引导致这种形式的功能障碍的假说，被基于 τ 的声波运动辅助工具开发的有希望的研究结果所证实。"可以调节相关的俯仰侧移的持续时间（t）和形状（k），以匹配要辅助动作的持续时间和类型，如步行。通常，患者听声音引导，记住它，然后在运用时在脑海中回放。到目前为止的结果表明，步行可以得到改善。"

进一步引述李（Lee）的最新工作（参考文献 8.48）："如果这篇文章中有一个简单的信息，那就必须是有目的的引导运动是存在的根源。所有生物，从最大的哺乳动物到最小的微生物，都需要这样做才能生存。因此，要理解活着是什么，我们必须理解运动是如何被引导的。我们需要从解剖、生理、神经、分子、遗传等各个层面来把握这一点——但是首先，我们需要从行为层面上来理解这一点。只有这样，我们才能在较低的层次上提出一些有根据的生物学问题，从而避免一叶障目，不见泰山的情况。"

在作者看来，詹姆斯·吉布森（James Gibson）以及后来的戴维·李（David Lee）的感知和运动控制思想的演变对飞行控制的发展具有极其重要的意义。τ 理论的核心是主动力学的"定律"的概念，与被动力学定律（如牛顿的运动定律）相结合，这些定律支配无生命和有生命世界的运动。恒定加速度导引的强大功能很可能与具有相同性质的"被动"力（重力）有关。当然，没有手册解释生命是如何进化到在运动控制中使用 τ 的，因此工程师必须从实践研究中寻找证据，其中一些在本章的不同参考文献中都有描述，并创建试图预测和解释自然行为的模型。

τ 理论在飞行控制中的应用仍不成熟，据作者所知，在"现实"世界中的评估很少（如参考文献 8.49）。然而，在视觉辅助和控制增稳系统的设计中，它的应用范围非常广泛，特别是对于无人驾驶飞行器，当飞行品质下降时，还支持从复杂条件下进行手动飞行"恢复"策略。为了支持对飞行品质降级的研究，τ 理论已被证明在人机耦合预测和理解控制策略中占有一席之地，因此在仿真逼真度的鉴定标准的制定中也有一席之地（如参考文献 8.34）。这些都是正在进行的研究课题，需要更多的跨学科活动，并且需要更通用的自然行为工程框架。这种对共同点的探索与作者使用参考文献 8.34 标题"飞行控制的 τ"的意图相呼应，并暗示在理论和应用中可能会发现一个新的"τ"。这个类比也许比看起来更有意义，因为著名的心理学家荣格（Jung）（参考文献 8.50）将 τ 描述为"一条轨道，尽管本身固定，但它直接从开始通向目标"。

8.3 飞行系统故障导致的操纵品质降级

1947 年出版的《英国直升机学会杂志》第二期仅刊登了两篇论文。第一篇是在本章的简介中提到的，由西科斯基（Sikorsky）发表的（参考文献 8.1）。第二篇来自 O. L. L. 菲茨威廉姆斯（Fitzwilliams），他在 1947 年末撰写论文时曾在韦斯特兰直升机公司（Westland Helicopters）工作，那里的同事们都亲切地称呼他为"菲茨"（"Fitz"）。菲茨曾在第二次世界大战期间在英国南安普敦附近的比尤利空降部队实验基地工作，他在论文中提到了他在那里的经历，包括在战争结束阶段对德国旋翼机进行的试验。其中一种就是第一架生产型直升机（参考文献8.51）——Focke-Achgelis Fa 223，这是第一架实用型直升机FW61的改进型。这架Fa 223飞机于1945年9月由德国机组人员经巴黎飞抵比尤利（A.F.E.E.，at Beaulieu），当时他们已经用直升机完成了英吉利海峡的首次飞越。Fa 223是双旋翼构型，具有纵向周期变距控制俯仰和总距差动控制滚转。纵向周期差动在悬停时提供了偏航控制，前飞时还增加了方向舵。如今，所有这些功能都可以在现代倾转旋翼机上找到。参考文献8.52、8.53中介绍了Fa 223上的飞行控制系统的更多详细信息。图8-40显示了在比尤利（Beaulieu）的飞机照片，来自参考文献8.53。

Fa 223的操纵品质问题主要源于升力控制装置——本质上是节气门和旋翼转速，这导致了严重缺陷。引用参考文献8.53：

在悬停或低速飞行中，通过节气门控制升力是极其缓慢的，并且在起飞后顺风转弯时造成至少一架飞机的损毁。此外，升力控制装置的滞后，必须进行高位进近着陆和长时间的着陆操作，在此期间飞机暴露于"转换机构"操作所带来的危险中。

图8-40　位于英国比尤利的Fa 223双旋翼直升机

"转换机构"允许飞行员通过手柄将其平均桨距更改为直升机位置桨叶（向上）或自转位置桨叶（向下）。向下拨手柄会使发动机离合器分离，并且旋翼桨叶以受控的速度（通过液压柱塞和弹簧）旋转到自转桨距设置。如果发生发动机故障、变速器故障和其他几种"故障模式"，则该机构会自动运行，其中某些"故障模式"在设计过程中似乎并未得到充分考虑（参考文献8.53）。故障机制也是不可逆的，菲茨（Fitz）叙述了他在飞机早期飞行试验中的经验，当时辅助驱动故障导致了自转状态的自动改变（参考文献8.51）。

一旦该机构运行，即使是主动操作，也无法在飞行中恢复直升机的状态，必须进行滑行着陆。实际上，由于飞机的大桨盘载荷（作者注：在9500lb时为5.9lb/ft²），且桨叶桨距没有任何控制，这对滑行着陆是必不可少的，如果没有足够的高度用于此滑行着陆，则这种所谓的安全机制的作用无异于将飞机直接丢在地上。事实上，这种情况就在机器到达比尤利后不久，发生在离地面60~70ft的地方，当时我就坐在里面。因此，我对直升机操纵系统中的这一装置有强烈的偏见，也对直升机有着根深蒂固的反对意见，尽管直升机桨盘载荷很小，但这决不允许飞行员直接手动操纵桨叶的桨距，以减缓迫降。

尽管 Fa 223 于 1940 年 8 月首飞，但由于战争结束时，仅剩 3 架飞机，并且在比尤利的飞机失事，最终使改型飞机的试验提前结束。尽管菲茨（Fitz）抱有偏见，但毫无疑问这型飞机也具有几项巧妙设计特征。

如今，通过故障模式和影响分析（FMEA）对这种设计进行安全评估时，认为在接近地面时发生这种故障模式的后果是"灾难性的"，且在基本设计中需要更高的可靠性。当然，如果没有像菲茨（Fitz）所暗示的那样控制总距，低空发动机的故障也同样是灾难性的，但这并不能证明安全装置本身具有危险故障模式。从飞机操纵品质上讲，至少在飞机悬停在地面附近时，这种故障导致飞机降级到 4 级状态，此时飞行员实际上对飞机失去了控制。在本书第 2 章和第 9 章的引言中，作者引用了另一个直升机在飞行中严重降低飞行品质的例子。突出显示 S.51 和 Fa 223 的情况并不是为了展示早期的不良设计特征（事后提供一些已发生的清晰的结果，但通常无法显示完整设计过程的画面），而是为了引起读者的注意，在莱特兄弟首飞 40 年之后，直升机为航空业带来了新的体验，当时"飞行品质"还处于起步阶段，仍然是一门不成熟的学科。但是，由于需要飞行员和工程师定义一个框架，在这个框架内，运营商为了商业或军事利益而追求的性能提升可以与安全性相匹配，因此，这将成为一门综合性的学科。如何处理故障一直是该框架的重要组成部分，我们将在本章继续讨论在飞行系统功能故障后量化飞行品质下降的试验。

8.3.1 飞行功能故障后飞行品质的量化方法

飞行品质等级的结构为分析和量化飞行系统故障时的影响提供了框架。故障可分为功能丧失、故障和功能降级三类，如下所述：

（a）功能丧失。例如，当操纵被卡死为特定值或某些默认状态时，操纵面完全不响应操纵输入。

（b）故障。当操纵面移动与输入不一致时，如急偏、慢飘或振荡运动时。

（c）功能降级。在这种情况下，该功能仍在运行，但性能下降，如电压降低或液压降低。

飞行品质降级评估的第一阶段包括制定故障危害分析表，根据该分析表检查每个可能的控制功能（如纵向周期变距、尾桨总距导致的偏航、配平开关）的丧失、故障和降级。该评估通常由经验丰富的工程师和飞行员团队进行，并将故障影响确定为轻微、严重、危险或灾难性。表 8-4 总结了这些危害类别的定义，包括故障的影响和每飞行小时的最大容许发生概率（参考文献 8.54）。该表列出了民用飞机的系统安全要求。

在军用标准 ADS-33 中，所采取的方法定义为以下步骤（参考文献 8.3，作者用斜体表示强调）：

（a）将所有旋翼机故障状态（功能丧失、故障、降级）制成表格。

（b）确定每种旋翼机故障瞬态的操纵品质降级程度。

（c）确定随后稳定状态下旋翼机的操纵品质降级程度。

（d）计算每飞行小时遇到每种已识别的旋翼机故障状态的概率。

（e）计算在使用和可用飞行包线中遇到 2 级和 3 级飞行品质的总概率。仅当故障在统计上独立时，此总数才是每个故障概率的总和。

表 8-4　故障分类

故障严重性	每飞行小时发生的最大概率	故障影响
灾难性的	极不可能的 $<10^{-9}$	所有妨碍持续安全飞行和着陆的故障条件
危险的	非常小的 $<10^{-7}$	①安全裕度或功能大幅降低。 ②更高的工作负荷或身体不适，以致飞行员无法准确或完整地执行任务。 ③对乘客有不良影响
重大的	较小的 $<10^{-5}$	①安全裕度或功能显著降低。 ②机组工作负荷显著增加或影响机组效率的情况。 ③乘客有些不适
轻微的	很可能的 $<10^{-3}$	①安全裕度略有降低。 ②工作负荷略有增加。 ③给乘客带来一些不便

仅当遇到降级的概率足够小时，才允许因故障而导致操纵品质等级降低。这些概率应小于表 8-5 中所示的值。ADS-33 中使用的概率基于参考文献 8.55 中的固定翼要求，但在典型固定翼任务持续 4h 的前提下，将每次飞行的概率转换为每飞行小时的概率。这些要求远不如表 8-4 的民用要求那么苛刻，因为其中概率通常要低两个数量级。

表 8-5　旋翼机故障状态等级

遇到故障的概率	
在使用包线内	在可用包线内
故障后 2 级 $<2.5\times10^{-3}$ 每飞行小时	$<2.5\times10^{-3}$ 每飞行小时
故障后 3 级 $<2.5\times10^{-5}$ 每飞行小时	
失控 $<2.5\times10^{-7}$ 每飞行小时	

相比之下，英国国防标准（参考文献 8.56）根据表 8-6 定义了自动飞行控制系统（AFCS）故障的安全标准。这种影响是在所谓的干预时间内定义的，干预时间是飞行员专注力状态的函数。例如，当飞行员专注于飞行的情况下，干预时间为 3s，但在被动驾驶模式下，干预时间增加到 5s。

表 8-6　AFCS 失效准则（Def Stan 00970，参考文献 8.56）

对飞行品质的影响	轻微	重大	危险	灾难
在每飞行小时干预时间内产生"影响"的故障概率	$<10^{-2}$	$<10^{-4}$	$<10^{-6}$	$<10^{-7}$

在下面的章节中，给出了三类故障的例子以及支撑性研究的结果。

8.3.2　丧失控制功能——尾桨故障

失控是最严重的事件，航空界高度重视安全性，以确保彻底检查所有可能导致丧失飞行关键功能的事件，并在设计过程中采取措施确保这样的损失极不可能发生。在军事用途中，当直升机可能遭受战争威胁时，有时会采取措施，建立额外的冗余，以防战斗损失。例如，AH-64 阿帕奇（Apache）配备了一个备用的电传操纵系统，可以在机械操纵运行发生卡滞或损坏后启用。尾桨特别容易受到战斗损毁，而 DERA 和 Westland 在 18 世纪 90 年代中后期对英国国防部（MoD）和民航局（CAA）进行的一项研究表明，尾桨故障的发生率在训练和平时作业时明显高于适航要求。在下一节中，将介绍和讨论该研究的一些发现。

我们将范围扩大到包括两种类型的尾桨故障：一是驱动故障，即动力传动系统损坏，导致尾桨功能完全丧失；二是控制故障，即保持驱动功能，但飞行员不能向尾桨发送控制桨距的指令。这两种情况都会导致偏航控制功能的丧失，并且可能由于技术故障或操作损坏而发生。参考文献 8.57 和 8.58 描述了一个研究计划，旨在审查整个尾桨故障问题，并就飞行中出现尾桨故障后，向机组人员提供改进建议，以指导机组人员采取必要的措施。英国国防部/民航局尾桨行动委员会（TRAC）的调查结果推动了这项活动，其结果如下（参考文献 8.9）：

（a）尾桨故障的发生概率很高。国防部 1974 年至 1993 年的统计数据显示，尾桨技术故障率约为每百万飞行小时 11 次；设计标准要求传动/驱动发生故障的概率为百万飞行小时内<1，以防止随后的着陆偏航（参考文献 8.56）；对英国民事事故和事件数据的审查显示出类似的故障率。

（b）尾桨驱动故障率是控制故障率的三倍。

（c）不同类型尾桨故障后的操纵品质似乎存在显著的差异（例如，某些设计似乎无法控制，某些类型的故障导致事故的可能性比其他类型大），尽管缺乏对有些单个类型的知识。

（d）改进的处理建议将提高生存能力。

TRAC 建议，应开展一些工作，为英国军用机群中不同类型的尾桨故障情况下的飞行员的行动制定经过验证的建议，从而使飞行员采取有效的措施，并应审查和更新适航性要求，以最大程度地减少未来设计中尾桨发生故障的可能性。在随后的研究中，验证被分为三种类型——验证类型 1 对应于飞行中的完整演示；验证类型 2 对应于试验模拟中与最佳分析相结合的演示；验证类型 3 对应于基于计算的工程判断，并与其他类型进行交叉对比。据推断，控制故障的 1 类验证和驱动故障的 2 类验证将支持实现最佳建议。

在参考文献 8.58 中完整地报道了该研究，从国防部和民航局，美国海军、海军陆战队和海岸警卫队，以及美国国家运输安全委员会（NTSB）等各种来源获取数据。在所有直升机机队中，总体故障率相对一致，发生在每百万飞行小时 9~16 次的范围内。回想一下，要求民用运输类飞机的飞行关键部件的故障率在 10^9 个飞行小时内不得超过 1。在 20 世纪 70 年代中期至 90 年代中期的英国直升机机队中，100 架机的"尾翼故障"，其中 30%是由驱动故障引起的，而 16%是由控制故障或控制有效性的丧失引起的。由于与障碍物碰撞而导致的尾桨损失占故障的 45%。

在研究故障情况下的飞行品质时，需要解决两个不同方面的问题——故障瞬态响应和故障后飞行品质（包括紧急着陆期间的品质）。两者在某种程度上都受发生故障时飞行条件的影响。例如，低空悬停状态时的故障瞬态和最佳飞行员动作与高速巡航时的故障瞬态和最佳飞行员动作会完全不同。对于驱动和控制故障，所需的操作也将有所不同。此外，在控制失效的情况下，飞机和适当的飞行员响应将取决于控制失效是高桨距还是低桨距，或者某个中间值，可能设计一种故障安全机制，以减轻飞行器控制联动故障的不利影响。

参考文献 8.58 描述了一次使用 Lynx 直升机进行的飞行试验，在该试验中，由第二位飞行员（P2）将脚蹬踩下到故障状态来"模拟"控制故障。P2 处于故障状态，而 P1 则尝试通过调整周期变距和总距来制定成功的恢复策略。大桨距控制故障模式会导致左偏航（针对逆时针旋翼），其严重性取决于初始功率设置和飞机速度。例如，以最小功率速度飞行时的控制和偏航偏移量将大于巡航速度。随着侧滑增加，伴随着偏航还有滚转和俯仰运动。在飞行试验中，探索了几种不同的技术使飞机恢复到稳定可控的飞行状态。对于高速巡航中的故障，试图通过动力筋斗减速至安全着陆速度的尝试失败。右侧滑（左偏航）达到极限值，通过周期变距控制航向需要非常高的工作负荷。图 8-41 制定了一个故障后成功迫降的策略。

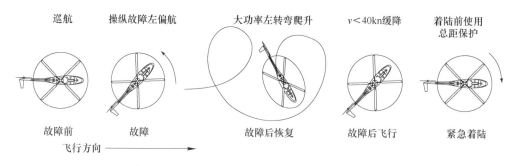

图 8-41　巡航中尾桨大总距故障后的紧急着陆策略

大功率向左转弯爬升提供了足够稳定的飞行条件，因此可以在飞机不偏航的情况下实现减速。然后飞机可以约 40kn 的速度调平，并开始缓慢减速下降。在这种情况下，可能会向左或向右（优先向左）转弯。着陆时提前将飞机机头左偏，然后进行总距着陆调整，以减缓下降速度，同时使飞机与飞行路径对准。使用此方法可以实现 20~40kn 的连续着陆。相比之下，低推力控制故障导致飞机向右偏航。然后，降低功率可阻止偏航瞬态，并允许将飞机操纵到新的配平空速。在恢复过程中，最重要的是飞行员利用总距调整使飞机侧滑，以便在着陆前总距优先缓冲，使飞机偏航进入飞行路径。

驱动故障是在 DERA 高级飞行模拟器相对安全的条件下进行的（见 7.2.2 节）。该试验是在飞行品质方法的大框架内进行的，任务性能由飞行员在机体极限内着陆的能力（即着陆速度和偏航角）来判断。与控制故障不同，在控制故障情况下，尾桨在前飞过程中继续提供方向稳定性，而在驱动故障中，稳定性会随着尾桨功率下降而减小到零。对于悬停和前飞的故障，生存关键取决于飞行员识别故障并尽快将功率降到零。图 8-42 显示了巡航条件下尾桨驱动故障后的事件顺序。当尾桨推力减小时，飞机将剧烈向右偏航。研究表明，飞行员的短暂干预时间对于避免侧滑偏移超出飞机的结构极限至关重要。飞行员应通过降低总距将动力尽快降低至零。一旦成功控制了偏航瞬态，飞机处于稳定状态，就可以关闭发动机，并以约 80kn 的空速对飞机进行重新配平。对于 Lynx，这比失去偏航控制受到威胁的速度高出约 20%。任何寻求能够实现持续动力飞行的速度-动力组合的尝试都将面临偏航分离的风险，从而可能会使飞机进入尾旋下降状态。从 80kn 的自转可以缓慢地向左和向右（更稳定）。飞行员通过机头偏向右侧接近着陆点，在这种情况下，提高总距以缓冲着陆，使偏航的机头指向左侧并与飞行路径对齐。

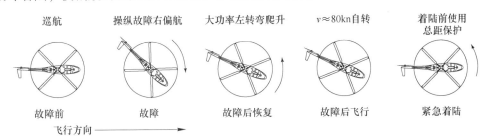

图 8-42　巡航中尾桨驱动故障后的事件顺序

参考文献 8.58 描述了所研究数据库中尾桨故障的典型示例。其中一个案例涉及在安装新的尾桨齿轮箱之后，一架 Lynx 直升机起飞进行试飞，当飞机处于低空悬停状态时，发生了"低功率"控制故障。引用参考文献 8.58：

"当飞机升空时，向右偏航了一点，飞行员对此进行了补偿，但在飞机起飞后仅 2~3s 时间，在 10ft 的地方悬停时，飞机在完全踩下左脚蹬的情况下继续向右偏航。飞行员喊出'左满舵'，机组人员无法控制飞机，飞机加速进入右转弯。机组人员回忆了 AEO 的情况通报，降低了主旋翼速度（这也降低了尾桨速度和推力），偏航进一步加速，因为他们进入了顺风弧。简报中的话被称为'右转等于低功率设置，因此增加 NR'。向前推动油门杆以增加主旋翼速度（从而增加尾桨速度和推力），偏航角速度降低。机组人员恢复了对飞机的控制，从而能够在没有进一步事故的情况下着陆。"

此处提到的航空工程官（AEO）曾在 DERA Bedford 领导了尾桨飞行和模拟项目，并且是参考文献 8.57 的第一作者，因此非常熟悉尾桨故障。他向机务飞行机组人员介绍了在尾桨发生故障时应采取的措施。这些建议被证明是至关重要的，飞行员的行动避免了坠机事故。这个故事在参考文献 8.59 中讲述。

参考文献 8.58 还确定了几种可以减轻尾桨故障影响的备选技术，如与健康和使用监测系统集成的告警系统、紧急拖曳着陆伞。这是安全性方面的一条重要发展路线。事故数据突出表明，大多数类型的驱动故障都不太可能幸存。用于描述故障类型的两个插图显示了从故障到恢复到着陆的直接过渡。然而，在实际操作中，飞行员很可能在故障初期就被所发生的事情所迷惑（请注意上面的示例，飞行员最初以错误的方向操作驾驶杆），飞机不仅会偏航，而且侧滑增加时，也会滚转和俯仰，从而很快失去方向感。此外，事故/事件数据还显示，飞行员曾多次成功地从故障中恢复过来，但飞机在着陆时已经倾翻。尾桨故障对飞行员的技能和注意力提出了不适当的要求，解决问题的思路必须是确保设计具有足够可靠的驱动和控制系统，使得部件故障的可能性在飞机的整个生命周期中变得微小。参考文献 8.58 建议对联合航空要求进行修订，以提供两条途径解决"缩小尾桨控制系统方面的监管空白"的问题。首先，固定翼飞机需要飞行关键部件的冗余度。其次，在冗余度不可行的情况下，"设计评估应包括故障分析，以识别所有将妨碍安全飞行和着陆的故障模式，并确定将故障发生的可能性降至最低的方法"。

参考文献 8.58 还建议采用 ADS-33 规定的故障瞬态的方法（见 8.3.3 节），以及总距—偏航耦合要求和侧滑偏移限制作为量化故障影响的方法。这些标准也可以成为评估改装技术有效性的基础，包括自动飞行控制系统的贡献。尾桨的故障要求飞行员运用高超的技能才能在失去控制的状态下生存下来。如果飞行品质的下降能够被控制在 3 级以内，而其可控性本身没有受到威胁，那么飞机因此类故障而损毁的可能性将显著降低。时间将证明参考文献 8.58 中的建议是如何有效地被业界采纳的。

8.3.3 控制故障——急偏故障

当操纵面不能与输入一致运动时，就会发生控制故障，在本节中，将考虑与作动器"急偏"到其极限的故障。从长远来看，这种故障的影响很可能是作动器已断开，尽管并不一定会导致控制功能"丧失"。故障可能发生在一个有限权限的作动器中，它将增稳信号与飞行员的输入串联地发送到操纵面。该功能的丧失可能对飞行不是那么关键，尽管它可能对任务至关重要。例如，失去控制增稳可能会使不良视觉条件的操纵品质从 1 级降低到 3 级（例如，失去 TRC 传感器系统，在 UCE＝3 中，将响应类型降低到 RC）。此时飞机仍然是可控的，但如果飞行员试图在接近地面的地方进行任何操纵，失去空间感知的高风险将使操作变得不安全。如果作动器构成了主飞行控制系统的一部分，那么有足够的冗余是正常的，以便在发生故障后发挥备用系统的作用来保持控制功能。那么问题就变成了在备份系统接管之前可以容忍多少故障瞬态？同样，在失控的增稳功能安全之前，可以承受多少故障瞬态？因此，飞机对故障的瞬态响应成为 FMEA（故障模式及影响分析）的一部分。ADS-33（参考文献 8.3）从三个方面阐述了这些瞬态的后果——可能失控、超出结构极限，以及与附近物体碰撞。表 8-7 总结了姿态偏移、平移加速度和接近 OFE 的要求。悬停/低速要求是基于飞行员处于被动、亲自操纵状态，可能从事其他与任务相关的操纵。在启动正确的恢复行动之前，3s 干预时间将考虑飞行员对故障的识别和诊断。3 级要求是指在飞行员做出反应之前已从其悬停位置起大约 50ft 处受到干扰。假设在这种情况下，飞机将与周围的障碍物或地面相撞。2 级和 1 级要求在这种"失控"情况中提供越来越多的备用时间。

表 8-7 故障瞬态要求（ADS-33）

等级	飞行条件		
	悬停和低速飞行	前飞	
		近地飞行	常规飞行
1 级	$3°$ 滚转、俯仰、偏航 $0.05g\ n_x$，n_y，n_z 3s 内无恢复操作	悬停、低速飞行和前飞常规飞行要求适用	10s 内无恢复操作，保持在 OFE 范围内
2 级	$10°$ 滚转、俯仰、偏航 $0.2g\ n_x$，n_y，n_z 3s 内无恢复操作	悬停、低速飞行和前飞常规飞行要求适用	5s 内无恢复操作，处于 OFE 范围内
3 级	$24°$ 滚转、俯仰、偏航 $0.4g\ n_x$，n_y，n_z 3s 内无恢复操作	悬停、低速飞行和前飞常规飞行要求适用	3s 内无恢复操作，处于 OFE 范围内

参考文献 8.60 和 8.61 都涉及倾转旋翼机的故障瞬态和飞行品质下降。在参考文献 8.60 中描述了欧洲民用旋翼机发展过程中处理损失、故障和降级的方法。参考文献 8.61 与 V-22 有关，将在本节稍后部分叙述。在参考文献 8.60 中，民用倾转旋翼的上升和下降要求以故障后的瞬时姿态偏移表示，如表 8-8 所示，假设飞行员不使用操纵装置，需要 3.5s 的时间启动恢复动作（参考文献 8.62）。

姿态瞬变将导致操纵品质降到 4 级，从而导致丧失空间意识并因此失去控制的高风险。使用民用倾转旋翼仿真模型进行分析，根据急偏的操纵参数确定操纵品质边界，如图 8-43 所示。以最大驱动率驱动操纵面到 X_1，然后在所谓的钝化时间内保持该值，之后操纵面返回到偏移值 X_2。

表 8-8　故障瞬态要求（参考文献 8.62）

瞬时姿态漂移；前飞、常规飞行	
1 级	20° 滚转，10° 俯仰，5° 偏航
2 级	30° 滚转，15° 俯仰，10° 偏航
3 级	60° 滚转，30° 俯仰，20° 偏航

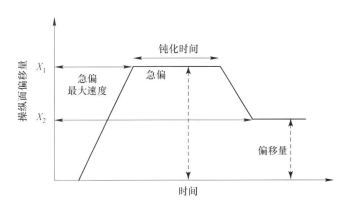

图 8-43　操纵故障的一般形式（参考文献 8.60）

图 8-44 显示了在 0.1s 时左副翼失效至 16° 后的滚转角结果。在图 8-44 所示情况下，副翼在 0.4s 内达到最大驱动速度驱动的故障极限。副翼在 1.5s 时保持急偏，此后，舵面以降低的备用系统速度返回到偏移值 3°。飞行员在 3.5s 时间内使用全右副翼控制飞机，并在 1s 内实现这一目标（降低的 100% s^{-1} 的驱动率）。在所示的例子中，最大滚转角为 30°，发生在大约 3s 处，飞行员采取纠正措施时，瞬态响应已经降低。在参考文献 8.60 报告的研究中，图 8-43 中的失效参数根据表 8-8 进行了变化，以使用图 8-44 中典型的方法确定操纵品质边界。通过这种方式，设计人员可以使用结果来确定设计中所需的安全裕度，以确保操纵品质停留在 1 级或 2 级区域内。

图 8-45 显示了使用最大副翼偏转与钝化时间的双参数图的操纵品质区域。结果显示为零补偿条件下的情况。因此，例如，当钝化时间为 1.5s 时，达到 3 级边界的失效幅度约为 15°。该方法可以评估各种不同的场景，也可以考虑失效的作动器未返回到偏移位置

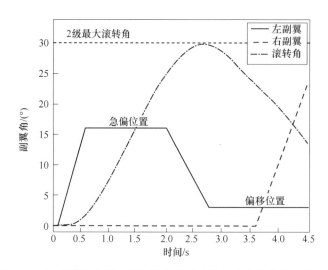

图 8-44　固定翼飞机模式下倾转旋翼对副翼故障的滚转角响应示例
（参考文献 8.60）

的情况，以及失效幅值限制在串联的增稳权限范围内的情况。

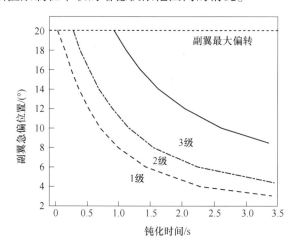

图 8-45　滚转响应的操纵品质等级显示为钝化时间和副翼急偏幅值的函数
（参考文献 8.60）

　　如图 8-43 所示，上面讨论的恢复控制作用是客观制定的，由于有大量的测试案例需要量化，离线生成如图 8-45 所示的蕴含信息的曲线图是唯一可行的方法。从这种分析中得出的结果提供了"预测"的操纵品质。但是，与正常情况下的飞行品质测试一样，需要试飞测试来支持和验证分析。在某些鉴定标准中，要求进行飞行试验已成为一种惯例，如英国国防标准（参考文献 8.56）中的控制增稳系统（SCAS）故障，但在大多数情况下，试飞的风险非常高，因此很少进行此类试验，尤其是解决以下问题：故障后性能下降对飞行品质有什么影响？参考文献 8.61 中描述了在 V-22 飞行品质鉴定过程中采用的方法，广泛使用飞行模拟器来回答该问题。

　　从故障瞬态恢复后，尽管有些飞机可能无法设置，但预计该飞机即使在返航模式下也需要驾驶相当于 MTE 的飞行。参考文献 8.61 强调了与无故障运行时相同的性能标准的重要性。引用如下：

放宽任务要求可能会带来非常不希望出现的困境：严重受损的飞机所接收的 HQR 未必比无故障飞机的 HQR 差很多，甚至可能更好。对于精确悬停的示例，假设性能限制从"悬停在每侧 X ft 的区域内"放宽为"不触地"。在模拟器中，精确悬停通常比在飞行中更困难，因此 2 级 HQR（4、5 或 6）对于执行悬停 MTE 的无故障飞机来说不足为奇。人为地打开性能限制，以适应故障的存在，可能会导致飞行员为几乎无法控制的配置分配一个类比的或更好的 HQR。

因此，只有使用预测性（离线）和分配（飞行员评估）方法，直接与无故障飞机进行比较，才能正确测量系统故障后的操纵性能下降程度。

同样重要的是，要建立飞行员对故障瞬态影响的判断和处置能力，这些方面本身不包括在操纵评级之内。V-22 研究修改了 Hindson，Eshow 和 Schroeder（参考文献 8.63）为支持试验性电传直升机的研制而制定的故障等级（FR）评价，此版本如图 8-46 所示。与原始参考文献 8.63 评级表相关的基本修改首先与左侧问题的性质有关；正如 Cooper-Harper 操纵品质评级表一样，正面回答的比例在表中上升。其次，故障类别 A～F 中的超标部分是指可用飞行包线（SFE），而不是 OFE（使用飞行包线），从而有效地保持 2 级操纵品质。

飞行员使用图 8-46 对故障的两个方面进行评级，即故障本身的影响以及随后恢复到安全平衡状态的能力。故障等级的 A～E 被认为是可容忍的，F～G 被认为是不可容忍的，具有有限的恢复能力，而等级 H 则意味着"不可避免灾难"。在开发欧洲民用倾转旋翼机的计划中，该方法得到了发展，以产生如图 8-47（参考文献 8.64）所示的故障综合分类，并且它本身是 NH90 直升机开发和认证中所采用的方法的扩展，综合将故障类别概念（轻微灾难）、FR 和 HQR 整合在一起。在图 8-47 中，OFE 超标要求与故障等级 A～E 相对应，而不是参考文献 8.61 中的 SFE 修改。我们可以看到，导致 FR 达到 A 级或 B 级的"轻微"故障会导致飞机保持其 1 级操纵品质。如果等级降为 C 或 D，则飞机将属于 2 级类别。重大故障对应于 3 级操纵品质以下，而危险或灾难性的故障对应于将飞机"投放至"4 级区域，飞机失去控制且受到威胁。

该综合提供了一个重要的框架，用于将飞行系统故障的影响与飞行操纵品质联系起来，工程师和飞行员可以在此框架内开发和鉴定安全的系统。

如上所述，故障通常会导致控制功能丧失，但我们现在需要考虑第三种故障类型，其中控制功能仍在运行，但是性能有所下降。

8.3.4 控制功能降级——作动器速度受限

当操纵面作动器的动力（机械或电气）以某种方式发生故障时，通常会发生控制功能的性能下降。除了一些非常小的型号外，大多数直升机都有动力控制系统。飞行员操纵座舱，操纵装置，并通过连杆、曲柄、杠杆和滑轮（或电传操纵系统中的计算机和电信号）组成的系统将运动传递到液压（或机电）系统作动器的输入侧。作动器的输出侧连接到旋翼倾斜盘的非旋转盘，该倾斜盘可以倾斜或升高/降低，通过倾斜盘的旋转面和机械变距连杆将信号传输到旋翼桨叶。主旋翼上需要三个作动器以提供总桨距、纵向周期桨距和横向周期桨距。尾桨通常只需要一个总桨距作动器。通常，通过位于"倾斜盘下方"的机械

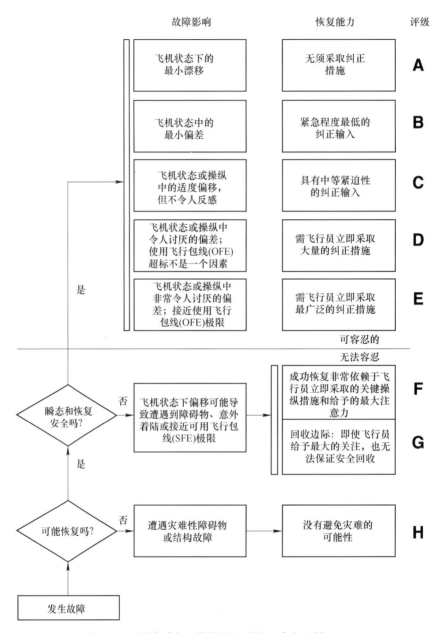

故障影响　　　　　　恢复能力　　　评级

飞机状态下的最小漂移	无须采取纠正措施	**A**
飞机状态中的最小偏差	紧急程度最低的纠正输入	**B**
飞机状态或操纵中的适度偏移，但不令人反感	具有中等紧迫性的纠正输入	**C**
飞机状态或操纵中令人讨厌的偏差；使用飞行包线(OFE)超标不是一个因素	需飞行员立即采取大量的纠正措施	**D**
飞机状态或操纵中非常令人讨厌的偏差；接近使用飞行包线(OFE)极限	需飞行员立即采取最广泛的纠正措施	**E**

可容忍的

无法容忍

瞬态和恢复安全吗？ —否→ 飞机状态下偏移可能导致遭遇到障碍物、意外着陆或接近可用飞行包线(SFE)极限 → 成功恢复非常依赖于飞行员立即采取的关键操纵措施和给予的最大注意力 **F**

回收边际：即使飞行员给予最大的关注，也无法保证安全回收 **G**

可能恢复吗？ —否→ 遭遇灾难性障碍物或结构故障 → 没有避免灾难的可能性 **H**

是

发生故障

图 8-46　故障瞬态和恢复评级范围（参考文献 8.63）

或电气作动系统的冗余，可以实现旋翼控制所需的高可靠性。双冗余液压作动器通常由两个液压系统提供，每个液压系统提供50%的功率。一个液压源的故障会导致性能下降，从而降低了操纵面可以移动的最大速度和加速度。降低的程度取决于飞行员的控制输入，因为相同的动力系统通常以总距和周期变距的方式进行驱动，但故障前后相比较会显示最大速度相应降低了50%。如参考文献 8.60 所述，在欧洲民用倾转旋翼机的初步设计中，使用了这个相当简单的假设来确定驱动功率需求。

对飞机及其系统的非线性仿真进行离线分析，可以得出"预测"操纵品质如姿态带宽和机动性的降级。预测处理落入 3 级区域的驱动率确定了对应于从轻微故障到重大故障类

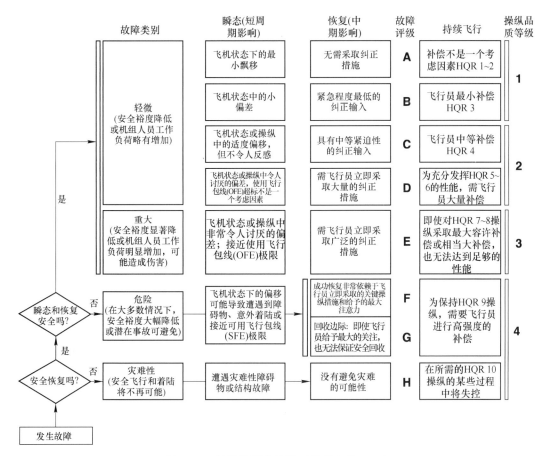

图 8-47　故障的综合分类（参考文献 8.64）

别转变的最小可接受值（见图 8-47）。因为在这种情况下，对多个参数的预测处理可能会同时降级，所以通过使用可运行的 MTE 进行试验测试来检查预测尤为重要。参考文献 8.61 中强调了这一要求的重要性。其指出，任何低于正常飞行 MTE 的性能要求都会导致飞行员放松其控制策略，从而不会真正经历降级的不利影响。尽管这在某些甚至大多数情况下都是可行的，但在强湍流中飞行、降落到舰船甲板或能见度低的受限区域的情况可能是不可避免的，因此需要对可能的后果进行一些评估。

　　图 8-48（参考文献 8.60）完美地抓住了这一点。数据显示两名试飞员以 90°悬停转弯操纵倾转旋翼机的结果符合 ADS-33 GVE 性能标准。在这种情况下，由差动纵向周期变距提供的偏航控制功能的驱动率逐渐降低，直至达到 3 级额定值。如图所示是以 3（°）/s 速度降低的周期变距情况。飞行员 B 通过初始阶跃控制输入进行操纵，从而使飞机以最小的闭环动作逐渐减速至所需的航向。另一方面，飞行员 A 试图通过更突然的输入来停止偏航角速度，但立即进入了飞行员诱发振荡。大约 10s 后，随着振荡脚蹬输入增加到极限值，偏航角速度增加到 20（°）/s 以上。在图 8-48（f）上可以清楚地看到周期变距的速度限制（差动纵向周期变距在悬停时提供偏航控制）。飞行员 B 对此案例给出了一个 HQR 4，

―――――――――――――

　　① 1in（英寸）= 0.0254m（米）。

与两名飞行员在没有速度限制的情况下给出的等级相同。随着系统性能下降，飞行员 B 继续调整其策略，以适度的补偿水平执行任务。飞行员 A 在每一种新配置下，最初都试图采用类似策略进行操纵，故意将注意力集中在操控的变化上。在所示的情况下，飞行员给出了一个 10 的 HQR，原因是他必须停止驾驶飞机（"不在环"）几秒钟。然而，飞机没有偏离位置和倾斜的适当性能限制，仅有偏航角，可以说 3 级评级更为合适。但是，飞行员在停止时踩下右脚蹬超过 5s，以使飞机进入航向，然后才脱离回路，他的印象是他确实失去了控制。纵向周期变距的速度限制设置为 4 (°)/s，与加速–减速操纵中为桨距控制定义的值非常相似。在本初步设计研究中，全功率作动速度权限设置为 10 (°)/s，是 2~3 级边界预测速度的 2.5 倍，因此为在更恶劣的环境条件下进行补偿提供了额外的安全裕度。

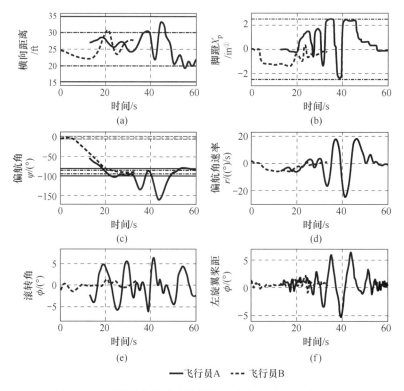

图 8-48 悬停转弯机动中的操纵和响应（参考文献 8.60）

研究系统故障的影响，使人们认识到航空安全的重要性和相关成本，航空是运输业中迄今为止最安全的方式。确保飞行系统损失、故障或降级的影响不会导致超过 2 级的操纵性能恶化，这是对这种安全性的主要贡献。安全方面的参与者包括监管机构、需求编写者、设计工程师、制造商、认证机构、操作人员、维护工程师、培训机构，以及飞行员本身；换句话说，实际上整个航空航天界都参与其中。只有全社会对安全作出全面承诺，才能杜绝因系统故障而导致的事故。

这将我们带到了第三种情况，在这种情况下，原本是 1 级的飞机可能会由于遭受严重的大气扰动而陷入降级状态。

8.4 受到大气扰动

首先，尽管相当粗糙，但直升机对大气扰动的响应可以通过本书第 2、第 4 和第 5 章（第 10 章为倾转旋翼）中讨论的力和力矩导数来测量。在第 2 章中，讨论了对垂直阵风的升降响应，然后在第 4 章中给出了有关导数 Z_w 的表达式。在 5.4 节中，讨论扩展到了对大气扰动及其后续乘坐品质的建模。由于旋翼是直升机上主要的升力部件，因此升降响应往往是这一问题的主要关注点。随着前进速度的增加，"阵风响应"的能量越来越多地被振动载荷吸收，因为振动载荷主导了与前进速度成比例的升力分量。随着速度增加，升降响应导数 Z_w，逐渐接近于表达式 $\dfrac{\rho a_0 (\Omega R)}{4 \ell_b}$（见式（5-97））。

这表示在遇到垂直阵风时初始垂直颠簸的近似值，与旋翼桨尖速度成正比，与桨叶载荷（ℓ_b）成反比。相比之下，当固定翼飞机飞得更快时，动压和迎角的乘积导致升降响应与前飞速度 $V\left(-\dfrac{\rho a_0 V}{2 \ell_w}\right)$ 成正比，与翼载荷（ℓ_w）成反比。第 4 章末尾的图表和导数表给出了阵风响应大小的"感觉"；典型的直升机在高速时的 Z_w 值约为 1m/s^2 每 m/s，当进入约 10m/s 的垂直阵风时会产生 1g 的颠簸。进入这种阵风后，飞机在 1s（$t_{63\%} = -1/Z_w$）后将以 6.3m/s 的速度爬升，并持续爬升，逐渐接近 10m/s。类似地，通过可变阵风场的飞行响应可以用阻尼导数 L_p 和 M_q 的气动分量来近似（假设不包括方程式（4-86）~式（4-89）中的角速度分量，仅包括气动项），假设阵风场可以通过整个旋翼桨盘上的线性变化来近似。线性近似已被固定翼飞机广泛应用于分析和量化飞机的阵风响应，在直升机设计中也可以使用类似的方法。

在可能的情况下，在运行中应避免使用强烈的大气扰动，以避免线性模型出问题。然而，在某些情况下，直升机必须飞过一个充满旋涡的旋转流场才能到达着陆点。例如，直升机回到一艘舰船的直升机降落甲板，必须飞过具有舰船尾流的甲板上层空间。在参考文献 8.7（另见参考文献 8.65 和 8.66）中，复杂的空气尾流被描述为"看不见的敌人"，因为飞行员极易受到由于船舶上部结构（通常是直升机着陆甲板所在地）背风面上看不见的、不稳定的和旋转的涡流结构的影响而导致的操纵品质降低的影响。自本书第 1 版出版以来的二十年间，以参考文献 8.65 和 8.66 中的早期工作为代表的大量研究已经开展（有关后续工作，请见参考文献 8A.34、8A.35），旨在开发建模和仿真能力，从而能够在存在空气尾流的情况下预测舰载直升机使极限（SHOL）。皇家海军舰队辅助舰（RFA）的示例显示了操作人员面临的问题，该舰队有两个着陆点，一个位于靠近机库的左侧，另一个位于靠近飞行甲板尾部的右侧。图 8-49（参考文献 8.65）中将着陆点 1 和着陆点 2 的舰载直升机使用极限（SHOL）的差异与定制时的原始需求进行了比较。舰载直升机使用极限（SHOL）是极坐标地图上相对风速和风向的阴影区域。尽管两者都受到限制，但在大多数风吹过甲板条件下，着陆点 1 的舰载直升机使用极限（SHOL）几乎无法使用。该问题是由于直升机在低高度接近机库的地方和由船舶、机库和驾驶舱的几何形状所产生的气流共同造成的。该区域中，平均的和非定常的下洗气流速度很高，以至于飞行员难以起飞和悬停。

SHOL 被定义为允许在受干扰大气条件以及船舶运动和能见度降低相关的额外困难的情况下安全进行作业。在本章的这一节中，我们将讨论一种更难定义操作极限的情况——

固定翼飞机尾涡对直升机操纵品质的影响。

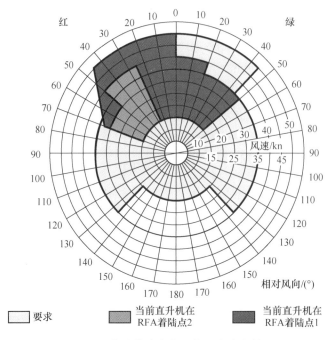

图 8-49　RFA 前后着陆点的比较（参考文献 8.65）

8.4.1　直升机对固定翼飞机尾涡的响应

评估直升机对固定翼飞机尾涡的响应过程中的一个关键部分是确定遭遇的严重性标准。基于操纵品质分析的严重性标准与本书的中心要旨直接相关。本文研究结果来自作者与同事的研究（参考文献 8.67~8.70），其最初目的是为机场最后进近和起飞区（FATO）的定位制定安全案例。此后，该项工作扩展到为与跑道无关的飞机操作程序制定提供参考信息（参考文献 8.70），从而有助于及时扩展直升机和倾转旋翼机等垂直起降的飞机在繁忙的空中枢纽之间运营。

（1）尾涡

尾涡是升力的边界涡流的一种扩展，它从翼尖脱落，形成独特的涡流结构，并随着翼展方向的涡而卷起，形成一对反向旋转的涡流。由此产生的气流结构在平均下洗气流中从机翼下降，随着任意水平风的横向移动，最终随着内核（通过强的黏性力作用下几乎像固体）不稳定而破裂。固定翼飞机和旋翼机都会留下涡流尾迹，从而消耗维持飞机在高空飞行所需的能量。图 8-50 显示了桨尖涡的流动拓扑。

涡核内的速度随中心径向位置的增加而线性增加，流体类似固体在旋转。这里的流动是"旋转的"，因此当流体以圆形方式被拉动时，它们会旋转（参见图 8-50 中白色三角形流体元素）。在核外，流动基本是无旋流，速度随着距核中心距离的增加而减小。流体元素将从周围被吸入旋涡，并沿着螺旋形的流线向中心移动，而不旋转（随着半径的减小、速度的降低，这种情况会发生，参见图 8-50 中的灰色流体元素），直到到达核心的外边缘。旋转核心被无旋流体供给的方式和旋涡的三维发展（包括径向的和流向的）作为航空研究的主题已持续了几十年（参见参考文献 8.71："……欧洲关于飞机尾迹的性质和特

(a)

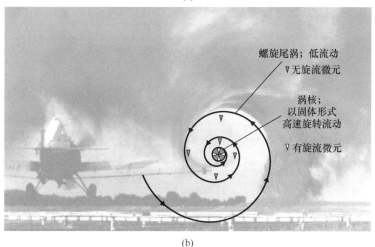

(b)

图 8-50 尾涡结构

征的统一观点。"）。为了本分析，使用了一个相当简单的涡流结构模型，并将在操纵品质的等级标准评估后进行描述。

（2）危害等级标准

美国汽车工程师学会（SAE）航空航天推荐规范 ARP 4761（参考文献 8.54）中对危险的定义是"由于失效、故障、外部事件、错误或其组合导致的潜在不安全状态"。在繁忙的空域中，飞机经常会处在通过尾涡的不安全状况的危险条件下（参考文献 8.72）。分离的目的是最大程度地降低风险，但风险一直存在，其"可接受性"是干扰严重等级和发生概率的函数。通常，严重干扰是不可能发生的，随着严重等级的降低，相同风险的发生频率可能会增加。这种关键的关系是航空安全和系统设计的基础。

关于干扰的等级，有两个主要方面和相关问题：

（a）受干扰的飞机是否有足够的控制裕度供飞行员克服干扰？

（b）如果未在合理的飞行员干预时间内进行检查，那么干扰瞬态是否会导致不安全的飞行状况，如与地面碰撞、超出飞行包线、飞行员迷失方向或失去控制的风险？

这些问题的详细答案在于理解飞机对涡流扰动的响应性质。在操纵品质方面，直接相关的响应特性与中到大幅值标准——机动性和操纵性有关（见第 6 章）。概括地说，操纵性是在可用操纵裕度下可实现的响应量。响应速度是在离散姿态变化操纵中，峰值姿态速度与姿态变化的比值。机动性与改变姿态的时间成反比，并将受到滚转/俯仰阻尼、作动器限制，以及一定程度上受静稳定性的影响，例如，在操纵过程中发生了多少侧滑或迎角变化，在什么意义上发生了变化。

姿态操纵裕度在机动性（俯仰操纵 30°，滚转操纵 60°）和操纵性（俯仰操纵>30°，滚转操纵>60°）方面是否充分是首要关注的问题。参考文献 8.67 强调，在同一方向对准涡旋，直升机（平行遭遇时）的初始扰动将是俯仰的。涡旋在平行遭遇中作用在旋翼桨盘上的不均匀（横向）入流分布与纵向周期变距的作用具有相似的效果，挥舞响应在 90°之后发生，以给出桨距的上/下力矩。这与固定翼飞机在平行遭遇后受到的滚转力矩扰动形成对比。图 8-51 和图 8-52 显示了根据 ADS-33（参考文献 8.3，也见 6.4 节）的低速/悬停任务的 MTE 相关的俯仰轴机动性和操纵性标准边界。

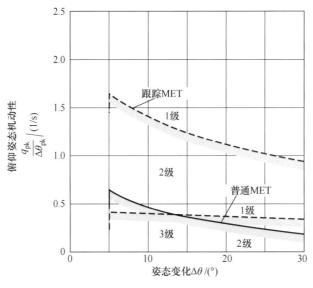

图 8-51　俯仰轴机动性

直升机飞入尾涡的无旋"尾部"时，其在旋翼桨盘上的入流分布将更加均匀，从而导致推力和功率发生变化。在竖轴上，相应的 1 级响应标准根据操纵性（配平 1.5s 后，控制总距以最小 160ft/min 的速度快速移动）和垂直速度时间常数（$t_{63\%}$<5s）定义。这大约相当于 650ft/min 的悬停爬升速度，推力裕度为 5%。2 级性能以最低 55ft/min 的爬升速度达到；3 级性能以最低 40ft/min 的爬升速度获得。这些值相对较低，一般 10ft/s 左右的下洗会淹没 1 级性能裕度。飞机至少应具备上述 1 级性能标准，以便飞行员能够以精确和低补偿的方式进行适度紧迫的低速机动。问题是，为满足 ADS-33 性能标准设计的飞机是否有足够的裕度供飞行员克服遭遇涡流的影响？上面列出的第二个问题涉及飞机在遭遇涡流时的运动瞬态，这将使用与控制系统故障相同的方法来解决。ADS-33 以本章前面表 8-7 的形式规定了系统故障瞬态响应的要求。

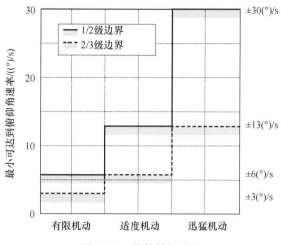

图 8-52　俯仰轴操纵性

参考文献 8.69 中描述的研究重点是旋翼机在悬停和低速（小于 45kn，包括低速爬升）飞行中遭遇的严重程度。主要关注的是表 8-7 中的第一列，尤其是 2~3 级边界，因为这区分了安全和不安全条件。2~3 级边界对应一个瞬态，该瞬态将导致飞机在 3s 后以约 20ft/s（约 6.1m/s）的速度和 10（°）/s 的角速度移动约 20ft（约 6.1m）。使用这些标准来表示遭遇瞬态时出现的一个问题是——飞行员干预时间应该是多少？ADS-33 中的 3s 对应于一个飞行员在自动悬停状态下悬停时执行其他任务的场景。在英国国防标准（参考文献 8.56）中，这相当于被动手动操作。根据参考文献 8.56，对于专心操作，飞行员的响应时间为 1.5s。在美国民用认证标准（参考文献 8.73）中，（悬停操作的）响应时间设置为正常飞行员识别时间（0.5s）。但是，在注意力分散的情况下或在自动悬停的情况下将此时间增加到 1.5s，可能是一个强有力的论据。

为了解决上述两个问题，利用利物浦大学的设备（见附录 8.A）进行了一系列的模拟试验。研究中使用的建模和仿真环境是 FLIGHTLAB 和 HELIFLIGHT 运动模拟器（参考文献 8.74）。研究中采用的两架飞机分别是 Westland Lynx 和 FGR，配置为 UH-60 型直升机。两架飞机的关键配置参数见表 8-9。

表 8-9　遭遇涡流的研究中的直升机参数

直升机参数	Lynx	FGR
旋翼半径	21 ft（约 6.4m）	27 ft（约 8.2m）
重量	11000lbf（约 4911kgf）	16300lbf（约 7277kgf）
桨盘载荷	7.9lbf/ft² （约 38.2 kgf/m²）	7lbf/ft² （约 34.4 kgf/m²）
挥舞铰偏置量	12%（等效）	5%（等效）
旋翼转速	35 rad/s	27 rad/s
归一化悬停功率裕度	21%	34%

空气动力学建模特征概括如下：

- 旋翼桨叶，具有准稳态，非线性升力、阻力和俯仰力矩皆可查表获得，其数值是迎角和马赫数的函数（五等分环段）；

- FGR 的桨叶为具有挥舞铰的四个刚性桨叶；Lynx 的桨叶为具有前三阶耦合模态的四个弹性桨叶；

- 三态动态流入模型；

- 带有 δ_3 联轴器的贝雷尾桨盘；

- 三态涡轴发动机/旋翼转速调节器（旋翼转速、扭矩、燃油流量）；

- 机身和尾翼的力和力矩作为迎角和侧滑角的非线性函数可查表获得；

- 旋翼尾迹和机身/尾翼之间为基本准稳态干扰；

- 基本机械操纵系统，包括混控装置和作动机构，以及有限权限的 SCAS（Lynx 中具有在小姿态下的姿态操纵特性的速度阻尼）；

- 基本的三点式起落架。

这种级别的建模水平通常被视为是中等逼真度，能够在约 10% 的试验数据范围内捕获主要的配平和轴响应。该建模标准还可以合理地预测操纵品质参数。各种经验模型已用于描述桨尖涡的切向速度分布。两个常用的例子是"分散"模型（参考文献 8.75）和"伯纳姆"模型（参考文献 8.76 和 8.77）。"分散"模型形式如下

$$V_T(r) = \frac{\Gamma r}{2\pi(r^2 + r_c^2)} \tag{8-50}$$

式中：$V_T(r)$ 是距涡核 r 处的切向速度；r_c 是涡核半径（定义为从涡中心到切向速度峰值的距离）；Γ 是绕涡的全通量（以 m^2/s 为单位）。

"伯纳姆"模型形式如下

$$V_T(r) = \frac{V_c(1 + \ln(r/r_c))}{r/r_c}, \quad |r| > r_c$$
$$V_T(r) = V_c(r/r_c), \quad |r| \leq r_c \tag{8-51}$$

式中：$V_T(r)$ 和 r_c 如先前定义；V_c 是峰值速度，即旋转涡核边缘的 $V_T(r)$ 的值，$r = r_c$。将这些涡流模型与图 8-53 中的波音 747（young）涡流尾迹切向速度的激光雷达（相干激光雷达）测量结果进行了比较（参考文献 8.68）。对几种飞机的速度分布进行了最佳拟合，表 8-10 给出了所得参数。

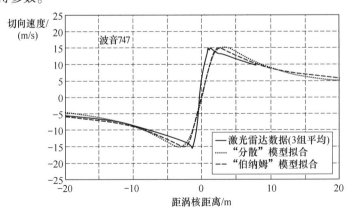

图 8-53　波音 747 涡流尾迹的速度分布

表 8-10 "伯纳姆"和"分散"模型的激光雷达速度剖面的最佳拟合参数值（参考文献 8.76）

飞机类型	"伯纳姆"模型		"分散"模型		
	r_c/m	$V_c/(m/s)$	$\Gamma/(m^2/s)$	r_c/m	$V_c/(m/s)$
波音 747	2.4	14.9	612	3.2	15.2
波音 757	<0.8	>21.2	251	<0.9	>22
空客 A340	2.0	11.4	385	2.5	12.2
空客 A310	<1.0	>20	283	<2.1	>22

如参考文献 8.68 所述，大型飞机（波音 747，空客 A340）的参数值应是可靠的，但中型双引擎飞机（波音 757，空客 A310）的最大速度是估计值，由于激光雷达灵敏度不足以检测到峰值，因此该值将等于或小于真实值。

在该研究中，当涡旋达到（完全）强度时会发生相遇。涡流会随时间衰减，衰减率主要是风、湿度和机翼襟翼构型的函数。因此，给出的结果可能代表了更糟糕的情况，而实际情况下的相遇效果可能会有很大差异。关键假设是涡流场不受旋翼机的影响，并叠加在旋翼的准稳态入流变化上。这些假设显然值得商榷，但是关于相互作用效应的可靠信息很少，而且它们可能非常复杂，特别是当旋翼桨叶穿过涡核的时候。

图 8-54 描绘了波音 747 的涡流在旋翼中心的速度场。注意，在旋翼桨尖，下洗/上洗仍然相当可观（12m/s，39 ft/s），桨尖速度约为 220 m/s（720ft/s）的情况下，入流扰动为大约 3°。入流的这种周期性变化将导致旋翼桨叶的纵向、前向挥舞，以及 Lynx 和 FGR 上逆时针旋翼的机头向下的俯仰力矩。

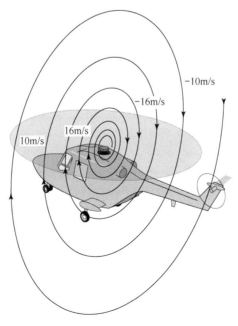

图 8-54 波音 747 涡流绕 Lynx 旋翼的速度流场

相似的原理可以应用于升降速度的扰动。在这种情况下，当旋翼机位于靠近涡核的涡尾时，会受到最大的干扰。飞行员用来抵消涡流影响的周期变距操纵裕度和总距操纵裕度取决于驾驶杆的配平位置。

参考文献8.67~8.69所述的仿真技术在研究中得到了广泛的应用，以确保旋翼机与涡流的遭遇具有可预测的初始条件。此外，事实证明，将涡固定在空间中并以不同的遭遇速度通过涡尾和涡核并横向移动飞机更加方便和易于处理。如参考文献8.67所述，在无约束的仿真下，发现当涡以相同高度接近飞机时，飞机将在接近涡尾处升起，并在随后的尾涡中从上向下移动，如图8-55所示。

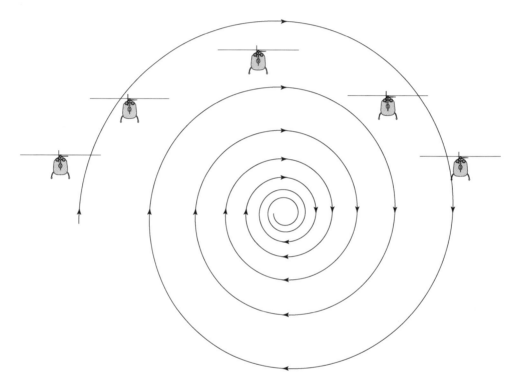

图8-55　直升机在遭遇涡流时升到涡核上方

相反，图8-56说明了直升机在初始位置被迫与涡核遭遇的情况。这种情况并非不现实，因为涡流尾迹往往会保持在地面上方约半个翼展（固定翼飞机）的位置。因此，为了避免为不同的直升机设置不同的初始条件、涡尾流和遭遇速度的复杂性，并确保探索最坏的情况，采用了约束仿真方法。初始条件是旋翼机位于涡的左侧100ft（约30m）处，模拟遭遇从旋翼机右侧起飞的飞机的涡。

下述部分，给出了两种情况的结果：（i）当遭遇涡核时，约束垂直/前向运动和航向，以探索俯仰姿态扰动情况；（ii）当穿过尾翼时，约束姿势、航向和前向运动，以探索升降扰动。Lynx和FGR均已进行了研究（无论是否启用SCAS），但仅显示SCAS打开时的结果，因为这将是正常配置。图中显示了波音747的涡流尾迹；参考文献8.68给出了与表8-10中提到的不同飞机遭遇的比较。

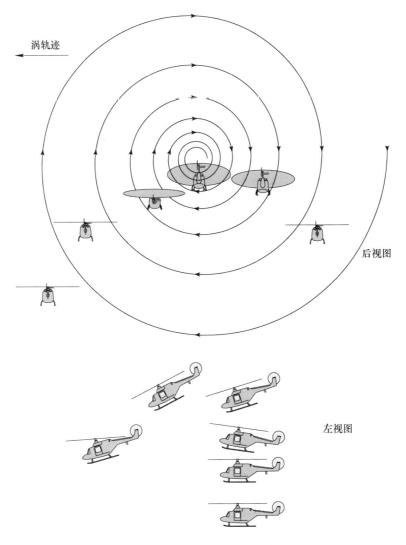

涡轨迹

后视图

左视图

图 8-56 直升机遭遇到涡核

（3）遭遇分析——姿态响应

图 8-57~图 8-60 显示了直升机在没有飞行员恢复输入的情况下对涡流遭遇的姿态响应。图 8-57 和图 8-58 显示了旋翼机在 5ft/s、10ft/s 和 20ft/s（约 1.5m/s、3m/s 和 6m/s）三种涡流遭遇速度时的俯仰姿态和俯仰角速度响应。由于飞机暴露在涡流流场中的时间较长，姿态瞬变随着涡流通过速度的降低而按预期的方式增加。注意，Lynx SCAS 中的姿态保持系统在涡流通过后使飞机返回悬停姿态，而 FGR 中的速度阻尼 SCAS 使飞机处于扰动姿态状态。两种旋翼机在通过涡流推进尾翼的流场时，都被涡流横向入流通过桨盘的扰动而上仰。当旋翼桨毂遭遇到涡核时，横向气流分布发生逆转，导致更大的挥舞和低头俯仰力矩。10ft/s 和 20ft/s 遭遇的姿态扰动在 3~4s 内分别约为 30°和 20°，两种飞机的情况相似，而较慢的遭遇会导致 Lynx 在 5s 内俯仰近 40°，FGR 在 10s 内超过 50°。

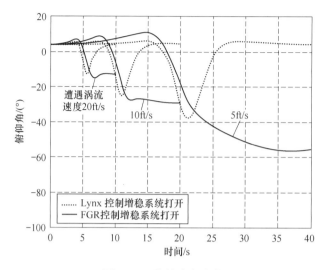

图 8-57　俯仰姿态响应

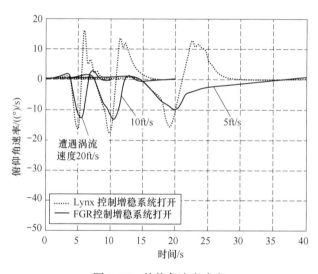

图 8-58　俯仰角速度响应

采用无铰旋翼系统的 Lynx 上，俯仰力矩和相应的加速度要高得多，而 FGR 的俯仰角度要更大，因为直径增大的旋翼在涡流中的时间要延长约 30%。对于顺时针旋转的旋翼（如欧直公司的超级 Puma 直升机）的俯仰响应相反。

姿态响应绘制在图 8-59 和图 8-60 的俯仰机动性图上。在每张图上，最大机动性也作为姿态的函数绘制，该姿态通过施加持续时间变化的高幅脉冲输入而获得。ADS-33 的操纵品质边界也包含在内。

两种飞机都有显著的机动裕度（40%～100%）来克服涡流，最高可达到 30°俯仰姿态变化（在 ADS 操纵性能中设定的限制）。同样，只要满足 ADS-33 对跟踪任务的最低机动性要求（1～2 级边界），姿态变化的最大响应幅值（50%～100%）可达 30°。应当认识到，俯仰速度是瞬态的，并且遭遇的性质使得飞行员仅需短暂地施加补偿操纵输入。这并不是

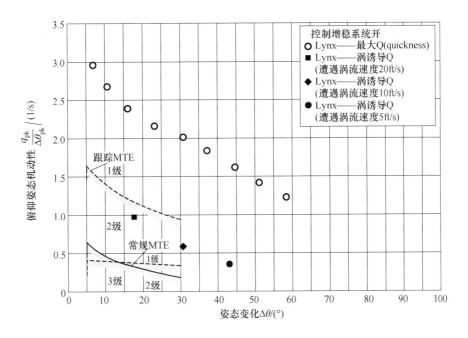

图 8-59 俯仰机动性（Lynx）

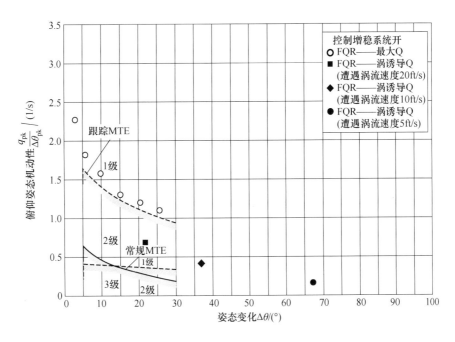

图 8-60 俯仰机动性（FGR）

说瞬态干扰对飞行员来说不是一个严重的操纵"问题"。这种情况最有可能发生在机场附近。参考文献 8.70 强调了这样的结果，即飞行员很可能在这种情况下中止进近。研究结果还表明，仅满足一般 MTE 的最低 1~2 级快捷性要求的飞机将完全无法控制抵消涡流遭遇的影响。与控制系统故障一样，根据飞行操纵品质参数量化响应可提供与安全相关的严重性描述，并为安全案例提供了依据。虽然姿态响应很重要，但垂直扰动可能更加严重。

（4）遭遇分析——垂直响应

旋翼机在遇到涡流时的垂直运动如图 8-61（高度）、图 8-62（高度变化率）和图 8-63（垂直加速度）所示。在大多数情况下，SCAS 的影响可以忽略不计；因此，仅给出了 SCAS 关闭的结果。Lynx 的垂直加速度响应是一个例外，它具有从加速度到总距的反馈回路，以改善高速稳定性。

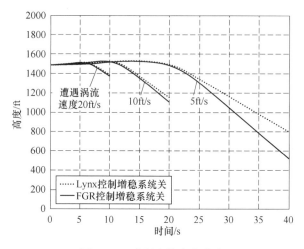

图 8-61　遭遇中的高度响应

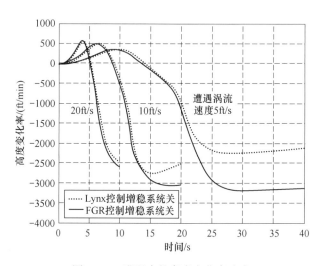

图 8-62　遭遇中的高度变化率响应

在 Lynx 上启用 SCAS 后，图 8-63 中的加速度峰值将降低 20%。

解释这些数据时要考虑的一个重要问题是，两架飞机的初始配平位置距离顺时针旋转涡的端口均为 100ft。因此，总距比悬停值低，该值一定程度上取决于旋翼转速和旋翼的实度。然后，固定的总距设置将导致后退涡尾的下降速度高于对应的悬停总距设置的下降速度。对于 Lynx，下降的参考速度（即在初始条件下下降的总距对应的下降速度）约为 900ft/min，对于 FGR 约为 1200ft/min。

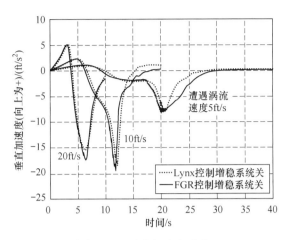

图 8-63 垂直加速度响应

接近涡核时，旋翼机以大约 500ft/min 的最大爬升速度上升，然后以超过 2500ft/min 的快速下降速度反转（相对于上一段所述的参考下降速率，此种情况下超过了 1500ft/min）。遭遇速度越慢，涡尾的时间越长，高度损失就越大。当遭遇速度为 20ft/s 时，约 3s 损失了 100ft；当遭遇速度为 10ft/s 时，5s 内损失了 100ft；当遭遇速度为 5ft/s 时，大约 8s 损失了 100ft。FGR 上较低的桨盘载荷会导致更大的峰值加速度和更高的下降率；在 20ft/s 的最快速度下，在小的正面遭遇的 3s 内会产生约 $-0.5g$ 的过载。涡尾引起的下降速度（Lynx 为 1100ft/min；FGR 为 2000ft/min。相对于同样参考）明显高于 ADS-33 中规定的 1 级性能 650ft/min 的最低要求。这表明，为了使飞行员能够完全抵消涡流的影响，将需要 10%~15% 的推力裕度。

飞行品质标准提供了一个自然的框架，在该框架内，可以设置性能裕度，并量化因遭遇涡流而引起的不稳定期间的严重程度。上面的分析表明，满足最低 1 级（跟踪）姿态快捷性和（迅猛操纵）操纵性能要求的飞机，应具有足够的控制裕度，以克服全强度涡流的影响。但是，满足一般 MTE 的正常最低性能要求并不能提供足够的裕度。基于速度的 SCAS 显著降低了干扰，而姿态保持功能（Lynx）的加入使飞机恢复悬停姿态，进一步减少了干扰。就垂直性能而言，最低的 1 级标准转换为爬升性能裕度时，不足以克服涡流尾迹下洗的影响。

性能标准表明了最终可以实现的目标，但通过比较故障后瞬态响应的 ADS-33 标准与干扰的严重程度，可以获得进一步的了解。

8.4.2 瞬态响应的严重性

参考表 8-7，该表显示了故障后的姿态和加速度极限，所要提出的问题是——这种方法是否也适用于外部干扰引起的响应，相同的标准是否适用？表 8-11 显示了最大俯仰姿态后 3s 的近似俯仰姿态瞬态。这些值表示从最大俯仰而不是初始俯仰的姿态变化。这种方法在某些情况下会导致明显更大的瞬变，但是这是合理的，因为虽然飞行员不允许飞机颠簸，但他必须施加前向周期变距来保持悬停，这将随着越过涡核时加剧颠簸。表 8-11 中的斜体数字对应于超出 3 级边界的情况。SCAS 关闭结果也显示出 SCAS 的功能及其对安全性的积极影响。

类似地，表 8-12 列出了垂直加速度中的 3s 扰动，仅包含 SCAS 关闭的数据；SCAS 不会更改等级。在这种情况下，参考条件是较大的负峰值开始的点（如图 8-63 中，对于 FGR 在 17.5s 处，涡穿越速度为 5ft/s）。

表 8-11　遭遇涡后的瞬时俯仰姿态

飞机情况	3s 内俯仰姿态/(°)			ADS-33 3 级
	遭遇速度 5ft/s	遭遇速度 10ft/s	遭遇速度 20ft/s	
Lynx 控制增稳系统开	15	30	16	10°<θ< 24°
Lynx 控制增稳系统关	40	50	45	
FGR 控制增稳系统开	10	25	22	
FGR 控制增稳系统关	30	35	50	

表 8-12　遭遇涡后的瞬时垂直加速度

飞机情况	3s 内垂直加速度/g			ADS-33 3 级
	遭遇速度 5ft/s	遭遇速度 10ft/s	遭遇速度 20ft/s	
Lynx 控制增稳系统关	0.16	0.31	0.47	0.2<n_z< 0.4
FGR 控制增稳系统关	0.19	0.38	0.53	

如果将飞行员干预时间设置为 1.5s，扰动将减少到表 8-11 和表 8-12 中的 50% 以下（除一些 SCAS 停用的情况以外）；那么，斜体数字的情况将在 3 级边界内，大多数其他情况将在 2 级边界内。将 ADS-33 方法与图 8-47 中的危险类别相结合，将得出以下关系：

● 操纵品质 1 级，2 级。危险类别"轻微"（飞行安全不受影响；安全裕度略有降低或飞行员的工作负荷有所增加）。

● 操纵品质 3 级。危险类别"重大"（飞行安全受到损害；安全裕度显著降低或机组工作负荷增加）。

● 操纵品质等级>3。危险类别"危险"（危及飞行安全；安全裕度大幅降低）。

从这一分类中，不考虑操纵裕度的情况下，可以推断，在飞行员干预时间为 3s 时，遭遇涡流的危险类别为"危险"，而在干预时间为 1.5s 的情况下，遭遇涡流的危险类别为"重大"。两者都与干扰引起的飞行轨迹变化以及由此产生的迷失方向或失控风险有关。应该注意的是，最大的姿态和加速度变化发生在初始上仰或负颠簸之后。可以说，飞行员在这个阶段可能意识到遭遇了涡流，而正常、集中注意力，0.5s 的干预时间更为合适。那么，危险类别可以减小到"轻微"。

干预时间对反应严重性的影响可以借助图 8-64 中所示的不稳定严重程度评级（USR）表来调查。该评级表基于参考文献 8.63 中描述的故障瞬变试验评级表，并已在图 8-46 中以修正的形式呈现。总而言之，等级 A~E 表示可忍受的严重程度，并且被适用于以下级别的情况：受干扰的偏移范围从最小、无须纠正措施到非常令人不快、需要立即和紧张的工作。对于情况 A~E，飞行安全未受到损害，危害类别为"轻微"。从 F~G 的等级会损

害飞行安全，短途旅行可能导致遭遇障碍物、意外着陆或超出飞行包线极限；危险类别为
"重大"（F）或"危险"（G），恢复概率小。等级为 H 意味着飞行员认为在危险类别为
"灾难"性的情况下无法恢复。

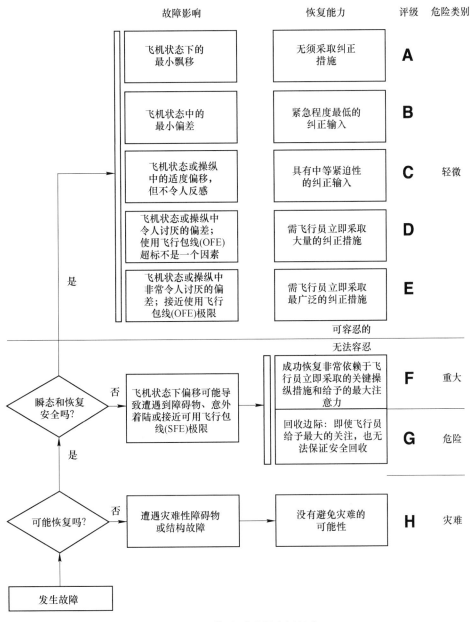

图 8-64 扰动严重程度评级表

图 8-65 显示了在利物浦使用 FGR 进行的模拟试验的结果，当涡以 10ft/s 的标称速度穿
过时，功率、总距和垂直运动都会发生变化。图中还显示了作为时间函数的横向轨迹，并间
接显示了涡核和外部边界。当旋翼进入涡尾迹前部的上洗气流时，飞行员会减小总距。在飞
行的这个阶段，飞行员可以将高度保持在±10ft 以内，并减小总距以控制低的发动机扭矩，
使其低于悬停设定值的 20%。在大约 25s 时，涡核通过，当直升机进入涡尾迹后部的下洗流

时，大约 5s 内下降速度超过 1000ft/min，飞行员快速施加超过 106% 瞬时限制转矩以阻止直升机下降。这种短暂的过扭矩将高度损失限制在 50ft 左右。当直升机在涡流尾部经历下洗时，高度和总距偏移是"上洗"阶段的两倍。在横向位置轨迹增加的斜率中可以看到，在与涡核遭遇期间直升机被"滚转"并加速至右舷，即被推出旋涡。在这种情况下，HQR 为 7，USR 为 F（重大），因为超出了扭矩极限，且高度偏移超出了 ±30ft 的适当边界。

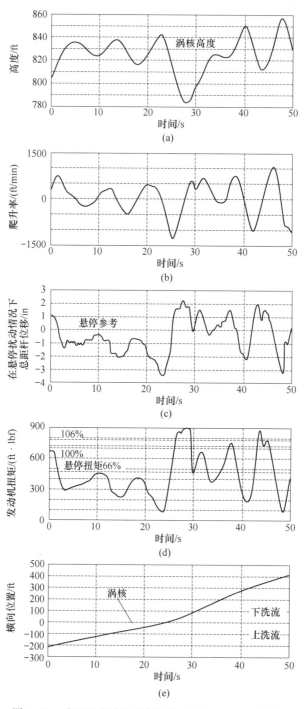

图 8-65　遭遇涡流时的垂直响应（FGR - SCAS 开启）

抵消涡流引起的垂直运动的能力显然取决于可用的功率和推力裕度。如图 8-65 所示，FGR 具有超过 30% 的飞行功率裕度，这进一步证明了先前的观点，即 ADS-33 悬停 1 级性能裕度最低标准在这方面不足。飞行员在试飞期间所做的另一项观察与遭遇过程中滚转和偏航姿态的巨大变化有关。偏航运动可由涡的上部和下部的横向速度引起。如果飞机偏航 90°，那么前面所述的俯仰效应将转化为滚转。

对于沿相近跑道靠近或远离的飞机而言，尾涡问题的解决方案是定义最小的纵向间隔距离。在接近地面附近遭遇的严重程度可能是灾难性的，但是通过分离降低相遇，风险可以降低到可接受的水平。在考虑与跑道无关的飞机以及相关的同步，无干扰操作（SNIOPs）概念时，问题更加复杂，进近和离港飞行航迹的横向分离也成为一个主要问题。在任何特定位置，可以根据风和大气条件、固定翼飞机的着陆和起飞方式，以及随时的交通特征来优化直升机最终进近和着陆区域的位置。

以这种灵活性进行操作是否可以接受是另一个问题，但风险必须通过飞行航迹限制和终端区地面操作的定位来谨慎管理。最令人担忧的结果是由于遇到涡流的下洗而可能导致的高度损失。参考文献 8.78 记录了一次事故，怀疑是一架进入涡流的轻型直升机发生的事故，在失控和坠毁之前，飞机的垂直运动对机组人员的影响最大。直升机在悬停状态下的功率裕度通常较低（<10%）。尽管这些可能满足垂直性能的操纵标准，但离线和试验模拟的结果都表明，它们可能完全不足以克服涡流遭遇的影响。当获得一定的前进速度且直升机具有一定的爬升速度时，情况将有所改善。

8.5　本章小结

在本章中，我们讨论了操纵品质降级的一些方式，并概述了考虑这些方式的方法。从提出的想法和结果中读者应该清楚的是，如果视觉信号降低、飞行系统出现故障或遭遇强烈的大气扰动，飞行员的任务将变得非常困难。在这种情况下，安全风险和事故的可能性增加。如果降级迅速发生而且是无法预见的，这会让飞行员措手不及，那么风险会进一步增加。在对新旧飞机的降级机制、适当的设计标准、更严格的操作程序以及与安全相关技术的可用性有了充分的了解之后，除了成本以外，似乎没有充分的理由说明为什么所有现有和新的直升机都存在不能增加更多的"防意外的机会"。在撰写本书的第 2 版时，这一目标是在一项国际倡议中实现的，部分原因是哈里斯（Harris）等人披露了对美国 40 年来民用直升机事故的全面分析（参考文献 8.79），并在哈里斯（Harris）的 2006 年 AHS Nikolsky 演讲（参考文献 8.80）中总结——没有事故，这就是目标。从 1964 年起的 40 年间，美国民用直升机每 10 万飞行小时的事故率从 1966 年的 65 起下降到 2004 年的 11 起；这些数据与这一时期的事故总数有关，即在此期间发生了 10410 起事故，近 2700 人丧生。在此期间，每 1000 架飞机的事故率也已大大降低——1964 年为 120 架，2005 年为 12 架。但直升机的事故率仍比固定翼飞机的事故率高出一个数量级左右。哈里斯对人们常说的安全改进是不经济的观点提出了质疑，他提供的数据显示，一次事故造成的损失约为 100 万美元，因此，40 年来，该行业的总损失约为 110 亿美元。其中四分之三以上与保险索赔有关。

图 8-66 总结了哈里斯（Harris）提出的美国民用旋翼机事故分布（参考文献 8.80）。数据表明，失控是一个日益严重的问题。在 1964 年，这类事故总共有 1114 起，不到

10%，但2005年则超过20%，使得失控与发动机功率损失并列为事故的头号原因。飞行中与物体（包括电线、电线杆、树木，但不包括地面）相撞已经减少，但在此期间，共发生1322起此类事故，凸显了飞行员经常撞到物体的问题，此类事故对直升机而言比较棘手。地面碰撞事故包含在图8-66中那30%较低的"各式各样"事故中，因此细节尚不清楚，但据更专门的研究（如参考文献8.4、8.81），该类别中，视觉信息的丧失是一个主要因素，占很大比例。

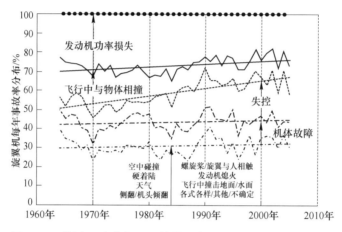

图8-66　美国40年期间民用旋翼机事故分布（参考文献8.80）

由国际直升机安全小组（IHST）领导的上述安全倡议于2005年9月在蒙特利尔的AHS安全专题研讨会上启动（参考文献8.82），承诺十年内将直升机事故率降低80%，从每10万飞行小时8.09次降到1.62次，该活动是仿照美国商用飞机安全小组（CAST）计划进行的，该计划在20世纪90年代中期为固定翼飞机事故设定了类似的目标。尽管在一本教科书中描述这样的当代举措似乎不太寻常，但作者认为这项活动对直升机行业和本章主题至关重要。IHST定义了一个分为三个阶段的过程，概述如下：进行数据分析，设置安全优先级，集成安全增强功能。全球大量的运营商、监管机构和制造商已经签署了总体规划，该规划分为三个部分（参考文献8.83）：

"IHST的使命：为政府、行业和运营商提供领导，制定和重点实施综合的、数据驱动的战略，以改善全球范围内军用和民用直升机的航空安全。

IHST愿景：通过专注于适当的优先措施来实现国际直升机界的最高安全水平，从而最大程度地改善直升机航空安全。

IHST目标：到2016年将直升机航空事故率降低80%。"

IHST于2006年5月在AHS第62届年度论坛（参考文献8.83）上进行了整合，一些与会者报告了迄今为止进行的分析。克罗斯（Cross）在参考文献8.84中研究了各种减轻损失的技术对安全性的潜在影响，并指出航空业通过引入例如损伤容限/故障安全设计、在飞行训练中广泛使用模拟器等手段、减少人为错误的安全管理系统和质量保证、利用飞行数据监控程序、采取严格的起飞和着陆飞行剖面（如稳定进近）、采用减少飞行员工作负荷的数字飞行管理系统、提高态势感知能力、帮助应对紧急情况、改进单台发动机停车失效和各种地形/防撞系统的引入，在安全记录方面取得了重大进展。具体说，克罗斯

（Cross）得出结论，通过满足现代联邦航空法规（FAR）标准并加强飞行员培训，结合增强处理能力，可以预防超过 50%的事故。

本书的第 3 版提供了一个机会，回顾从第 2 版出版以来的 10 年中实现 IHST 目标的进展。图 8-67（参考文献 8.85）显示了对美国旋翼机事故率（年平均值）估计值的十年回顾；对总数和致命事故率数据进行了比较。由于飞行小时数存在一些不确定性，特别是与非商业运营有关的不确定性，将这些数据描述为估计值。在 IHST 计划开始之初，2006 年的估计事故率是每 10 万飞行小时 4.47 起。图 8-67 显示实现了约 25%，而不是 80%的目标。致命事故率下降了近 50%。回想一下上面 IHST 引用的 2003 年左右的 8.09 起事故率，当时的飞行时间估计值非常近似；分析以提供更准确的飞行小时"估计值"成为 IHST 的首要任务。

图 8-67　美国民用旋翼机十年间每 10 万飞行小时的事故率估计（参考文献 8.85）

美国直升机安全小组（USHST）利用这些数据来支持 NTSB 事故调查报告（www. USHST. org），已完成对致命事故根本原因的全面分析，并制定了 22 项旨在减少死亡人数的可衡量的安全改进措施。失控和能见度下降是许多事故共同的根本原因，并导致 USHST 采取了具体的"安全改进措施"（如参考文献 8.86）。影响飞行动力学和飞行品质的措施示例如下：

（a）失控。在空中对稳定性的需求。

● H-SE 122：自转和应急处置培训的标准化。

● H-SE 81：模拟器和包线外飞行条件。

● H-SE 70：增稳系统/自动驾驶仪。

● H-SE 124：了解基本的直升机空气动力学。

（b）盲目飞行。更深入地研究可见性问题。

● H-SE 91：增强型直升机视觉系统。

● H-SE 127a：空间方位迷失的识别和恢复。

USHST 社区所追求的"直升机安全增强"的收集将在未来 10 年引起关注，以减少致命事故率为目标。

参考文献 8.87 总结了欧洲直升机安全小组（EHST）在 2005—2014 年期间以年平均值的形式提供的旋翼机历史事故数据。数据进一步细分为四个不同的运营类别，如表 8-13 所示。

表 8-13　EHST 数据显示了 2005—2014 年期间的年均旋翼机事故数据（参考文献 8.87）

运营类别	非致命事故/起	致命事故/起
商业航空运输（离岸）	2.2	1.3
其他商业航空运输	6.9	2.0
空中/特别行动	18.0	4.3
非商业性	48.1	8.2

根据参考文献 8.87 中的数据，所示期间的百分比下降并不特别有意义，因为数字没有一致的下降趋势。值得注意的是事故的数量，其中一个"最高安全问题"之一是飞机异常/失控，直接与飞行品质有关。对于非商业运营，这是 44% 事故中风险最高的区域。

本次事故率更新的目的，首先提醒读者飞行品质降级的最终后果，其次强调良好飞行品质对安全的重要性。在本书中，作者强调，飞行品质对于飞行性能和飞行安全都是至关重要的，并且在飞机设计中对这两个目标进行了很多权衡。如今，环境影响和系统生命周期的经济性在这一权衡的管理中引入了更多的约束。坚持不懈地追求飞行品质的完美，还有很多工作要做，毫无疑问，也将有很多工作要完成。

附录 8A 利物浦大学的 HELIFLIGHT、HELIFLIGHT-R 和 FLIGHTLAB

在本书第 2 版的出版中，使用了来自利物浦大学的运动模拟器 HELIFLIGHT 及其仿真环境 FLIGHTLAB 的研究结果。同样，在第 3 版中，报告了 HELIFLIGHT 以及经过显著升级的 HELIFLIGHT-R 模拟器的研究结果。本附录对这些设施进行了描述。资料主要来自参考文献 8A.1、8A.2。除了描述用于产生研究成果的设施外，这些资料还适用于学术或研究中心对此类装备提出要求。

HELIFLIGHT 设施可以描述为一个可重构的飞行模拟器，它有六个关键部件，这些部件组合在一起形成一个高逼真度的系统，包括：

（a）可更换的飞行动力学建模软件（FLIGHTLAB），具有"可选逼真度"，例如，具有不同类型的尾流模型，具有实时接口——领航台。

（b）6 自由度运动平台。

（c）四轴操纵负荷系统。

（d）三通道准直镜视景系统（135°×40°）加两个平板颏窗（60°），每个通道运行各自的视景数据库。

（e）可重构的计算机生成的仪表显示面板和平视显示器（HUD）。

（f）数据记录和时间记录捕获工具。

HELIFLIGHT 配置的示意图如图 8A-1 所示。

主机是运行 Linux 的双处理器 PC。一个处理器运行 FLIGHTLAB 和领航台，而第二个处理器驱动控制加载程序。此外，该计算机同时充当文件服务器和其他主机的服务器。使用两个以太网卡（一个用于访问互联网，另一个通过路由器访问 HELIFLIGHT 网络）可以将局域网与互联网隔离，从而最大程度地提高数据吞吐量和安全性。还有其他七台基于 Windows 的主机运行运动平台软件，两个颏窗、三台前向窗口（OTW）显示器和仪表显示器。OTW 中心的 HUD 可以打开/关闭。所有 Windows 计算机都配备了显卡，可以异步地向驾驶舱显示器发送信号。每台计算机的键盘和鼠标也采用集中控制，使得每台 Windows 计算机可以从一个工作站进行控制。

模拟实验室有两个主要区域：模拟器控制室和座舱。经授权的模拟器操作员从控制室的主机运行控制台控制模拟器的实时操作，并使用双向通信系统与驾驶室的飞行员进行交互。从这个角度来看，操作员既可以观察座舱的运动，也可以观察到显示器，它们是座舱舱内显示器的副本（见图 8A-2）。

在实时任务期间，操作员负责确保运动平台的安全操作，并在飞行员失去控制时越过飞行员进行指令输入。安全带是飞行员在飞行时系上的，是安全联锁系统的一部分，该系统包括在鸥翼舱门上的电磁门开关和座舱门联锁装置。紧急停止按钮可供飞行员和操作员共用。在紧急情况或电源故障情况下，模拟器停车，将座舱平台安全返回到其降落位置，座舱舱门打开。

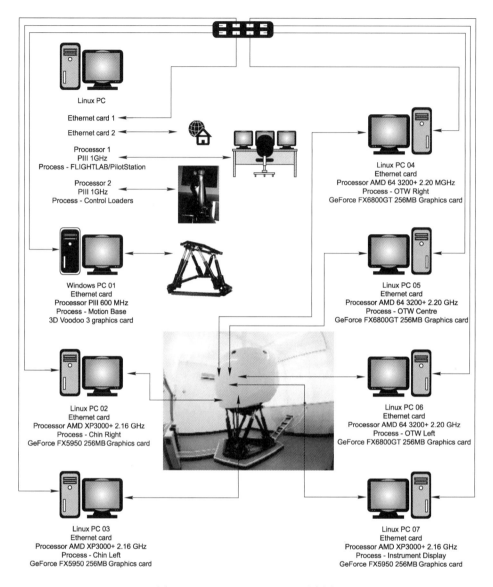

图 8A-1 HELIFLIGHT 配置示意图

在整个飞行过程中，将对 OTW 中心进行视频/DVD 记录，生成任务的视频和声频日志，用于试验后分析。领航台还具有数据记录功能，可以捕获一系列飞机性能参数、飞行模型输出和飞行员控制输入，以便进行后续处理。使用正在飞行飞机的计算机生成图像，以后可以从任意视角回放飞行过程。

8A.1 FLIGHTLAB

设施运营中心的软件是 FLIGHTLAB，这是一个刚体建模环境，为创建飞机动力学模型提供了模块化方法，使用户能够从预定义组件库中生成完整的飞行器系统。FLIGHTLAB 提供了一系列工具来帮助快速生成非线性刚体模型，从而大大减少了计算机编码所需的工作量。尽管 FLIGHTLAB 最初使用的桨叶模型是为旋翼机开发的，但它可以很容易地用作固定翼飞机的仿真工具。例如，在利物浦的 FLIGHTLAB 库中有莱特飞行器、Grob115、X-

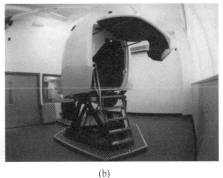

(a)   (b)

图 8A-2 利物浦大学飞行模拟实验室（2000—2008 年）

29、波音 707 和波音 747、Handley Page Jetstream 和航天飞机等飞行器的模型。

为了帮助生成和分析飞行模型，有三个图形用户界面（GUI）：GSCOPE，FLIGHTLAB 模型编辑器（FLME）和 Xanalysis。可以使用名为 GSCOPE 的组件级编辑器来生成所需模型的示意图。从图标菜单中选择组件，然后将其连接以生成所需的体系结构，并将数据分配给组件字段。完成后，用户选择脚本生成选项，然后会从原理图中自动生成 FLIGHTLAB Scope 语言的脚本。Scope 是一种解释性语言，使用 MATLAB 语法以及新的语言结构来构建和求解非线性动态模型。

FLME 是一个子系统模型编辑器，它使用户可以从更高层次的原始组件（如旋翼和机身）创建模型。通常，用户将通过输入数据值并选择所需的复杂程度项来选择和配置目标子系统。这种方法在最大限度提高计算效率的同时，提供了可选逼真度建模能力。模型是分层创建的，完整的飞行器模型由低级别的子系统模型组成，而这些子系统又是原始组件的集合。这是"树状模型结构"，它将所有预定义的飞机子系统放入逻辑"树"结构中。该工具通过将所有模型保持在预定义的结构中，同时允许用户灵活地定义飞机各个结构和子系统，从而进行配置管理。有关使用 FLME 创建模型的更多说明，请参见第 10 章。

在运行实时仿真之前，可以使用 Xanalysis 分析上述工具生成的模型。该 GUI 有多个工具允许用户更改模型参数并检查设计方案的动态响应、静稳定性、性能，以及操纵品质；还可以使用其他工具来生成小扰动线性化模型、执行特征分析、时域和频域响应分析，以及控制系统设计。非线性模型也支持配平以及时域和频域响应分析，并进行直接评估。

实时仿真使用领航台进行协调，领航台可以控制并连接 OTW 显示器、仪器和 HUD 的图像生成与使用 FLIGHTLAB 生成的操纵负荷、运动平台系统和飞行动力学模型。通常，2 级直升机模拟以 200Hz 的频率运行，每个旋翼有 4 片桨叶且每片桨叶有 5 个分段。考虑到模型的复杂性（每秒的运算次数）和最高频率的模式（数值稳定性），可以增加或减少帧数以确保优化性能。在仿真过程中，循环缓冲区会不断更新，其中包含预定义的输出变量。选择"历史记录"选项，操作员可以访问数据缓存区，可以将其绘制或保存以进行离线分析。操作员控制台可用于修改飞行器配置和飞行状态，并在线注入故障或信号，如 SCAS 开/关、尾桨故障、阵风。

在第 10 章中，介绍了倾转旋翼的 FLIGHTLAB 仿真，包括 XV-15 研究飞机和以此为基础配置的几种民用倾转旋翼机（请参见参考文献 8A.14、8A.17、8A.19、8A.20）。

8A.2　沉浸式座舱环境

飞行动力学模型是飞行模拟器的重要组成部分，并最终决定了仿真的逼真度。同样重要的是飞行员所处的环境。HELIFLIGHT 使用六轴度运动提示、准直镜视景系统和飞行员操纵装载程序来营造虚拟飞行体验。飞行员将从多个来源获得有关飞行器的运动信息。基本机制是视觉感知、内耳前庭系统感知和遍布于全身的体感感应器。所有这些机制都为飞行员提供了重要的信息或"线索"。

三个准直镜视景显示器（见图 8A-3）焦点在无穷远处，用来增强深度感知，这对于悬停和低速飞行任务尤为重要。显示器提供了 135° 水平 40° 垂直视场角，并通过在脚部使用两个平板显示器将垂直视场角扩展到 60°（见图 8A-4）。这些显示器具有 1024×768 像素分辨率，在显示纹理丰富的视景数据库时以 60Hz 频率刷新，并提供良好的视景信号（见图 8A-5）。

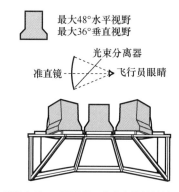

图 8A-3　HELIFLIGHT 中的准直显示系统

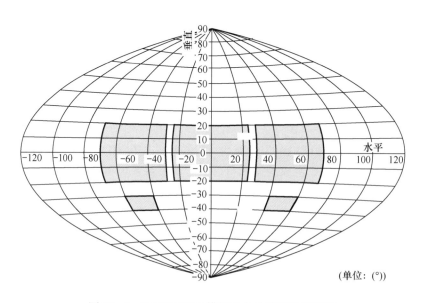

图 8A-4　HELIFLIGHT 模拟器中的外部世界视野

图 8A-5　HELIFLIGHT 舱中典型飞行员的视野

座舱有一个主仪表板，可以重新配置来自不同飞机的显示屏，并显示在平板显示器上。"标准" HUD 显示在 OTW 中心，包含一个姿态指示器、垂直速度指示器、空速和高度指示器，并有一个"悬停箱"以帮助直升机在低速时进行控制（见图 8A-6）。

(a) 背景为HELIFLIGHT　　　　　　　　　(b) 座舱视景

图 8A-6　HELIFLIGHT-R

使用六轴运动平台产生运动的感觉，其运动包线如表 8A-1 所示。

表 8A-1　HELIFLIGHT 运动包线

运动参数	范围
小幅升降范围	500mm①
小幅升降速度峰值	±0.6m/s

表 8A-1（续）

运动参数	范围
小幅升降加速度峰值	±0.6g[2]
剧烈升降范围	930mm[1]
剧烈升降速度峰值	±0.7m/s
剧烈升降加速度峰值	±0.6g
倾斜范围	860mm[1]
倾斜速度峰值	±0.7m/s
倾斜加速度峰值	±0.6g
滚转范围	±28°
滚转角速度峰值	40（°）/s
俯仰范围	+34°/-32°
俯仰角速度峰值	40（°）/s
偏航范围	±44°
偏航角速度峰值	60（°）/s

注：①表示所有运动均从中间升降运动开始，其他所有轴均保持中立。通过耦合一个或多个运动，可以获得更大的范围。

②表示在整个运动范围内测量，升降加速度为+1g，-2g 可在运动包线中心附近产生。

电动运动平台的位置精度为 $0.6\mu m$。与前庭系统相比，人类视觉系统检测速度变化相对较慢，前庭系统对加速度的反应要快得多。因此，如果没有动作信号，如悬停，某些任务可能很难执行。为了确保飞行员不会收到"错误"信号，可以调整运动信号算法，使其符合所需的飞行器性能和 MTE 要求。这些参数可在配置文件中访问，该文件可以根据飞机定制。运动平台的主要限制是可用的行程。为了使可用运动包线最大化，驱动算法采用传统的洗出滤波器，在模拟器以足够小的加速度运动一段时间后，将模拟器恢复到其中立位置，以最大限度地减少错误信息。

飞行员可以通过驾驶杆的感觉和位置获得有关飞机行为的信息。HELIFLIGHT 使用电动操纵负荷系统作为三个主要操纵接收器：周期变距，总距和脚蹬。总距驾驶杆和周期变距驾驶杆上有多个开关，可以对各种功能进行重新规划或直接与领航台关联（例如，运行/暂停，配平释放）。HELIFLIGHT 舱还包含两个辅助操纵装置——驾驶杆和油门杆。所有控制装置、按钮和开关都是可配置的，例如，周期变距按钮可以配置为 FLIGHTLAB XV-15 的倾转按钮，总距按钮可配置为固定翼飞机上的起落架刹车按钮。以 $2.5\mu m$ 的分辨率对驾驶杆倾斜度和控制位置进行数字控制。这样的精度允许飞行员利用力配平功能将在配平位置的控制力归零。力感特性也可以通过软件进行重新配置，以作为特定飞机的操纵系统。

振动和声频信号有助于模拟的真实性。飞机特有的噪声通过 HELIFLIGHT 驾驶舱中的两个扬声器播放，为飞行员提供声频提示。通过模型中变量驱动的运动平台可以直接检测到振动。"低频"声频作动器安装在舱底，正好在飞行员下方。这样可以将频率为 20～100Hz 的声音传到座舱底部，以提供振动或冲击信号。

系统整体逼真度的一个重要方面是延迟量。延迟是由模拟器各个组件之间的信息传输延迟引起的，从控制输入到通过运动系统和视景系统传到飞行员的模型输出，再通过飞行员的控制返回到飞行模型。如果延迟量很大，则飞行员可能会注意到输入控制命令与系统感知响应之间存在延迟。这会严重影响操作，特别对于精确跟踪任务。在 HELIFLIGHT 中，飞行动力学模型通常以 200Hz 的频率运行，产生 5ms 的延迟。当飞行模型的输出被转换为在模拟器运动系统中产生的相应变化时，出现小于 16ms 的延迟。图形卡在每个时间帧开始，通过 HELIFLIGHT 网络接收广播信号。但是，由于显示的地形纹理密度也随图形传感器的规格而变化，因此视觉效果中会出现可变延迟。当前，这会导致地形重绘延迟 16～30ms。除此之外，监视器以 60Hz 频率刷新。最后，操纵负荷系统在系统中引入了潜在的 5ms 延迟。通过所有这些累加，驾驶杆和运动系统之间的总传输延迟和视觉延迟估计低于 50ms。

HELIFLIGHT 在运营的前五年中开展的活动范围记录在各种期刊和会议论文中（参考文献 8A.1，8A.3～8A.28）。

8A.3 HELIFLIGHT-R

2008 年，HELIFLIGHT-R 设施在利物浦投入使用，成为仿真研究的主力（参考文献 8A.2）。凭借其更大的运动范围（见表 8A-2）和更宽/更深的视场（见图 8A-7），该功能为那些运动信息至关重要的应用提供了更高的逼真度。如在直升机-航母上动态进行；参考文献 8A-40 总结了十年来使用 HELILIGHT-R 进行此类研究的结果。

参考文献 8A.30-8A.40 描述了自 2008 年以来使用 HELIFLIGHT-R 进行的各种研究，并以在直升机-航母动态接口上运行的旋翼机、飞机-飞行员不利因素耦合和仿真逼真度为例，包括前庭运动信息的优化（参考文献 8A.38，8A.39）。

这些出版物展示了在飞行操纵品质的持续发展中，一个研究飞行品质的飞行模拟器可以实现什么。

表 8A-2 HELIFLIGHT-R 运动包线

运动参数	位移	速度	加速度
俯仰	-23.3°/25.6°	±34 (°)/s	300 (°)/s²
滚转	±23.2°	±35 (°)/s	300 (°)/s²
偏航	±24.3°	±36 (°)/s	500 (°)/s²
小幅升降	±0.39m	±0.7m/s	±1.02g
剧烈升降	-0.46/+0.57m	±0.7m/s	±0.71g
倾斜	±0.47m	±0.5m/s	±0.71g

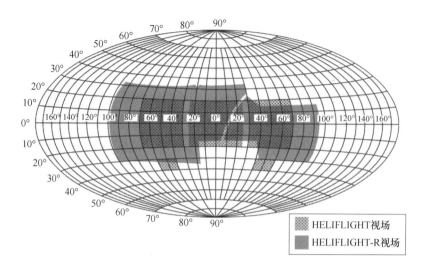

图 8A-7　HELIFLIGHT 与 HELIFLIGHT-R 的视场

　　1989 年 10 月，在亚利桑那沙漠上空进行第二次试飞后，作者在阿帕奇 AV05 电传实验飞机的驾驶舱中。沃利·斯图尔特中校站在左边，他是英国空军陆战队的试飞员，正在评估这架飞机的飞行品质。作为未来英国攻击直升机需求开发的一部分，沃利陪同作者考察了该飞机的先进控制技术。麦克唐纳-道格拉斯公司试飞员强尼·莫尔斯站在右边，他是这架飞机四次飞行的安全员。（照片由麦克唐纳-道格拉斯公司，现波音直升机公司提供）

9　飞行品质：理念的发展史

我相信，在设计人员掌握了性能准则、标准和测试技术，了解了旋翼机的空气动力学和控制，并掌握了设计工具的情况下，可以确保操纵缺陷不会再次限制使用飞行包线的边界。

——作者在第 32 届亚历山大·A. 尼科尔斯基（Alexander A. Nikolsky）荣誉演讲的引言（得克萨斯州沃斯堡，2012 年 5 月，参考文献 9.1）

9.1　引言和范围

在 20 世纪初，莱特兄弟对他们 1901—1902 年间滑翔机和 1903—1905 年间动力飞机（参考文献 9.2）的发展进行了深入且全面的记录。相反，据作者所知，1920—1930 年间几乎没有出现关于旋翼机飞行特性的记录。参考文献 9.3 中简要介绍了 Flettner 和 Focke Achgelis Fa 223 这两种实用的欧洲直升机，包括它们稳定性和控制方面的内容，但是其在第二次世界大战结束时就终止了。Hohenemser 和 Sissingh 这两位德国旋翼机工程师继续在美国和英国开展着关于旋翼机的研究。因此，旋翼机飞行品质的概念及第一个旋翼机飞行品质规范的出现始于战后，是英国和美国研究实验室为了更好地了解直升机飞行特性而开展的工作。它的主要根据是欧洲和北美工业、研究实验室和学术界的工程师及飞行员所编写的文件。这段历史很大程度上局限于单旋翼带尾桨的构型。

柯蒂斯（Curtiss）在他的尼科尔斯基（Nikolsky）演讲（参考文献 9.4）中引用了亚历山大·A. 尼科尔斯基（Alexander A. Nikolsky）在 1954 年发表的一份关于新出版的军用操纵品质规范 MIL-H-8501（参考文献 9.6）的报告（参考文献 9.5），这引起了行业内的关注。乔治·希斯洛普（George Hislop）当时是 Cierva Autogiro 公司的一名工程师，他指出了需求规范和设计过程之间的明显区别：

美国当局已经做出了值得肯定的努力来定义这些理想的规范，但是设计师如果有谁能够说他懂足够多的设计知识，能够从数量和质量上满足这些精心制定的规定，那他一定是个相当大胆的人。

这是一个完全正确的观点，本质上说这更多地被解释为是对规范本身的挑战，而不是批评。需求规范的一个作用是熟悉设计过程，更具体地说是为了定义性能包线，根据最新的工程知识和理解，设计师在这个性能包线内能自由工作和创新。因此，适当限制的需求规范能够推动设计实践发展，同时它们也是合同验收和取得资质的基础。然而，运营商想要什么（要求）和制造商可以生产什么（作为产品可以实现的设计）之间的复杂关系，已经深入到所有飞机的研发中，特别是旋翼机，从首飞到全面投入使用经常要经历 5～10 年。

查理·克劳福德（Charlie Crawford）在他的尼科尔斯基（Nikolsky）演讲中指出，不成熟的设计工具是行业无法满足美国军方要求的主要原因，由此会导致成本和时间的超支（参考文献 9.7）。正如作者在参考文献 9.8 中所讨论的那样，军用产品要求通常都是具有挑战性的，而操纵品质在这方面尤其重要，25%～50%的开发时间可能会花费在解决操纵品质问题上。有人认为，在早期的设计过程中，操纵品质并没有被重视，问题往往是留到飞行试验时才被发现和处理。此外，飞机投入使用后出现操纵问题的情况也时有发生。可以说在直升机发展的早期，由于操纵品质极难预测，它们被推测为是一系列复杂设计决策的结果，如总体性能、飞机布局、结构完整性和振动等。然而，现在我们的旋翼机设计行业早已拥有全面的设计工具，必须在初步设计阶段就把操纵品质作为需求核心去充分考虑。操纵或飞行品质工程是一门系统级学科，具有成熟的需求规范、公差和标准。

一种建设性的设计方法是从系统与运行环境接口的各个方面来看待所有活动，如消费的乘客、机场基础设施、空中交通管制、维护过程、环境或军事威胁。作者在设计可变稳定性飞行模拟器时就采用了这种方法（参考文献9.9）。从这个角度来看，飞行员代表一个环境接口，操纵品质是从飞行员的角度设计的系统特征。作者在出版的著作中提出了这种处理操纵品质的方法，强调飞行品质不应该被视为偶然，而应在首飞和航迹飞行、鉴定过程和投入使用前，用虚拟工程方法进行充分的设计和模拟（参考文献9.10～9.12）。设计实践的迫切使用和完全满足操纵品质可靠标准之间的矛盾应该成为创新的积极动力，而不是负担或者限制。

沃尔特·文森蒂（Walter Vincenti）在他的《工程师知道什么和他们如何知道》（参考文献9.13）一书中解决了许多这样的问题。他宣称："飞行品质规范的发展史说明了工程师群体如何将一种无定形的、无定性的设计问题转化为一个可量化的、具体化的问题。"飞行品质的发展可以理解为一个"理念"的发展史，即飞行的美学是可以量化的，这也是本章的主题。政府用户、行业和研究人员已经做出了巨大的努力，就操纵品质的好坏以及可接受的范围达成了一致意见，所采取的方法包括通过品质等级验收将飞行员评定等级统一，使用任务科目基元和面向任务的数值标准，发展军用方面的性能标准。民事当局在规定的具体操纵要求方面采用了不同的立场，甚至可以说是更加宽松，这部分前面已经谈到了（如图6-65），而作者在这一章中又提到了这个问题。

军事和民事部门对待操纵品质问题的不同态度导致了飞行品质学科中的另一种普遍矛盾，即性能和安全这两个目标之间的矛盾（参考文献9.14）。良好的操纵品质是任务效能和保证飞行安全的基础。但在接近性能极限的情况下，飞行员在保证飞行安全方面将发挥巨大作用，因此我们将飞行员作为系统中的关键组成部分。从根本上说，运营飞行员永远不应该因使用飞行包线意外偏移到未知区域而去扮演试飞员的角色。从性能和安全的角度来看，在需求捕获和设计期间，飞行员的职责需要成为关注的焦点。

作者在他的尼科尔斯基（Nikolsky）论文（参考文献9.1）和本章节中，首先回顾了70年前实用型直升机的早期阶段，以及这些第一代直升机的操纵品质。然后总结了1952年出版的第一个操纵品质规范 MIL-H-8501 中所做的工作。到了20世纪60年代末和70年代初，可以认为是第三代旋翼机的设计和投入使用阶段，这代机型结构更加复杂，而性能也明显好于之前的机型。本章讨论了这些飞机的飞行品质特点，以及如何通过控制增稳来提升性能。在20世纪70年代，因为当时的军用标准被认为已经过时，需要进行大量的修改，对旋翼机的新操纵要求进行了展望。航空设计标准33（ADS-33，军用直升机操纵品质）的制定是由美国陆军主导的活动，涉及大量的国际合作来完善所需的数据库，这对新操纵标准的制定和验证至关重要（参考文献9.15）。本章探讨了新标准中的一些创新，以及在面临要将其降级为指导手册的压力时，最终又如何被采纳成为性能规范。本章的主题是"良好的飞行品质是飞行活动的安全网"，结合民用直升机运行的操纵要求，以及怎样使民用领域从军事领域研究成果中受益的问题。这个"概念发展史"还探讨了旋翼机飞行品质未来面临的挑战，包括它在教育和培训实习工程师和学生方面的重要性。

本章可以与第6和第7章中的详细材料一起阅读，和之前的章节一样，作者写得更多的是构成飞行品质差异的原因，以及几十年来飞行员和工程师对这一点理解的改变，而不是关于如何设计和制造一架具有良好飞行品质的直升机。对于旋翼机制造商来说，这两者是一个整体，但设计是多学科和多目标的，飞行品质是优化过程中必须要考虑的一部分，从而合理实现一系列需求。发展方向一直是如何在行业研究中找到飞行品质可接受的最低标准。

正如前文所述，这一章是以作者的美国直升机协会尼科尔斯基（Nikolsky）荣誉演讲为基础。作者研究了尼科尔斯基（Nikolsky）以前的演讲中对这一主题的投稿，例如，在第2次尼科尔斯基（Nikolsky）演讲（参考文献9.16）中凯利（Kelley）提到亚瑟·杨（Arthur Young）的"过程弧"，即设计中失去目标的风险，以及工程师"尽力将其简化"的需要，就像仅仅通过增加冗余自动操纵仪就解决了"极差操纵特性"的问题。它们不应该成为改善固有不良飞行特性的方案，如今的飞行特性甚至比几十年前更糟糕。后来，在第7次尼科尔斯基（Nikolsky）演讲中，德立斯（Drees）（参考文献9.17）展望了个人直升机的设计，其中"人为因素和操纵品质工程师需要确定采用何种控制器、控制器需要哪些功能，才能使操纵直升机变得更容易"。德立斯（Drees）建议使用无飞行员的测试对象，并推测"一架像汽车操纵一样，并能够像汽车一样简单地在低速操纵的直升机将获得很高的评价"。同样，在第18次尼科尔斯基（Nikolsky）演讲（参考文献9.18）中，休斯敦（Huston）对"供民用消费级的垂直起降飞行器的研发"提出了挑战。他提请注意美国国家航空资询委员会（NACA）/美国国家航空航天局（NASA）兰利的研究，该研究促成了1952年第一个军用直升机操纵品质规范MIL-H-8501的制定，然后是未来飞行员助理可能具有的特征。柯蒂斯（Curtiss）第20次尼科尔斯基（Nikolsky）演讲的主题（参考文献9.4）是旋翼机的稳定性和控制，我们发现这与目前的工作和早期直升机先驱们的观察一致，就像莱特兄弟之前的固定翼飞机一样更注重稳定性而不是控制。

在第21次尼科尔斯基（Nikolsky）演讲（参考文献9.19）中讨论飞行品质时，卡尔森（Carlson）详细阐述了"对普通飞行员足够好"的操纵理念，他简要介绍了从MIL-H-8501A到ADS-33E-PRF的发展历程，确定了飞行员操纵品质评级（HQR）的关键作用，该评级标准至少提供了一种描述"好"和"够用"的方式。在第26次尼科尔斯基（Nikolsky）演讲（参考文献9.20）中，哈里斯（Harris）向业界提出了挑战，要以"无事故"为目标，强调失控事故占所有事故的百分比（稍后再继续讨论这个问题）在1964—2004年间几乎翻了一倍，并暗示"飞机的基本操纵品质真的非常差"。因此，操纵/飞行品质一直是尼科尔斯基（Nikolsky）演讲中反复出现的主题，因为它们是飞行奥秘的核心，是设计和资格的挑战，也是通过与安全的联系从而被公众接受的挑战。

为了区分飞行品质和操纵品质，人们进行了各种尝试，但都没有得到普遍接受。在本书中，作者没有尝试规定在什么情况下该使用哪一种。"ADS-33"的设计师戴维·基（David Key）对其一直有明确的区分（参考文献 9.21），他强调飞行品质是飞行器的稳定性、操纵性和机动特性，而操纵品质是作为这些特性与任务科目、视觉信息和大气环境的结合。在本章中，经常使用术语操纵（handling），而不是飞行（flying），但其两者没有明显的区别。

9.2 旋翼机飞行品质的历史背景

9.2.1 早期：20 世纪 40—50 年代的一些亮点

文森蒂（Vincenti，参考文献 9.13）回顾了航空工程理论的发展，将飞行品质规范的发展称为"一种概念的历史"，这种概念认为飞行品质这种主观的东西是可以被量化的，必须"在现实世界中理智地实现和验证"。正如文森蒂所说的那样，在 1936 年第一次尝试量化和设计有可能反映飞行员对飞行品质主观感知的东西，当时的研究是基于四发动机运输机——道格拉斯（Douglas）DC4E。关于飞行品质的章节归功于爱德华·沃纳（Edward Warner），他在 16 年前讨论了关于直升机的困境和前景（参考文献 9.22），确定了固有的不稳定性和单桨叶控制的潜在好处，这些发生在直升机进行任何受控飞行之前。二战期间，美国兰利机场的国家航空咨询委员会（NACA）和英国范堡罗（Farnborough）的皇家航空研究院（RAE）是飞行品质标准诞生的地方，但其只适用于固定翼飞机，是飞行员在高速飞行中所发现的操纵问题。

这一时期也诞生出了实用型直升机，但在当时为数不多的出版物中，作者并没有发现任何关于直升机操纵品质的参考资料。伊戈尔·西科斯基（Igor Sikorsky）显然很难找到控制原型机 VS-300 的最佳布局，如图 9-1（a）所示，最终确定了三桨叶铰接旋翼的全周期变距控制。Bell 公司根据亚瑟·杨（Arthur Young）发明的带有稳定杆的双桨叶跷跷板旋翼制造了 Bell 30 原型机，如图 9-1（b）所示。在这些最早的原型机飞行记录中可以发现，操纵力是一个很严重的问题，但悬停时的固有不稳定性很容易被飞行员控制。在这两架飞机上，飞行员对地面和周围环境具有非常好的视野，这对保持这种不稳定飞行器的姿态、位置和控制运动非常重要。几年后，伊戈尔·西科斯基提出"直升机控制的绝对精度"（参考文献 9.23）需求，这在西科斯基生产的 R-4 原型机（见图 9-2（a））中是必需的，也是能够实现的。Bell 47（见图 9-2（b））是第一架获得民用认证（民用航空局（CAB）H-1 型）的直升机，但其飞行品质没有量化。

(a) 1941 年，伊戈尔·西科斯基操纵 VS-300 原型机　(b) 1944 年弗洛伊德·卡尔森操纵 Bell 30-1A 原型机，亚瑟·杨在旁协助

图 9-1　两架直升机原型

(a) 1944年军用西科斯基R-4型直升机　　　　(b) 1945年民用认证Bell 47型直升机

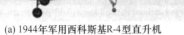

图9-2　两架生产定型直升机

1945年后，NACA和RAE的直升机操纵品质研究有所增多，工程师们通过飞行试验也有类似的发现。比尔·斯图尔特[①]（Bill Stewart）在他提交给皇家航空学会的论文（参考文献9.24）中讨论了在范堡罗进行的，由埃里克（温克尔）布朗（Eric (Winkle) Brown）中校操纵西科斯基R-4B型直升机进行的飞行试验。斯图尔特区分了非周期性发散自由驾驶杆纵向稳定性和振荡发散固定驾驶杆纵向稳定性。他还强调了垂直下降（以500ft/min以上的速度下降）时失去控制导致"直升机机头向下，驾驶杆完全后拉无法阻止速度增加到大约40mile/h"。此前，Glauert在RAE对旋翼的涡环状态进行了分析（参考文献9.25），但直到现在才意识到对飞行品质的危害。

布拉泽胡德（Brotherhood，参考文献9.26）和斯图尔特（Stewart，参考文献9.27）的进一步飞行试验揭示了近悬停慢速下降时旋翼复杂流场的涡环状态特征。在参考文献9.27中，五种不同类型的直升机在涡环状态下飞行，西科斯基R-4和S-51（较小程度）的特点是"机头猛烈地向下俯仰"到大约40°。在Bell 47上，出现了"普遍的操纵性能损失"，但在所有时刻都没有完全失控。斯图尔特把R-4的特性比作固定翼飞机的急剧失速。通过在箱型后机身上使用长毛簇进一步检查了这种特殊的状态，表明了流场在"机头猛烈向下俯仰"发生之前出现了从下到上的逆流。而其他飞机，特别是Bell 47和Bristol 171的尾锥非常小。由于动量理论中假设的局限性，尼科尔斯基Nikolsky和塞克尔Seckel（参考文献9.28）在他们从悬停到自转飞行过渡过程的分析研究中无法预测涡环的行为（见第3章）。

在向皇家航空学会提交论文的几个月后，斯图尔特报告了在法恩伯勒（Farnborough）发生的西科斯基S-51直升机失控事件（参考文献9.29）。这发生在一次检查稳定性和长周期振荡的测试飞行中。这个例子已经在第2章引用过了，但它是一个非常重要的历史事件，所以在这里再次提起。引用参考文献9.29中飞行员报告的内容："当飞机爬升到顶端进入俯冲时，我将驾驶杆向前放松以控制飞机越过最高点……飞机急速向下俯冲，就在我正要放松驾驶杆的时候，整个飞机突然出现了剧烈的振动。我认为在振动之后，飞机立即开始向左急转，几乎是在向后飞；然后飞机稍稍以正常状态下降，但机身仍在旋转，我觉得是向右。接着它又开始了一次很陡的俯冲，然后重复了这一过程。在这个进程中，我很早就选择了自转。我曾看到旋翼转速是140r/min，后来是250r/min。有时会觉得操纵杆很

---

① 比尔·斯图尔特领导了包括菲尔·布拉泽胡德（Phil Brotherhood）和亚瑟·布拉维尔（Arthur Bramwell）在内的范堡罗RAE直升机小组；斯图尔特从基层做起，后来被任命为国防部的三星级职位。布拉泽胡德（Brotherhood）后来在RAE贝德福德成立了直升机飞行研究小组，直到1985年退休后由作者接任。

轻，而有时又觉得非常重。我认为这架飞机重复了三次这样的过程，它似乎尝试在第二次俯冲时恢复，但实际上在第三次俯冲时才对操纵做出了反应。此时水平高度为海拔 400ft（高度损失 800ft），飞机再次恢复了控制，对控制指令做出了正常反应。于是我飞回了机场降落。"

"自动记录仪"的轨迹（见图 9-3）显示在机动过程中，法向加速度峰值约为 $4g$，导致机身后部发生严重的变形（见图 2-38）；当使用最大纵向和横向周期操纵时，旋翼桨叶

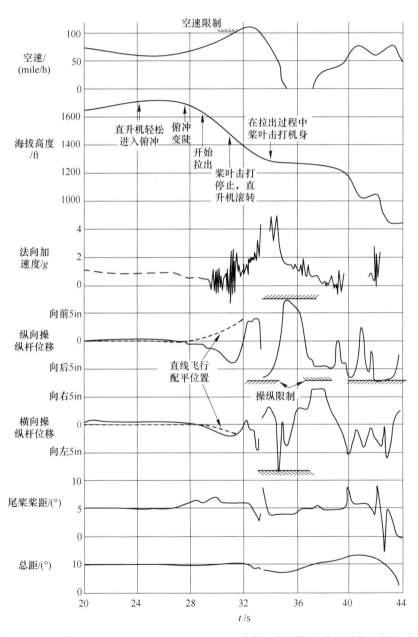

图 9-3　1948 年 4 月 19 日 Sikorsky S-51 VW209 事故，长周期振荡试验期间的空速、高度、法向加速度和操纵变化（参考文献 9.29）

在拉出过程中的第34s撞击机身。参考文献9.29中的建议之一是"应该设计某种形式的飞行试验技术，以便在原型机阶段确定直升机对这种故障的敏感性"。这一建议被解释为作者呼吁在操纵品质测试时应有更多的科目。正在研究的长周期振荡，是一个相当良性的长周期不稳定性，但是它通过与后行桨叶失速和随迎角变化的固有不稳定俯仰力矩的结合而演变成了一次失控事件。这种对直升机的不利影响会随着速度的增加而增加，但这种情况在固定翼飞机上很多年之前就已被认为是不可接受的。

在同一时期，NACA兰利实验室正在探索直升机的操纵品质，杰克·里德（Jack Reeder）和弗雷德·古斯塔夫森[①]（Fred Gustafson）总结了飞行试验的结果，有些还包括了R-4型直升机（参考文献9.30）。参考文献9.30中对新发现的飞行行为进行了大量定性描述，这项工作将推动直升机操纵品质定量规范的发展，这与6年前吉尔鲁思（Gilruth）在兰利对固定翼飞机所做的工作（参考文献9.31）大致相同。参考文献9.30汇集了"当前直升机的飞行品质问题"。前飞时迎角的不稳定性主要表现在向上俯仰，"因为它经常突然下坠或者急剧失速，使得俯仰趋势进一步加大"。图9-4展示了40mile/h与65mile/h条件下进行的长周期振荡试验的对比。飞行员在65mile/h条件下试图进行恢复，但结果反而似乎变得更糟了。作者注意到在驾驶杆上进行一个小的向后测试输入后，"加速度和俯仰速度直到3s或4s后才达到最大值"。采取恢复措施时的加速度增量应该被作为衡量操纵品质的一个指标。在接近悬停的操纵过程中，周期性的力感反馈特性也是一个问题，黏滞摩擦效应也是一个问题，特别是在高响应灵敏度的情况下。参考文献9.30的作者开始假设滚转响应滞后的合适时间，建议最大角加速度在0.1~0.2s后达到。

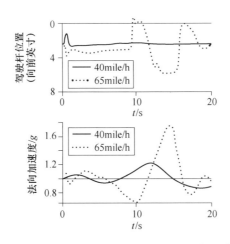

图9-4　西科斯基R-4动稳定性测试中纵向周期加速度和法向加速度变化（参考文献9.30）

另外还描述了一种"孤立飞行现象"，发生在从悬停状态下降时，"会出现相当剧烈的随机偏航运动，然后下降速度会迅速增加，即使做出了相当大的后向拉升控制，但飞机

[①]　Frederic B. "Gus" Gustafson先生1936年毕业于堪萨斯大学工程学专业。在1938年进入兰利纪念航空实验室工作之前，他在NACA的资助下进行了两年的直升机研究。在兰利，他进行了旋翼机、直升机和早期垂直起降（VTOL）概念飞行器的飞行研究。他是NACA直升机小组委员会的成员，并在NASA成立时成为VTOL部门的负责人。1963年，Gus获得美国直升机协会的亚历山大·克莱明奖，以表彰他在旋翼航空领域取得的显著成就。

最终会俯仰机头并通过加速恢复"。这是从另一个角度来看的涡环状态。

里德和古斯塔夫森还讨论了他们发现的有可能解决操纵品质问题的方案。他们建议找到一种解决方案，提供关于迎角的自由驾驶杆纵向稳定性和固定驾驶杆稳定性（说明"失控的风险将几乎消除"）。这一建议是从短周期俯仰动力学有关的固定翼实践中得出的，但对于解决直升机的姿态不稳定问题几乎没有帮助。有趣的是，Sissingh 在英国直升机协会的第六次演讲（参考文献 9.32）中报告了 RAE 对直升机姿态稳定的研究。Sissingh 指出了一个"令人震惊的事实"，即由于平动和旋转的耦合运动，速度稳定是不足以使直升机稳定的。他介绍了各种机械稳定杆的稳定效果，包括杨（Young）的 Bell-杆和他自己设计的双杆。在 Sissingh 演讲之后的讨论（参考文献 9.32）中，有人对什么有可能成为操纵灵敏度的"良好操纵标准"（时间或频率响应指标）问题存在争议。后来 Sissingh 到美国，把他的创新稳定概念带到了 Hiller 公司、Kellet 公司，最终到了洛克希德公司。回到参考文献 9.30，作者讨论了水平尾翼在提供稳定性方面的作用。建议使用不可逆操纵机构来消除操纵摩擦的负面影响，然后在飞行员一侧机构引入适当的操纵力。

需要正确理解这些复杂飞行动力学背后的工程物理意义，才能为鲁棒需求和设计指南的开发提供更好的支持。几篇发表的关于该主题的论文和参考文献 9.33 证明了这种理解正在逐渐形成。其中，参考文献 9.33 出自 NACA 兰利，其内容非常重视旋翼的运动。参考文献 9.33 的第一作者阿尔弗雷德（Alfred Gessow）很快将和加里·迈尔斯（Garry Myers）一起编写一本关于直升机空气动力学的经典教材（参考文献 9.34），这将为学生和工程师理解旋翼空气动力学提供极大的帮助。

通过兰利的不懈研究，第一份正式的直升机飞行品质规范 MIL-H-8501（参考文献 9.4）在 1952 年得以制定并出版，包括量化的 14 个纵向需求、19 个横向需求和 20 多个其他需求，其中有些内容与自转飞行有关。MIL-H-8501 从振荡周期和阻尼的角度讨论了稳定性，以及阶跃操纵输入 1s 后的姿态响应控制。这些操纵性是飞机重量的函数，不论什么任务，重量越大则所需的操纵性越低。滚转操纵效果具有上限，如果超过 20 (°)/(s·in)，就会被认为"过度"了。为了解决迎角稳定性问题，在输入一个足以产生 0.2rad/s 俯仰角速度的阶跃周期输入后，3s 内法向加速度和俯仰角速度就应下降。规范还要求飞行包线不能受操纵力矩的限制（这一要求在之后的规范中变为了一个更为普遍的说明），使得飞行员在悬停时应始终能够至少控制 10% 的最大俯仰力矩。悬停在 ±1in 范围内需要"最小周期变距运动"，周期变距力梯度应在 0.2~0.5lb/in 范围内。前飞时需要正的（表观的）纵向和横向稳定性。

所有的这些内容被压缩成了大约 12 页的内容，其中有大量的主观描述，如"过度""合理""令人反感"和"不受欢迎"等。这种数字化的标准和主观可接受性的结合，为 30 多年来美国军用直升机的采购和其他采购美国直升机的国家，或者按照规范生产制造直升机的国家奠定了基础。MIL-H-8501 于 1961 年更新为 MIL-H-8501A，之后作为美国陆军需求规范，直到 1995 年被取消。"概念发展的历史"第一节已经完成，也许有些仓促，但它的影响将持续几十年。

MIL-H-8501 出版 6 年后的 1958 年 4 月，《美国直升机学会杂志》刊登了几篇关于直升机和垂直起降飞机操纵品质主题的论文。在参考文献 9.35 中，杰克·里德（MIL-H-8501 的主要作者）强调了良好的操纵对于培养飞行员"对自己和飞机信心"的重要性。里德认为目前在产的直升机没有能够符合 MIL-H-8501 所有规定要求的。而在仪表飞行方面，里德表示"操纵要求必须更加严格"且"在小速度前飞时，频繁且快速的偏航已经被证实是最令人困扰的问题"。里德建议采用俯仰姿态稳定，以"显著改善直升机对所有三个轴的控制"。这项建议直到最近才在军用标准中得到执行，但仍未在民用适航标准中得到明确实施。托马斯·韦内克（Thomas Wernecke）（参考文献 9.36）表示，"目前这类直升机的飞行品质跟不上最先进技术的步伐，具有高可操纵性和稳定性的飞机'很难找'"。韦内克继续讨论了不同任务对不同操纵品质的需求，特别是对自动稳定装置（ASE）的需求，包括操纵时较低的爆发力和仪表飞行时的高爆发力。韦内克向工业界提出了挑战：不应该要求飞行员"学会面对操纵缺陷，而是缺陷就不应该存在"。

卡特和 Stulz（参考文献 9.37）提供了一个行业观点，重点关注仪表飞行所需的操纵品质。作者将交叉耦合称作"如果所有关于自由度偏差的信息都必须来自仪表那就太麻烦了……只要驾驶杆操作简单且操纵响应迅速，即使存在一些不稳定也是可以容忍的"。作者提倡尼科尔斯基 ASE 的设计理念，即"设计人员可以内置任何所需的操纵特性"。这种过于乐观的说法实质上将在历史上反复出现，但要到很久之后，通过引进数字化、高权限的主动控制系统才可能实现。尼科尔斯基的设计理念更进一步，强调"在添加一个小设备时，对于飞行员来说，任何可能的故障都不应该比缺少这个设备时更恶化"。然后接着讨论了在近地面低速飞行时，仪表飞行能力不足的问题。然而作者坚持认为，基本的操纵品质"并不算差"，ASE 出现故障时，飞行员可以从任何任务中安全返航。

第二篇行业论文由贝尔公司的试飞员弗洛伊德·卡尔森（Floyd Carlson）（参考文献 9.38）撰写，他提出了在不损失机动性的情况下，所有坐标轴的正向动态稳定性对于提高操纵品质的重要性。卡尔森还明确表达了他对 ASE 的看法：

由于直升机周围的流场与得克萨斯州的龙卷风相似，因此工程师们不能用固定翼飞机的常规方法来解决这个问题。然而在现阶段的发展中，他们不应该气馁，不应该放弃黑盒做法。可能在解决这些问题的过程中，自动稳定装置也会发挥作用。然而，至少在现有设备目前的可靠性下，这种方法还不能令人满意。直升机出现在电子时代这也许是不幸的，如果它出现得更早一些，可能人们就会付出更大的努力以保证直升机在没有这些复杂设备时还可以在各个坐标轴上保持稳定。卡尔森继续指出，除了动力变化引起的配平变化外，滚转引起的不利偏航也是一个问题。但他认为"制造商在过去十年里取得了长足的进步"。

贝尔和尼科尔斯基两位作者都同意这一点，但对所走的路线和取得的成就方面却有着不同的看法。

民用航空局①首席飞行试验工程师赫伯特·斯劳特（Herbert Slaughter）的论文（参考文献 9.39）提出了民用认证机构的作用：

根据最低适航标准，目前经批准的民用直升机操纵品质，都足以胜任批准的相关作业。《民用航空条例》（CAR6 和 CAR7）中对直升机的操纵品质要求大部分是客观的，是为了不阻碍直升机的发展。

---

① 民用航空局后来成为联邦航空局（FAA）。

批评 50 多年前编写的实践内容是不合适的，但民用直升机的操纵要求严重落后于最先进的技术水平这点是真实存在的，不仅是 1958 年里德在参考文献 9.35 中说的那样，而是在此后的几十年里都这样。作者认为严格的标准是为了提高性能和安全性，同时积极鼓励创新，而不是"阻碍直升机的发展"。

美国民用航空局于 1956 年 5 月通过了适用于运输类旋翼机的民用航空条例 CAR 第 7 部分（参考文献 9.40）。参考文献 9.40 是一份 34 页的文件，第 7.120 段 ~ 第 7.123 段涉及了"飞行特性"，约占标准的 2%。这些标准说了很多关于直升机制造的问题，但对于如何操纵直升机却说得很少。品质要求确定了基调，如第 7.120（b）段："不需要飞行员具有特殊的技能、警惕性或能力，就应能够保持飞行状态，并从一种飞行状态平稳过渡到另一种飞行状态。"这里有一个建议，即在需要特殊的技能和飞机性能无法接受之前，宽泛的操纵难度可能是可以接受的（对于现代说法的任务科目基元（MTE）而言）。军用和民用旋翼机所需的操纵品质标准之间具有重要的区别，这种区别一直持续到今天。

参考文献 9.40 第 7.123 段涉及的"稳定性"仅指静态（表观的）纵向稳定性，要求杆位曲线具有正斜率。为什么在关键的早期阶段，民航局没有按照军事要求（即根据 MIL-H-8501）设计，而这些要求是在基于现有知识的基础上考虑的，以确保得到令人满意的操纵品质。作者查阅了很多地方的很多资料，都没有能够解释这一问题。当然，在 20 世纪 50 年代旋翼机操纵品质的"现有知识"也是有限的，但是 NACA 和 RAE 进行的大量测试发现了几个可能导致失控的缺陷，即使具有"特殊技能"也不行。

1956 年 10 月，贝尔直升机公司的空气动力学专家肯尼斯·韦尼克（Kenneth Wernicke）写道："当飞行员的职责少而简单时，操作是最安全的。"（参考文献 9.41）。他接着描述了直升机的模拟计算机仿真，以及各种形式反馈控制的效果，包括俯仰姿态、俯仰角速度、法向加速度和迎角，并与 NACA 的飞行试验结果进行了对比，韦尼克强调了旋翼动力学对短周期响应的影响。这篇论文的覆盖面极其广泛，并在早期提供了直升机稳定性和控制能力的说明。韦尼克强调需要将俯仰角速度和姿态反馈结合起来，以确保低速及阻尼对操纵性有不良影响时的稳定性。在前飞状态下，发现法向加速度反馈"提供了非常令人满意的飞行品质"。这是研究早期的一个例子，说明了工程师们是如何发现用不同的方法来提供增强的稳定性及其对控制和操纵性的相关影响。很显然这里需要创新，使稳定性和控制相关的操纵品质能够同时得到改进。

道格拉斯（Douglas）在参考文献 9.42 中讨论了在设计和开发纵列式直升机时如何优先考虑飞行品质的问题。图 9-5 显示了不同机身构型下偏航力矩随侧滑角变化的情况。未来在 CH-46 和 CH-47 上将会采用带有大型后部垂直挂架的构型。

在英国，技术部的"旋翼机设计要求"于 1955 年作为航空出版物（AvP）970 第 3 卷（参考文献 9.43）出版，1957 年 12 月出版了第六部分"空气动力学和飞行品质"。这方面关于所有要求的核心要素将持续使用 30 年，例如：第 2.4.1 段"在任何条件下，旋翼机不得对操纵装置的位移产生不良响应"；或第 2.1 段"控制的有效性应有足够的裕度，以克服扰动的影响"。动态稳定性要求比 MIL-H-8501 中的要求更高；"任何周期小于 10s 的振荡，都应在两个周期内衰减至半幅值"。2（°）/（s·in）的最大滚转灵敏度来自 MIL-H-8501。英国的标准是根据 NACA、英国 RAE 和 Boscombe Down 的飞机与武器实验机构（A&AEE）的研究所制定的。

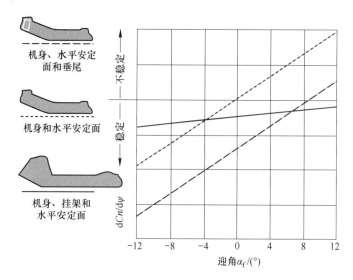

图 9-5 不同机身构型对航向稳定性的影响

20 世纪 50 年代，关于直升机操纵品质发展理解的著名事例是来自 RAE 的布拉姆韦尔[①]（Bramwell）关于稳定性和控制的报告（如参考文献 9.44），其核心内容后来纳入他关于直升机动力学的综述中（参考文献 9.45）。英国的飞机测试和评估中心是位于 Boscombe 的 A&AEE。在这里，弗兰克·奥哈拉[②]（Frank O'Hara）领导了直升机方面的工作，他的出版物（如参考文献 9.46）是对 Bramwel 在 RAE 研究报告的补充。O'Hara 在英国直升机协会和 RAE 的联合会议上做了题为"直升机研究"的报告，后来发表在参考文献 9.47 中。O'Hara 的报告范围很广，包括性能、振动、稳定性和操纵性。O'Hara 认为，"现在似乎已经到了应该更加注意协助设计具有选定操纵特性的直升机阶段了"。他接着讨论了 NACA 的发散要求、操纵裕度以及飞行员意见的相关性。令人感兴趣的是，在参考文献 9.47 中详细记录了演讲之后的讨论方式。有 10 页的论文专门用于讨论 Brian Squire（布莱恩·斯奎尔）、Raoul Hafner（拉乌尔·哈夫纳）、George Hislop（乔治·希斯洛普）、Jacob Shapiro（雅各布·夏皮尔）、Jan Zbrozek（扬·兹布罗泽克）、Roderick Collar（罗德里克·科勒）和 Peter Payne（彼得·佩恩）等公证人向演讲人提出的问题，不断提及稳定性和控制以及操纵余量的问题。

9.2.2 中期：20 世纪 60—70 年代的一些亮点

1961 年 9 月发布的 MIL-H-8501A（参考文献 9.6），对美国陆军飞行品质规范进行了小幅修订。然而这个文件中没有关于迫切需求的稳定性和控制增稳集成的标准或设计规范。随着新军事需求的出现，直升机一方面将面临更危险的昼夜、全天候作业和威胁，由

[①] Bramwell（或 'Bram' 他的团队）与 Phil Brotherhood 给 Farnborough（法恩伯勒）的比尔斯图尔特直升机团队提供了理论支持。Bram 随后在伦敦城市大学担任教授，并启动了直升机动力学的学术研究项目。

[②] 弗兰克·奥哈拉（Frank O'Hara）在 20 世纪 60 年代末的 AGARD 计划中发挥了重要作用，该计划将各种版本的飞行员评级标准汇集在一起，并最终形成了库珀-哈珀飞行品质飞行员评级规范（HQR）。弗兰克（Frank）在退休回到苏格兰之前，成为 Boscombe Down A&AEE 的首席警司，并于 20 世纪 80 年代早期在格拉斯哥大学发起了直升机研究。

此产生了提高机动性的需求；另一方面工业界采取了一些措施，用几种不同的方式减小和需求间的差距。1964 年普林斯顿大学的爱德华·塞克尔（Edward Seckel）所出版的教材（参考文献 9.48）非常重要。亚历山大·A. 尼科尔斯基（Alexander A. Nikolsky）不幸于1963 年逝世，但塞克尔（Seckel）承认对 H. C. Curtiss Jr 很感激，H. C. Curtiss Jr 作为参考文献 9.48 中直升机章节的审核者，也是"该领域许多概念和想法"的来源。飞行品质"概念发展历史"中包含了许多子章节，其中一个重要章节记录在塞克尔（Seckel）所出版的教材中，在对直升机飞行动力学使用封闭近似的过程中，塞克尔认为 MIL-H-8501 中法向加速度"下凹"要求是飞机操纵裕度的一种表示。侧滑角与滚转角的比值（$\delta\beta/\delta\phi$）在横向操纵期间，显示为偏航阻尼与偏航刚度的简单比值，并将成为横向操纵品质的一个重要指标。塞克尔（Seckel）的书是一本有关飞行品质影响的非常有用的指南，并首次对固定翼飞机和旋翼机的飞行动力学进行了比较。

贝尔直升机公司和美国陆军运输研究与工程司令部（TRECOM）于 20 世纪 60 年代初启动了一项联合计划，目的是更好地了解高速飞行和近地飞行（NoE）的任务要求。Edenborough 和 Wernicke 在参考文献 9.49 中报告了进展情况，设计了一组机动科目，并使用 H-13 和 H-1 飞机进行了飞行，从而获得可用于指定需求的数据。这些任务是根据作战环境命名的，例如，撞击甲板、照明弹回收、快速下蹲和跳伞射击，要求达到飞机飞行能力的极限。图 9-6 显示了结果和建议的滚转响应需求，定义了阻尼/操纵性图上的最小和最大速度灵敏度。注意，操纵性被定义为角加速度灵敏度（$rad/(s^2\cdot in)$），此定义一直到ADS-33 中被重新定义为可达到的最大响应，与所使用的响应类型相对应。图 9-6 中包括了根据 MIL-H-8501 中仪表飞行准则（IFR）飞行姿态响应要求推导出的 H-1 直升机的响应边界。建议最大响应时间常数为 0.25s，但人们认为如果不使用无铰链旋翼或者不加快响应速度，则很难达到该值。作者描述了一种连接在 H-13 直升机横向周期变距驾驶杆上的机械加速装置，其预测响应加速如图 9-7 和图 9-8 所示，给出了不同前置时间常数和超调量的情况下，加速直升机的滚转角速度与恒稳态滚转角速度之比。"加速装置"实际上是一种前馈装置，它在 1.5s 内使姿态变化增加一倍。作者还提到了较高频率输入引起的姿态响应的增加。在飞行中测量了姿态滞后于操纵输入 135° 的带宽频率，根据报告，由于速度加快，带宽频率从约 1.5rad/s 增加到 4rad/s。这样的频域指标在 ADS-33 的发展中将具有非常重要的意义。

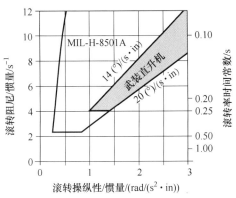

图 9-6　滚转响应需求（参考文献 9.49）与 MIL-H-8501 边界（参考文献 9.6）的比较

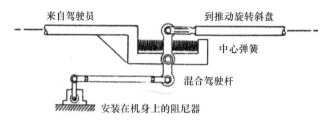

图9-7　参考文献9.49中采用的操纵加速装置概念图

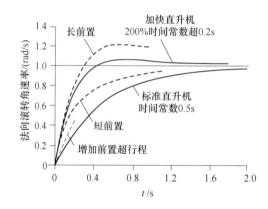

图9-8　加速装置对滚转角速度响应的影响（参考文献9.49）

参考文献9.49中报告的内容为武装直升机 UH-1 Huey 的研制奠定了基础。参考文献9.50的主题是关于当飞机服役12个月之后，AH-1 Hueycobra（见图9-9）设计中的飞行品质考虑。参考文献9.50中概述了控制增稳系统（SCAS）的设计概念，该系统能提供稳定的武器平台和良好的操纵品质；对于飞行员输入的速度指令响应，增稳系统能够提供抑制干扰的功能。两个传递函数（指令响应和干扰抑制）在积分和增稳指令通过有限权限串联作动器传递到旋翼之前是独立形成的。滚转角速度操纵灵敏度为10（°）/(s·in)。选择的时间常数为0.3s，注意到这两个数字都超出了武装直升机（AAH）的范围（参考文献9.49，图9-6中的建议）。奇怪的是，参考文献9.49中的结果并没有被参考文献9.50的作者提及。参考文献9.50中讨论的其他操纵品质设计要求包括俯仰飞行轨迹短周期和横向荷兰滚模态的可接受阻尼和频率区域。这在 MIL-H-8501 中没有合适的标准，因此两者都参考了 MIL-F-8785（参考文献9.51）中对固定翼飞机的等效要求。AH-1 的操纵品质是根据武装直升机的任务而设计的，参考文献9.50中指出"Hueycobra 在研制飞行试验期间完全没有问题"。作者认为"完成任务的时间"是衡量飞机机动能力、飞行员技能、旋翼瞬态能力和操纵策略影响因素的有效指标。后来在有时间限制的情况下，使用 MET 作为基本的操纵品质评估科目将成为正式标准 ADS-33 的一个关键方面。

笔者有机会在20世纪70年代末对 AH-1S 的操纵品质进行了评估，并注意到《操作手册》中"飞行特性"部分中一些与操纵相关的说明，包括一份操纵过程中的瞬态扭矩效应和低过载（low-g）机动过程中失控风险的说明。第8.68段，"瞬态扭矩：随着快速施加左侧横向周期变距，可证明扭矩快速增加，随后减小。这种情况是由于前行桨叶上的附加总距使旋翼系统上的诱导阻力暂时增加的结果，飞行员应该熟悉这种情况并补偿总

图 9-9 AH-1G Hueycobra 采用了面向任务的 SCAS

（来源：http：//en．wikipedia．org）

距"。第 8.70 段，"低过载机动：如果在快速降低机头时突然向右滚转，则拉至后向周期，使其从速度影响中恢复。在小于 1g 的飞行过程中，左侧横向周期变距不会影响从良好发展的右滚转中恢复，并且可能会导致严重的主旋翼挥舞"。在 20 世纪 60 年代的建模和仿真工具中，这种操纵特性很难预测。在参考文献 9.50 中，作者报告了在 106kn 速度转弯反向过程中，滚转角速度为 40（°）/s 时，扭矩偏移为 25%。本文作者在 20 世纪 70 年代末在法国宇航公司 Gazelle 直升机上进行了试验，除了顺时针旋转的旋翼在右转弯时，其他情况下也发生了类似的耦合。虽然参考文献 9.50 给出了这种效应的解释，即左转弯时前行桨叶的挥舞角增加，但作者使用具有非线性升力和阻力空气动力学的桨叶模型的经验表明，扭矩变化是一个更复杂的现象。事实上，在逆时针旋转的旋翼上，左侧周期输入增加了桨盘后部的桨距，而不是前行桨叶的桨距（这在第 3 章中有解释）。当然，尽管在这一点上的指南还不明确，但飞行员需要知道减少总距是所需的补偿。跷跷板式旋翼直升机在低过载下性能是众所周知的，这也是一种很好理解的操纵缺陷。在参考文献 9.50 中，讨论了与高速进入自转有关的低过载飞行限制，要求"始终维持在旋翼上"导致了正常进入机动的变化，以便使用后周期变距来保持旋翼速度，而不是快速减少总距。参考文献 9.50 的作者在此引用 MIL-H-8501 作为该领域的不足。

在欧洲，20 世纪 60 年代出现了几种直升机的改进方案，它们采用了创新的方法，在常规飞机特性的基础上改进了操纵品质。在法国，Sud 航空公司（后来的 Aerospaceale、Eurocopter、Airbus 直升机）于 1965 年首次试飞了 SA-330 Puma，这是一种需要在昼夜、全天候条件下飞行的通用直升机。作者对这架飞机的了解来自参加了 20 世纪 70 年代和 80 年代 RAE 研究所的 Puma 飞行试验（如第 4 章，见图 9-10）。为了给飞行员提供一个姿态稳定系统，Sud 航空公司采用了基于速度陀螺仪信号的比例积分 SCAS，以提供所需的俯仰和滚转操纵品质。如图 9-11 中关于滚转轴的概念所示，当飞行员的周期变距在规定的阈值内时，稳定是基于速度和积分速度，为小输入提供速度指令（短周期）姿态保持（RCAH），并在配平飞行中提供姿态稳定。当飞行员调整周期变距指令滚转速度时，姿态反馈就会断开，只有当飞行员将驾驶杆返回阈值范围内以保持新的滚转姿态时，姿态反馈才重新连接。该系统在稳定高速荷兰滚时非常有效，而在其他情况下，荷兰滚是非常不稳定的，部分原因是在小侧滑角下，升力随垂直安定面迎角的非线性而变化（见图3-34）。

图9-10　Sud 航空公司（现空客直升机）SA-330 Puma；20 世纪 80 年代，RAE 研究飞机 XW241 被广泛用于支持操纵品质和敏捷性标准以及仿真建模的开发（图片由国防部提供）

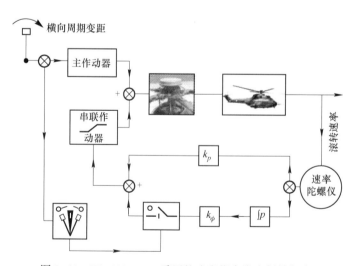

图9-11　SA-330 Puma 采用的速度指令姿态保持概念

1971 年首飞的 Westland（阿古斯塔韦斯特兰，莱昂纳多直升机，Agusta Westland，Leonardo Helicopters）WG13 Lynx 体现了速度和姿态反馈的优势。作者在 RAE 研究 Lynx 时进行了飞行试验，以支持开发新的操纵性和敏捷性标准（见图 9-12）。Lynx-SCAS 是基于垂直陀螺仪信号，提供欧拉角和差动姿态反馈的比例速度系统。RCAH 系统的结构如图 9-13 所示。与 Puma 系统的一个主要区别在于，姿态反馈增益是姿态而不是驾驶杆位移的函数，同时 Puma 还具有驾驶杆补偿设备（图 9-13 中未显示）。在阈值内，姿态增益相对较高，当在较小的姿态阈值外操纵飞机时，姿态增益显著降低，以提供基本的滚转和俯仰角速度指令。

图 9-12　Westland（现莱昂纳多直升机）WG13 Lynx；20 世纪 80—90 年代，RAE 研究飞机 ZD559 被广泛用于支持操纵品质和敏捷性标准的开发（图片由国防部提供）

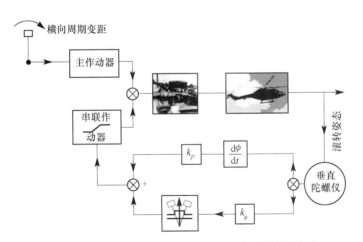

图 9-13　WG-13 Lynx 采用的速度指令姿态保持概念

　　Puma 和 Lynx 都具有为多用途任务而设计的增强功能，通过局部授权串联驱动，包括在有限的恶劣视觉条件下飞行。Sweeting（参考文献 9.52）简要地描述了 Lynx ASE，他注意到当飞机倾斜时，随着欧拉角对飞机体轴俯仰姿态和速度扰动的贡献减小，俯仰姿态反馈增益降低。本文提出了故障诊断和系统冗余的必要性，以防止故障对操纵品质的不利影响，包括故障本身的瞬态影响和由此引起的操纵品质降级。Lynx 系统的特点是在总距反馈回路上附加法向加速度，在前飞时提供额外的俯仰稳定性，当（无铰链旋翼）Lynx 的不稳定俯仰模态具有对后重心配置小于 1s 的倍幅时间时，在高速下特别有效。Wernicke（参考文献 9.41）已经在他的理论研究中确定了这个控制回路的作用，但是 Lynx 是第一个采用这种反馈的飞机，它提供了不同的冗余以保持高速时良好的操纵品质。

西蒙斯（Simons）和朗（Long）向英国航空研究委员会（ARC）汇报了对 Lynx 稳定性和操纵特性的进一步分析（参考文献 9.53）。无铰链旋翼通过操纵或扰动产生强大的前进力矩，包括小垂直安定面的强上反效应，导致了弱荷兰滚模态稳定性。在一些试验配置，包括下安定面（见图 9-14）被测试之后，安定面尺寸最终被扩大了。参考文献 9.52 还描述了需要一个陷波滤波器以约 12rad/s 的速度抑制串联作动器的输入信号；没有该滤波器，速度反馈将使旋翼挥舞模态的相对阻尼降低到不可接受的水平（见第 5 章，5.2 节）。这种旋翼–机体耦合将成为未来许多旋翼机操纵品质优化设计的约束条件。

图 9-14　Lynx 原型机带有实验性下尾翼，以提高偏航稳定性（图片由戴维·吉宾斯提供）

无铰链旋翼直升机的成功研发源于德国的梅塞施米特-博尔科夫-布洛姆（MBB）（欧洲直升机德国公司，空客直升机公司）（参考文献 9.54，9.55），有趣的是，洛克希德公司同期的开发也受到了德国旋翼机工程师西辛格的启发（如参考文献 9.56）。冈瑟·雷切尔[1]（参考文献 9.54 和 9.55 的作者），MBB 旋翼机技术主管，使用现有的操纵品质标准来说明 1967 年首飞的 Bo105 的特性。滚转操纵特性适用于 Edenborough-Wernicke 边界（参考文献 9.49），滚转阻尼约为 13（1/s），导致滚转时间常数小于 0.1s，滚转姿态带宽大于 6 rad/s。然而，交叉耦合（特别是俯仰对滚转）非常高，但是通过适当的机械特性控制位移，"交叉耦合效应问题可以解决"（参考文献 9.54）。雷切尔承认，由于俯仰力矩随迎角的变化而失稳，以及随之而来的随着速度而增加的非周期俯仰不稳定性，导致了操纵品质的缺陷。飞行试验结果（参考文献 9.55）显示，在约 110kn 的速度下，发散俯仰模态的倍幅时间减少到 1s 以下。雷切尔对 Bo105 "寄予厚望"；引用他的话说，"未来将

---

[1]　雷切尔也是 1975 年构想并发起欧洲旋翼机论坛的几个工程师之一。

有扩大安定面区域的新试验，并希望前飞时的操纵品质无论是在控制性能还是稳定性方面，都将比普通直升机更加出色"。Bo105 最终将成为确定 ADS-33 中的操纵品质标准的核心，并由 Deutsche Forschungs、Versuchsantalt fuer Luft 和 Raumfahrt（DLR）Braunschweig 使用他们的研究飞机（见图 9-15）对其特性进行全面分析，这是首批进行此类分析的飞机之一（参考文献 9.57），这也表明了参考文献 9.54 的作者们的观点将会实现。

图 9-15　MBB Bo105，DLR 研究飞机，S3 ATTHeS 和 S123（后）被广泛用于支持 ADS-33 标准的开发（作者收藏）

　　洛克希德的 XH-51① 也采用了无铰链旋翼（见图 9-16），NASA 工程师罗伯特·休斯敦（Robert Huston）和约翰·沃德（John Ward）在参考文献 9.58 和 9.59 中讨论了该飞机的操纵性能和改进的 Bell H-13（47 型）。关于改进的 Bell H-13，"这种简单的无铰链旋翼直升机最令人讨厌的特点是滚转操纵输入产生的俯仰角速度"。分析表明，正是强耦合的俯仰加速度在悬停操纵过程中给飞行员带来了难题，而法向加速度飞行轨迹的变化对前飞过程中的飞行员造成了困扰。然而，飞行员在 XH-51 上并未发现这一特点，作者在参考文献 9.59 中指出，陀螺力矩与阻尼力矩之比是旋翼洛克数的函数（见第 2、第 3 章）。XH-51 旋翼的洛克数约为 7，改进后的 Bell H-13 旋翼的洛克数约为 4。Bell H-13 上沉重的桨叶使陀螺力矩相对于阻尼力矩增加了一倍以上（见第 2 章图 2-21）。交叉耦合对操纵品质的影响在当时还没有得到量化，但由于无铰链旋翼设计的出现，交叉耦合的影响变得更为突出，DLR 的工程师在之后几年对此类操纵标准做出了重大贡献（见第 6 章图 6-68）。

　　20 世纪 60 年代末，另一项发展对飞机和旋翼机操纵品质工程产生了深远影响。由飞行员和工程师组成的飞行试验组，以一种明确统一并能够普遍理解和接受的描述方式收集飞行员的主观意见，已经为评级表的开发做了不少努力。AGARD（参考文献 9.60）的策划最终促成了这一工作，并导致了美国政府（乔治库珀）和工业界（罗伯特哈珀）飞行员开发模式的统一。库珀-哈珀 HQR 评级表于 1969 年正式出版，对应的使用指南记载于 NASA TN D-5153（参考文献 9.61，见图 9-17）。其引入了操纵品质"等级"的概念，即

① XH-51 上的陀螺控制旋翼是一个非常成功的创新和概念。这架飞机在 NASA 兰利中心完成了飞行试验后，于 1970 年底被运往 RAE Bedford，在 Westland Lynx 首飞之前，英国对这架无铰链旋翼直升机进行了评估。

图 9-16　1971 年，洛克希德 XH-51 研究飞机在贝德福德机场上空盘旋
（图片由贝德福德航空遗产信托提供）

无须改进就令人满意的飞机（1 级）、可接受但需要改进的飞机（2 级）和不可接受的飞机（3 级）。参考文献 9.61 的作者对 HQR 的关键组成部分、实现的任务性能和所需的飞行员补偿进行了详细的描述。飞行员需要通过培训来理解这些补偿描述的含义，即最小、适度、可观、广泛和最大可容忍。与任何评分表一样，用户必须接受有关其正确和预期用途的教育，因此这逐渐成为所有专业试飞员/工程师的必修课。库珀和哈珀也证明操纵品质已经经受住了时间的考验，"飞机的品质和特性，决定了飞行员能否轻松准确地完成任务"。通用描述将使飞行员能够帮助工程师了解飞机操纵缺陷是如何限制性能和降低安全裕度的。所以，操纵品质是飞机的一个属性，但 TN D-5153 进一步指出，操纵品质也与任务、大气环境、视觉信息和任务的紧迫性相关。图 9-18 总结了这些影响因素（图 6-1 的另一种表达形式）。

　　旋翼机界很快就采用了新的 HQR 评级表。作为西科斯基和美国陆军航空装备实验室（Ft. Eustis）联合项目的其中一部分，项目研究人员研究了高速复合旋翼机包括其低速特性（参考文献 9.62）的操纵性能。参考文献 9.62 是一个很好的例子，它可以根据任务的表现来确定现在所描述的飞机"指定"的操纵品质。作者阐述了一个"有机翼和尾翼"和"无机翼和尾翼"飞机构型（S-61F）的有/无地面效应（5ft 和 50ft 悬停）悬停任务的结果。任务性能要求并没有被精确量化，但要求飞行员在地面的十字图案上方保持定位悬停。图 9-19 显示了三名试飞员给出的（平均）HQR，图 9-20 展示了悬停性能和试飞员工作负荷评级示例。飞行员普遍认为他们的表现更好，而图 9-20 显示情况显然并非如此。事实上，飞行员的意见与实际表现之间的相关性很差。飞行员对工作负荷（补偿）的印象也不同，尽管测量的驾驶杆速度和飞行员的工作负荷评级有很好的相关性。HQR 并没有给出一致的答案，作者认为这是由于"飞行员为自己设定了不同的性能标准"。这里的一个教训是，在使用 HQR 评级时（适当的和期望的）性能标准需要成为任务定义的一部分，这是库珀-哈珀操纵品质评级表制定的规则。此外，飞行员必须有足够的任务信息，才感知他们自己的表现；库珀、哈珀也强调了这一点。图 9-20（参考文献 9.62 中的数据）中

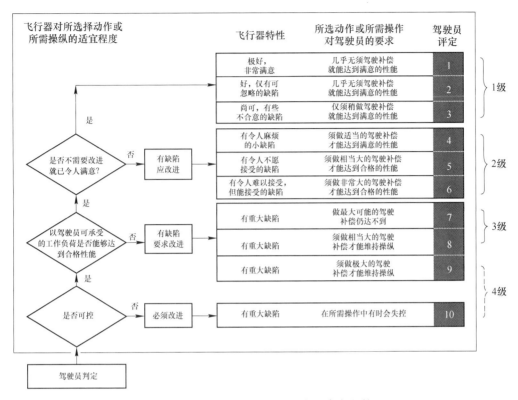

图 9-17　库珀-哈珀操纵品质评级表（参考文献 9.61）

图 9-18　操纵品质的影响因素

包括 AGARD（参考文献 9.63）建议所使用的 6ft 圆形范围，将其作为合适的预期性能标准；ADS-33 随后将使用 6ft 正方形范围作为预期性能标准。参考文献 9.62 的作者建议建立校准试验操纵和飞机，以解决飞行员经验和飞行技术不统一的问题。参考文献 9.62 阐述了关于操纵品质测试方法的一个大胆尝试，但这将不会成为正式测试和鉴定过程的一部分。

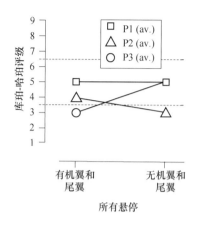

图 9-19　悬停任务的操纵品质评级（基于参考文献 9.62）

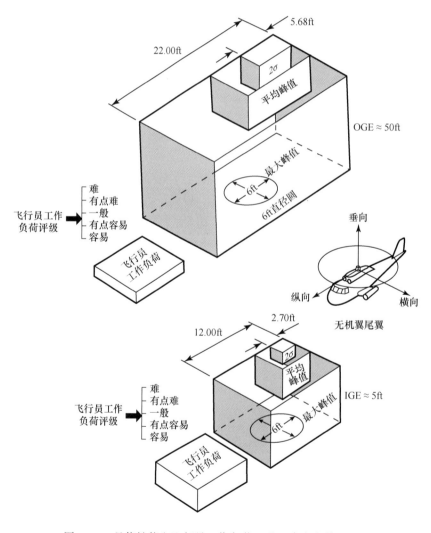

图 9-20　悬停性能和飞行员工作负荷（基于参考文献 9.62）

1969 年 NASA TN D-5153 的出版代表了操纵品质工程学科发展的一个里程碑，也是"概念史"的一个亮点。HQR 评级表是这项工作的核心，它是实验设计的框架，但这将会持续下去，因为它对飞行员和工程师都具有吸引力。实际上，NASA TN D-5153 为设计和测试组织提供了一种通用描述。1969 年也是这位作者职业生涯中的一个里程碑，他完成了最后一年的大学项目并最终将其出版（参考文献 9.64）。本课题将 Ronald Milne 的弱耦合动力系统理论应用于高增益控制飞机，揭示了约束条件下飞机不稳定性的低阶近似，即飞行轨迹约束下的速度稳定性和倾斜角约束下的偏航稳定性。该理论为伪静稳定性导数提供了基础，随后应用于旋翼机，如第 5 章和参考文献 9.65 中所述。在第 5 章和第 10 章中还讨论了在飞行中出现的这种不利的飞机-飞行员耦合的最新例子。

1971 年出版的参考文献 9.66 对民事应用和认证的操纵标准和测试方法提出了要求。Bell 工程师罗伯特·雷斯查科（Robert Reschack）报告说，联邦航空局（FAA）最近才发布了直升机 IFR 认证的"临时标准"，基本上与固定翼的标准内容相同。引用雷斯查科对此做出的反应，"将直升机视为固定翼似乎是最安全和最经济的，但这会削弱直升机和固定翼间功能特性的区别，只剩下比固定翼更难维护和操作的机器，然而，由于对操作施加了不切实际的限制，使其沦为几乎相同的角色"。雷斯查科接着指出，"一些固定驾驶杆或自由驾驶杆特性虽然很重要，但不能保证可接受的 IFR 特性"，"任何有意义的标准都必须将飞行员包含在回路中"。雷斯查科建议使用定义明确的任务、精度和工作负荷要求，以及飞行员意见评级表，以支持民用直升机认证，并指出"设计师和监管机构有责任了解和理解这些（驾驶）限制，以确保永远不会超出这些限制"。监管机构认为，民用适航标准与军用要求不同，它只需确保安全的最低要求，并不涉及飞行员在任务有效性中的作用。然而，如果标准没有任何实质性进展，民用直升机的任务将发展成与军用直升机一样复杂的任务（如紧急医疗服务、海岸警卫队、消防）。民用标准并没有承认安全与性能之间的联系，尤其是当面临飞机存在缺陷，飞行员努力提高飞机性能以完成任务的时候。

就新飞行品质标准的发展而言，20 世纪 70 年代代表了某种意义上的空白。美国空军于 1970 年发布了 MIL-F-83300（参考文献 9.67），专门用于 V_{con}[1] 以下的低速垂直/短距起降（VSTOL）飞机操作，但该标准从未适用于美国空军的直升机采购。美国陆军的戴维·基[2]（David Key）在参考文献 9.68 和 9.69 中很好地总结了为美国陆军和海军升级 MIL-H-8501 的失败尝试。从根本上说，主要是由于缺乏一个可以定义新操纵品质标准和品质等级边界的试验数据库。20 世纪 70 年代，美国主要的两个直升机采购项目，即通用战术运输机系统（UTTAS）和先进攻击直升机（AAH），编写了"主要项目开发规范"，其中的操纵品质要求主要是基于 8501A 编写。关于 UTTAS 竞争者的"稳定性和控制"特性的公开出版物可在参考文献 9.70 和 9.71 中找到。奇怪的是，关于优胜者（UH-60）的论文并未提到潜在的客户需求。

西科斯基（Sikorsky）分析操纵品质的方法在参考文献 9.72 中针对 S-76 飞机进行了

---

[1] V_{con} 是从翼载飞行向推载飞行转换的速度；对于速度>V_{con}，应使用 MIL-F-8785B 的固定机翼标准（参考文献 9.51）。

[2] 戴维·基（David Key）后来成为 ADS-33 的设计师，但在 20 世纪 60 年代末到 70 年代初，他在康奈尔航空实验室开发 MIL-F-83300 的用户指南。

更详细的描述，但其要求（本例中的联邦航空局标准）并没有被明确引用或讨论。这篇论文是工程师和飞行员团队的经典之作，描述了许多影响操纵的设计决策，包括主旋翼 δ_3、最佳水平安定面位置和尺寸、基于姿态和导出速度反馈的增稳系统（SAS），以满足 IFR 认证要求，并增加一个俯仰偏差作动器，以确保驾驶杆的梯度增大。作者声明"在 S-76 直升机的设计中，对操纵品质的关注在很大程度上促成了设计的成功"。这句话给人的印象是操纵品质是一个主要的设计目标，但作者警告说"操纵品质，在任何有竞争力的旋翼机中都一样，不能决定设计"。人们不禁要问，这架飞机还有哪些其他操纵品质特征可能会让它"竞争力下降"？

各种航空研究与发展咨询组（AGARD）倡议为国际合作提供了一个机会，如 HQR 评级表的发展，以及偶尔召开的汇集了关键的技术进步（如参考文献 9.73）的会议。但 20 世纪 70 年代直升机操纵品质的国际合作发展到了新层面。其中一个原因是 1975 年首次在英国举行的欧洲旋翼机论坛（ERF）的建立。ERF 吸引了来自所有参与旋翼机工程国家的参与者，并促成了几项不同的合作。在技术合作计划（TTCP）的大框架下，美国、英国、加拿大、澳大利亚和新西兰开始了旋翼机研究方面的正式合作，主题是飞行动力学、控制、仿真和操纵品质。美、德关于旋翼机研究的谅解备忘录（MoU）[①] 也于 20 世纪 70 年代末形成，RAE Bedford 和 DFVLR Braunschweig 的工作人员在阿姆斯特丹的第五届 ERF 会议再次确定了对直升机操纵品质的共同关注。

RAE Bedford 的操纵品质研究最初集中在了敏捷性要求上，英国军队期待着用武装攻击/侦察直升机取代 Lynx，这种飞机可以利用地面建筑物/地形进行隐身，必要时可以"投入"空战。人们对敏捷性的要求知之甚少，20 世纪 70 年代末开始了一系列的飞行和地面模拟试验，旨在量化这些要求（参考文献 9.74 和 9.75）。不出所料，敏捷性能够快速转弯但不超过扭矩、滚转角速度或过载限制的能力很强，能实现精确和稳定地追踪、快速增/减速或迅速停止，以及以需要的速度和姿态在低空执行悬停到悬停的机动。对于试图让飞机发挥最大性能的飞行员来说，控制飞行的疏忽偏差风险始终是一个问题。在任务报告中，经常会用到诸如"偏航分离""失速"和"俯仰"这样的描述词。在空战行动中，包线保护和"无忧操纵"能力是很有说服力的。大多数空战场景，至少是从类似的飞机能级和初始条件开始的，很快就变成了飞行员所说的"猫斗"，即区分了近距离紧逼动作和固定翼飞行员所熟悉的"狗斗"。

有一件事是明确的，飞行员在进行空战时，事件发展得都太快了，如果要生存下去，就必须时刻把注意力集中于操纵任务。在一般意义上，操纵品质需要高于当前的能力，但量化操纵品质的敏捷性方面需要有更多的理解，特别是在性能极限下操纵性能降级的方式。这项研究引起了 TTCP 的注意，因此开始了英国（RAE Bedford）、美国（Aeroflightdynamics Directorate、Ames 研究中心）和加拿大（NRC 渥太华）之间长期且成果显著的合

[①] 美德 MoU 最初仅限于直升机稳定性和操纵方面的合作研究，但在 1990 年扩展到直升机空气动力学。最初的合作者是欧文·斯塔特勒博士（Drs. Irving Statler）（美国）和彼得·哈梅尔（Peter Hamel）博士（美国），以及戴夫·基/克里斯·布兰肯（美国）和尤尔根·波塞德/伯纳德·格梅林（美国）领导的操纵品质/稳定性和操纵研究。从与作者的私下交流中，可以了解到这一 MoU 的影响；引用一位美国高级官员的话："由于强烈的共同利益和个人约定，MoU 始终保持活力。在过去三十年到今天的任何经济和政治局势中，共同取得的成就和收获都远远超过单独取得的成就，这样一种共识将持续推动它的发展。"

作。同样，美国和德国、美国和法国，以及德国、法国和英国之间的 MoU，使各机构能够更密切地合作，继续发展"操纵品质的概念"。

戴维·基（David Key）在 20 世纪 80 年代早期就强调了现有操纵标准的问题，引用参考文献 9.68：

多年的经验表明，目前的规范将为良好的目视飞行规则 VFR 条件和适度飞行任务下的飞行安全提供指导。目前的任务包括在恶劣天气和夜间进行作战，在避免威胁和可能进行空对空作战情况下的近地飞行，以及舰载起飞和降落的额外条件，都需要更为极限的性能。这需要制定新的要求，并确保它在必要时应用，同时必须使用一种形式将那些必须要满足要求的直升机与其他的直升机区分开。

戴维·基（David Key）重点强调了还需要注意的方面。例如，对滚转控制有效性的要求可能会对旋翼系统的设计产生重大影响，需要做更多的工作来建立一个能够满足需求的数据库。对于操纵品质的要求"可能对直升机设计产生重大影响"的声明不会在没有通知的情况下消失，这与 Hislop 在 1952 年 AGARD 会议上的观点（参考文献 9.5）略有相似之处。

戴维·基[①]（David Key）还主持了 1982 年美国直升机协会（AHS）/NASA 直升机操纵品质专家会议，介绍了直升机操纵品质标准和规范制定的现状和问题，并强调了政府和行业未来研究工作的主题（参考文献 9.76）。本次会议是 1982—2008 年期间和最近举行的几次类似活动中的第一次（参考文献 9.77~9.79）。大多数从事操纵品质开发和实际应用前沿工作的团体在这些会议上介绍他们的工作，超过 100 多篇综述论文成为丰富的知识和经验来源，并成为实验和理论研究新标准的依据，包括指标和品质边界。

罗杰·霍[②]（Roger Hoh）在参考文献 9.79 中强调了这一点，他强调了在任何新旋翼机开发中使用最近固定翼经验的价值，并指出直升机飞行员似乎将固定翼飞行员评定为和 3 级一样差的特性视为正常（参考文献 9.80）。Hoh 接着列出了在制定操纵品质评估任务时需要考虑的因素，例如，一方面是精度和机动性操纵要求，另一方面是外部视觉信息（OVC）和大气扰动。Hoh 的评论说，在制定新的 HQ 标准时，"这些因素很可能会淘汰大多数使用的现有数据"，这一评论做得很好，为美军制定的一项重大成就奠定了基础。

1982 年是发表第一部直升机操纵标准 MIL-H-8501 和作者在沃斯堡 AHS 国际年度论坛上发表其尼科尔斯基荣誉演讲之间的中间一年。从这一点上说，这个"概念的历史"开始具体化为一个实质性的、协调一致的努力。在描述 ADS-33 对运行安全的预期影响之

[①] 戴维·基（David Key）1960 年在克兰菲尔德航空学院（Cranfield College of Aeronautics）获得研究生学位之前，曾在英国霍克飞机公司（Hawker Aircraft）当工程学徒。他曾在 Canadair、Bell Aerosystems 和 Cornell aeronautical Laboratory 担任航空工程师，并在那里担任 VSTOL 规范 MIL-F-83300 的首席工程师。1973 年，他加入美国陆军航空飞行动力学委员会，领导飞行控制和操纵品质研究，直到 2000 年退休。戴维·基是航空设计标准（ADS-33）的首席架构师，主要的政府倡导者，阐述了现代直升机操纵品质规范的需求和用途。戴维在 2002 年被选为美国直升机协会研究员（AHS Fellow）。

[②] 罗杰·霍（Roger Hoh）于 1964 年获得加州州立理工大学航空航天工程学士学位，1968 年获得南加州大学硕士学位。1986 年，在创办自己的公司 Hoh Aeronautics Inc.（HAI）之前，他曾在 STI（科技情报局）工作。罗杰是 ADS-33 的项目工程师和主要研发人员，包括支持背景信息、用户指南和测试指南；他也是一名工程测试飞行员，持有包括新一代波音 737 在内的多种飞机的航空运输飞行员执照。当 Roger Hoh 离开 STI 组建 HAI 时，与直升机操纵品质相关的工作也随之迁移，他成为开发新的更合适标准（包括带宽/相位延迟、可用感示环境和响应敏捷性）的主要创新者。戴维·米切尔也加入了 HAI，并继续通过自己的公司米——切尔航空研究公司（Mitchell Aerospace Research）为 ADS-33 的发展做出重大贡献。

前，作者首先将注意力集中在作为性能规范的 ADS-33 开发上。这些材料与第 6 章和第 7 章的内容联系更为紧密。

9.3 将操纵品质作为性能指标——ADS-33 的发展

ADS-33 最初开始于 MIL-H-8501B，但很快就演变成了轻型直升机实验（LHX）规范，到 1996 年已经发展为通用旋翼机性能标准 ADS-33D-PRF。美国军用（固定翼）飞机的所有其他操纵品质规范要么被取消，要么被归为指导材料；人们非常担心旧规范过于格式化，妨碍了创新，同时不必要地堆高了成本。人们证实了 ADS-33 是一个性能标准，定义了与在既定环境条件下的操作有关的特性，例如，在 4000ft/95℉[①]时，飞行任务为总重下从无地效悬停的最小爬升率。机动测试的性能标准 MTE 是从作战理论中提取的，用于区分那些具有动态性能的飞机，以达到特定的目的。MTE 飞行试验将提供指定的操纵品质，以补充标准中预测的操纵品质。ADS-33 因此得到了应用：“本规范的要求旨在确保飞行品质缺陷不会对飞行安全或执行预定任务的能力造成限制（参考文献 9.15）。”也就是说，强调了性能和安全是飞行品质要求的双重目标。

9.3.1 设计标准的演变——流程的重要性

NASA CP 2219（参考文献 9.76）中的许多论文加强了对现有军用操纵品质标准缺陷的认识，例如，缺乏对品质等级、飞行包线和故障的系统处理，飞行阶段（悬停/低速和前飞）之间的差别很小，没有任务取向和飞行品质下降。参考文献 9.76 还强调了需要新的试验数据来支持操纵品质标准的制定。美国陆军授予的第一阶段研究合同包括：（i）开发新的规范格式；（ii）纳入现有的标准和数据；（iii）定义所有关键差异。该结构是为了系统处理飞机的任务和飞行阶段、夜间和恶劣天气的任务、各种任务和环境条件、故障状态、品质等级、控制/显示、稳定性和控制增稳。这些研究在 1985 年完成，之后是完成 MIL-H-8501B 开发的第二阶段工作，以及一份背景资料和用户指南（BIUG）。

1985 年举行的第 6 次 MIL Spec 8501B 进展评审（IPR-6）是第一次有国际操纵品质协会参加的。IPR 形成了一个持续数年的模式，包括必须在合同中提出需求的机构（采购机构）、按照标准进行设计的机构（行业）和进行合规测试的机构（测试和评估机构）。通常，超过 30 名工程师将代表 20 个不同的组织参加 IPR 大会。在 IPR-6 上，美国陆军宣布打算将重点放在轻型直升机（LH）的标准上，并在 1986 年中为 IPR 准备了初稿。1988 年中，这发展成为第一个通用规范，即现行的航空设计标准 ADS-33B。ADS-33C 出现于 1989 年，第一个性能标准 ADS-33D 于 1996 年发布，以服务于 RAH-66 科曼奇的开发。在同一时期，ADS-33D 被用于开发欧洲 NH90 项目和英国攻击直升机采购竞争。目前的通用标准 ADS-33E-PRF 于 2000 年发布（参考文献 9.15），其内容能够根据广泛的军事任务需求而定制。

这一过程能够成功进行有几个方面至关重要。第一个关键方面是仔细和全面地描述新规范所要求的内容；可以说，对“把事情做好”最重要的贡献是正确和全面地指出需要什么么。第二个关键方面是首席架构师戴维·基（David Key）决心让整个行业包括直升机制造业、研究实验室、采购办公室，以及测试和评估机构都参与 IPR 过程。标准的“使用者”将有机会发表评论、支持或提出反对意见，最重要的是，可以亲眼看到和听到所正在

---

① t_F（℉）= 32+1.8t（℃）。

作出的决定的证据。第三个关键方面是，通过适当的合作协议，利用主要研究中心的实验设施和研究人员，支持建立标准制定和验证的试验数据库，特别是 NASA 的垂直运动模拟器（VMS）、航空航天研究所（渥太华）Bell 205 飞行模拟器、DLR Bo105 飞行模拟器，以及英国皇家空军的研究 Lynx 和 Puma 及地面飞行模拟设备。第四个关键方面是开发测试和分析方法，以确保工程师在设计和鉴定中能够有效地使用标准（如参考文献 9.81 和 9.82）。后来 Tischler 和 Remple 的教科书（参考文献 9.83）为飞行试验数据处理和分析提供了实质性指导，以支持操纵品质工程。

1985—1989 年期间，直到 ADS-33C 出版前，ADS-33 的许多关键创新出现在 IPR 中。此外，值得注意的是，20 世纪 80 年代末到 90 年代初开展并公开发表的旋翼机操纵品质的研究可能比之前 30 年还要多。大多数都致力于一个新的共同目标，即开发一个通用的操纵品质要求标准。

9.3.2 ADS-33 中的一些关键创新

ADS-33 中所有操纵标准的基础是与正在执行的任务、飞行任务的运行和自然环境的相关性。在此范围内，有通常在接近地面的情况下进行的悬停、低速飞行（<45kn 地面速度）和前飞（>45kn）中与操纵相关的标准。同样，在这种架构中，旋翼机的飞行特性可以用不同频率和幅值范围的串联标准来描述（见图 6-73）。

对于中幅到大幅运动的准则是根据敏捷性指标（即响应敏捷性和操纵性）定义的，而小幅运动的准则是根据稳定裕度指标定义的。低频运动主要以可接受的相对阻尼水平来定义，最高频率约为 2 rad/s。高频运动由开环频率响应的稳定裕度来控制，以最小可接受响应带宽和最大可接受相位延迟来量化。带宽/相位延迟标准已经被固定翼界采用，作为飞机的替代标准，这些飞机表现出非经典响应特性，可以建模为一个等效的二阶系统（参考文献 9.84）。它们作为直升机动力学的主要标准被接受是 IPR 讨论的主题。这个问题在一定程度上是旋翼机界的一个熟悉问题。标准本身对旋翼机的运动有明显的好处，这些运动在传统意义上算不上经典运动，而是受到气动非线性、交叉耦合和高频旋翼模态的影响。最初，制造业的代表要求采用时域标准，例如，基于对阶跃控制输入的响应，试图找到一组与飞行员意见相关的、可用于设定品质界限的响应参数，但没有成功。此外，研究结果还显示了具有相同俯仰姿态带宽的飞机，在产生相似的 HQR 时，瞬态阶跃响应的显著变化（参考文献 9.85）。

ADS-33 中的交叉耦合要求也很全面，使用 DLR 的 S3 飞行模拟器进行飞行试验，提供了大量数据，以形成时域和频域标准（如参考文献 9.86、9.87）。

9.4 英国国防部的做法

英国国防部（MoD）一直不愿采用美国 MIL 规范的方法来制定固定翼飞机和旋翼机的适航标准。20 世纪 80 年代，英国国防部及其主要供货商根据 AvP（参考文献 9.43）对英国国防标准进行了更新。Westland 直升机公司选择使用时域方法，飞机有五个不同时间响应阶跃操纵输入（参考文献 9.88）。在英国，对飞行品质规范的规定通常较少，但参考文献 9.88 包含了大量的数值标准（通常是以指导手册的形式），除了通常旨在防止未量化的缺陷特征的定性陈述（如"无明显的犹豫""飞行员技术水平不适当""不可接受的巨大瞬态力"）之外，还采用了 HQ 级别方法。这些形容词的意义显然需要依赖飞行员解释，强化了"理念发展史"背后的二分法操纵品质，这样的主观方面是可以量化的。

参考文献 9.88 的作者在 600/1 手册（一般要求和定义）1.4 节中讨论了这个问题。引用如下："许多操纵问题本质上是主观的，这导致了以定性术语表达需求。在其他一些情况下，目前还没有足够的数据来量化具体的要求。与定量需求相比，定性需求对变量的解释更为开放，即使没有充分的支持数据，但在注意到需要解决的问题方面，也确实是有价值的。"根据记录，国防标准的委员和作者可以通过已建立的国际合作和英国政府工业科学和技术知识交流协议，获得正在开展的 ADS-33 的工作结果，但他们选择保持传统方法，使用更熟悉的，但未经证实验证的时域标准。

Pitkin 在参考文献 9.89 中阐述了这种国防标准方法，同时报告了 ADS-33 的进展情况。随后的讨论提出了美国在最初对时域方法所做的工作。正如 Roger Hoh 所评论的（参考文献 9.85），"我们花了几年时间试图获得有效的时域参数，发现时间响应特性对所有错误的事情都很敏感"。相反，带宽和相位延迟以简单的格式影响操纵品质的各种响应特性，同时定义了闭环补偿和跟踪任务的稳定裕度。

9.5 滚转控制：旋翼设计的驱动

戴维·基在强调了滚转操纵品质对作战能力的重要性后，发起了一项关于"滚转控制有效性"的研究（参考文献 9.90），在参考文献 9.91 中给出了选择的结果，并在第 6 章围绕图 6-23 进行了讨论。几位报告者讨论了先前在 MIL Spec 8501 中使用的阻尼/操纵灵敏度标准图的使用情况，以量化滚转操纵品质。图 9-21 说明了围绕这一标准的难题。先前的研究表明，良好操纵品质的可接受区域差异很大，伊登堡-韦尼克（Edenborough-Wernicke）边界是最具限制性的（参考文献 9.49）。图 9-21 中的一些差异源于不同的任务定义和性能标准；通常，最具挑战性的任务定义和性能标准会使可接受范围缩小。然而，许多结果是从不同飞机的飞行试验中得出的，它们具有不同的基本操纵品质和滚转响应特性，而简单的双参数阻尼/灵敏度无法捕捉到这些特性。到了 ADS-33 发展这个阶段，罗杰·霍和他的同事们已经说服了大多数持怀疑态度的人，他们认为需要一些非常不同的东西，这一时期的出版物提供了证据，证明了带宽相位延迟标准在小幅、高频运动中的实用性（如参考文献 9.92 和 9.93）。FRL 和 DLR 进行的飞行试验计划对旋翼机带宽相位延迟标准边界的发展做出了显著贡献。这两个研究实验室都使用了基于 Bell 205（FRL）和 Bo105（DLR）直升机的飞行模拟器，他们对这些标准的发展做出了重要贡献，并发表在了 ADS-33C 上，参考文献 9.94 和 9.95 中对其做了总结①。

---

① 在这些形成时期德国航天中心布伦瑞克分校的主要操纵品质工程师是航空工程师于尔根·鲍斯德尔，他在确保通过合作积累的操纵品质进展成功应用于 NH90 等项目方面发挥了重要作用。在 1998 年美国和 FRG 签署直升机操纵品质谅解备忘录 20 周年之际，一名高级官员的话被引述，"这项活动一直是并将继续是国际合作活动的真正成功故事之一，也是社会其他成员如何做生意和如何做好生意的榜样。根据谅解备忘录共同开发的产品和工具展示了通过利用我们的能力和资源可以获得的重大进步"。2003 年 5 月，飞行研究实验室（FRL）获得了美国直升机协会格罗弗·贝尔奖，表彰其 42 年来在使用可变稳定性电传操纵直升机进行直升机操纵品质研究方面的贡献。多年来，FRL 的工作人员为固定翼飞机和旋翼机操纵品质规范的制定做出了重大贡献（MIL-F-83300，MIL-F-8785C 和 ADS-33），并为美国联邦航空局关于直升机仪表飞行 IFR 的变更提供了依据。对 ADS-33 的贡献贯穿整个 20 世纪 90 年代，特别侧重于海上直升机的操纵品质要求。对早期支持 ADS-33 过程至关重要的 FRL 工作人员是飞行员工程师团队默里·摩根和斯图尔特·贝利。后来，比尔·古贝尔斯和斯蒂芬·卡里南领导了这项工作，他们保持着同样的敢作敢为精神，这已成为 FRL 的标志。

　　这些飞行试验对于确定准确的边界至关重要，如 1 级和 2 级操纵品质之间的边界。20世纪 80 年代曾有人担心地面模拟器的视觉信息真实度不足，飞行员无法采用与现实世界类似的控制策略。类似的任务和飞行器构型在 NASA 的 VMS 和 FRL 飞行模拟器（见图 9-22）上进行，结果如图 9-23（参考文献 9.94）所示；基于飞行员 HQR，1 级操纵所需的（最小）滚转姿态带宽为飞行时的 2 rad/s 和地面模拟时的 3 rad/s。这种差异很大程度上是由于飞行员在模拟器上需要更多的带宽来补偿较差的视觉信息，特别是细粒度表面纹理的稀疏性。非跟踪 MTE[①] 的滚转姿态带宽的 ADS-33C/D/E 边界值设置为飞行值 2rad/s。

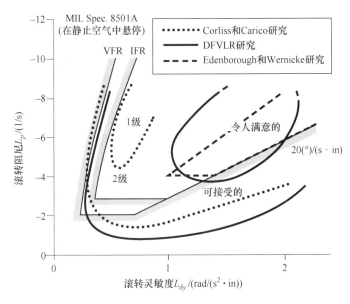

图 9-21　在阻尼与灵敏度图表上各种研究得出的操纵品质边界

图 9-22　NRC 飞行研究实验室运行的 Bell 205 飞行模拟器（作者收藏）

---

　　① MTE 和相关的性能标准以及随后的操纵水平被分为几个与任务相关的类别，包括捕获和跟踪、全神贯注/分散注意力、良好/退化视觉环境，以及多用途的"所有其他 MTE"。

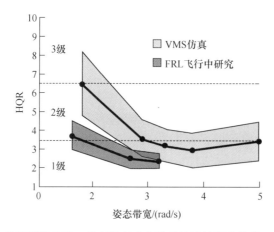

图 9-23　飞行/地面模拟比较：具有姿态响应类型的滚转姿态带宽（参考文献 9.94）

　　还有人担心一些高度增稳的旋翼机在获得高带宽时，可能相位延迟值也很高；这种组合可能会给飞行员在目标捕获和跟踪任务中带来操纵问题。蒂施勒（Tischler）和他的同事（参考文献 9.93）在使用先进数字光传操纵系统（ADOCS）演示器进行飞行试验后强调了这个问题。在 DLR S3 飞行模拟器（见图 9-15）上进行了一系列飞行试验，其构型特点是滚转带宽高达 5 rad/s，相位延迟低至 100 ms。结果导致 1 级和 2 级的"上限"分别为 120ms 和 200ms，被用于进行捕获/追踪操纵飞机的相位延迟上，如图 9-24（参考文献 9.95，也是 ADS-33D/E 版本）所示。规定这些限制是为了避免飞行员受闭环飞行员-飞机不稳定性（如飞行员诱发振荡）的风险，因此与操作性能有关。

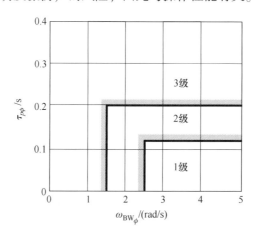

图 9-24　跟踪任务的 ADS-33D/E 滚转姿态带宽/相位延迟边界（参考文献 9.95）

　　海夫利（Heffley）的滚转响应研究（参考文献 9.90）考察了性能的另一个方面，即直升机的敏捷性，这是 RAE 同时进行研究的重点课题。人们认识到，敏捷性是指飞机能以多快的速度飞行，同时飞行要保持平衡，或者飞行员通过操纵机动能够多快、多容易地建立稳定的状态。对于倾斜和停止操纵，敏捷性取决于所需的滚转角速度形成得快慢，然后在达到所需的倾斜角度时停止。根据飞机任务科目基元的飞行和模拟结果，提出了中等幅度机动的要求，即倾斜角 $10° < \phi < 60°$。在倾斜和停止操纵过程中，最大滚转角速度与滚

转姿态变化的比值（$p_{pk}/\Delta\phi$）近似等于最小倾斜时间的倒数，因此该指标具有灵活性。该指标还包括机动目标、倾斜角指令和飞行员的主要运动反馈提示、滚转角速度。该指标的另一个引人注目的方面是其基本性能特征；飞机将具有最大性能，因此最低要求也定义了性能裕度，如海夫利在参考文献9.90中所述"超出任务需求的能力"。对于大姿态变化，速度与姿态之比收敛于标准操纵性，对于小姿态变化，速度与姿态之比收敛于标准带宽。

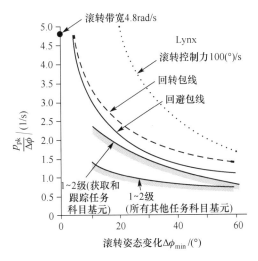

图 9-25　RAE 研究 Lynx 飞行数据的 ADS-33 滚转姿态快捷性包线边界

　　海夫利（Heffley）建议使用这个快捷比值来开发一种新的滚转效率判定方法；戴维·基创造了"快捷性"一词，罗杰·霍根据可用的试验数据制定了一套标准。快捷性是一个时域标准，图 9-25 显示了 ADS-33D 中对 1 级操纵品质的滚转快捷性要求示例；显示了 MTE 的两个主要类别"目标捕获/跟踪 MTE"和"其他 MTE"的边界。图 9-25 中还显示了由 RAE Lynx 飞行障碍滑雪和横向移位的飞行试验数据导出的飞行包线，以及与 Lynx 约 100(°)/s 最大滚转角速度和接近 5 rad/s 的小幅（悬停）滚转带宽相对应的理论线（参考文献 9.10）。图中显示了随着 Lynx 包线的特点，需要获取和跟踪目标（如空中加油或空战）的飞机需要更高的快捷性，图 9-25 还突出了该飞机的任务裕度。

9.6　直升机敏捷性

　　为支持制定新的操纵性和敏捷性标准而进行的飞行试验证明了操纵性缺陷对飞行员充分发挥飞机机动中操纵性能的影响。海夫利（参考文献 9.91）还介绍了地面模拟的结果，说明了在高敏捷性下，操纵性能是如何下降的。为了减少任务完成时间，要求飞行员以越来越强的机动性进行飞行试验。随着速度的增加，操纵等级将保持大致不变，直到达到一个关键的"阈值"，此时任何减少任务时间的尝试都会进一步导致操纵品质和 HQR 等级的快速下降。

　　RAE 贝德福德（Bedford）的飞行研究中同样有类似的发现，最初是由 Brotherhood 和 Charlton 报道（参考文献 9.96），后来发表在参考文献 9.97 和 9.98 中。后两篇论文分别由试飞员鲍勃·霍顿（Bob Horton）和尼克·拉波斯（Nick Lappos）共同撰写，他们在这一时期对敏捷性的研究做出了重大贡献（如参考文献 9.99）。图 9-26 展示了有关这些影响的例子，贝德福德（Bedford）的 Puma 飞行试验的急速侧移结果叠加在 VMS 结果上；

VMS 结果表明，滚转姿态带宽较低的飞机的 HQR 快速下降。飞行员鲍勃·霍顿（Bob Horton）认为 Puma 为 HQR 10（在库珀-哈珀等级中为失控，见图 9-17），因为尽管已经给了最大总距，但旋翼速度调节响应过慢，导致飞机在急速侧移 MTE 的最后时刻降落到地面上。这些结果为 ADS-33 中的 MTE 响应时间要求提供了信息。

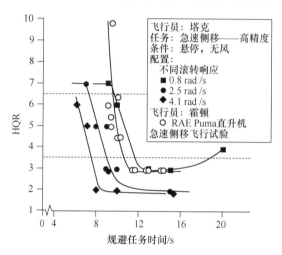

图 9-26　时间负荷对操纵品质的影响；HQR 评级随任务持续时间的变化

在 RAE，这些结果被解释为需用机动性能和可用机动性能的比值，这是任务裕度的另一种衡量标准。在理想情况下，这种敏捷性系数（参考文献 9.97）是统一的，但是操作缺陷和实现最大性能所需的时间会导致其价值大大降低。图 9-27 所示的 HQR 随敏捷性系数的变化趋势也强调了这个问题。结果显示，无论是 RAE Lynx 和 Puma 飞行急速侧移和快速跳跃 MTE，飞行员将飞机评定为 2 级，同时使用了高达 70% 的理论性能，但代价是需要非常大的工作负荷。

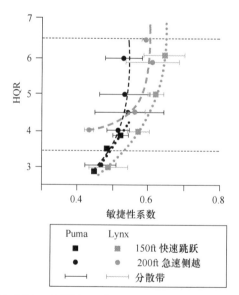

图 9-27　操纵品质等级随敏捷性系数的变化；RAE 的 Lynx 和 Puma 飞行试验

（参考文献 9.97）

对直升机敏捷性的研究强调了无忧操纵特性的潜在好处，这些特性保护飞行员和飞机不会超出限制，而对这一主题的研究也开始获得各方支持，如参考文献 9.100~9.102。倾转旋翼机将是第一个以限制载荷和保护飞行包线为特征来提高操纵品质的飞机，如参考文献 9.103~9.106。米勒（Miller）关于 V-22 甲板滚转控制律设计和评估（参考文献 9.104）方面的工作是一个很好的例子，用于改进低速在甲板上运行时的滚转响应。作者强调了"在使用综合设计指南和航空设计标准 ADS-33E-PRF 任务导向评估操纵品质、空气动力学和结构减载的限制内进行设计"的重要性。米勒（Miller）提供了一个详细的例子，说明工业界是如何在设计中采用新标准的。在第 10 章中，考虑到结构减载对倾转旋翼机飞行品质的影响，将更详细地讨论这一点和其相关研究。

ADS-33 的性能特性在垂直或拉起、轴向操纵品质方面表现最为明显。操纵品质要求表示为从无地效悬停的最低爬升速度，本质上是对推力裕度、功率裕度以及飞机性能的要求。带宽表示为对升降阻尼的要求。第 6 章介绍了这些指标的发展。由 FRL（渥太华）和 NASA 进行的飞行试验表明，在静止空气中，ADS-33 垂直爬升定点悬停的 MTE 需要 8% 的推力裕度才能实现 1 级操纵（参考文献 9.107~9.109）。这个额外推力的要求太高，不足以满足 LHX 预期运行的要求，因此放宽了操纵要求，以便在较低的性能裕度下实现 1 级操纵。ADS-33E-PRF 要求能够在 1.5s 内达到 160 ft/min 的爬升速度，相当于 5% 的裕度；阻尼要求表示为在没有纵轴增强的情况下，在 5s 上升时间内实现。

对海军作战操纵品质的研究中出现了一个完全不同的故事。直升机在舰船上的动态起降被认为是最具挑战性的使用场景之一，我们在 TTCP 的支持下为将 ADS-33 扩展到海上应用做出了重大努力（参考文献 9.110~9.112）。此时，RAE（从 1995 年起为国防鉴定和研究署（DERA））已将高级飞行模拟器（AFS）投入使用，地面模拟的结果目前与飞行数据（如参考文献 9.113 中的姿态带宽边界）更为密切相关。正如预期的那样，海况对操纵品质有着显著的影响，随着海况等级的增加，达到 1 级操纵所需的推力裕度和阻尼也随之增加。FRL 飞行试验是使用所谓的超级滑道作为替代的 MTE 进行的，以便在地面试验中模拟舰船运动的影响（参考文献 9.112）。飞行试验的一个重要结论是，即使推力裕度为 25%，在高海况（SS6）下也无法实现 1 级操纵，飞行员需要持续注意是否超出转矩限制，从而增加了工作负荷。动态界面使得飞行员、飞机和环境的关系更为紧密，在性能极限下，强调了包线保护和触觉提示系统对飞行员的好处（如参考文献 9.101）。飞机操纵品质与飞行员和任务相匹配的重要性是操纵品质发展史中的一个关键线索，ADS-33 强调"飞行品质的缺陷不会对飞行安全或执行预定任务的能力造成限制"。经验表明，通过提高操作频率，飞机可以超越自身或飞行员的限制。重要的是，任何操作上的降级都会发生，并可由操作飞行员控制。包线保护是一种解决方案，但随着行业的不断完善，这一方面值得更多关注。

9.6.1　ADS-33 剪裁和应用

ADS-33 包含了许多持续受到重视的创新。然而，如图 9-28（参考文献 9.114）所示，重要的是强调标准的应用剪裁过程。在这里，用户可以通过系统规范指导设计朝着确定的任务（和 MTE）、环境（良好和不良的视觉环境）等方向发展。当然，重点是飞机飞行员系统的设计，需要根据定量标准和飞行控制功能的操纵等级和可靠性提出要求。所需等级由预测（通过开环测试输入）和分配（通过闭环飞行员评估）操纵品质共同确定。

使用飞行包线（OFE）内所有操作的性能（通过资格认证）达到1级标准时，从飞行员的角度来看设计是完整的。

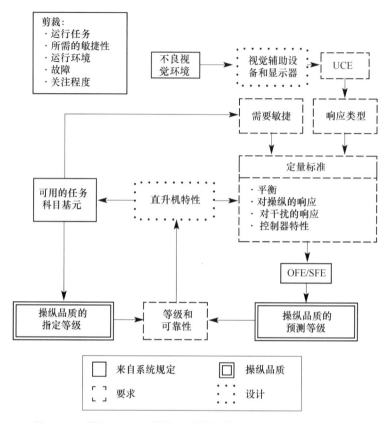

图 9-28　利用 ADS-33 操纵品质的剪裁流程（参考文献 9.114）

　　ADS-33 的有效性可以通过 LHX/RAH-66 以外的成功应用来判断（参考文献 9.115）。这些应用包括对美军舰队最新控制律的改进（如参考文献 9.116~9.118）以及最近在 MH-47G 和 CH-53K 上的应用（参考文献 9.119 和 9.120）。参考文献 9.119 描述了根据 ADS-33 标准设计的改进操纵品质对 DVE 中任务有效性的益处，并代表了控制律设计在实现 1 级操纵品质方面实际应用的经典案例。扩展到有外部载荷作业的运输直升机（如参考文献 9.121~9.123），促进了未来 CH-53K 重载作业的权衡分析（参考文献 9.120）。在欧洲，ADS-33 被用作欧洲 ACT 计划（参考文献 9.124）中操纵品质评估的基础，用于英国武装直升机敏捷性要求和操纵品质的评估（参考文献 9.125 和 9.126）、NH90 直升机的设计和评估（参考文献 9.127 和 9.128），以及欧洲民用倾转旋翼增强型旋翼机创新概念成果（ERICA）（参考文献 9.129 和 9.130）。第 10 章讨论了倾转旋翼机的飞行品质。在 NH-90 直升机上的应用是全面的，行业内对此应用的看法是非常积极的。引用参考文献 9.128 的话，"这个解决方案是一种基于 ADS-33 方法和创新设计选择的非常严格的开发方式。世界上第一次有一架直升机的设计符合最严格的军事标准操纵品质：ADS-33"。BA609（现在的 AW609）的操纵品质是结合固定翼飞机和旋翼机标准共同设计的，但飞行认证包括 20 种不同的 MTE，这些 MTE 是从 ADS-33（参考文献 9.131）发展而来的。AW 101 设计中的操纵品质是参考文献 9.132 的主题；该飞机的要求来自 Def. Stan. 00970（对英国皇家海军）、MIL-H-8501（意大利海军）和联合航空要求（JAR-29）（民用版本，现在参考文献 9.133）的组合，以及一组被定义为认证过程的一部分的 MTE。

9.6.2　作为安全网的操纵品质和作为系统组件的飞行员

飞行品质差会导致对飞行员的要求增多，从而降低了备用容量，增加了飞行员判断和操作失误的风险，并最终导致失控，这可能会危及安全。操控性越好，安全网就越坚固。安全和事故率是直升机行业非常关注的问题，因此成立了国际直升机安全小组（IHST）和欧洲直升机安全小组（EHST），总体目标是在 2006—2016 年期间将民用直升机事故率降低 80%。在编写本书第 3 版时①，我们正处于这十年的末尾，而这个目标还没有实现。美国直升机安全小组（USHST, www.ushst.org，来自 IHST）2016 年 4 月的报告称，与十年前相比，直升机事故率已经降低了 52%。此外，与十年前相比，死亡事故数下降了 41%，死亡事故率下降了 60%。此外，根据参考文献 9.134，联邦航空局旋翼机安全倡议的报告，"致人死亡的直升机事故在 2013 年度达到了峰值的水平"。这一年是自 1994 年以来死亡人数最多的一年，共发生 161 起事故，37 起死亡事故，74 人死亡。

众所周知，各种形式的"飞行员失误"是造成事故的一个重要因素。在他们第 35 篇 ERF 论文中，总结了 EHST 的成果，包括对约 186 起事故的回顾（2000—2005 年时间范围内占总数的 25%），作者指出，在近 70% 的事故中，"飞行员的判断和行为"被确定为主要因素（参考文献 9.135）。飞行员当然可以做出"错误"的判断和采取"错误"的行动，但这些往往是飞行员在飞机操纵特性不好时做出的。

为了在安全和操作之间建立联系，将飞行员视为系统中的一个组件是极其有用的，在某些情况下，这个组件可能会发生"故障"。第 7 章 7.5 节描述了这种方法，并在此重复这个分析的过程，使这一章节自成一体。按照系统可靠性的通常说法，故障可以表现为故障、降级或失效。飞行员最有可能失误的情况包括其他飞行系统部件发生故障、视觉条件下降，或在超出某个飞行包线边界时失控。将飞行员确定为易发生故障的组件后，下一步是将所有飞行操作视为由一组连续的任务科目基元（MTE）组成，即包含一些操纵但具有起始和结束条件的飞行段。根据任务的持续时间和复杂性，一次典型的飞行架次可能包括 10~100 个 MTE 的任何飞行状态。每个 MTE 在精度和时间负载方面都有"实际"的性能标准，为了达到这些标准，飞行员将需要一定程度的补偿（对操作失误的后果进行补偿；回顾一下，这是根据库珀-哈珀等级定义的补偿）。因此，我们可以想象每一次飞行的 MTE 都会记录一个虚拟的 HQR（vHQR）。考虑到每年有数百架直升机飞行几百架次，那么 vHQR 的数量将会非常大，很可能它们会布满库珀-哈珀 HQR 等级的整个范围。

道格拉斯飞机公司的工程师们用这种方法来量化良好飞行品质的好处，并提出这样的问题"飞行员能够保持持续安全飞行的概率是多少"（参考文献 9.136）。在参考文献 9.98 中，参考文献 9.136 的主要作者和 Nick Lappos，将这项研究扩展到了直升机操作，其基本原理是相同的。假设整个评级范围 1~10 是正态分布的，当 vHQR>10 则认为是 10 级，vHQR<1 则认为是 1 级。基于这种飞行员可变性和可靠性模型，我们可以计算失控（HQR 9~10）或任务失败（3 级）的概率，或仅能在一定补偿的情况下获得足够性能的概率

---

① 请参阅第 8 章中有关此方面的内容。

（HQR 5）等。这些概率将取决于 vHQR 的平均值和标准差，但如果进一步假设标准差是统一的，则概率如图9-29所示。

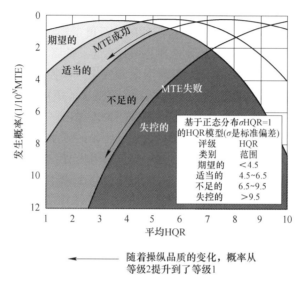

图9-29　HQR 类别作为平均 HQR 函数的概率（参考文献9.98）

图9-29 中的概率边界和区域从左到右分别对应于达到期望性能或适当性能的概率、未能达到充分性能（任务失败）或失控的概率。以下几种情况值得关注：

（a）如果平均 HQR 为3.5，则失控（飞行员完全失效）的可能性为 $1/10^9$ MTE。这似乎是一个固有的设计目标，同时也符合民航有关飞行安全关键系统元件可靠性的要求。毕竟，飞行员是飞行的关键组成部分。任务失败的可能性为 $1/10^3$ MTE。

（b）如果平均 HQR 为5，那么失去控制的可能性为 $1/10^5$ MTE，任务失败的可能性为 1/10 MTE。有人认为这些结果是完全不可接受的情况。

在这种飞行员可靠性模型中，与分布和分布或方差有关的假设显然是有问题的，但操纵"品质"与主要控制组件（飞行员）失效敏感性之间的关系仍然有效；平均 HQR 值越高，方差越小的直升机越安全，事故也越少。

自直升机首飞以来，特别是在过去20年里，造成直升机事故的原因一直是人们关注的问题。弗兰克·哈里斯（Frank Harris）在第26次尼科尔斯基（Nikolsky）演讲（参考文献9.20）中提到他对1963—1997年间美国民用直升机事故的分析（参考文献9.137）。其中一项建议是，1998年至2005年期间发生的另外2000起事故也应进行类似的深入分析，这是 IHST 承担的一项任务。哈里斯（Harris）指出，目前传感器存在的主要问题是自转能力差，容易失去方向控制，需要一个"球形"或"茧状"传感器套件，该传感器带有对电线、电杆和树木的声频警告。哈里斯还提请注意，在这段时间内，失控作为事故发生的原因相对增加，这一点可由图8-63中得到，并在第8章中进行了讨论。

参考文献9.138的作者杜根（Dugan）和合著者同意哈里斯的发现，但更进一步的结论是，"如果这架事故直升机改善了操纵品质，之前记录的大量事故就可以避免了"。与更严格的军用直升机要求 ADS-33E-PRF 相比，杜根引用 FAA 第27部分的操纵标准（参考文献9.139）作为最低标准。杜根建议采取改善小型直升机缺陷的行动，这显然是针对

FAA 的。2006 年，作为石油和天然气生产商（OGP）航空小组委员会（国际石油和天然气生产商协会）的代表，托尼·克兰普（Tony Cramp）在其给 IHST 的报告中进行了 NASA 事故数据降低风险的分析（参考文献 9.140）。克兰普的分析表明，通过改善操纵品质，30%以上的事故是可以避免的。戴维·基在参考文献 9.141 中特别关注了军用直升机事故，报道了一项由"在夜间和 DVE 中日益增加的事故率"引发的研究。例如，在 1986—1996 年的 126 起 UH-60 事故中，超过 30%的事故是操纵缺陷和空间意识差造成的。基的结论是，"边界或缺陷 HQ 与飞行员失误事故有很强的相关性"，但他也描述了 ADS-33 中为确保 DVE 中的 1 级操纵而采取的方法，特别是使用减少工作负荷的响应类型，如姿态指令姿态保持（ACAH）。

英国民航局（CAA）开展的"直升机在不良视觉条件下飞行"的研究报告（参考文献 9.142）赞同这些观点，并导致欧洲航空标准局（EASA）出版了一份"培训手册"，内容涉及 DVE 飞行、涡环状态和尾桨有效性损失（参考文献 9.143）。引用该培训手册：

持续的大量事故是飞行员在 DVE 中迷失方向造成的。研究表明，直升机操纵特性与可用感示环境之间存在着密切的关系。直升机固有的不稳定性是此类事故的主要原因。对于小型不稳定直升机，飞行员必须要通过操作保持稳定性，飞行员需要视觉信息来帮助他提供稳定性。

尽管有这些认识，但民用直升机的动态稳定性要求仍然与几十年前基本相同。图 9-30 比较了民用（IFR）和军用要求；ADS-33 对相对阻尼的要求是 CS-29 的三倍以上（2003 年 EASA 认证规范取代了联合航空条例）。操纵要求仅占 CS-29/FAR-29 的 5%，该标准主要取决于飞机的制造方式，而不是飞行特性。

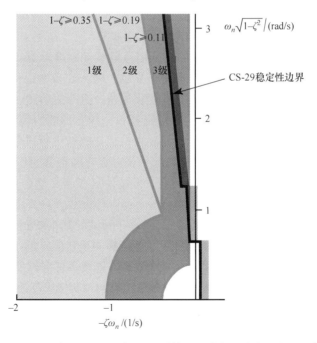

图 9-30　覆盖于 ADS-33 操纵品质等级区域中的动态稳定性要求
（参考文献 9.133）（EASA 认证规范）

在 ADS-33 的形成时期，操纵品质工程师就很好地理解了性能和安全性之间的关系，但是需要一系列创新发展来量化这种关系和建立符合目的的操纵标准。MIL-H-8501 的升版内容之一是必须解决视觉条件下降的飞行问题；另一个要求是飞行功能失效后的操纵品质问题。本书第 2 版对这两个方面都进行了深入的讨论，但是在这里，作者采取了稍微不同的方法来讨论 DVE 中的操纵品质。Hoh 和 Ashkenas（参考文献 9.144）为低能见度下低速飞行的操纵和显示要求奠定了基础。运营商和民用认证机构使用较为笼统的术语"目视飞行条件"（VMC）或"仪表飞行条件"（IMC）对视觉环境进行分类。Hoh 和 Ashkenas 正在寻找一种更精细的量化方法，适用于近地飞行和有障碍物环境的飞行，并引入了 OVC 概念（图 7-27，另见参考文献 9.80），它区分了稳定和导航所需的不同视觉信息（基于姿态、位置和速度）。控制增稳减少了飞行员的感知需求，减小了闭环所需的反馈增益，从而减少工作负荷，并增加空间感知的能力。参考文献 9.144 中记录的工作是由在能见度降低的情况下操作海军 VTOL 飞机低速飞行的需求推动的，进而支持将其升级到 MIL-F-83300（参考文献 9.67）。用多组记录低速飞行控制显示要求的实验数据（如参考文献 9.145）定义了操纵品质边界。

参考文献 9.144 区分了通过稳定性和控制增稳实现的响应类型：速度、姿态或平移速度。随着发展取消了更多的回路，飞行员的任务变得更加容易。不仅可以提高稳定性，而且飞行员也可以直接控制外回路飞行轨迹变量（如速度），从而减少操纵和视觉信息缺陷所需的补偿。虽然这一点在某些方面可能已经得到了很好的理解，但直到固定翼行业开放了数字飞行控制技术所设想的设计自由，旋翼机行业才能够考虑到这样的好处。机会出现在对 MIL-H-8501 的升版和成功投标（参考文献 9.146）时，使 OVC 和响应型类型的权衡进入了直升机领域。这需要从飞行和模拟中获得实验数据来支持新的方法，加拿大 FRL 也参与了这项工作（如参考文献 9.147 和 9.148）。

OVC 概念要求飞行员对 MTE 中使用的目视信息等级（VCR）进行评级。很显然，飞行员根据所使用的提示信息进行思考的过程是不可靠的，因为许多增稳和引导的回路闭合发生在意识水平之下，使得飞行员思考即使可能也变得困难。这个过程进一步发展为可用感示环境（UCE）量表，这是因飞行员有信心进行精确和积极纠正的能力而获得的合并 VCR 的结果。飞行员不必再对提示信息进行评级，而是要求他们在执行飞行任务时具有更精确和积极的能力，这是一个至关重要的区别。UCE 来源于获得姿态和平移速度（视觉）运动信息的 VCR（见第 8 章图 8-1），详情见 ADS-33 飞行试验指南（参考文献 9.149 和 9.150）。参考文献 9.150 更像是 ADS-33 操纵品质方法的用户指南，作者指出，关于 UCE 主题，并不可能总是区分恶劣的视觉条件和不良的操纵品质，因此遵守测试的基本规则是非常重要的。例如，建议在从机动状态恢复到悬停状态（如加速、减速或横向重定位）的过程中评估进行积极和精确修正的能力；如果仅使用平滑和柔和的操纵输入才能实现任务性能，则 UCE 很可能大于 1。在 UCE 测试中最重要的是，根据 ADS-33 测试飞机的预测操纵品质应为 1 级。

Hoh（参考文献 9.151）进一步确定了视觉条件和操纵品质之间的关系，展示了 ACAH 响应类型对于降低飞行员在低能见度下低速平移时迷失方向风险的能力。Hoh 强调，当飞行员对飞机控制的注意力需求（AD）能力非常低（总工作负荷能力为 AD 加上非飞行任务的剩余能力）时，通常引用的提高空间意识的机制（包括飞行员必须领会显示器或警告装置）可能价值有限。利用 FRL 飞行试验的原始 ADS-33 数据进行分析，得出

VCR 和 HQR 之间的关系，以及 UCE 和 AD 容量之间的关系，在第 8 章中对结果进行了讨论（见图 8-2）。综上所述，当在良好的视觉条件下操纵速度指令响应型飞机时，迷失方向的风险很低，但这种风险随着能见度降低而增加。数据显示，使用 ACAH 响应类型的飞机飞行，再加上高度保持，风险仍然增加，但即使在 UCE3 条件下也将保持较低水平。第 7 章中根据 ADS-33，在 UCE3 中有可能具有 1 级操纵品质。降低使直升机稳定所需的 AD，可增强环境感知，从而减少无意中撞向障碍物或地面的可能。改进的稳定性降低了在 DVE 中操作时撞击可见物的概率。

为了避免与障碍物发生碰撞，飞行员首先需要能够看到障碍物，这让我们回想到哈里斯的尼科尔斯基安全"茧"的建议（参考文献 9.20）。这种"茧"的最小尺寸很重要，它将决定解决方案的技术可行性和经济可行性。作者使用 UCE 方法来定义该"茧"的大小，但是用的是时间而不是空间术语（参考文献 9.152）。本书第 2 版（第 8 章）介绍了飞行控制的"τ"，并提出运动控制是通过控制消除运动间隙 $\tau(t)$ 来实现的（如参考文献 9.153 和 9.154）。如果飞行员能够用 τ 导引（模拟恒定减速运动的思维模式）来关闭控制回路，就能成功地使直升机停下来。飞行员需要足够的视觉信息来获取运动信息，从而直接向感知系统提供 τ 的运动信息。这个想法促使了一系列的模拟试验，如第 8 章（图 8-36）所述，确定了 UCE 1 对应于飞行员能够提前 13s 左右获取地面运动信息。UCE2~3 的边界对应约 8s，允许飞行员在 6~8s 的范围内使用地面运动信息，即光流。例如，如果一架直升机以 50ft/s 的速度飞行，那么飞行员将注视前方 300~400ft 的区域，以找到控制平移速度所需的信息。如果以任何形式遮挡该区域，则 DVE 已下降到 UCE 3 以上。在可行的情况下，飞行员应该减速，从而保持一定的安全余量。

为了在 DVE 中实现 ACAH 和 TRC 等减轻工作负荷响应类型的好处，需要在控制律设计过程中进行开发，这是飞行品质传承的一个重要方面。虽然短周期姿态保持在直升机中的使用并不少见（见之前关于 Puma 和 Lynx 系统的讨论），但在 ADS-33 早期，需要更为稳健的设计方法来支持即将到来的实际应用。蒂施勒报道了一系列关于鲁棒控制的飞行试验研究（参考文献 9.155 和 9.156），这一努力使得设计工具箱得以开发，目前已被旋翼机和固定翼行业广泛使用（如参考文献 9.157 和 9.158）。这样的工具箱使得对高度复杂的飞行控制系统进行优化和分析成为一种可行的方法，这些系统是为满足 ADS-33 而设计的。这一时期控制技术的工业方法以兰迪斯（Landis）对波音公司在 V-22 和 RAH-66 上所取得成就的描述为例（如参考文献 9.159）。在此期间，学术界也对旋翼机飞行控制律的设计做出了许多贡献，赫斯（Hess）的工作就是一个例子（如参考文献 9.160）。

使用部分权限飞行控制增稳（PAFCA）优化 ACAH 和 TRC 系统已成为多个研究的主题：小幅/高带宽串联和高幅/限幅率并联驱动组合。一项是由基（Key）和海夫利（Heffley）（参考文献 9.161）进行的，还有两项调查是在 TTCP 的主持下进行的，一项是涉及 FRL 和 Hoh 航空公司的飞行试验计划（参考文献 9.162），另一项是涉及美国陆军/NASA 和 DERA 的 VMS 试验（参考文献 9.163）。研究采用串联和并联驱动组合的方式，结合配平记录，研究了操纵飞行中作动器满载后操纵性能下降的问题。两项 TTCP 研究都得出结论，只要作动器满载特性不会突然降低操纵性能，只要有 15% 的串联权限，就可以在机动操纵中实现 1 级 HQ；参考文献 9.163 的作者通过增稳（闭环）和非增稳（开环）频率响应的高频匹配解决了这一问题。PAFCA 在军用直升机上的实际应用非常成功，如 CH-

47F/MH-47G 的升级（参考文献9.118 和9.119）。参考文献9.119（试飞员/工程师团队）的作者引用了数字自动飞行控制系统（DAFCS）在最新 Chinook 机型上保证任务有效性和操作安全性的同时，减少工作负荷的价值。例如，减少飞行员在长时间任务、编队飞行和地形跟踪中的疲劳，提高关键机动任务的性能，减少空中加油和着陆区操作的时间。引用一句话，"通过将尽可能多的基本飞行任务从飞行员转移到 DACFS，人机组合将变得更有能力、更有效和更安全"。本文介绍了针对飞机任务而开发的响应类型修正方法。对于 CH-47G，核心俯仰模式的特点是具有姿态和速度稳定的姿态指令飞行员可选的线性加速度命令，速度保持响应类型允许飞行员通过驾驶杆设置对地速度和轨迹。速度低于 3kn 时，TRC 响应类型切换为启用精确悬停位置保持。精确悬停位置保持模式可在前飞时激活，从而沿当前地面轨迹以 2kn/s 减速。横向和航向同样增加以提供飞行员所需的飞行品质。就飞行品质等级而言，这些模式中的许多特征并没有在 ADS-33 中量化，因此我们看到了一个例子，说明业界如何在创新方面迈出一步，以满足不断变化的需求。设计实践、技术与知识、要求之间的相互作用贯穿于飞行品质工程的整个历史，并用来定义了其发展。乍一看，MH-47G 提供的飞行品质增强似乎很复杂。虽然技术肯定是复杂和创新的，但设计背后的理念却是相当简单的；再次引用参考文献9.119 作者的话，"DACF 背后的艺术和科学旨在接受飞行员的指令，并在最少的飞行员监督下准确执行指令。优化过程包括系统辨识和消除阻碍任务执行的飞行器特性"。

霍描述了通过传统的并联/串联执行机构实现部分权限增强的另一个实际应用，展示了使用 FRL Bell 205 飞行模拟器（参考文献9.164）进行飞行试验的结果。霍引入了所谓的分路径作动器配置，以实现在作动器满载期间平滑过渡到 RCAH 的 ACAH 响应类型。图 9-31 显示了这个架构的响应反馈体系的混合输出功能（乘法器）。从参考文献9.164 的这

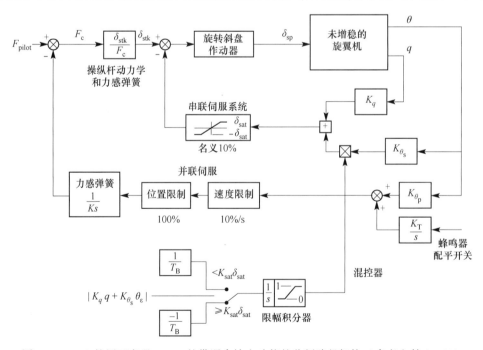

图 9-31　Hoh 的用于实现 ACAH 的带混合输出功能的分割路径架构（参考文献9.164）

段引文中可以了解到这种新颖的结构，"使用分路径体系结构，可以通过降低串联伺服的增益 K_{θ_s}，并通过增加并联伺服的姿态反馈增益 K_{θ_p} 来弥补差异，从而增加出现饱和的姿态。这样做的代价是，由于并联伺服系统通过感应弹簧直接连接到周期驾驶杆上，因此周期驾驶杆变得更加活跃"。测试表明，$K_{\theta_p}/K_{\theta_s}=0.37$ 对所有飞行任务来说是一个相对较好的折中方案。因为周期驾驶杆是由并联伺服系统驱动的，所以这种效果在攻击性机动中更为明显，飞行员需要通过轻触，使并联伺服系统提供一部分增强。参考文献9.164中说道，这种配置显著提高了 DVE 飞行中的操纵品质，并且该系统可以商用（参考文献9.165）。

9.7 旋翼机操纵品质工程的未来挑战

在2012年的尼科尔斯基（Nikolsky）演讲和论文（参考文献9.1）中，作者借此机会思考了未来，并描述了行业面临的一些挑战。现在，旋翼机界应该非常了解表现出1级操纵品质的旋翼机是如何工作的，这远远超过了70多年前旋翼机操纵品质工程刚开始发展的时候。但是，那时一个主要的挑战在于如何设计才能满足这些要求，并确保所有新类型的设计符合 ADS-33 的1级操纵品质标准。一个同样重要的挑战是对现有飞机进行升级，增加稳定性和操纵能力，使其具备1级操纵能力，成为能够服役超过30年的飞机。作者认为，改造成本是我们为提高安全性和运营性能而应支付的成本。这样的改造最终应该通过减少事故造成的损失而收回成本。为了更有目的和更生动地使操纵品质成为首要的性能和安全要求，有必要保护飞行员不受使用飞行包线以外重大缺陷的影响。例如，EHST（参考文献9.143）所引用的例子，涡流环状态下的失控、尾桨失效以及由于缺乏姿态稳定而增加的在 DVE 中迷失方向的风险。要找到这些问题的完整解决方案还需要更多的研究，同时对于如何为飞行员提供包线超出保护需要有足够的知识，并且可以进行实际的修复。

此处还有另一个挑战。在过去的70年里，飞行员与飞机的交互方式几乎没有变化。周期驾驶杆、总距杆和脚蹬，以及显示面板上越来越多的仪表，为机组提供飞行、系统、任务和姿态信息。如果直升机要作为一种私人空中交通工具，那么它不仅需要更经济、更环保，而且还必须更易于飞行，驾驶舱也要更符合人体工程学。25年前，简·德里斯（Jan Drees）推出了更直观的响应类型（如平移加速指令、速度保持）和一个类似汽车的乘客界面。在作者看来，这是前进的方向，现在是打破70多年来习惯的时候了，把飞行员更明确地放在设计过程的中心。这种飞行器的操纵性能可以设计为超1级，飞行员在执行任务时，不应给出超过最低限度的补偿。如上所述，确保超1级操纵的一个次级挑战是提供包线保护，并最终防止失控。另一个是根据需要提供超稳定性或超敏捷性。所有者能够在多大程度上参与此类飞行器的操作也是一个需要解决的问题。

超1级操纵品质的意义以及如何进行设计都是旋翼机界亟待解决的重点问题。通过欧盟委员会的第七个框架 myCopter 项目（参考文献9.166）等活动可以发现，这方面的研究已经开始了，这是几个旨在扩大航空范围的项目之一。这类飞机将在民用登记范围内运行，并可能促使民用监管机构将操纵品质视为安全的核心，加强适航规范，从而保证超1级性能和安全标准。作者认为，FAR 和 CS 中反映的现行民用标准不足以保证此类操作的性能和安全。1985—1995年期间，对直升机操纵品质的认识和理解得到了发展，成为军用标准的基础。民用直升机运营商可以通过行业不断发展的设计方法而从中受益，民用适航当局现在肯定应该认识到操纵品质在安全方面发挥的关键作用了。当局面临的一个挑战是与能够提出并证实新要求的研究团体间进行更密切的交流。

21 世纪产生了三种新一代飞行模拟器，它们的性能比发展 ADS-33 时所用的飞机更高：NRC 的先进系统研究飞机（ASRA，Bell 412），DLR 的主动控制技术飞行直升机模拟器（ACT-FHS，EC-135）和美国陆军/NASA 旋翼机机组人员系统概念机载实验室（RAS-CAL，UH-60）（参考文献 9.167~9.169），如图 9-32 所示。这些研究设施可用于开发新的指标、标准和容限，从而展示新操纵标准所需的技术。

(a) NRC ASRA　　　　　(b) DLR ACT-FHS　　　　　(c) 美国陆军 /NASA RASCAL

图 9-32　新一代旋翼机飞行模拟器

如何针对日益严格的操纵品质进行设计这一问题仍然令人困惑。作者认为，是时候将操纵品质充分引入初步设计阶段了。虽然这在早期可能太难了，因为操纵品质的缺陷只能通过飞行试验发现，由控制系统工程师来解决，但目前已经不需要这样了。现在，使用逼真度最高的空气动力学仿真工具可以有效地解决约束和优化权衡问题。旋翼机界面临的一个挑战是提高优化标准，并考虑能够使直升机自然而稳定地升级。操纵品质受旋翼机空气动力学影响，而支持设计过程所需的建模和仿真应尽可能全面。约翰逊（参考文献9.170）将理论和实验相结合而产生的对基本物理的一系列深刻理解定义为旋翼机空气动力学的里程碑。他的论文还指出，旋翼机界还有很长的一段路要走，才能实现用预测方法来避免设计的反复。这一信息在 2016 年 11 月利物浦举行的旋翼机虚拟工程会议上得到了回应（参考文献 9.171）。

随着工程师开发出局部感应和控制旋翼特性的方法，如果我们想要实现这些技术的全部潜力，那么用于预测飞行、操纵品质、载荷、气动弹性稳定性和振动的空气动力学工具就一定需要改进。高速旋翼机也对操纵品质工程提出了重大挑战；新的任务将需要新的MTE，新的构型也会有未知的操纵特性，同时也需要在设计优化方面进行创新。无论应用是什么，要成功实现提供 1 级操纵品质的优化过程，都需要借鉴施拉格（Schrage）（参考文献9.172）倡导的系统工程学科，这有助于采用合理和系统的方法进行设计和权衡研究。

第三个主要挑战是使我们的实习工程师和飞行员全面掌握操纵品质工程。同样重要的是，通过持续的专业发展，为工程师开设操纵品质学科的课程（参考文献 9.173）。目前在这方面的例子是戴维·米切尔（David Mitchell）提供的研究生操纵品质课程。米切尔和他的合著者出版了一本关于"操纵品质进化/革命的历史"的书，特点是以旋翼机为"革命"元素（参考文献 9.174）。ADS-33 及其测试指南所提供的方法可以作为未来试飞员和工程师培训的基础。

在利物浦大学，作者 2002 年介绍了一个基于问题的学习飞行操纵品质硕士课程（参考文献 9.175），为学生团队提供了一个飞机操纵品质缺陷的仿真模型。他们的任务是在地面模拟中进行评估并预测其不足，就像试飞员在直升机中飞行一样（参考文献 9.176，9.177），然后通过进一步的试飞模拟来解决问题，以证明指定的操纵品质。操纵品质工程师所需的知识和解决问题的技能只能通过（真实或模拟的）飞行试验和接触试飞员来积累。作为本课程的一部分，学生需要从过去的操纵品质记录中获取知识。在这种情况下，关于实践操纵品质工程师"经验教训"的出版物（如参考文献 9.178）可以提供丰富的案例来探讨。教育工作者面临的挑战是开发内部设施，并与飞行试验机构合作，创造一个能使这些知识和技能蓬勃发展的环境。

　　由贝尔直升机公司设计和制造的 XV-15 研究飞机于 1977 年 5 月 3 日首飞，由美国宇航局和美国陆军运营，在 25 年多的时间里提供了概念演示验证和多项研究成果。作者和同事对这架飞机进行的仿真研究结果贯穿本章。（美国宇航局照片）

10 倾转旋翼机：建模和飞行品质

旋翼机空气动力学可能过于复杂，无法进行高置信度的预测；在为高风险和复杂技术领域的变化制订计划时必须反映这一实际情况。一旦我们在飞行试验中发现问题，我们擅长使用仿真和分析的方法来解决问题，但我们不太擅长在问题发生前预测问题。

——菲尔·邓福德（Phil Dunford[①]，V-22 的经验教训，AHS 国际论坛，2003 年 5 月）

10.1 引言和范围

引文摘自菲尔·邓福德（Phil Dunford）的主题演讲（参考文献 10.1），强调了业界对旋翼机空气动力学预测能力的关注，以及在开发过程中集中资源解决问题的重要性。报告中介绍了贝尔-波音公司 V-22 倾转旋翼机项目，重点介绍了这 14 年研制过程中的经验教训。报告在 2003 年，4 年后 V-22 才完全进入美国海军陆战队服役。在研发和初步运行评估的过程中，该项目出现了几次引人注目的事故和相应的审查（参考文献 10.2）。在撰写本书第 3 版时，V-22 已经服役十多年了，它也是现存的唯一一在役的倾转旋翼机。

倾转旋翼机结合了直升机垂直起降和固定翼飞机高效巡航的能力，从航空时代早期，设计师和运营商们就梦想要实现这样的飞机。然而直到 1951 年美国的可倾转飞机计划，才出现了这个可行的设计，即 Bell 200，或叫 XV-3 倾转旋翼机，该机在 1955 年 8 月首飞，而第一次从直升机到固定翼飞机模式的全面过渡飞行则是在 1958 年 12 月（参考文献 10.3，见图 10-1）。

图 10-1　贝尔 XV-3 验证机（NASA）

这架飞机遇到了包括飞行品质缺陷在内的多个航空力学问题，在经历了 125 飞行小时后，该项目于 1968 年结束。XV-3 试验的一个重要结论是证明了安全可靠的过渡模式（总

[①] 在邓福德（Dunford）进行"经验教训"演讲时，他是波音军用飞机旋翼机系统分部 V-22 项目经理、副总裁兼总经理。

共 110 次）"具有足够的空速裕度和机动性，并在整个过程中对阵风和湍流扰动有足够的稳定性"（参考文献 10.3）。这为美国工业界和政府共同合作研发第二代倾转旋翼机开辟了道路。贝尔/NASA/陆军 XV-15（贝尔 301 型）于 1977 年 5 月首飞，并持续进行了 26 年试飞试验，用来支持倾转旋翼机的研究，与 V-22 的研发时间重叠了 14 年。XV-15 项目的研究成果是广泛的，是本章仿真建模和飞行品质分析的基础。图 10-2 显示了 XV-15 在"固定翼飞行模式"下的短舱前倾飞行。

图 10-2　XV-15 倾转旋翼机的固定翼飞机模式（NASA）

XV-15 于 2003 年退役，也是邓福德在菲尼克斯发表关于 V-22 演讲的那一年，同时也是第一架民用倾转旋翼机原型贝尔-阿古斯塔 BA609 试飞的同一年。BA609 的尺寸与 XV-15 相似，其设计符合民用适航管理条例（参考文献 10.4）。在撰写本书第 3 版时（2018 年），BA609（现为 Leonardo AW609）仍在研发中，预计将于 2019 年获得认证。

作者对倾转旋翼机飞行动力学的研究经历源于与欧盟密切合作的三个研究与开发项目"框架"：RHILP（旋翼机操纵、气动相互作用和载荷预测（框架Ⅳ），2000—2003 年，参考文献 10.5）、ACT-TILT（倾转旋翼主动控制技术（框架Ⅴ），2001—2005 年，参考文献 10.6）和 NICETRIP（新颖、创新、竞争、有效的倾转旋翼集成项目（框架Ⅵ），2006—2013 年，参考文献 10.7）。这些项目结合了一系列降低风险的研究，为欧洲民用倾转旋翼机的全面发展做准备，目前正作为欧洲"清洁天空 2"计划的一部分进行。作者带领利物浦大学对这些项目做出了一定贡献，制定了民用倾转旋翼机操纵品质标准，设计了结构载荷减缓（SLA）系统，并创建了一个 2 级飞行仿真模型以支持减载和飞行控制律设计、飞行动力学分析，以及操纵品质评估。本章如参考文献中强调的那样广泛借鉴了这一成果。

大飞行包线是这类飞机最引人注目的特点。图 10-3 显示了 XV-15 的高度-速度飞行包线（摘自 NASA 在航空航天历史系列中的特别出版物，参考文献 10.3）并展示了飞机飞行的试验条件。图表显示，飞机可以在 9000ft 以上的高度悬停，并在 25000ft 高度以真空速（TAS）250kn 以上的速度巡航。XV-3 计划的一个重要成果是演示了从直升机模式过渡到固定翼飞机模式，在充分利用这一包线的情况下，飞行员只需少量操纵即可安全高效地完成这一转换。这一独特的操作模式不仅是一个过渡走廊，而且是飞行包线内完全可用的区域，飞机可以在这一模式下进行配平和人工操纵以执行飞行任务。在我们介绍本章时，有必要更详细地探讨这种模式。

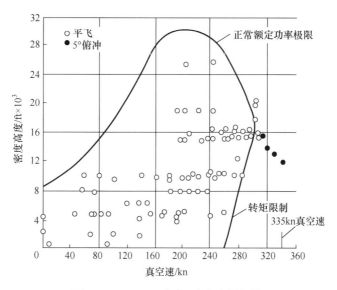

图 10-3　XV-15 高度-速度飞行包线

图 10-4 中展示了 XV-15 从直升机模式到固定翼飞机模式安全过渡的转换或过渡走廊，再次展示了飞行的测试点（参考文献 10.3）。转换是通过将旋翼从"垂直"（发动机短舱相对于机身有向上的 90°夹角）倾斜到"水平"（发动机短舱与机身夹角为 0°）来完成的。当机翼增加的升力与旋翼下降的升力相当时，在不改变飞行高度的情况下就可成功转换。如果发动机短舱倾转过快，则有可能导致机翼失速或旋翼/机翼组合升力不足以维持飞机重量的风险（突破走廊左边界）。如果发动机短舱倾转太慢，则有可能会突破走廊

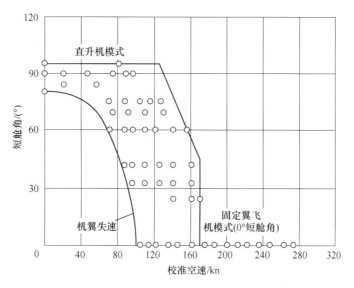

图 10-4　XV-15 过渡走廊（参考文献 10.3）

右边界，达到功率和控制极限，或者由于不稳定的旋翼负载导致过度疲劳损坏。XV-15 的正常发动机短舱倾转速度为 7.5(°)/s，允许发动机短舱在 12s 内从 90° 完全过渡到 0°。飞行员可以在任意倾角停止过渡，并在图 10-4 所示的过渡走廊内操纵。

相比之下，莱昂纳多直升机 AW609（见图 10-5）的发动机短舱倾斜率为 3(°)/s 或 8(°)/s，具体取决于发动机短舱是否小于 75°。飞行员可以在紧急情况下以更高的速度对任何倾斜角度的发动机短舱进行操作。AW609 过渡走廊如图 10-6 所示，在 75° 和 50° 处有短舱制动器（参考文献 10.8）。当倾斜角小于 75° 时，飞行员可以对短舱倾斜角度进行离散控制。当短舱倾斜角度为 50° 时，才能使飞行速度达到 140kn，便于在航站区域按照与固定翼飞机相同的飞行条例管理。为了减少过渡期间的工作量或者过渡走廊内的机动，AW609 具有走廊自动保护功能（参考文献 10.8）。

(a) 过渡模式　　　　　　　　　　　　　(b) 固定翼飞机模式

(c) 直升机模式

图 10-5　AW609 倾转旋翼机

如果速度低于过渡走廊最低速度（V_{min}），自动转换保护功能将使飞机停止过渡到固定翼飞机模式，如果速度超过走廊最高速度（走廊上边界 V_{con}，如图 10-6），自动过渡保护功能将停止过渡到直升机模式。如果过渡停止发生在两个制动器之间且速度纠正过度，短舱将在非指令情况下移动到正确的制动位置。

贝尔-波音 V-22 "鱼鹰"（参考文献 10.9）中采用类似的过渡保护系统（CPS）。在本章的后面，我们将探讨在过渡走廊内操纵的飞行品质。

贝尔-波音 V-22 "鱼鹰" 倾转旋翼机（见图 10-7）的过渡走廊在参考文献 10.9 中进行了讨论。图 10-8 显示了在飞行试验计划（大约 1990 年）的 "全包线扩展/构型" 开发阶段定义的过渡走廊。如图所示，走廊的边界随总重量的变化而改变。随着重量的增加，失速速度增加，最大水平飞行速度降低，走廊变窄。AW609 CPS 源自 V-22 的主飞行控制系统（PFCS）。引用参考文献 10.9 中的内容，"在上边界，如果飞机速度对于给定的短舱

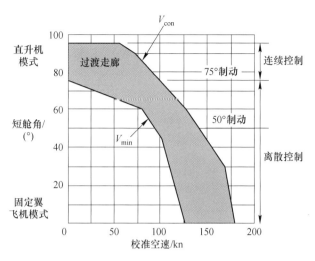

图 10-6 BA609（现为 AW609）的过渡走廊，展示发动机短舱"控制律"
（参考文献 10.8）

角度过高，主动控制信号会自动降低发动机短舱角度。在下边界，CPS 调节飞行员指令的发动机短舱的倾转速度"。过渡走廊中旋翼可用推力和机翼升力之间的权衡决定了其机动性。图 10-9 显示了旋翼推力/机翼（机身）升力在配平中与空速的函数关系。在 100kn、发动机短舱倾角 60°时，机翼承载的重量约为飞机重量的一半。增加载荷因数（如转弯时）会使飞机更接近下走廊、失速和限制。实际上，当以恒定速度进行操纵时，走廊会缩小，因此飞行员需要了解走廊内与短舱角度相关的操纵能力。

图 10-7 贝尔-波音 V-22 "鱼鹰" 倾转旋翼机过渡模式
（照片由杰伊·米勒提供，展示 V-22 的试验）

倾转旋翼机的控制兼具直升机模式和固定翼飞机模式，如图 10-10 中的 XV-15 所示。在直升机模式下，纵向周期变距通过旋翼前后倾斜桨盘控制飞机俯仰，旋翼总距差动

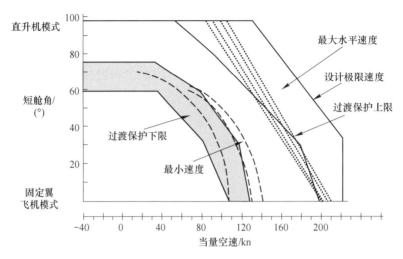

图 10-8　贝尔-波音 V-22 "鱼鹰" 的过渡走廊 （参考文献 10.9）

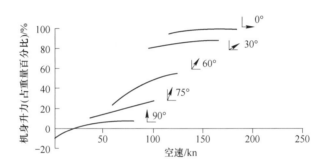

图 10-9　旋翼和机翼升力作为空速的函数与 V-22 发动机短舱角度的关系
（参考文献 10.9）

（DCP） 控制飞机滚转，非对称横向周期变距可用于配平和侧向力控制。该横向平移模式 （LTM，参考文献 10.10） 是在 XV-15 上实现的，允许飞行员在 85°~95° 之间的短舱角度下控制旋翼倾斜。飞行员通过油门杆上的比例指轮开关进行控制，例如，能控制斜坡着陆或机翼水平横向平移的姿态；LTM 周期变距权限被限制在 ±4°。总距/油门驾驶杆通过总距控制直升机垂直运动，并与油门直接连接，以获得发动机的快速响应。然而与传统直升机不同的是，在直升机和固定翼飞机模式下，旋翼速度是通过总距来控制的。最后，利用旋翼纵向周期变距差动实现偏航控制。

在固定翼飞机模式下，传统的升降舵、副翼 （襟翼） 和方向舵控制俯仰、滚转和偏航，而推力则由油门和螺旋桨转速控制。飞机操纵面在固定翼飞机模式和直升机模式下都可以工作，而直升机控制装置，包括总距 （作为螺旋桨短舱角度的函数），逐步取消了飞行员操作 （参考文献 10.11）。XV-15 采用的控制方式并不是倾转旋翼机的唯一可行的组合，其结构也是设计方案的一部分。例如，AW609 倾转旋翼机没有方向舵，在固定翼飞机模式下使用 DCP 控制偏航。XV-15 在机翼上还具有内侧和外侧后缘襟翼，外侧襟翼为滚转控制的襟副翼。

作者选择将倾转旋翼机建模、仿真和飞行品质合并到这一章中。因此，本章的范围比

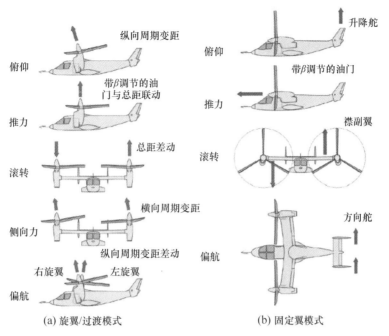

图 10-10　XV-15 在直升机模式和固定翼飞机模式下的控制功能

书中前几章要广得多，但这些章节中关于传统直升机的大部分内容适用于直升机模式下倾转旋翼机的悬停、中低速飞行以及类似任务。飞行品质、旋翼模型和空气动力的相互作用方面存在差异，这些都是有待探讨的问题；但是除了一些非常重要的设计特征外，基本的旋翼模型都是可以直接共用的。旋翼通常作为多桨叶实体固定在桨毂和传动轴上，并通过扭转弹簧约束，而不是作为单独的桨叶铰接。桨叶也具有大扭转角度，更偏向于是螺旋桨而不是直升机旋翼，而且它们非常坚固。这些差异影响了倾转旋翼模型的一些细节和飞行品质，将在本章中进行介绍。我们将探索在过渡模式下的飞行，在这种模式下，飞机同时表现出固定翼飞机和旋翼机的特性。对于固定翼飞机模式下的飞行动力学，将利用固定翼飞行品质标准来量化和解释一些特性。

10.2　倾转旋翼机飞行动力学建模与仿真

第 3 章~第 5 章研究了常规直升机在三个方向下的建模和仿真——建立仿真模型、配平、稳定性和响应分析。第 5 章详述了飞行动力学的这三个方面，并举例说明飞行员或自动驾驶仪可以改变飞机的稳定性和响应特性，甚至可以使飞机不稳定。开发了研究约束条件下稳定性的方法，并且证明了所获得复杂的人-机相互作用因果关系的物理原因非常有用。在第 3 版中，作者在第 5 章中对这一领域进行了扩展，阐述了旋翼机和固定翼飞机性能的异同。在本章中，我们将在前面小节中介绍类似内容的基础上提出倾转旋翼机建模需要关注的特殊内容。同时描述表 3-1 结构中 2 级模型的要素，包括将倾转旋翼机设计为多体动力学（MBD）系统的好处。由于旋翼变化的力和力矩意味着除了在静止空气中悬停外，其余的稳定状态（速度变化率为零的情况）都不存在，单独的旋翼桨叶模型需要对配平和线性化进行特殊处理，本文将介绍和讨论处理这一问题的方法。随着对 1 级旋翼模型更直接的分析，发现相关的数值迭代方法也存在缺陷，后面也会对这部分内容进行讨论。以下的 3 小节将分别讨论 MBD 仿真、配平/线性化和响应分析。

据公开发表的用于验证目的的倾转旋翼机构型的数据和飞行试验数极少。为了支持 XV-15 的设计和研发，贝尔直升机公司开发了飞机的仿真模型，其中一份报告（参考文献 10.12）是用于建立 XV-15 的 FLIGHTLAB 模型（FXV-15，参考文献 10.13~10.15）和许多构型数据的来源。自 21 世纪初以来，该 MBD 模型已经在利物浦大学用作倾转旋翼机飞行品质研究的参考内容。公开的有限的 XV-15 飞行试验数据已用于本章所述的 FXV-15 的验证。

10.2.1　建立仿真模型

我们回顾第 3 章中的分析，首先是提醒我们如何处理配平、稳定性和响应过程，并以此为桥梁，引出倾转旋翼机 MBD 公式。待研究的双旋翼结构如图 10-11 所示，其概念是假定反向旋转（中心弹簧）的桨毂和飞机的质心是重合的。飞机可以自由俯仰和滚转，所有六片桨叶都有自己的挥舞自由度；因此总共有八个自由度。

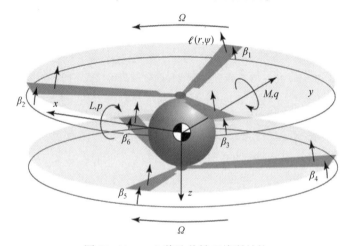

图 10-11　六桨叶共轴双旋翼结构

在 1 级旋翼模型的框架内，我们可调用式（2-12）、式（2-13）、式（2-16）和式（3-31）以下面的形式写出这八个自由度的运动方程。将每个部件视为一个独立的自由体，通过约束、运动和力与相邻部件相连，然后应用（牛顿）第二运动定律，将平移/角动量的变化率等同于该部件上施加的力/力矩，从而导出方程。我们使用与第 3 章中相同的符号来表示运动和力，例如，随着挥舞运动，p 表示滚转角速度，ℓ 代表局部升力，L 代表滚转力矩。质数表示相对于方位角而不是时间的微分；"‾"表示对于旋翼转速 Ω 的无量纲化。首先，用下式描述单个桨叶的挥舞角

$$\beta_i'' + \lambda_\beta^2 \beta = 2\left(\left(\bar{p}_{hw} + \frac{\bar{q}_{hw}'}{2}\right)\cos\psi_i - \left(\bar{p}_{hw} + \frac{\bar{q}_{hw}'}{2}\right)\sin\psi_i\right) + \frac{1}{I_\beta\Omega^2}\int_0^R \ell(r, \psi_i)r_i dr_i$$

$$(10-1)$$

在这个等式中，忽略了桨叶截面上的阻力。挥舞方程包括桨毂运动的影响，由转动角速度 p，q 及其加速度，以及随半径 r 和方位角 ψ 变化的气动升力函数 $\ell(r, \psi)$ 中隐含的平移速度定义。这些挥舞运动和相关的挥舞弹簧偏转可将桨毂力矩传递至重心处的滚转和

俯仰力矩（体坐标系中），形式如下

$$L = - \sum_{i=1}^{6} K_{\beta} \beta_i (\sin\psi_i)$$

$$M = - \sum_{i=1}^{6} K_{\beta} \beta_i (\cos\psi_i) \qquad (10-2)$$

注意，如果 K_{β} 为 0，表示该节点没有传递力矩。当机体质心与桨毂重合时，虽然旋翼可以挥舞，但不能通过周期变距直接控制旋转运动，这显然是一个不切实际的概念。然而在 K_{β} 不为 0 时，这些力矩会产生机体的滚转和俯仰，表示为

$$\bar{p}\,' = \frac{1}{I_{xx}\Omega^2}L$$

$$\bar{q}\,' = \frac{1}{I_{xx}\Omega^2}M \qquad (10-3)$$

进一步我们就可以得到一个近似的欧拉角，它定义了体（轴）系相对于地轴系的夹角

$$\phi' = \bar{p}$$

$$\theta' = \bar{q} \qquad (10-4)$$

如果我们认为每个挥舞角有两个变量，即幅值和速度，那么总共就有 16 个状态和 16 个一阶时变非线性微分方程来表示这个构型的旋转运动。时间相关性和非线性均来自作用在旋翼桨叶上的升力，例如，由桨叶失速和反流引起的非线性周期性摆振。在第 3 章的 1 级模型中，我们忽略了一些非线性因素，并将单个桨叶的运动转化为多桨叶坐标（见图 3-8），从而推导出力和力矩的近似解析解。而第 4 章中的配平过程可以表述为通过一系列的迭代使其收敛于稳态解；通常情况下，保持规定的空速、侧滑角、转弯率、爬升或下降速度所需的四个控制角（见图 4-5）。

需要采用迭代方法求解非线性代数配平方程，初始化配平状态和控制，计算合力、力矩和随后的状态加速度，然后再将它们用于重新计算求解。在此顺序迭代中，为了使加速度逐步减小，桨叶上的升力-入流关系作为一个内部迭代（如图 4-5 中的（D）和（I）阶段），使飞机上的合力和力矩与受影响气流的动量变化保持平衡。对加速度的配平容限进行了定义，以确定过程应何时停止。在图 4-5 中，这些公式是根据俯仰和滚转姿态（阶段（C）和（H））的前后差异来表述的，而不是根据状态加速度的显式关系。

在一般的配平状态下，挥舞角 β 不是恒定的，每个桨叶将在方位角周围画出一条摆振路径。只有恒定不变（锥形）和每转一次的摆振运动（桨盘倾斜），合力将以非零均值传递至桨毂。但是无论如何，挥舞加速度一般在配平状态下都不会为 0。对于等间距桨叶，当这些振动载荷传递至桨毂并到达飞机重心时，其中许多存在于桨叶中的振动载荷将通过相等且相反的运动而抵消。因此，具有单个桨叶模型的任何配平过程都必须寻求平均载荷的收敛性。后面将继续讨论这个问题。

在达到配平状态后，通过独立改变每个变量并导出力和力矩的变化量对运动方程进行线性化，由此得到的导数是系统矩阵中的元素，从这些元素可以得到特征值和稳定性、特征向量以及振型。在第 4 章的 1 级构型中，采用了准定常旋翼表示，该过程还具有迭代的特点，以确保每个扰动下的升力-旋翼入流平衡。假设可以忽略瞬态挥舞，并假设用定常锥角 β_0 和周期挥舞角 β_{1s} 和 β_{1c} 描述旋翼运动，将得到三个位移和三个旋转运动（或在图

10-11 系统中只有两个旋转）的降阶模型结构。

桨盘模型结构中省略了力和力矩方程中的所有周期项，只保留了零阶项（平均值）贡献导数（如式（3-86）中的 $F_0^{(1)}$ 项），显著简化了配平和线性化过程，这样就无须关注不同方位角下旋翼在新的状态下是否已配平，或不包括在单个方位角位置采样周期效应分量导致的扰动。这些问题需要用一个 2 级桨叶模型来解决，稍后将再次讨论它们，响应分析是一个具有时间增量的数值过程，时间增量小到足以捕捉最精细的物理力和运动变化，但时间增量也需要大到足以实现计算效率，特别是在实时应用程序中。

理论上，当特征值和特征向量已知时，对初始条件或操纵输入的线性响应可以从式（5-50）中求解得出，但我们主要关注的是非线性系统的响应，计算操纵品质参数，如敏捷性或操纵性，或对阵风和大气湍流的响应。由式（10-1）~式（10-4）知，旋翼操纵中对阶跃输入的响应首先涉及计算施加的力的变化、沿径向积分得到桨叶上变化的气动升力。挥舞响应在挥舞角产生之前不会在机身上产生力矩（式（10-2））。计算时间响应（时间演化）的最简单的数值过程包括计算由力引起的初始加速度，并在时间增量上保持这个常数。第一个时间步长的最后，我们得到一个速度（式（10-1）的挥舞速度），此时没有通过挥舞铰链传递力和力矩。挥舞速度使气动力发生改变，从而产生新的加速度，于是第二轮迭代开始。但在第二个时间步长中，随着新的加速度和速度线性变化，挥舞角度开始改变，产生了一个通过挥舞铰链并作用于机身的力矩（式（10-3））。然后，机身加速度通过相互连接的系统，作为惯性力作用于第三步中的挥舞，并反馈到机身的滚转和俯仰角速度。第四步中，这些又附加到挥舞运动中，产生新的升力，等等。在每个时间步长的数值过程包括一个"力传递"来产生运动变化和一个"运动传递"来产生力的变化。

在第 3 章描述的 1 级直升机仿真模型中，每个物理部件，如主旋翼、尾桨、尾翼面等，都在各自的子程序中编码。状态和构型参数则根据需要从主程序或其他子程序传递。图 3-39 显示了该集成模型的结构。总的力和力矩将部件上的外部载荷（如尾部升力）和机身或任何部件运动产生的惯性载荷传递到三个平移和三个旋转运动方程。

（1）多体动力学建模

刚才描述的是一种求解飞行动力学的传统方法，对于图 10-11 中的模型，六片桨叶和机身质心都被明确表示出来，通过它们的耦合描述了系统的运动和力的传递，从而量化了对操纵和外部扰动的响应。当组件较少时，可以相对容易地看到上述传递，非常有益于观察其中的物理现象和深入了解因果关系，这些对于工程师来说都具有非常重要的价值，随着部件和相互连接关系的增加，难度也随之增加，编写脚本或代码时也更易犯错，而利用计算机使用传统方法实现时的效率也不高。MBD 学科的发展就是为了满足越来越多涉及多个互连部件建模的需求。

MBD 在虚拟现实和人工智能领域有着长足的发展，基于物理的角色动画可以用来模拟人类行为和机器人控制策略（参考文献 10.16、10.17）。作者发现，佐治亚理工大学的刘教授和同事们关于 MBD 及其基于物理的角色动画（参考文献 10.18）的相关教程非常具有指导意义。考虑到模拟人体的模型需要有一种特别的方法，其特点是骨骼结构包括所有的 206 块骨骼（刚性、关节）和 600 多块肌肉（弹簧和阻尼器）、控制机制和功能、分布式处理和中枢处理，以及移动的重心，但这并不是一本关于生物力学的书。在国内，航空航天飞行器的建模和仿真越来越依赖于 MBD 方法，例如，Polimi 的 Masarati 和其同事

（参考文献 10.19～10.21），以及马里兰大学的 Celi 和其同事开发的 Helium2（参考文献 10.22 和 10.33），两者都涉及了倾转旋翼机动力学的应用。

本书并不打算详细介绍 MBD，而是描述它的特征属性和显著特征。这一描述来自作者自己的理解，但是特别参考了文献 10.15 中的材料，其中涉及了 MBD 的 FLIGHTLAB 方法，这些已经用于构建 MDB XV-15 模拟，也就是本章后面会更详细描述的 FXV-15。MBD 建模的一些关键属性如下：

①可以独立创建单个零部件，并指定其相对于某个参考点的位置，定义和控制其运动的状态和控制装置，定义其质量、刚度和阻尼特性的参数，以及它们与其他部件（如旋翼桨叶到桨毂，气动力面到旋翼桨叶或机翼）连接方式的约束。还规定了与这些连接相关的输出，如力和力矩。式（10-2）中的桨毂力矩就属于这一类。

②随后，将各个部件连接或组成一个树状结构的系统，"外部"分支被认为是"内部"分支的子分支。因此，分支既可以是父级，也可以是子级，强调的是先后相对的关系。当系统处于运动中时，运动和力通过部件传递，父级将运动传递给子级，子级则对对象施加力。类似于人类家庭的组成。

③在计算机编程术语中，部件或部件集合可以被"实例化"，因此可以重新使用相同或不同的数据，以及新的位置。倾转旋翼机的两个螺旋桨就是一个很好的例子。MBD 系统的树形结构支持任意的体系结构，并且可以从更简单的、可重构的、可由开发人员任意交互分配的参数的构建块中创建复杂的模型。

④与传统的仿真方法一样，采用迭代的数值方法求解耦合系统。然而，在 MBD 中，当力和运动通过部件及其链接传递时，系统动力学是隐式求解的，从而避免了手动推导耦合方程的需要，减少了人为错误的可能。其中的一个关键因素是惯性运动和载荷的自动计算，如基于父级传递给子级的绝对运动。相对运动和绝对运动的理论推导概述详见附录 3.A，仍然支配着 MBD 仿真，但不需要手动推导以各种方式连接到其他运动部件的运动。

⑤MBD 仿真通常使用具有解释性的和面向对象的编程语言来创建和运行。例如，解释过程跳过编译，允许用户以交互方式编辑和执行（如以向量/矩阵格式），从而加快开发过程。面向对象强调组件及其数据，而不是传动子程序方法的功能操作和逻辑。

⑥与 MBD 仿真中常用的解释语言相关的是使用分析方法库（如配平惯例、稳定性分析、操纵响应）和定制图形用户界面（GUI），用于支持模型创建、开发、验证和分析。图 10-12 所示为 FLIGHTLAB 模型编辑器（FLME）GUI 的页面示例。用户可以自定义旋翼桨叶数据参数。这种刚性旋翼桨叶有六个结构段（单独的部分）。三个独立的铰链（也是部件）将旋翼桨叶部件连接到桨毂上，以实现挥舞、摆振和桨叶的旋转。在创建桨叶结构后，模型生成器可以继续处理气动载荷部件，可能会修改三级 Peters-He 旋翼入流模型或旋翼尾迹对尾翼的影响。FLME 还允许用户创建自己的组件，如倾转旋翼机旋翼尾流对机翼上表面干扰的经验模型。

⑦最后，MBD 过程的一个非常重要的特性是构建精确的运动学方程，因此包含了所有的非线性惯性项，而这些项在数值解析方法中常被忽略掉。然而，气动载荷和其他连续介质动力学（如弹性梁）的建模是可以近似的，而像 FLIGHTLAB 这样的 MBD 方法

的"选择性逼真度"允许用户通过复杂性建模从而正确提升所需精度并达到较为真实的水平。

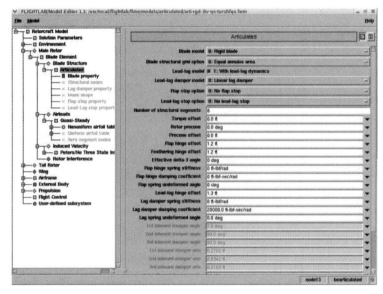

图 10-12　来自 FLIGHTLAB 模型编辑器（FLME）的 GUI 视图，显示铰接旋翼桨叶属性的数据

（2）坐标轴系

附录 10A 描述了机身/体轴系、旋翼桨毂坐标系、挥舞坐标系和旋转桨叶坐标系，以及如何从位于飞行器质心的体轴系确定其右手方向。通过挥舞坐标系描述发动机短舱前倾时与机身的方向关系。如附录 10A 所述，采用 FLIGHTLAB 符号，局部坐标系俯仰和滚转角分别为 a_2，b_2（右，旋翼逆时针旋转）和 a_1，b_1（左，旋翼顺时针旋转），在桨盘后方上部 $\psi = 0$。在直升机模式下，右侧旋翼的纵向挥舞角 a_2（参照 $-\beta_{1c}$）对万向节桨盘向后旋转为正，右侧旋翼横向挥舞角 b_2（参照 $+\beta_{1s}$）对万向节桨盘向左旋转为正。当发动机短舱倾斜 90° 过渡为固定翼飞机模式时，a_2 对万向节桨盘向后旋转为正，b_2 对万向节桨盘向左旋转为正。

当右侧旋翼（下标 R）的方位角为 ψ_2 时，我们可以将桨叶的挥舞角 β_R（向上挥舞为正）写作

$$\beta_R = -a_2\cos\psi_2 + b_2\sin\psi_2 \qquad (10-5)$$

当 ψ_1 为左侧（下标 L）旋翼的方位角时，挥舞角 β_L（向上挥舞为正）为

$$\beta_L = a_1\cos\psi_1 - b_1\sin\psi_1 \qquad (10-6)$$

两个反转旋翼的挥舞也可以用相同的方位角来表示

$$\psi_1 = -\psi_2 = -\psi \qquad (10-7)$$

可得

$$\beta_R = -a_2\cos\psi + b_2\sin\psi \qquad (10-8)$$

$$\beta_L = a_1\cos\psi + b_1\sin\psi \qquad (10-9)$$

（3）万向节旋翼

固定在驱动系统上的万向节（Cardano 或 Hooke 铰）旋翼（如 XV-15）的运动，或恒

速万向节旋翼（如 V-22）的运动不同于第 3 章中描述的铰接式旋翼的运动。假设刚性桨叶连接到支撑旋翼桨毂，这个万向节旋翼被约束成一个桨盘旋转。对于这两种类型的万向节，来自变速箱的输入传动与输出传动连接，使得后者附加上相应的角动量；这种连接是通过接头实现的。这是万向节与铰接桨叶旋翼系统的根本区别。离心力总是沿着桨叶半径方向，因此没有与气动升力相反的分量，所以平面外挥舞不会产生离心力。通常有一个机械的（球形）弹簧将万向节固定在适当的位置，并提供一定的刚度，但这相对较弱，可忽略该弹簧来进行万向节运动的基本分析。这使我们能够找到问题的"核心"，并发现万向节支撑旋翼的特殊行为。一些较小的非线性项可以适当地忽略，这适用于悬停状态下的万向节旋翼。

在没有机械弹簧和离心加强的情况下，万向节动力学就没有刚度，也就没有自然频率，相位共振的概念也将毫无意义，因此我们可能不会期望发现与铰接旋翼相同的情况，即 1Ω 的周期变距导致滞后 90° 的周期挥舞。然而，万向节旋翼保留了这一结果，由于不同的物理原因，我们将在下文中解释。垂直于万向节平面的角速度方向对这一特性至关重要。实际中，实现这一点的万向节可能非常复杂，但简单的图示是有用的。如图 10-13 所示，对于 Cardano 或 Hooke 铰，输出传动装置（见图 10-13 中 a，上方）具有叠加在平均值上的 2Ω 转速变化，即输入轴（见图 10-13 中 b）的转速（参考文献 10.21）。波动的程度取决于方向角 β，ψ 是旋转角。对于 CV 万向节（可设计为双 Hooke 万向节）（图 10-13，下方），输出轴的转速为常数 Ω。稍后我们将展示 ERICA 倾转旋翼机桨毂的设计之一，以展示在紧凑的复杂性方面的创新。

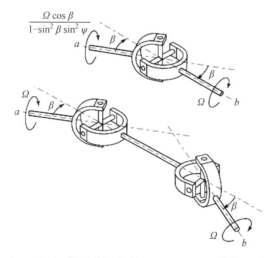

图 10-13　Cardano/Hooke 铰（上）和双 Cardano/Hooke 关节（下）的简单示意；
后者能够通过一个机构传递恒定速度和角动量（基于参考文献 10.21）

回想一下我们熟悉的铰接式中心弹簧旋翼（见图 3-6）在悬停状态下对阶跃周期输入（如 $+\theta_{1s}$）的有用的响应。在仿真中，输入轴是固定的，旋翼桨叶向上挥舞，经过一段充分的瞬态阻尼后，达到 1Ω 挥舞运动，挥舞最大值在桨盘前方，最小值在后方（$-\theta_{1c}$）。在任何径向位置，桨叶的迎角和桨叶升力在桨盘方位角上都是恒定的，在每个方位角上，周期变距和挥舞速度互相抵消。严格地说，我们所描述的俯仰和俯冲运动引起的（非定常）

升力和力矩是不同的，但在与振荡相关的1Ω较低频率下，这些差异很小，可以忽略不计。没有中心弹簧（$K_\beta=0$），旋翼头部和驱动轴上就没有力矩，也没有旋翼推力，因此重心上没有力矩。挥舞运动在每次旋转过程中都会发生，在旋转时离心力（CF）将桨叶上下拉动。另外，桨叶每转一次的周期挥舞会导致每个桨叶元素朝旋转中心以2Ω的频率向内移动。当旋翼试图加速以保持其角动量时，将产生摆振方向上的科氏力矩。如果存在摆振铰，则会发生摆振运动，否则桨叶平面内应力将以2Ω的速度波动。多桨叶旋翼的所有桨叶将在空间中切割出相同的桨尖轨迹平面（TPP），因此使得桨盘发生纵向旋转。

在第5章中，我们推导了由纵向和横向挥舞角θ_{1c}和θ_{1s}描述的桨盘运动的一阶近似公式，在此即式（10-10）。对于无弹簧的中心铰链旋翼，挥舞的自然频率为1Ω，因此无量纲化挥舞频率$\lambda_\beta=1$。向心加速度与平面外桨叶挥舞加速度大小相等方向相反。在稳态下，定义铰接旋翼特性的简单解会失效，即$\beta_{1c}=-\theta_{1s}$和$\beta_{1s}=\theta_{1c}$。

$$\begin{bmatrix} -2 & \dfrac{\gamma}{8} \\[2mm] \dfrac{\gamma}{8} & 2 \end{bmatrix}\begin{bmatrix} \beta'_{1c} \\[2mm] \beta'_{1s} \end{bmatrix} - \begin{bmatrix} \dfrac{\gamma}{8} & -(\lambda_\beta^2-1) \\[2mm] -(\lambda_\beta^2-1) & \dfrac{\gamma}{8} \end{bmatrix}\begin{bmatrix} \beta_{1c} \\[2mm] \beta_{1s} \end{bmatrix} = \dfrac{\gamma}{8}\begin{bmatrix} \theta_{1s} \\[2mm] \theta_{1c} \end{bmatrix} \qquad (10-10)$$

现在，考虑对万向节旋翼的桨叶采取相同的操纵输入。回想一下，连接到输出传动轴的万向节相对于从接头处垂直于输入传动轴的平面倾斜。在纵向周期操纵输入θ_{1s}后，万向节盘开始向上挥舞，经过短暂的瞬态而再次稳定到向后倾斜$-\beta_{1c}$。现在，周期输入使桨叶弦线与桨盘旋转轨迹相切。因此，在新的平衡状态下，每一片桨叶在每个径向位置上都画出一条具有恒定迎角和升力的路径。为了解释这种行为，可以方便地用非旋转万向节中的角运动来表示万向节动力学。然后，自由度变为式（10-10）中的β_{1c}和β_{1s}，或FLIGHTLAB建模的术语中的a和b（见附录10A）。在悬停情况下，输入传动轴的恒定转速Ω，运动方程将通过推导桨叶的气动载荷和加速度之间的关系来确定，方法与第3章中的方法相同。通过挥舞坐标系和机体坐标系的转换，可以获得挥舞角速度，角速度可以写在万向节坐标系中（见图10-14），如下所示

$$\boldsymbol{\omega}_g = -\dot{\beta}_{1c}\boldsymbol{j}_g + \dot{\beta}_{1s}\boldsymbol{i}_g + \Omega\boldsymbol{k}_g \qquad (10-11)$$

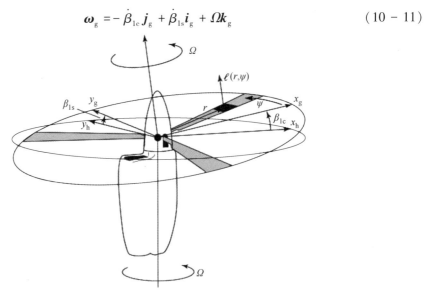

图10-14　万向节旋翼模型挥舞的纵向和横向旋转角β_{1c}和β_{1s}

现在旋翼转速 Ω 位于万向节坐标系中，而铰接式旋翼的 Ω 位于桨毂坐标系中，即

$$\boldsymbol{\omega}_{\mathrm{g(art)}} = -\dot{\beta}_{1c}\boldsymbol{j}_{\mathrm{g}} + \dot{\beta}_{1s}\boldsymbol{i}_{\mathrm{g}} + \Omega\boldsymbol{k}_{\mathrm{h}} \qquad (10-12)$$

这种看似不重要的差异实际上非常重要。使用附录 10A 中描述的坐标系，我们可以使用单位向量的转换将角速度转换为桨叶坐标

$$\begin{bmatrix} \boldsymbol{i}_{\mathrm{g}} \\ \boldsymbol{j}_{\mathrm{g}} \\ \boldsymbol{k}_{\mathrm{g}} \end{bmatrix} = \begin{bmatrix} \cos\psi & -\sin\psi & 0 \\ \sin\psi & \cos\psi & 0 \\ 0 & 0 & 1 \end{bmatrix} \begin{bmatrix} \boldsymbol{i}_{\mathrm{b}} \\ \boldsymbol{j}_{\mathrm{b}} \\ \boldsymbol{k}_{\mathrm{b}} \end{bmatrix} \qquad (10-13)$$

然后，桨叶轴上的万向节角速度由下式给出

$$\boldsymbol{\omega}_{\mathrm{b}} = \omega_{x\mathrm{b}}\boldsymbol{i}_{\mathrm{b}} + \omega_{y\mathrm{b}}\boldsymbol{j}_{\mathrm{b}} + \omega_{z\mathrm{b}}\boldsymbol{k}_{\mathrm{b}} \qquad (10-14)$$

其中

$$\omega_{x\mathrm{b}} = \dot{\beta}_{1s}\cos\psi - \dot{\beta}_{1c}\sin\psi$$
$$\omega_{y\mathrm{b}} = -\dot{\beta}_{1s}\sin\psi - \dot{\beta}_{1c}\cos\psi$$
$$\omega_{z\mathrm{b}} = \Omega \qquad (10-15)$$

与铰接式旋翼的不同之处在于 $\omega_{x\mathrm{b}}$ 中没有 Ω 分量。

$$\omega_{x\mathrm{b(art)}} = \dot{\beta}_{1s}\cos\psi - \dot{\beta}_{1c}\sin\psi + \Omega(\dot{\beta}_{1c}\cos\psi + \dot{\beta}_{1s}\sin\psi) \qquad (10-16)$$

图 10-14 显示了在两个方向上旋转的万向节以及相关的坐标系。注意，桨叶轴上的角速度式（10-15）包含桨叶挥舞方向（$\boldsymbol{j}_{\mathrm{b}}$ 轴）和垂直于该方向的分量（$\boldsymbol{i}_{\mathrm{b}}$ 轴），不同于仅包含第一种效应的铰接（单个）桨叶模型。万向节绕两个轴挥舞，以 Ω 速度做刚体旋转，但我们在单桨叶动力学中没有看到这些影响。这些影响意味着单个桨叶模拟万向节的方法需要包括所有桨叶及其耦合的动力学。然而无论桨叶的数量是多少，对于万向节公式（10-15）的结果都是一样的，只有两个自由度。在附录 10A.2 中，通过对单个桨叶的分析，对角速度的推导进行了探讨，以说明如何获得相同的结果。

距桨毂中心一段距离 r_{b} 的万向节叶素的加速度可由角速度导出，即

$$\boldsymbol{a}_{\mathrm{b}} = \dot{\boldsymbol{\omega}}_{\mathrm{b}} \wedge \boldsymbol{r}_{\mathrm{b}} + \boldsymbol{\omega}_{\mathrm{b}} \wedge (\boldsymbol{\omega}_{\mathrm{b}} \wedge \boldsymbol{r}_{\mathrm{b}}) = a_x\boldsymbol{i}_{\mathrm{b}} + a_y\boldsymbol{j}_{\mathrm{b}} + a_z\boldsymbol{k}_{\mathrm{b}} \qquad (10-17)$$

与铰接式旋翼的动力学分析（式（3-18））一样，我们只需要分析升力矢量方向上的加速度分量，垂直于桨叶弦线 a_z，即展开式（10-17），该分量可以写作

$$a_{z\mathrm{b}} = -r_{\mathrm{b}}(\dot{\omega}_{y\mathrm{b}} - \omega_{x\mathrm{b}}\omega_{z\mathrm{b}}) \qquad (10-18)$$

或进一步展开为

$$a_{z\mathrm{b}} = r_{\mathrm{b}}(\ddot{\beta} + 2\Omega\dot{\beta}_{1s})\cos\psi + r_{\mathrm{b}}(\ddot{\beta}_{1s} - 2\Omega\dot{\beta}_{1c})\sin\psi \qquad (10-19)$$

由于挥舞加速度和挥舞速度导致加速度随着 1Ω 的惯性项波动，后者是连接两个自由度的陀螺效应；在旋翼转速 Ω 存在的情况下，一个横向的角速度会导致垂直方向（纵向）处产生加速度或惯性矩。

桨叶局部升力可用式（3-31）表示为

$$\ell(r, \psi) \approx \frac{1}{2}\rho(\Omega R)^2 c a_0\left(\theta + \frac{U_{\mathrm{P}}}{U_{\mathrm{T}}}\right) \qquad (10-20)$$

再次假设迎角 $U_{\mathrm{P}}/U_{\mathrm{T}}$ 很小，这不适用于固定翼飞机模式或一般情况下入流速度较大时。当轴固定在悬停状态下时，我们只对这个迎角的挥舞速度分量感兴趣。然后，使施加的气动

力矩与惯性反作用力大小相等，沿着桨叶积分得到正弦和余弦分量，即可得到运动方程

$$\beta''_{1c} + 2\beta'_{1s} = \frac{\gamma}{8}\big[\theta_{1c} - (\beta'_{1c} + \beta_{1s})\big]$$

$$\beta''_{1c} - 2\beta'_{1c} = \frac{\gamma}{8}\big[\theta_{1s} - (\beta'_{1s} - \beta_{1c})\big]$$

$$(10-21)$$

在推导这些方程时，我们把时间转换成方位角，如下

$$\beta'_{1c} = \frac{\mathrm{d}\beta_{1c}}{\mathrm{d}\psi} = \frac{1}{\Omega}\frac{\mathrm{d}\beta_{1c}}{\mathrm{d}t} \qquad (10-22)$$

式（10-21）右侧有三个空气动力项。第一项是通过倾斜盘作动器施加的周期变距。第二项来自万向节挥舞速度的余弦分量，通过由旋翼转速 Ω 进行隐式的无量纲化转换为基于方位角的时间。第三项表明 β_{1c} 中的扰动相当于旋转倾斜盘的输入 θ_{1s}，旋转倾斜盘固定在输入传动轴上。然而，旋转倾斜盘不会像输入 θ_{1s} 一样旋转，但是旋转倾斜盘和桨叶之间的变距连杆被以 1Ω 频率上下推/拉，以施加有效的周期变距。在四桨叶万向节旋翼上，这可以想象为桨叶 1 和 3 的挥舞，使桨叶 2 和 4 的桨距发生变化，反之亦然。

如第 3 章和第 5 章中对铰接旋翼的分析（式（3-61）、式（3-62）、式（5-11）），我们忽略了万向节加速度引起的高阶动力学，可将方程简化为一阶形式

$$\begin{bmatrix} -2 & \dfrac{\gamma}{8} \\[2mm] \dfrac{\gamma}{8} & 2 \end{bmatrix}\begin{bmatrix} \beta''_{1c} \\[2mm] \beta''_{1s} \end{bmatrix} - \begin{bmatrix} \dfrac{\gamma}{8} & 0 \\[2mm] 0 & -\dfrac{\gamma}{8} \end{bmatrix}\begin{bmatrix} \beta_{1c} \\[2mm] \beta_{1s} \end{bmatrix} = \frac{\gamma}{8}\begin{bmatrix} \theta_{1s} \\[2mm] \theta_{1c} \end{bmatrix} \qquad (10-23)$$

这与铰接式旋翼的公式（10-10）类似，但矩阵中的 $(\lambda_\beta^2 - 1)$ 项现在被 0 代替。对于铰接旋翼，在水平中心处铰接，因无弹簧，$\lambda_\beta^2 = 1$，因此该项也是 0。β_{1c} 和 β_{1s} 对 θ_{1c} 和 θ_{1s} 的稳态响应与铰接旋翼相同。与铰接旋翼的区别在于，在稳态下，桨叶不再相对于旋转平面挥舞，因此没有桨叶角速度或加速度（$\lambda_\beta^2 - 1$ 中的单位项），也没有任何离心恢复力（$\lambda_\beta^2 - 1$ 中的 λ_β^2 项）。因此，这一项完全消失了，如式（10-23）所示。当 $\beta_{1c} = -\theta_{1s}$ 或 $\beta_{1s} = -\theta_{1c}$ 时达到平衡。

式（10-23）具有以下形式

$$C\dot{x} - Dx = Eu \qquad (10-24)$$

表示稳定性矩阵 $A = C^{-1}D$，万向节对扰动的自由响应可由矩阵 A 的特征值确定，如

$$\frac{\mathrm{d}x}{\mathrm{d}t} - AX = 0 \qquad (10-25)$$

根据式（10-23），给出

$$A = \delta_\gamma \Omega \frac{\gamma}{8}\begin{bmatrix} -2 & -\dfrac{\gamma}{8} \\[2mm] \dfrac{\gamma}{8} & -2 \end{bmatrix} \qquad (10-26)$$

其中

$$\delta_\gamma = 1\Big/\left(4 + \left(\frac{\gamma}{8}\right)^2\right) \qquad (10-27)$$

根据附录 10B 中的 FXV-15 数据，使用线性化 FXV-15 模型的有效洛克数，我们得到了一对特征值

$$\lambda = -9.1 \pm 1.5i \qquad (10-28)$$

该模态周期相当长，约为 4.2s，其 $t_{1/2}$ 约为 0.076s，为该周期的一小部分。对于悬停中的 FXV-15，万向节在 0.1s 内旋转 周，所以我们可以预期在旋转几周后看到这种瞬态模态的衰减。图 10-15 显示了 FXV-15 旋翼在输入传动轴固定，万向节弹簧强度和桨叶 δ_3 角为零时，对纵向周期变距输入 θ_{1s} 为 1° 的响应。在 1s 时施加控制输入，在 2s 时停止。万向节的响应接近 β_{1c} 的 -1° 和 β_{1s} 的 -0.2°。FXV-15 万向节旋翼模型包括几个特征，这些特

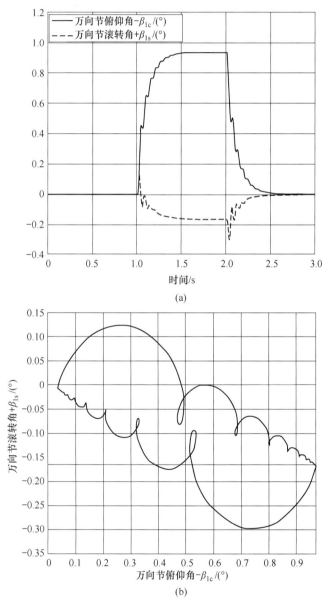

(a)

(b)

图 10-15　悬停状态 FXV-15 对 1° 纵向周期变距输入的响应；万向节弹簧强度和 δ_3 角设置为 0；

万向节俯仰角（β_{1c}）和滚转角（β_{1s}）及其在交会图中的显示

征改变了式（10-23）给出的纯响应，如预锥和下悬式万向节。此外，飞机重心位置略后于发动机短舱，在悬停时需要少量的万向节前倾。瞬态响应如预测一样，衰减时间约为0.5s。还可看到万向节响应中的 2Ω 振荡，毫无疑问这是由 Hooke 万向节关节中存在的 2Ω 旋翼转速波动所致；这一特征清楚地显示在交会图中。

万向节动力学分析和第 3 章中所述的铰接桨叶挥舞分析，假设旋翼入流角 ϕ 较小（式（2-18））。对于万向节旋翼，在固定翼飞机模式下，当前飞速度增加且入流角增加到>45°时，这种假设失效。此时，上述简单分析不再适用，但是基本的原则不变。同时，万向节旋翼桨叶上通常存在一个 δ_3 角的桨距-挥舞耦合。在大入流角下，这种形式的运动耦合会破坏桨叶（弹性）摆振运动的稳定性。这种挥舞-摆振耦合效应首先被揭示在特洛伊·加菲（Troy Gaffey）的开创性论文（参考文献 10.24）中，约翰逊在参考文献 10.25 中对此进行了讨论。加菲（Gaffey）通过对刚性（铰接）挥舞和摆振耦合运动的分析表明，在大迎角下正 δ_3（正挥舞为负桨距）有助于使挥舞和摆振自然频率接近。当挥舞运动的作用抵消了由于摆振率引起的稳定阻尼，平面内摆振运动的阻尼减小。引用加菲（Gaffey）的话，正 δ_3 的不稳定效应产生的原因是：

当桨叶向上挥舞时，桨叶桨距减小，由此产生的向下气动挥舞力矩与离心力矩一起起到恢复弹簧的作用[①]，从而提高了挥舞频率。如果桨叶在平面内摆振，变距-挥舞耦合会感应到桨毂处由于平面外偏转而产生的角运动，并增加桨叶的桨距。由此产生的气动载荷作用于增加平面内的偏转，从而降低了平面内的频率。

加菲通过引入负 δ_3（带正挥舞的正桨距）确定了挥舞-摆振"颤振"的解决方案，从而降低了挥舞的自然频率。XV-15 具有 15° 负 δ_3（参考文献 10.12），有效俯仰-挥舞相位角为-105°。δ_3 也包括在 V-22 恒速万向节上，其中桨距连杆/喇叭几何结构在输入周期变距时产生挥舞，这样周期变距和挥舞之间的有效相位滞后约为-102°（参考文献 10.26）。

需要创新设计恒速万向节倾转旋翼桨毂，使得有限的空间实现操纵功能并满足关节运动。紧凑性需求与提供旋翼桨叶大桨距角范围（可高达 60°）机构的要求相矛盾。例如，图 10-16 显示了 ERICA 倾转旋翼概念（参考文献 10.27）的 DART 旋翼系统分解图，包括轭架上方的恒速万向节。

图 10-16 欧洲 NICETRIP 项目开发的 ERICA 倾转旋翼概念恒速万向节的分解图
（由空客和莱昂纳多直升机公司提供，参考文献 10.27）

[①] 与大多数早期的倾转旋翼动力学分析（如 Johnson，参考文献 10.25）一样，加菲对万向节旋翼进行了建模，其具有独立的、铰接的桨叶，可自由挥舞并在偏置铰周围摆振。

在本章的后面，将讨论倾转旋翼机的载荷减缓及其对飞行品质的影响。然后将重新讨论桨叶运动的动力学，以分析升力对飞机载荷的影响。随着飞机挥舞的出现，将增加飞机的翼根弯矩，尤其是在机动飞行中，载荷减缓技术在倾转旋翼飞行动力学中变得非常重要。

（4）FXV-15 模型组件和数据

FXV-15 的原理图如图 10-17 所示，突出显示了仿真模型的许多组件。FLIGHTLAB 库中有许多类型的运动学、空气动力学、结构、控制和推进组件，图 10-17 中只显示了其中的一部分组件。每个具有相关运动自由度的部件都有一个局部坐标系，其中规定了相对运动和绝对运动。

用于构建 FXV-15 的数据主要来自参考文献 10.11 和 10.12。附录 10B 中列出了一些重要的构型参数，包括带有几何参数的飞机三视图。FLIGHTLAB 模型中以表格形式展示旋翼桨叶、机身和尾翼的气动数据，均为迎角、侧滑角以及（在适当情况下）马赫数的函数。这些表中内容很多，在本书中进行了省略，但是参考内容引用自公开资料，因此读者可以在需要时查阅它们。自动飞行控制系统（AFCS）和推进系统的数据来自参考文献 10.12，但在标准 FLIGHTLAB 库组件中进行了重新配置。本书中简要描述了使用的 FXV-15 仿真模型的组成部分，以及利物浦的各种研究项目的简要说明。

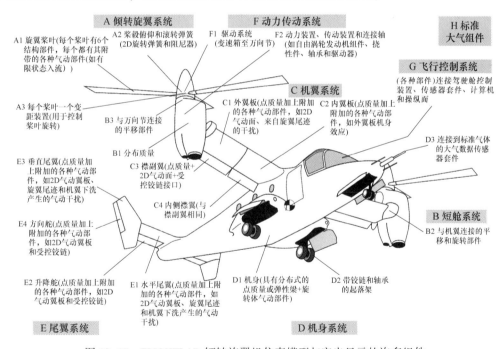

图 10-17 FLIGHTLAB 倾转旋翼机仿真模型与突出显示的许多组件

（5）万向节倾转桨系统

桨毂和桨叶保持系统被作为刚性万向节建模，扭力弹簧减振器组件提供俯仰和滚转自由度。在 FLIGHTLAB 万向节表达式中，忽略了旋翼桨叶的锥形运动和桨叶柔性引起的一次谐波挥舞，只对万向节运动引起的低频挥舞进行了建模，每个旋翼桨叶按照相等环形面积分为五个分段结构部件。每个桨叶的属性包括扭转、弦长、惯性、后掠和下垂。在相同的位置上，气动力计算点（ACP）被定义为结构部件。准定常气动部件模拟成一个二维气动段，该气动段产生的力是一个由迎角和马赫数构成的非线性函数；所需的数据是升力、阻力和俯仰力矩系数表。其他输入是 ACP 个数、桨叶气动根切值和翼型边界节点。FXV-15 模型采用 Peters-He 三态诱导流模型，该模型由一般 Peters-He 有限状态模型（参考文献 10.28）导出。如第 3 章所述，这三种状态是沿径向均匀变化的正弦/余弦谐波分量（见式（3-180））。旋翼尾迹地面效应是通过引入旋翼及其尾迹的图像系统来建模的，随着离地高度的增加，这种效应迅速减小，当 z/R 大于 2 时，这种效应变得可以忽略不计（见图 3-28）。

（6）机翼系统

根据用户提供的数据和一些修正系数，机翼分为四个部件，每个部件具有截面气动力系数 C_l，C_d 和 C_m。在机翼截面上还可以附加一个马蹄形涡系来估计诱导速度分布和诱导流引起的修正迎角。机翼截面升力系数由下式计算

$$C_l = C_{l\alpha}(\sin\alpha\cos\alpha + \tau\eta\delta_f) \tag{10-29}$$

式中：$C_{l\alpha}$ 为升力线斜率；τ 为襟翼效率系数；η 为襟翼效率修正系数；δ_f 为襟翼偏转角。$C_{l\alpha}$ 是马赫数的函数，τ 是襟翼弦长与机翼弦长之比的函数，η 是关于襟翼偏转的函数。无襟翼偏转时的阻力系数是迎角的二次函数，无襟翼偏转时的俯仰力矩系数是迎角和马赫数的函数。使用修正系数计算由于襟翼偏转而增加的阻力和俯仰力矩。当机翼失速时，升力系数限制在最大升力系数 $C_{l\max}$ 内，这是马赫数和雷诺数的函数。利用襟翼弦长比也可以对最大升力系数进行修正。副翼的效果被作为一个增量建模，形式如下

$$C_L = C_{L(\delta_a = 0)} + C_{L\delta_a}\delta_a \tag{10-30}$$

式中：$C_{L\delta_a}$ 是副翼效率以及襟翼构型和发动机短舱角度的函数。升力、阻力和俯仰力矩系数（C_L、C_D 和 C_M）的气动数据根据迎角、襟翼构型和发动机短舱倾斜角制成表格，见参考文献 10.12。

左右外部机翼处于旋翼尾流中，机身左右两侧的两个内部部件假定不受旋翼尾迹的影响。通过将诱导速度的均匀分量施加在飞行器自由流速度上，实现了所有发动机短舱角下旋翼尾迹对机翼和尾翼表面的冲击。此处的关键假设是旋翼尾迹平行于旋翼轴运动，没有由于飞行器速度而引起的气流偏转，并忽略了倾转旋翼典型的射流效应。

（7）机身系统

与第 3 章所述的 Helisim 模型一样，机身气动力和力矩是速度、迎角和侧滑角的非线性函数，并根据参考文献 10.12 中的风洞数据得出。在 FXV-15 中对三个起落架（机头和两个主轮）进行了建模；除了位置之外，其他采用了 FLIGHTLAB 通用旋翼机模型部件，这些部件足以用于地面操纵和基本滑行操作。

（8）尾翼系统

两个尾翼表面的建模方式与机翼相同，通过查表导出的升力和阻力系数，是关于局部迎角和方向舵/升降舵有关的函数。如上，旋翼尾迹对水平安定面的影响是通过添加等效诱导速度分量并对自由流速度矢量施加流量偏转来建模的。在固定翼飞机模式下，通过等效诱导速度来描述螺旋桨尾流对水平尾翼的影响，该等效诱导速度在整个空速和发动机短舱迎角范围内以上升流的形式出现（参考文献 10.12）。由于机翼和发动机短舱产生的偏转尾流，水平尾翼经历了更多的下洗分量。这些数据以一个角度制表，自由流速度应通过

该角度旋转，以包括机翼/发动机短舱偏转尾流的影响。参考文献 10.12 给出了从风洞试验中得出的尾流偏转角，这些偏转角度允许增加尾部的速度分量。

（9）动力装置及传动系统

XV-15 上驾驶舱内的动力系统操纵装置包括一对油门和一个供每个飞行员使用的油门杆。总距油门杆位于每个飞行员的左侧，具有与传统直升机总距驾驶杆相同的运动感观。每个发动机油门都与油门杆相连。在直升机模式下，油门杆的运动同时改变发动机的功率设置（即油门燃油流量）和旋翼的总距。在固定翼飞机模式下，油门杆仅控制发动机的功率设置，因为总距输入作为发动机短舱角度的函数逐渐消失。传动系统通过自动调节旋翼总距来调节旋翼速度，该总距是相对于飞行员设定的参考旋翼速度的 RPM 误差的函数。

FLIGHTLAB 涡轴发动机部件是作为子组件组装的，子组件包括发动机进气道、压缩机、燃烧室、燃气轮机、动力涡轮和排气。每一个组件的热力学建模都需要一组详细的数据，而这些数据在 FXV-15 上是不可用的。因此，发动机模型由一个简单的一阶系统表示

$$\tau\dot{Q}_E + Q_E = Q_c \tag{10-31}$$

式中：Q_E 是发动机在任意时刻的扭矩；Q_c 是指令扭矩；τ 是发动机时间常数。指令扭矩是节气门设置和大气条件的函数，其详细信息见参考文献 10.12。

FLIGHTLAB 动力系统由一组发动机和传动系统仿真所需的组件组成。应用传动比后，齿轮组件将转矩从其子节点传递到父节点。驱动组件模拟旋转运动从输入轴（父轴）到输出轴（子轴）的传递，并将转矩负载从输出轴连接到输入轴，用于旋转自由度的刚性驱动轴部件实现扭矩平衡。离合器部件模拟发动机与传动系统的接合或分离。轴承部件是旋转系统和非旋转系统之间的接口。这些组件的详细信息见 FLIGHTLAB 理论手册（参考文献 10.15）。在传动系统模型中，两个旋翼通过使用驱动部件连接到相互连接的驱动轴（IC）。IC 通过一系列齿轮和离合器部件与发动机相连。IC 对刚性传动系统轴的旋转自由度进行建模，其中动力学方程可以写成

$$I_s\dot{\Omega}_s + I_{yaw}\dot{r} = Q_s \tag{10-32}$$

式中：I_s 是有效的轴转动惯量；I_{yaw} 是与偏航运动相关的轴转动惯量；r 是机身偏航角速度；Ω_s 是 IC 角速度；Q_s 是施加到轴上的总扭矩，且

$$Q_s = Q_E + Q_A + \sum_{R=1}^{2} Q_R \tag{10-33}$$

式中：Q_E 是齿轮传动后的发动机扭矩；Q_A 是发动机附属系统的扭矩；Q_R 是来自两个产生扭矩的螺旋桨旋翼部件的扭矩载荷。在任何时刻，IC 的转速与左、右旋翼转速相同（因为假定为统一齿轮传动的角速度），并且该值被传递给总距调速器系统。

（10）飞行控制系统

XV-15 的基本控制功能如图 10-10 所示。直升机和飞机飞行员输入和操纵面位移之间的传动比见附录 10B。直升机操纵面（功能）包括组合总距（升降）、差动总距（滚转）、组合纵向周期（俯仰）、差动纵向周期（偏航）和组合横向周期（滚转配平）。正的差动总距输入减小了右旋翼的总距，增加了左旋翼的总距，从而产生了绕机体 x 轴的正滚转力矩。组合纵向周期的正输入将使两个旋翼万向节向前倾斜，产生绕机身 y 轴的俯仰力矩。差动纵向周期的正输入使右桨翼表面向左向后倾斜，产生一个绕机身 z 轴的正偏航力

矩。组合横向周期的正输入使两个旋翼平面向右倾斜，产生向右的侧向力和滚转力矩。当发动机短舱从90°旋转到0°时，旋翼控制状态被削弱（见附录10B）。飞机操纵面、副翼（襟翼）、升降舵和方向舵在所有发动机短舱设置和空速下都保持工作状态。XV-15上的控制增稳系统（SCAS）具有俯仰、偏航和滚转角速度以及姿态反馈功能，前馈加速，增益为空速和发动机短舱角度的函数，详情见参考文献10.12。

在进一步讨论倾转旋翼飞行动力学特性（配平、稳定性和响应）之前，气动模型有两个方面值得更多关注。第一个是旋翼尾迹与机翼和尾翼的相互作用，第二个是旋翼尾迹与旋翼本身的相互作用，特别是在涡环状态（VRS）下的飞行。这两种效应在FXV-15中都有初步的模型，但仍需要加以改进，以捕捉相关飞行状态下飞行的不同特性。

10.2.2 低速飞行中相互作用的气动力

FXV-15中使用的旋翼尾迹和尾翼相互作用的气动力是相当简单的，这些数据来自为支持飞行前仿真开发而进行的风洞试验（参考文献10.12）。参考文献10.29和10.30描述了在这些试验中发现的一些现象。旋翼尾迹对机翼的扰动从旋翼下方外侧机翼的下洗流变为内侧机翼的上洗流（所谓的喷流效应）。水平安定面上的旋翼尾迹从低速飞行时的上洗流（尾流动压增加到自由流动压的近两倍）到高速飞行时的下洗流。流过水平安定面的旋翼尾迹也与侧滑呈非线性关系，并在侧滑时会产生上仰。垂直安定面上的旋翼尾迹相互作用也会影响航向稳定性。图10-18（参考文献10.29）显示了40kn速度时尾翼处的流动拓扑，旋翼尾迹在平尾上方卷起。

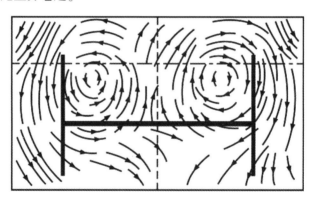

图10-18　XV-15风洞试验尾翼附近流场情况，40kn速度平飞

近年来，利用计算流体力学（CFD）计算程序对低速飞行时倾转旋翼周围流场进行了详细的研究。波茨坦和艾姆斯研究中心的同事利用这些仿真方法，对V-22在飞行中遇到操纵品质问题各种飞行工况进行了研究，特别是在临界方位角测试中，涉及俯仰（尾翼下载）和侧滑中的功率增加（机翼下载）（参考文献10.31和10.32）。图10-19显示了可以通过这种建模获得的结果示例，按本书的方法被归为3级。对这些强非线性物理现象进行近似处理，使其能够在实时飞行模拟中运行，是当前旋翼机建模面临的挑战。

10.2.3 涡环状态（VRS）及其对倾转旋翼机的影响

倾转旋翼VRS相关的流场基本上与单旋翼直升机相同，第3章中关于图3-13~图3-16的描述同样适用。在低速时，随着下降速度的增加，桨尖涡合并形成一个环形涡，导致桨盘外部区域大范围的回流，以及内部强烈的下洗流。另一个问题是，VRS在多大程度

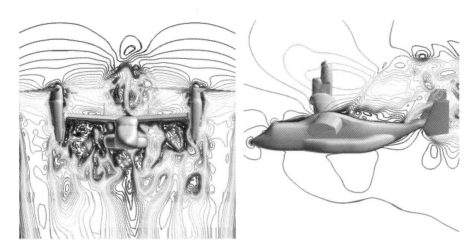

图 10-19 计算流体力学（CFD, OVERFLOW-D）V-22 倾转旋翼机在悬停（左）和
35kn 速度前飞（右）时的速度标量图

上限制了带有高负载旋翼和高扭转桨叶的倾转旋翼。

2000 年 4 月 8 日，一架 MV-22 在低空非对称进入 VRS 后坠毁。前飞速度小于 40kn，下降速度大于 2000ft/min（参考文献 10.2），在向右滚转之后，右侧旋翼进入 VRS，飞机倒着撞到地面。这一事故引起了广泛的反思，为了更好地了解倾转旋翼 VRS 的特殊性（参考文献 10.33~10.40），尤其是与非对称 VRS 相关的滚降现象，在参考文献 10.33 中，约翰逊（Johnson）对以前 VRS 的研究进行了广泛的回顾，并提出了一个适用于飞行模拟的新的经验模型。引用参考文献 10.33，"VRS 模型是动量理论的参数扩展，用于计算旋翼的平均入流量，因此适合于简单的计算和实时模拟"。该入流模型主要是根据飞机运动的稳定边界来定义的。它计算了直升机在 VRS 转换过程中的响应，并与飞行试验中测得的垂向速度下降进行了比较；它计算了倾转旋翼在 VRS 转换过程中的响应，显示了倾转旋翼的滚转特性。

模型结果如图 10-20 所示（参考文献 10.33）。结果可与图 3-13 中杨氏近似值进行比较，虽然这里的横坐标是诱导速度，而图 10-20 中横坐标是流经旋翼的总法向流量。该模型需要特别注意避免数值问题。引用约翰逊的话：

为了消除动量理论的奇异性，在给定 V_x 的动量理论的两个分量上分别识别 A 点和 B 点，并用一个三阶多项式连接。通过匹配 A 点的 v 和 dv/dV_z，B 点的 v（多项式的常数项设为零）来确定多项式的系数。随着 V_x 的增加，点 A 和点 B 一起移动，因此当 V_x 超过 C 点时，完全使用动量理论的结果。有必要用 V_x 来调整点 A 和点 B 的变化，使多项式表现良好（特别是随着 V_x 的增加，点将向右移动，这样多项式就匹配到了右边动量理论峰值，其中 $dv/dV_z<0$）。

图 10-20 中的 VRS 模型曲线也得到了来自 Betzina 风洞数据的支持（参考文献 10.34）。需要注意的是，涡环近似于旋翼的螺旋桨工况，而不是风车状态（图 10-20 中的下分岔线）。

约翰逊将 VRS 定义为升降阻尼（Z_w）变为正的情况，w 中的扰动（如下降率的增加）导致推力的减小。当我们使用杨氏近似值（见图 3-13）时，由于下降率的小幅增加，入

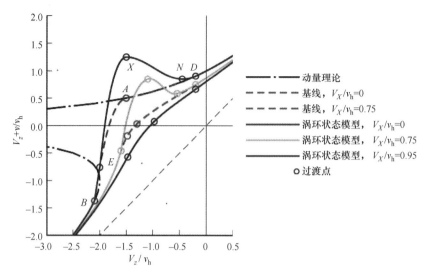

图 10-20 轴向和前飞的约翰逊 VRS 模型（参考文献 10.33）

流量迅速增加，这就是实际上会发生的情况。约翰逊理论导出了飞行动力学模型所需的负阻尼，并预测了稳定性边界（垂直运动），如图 10-21 所示。这里，VRS 测试点绘制在垂直速度与水平速度的图上；通过悬停诱导速度无量纲化的数据可以与图 3-16 所示的结果进行比较。D6075（HH-65 Dauphin）测试点来自参考文献 10.35，其中飞行试验结果用于改善空客/DLR/ONERA 飞行力学模型 HOST（参考文献 10.41）在 VRS 条件下的性能。V_z 下降与进入 VRS 后的垂直运动相对应。V-22 滚降点对应于非对称进入 VRS。

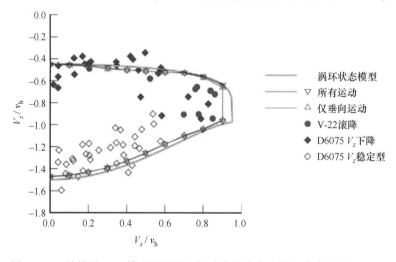

图 10-21 约翰逊 VRS 模型预测的飞行动力学稳定边界（参考文献 10.33）

约翰逊的检验和分析是全面的，并且是在对 V-22 进行飞行试验的同一时期进行的，以确定飞机易受 VRS 影响的条件范围（参考文献 10.38 和 10.39）。图 10-22 摘自参考文献 10.39，以量纲形式和无量纲形式总结了结果，再次通过悬停诱导速度进行了无量纲化。HH-65 VRS 起始结果来自参考文献 10.35，其中报告了 ONERA VRS 的飞行试验和建模。通过对比图 10-21 和图 10-22 可以看出，VRS 入口垂直速度和上方水平速度以及进入 VRS

的入口之间存在合理的相关性。从操作的角度来看，V-22（40kn，1800ft/min）的速度边界比 HH-65（18kn，800ft/min）要高得多，后者与第 6 章 6.5.4 节中讨论的结果更为接近。当然，这些差异反映出 V-22 有更高的旋翼下洗。在图 10-22 中，V-22 VRS 起始点和 V-22 VRS 滚降点代表参考文献 10.39 中的两个最严苛条件。VRS 起始值对应于"可测量推力波动"和"持续滚转加速度误差/差动推力误差（>1s 需要 50%控制权限）"。VRS 滚转是最严重的一类，对应于"可测量推力波动"加上"不可控的非指令滚转（>1s 需要>100%控制权限）"。

参考文献 10.39 报告了在对称或非对称进入 VRS 状态时建立恢复技术的试验报告。作者对单旋翼直升机进行了比较分析，引用如下：

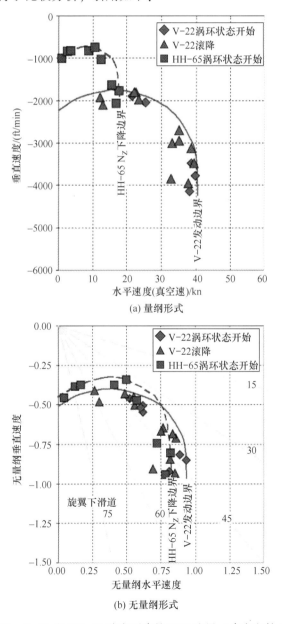

图 10-22　V-22 和 HH-65 稳定下降的 VRS 边界（参考文献 10.39）

常规直升机遇到 VRS 时通常会经历垂直速度的急剧上升。直升机采用旋翼前倾提高水平空速是首选的 VRS 恢复技术。虽然这是一种有效的恢复技术，但它依赖于在 VRS 遭遇过程中对周期变距输入的气动响应。当倾转旋翼遇到 VRS 开始时，会发生非指令的滚转或抖振。V-22 低速/高速下降试验的一个关键发现是在充分的 VRS 时发动机短舱旋转的有效性。在试验过程中，故意演示了许多抖振条件。每一个都可以很容易地恢复，发动机短舱向前旋转约 15°（在最大指令速度下为 2s）。发动机短舱前向旋转可快速减小桨盘迎角，增加相对水平空速，从而消除旋翼的 VRS。发动机短舱旋转为倾转旋翼机提供了优于传统直升机的优势，因为它是一种直观的机械驱动恢复装置。典型的抖振显示的最大倾斜角度小于 30°。

如图 10-20 所示，轴向飞行的负升降阻尼区域在 X 点和 N 点之间。如果假设该区域的垂直下降率为悬停诱导流的 1.5 倍，总入流量接近 1.5，则旋翼入流量接近悬停入流量的 3.0 倍。贝尔直升机公司的布兰德（Brand）及其同事在 2007 年美国直升机协会年度论坛上发表的开创性论文中讨论了旋翼入流量如何在下降飞行中增加到如此大的值，并随后发表在参考文献 10.40 中。涡环状态的性质与本文的内容密切相关。作者着重讨论了 VRS 的物理特性，并讨论了许多有助于深入理解 VRS 的事例，包括该公司进行的飞行试验（如参考文献 10.38 和 10.39）。布兰德指出，桨尖涡主导着旋翼下方的流动结构，虽然从旋翼上方延伸并在旋翼下方加速的流管流动模型（见第 3 章）能够很好地预测诱导功率和旋翼推力，但它不是一个正确的物理模型。"VRS 的基本动力学是指这些封闭间隔的涡完全重塑圆柱尾迹，并形成一个稳定的同步旋转/合并尾迹单元系统。"因此，当旋翼下降到它自己的尾迹中时，桨尖涡的螺旋模式压缩得越来越紧密，最终融合并演变成一个高度有序的涡环（见图 10-23）。

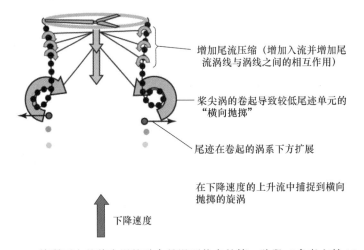

图 10-23　旋翼下方的桨尖涡的融合是涡环状态的第一阶段（参考文献 10.40）

布兰德和他的同事讨论了建立旋翼及其尾迹现象学模型的发展，以捕捉垂直飞行中的这些特性；所谓的"涡环源模型"是用一系列涡环代替螺旋涡尾迹，每个桨叶每转一圈产生一个涡环。参考文献 10.40 给出了模型的细节，它们捕捉了涡环的滞后特性，如图 10-24 所示。当涡环翻转到旋翼上方的位置时，VRS 在流场拓扑中出现分叉。参考文献 10.40 给出了将旋翼引入 VRS 的总距逐步减小的响应结果。本文讨论了最终使旋翼进入的情况：

VRS 最重要的阶段（即相对于下降率具有负推力阻尼的阶段）。所有先前的总距下降都稳定在一个更高且恒定的下降率上。此时，由于没有进一步的总距减少，旋翼进入充分发展的 VRS。当每一个桨叶流道为快速发展的涡环增加另一个涡时，旋翼处于绝对的劣势，流场降低桨叶的迎角并因此导致升力降低。一旦旋翼接近图 10-20 中的负阻尼区域，推力损失就会加快，以至于旋翼基本上穿过环，与旋翼上方的环形成新的、稳定（正阻尼）流动状态，但仍会受到涡环的影响。

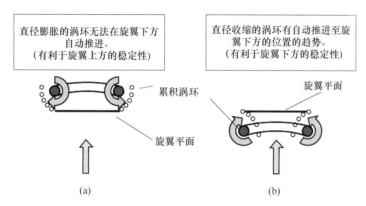

图 10-24 稳定环位置滞后的源（a）旋翼上方累积的涡使新出现的环"膨胀"，而（b）旋翼下方的累积涡使新出现的环收缩。新出现环的直径是决定后续环对流方向的主要因素，并提供了一种非常有利于保持累积环当前位置的机制（参考文献 10.40）

图 10-25 是作者为 ACT-TILT 项目（参考文献 10.42）的评估而开发的类似环形涡环源模型。与参考文献 10.40 中的模型一样，这只是一个轴向飞行示例，用于表示涡流环"分叉"进入旋翼上方稳定位置后的流场。

VRS 对传统直升机和倾转旋翼机的建模和飞行品质都是一个重大挑战。V-22 的事故使人们对这一现象的物理本质有了更为深入的了解，并开发了能够广泛代表这一现象的仿真模型，这些模型足以作为飞行员培训活动的一部分来演示这一问题。然而，这套保护措施中最重要的因素是明确界定飞行包线界限，以确保正常的操作要求和程序中不包含使飞机接近这一界限的行为。由于 V-22 在低于 40kn 飞行时，下降率的操作极限大于 800ft/min，因此已经在其机组手册中有了必要的限制。当在冷静的情况下分析事故时，往往是：一系列操纵需要和人为失误导致突破了飞行包线限制（见附录 5A）。第 7 章（7.3.3 节）讨论了所谓的无忧操纵的飞行品质，有一个强有力的证据证明这种自动包线保护与 VRS 的避免有关。

在 FXV-15 仿真模型中，VRS 条件使用参考文献 10.43 中记录的修正动量理论进行建模。这是一个半经验模型，将实验（风洞）数据与入流模型的参数相结合，如图 10-20 所示。该模型只捕获初始响应、升力损失和向下加速度，不能用于飞行品质评估和恢复技术评估。

10.2.4 配平、线性化和稳定性

如图 10-11 所示，10.2.1 节 16 个状态双旋翼模型的配平和线性化过程，隐藏了任意升力面或升力体的基本特征背后的复杂性。升力和环流引起的力和力矩产生了空气响应（尾流及其涡旋），而尾迹在升力面和升力体周围引起速度变化，从而改变升力等。这个非

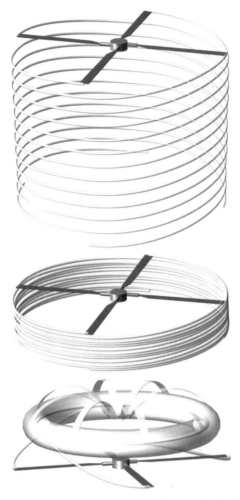

图 10-25　悬停、下降和 VRS 条件下的旋翼尾迹，螺旋形涡环概念图
（参考文献 10.42）

定常的过程在物理上需要时间来发展，所需的迭代需要时间在数学条件下收敛，从而显著地影响配平和线性化过程。在具有有限状态尾迹的 2 级单片桨叶仿真模型中，桨叶运动和载荷包含频率为 1Ω、2Ω 和更高转速的振荡分量，这些振荡分量以振动的形式传递到飞机和重心的运动中。除了在静止的空中悬停，没有零加速度情况下的配平，需要确定的配平条件是运动状态、分力和力矩分量的平均值。飞行员的操纵在配平条件下是固定的，在正常配平计算中是主要未知数。但即使在这里，总距驾驶杆的任何灵活性都将导致在倾斜盘上方发生振荡载荷和运动。然后，在配平中确定倾斜盘的倾斜角度、作动器行程和随后的飞行员操纵位置，以及任何 SCAS 输入。平均条件下 $N\Omega$ 波动的周期性可用于优化配平算法。另一个可以利用的特性是，在配平中，不同的桨叶在方位角周围形成相同的轨迹。例如，一个 n 桨叶旋翼的第 i 个桨叶在 $2\pi/n$ 弧度后与前（$i+1$）个桨叶处于完全相同的条件下。麦克维卡（McVicar）和布拉德利（Bradley）利用了这些性质（参考文献 10.44 和 10.45）来支持参考文献 10.46 和 10.47 中描述的 2 级倾转旋翼机的仿真开发。本文描述说明了提高配平计算效率的创新方法。

麦克维卡和布拉德利表明，对于 n 桨叶旋翼，上述周期性条件保证了挥舞状态之间的关系可以写成如下形式

$$x_{\mathrm{r}}\left(\frac{2\pi}{n}\right) = P_{\mathrm{r}} x_{\mathrm{r}}(0) \tag{10-34}$$

其中 x_{r} 是挥舞和挥舞速度运动的状态向量

$$x_{\mathrm{r}} = \left[\beta_1,\ \dot{\beta}_1,\ \beta_2,\ \dot{\beta}_2,\ \cdots,\ \beta_n,\ \dot{\beta}_n\right] \tag{10-35}$$

其中旋翼转换矩阵由下式给出

$$P_{\mathrm{r}} = \begin{bmatrix} 0 & 0 & 1 & 0 & 0 & 0 & \cdots & 0 & 0 \\ 0 & 0 & 0 & 1 & 0 & 0 & \cdots & 0 & 0 \\ 0 & 0 & 0 & 0 & 1 & 0 & \cdots & 0 & 0 \\ 0 & 0 & 0 & 0 & 0 & 1 & \cdots & 0 & 0 \\ \vdots & \vdots & \vdots & \vdots & \vdots & \vdots & & \vdots & \vdots \\ \vdots & \vdots & \vdots & \vdots & \vdots & \vdots & & \vdots & \vdots \\ 0 & 0 & 0 & 0 & 0 & 0 & \cdots & 1 & 0 \\ 0 & 0 & 0 & 0 & 0 & 0 & \cdots & 0 & 1 \\ 1 & 0 & 0 & 0 & 0 & 0 & \cdots & 0 & 0 \\ 0 & 1 & 0 & 0 & 0 & 0 & \cdots & 0 & 0 \end{bmatrix} \tag{10-36}$$

转换矩阵是单位元素右移了每片桨叶的状态数的单位矩阵；由于摆振和摆振速率的增加，使单位矩阵右移两个元素。

这种"部分周期性"扩展到机身（下标 f）和旋翼入流（下标 i）状态，但这些非旋转状态不需要转换矩阵，因此

$$x_{\mathrm{f}}\left(\frac{2\pi}{n}\right) = x_{\mathrm{f}}(0)$$

$$x_{\mathrm{i}}\left(\frac{2\pi}{n}\right) = x_{\mathrm{i}}(0) \tag{10-37}$$

式（10-34）和式（10-37）可以组合成与不同方位的状态相关的单个变换。然后通过状态在部分周期内的积分来定义配平

$$x_{\mathrm{trim}} = \frac{1}{t_{\mathrm{p}}} \int_0^{t_{\mathrm{p}}} x \mathrm{d}t \tag{10-38}$$

这是配平过程的第一步。第二阶段包括计算操纵量和未定义状态，以确保达到规定的配平状态，并且所有速度平均变化率为零，或在定义公差允许的范围内接近于零。在第 3 章中，这一过程是通过对非线性代数方程组数值求解来完成的。对于 MBD 模型，每个组件都有自己的一组运动状态和力，但没有以相同的方式明确表达这些状态和力，如图 4-4 和图 4-5 所示的 1 级直升机模型。在动态响应计算中，配平过程采用了初值问题的形式。参考文献 10.44 给出了配平状态为飞机速度、侧滑角、轨迹角、转弯速度和滚转姿态的样例

$$x_{\mathrm{trim}} = [V,\ \beta,\ \gamma,\ \Omega,\ \phi]^{\mathrm{T}} \tag{10-39}$$

计算所需的未定义状态，如机身俯仰角和速度、机身速度 p、q、r、万向节挥舞角、旋翼入流量和操纵量（组合总距差动、组合纵向周期变距和横向周期变距差动）

$$u_{\mathrm{trim}} = \left[\theta_{0\mathrm{c}},\ \theta_{0\mathrm{d}},\ \theta_{1\mathrm{sc}},\ \theta_{1\mathrm{sd}},\ \theta_{1\mathrm{cc}}\right]^{\mathrm{T}} \tag{10-40}$$

给出的样例是倾转旋翼机的直升机模式，此时固定翼飞机的操纵面不产生作用。使用五个操纵量可以确定五个配平状态，如式（10-39）。通过对操纵量和未定义状态（初始值）的初始预测，计算所有组件上的力，以及随后状态的变化率（加速度）。然后，参考文献 10.44 中的方法通过积分模型的非线性微分方程来计算新状态，并采用牛顿-拉弗森（Newton-Raphson）迭代使加速度为零并满足式（10-38）。

这里需要注意的是仅在 $2\pi/n$ 弧度上进行积分，以计算保持配平条件所需的操纵和飞行器状态。FLIGHTLAB 的配平方法（参考文献 10.48）以及用于 FXV-15 模型的方法没有使用参考文献 10.44 中描述的部分周期性算法，但采用了类似的迭代方案来寻找配平和动态响应解。与产生稳定性和操纵导数时一样，采用扰动方式将部件的非线性方程与状态和操纵有关的非线性方程线性化。但在这里，导数被用来更新运动和操纵，从而使加速度或广义力增量逐渐变为 0。最终，当达到配平时，导数和相关的广义力减小到规定的公差范围内。

FXV-15 的配平结果如图 10-26 所示，包括纵向控制、俯仰姿态、万向节俯仰和滚转角。在直升机模式下，将纵向驾驶杆线性向前推进，以修正逐渐下降的俯仰姿态；周期变距和升降舵遵循这一线性趋势，如图 10-26（a）所示。为了补偿增加旋翼挥舞角（右旋翼的万向节总距），俯仰姿态随速度的变化是强非线性的。图中的万向节滚转角尚未配平，不过飞行员可以选择使用组合横向周期变距配平按钮进行此操作。与传统直升机一样，当前飞中非均匀的纵向入流增加时，右万向节桨盘会向右倾斜，随着这种效应的减弱而逐渐减小。总距显示至少在 65kn。过渡模式下的配平结果大体上保持了这种趋势，如图 10-26（b）所示。当前飞速度超过最小功率值时，总距增加。当发动机短舱倾斜到 60° 时，由于前飞速度的增加，旋翼入流增加，万向节倾角减小，随着俯仰改变标志（前襟翼）变距，当飞机俯仰角在 110kn 左右调整为 0 时，发动机短舱处于 60°。在固定翼飞机模式下，飞行员驾驶杆的坡度会随着速度和所需的升降舵角度而变平，如图 10-26（c）所示。固定翼飞机在亚声速时俯仰力矩随前飞速度的变化相对较小；机翼和尾翼表面的力和力矩与动压成正比。飞机俯仰姿态调整为越来越小的值，以实现机翼上所需的迎角和升力。万向节倾斜角由发动机短舱的入射角和侧滑角决定。图 10-26（d）显示了 FXV-15 配平结果与参考文献 10.12 预测结果的比较；良好的匹配结果增加了在 RHILP 和 ACT-TILT 项目中使用 FXV-15 模型的信心。

MBD 模型的线性化过程与配平类似。回想一下，在第 4 章中，导数是通过扰动状态和操纵的每个分力和分力矩的表达式来计算的。对于 6 自由度模型，得到了 36 个稳定性导数和 24 个操纵导数。将多桨叶挥舞角 β_{1c}、β_{1s} 和锥度角 β_0 作为状态量，得到了 3 个常系数的二阶微分方程，以及 18 个与多桨叶坐标系中的阻尼、刚度和耦合元素有关的稳定性导数和 9 个操纵导数。通过忽略运动方程中的周期项来获得常数系数。对于带有万向节或铰接保持架的单桨叶旋翼模型，包括三维气动力效应，每转一次的假设不再适用，因为 2 级旋翼建模的逼真度正在提高，以捕捉围绕方位角和沿桨叶半径变化的局部失速或非定常效应。然而，为了得到能够计算特征值和特征向量的常系数近似值，线性化过程更为复杂。通常，对旋翼动力学的线性近似将以多个桨叶坐标自由度为特征，这些自由度与刚性挥舞和摆振、桨叶弹性模态和气动入流状态相关，这些状态都包括每转 M 个分量，其中 M 的取值范围为 0 到感兴趣的最大频率。必须为每个扰动状态和控制捕捉其周期效应的系数。这可以通过扰动模型和在适当的方位角对每个状态（如飞机滚转加速度、挥舞加速度）相关的广义力和力矩进行采样，并计算一圈后的平均值和周期项来实现。方位角的数值由感兴趣的最高周期确定，例如，具有六个元素的有限状态尾迹需要每15°或更少的间隔进行采样。

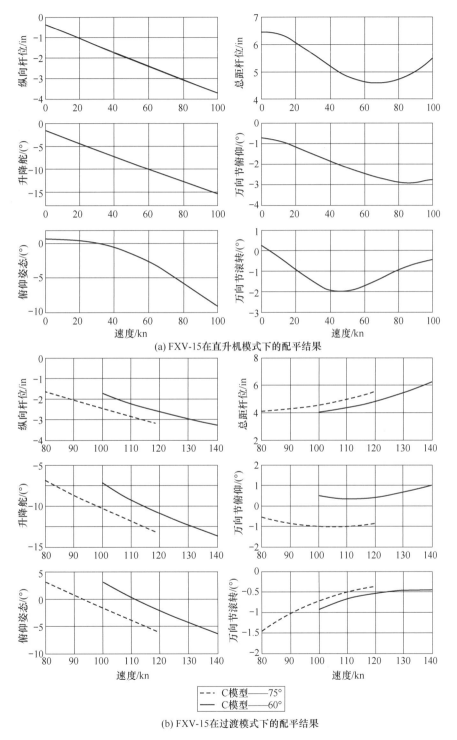

(a) FXV-15在直升机模式下的配平结果

(b) FXV-15在过渡模式下的配平结果

图 10-26　FXV-15 的配平结果

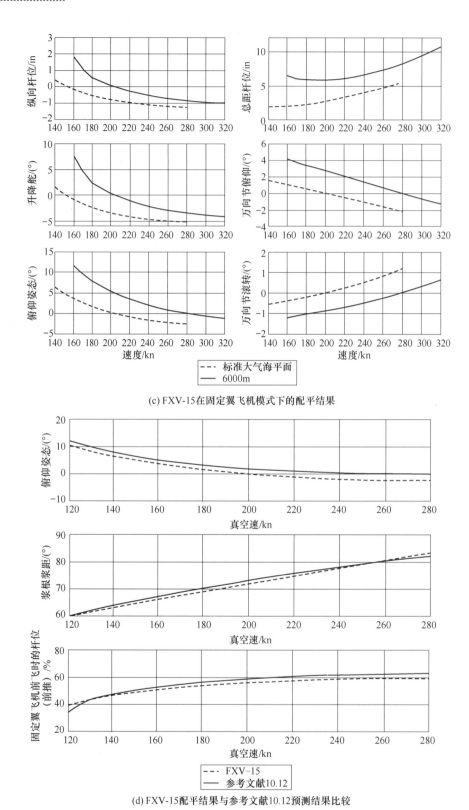

(c) FXV-15在固定翼飞机模式下的配平结果

(d) FXV-15配平结果与参考文献10.12预测结果比较

图 10-26（续）

如参考文献 10.44 所述，旋翼动力学的常系数表示法在某些情况下会给出错误的旋翼稳定性结果。时变效应存在于运动方程的周期项中，正确的分析需要将方程作为周期系统来处理。麦克维卡和布拉德利将其部分周期性技术应用于旋翼稳定性的 Floquet 分析，读者可参考他们的工作以了解更多细节。

在本章飞行品质部分，详细描述了 FXV-15 仿真的 6 自由度稳定性和操纵导数以及相关特征值。在那里，读者将能发现通过稳定性分析揭示的倾转旋翼机动力学的许多方面。在此之前，将从 FXV-15 获得的稳定性和操纵参数与从各种参考文献（参考文献 10.12，10.49~10.52）中获得的稳定性和操纵参数进行比较，如表 10-1 所示。以下只是对比较结果的描述；作者没有对差异进行更详细的解释。

使用的第一个参考对象是参考文献 10.12，其中报告了贝尔直升机公司开发的通用倾转旋翼机（generic tilt rotor，GTR）模型。GTR 中使用的数据是建立 FXV-15 模型的基础。参考文献 10.12 中描述了三种飞行情况：120kn 下的直升机模式、120kn 下的过渡模式（60°发动机短舱）和 260kn 下的固定翼飞机模式。总的来说，这些比较是合理的，但有一些差异较为突出。根据 GTR 模型，直升机和过渡模式中的纵向长周期频率预计将高出约 60%。在固定翼飞机模式下，根据 GTR 模型预测，飞机纵向长周期频率和阻尼要低得多。参考文献 10.51 包含马克·蒂施勒（Mark Tischler）使用系统辨识（SID）方法对 XV-15 飞行试验数据进行的首次正式分析。参考文献 10.52 包含了更先进的频域方法的最新分析。在参考文献 10.52 中，蒂施勒注意到 GTR 模型获得了飞行中表现出的滚转响应特性；这一点通过表 10-1 所示的固定翼飞机模式下横向特征值的合理一致性得到证实。在直升机模式下，蒂施勒无法预测螺旋不稳定性，部分原因是所辨识的模型中没有 L_r 效应；偏航角速度引起的滚转力矩对螺旋稳定性的影响在本章的飞行品质部分进行了讨论。由于可辨识性问题，在 SID 过程中从模型结构中消除了该导数。SID 预测还显示了在悬停时俯仰-升降衰减和长周期模态的更高的阻尼。进一步的观察是 FXV-15 模型预测的固定翼飞机模式（170kn 情况）下有较高的短周期频率。最后，将 FXV-15 模型得到的操纵灵敏度预测值与参考文献 10.49 和 10.50 中的估计值进行了比较。

表 10-1 FXV-15 特征值（黑体）与公布数据的比较

	直升机悬停模式（海平面）	直升机模式 120kn（海平面）	过渡模式 120kn（海平面）	固定翼飞机模式 170kn（海平面）	固定翼飞机模式 260kn（海平面）
俯仰短周期模态	**−0.68，−0.143**	**−1.41±2.79i**	**−1.29±2.5i**	**−1.53±3.71i**	**−2.20±4.59i**
	−1.32，−0.105[2]	−1.44±3.3i[1]	−1.302±2.86i[1]	−1.21±1.82i[2]	−2.23±4.19i[1]
长周期振荡模态	**0.15±0.42i**	**−0.054±0.076i**	**−0.077±0.173i**	**−0.15±0.16i**	**−0.17±0.17i**
	0.268±0.513i[2]	−0.034±0.12i[1]	−0.073±0.27i[1]		−0.012±0.015i[1]
横向长周期振荡−荷兰滚模态	**0.006±0.31i**	**−0.24±1.34i**	**−0.215±1.41i**	**−0.50±1.94i**	**−0.63±2.82i**
	0.187±0.406i[2]	−0.308±1.371i[1]	−0.203±1.53i[1]	−0.445±1.48i[3]	−0.49±2.45i[1]
	0.0156±0.44i[3]				

表 10-1（续）

	直升机悬停模式（海平面）	直升机模式 120kn（海平面）	过渡模式 120kn（海平面）	固定翼飞机模式 170kn（海平面）	固定翼飞机模式 260kn（海平面）
螺旋模态	**0.136**	**−0.048**	**−0.06**	**−0.119**	**−0.075**
	−0.102[2]	−0.043[1]	−0.042[1]	−0.106[3]	−0.07[1]
	−0.142[3]				
滚转收敛模态	**−0.792**	**−1.37**	**−1.63**	**−0.84**	**−1.409**
	−1.23[2]	−1.1[1]	−1.131[1]	−0.938[3]	−1.21[1]
	−0.646[3]				
操纵灵敏度	悬停	俯仰 **0.268**，0.275[4]			
		横滚 **0.33**，0.90[4]			
		偏航 **0.115**，0.121[4]			

注：①参考文献 10.12（哈伦德拉）。
　　②参考文献 10.51（蒂施勒 1987 年）。
　　③参考文献 10.52（蒂施勒 2012 年）。
　　④参考文献 10.49，10.50（费格森，施罗德）。
　　FXV-15 模型的操纵灵敏度预测值与参考文献 10.49 和 10.50 的估算值有较好的吻合。

10.2.5　响应分析

倾转旋翼机对操纵输入和大气扰动响应的计算遵循与第 5 章所述类似的数值过程。图 10-27 显示了非线性 FXV-15 四个轴在直升机悬停模式、过渡模式（60°发动机短舱）和

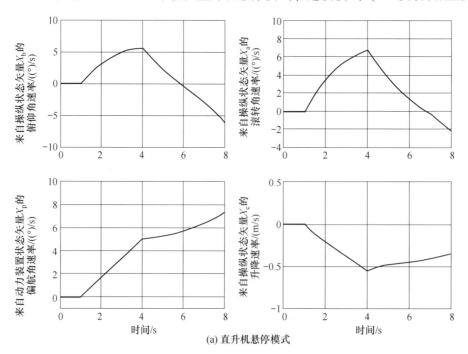

(a) 直升机悬停模式

图 10-27　FXV-15 的响应结果

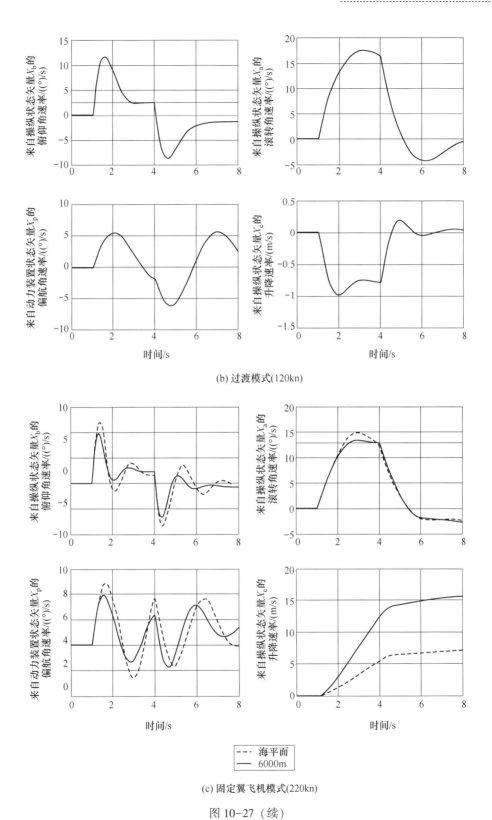

(b) 过渡模式(120kn)

```
----- 海平面
      6000m
```

(c) 固定翼飞机模式(220kn)

图 10-27（续）

固定翼飞机模式（220kn）下的主要响应示例，所有这些均在海平面高度。在悬停模式下为 0.25in 的操纵输入，在过渡和固定翼飞机模式下为 1in。在 1s 时施加输入，4s 时取消。在悬停状态（见图 10-27（a）），纵向周期俯仰角速度和横向周期滚转角速度显示（非常）缓慢地过渡到稳定状态，但是与传统直升机一样，从长周期响应来看飞机是不稳定的。随着脚蹬操纵的取消，偏航角速度继续增加，垂直速度稳定在约 0.5m/s（0.25in 驾驶杆约100ft/min）。这些结果可以与本章飞行品质部分的导数的线性分析相关联。

过渡模式下的结果（见图 10-27（b））通常显示出更快的增长速度和更高的稳态响应。俯仰角速度响应揭示了一个回落特性，将在 10.3 节中详细探讨。滚转响应显示的操纵灵敏度约为 17（°）/（s·in），通过 DCP 和副翼的联合作用实现。与直升机模式相比，当发动机短舱向前倾斜 60°，升降响应约为-1m/（s·in）。在固定翼飞机模式下（见图 10-27（c）），俯仰角速度响应和回落增加，此时可以看到在 6000 m 高度的短周期振荡中出现阻尼降低。虽然对副翼的滚转响应是一个速度指令，但对脚蹬的响应包含了强烈的荷兰滚模态要素；在较高的高度，由于尾翼的气动阻尼和刚度的降低，阻尼再次减弱。此时控制油门的总距杆的强烈剧增响应如图 10-27（c）的右下方所示。

本章 10.3 节的讨论和结果将补充对这些响应的简要描述。最后，图 10-28 和图10-29 显示了过渡和固定翼飞机模式下 FXV-15 仿真与飞行试验数据的比较（参考文献10.53）。这些结果是在利物浦进行的关于倾转旋翼结构载荷减缓（SLA）研究的一部分，本章后面将对此进行更详细的讨论。普遍认为这些比较是合理的和足够好的，使得FXV-15 仿真可以在 RHILP 和 ACT-TILT 项目中的飞行品质和载荷减缓研究中作为基准使用。

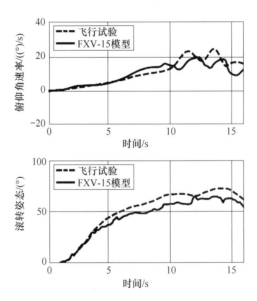

图 10-28　FXV-15 在过渡模式下进入 1.8g 转弯的响应与飞行试验数据的比较

（参考文献 10.53）

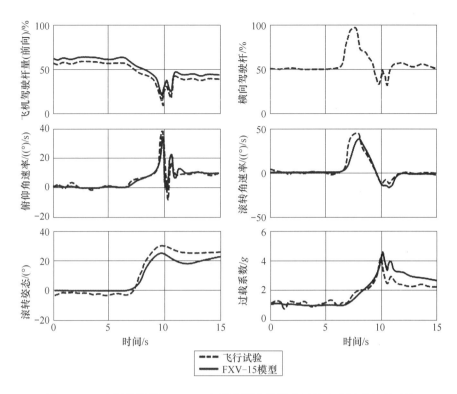

图 10-29　飞行员操纵 FXV-15 在固定翼飞机模式下进入高过载转弯时的
响应与飞行试验数据的比较（参考文献 10.53）

10.3　倾转旋翼机的飞行品质

10.3.1　概述

在讨论倾转旋翼机飞行品质时，一个值得注意的问题是，应该采用什么样的设计标准和评价准则？然后，如何将固定翼飞机和旋翼机的标准和准则结合起来，为这种混合型飞机开发一套通用的标准？这些问题的答案可以由本书第 6 章～第 9 章中已经阐述的飞行/操纵品质工程学的原则和实践来指导。首先，也是最重要的原则是，所需的飞行品质由角色和飞机必须执行的任务决定。因此，如果要求倾转旋翼机执行与常规直升机相同的任务，那么至少应该有一系列相同的任务科目基元（MTE）。当倾转旋翼机在直升机模式下悬停和低速飞行时，以及在与传统直升机相近的前飞速度下以过渡模式飞行时，情况尤其如此。在固定翼飞机模式下，情况不太清楚，因为目前的军用固定翼标准没有采用如此明确的任务导向方式。XV-15 提供了在飞行品质设计中如何处理不同飞行模式的例子。参考文献 10.54 描述了控制系统设计原理，以建立操纵和故障的相关要求。引用如下：

在试验海拔、关闭 SCAS 并打开力感知系统（FFS）的固定翼飞机模式下，基本的操纵品质要求是提供 MIL-F-8785（参考文献 10.55）1 级操纵品质。这样可以确定尾翼的大小及其控制行程。此外，悬停时要求是在 SCAS 和 FFS 开启的情况下提供（MIL-H-8501，参考文献 10.56）1 级操纵品质。SCAS 增益与机身角度相对应，能在整个飞行包线内提供理想的性能。

作者在括号里加了参考资料。

一个相关的原则是，一方面要根据飞行任务的敏捷性和操纵性等指标来确定飞行品质等级的界限，另一方面，由于时间和空间上的限制，需要根据任务要求来确定合格的 MTE 性能标准。ADS-33 中不同等级的边界强调了这一重要方面（见图 6-40 和图 6-65）。这些原则是考虑倾转旋翼时的重要指南，但我们也必须谨记，飞行品质工程是一门不断发展的学科，一方面受到民用和军用作战理论发展的驱动，另一方面受到技术创新的驱动。新的构型会带来新的机会和问题，例如：

①一种新的构型能以不同于传统直升机的方式执行当前的 MTE 吗？在这种情况下，是否需要新的响应和稳定性标准来描述这种能力？

②新构型的操纵能力是否能够满足新类型的 MTE，以及适当的性能标准是什么？

③新的响应特性（如交叉耦合）是否需要新的标准用于确定可接受的补偿水平？

④考虑到飞行品质的下降，是否需要对第 8 章中规定的做法（见图 8-47）进行修改，以便应用于新构型，如倾转旋翼机？

这些问题指引着飞行品质学科准则和实践的发展。对于倾转旋翼机，尽管自 XV-3 首飞以来已有 60 年历史，但尚无专门针对民用飞机的正式标准。对于 BA609（现在为 Leonardo AW609），参考文献 10.4 描述了当时所有适用的 FAA 认证标准（大约 2000 年），如图 10-30 所示。这些图表说明了尽管运输类的固定翼飞机（FAA 第 25 部）和旋翼机（FAA 第 29 部）的标准通常仅能适用于四分之三的"动力增升、倾转旋翼类"设计（左图），但新标准中性能和操纵品质的相关要求所占的比例相似（右图），特别是与过渡模式下的操作有关的标准。在这一阶段，引用参考文献 10.4，设想"目前的操纵准则、空中管制程序和直升机停机坪只需稍作改动即可适应 BA609。未来空域系统的规划需要体现倾转旋翼机运行的灵活性。"此处的建议是，倾转旋翼机可以相对容易地适应固定翼飞机的操作准则，但需要新的扩展，以充分利用倾转旋翼的操作灵活性，从而引入新的飞行品质要求。

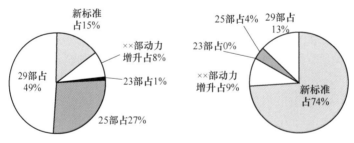

图 10-30　BA609 的认证依据（现为 AW609，参考文献 10.4）

在参考文献 10.4 中的论述 8 年后，参考文献 10.8 审查了 BA609 操纵品质认证的状态。除了关键的标准以外，如"可控性和机动性、纵向和横向静稳定性、机动稳定性、动态稳定性、失速特性、不平衡特性和高速特性"的演示，还包括过渡的新标准、故障状态和"闭环"操纵品质。后者是根据参考文献 10.57 中描述的不断发展的民用认证标准发展而来的，其特点是采用操纵品质评级方法（HQRM）进行 MTE 设计和飞行员评估，其结构小于库珀-哈珀 HQR 评级表。该方法描述了三个类别，大致相当于 HQR 评级表中的 1

级、2 级和 3 级（见图 7-2）：

①令人满意——在飞行员正常的工作和关注下达到全部性能标准。

②足够——能够持续安全飞行和着陆，但性能已全部或部分降低，并需要飞行员增加工作负荷和注意力。

③可控——不足以持续安全飞行或着陆，但能通过操纵来恢复安全飞行状态、安全飞行包线和/或重置。

参考文献 10.8 列出了认证所需的 MTE（见表 10-2 的总结），但未规定性能要求，也未详细说明"正常"或"增加"等飞行员工作术语的含义。

表 10-2　BA609 的任务科目基元汇总表（参考文献 10.8）

任务类型	任务科目基元
悬停和低速任务	正常和侧风下精确悬停——地效和无地效
	垂直起飞
	垂直着陆
	在临界方位角以 35n mile/h 来流下悬停、起飞和着陆
	斜坡作业——起飞和着陆
	重新定位——纵向、横向和垂直
	空中出租车——地效和无地效
	正常和侧风滚转起飞和爬升
	正常和侧风进近和运行——着陆时
	正常和侧风进近悬停——正常和陡坡进近
	从正常和侧风带地效悬停起飞的运输类
	悬停转弯
	OEI 操作
即时任务	恒速转弯——爬升、下降和恒定高度
	恒定高度过渡/反向过渡
	恒速爬升/下降
	俯仰和滚转姿态捕获
	高度捕获
	精密仪表着陆系统（ILS）进近
	仪表飞行准则（IFR）跨国剖面

相比之下，HQR 评级表根据实现每个 MTE 期望的或适当的性能标准所需的飞行员补偿，得出了操纵品质的缺陷。在报告参考文献 10.8 时，BA609 操纵品质飞行试验计划进

展良好，根据 HQRM 中定义的最低等级标准进行了飞行员评级。下面描述一个例外：

在正常模式下，飞机在 5～10ft 逆风悬停和顺风悬停时的评级是足够的。在 15ft 及以上的高度，在面对从任何方向吹来的风时都能得到令人满意的评级。而且，飞机可以在 20ft 高处任意悬停。飞行员相信并证实，在较低高度悬停时，由地面效应引起的扰动相当于中等湍流，因此足够的评级是可接受的。对侧风的改善，人们认为外部风可以保持来自地面效应的上升气流作用在飞机的同一侧，而不是像在逆风那样随机左右移动。

在 21 世纪前十年期间，在欧盟（EU）框架内研究项目的资助下，启动了一系列倾转旋翼机关键技术的研究。对未来民用倾转旋翼机的设计和运作能力产生重大影响的关键技术之一是飞行控制系统（FCS），包括相关的无忧操纵和载荷减缓的功能。研究"未来作战系统"需求的第一个项目是 RHILP（旋翼机操纵、相互作用和载荷预测，参考文献 10.5），重点是提供不低于 2 级飞行品质（包括定义 2～3 级边界）的核心功能，以及临界包线保护和载荷减缓功能。RHILP 中使用的倾转旋翼机设计概念是欧洲直升机公司的欧洲倾转旋翼方案（见图 10-31），当时是民用倾转旋翼机的竞标项目。为了支持建模和仿真验证，利物浦大学创建了 EUROTLT 与 Bell/NASA/Army XV-15（FXV-15）飞行试验模型。后续的 ACT-TILT CTP（参考文献 10.6）旨在建立"未来作战系统"的功能，以提供 1 级飞行品质和飞行包线保护以及载荷减缓功能。这是可以满足欧洲民用倾转旋翼机设计要求的几种 CTP 之一，包括交互空气动力学（TILTAERO）、动力学和声学（ADYN）、传动轮毂（DART）和驱动系统（TRISYD）。随着这些项目交付成果，形成了 NICETRIP（新颖、创新、竞争、有效的倾转旋翼集成项目）集成项目（欧盟术语 IP），并围绕阿古斯塔（现莱昂纳多直升机公司）倾转旋翼机概念 ERICA（增强型旋翼机创新概念成果，参考文献 10.7、10.58，见图 10-31）展开，该机型具有倾斜的外侧机翼。

图 10-31　EUROTILT（左，欧洲直升机/空中客车）和 ERICA
（右，阿古斯塔韦斯特兰/莱昂纳多）倾转旋翼机概念图

CTP 和 IP 使欧洲直升机公司得以积累大量倾转旋翼机技术与性能的知识和理解。在撰写第 3 版《直升机飞行动力学》时，欧洲工业正致力于两个技术演示项目，作为清洁天空 2 计划的一部分（www.cleansky.eu/fast-rotorcraft），空中客车直升机公司的演示样机将基于复合构型，而莱昂纳多直升机公司则在 ERICA 的经验基础上开发了一种新型倾转旋翼/机翼演示样机（参考文献 10.59、10.60）。

10.3.2　开发倾转旋翼机任务科目基元

RHILP 和 ACT-TILT 项目包括对飞行品质的适用性设计和认证标准的全面审查，并记录在项目报告中。参考文献 10.61~10.64 描述了作者与同事一起对此所做的贡献和飞行品质分析，并且本章将对这些内容进行阐述。任务分析确定了未来民用倾转旋翼机可能承担的两个角色：运输（TRAN）和搜救（SAR）；然后，这两个角色构成了制定任务阶段和关键 MTE 的基础。这里使用关键这个词意味着，如果存在 HQ 缺陷，MTE 应该找出它们；全套关键 MTE 必须暴露出所有需要补偿的飞机缺陷，这些缺陷超出了所需性能的最低要求（即超出 1 级 HQ，见图 7-2）。这种暴露将包括增加机动性和提高飞行精度会增加飞行员的工作负荷，检查这些最低限度可接受性能的组合是否变得不可接受（例如，会导致飞行员诱发振荡（PIO）的高精度要求）。关键 MTE 还应执行"未来作战系统"（FCS）的所有功能，以测试其功能是否正确，以及是否存在任何不希望出现的粗糙边界，如在飞行模态或系统模态期间的变化。

RHILP 和 ACT-TILT 团队由工业、研究实验室和学术界的工程师组成，他们可以接触飞行员和操作员。基于专业知识将任务进行彻底的分解，并对任务的 MTE "解剖框架"进行分析（参考文献 10.63）。与 ADS-33（参考文献 10.65）的制定一样，MTE 将用于制定飞行试验操纵（FTM），以确定 HQ 度量图上的水平边界，并用于资格/认证试验，以产生（飞行员）指定的操纵品质，即 HQR。虽然 MTE 和 FTM 在操纵/飞行品质工程方面已成为同义词，但 RHILP 团队决定对它们进行区分：MTE 将描述真实环境中的操纵机动，而 FTM 将是这方面的工程表示，以及与此相关的性能标准和试验场地布局要求。这一变化成为该过程的一个重要组成部分，因为它不仅确保了与实际操作的密切联系，而且还帮助工程师、飞行员和操作人员了解彼此的观点。

任务分析确定了 14 个关键的任务科目基元，如下所列（参考文献 10.61）。表 10-3 对每个 MTE 的飞行模式（直升机、过渡、固定翼飞机）和紧急程度（低、中、高）进行了分类。注：一些 MTE 可在多种飞行模式下存在，或涉及从一种飞行模式到另一种飞行模式的过渡。

①快速垂直再定位（RVP）；

②加速-减速（中断起飞）（AD）；

③快速过渡/快速再过渡（RC/RRC）；

④避撞（CA）；

⑤地形跟踪（TF）；

⑥山谷跟随（VF）；

⑦快速水滴型再过渡（RTR）；

⑧精确悬停捕捉（PHC）；

⑨横向急速侧移（LSS）；

⑩下滑道再捕获（GSR）；

⑪ 多段进近（MSA）；

⑫复飞/避障（MA/OA）；

⑬侧风进近着陆（ALXW）；

⑭悬停转弯（HT）。

表 10-3　民用倾转旋翼机飞行品质的关键 MTE（参考文献 10.61 和 10.62）

任务科目基元	紧迫程度		飞行模式		
	搜救	运输	直升机模式	过渡模式	固定翼飞机模型
快速垂直再定位（RVP）	H	—	X	—	—
加速–减速（中断起飞）（AD）	H	M	X	—	—
快速过渡/快速再过渡（RC/RRC）	H	L	X	X	X
避撞（CA）	H	H	—	X	X
地形跟踪（TF）	M	—	X	X	X
山谷跟随（VF）	M	—	X	X	X
快速水滴型再过渡（RTR）	H	—	X	X	X
精确悬停捕获（PHC）	H	L	X	—	—
横向急速侧移（LSS）	M	—	X	—	—
下滑道再捕获（GSR）	M	M	X	X	X
多段进近（MSA）	M	M	X	X	X
复飞/避障（MA/OA）	M	M	X	X	—
侧风进近着陆（ALXW）	M	M	X	X	—
悬停转弯（HT）	M	L	X	—	—
注：H—高，M—中，L—低；HM—直升机，CM—过渡，AM—固定翼；X 表示特定 MTE/模式的临界时间。					

　　紧急程度类似 ADS-33 中描述的机动紧迫性或敏捷性（见图 6-40）。这是一个重要的描述，因为飞行员必须确信良好的飞行品质能够适用全场景机动性能的使用。虽然只是偶尔需要这样，但在包线边缘处的任何飞行品质快速退化都会增加 MTE 失效的风险（见图 7-45）。同样，MTE 精度要求，特别是在 MTE 最后阶段的精度要求，对于确保 MTE 平稳飞行和高精度飞行航迹或姿态修正时所需的低工作负荷是很重要的。其中一些 MTE 的概述如图 10-32 所示。

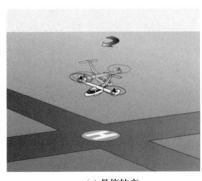 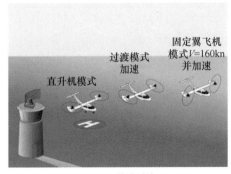

(a) 悬停转弯　　　　　　　　　　　　　(b) 快速过渡

图 10-32　飞行品质关键任务科目基元示例（参考文献 10.61）

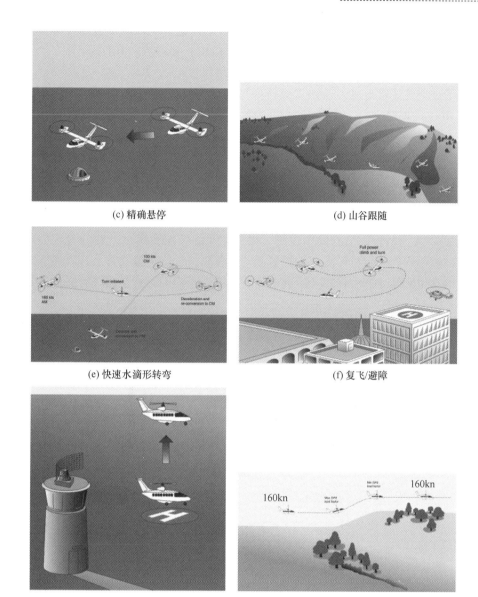

(c) 精确悬停

(d) 山谷跟随

(e) 快速水滴形转弯

(f) 复飞/避障

(g) 快速垂直再定位

(h) 地形回避

图 10-32（续）

　　从飞行品质评估的角度来看，搜救任务的要求远远高于运输任务，并确定了"未来作战系统"的功能特点。一些 MTE 具有与 ADS-33 中军事标准（见表 7-1）相同的操纵紧急性和精度要求。搜索救援或紧急行动的启动可能同样具有挑战性，紧急程度决定了（见图 10-32（b））向固定翼飞机模式和高速飞行的快速过渡和过程。过渡和再过渡过程也可以在非线性、机动飞行中完成，如水滴形再过渡，如图 10-32（e）所示。所有三种飞行模式下的飞行品质都与 SAR 任务相关，如在搜索或巡逻任务阶段，飞机可能需要近地低空飞行，如图 10-32（d）所示。然后，如果搜索区域很大，在飞机模式（AM）下的巡逻可能适合在 140~180kn 的空速下进行，机翼襟翼根据需要进行收放。如果搜索区域很小，或者视觉条件差，固定翼飞机可能以过渡模式（CM）甚至直升机模式（HM）飞行，空速在 60~120kn 之间。正如预期的那样，在 SAR-MTE 集合内，涉及过渡或处于过渡模式任务的飞行品质是最缺乏研究数据库支持的。在 RHILP 和 ACT-TILT 项目中，为过渡模式下的飞行建立合适的标准成为优先考虑的问题之一。

改进了选定的试验方法，以评估项目中可用的模拟设施。图 10-33 描述了快速过渡 FTM，图 10-34 描述了滚转 FTM。这些图说明了为支持飞行试验或仿真而需要定义 MTE/FTM 的方式。首先，需要说明相关的任务阶段和飞行模式，然后是设想关键的操纵品质。在为 HQ 指标确定等级边界的过程中，将更加清楚哪些指标与不同的任务特别相关。通常，水平边界（如姿态敏捷性（闭环敏捷性）或带宽（闭环稳定性））留有裕度，以应对需要增加飞行员工作负荷的情况，例如，在湍流中操作、避撞或其他紧急操纵。试验操作的目标需要进行说明，这些目标通常在开发过程中得到改进，因为实际 MTE 本身也会得到完善。如 FTM 图所示，结构操作说明、相关的性能标准和测试航线的设计完善了 FTM 的说明。虽然不同的飞行员可能会选择对不同的操纵进行优先级排序，以实现预期的任务性能，但通常也会描述驾驶技术。不同的驾驶风格以不同的方式暴露飞行品质的缺陷的案

标题	快速过渡/快速再过渡任务科目基元/飞行科目基元（过渡阶段，平飞）	
任务	SAR	
飞行模式	固定翼飞机模式、直升机模式、过渡模式	
关键操纵品质	在最大持续短舱倾斜期间检查稳定性、敏捷性和交叉耦合	
目标	检查在保持下滑坡度或高度航向的同时，通过短舱倾斜进行爬升、下降或平飞时的加速和减速能力	
机动说明	·过渡 I：(75°~90°短舱角)：初始高度50ft，从40kn开始，加速至110kn；初始俯仰角为5° ·过渡 II：(0°~75°短舱角)：初始高度100ft，从110kn开始，加速至180kn；固定功率设置为×% 根据紧迫度对短舱分别应用三级倾斜率： 低：3(°)/s。中：6(°)/s。高：9(°)/s	
性能标准		期望值 实际值
	过渡 I：	
	·保持横向轨迹： ±15ft ·±30ft	
	·保持俯仰： ±2° ·±3°	
	·保持方向： ±5° ·±10°	
	·保持高度： ±5ft ·±10ft	
	过渡 II：	
	·保持横向轨迹： ±15ft ·±30ft	
	·保持方向： ±5° ·±10°	
	·保持高度： ±20ft ·±30ft	

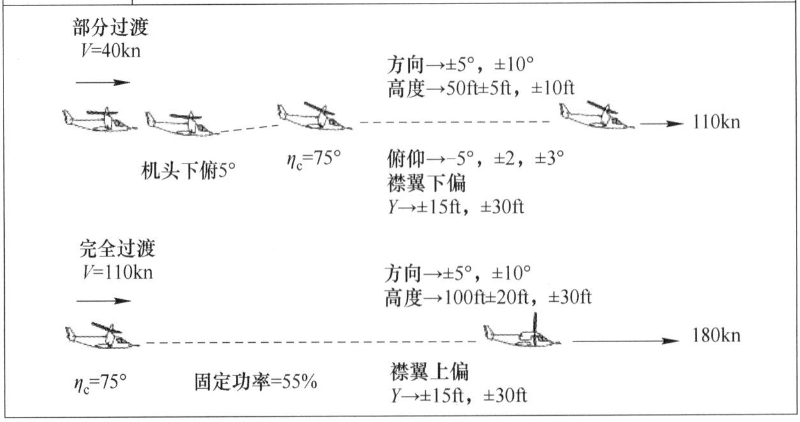

部分过渡
V=40kn
方向→±5°，±10°
高度→50ft±5ft，±10ft
110kn
机头下俯5° η_c=75°
俯仰→-5°，±2，±3°
襟翼下偏
Y→±15ft，±30ft

完全过渡
V=110kn
方向→±5°，±10°
高度→100ft±20ft，±30ft
180kn
η_c=75°   固定功率=55%
襟翼上偏
Y→±15ft，±30ft

图 10-33 固定功率水平飞行下的快速过渡试验机动

标题	山谷跟随/滚转-阶跃任务科目基元
任务	SAR
飞行模式	固定翼飞机模式、直升机模式、过渡模式
关键操纵品质	响应带宽；飞行员诱导振荡倾向；交叉耦合；操纵性；姿态快捷性
目标	检查受限空间内前飞的机动性。检查滚转-升降-偏航协调性以及在中等强度机动中是否存在令人讨厌的轴间耦合
机动说明	以与试验跑道边缘对齐的恒定前飞条件开始。 高度: 50ft 以40~60kn速度在直升机模式下飞行； 100ft 以60~100kn速度在直升机模式下飞行，以100~180kn速度在过渡模式和固定翼飞机模式下飞行。 襟翼: 直升机模式和过渡模式下低襟翼偏角；固定翼飞机模式下中等襟翼偏角； 从跑道一侧到另一侧进行一系列交替转弯；在整个机动过程中，必须保持高度和速度，而滚转姿态、横向偏移和航向只是跑道边缘门限一系列任务中的一个问题。以协调的直线飞行在跑道边缘线上完成机动。根据选择的速度，不同值分别适用于X, 也可以用距离X上跑道纵横比(AR)表示。 直升机模式 X=1000ft, AR=0.2 直升机模式和过渡模式 X=1500ft, AR=0.133 固定翼飞机模式 X=2500ft, AR=0.08 三种飞行模式的紧迫程度由地面速度确定: 直升机模式(慢) 直升机模式(快) 过渡模式(75°/60°) 固定翼飞机模式 低 40kn 60kn 100kn 140kn 中 50kn 80kn 120kn 160kn 高 60kn 100kn 140kn 180kn

测试科目如下所示		
性能标准	**期望值**	**适当**
	· 保持航向: ±10°	· ±15°
	· 保持滚转姿态: ±5°	· ±10°
	· 保持横向位置: ±5m	· ±10m
	· 保持速度: ±5kn	· ±10kn
	· 保持高度: ±10ft	· ±15ft

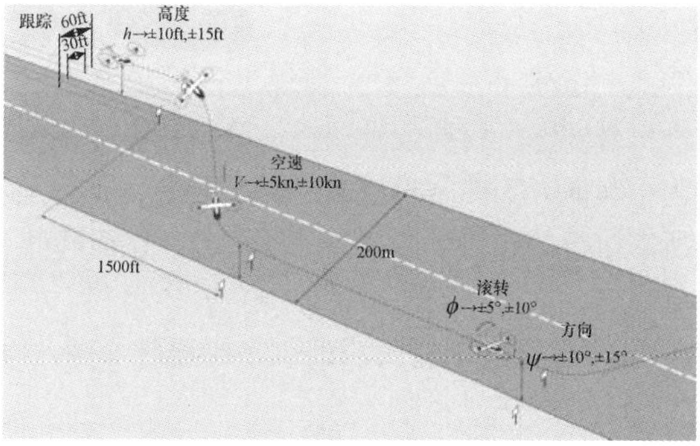

图 10-34　滚转-阶跃机动试验

例并不少见。我们在图 8-48 中看到了这样一个案例，飞行员 A 在悬停转弯结束后加强控制时遇到了 PIO，而飞行员 B 则通过几乎开环的控制使飞机在所需航向处停了下来。上述案例是一架倾转旋翼机，试验目标是在液压系统发生故障时评估可接受的最小控制驱动率。这个案例强调了飞行员增益对飞行品质的影响。允许飞行员所采用的控制策略有一定的自由度，这对于从不同的角度观察飞机的飞行品质是有用的。在结果报告中，这也可能导致富有成果的讨论。我们将在本章后面的另一个案例中再次看到这一点。

　　RHILP 和 ACT-TILT 项目团队为民用倾转旋翼机的飞行品质制定了初步的设计指南，但并未公开发表。因此，本章的后续叙述是根据项目中有限的期刊和会议成果提炼而来的。我们已经指出，任务导向的需求和标准强调的是任务和角色，而不是飞机的类型、尺寸或配置。因此，如果直升机模式下的倾转旋翼机需要执行与传统直升机相同的 MTE 设置，应直接阅读 ADS-33 中的标准和准则。同样，如果固定翼飞机模式下的倾转旋翼机需要执行与传统固定翼飞机相同的任务，那么也应该直接参考 ADS-33。在这种情况下，我们应参照文献 10.66 中提出的"任务导向"飞行品质标准。然而，正如我们已经说过的那样，过渡模式下的操作和过渡过程本身存在差距。

MIL-F-83300（参考文献 10.67）的需求基本上是定性的，它来源于几架 V/STOL 飞机的经验，这些飞机一直飞行到 20 世纪 70 年代早期。当时，V/STOL 飞机的操作经验很少，因此需要定性的要求。在参考文献 10.67 的 3.4 节，共有 6 个与过渡阶段操作本身有关的要求；这些要求旨在确保飞行品质满足过渡阶段的要求。总结如下：

（1）加减速特性

从速度低于 V_{con}（固定翼飞机模式下过渡走廊上端）的每个可能的固定工作点出发，在操作点处对飞机进行配平，应能够在大致恒定的高度和运行任务要求的任何其他航迹上快速安全地加速至 V_{con}。从在 V_{con} 建立起配平、稳定的水平飞行开始，应能在接近恒定高度和任务要求的任何其他飞行路径上，迅速安全地减速至所有 V_{con} 下方的固定工作点。应能够在不限制俯仰、滚转或偏航操纵性、俯仰配平、失速或抖振或推力响应特性等因素的情况下执行这些操纵。

（2）操作灵活性

在过渡阶段的任何时候，飞行员应能够快速、安全地停止过渡操纵并反向操纵。这是为了确保启动后不必强制完成过渡。

（3）过渡方案中的冗余

应能安全、方便地从悬停或最低速度变为常规飞行，反之亦然。飞行员不需要在速度或时间上对发动机功率、机身姿态、机翼或发动机短舱倾斜等进行精确操纵，如要求过度的飞行员技能和注意力。为了确保人工控制时过渡阶段不复杂，飞行员对过渡阶段的控制不应分散飞行员对过渡期间所需执行的任何运行任务的注意力，从而降低飞机的操作效能。

（4）控制裕度

考虑到干扰和操纵，过渡过程中任何阶段的剩余操纵性不得小于俯仰、滚转和偏航可用控制力矩的 50%。

（5）配平变化

整个过渡过程中的所有配平变化应尽可能小。在不重新配平的情况下，俯仰控制力不得超过 15lbf[①] 拉力或 7lbf 推力；目的是限制飞行员必须施加的力，以使飞机保持在规定航迹上。

（6）俯仰操纵位移速度

在过渡期间，使用最大可用前进加速度的情况下，保持配平时俯仰控制位移速度不得超过 1in/s；这是基于飞机会因配平误差而易于引起偏离的敏感性。

在参考文献 10.67（1971 年）出版时，没有任何定量数据可作为倾转旋翼机转换/过渡中飞行动力学要求的基础。在此期间，没有产生正式的需求，过渡过程继续呈现飞行品

---

① 1 磅力（lbf）≈ 4.448 牛（N）。

质差距；因此，这是 CTP 中的重点。在我们从 RHILP 项目中收获一些过渡模式的成果之前，我们可以从稳定性分析中获得有关倾转旋翼机飞行特性的线索。

10.3.3 倾转旋翼机的飞行品质：特征值线索

在第 4 章中已经看到，研究飞机的自然运动模态，以及它们的频率、阻尼和模态内容等，可以对飞行动力学的表现方式提供相当深入的了解。开环稳定性的飞行品质也由这些模态的特征值在频率阻尼图上的位置来定义。当研究倾转旋翼的稳定性特征时，直升机模式可以参照常规直升机（见第 4 章），固定翼飞机模式可参照固定翼飞机（如参考文献 10.68、10.69）的一些对应关系。这两类飞机都使用了我们熟知的 6 自由度自然模态——螺旋模态、长周期模态、短周期模态、荷兰滚模态、滚转和俯仰衰减模态，因此当经历过渡模式时希望能看到一个相对平稳的过渡，并且倾转旋翼的功能从主要的拉升变为推进。但也将看到，由万向节支撑的旋翼对固定翼飞机模式下稳定性的影响。我们将从直升机模式的稳定性开始介绍。FXV-15 的 6 自由度稳定性和操纵导数以及相关特征值以表格（A 矩阵和 B 矩阵）和图形形式显示在附录 10B 中。在直升机模式下，对开启和关闭旋翼/尾翼干扰进行了比较分析。本章前面已经介绍了 FXV-15 干扰模型。

图 10-35（a）显示了从悬停到 100kn 整个范围内的直升机模式的特征值；图 10-35（b）显示了扩展的低频模态。在悬停时，纵向和横向的长周期模态都是不稳定的，与传统的直升机一样。滚转、俯仰和升降衰减在对应的坐标轴上出现。但是，虽然升降模态与升降阻尼 Z_w（悬停时为 -0.14）密切相关，但滚转和俯仰模态的阻尼比阻尼导数所表示的要大得多：-0.68 对应的 M_q 为 -0.39，-0.79 对应的 L_p 为 -0.55。滚转和俯仰阻尼导数相对较低的值导致升降动力学包含在角运动期间建立的平移速度中。滚转-偏航和俯仰-骤升运动在长周期模态和升降模态下的耦合变得更加强烈。倾转旋翼动力学中的总阻尼是矩阵中对角线上元素的总和。当然，所有这些阻尼的导数都是负的，所以正是位移和旋转运动之间的耦合导致了长周期不稳定性，特别是 M_u 和 L_v 的影响（见式（4-132））。不稳定性越大，为平衡总阻尼，升降就越大，这是我们在 FXV-15 悬停时看到的。

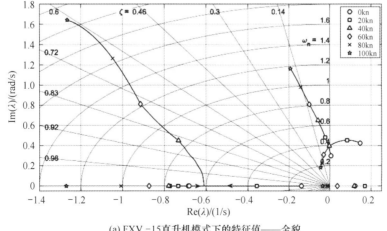

(a) FXV-15 直升机模式下的特征值——全貌

图 10-35　FXV-15 直升机模式下的特征值

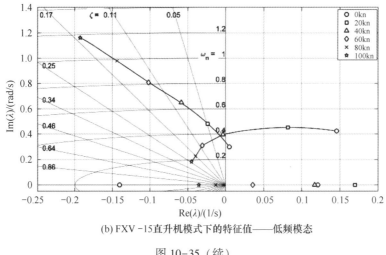

(b) FXV -15直升机模式下的特征值——低频模态

图 10-35（续）

随着前飞速度的增加，升降和俯仰衰减很快结合形成短周期模态，在较高速度下，式（4-142）和式（4A-45）中给出的恒定速度近似值再次适用于阻尼（Z_w+M_q）和（自然频率）$2（Z_wM_q-M_wU_e）$。例如，在100kn时，短周期特征值为$-1.27\pm1.64i$，恒定速度近似值为$-1.27\pm1.67i$。随着前飞速度的增加，长周期迅速稳定，旋翼-机翼之间的相互干扰对此有所贡献。从图10C-1[1]我们可以看出，干扰增加了力和力矩 u 导数的大小，但随着速度的增加，阻力阻尼 X_u（与直升机相比，见图4B-7）增加得越快，这是长周期在35kn左右保持稳定的主要原因。10kn时横向长周期是稳定的，并发展为以偏航和滚转为主的荷兰滚振荡。在100kn时，荷兰滚阻尼（Re（λ））为-0.193，接近纯偏航的近似值，$N_r/2=-0.21$；同样，$1.16rad/s$ 的频率接近于 $1.2rad/s$ 的偏航刚度平方根（$U_eN_v=1.5$）的近似值。随着速度的增加，"滚转下沉"几乎发展为纯滚转模态，因此在100kn时，$-1.28/s$ 的阻尼相当接近于导数 L_p，$-1.13/s$。

但是，与图10-35（a）所示的传统直升机相比，有更显著的差异：螺旋模态在悬停和低速时不稳定。事实上，从图10-35（a）中我们可以看到，不稳定性在20kn左右最大，倍幅时间约为4s。对于传统的直升机来说，这种螺旋模态是一种由偏航阻尼 N_r 引起的简单偏航下沉。那么，是什么影响将其转变为发散的呢？

可以在近似于方程（4-149）给出的螺旋模态下寻找这种不稳定性的来源。在低速时，我们可以忽略 U_e 项，将螺旋模态的特征值简单近似为

$$\lambda_s = N_r - \frac{N_v}{L_v}L_r \qquad (10-41)$$

在这种模式的动力学中，偏航、滚转和侧滑的组合超过了偏航阻尼，从而使不稳定模态的滚转大于偏航。图10-36显示了精确的螺旋模态特征值（附录10C.2[2]）与式（10-

---

[1] 原英文版为"图10B-3"，但实际英际英文书中无图10B-3，译者根据内容对应修改为"图10C-1"。——译者注

[2] 原英文版为"附录10B.4"，但实际英文书中无附录10B.4，译者根据内容对应修改为"附录10C.2"。——译者注

41）近似值的比较。当前飞速度约为 20kn 时，旋翼尾迹与机翼的相互作用会导致不稳定性增加。不稳定性是由于偏航角速度引起的滚动力矩 L_r 引起的。但是，这种影响的物理来源是什么？在传统直升机上，这种影响要弱得多，因为它的主要贡献者是尾桨。起初，人们可能会认为，由于偏航角速度而增加的推力在左旋翼上产生的滚转力矩与右旋翼上的滚转力矩是平衡的。但这忽略了旋翼尺寸所引起的不对称性。图 10-37 显示了偏航运动过程中滚动力矩的发展历程。左旋翼的（外侧）推进桨叶由于偏航角速度比右旋翼的（内侧）推进桨叶的速度更高。其结果引起了右侧的滚转力矩 L_r 为正值，其大小为 0.183/s，这导致式（10-41）给出的实际 N_r 超过固有偏航阻尼 N_r（−0.046/s）；在没有尾桨的情况下，悬停时偏航阻尼非常小。根据这一理论，螺旋模态直到约 80kn 才能稳定，近似值也反映了这种情况（见图 10-36）。

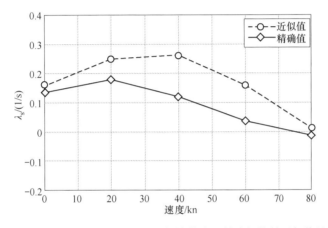

图 10-36　直升机模式下的 FXV-15 螺旋模态：精确与简单近似值的比较

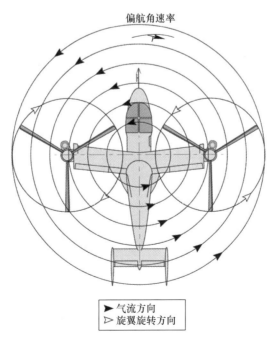

图 10-37　由偏航角速度引起的正 L_r 面内的速度分布

偏航角速度引起的滚转力矩是一对滚转与偏航耦合的导数之一；另一个是 N_p，图 10C-12[①] 展示了在悬停时 N_p 是正的，并且与 L_r 类似。在此，将看到倾转旋翼机独有的另一种特性。正的滚转角速度使右侧旋翼上的扭矩减小，左侧旋翼上的扭矩增大。在这种"扭矩分离"的情况下，倾转旋翼转速不会改变，但由于旋翼朝相反方向转动，因此机身上产生的偏航力矩为正；发动机驱动右旋翼产生的扭矩高于需求扭矩，左旋翼产生的扭矩低于需求扭矩。

图 10-38（a）和 10-38（b）显示了旋翼短舱角在 75° 和 60° 过渡模式下的特征值。随着速度的增加，所有特征值都向左移动，尾翼表面在运动阻尼和刚度方面起着越来越大的作用。俯仰短周期的频率随着速度和迎角的增加而增加，反映出静态稳定导数 M_w 的增加，以及配平前飞速度分量 U_e 对该刚度的放大，如第 4 章中导出的短周期特征近似值 λ_{sp} 为

$$\lambda_{sp}^2 - (M_q + Z_w)\lambda_{sp} - (M_w U_e - M_q Z_w) = 0 \qquad (10-42)$$

因为垂直和俯仰阻尼导数的大小都在增加，绝对阻尼（$M_q + Z_w$）也随着速度的增加而增加。当旋翼升力面内的分量在与俯仰运动相同的方向上产生力矩时，俯仰阻尼 M_q 减小。当旋翼短舱在固定翼飞机模式下达到零度时，倾转旋翼对 M_q 的正贡献完全超过了陀螺阻尼。这种影响导致俯仰短周期模态的相对阻尼随旋翼短舱角度和速度的增加而减小。

图 10-38（a）中的滚转下沉模态，在过渡模式中能被滚转阻尼导数 L_p 很好地模拟，当旋翼短舱从 75° 倾斜到 60° 时，滚转阻尼导数在给定的速度下增加。这里有两个效应起作用——滚转时旋翼有效升降运动引起的阻尼（类 Z_w 效应），以及滚转时由面内速度分量引起的旋翼桨盘挥舞和推力倾转（X_u，M_u 效应）。旋翼短舱倾角越大，第一个效应越小，第二个效应越大。

图 10-38（b）中显示了过渡模式时的荷兰滚模态。随着速度的增加，频率也增加，原因在于偏航刚度 $U_e N_v$ 的增加。该项的平方根可近似于图中所有状态下的模态频率。随着速度的增加，模态根轨迹跟随一条恒定的相对阻尼线变化，绝对阻尼随着偏航阻尼 N_r 的增加而增加。事实上，荷兰滚可近似为纯偏航运动。由于偏航惯性矩是俯仰惯性矩的三

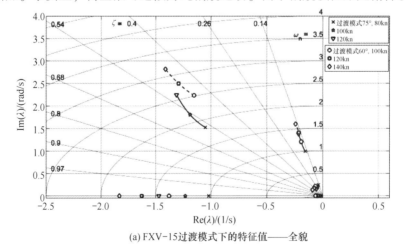

(a) FXV-15过渡模式下的特征值——全貌

图 10-38　FXV-15 过渡模式下的特征值

[①]　原英文版为"图 10B-4"，但实际英文书中无图 10B-4，译者根据内容对应修为"图 10C-12"。——译者注

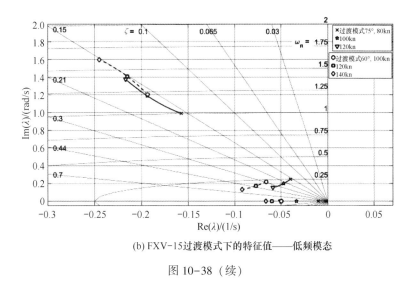

(b) FXV-15过渡模式下的特征值——低频模态

图 10-38（续）

倍多，因此运动的频率远低于俯仰短周期。在给定速度下，偏航阻尼随旋翼短舱倾斜角度而增大（与俯仰阻尼的减小相比），这是由偏航角速度引起的推力变化而产生的，这种变化抑制了位移（类似于 Z_w 的效应）。然而，与俯仰一样，由于平面内升力的作用，当倾转旋翼向前倾斜时，对偏航阻尼的贡献也越来越不稳定。耦合对 L_r 和 N_p 随旋翼短舱前倾而减小；在 60°时，L_r 效应改变了符号，N_p 也开始反向变化，这反映了正滚转角速度 p 增加了右旋翼的推力（以及右翼升力的前倾）。

旋翼短舱倾斜时，长周期模态的阻尼随速度增加而增加。严格地说，它不再是一个长周期模态，也不再是势能和动能的等量交换。阻尼力和力矩此时足够强大，足以吸收运动的能量（特别是 X_u，图 10C-16），有效地抵消了长周期振荡"弹簧"的张力。最后，在直升机模式中看到螺旋模态的阻尼随速度的增加而增加。偏航阻尼随着速度的增加而增加，侧滑导数（N_v/L_v）的比值大致保持不变，但由于旋翼前飞推力的减小，偏航角速度（L_r）产生的滚动力矩此时为负值；低速螺旋近似（式（10-41））中的物理效应会相互加强，增加了有效偏航阻尼。然而，该模态仍然是一个缓慢的模态，在 140kn 时，半幅时间约为 10s。

飞机模式特征值如图 10-39（a）和 10-39（b）所示，对应于图 10C-11 和图 10C-12[①] 中的稳定性导数，给出了在海拔 6000m、相对空气密度约为 0.66 的标准大气条件下飞行的结果。如过渡模式所讨论的，随着空速的增加，俯仰短周期模态的频率越来越受静稳定性 M_w 的支配。相对阻尼随着空速的增加基本保持不变，但随着高度的增加和空气密度的减小而减小。荷兰滚模态的频率和阻尼要低得多，这是由于偏航和滚转惯性矩比俯仰大的结果。在 6000m，280kn 时，相对阻尼降低到了 0.13 左右，因此在这种情况下，这种"扰动模式"在受到干扰后衰减到半幅的时间几乎是一个完整的周期。滚转下沉不再只是一种滚转模态，L_p 贡献了 70%~80%的阻尼，偏航与侧滑的耦合提供了其余的阻尼。

---

① 原英文版为"图 10B-19 和图 10B-20"，但实际英文书中无图 10B-19 和图 10B-20，译者根据内容对应修改为"图 10C-11 和图 10C-12"。

——译者注

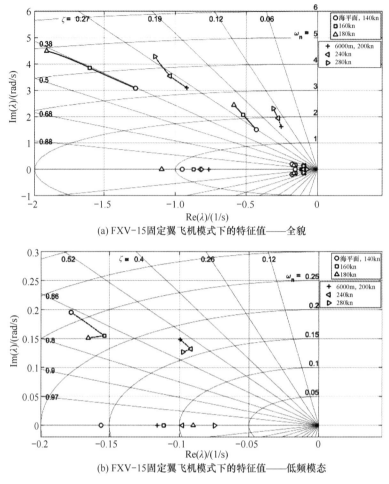

(a) FXV-15固定翼飞机模式下的特征值——全貌

(b) FXV-15固定翼飞机模式下的特征值——低频模态

图 10-39　FXV-15 在固定翼飞机模式下的特征值

低频图如图 10-39（b）所示，在给定高度上，长周期模态频率和阻尼对飞行速度相对不敏感。由于倾转旋翼（X_u）的强阻尼以及通过 M_u 与俯仰的耦合，参考文献 10.69 中所述的涉及高度（势能）和速度（动能）的简单交换的所谓 Lanchester 近似法并不适用。有效阻尼可表示为从式（4A-44）中获得的复合导数，长周期模态特征以最简单的形式可表示为

$$2\zeta_p\omega_p = -\left(X_u - X_w\frac{M_u}{M_w}\right) \qquad (10-43)$$

$$\omega_p^2 = -\frac{g}{U_e}\left(Z_u - Z_w\frac{M_u}{M_w}\right) \qquad (10-44)$$

因此

$$\lambda_p = -\zeta_p\omega_p \pm \omega_n\sqrt{1-\zeta_p^2} \qquad (10-45)$$

在第 5 章的附录中，考察了旋翼和固定翼飞机的速度稳定性，并确定了导数 X_u 和 Z_u 分别与阻力系数和升力系数密切相关。在式（10-44）和式（10-45）中，我们看到这些效应分别与升降（w）运动的耦合而增强和减弱。如表 10-4 所示，近似值在获取长周期

阻尼和频率时相当有效，包括在高速时相当奇异的气动刚度损失但阻尼增加（如 6000m 处 280kn）。由于 X_w 改变符号，所以阻尼增加，反映了机翼升力的前倾和旋翼推力的后倾之间的对抗，并且此时增加了速度稳定性导数 X_u。模态刚度（有效 Z_u）在高速时也会增加，因此在时速 240kn 和 280kn 的高空条件下，长周期模态频率是相似的，这是机翼升力和旋翼推力扰动相互平衡的结果。

表 10-4   6000m 处 FXV-15 的精确和近似长周期模态特征值比较

真空速/kn	λ_p（精确）	λ_p（近似）
200	$-0.1\pm0.148i$	$-0.071\pm0.178i$
240	$-0.092\pm0.132i$	$-0.076\pm0.149i$
280	$-0.098\pm0.127i$	$-0.088\pm0.134i$

最后，由于偏航阻尼（N_r）的减小和滚转角速度（N_p）引起的有效反向偏航的增加，螺旋模态随着空速的增加而变得不稳定；在高速下，式（4-149）给出的螺旋近似值减小的比率为

$$\lambda_s \approx \frac{g}{U_e} \frac{\overline{N_r}}{\overline{N_p}} \tag{10-46}$$

其中有效阻尼和反向偏航可以用复合导数的形式表示

$$\overline{N_r} = N_r - \left(\frac{N_v}{L_v}\right) L_r \tag{10-47}$$

$$\overline{N_p} = N_p - \left(\frac{N_v}{L_v}\right) L_p \tag{10-48}$$

在偏航模态（式（4-146））中，偏航、滚转和侧滑运动都有相应贡献，因此有效导数或复合导数包含了升降衰减率的信息。例如，滚转角速度 p 产生两个阻尼力矩导数 L_p 和 N_p，并通过侧滑速度 v 产生有效 N_p（式（10-48）），其大小随着 U_e 的增大而增大，从而定义运动；N_p 本身是机翼升阻扰动和旋翼不对称倾斜的组合，随着前飞速度的增加而减小。倾转旋翼机的飞行动力学很少是简单的。

关于倾转旋翼距飞行动力学，特征值方式给了我们什么启示？在直升机模式下，其稳定性在很大程度上与直升机相似，但由于偏航角速度引起的滚转力矩，会产生不稳定的螺旋模态。当前飞速度增加到 100kn 时，所有模态都是稳定的，随着阻尼和频率的增加，荷兰滚和俯仰短周期模态在复合平面上朝着"左上角"方向发展。在过渡模式下，随着速度增加，稳定性也处在增加的趋势中，但在 60° 旋翼短舱倾角下的荷兰滚和俯仰短周期阻尼中，我们开始看到旋翼不稳定性的影响。在固定翼飞机模式下，这些负阻尼影响更强，特别是在高密度海拔，两种模式的相对阻尼都低于 0.35 边界。这些结果在图 10-40（低频俯仰和滚转振荡）和图 10-41（横向振荡）中的 ADS-33 操纵品质图表中给出。在悬停状态下，飞机的俯仰飞行品质仅有 3 级，在直升机模式下以 100kn 的速度移动时能达到 1-2 级边界。在过渡和固定翼飞机模式下，在 0.35 相对阻尼线的附近有 1 级品质。相比之下，固定翼标准要求 1 级飞行品质的相对阻尼仅为 0.04（参考文献 10.70）。

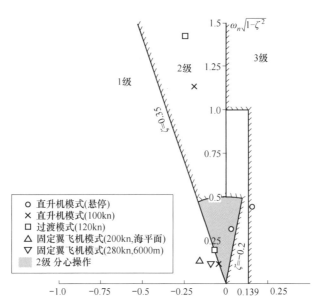

图 10-40　ADS-33 图表中的 FXV-15 开环稳定性——悬停和低速飞行中的俯仰（滚转）振荡限制

（参考文献 10.65）

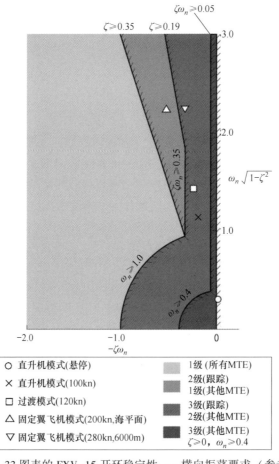

图 10-41　ADS-33 图表的 FXV-15 开环稳定性——横向振荡要求（参考文献 10.65）

图 10-41 中的横向长周期在悬停状态下为 3 级，在直升机模式下以 100kn 的速度移动到荷兰滚模态下的 2 级；在旋翼短舱处于 60° 的过渡模式下以 120kn 的速度移动到 2 级。在飞机模式下，荷兰滚在 200kn（海平面）下对所有其他 MTE 具有 1 级特征，在 280kn、6000m 高度时降为 2 级。图 10-41 描述了不同的飞机类别和飞行阶段（而不是任务科目基元）下的固定翼飞机对相对阻尼的要求；对于 C 类飞行阶段（起飞和着陆等终端任务）的 Ⅱ 类飞机（低-中等机动性），最小相对阻尼为 0.19（参考文献 10.70）。

虽然飞行/操纵品质远不止通过线性分析所获得的开环稳定特性，但特征值是稳定性增强的起点，并形成对控制增稳和控制权限限制的约束，以及增稳系统所需的相应冗余。对稳定性导数和系统特征值的研究也可以为倾转旋翼机的飞行动力学提供非常重要的物理理解，读者可以从作者的论述中发现这一点。飞行员必须"穿越"这些自然模式，才能在速度、航迹、姿态或航向上实现期望的改变，因此这些模式对飞行员有关飞行品质的看法有很大的影响。当飞行员试图保持某种飞行状态不变或跟踪目标时，控制能力、响应速度和闭环稳定性也是如此。飞行品质之后扩展到对控制的动态响应，在本质上是一个非线性问题，也是 10.3.4 节的主题。

10.3.4　倾转旋翼机的敏捷性和闭环稳定性

在详细审视开环稳定性之后，现在可以将注意力转向与敏捷性和闭环稳定性相关的飞行品质。利用参考文献 10.9 中贝尔-波音 V-22"鱼鹰"倾转旋翼机开发过程中的飞行试验结果，进行了讨论。在本书中，没有提供评定飞行品质的数据，但根据参考文献 10.55 和 10.56，"对于 2 级飞行品质，已经证明适用于已采用的军用规范"。图 10-42 显示了 V-22 飞机在所有三种飞行模式下的 MET 的指定的飞行品质。飞机是非增稳（使用主飞行控制系统（PFCS））的，但没有提供操纵性能标准；也没有达到紧急飞行等级，但报告称"随着飞机载荷因数能力和操纵速度的提高，以及飞机结构载荷极限特性的发展，任务的紧迫性将增强"。在这里，我们涉及了对载荷限制的需求，这一主题将在本章后面的部分进行讨论。将模拟飞行试验的 HQR 和试飞员操纵飞行的 HQR 进行比较。除了少数例外，飞机的飞行品质在所有模式和 MTE 中被评为 2 级。作者们还表达了他们的希望："由于主飞行控制系统（PFCS）的操纵特性与仿真结果非常吻合，预测表明自动飞行控制系统（AFCS）的发展目标将是达到 1 级操纵品质。"

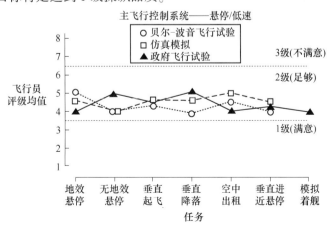

图 10-42　V-22 在 20 个 MTE 中的操纵品质评级（参考文献 10.9）

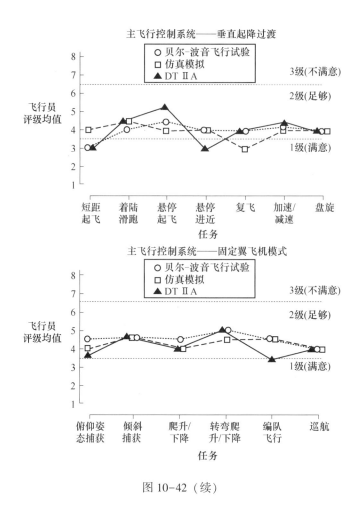

图 10-42（续）

我们继续以叙述的语气写了一段小插曲，叙述了通过之前的研究项目获得相关知识的过程，特别是滚转-偏航和俯仰-升降动力学。这些结果被认为是初步的，而不是决定性的，因为所进行的研究具有探索性，而且普遍缺乏关于倾转旋翼机飞行品质的公开数据。首先讨论了相关的飞行品质指标（预测的操纵品质），然后介绍了飞行仿真试验得出的操纵品质等级和飞行员意见（指定的操纵品质）。两者都是针对 FXV-15 仿真模型的。我们先研究直升机模式下和过渡模式的横向飞行品质。

（1）横向敏捷性和闭环稳定性

在 RHILP 项目的敏捷性研究早期就很清楚地表明 FXV-15 在悬停和低速时较低的自然滚转阻尼（-0.55/s）和偏航阻尼（-0.046/s）将使任何精确任务变得困难，并决定在飞行员参与仿真试验时使用核心的控制增稳系统（SCAS）。相比之下，悬停状态下 Puma 的滚转和偏航阻尼为 $L_p = -1.61$，$N_r = -0.29$（附录 4B.3）。RHILP 研究中使用的构型如图 10-43（参考文献 10.61）中所示，在过渡走廊内。正如第 6 章中深入讨论的，直升机飞行品质的一个重要敏捷性指标是姿态敏捷性，即脉冲操纵输入后的峰值速度与姿态变化的比值。在滚转时，这与实现给定滚转角的时间的倒数密切相关，并且在大幅值时符合操纵性标准。对于较小的姿态变化，敏捷性近似于滚转带宽。

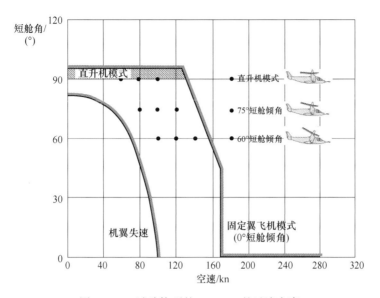

图 10-43　试验构型的 FXV-15 的过渡走廊

FXV-15 滚转姿态敏捷点与 ADS-33 跟踪和常规 MTE 的边界进行了比较，如图 10-44 所示。图 10-44 显示了在 60kn 的直升机模式（发动机短舱倾角=90°）、100kn 的过渡模式（发动机短舱倾角=75°）和 140kn 时的过渡模式（发动机短舱倾角=60°）下的结果。根据图 10-44，当飞行 ADS-33 中的"常规" MTE 时，FXV-15 应为 1 级，在过渡模式下，性能裕度随着发动机短舱角度的减小而增加。这源于在过渡模式下操纵时，直升机和固定翼飞机组合控制增加了操纵性。对于 60° 发动机短舱倾角的情况，滚转姿态改变 30° 时，

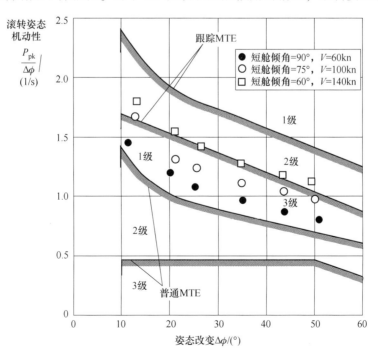

图 10-44　直升机模式和过渡模式下 FXV-15 的滚转姿态敏捷性

FXV-15比常规1~2级边界多了50%的敏捷性裕度。通常，考虑到"跟踪"时的1~2级边界，相同的配置时有20%的裕度。即使在SCAS开启的情况下，对于"跟踪"任务，直升机模式的配置也处于3级区域，这是前面讨论的低阻尼的结果。

图10-34中描述的AR=0.133（跑道与门限之间的长宽比）的滚转-阶跃机动飞行试验，用于评估滚转轴敏捷性；该操纵在图10-45中进行了详细演示。此类试验机动需要设定任务性能要求，不仅涉及几何结构的布局，如沿跑道边缘的门限宽度及其横向和纵向间距，还包括时间限制。在滚转-阶跃的情况下，这些速度由机动飞行时的速度确定，并汇总在表10-5中，对应于图10-43过渡通道中确定的测试点。随着试验紧迫性的增加，三名试飞员参加了确定2~3级边界的试验。操纵品质评级（HQR）如图10-46所示，图10-46是根据表10-5中不同构型下的前飞速度函数绘制的。

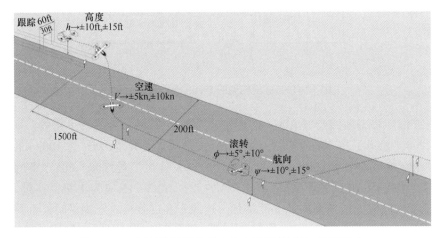

图10-45　倾转旋翼机仿真实验中使用的滚转-阶跃机动

表10-5　不同飞行模式下由前飞速度定义的滚转-阶跃紧急程度

飞行模式	短舱倾角	紧急程度		
		低	中	高
直升机模式	90°	60kn	80kn	100kn
过渡模式	75°	80kn	100kn	120kn
过渡模式	60°	100kn	120kn	140kn

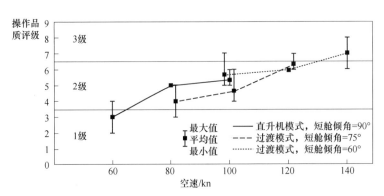

图10-46　滚转-阶跃机动的操纵品质评级分布

图 10-46 显示了每 20kn 空速下降一级操纵品质评级的潜在趋势，由于随着速度的增加对更快的转弯有更严苛的需求。在 60km 速度下，飞行员有 15s 的时间穿越 200ft 的跑道，而在 120km 速度下，这一时间减半。在操纵过程中，飞行员必须滚转以产生倾斜和转弯速度，并反向转弯和滚转以与跑道边缘对齐，并在 ±10° 滚转角和 ±15° 航向角范围内通过门限。从上面的讨论中可以看出，在较高的速度下，这种精度要求太高，飞行员通常需要数秒来稳定航迹。在过渡模式下，在滚转机动过程中会产生侧滑扰动，这需要驾驶杆和脚蹬非常紧密的配合，从而增加了工作负荷。机头切入转弯时，会出现偏航，这有助于滚转，这是由于右转弯时左右侧旋翼推力增加/减小而产生的。然而，这种自然的协调帮助可能比所需的更大，因此需要反向的脚蹬来抵消。在过渡模式下，旋翼桨盘的前倾产生了一个不利的交叉耦合；当总距增加时，飞机既向前冲，也会爬升。然而，与低速飞行相比，机翼提供的额外升力缓解了 100kn 以上的航迹管理任务，减轻了飞行员精细的总距调整和随后的速度变化方面的工作负荷。

乍一看，图 10-44 中预测的飞行品质和图 10-46 中指定的飞行品质之间可能存在分歧。图 10-44 中的数据预测 1~2 级边界以上的飞行品质裕度应随着前飞速度的增加而增加，而图 10-46 显示了线性降级。这可以部分解释为任务性质的变化。随着速度的增加，飞行员穿越跑道然后以稳定航迹通过门限的时间也减少。这是一个将关键操纵指标从敏捷性转变为稳定性的典型案例，相关边界随后从一般 MTE 转变为图 10-44 所示的跟踪 MTE。飞机在 10°~60° 范围内具有足够的滚转姿态敏捷性，但快速和精细的（滚转和偏航）姿态调整具有挑战性，并最终随着速度的增加而驱动 HQR。

滚转-阶跃被证明是一个很好的机动试验，证明了 ADS-33 滚转姿态快捷性作为倾转旋翼机飞行品质指标的适用性。2 级和 3 级飞行品质之间的边界出现在过渡模式、100kn 和 120kn 之间定义的任务几何形状中。任何飞机的敏捷性都会受到紧迫程度的限制，这为飞机的能力提供了一个指南，并以不同的方式提供给设计师、认证机构和运营商。我们在第 7 章中看到了这一点，其中展示了 ADS-33 开发过程中进行的试验结果，例如，图 7-19 显示了在急速侧移和快速跳跃操纵中，紧急程度的增加对性能和工作量的影响。就 ADS-33 而言，美国陆军是主要用户，因此确定了其 MTE 集的精度和紧急程度。RHILP 和 ACT-TILT 遵循了这一做法，并设想了未来民用倾转旋翼机操作员在搜索和救援任务中的要求。

为了确定 ADS-33 带宽/相位延迟要求和过渡模式下倾转旋翼机边界位置的适用性，对 FXV-15 模型进行了修改，以包含参数的调整（如转动惯量、响应时间延迟）。这提供了带宽与相位延迟图上的点矩阵和平均 HQR，如图 10-47 所示。HQ 边界用于跟踪任务（见图 6-33）；对于所有其他 MTE 类型，带宽的 1~2 级边界为 2rad/s（见图 6-30）。图 10-47 中的结果摘自参考文献 10.61，表明 ADS-33 HQ 闭环稳定性标准广泛适用于过渡模式下的倾转旋翼机。在这些 RHILP 试验中 HQ 没有出现陡峭的边界，但是基线从中等 2 级配置逐渐降级到 3 级。

（2）纵向俯仰-升降敏捷性和闭环稳定性

尽管上面"横向敏捷性和闭环稳定性"借鉴了参考文献 10.61 的结果，但在这里我们再借鉴参考文献 10.62 的结果；这两篇论文都总结了 RHILP 项目的成果。作为起点，图 10-48 显示了 FXV-15 在所有三种飞行模式下的最大俯仰姿态敏捷性线。飞机模式的数据

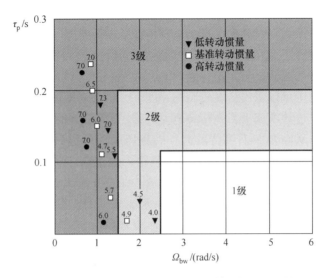

图 10-47　滚转带宽、相位延迟表上的滚转-阶跃 MTE 的 HQR

（空速为 100kn，旋翼短舱角为 60°）

包含在 200kn 的海平面指示空速（IAS）下和 6000 m（约 270kn TAS）密度高度处的数据。数据展现了 FXV-15 在 SCAS 关闭时，ADS-33 中直升机模式低速飞行（<45kn）时的边界和参考文献 10.66 中建议的固定翼飞机 1~2 级边界相重叠。旋翼边界适用于目标捕获和跟踪机动。悬停中的 FXV-15 具有 2 级性能，"所有其他 MET"勉强达到 1 级性能（见图 6-41）。在 60kn，FXV-15 的直升机模式显示接近 1 级的跟踪性能。在 120kn 的过渡模式下，预计比 ADS-33 1 级边界多出 30%~50% 的性能裕度，而在 200kn 的固定翼飞机模式下，预计有高于参考文献 10.66 建议边界的更大裕度，结果表明，飞机应具有足够的俯仰轴性能，以便在所有模式下，特别是在较高速度下，执行中等机动任务。

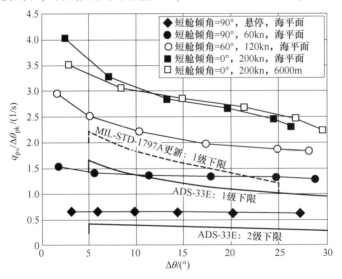

图 10-48　FXV-15 的俯仰姿态快捷性

（SCAS 关闭，参考文献 10.62）

　　从开环特征值中看到，长期（长周期）稳定性较差，尤其是在直升机模式下，但这是已知的缺陷，并通过核心 SCAS 中的速度阻尼进行了纠正。在此，更关注的是短周期响应特性，这些特性决定了飞行员实现姿态或航迹精确闭环控制的能力，正如在地形跟踪 MTE 所需的适度迅猛的机动性一样（见图 10-32（h））。值得研究一下反映这种飞行品质的各种指标。首先，图 10-49 说明了作为空速函数的不同类型飞机的短周期俯仰模态轨迹。随着飞行速度的增加和飞机从直升机模式过渡到固定翼飞机模式，短周期频率增加，但相对阻尼（ζ）减小。当迎角和俯仰角速度都受到扰动时，水平尾翼上的空气载荷增加，导致自然频率随速度增加。随着海拔高度的增加，空气密度降低，绝对雷诺数（Re（λ））和相对阻尼（ζ）都减小。在 200kn IAS、6000m 密度高度下，ζ 已降至 0.35 以下，甚至 $\zeta=$ 0.3 倍的 1 级边界（B 类，非终端飞行阶段的渐进操纵，参考文献 10.66）。

　　图 10-49 所示的飞机模式结果与图 10-50（参考文献 10.62 和 10.69）所示的所谓"指纹"图（短周期自然频率与相对阻尼比）上的预测大体一致；简而言之，等值线表明，俯仰响应超调的程度取决于振荡周期。图 10-50 中满意区域的闭合轮廓意味着相对首选（$\omega_{sp}=3.0\mathrm{rad/s}$，$\zeta=0.7$）配置，任何参数的增加或减少都会降低飞行员的评价，如所需的操纵输入太慢/太大或太快/太敏感（随着 ω_{sp} 从低到高），或振荡太大/操纵过度，或太慢/黏滞力过高（当 ζ_{sp} 从低增加到高时）（参考文献 10.70）。当速度从 160kn 增加到 200kn 时，预计飞行品质将从可接受变为较差。这个早期的标准反映了当自然频率增加时，相对阻尼需要增加，从而有效地保持绝对阻尼。同样，当密度高度从海平面增加到 6km 时，飞行品质预计将从可接受下降到较差，同样，伴随着阻尼比的降低。在库珀-哈珀之前的原始"指纹"数据中没有关于这些边界定义的解释，但是基于阻尼比，可接受的较差边界可以认为是 1~2 级边界。

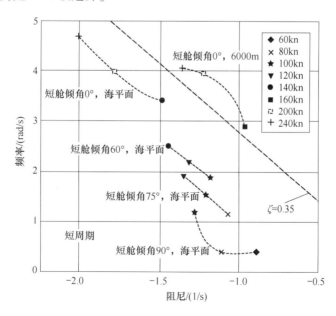

图 10-49　FXV-15 俯仰短周期模态的根轨迹——直升机、过渡和固定翼飞机模式

（参考文献 10.62）

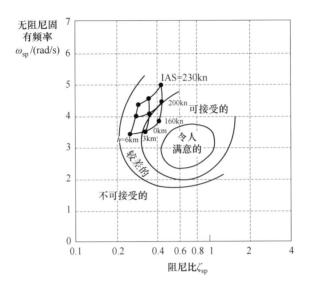

图 10-50　FXV-15 在固定翼飞机模式下俯仰短周期特性的"指纹"图

（参考文献 10.62 和 10.69）

因此，我们已经看到了两个相当一致的标准来衡量 FXV-15 的短周期飞行品质。然而，已知俯仰/航迹飞行品质不仅取决于短周期（开环）特性，而且还取决于所谓的迎角滞后参数 $T_{\theta2}$，或负的垂直阻尼的倒数 Z_w（参考文献 10.70）。这些参数的影响可以通过对恒定速度下的短周期俯仰响应的简单近似来评估。升降舵（η）操纵输入引起的俯仰角速度 q 和法向速度 w 扰动，可由机身轴线上的近似方程表示

$$\begin{bmatrix} \dot{w} \\ \dot{q} \end{bmatrix} = \begin{bmatrix} Z_w & U_e \\ M_w & M_q \end{bmatrix} \begin{bmatrix} w \\ q \end{bmatrix} + \begin{bmatrix} Z_\eta \\ M_\eta \end{bmatrix} \eta \qquad (10-49)$$

力和力矩导数 Z_w，M_q 等通常的方法通过质量和惯性矩进行归一化，U_e 是沿飞机 x 轴的恒定飞行速度。升降舵到俯仰角速度的传递函数由式（10-50）给出

$$\frac{q(s)}{\eta(s)} = \frac{M_\eta\left(s + \dfrac{1}{T_{\theta2}}\right)}{s^2 + 2\zeta_{sp}\omega_{sp}s + \omega_{sp}^2} \approx \frac{M_\eta(s - Z_w)}{s^2 - (M_q + Z_w)s + (M_q Z_w - M_w U_e)} \qquad (10-50)$$

其中（参考方程（4-143），式（4-144））

$$2\zeta_{sp}\omega_{sp} \approx -(M_q + Z_w)$$
$$\omega_{sp}^2 \approx (M_q Z_w - M_w U_e)$$
$$T_{\theta2} = -\frac{1}{Z_w} \qquad (10-51)$$

通过式（10-52）和式（10-53）给出了迎角和航迹的传递函数

$$\frac{\alpha(s)}{\eta(s)} = \frac{\dfrac{Z_\eta}{U_e}\left(s + U_e\dfrac{M_\eta}{Z_\eta}\right)}{s^2 + 2\zeta_{sp}\omega_{sp}s + \omega_{sp}^2} \qquad (10-52)$$

$$\frac{\gamma(s)}{\eta(s)} = \frac{\left(\dfrac{M_\eta}{T_{\theta2}}\right)}{s(s^2 + 2\zeta_{sp}\omega_{sp}s + \omega_{sp}^2)} \tag{10-53}$$

俯仰角速度传递函数分子中的迎角滞后 $T_{\theta2}$ 导致响应在迎角变化（M_w）产生的刚度完全失效之前超过了稳态值。如果超调量过大，就会导致飞行员难以估计实现给定的姿态变化所需的控制量，引起驾驶困难。为了在飞行品质参数中捕捉到这种影响，参考文献 10.68（另见参考文献 10.70）引入控制预期参数（CAP）作为参考标准。CAP 定义为初始俯仰加速度与稳态法向加速度 $n_z(\infty)$ 的比值，如参考文献 10.69 所示，与飞机的操纵裕度成正比。因此，CAP 可由式（10-54）近似

$$CAP = \frac{\dot{q}(0)}{n_z(\infty)} \approx -\frac{g\omega_{sp}^2}{Z_w U_e} = \frac{g\omega_{sp}^2 T_{\theta2}}{U_e} \tag{10-54}$$

包括 B 类（非终端飞行阶段的渐进操纵）边界，FXV-15 的预测显示为速度和密度高度的函数。FXV-15 的 CAP 指标基本上处于 1 级，当在高度上相对阻尼降低到 0.3 线以下时，飞行品质下降到 2。各种构型的稳定性导数和飞行品质参数见表 10-6（参考文献 10.62）。为了进行比较，给出了精确和近似（式（10-51））的短周期特性。对于所有三种飞机模式，采用恒速近似法预测阻尼和频率的误差都在百分之几以内。

表 10-6　FXV-15 的短周期俯仰品质参数[a]

模式，指示空速	直升机模式 60kn（海平面）	过渡模式 120kn（海平面）	固定翼飞机模式 200kn（海平面）	固定翼飞机模式 200kn（6000m）
$-Z_w$	0.504	0.882	1.05	0.766
$-M_w$	0.028	0.105	0.171	0.115
$-M_q$	1.309	1.72	2.55	1.66
真空速 V/（ft/s）或（m/s）	99.5（30.4）	198.6（60.6）	325（99.1）	440（134）
$2\zeta_{sp}\omega_{sp}$ 近似	1.81	2.60	3.6	2.43
ω_{sp}^2 近似	1.505	7.91	19.58	16.87
ω_{sp} 近似（精确）/（rad/s）	1.23（1.2）	2.81（2.81）	4.43（4.41）	4.08（4.07）
ζ_{sp} 近似（精确）	0.74（0.76）	0.46（0.47）	0.41（0.4）	0.298（0.295）
CAP（$-g\omega_{sp}^2/(VZ_w)$）/（rad/（$s^2 \cdot g$））	0.966	1.45	1.85	1.61
$\Delta\theta_{pk}/q_{ss}$/s	—	1.00	1.75	1.6
q_{pk}/q_{ss}	—	3.3	4.7	5.4
$M_{\delta e}$/（rad/（$s^2 \cdot in$））	0.397	0.727	1.91	1.86
λ_{sp}（Re，Im）	-0.91，0.79	-1.3，2.48	-1.79，4.04	-1.2，3.89

注：a 来自 RHILP 项目的配置数据、导数和响应，与本书章节中研究的 FXV-15 中使用的配置数据、导数和响应略有不同。

参考文献 10.68 对 CAP 的阻尼比进行了限制，以便飞行品质图表可以采用图 10-51 中的方框形式。

因此，俯仰快捷性和短周期/CAP 标准预测 FXV-15 在固定翼飞机和过渡模式下会

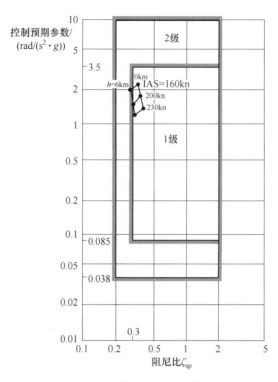

图 10-51　FXV-15 控制预期参数图（参考文献 10.68，B 类飞行阶段）

表现出接近 1 级的俯仰飞行品质，但在密度降低的高度除外，可能会降级到 2 级。将带宽准则应用在飞机上也证实了这些结论。结果如图 10-52 中的相位延迟/带宽图所示，数据来源于利物浦大学的 HELIFLIGHT 模拟器（见附录 8A）对飞行中的控制扫频超过三次以上运算的平均值。严格地说，ADS-33 并没有为直升机设定前飞时的带宽标准，但

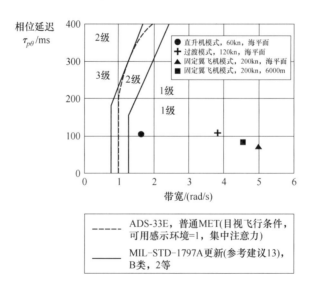

图 10-52　FXV-15 的俯仰姿态带宽和相位延迟结果（参考文献 10.62）

显示的是相对于一般 MTE 的低速 1~2 级边界的 60kn 的情况（见图 6-44）。跟踪边界设置为 2rad/s（见图 6-43），预测直升机俯仰飞行品质为 2 级。随着前飞速度的增加，带宽随之增加，与俯仰短周期自然频率 ω_{sp} 的增加密切相关。图 6-44 中的固定翼飞行品质边界来自参考文献 10.66 中的建议；与 B 类相关的非终端飞行阶段需要渐进操纵和精确的航迹控制。作为比较，参考文献 10.66 建议高机动飞机的最小带宽为 3rad/s，以达到 1 级飞行品质。FXV-15 在 120kn 的过渡模式和 200kn IAS 的固定翼飞机模式下很容易满足这一要求。

在展示 RHILP 项目中进行的有人驾驶模拟试验指定操纵品质结果之前，有必要在纵向驾驶杆、1in 阶跃输入时，对不同飞机构型的俯仰响应进行分析。迎角滞后对响应的影响应该会变得更加清楚。图 10-53 显示了非线性 FXV-15 的这些特性，显示了（从左上角顺时针方向）俯仰角速度（q）、俯仰姿态（θ）、航迹角（γ）和迎角（α）。

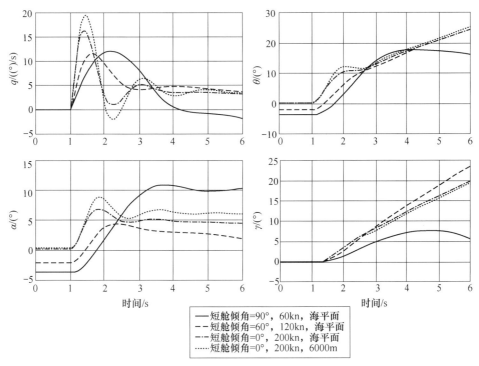

图 10-53　FXV-15 对 1in 阶跃纵向操纵输入的响应，SCAS 关闭——不同飞行模式之间的对比

（参考文献 10.62）

60kn 的直升机模式的响应和 200kn 的固定翼飞机模式的响应有显著差异。直升机的特点是姿态响应型，由速度（正 M_u）引起的俯仰力矩在几秒内抵消了初始向上的俯仰。然而，航迹角的增加仅为俯仰姿态的 30% 左右，不同的是在这样的速度下为产生爬升率需要大迎角。在固定翼飞机模式下，倾转旋翼机骤变的俯仰角速度在大约 4s（速度指令）后稳定下来，但在第一秒内有明显的超调。

前文已经讨论过这个超调，它是由几个因素引起的。首先，由于高翼载荷（见式 2-68），产生的低值 $-Z_w(T_{\theta2} \sim 1s)$ 延迟了 M_w 的迎角增加和由此产生的气动刚度效应。其次，倾转旋翼的静稳定性导数 $-M_w$ 和俯仰阻尼导数 $-M_q$ 的值显著降低（与固定翼飞机的非万向节螺旋桨相比），这是因为在俯仰时，较大的旋翼面内载荷进一步增加了俯仰力矩。

与直升机模式不同，旋翼对两种导数的贡献都是正的，而且不稳定。俯仰角速度效应在第4章中首次提出，称为 Amer 效应（参见式（4-80）），其中旋翼推力在机动飞行中不再与旋翼桨盘垂直。在控制输入超调后，随着控制重新居中，俯仰姿态回落。这种回落幅度越大，飞行员就越难精确地控制俯仰姿态。一个设计良好的 SCAS 应该能够减少回落的负面影响，但是仍然需要量化 2 级飞行品质的可接受程度。稍后再回到这个问题，我们首先讨论导致回落的一些物理效应。

如本章建模和仿真部分所述，推力的分力会导致桨盘倾斜，但在倾转旋翼机典型的高入流条件下，旋翼的俯仰和偏航阻尼的作用是可控的。在俯仰的情况下，这将导致比传统螺旋桨飞机更小的操纵裕度。图 10-53 显示，在约 4（°）/s 的俯仰角速度响应和约 5° 的迎角变化后，爬升角在 0.7g 机动中继续增加。旋翼平面内的速度扰动（w）有效地作为纵向周期变距输入，引起旋翼朝着飞机俯仰变化的方向倾斜，如图 10-54（参考文献 10.62）所示。所施加的气动力矩大于旋翼推进所需的力矩，从而导致运动方向上的挥舞增加。图 10-54 也说明了这一点，在升降舵输入后向阶跃后，旋翼桨盘的初始响应滞后于旋翼轴（即前向挥舞抵消了俯仰角速度（q））。然而，旋翼桨盘面内的速度扰动（w）导致旋翼轴前移，进一步增加了静稳定性导数 M_w 的不稳定效应，即倾转旋翼的正贡献。总体而言，由于水平尾翼的巨大影响，FXV-15 在飞行模式下的 M_w 为负（稳定）。

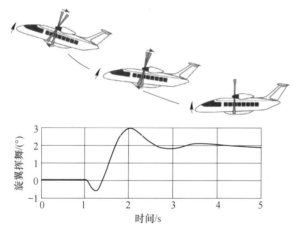

图 10-54　上升操纵时的旋翼倾斜角度

在审查固定翼飞机的适用标准时，参考文献 10.66 的作者指出，俯仰响应中的大姿态速度超调与传统的 MIL-STD-1797 标准（如 CAP）不一致。建议使用 Gibson 的回落参数（参考文献 10.71）以及超调量来制定补充标准。标准参数如图 10-55 和图 10-56 所示，并与速度指令姿态保持（RCAH）响应类型相关，分别为最大俯仰角速度（超调峰值）与稳态俯仰角速度的比值，以及俯仰姿态回落与稳态俯仰角速度的比值。第二个比值如图 10-55 所示，等效于纯速度响应开始生效的时间。为了简化图形，图 10-55 中的响应是根据式（10-49）中的线性短周期近似得出的。利用这一短周期降阶模型，通过近似，回落与 T_θ 有关

$$T_\theta \approx \frac{\Delta\theta_{DB}}{q_{ss}}\qquad\qquad(10-55)$$

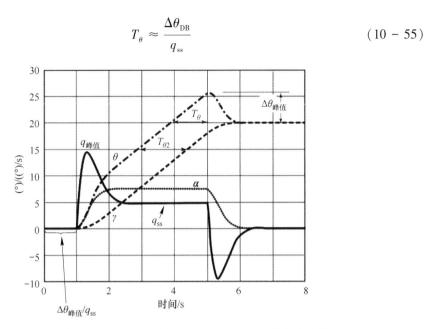

图 10-55 脉冲纵向操纵输入的俯仰响应——Gibson 回落标准参数

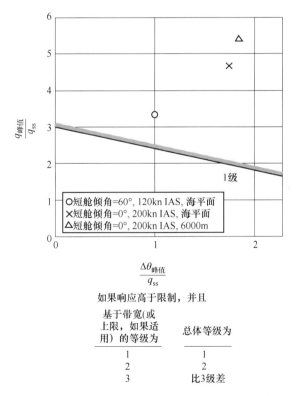

图 10-56 Gibson 回落标准中的 FXV-15 飞行品质参数

如前所述，这个时间间隔对飞行员很有用，因为它是预测俯仰响应的指南。也可以看出，该时间与迎角延迟或航迹延迟的比率 $T_{\theta2}$ 由式（10-56）给出

$$\bar{T}_\theta = \frac{\Delta\theta_{DB}}{q_{ss}T_{\theta2}} = \frac{T_\theta}{T_{\theta2}} = 1 - \frac{2\zeta_{sp}}{\omega_{sp}T_{\theta2}} \tag{10-56}$$

在参考文献 10.64 中，作者假设该比率是对飞行员可接受回落的一个更合适的度量，因为它与达到所需的航迹或载荷因数 $T_{\theta2}$ 的物理有效时间有关。

参考文献 10.66 中建议的标准边界如图 10-56 所示，适用于所有飞机类型和飞行阶段。如果响应位于 1 级边界线以上，则基于 CAP 或带宽的飞行品质等级应降低一级。如图 10-56 所示，FXV-15 在过渡模式和固定翼飞机模式下的俯仰响应均位于该线上方，这表明带宽和 CAP 预测的飞行品质需要降低一个等级。

图 10-55 中的配置参数为 $\omega_{sp} = 4\text{rad/s}$，$\zeta_{sp} = 0.8$，$T_{\theta2} = 1.5\text{s}$。单位操纵输入的速度响应为 5（°）/s，回落约为稳态姿态变化的 25%。图中还显示了俯仰姿态回落延迟 T_θ，这是第一次转换到期望的俯仰姿态与飞行员主导控制之间的时间。为了抵消回落的影响，飞行员必须延长取得控制的时间间隔，以确保姿态回到所需的稳定状态。

在早期的飞行品质研究中，迎角滞后一直被忽视，直到开发出大翼载和大飞行包线的高性能飞机，迎角滞后可能在高速/海平面飞行时的 0.5s 到在低速/高空飞行时的 4s 之间变化。迎角滞后对以 20° 姿态/航迹变化的升降舵阶跃指令的动态响应的影响如图 10-57 所示。该配置的短周期特性与图 10-55 相同。为了保持恒定的自然频率和相对阻尼，需要改变气动导数。例如，俯仰力矩操纵导数 M_η 可用于在飞机的限制范围内为任何规定的 ζ_{sp}、ω_{sp} 或 $T_{\theta2}$ 给出一个确定的稳态俯仰角速度。稳态俯仰角速度如下所示

$$\omega_{sp}^2 q_{ss} = \frac{M_\eta}{T_{\theta2}}\eta \tag{10-57}$$

重新整理，给出规定操纵性的控制灵敏度导数

$$M_\eta = (q_{ss}/\eta)\omega_{sp}^2 T_{\theta2} \tag{10-58}$$

图 10-57 显示，增加迎角滞后需要更大的迎角来实现相同的航迹响应。因此，随着 $T_{\theta2}$ 的增加，控制灵敏度也必须增加，以保持规定的 q_{ss}，从而导致初始俯仰加速度和俯仰角速度超调的增加。如图 10-57 所示，俯仰角速度超调越大，回落越大。

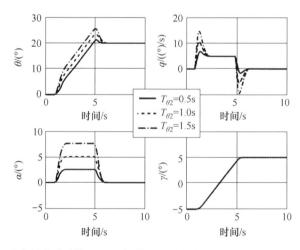

图 10-57　升降舵的脉冲输入后迎角滞后对俯仰姿态、速度、迎角和航迹的影响

　　前面的讨论揭示了倾转旋翼机纵向飞行品质的复杂性。图 10-58 显示了在 200kn、海平面和 6000m 高度时，固定翼飞机模式下 FXV-15 对升降舵脉冲操纵的非线性响应。对于海平面，根据图 10-56 中的标准，可以观察到 2° 的姿态回落，这将成为飞行员负面意见的来源。表 10-6 中包含了 FXV-15 的回落参数。注意，在固定翼飞机模式下，俯仰角速度超调峰值约为 200kn、6000m 飞行条件下的稳态俯仰角速度的 5 倍。当然，这是未经增强的 XV-15 的一个特点。为了进行比较，图 10-59 显示了 FXV-15 上打开和关闭基本 SCAS 的俯仰响应。SCAS 在实现常规速度响应的同时，抑制了角速度的超调。然而，姿态（以及航迹）响应在 2s 后降低了大约 30%。

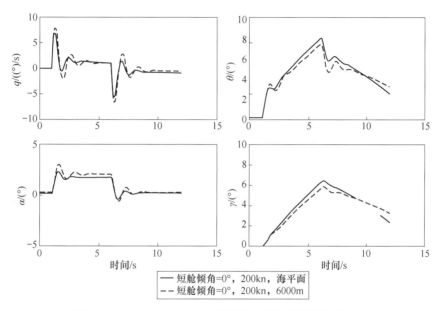

图 10-58　FXV-15 对 2°（升降舵）纵向脉冲输入的响应

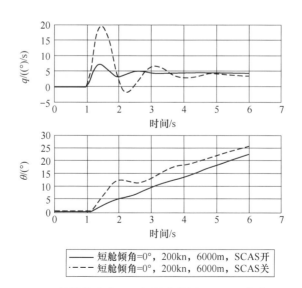

图 10-59　FXV-15 的俯仰响应——打开或关闭 SCAS，表速 200kn，6000 m

所以，问题是，预期中的俯仰姿态回落会如何影响规定的飞行品质？以俯仰姿态敏捷性为指标的操纵性能和以姿态带宽为指标的闭环稳定性，在 1 级最低标准以上有较大的裕度。但是，所有这些优点可能会因为回落的缺陷而受到影响。为了探索这个问题，作为 RHILP 项目的一部分，在利物浦的 HELIFLIGHT 设施上进行了一次飞行仿真试验。源自 SAR 任务的近地飞行 MTE（见图 10-32（h））变为垂直跳跃飞行试验操纵（FTM），如图 10-60 和图 10-61 所示。试验使用各种升降-跳跃高宽比（AR＝0.067，0.1，0.2；高度变化与杆间水平距离之比）以 160～225kn 的速度飞行。倾转旋翼及操纵包线的最大（2.5g）和最小（0g）过载系数是在 AR＝0.2、约 180kn 情况下达到的。表 10-7 总结了性能容差。三名参与试验的飞行员只飞行并对初始爬升和升降-跳跃的水平阶段进行了评级。

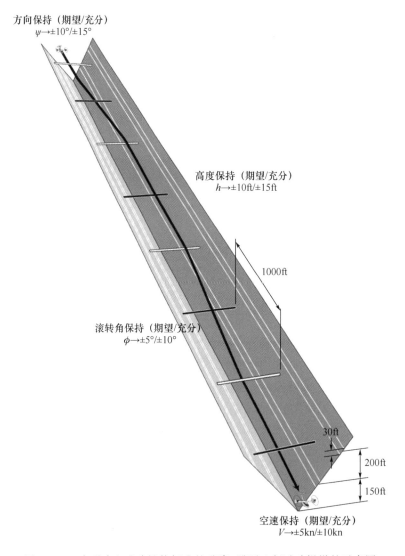

方向保持（期望/充分）
$\psi \rightarrow \pm 10°/\pm 15°$

高度保持（期望/充分）
$h \rightarrow \pm 10\text{ft}/\pm 15\text{ft}$

1000ft

滚转角保持（期望/充分）
$\phi \rightarrow \pm 5°/\pm 10°$

30ft

200ft

150ft

空速保持（期望/充分）
$V \rightarrow \pm 5\text{kn}/\pm 10\text{kn}$

图 10-60　有明确和准确性能标准的升降-跳跃飞行试验操纵的示意图

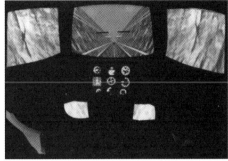

图 10-61 升降–跳跃飞行机动试验

表 10-7 升降–跳跃 FTM 的性能标准

性能	期望	充分
在整个任务过程中保持速度	±5kn	±10kn
在整个任务过程中保持滚转角	±5°	±10°
在整个任务过程中保持航向	±10°	±15°
在高度捕获阶段保持高度	±10ft	±15ft
保持轨迹（从山谷中心开始）	±15ft	±30ft

图 10-62 显示了在直升机和过渡模式下飞行的 FXV-15 飞行员 HQR 的平均值和最大最小值。固定翼飞机模式的 HQR 如图 10-63 所示，所有结果均根据 AR = 0.2 时的操纵得到。对于 AR 较低时的情况，HQR 保持在 1 级和 2 级之间的范围内。直升机和过渡模式下的 HQR 显示出与图 10-46 中的滚转–阶跃结果相似的形式，在过渡模式下，2~3 级边界在 100~120kn 之间。在固定翼飞机模式下，给定的飞行品质表明飞机在 180~200kn 的速度下处于 2~3 级边界。无论是在初始爬升还是在高位俯冲时，所有三名飞行员都经历了他们所描述的俯仰抖动，是回落引起的，是航迹捕捉任务中不可预测性的一个来源。在操纵过程中保持航向和航迹的一名飞行员的工作负荷最大。通过特征值分析，我们知道荷兰滚模式对航向稳定性和偏航阻尼也有类似的不利影响（参见 N_v 和 N_r 与 M_w 和 M_q）；在 x-y 平面上重新校准航迹所需的任何操纵都容易激发这种缺陷。

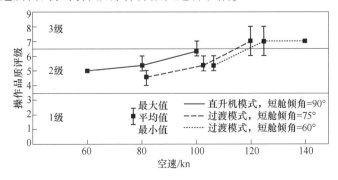

图 10-62 FXV-15 在直升机模式和过渡模式（参考文献 10.62）时升降–跳跃 FTM 的操纵品质评级随速度的变化，AR = 0.2

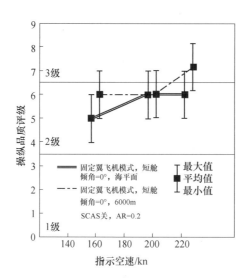

图 10-63　FXV-15 在固定翼飞机模式，AR＝2 时升降-跳跃 FTM 的操纵品质评级

倾转旋翼机的俯仰轴飞行品质比滚转轴飞行品质更为复杂。在滚转运动中，尽管初始机身固有的带宽、敏捷性和操纵性差异很大，但在所有三种飞行模式中，主要的动力学特性都具有相似的形式。在低速直升机模式的飞行中，滚转带宽很低，很难想象能够成功完成任何紧急的、高带宽的任务。与传统直升机不同的是，直升机模式下的倾转旋翼机相对于滚转而言具有更高的俯仰性能，部分原因是俯仰/滚转惯性矩比较小。俯仰姿态敏捷性满足跟踪任务的 2 级标准和通用 MTE 的 1 级标准。随着前飞速度增加，飞机构型转换为固定翼飞机模式，俯仰动力学发生显著变化。在操纵过程中，大型倾转旋翼会产生不利的俯仰力矩，而由尾翼来提供自然阻尼和静稳定性。在俯仰操纵过程中，俯仰角速度超调的程度和由此产生的姿态回落会导致不可预测性。

在 RHILP 项目中，研究了俯仰姿态和航迹控制的各种飞行品质要求，以建立民用倾转旋翼机的适用标准。ADS-33 被认为适用于直升机模式下的低速飞行，但在过渡和固定翼飞机模式下的操纵需要固定翼相关的指标。从短周期动力学的阻尼和频率、操纵期望参数或带宽等方面规定飞行品质要求，所有这些都未能捕捉到缓慢的升降响应和弱操纵稳定性所引起的姿态回落的不利影响。根据 MIL-1797 的更新版本（参考文献 10.66）中给出的形式，用 Gibson 的回落参数修正补充要求，正确地预测了操纵性能的下降。

在 HELIFLIGHT 上进行的飞行仿真试验证实了这一分析。与滚转-阶跃操纵一样，规定的性能标准至关重要。如果规定的性能标准被收紧，或操纵紧急程度增加，飞行员的工作负担将增加，HQR 会下降。选择升降-跳跃的飞行路径要求飞行员在上拉过程中使用最大的使用飞行包线（OFE）性能，这使操纵变得非常苛刻。事实上，在更高的速度——200kn 及以上，增加的过载超过了使用飞行包线（OFE）2.5g 的极限，并且达到了飞行品质标准预测的 2~3 级边界。有人可能会说，在民用搜救任务中，进行地形跟踪时，垂直跳跃所要求的性能比正常飞行的性能要高。然而，对包线极限的测试对于探索飞行员诱发振荡（PIO）在 2~3 级边界附近发生的可能性非常重要。第 7 章强调了这一点。回落引起的俯仰抖动是一种轻微的 PIO，但没有发现陡峭状边界，至少在 RHILP 试验中的航迹跟踪、垂直跳跃任务中是这样。

10.3.5 过渡期间的飞行品质

1979 年 7 月 24 日，在 XV-15 倾转旋翼机上进行了从直升机模式到固定翼飞机模式的第一次完全转换（参考文献 10.3）。在参考文献 10.11 中，XV-15 飞行员丹尼尔·杜根（Daniel Dugan）和合著者描述了倾转过程状态：

一种成熟的常规技术是用 $10° \sim 20°$ 的前倾（发动机短舱位置 80° 或 70°）来加速到 60~80kn 的指示空速，同时收回起落架。然后开始以 7.5 (°)/s 倾斜速度连续过渡到固定翼飞机模式（0°）。在机动过程中，可实现 0.4g 的加速度——相当于直升机飞行员的加力装置。为了补偿低头俯仰力矩，采用了小的纵向配平，但操纵力很轻，俯仰姿态很容易控制。在这一过程中，随着从旋翼升力到机翼升力的转换，旋翼控制权限随着发动机短舱角度的变化而逐步地减小。可根据需要在限制范围内改变襟翼构型。这个倾转过渡过程是一个低工作负荷、简单的过程，所有驾驶 XV-15 的飞行员均已适应。

XV-15 试飞员明显认为 XV-15 的过渡过程简单、工作负荷较低，如图 10-64 所示。

图 10-64　XV-15 从直升机（右）到固定翼飞机（左）飞行模式的过渡（NASA）

飞行员的这一观点是一个很好的起点，但是如何量化过渡操纵中飞行品质这个问题并不简单，而且很难解决。所有的三种飞行模式都涉及飞行速度在过渡走廊中的改变（见图 10-2）。稳定性和敏捷性的预测指标定义了不同模式和飞行速度下的飞行品质，因此它们在过渡操纵中的应用是有问题的。在 RHILP（旋翼机操纵、干扰和负荷预测）项目中，使用图 10-33 所示的快速过渡试验操纵，作为一个起点，对飞行员指定的飞行品质进行了探索性研究。团队注意到参考文献 10.67 的要求，即"过渡阶段的飞行员操纵不应转移飞行员对过渡期间执行的任何作战任务所需的注意力，以免损害飞机的作战效能"。这一要求可以解释为"过渡必须是低工作负荷的任务"，与 XV-15 飞行员报告（参考文献 10.11）一致。

过渡试验操纵由三名试飞员在使用 SCAS 的 FXV-15 上进行，HQR 如图 10-65 所示。紧急程度逐步按发动机短舱倾斜速度从 3 (°)/s 到 6 (°)/s 再到 9 (°)/s 改变。每次运行的最大和最小等级分别由飞行员 A 和 B 达到；飞行员 C 通常与飞行员 B 一致。如果我们暂时忽略飞行员 A，第 1 阶段的过渡如图 10-33 所示，飞机通过将发动机短舱从 90°倾斜至 75°、从 40kn 加速至 110kn，被定为 1 级，除了 9 (°)/s 的情况，此时飞行员 B 和飞行员 C 都达到 HQR 4。第 2 阶段的 HQR 中，通过将发动机短舱从 75°倾斜至 0°，飞机从 110kn 加速至 180kn，在 3 (°)/s 时显示为 1 级，在 6 (°)/s 和 9 (°)/s 倾斜速度时评级下降到 HQR 5（未达到预期性能）。飞行员 A 在大多数航程中都经历了他所描述的初始俯仰 PIO，这导致高度偏移超出了 6 (°)/s 和 9 (°)/s 发动机短舱倾速度情况（HQR 7）下的预期和适宜边界。

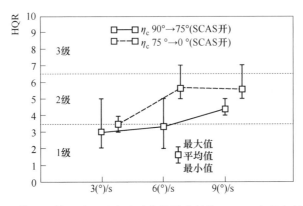

图 10-65　第 1 和第 2 阶段过渡试验中操纵获得的 HQR（参考文献 10.63）

图 10-66 比较了飞行员 A 和 B（分别为 HQR 7 和 HQR 5）以 9 (°)/s 的倾斜速度飞行时的周期行为、俯仰姿态偏移和性能。当发动机短舱到达水平位置时，飞机加速到大约 140kn，并且在油门杆固定在 55% 的情况下，需要 20s 才能加速到 180kn 的目标速度。在发动机短舱达到 0°并以俯仰姿态开始初始 PIO 后，飞行员 A 在 7s 周期振荡的三个周期内超过了较低高度的适当性能边界（70 ft 偏移）。在操纵结束时，飞行员 B 仅刚好超过较高

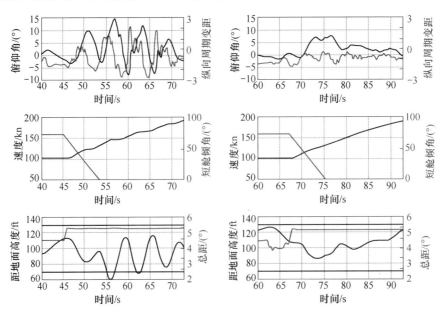

图 10-66　过渡操纵飞行阶段 2 中飞行员 A（左，HQR 7）和飞行员 B（右，HQR 5）的比较（见图 10-33）

顶点预期性能边界，并调整返回 HQR 4；操纵活动处于一个低水平，在整个操纵过程中所需的纵向驾驶杆的调整范围仅为±0.5in。在过渡的初始阶段，需要大幅度增加指令俯仰姿态，以确保当旋翼向前倾斜时机翼承担升力。飞行员 B 设法在过渡过程中保持这个上仰，然后在达到目标速度时再次缓慢降到零。正是飞行员 A 在俯仰重新配平时遇到的困难导致了 PIO；回想一下早前引述的 XV-15 试飞员的评论，"为了补偿低头俯仰力矩，采用了小的纵向配平，但操纵力很轻而且俯仰姿态很容易控制"。XV-15 有一个力感知系统（FFS），通过动压传感器，随着空速的增加，杆力梯度增加，配平速度降低。HELIFLIGHT 的 FXV-15 没有这种自适应系统，所以整个过渡阶段使操纵梯度保持在直升机的数值上。在过渡过程中飞行员 A 使用了±2in 的纵向驾驶杆配平，更为精确的杆力梯度可能有助于飞行员减少这些输入的幅度，但这只是推测。

综上所述，飞行员 B 和 C 报告说，随着发动机短舱倾斜速度从 3 (°)/s 增加到 9 (°)/s，工作负荷增加（飞行员补偿从最小到相当大），主要是位于俯仰轴上，在过渡时间范围内需要逐步重新配平。这对飞行员 A 来说是更大的一个问题，但这三名飞行员在 RHILP 中对过渡的风险有限。在这些试验中，SCAS 对飞行品质起到了重要的辅助作用，因为它抑制了前面讨论的回落效应。事实上，在未启用 SCAS 的情况下进行过渡飞行的尝试证明，一些基本的控制增稳对于这种操纵是必不可少的，就像直升机模式下的滚转-偏航机动和固定翼飞机模式下的俯仰-飞行航迹机动一样。

最后，关于过渡模式，引述参考文献 10.11 中的另一位飞行员作者的话，结尾有一丝幽默：

从固定翼飞机模式到直升机模式的再过渡也是一个低工作负荷的过程。当 XV-15 通过降低功率减速时，在 220kn 以下选择 20°襟翼位置。在开始重新过渡之前，旋翼转速必须从 86%增加到 98%。如果发动机短舱在飞机转速下解锁，警告灯会提醒飞行员转速不正常。如果发动机短舱移动，会触发声频警告，提醒飞行员提高旋翼转速。在 XV-15 减速到 170 KIAS（指示风速）之后，可以通过保持转换开关向后直到达到所需的角度来进行连续的重新过渡。XV-15 减速非常快，可以通过小的前向操纵输入产生的正俯仰力矩很容易地控制。当发动机短舱角度超过 60°时，根据需要放下襟翼，通常选 40°。飞行员在再过渡过程中做的最后一件事是看向一侧，寻找降落伞或绳，并注意着速度。

10.3.6 通过控制增稳提高倾转旋翼机飞行品质

（1）速度稳定

速度阻尼可提供基本的增稳，在配平条件下，将滚转、俯仰或偏航角速度与速度扰动成比例来稍微驱动操纵面而实现增稳。在直升机模式下，纵向周期变距用于抵消俯仰角速度干扰，总距变距差动用于抵消滚转角速度干扰，纵向周期变距差动用于抵消偏航角速度干扰

$$\theta_{1s} = k_q q, \ \theta_{0d} = k_p p, \ \theta_{1sd} = k_r r \qquad (10-59)$$

在固定翼飞机模式下，升降舵用于抵消俯仰角速度干扰，副翼/襟翼用于抵消滚转角速度干扰，方向舵用于抵消偏航角速度干扰

$$\eta_e = k_q q, \ \eta_a = k_p p, \ \eta_r = k_r r \qquad (10-60)$$

在过渡模式下，反馈通常基于用于飞行员操纵的旋翼和飞机操纵面的相同的融合。

图 10-67 显示了悬停模态时 FXV-15 的根轨迹，俯仰和滚转反馈增益达到 0.25 (°)/s

的中等值。为了清晰起见，图中省略了升降和偏航模态。在这两种情况下，附加速度阻尼几乎不影响长周期模态阻尼。在最高增益为 0.25 时，纵向长周期仍然是轻微不稳定的，而横向长周期是轻微稳定的。如第 4 章所述，对纵向长周期运动的不稳定影响主要是由于速度扰动引起的俯仰力矩（M_u，见式（4-130）），而在对横向长周期的影响上，不稳定因素是（L_v）。因此，通过速度反馈增加俯仰或滚转阻尼对长周期模态的阻尼的影响较小，但对频率的影响较大。式（4-130）给出的近似值表明，随着 M_q 负增长，预测长周期振荡频率将减小到零。这两种模态对频率的主要影响如图 10-67 所示。如图所示，稳定的大部分能量用于增加俯仰和滚转衰减的阻尼。

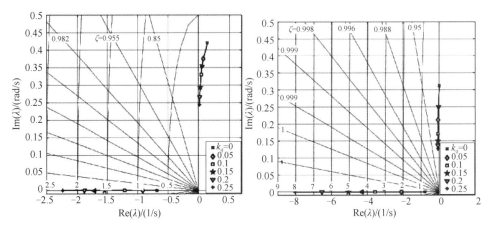

图 10-67　FXV-15 悬停时，具有不同速度反馈增益的纵向（左）和横向（右）长周期模态的根轨迹

　　图 10-68 显示了悬停时，增加的偏航角速度阻尼对 FXV-15 横向模态的影响，但滚转衰减几乎没有改变，从图中省略。横向长周期基本上保持不变，因为这种模态的偏航量很小，且纵向周期变距差动对滚转运动几乎没有影响。不稳定螺旋模态可以通过少量的反馈增益迅速稳定下来。

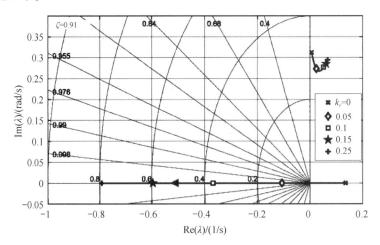

图 10-68　FXV-15 悬停时，不同比例偏航角速度反馈增益的螺旋和横向长周期模态的根轨迹

　　在图 10-39（a）中看到转向固定翼飞机模式下的 FXV-15，在短周期和荷兰滚模态

下，尤其是在高空高速巡航中，相对阻尼有多么低。低阻尼的主要原因是（正）旋翼对气动导数 M_q 和 M_w（短周期）以及 N_r 和 N_r（荷兰滚）的贡献。图 10-69 显示了具有不同俯仰和滚转角速度反馈的短周期和荷兰滚模态的根轨迹，增益范围与直升机模式相同，高达 0.25（°）/s，此时使用的操纵面是升降舵和副翼。配平状态是 6000m 高度，速度 280kn。对于短周期，小于 0.05 的反馈增益采用相对阻尼超过 0.35 的阈值。在反馈增益略高于 0.15，频率约为 3.5rad/s，并且相对阻尼为 0.7 这种飞行条件下，俯仰/航迹操纵的飞行品质应该很好。对于荷兰滚模态，我们看到滚转角速度反馈的影响非常小。我们可能已经从之前关于这个模态的讨论中预测到了这一点，这个模态主要由偏航运动控制。同样，可以看到所有的滚转角速度反馈的能量都流入到增加滚转衰减的阻尼中。如图 10-70 所示，需要通过方向舵来反馈偏航角速度，以增加荷兰滚的阻尼，并且 0.25 的中等增益水平似乎刚好足以使相对阻尼达到 0.35 阈值。

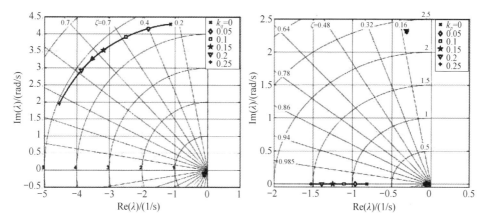

图 10-69　不同比例俯仰和滚转角速度反馈增益的短周期（左）和荷兰滚（右）模态的根轨迹
（FXV-15 在固定翼飞机模式，280kn，6000m）

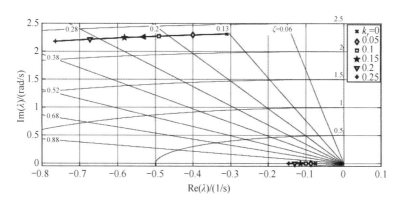

图 10-70　不同比例偏航角速度反馈增益的荷兰滚转模态的根轨迹
（FXV-15 在固定翼飞机模式，280kn，6000m）

RHILP 项目于 2003 年春季正式结束（与 XV-15 退役同一年），同类型项目 ACT-TILT 和后续 NICETRIP IP 的持续研究，制定了 1 级 SCAS（控制增稳系统）控制律和 2 级备用控制律的要求；在贝尔-波音 V-22 倾转旋翼机中，这些备用控制律将在 PFCS（主飞行控制系统）中发挥作用。

关于未来欧洲民用倾转旋翼概念机或当前 V-22 和 AW609 倾转旋翼机的 SCAS（控制增稳系统）结构和功能的详细说明，在公开领域无法得到。它们肯定会比上面所示的比例速度阻尼或作为 RHILP 项目的一部分开发的 1 级飞行品质的 SCAS（控制增稳系统）要复杂得多。

（2）V-22 动力管理和控制

在 V-22 上实现了一些与动力管理相关的特殊控制律功能。最初是基于从 XV-15 试验中获得的经验教训，并在参考文献 10.72 中进行了报告，描述了设计阶段的发展情况。在固定翼飞机模式下对 V-22 进行的飞行员仿真试验确定了一个在 XV-15 上观察到但尚未解决的问题。推力对油门杆施加的短周期响应被描述为迟滞。在涉及纵向航迹精度的任务中，如编队飞行或空中加油，飞行员在进行精确速度修正时，需要管理"相当大的油门杆控制输入修正"，因此承担了很高的工作负荷。与 XV-15 一样，V-22 的油门杆在固定翼飞机模式下控制燃油节流阀，旋翼转速由桨叶总距调整控制。如参考文献 10.72 所述，在高速飞机模式下，旋翼扭矩相对于总距的导数可以比在低速直升机模式下高一个数量级（111%/(°) 相比 10%/(°)），这是本书术语中的导数 $N_{\theta 0}$。这种灵敏度也是涡轮螺旋桨飞机的一个特点，是由随着速度增加，迎角（如螺距）改变的桨盘平面内旋翼桨叶升力的增加而引起的。因此，如果没有基于空速相关的控制增益，直接控制桨距是不切实际的，这在 V-22 设计中，由于传感器的可靠性问题，避免采用上述增益。

对油门杆输入的推力响应取决于发动机响应（对燃油节气门的扭矩响应）和受控的倾转旋翼动力学（对总距和扭矩命令的旋翼转速响应）。图 10-71 说明了推力响应对油门杆指令的动力学线性模型结构。图中所示的旋翼速度调节器前馈元件是解决油门杆施加推力/速度响应迟滞的方法。在通过带有滞后 τ_E 和增益 K_E 的一阶发动机动力元件之前，首先通过带有增益 K_Q 的短周期前馈增压来"加速"对油门杆应用的燃油流响应。加速器部分补偿了发动机动力学的时滞。然后，发动机扭矩指令通过倾转旋翼/驱动系统元件传递，通过旋翼转速调节器（$Q_{\theta c}$ 导数）和旋翼转速误差（Q_Ω 导数）的反馈进行调制。大的螺旋桨惯量（I_p）将受控制的螺旋桨的自然频率降低到典型涡轮螺旋桨发动机的 50% 左右。对于涡轮螺旋桨发动机，推力响应和发动机响应带宽相似；在 V-22 中，推力响应带宽（2.1rad/s）仅为发动机带宽（3.5rad/s）的 60%，因此速度响应缓慢。

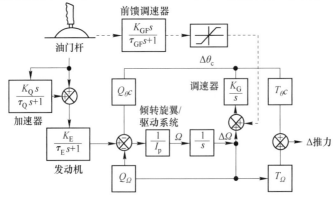

图 10-71　V-22 油门杆-推力线性模型的调速器前馈电路

（参考文献 10.72）

如图 10-71 所示，调速器前馈元件通过旋翼调速器在油门杆指令和总距之间建立间接联动。油门杆输入有效地指挥了调速器处的转速瞬态（正指令为下降），然后指挥总距响应和更快的推力响应。引用参考文献 10.72，"从物理意义上讲，该电路指挥了从旋转的螺旋桨/驱动系统到平移飞机质量上的动能瞬时传递"。这种能量传递的效率等于螺旋桨的推进效率。图 10-72 显示了线性 V-22 模型在海平面 200kn 空速的情况下，计算出的对油门杆阶跃输入的推力和转速响应。与基准 V-22 相比，前馈元件显著缩短了实现最大推力超调量的时间。螺旋桨的高惯性使性能得以提高，而旋翼转速仅下降 10r/min。

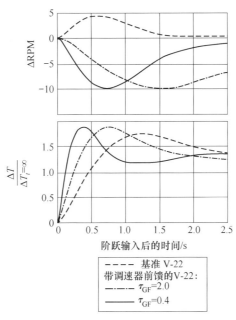

图 10-72 推力和螺旋桨转速对 1in 油门杆阶跃输入的响应
（参考文献 10.72）

选择具有 0.4s 前馈时间常数的系统，进行编队飞行任务、联合和位置保持的有人驾驶仿真评估。参考文献 10.72 报告了在使用前馈系统的情况下，HQR 从 2 级提高到了 1 级。该系统在模拟湍流中特别有效，这需要飞行员更深入地参与控制回路；飞机纵向分离的标准误差降低了近 70%。这种设计特点被认为对固定翼飞机模式的推力响应特性有决定性的影响。该思路已集成到 V-22 飞行控制系统中。

参考文献 10.72 中附加描述的第二个成功的飞行控制系统案例涉及扭矩指令/限制系统，这是飞机上的另一种控制技术。虽然最大允许功率通常由发动机在高海拔的限制决定，但在低空操作中，飞机具有相当大的剩余功率，因此旋翼轴扭矩成为可用功率的上限。XV-15 采用的节流阀指令系统意味着飞行员的任务包括监控和调节以避免扭矩过大。如参考文献 7.34 和 7.35 中，关于为常规直升机设计的无忧操纵系统的讨论所述，在需要"集中注意力"的强机动中，此类监控可能对飞行员的工作负荷产生重大影响。对于倾转旋翼，因为需要监测和调节功率以补偿由于螺旋桨转速变化和发动机活塞恢复效应而引起的扭矩变化，因此快速（大功率）过渡期间的工作负荷也会增加（参考文献 10.72）。V-22 采用的解决方案是为油门杆设计扭矩指令/限制系统，如图 10-73 所示。飞行员的油门杆输入产生一个扭矩指令（Q_c），与测量的主轴扭矩（左右旋翼扭矩的平均值）进行比较。然后将"误差"通过比例积分控制器，以提供所需的响应修正和稳态误差。具有增益 K_c 的二阶补偿器提高了阻尼和阵风抑制能力，使系统的短周期动态特性修正达到了基准 V-22 的动态特性，并将转矩限制为稳态时的指令（模型）值。图 10-73 中所示的限制器仅通过负输出，确保当扭矩水平超过指令模型值时，增强系统才处于回路中。

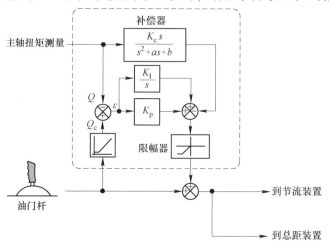

图 10-73　V-22 扭矩指令/限制系统（参考文献 10.72）

该系统进行的飞行模拟证明了其价值，表明通过消除飞行员任务中的扭矩监控，在低速操纵和高总重转换情况下减少了飞行员工作负荷。在过渡过程中，飞行员可以通过俯仰姿态将注意力集中在航迹控制上；引用参考文献 10.72，"以前没有倾转旋翼操纵经验的飞行员发现过渡变得更加容易。其中一个飞行员估计，该系统在任务期间将飞行员的工作负荷减少了 50%"。通过增稳系统将精确悬停 MTE 的 HQR 从 2 级提高到了 1 级。参考文献 10.72 以"由于扭矩指令/限制系统给驱动系统过扭矩保护、飞行员工作负荷减轻和油门杆控制灵敏度等领域带来了巨大的好处，该系统将纳入 V-22 飞行控制系统"。

参考文献 10.73 报告了 V-22 的早期飞行经验，证实了上述两种控制律的成功解决方案。这些案例只是 V-22 工程师从 XV-15 计划中吸取的众多教训中的两个。参考文献 10.9 总结了这些，如表 10-8 所示。XV-15 试验数据也用于支持 V-22 设计中使用的建模和仿真的开发和验证。

表 10-8　从 XV-15 中学到的一些适用于 V-22 的经验教训（参考文献 10.9）

XV-15 特性	V-22 解决方案
悬停时的滚转响应迟缓	提高主飞行控制系统（PFCS）前馈回路的作动器速度修形
悬停时的垂直响应迟缓	通过前向回路修形优化节流/桨距响应扭矩指令/限制系统
悬停地面效应"不稳定"（横向突变）	自动飞行控制系统（AFCS）的高度/悬停保持功能
侧飞时倾斜转弯角度过大	相对称的旋转斜盘倾斜，减小倾斜角度
固定翼飞机模式操纵中的大扭矩瞬变	差动总距/滚转角速度补偿

表 10-8（续）

XV-15 特性	V-22 解决方案
前短舱倾斜/低功率的高速滑行和连续着陆期间的临界方向控制	增加前轮转向
固定翼飞机模式下湍流中的纵向振荡	增加旋翼调速器前馈
过渡过程中尾翼抖振引起的大载荷和高振动	将抖振水平纳入设计标准用机翼翼刀来偏转机翼/短舱涡流
旋翼挥舞时铰链导致的高 2P 的旋翼/桨架载荷/振动	用恒速桨毂消除

参考文献 10.72 描述了提高 V-22 试飞前飞行品质的设计活动（大约 1987 年）；此类活动在开发、测试和评估阶段持续进行，通常是以被动的方式进行。例如，在对 V-22 的舰载兼容性进行操作评估时，由于旋翼与直升机附近尾迹之间的气动相互作用，在甲板上有旋翼转动时飞机遇到了滚转干扰（参考文献 10.74）。这导致了对在甲板上操作的担忧，即飞行员可能没有足够的操纵性来抵消来自其他飞机的尾流相互作用的影响。参考文献 10.75 描述了控制律进行的修改，以解决这一"甲板上的滚转"问题，并将 V-22 的合格飞行品质扩展到在移动甲板上部分旋翼负载和机轮的操作方法。参考文献 10.75 的作者确信，"只有改变控制操纵品质（HQ）性能、飞机重量和控制律设计简单性之间利弊权衡的基本限制，才能在提高舰载操纵效能方面取得重大进展"。解决办法在于提高飞行员和自动飞行控制系统在该飞行制度下使用总距差动（DCP）的权限。

对滚转操纵性的一个基本限制是，螺旋桨主轴扭矩不应超过设计极限；主轴扭矩是对称值和非对称值的组合，分别由总距和 DCP 贡献。这种限制体现在空中飞行时对滚转轴自动飞行控制系统的相对固定的权限限制上。然而，随着对称扭矩的减小，例如，在地面/甲板操作期间的低螺旋桨推力设置，通过 DCP 的来自非对称扭矩的允许贡献会增加。这定义了一个基于扭矩的控制权限分配，该权限分配被用于解决甲板上的滚转操纵品质问题。通过将 DCP 权限作为预测"平均"主轴扭矩的函数进行时间安排，增加了可用的飞行员横向操纵性；预测则是计算值和测量值的过滤组合（参考文献 10.75）。然后根据推力驾驶杆位置定制调整横向自动飞行控制系统（AFCS）权限。图 10-74（参考文献 10.75）说明了对称主轴扭矩减小时可用的扩展"设计空间"。

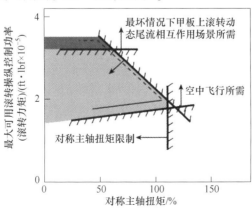

图 10-74 根据主轴扭矩限制，对横向操纵权限进行的最优裁剪显示了降低主轴扭矩时的设计空间（参考文献 10.75）

图 10-74（续）

这种操纵性可通过一种新的（螺旋桨）桨尖轨迹平面（TPP）响应类型获得。在 V-22 的基准控制律中，横向 AFCS 通过控制律下的显式模型提供速度指令姿态保持（RCAH），但当重量在两个轮子上时，这种响应类型被禁用，并且飞机滚转角通过 DCP 和横向周期变距反馈给横向驾驶杆指令。这规定了螺旋桨 TPP 响应类型，有效地保持旋翼推力垂直对齐，这对于 V-22 的倾斜地面操作特别有用。根据参考文献 10.76 的作者所述：

在 V-22 飞机上进行横向斜坡着陆的最佳技术是使横向驾驶杆处于或接近制动位置，用推力驾驶杆（TCL）降低功率，直到近坡的起落架与地面接触，然后继续使横向驾驶杆处于或接近制动位置，并继续降低推力驾驶杆（TCL）。对于 TPP 响应类型，横向斜坡着陆可以作为一个低工作负荷的单轴任务来执行，飞行员只需降低 TCL，对横向驾驶杆输入的要求很低。

参考文献 10.75 对甲板滚转问题的控制律解决方案进行了全面描述，并给出了操纵品质评估的结果，评估结果表明，在甲板滚转控制律的作用下，甲板运行任务达到了 1 级性能，从而使甲板风力包线得到了扩展。引用一句话，ROD 软件有助于消除甲板上的 V-22"鱼鹰"飞机和逆风飞机之间的操作限制。因此，现在使用"鱼鹰"的海军突击任务的起飞速度大约是 CH-46 海骑士直升机的两倍，而"鱼鹰"将最终取代"海骑士"直升机。

（3）飞行品质的一致性

在 V-22 中，模型跟踪控制使设计者能够在模型结构中指定飞行品质，这是利物浦倾转旋翼飞行品质研究活动的另一个主题的激励。提出的一个问题是："是否可以赋予不同尺寸、总质量在 5~15t 之间的民用倾转旋翼机（CTR）不同成员同等的飞行品质？"这种"等效性"将为飞行控制系统的设计和实现提供一个通用的体系结构，并有助于飞行员的过渡训练。参考文献 10.77 和 10.78 中，报道了这个问题是如何解决的。参考文献 10.63 给出了结果概述，本文这一部分就是从中选取的。研究基于图 10-75 所示的三种配置，即 CTR-S（小型，FXV-15），CTR-M（中型，参考文献 10.5），（EUROTILT）CTR-L（大型，参考文献 10.79）（EUROFAR）。具体问题与直升机模式下低速操纵能力有关。这三个倾转旋翼是否都能很好地满足 ADS-33 的 1 级要求，从而可以认为它们具有"统一"的操纵性，使飞行员能够以最少的训练从一种类型过渡到另一种类型？

三架飞机的构型数据见表 10-9。飞机在几个方面有所不同，特别是尺寸和质量，尽管螺旋桨桨尖速度大致恒定在 240m/s 左右。对于一致性挑战，假设基本设计构型已冻结，HQ 将通过飞行控制增稳系统来实现。

(a) 贝尔/NASA/陆军XV-15 (CTR-S)

(b) EUROTILT (CTR-M)

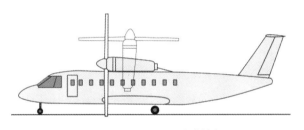

(c) EUROFAR (CTR-L) 概念机

图 10-75 三种倾转旋翼构型

表 10-9 三种倾转旋翼机设计的构型数据

	CTR-S	CTR-M	CTR-L
质量	13003lb （5897kg）	22416lb （10166kg）	33110lb （15016kg）
旋翼半径	12.5ft（3.81m）	16.4ft（4.99m）	18.4ft（5.61m）
桨盘载荷	13.24lb/ft² （64.6kg/m²）	13.26lb/ft² （64.9kg/m²）	15.56lb/ft² （75.9kg/m²）
每个旋翼的桨叶数/片	3	3	4
旋翼转速/（rad/s）	59.2	43.98	39.25
（机身）长度	42ft（12.8m）	50ft（15.25m）	63.6ft（19.4m）
翼展	32.2ft（9.815m）	41.6ft（12.68m）	48.0ft（14.63m）

　　参考文献 10.77 和 10.78 报道的 HQ 分析和试验测试了所有低速要求，特别是敏捷性（敏捷性和操纵性）和稳定性（带宽/相位延迟和低频模态阻尼）之间的利弊权衡。参考文献 10.78 中报告的俯仰轴的控制增稳概念如图 10-76 所示。速度指令传递函数的参数本

质上定义了响应类型和敏捷性特性，而比例积分（PI）反馈单元中的参数定义了稳定性和抗干扰特性。对所有三种结构，HQ 的挑战是敏捷性和稳定性都达到 1 级性能，同时考虑驱动速度和位移限制。

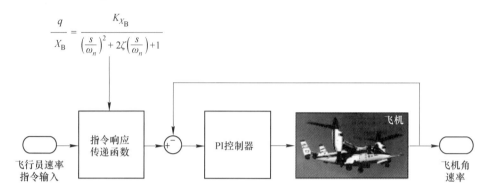

$$\frac{q}{X_{B}} = \frac{K_{X_B}}{\left(\dfrac{s}{\omega_n}\right)^2 + 2\zeta\left(\dfrac{s}{\omega_n}\right) + 1}$$

图 10-76　飞行品质增强的简化指令控制概念（参考文献 10.78）

对于每架飞机，最初对每个控制轴的 PI 系统增益进行手动调整，以最大限度地减少时域内指令模型输出和飞机响应之间的误差；目标是在敏捷性（姿态机动性）和闭环稳定性（带宽和相位延迟）方面实现比 ADS-33 1 级要求高 20% 的裕度，同时保持每个轴中低自然阻尼所有的高控制能力。三种未加增稳的飞机的预计飞行品质一般为 2~3 级。模型跟踪控制器在俯仰和滚转姿态机动性方面实现了一致的改进，如图 10-77 所示。然而，对于大幅度的输入，滚转姿态机动性保持在 2 级（所有其他 MTE 类别）。捕获和跟踪任务的 1 级机动性仅在小幅度的俯仰和滚转中实现，这与带宽/相位延迟达到临界的 1~2 级相关（参考文献 10.78）。姿态机动性的统一提高是以降低操纵性为代价的，尽管所有三种飞机

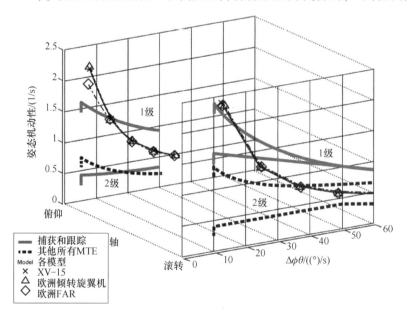

图 10-77　ADS-33 图表上悬停时俯仰和滚转姿态快捷性（参考文献 10.77 和 10.78）

的设计都达到了高于 ADS-33 机动标准 20% 的裕度：滚转 60 （°）/s （50 （°）/s），俯仰 36 （°）/s （30 （°）/s）。

　　三种增稳飞机的共同飞行品质反映在敏捷性和操纵性上，隐藏了实现相同响应级别所需的不同操纵输入。通常，为了在 CTR-M 的敏捷性范围内实现姿态变化，需要一个初始脉冲，该脉冲是 CTR-S 构型的两倍；CTR-L 需要 CTR-S 150% 的操纵输入。对操纵性的影响随后作为作动器饱和度的反映。为了加强这一点，图 10-77 中的最大机动性数据是在 50% 的操纵脉冲下实现的；输入大于此值时，CTR-M 和 CTR-L 的作动器饱和。此问题可以通过更复杂的指令模型解决，如前馈加速或非线性修形函数。应强调的是，由于比例反馈的增益水平为 $O(1 （°）/ （（°）\cdot s））$，而积分反馈的增益水平为 $O(0.1 （°）/（（°）））$，只有对于小幅操纵输入，才可以达到该性能水平。

　　模型跟踪控制器有效地中和低频俯仰/滚转长周期模态，即驱动到复平面上的原点。这是用中等增益反馈控制所能达到的最佳效果，需要强有力的姿态保持或位置保持来进一步向左移动这些极点。

　　俯仰轴和滚转轴的有效结果不能用于偏航轴。图 10-78 和图 10-79 分别显示了未增稳和增稳飞机在偏航机动性和带宽/相位延迟方面飞行品质的比较。针对偏航轴，上面讨论的滚转操纵性和机动性之间的折中被放大了。悬停时的自然偏航阻尼非常低（例如，对于 FXV-15 （CTR-S），$N_r \approx 0.05/s$），操纵性非常高，但为了增加机动性和带宽，以提供高于 ADS-33 最低标准的裕度，导致脉冲操纵输入的瞬态响应很大。图中显示，在一致性方面，对于所有其他 MTE 类别的小幅偏航修正，最佳可以达到临界 1~2 级。

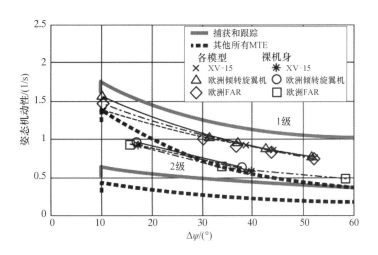

图 10-78　ADS-33 图表上悬停时的偏航姿态快捷性（参考文献 10.78）

　　参考文献 10.78 和 10.79 所报道的指定飞行品质的研究，是由两名试飞员在利物浦 HELIFLIGHT 模拟器（附录 8A）上飞行的四种不同的 MTE 得到的——悬停转弯、回转、爬升和悬停捕捉，以三个敏捷性级别——低、中、高，反映在使用的任务时间和操纵参数。试验在静止的空气和中等程度的水平湍流中进行，通过在旋翼上应用伪随机的俯仰、滚转和偏航力矩进行模拟。飞行员在进行 HQR 前，有机会练习飞行 MTE，在不熟悉的情

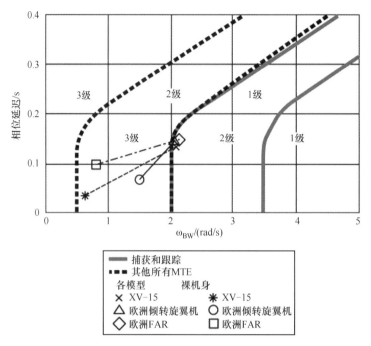

图 10-79　在 ADS-33 图表上悬停时的偏航姿态带宽和相位延迟（参考文献 10.78）

况下从一种类型过渡为另一种类型的情况除外。参考文献 10.78 和 10.79 给出了所有带或不带模型跟踪增强的 MTE 的结果。一般来说，HQR 从 2~3 级提高到 1~2 级，跟预测的飞行品质一致。两名飞行员在 10s、180°悬停转弯时都回到了 HQR 1，甚至在飞行员从一种类型过渡到另一种类型（如从 CTR-S 过渡到 CTR-H）的测试点也是如此。回转 MTE 的指定飞行品质较差，属于典型的 HQR 4，但驾驶未增稳飞机的两名飞行员都给出了 3 级 HQR。中等水平的补偿不是在偏航主控制轴中，而是在俯仰轴中。维持转弯速度需要 5°左右的俯冲俯仰姿态，这反过来又需要给飞行员良好的视觉信息，以便飞行员能够接收到细微的径向飘移提示。HELIFLIGHT 中的表面纹理提示相当好，但不如真实世界可用感示环境（UCE 1）表面。

参考文献 10.77 和 10.78 报道的初步结果，对设计相同任务、不同级别飞行器，在低速悬停时飞行品质的一致性潜力这一基本问题，给出了肯定的回答。然而，实现一致性的代价是限制 CTR-S 和 CTR-M 固有的敏捷性和闭环稳定性潜力。这确实提出了一个问题，即设计大型飞机去执行与小型飞机相同的任务是否明智，更不用说是否可行。在固定翼飞机世界中，大型民用运输机不指望会具有小型飞机的灵活性，也不会在相同的时间标准内执行类似的 MTE。

（4）大型民用倾转旋翼机的飞行品质

大型民用倾转旋翼机的飞行品质近十年来一直是 NASA Ames 研究的主题，参考文献 10.80~10.86 记录了其取得的进展和成果。这一概念已经发展到 LCTR2（大型民用倾转旋翼机，第二代），设计用于运载 90 名乘客，航速 300kn，航程 1000n mile（参考文献 10.86）；LCTR2 概念机重量超过 100000lb，翼展 107ft，特色是具有两个支撑直径 65ft 旋翼的倾转短舱（见图 10-80）。参考文献 10.87 描述了在直升机和固定翼飞机模式下实现

LCTR2 工作能力所需的各种设计权衡和折中。LCTR2 的重量为 45t，比 V-22 (24t) 要大得多也重得多，是利物浦研究的三种构型中最大的一种 (EUROFAR，15t)。那么，这种飞机会在直升机模式下飞行哪种 MTE 呢？在具备令人满意的 1 级飞行品质时，可以达到什么样的时间和空间性能标准？ADS-33 指标是否适合量化飞行品质，或者是否需要新的标准？

图 10-80　NASA 大型民用倾转旋翼机 2 的效果图（第二代 LCTR，NASA 图片）

　　参考文献中探讨了这些问题，描述了建模、飞行品质分析及在 NASA 垂直运动模拟器 (VMS) 上进行的有人驾驶仿真试验的设计、实施和结果。参考文献 10.80 描述了使用飞行控制增稳架构后的显式模型，以及 LCTR2 的准线性飞行动力学模型。相对于货物/多用途业务的 ADS-33 量值，悬停 MTE 的空间性能标准扩大了 33%（例如，与 3ft/6ft 水平位置相比，预期/充足的值为 4ft/8ft）。ADS-33 的 5s/8s 时间标准被继续使用。横向再定位 MTE 的最大横向速度由 35kn 降低到了 15kn。初步研究表明，在有姿态指令、姿态保持 (ACAH) 响应类型的情况下，悬停和横向再定位 MTE 无法达到 1 级飞行品质。飞行员的主要反对意见与抵消俯仰引起的、位于飞机重心旋转点前方 40ft 处的驾驶舱的法向移动所需的补偿有关。此外，规定的操纵品质等级不符合 ADS-33 短周期俯仰和滚转姿态响应（带宽相位延迟）操纵品质等级，不依赖于驾驶舱的位置。

　　使用俯仰和滚转中的平移速度指令 (TRC) 响应类型实现了悬停 MTE 的 1 级操纵品质（参考文献 10.84）。TRC 是通过纵向发动机短舱倾斜来控制纵向突变的速度，通过横向周期/螺旋桨盘倾斜来控制摇摆速度的。为了在纵向突变时达到 1 级，所需的发动机短舱作动器带宽大于 4 rad/s。将驾驶舱指令交叉传播送至纵向周期变距，使桨盘纵向倾斜，从而能够在较低的作动器 3 rad/s 速度下达到 1 级。然而，七名试飞员中的一名对该构型给出了一个 2 级评级，驾驶舱升降响应仍然令人担忧。1 级操纵的 ADS-33 TRC 1 级速度响应时间范围 2.5~5s，得到了研究的广泛支持，但结果表明，更高的响应梯度 (10ft/s) 是首选。研究还以平移速度响应带宽和相位延迟的形式推荐了一种新的短周期操纵品质指标；1~2 级边界规定的最大相位延迟为 0.4~0.5s。基于一阶速度响应上升时间，定义 1 级操纵品质的带宽范围为 0.2~0.4rad/s。作者指出：该范围的下限与精确悬停 MTE 最后减速阶段的任务带宽相似；要达到 1 级标准，飞行员必须在开始减速后 5s 内完成悬停恢复。在这种情况下，有发生 PIO 的风险，作者建议增加完成恢复的时间可能适合于 LCTR2 飞行这种 MTE。

　　研究表明，采用纵向发动机短舱倾斜/推力矢量控制和对称横向周期/桨盘倾斜的 TRC 是一种在悬停和低速时提供精确位置控制的可行方法。但是，偏航轴控制呢？偏航轴控制在利物浦的研究中被证明很难实现飞行品质一致性。在 NASA 的研究中，ADS-33 悬停转弯 MTE 被改成 90°转弯，预期、充足的时间为 15s、20s，终端航向精度为±3°（参考文献 10.80）。LCTR2 模型跟踪控制器被配置为具有不同带宽和相位延迟的偏航轴中的 RCAH 响应类型。与精确悬停 MTE 中的俯仰轴一样，对飞行员判断的一个主要影响是驾驶舱与旋转中心（即重心）的大偏移。为了独立于飞机尺寸来探索这种影响，对偏移量进行了改变。图 10-81 显示了在偏航姿态带宽为 2.7rad/s，相位延迟为 0.19s 的情况下，HQR 与飞行员位置偏移的关系。HQR 随偏移的降低是明显的，在实际飞行员位置为 40ft 时 HQR 上升到 3 级。这种降级仅发生在较高水平的偏航姿态带宽下，当飞行员试图利用快速反应的优点主动地阻止转弯时。这导致了巨大而颠簸的横向加速度，对飞行员来说既不舒服又难以抑制。在低带宽值下，并不会发生，飞行员使用更低的增益达到 1 级任务标准。参考文献 10.80 总结："基于所提出的航向捕获评估机动，确定了广泛的可接受的偏航带宽。将 1 级偏航带宽要求从 2.0 rad/s 放宽到 0.25 rad/s，有助于解决飞行员与重心之间的较大偏移。"在这个带宽范围的低端，响应类型实际上是一个加速指令，倘若飞行员能够采用适当的低增益，几乎开环策略都可以成功。

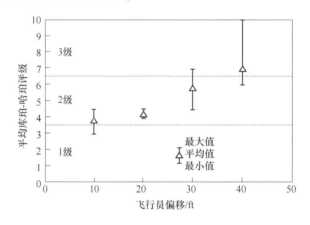

图 10-81　在 LCTR2 90°悬停转弯 MTE 中，飞行员位置偏移对操纵品质评级的影响

（参考文献 10.80）

　　NASA 的 LCTR2 研究得到了准线性参数变化模型发展的支持，劳伦斯（Lawrence）和他的合作者在参考文献 10.83 中讨论了这一问题。在这种方法中，扰动气动力和气动力矩的稳定性和操纵导数被组装成一个多维查找表，覆盖低速飞行包线（60kn 前飞，40kn 横向速度）。模拟中的重力和惯性项以及气动配平变化都是非线性的，而各种控制系统结构围绕模型进行飞行品质研究。这些导数是从 LCTR2 的 2 级 FLIGHTLAB 模型中获得的。

　　倾转旋翼机工作能力的一个限制因素源于配平和操纵飞行中旋翼载荷的累积，例如，先前在讨论（部分是在飞行中）直升机模式下的 V-22 滚转能力时提到的扭矩分配，以及在高载荷因数的上拉和转弯过程中产生的面内弯矩。这在 XV-15 的研制过程中得到了认可，但由于结构限制，无法探索该试验飞机的全气动包线。贝尔工程师在参考文献 10.87 中对此进行了讨论。作者提出了开发"Super-XV-15"所需的技术，该技术能够利用更大的操纵包线，包括以非线性、俯仰角速度反馈系统的形式进行飞行控制增稳，以最小化急剧、瞬时俯仰角速度峰值和相关负载。波音工程师戴维·米勒（David Miller）的硕士论文（参考文献 10.88）和相关的欧洲旋翼机论坛论文（参考文献 10.89）的主题是发展对机内载荷和缓解机制的物理理解。贝尔和波音工程师在 20 世纪 80 年代后期发表的这些出版物向我们介绍了倾转旋翼机的减载问题，并构成了下一节的切入点：减载对飞行品质的影响。

10.4 倾转旋翼机的载荷减缓与飞行品质

10.4.1 借鉴 V-22 经验

在 V-22 倾转旋翼机的设计和开发过程中，对其结构载荷减缓（SLA）有很大的需求（参考文献 10.90~10.93），该机的飞行包线要比 XV-15 宽得多，操纵能力高达 4g，速度高达 345kn。在飞机飞行之前，通过模拟预测，在某些关键操纵过程中作用在某些结构部件上的载荷将导致高疲劳使用，在某些情况下，超过了设计极限。为了将旋翼/驱动系统和机身中的操纵载荷减至最小，开发了 SLA 控制律，并将其纳入主动飞行控制系统。控制律的开发是为了限制载荷，同时保持 1 级飞行品质，而不过度影响操纵性能。

在本节的后面，我们将描述利物浦和合作组织作为 RHILP 和 ACT-TILT 项目的一部分进行的 SLA 设计研究。但首先，V-22 在开发过程中面临的各种技术挑战为 SLA 问题提供了重要的见解。我们已经讨论了在固定翼飞机模式（扭矩指令/限制）和直升机模式（滚装甲板控制律提供了更大的控制权限）中扭矩管理问题的解决方案，但在 V-22 上对 SLA 的需求更多，需要结合飞行品质的设计予以关注。表 10-10（参考文献 10.90）总结了该飞机的六个关键载荷，这些载荷在全尺寸开发期间的飞行试验中得到了量化；现在讨论这些载荷。

表 10-10　确定贝尔-波音 V-22 的关键载荷和操纵情况（参考文献 10.90）

模式	发动机短舱角度	最坏情况	潜在载荷超标
直升机和过渡模式	60°~97.5°	前重心的过渡走廊极限	弹性挥舞轴承载荷
	75°~97.5°	高速拉升	振动轭弦弯曲
	60°~97.5°	滚转拉出	旋翼桨毂挥舞
固定翼飞机模式	0°	高滚转角速度机动	瞬时传动轴和旋翼主轴扭矩
	0°	快速滚转回动	垂直下制动和过渡作动器负载
	0°	迅速拉起	振动轭弦弯曲

（1）瞬时传动轴和旋翼主轴扭矩

在飞机模式下的滚转操纵中，因为滚转产生相等反向的螺旋桨扭矩反作用力，扭矩差使传动轴发生扭转；在滚转到右舷时，右舷（逆时针方向）旋翼上的有效转速增加，左侧

（顺时针方向）旋翼上的有效转速减少。负载限制控制律采用与滚转角速度成比例的 DCP 控制，在向右滚转时右舷旋翼 DCP 减小，左侧增大。反馈增益按空速预定，以提供整个飞行包线一致的有效性。该控制方案所引起的偏航需求对转弯协调系统进行修正，以确保满意的飞行品质。

（2）螺旋桨挥舞

疲劳试验表明，螺旋桨挥舞角大于 4° 会降低弹性轴承的寿命。在过渡走廊的重心极值处会遇到更大的值。为了保持走廊内的操作灵活性，设计了一种在保证足够控制裕度的情况下，利用升降舵来限制配平挥舞的解决方案。通过螺旋桨挥舞对升降舵的反馈，可以同时解决飞行品质和减载问题。该系统包括一个死区，用于挥舞在限制范围内的情况下禁用挥舞限制器，以保持后重心构型的控制裕度。限制器的另一个负面影响是过渡到飞机模式时需要非线性控制，包括在保持水平姿态的情况下加速期间的驾驶杆反转。为了限制操纵反转的程度，挥舞反馈速度限制为发动机短舱速度的函数。该系统还包括按空速调度的增益和一个降低"正常"操作期间对短周期动力学和纵向控制响应影响的低通滤波器。参考文献 10.93 讨论了在工程和制造开发（EMD）阶段进行的试飞仿真试验，这些试验产生了一系列 1 级飞行品质的 MTE，如水平过渡/再过渡、悬停进近和空中加油等。

使用升降舵来减少稳态、配平、挥舞也有助于减少机动中的瞬态挥舞；但为了确保万向节支撑螺旋桨在剧烈操纵中不会与旋翼主轴接触，需要额外的设计特点。不影响飞行品质或操纵性能的解决方案涉及在旋翼和升降舵控制之间分配飞行员俯仰指令，以牺牲旋翼控制为代价，最大限度地提高升降舵的高频贡献。控制"滤波器"解决方案在 80~120kn 的速度下，有效地减少了高速拉起-俯冲动作中的过度挥舞。

（3）振荡轭面内/弦向弯曲

在直升机和过渡模式下，当在大推力系数下运行时，推力的微小变化，例如，载荷因数可能导致旋翼失速区和局部阻力以及振荡轭弦弯曲载荷的大幅增加。过大的负荷只发生在螺旋桨迎角大幅变化的急剧操纵中。负载限制控制解决方案（修形滤波器）减少了用于大幅操纵输入的高频旋翼指令。在参考文献 10.91 中描述为旋翼失速保护系统，当操纵骤变超过规定的阈值时，滤波器适用于前向周期变距（并减少总距），以俯仰角速度和滞后俯仰角速度的组合来测量。尽管该系统在极限操纵中降低了最大气动性能，根据 ADS-33 低速操纵标准（参考文献 10.56），在侦察/攻击直升机的所有其他 MTE 类别中，俯仰姿态机动性仍保持在 1 级。

在固定翼飞机和过渡模式高速飞行时的高旋翼入流条件下，也会产生较大的面内轭弯曲载荷。即使在配平条件下，合成气流向桨盘平面的任何倾斜也会导致面内轭载荷的振荡分量。在俯仰操纵中，高入流导致螺旋桨推力由于俯仰角速度向旋转方向倾斜；第 4 章（式（4-80））讨论了这种 Amer 效应，并可导致螺旋桨对俯仰阻尼 M_q 的贡献为正。在固定翼飞机模式下的拉起和推杆操作中，激发短周期模态，导致在达到稳态载荷因数之前的俯仰角速度超调（见图 10-58 的 FXV-15）。短周期模态的特点是俯仰角速度的显著变化，同时还包括体轴系法向速度（飞机迎角）和旋翼平面的速度扰动。这些速度扰动有效地起到周期变距输入的作用，导致螺旋桨以与飞机俯仰角速度相同的方向挥舞。空气动力力矩 M_w 影响大于万向节螺旋桨所需的力矩，导致旋转方向上的挥舞增加（回忆图 10-54）。螺旋桨的总角速度是机身俯仰角速度和万向节纵向挥舞速度之和。这就产生了作用在旋翼上的一个很大的面外气动力矩。米勒（Miller）在他的开创性工作（参考文献 10.88 和 10.89）中表明，对于万向节螺旋桨，周期旋翼轭平面内/弦向弯曲力矩与旋翼上的平面外（挥舞）力矩直接相关。在拉起操纵中，这些面内弯曲载荷非常重要，可能会限制操纵性。预计 V-22 旋翼轭在 300kn 的空速时，总的螺旋桨角速度刚高于 20 (°)/s，即可达到疲劳极限。减少挥舞对这一点的贡献是载荷减缓控制律设计的一个目标。

图 10-82（参考文献 10.93）说明了 V-22 飞行控制系统中控制律的两个主要功能，以减轻飞机平面内弯曲：

①通过将 AFCS 俯仰姿态指令模型转化为迎角指令模型，降低控制灵敏度，增加闭环系统阻尼；

②限制纵向杆速度降低了机身瞬时俯仰角速度的峰值和旋翼挥舞。

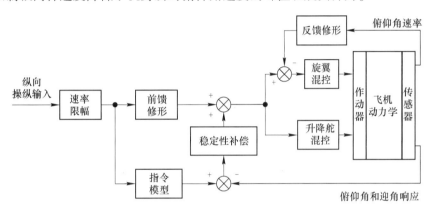

图 10-82　V-22 轭弦弯曲载荷限制器（基于参考文献 10.93）

参考文献 10.90 和 10.92 还讨论了一个控制概念，其中纵向周期变距可用于减少由飞机迎角引起的旋翼桨叶迎角变化，从而使旋翼以与发动机短舱相同的速度前进。当 V-22 程序达到全尺寸开发飞行试验时，这种"主动"纵向周期变距被认为比其他的 SLA 控制功能风险要高，所以方法是首先看在主动纵向周期变距功能关闭的情况下，是否能满足载荷限制和飞行品质要求。在这种情况下，在未启用主动纵向周期变距功能的情况下，达到了要求，因此该功能未纳入 V-22 控制律的生产版本（参考文献 10.76）。

（4）发动机短舱转换为作动器载荷

在固定翼飞机模式下，发动机短舱由作动器预加载在下制动点处。在非常急剧操纵的情况下，涉及高滚转加速度（如滚转反向），惯性载荷可能超过预加载，短舱可能从下制动点升起，从而降低机翼-旋翼气动弹性稳定性。该解决方案包括一个横向速度分配器，按空速调整，这限制了大幅、高速度的操纵输入。低速度、大幅输入或高速、中等幅度输入仍然可以通过，有效地保持了滚转机动性能力。

参考文献 10.93 报告了在使用各种 V-22 载荷减缓系统情况下进行的有人驾驶仿真试验的结果，结果显示成功减少了所有六个关键部件载荷，并且在最坏情况（就载荷而言）操纵期间保持了 1 级飞行品质。关于 V-22 在 SLA 方面的经验的出版物作为有用的背景，为欧洲民用倾转旋翼机关键技术方案（CTP）的活动奠定了基础。在 10.4.2 节中，我们将介绍这项工作的方法和一些结果。

10.4.2　欧洲民用倾转旋翼机的载荷减缓

参考文献 10.94~10.97 报告了 RHILP 和 ACT-TILT 项目中进行的 SLA 研究。根据这些出版物中的结果，我们将探讨关键载荷建模方面的问题，然后通过主动控制来减轻载荷，包括对性能和飞行品质的影响。研究中采用的三种飞机构型与用于核心飞行品质工作——XV-15，以及 EUROTILT 和 ERICA 设计概念机相同。在这些关键技术方案（CTP）的形成过程中，采用了关键的主动控制技术，飞行品质的提高和载荷的减缓都被认为是关键的功能性需求。该项目的探索性，特别是 RHILP，意味着 SCAS 的初始配置和 SLA 控制律将并行开发。将 SLA 控制律集成到 SCAS 中可以实现过程优化，使性能改进和载荷减缓最优化。在本章中，我们回顾了 V-22 分析所提供的关键载荷，概述了预测载荷所需的一些关键建模，并提出了飞机面内弯曲以及相关性能和飞行品质的补充主动控制解决方案。

为了了解操纵过程中载荷的发展情况，参考旋翼桨叶部分的速度分量是非常有用的；附录 10D 中包含了导数，附录 10A 中包含对 FLIGHTLAB 倾转旋翼模型中所使用的轴系的说明。

（1）SLA——振动轭（弦）弯矩建模

在固定翼飞机和过渡模式中，这些载荷在俯仰和偏航操纵期间产生，主要是由于桨盘平面内的有效升力作用在大扭度的倾转旋翼桨叶上。对于万向节螺旋桨（见图 10-14），对单个桨叶力矩（M_b）（和挥舞 β 一样向上为正）的三个作用来自球形弹簧（S）、空气动力学（A）和惯性（I），

$$M_{bS} + M_{bA} + M_{bI} = 0 \qquad (10-61)$$

其中，

$$M_{bs} = -K_\beta \beta \qquad (10-62)$$

$$M_{bA} = \int_0^R \ell(r_b) r_b \mathrm{d}r_b \qquad (10-63)$$

$$M_{bI} = \int_0^R r_b m(r_b) a_z \mathrm{d}r_b \qquad (10-64)$$

惯性矩可用式（10-19）展开。对于面向固定翼飞机模式的螺旋桨，我们用偏航角速度（r）代替滚转角速度（p）。根据本章前面对万向节旋翼的分析，除包括弹簧效应以外，通过表达式给出了扩展惯性矩（忽略万向节倾斜速度的变化率）

$$M_{bI} = 2\Omega I_\beta \left[(r - \dot{\beta}_{1s})\cos\psi - (q - \dot{\beta}_{1c})\sin\psi \right] \qquad (10-65)$$

作用在旋翼桨叶上的平面外气动力矩有两个周期分量

$$M_{bA} = M_{bAc}\cos\psi + M_{bAs}\sin\psi \qquad (10-66)$$

这些分量可以等同于弹簧和惯性矩的组合

$$M_{bAc} = K_\beta \beta_{1c} - 2\Omega I_\beta (r - \dot{\beta}_{1s})$$

$$M_{bAs} = K_\beta \beta_{1s} - 2\Omega I_\beta (r - \dot{\beta}_{1c}) \qquad (10-67)$$

在没有桨毂弹簧的情况下，这些方程量化了施加的气动力矩和陀螺力矩之间的关系。注意 90° 相位偏移和所施加的气动力矩的正弦分量，需要去平衡来自组合俯仰角速度和纵向桨盘倾斜速度产生的力矩。我们已经在式（10-19）中看到了这一点，因此，一旦我们引入气动力，并从桨叶速度和桨距角方面扩展 M_{bA}，就会出现完全不同的动力学情况；气

动阻尼的强大影响也体现在第 2 章和第 3 章的铰接旋翼分析中。俯仰角速度导致桨叶挥舞 β_{1c}，并且偏航角速度导致 β_{1s}。式（10-67）的推导目的是说明飞机平面外气动力矩是如何包含由俯仰角速度引起的强正弦分量和偏航角速度引起的强余弦分量的。这种关系延伸到平面内载荷，其形式与面外力矩类似。

固定翼飞机模态下的面外气动力矩表达式需要考虑大入流角 ϕ。例如，在固定翼飞机模式下，在前飞速度为 154m/s（300kn）时，其旋翼叶尖速度为 182 m/s，XV-15 旋翼四分之三半径处的入流角约为 48°。情况如图 10-83 所示，升力分量垂直且在万向节桨盘平面内。

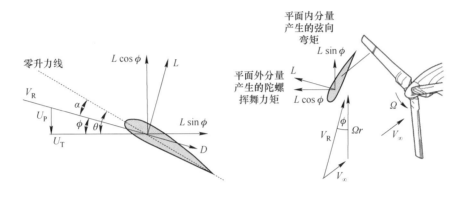

图 10-83　飞机模式下升力的平面内分量

忽略气动阻力 D，叶根处的面内气动载荷可写等式（10-68）（参见式（3-108））。大入流角 ϕ 会产生一个大的面内荷载 $\ell\sin\phi$。即使在稳定飞行中，只要气流 V_∞ 倾向于螺旋桨盘时，这些平面内载荷也会在叶根产生相对高水平的 1Ω 气动力矩。在俯仰或偏航操纵过程中，平面内振荡载荷明显高于稳态值

$$N_{bA} = -\int_0^R \ell(r_b)\sin\phi\, r_b\, dr_b \qquad (10-68)$$

正如我们在第 3 章中所看到的，即使在 ϕ 很小的情况下，平面内载荷和旋翼扭矩的扩展也会产生许多同样重要的项，因此简化近似只能在特殊情况下使用。如我们将看到的，俯仰操纵中的面内载荷振荡峰值发生在 $\psi = 90°$ 处，并且可以通过纵向周期变距 θ_{1s} 抑制；相反，偏航操纵中的峰值载荷发生在 $\psi = 0°$ 处，需要横向周期变距 θ_{1c} 来抑制。

如本章前面的飞行品质分析所述，在纵向（横向/航向）操纵过程中，短周期（荷兰滚）模态被诱发，通常会导致大的初始俯仰（偏航）角速度超调，其特征是机体轴升降（偏航）速度的变化，从而导致飞机迎角（侧滑）变化。旋翼平面上的速度扰动导致旋翼桨叶在飞机俯仰（偏航）变化方向上的挥舞。所施加的气动力矩会增加俯仰（偏航）运动方向上的挥舞。旋翼桨叶的总角速度是机身俯仰（偏航）角速度和万向节纵向（横向）挥舞速度之和。这就在旋翼上产生了较大的面外气动力矩。对于万向节旋翼，1Ω 的旋翼轭弦弯矩与旋翼上的这些面外（挥舞）力矩直接相关。读者可参考参考文献 10.89 进一步了解倾转旋翼飞行动力学这一方面的问题，但其本质包含在飞机面外载荷扰动和飞机面内载荷（推力 δT 和 H-力 δH，参考文献 10.89 中的术语）之间的关系中，表达式为

$$\delta H / \delta T = \tan\phi \qquad (10-69)$$

这两个力从桨毂中心通过相同力矩臂产生作用，因此对于常数 ϕ 来说，相应的扰动力矩是成比例的为了进一步了解俯仰角速度和纵向挥舞速度对面内载荷的贡献，下面的分析推导了操纵期间旋翼桨叶上的扰动迎角变化。使用附录 10A 中描述的 FLIGHTLAB 参考轴系、相应的挥舞变量 a 和 b，以及附录 10D 中桨叶速度的推导。在纵向操纵期间，右旋翼桨叶上的切向和法向相对气流速度（u_t，u_p[①]）可近似为

$$u_t = u(a_2\sin(\psi) + b_2\cos(\psi)) + w\sin(\psi) + r_b\Omega$$

$$u_p = u - wa_2 - r_b(q\cos(\psi) + \dot{a}_2\cos(\psi) - b_2\sin(\psi)) \qquad (10-70)$$

式中：a_2 和 b_2 是右万向节挥舞 β_R 的余弦和正弦部分，且

$$\beta_R = -a_2\cos\psi + b_2\sin\psi \qquad (10-71)$$

类似地，a_1 和 b_1 是左万向节挥舞 β_L 的余弦和正弦部分。

对于左旋翼，速度为

$$u_t = u(a_1\sin(\psi) + b_1\cos(\psi)) + w\sin(\psi) + r_b\Omega$$

$$u_p = u - wa_1 - r_b(q\cos(\psi) + \dot{a}_1\cos(\psi) - b_1\sin(\psi)) \qquad (10-72)$$

横向万向节挥舞 β_L 为

$$\beta_L = -a_1\cos\psi + b_1\sin\psi \qquad (10-73)$$

u，v 和 w 是机身轴重心处的飞机速度，Ω 是旋翼角速度，ψ 是桨叶方位角，r_b 是叶素的径向位置。左右旋翼的万向节纵向挥舞角为 a_1 和 a_2，相应的横向挥舞角为 b_1 和 b_2（见附录 10A）。如图 10A-5 所示，右旋翼的方位角 ψ 按逆时针方向为正，左旋翼的方位角按顺时针方向为正。

随着飞机俯仰，飞机迎角和垂直速度增加，增加了 $\psi = 90°$ 处的切向（平面内）速度 u_t。这增加了桨叶上的升力，但也减小了入流角 ϕ，桨叶迎角（$\alpha = \theta - \phi$）因此增加。因此，两个万向节都"向后"挥舞，在 $\psi = 180°$ 处的盘底部达到最大值。当然，来自俯仰角速度的陀螺力矩会导致旋翼挥舞来抵消此运动，但旋翼升力平面内分量的累积意味着总旋翼力是向桨盘平面前倾斜的，这加剧了迎角增加的失稳效应。实际上，旋翼对俯仰导数 M_w 和 M_q 的贡献都是正的且不稳定的。

参考附录 10D 中式（10D-15）和式（10D-16），对于在方位角 ψ 和径向位置 r_b 处的右旋翼叶素，在纵向操纵期间迎角的改变由下式给出

$$\delta\alpha = \frac{u_t}{u_t^2 + u_p^2}\left[\begin{array}{l}\delta wa_2 + w\delta a_2 + \left(\dfrac{u_p}{u_t}(\delta w + u\delta a_2) - r_b\delta b_2\right)\sin(\psi) + \\[2mm] \left(\dfrac{u_p}{u_t}u\delta b_2 + r_b(\delta q + \delta\dot{a}_2)\right)\cos(\psi)\end{array}\right] \qquad (10-74)$$

对于左旋翼上的叶素

[①]　在第 3 章中，定义气流向上通过旋翼时的入流速度 U_p 为正（式（3-25））。RHILP 项目中进行的工作遵循了参考文献 10.89 对正 u_p 向下通过旋翼的定义，因此这是本分析中的使用惯例。读者在与第 3 章中的方程进行比较时应该注意到一点，我们使用小写的 u_p 来区别于 U_p。

$$\delta\alpha = \frac{u_t}{u_t^2 + u_p^2}\left[\begin{array}{l}- (\delta w a_1 + w\delta a_1) + \left(\dfrac{u_p}{u_t}(\delta w + u\delta a_1) - r_b\delta b_1\right)\sin(\psi) + \\[2mm] \left(-\dfrac{u_p}{u_t}u\delta b_2 + r_b(\delta q + \delta\dot{a}_1)\right)\cos(\psi)\end{array}\right] \quad (10-75)$$

对于纵向、对称的操纵，从图 10A-3～10A-5 中我们可以看到 $a_1 = a_2$（两个旋翼都向后挥舞；左旋翼 a_1 为负，右旋翼 a_2 为正），$b_1 = -b_2$（旋翼反向挥舞；左旋翼 b_1 为正（左侧），右旋翼 b_2 为负（右侧）。

式（10-74）迎角扰动中的主导项，引起了迎角的 1Ω 变化，因此面内载荷变化是 $\left(\dfrac{u_p}{u_t}(\delta w + u\delta a_2)\right)\sin(\psi)$。这种变化可以通过应用综合的纵向周期变距（在左、右旋翼上的周期变距相等）来抑制，这是稍后研究的一种方案。为了抵消余弦迎角扰动需要横向周期变距差动，在左旋翼（顺时针）和右旋翼（逆时针）上施加等量的横向周期变距，使其在相反的方向上横向倾斜；同时飞机上没有合侧力或偏航力矩。这与纵向周期变距差动形成对比，纵向周期差动施加相等和相反的纵向周期变距角，并在固定翼飞机模式中在飞机上施加滚转力矩；或者组合横向周期变距，以抑制由偏航角速度和横向万向节挥舞速度引起的迎角扰动。

如前所述，平面内力矩的很大一部分来自平衡作用在万向节上的陀螺力矩的面外气动力矩。为了强调这一点，图 10-84 显示了 F-EUROTILT 在 3000m 高度（232kn 真空速 TAS）以 200kn 当量空速（EAS）飞行时的面内载荷峰值与总旋翼角速度（$q+\dot{a}$）之间的近似线性相关。相对于民用倾转旋翼机的操纵包线，总万向节俯仰角速度的范围被有意夸大，以强调大幅操纵的线性。

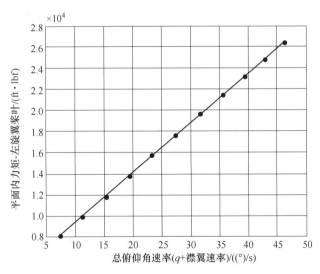

图 10-84　F-EUROTILT 平面内负荷峰值与旋翼总俯仰角速度（$q+\dot{a}$）的关系

（参考文献 10.94）

对于 SLA 控制系统的设计，在没有直接测量面内载荷的情况下，有必要建立控制变量

（平面内载荷）与飞机和旋翼运动状态之间的输出方程。在参考文献 10.94 中，描述了一种使用多桨叶坐标（MBC）或科尔曼变换将振荡的面内载荷从单个桨叶转换到桨毂固定坐标系的方法。在这种转换中，3Ω 的载荷基本上抵消了，剩下了在操纵过程中的主要的准稳定分量。

三个桨叶根部的平面内载荷（M_{zb1}、M_{zb2} 和 M_{zb3}）可用零次、余弦和正弦分量，转换为 MBC 载荷，转换方式与第 3 章（式（3-42）~式（3-45））中描述的桨叶挥舞相同，使用以下转换

$$\begin{bmatrix} M_{z0} \\ M_{zc} \\ M_{zs} \end{bmatrix} = \frac{1}{3} \begin{bmatrix} 1 & 1 & 1 \\ 2\cos(\psi_1) & 2\cos(\psi_2) & 2\cos(\psi_3) \\ 2\sin(\psi_1) & 2\sin(\psi_2) & 2\sin(\psi_3) \end{bmatrix} \begin{bmatrix} M_{zb1} \\ M_{zb2} \\ M_{zb3} \end{bmatrix} \qquad (10-76)$$

第 i 个桨叶的方位角由式（10-77）给出

$$\psi_i = \Omega t + (i-1)2\pi/3 \qquad (10-77)$$

图 10-85 显示了桨叶 1 的平面内载荷在多桨叶系统中与在单桨叶坐标中的比较。飞行情形是 F-EUROTILT 在 200kn 的 EAS 速度下，采用 2.5g 的拉起操纵。

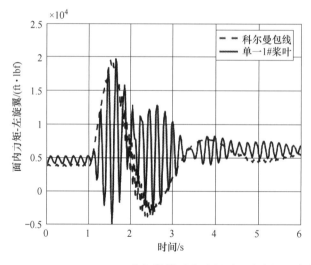

图 10-85　F-EUROTILT 2.5g 拉起操纵时的叶根平面内力矩（参考文献 10.94）

图 10-85 所示的平面内力矩的稳定平均值约为 5000ft·lbf，即驱动系统产生旋翼推进推力所需的扭矩。除此之外，还可以看到小的 1Ω 振荡载荷。随着操纵的增加，振荡载荷也随之增加，达到约 20000ft·lbf 的峰值。MBC 近似被认为是非线性桨叶载荷的充分代表，可用于主动控制方案。

图 10-86 显示了在相同飞行条件下（200kn EAS，3000m）F-EUROTILT 对升降舵脉冲的响应。如上述理论所述，左、右万向节螺旋桨均随俯仰角速度挥舞。该操纵产生了纵向约 5°和横向约 3°的万向节挥舞。横向挥舞是不对称的，当俯仰运动和平面内气动载荷产生交叉耦合力矩时，两个旋翼均向机身挥舞。

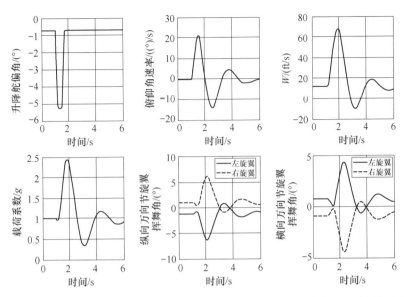

图 10-86 F-EUROTILT 对升降舵脉冲（200kn EAS，3000 m）的响应，显示了左右旋翼的
万向节纵向（a_2 和 a_1）和横向挥舞（b_2 和 b_1）（参考文献 10.96）

由于偏航角速度和侧滑/摇摆速度的变化，在横向操纵中，螺旋桨的平面内载荷也会增加。摇摆速度 v、偏航角速度 r 和横向万向节挥舞速度的平面内载荷变化与纵向平面内载荷随垂直速度 w、俯仰角速度 q 和纵向万向节挥舞速度的变化相同。由于摇摆速度、滚转角速度和偏航角速度的扰动，右旋翼上桨叶截面的迎角变化可以写成

$$\delta\alpha = \frac{u_{\mathrm{t}}}{u_{\mathrm{t}}^2+u_{\mathrm{p}}^2}\left\{\begin{array}{l}\left(\dfrac{u_{\mathrm{p}}}{u_{\mathrm{t}}}\delta pr_{\mathrm{b}}+\delta ry_{\mathrm{h}}+b\delta v+\delta bv\right)+\\[2mm]\left(\dfrac{u_{\mathrm{p}}}{u_{\mathrm{t}}}(u\delta a+\delta py_{\mathrm{h}})+\delta rr_{\mathrm{b}}-\delta\dot{b}r_{\mathrm{b}}\right)\sin(\psi)+\\[2mm]\left(\dfrac{u_{\mathrm{p}}}{u_{\mathrm{t}}}(u\delta b+\delta v)+\delta\dot{a}r_{\mathrm{b}}\right)\cos(\psi)\end{array}\right\} \qquad (10-78)$$

类似地，左旋翼叶素的迎角变化由下式给出

$$\delta\alpha = \frac{u_{\mathrm{t}}}{u_{\mathrm{t}}^2+u_{\mathrm{p}}^2}\left\{\begin{array}{l}\left(-\dfrac{u_{\mathrm{p}}}{u_{\mathrm{t}}}\delta pr_{\mathrm{b}}-\delta ry_{\mathrm{h}}+b\delta v+\delta bv\right)+\\[2mm]\left(\dfrac{u_{\mathrm{p}}}{u_{\mathrm{t}}}(-u\delta a-\delta py_{\mathrm{h}})-\delta rr_{\mathrm{b}}+\delta\dot{b}r_{\mathrm{b}}\right)\sin(\psi)+\\[2mm]\left(\dfrac{u_{\mathrm{p}}}{u_{\mathrm{t}}}(-u\delta b-\delta v)-\delta\dot{a}r_{\mathrm{b}}\right)\cos(\psi)\end{array}\right\} \qquad (10-79)$$

因此，通过施加组合横向周期变距，可以补偿，甚至抵消由于摇摆速度引起的迎角周期性变化的影响。除了横向周期外，还需要纵向周期变距差动和总距差动来减小滚转和偏航角速度的影响。

图 10-87 显示了在 200kn 飞行条件下，F-EUROTILT 对方向舵脉冲输入的响应。对于民用倾转旋翼机来说，这种突然的脚蹬输入可能是不现实的，尽管在响应中只产生了大约

6°的侧滑。然而，它确实强调了偏航角速度和摇摆速度对旋翼面内载荷的影响。

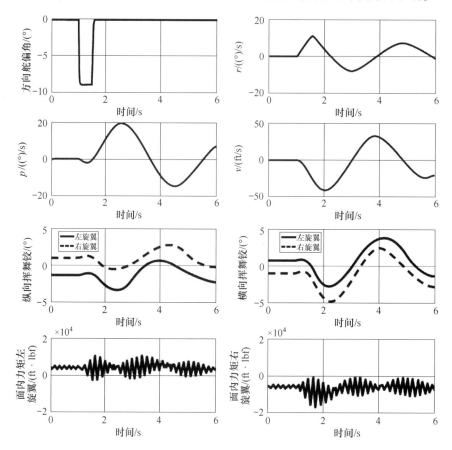

图 10-87　F-EUROTLT 在 200 kn EAS 3000 m 时的右方向舵脉冲输入响应，
显示万向节螺旋桨随着偏航角速度挥舞（参考文献 10.96）

　　偏航角速度峰值约为 10（°）/s，1Ω 的振荡载荷峰值约为 10000ft · lbf。注意，两个旋翼具有大小相等和方向相反的稳定的面内力矩分量。这些都是由于在配平条件下的面外横向挥舞引起的，如果施加组合横向周期变距，可以将其降为零。如图 10-87 所示，两个旋翼现在都以约 4°偏航角速度的最大瞬态激励挥舞。如图 10-87 所示，随着横摆速度 v 的增大，左侧和右侧万向节螺旋桨都朝着偏航角速度的方向倾斜，面内力矩显著增加。旋翼耦合导致左、右旋翼万向节在纵向相反方向上倾斜；右旋翼向后挥舞，左旋翼向前挥舞，导致正的滚转角速度增加。飞机在荷兰滚的第一个瞬态周期中向右以 20（°）/s 滚转。与俯仰操纵一样，横向操纵对面内力矩的主要影响是平衡陀螺反作用的面外气动力矩。

　　完成桨面内载荷这一部分后，图 10-88 显示了面内力矩峰值与总有效万向节偏航角速度的关系——飞机偏航角速度和横向万向节挥舞速度之和。结果同样是对应于 F-EURO-TILT，200kn EAS，3000m 高度。与民用倾转旋翼机的操纵包线相比，故意夸大了总偏航角速度的范围，以突出大幅度操纵的近似线性。

　　最后一节带读者了解了倾转旋翼载荷的建模世界。了解到所涉及的物理知识远不是那么简单。在操纵过程中，由迎角和侧滑扰动引入的面内速度会导致万向节螺旋桨发生挥

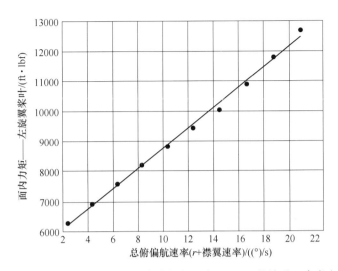

图 10-88　EUROTLT 平面内载荷与组合偏航角速度（$r+b$）的关系（参考文献 10.96）

舞，由此产生的面内力矩与面外力矩密切相关。我们在飞行条件为 200kn EAS、3000m 高度下选择了 F-EUROTILT 构型，以揭示俯仰和偏航操纵过程中飞机内载荷的累积程度。这是在参考文献 10.96 中记录的许多 SLA 控制律设计和分析的设计案例，也是本章 10.5 节的主题。

（2）SLA 控制律

我们已经看到了在 V-22 开发中结构载荷减缓的解决方案是如何设计的，并通过与全权数字电传主动控制系统中的飞行控制律集成而使之成为可能。每一个载荷减缓功能（针对桨叶面内载荷、互联轴扭矩等）都需要特殊处理，引入滤波器、速度限制、权限变化，以及按空速和发动机短舱角度的参数调度。正如 V-22 论文中所讨论的，基于强化部件的解决方案被研究出来，但以重量损失为由被驳回。米勒（Miller）和汉姆（Ham）在参考文献 10.89 中描述的 SLA 控制器，使用了一种改进的特征结构分配技术，来开发用于抑制民用倾转旋翼概念机面内振荡载荷的控制律，同时定位短周期俯仰模态以提供令人满意的飞行品质。控制器利用了俯仰角速度、俯仰角和法向速度的反馈。参考文献 10.89 中的结果表明，在反馈中使用旋翼挥舞状态对抑制平面内载荷减缓是无解的，这一结论通过欧洲民用倾转旋翼机载荷减缓功能设计的分析得到了验证。在 RHILP 研究中，在参考文献 10.94 最初报道中，仅使用周期变距确实抑制了 80% 的载荷，但导致万向节纵向挥舞过度偏移。使用 H_{∞} 技术的补充综合，显示使用旋翼周期变距和升降舵控制，实现在纵向操纵中抑制瞬态载荷和挥舞的双重目标是可行的。通过分析和有人驾驶仿真试验证了 SLA 控制器的有效性。然而，后者暴露了非设计条件和更一般操作下的性能降级，导致对仅周期变距设计概念的重新评估，这在参考文献 10.96 和 10.97 中有所报道，总结如下。

该设计基于 EUROTILT 在 200kn EAS 和 3000 m 压力高度下直线水平飞行设计点的 17 状态量线性模型。线性模型包含了 9 个刚体状态量加上纵向和横向万向节挥舞状态量及其左右旋翼的速度。在控制器的设计中，采用了所有四种周期变距控制和 DCP 方法，以探讨在抑制不同负载时的权衡问题。用于最小化的输出矢量包括左右旋翼的多桨叶面内力矩包线（见图 10-85）、互联驱动轴上的扭矩分配，以及左右旋翼的横向和纵向万向节挥舞。

设计过程使用线性二次高斯法（参考文献 10.98），基于二次范数的最小化形成全状态反馈增益矩阵

$$J = \int_0^\infty (\boldsymbol{y}^{\mathrm{T}}\boldsymbol{Qy} + \boldsymbol{u}^{\mathrm{T}}\boldsymbol{Ru})\,\mathrm{d}t \qquad (10-80)$$

式中：$\boldsymbol{y}$ 是输出向量；$\boldsymbol{u}$ 是操纵向量，$\boldsymbol{Q}$ 和 $\boldsymbol{R}$ 是设计师填充的加权矩阵，用于在 $\boldsymbol{y}$ 元素的性能和控制使用之间实现所需的权衡。此过程产生了一个 25 个状态量、10 个输入、5 个输出的控制器。参考文献 10.94 中报告的研究涉及鲁棒控制器的设计，考虑了建模和测量不确定性、HQ 降级，以及传感器和作动器的限制。在参考文献 10.96 中，没有考虑合成阶段的不确定性；主要目标是建立设计控制器的可行性，该控制器能利用所有可行的周期变距和总距差动控制，将操纵中的所有载荷最小化。这种控制器的输出可以被设想为一组理想控制目标，理论上是可行的，从而形成了与更健壮和实用的 SLA 控制器进行比较的基础。

从概念上讲，在俯仰操纵的情况下，通过施加纵向周期变距，SLA 控制器通过迫使旋翼逆于飞机角速度挥舞来减小平面内载荷。然而，只有这个与施加的周期变距大小相似的纵向万向节挥舞角单一目标出现。正如我们所讨论的，减小万向节挥舞是第二个目标，因此将在挥舞偏移和平面内载荷的抑制之间进行权衡，由式（10-80）中 $\boldsymbol{Q}$ 的对角元素中的适当权重表示。

下面给出的关于平面内载荷和万向节挥舞角的结果是通过对加权矩阵元素的"手动"反复试错迭代合成的，直到在平面内载荷抑制和挥舞减小之间达到合理的平衡。非线性 F-EUROTILT（开环和闭环系统）对控制器设计点处升降舵脉冲输入的响应如图 10-89 所示；在本试验中，通过升降舵作用的 SCAS 是断开的。飞机面内载荷减少了 80%，纵向挥舞减少了 50%。所需的组合纵向周期变距和横向周期变距差动的操纵输入如图 10-90 所示。

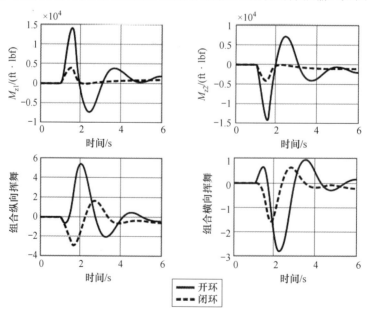

图 10-89　200kn 条件下 EUROTILT 对升降舵脉冲输入的负荷（参考文献 10.96）

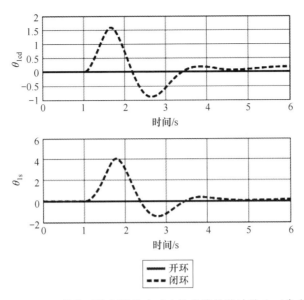

图 10-90　200kn 条件下控制器输出对应的升降舵脉冲输入（参考文献 10.96）

控制器指令最大组合纵向周期变距角为 4°，横向周期变距差动角为 1.6°；后者在左旋翼（顺时针）和右旋翼（逆时针）上施加等量的横向周期变距，使其在相反的横航向上倾斜。

飞机在操纵过程中的性能如图 10-91 所示。通过操纵动作，俯仰角速度峰值和法向加速度（开环情况 2.5g）降低约 10%。5s 后的航迹角减少约 25%。在设计条件下的方向舵脉冲后的横向操纵，也获得了类似的结果（参考文献 10.96）。性能损失看起来很小，但这些损失是否可以接受，以及类似的结果是否可以在整个飞机和过渡模式的飞行包线上实现，需要更为实质性的综合和分析。

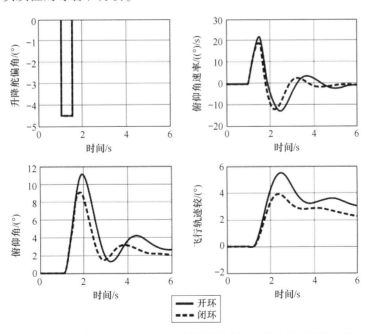

图 10-91　200kn 条件下 EUROTILT 对升降舵脉冲输入的响应（参考文献 10.96）

SLA 控制功能的有效运行只有通过与提高飞行品质的飞行控制功能的集成才能充分实现。只有在设计阶段进行这种集成，才能充分挖掘潜在的好处和制约因素。

10.5　本章小结：倾转旋翼机的回顾/（时光如梭的倾转旋翼机）

本章通过建模、仿真和飞行品质理论与实践，对倾转旋翼的飞行动力学进行了研究。从 70 多年的技术和操作演变来看，常规直升机的知识基础非常广泛，但对于倾转旋翼机来说却非常有限。尽管如此，作者还是利用现有的出版物和自己的研究，试图呈现一个连贯的、有插图的故事。为了帮助理解，还与常规直升机和固定翼飞机的性能进行了比较。正如邓福德（Dunford）在 2003 年美国直升机协会 AHS 报告（参考文献 10.1）中指出的那样，倾转旋翼机的发展受到了技术问题和几起事故的阻碍。后者恰当地引起暂停以寻求对因果关系的充分了解，以及确保不再发生这种情况而制定和实施解决方案。在撰写本文时，最近的一起事故发生在 AW609 倾转旋翼机上（参考文献 10.99）。引用 ANSV（Agenzia Nazionale per la Sicurezza del Volo）事故报告：

从收集到的证据，认为事故的原因基本上是由三个因素共同引起的：

①横向振荡的发展；

②"FCS"控制律无法维持受控飞行条件；

③项目模拟器（SIMRX）没有以任何方式预测到该事件。

具体而言，飞机的气动特性和高速俯冲时的特定试飞条件是引起飞机产生横向振荡并随后放大的条件因素。PF（飞行员飞行）试图通过合理的滚转跟踪操纵来抵消这种振荡状态，以便使机翼在试验条件下保持水平。

"固定翼飞机模式"下的"FCS"控制律总是与滚转输入相关联，即作用于偏航控制逻辑上的一个动作，这些偏航控制输入与当前在该轴上进行的振荡同步。具体而言，飞行员的滚转输入是反相位的，控制律导致偏航振荡同相放大，使其发散，直到螺旋桨碰到其支撑的机翼，引起巨大的结构损伤，随后飞机在飞行中解体并起火。

事故报告解释说，由于存在副翼-偏航响应设计，导致在螺旋桨 DCP（提供偏航控制功能）和副翼操纵输入之间进行了耦合，以抵消偏航。在附录 10E 中，作者使用了一种分析方法来说明这种耦合在某些情况下如何导致飞机偏航运动的失稳。从第 4 章和第 5 章的理论中得出的分析应用于 FXV-15 仿真，而不是 AW609，并且作者意识到 AW609 的具体特性在这一分析中并未表现出来。因此，读者应警惕用于直接解读 AW609 的事故情况。分析使用的"约束下稳定性"方法，被附录 5A 应用于由不同现象，即在航迹约束下的速度稳定性损失，而引起的事故。

1992 年美国直升机协会尼科尔斯基讲座的题目为"倾转旋翼机的重生"，由已故的罗伯特·林恩（Robert Lynn）介绍，他当时是贝尔直升机公司研究和工程副总裁（参考文献10.100）。林恩讨论了倾转旋翼技术的发展历史，直到 XV-15"达到或超过所有的设计目标"，军用 V-22"鱼鹰"还处于早期发展阶段。林恩预见了倾转旋翼机的民用应用，但在他的尼科尔斯基论文发表 25 年后，尽管 AW609 即将获得认证，但仍没有民用倾转旋翼机投入使用。林恩还强调了概念验证实物模型在推进垂直起降飞机技术方面的重要性，强调了 XV-15 的价值。

2018 年，有两个这样的实物模型在领先研究。作为欧盟地平线 2020"智能、绿色、综合运输"愿景的一部分，"清洁天空 2"高速旋翼机 IADP（创新飞机演示平台）之一的是莱昂纳多直升机公司的下一代民用倾转旋翼演示机（见图 10-92）。该飞机的飞行品质要求可以通过在本章描述的先前的框架研究计划（RHILP 和 ACT-TILT）下开展的工作来获知；给未来的运营带来了非常高的安全性和有效性。

图 10-92 欧洲"清洁天空 2"高速旋翼机计划中的莱昂纳多倾转旋翼机概念图
（图片由莱昂纳多直升机提供）

在军事方面，贝尔 V-280 Valour 作为美国陆军联合多用途技术实物模型之一，正在进行飞行试验（见图 10-93）。

图 10-93 贝尔 V-280"勇士"于 2017 年 12 月 18 日（星期一）首飞
（图片由 Jay Miller-AHS 国际提供）

这两种倾转旋翼机代表了未来高速和垂直起降能力结合的可能途径。其他的选择，包括复合构型，是在"固定翼飞机"模式下使用其辅助提升和推力装置。复合构型的飞行动力学是另一本书的主题，也是另一位作者的主题。

附录 10A　FLIGHTLAB 坐标轴系和万向节挥舞动力学

10A.1　FLIGHTLAB 坐标轴系

在 FLIGHTLAB 建模中，每个单独的分量都有其笛卡儿坐标轴系，以相对于整个系统参考点的一个方便的位置为中心。读者可以从第 3 章和第 4 章获得了解旋翼轴和万向节挥舞角度关系的有用材料，在那里，我们使用一个单轴系来代表在 FLIGHTLAB 中的超级分量术语。我们参考图 10A-1~图 10A-5。

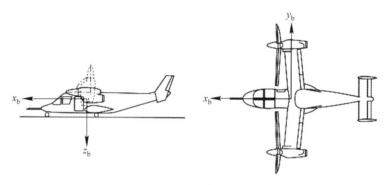

图 10A-1　体轴系

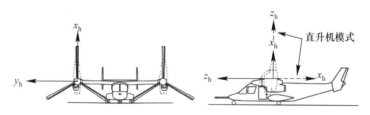

图 10A-2　直升机（虚线）和固定翼飞机模式的左（左舷）和右（右舷）旋翼的 2 个桨毂轴系

它们与第 3 章中描述的轴系有所不同。如图 3-10 所示的桨叶轴系已经旋转与 FLIGHTLAB 一致。如图 10A-5 所示，两个旋翼上的桨叶轴系也不同。在逆时针方向的右旋翼（如我们所看图 10A-5 的左手边）上，y_{bl} 是在旋翼旋转的方向上（与顺时针旋翼一样），z_{bl} 方向在页面外面是向前的。在图 3-10 中，相对于图 10A-5，对应的 y_b 和 z_b 方向是相反的，绕 x_b 轴旋转 180°。

体轴系固定于机身，以机身-机翼-尾翼的重心为中心，如图 10A-1 所示，通常使用 x_b 向前，y_b 向右舷和 z_b 向下（如第 3 章所示）。以桨毂中心为中心，x-z 平面绕 y 轴顺时针旋转 180°（如图 3A-3 所示）以获得桨毂固定轴，因此，在直升机模式下，x_n 轴指向后（$\psi=0$）和 z_h 轴指向上。在固定翼飞机模式下，桨毂向前旋转 90°，因此 x_h 指向上和 z_h 指向前。如图 10A-2 所示。

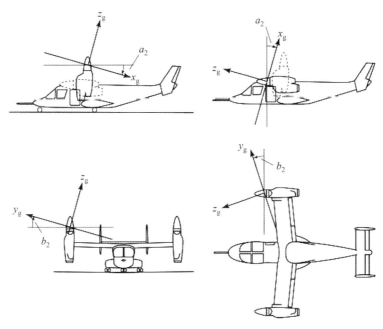

图 10A-3　直升机模式（左）和固定翼飞机模式（右）右旋翼（逆时针）非旋转万向节轴系

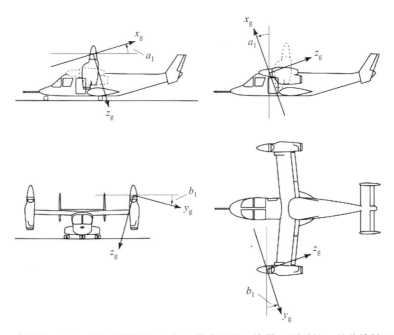

图 10A-4　直升机（左）和固定翼飞机（右）模式下的左旋翼（顺时针）的非旋转万向节轴系

　　在 FLIGHTLAB 的符号中，万向节俯仰角和滚转角是 a_2，b_2（右旋翼）和 a_1，b_1（左旋翼）。右（右舷）旋翼的非旋转万向节轴如图 10A-3 的四个子图所示，直升机模式在左边，固定翼飞机模式在右边。旋翼逆时针旋转时，从上面看，x_g 轴指向后，桨盘后方的 $\psi =$ 0°。为了保持轴向规则，z_g 指向垂直向上，y_g 指向右舷。纵向挥舞角 a_2（参见 $-\beta_{1c}$）以万向节盘向后挥舞为正（最大在盘前方，最小在后方）。横向挥舞角 b_2（参见 $+\beta_{1s}$）以万向

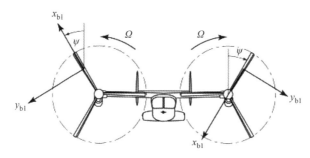

图 10A-5　右侧和左侧倾转旋翼上的旋转桨叶轴系

节盘向左倾斜为正。这与在 Lynx 和 Bo105 的逆时针旋翼上是一样的，请注意 $a_2 = -\beta_{1c}$。当短舱倾斜 90°到飞行模式时，万向节轴随之旋转。现在盘顶部向后倾斜正 a_2，盘向左倾斜正 b_2，如图 10A-3 右手边图所示。

我们可以用右舷/右（R）旋翼的方位角 ψ_2，把倾转旋翼桨叶挥舞角 β_R（向上挥舞为正）写为

$$\beta_R = -a_2\cos\psi_2 + b_2\sin\psi_2 \qquad (10A-1)$$

在直升机模式下，从上方看，左旋翼顺时针旋转，x_b 轴指向后，但现在 z_b 轴指向下，y_b 轴指向左侧，是一种右旋翼轴系的三维图。坐标轴显示在图 10A-4 的四个子图中。纵向挥舞 a_1 为正，使盘后部向上倾斜（直升机模式）或盘顶部向前倾斜（固定翼飞机模式），横向挥舞 b_1 为正，使盘向左侧倾斜。

可以用左舷/左（L）旋翼的方位角 ψ_1，把挥舞角 β_L（向上挥舞为正）写为

$$\beta_L = a_1\cos\psi_1 - b_1\sin\psi_1 \qquad (10A-2)$$

我们可以用相同的方位角"连接"两个旋翼，因此

$$\psi_1 = -\psi_2 = -\psi \qquad (10A-3)$$

导致

$$\beta_R = -a_2\cos\psi + b_2\sin\psi \qquad (10A-4)$$

$$\beta_L = a_1\cos\psi + b_1\sin\psi \qquad (10A-5)$$

最后，图 10A-5 显示了左、右旋翼通过相同的方位角 ψ 旋转（式（10A-3））的旋转桨叶轴（下标 bl）。该轴以桨叶为中心，保持轴向规则，右旋翼的 x_{bl} 轴（查看图 10A-5 左侧）沿桨叶指向外，y_{bl} 轴指向旋翼旋转方向。在左旋翼（查看图 10A-5 右侧）上，y_{bl} 轴也指向旋转的方向，所以 x_{bl} 轴指向旋翼桨毂。对于左右旋翼，z_{bl} 轴都指向前方。

10A.2　万向节挥舞动力学

在本章的正文部分，万向节动力学由一个绕三轴旋转的刚体来表示；Ωt 绕输出驱动轴并绕不回转的万向轴倾斜 β_{1c} 和 β_{1s} 角度（图 10-14）。桨叶的加速度表达式具有周期变距分量，每个周期变距分量有两个贡献；一个来自万向节倾斜角的加速度，另一个来自倾斜速度的陀螺效应（式（10-19））。将惯性力和气动力组合沿桨叶半径积分，得到倾斜角的动力学方程（式（10-21）），由此可推导出对周期变距的响应（见图 10-15）。在本附录中，

叶素的角速度和平移加速度从单个桨叶的视角推导出来，以便与第 3 章和附录 3A.4 中的铰接式桨叶挥舞分析进行比较。读者应该能够看到缺少离心恢复力对单叶桨动力学有何影响。

我们参考图 10A-6，显示具有挥舞角 β_1 的四叶万向节旋翼的两个相对的桨叶（第 1 对，桨叶 1 和 3）。另一对桨叶（第 2 对，桨叶 2 和 4），坐落在大约 90°方位，以角 β_2 挥舞。桨叶 2 挥舞角为零，但是以一个相对于倾斜万向节平面的桨距角直接显示在页面内，等于桨叶 1 和 3 的倾角（如 β_1）。出现这种倾向是因为桨叶不能自由变距，而是受到斜盘上的变距连杆的限制。桨叶 4 将从平面中伸出，前缘向右。

在桨轴系中，叶素的角速度可以写成

$$\boldsymbol{\omega}_{\mathrm{bl}} = -(\dot{\beta} - \Omega\sin\beta_2)\boldsymbol{j}_{\mathrm{b}} + (\dot{\beta}_2 - \Omega\sin\beta_1)\boldsymbol{i}_{\mathrm{b}} + \Omega\boldsymbol{k}_{\mathrm{b}} \qquad (10\mathrm{A}-6)$$

作为单个桨叶挥舞，它们带着桨轴系，所以我们看到 Ω 和桨叶挥舞角正弦值的乘积对桨叶角速度的贡献。这源于桨叶 1 和 3 的桨轴系相对于桨叶 2 和 4（反之亦然）有固定的方向（通过 β_2）。展开挥舞速度项，可得到相应的表达式

$$\dot{\beta}_1 = \dot{\beta}_{1\mathrm{c}}\cos\psi + \dot{\beta}_{1\mathrm{s}}\sin\psi + \Omega(-\beta_{1\mathrm{c}}\sin\psi + \beta_{1\mathrm{s}}\cos\psi) \qquad (10\mathrm{A}-7)$$

$$\dot{\beta}_2 = -\dot{\beta}_{1\mathrm{s}}\cos\psi + \dot{\beta}_{1\mathrm{c}}\sin\psi + \Omega(\beta_{1\mathrm{c}}\cos\psi + \beta_{1\mathrm{s}}\sin\psi) \qquad (10\mathrm{A}-8)$$

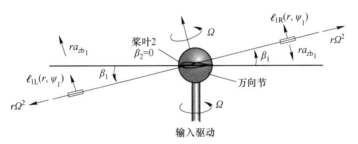

图 10A-6 万向节旋翼的挥舞

注意当桨叶是作为一个万向节挥舞时

$$\beta_2 = -\beta_{1\mathrm{s}}\cos\psi + \beta_{1\mathrm{c}}\sin\psi \qquad (10\mathrm{A}-9)$$

假设桨叶挥舞角 β_1 和 β_2 很小，所以 $\sin\beta \approx \beta$，$\Omega\beta$ 项可以从式（10A-6）取消，使我们用万向节自由度获得相同的角速度表达式（式（10-14）和式（10-15）），即

$$\boldsymbol{\omega}_{\mathrm{b}} = \omega_{x\mathrm{b}}\boldsymbol{i}_{\mathrm{b}} + \omega_{y\mathrm{b}}\boldsymbol{j}_{\mathrm{b}} + \omega_{z\mathrm{b}}\boldsymbol{k}_{\mathrm{b}} \qquad (10\mathrm{A}-10)$$

此处

$$\omega_{x\mathrm{b}} = \dot{\beta}_{1\mathrm{s}}\cos\psi - \dot{\beta}_{1\mathrm{c}}\sin\psi$$

$$\omega_{y\mathrm{b}} = -\dot{\beta}_{1\mathrm{s}}\sin\psi - \dot{\beta}_{1\mathrm{c}}\cos\psi$$

$$\omega_{z\mathrm{b}} = \Omega \qquad (10\mathrm{A}-11)$$

在本章的正文部分中，叶素 1 的加速度的 z 分量由以下表达式给出

$$a_{z\mathrm{b}} = r_{\mathrm{b}}(\ddot{\beta}_{1\mathrm{c}} + 2\Omega\dot{\beta}_{1\mathrm{s}})\cos\psi + r_{\mathrm{b}}(\ddot{\beta}_{1\mathrm{s}} - 2\Omega\dot{\beta}_{1\mathrm{c}})\sin\psi \qquad (10\mathrm{A}-12)$$

桨叶 1 和桨叶 2 在中心铰处的力矩平衡表达式为

$$\int_0^R rm(r)(ra_{z\mathrm{b}1})\mathrm{d}r - \int_0^R r\ell_{1\mathrm{R}}(r,\ \psi_{\mathrm{R}1})\mathrm{d}r +$$

$$\int_0^R rm(r)(ra_{ab2})\mathrm{d}r - \int_0^R r\ell_{1L}(r,\ \psi_{L1})\mathrm{d}r = 0 \qquad (10A-13)$$

加速度和升力分量现在对应第一对左右桨叶的下标。对于一个 N 桨叶旋翼，涉及万向节倾转的挥舞惯量包括来自所有桨叶的贡献，包括挥舞方向和弦向。类似地，关于万向节的气动力矩包括了所有桨叶的贡献。在式（10A-13）中，这些效应是四叶万向节的两倍，但通常惯性力矩和气动力矩都增加了 $N/2$。

从式（10-20）中展开升力，得到由式（10-21）给出的万向节倾转运动方程，重复如下

$$\beta''_{1c} + 2\beta'_{1s} = \frac{\gamma}{8}\big[\theta_{1c} - (\beta'_{1c} + \beta_{1s})\big]$$

$$\beta''_{1s} - 2\beta'_{1c} = \frac{\gamma}{8}\big[\theta_{1s} - (\beta'_{1s} - \beta_{1c})\big] \qquad (10A-14)$$

附录 10B XV-15 倾转旋翼机

飞机构型参数

表 10B-1 FXV-15 构型数据（飞机几何结构参见附录 10B 和图 10B-2）

飞机模式	公制（英制）
M_a	5896kg（13000lb）
$I_{xx}^{①}$	57268kg·m²（42379slug·ft²）
$I_{xz}^{②}$	0kg·m²
I_{yy}	19230kg·m²（重心后），19393kg·m²（重心前）（14230slug·ft²，14351slug·ft²）
I_{zz}	66837kg·m²（重心后），67000kg·m²（重心前）（49459slug·ft²，49580slug·ft²）
重心位置 FS③	7.65m（重心后），7.41m（重心前）（25.1，24.31ft）（机身站位）
重心位置 BL	0.00（对接线）
重心位置 WL④	2.074m（6.8ft）（水线）
螺旋桨和短舱	
N_b	3
R	3.81m（12.5ft）
根切	0.08R
弦长 c	0.1R 0.404m（1.33ft） 0.2R 0.375m（1.23ft） 0.3R −1.0R 0.36m（1.17ft）
h_R	1.42m（4.67ft）
δ_3	−15°
s	0.089
γ	3.8（2.6⑤）
$\beta_{max/min}$	±12°

表 10B-1（续）

飞机模式	公制（英制）
I_β	140kg·m² （103.26slug·ft²）
K_β	17480N·m/rad （12935lbf·ft/rad）
Ω_R	565r/min （59.2rad/s，直升机模式） 458r/min （48rad/s，固定翼飞机模式）
λ_β^2	1.036（直升机模式），1.054（固定翼飞机模式）
a_0	5.88/rad
δ_0	0.002
θ_{tw}	0.08R 40.9°；0.1R 36°；1.0R 0.0°
短舱/桨架质量（每个桨架）	904kg （1993lb）
短舱/桨架惯性主轴 MoI	$I_{pxx}=110kg\cdot m^2$ （81.4slug·ft²） $I_{pyy}=582kg\cdot m^2$ （431slug·ft²） $I_{pzz}=514kg\cdot m^2$ （380slug·ft²）
参考点后/上方的短舱/桨架重心位置	FSp=7.41m （24.3ft） BLp=±4.91m （16.1ft） WLp=3m （9.8ft）
倾转螺旋桨外侧杆	1.0°
机翼	
s（翼展）	9.81m （32.17ft）
S_w（面积）	15.71m² （169ft²）
c_w（弦长）	1.6m （5.23ft）
展弦比	5.7
机身相对迎角	3°
上反角	2°
后掠角	−6.5°
翼型	64A223
水平安定面（平尾）	
平尾展长 s_T	3.91m （12.83ft）

表 10B-1（续）

飞机模式	公制（英制）
平尾面积 S_T	4.67m² （50.25ft²）
平尾弦长 c_T	1.2m （3.92ft）
平尾展弦比	3.27
平尾迎角	0°~6°
上反角/后掠角	—
翼型	64A015
零升迎角 a_0	4.05/rad
垂直安定面（垂尾）	
翼展 s_F	2.34m （7.68ft）
面积 S_F，总	4.69m² （50.5ft²）
弦长 c_F	1.25m/0.73m （4.09ft/2.4ft）（根/梢）
展弦比	2.33
迎角设置	—
上反角/后掠角	—
NACA 翼型	0009
零升迎角 a_0	3.04/rad

注：①这些是整个飞机的惯性矩，在 FLIGHTLAB 中根据多体动力系统的部件（如发动机短舱、螺旋桨、燃料、机身和尾翼）的质量和位置进行计算。

②直升机模式，发动机短舱 90°。

③相对于发动机短舱/螺旋桨垂直时飞机前向参考点，飞机的机头在机身站位（FS100）参考点右（后）100in 处。发动机短舱前倾时重心的前移是在 FLIGHTLAB 中计算的。

④相对于主起落架放下时的飞机最低点，水线 0（WL0）（见图 10B-2）；腰线是飞机的中心线。

⑤利用弦、升力曲线斜率的平均值和单片桨叶挥舞惯量，推导出了洛克数。有效洛克数（括号内）是由 FXV-15 万向节挥舞动力学线性化得到的，将包括万向节内其他桨叶的惯性效应和升力线斜率的径向变化等。

图 10B-1　XV-15 在直升机、过渡和固定翼飞机模式（NASA）

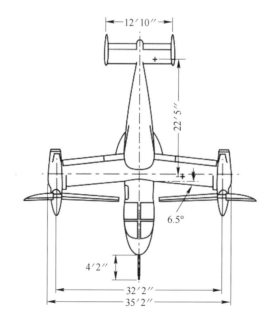

图 10B-2　XV-15 三视图

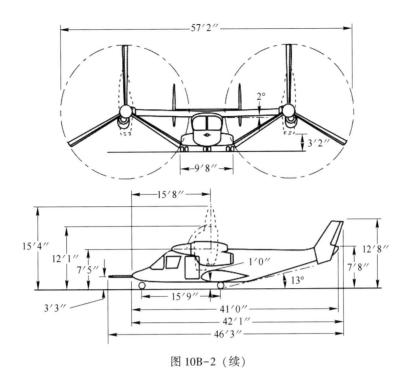

图 10B-2（续）

XV-15 操纵范围和传动装置

表 10B-2 飞行员操纵范围

横向驾驶杆（X_a）	±4.8in
纵向驾驶杆（X_b）	±4.8in
脚蹬（X_p）	±2.5in
总距（X_c）	0~10in

表 10B-3 飞机模式操纵

横向驾驶杆对副翼 $\left(\dfrac{\partial \delta_a}{\partial X_a}\right)$	3.93（°）/in
纵向驾驶杆对升降舵 $\left(\dfrac{\partial \delta_e}{\partial X_b}\right)$	4.16（°）/in
脚蹬方向舵 $\left(\dfrac{\partial \delta_r}{\partial X_p}\right)$	8（°）/in

表 10B-4 总距差动（DCP）的横向操纵

短舱角 $(\beta_m)^{①}$/(°)	$\dfrac{\partial A_1}{\partial X_a}$/((°)/in)
0	0.625
10	0.606
20	0.575
30	0.541
40	0.500
50	0.438
60	0.365
70	0.293
80	0.209
90	0.121

注：①直升机模式，发动机短舱角 β_m 为 0°，固定翼飞机模式 β_m 为 90°。

表 10B-5 纵向周期变距的纵向操纵

短舱角 (β_m)/(°)	$\dfrac{\partial B_1}{\partial X_d}$/((°)/in)
0	2.100
10	2.090
20	1.980
30	1.810
40	1.600
50	1.350
60	1.040
70	0.710
80	0.362
90	0.000

表 10B-6　纵向周期变距差动的脚蹬操纵

短舱角（β_m）/（°）	$\dfrac{\partial B_1}{\partial X_p}$/（（°）/in）		
	0~60kn	80kn	100kn 以上
0	1.600	1.040	0.400
10	1.580	1.025	0.394
20	1.510	0.975	0.375
30	1.390	0.900	0.345
40	1.225	0.795	0.305
50	1.035	0.670	0.257
60	0.803	0.520	0.200
70	0.550	0.325	0.137
80	0.280	0.180	0.069
90	0.000	0.000	0.0

表 10B-7　总距操纵

短舱角（β_m）/（°）	$\dfrac{\partial \theta_0}{\partial X_c}$/（（°）/in）	θ_{01}^{a}/（°）
0	1.17	0
10	1.12	0.6633
20	1.08	2.57
30	1.00	5.50
40	0.85	9.09
50	0.69	12.91
60	0.5	16.5
70	0.31	19.43
80	0.13	21.34
90	0	22.00

注：a. $\theta_{01} = 22 \times \cos^2 （\beta_m）$。

表 10B-8　油门-总距操纵

X_c/in	X_{th}/%
0.0	46.0

表 10B-8（续）

X_c/in	$X_{th}/\%$
1.0	51.0
2.0	56.2
3.0	61.2
4.0	65.8
5.0	70.5
6.0	75.0
7.0	79.3
8.0	83.7
9.0	88.0
10.0	92.3
11.0	96.2
12.0	100.0

附录 10C FXV-15 稳定性和操纵导数

10C.1 绘图形式

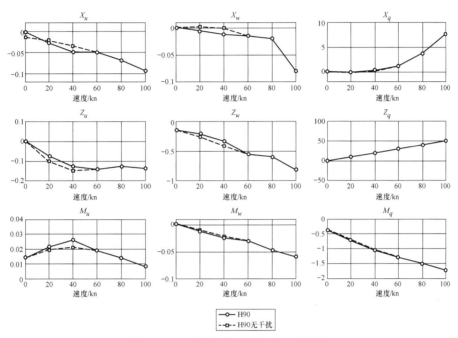

图 10C-1 直升机模式纵向稳定性导数

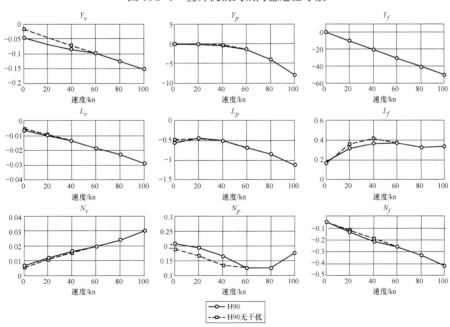

图 10C-2 直升机模式横向稳定性导数

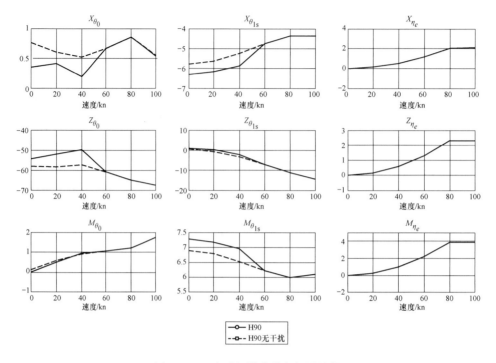

图 10C-3　直升机模式纵向操纵导数

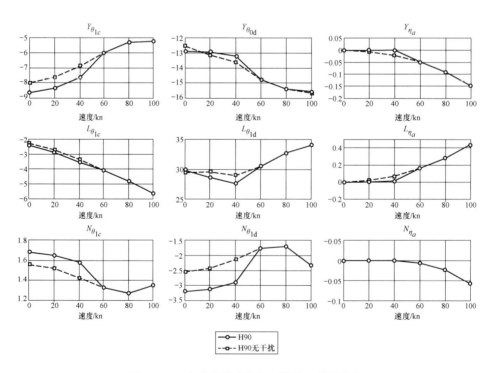

图 10C-4　直升机模式横向（滚转）操纵导数

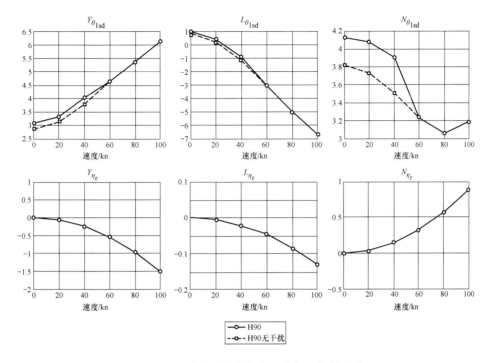

图 10C-5 直升机模式方向（偏航）操纵导数

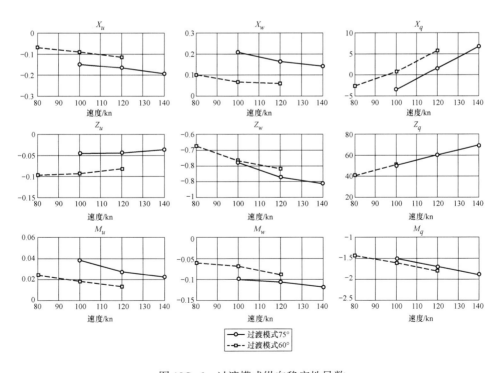

图 10C-6 过渡模式纵向稳定性导数

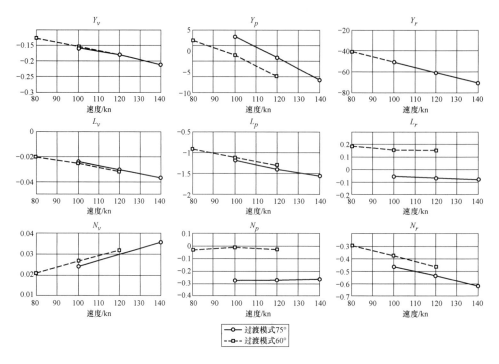

图 10C-7　过渡模式横向稳定性导数

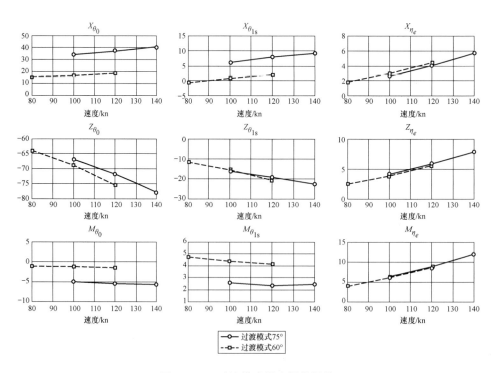

图 10C-8　过渡模式纵向操纵导数

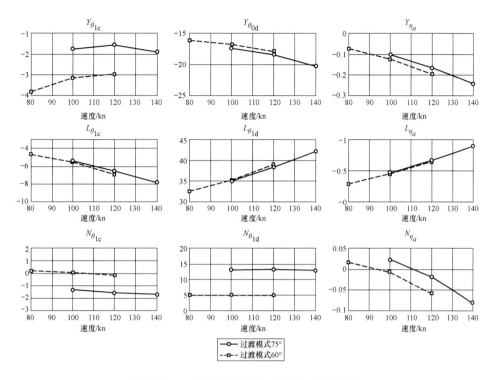

图 10C-9　过渡模式横向（滚转）操纵导数

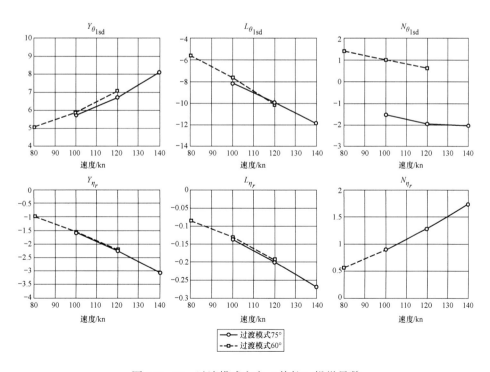

图 10C-10　过渡模式方向（偏航）操纵导数

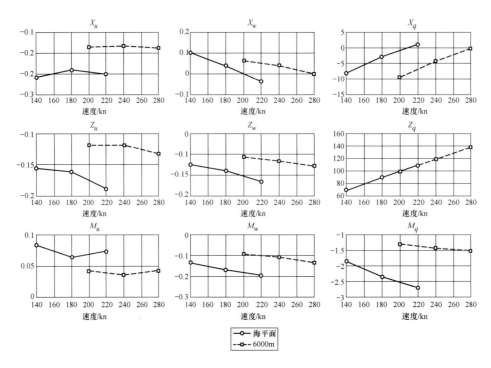

图 10C-11　固定翼飞机模式纵向稳定性导数

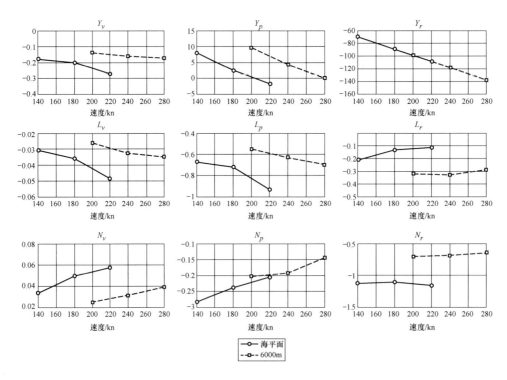

图 10C-12　固定翼飞机模式横向稳定性导数

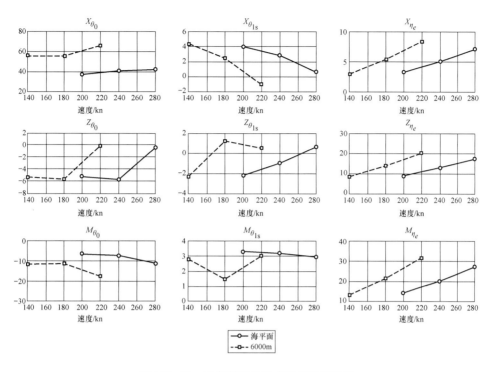

图 10C-13 固定翼飞机模式纵向操纵导数

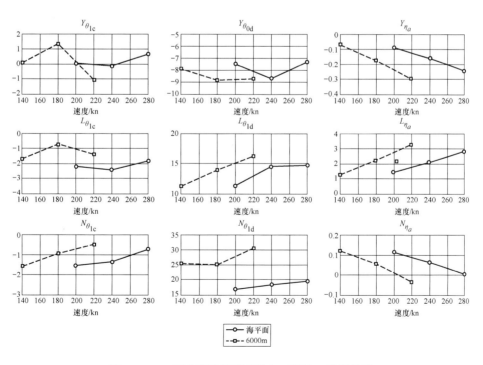

图 10C-14 固定翼飞机模式横向（滚转）操纵导数

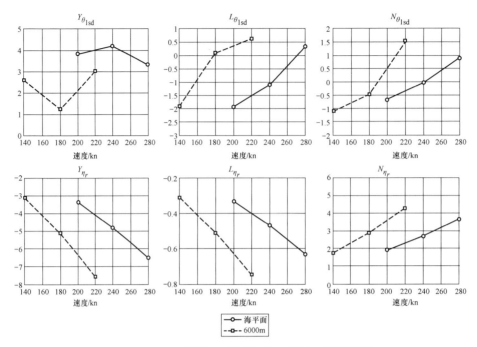

图 10C-15　固定翼飞机模式航向（偏航）操纵导数

10C.2　FXV-15 稳定性和操纵导数和特征值表

对于稳定性导数（A 矩阵），空间状态变量规定为

$[u, w, q, \theta, v, p, \phi, r]$。

对于操纵导数（B 矩阵），操纵变量规定为

$[\theta_0, \theta_{1s}, \theta_{1sd}, \eta_e, \eta_a, \eta_r]$。

在直升机模式和过渡模式中配平的挥舞设置为 40°，在飞机模式为 0°。

在直升机模式，旋翼速度常数为 59.17 rad/s，在飞机模式为 47.96 rad/s。

配平速度为真空速（TAS），单位为 kn。

导数单位和直升机（附录 4B.2）一样：

力/平移速度，如 X_u 的单位为 1/s；

力/角速度，如 X_q 的单位为 m/(s·rad)；

力矩/平移速度，如 M_u 的单位为 rad/(s·m)；

力矩/角速度，如 M_q 的单位为 1/s；

力/控制，如 X_{θ_0} 的单位为 m/(s²·rad)；

力矩/控制，如 M_{θ_0} 的单位为 1/s。

（1）直升机模式（有和无气动干扰的矩阵）

H90_0kn_A 矩阵

−0.0016	0.0006	0.1654	−9.8137	0	0.0049	0	−0.0005
0.0019	−0.1425	−0.0051	−0.063	0	0.2684	−0.0001	−0.03

表（续）

0.0138	0.0013	-0.3853	0	0	-0.0332	0	0.0037
0	0	1	0	0	0	0	0
0	0	0	0	-0.0469	-0.1486	10.5836	-0.1501
0	0	0	0	-0.0062	-0.5493	0.0333	0.1828
0	0	0	0	0	1	0	0.0064
0	0	0	0	0.0069	0.2086	-0.0154	-0.0457

H90_0 kn_B 矩阵

0.351	-6.3097	0	-0.0803	0	0	0	0
-54.3193	0.8156	0	-4.3869	0	0	0	0
0	7.2823	0	0.5443	0	0	0	0
0	0	0	0	0	0	0	0
0	0	-8.6708	-12.8883	3.0719	0	0	0
0	0	-2.4064	29.8225	0.974	0	0	0
0	0	0	0	0	0	0	0
0	0	1.6845	-3.2086	4.131	0	0	0

H90_0kn_A 矩阵，无干扰

-0.0132	0.0016	0.1655	-9.8132	0	0	0	0
0.0027	-0.1406	-0.0185	-0.1205	0	0	0	0
0.0141	0.0007	-0.3811	0	0	0	0	0
0	0	1	0	0	0	0	0
0	0	0	0	-0.0179	-0.1455	9.8133	-0.1387
0	0	0	0	-0.0052	-0.4827	-0.0002	0.1673
0	0	0	0	0	1	0	0.0123
0	0	0	0	0.0059	0.1897	0	-0.0492

H90_0kn_B 矩阵，无干扰

0.7579	-5.7892	0	0	0	0	0	0
-57.8906	0.6479	0	0	0	0	0	0
0.149	6.8812	0	0	0	0	0	0

表（续）

0	0	0	0	0	0	0	0
0	0	−8.0159	−12.5442	2.8675	0	0	0
0	0	−2.2689	29.4328	0.8537	0	0	0
0	0	0	0	0	0	0	0
0	0	1.5584	−2.5382	3.8216	0	0	0

特征值	无干扰
−0.6810+0.0000i	−0.6853+0.0000i
0.1471+0.4208i	0.1455+0.4254i
0.1471−0.4208i	0.1455−0.4254i
−0.1426+0.0000i	−0.1407+0.0000i
−0.7904+0.0000i	−0.6807+0.0000i
0.0064+0.3120i	0.0050+0.2995i
0.0064−0.3120i	0.0050−0.2995i
0.1356+0.0000i	0.1209+0.0000i

H90_20kn_A 矩阵

−0.0272	−0.005	0.0241	−9.8136	0	0.0363	0	0.0058
−0.0741	−0.2071	10.0337	−0.0727	0.0004	0.3163	−0.0001	0.0506
0.0213	−0.0125	−0.7157	0	0	−0.0433	0	−0.0069
0	0	1	0	0	0	0	0
0	0	0	0	−0.0687	−0.1496	10.4343	−10.4567
0	0	0	0	−0.0098	−0.4383	0.0303	0.3178
0	0	0	0	0	1	0	0.0074
0	0	0	0	0.0118	0.1955	0.0111	−0.132

H90_20kn_B 矩阵

0.4104	−6.1769	0.0192	−0.496	0.0559	0.1205	0	0
−52.1206	0.1292	0.1607	−4.3135	0.4768	0.1484	0	0
0.5214	7.1792	−0.0229	0.5901	−0.063	0.2464	0	0
0	0	0	0	0	0	0	0

表（续）

0	0	−8.3599	−12.9389	3.3356	0	0	−0.0611
0	0	−2.8705	28.6135	0.3782	0	0	−0.0057
0	0	0	0	0	0	0	0
0	0	1.6501	−3.1398	4.0852	0	0	0.0344

H90_20kn_ A 矩阵，无干扰

−0.0221	0.0018	−0.0106	−9.8136	0	0	0	0
−0.0991	−0.2551	10.1227	−0.0746	0	0	0	0
0.0194	−0.0105	−0.6891	0	0	0	0	0
0	0	1	0	0	0	0	0
0	0	0	0	−0.046	−0.1166	9.8134	−10.457
0	0	0	0	−0.0092	−0.4467	−0.0002	0.3605
0	0	0	0	0	1	0	0.0076
0	0	0	0	0.0112	0.1664	0	−0.1183

H90_20kn_ B 矩阵，无干扰

0.599	−5.6495	0	0	0	0.1205	0	0
−58.2835	−0.6444	0.0017	0	0	0.1467	0	0
0.5901	6.7895	0	0	0	0.2464	0	0
0	0	0	0	0	0	0	0
0	0	−7.6404	−13.138	3.1417	0	−0.0052	−0.0611
0	0	−2.7273	29.5704	0.1948	0	0.0172	−0.0057
0	0	0	0	0	0	0	0
0	0	1.5183	−2.4351	3.7357	0	0	0.0344

特征值	无干扰
−0.8141+0.0000i	0.0819+0.4539i
0.0731+0.4720i	0.0819−0.4539i
0.0731−0.4720i	−0.7738+0.0000i
−0.2820+0.0000i	−0.3563+0.0000i
−0.7613+0.0000i	−0.7340+0.0000i

表（续）

−0.0282+0.4785i	−0.0235+0.4820i
−0.0282−0.4785i	−0.0235−0.4820i
0.1787+0.0000i	0.1699+0.0000i

H90_40kn_A 矩阵

−0.0485	−0.0124	0.4403	−9.8119	0	0.0265	0	0.0059
−0.1264	−0.3325	20.0241	0.198	0.0007	0.3587	−0.0001	0.0799
0.0259	−0.0249	−1.0504	0	0	−0.0471	0	−0.0105
0	0	1	0	0	0	0	0
0	0	0	0	−0.0857	−0.6042	10.1509	−20.681
0	0	0	0	−0.0128	−0.4899	0.0045	0.3701
0	0	0	0	0	1	0	−0.0202
0	0	0	0	0.0164	0.166	0.0137	−0.2128

H90_40kn_B 矩阵

0.1904	−5.8678	0.021	−0.351	0.0576	0.4907	0	0
−49.9201	−2.1533	0.2777	−4.7501	0.7824	0.592	0	0
0.9339	6.9614	−0.0344	0.6245	−0.1031	0.974	0	0
0	0	0	0	0	0	0	0
0	0	−7.6299	−13.2131	4.0149	0	0	−0.2427
0	0	−3.5466	27.565	−0.8938	0	0.0115	−0.0229
0	0	0	0	0	0	0	0
0	0	1.5814	−2.8992	3.9076	0	0	0.1432

H90_40kn_A 矩阵，无干扰

−0.0347	−0.0006	0.191	−9.8134	0	0	0	0
−0.148	−0.413	20.2597	0.0993	0.0001	0	−0.0001	−0.0001
0.021	−0.0217	−1.0243	0	0	0	0	0
0	0	1	0	0	0	0	0
0	0	0	0	−0.0728	−0.3741	9.9135	−20.6797
0	0	0	0	−0.0138	−0.519	−0.0001	0.4197

表（续）

0	0	0	0	0	1	0	−0.0101
0	0	0	0	0.0157	0.136	0	−0.188

H90_ 40kn_ *B* 矩阵，无干扰

0.5134	−5.2618	0	0	0	0.4872	0	0
−57.4557	−3.3373	0.0035	0	0	0.592	0	0
0.8938	6.5317	0	0	0	0.974	0	0
0	0	0	0	0	0	0	0
0	0	−6.865	−13.6217	3.8036	0.0017	−0.021	−0.2427
0	0	−3.369	28.9802	−1.1345	0	0.0688	−0.0229
0	0	0	0	0	0	0	0
0	0	1.4209	−2.1142	3.5122	0	0	0.1432

特征值	无干扰
−0.0363+0.4320i	−0.7326+0.4508i
−0.0363−0.4320i	−0.7326−0.4508i
−0.6794+0.3932i	−0.0034+0.3970i
−0.6794−0.3932i	−0.0034−0.3970i
−0.7550+0.0000i	−0.0586+0.6500i
−0.0768+0.6463i	−0.0586−0.6500i
−0.0768−0.6463i	−0.7794+0.0000i
0.1202+0.0000i	0.1138+0.0000i

H90_60kn_*A* 矩阵

−0.05	−0.0146	1.2668	−9.8036	0	0	0	0
−0.1408	−0.5485	30.4127	0.4474	0	0	0	0
0.019	−0.0308	−1.29	0	0	0	0	0
0	0	1	0	0	0	0	0
0	0	0	0	−0.0991	−1.4727	9.8037	−30.7845
0	0	0	0	−0.0184	−0.6855	−0.0001	0.3746
0	0	0	0	0	1	0	−0.0456
0	0	0	0	0.0197	0.1265	0	−0.2581

H90_60kn_B 矩阵

0.6636	-4.7763	0	0	0	1.1142	0	0
-60.8926	-7.1741	0.0017	0	0.0017	1.3272	0	0
1.0428	6.2281	0	0	0	2.1772	0	0
0	0	0	0	0	0	0	0
0	0	-5.9778	-14.7883	4.6209	0	-0.0489	-0.5466
0	0	-4.0852	30.8329	-3.0481	0	0.1604	-0.0458
0	0	0	0	0	0	0	0
0	0	1.3235	-1.7533	3.2372	0	-0.0057	0.3209

H90_60kn_A 矩阵，无干扰

-0.05	-0.0146	1.2669	-9.8036	0	0	0	0
-0.1407	-0.5481	30.4086	0.4474	0	0	-0.0001	0
0.019	-0.0305	-1.2902	0	0	0	0	0
0	0	1	0	0	0	0	0
0	0	0	0	-0.0993	-1.4728	9.8037	-30.7845
0	0	0	0	-0.0184	-0.6831	-0.0001	0.3744
0	0	0	0	0	1	0	-0.0456
0	0	0	0	0.0197	0.1268	0	-0.258

H90_60kn_B 矩阵，无干扰

0.6584	-4.7781	0	0	0	1.1159	0	0
-60.8367	-7.1549	0.0017	-0.0017	0	1.3272	-0.0017	0
1.0485	6.2281	0	0	0	2.1772	0	0
0	0	0	0	0	0	0	0
0	0	-5.9813	-14.7796	4.6174	0.0017	-0.0489	-0.5466
0	0	-4.0795	30.5043	-3.0367	0	0.1604	-0.0458
0	0	0	0	0	0	0	0
0	0	1.3235	-1.759	3.2372	0	-0.0057	0.3209

特征值	无干扰
−0.9135+0.8169i	−0.9135+0.8106i
−0.9135−0.8169i	−0.9135−0.8106i
−0.0308+0.3100i	−0.0306+0.3104i
−0.0308−0.3100i	−0.0306−0.3104i
−0.1018+0.8076i	−0.1018+0.8074i
−0.1018−0.8076i	−0.1018−0.8074i
−0.8749+0.0000i	−0.8728+0.0000i
0.0358+0.0000i	0.0359+0.0000i

H90_80kn_A 矩阵

−0.0675	−0.0195	3.8167	−9.7646	−0.0002	−0.0001	−0.0001	−0.0001
−0.1257	−0.5961	40.4272	0.9812	−0.0007	−0.0001	−0.0002	−0.0002
0.0138	−0.0476	−1.5082	0.0001	0.0001	0.0001	0.0001	0.0001
0	0	1	0	0	0	0	0
0	0	0	0	−0.1262	−4.0785	9.7647	−40.7438
0	0	0	0	−0.0226	−0.8492	0	0.3283
0	0	0	0	0	1	0	−0.1005
0	0	0	0	0.0243	0.1282	0	−0.3299

H90_80kn_B 矩阵

0.847	−4.3834	0.0035	−0.0035	0.0035	2.0258	−0.0035	−0.0035
−65.0769	−11.0773	0.0122	−0.014	0.0122	2.3279	−0.0122	−0.0122
1.2032	5.9989	−0.0057	0.0057	−0.0057	3.8388	0.0057	0.0057
0	0	0	0	0	0	0	0
0	0	−5.2933	−15.431	5.3544	0	−0.0908	−0.9692
0	0	−4.8186	32.6815	−5.0363	0	0.2807	−0.0859
0	0	0	0	0	0	0	0
0	0	1.272	−1.6902	3.0596	0	−0.2229	0.5672

H90_80kn_A 矩阵，无干扰

−0.0675	−0.0195	3.8172	−9.7646	0	0	0	0
−0.1258	−0.5968	40.4275	0.9815	0	0	0	0
0.0138	−0.0476	−1.5084	0	0	0	0	0
0	0	1	0	0	0	0	0
0	0	0	0	−0.1262	−4.0783	9.7647	−40.7437
0	0	0	0	−0.0226	−0.8513	0	0.3281
0	0	0	0	0	1	0	−0.1005
0	0	0	0	0.0243	0.1275	0	−0.3298

H90_80kn_B 矩阵，无干扰

0.8418	−4.3851	0	0	0	2.0293	0	0
−65.0944	−11.0842	0.0017	−0.0017	0.0017	2.3384	0	0
1.2032	5.9989	0	0	0	3.8331	0	0
0	0	0	0	0	0	0	0
0.0017	0	−5.2933	−15.431	5.3614	0.0017	−0.0908	−0.9692
0	0	−4.8186	32.6872	−5.0363	0	0.2807	−0.859
0	0	0	0	0	0	0	0
0	0	1.272	−1.6902	3.0596	0	−0.0229	0.5672

特征值	无干扰
−1.0461+1.2631i	−1.0466+1.2632i
−1.0461−1.2631i	−1.0466−1.2632i
−0.0398+0.2263i	−0.0398+0.2264i
−0.0398−0.2263i	−0.0398−0.2264i
−0.1440+0.9784i	−0.1438+0.9788i
−0.1440−0.9784i	−0.1438−0.9788i
−1.0047+0.0000i	−1.0069+0.0000i
−0.0127+0.0000i	−0.0128+0.0000i

H90_100kn_A 矩阵

−0.0921	−0.0797	7.7088	−9.6892	−0.0003	−0.0001	−0.0001	−0.0001
−0.136	−0.8126	50.1843	1.5585	−0.0011	−0.0002	−0.0003	−0.0004
0.0082	−0.0597	−1.717	0.0001	0.0003	0.0001	0.0001	0.0001
0	0	1	0	0	0	0	0
0	0	0	0	−0.1531	−7.9963	9.6893	−50.4378
0	0	0	0	−0.0289	−1.1273	0	0.3377
0	0	0	0	0	1	0	−0.1609
0	0	0	0	0.0302	0.1779	0	−0.4156

H90_100kn_B 矩阵

0.5309	−4.3974	0.0052	−0.0052	0.0052	2.066	−0.0052	−0.0052
−67.5795	−14.3412	0.0175	−0.0122	0.0175	2.2878	−0.0192	−0.0192
1.7361	6.0963	−0.0057	0.0057	−0.0057	3.7873	0.0057	0.0057
0	0	0	0	0	0	0	0
0	0	−5.2147	−15.6266	6.1298	0	−0.1484	−1.5106
0	0	−5.615	34.0337	−6.6807	0	0.4354	−0.1318
0	0	0	0	0	0	0	0
0	0	1.3522	−2.3262	3.1914	0	−0.0573	0.8824

H90_100kn_A 矩阵，无干扰

−0.0921	−0.0797	7.7085	−9.6891	0	0	0	0
−0.1361	−0.813	50.1843	1.5588	0	0	0	−0.0001
0.0082	−0.06	−1.7168	0	0	0	0	0
0	0	1	0	0	0	0	0
0	0	0	0	−0.1532	−7.998	9.6893	−50.4386
0	0	0	0	−0.0289	−1.1233	0	0.3383
0	0	0	0	0	1	0	−0.1609
0	0	0	0	0.0302	0.1777	0	−0.4155

H90_100kn_B 矩阵，无干扰

0.5484	−4.3939	0	0	0	2.0712	0	0
−67.7541	−14.3744	0.0035	−0.0017	0.0017	2.307	0	−0.0017
1.7189	6.0963	0	0	0	3.7815	0	0
0	0	0	0	0	0	0	0
0	0	−5.2077	−15.6964	6.1525	0	−0.1484	−1.5106
0	0	−5.6207	34.1254	−6.6864	0	0.4354	−0.1318
0	0	0	0	0	0	0	0
0	0	1.3522	−2.309	3.1856	0	−0.0573	0.8824

特征值	无干扰
−1.2657+1.6384i	−1.2658+1.6435i
−1.2657−1.6384i	−1.2658−1.6435i
−0.0451+0.1834i	−0.0452+0.1833i
−0.0451−0.1834i	−0.0452−0.1833i
−0.1930+1.1610i	−0.1930+1.1609i
−0.1930−1.1610i	−0.1930−1.1609i
−1.2745+0.0000i	−1.2708+0.0000i
−0.0354+0.0000i	−0.0353+0.0000i

（2）过渡模式

C75_80kn_A 矩阵

−0.0668	0.1001	−2.6504	−9.799	0	0	0	0
−0.0967	−0.6725	40.7047	−0.5387	0	0	0	−0.0001
0.024	−0.0607	−1.442	0	0	0	0	0
0	0	1	0	0	0	0	0
0	0	0	0	−0.1292	2.4373	9.7991	−40.8234
0	0	0	0	−0.0203	−0.9185	0	0.1839
0	0	0	0	0	1	0	0.055
0	0	0	0	0.021	−0.029	0	−0.2968

C75_80kn_*B* 矩阵

15.2109	−0.6881	0	0	0	1.8092	0	0
−64.0658	−11.8317	0.0017	−0.0017	0.0017	2.5095	0	0
−1.1803	4.7384	0	0	0	3.9534	0	0
0	0	0	0	0	0	0	0
0	0	−3.7984	−16.1889	5.0889	0	−0.0716	−0.9884
0	0	−4.6639	32.5154	−5.5921	0	0.2922	−0.0859
0	0	0	0	0	0	0	0
0	0	0.1891	4.9675	1.4209	0	0.0172	0.5672

特征值
−1.0505+1.5231i
−1.0505−1.5231i
−0.0401+0.2470i
−0.0401−0.2470i
−0.1573+0.9912i
−0.1573−0.9912i
−1.0196+0.0000i
−0.0103+0.0000i

C75_100kn_*A* 矩阵

−0.0878	0.0667	0.7643	−9.8104	0	0	0	0
−0.0931	−0.7694	50.8394	0.2598	−0.0001	0	0	−0.0001
0.0177	−0.0689	−1.6157	0	0	0	0	0
0	0	1	0	0	0	0	0
0	0	0	0	−0.1535	−1.0153	9.8105	−50.9575
0	0	0	0	−0.0253	−1.1233	0	0.1553
0	0	0	0	0	1	0	−0.0265
0	0	0	0	0.0266	−0.0144	0	−0.3769

C75_100kn_B 矩阵

16.5976	0.585	0	0.0017	0	2.9479	0	0
−68.8229	−15.7191	0.0017	−0.0052	0.0017	3.8822	0	0
−1.2662	4.3889	0	0	0	6.1135	0	0
0	0	0	0	0	0	0	0
0	0	−3.1278	−15.7984	5.8888	0	−0.124	−1.542
0	0	−5.5462	35.214	−7.6203	0	0.4526	−0.1318
0	0	0	0	0	0	0	0
0	0	0.0458	5.0363	1.0027	0	−0.0057	0.8881

特征值
−1.1892+1.8074i
−1.1892−1.8074i
−0.0473+0.2001i
−0.0473−0.2001i
−0.1938+1.1892i
−0.1938−1.1892i
−1.2321+0.0000i
−0.0340+0.0000i

C75_120kn_A 矩阵

−0.1146	0.058	5.7813	−9.758	0	0	0	0.0001
−0.0815	−0.8186	60.5005	1.045	−0.0002	0	0	−0.0005
0.0128	−0.0892	−1.8064	0	0	0	0	0.0001
0	0	1	0	0	0	0	0
0	0	0	0	−0.1807	−6.1015	9.7581	−60.7114
0	0	0	0	−0.0322	−1.3073	0	0.1497
0	0	0	0	0	1	0	−0.1071
0	0	0	0	0.0318	−0.0279	0	−0.4659

C75_120kn_B 矩阵

18.536	1.9664	0	0.0017	0	4.4026	0	0
−75.4801	−20.6037	−0.0017	−0.007	0	5.522	−0.0017	−0.0017
−1.5011	4.1425	0	0	0	8.6803	0	0
0	0	0	0	0	0	0	0
0	0	−2.9469	−17.9213	7.0711	0	−0.1921	−2.2162
0	0	−6.9328	38.9726	−10.1471	0	0.6494	−0.1948
0	0	0	0	0	0	0	0
0	0	−0.1375	5.0764	0.6245	0	−0.0573	1.272

特征值
$-1.3110+2.2484i$
$-1.3110-2.2484i$
$-0.0588+0.1535i$
$-0.0588-0.1535i$
$-0.2168+1.3744i$
$-0.2168-1.3744i$
$-1.4697+0.0000i$
$-0.0506+0.0000i$

C60_100kn_A 矩阵

−0.1462	0.2091	−3.5388	−9.7982	0	−0.00001	0	0
−0.0048	−0.7786	50.8411	−0.5546	0	0.0002	0	−0.0001
0.0381	−0.0997	−1.5159	0	0	−0.0001	0	0
0	0	1	0	0	0	0	0
0	0	0	0	−0.1569	3.3942	9.7983	−50.6965
0	0	0	0	−0.024	−1.1943	0	−0.0553
0	0	0	0	0	1	0	0.0566
0	0	0	0	0.0243	−0.2757	0	−0.463

C60_100kn_*B* 矩阵

34. 5398	6. 1385	0	0. 0035	−0. 0017	2. 6632	0	0
−67. 0067	−16. 2343	0. 0017	−0. 007	0. 0017	4. 0848	0	0
−5. 1566	2. 5669	0	0	0	6. 2567	0	0
0	0	0	0	0	0	0	0
0	0	−1. 7464	−17. 3642	5. 7281	0	−0. 1013	−1. 57
0	0	−5. 4374	35. 0707	−8. 1646	0	0. 4641	−0. 1375
0	0	0	0	0	0	0	0
0	0	−1. 335	13. 092	−1. 5298	0	0. 0229	0. 8881

特征值
−1. 1542+2. 2385i
−1. 1542−2. 2385i
−0. 0662+0. 2184i
−0. 0662−0. 2184i
−0. 1934+1. 2050i
−0. 1934−1. 2050i
−1. 3778+0. 0000i
−0. 0497+0. 0000i

C60_120kn_*A* 矩阵

−0. 1649	0. 1649	1. 476	−9. 8074	0	−0. 0001	0	0. 0001
−0. 0437	−0. 8711	60. 4704	0. 3554	−0. 0001	0. 0001	0	−0. 0003
0. 0272	−0. 1073	−1. 7048	0	0	−0. 0001	0	0. 0001
0	0	1	0	0	0	0	0
0	0	0	0	−0. 1806	−1. 5518	9. 8075	−60. 7597
0	0	0	0	−0. 0305	−1. 4024	0	−0. 0676
0	0	0	0	0	1	0	−0. 0362
0	0	0	0	0. 0299	−0. 2726	0	−0. 5358

C60_120kn_B 矩阵

37. 2502	7. 8285	−0. 0017	0. 0052	−0. 0017	4. 0359	0	0
−71. 8284	−19. 4319	0. 0035	−0. 0157	0. 0052	5. 8137	0	0
−5. 529	2. 3377	0	0. 0057	0	8. 8923	0	0
0	0	0	0	0	0	0	0
0	0	−1. 542	−18. 3527	6. 6991	0	−0. 1642	−2. 2546
0	0	−6. 5145	38. 3309	−9. 958	0	0. 6646	−0. 2005
0	0	0	0	0	0	0	0
0	0	−1. 5699	13. 2296	−1. 9538	0	−0. 0172	1. 2777

特征值
−1. 2931+2. 5013i
−1. 2931−2. 5013i
−0. 0773+0. 1725i
−0. 0773−0. 1725i
−0. 2150+1. 4070i
−0. 2150−1. 4070i
−1. 6288+0. 0000i
−0. 0600+0. 0000i

C60_140kn_A 矩阵

−0. 1922	0. 1418	6. 8669	−9. 7561	0	−0. 0002	0	0. 0001
−0. 0361	−0. 9148	69. 9726	1. 0622	−0. 0001	0. 0008	0	−0. 0006
0. 022	−0. 1194	−1. 8982	0	0	−0. 0002	0	0. 0002
0	0	1	0	0	0	0	0
0	0	0	0	−0. 2111	−6. 9301	9. 7563	−70. 3737
0	0	0	0	−0. 0367	−1. 5607	0	−0. 0797
0	0	0	0	0	1	0	−0. 1089
0	0	0	0	0. 0358	−0. 2605	0	−0. 617

C60_140kn_B 矩阵

40.1073	9.1178	−0.0017	0.007	−0.0017	5.6932	0	0
−77.8464	−22.8618	0.0035	−0.0227	0.0087	7.8115	−0.0017	−0.0017
−5.7296	2.4523	0	0.0057	0	11.9347	0	0
0	0	0	0	0	0	0	0
0	0	−1.8774	−20.1916	8.1067	0	−0.2393	−3.0596
0	0	−7.798	42.2213	−11.8545	0	0.8938	−0.2693
0	0	0	0	0	0	0	0
0	0	−1.6788	13.0749	−2.0512	0	−0.0802	1.7361

特征值
−1.4105+2.8200i
−1.4105−2.8200i
−0.0921+0.1327i
−0.0921−0.1327i
−0.2449+1.5975i
−0.2449−1.5975i
−1.8325+0.0000i
−0.0665+0.0000i

（3）固定翼飞机模式

A0SL_140kn_A 矩阵

−0.3164	0.1015	−8.0718	−9.7516	0	0	0	0
−0.1559	−0.7468	69.1507	−1.1031	0	0	0	0
0.0837	−0.1329	−1.8487	0	0	0	0	0.0001
0	0	1	0	0	0	0	0
0	0	0	0	−0.1774	8.0752	9.7517	−69.1827
0	0	0	0	−0.0305	−0.6703	0	−0.2093
0	0	0	0	0	1	0	0.1131
0	0	0	0	0.0335	−0.2822	0	−1.1175

A0SL 140kn_ _B_ 矩阵

56. 0255	4. 3555	0	0	0	2. 9741	0	0
−5. 3631	−2. 389	0	0. 0017	0	8. 2656	0	0
−11. 5222	2. 7788	0	0	0	13. 1437	0	0
0	0	0	0	0	0	0	0
0	0	0. 0716	−7. 8814	2. 6038	0	−0. 0681	−3. 1173
0	0	−1. 7189	11. 1669	−1. 9174	0	1. 2147	−0. 3094
0	0	0	0	0	0	0	0
0	0	−1. 5756	25. 5081	−1. 1001	0	0. 1203	1. 7533

特征值
−1. 2781+3. 0771i
−1. 2781−3. 0771i
−0. 1778+0. 1952i
−0. 1778−0. 1952i
−0. 4290+1. 5121i
−0. 4290−1. 5121i
−0. 1560+0. 0000i
−0. 9512+0. 0000i

A0SL_180kn_ _A_ 矩阵

−0. 2817	0. 0398	−2. 8167	−9. 81	0	0	0	0
−0. 1612	−0. 8971	89. 3022	−0. 2739	0	0	0	0
0. 0646	−0. 1703	−2. 3356	0	0	0	0	0
0	0	1	0	0	0	0	0
0	0	0	0	−0. 2004	2. 5225	9. 8101	−89. 3468
0	0	0	0	−0. 0358	−0. 7196	0	−0. 1329
0	0	0	0	0	1	0	0. 0279
0	0	0	0	0. 0499	−0. 2376	0	−1. 1042

A0SL_180kn_B 矩阵

55.3793	2.4851	0	0	0	5.4173	0	0
−5.7019	1.1805	0	0	0	13.5711	0	0
−11.3675	1.4725	0	0	0	21.4229	0	0
0	0	0	0	0	0	0	0
0	0	1.3552	−8.8262	1.2399	0	−0.1729	−5.1186
0	0	−0.7563	13.8484	0.1031	0	2.1944	−0.5099
0	0	0	0	0	0	0	0
0	0	−0.9397	25.1185	−0.4698	0	0.0573	2.8762

特征值
−1.6036+3.8466i
−1.6036−3.8466i
−0.1536+0.1548i
−0.1536−0.1548i
−0.5212+2.0694i
−0.5212−2.0694i
−0.1110+0.0000i
−0.8707+0.0000i

A0SL_220kn_A 矩阵

−0.2991	−0.036	1.1182	−9.8129	0	0	0	0
−0.1877	−1.1538	108.6455	0.1404	0	0	0	0
0.0738	−0.1936	−2.2965	0	0	0	0	0
0	0	1	0	0	0	0	0
0	0	0	0	−0.2718	−1.6929	9.8129	−108.711
0	0	0	0	−0.0486	−0.9331	0	−0.1133
0	0	0	0	0	1	0	−0.0143
0	0	0	0	0.0577	−0.2038	0	−1.1514

A0SL_220kn_B 矩阵

65.8384	−0.9378	0	0	0	8.3826	0	0
−0.1624	0.5169	0	0	0	20.0274	0	0
−17.4638	3.008	0	0	0	31.6158	0	0
0	0	0	0	0	0	0	0
0	0	−1.0304	−8.7179	3.0404	0	−0.2951	−7.574
0	0	−1.4209	16.1402	0.6417	0	3.2487	−0.7448
0	0	0	0	0	0	0	0
0	0	−0.487	30.5043	1.5413	0	−0.0344	4.2571

特征值
−1.9090+4.4994i
−1.9090−4.4994i
−0.1657+0.1511i
−0.1657−0.1511i
−0.5868+2.4459i
−0.5868−2.4459i
−0.0899+0.0000i
−1.0927+0.0000i

A06000 m_200kn_A 矩阵

−0.1713	0.0643	−9.4885	−9.7706	0	−0.0001[①]	0	0
−0.1181	−0.5651	98.9751	−0.9191	0	0.0002	0	−0.0001[②]
0.0427	−0.0948	−1.2998	0	0.0003	0	0	0.0001
0	0	1	0	0	0	0	0
0	0	0	0	−0.1372	9.6489	9.7708	−98.8984
0	0	0	0	−0.0259	−0.5504	0	−0.3187
0	0	0	0	0	1	0	0.0941
0	0	0	0	0.0253	−0.2023	0	−0.6993

---

① 原英文版中数据为 "−0.0001"。——译者注
② 原英文版中数据为 "−0.0001"。——译者注

A06000 m_200kn_B 矩阵

37.6519	3.9713	0	0	0	3.3338	0	0
−5.2514	−2.2127	0.0017	0	0.0035	8.9449	0	0
−6.4916	3.3002	0	0	0	14.2896	0	0
0	0	0	0	0	0	0	0
0	0	0.0733	−7.45	3.8438	0	−0.0873	−3.3845
0	0	−2.2116	11.2644	−1.9309	0	1.4152	−0.3323
0	0	0	0	0	0	0	0
0	0	−1.5355	16.8278	−0.6532	0	0.1146	1.9022

特征值
−0.9187+3.0999i
−0.9187−3.0999i
−0.0994+0.1481i
−0.0994−0.1481i
−0.2545+1.6251i
−0.2545−1.6251i
−0.1154+0.0000i
−0.7626+0.0000i

A06000 m_240kn_A 矩阵

−0.1659	0.0401	−4.3126	−9.8079	0	0	0	0
−0.1184	−0.6606	118.3222	−0.3432	0	0.0001	0	−0.0001
0.0361	−0.1063	−1.4293	0	0	0	0	0
0	0	1	0	0	0	0	0
0	0	0	0	−0.1599	4.3267	9.8079	−118.254
0	0	0	0	−0.0325	−0.6306	0	−0.3297
0	0	0	0	0	1	0	0.035
0	0	0	0	0.0315	−0.1908	0	−0.6814

A06000 m_240kn_B 矩阵

40.8826	2.8588	0	0	0	5.0715	0	0
−5.7491	−1.0129	0	0	0	12.6734	0	0
−7.3396	3.1799	0	0	0	20.1796	0	0
0	0	0	0	0	0	0	0
0	0	−0.0961	−8.6498	4.1983	0	−0.1589	−4.799
0	0	−2.4408	14.4844	−1.1058	0	2.0626	−0.4698
0	0	0	0	0	0	0	0
0	0	−1.3465	18.2945	−0.0229	0	0.063	2.6986

特征值
−1.0361+3.5425i
−1.0361−3.5425i
−0.0918+0.1319i
−0.0918−0.1319i
0.2761+1.9435i
0.2761−1.9435i
−0.0979+0.0000i
−0.8219+0.0000i

A06000 m_280kn_A 矩阵

−0.1758	0.0003	−0.2144	−9.8139	0	0	0	0
−0.1323	−0.7843	137.7098	0.0036	0	0	0	−0.0001
0.0427	−0.1348	−1.5156	0	0	0	0	0
0	0	1	0	0	0	0	0
0	0	0	0	−0.1726	−0.0463	9.8139	−137.664
0	0	0	0	−0.0348	−0.6974	0	−0.2905
0	0	0	0	0	1	0	−0.0004
0	0	0	0	0.0394	−0.1433	0	−0.6394

A06000 m_280kn_*B* 矩阵

42.384	0.6444	0	−0.0017[①]	0	7.1008	0	0
−0.4296	0.6165	−0.0017[②]	−0.0017	−0.0035[③]	17.1424	0	0
−11.0352	2.9507	0	0	0	27.204	0	0
0	0	0	0	0	0	0	0
0	0	0.6793	−7.2806	3.3164	0	−0.2427	−6.4948
0	0	−1.8621	14.6219	0.3266	0	2.7903	−0.6303
0	0	0	0	0	0	0	0
0	0	−0.7277	19.5207	0.9053	0	0.0057	3.6555

特征值
−1.1403+4.2896i
−1.1403−4.2896i
−0.3101+2.3119i
−0.3101−2.3119i
−0.0975+0.1266i
−0.0975−0.1266i
−0.8146+0.0000i
−0.0746+0.0000i

---

① 原英文版数据为"−−0.0017"。——译者注
② 原英文版数据为"−−0.0017"。——译者注
③ 原英文版数据为"−−0.0035"。——译者注

附录10D 固定翼飞机模式下的万向节旋翼动力学

本附录中，推导了叶素随速度和迎角变化的表达式，以支持 SLA 章节正文部分的讨论。本分析仅限于固定翼飞机模式下的桨叶运动学并基于参考文献 10.96。

FLIGHTLAB 倾转旋翼机仿真模型采用两个相同（阻尼和刚度）扭簧阻尼器"关节"组件来表示万向节动力学，其布局使得其中一个绕桨毂 x_h 轴偏转（直升机模式下的滚转，固定翼飞机模式下的偏航），另一个绕桨毂 y_h 轴偏转（两种模式下的飞机俯仰）。弹簧可以随桨毂（Ω）角运动自由旋转。如本章正文所述，万向节连接到输出驱动轴，然后输出驱动轴通过重新定位角速度的关节从齿轮箱连接到输入驱动轴。

从桨毂轴系到旋转桨叶轴系的矢量变换矩阵可以写为

$$\boldsymbol{T}_{\text{htobl}} = \begin{bmatrix} \cos(\psi) & \sin(\psi) & 0 \\ -\sin(\psi) & \cos(\psi) & 0 \\ 0 & 0 & 1 \end{bmatrix} \begin{bmatrix} 1 & 0 & 0 \\ 0 & \cos(b) & \sin(b) \\ 0 & -\sin(b) & \cos(b) \end{bmatrix} \begin{bmatrix} \cos(a) & 0 & -\sin(a) \\ 0 & 1 & 0 \\ \sin(a) & 0 & \cos(a) \end{bmatrix}$$

$$(10D-1)$$

式中：a 和 b 分别表示万向节纵向和横向倾斜角；ψ 表示桨叶航向角（见附录 10A.1）。对于万向节小角度挥舞，可以近似为 $\cos(a) = \cos(b) \approx 1$，$\sin(a) \approx a$，$\sin(b) \approx b$，$ab \approx 0$，故变换矩阵可写为

$$\boldsymbol{T}_{\text{htobl}} \approx \begin{bmatrix} \cos(\psi) & \sin(\psi) & -a\cos(\psi) + b\sin(\psi) \\ -\sin(\psi) & \cos(\psi) & a\sin(\psi) + b\cos(\psi) \\ a & -b & 1 \end{bmatrix} \quad (10D-2)$$

在旋转桨叶轴系中，叶素的速度可写成平移分量与旋转分量的组合

$$\begin{bmatrix} u^{\text{bl}} \\ v^{\text{bl}} \\ w^{\text{bl}} \end{bmatrix} = \boldsymbol{T}_{\text{htobl}} \begin{bmatrix} u^{\text{h}} \\ v^{\text{h}} \\ w^{\text{h}} \end{bmatrix} + \boldsymbol{\omega}^{\text{bl}} \times \boldsymbol{r}^{\text{bl}} \quad (10D-3)$$

上标"bl"表示旋转桨叶轴系中的矢量，$\boldsymbol{\omega}^{\text{bl}}$ 表示旋转桨叶的总角速度，$\boldsymbol{r}^{\text{bl}}$ 表示叶素在桨叶轴上的位置矢量，在非旋转桨毂轴系中，右旋翼桨毂速度分量由下式表示

$$u^{\text{h}} = -(w + py_h - qx_h)$$
$$v^{\text{h}} = v + rx_h - pz_h$$
$$w^{\text{h}} = u - ry_h + qz_h \quad (10D-4)$$

式中：u、v 和 w（p、q 和 r）是飞机重心处的机身轴上的平移（旋转）速度；x_h，y_h 和 z_h 为机身轴上旋翼桨毂距飞机重心的位置，下标 h 表示桨毂轴系中的数量。

旋转桨叶轴系的角速度由下式给出

$$\boldsymbol{\omega}^{\text{bl}} = \begin{bmatrix} \cos(\psi) & \sin(\psi) & b\sin(\psi) \\ -\sin(\psi) & \cos(\psi) & b\cos(\psi) \\ a & -b & 1 \end{bmatrix} \begin{bmatrix} 0 \\ \dot{a} \\ 0 \end{bmatrix} +$$

$$\begin{bmatrix} \cos(\psi) & \sin(\psi) & 0 \\ -\sin(\psi) & \cos(\psi) & 0 \\ 0 & 0 & 1 \end{bmatrix}\begin{bmatrix} b \\ 0 \\ 0 \end{bmatrix} + \begin{bmatrix} 0 \\ 0 \\ \Omega \end{bmatrix} + \boldsymbol{T}_{\text{htobl}}\begin{bmatrix} -r \\ q \\ p \end{bmatrix}\begin{bmatrix} \omega_x^{\text{bl}} \\ \omega_y^{\text{bl}} \\ \omega_z^{\text{bl}} \end{bmatrix} \tag{10D-5}$$

在展开式中，角速度分量可以写成（参考悬停状态线性化形式，方程 10-15）

$$\omega_x^{\text{bl}} = \dot{a}\sin(\psi) + b\cos(\psi) - r\cos(\psi) + q\sin(\psi) + p(-a\cos(\psi) + b\sin(\psi))$$

$$\omega_y^{\text{bl}} = \dot{a}\cos(\psi) - b\sin(\psi) + r\sin(\psi) + q\cos(\psi) + p(a\sin(\psi) + b\cos(\psi))$$

$$\omega_z^{\text{bl}} = -\dot{b}a + \Omega - ra - qb + p \tag{10D-6}$$

叶素的位置矢量由下式给出

$$\boldsymbol{r}^{\text{bl}} = [r_{\text{b}},\ 0,\ 0]' \tag{10D-7}$$

将 $\boldsymbol{\omega}^{\text{bl}}$，$\boldsymbol{r}^{\text{bl}}$ 及桨毂速度代入方程（10D-5）中，可以得到径向位置 r_{b} 和航向角 ψ 处叶素的总速度分量。如前所述。在 FLIGHTLAB 仿真模型中，左右旋翼反向旋转需要不同的轴系，对于右侧（右舷）旋翼，逆时针旋转，旋翼速度分量可以写成

$$u^{\text{bl}} = (u - ry_{\text{h}} + qz_{\text{h}})(-a\cos(\psi) + b\sin(\psi)) -$$
$$(v + rx_{\text{h}} - pz_{\text{p}})\sin(\psi) + (w + py_{\text{h}} - qx_{\text{h}})\cos(\psi)$$

$$v^{\text{bl}} = (u - ry_{\text{h}} + qz_{\text{h}})(a\sin(\psi) + b\cos(\psi)) +$$
$$(v + rx_{\text{h}} - pz_{\text{p}})\cos(\psi) + (w + py_{\text{h}} - qx_{\text{h}})\sin(\psi) +$$
$$r_{\text{b}}\{\Omega + p - ar - qb - b\dot{a}\}$$

$$w^{\text{bl}} = (u - ry_{\text{h}} + qz_{\text{h}}) - (v + rx_{\text{h}} - pz_{\text{p}})b - (w + py_{\text{h}} - qx_{\text{h}})a -$$
$$r_{\text{b}}\{r\sin(\psi) + q\cos(\psi) + p[a\sin(\psi) + b\cos(\psi)] +$$
$$\dot{a}\cos(\psi) - \dot{b}\sin(\psi)\} \tag{10D-8}$$

对于顺时针左侧旋翼使用相同的通用 FLIGHTLAB 分量，需要围绕万向节 x 轴逆时针旋转 180°，以获得新的顺时针万向节轴系（见图 10A-3 和图 10A-4）。然后，通过围绕顺时针万向节 y 轴进一步旋转 180° 来获得顺时针桨叶轴系。因此，对于两个旋翼，桨叶轴系方向指向桨叶方向（见图 10A-5）。对于顺时针旋翼，规定叶素位置 r_{b} 指向桨毂的方向为正，叶素在航向角 ψ 和距离桨毂中心 r_{b} 处的速度分量由下式给出

$$u^{\text{bl}} = (w - py_{\text{h}} + qx_{\text{h}})\cos(\psi) + (v + rx_{\text{h}} - pz_{\text{p}})\sin(\psi) +$$
$$(u - ry_{\text{h}} - qz_{\text{h}})(-a\cos(\psi) + b\sin(\psi))$$

$$v^{\text{bl}} = (w - py_{\text{h}} + qx_{\text{h}})\sin(\psi) - (v + rx_{\text{h}} - pz_{\text{p}})\cos(\psi) +$$
$$(u - ry_{\text{h}} - qz_{\text{h}})(a\sin(\psi) + b\cos(\psi)) + r_{\text{b}}\{\Omega + p + ar - qb - b\dot{a}\}$$

$$w^{\text{bl}} = (u - ry_{\text{h}} + qz_{\text{h}}) - (v + rx_{\text{h}} - pz_{\text{p}})b - (w + py_{\text{h}} - qx_{\text{h}})a -$$
$$r_{\text{b}}\{r\sin(\psi) + q\cos(\psi) + p[a\sin(\psi) + b\cos(\psi)] +$$
$$\dot{a}\cos(\psi) - \dot{b}\sin(\psi)\} \tag{10D-9}$$

如上所述，对轴系的处理使左旋翼桨叶 x_{bl} 顺时针方向正对着桨毂。为方便起见，与右旋翼直接比较，我们规定 r_{b} 指向桨尖为正，故桨叶 y 轴、z 轴速度可以写成如下形式

$$v^{\text{bl}} = (w - py_{\text{h}} + qx_{\text{h}})\sin(\psi) - (v + rx_{\text{h}} - pz_{\text{p}})\cos(\psi) +$$
$$(u - ry_{\text{h}} + qz_{\text{h}})(a\sin(\psi) + b\cos(\psi)) + r_{\text{b}}\{\Omega + p - ar + qb - b\dot{a}\}$$

$$w^{\text{bl}} = (u - ry_{\text{h}} + qz_{\text{h}}) - (v + rx_{\text{h}} - pz_{\text{p}})b - (w + py_{\text{h}} - qx_{\text{h}})a -$$

$$r_b\{-r\sin(\psi)-q\cos(\psi)-p[a\sin(\psi)+b\cos(\psi)]-$$
$$\dot{a}\cos(\psi)+\dot{b}\sin(\psi)\} \tag{10D-10}$$

可使用叶素处的速度分量来推导操纵过程中的入流角的变化。图 10D-1 显示了桨叶截面上升力、阻力和气流几何结构。入流角 ϕ 和迎角 α 可被写成

$$\phi=\arctan\left(\frac{u_p}{u_t}\right) \tag{10D-11}$$

$$\alpha=\theta-\phi \tag{10D-12}$$

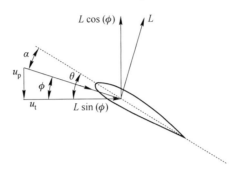

图 10D-1　旋翼截面上的力和入流角

正如本章正文注释中所述，该分析是基于正法向速度分量 u_p 进行的，该分量指向旋翼，与迎风的自由流速度（同参考文献 10.89）具有相同的意义。在第 3 章中，我们使用一个反向符号来定义 U_p，即通过旋翼的正向向上。涉及面内速度（u_t）和面外速度（u_p）机动中，叶素迎角的变化可写成

$$\delta\alpha=\frac{u_t}{u_t^2+u_p^2}\left(\frac{u_p}{u_t}\delta u_t-\delta u_p\right) \tag{10D-13}$$

利用推导出的 $u_t(v^{bl})$ 和 $u_p(w^{bl})$ 表达式，可以得到右旋翼叶素的切向和法向相对气流速度变化，如下

$$\delta u_t=u\delta a_2\sin(\psi)+u\delta b_2\cos(\psi)+\delta v\cos(\psi)+$$
$$\delta w\sin(\psi)+\delta py_h\sin(\psi)+\delta pr_b$$
$$\delta u_p=\delta ry_h-(b_2\delta v-\delta b_2 v)-\delta wa_2-\delta a_2 w-r_b\delta r\sin(\psi)-$$
$$r_b\delta q\cos(\psi)-r_b\delta\dot{a}_2\cos(\psi)+r_b\delta\dot{b}_2\sin(\psi) \tag{10D-14}$$

在此，假设 $\delta u=0$ 并且诸如 $\delta r\delta a$，$\delta p\delta a$ 等二阶项忽略不计。

最后将 δu_t，δu_p 代入方程（10D-13），则右旋翼叶素的迎角变化可写成

$$\delta\alpha=\frac{u_t}{u_t^2+u_p^2}\left\{\begin{array}{l}\left(\dfrac{u_p}{u_t}\delta pr_b+\delta ry_h+b_2\delta v+\delta b_2 v+a_2\delta w+\delta a_2 w\right)+\\[2mm]\left(\dfrac{u_p}{u_t}(u\delta a_2+\delta w+\delta py_h)+\delta rr_b-\delta\dot{b}_2 r_b\right)\sin(\psi)+\\[2mm]\left(\dfrac{u_p}{u_t}(u\delta b_2+\delta v)+\delta qr_b+\delta\dot{a}_2 r_b\right)\cos(\psi)\end{array}\right\} \tag{10D-15}$$

同理，左旋翼叶素的迎角变化可写成

$$\delta\alpha = \frac{u_\text{t}}{u_\text{t}^2 + u_\text{p}^2} \left\{ \begin{array}{l} \left(-\dfrac{u_\text{p}}{u_\text{t}}\delta pr_\text{b} - \delta ry_\text{h} + b_1\delta v + \delta b_1 v - a_1\delta w + \delta a_1 w \right) + \\[2mm] \left(\dfrac{u_\text{p}}{u_\text{t}}(-u\delta a_1 + \delta w - \delta py_\text{h}) - \delta rr_\text{b} - \delta\dot{b}_1 r_\text{b} \right)\sin(\psi) + \\[2mm] \left(\dfrac{u_\text{p}}{u_\text{t}}(-u\delta b_1 - \delta v) + \delta qr_\text{b} - \delta\dot{a}_1 r_\text{b} \right)\cos(\psi) \end{array} \right\} \quad (10\text{D} - 16)$$

附录 10E 通过约束滚转运动产生的倾转旋翼机航向不稳定：一个难以捉摸的，矛盾的动力学

10E.1 背景和有效的航向稳定性

在某些情况下，副翼滚转角的闭环控制会导致不利偏航，从而导致飞机偏离方向。这个问题在一些早期后掠翼和三角翼构型的飞机中出现过，在这种构型中，左副翼在右滚转时产生的诱导阻力导致飞机向左偏航。经历过这个问题并受到研究关注的飞机是BAC-221，这是一架奥格夫三角洲飞机，它是专为检测类似协和式构型飞机的横向操纵品质。Pinsker（参考文献 10E.1）首先报告了对该问题的分析，他发现了有效的航向稳定性参数在描述这种不利偏航和预测相关稳定性边界方面的重要性。后来，Milne 和Padfield（参考文献 10E.2）扩展了这一分析，发展了预测在飞行员强滚转姿态控制作用下，驱动不稳定航向运动所需的飞行员增益水平的解析表达式。与附录 5 中描述的强航迹控制一样，这种不稳定性在闭环控制中是矛盾的，因为闭环控制的主要目的是增加稳定性。

在本附录中，作者探讨了这一问题发生在倾转旋翼机飞机模式下的可能性，但首先我们介绍了对固定翼飞机分析的回顾。第 4 章推导了飞机小扰动、横向运动的线性方程组，可以写成矩阵微分形式如下

$$
\begin{bmatrix} \dot{v} \\ \dot{p} \\ \dot{\phi} \\ \dot{r} \end{bmatrix} - \begin{bmatrix} Y_v & Y_p + W_e & g\cos\Theta_e & Y_r - U_e \\ L_v & L_p & 0 & L_r \\ 0 & 1 & 0 & 0 \\ N_v & N_p & 0 & N_r \end{bmatrix} \begin{bmatrix} v \\ p \\ \phi \\ r \end{bmatrix} = \begin{bmatrix} Y_{\eta_a} & Y_{\eta_r} \\ L_{\eta_a} & L_{\eta_r} \\ 0 & 0 \\ N_{\eta_a} & N_{\eta_r} \end{bmatrix} \begin{bmatrix} \eta_a \\ \eta_r \end{bmatrix} \quad (10E-1)
$$

式中：运动状态 v，p，r 是扰动摇摆速度，滚转和偏航角速度和 ϕ 是滚转角；η_a 和 η_r 是扰动副翼和方向舵操纵角；U_e 和 W_e 是沿着机身 x 轴和 z 轴的配平速度；Θ_e 是配平俯仰角。Pinsker 假设在无限强控制的极限下，飞行员可以通过副翼控制有效地抑制滚转运动，以使滚转方程成为无约束运动之间的代数关系，形式为

$$
L_v v + L_r r + L_{\eta_a} \eta_a = 0 \quad (10E-2)
$$

将滚转变量设为零，忽略像 Y_p 这样的微小影响，使用式（10E-2）中的副翼角度关系，式（10E-1）中的摇摆和偏航方程，然后取如下形式

$$
\dot{v} - Y_v v + U_e r = 0
$$
$$
\dot{r} - \overline{N}_v v - \overline{N}_r r = 0 \quad (10E-3)
$$

其中复合导数是有效航向稳定性和偏航阻尼，由以下表达式给出

$$
\overline{N}_v = N_v - \frac{N_{\eta_a}}{L_{\eta_a}} L_v \quad (10E-4)
$$

703

由式（10E-3）可得到偏航运动方程的二阶形式

$$\dot{r} - (\overline{N}_r + Y_v)\dot{r} + (\overline{N}_v U_e + Y_v \overline{N}_r)r = 0 \qquad (10E-5)$$

在许多固定翼飞机中，$Y_v \overline{N}_r$ 乘积项比 $\overline{N}_v U_e$ 小，因此用 $\overline{N}_v U_e$ 表示有效方向刚度。当阻尼为正时，航向稳定性条件由式（10E-6）给出

$$\overline{N}_v = N_v \frac{N_{\eta_a}}{L_{\eta_a}} L_v > 0 \qquad (10E-6)$$

通常，N_v 为正（自然航向稳定性），L_v 为负（自然上反角稳定性）。操纵导数 L_{η_a} 为正，所以有效的航向稳定性取决于由副翼偏转产生的偏航力矩导数 N_{η_a} 的符号。如果为负（不利副翼偏航），则航向稳定性降低。如 N_{η_a} 为正，（顺副翼偏航）该耦合提高偏航稳定性。如上所述，通常在固定翼飞机中，N_{η_a} 为负数，因此降低了航向稳定性。在大迎角下，自然航向稳定性也可以降低（垂直安定面-屏蔽效应），式（10E-6）中操纵导数的比例会变得很大，以至于耦合项超过了自然稳定性。飞行员试图保持滚转姿态的强控制会导致机头偏航偏离，从而失去航向稳定性。这是 Pinsker 在参考文献 10E.1 中工作的本质。

10E.2 应用于倾转旋翼

这是如何转化成倾转旋翼飞行动力学的呢？这个问题可以使用 FXV-15 倾转旋翼模拟模型进行检验，利用在海平面上 280kn 水平直线飞行条件下的导数集进行研究。横向运动的线性方程为（式（10E-1））

$$\frac{\mathrm{d}\boldsymbol{x}}{\mathrm{d}t} - \boldsymbol{A}x = \boldsymbol{0} \qquad (10E-7)$$

其中

$$\boldsymbol{A} = \begin{bmatrix} -0.36 & -6.4 & 9.8 & -137 \\ -0.071 & -1.34 & 0 & -0.19 \\ 0 & 1 & 0 & 0 \\ 0.072 & -0.184 & 0 & -1.21 \end{bmatrix} \qquad (10E-8)$$

和

$$\boldsymbol{B} = \begin{bmatrix} -0.52 & -12.07 & -6.68 \\ 5.17 & -1.17 & 22.04 \\ 0 & 0 & 0 \\ -0.183 & 6.78 & 40.7 \end{bmatrix} \qquad (10E-9)$$

倾转旋翼的控制矢量包含三个操纵量：副翼，方向舵和 DCP。

$$\boldsymbol{u} = \begin{bmatrix} \eta_a \\ \eta_r \\ \theta_{0D} \end{bmatrix} \qquad (10E-10)$$

在 XV-15 中，副翼的控制范围为 ±19°，DCP 为 ±1.6°。随着发动机短舱从直升机模式向固定翼飞机模式倾斜，飞行员驾驶杆操纵的 DCP 范围从该值减小到零。在 XV-15 飞机模式下，滚转控制仅通过副翼操纵实现，偏航控制仅通过方向舵实现。在本研究中，直升机模式的 DCP 范围保留在固定翼飞机模式，但 DCP 输入仅通过与副翼的互联构成。

从 $\boldsymbol{B}$ 矩阵中可以看出，FXV-15 确实具有不利副翼偏航特征，但这是相对较小的（-0.183（°）/（s²·（°）），由于副翼引起的偏航幅度与滚转力矩的比值仅为 0.04。利用 $\boldsymbol{A}$ 矩阵稳定导数，有效航向稳定性（式（10E-6））的值只比自然航向稳定性 N_v 小 5%。根据这个结果，在这个飞行条件下强滚转控制的 XV-15，不应该存在任何降低航向稳定性的不利滚转-偏航耦合的风险。

现在让我们研究这样一种情况，DCP（θ_{0D}）与副翼耦合，这种耦合引起不利偏航。这种情况可能被设计来补偿来自副翼的有利偏航[1]。需要强调的是，在 XV-15 上，DCP 控制作为直升机模式下的滚转控制功能，并随着短舱倾角的变化而逐步消失，以便于在固定翼飞机模式下，DCP 输入能完全停止。然而，在某些倾转旋翼机（如 AW609）上，DCP 作为固定翼飞机模式下的主偏航操纵功能，本研究将对这种构型进行研究。所研究的反馈回路是指飞行员（或自动控制系统）通过如下组合比例形式对滚转姿态进行控制

$$\eta_a = k_\phi \phi$$
$$\theta_{0D} = k_1 \eta_a \qquad (10E-11)$$

为了通过姿态控制实现稳定，增益应为负值，$k_\phi < 0$。补偿有利偏航的互联耦合是在 $k_1 < 0$ 时实现的。首先，让我们研究一下无关联的情况，$k_1 = 0$。特征值轨迹绘制在图 10E-1 中，显示了闭环零点和（中等）增益值的特征值偏移移为 -1.0（°）/（°）。姿态反馈导致螺旋和滚转模态组合成新的（偏航-侧滑）振荡，其频率和阻尼在无限增益的限制下，由式（10E-5）给出。荷兰滚模态转变为一个具有 $-L_p/2$ 阻尼、无限频率的滚转振荡。如预期的，在 $k_1 = 0$ 情况下，没有不利偏航引起的不稳定。

图 10E-2 显示了 $k_1 = -0.08$（°）/（°）耦合情况下的特征值轨迹。对于副翼每 +1.0°，该互联施加 -0.08° 的 DCP。由 DCP 产生的滚动力矩为负，这是由螺旋桨上的面内升力的变化引起的；正的 DCP 会在左旋翼产生向上的力，在右旋翼产生向下的力。我们现在看到的情况是，不利偏航增加了 20 倍，而有效滚转控制灵敏度降低到当 k_1 为 0 时的 66%。轨迹的拓扑结构发生了显著变化，螺旋和滚转模态仅在实轴上轻微移动。但是，当 $k_1 = 0$ 时，它们的特征发生了显著的变化，变成了偏航-摇摆升降模态和振荡滚转模态。两个沉降在无限增益时的特征值近似（由式（10E-5）可得）为

_____

[1] FXV-15 具有不利偏航（$-N_\xi$），如前所述，将在本附录的后续部分研究自然顺偏航的情况。

$$\lambda^2 + (\overline{N}'_r + Y_v)\lambda + (\overline{N}'_v U_e + Y_v \overline{N}'_r) = 0 \qquad (10E-12)$$

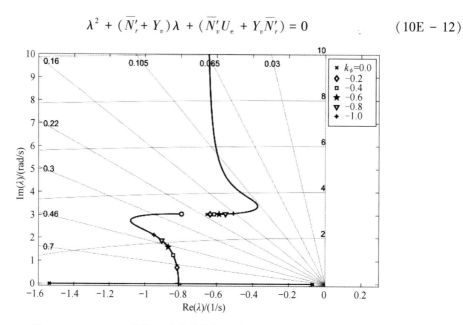

图 10E-1 FXV-15 横航向动力学的根轨迹，具有不同 k_ϕ，$-k_1=0$

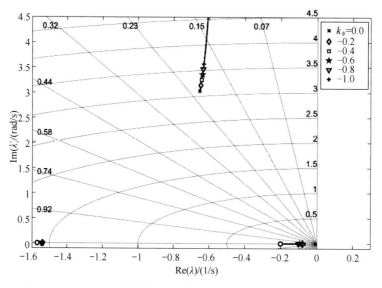

图 10E-2 FXV-15 横航向动力学根轨迹，$0<k_\phi<-1.0$，$k_1=-0.08$

其中有效偏航刚度和阻尼表达式为

$$\overline{N}'_v = N_v - \frac{\overline{N}_{\eta_a}}{\overline{L}_{\eta_a}} L_v$$

$$\overline{N}'_r = N_r - \frac{\overline{N}_{\eta_a}}{\overline{L}_{\eta_a}} L_r \qquad (10E-13)$$

有效操纵导数表达式为

$$\bar{L}_{\eta_a} = L_{\eta_a} + k_1 L_{\theta_{0D}}$$

$$\bar{N}_{\eta_a} = N_{\eta_a} + k_1 N_{\theta_{0D}} \tag{10E-14}$$

用式（10E-8）和式（10E-9）中的导数值，我们可以计算出两个近似特征值如

$$\lambda_1 \approx -1.5$$

$$\lambda_2 \approx -0.27 \tag{10E-15}$$

其接近图 10E-2 中所示的零点。

在这种情况下，有效的航向稳定性接近于零，唯一的稳定效应来自摇摆和（有效）偏航阻尼的乘积。由 DCP 引起的不利偏航现在就像在一些固定翼飞机上发现的副翼不利偏航一样（参考文献 10E.1）。此外，有效偏航与滚转控制的比值为 1。增加从副翼到 DCP 的耦合具有可预测的影响；$k_1 = -0.1$ 时的结果如图 10E-3 所示。在此，我们看到姿态反馈控制导致偏航-摇摆模式不稳定，式（10E-12）的解给出了闭环零点的近似值

$$\lambda_1 \approx -2.7$$

$$\lambda_2 \approx +0.8 \tag{10E-16}$$

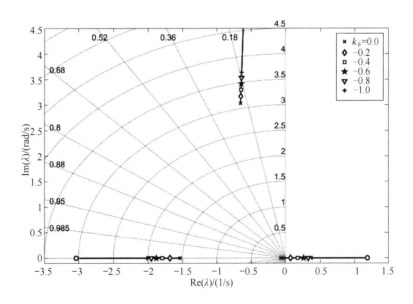

图 10E-3 FXV-15 横航向动力学根轨迹，$0 < k_\phi < -1.0$，$k_1 = -0.1$

与图 10E-3 中的结果一致是合理的，尽管不稳定零点的强度被低估了约 30%。然而，不稳定性的基本物理机理通过近似获得。

当 U_e 值高时，式（10E-5）中刚度的主导项是有效的航向稳定性，可以通过它进一步探讨稳定特性影响这种动力学的方式。稳定边界出现在

$$N_v = -\frac{\bar{N}_{\eta_a}}{\bar{L}_{\eta_a}} L_v = 0 \tag{10E-17}$$

或

$$\frac{N_v}{L_v} = \frac{\overline{N}_{\eta_a}}{\overline{L}_{\eta_a}} \tag{10E-18}$$

从 **A** 矩阵的稳定性导数中可以看到，在 FXV-15 配平条件下，摇摆力矩导数的比率大约是-1.0。式（10E-18）可以展开写成

$$\overline{N}_{\eta_a} = \frac{N_v}{L_v}(L_{\eta_a} + k_1 L_{\theta_{0D}}) = \frac{N_v}{L_v}L_{\eta_a}\left(1 + k_1 \frac{L_{\theta_{0D}}}{L_{\eta_a}}\right) \tag{10E-19}$$

该表达式允许我们为中性稳定性情况设想几个不同的场景。首先，我们看到，当组合副翼+ DCP 滚转操纵导数 L_{η_a} 为零时，"副翼+DCP" 总偏航将为零。显然，这是一个不现实的场景，没有滚转控制，但它强调不稳定只发生在副翼/DCP 偏航不利的情况下。摇摆力矩导数比越小，或者自然航向稳定性 N_v 越小，那么随着 k_ϕ 增加（负），实现给定的不良偏航所需的耦合的值 k_1 就越小，因此能达到中性稳定性。这个结果也许可以从式（10E-12）中预料到。最后，我们将式（10E-12）转换为一种形式，使我们能够计算所有情况下的失稳耦合水平，包括存在自然有利副翼偏航的情况。转换形式为

$$k_1 = -\frac{N_{\eta_a} - \frac{N_v}{L_v}L_{\eta a}}{N_{\theta_{0D}} - \frac{N_v}{L_v}L_{\theta_{0D}}} \tag{10E-20}$$

作为一个例子，如果 N_{η_a} 是+ 1（°）/(s²·(°))（有利），则实现中性稳定的耦合值 k_1 将是-0.1（°）/(°)，只比基线情况下的预测值大 15%，此时 FXV-15 有一个较小的不利副翼偏航。即使自然有利副翼偏航和副翼滚转一样高（+5.17（°）/(°)），驱动飞机到中性稳定所需的耦合将"仅"为-0.16（°）/(°)。这个词"仅"在这里保留使用，因为DCP 控制的灵敏度是副翼的许多倍。如上所述，小摇摆力矩导数比的配置将需要一个更小的控制耦合来实现给定 N_{η_a} 的中性稳定。

飞行员会如何经历这种不利耦合呢？如果他/她正在努力保持滚动姿态，如图 10E-3 所示，荷兰滚随频率和滚转容量（特征向量，这里未显示，显示模态容量）的增加而变化；相对较高的增益为-1.0（°）/(°)，频率为 3.5rad/s，仅比自然荷兰滚高 17%。发散（0.4/s）有一段倍幅时间，约 1.7s。飞行员需要用脚蹬来处理发散，但这个策略对结果很重要。因为这个运动是叠加在振荡运动上的，可能会被飞行员视为振荡不稳定性。实际上，任何旨在抵消振荡偏航的脚蹬输入都可能抑制或加剧这种发散，这取决于滚转运动和滚转操纵输入的相位。这些都是需要进一步分析、探索和解决的方面。

针对飞行员对滚转姿态无限强控制的极限情况，上面给出了解析近似法。该结果也适用于飞行员或 AFCS 的有限增益控制。图 10E-3 显示了在一个相对较低的 k_ϕ 增益量级<0.2（°）/(°) 时，运动变得不稳定。在第 4 章中，我们介绍了参考文献 10E.2 中的近似理论，以预测在一大类 APC 中达到中性稳定性所需的增益值。对于目前的应用，低模量（λ_1）和高模量（λ_2）特征值的近似二次方程可以写为

$$\lambda_1^2 - \left(Y_v + \overline{N}_r - g\frac{L_v}{k_\phi L_{\eta_a}}\right)\lambda_1 + (\overline{N}_v U_e + Y_v \overline{N}_r) - \frac{g}{k_\phi L_{\eta_a}}(\overline{N}_v L_r - \overline{N}_r L_v) = 0$$

$$\tag{10E-21}$$

$$\lambda_2^2 - L_p\lambda_2 - k_\phi L_{\eta_a} = 0 \qquad\qquad (10E-22)$$

可以看到高模量特征值（式 10E-22)），如图 10E-3，以恒定阻尼（$L_p/2$）朝向复平面。随着 k_ϕ 变为无穷大时，式（10E-21）的根简化为式（10E-12）的根。低模量系统有一个解随着增益的增加而变得不稳定。可以通过将式（10E-20）中的"刚度"项设置为零来找到达到中性稳定条件时的增益 k_ϕ 的值，即

$$k_\phi = \frac{g(\overline{N}_v'L_r - \overline{N}_r'L_v)}{L_{\eta_a}(U_e\overline{N}_v' + Y_v\overline{N}_r')} \qquad\qquad (10E-23)$$

偏航导数现在包括互联的 DCP 控制（来自式（10E-12）和式（10E-13))。当 $k_1 = 0.1$ 时，中性稳定性增益值为-0.09（°)/(°)，与图 10E-3 中结果一致。这个相对简单的表达式可以用来建立不同 k_1 值和有效副翼偏航 $\overline{N}_{\eta_a}$ 的不稳定增益。

滚转通道中其他输入的存在尚未研究过，但无疑会改变这种行为。例如，通过滚转阻尼（反馈回路中的 k_pp）额外增加稳定性，将使模态的特征值在复平面上的位置更进一步向左，但最终在存在不利副翼偏航时，姿态反馈将超过速度稳定性。注意，姿态反馈不会改变飞机模态的总阻尼；特征值实部之和是常数。读者可以在图 10E-3 中通过比较开环极点和闭环零点看到这一点。

其他的 DCP 输入，例如，SLA（如本章的正文部分所讨论的）或者在转弯过程中最小化扭矩分配，尚未探讨。这些很重要，因为它们的存在将影响通过副翼互联的主飞行控制的可用 DCP 数量。

最后，对有利副翼偏航的来源还没有进行研究和讨论。它不太可能是由机翼本身的偏航力矩引起的，因为其自然趋势是不利偏航的；其程度取决于副翼诱导的阻力变化[①]。垂直安定面的扰动流场是进一步研究的一个候选，有可能是不稳定（短周期 v-效应）和准稳定（v-效应）两者的贡献。虽然本附录已揭示了问题的本质，但显然有必要对该主题进行进一步的研究，以便建立更全面的倾转旋翼，可能更倾向于这种不良 APC 形式的设计包线。

---

　　① 另一个有趣的地方是，莱特兄弟在最初的滑翔机和后来的动力飞机上，在机翼翘曲（滚转控制）和方向舵（偏航控制）之间安装了一个连接装置，以抑制不利翘曲-偏航。这一机制在短期内取得了预期的效果，但在转弯过程中导致了稳态偏航输入，导致了过度的转弯侧滑（参考文献 10E.3）。在一些固定翼飞机上，这个问题是通过使偏航输入瞬变来解决的，这样方向舵在短时间后就会回到配平状态（本质上是一个加速装置，如图 9-7 所示）。

参考文献

第 1 章

1.1 Duncan, W.J. (1952). *The Principles of Control and Stability of Aircraft*. Cambridge University Press.

1.2 Crawford, C.C. Jr. (1990). Rotorcraft analytical improvement needed to reduce development risk – the 1989 Alexander A. Nikolsky lecture. J. Am. Helicopter Soc. 35 (1).

1.3 Padfield, G.D., Helicopter Handling Qualities and Flight Control – Is the Helicopter Community Prepared for Change? Overview Paper, Helicopter Handling Qualities and Control, RAeS International Conference, London, 1988.

1.4 Dunford, P. V-22; Lessons learned from the development program (presentation only), 59th Annual Forum of the American Helicopter Society, Phoenix, Arizona, 2013.

1.5 Anonymous, Handling Qualities Requirements for Military Rotorcraft, TTCP Achievement Award, 1994.

1.6 Pirsig, R.M. (1974). *Zen and the Art of Motorcycle Maintenance*. Bodley Head.

1.7 Cooper, G.E. and Harper, R.P., Jr., The Use of Pilot Ratings in the Evaluation of Aircraft Handling Qualities, NASA TM D-5133, 1969.

1.8 AGARD, Rotorcraft System Identification, AGARD AR 280, LS 178, 1991.

1.9 Padfield, G.D., Pavel, M.D., Casoralo, D., Hamers, M., Roth, G. and Taghizard, A., Simulation Fidelity of Real-Time Helicopter Simulation Models, 61st Annual Forum of the American Helicopter Society, Grapevine, Tex., 2005.

1.10 Pavel, M.D., Padfield, G.D., Roth, G. et al. (2013). Validation of mathematical models for helicopter flight simulators – current and future challenges. Aeronaut. J. RAeS 117 (1190).

第 2 章

2.1 AVSCOM (1989). *Aeronautical Design Standard (ADS) 33C – Handling Qualities for Military Helicopters*. US Army AVSCOM.

2.2 Anonymous, General Requirements for Helicopter Flying and Ground Handling Qualities, Mil-H-8501A, 1961.

2.3 USAF, Flying Qualities of Piloted Airplanes, Mil-F-8785C, USAF, 1980.

2.4 Hoh, R., New Developments in Flying Qualities Criteria with Application to Rotary Wing Aircraft, Helicopter Handling Qualities, NASA CP 2219, 1982.

2.5 Mouille, R. and d'Ambra, F., The 'Fenestron' a Shrouded Tail Rotor Concept for Helicopters, 42nd Annual Forum of the American Helicopter Society, Washington, D.C., 1986.

2.6 Morse, C.S., ADFCS and Notar; Two Ways to Fix Flying Qualities, AGARD CP 508, Flying Qualities, Quebec, 1990.

2.7 Drees, J.M. (1949). A theory of airflow through rotors and its application to some helicopter problems. J. Helicopter Assoc. Great Brit. 3 (2): 79–104.

Helicopter Flight Dynamics: Including a Treatment of Tiltrotor Aircraft, Third Edition. Gareth D. Padfield.
© 2018 G.D. Padfield. Published 2018 by John Wiley & Sons Ltd.
注：本参考文献为原版参考文献，内容未作修改。

2.8 Johnson, W. (1980). *Helicopter Theory*. Princeton University Press.

2.9 Chen, R.T.N. and Hindson, W.S., Influence of High Order Dynamics on Helicopter Flight Control System Bandwidth, Paper No 83, 11th European Rotorcraft Forum, London, September 1985.

2.10 Silverio, F.J., SH-60B Test Program, Paper No 26, 7th European Rotorcraft Forum, Garmisch Partenkirchen, Germany, 1981.

2.11 Schrage, D., The Impact of TQM and Concurrent Engineering on the Aircraft Design Process, AHS Conference on Vertical Lift Technology, San Francisco, 1989.

2.12 Lock, C.N.H., The Application of Goldstein's Theory to the Practical Design of Airscrews, Aeronautical Research Council R&M 1377, 1931.

2.13 Bryan, G.H. (1911). *Stability in Aviation*. Macmillan.

2.14 Milne, R.D. (1965). The analysis of weakly coupled dynamical systems. Int. J. Control 2 (2): 171–199.

2.15 Padfield, G.D., A Theoretical Model of Helicopter Flight Mechanics for Application to Piloted Simulation, RAE TR 81048, 1981.

2.16 Padfield, G.D. (1981). On the use of approximate models in helicopter flight mechanics. Vertica 5: 243–259.

2.17 Bramwell, A.R.S. (1976). *Helicopter Dynamics*. Arnold Publishers.

2.18 Duff, G.F.D. and Naylor, D. (1966). *Differential Equations of Applied Mathematics*. Wiley.

2.19 Padfield, G.D. and DuVal, R.W., Application Areas for Rotorcraft System Identification, Rotorcraft System Identification, AGARD LS 178, 1991.

2.20 Padfield, G.D. (1989). *Applications of System Identification in Rotorcraft Flight Dynamics*, Vertica Special Edition, Pergamon Press, vol. 13, No 3.

2.21 AGARD, Rotorcraft System Identification, AGARD AR 280, 1991.

2.22 AGARD, Rotorcraft System Identification, AGARD LS 178, 1991.

2.23 Shinbrot, M., A Least Squares Curve Fitting Method with Application to the Calculation of Stability Coefficients from Transient Response Data, NACA TN 2341, 1951.

2.24 Klein, V., Aircraft Parameter Identification Methods, AGARD LS 104, 1979.

2.25 McCallum, A., Padfield, G.D. and Simpson, A., Current Studies in Rotorcraft Simulation Validation at DRA Bedford, RAeSoc Conference on Rotorcraft Simulation, London, 1994.

2.26 Gray, G.J. and von Grunhagen, W., An Investigation of Open-Loop and Inverse Simulation as Nonlinear Model Validation Tools for Helicopter Flight Mechanics, RAeSoc International Conference, Rotorcraft Simulation, 1994.

2.27 Bradley, R., Padfield, G.D., Murray-Smith, D.J., and Thomson, D.G. (1990). Validation of helicopter mathematical models. Trans. Inst. Meas. Control 12 (4): 186–196.

2.28 Thomson, D.G. and Bradley, R., Validation of Helicopter Mathematical Models by Comparison of Data from Nap-of-the-Earth Flight Tests and Inverse Simulation, 14th European Rotorcraft Forum, Milan, 1988.

2.29 Thomson, D.G., Evaluation of Helicopter Agility Through Inverse Solution of the Equations of Motion, PhD Thesis, University of Glasgow, 1987.

2.30 Cooper, G.E. and Harper R.P., Jr., The Use of Pilot Ratings in the Evaluation of Aircraft Handling Qualities, NASA TM D-5133, 1969.

2.31 Stewart, W. and Zbrozek, J.K., Loss of Control Incident on S-51 Helicopter VW 209, RAE Technical Report Aero 2270, 1948.

2.32 Hoh, R.H., Concepts and Criteria for a Mission Oriented Flying Qualities Specification; Advances in Flying Qualities, AGARD LS 157, 1988.

2.33 McRuer, D.T., Pilot Modelling, AGARD LS 157, 1988.

2.34 Buckingham, S.L. and Padfield, G.D., Piloted Simulations to Explore Helicopter Advanced Control Systems, RAE Technical Report 86022, 1986.

2.35 Padfield, G.D., Helicopter Handling Qualities and Flight Control – Is the Helicopter Community Prepared for Change? Overview Paper, Helicopter Handling Qualities and Control, RAeSoc Conference, London, 1988.

2.36 Charlton, M.T., Padfield, G.D. and Horton, R., Helicopter Agility in Low Speed Manoeuvres, Proceedings of the 13th European Rotorcraft Forum, Arles, France, September 1987 (also RAE TM FM22, 1989).

2.37 Heffley, R.K., Curtiss, H.C., Hindson, W.S. and Hess, R.A., Study of Helicopter Roll Control Effectiveness Criteria, NASA CR 177404, 1986.

2.38 Hodgkinson, J., Page, M., Preston, J. and Gillette, D., Continuous Flying Quality Improvement – The Measure and the Payoff, AIAA Paper 92–4327, 1992 Guidance, Navigation and Control Conference, Hilton Head Island, SC, 1992.

2.39 Padfield, G.D. and Hodgkinson, J., The Influence of Flying Qualities on Operational Agility, Technologies for Highly Manoeuvrable Aircraft, AGARD CP 548, Maryland, 1993.

2.40 Sissingh, G.J., Response Characteristics of the Gyro-Controlled Lockheed Rotor System, Proceedings of the 23rd Annual Forum of the American Helicopter Society, 1967.

2.41 Potthast, A.J. and Kerr, A.W., Rotor Moment Control with Flap Moment Feedback, 30th Annual Forum of the American Helicopter Society, 1974.

2.42 Ellin, A.D.S., An In-Flight Experimental Investigation of Helicopter Main Rotor/Tail Rotor Interactions, PhD Thesis, Aerospace Engineering Department, University of Glasgow, 1993.

2.43 Prouty, R. and Amer, K., The YAH-64 Empennage and Tail Rotor – A Technical History, 38th Annual Forum of the American Helicopter Society, Washington, D.C., 1982.

2.44 Roesch, P. and Vuillet, A., New Designs for Improved Aerodynamic Stability on Recent Aerospatiale Helicopters, 37th Annual Forum of the American Helicopter Society, New Orleans, La., 1981.

2.45 Prouty, R. (1986). *Helicopter Performance, Stability and Control*. PWS Publishers.

第 3 章

3.1 Duncan, W.J. (1952). *The Principles of Control and Stability of Aircraft*. Cambridge University Press.

3.2 Gessow, A. and Myers, G.C. Jr. (1952). *Aerodynamics of the Helicopter*. Frederick Ungar.

3.3 AGARD, Aerodynamics and Aeroacoustics of Rotorcraft, Proceedings of the 75th AGARD FDP Panel Meeting, Berlin, October 1994.

3.4 Padfield, G.D., A Theoretical Model of Helicopter Flight Mechanics for Application to Piloted Simulation, RAE Technical Report 81048, April 1981.

3.5 Bisplinghoff, R.L., Ashley, H., and Halfman, R.L. (1955). *Aeroelasticity*. Addison-Wesley.

3.6 Bramwell, A.R.S., Helicopter Dynamics, Butterworth-Heinemann, Oxford, England, 1976 (2nd edition edited by George Done and David Balmford, 2001, Butterworth-Heinmann).

3.7 Johnson, W. (1980). *Helicopter Theory*. Princeton University Press.

3.8 Hohenemser, K.H. and Yin, S.-K. (1972). Some applications of the method of multi-blade coordinates. J. Am. Helicopter Soc. 17 (3).

3.9 Gaonker, G.H. and Peters, D.A. (1988). Review of Dynamic Inflow Modelling for Rotorcraft Flight Dynamics. Vertica 12 (3): 213–242.

3.10 Chen, R.T.N., A Survey of Nonuniform Inflow Models for Rotorcraft Flight Dynamics and Control Applications, 15th European Rotorcraft Forum, Amsterdam, September 1989.

3.11 Young, C., A Note on the Velocity Induced by a Helicopter Rotor in the Vortex Ring State, RAE Technical Report 78125, 1978.

3.12 Castles, W., Jr. and Gray, R.B., Empirical Relation Between Induced Velocity, Thrust and Rate of Descent of a Helicopter Rotor as Determined by Wind Tunnel Tests on Four Model Rotors, NACA TN 2474, October 1951.

3.13 Duncan, W.J., Thom, A.S. and Young, A.D., An Elementary Treatise on the Mechanics of Fluids, Edward Arnold, 1960.

3.14 Glauert, H., A General Theory of the Autogyro, Aeronautical Research Council R&M 1111, 1926.

3.15 Coleman, R.P., Feingold, A.M. and Stempin, C.W., Evaluation of the Induced Velocity Field of an Idealised Helicopter Rotor, NACA WR L-126, 1945.

3.16 Mangler, K.W., Fourier Coefficients for Downwash of a Helicopter Rotor, RAE Report No Aero 1958, 1948.

3.17 Padfield, G.D., Flight Testing for Performance and Flying Qualities, Helicopter Aeromechanics, AGARD LS 139, 1985.

3.18 Heyson, H.H., A Momentum Analysis of Helicopters and Autogyros in Inclined Descent, with Comments on Operational Restrictions, NASA TN D-7917, 1975.

3.19 Wolkovitch, J. (1972). Analytic prediction of vortex ring boundaries. J. Am. Helicopter Soc. 17 (3).

3.20 Wang, S.-c. (1990). Analytical approach to the induced velocity of a helicopter rotor in vertical descent. J. Am. Helicopter Soc. 35 (1).

3.21 Drees, J.M. (1949). A theory of airflow through rotors and its application to some helicopter problems. J. Helicopter Assoc. Great Brit.

3.22 Sissingh, G.J., The Effect of Induced Velocity Variation on Helicopter Rotor Damping in Pitch and Roll, RAE TN Aero 2132, November 1951.

3.23 Ormiston, R.A. and Peters, D.A., Hingeless Rotor Response with Nonuniform Inflow and Elastic Blade Bending – Theory and Experiment, AIAA Paper No 72–65, 1972.

3.24 Azuma, A. and Nakamura, Y. (1974). Pitch damping of helicopter rotor with nonuniform inflow. AIAA J. Aircraft 11 (10).

3.25 Peters, D.A., Hingeless Rotor Frequency Response with Unsteady Inflow, AHS/NASA Specialists' Meeting on Rotorcraft Dynamics, NASA SP 352, Ames Research Center, February 1974.

3.26 Pitt, D.M. and Peters, D.A. (1981). Theoretical Prediction of Dynamic-Inflow Derivatives. Vertica 5 (1): 21–34.

3.27 Peters, D.A. and Ninh, H.Q. (1988). Dynamic inflow for practical application. J. Am. Helicopter Soc. 33 (4).

3.28 Peters, D.A., Boyd, D.D., and He, C. (1989). Finite state induced flow model for rotors in hover and forward flight. J. Am. Helicopter Soc. 34 (4).

3.29 Peters, D.A. and He, C.J. (1991). Correlation of measured induced velocities with a finite state wake model. J. Am. Helicopter Soc. 36 (3).

3.30 Carpenter, P.J. and Fridovitch, B., Effect of a Rapid Blade Pitch Increase on the Thrust and Induced Velocity Response of a Full Scale Helicopter Rotor, NACA TN 3044, 1953.

3.31 Lowey, R.G. (1957). A two dimensional approach to the unsteady aerodynamics of rotary wings. J. Aeronaut. Sci. 2: 24.

3.32 Sissingh, G.J., Response Characteristics of the Gyro-Controlled Lockheed Rotor System, Proceedings of the 23rd Annual Forum of the AHS, May 1967.

3.33 Young, M.I., A Simplified Theory of Hingeless Rotors with Application to Tandem Rotors, Proceedings of the 18th Annual National Forum of the AHS, May 1962.

3.34 Bramwell, A.R.S. (1969). *A Method for Calculating the Stability and Control Derivatives of Helicopters with Hingeless Rotors*. The City University, Research Memorandum Aero 69/4.

3.35 Reichert, G., The Influence of Aeroelasticity on the Stability and Control of a Helicopter with a Hingeless Rotor, Paper No 10, Aeroelastic Effects from a Flight Mechanics Standpoint, AGARD CP-46, Marseilles, France, April 1969.

3.36 Shupe, N.K., A Study of the Dynamic Motions of Hingeless Rotored Helicopters, US Army Electronics Command TR ECOM-3323, Fort Monmouth, NJ, August 1970.

3.37 Curtiss, H.C., Jr. and Shupe, N.K., A Stability and Control Theory for Hingeless Rotors, 27th Annual Forum of the American Helicopter Society, Washington, D.C., May 1971.

3.38 Anderson, W.D. and Johnston, J.F., Comparison of Flight Data and Analysis for Hingeless Rotor Regressive In-plane Mode Stability, Rotorcraft Dynamics, NASA SP 352, 1974.

3.39 Young, M.I., Bailey, D.J. and Hirschbein, M.S., Open and Closed Loop Stability of Hingeless Rotor Helicopter Air and Ground Resonance, Rotorcraft Dynamics, NASA SP 352, 1974.

3.40 Curtiss H.C., Jr., Stability and Control Modelling, 12th European Rotorcraft Forum, Garmisch-Partenkirchen, Germany, September 1986.

3.41 Tischler, M.B., System Identification Requirements for High Bandwidth Rotorcraft Flight Control System Design, Rotorcraft System Identification, AGARD LS-178, 1991.

3.42 Simons, I.A.2007, The Effect of Gyroscopic Feathering Moments on Helicopter Rotor Manoeuvre Behaviour, Westland Helicopters RP 404, August 1971 (see also J. Am. Helicopter Soc., Vol 52, No 1, pp 69–74, 2007).

3.43 Cheeseman, I.C. and Bennett, W.E., The Effect of the Ground on a Helicopter Rotor in Forward Flight, Aeronautical Research Council R&M No 3021, 1957.

3.44 Prouty, R.W. (1986). *Helicopter Performance, Stability and Control.* PWS Publishers.

3.45 Curtiss, H.C. Jr., Erdman, W., and Sun, M. (1978). Ground Effect Aerodynamics. Vertica 2 (3/4).

3.46 Lynn, R.R., Robinson, F., Batra, N.N., and Duhon, J.M. (1970). Tail rotor design – part 1: aerodynamics. J. Am. Helicopter Soc. 15 (4).

3.47 Wilson, J.C. and Mineck, R.E., Wind Tunnel Investigation of Helicopter-Rotor Wake Effects on Three Helicopter Fuselage Models, NASA TM-X-3185, 1975.

3.48 Biggers, J.C., McCloud, J.L. and Patterakis, P., Wind Tunnel Tests on Two Full Scale Helicopter Fuselages, NASA TN-D-154-8, 1962.

3.49 Loftin, L.K., Jr., Airfoil Section Characteristics at High Angle of Attack, NACA TN 3421, 1954.

3.50 Cooper, D.E. (1978). YUH-60A stability and control. J. Am. Helicopter Soc. 23 (3).

3.51 Curtiss, H.C. and McKillip, R.M., Studies in Interactive System Identification on Helicopter Rotor/Body Dynamics Using an Analytically Based Linear Model, RAeS Conference on Helicopter Handling Qualities and Control, London, November 1988.

3.52 Hoerner, S.F. and Borst, H.V., Fluid Dynamic Lift, Hoerner Fluid Dynamics, New Jersey, 1975.

3.53 Samoni, G., Simulation Helicoptére Characteristique du SA 330, Aerospatiale Note Technique, 330.05.0080, 1975.

3.54 Anonymous, Mathematical Model for the Simulation of Naval and Utility Variants of the Lynx Helicopter, Westland Helicopters Ltd, Tech Note FM/L/031, Issue 2, May 1981.

3.55 Sweeting, D., Some Design Aspects of the Stability Augmentation System for the WG13 Rigid Rotor Helicopter, Helicopter Guidance and Control Systems, AGARD CP 86, 1971.

3.56 Lanczos, C. (1957). *Applied Analysis.* London: Pitman Press.

3.57 Padfield, G.D., 1989 Theoretical Modelling for Helicopter Flight Dynamics; Development and Validation, Proceedings of 16th Congress of ICAS, Jerusalem, August 1988 (RAE TM FM25, April 1989).

3.58 Prouty, R.W. (1975). A state-of-the-art survey of two-dimensional Airfoil data. J. Am. Helicopter Soc. 20 (4).

3.59 Pearcey, H.H., Wilby, P.G., Riley, M.J. and Brotherhood, P., The Derivation and Verification of a New Rotor Profile on the Basis of Flow Phenomena; Aerofoil Research and Flight Tests, AGARD Specialists Meeting – The Aerodynamics of Rotary Wings, Marseilles, France, September 1972, RAE Technical Memo Aero 1440, August 1972.

3.60 Leishman, J.G. (1989). Modelling sweep effects on dynamic stall. J. Am. Helicopter Soc. 34 (3).

3.61 Beddoes, T.S., A Synthesis of Unsteady Aerodynamic Effects Including Stall Hysteresis, 1st European Rotorcraft Forum, Southampton, England, September 1975.

3.62 Beddoes, T.S. (1983). Representation of Airfoil Behaviour. Vertica 7 (2): 183–197.

3.63 Leishman, J.G. and Beddoes, T.S. (1989). A semi-empirical model for dynamic stall. J. Am. Helicopter Soc. 34: 3.

3.64 Leishman, J.G. (1990). Modelling of subsonic unsteady aerodynamics for rotary wing applications. J. Am. Helicopter Soc. 35 (1).

3.65 Johnson, W. and Ham, N.D. (1972). On the mechanism of dynamic stall. J. Am. Helicopter Soc. 17 (4).

3.66 DuVal, R.W., A Real-Time Blade Element Helicopter Simulation for Handling Qualities Analysis, 15th European Rotorcraft Forum, Amsterdam, September 1989.

3.67 He, Chengjian and Lewis, W.D., A Parametric Study of Real Time Mathematical Modelling Incorporating Dynamic Wake and Elastic Blades, 48th Annual Forum of the American Helicopter Society, Washington, D.C., June 1992.

3.68 Turnour, S.R. and Celi, R., Effects of Blade Flexibility on Helicopter Stability and Frequency Response, 19th European Rotorcraft Forum, Cernobbio, Italy, September 1993.

3.69 Hansford, R.E. and Simons, I.A. (1973). Torsion–flap–lag coupling on helicopter rotor blades. J. Am. Helicopter Soc. 18 (4).

3.70 Sheridan, P.F. and Smith, R.P. (1980). Interactional aerodynamics – a new challenge to helicopter technology. J. Am. Helicopter Soc. 25 (1).

3.71 Brocklehurst, A., A Significant Improvement to the Low Speed Yaw Control of the Sea King Using a Tail Boom Strake, 11th European Rotorcraft Forum, London, September 1985.

3.72 Wilson, J.C., Kelley, H.L., Donahue, C.C. and Yenni, K.R., Development in Helicopter Tail Boom Strake Applications in the United States, RAeS International Conference on Helicopter Handling Qualities and Control, London, November 1988.

3.73 Ellin, A.D.S., An In-Flight Experimental Investigation of Helicopter Main Rotor/Tail Rotor Interactions, PhD Thesis, Aerospace Engineering Department, University of Glasgow, April 1993.

3.74 Ellin, A.D.S., An In-Flight Investigation of Lynx AH Mk 5 Main Rotor/Tail Rotor Interactions, 19th European Rotorcraft Forum, Cernobbio, Italy, September 1993.

3.75 Beddoes, T.S., A Wake Model for High Resolution Airloads, US Army/AHS Conference on Rotorcraft Basic Research, North Carolina, 1985.

3.76 Srinivas, V., Chopra, I., Haas, D. and McCool, K., Prediction of Yaw Control Effectiveness and Tail Rotor Loads, 19th European Rotorcraft Forum, Cernobbio, Italy, September 1993.

3.77 Xin, Z. and Curtiss, H.C., A Linearized Model of Helicopter Dynamics Including Correlation with Flight Test, Proceedings of 2nd International Conference on Rotorcraft Basic Research, Maryland, February 1988.

3.78 Curtiss, H.C., Jr. and Quackenbush, T.R., The Influence of the Rotor Wake on Rotorcraft Stability and Control, 15th European Rotorcraft Forum, Amsterdam, September 1989.

3.79 Baskin, V.E. (1976). Theory of the Lifting Airscrew. In: NASA TT F-823.

3.80 Quackenbush, T.R. and Bliss, D.B., Free Wake Prediction of Rotor Flow Fields for Interactional Aerodynamics, 44th Annual Forum of the American Helicopter Society, Washington, D.C. June, 1988.

3.81 Crawford, C.C. Jr. (1990). Rotorcraft analytical improvement needed to reduce development risk – the 1989 Alexander a. Nikolsky lecture. J. Am. Helicopter Soc. 35 (1).

3.82 INCOSE, Systems Engineering Handbook, INCOSE-TP-2003-002-03, INCOSE, June 2006.

3.83 Padfield, G.D., So You Want To Be An Engineer, ISBN 978-0-9929017, published by the author, January 2015 (downloadable on www.researchgate.net).

3.84 Pavel, M.D., Padfield, G.D., Roth, G. et al. (2013). Validation of mathematical models for helicopter flight simulators – current and future challenges. Aeronaut. J. RAeS 117 (1190).

3.85 Anonymous. JAR-FSTD H Helicopter Flight Simulation Training Devices, Joint Aviation Authorities, 2008.

3.86 Anonymous, "ADS-33E-PRF, Handling Qualities Requirements for Military Rotorcraft", U.S. Army AMCOM, Redstone, AL, March 2000.

3.87 White, M., Perfect, P., Padfield, G.D., Gubbels, A., Acceptance testing of a rotorcraft flight simulator for research and teaching: the importance of unified metrics, CEAS 2009, Manchester, Oct 2009.

3.88 White, M.D., Perfect, P., Padfield, G.D., Gubbels, A.W. and Berryman, A.C., "Progress in the development of unified fidelity metrics for rotorcraft flight simulators", 66th Annual Forum of the American Helicopter Society, Phoenix, AZ, USA, May 2010.

3.89 Perfect, P., White, M.D., Padfield, G.D., Integrating Predicted and Perceived Fidelity for Flight Simulators, proc. 36th European Rotorcraft Forum, Paris, France Sept 2010.

3.90 Lu, L., Padfield, G.D., Perfect, P., and White, M. (2011). Fidelity enhancement of rotorcraft simulation through system identification. Aeronaut. J. RAeS 115 (1170).

3.91 Perfect, P., Timson, E., Padfield, G.D., White, M., Erdos, R., A Rating Scale for Subjective Assessment of Simulator Fidelity, proceedings of the 37th ERF, Milan, Italy 2011.

3.92 Mark White; Philip Perfect; Gareth D Padfield; Arthur W Gubbels; Andrew C Berryman, Acceptance Testing and Commissioning of a Flight Simulator for Rotorcraft Simulation Fidelity Research, Proceedings of the Institution of Mechanical Engineers, Part G, Journal of Aerospace Engineering, November 2011.

3.93 Timson, E., Perfect, P., White, M.D., Padfield, G.D., Subjective Fidelity Assessment of Rotorcraft Training Simulators, proc. 68th AHS Annual Forum, Ft Worth, May 2012.

3.94 Hodge, S.J., Forrest, J.S., Padfield, G.D. et al. (2012). Simulating the environment at the aircraft-ship dynamic Interface: Development & Application. Aeronaut. J. RAeS 116 (1185).

3.95 Perfect, P., White, M., Padfield, G.D., and Gubbels, A.W. (2013). Rotorcraft simulation Fidelity: new methods for quantification and assessment. Aeronaut. J. RAeS 117 (1189).

3.96 Perfect, P., Timson, E., White, M. et al. (2014). A Fidelity scale for the subjective assessment of simulation fidelity. Aeronaut. J. RAeS 118 (1206).

3.97 Owen, I., White, M.D., Padfield, G.D., and Hodge, S.J. (2017). A virtual engineering approach to the helicopter-ship dynamic interface – a decade of modelling and simulation research at the University of Liverpool. Aeronaut. J. Royal Aero. Society.

3.98 International Helicopter Safety Team; www.ihst.org/.

3.99 Padfield, G.D., Rotorcraft Virtual Engineering; supporting life-cycle engineering through design and development, test and certification and operations, Conference Report, AHS Vertiflite (Jan/Feb 2017), RAeS Aerospace (Jan 2017), Quart. Bulletin of the CEAS (issue 4, 2016).

3.100 Anonymous., Rotorcraft Virtual Engineering; supporting life-cycle engineering through design and development, test and certification and operations, proceedings of the RAeS/AHS/AAAF/DGLR/AIDAA Conference, The University of Liverpool, Nov. 2016.

3.101 Copernicus, N. (1995). On the revolutions of heavenly spheres. In: *Prometheus Books*.

3A.1 Bramwell, A.R.S., Helicopter Dynamics, Butterworth-Heinemann, Oxford, England, 1976 (2nd edition edited by George Done and David Balmford, 2001, Butterworth-Heinmann).

第 4 章

4.1 Meriam, J.L. (1966). *Dynamics*. John Wiley.

4.2 Duncan, W.J. (1952). *The Principles of the Control and Stability of Aircraft*. Cambridge University Press.

4.3 Heyson, H.H., A Momentum Analysis of Helicopters and Autogyros in Inclined Descent, with Comments on Operational Restrictions, NASA TN D-7917, October 1975.

4.4 Bryan, G.H. (1911). *Stability in Aviation*. London: Macmillan.

4.5 Gessow, A. and Myers, G.C. (1952). *Aerodynamics of the Helicopter*. New York: Macmillan.

4.6 AGARD, Dynamic Stability Parameters, AGARD FDP CP 235, 1978.

4.7 Blake, B. and Alansky, I. (1976). Stability and control of the YUH-61A. J. Am. Helicopter Soc. 21 (3).

4.8 Cooper, D.E. (1978). YUH-60A stability and control. J. Am. Helicopter Soc. 23 (3).

4.9 Prouty, R. (1986). *Helicopter Performance, Stability and Control*. PWS Publishers.

4.10 Curtiss, H.C. Jr. and McKillip, R.M., Jr, Studies in Interactive System Identification of Helicopter Rotor/Body Dynamics Using an Analytically Based Linear Model, RAeS Conference on Helicopter Handling Qualities and Control, London, November 1988.

4.11 Hoerner, S.F. and Borst, H.V. (1975). *Fluid Dynamic Lift*. New Jersey: Hoerner Fluid Dynamics.

4.12 Padfield, G.D. and DuVal, R.W., Applications of System Identification Methods to the Prediction of Helicopter Stability. Control and Handling Characteristics, NASA/AHS Specialist Meeting on Helicopter Handling Qualities, NASA CP 2219, 1982.

4.13 Amer, K.B., Theory of Helicopter Damping in Pitch or Roll and a Comparison with Flight Measurements, NACA TN 2136, 1950.

4.14 Bramwell, A.R.S. (2001). *Helicopter Dynamics*, 2e, vol. 1976 (ed. G. Done and D. Balmford). Oxford, England: Butterworth-Heinemann.

4.15 Sissingh, G.J., The Effect of Induced Velocity Variation on Helicopter Rotor Damping in Pitch and Roll, RAE TN 2132, 1951.

4.16 Wilson, J.C., Kelley, H.L., Donahue, C.C. and Yenni, K.R., Development in Helicopter Tail Boom Strake Application in the United States, RAeS International Conference on Helicopter Handling Qualities and Control, London, November 1988.

4.17 Brocklehurst, A., A Significant Improvement to the Low Speed Yaw Control of the Sea King Using a Tail Boom Strake, 11th European Rotorcraft Forum, London, September 1985.

4.18 Livingston, C.L. and Murphy, M.R. (1969). Flying qualities considerations in the design and development of the HueyCobra. J. Am. Helicopter Soc. 14 (1).

4.19 Driscoll, J.T. and Sweet, D.H., RAH-66 Comanche/T800 Engine Integration Features and Their Effects on Vehicle Handling Qualities, 50th Annual Forum of the American Helicopter Society, Washington, D.C., May 1994.

4.20 Shupe, N.K., A Study of the Dynamic Motions of Hingeless Rotored Helicopters, R&D Technical Report ECOM-3323, US Army Electronics Command, August 1970.

4.21 Azuma, A. and Nakamura, Y. (1974). Pitch damping of helicopter rotor with nonuniform inflow. AIAA J. Aircraft. 11 (10).

4.22 AGARD, Rotorcraft System Identification, Final Report of WG18, AGARD AR 280, 1991.

4.23 AGARD, Rotorcraft System Identification, AGARD LS 178, 1991.

4.24 Milne, R.D. (1965). The analysis of weakly coupled dynamical systems. Int. J. Control 2 (2).

4.25 Padfield, G.D. (1981). On the use of approximate models in helicopter flight mechanics. Vertica 5: 243–259.

4.26 Padfield, G.D. and DuVal, R.W., Application Areas for Rotorcraft System Identification; Simulation Model Validation, Rotorcraft System Identification, AGARD LS 178, October 1991.

4A.1 Collar, R. and Simpson, A., *Matrices and Engineering Dynamics, Ellis Horwood Series in Engineering Science*, 1987.

4A.2 Duff, G.F.D. and Naylor, D. (1966). *Differential Equations of Applied Mathematics*. John Wiley.

4A.3 Korevvar, J. (1968). *Mathematical Methods*, vol. 1. Academic Press.

4A.4 Milne, R.D. (1965). The analysis of weakly coupled dynamical systems. Int. J. Control 2: 2.

4A.5 Duncan, W.J. (1952). *The Principles of the Control and Stability of Aircraft*. Cambridge University Press.

4A.6 Milne, R.D. and Padfield, G.D. (1971). The strongly controlled aircraft. Aeronaut. Q. XXII (Pt 2).

4B.1 AGARD, Rotorcraft System Identification, AGARD Advisory Report AR 280, 1991.

第 5 章

5.1 Neumark, S. *Problems of Longitudinal Stability Below Minimum Drag Speed and Theory of Stability Under Constraint*, 1957. ARC R&M 2983.

5.2 Pinsker, W.J.G., Directional Stability in Flight with Bank Angle Constraint as a Condition Defining a Minimum Acceptable Value for N_v, RAE Technical Report 67127, 1967.

5.3 Milne, R.D. (1965). The analysis of weakly coupled dynamical systems. Int. J. Control 2: 2.

5.4 Milne, R.D. and Padfield, G.D. (1971). The strongly controlled aircraft. Aeronaut. Q. XXII (Pt 2).

5.5 Duncan, W.J. (1952). The principles of the control and stability of aircraft. In: *Cambridge University Press*.

5.6 Curtiss, H.C. Jr. (1986). *Stability and Control Modelling, 12th European Rotorcraft Forum*. Germany: Garmisch-Partenkirchen.

5.7 Pavel, M.D., Padfield, G.D., Understanding the peculiarities of rotorcraft-pilot couplings, Proc. of the 64th Annual Forum of the American Helicopter Society, Montreal, Canada, 2008.

5.8 Tischler, M.B., System Identification Requirements for High Bandwidth Rotorcraft Flight Control System Design, Rotorcraft System Identification, AGARD LS 178, 1991.

5.9 Diftler, M.A., UH-60A Helicopter Stability Augmentation Study, 14th European Rotorcraft Forum, Paper No 74, Milano, Italy, 1988.

5.10 Dryfoos, J., Mayo, J, Kothmann, B, An Approach to Reducing Rotor-Body Coupled Roll Oscillations on the RAH-66 Comanche using Modified Roll Rate Feedback, 55th AHS Annual Forum Proceedings, Montreal, Canada, 1999.

5.11 Walden, R. B., A Retrospective Survey of Pilot-Structural Coupling Instabilities Naval Rotorcraft, 63rd Annual Forum of the American Helicopter Society, Virginia Beach, VA May 1–3, 2007.

5.12 Pausder, H.J. and Jordan, D. (1976). Handling qualities evaluation of helicopters with different stability and control characteristics. Vertica 1.

5.13 Wolkovitch, J. and Hoffman, J.A., Stability and Control of Helicopters in Steep Approaches, Vol 1, Summary Report USAVLABS Technical Report 70-74A, 1971.

5.14 Heyson, H.H., A Momentum Analysis of Helicopters and Autogyros in Inclined Descent, with Comments on Operational Restrictions, NASA TN D-7917, 1975.

5.15 Padfield, G.D., Jones, J.P., Charlton, M.T., Howell, S.E. and Bradley, R., Where Does the Workload Go When Pilots Attack Manoeuvres? An Analysis of Results from Flying Qualities Theory and Experiment, 20th European Rotorcraft Forum, Amsterdam, October 1994.

5.16 Thomson, D. and Bradley, R. (2006). Inverse simulation as a tool for flight dynamics research – principles and applications. Prog. Aerosp. Sci. 42: 174–210.

5.17 AGARD, Rotorcraft System Identification, AGARD AR 280, LS 178, 1991.

5.18 Tischler, M.B. and Remple, R.K. (2012). *Aircraft and Rotorcraft System Identification: Engineering Methods with Flight Test Examples*, 2e. Reston, VA: American Institute of Aeronautics and Astronautics.

5.19 Lanczos, C. (1957). *Applied Analysis*. London: Issac Pitman.

5.20 Houston, S.S., Identification of Factors Influencing Heave Axis Damping and Control Sensitivity, RAE TR 88067, 1989.

5.21 Carpenter, P.J. and Fridovich, B., Effect of a Rapid Blade Pitch Increase on the Thrust and Induced Velocity Response of a Full Scale Helicopter Rotor, NACA TN 3044, 1953.

5.22 Ormiston, R.A., An Actuator Disc Theory for Rotor Wake Induced Velocities, AGARD Specialists Meeting on The Aerodynamics of Rotary Wings, Marseilles, France, 1972.

5.23 Pitt, D.M. and Peters, D.A. (1981). Theoretical prediction of dynamic inflow derivatives. Vertica 5: 1.

5.24 Chen, R.T.N. and Hindson, W.S. (1987). Influence of dynamic inflow on the helicopter vertical response. Vertica 11: 1.

5.25 Houston, S.S. (1989). Identification of a coupled body/coning/inflow model of puma vertical response in the hover. Vertica 13: 3.

5.26 Houston, S.S. and Tarttelin, P.C. (1991). Validation of mathematical simulations of helicopter vertical response characteristics in hover. J. Am. Helicopter Soc. 36: 1.

5.27 Houston, S.S. and Black, C.G. (1991). Identifiability of helicopter models incorporating higher order dynamics. J. Guidance. Control Dynamics. 14: 4.

5.28 Feik, R.A. and Perrin, R.H. (1989). Identification of an adequate model for collective response dynamics of a sea king helicopter. Vertica 13: 3.

5.29 Ballin, M.G. and Dalang-Secretan, M.A. (1991). Validation of the dynamic response of a blade-element UH-60 simulation model in hovering flight. J. Am. Helicopter Soc. 36: 4.

5.30 Fu, K.H. and Kaletka, J. (1993). Frequency domain identification of Bo105 derivative models with rotor degrees of freedom. J. Am. Helicopter Soc. 38: 1.

5.31 Tischler, M.B. and Cauffman, M.G. (1992). Frequency response method for rotorcraft system identification: flight applications to Bo105 coupled rotor/fuselage dynamics. J. Am. Helicopter Soc. 37: 3.

5.32 Hanson, R.S. (1983). Towards a better understanding of helicopter stability derivatives. J. Am. Helicopter Soc. 28: 4.

5.33 Black, C.G., Murray-Smith, D.J. and Padfield, G.D., Experience with Frequency Domain Methods in Helicopter System Identification, Proceedings of the 12th European Rotorcraft Forum, Garmisch Partenkirchen, Germany, 1986.

5.34 Padfield, G.D., Theoretical Modelling for Helicopter Flight Dynamics: Development and Validation, Proceedings of the 16th ICAS Congress, Jerusalem, September 1988 (also RAE Tech Memo TM 25 1989).

5.35 Xin, Z. and Curtiss, H.C., A Linearised Model of Helicopter Dynamics Including Correlation with Flight Test, 2nd International Conference on Rotorcraft Basic Research, Maryland, February 1988.

5.36 H. Chengjian and Lewis, W.D., A Parametric Study of Real-Time Mathematical Modelling Incorporating Dynamic Wake and Elastic Blades, 48th Annual Forum of the American Helicopter Society, Washington, D.C., 1992.

5.37 Padfield, G.D. and DuVal R.W., Application Areas for Rotorcraft System Identification; Simulation Model Validation, Rotorcraft System Identification, AGARD LS 178, 1991.

5.38 Padfield, G.D., Thorne, R.T., Murray-Smith, D.J. et al. (1987). UK research into system identification for helicopter flight mechanics. Vertica 11 (4).

5.39 Padfield, G.D., Integrated System Identification Methodology for Helicopter Flight Dynamics, Proceedings of the 42nd Annual Forum of the American Helicopter Society, Washington, D.C., 1986.

5.40 Gaonker, G.H. and Hohenemser, K.H. (1969). Flapping response of lifting rotor blades to atmospheric turbulence. AIAA J. Aircraft 6: 6.

5.41 Drees, J.M. and Harvey, K.W. (1970). Helicopter gust response at high forward speed. AIAA J. Aircraft. 7: 3.

5.42 Arcidiaconon, P.J., Bergqist, R.R., and Alexander, W.T. (1974). Helicopter gust response characteristics including unsteady aerodynamic stall effects. J. Am. Helicopter Soc. 34, 4.

5.43 Judd, M. and Newman, S.J. (1977). An analysis of helicopter rotor response due to gusts and turbulence. Vertica 1: 3.

5.44 Reichert, G. and Rade, M., Influence of Turbulence on Helicopter Design and Operation, AGARD FMP Symposium on Flight in Turbulence, Woburn, England, 1973.

5.45 Dahl, H.J. and Faulkner, A.J. (1979). Helicopter simulation in atmospheric turbulence. Vertica 3.

5.46 Costello, M.F., Prasad, J.V.R., Schrage, D.P., and Gaonker, G.H. (1992). Some issues on modeling atmospheric turbulence experienced by helicopter rotor blades. J. Am. Helicopter Soc. 37: 2.

5.47 Riaz, J., Prasad, J.V.R., Schrage, D.P., and Gaonker, G.H. (1992). Atmospheric turbulence simulation for rotorcraft applications. J. Am. Helicopter Soc. 38: 1.

5.48 Bradley, R., Sinclair, M., Turner, G.P. and Jones, J.G., Wavelet Analysis of Helicopter Response to Atmospheric Turbulence in Ride Quality Assessment, 20th European Rotorcraft Forum, Amsterdam, October 1994.

5.49 Anonymous, UK Defence Standard 00970; Design and Airworthiness Requirements for Service Aircraft, Vol 2, Rotorcraft – Book 1, 1988.

5.50 Lawson, T.V. (1980). *Wind Effects on Buildings*. London: Applied Science Publishers.

5.51 von Karman, T. (1961). *Progress in the Statistical Theory of Turbulence, Turbulence: Classical Papers in Statistical Theory*. New York: Interscience Publications.

5.52 Jones, J.G., Models of Atmospheric Turbulence for Helicopter Response Studies, DRA Working Paper FDS WP 94052/1 1994.

5.53 Jones, J.G., Statistical Discrete Gust Theory for Aircraft Loads, RAE Technical Report TR 73167, 1973.

5.54 Jones, J.G. (1989). The statistical discrete gust method for predicting aircraft loads and dynamic response. AIAA J. Aircraft 26 (4).

5.55 Jones, J.G., Foster, G.W., and Earwicker, P.G. (1993). Wavelet analysis of gust structure in measured atmospheric turbulence data. AIAA J. Aircraft 30: 1.

5.56 Bir, G.S. and Chopra, I. (1986). Gust response of hingeless rotors. J. Am. Helicopter Soc. 31: 2.

5.57 Elliot, A.S. and Chopra, I. (1990). Helicopter response to atmospheric disturbances in forward flight. J. Am. Helicopter Soc. 35: 2.

5.58 Gaonker, G.H. (1988). A perspective on modelling rotorcraft in turbulence. Probab. Eng. Mech. J. 3: 1.

5.59 Costello, M.F., A Theory for the Analysis of Rotorcraft Operating in Atmospheric Turbulence, 40th Annual Forum of the American Helicopter Society, Washington, D.C., 1990.

5.60 Prasad, J.V.R., Gaonker, G.H. and Yingyi, D., Real Time Implementation Aspects of a Rotorcraft Turbulence Simulation Method, 49th Annual Forum of the American Helicopter Society, St Louis, Mo., 1993.

5.61 Jones, J.G., Ride-Bumpiness and the Influence of Active Control Systems, RAE Technical Memo FS 268, 1979.

5.62 AVSCOM, Aeronautical Design Standard (ADS-33C) – Handling Qualities for Military Helicopters, US Army AVSCOM, 1989.

5A.1 Painlevé, P., Étude Sur le Régime Normal d'un Aéroplane, La Technique Aeronautique, Vol. 1, pp 3–11, Paris 1910.

5A.2 Padfield, G.D. and Lawrence, B. (2005). The birth of the practical aeroplane; an appraisal of the Wright brothers' achievements in 1905. Aeronaut J RAeS, Vol. 109, No. 1100, pp. 421–439.

5A.3 Bryan, G.H. (1911). *Stability in Aviation*. London: MacMillan and Co., Ltd.

5A.4 Padfield, G.D. and Lawrence, B. (2003). The birth of flight control; with the Wright brothers in 1902. Aeronaut J R Aeronaut Soc 107: 1078, 697–1718.

5A.5 Neumark, S., Problems of Longitudinal Stability Below Minimum Drag Speed, and Theory of Stability Under Constraint, Aeronautical Research Council ARC R&M. No. 2983, London HMSO, 1957.

5A.6 Duncan, W.J. (1952). *The Principles of the Control and Stability of Aircraft*. Cambridge University Press.

5A.7 Anderson, J.D. Jr. (1999). *Aircraft Performance and Design*. McGraw-Hill.

5A.8 Pinsker, W.J.G., Glide-Path Stability of an Aircraft under Speed Constraint, Aeronautical Research Council R&M No. 3705, HMSO, London, 1972.

5A.9 Milne, R.D. and Padfield, G.D. (1971). The strongly controlled aircraft. Aeronaut Q XXII (2): 146–168.

5A.10 Milne, R.D. (1965). The analysis of weakly coupled dynamical systems. Int. J. Control 2: 2.

5A.11 Lina, L.J., Morris, G.J., Champine, R.A., Flight Investigation of Factors Affecting the Choice of Minimum Approach Speed for Carrier Type Landings, NACA RM L57F13, 1957.

5A.12 Anonymous, Descent Below Visual Glide-path and Impact with Seawall, Asiana Airlines Flight 214, Boeing 777-200ER, HL7742, San Francisco, California, July 6, 2013, NTSB accident report NTSB/AAR-14/01, PB2014–105984, June 2014.

5A.13 Padfield, G.D. (2007). *Helicopter Flight Dynamics*, 2e. Oxford: Blackwell Science.

5A.14 Lu, L., Padfield, G.D., and Jump, M. (2010). Investigation of rotorcraft-pilot couplings under flight-path constraint below the minimum power speed. Aeronaut J RAeS 114 (1157).

5A.15 Lu, L., Padfield, G.D., Jump, M., The Strongly Controlled Helicopter, proc. of the 34th European Rotorcraft Forum, Liverpool, England, 2008.

5A.16 Padfield, G.D., Lu, L., Jump, M., Investigation of Aircraft-Pilot Couplings under Flight-Path Constraint below the Minimum-Power Speed, proc. RAeS conference on Rotorcraft Handling Qualities, Liverpool, England, 2008.

5A.17 Padfield, G.D., A Theoretical Model of Helicopter Flight Mechanics for Application to Piloted Simulation, Royal Aircraft Establishment, RAE Technical Report 81048, Procurement Executive, MOD, UK, 1981.

5A.18 White, M., Perfect, P., Padfield, G.D., Gubbels, A.W., Berryman, A.W., Acceptance Testing and Commissioning of a Flight Simulator for Rotorcraft Simulation Fidelity Research, Proceedings of the Institution of Mechanical Engineers, Part G, Journal of Aerospace Engineering, 2011.

5A.19 Manimala, B.J., Walker, D.J., Padfield, G.D. et al. (2007). Rotorcraft simulation modelling and validation for control law design. Aeronaut J RAeS 111 (1116): 77–88.

5A.20 Anonymous, G-WNSB, AAIB Special Bulletin S7/2013, EW/C2013/08/03, Air Accident Investigation Branch, October 2013.

5A.21 Anonymous. Report on the Accident to AS332 L2 Super Puma helicopter, G-WNSB on Approach to Sumburgh Airport on 23 August 2013, AAIB Report 1/2016, Department for Transport, March 2016.

5A.22 Anonymous, Inadvertent Loss of Altitude During Approach, Sikorsky S-61N, PH-NZG, Waddenzee near Den Helder, 30 November 2004; Dutch Safety Board, The Hague, August 2007 (project number 2004215).

5A.23 Anonymous., Report on the accident to Eurocopter EC225 LP Super Puma, G-REDU near the Eastern Trough Area Project (ETAP), Central Production Facility Platform in the North Sea on 18 February 2009, AAIB, UK Department for Transport, September 2011.

第 6 章

6.1 Stewart, W. and Zbrozek, J.K., Loss of Control Incident on S-51 Helicopter VW 209, RAE Technical Report Aero 2270, 1948.

6.2 Cooper, G.E. and Harper, R.P. Jr, The Use of Pilot Ratings in the Evaluation of Aircraft Handling Qualities, NASA TM D-5133, 1969.

6.3 Padfield, G.D., Charlton, M.T. and Kimberley, A.K., 1992 Helicopter Flying Qualities in Critical Mission Task Elements; Initial Experience with the DRA Bedford Large Motion Simulator, 18th European Rotorcraft Forum, Avignon, France, September 1992.

6.4 Andrews, H., 1992. Technical Evaluation Report on the Flight Mechanics Panel Symposium on Flying Qualities, AGARD Advisory Report 311, April 1992

6.5 AVSCOM, Aeronautical Design Standard (ADS-33C) – Handling Qualities for Military Helicopters, US Army AVSCOM, 1989.

6.6 USAF, Flying Qualities of Piloted Airplanes, MIL-F-8785C (USAF), 1980.

6.7 McRuer, D., Estimation of Pilot Ratings via Pilot Modelling, Flying Qualities, AGARD CP 508, 1991.

6.8 Key, D.L., A New Handling Qualities Specification for US Military Rotorcraft, Proceedings of International Conference, Helicopter Handling Qualities and Flight Control, RAeS, London, 1988.

6.9 Anonymous. UK Defence Standard 00970; Design and Airworthiness Requirements for Service Aircraft, Vol 2, Rotorcraft – Book 1, 1988.

6.10 FAA, Federal Aviation Regulations Part 29 – Airworthiness Standards for Transport Category Rotorcraft, FAA, 1983.

6.11 CAA, British Civil Airworthiness Requirements, BCAR 29, Rotorcraft, CAA, Issue 83. 1986.

6.12 Charlton, M.T. and Padfield, G.D., (1991). A Review of Handling Requirements for Civil Helicopters, DRA Working Paper FSB WP(91) 040, July 1991.

6.13 Anonymous, Certification of Transport Category Rotorcraft. FAA Advisory Circular AC No 29-2(A), 1983.

6.14 Padfield, G.D., (1988). Helicopter Handling Qualities and Flight Control – Is the Helicopter Community Prepared for Change? Overview Paper, Helicopter Handling Qualities and Flight Control, RAeS Conference, London, November 1988.

6.15 Heffley, R.K., Curtiss, H.C., Hindson, W.S. and Hess, R.A., (1986). Study of Helicopter Roll Control Effectiveness Criteria, NASA CR 177404, April 1986

6.16 Padfield, G.D., Jones, J.P., Charlton, M.T., Howell, S. and Bradley, R., (1994). Where Does the Workload Go When Pilots Attack Manoeuvres? – An Analysis of Results from Flying Qualities Theory and Experiment, Proceedings of the 20th European Rotorcraft Forum, Amsterdam, October 1994.

6.17 Tomlinson, B.N. and Padfield, G.D., Simulation Studies of Helicopter Agility, Vertica, Vol 4, 1980.

6.18 Charlton, M.T., Padfield, G.D. and Horton, R., 1989 Helicopter Agility in Low Speed Manoeuvres, Proceedings of the 13th European Rotorcraft Forum, Arles, France, September 1987 (also RAE TM FM22, 1989).

6.19 Ockier, C.J., (1993). Flight Evaluation of the New Handling Qualities Criteria Using the Bo105, 49th Annual Forum of the American Helicopter Society, St Louis, MO, May 1993.

6.20 Gmelin, B. and Pausder, H.-J., Test Techniques for Helicopter Handling Qualities Evaluation and Design, Proceedings of the RAeS International Conference on Helicopter Handling Qualities and Flight Control, London, 1988.

6.21 Morgan, J.M. and Baillie, S.W., (1993). ADS-33C Related Handling Qualities Research Performed Using the NRC Bell 205 Airborne Simulator, Proceedings of NASA/AHS Conference, Piloting Vertical Flight Aircraft – A Conference on Flying Qualities and Human Factors, San Francisco, January 1993.

6.22 Hoh, R.H., (1982)New Developments in Flying Qualities Criteria with Application to Rotary Wing Aircraft, Helicopter Handling Qualities, NASA CP 2219, April 1982.

6.23 Hoh, R.H., Concepts and Criteria for a Mission Oriented Flying Qualities Specification, Advances in Flying Qualities, AGARD LS 157, 1988.

6.24 Hoh, R.H., Dynamic Requirements in the New Handling Qualities Specification for US Military Rotorcraft, Helicopter Handling Qualities and Flight Control, RAeS International Conference, London, 1988.

6.25 McRuer, D.T. and Krendal, E.S., Mathematical Models of Human Pilot Behaviour, AGARD AG 188, 1974.

6.26 Decker, W.A., (1988). A Piloted Simulation Investigation of Yaw Dynamic Requirements for Turreted Gun Use in Low Level Helicopter Air Combat, 44th Annual Forum of the American Helicopter Society, Washington, D.C., June 1988.

6.27 Whalley, M.S. and Carpenter, W.R., (1992). A Piloted Simulation Investigation of Pitch and Roll Handling Qualities Requirements for Air-to-Air Combat, 48th Annual Forum of the American Helicopter Society. Washington, D.C., June 1992.

6.28 Houston, S.S. and Horton, R.I., (1987). The Identification of Reduced Order Models of Helicopter Behaviour for Handling Qualities Studies, 13th European Rotorcraft Forum, Arles, France, September 1987.

6.29 Aponso, B.L., Mitchell, D.G., and Hoh, R.H. (1990). Simulation investigation of the effects of helicopter hovering dynamics on pilot performance. AIAA Journal of Guidance, Control, and Dynamics 13 (1).

6.30 Corliss, L.D. and Carico, D.G., (1983). A Flight Investigation of Roll Control Sensitivity, Damping and Cross Coupling in a Low Altitude Lateral Manoeuvring Task, NASA TM 84376, December 1983.

6.31 Pausder, H.-J. and Gerdes, R.M., (1982). The Effects of Pilot Stress Factors on Handling Qualities Assessment During US/German Helicopter Agility Flight Tests, 8th European Rotorcraft Forum, Aix-en-Provence, France, September 1982.

6.32 Mitchell, D.G., Hoh, R.H., and Morgan, J.M. (1989). Flight investigation of helicopter low speed response requirements. AIAA Journal of Guidance, Control, and Dynamics 12 (5).

6.33 Hoh, R.H., (1986). Handling Qualities Criterion for Very Low Visibility Rotorcraft NoE Operations, AGARD CP 423, October 1986.

6.34 Baillie, S.W. and Hoh, R.H. (1988). The effect of reduced usable cue environment on helicopter handling qualities. CASI Journal 34 (3).

6.35 Buckingham, S.L. and Padfield, G.D., (1986). Piloted Simulations to Explore Helicopter Advanced Control Systems, RAE Technical Report 86022, April 1986.

6.36 Charlton, M.T., Guyomard, C., Lane, R., Modden, H., Schimke, D. and Taghizad, A., (1993). The European ACT Programme: A Collaborative Approach to Handling Qualities Evaluation and Control Law Design, 49th Annual Forum of the American Helicopter Society, St Louis, MO, May 1993.

6.37 Pausder, H.-J. and Blanken, C.L., (1993). Investigation of the Effects of Bandwidth and Time Delay on Helicopter Roll Axis Handling Qualities, NASA/AHS Specialists Meeting on Piloting Vertical Flight Aircraft – A Conference on Flying Qualities and Human Factors, San Francisco, January 1993.

6.38 AVSCOM, Aeronautical Design Standard (ADS-33D) – Handling Qualities for Military Helicopters, US Army AVSCOM, 1994.

6.39 Talbot, N., Helicopter Handling Qualities and Control – Civil Certification Aspects, RAeS Conference, Helicopter Handling Qualities and Control, London, 1988.

6.40 Ham, J.A. and Butler, C.P., (1991). Flight Testing the Handling Qualities Requirements of ADS-33C – Lessons Learned at ATTC, 47th Annual Forum of the American Helicopter Society, May 1991.

6.41 Ham, J. and Tischler, M.B., (1993). Flight Testing and Frequency Domain Analysis for Rotorcraft Handling Qualities Characteristics, NASA/AHS Specialists Meeting on Piloting Vertical Flight Aircraft – A Conference on Flying Qualities and Human Factors, San Francisco, January 1993.

6.42 Ham, J.A. (1992). Frequency domain flight testing and analysis of an OH-58D helicopter. Journal of the American Helicopter Society 37 (4).

6.43 Tischler, M.B., System Identification Requirements for High Bandwidth Rotorcraft Flight Control System Design, Rotorcraft System Identification, AGARD LS 178, 1991.

6.44 Tischler, M.B., (1987). Demonstration of Frequency Domain Testing Technique Using a Bell 214ST Helicopter, NASA TM 89422, ARMY TM 87-A-1, April 1987.

6.45 Charlton, M.T. and Houston, S.S., Flight Test and Analysis for New Handling Criteria, Proceedings of the RAeS Conference on Handling Qualities and Control, London, 1988.

6.46 Ballin, M.B. and Dalang-Secretan, M.-A. (1991). Validation of the dynamic response of a blade-element UH-60 simulation model in hovering flight. Journal of the American Helicopter Society 36 (4).

6.47 Houston, S.S. and Horton, R.I., (1987). An Examination of Bandwidth Criteria for Helicopter Pitch Axis Handling Qualities, RAE Technical Memo FS(B) 681, October 1987.

6.48 Tischler, M.B., Leung, J.G.M., and Dugan, D.C. (1985). Frequency domain identification of XV-15 tilt rotor dynamics in hovering flight. Journal of the American Helicopter Society 30 (2).

6.49 Harding, J.W., (1992). Frequency Domain Identification of Coupled Rotor/Body Models of an Advanced Attack Helicopter, 48th Annual Forum of the American Helicopter Society, Washington, D.C., June 1992.

6.50 Otnes, R.K. and Enochson, I. (1978). *Applied Time Series Analysis*. New York: John Wiley.

6.51 Tischler, M.B. and Cauffman, M.G. (1992). Frequency response method for rotorcraft system identification: flight applications to BO105 coupled rotor/fuselage dynamics. Journal of the American Helicopter Society 37 (3).

6.52 Tischler, M.B., (1988). Flight Control System Methods for Advanced Combat Rotorcraft, RAeS Conference on Helicopter Handling Qualities and Control, London, November 1988.

6.53 Edenborough, H.K. and Wernicke, K.G., (1964). Control and Manoeuvre Requirements for Armed Helicopters, 20th Annual Forum of the American Helicopter Society, Washington, D.C., May 1964

6.54 Pausder, H.-J. and Von Grunhagen, W., Handling Qualities Evaluation for Highly Augmented Helicopters, Flying Qualities, AGARD CP 508, 1990.

6.55 Baillie, S.W. and Morgan, J.M., (1989). Control Sensitivity, Bandwidth and Disturbance Rejection Concerns for Advanced Rotorcraft, 45th Annual Forum of the American Helicopter Society, Boston, May 1989.

6.56 Padfield, G.D., Tomlinson, B.N. and Wells, P.M., Simulation Studies of Helicopter Agility and other Topics, RAE Technical Memo FS197, 1978.

6.57 Landis, K.H. and Aiken, E.W., An Assessment of Various Sidestick Controller/Stability and Control Augmentation Systems for Night Nap-of-the-Earth Flight Using Piloted Simulation, Helicopter Handling Qualities, NASA CP 2219, 1982.

6.58 Morgan, J.M., Some Piloting Experiences with Multi-Function Isometric Side-Arm Controllers in a Helicopter, Helicopter Handling Qualities, NASA CP 2219, 1982.

6.59 Hodgkinson, J. and LaManna, W.J., (1977) Equivalent Systems Approaches to Handling Qualities and Design Problems of Augmented Aircraft, AIAA Atmospheric Flight Conference, Hollywood, FL, August 1977.

6.60 Hoh, R.H., Advances in Flying Qualities; Concepts and Criteria for a Mission Oriented Flying Qualities Specification, AGARD LS 157, 1988.

6.61 Huber, H. and Masue, T., Flight Characteristics, Design and Development of the MBB/KHI BK117, 7th European Rotorcraft Forum, Garmisch Partenkirchen, Germany, 1981.

6.62 Padfield, G.D., Flight Testing for Performance and Flying Qualities, Helicopter Aeromechanics, AGARD LS 139, 1985.

6.63 Roesch, P. and Vuillet, A., New Designs for Improved Aerodynamic Stability on Recent Aerospatiale Helicopters, 37th Annual Forum of the American Helicopter Society, New Orleans, LA, 1981.

6.64 Heyson, H.H., A Momentum Analysis of Helicopters and Autogyros in Inclined Descent, with Comments on Operational Restrictions, NASA TN D-7917, 1975.

6.65 Padfield, G.D. and Charlton, M.T., (1986). Aspects of RAE Flight Research into Helicopter Agility and Pilot Control Strategies, Proceedings of the Handling Qualities Specialists Meeting, Ames Research Center, Moffett Field, CA, June 1986.

6.66 Corliss, L.D. (1983). The effects of engine and height control characteristics on helicopter handling qualities. Journal of the American Helicopter Society 28 (3).

6.67 Hindson, W.S., Tucker, G.E., Lebacqz, J.V. and Hilbert, K.B., (1986). Flight Evaluation of Height Response Characteristics for the Hover Bob-up Task and Comparison with Proposed Criteria, 42nd Annual National Forum of the American Helicopter Society, Washington, D.C., June 1986.

6.68 Blanken, C.L., Whalley, M.S., Heffley, R.K. and Bourne, S.M., (1986). Helicopter Thrust Response Study, Proceedings of the Handling Qualities Specialists Meeting, Ames Research Center, Moffett Field, CA, June 1986.

6.69 Baillie, S.W. and Morgan, J.M., (1987). The Impact of Vertical Axis Characteristics on Helicopter Handling Qualities, NRC Aeronautical Report LR-619, Ottawa, August 1987.

6.70 Tate, S. and Padfield, G.D., (1994). Simulating Flying Qualities at the Helicopter/Ship Dynamic Interface, Proceedings of the 50th Annual Forum of the American Helicopter Society, Washington, D.C., May 1994.

6.71 Howitt, J., Comments on the Proposed MIL-H-8501 Update Criterion on Height Response Characteristics, RAE Working Paper WP FM 041, 1990.

6.72 Tischler, M.B., (1991). System Identification Methods for Handling Qualities Evaluation, Rotorcraft System Identification, AGARD LS 178, October 1991.

6.73 Stewart, W., Helicopter Behaviour in the Vortex Ring State, ARC R&M 3117, 1951.

6.74 Smith, A.C., (1987). Review of Helicopter Low Speed Handling Problems Associated with the Tail Rotor, RAE TM FS(B) 683, November 1987.

6.75 Brocklehurst, A., (1985). A Significant Improvement to the Low Speed Yaw Control of the Sea King Using a Tail Boom Strake, 11th European Rotorcraft Forum, London, September 1985.

6.76 Ellin, A.D.S., (1993). An In-Flight Experimental Investigation of Helicopter Main Rotor/Tail Rotor Interactions, PhD Thesis, Aerospace Engineering Department, University of Glasgow, April 1993.

6.77 Bivens, C.C., (1985). Directional Handling Qualities Requirements for Nap-of-the-Earth Tasks, 41st Annual Forum of the American Helicopter Society, May 1985.

6.78 Decker, W.A., Morris, P.M. and Williams, J.W., (1988). A Piloted Simulation Investigation of Yaw Dynamics Requirements for Turreted Gun Use in Low Level Helicopter Air Combat, 44th Annual Forum of the American Helicopter Society, Washington, D.C., June 1988.

6.79 Padfield, G.D. and DuVal, R.W., Application Areas for Rotorcraft System Identification – Simulation Model Validation, Rotorcraft System Identification, AGARD LS 178, 1991.

6.80 Chen, R.T.N. and Talbot, P.D., (1977). An Exploratory Investigation of the Effects of Large Variations in Rotor System Dynamics Design Parameters on Helicopter Handling Characteristics in NoE Flight, 33rd Annual Forum of the American Helicopter Society, Washington, D.C., May 1977.

6.81 Watson, D.C. and Aiken, E.W., An Investigation of the Effects of Pitch-Roll Cross Coupling on Helicopter Handling Qualities for Terrain Flight, AIAA-87-2534-CP, 1987.

6.82 Watson, D.C. and Hindson, W.S., In-Flight Simulation Investigation of Rotorcraft Pitch-Roll Cross Coupling, RAeS Conference on Handling Qualities and Control, London, 1988.

6.83 Charlton, M.T., Padfield, G.D. and Howitt, J., A Piloted Simulation Investigation of Helicopter Roll-Pitch Cross-Coupling Requirements, DRA Working Paper FS(B) WP(93) 049, 1993.

6.84 Pausder, H.-J. and Blanken, C.L., (1993). Rotorcraft Pitch-Roll Cross Coupling Evaluation for Aggressive Tracking Manoeuvring, 19th European Rotorcraft Forum, Cernobbio, Italy, September 1993.

6.85 Blanken, C. and Pausder, J.-H., (1994). Rotorcraft Pitch-Roll Decoupling Requirements from a Roll Tracking Manoeuvre, 50th Annual Forum of the American Helicopter Society, Washington, D.C., May 1994.

6.86 Chen, R.T.N., Talbot, P.D., Gerdes, R.M. and Dugan, D.C., (1978). A Piloted Simulator Investigation of Augmentation Systems to Improve Helicopter Nap-of-the-Earth Handling Qualitics, 34th Annual Forum of the American Helicopter Society, Washington, D.C., May 1978.

6.87 Hansen, K.C., (1988). Handling Qualities Design and Development of the CH-53E, UH-60A and S-76, RAeS Conference on Helicopter Handling Qualities and Control, London, November 1988.

6.88 Morsc, C.S., (1991). ADFCS and NOTOR™: Two Ways to Fix Flying Qualities, Flying Qualities, AGARD CP 508, February 1991.

6.89 Fogler, D.L. Jr. and Keller, J.F., (1993). Design and Pilot Evaluation of the RAH-66 Comanche Core AFCS, NASA/AHS Specialists Meeting on Piloting Vertical Flight Aircraft, A Conference on Flying Qualities and Human Factors, San Francisco, January 1993.

6.90 Gold, P.J. and Dryfoos, J.B., (1993). Design and Pilot Evaluation of the RAH-66 Comanche Selectable Control Modes, NASA/AHS Specialists Meeting on Piloting Vertical Flight Aircraft, a NASA/AHS Conference on Flying Qualities and Human Factors, San Francisco, January 1993.

6.91 Padfield, G.D. (1998). The making of helicopter flying qualities: a requirements perspective, the aeronaut. Journal of the Roy Aeronautical Society 102 (1018): 409–443.

6.92 Anonymous, (2000) Aeronautical Design Standard-33E-PRF, Performance Specification, Handling Qualities Requirements for Military Rotorcraft, US Army AMCOM, Redstone, Alabama, March 21, 2000

6.93 Blanken, C.L., Ockier, C.J., Pausder, H.-J., and Simmons, R.C. (1997). Rotorcraft pitch-roll decoupling requirements from a roll tracking maneuver. Journal of the American Helicopter Society 42 (1): 282–296.

6.94 Ockier, C.J., Evaluation of the ADS-33D Handling Qualities Criteria Using the BO 105 Helicopter, DLR Report Forschungsbericht 98-07, 1998.

6.95 Key, D.L., Hoh, R.H. and Blanken, C.L., (1998). Tailoring ADS-33 for a Specific End Item, Proceedings of the 54th Annual Forum of the American Helicopter Society, Washington, D.C., May 1998.

6.96 Padfield, G.D., Charlton, M.T., Mace, T. and Morton, R., (1995). Handling Qualities Evaluation of the UK Attack Helicopters Contenders Using ADS-33, 21st European Rotorcraft Forum, St Petersburg, Russia, September 1995.

6.97 Benquet, P., Rollet, P., Pausder, H.J. and Gollnick, V., (1996). Tailoring of ADS 33 for the NH90 Programme, Proceedings of the 52nd American Helicopter Society Annual Forum, Washington, D.C., June 1996.

6.98 Tate, S., Padfield, G.D. and Tailby, A.J., (1995). Handling Qualities Criteria for Maritime Helicopter Operations – Can ADS-33 Meet the Need? 21st European Rotorcraft Forum, St Petersburg, Russia, September 1995.

6.99 Padfield, G.D. and Wilkinson, C.H., (1997). Handling Qualities Criteria for Maritime Helicopter Operations, 53rd Annual Forum of the American Helicopter Society, Virginia Beach, VA, April 1997.

6.100 Carignan, J.R.P.S. and Gubbels, A.W., (1998) Assessment of Vertical Axis Handling Qualities for the Shipborne Recovery Task – ADS 33 (Maritime), Proceedings of the 54th Annual Forum of the American Helicopter Society, Washington, D.C., May 20–22, 1998.

6.101 Carignan, S.J.R.P., Gubbels, A.W. and Ellis, K., (2000). Assessment of Handling Qualities for the Shipborne Recovery Task – ADS 33 (Maritime), Proceedings of the 56th Annual Forum of the American Helicopter Society, Washington, D.C., May 2000.

6.102 Strachan, M.W., Shubert, A.W. and Wilson, A.W., (1994). Development and Validation of ADS-33C Handling Qualities Flight Test Manoeuvres for Cargo Helicopters, Proceedings of the 50th American Helicopter Society Annual Forum, Washington, D.C., May 1994.

6.103 Hoh, R.H. and Heffley, R.K., (2002). Development of Handling Qualities Criteria for Rotorcraft with Externally Slung Loads, Proceedings of the 58th Annual Forum of the American Helicopter Society, Montreal, Canada, June 2002.

6.104 Blanken, C.L., Hoefinger, M.T. and Strecker, G., (2006). Evaluation of ADS-33E Cargo Helicopter Requirements Using a CH-53G, Proceedings of the 62nd Annual forum of the American Helicopter Society, Phoenix, AZ, May 2006.

6.105 Chokesy, F. and Gonzalez, P., (2004). Simulation Evaluation of the UH-60M Helicopter Against the ADS-33 Handling Qualities Specification, 60th Annual Forum of the American Helicopter Society, Baltimore, MD, May 2004.

6.106 Martyn, A.W., Charlton, M.T. and Padfield, G.D., (1995). Vehicle Structural Fatigue Issues in Rotorcraft Flying Qualities Testing, 21st European Rotorcraft Forum, St Petersburg, Russia, September 1995.

6.107 Pavel, M.D. and Padfield, G.D. (2006). The extension of ADS-33 metrics for agility enhancement and structural load alleviation. Journal of the American Helicopter Society 51 (4).

6.108 Kothmann, B.D. and Armbrust, J., (2002). RAH-66 Comanche Core AFCS Control Law Development, Proceedings of the 58th Annual Forum of the American Helicopter Society, Montreal, Canada, June 2002.

第 7 章

7.1 AVSCOM (1989). *Aeronautical Design Standard ADS-33C – Handling Qualities for Military Helicopters.* St Louis, MO: US Army AVSCOM.

7.2 Padfield, G.D., Charlton, M.T., Houston, S.S. et al. (1988). Observations of pilot control strategy in low level helicopter flying tasks. Vertica 12 (3).

7.3 McRuer, D., Estimation of Pilot Ratings via Pilot Modelling, Flying Qualities, AGARD CP 508, 1991.

7.4 Cooper, G.E. and Harper, R.P. Jr., The Use of Pilot Ratings in the Evaluation of Aircraft Handling Qualities, NASA TM D-5133, 1969.

7.5 Hoh, R.H., Advances in Flying Qualities – Concepts and Criteria for a Mission Oriented Flying Qualities Specification, AGARD LS 157, 1988.

7.6 Wilson, D.J. and Riley, D.R., Cooper–Harper Rating Variability, Atmospheric Flight Mechanics Conference, AIAA Paper 89-3358, Boston, 1989.

7.7 Pausder, H.J. and von Grunhagen, W., Handling Qualities Evaluation for Highly Augmented Helicopters, Flying Qualities, AGARD CP 508, 1990.

7.8 Hoh, R.H., Lessons Learned Concerning the Interpretation of Subjective Handling Qualities Pilot Rating Data, AIAA Atmospheric Flight Mechanics Conference, AIAA Paper 902824, Portland, 1990.

7.9 Ham, J.A., Metzger, M. and Hoh, R.H., Handling Qualities Testing Using the Mission Oriented Requirements of ADS-33C, 48th Annual Forum of the American Helicopter Society, Washington, D.C., 1992.

7.10 Key, D.L., Blanken, C.L. and Hoh, R.H., Some Lessons Learned in Three Years with ADS-33C, Proceedings of the AHS/NASA Conference on Piloting Vertical Flight Aircraft, San Francisco, 1993.

7.11 Morgan, J.M., and Baillie, S.W., ADS-33C Related Handling Qualities Research Performed Using the NRC Bell 205 Airborne Simulator, Proceedings of the AHS/NASA Conference on Piloting Vertical Flight Aircraft, San Francisco, 1993.

7.12 Anonymous, Draft MIL-STD, 8501B, Rotorcraft Flight and Ground Handling Qualities – General Requirements for, US AATC, 1993.

7.13 Padfield, G.D., Charlton, M.T. and Kimberley, A.M., Helicopter Flying Qualities in Critical Mission Task Elements, 18th European Rotorcraft Forum, Avignon, France, 1992.

7.14 Condon, G.W., Simulation of Nap-of-the-Earth Flight in Helicopters, Computer Aided System Design and Simulation, AGARD CP 473, 1990.

7.15 Mayo, J.R., Occhiato, J.J. and Hong, S.W., Helicopter Modeling Requirements for Full Mission Simulation and Handling Qualities Assessment, Proceedings of the 47th Annual Forum of the American Helicopter Society, 1991.

7.16 Braun, D., Kampa, K. and Schimke, D., Mission Oriented Investigation of Handling Qualities Through Simulation, Proceedings of the 17th European Rotorcraft Forum, Berlin, 1991.

7.17 Buckingham, S.L. and Padfield, G.D., Piloted Simulations to Explore Helicopter Advanced Control Systems, RAE Technical Report 86022, 1986.

7.18 Tate, S. and Padfield, G.D., Simulating Flying Qualities at the Helicopter/Ship Dynamic Interface, Proceedings of the 50th Annual Forum of the American Helicopter Society, Washington, D.C., 1994.

7.19 AGARD, Operational Agility, Final Report of AGARD Working Group 19, AGARD AR 314, 1994.

7.20 Brotherhood, P. and Charlton, M.T., An Assessment of Helicopter Turning Performance During NoE Flight, RAE TM FS(B) 534, 1984.

7.21 Heffley, R.E., A Review of Roll Control Effectiveness Study, Handling Qualities Specialists Meeting, NASA Ames Research Center, 1986.

7.22 Blanken, C.L. and Whalley, M.S., Helicopter Thrust Response Study, Handling Qualities Specialists Meeting, NASA-Ames Research Center, 1986.

7.23 Padfield, G.D. and Charlton, M.T., Aspects of RAE Flight Research into Helicopter Agility and Pilot Control Strategy, Handling Qualities Specialists Meeting, NASA Ames Research Center, 1986.

7.24 Charlton, M.T., Padfield, G.D. and Horton, R.I. (1989), Helicopter Agility in Low Speed Manoeuvres, 13th European Rotorcraft Forum, Aries, France, September 1987 (also RAE TM FM 22, April 1989).

7.25 Padfield, G.D. and Hodgkinson, J., The Influence of Flying Qualities on Operational Agility, AGARD FMP Symposium on Technologies for Highly Manoeuvrable Aircraft, (AGARD CP 548), Annapolis, MD, 1993.

7.26 Schroeder, J.A. and Eshow, M.E., Improvements in Hover Display Dynamics for a Combat Helicopter, Piloting Vertical Flight Aircraft – A NASA/AHS Conference on Flying Qualities and Human Factors, San Francisco, 1993.

7.27 Hoh, R.H., New Developments in Flying Qualities Criteria with Application to Rotary-Wing Aircraft, Helicopter Handling Qualities, NASA CP 2219, 1982.

7.28 Hoh, R.H., Investigation of Outside Visual Cues Required for Low Speed and Hover, AIAA Paper 85-1808 CP, 1985.

7.29 Hoh, R.H., Handling Qualities for Very Low Visibility Rotorcraft NoE Operations, AGARD CP 423, 1986.

7.30 Blanken, C.L. Hart, D.C. and Hoh, R.H., Helicopter Control Response Types for Hover and Low Speed Near-Earth Tasks in Degraded Visual Conditions, Proceedings of the 47th Annual Forum of the American Helicopter Society, Phoenix, 1991.

7.31 Hoh, R.H., Bailey, S.W. and Morgan, J.M., Flight Investigation of the Tradeoff Between Augmentation and Displays for NoE Flight in Low Visibility, Rotorcraft Flight Controls and Avionics, AHS National Specialists Meeting, Cherry Hill, NJ, 1987.

7.32 Kimberley, A.M. and Padfield, G.D., An Evaluation of Flying Qualities in UCE 3, Workshop on Helmet Mounted Displays, NASA Ames Research Center, 1994.

7.33 Bucher, N.M. (ed.), Proceedings of a TTCP Workshop on Flight-worthy Helmet Mounted Displays and Symbology for Helicopters, US Army ATCOM, NASA Ames Research Center, 1994.

7.34 Massey, C.P. and Wells, P.M., Helicopter Carefree Handling Systems, RAeS Conference on Handling Qualities and Control, London, 1988.

7.35 Howitt, J., Carefree Manoeuvring in Helicopter Flight Control, 51st Annual Forum of the American Helicopter Society, Fort Worth, TX, May 1995.

7.36 King, D.W., Dabundo, C., Kisor, R.L. and Agnihotri, A., V-22 Load Limiting Control Law Development, 49th Annual Forum of the American Helicopter Society, St Louis, MO, 1993.

7.37 Anonymous, UK Defence Standard 00970; Design and Airworthiness Requirements for Service Aircraft. Vol 2, Rotorcraft – Book 1, 1988.

7.38 Padfield, G.D., Tomlinson, B.N. and Wells P.M., Simulation Studies of Helicopter Agility and Other Topics, RAE Technical Memo FS197, 1978.

7.39 Massey, C.P., Pilot/Control System Interfaces for Future ACT Equipped Helicopters, Proceedings of the 12th European Rotorcraft Forum, Garmisch Partenkirchen, Germany, 1986.

7.40 Landis, K.H. and Aiken, E.W., An Assessment of Various Sidestick Controller/Stability and Control Augmentation Systems for Night Nap-of-the-Earth Flight Using Piloted Simulation, NASA CP 2219, 1982.

7.41 Morgan, J.M., In-Flight Research into the Use of Integrated Side-Stick Controllers in a Variable Stability Helicopter, RAeS Conference on Helicopter Handling Qualities and Control, London, 1988.

7.42 Fogler, D.L., Jr. and Keller, J.F., Design and Pilot Evaluation of the RAH-66 Comanche Core AFCS. Piloting Vertical Flight Aircraft, A Conference on Flying Qualities and Human Factors, NASA/AHS Conference, San Francisco, 1993.

7.43 Huber, H. and Hamel, P., Helicopter Flight Control; State of the Art and Future Directions, 19th European Rotorcraft Forum, Como, Italy, 1993.

7.44 Hodgkinson, J., Page, M., Preston, J. and Gillette, D., Continuous Flying Quality Improvement – The Measure and the Payoff, AIAA Paper 92-4327, Guidance, Navigation and Control Conference, Hilton Head Island, SC, 1992.

7.45 Page, M., Gillette, D., Hodgkinson, J. and Preston, J., Quantifying the Pilot's Contribution to Flight Safety, International Air Safety Seminar, MDC Paper 92K0377, Flight Safety Foundation, Long Beach, CA, 1992.

第 8 章

8.1 Sikorsky, I. (1947). Sikorsky helicopter development. Journal of the Helicopter Society of Great Britain 1 (2): 5–12. (5th Lecture to the Helicopter Association of Great Britain Delivered September 8, 1947).

8.2 Stewart, W. and Zbrozek, J.K., Loss of Control Incident on S-51 Helicopter VW209, Royal Aircraft Establishment Report No Aero 2270, June 1948.

8.3 Anonymous, Aeronautical Design Standard-33E-PRF, Performance Specification, Handling Qualities Requirements for Military Rotorcraft, US Army AMCOM, Redstone, Alabama, March 21, 2000.

8.4 Key, D.L., Analysis of Army Helicopter Pilot Error Mishap Data and the Implications for Handling Qualities, Proceedings of the 25th European Rotorcraft Forum, Rome, Italy, September 1999.

8.5 Dugan, D.C. and Delamer, K.J., The Implications of Handling Qualities in Civil Helicopter Accidents Involving Hover and Low Speed Flight, Proceedings of the American Helicopter Society 'International Helicopter Safety Symposium', Montreal, Canada, September 2005.

8.6 Padfield, G.D., Controlling the Tension Between Performance and Safety in Helicopter Operations, A Perspective on Flying Qualities, Proceedings of the 24th European Rotorcraft Forum, Marseilles, France, September 1998.

8.7 Lumsden, R.B. and Padfield, G.D., Challenges at the Helicopter–Ship Dynamic Interface, Proceedings of the 24th European Rotorcraft Forum, Marseilles, France, September 1998.

8.8 Padfield, G.D., The Contribution of Handling Qualities to Flight Safety, Royal Aeronautical Society Conference of Rotorcraft Flight Safety, London, November 1998.

8.9 Padfield, G.D. (1998). The making of helicopter flying qualities, a requirements perspective. Journal of the Roy Aeronautical Society 102 (1018): 409–437.

8.10 Hoh, R., ACAH Augmentation as a Means to Alleviate Spatial Disorientation for Low Speed and Hover in Helicopters, American Helicopter Society International Conference on Advanced Rotorcraft Technology and Disaster Relief, Heli Japan, Gifu City, Japan, April 1998.

8.11 Gibson, J., Olum, P., and Rosenblatt, F. (1955). Parallax and perspective during aircraft landings. The American Journal of Psychology 68.

8.12 Gibson, J.J. (1950). *Perception of the Visual World*. Boston: The Riverside Press, Houghton Mifflen Company.

8.13 Gibson, J.J. (1986). *The Ecological Approach to Visual Perception*. New Jersey: LEA Inc. Publishers.

8.14 Bruce, V., Green, P.R., and Georgeson, M.A. (1996). *Visual Perception Physiology, Psychology and Ecology*, 3e. Hove, UK: Psychology Press.

8.15 Perrone, J.A., The Perception of Surface Layout During Low Level Flight, NASA CP 3118, 1991.

8.16 Johnson, W.W. and Kaiser, M.K. (eds.) (1991). *Visually Guided Control of Movement*. NASA CP 3118.

8.17 Johnson, W.W. and Awe, C.A., The Selective Use of Functional Optical Variables in the Control of Forward Speed, NASA TM 108849, September 1994.

8.18 Johnson, W.W., et al., Optical Variables Useful in the Active Control of Altitude, 23rd Manual Control Conference, Cambridge, Mass., June 1988.

8.19 Johnson, W.W. and Phatak, A.V., Optical Variables and Control Strategy Used in a Visual Hover Task, IEEE Conference on Systems, Man and Cybernetics, Cambridge, Mass., November 1989.

8.20 Johnson, W.W. and Andre, A.D., Visual Cueing Aids for Rotorcraft Landings, Piloting Vertical Flight Aircraft: A NASA/AHS Conference on Flying Qualities and Human Factors, San Francisco, 1993.

8.21 Cutting, J.E. (1986). *Perception with an Eye for Motion*. Cambridge, Mass.: A Bradford Book, The MIT Press.

8.22 Kaiser, M.K., Johnson, W.W., Mowafy, L., Hennessy, R.T. and Matsumoto, J.A., Visual Augmentation for Night Flight over Featureless Terrain, 48th Annual Forum of the American Helicopter Society, Washington, D.C., June 1992.

8.23 Lee, D.N. (1980). The optic flow-field: the Foundation of Vision. Philosophical Transactions of the Royal Society B 290: 169–179.

8.24 Lee, D.N. (1998). Guiding movement by coupling Taus. Ecological Psychology 10: 221–250.

8.25 Lee, D.N. and Young, D.S. (1985). Visual timing of interceptive action. In: *Brain Mechanisms and Spatial Vision*, 1–30. Dordretch: Martinus Nijhoff.

8.26 Lee, D.N., Young, D.S., and Rewt, D. (1992). How do Somersaulters land on their feet? Journal of Experimental Psychology: Human Perception and Performance. 18: 1195–1202.

8.27 Lee, D.N., Simmons, J.A., Saillant, P.A., and Bouffard, F. (1995). Steering by echolocation: a paradigm of ecological acoustics. Journal of Comparative Physiology A 176: 347–354.

8.28 Lee, D.N., Craig, C.M., and Grealy, M.A. (1999). Sensory and intrinsic guidance of movement. Proceedings of the Royal Society of London. Series B 266: 2029–2035.

8.29 Moen, G.C., DiCarlo, D.J. and Yenni, K.R., A Parametric Analysis of Visual Approaches for Helicopters, NASA TN-8275, December 1976.

8.30 Jump, M. and Padfield, G.D. (2006). Investigation of flare Manoeuvres using optical tau. AIAA Journal of Guidance, Control, and Dynamics 29 (3).

8.31 Padfield, G.D., Lee, D., and Bradley, R. (2003). How do pilots know when to stop, turn or pull-up? Developing guidelines for the Design of Vision Aids. Journal of the American Helicopter Society 48 (2): 108–119.

8.32 Lee, D.N., Davies, M.N.O., Green, P.R., and vander Weel, F.R. (1993). Visual control of velocity of approach by pigeons when landing. Journal of Experimental Biology 180: 85–104.

8.33 Padfield, G.D., Clark, G. and Taghizard, A., How Long Do Pilots Look Forward? Prospective Visual Guidance in Terrain Hugging Flight, 31st European Rotorcraft Forum, Florence, Italy, September 2005 (see also J. Am. Helicopter Soc., Vol 52, No 2, 2007).

8.34 Padfield, G.D. (2011). The tau of flight control. Aeronautical Journal of RAeS 115 (1171).

8.35 Wilkins, R.R., Jr., Precision Pathway Guidance, 57th Annual Forum of the American Helicopter Society, Washington, D.C., May 2001.

8.36 Jukes, M. (2004). *Aircraft Display Systems*. London: Professional Engineering Publishing.

8.37 Schroeder, J.A. and Eshow, M.E., Improvements in Hover Display Dynamics for a Combat Helicopter, Proceedings of Piloting Vertical Flight Aircraft – A NASA/AHS Conference on Flying Qualities and Human Factors, San Francisco, January 1993.

8.38 Gibson, J.J. and Crookes, L.E. (1938). A theoretical field analysis of automobile driving. The American Journal of Psychology LI (3).

8.39 Gibson, J.J. (1958). Visually controlled locomotion and visual orientation in animals. The British Journal of Psychology 49.

8.40 Lee, D.N. (1974). Visual information during locomotion. In: *Perception: Essays in Honor of James J. Gibson* (ed. R.B. MacLeod and H.L. Pick Jr.), 250–267. Ithaca and London: Cornell University Press.

8.41 Dailey, M.J., Apparatus and method for self calibrating visual time to contact sensor, US Patent No. 5,559,695, Sept. 24th 1996.

8.42 Stein, G.P., System and method for detecting obstacles to vehicle motion and determining time to contact therewith using sequences of images, US Patent No. 7,113,867 B1, Sept. 26th 2006.

8.43 Padfield, G.D., Lu, L., and Jump, M. (2012). Optical tau in boundary avoidance tracking – a new perspective on pilot induced oscillations. AIAA Journal of Guidance, Control and Dynamics 31 (1).

8.44 Lu, L., Jump, M., and Padfield, G.D. (2017). Development of a generic time-to-contact pilot model. AIAA Journal of Guidance, Control and Dynamics doi: 10.2514/1.G003135.

8.45 Krendel, E. and McRuer, D. (1960). A servomechanisms approach to skill development. Journal of the Franklin Institute 269 (1).

8.46 Gibson, J.J. (1966). *The Senses Considered as Perceptual Systems*. Houghton Mifflin.

8.47 Lee, D.N. (2009). Lee's 1976 paper (incl. author's update, general tau theory: evolution to date). Perception 38: 837–858.

8.48 Lee, D.N. guided, unpublished note, The University of Edinburgh Perception, Motion and Action Research Centre, http://www.pmarc.ed.ac.uk, March 2011.

8.49 Kendoul, F. (2014). Four-dimensional guidance and control of movement using time-to-contact: application to automated docking and landing of unmanned rotorcraft systems. International Journal of Robotics Research 33 (2): doi: 10.1177/0278364913509496.

8.50 Jung, C.G. and Wilhelm, R. (2010). *The Secret of the Golden Flower*. US: re-printed by Book Tree Publishing.

8.51 Fitzwilliams, O.L.L. (1947). Some work with rotating-wing aircraft. Journal of the Helicopter Society of Great Britain 1 (2): 13–148. (7th Lecture to the Helicopter Association of Great Britain Delivered September 8, 1947).

8.52 Gibbs-Smith, C.H. (1960). *The Aeroplane; an Historical Survey of Its Origins and Development*. London: Her Majesty's Stationery Office.

8.53 Liptrot, R.N., Rotary Wing Activities in Germany During the Period 1939–1945, British Intelligence Objectives Sub-Committee Overall Report No 8, His Majesty's Stationary Office, London, 1948.

8.54 Anonymous (1996). Guidelines and methods for conducting the safety assessment process on civil airborne systems and equipment. In: *SAE Aerospace Recommended Practice, ARP 4761*. Warrendale, Pa.: Society of Automotive Engineers.

8.55 Anonymous, Flying Qualities of Piloted Airplanes, Mil-F-8785C, USAF, 1980.

8.56 Anonymous, UK Defence Standard 00970, Design and Airworthiness Requirements for Service Aircraft, Vol 2, Rotorcraft – Book 1, MoD, Defence Procurement Agency, 1988.

8.57 Martyn, A.W., Phipps, P. and Mustard, E., The Use of Simulation to Develop an Improved Understanding of Helicopter Tail Rotor Failures and Aircrew Emergency Advice, Advances in Rotorcraft Technology, AGARD CP 592, 1997.

8.58 Anonymous, Helicopter Tail Rotor Failures, Civil Aviation Authority, CAA Paper 2003/1 2003.

8.59 Hulme, T.M. (1998). 40 Seconds Airborne and One Spot Turn! Royal Navy Safety Journal of Cockpit 162: 16–17.

8.60 Cameron, N. and Padfield, G.D., Handling Qualities Degradation in Tilt Rotor Aircraft Following Flight Control System Failures, 30th European Rotorcraft Forum, Marseilles, France, September 2004.

8.61 Weakley, J.M., Kleinhesselink, K.M., Mason, D. and Mitchell, D., Simulation Evaluation of V-22 Degraded Mode Flying Qualities, Proceeding of the 59th Annual Forum of the American Helicopter Society, Phoenix, Ariz., May 6–8, 2003.

8.62 Anonymous, Joint Aviation Requirements – 29, Transport Category Rotorcraft, JAA Hoofddorp, November 2004.

8.63 Hindson, W.S., Eshow, M.M. and Schroeder, J.A., A Pilot Rating Scale for Evaluating Failure Transients in Electronic Flight Control Systems, AIAA Atmospheric Flight Mechanics Conference Proceedings, Portland, Ore, AIAA-90-2827-CP, pp 270–284, August 1990.

8.64 Rollet, P., Guidelines for Failure Transients, Private Communication, July 2006 (also Minutes of the 1st WP1/WP2 Task 2.3 Meeting of ACT-TILT Project, June 6–7, 2002, The University of Liverpool, ACT-TILT/EC/WP1,2/TMM01/1.0).

8.65 Lumsden, B. and Padfield, G.D., Challenges at the Helicopter–Ship Dynamic Interface, Military Aerospace Technologies, FITEC'98, IMechE Conference Transactions, pp 89–122, 1998.

8.66 Roper, D.M., Owen, I., Padfield, G.D., and Hodge, S.J. (2006). Integrating CFD and piloted simulation to quantify ship–helicopter operating limits. Aeronaut. J. R. Aeronaut Soc. 110 (1109): 419–428.

8.67 Padfield, G.D. and Turner, G.P. (2001). Helicopter encounters with aircraft vortex wakes. Aeronaut. J. R. Aeronaut. Soc. 105 (1043): 1–8.

8.68 Turner, G.P. and Padfield, G.D. (2002). Encounters with aircraft vortex wakes: the impact on helicopter handling qualities. AIAA Journal of Aircraft 39 (5): 839–850.

8.69 Padfield, G.D., Manımala, B., and Turner, G.P. (2004). A severity analysis for rotorcraft encounters with vortex wakes. Journal of the American Helicopter Society 49 (4): 445–457.

8.70 Lawrence, B. and Padfield, G.D., Vortex Wake Encounter Severity for Rotorcraft in Approach and Landing, 31st European Rotorcraft Forum, Florence, Italy, September 2005.

8.71 Gerza, T., Holzapfela, F., and Darracq, D. (2002). Commercial aircraft wake vortices. Progress in Aerospace Sciences. 38: 181–208.

8.72 Kershaw, A., Wake Encounters in the London Heathrow Area and Planned S-Wake Studies, Proceedings of the 4th WAKENET Workshop – 'Wake Vortex Encounter', NLR, Amsterdam, October 2000.

8.73 Anonymous, FAA FAR 29, Certification of Transport Rotorcraft, Advisory Circular AC 29-2A, 1994.

8.74 Padfield, G.D. and White, M.D. (2003). Flight simulation in academia; HELIFLIGHT in its first year of operation. Aeronaut. J. R. Aeronaut. Soc. 107 (1076).

8.75 Constant, G., Foord, R., Forrester, P.A., and Vaughan, J.M. (1994). Coherent laser radar and the problem of aircraft wake vortices. Journal of Modern Optics 41.

8.76 Burnham, D.C., B747 Vortex Alleviation Flight Tests: Ground Based Sensor Measurements, US DOT/FAA report DOT-FAA-RD-81-99, 1982.

8.77 Hallock, J.M. and Burnham, D.C., Decay Characteristics of Wake Vortices from Jet Transport Aircraft, 35th Aerospace Sciences Meeting, AIAA 97–0060, Reno, Nev., 1997.

8.78 Anonymous, Accident to EC-135, National Transportation Safety Board Ref. NYC99FA032, December 1998, www.nstb.gov.

8.79 Harris, F.D., Kasper, E.F. and Iseler, L.E., U.S. Civil Rotorcraft Accidents, 1963 Through 1997, NASA/TM-2000-209597, 2000.

8.80 Harris, F., No Accidents – That's the Objective, Alexander A Nikolsky Honorary Lecture, Proceedings of the 62nd Annual Forum of the American Helicopter Society, Phoenix, Ariz., May 2006 (see also J. Am. Helicopter Soc., Vol 52, No 1, pp 3–14, 2007).

8.81 Anonymous, Investigation and Review of Helicopter Accidents Involving Surface Collision, CAA Paper 97004, London, May 1997.

8.82 Anonymous, Proceedings of the American Helicopter Society 'International Helicopter Safety Symposium', Montreal, Canada, September 2005.

8.83 Anonymous, Proceedings of the American Helicopter Society 'Special Session on Helicopter Safety' at the 62nd Annual AHS Forum, Phoenix, Ariz., May 2006.

8.84 Cross, T., Helicopter Safety – Potential Mitigation Measures, International Helicopter Safety Team (IHST) Meeting, American Helicopter Society Forum, Phoenix, Ariz., May 6, 2006.

8.85 Anonymous, Rotorcraft Standards Branch (AIR 680), monthly briefing report, September 2017, Safety Management Section Sept. 2017, FAA, 2017.

8.86 Molinaro, T., Out-of-Control; the need for stability in our skies, USHST Helicopter Safety News, US Helicopter Safety Team, Sept. 11th, 2017.

8.87 Anonymous. *EASA Annual Safety Review 2016*. Cologne, Germany: European Aviation Safety Agency.

8A.1 Padfield, G.D. and White, M.D. (2003). Flight simulation in academia; HELIFLIGHT in its first year of operation. Aeronaut. J. R. Aeronaut. Soc. 107 (1075): 529–538.

8A.2 White, M.D., Perfect, P., Padfield, G.D. et al. (2011). Acceptance testing and commissioning of a flight simulator for rotorcraft simulation Fidelity research. Proceedings of the Institution of Mechanical Engineers, Part G, Journal of Aerospace Engineering.

8A.3 Padfield, G.D., Lee, D., and Bradley, R. (2003). How do pilots know when to stop, turn or pull-up? Developing guidelines for the Design of Vision Aids. Journal of the American Helicopter Society 48 (2): 108–119.

8A.4 Padfield, G.D. and Lawrence, B. (2003). The birth of flight control; with the Wright brothers in 1902. Aeronaut. J. R. Aeronaut. Soc. 107 (1078): 697–718.

8A.5 Manimala, B., Padfield, G.D., Walker, D. et al. (2004). Load alleviation in Tilt rotor aircraft through active control; Modelling and control concepts. Aeronaut J. R. Aeronaut. Soc. 108 (1082): 169–185.

8A.6 White, M.D. and Padfield, G.D., Flight Simulation in Academia; Progress with HELIFLIGHT at The University of Liverpool, Flight Simulation 1929–2029: A Centennial Perspective, The Royal Aeronautical Society Flight Simulation Conference, London, May 2004.

8A.7 White, M.D. and Padfield, G.D., Progress with the Adaptive Pilot Model in Simulation Fidelity, 50th Annual Forum of the American Helicopter Society, Baltimore, Md., June 2004.

8A.8 Cameron, N. and Padfield, G.D., Handling Qualities Degradation in Tilt Rotor Aircraft Following Flight Control System Failures, 30th European Rotorcraft Forum, Marseilles, France, September 2004.

8A.9 Padfield, G.D., Manimala, B., and Turner, G.P. (2004). A severity analysis for rotorcraft encounters with vortex wakes. Journal of the American Helicopter Society 49 (4): 445–457.

8A.10 Meyer, M. and Padfield, G.D. (2005). First steps in the development of handling qualities criteria for a civil Tilt rotor. Journal of the American Helicopter Society 50 (1): 33–46.

8A.11 Lawrence, B. and Padfield, G.D. (2005). A handling qualities analysis of the Wright Brothers' 1902 glider. AIAA Journal of Aircraft 42 (1): 224–237.

8A.12 Padfield, G.D. and White, M.D. (2005). Measuring simulation Fidelity through an adaptive pilot model. Aerospace Science and Technology 9: 400–408.

8A.13 Padfield, G.D., Pavel, M.D., Casoralo, D., Hamers, M., Roth, G. and Taghizard, A., Simulation Fidelity of Real-Time Helicopter Simulation Models, 61st annual forum of the American Helicopter Society, Grapevine, Tex., June 2005.

8A.14 Manimala, B., Padfield, G.D., Walker, D. and Childs, S., Synthesis and Analysis of a Multi-Objective Controller for Tilt-Rotor Structural Load Alleviation, 1st International Conference on Innovation and Integration in Aerospace Sciences, Belfast, August 2005.

8A.15 Padfield, G.D., Clark, G. and Taghizard, A., How Long Do Pilots Look Forward? Prospective Visual Guidance in Terrain Hugging Flight, 31st European Rotorcraft Forum, Florence, Italy, September 2005 (see also J. Am. Helicopter Soc., Vol 52, No 2, 2007).

8A.16 Lawrence, B. and Padfield, G.D., Vortex Wake Encounter Severity for Rotorcraft in Approach and Landing, 31st European Rotorcraft Forum, Florence, Italy, September 2005.

8A.17 Manimala, B., Walker, D. and Padfield, G.D., Rotorcraft Simulation Modelling and Validation for Control Design and Load Prediction, 31st European Rotorcraft Forum, Florence, Italy, September 2005.

8A.18 Padfield, G.D. and Lawrence, B. (2005). The birth of the practical Aeroplane; an appraisal of the Wright Brothers' achievements in 1905. Aeronaut. J. R. Aeronaut. Soc. 109 (110): 421–438.

8A.19 Manimala, B., Padfield, G.D., Walker, D. et al. (2006). AIAA Journal of Aircraft 43 (1).

8A.20 Padfield, G.D., Brookes, V., and Meyer, M. (2006). Progress in civil Tilt rotor handling qualities. Journal of the American Helicopter Society 50 (1, 50th Anniversary issue): 80–91.

8A.21 Jump, M. and Padfield, G.D. (2006). Progress in the development of guidance strategies for the landing flare manoeuvre using tau-based parameters. Aircraft Engineering and Aerospace Technology 78 (1): 4–12.

8A.22 Padfield, G.D. (2006). Flight handling qualities; a problem based learning module for final year aerospace engineering students. Aeronaut. J. R. Aeronaut. Soc. 110 (1104): 73–84.

8A.23 Pavel, M.D. and Padfield, G.D. (2006). The extension of ADS-33 metrics for agility enhancement and structural load alleviation. Journal of the American Helicopter Society 50.

8A.24 Lawrence, B. and Padfield, G.D. (2006). Flight handling qualities of the Wright flyer III. AIAA Journal of Aircraft 43 (5): 1307–1316.

8A.25 Jump, M. and Padfield, G.D. (2006). Investigation of flare Manoeuvres using optical tau. AIAA Journal of Guidance, Control and Dynamics 29 (5): 1189–1200.

8A.26 Kendrick, S. and Walker, D., Modelling, Simulation and Control of Helicopter Operating with External Loads, Proceedings of the 62nd AHS International Forum, Phoenix, Ariz., May 2006.

8A.27 Roper, D., Padfield, G.D., and Owen, I. (2006). CFD and flight simulation applied to the helicopter–ship dynamic Interface. Aeronaut. J. R. Aeronaut. Soc. 110 (1109): 419–428.

8A.28 Lawrence, B., Padfield, G.D. and Perfect, P., Flexible Uses of Simulation Tools in an Academic Environment, AIAA Atmospheric Flight Mechanics Conference, Keystone, Colorado, August 2006.

8A.29 White, M.D. and Padfield, G.D., The Use of Flight Simulation for Research and Teaching in Academia, AIAA Atmospheric Flight Mechanics Conference, Keystone, Colorado, August 2006.

8A.30 Lu, L., Padfield, G.D., and Jump, M. (2010). Investigation of rotorcraft-pilot couplings under flight-path constraint below the minimum-power speed. The Aeronautical Journal of the RAeS.

8A.31 Lu, L., Padfield, G.D., Perfect, P., and White, M. (2011). Fidelity enhancement of rotorcraft simulation through system identification. Aeronautical Journal of the RAeS 115 (1170).

8A.32 Padfield, G.D. (2011). The tau of flight control. The Aeronautical Journal of the RAeS 115 (1171).

8A.33 Padfield, G.D., Lu, L., and Jump, M. (2012). Optical tau in boundary avoidance tracking – a new perspective on pilot induced oscillations. AIAA Journal of Guidance, Control and Navigation.

8A.34 Forrest, J., Owen, I., and Padfield, G.D. (2012). Ship/helicopter operating limit (SHOL) prediction using piloted flight simulation and time-accurate Airwakes. AIAA Journal of Aircraft 49 (4): 1020–1031.

8A.35 Hodge, S.J., Forrest, J.S., Padfield, G.D. et al. (2012). Simulating the environment at the aircraft-ship dynamic Interface: Development & Application. The Aeronautical Journal 116 (1185).

8A.36 Perfect, P., White, M., Padfield, G.D., and Gubbels, A.W. (2013). Rotorcraft simulation Fidelity: new methods for quantification and assessment. The Aeronautical Journal of the RAeS 117 (1189).

8A.37 Perfect, P., Timson, E., White, M. et al. (2014). A Fidelity scale for the subjective assessment of simulation fidelity. The Aeronautical Journal of the RAeS 118 (1206).

8A.38 Hodge, S., Perfect, P., Padfield, G.D., and White, M.D. (2015). Optimising the roll-sway motion cues available from a short stroke hexapod motion platform. Aeronautical Journal of the RAeS 119 (1211): 1–21.

8A.39 Hodge, S., Perfect, P., Padfield, G.D., and White, M.D. (2015). Optimising the yaw motion cues available from a short stroke hexapod motion platform. Aeronautical Journal of the RAeS 119 (1211): 23–44.

8A.40 Owen, I., White, M.D., Padfield, G.D., and Hodge, S.J. (2017). A virtual engineering approach to the helicopter-ship dynamic interface – a decade of modelling and simulation research at the University of Liverpool. The Aeronautical Journal of the RAeS 121 (1246).

第 9 章

9.1 Padfield, G.D. (2013). Rotorcraft handling qualities engineering; managing the tension between safety and performance. Journal of the American Helicopter Society 58: 011001.

9.2 McFarland, M.W. (ed.) (1953). *The Papers of Wilbur and Orville Wright, Including the Chanute-Wright Letters and Other Papers of Octave Chanute*. New York: McGraw-Hill.

9.3 Liptrot, R.N., "Rotating Wing Activities in Germany during the Period 1939–1945," British Intelligence Objectives Sub-Committee Overall Report No. 8, HMSO London, 1948.

9.4 Curtiss, H.C. Jr. (2003). Rotorcraft stability and control: past, present, and future: the 20th Nikolsky lecture. Journal of the American Helicopter Society 48 (3): 3–11.

9.5 Nikolsky, A.A. "Report on the Sixth Meeting of the AGARD Flight Test Panel (Helicopters)," Office of Naval Research ONR Contract 8099, ONR, 1954.

9.6 Anonymous, "Military Specification: Helicopter Flying and Ground Handling Qualities; General Requirements for," MIL-H-8501, U.S. Department of Defense, 5th November 1952 (later 8501A, 7th September 1961).

9.7 Crawford, C.C. Jr. (1990). Rotorcraft analytical improvement needed to reduce development risk: the 1989 Nikolsky lecture. Journal of the American Helicopter Society 35 (1): 3–22.

9.8 Padfield, G. D., "Helicopter Handling Qualities and Flight Control; Is the Helicopter Community Prepared for Change?" Helicopter Handling Qualities and Control, Royal Aeronautical Society, London, England, November 15–17, 1988.

9.9 Padfield, G. D., and Bradley, R., In-Flight Simulation of High Agility Through Active Control; Taming Complexity by Design," NASA CP3220, AHS/NASA Conference on Flying Qualities and Human Factors, San Francisco, CA, January 20–22nd, 1993.

9.10 Padfield, G.D. (1998). The making of helicopter flying qualities; a requirements perspective. The Aeronautical Journal 102 (1018): 409–437.

9.11 Padfield, G.D. (2008). Capturing requirements for tilt rotor handling qualities – case studies in virtual engineering. The Aeronautical Journal 112 (1134): 433–448.

9.12 Padfield, G.D. (2007). *Helicopter Flight Dynamics*, 2e. Oxford, England: Blackwell Science.

9.13 Vincenti, W.G. (1990). *What Engineers Know and How They Know It; Analytical Studies from Aeronautical History*, 51–111. Baltimore, MD: John Hopkins University Press.

9.14 Padfield, G. D., "Controlling the Tension between Performance and Safety in Helicopter Operations; A Perspective on Flying Qualities," 24th European Rotorcraft Forum Proceedings, Marseilles, France, September 10–13, 1998.

9.15 Anonymous, "ADS-33E-PRF, Handling Qualities Requirements for Military Rotorcraft", U.S. Army AMCOM, Redstone, AL, March 2000 (A version 1987, B version 1988, C version 1989, D version, 1994, D-PRF version 1996).

9.16 Kelley, B. (1983). Helicopter evolution: the 2nd Nikolsky lecture. Journal of the American Helicopter Society 28 (3): 3–9.

9.17 Drees, J.M. (1987). Prepare for the 21st century: the 7th Nikolsky lecture. Journal of the American Helicopter Society 32 (3): 3–14.

9.18 Huston, R.J. (1983). The future of vertical lift: the 18th Nikolsky lecture. Journal of the American Helicopter Society 28 (3): 159–171.

9.19 Carlson, R.M. (2002). Helicopter performance – transportation's latest chromosome: the 21st Nikolsky lecture. Journal of the American Helicopter Society 47 (3): 3–17.

9.20 Harris, F.D. (2007). No accidents – *That's* the objective: the 26th Nikolsky lecture. Journal of the American Helicopter Society 52 (3): 3–14.

9.21 Andrews, H., "Technical Evaluation Report on the Flight Mechanics Panel Symposium on Flying Qualities," AGARD-AR-311, AGARD, Paris, France, April 1992.

9.22 Warner, E. P., "The Prospects of the Helicopter," NACA TM107, 1922.

9.23 Sikorsky, I. (1947). Sikorsky helicopter development. The Journal of the Helicopter Association of Great Britain 1 (2): 5–12.

9.24 Stewart, W. (1948). Flight testing of helicopters. The Aeronautical Journal 52 (449): 261–304.

9.25 Glauert, H., "An Analysis of Experimental Results in the Windmill Brake and Vortex Ring States of an Airscrew," ARC R&M No. 1026, 1926.

9.26 Brotherhood, P., Flow through a Helicopter Rotor in Vertical Descent ARC R&M No. 2735, 1945.

9.27 Stewart, W., Helicopter Behaviour in the Vortex Ring Conditions," ARC R&M No. 3117, 1959.

9.28 Nikolsky, A. A., and Seckel, E., "An Analysis of the Transition of a Helicopter from Hovering to Steady Autorotative Flight," NACA TN No. 1907, June 1949.

9.29 Stewart, W., and Zbrozek, J.K., "Loss of Control Incident on S-51 Helicopter VW209," Royal Aircraft Establishment Report No., Aero. 2270, June 1948.

9.30 Reeder, J. P., and Gustafson, F. B., "On the Flying Qualities of Helicopters," NACA TN-1799, 1949.

9.31 Gilruth, R.R., "Requirements for Satisfactory Flying Qualities of Airplanes," NACA Rep. No. 755, 1943.

9.32 Sissingh, G.J. (1948). Automatic stabilization of helicopters. Journal of the Helicopter Association of Great Britain 2 (3): 4–33.

9.33 Gessow, A., and Amer, K. B., "An Introduction to the Physical Aspects of Helicopter Stability," NACA Report 993, 1949.

9.34 Gessow, A. and Myers, G.C. (1952). The Aerodynamics of the Helicopter. New York: Macmillan and Co.

9.35 Reeder, J.P. (1958). Handling qualities of helicopters and VTOL aircraft. Journal of the American Helicopter Society 3 (4): 4–6.

9.36 Wernecke, T.L. (1958). Consensus of opinion of NATC pilots on helicopter and VTOL handling qualities. Journal of the American Helicopter Society 3 (5): 5–6.

9.37 Carter, E.S. and Stulz, J.T. (1958). Automatic stabilization equipment in relation to helicopter handling qualities and instrument flight capabilities. Journal of the American Helicopter Society 3 (7): 7–9.

9.38 Carlson, F.W. (1958). Helicopter handling qualities. Journal of the American Helicopter Society 3 (11): 11–12.

9.39 Slaughter, H.H. (1958). Helicopter and VTOL handling qualities. Journal of the American Helicopter Society 3 (9): 9–11.

9.40 Anonymous (1956). "Civil Air Regulations, Part 7, Rotorcraft Airworthiness; Transport Categories," Effective August 1st. Washington DC: Civil Aeronautics Board.

9.41 Wernicke, K.G. "Helicopter Longitudinal Stability in Forward Flight with Control Feedback and Fuselage Aerodynamics," 3rd Annual Western Forum of the American Helicopter Society, Dallas, TX, October 7–9, 1956.

9.42 Douglas, L.L. (1958). The development of the tandem helicopter. Journal of the American Helicopter Society 3 (1): 8–26.

9.43 Anonymous, Aviation Publication AvP 970, Vol. 3, Design Requirements for Service Aircraft (Rotorcraft), Ministry of Supply, 1957.

9.44 Bramwell, A. R. S., "Longitudinal Stability and Control of the Single Rotor Helicopter," ARC R&M No. 3104, 1959.

9.45 Bramwell, A.R.S. (1976). Helicopter Dynamics. Oxford, England: Butterworth-Heinemann (2nd edition edited by George Done and David Balmford, 2001, Butterworth-Heinmann).

9.46 O'Hara, F., "An Analysis of the Longitudinal Stability and Control of a Single Rotor Helicopter," ARC R&M No. 2958, 1957.

9.47 O'Hara, F. (1954). Helicopter research, a review of outstanding problems together with an account of some recent work at A&AEE. Journal of the Helicopter Association of Great Britain 7 (4): 206–234.

9.48 Seckel, E. (1964). Stability and Control of Airplanes and Helicopters. New York: Academic Press.

9.49 Edenborough, H. K., and Wernicke, K.G., "Control and Maneuver Requirements for Armed Helicopters," 20th Annual Forum Proceedings of the American Helicopter Society, Washington DC, May 13–15th, 1964.

9.50 Livingston, C. L., and Murphy, M.R., "Flying Qualities Considerations in the Design and Development of the Hueycobra," 24th Annual Forum Proceedings of the American Helicopter Society, Washington, DC, May 8–10, 1968.

9.51 Anonymous, "Military Specification, Flying Qualities of Piloted Airplanes," MIL-F-8785A (ASG), U.S. Air Force, 1954. (Updated to 'B' version in August 1969).

9.52 Sweeting, D., "Some Design Aspects of the Stability Augmentation System for the WG13 Rigid Rotor Helicopter," Helicopter Guidance and Control Systems, AGARD CP 86, AGARD, Paris, France, 1971.

9.53 Simons, I. A., and Long, D.G. "Some Aspects of the Stability and Control of Hingeless Rotor Systems," Westland Research Paper 409, Westland Helicopters Ltd., Yeovil, England, December 1971 (Presented at the Stability and Control Committee of the Aeronautical Research Council, London, December 7, 1971).

9.54 Reichert, G., and Oelker, P., "Handling Qualities with the Bölkow Rigid Rotor System," 24th Annual Forum Proceedings of the American Helicopter Society, Washington, DC, May 8–10, 1968.

9.55 Reichert, G., "The Flying Qualities of Helicopters with Hingeless Rotors," Bölkow Report No. FM 315–0 (RAE library translation No. 1147, by A.R.S. Bramwell, January 1966).

9.56 Sissingh, G.J., "Response Characteristics of the Gyro-Controlled Lockheed Rotor System," 23rd Annual Forum Proceedings of the American Helicopter Society, Washington DC, May 10–12, 1967.

9.57 Ockier, C.J. (1996). Flight evaluation of the new handling qualities criteria using the Bo 105. Journal of the American Helicopter Society 51 (1): 67–76.

9.58 Huston, R. J., "An Exploratory Investigation of Factors Affecting the Handling Qualities of a Rudimentary Hingeless Rotor Helicopter," NASA TN D-1970, 1966.

9.59 Huston, R. J., and Ward, J.F., "Handling Qualities and Structural Characteristics of the Hingeless-Rotor Helicopter," Conference on V/STOL and STOL Aircraft, NASA SP-116, 1966, pp. 1–16.

9.60 Harper, R. P. Jr, and Cooper, G.E., "A Revised Pilot Rating Scale for the Evaluation of Handling Qualities," AGARD CP 17, Flight Mechanics Specialists Meeting, Cambridge, U.K., September 20–23, 1966.

9.61 Cooper, G. E., and Harper, R. P., "The Use of Pilot Rating in the Evaluation of Aircraft Handling Qualities," NASA TN D-5153, 1969.

9.62 Harper, H.P., Sardanowsky, W., and Scharpf, R. (1970). Development of VTOL flying and handling qualities requirements based on mission-task performance. Journal of the American Helicopter Society 15 (3): 57–65.

9.63 Anonymous. "Recommendations for V/STOL Handling Qualities," AGARD TR-408, 1962.

9.64 Milne, R.D. and Padfield, G.D. (1971). The strongly controlled aircraft. The Aeronautical Quarterly XXII: 146–168.

9.65 Lu, L., Padfield, G.D., and Jump, M. (2010). Investigation of rotorcraft-pilot couplings under flight-path constraint below the minimum-power speed. The Aeronautical Journal of the RAeS 114 (1157): 405–416.

9.66 Reschak, R.J. (1971). Suggested VTOL handling qualities criteria for civil IFR qualifications. Journal of the American Helicopter Society 16 (4): 41–47.

9.67 Anonymous, "Flying Qualities of Piloted V/STOL Aircraft," Military Specification, Mil-F-83300, 1970.

9.68 Key, D. L., "A Critique of Handling Qualities Specifications for U.S. Military Helicopters," AIAA Paper 80-1592, AIAA Atmospheric Flight Mechanics Conference, August 11–13, 1980, Danvers, MA, (See also "Handling Qualities Specifications for U.S. Military Helicopters," Journal of Aircraft, Vol. 19, (2), 1982, pp. 138–144).

9.69 Key, D.L., "The Status of Military Helicopter Handling-Qualities Criteria," AGARD FMP Symposium, 'Criteria for Handling Qualities of Military Aircraft', AGARD CP 333, Fort Worth TX, April 19–22, 1982.

9.70 Cooper, D.E. (1978). YUH-60A stability and control. Journal of the American Helicopter Society 23 (3): 2–9.

9.71 Blake, B. and Alansky, I.A. (1977). Stability and control of the YUH-61A. Journal of the American Helicopter Society 22 (1): 2–10.

9.72 Wright, G.P. and Lappos, N. (1981). Sikorsky 76 helicopter handling qualities design and development. Journal of the American Helicopter Society 26 (1): 9–18.

9.73 Anonymous, "Advances in Rotorcraft Technology," AGARD CP 592, Ottawa, May 1996.

9.74 Padfield, G. D., Tomlinson, B. N., and Wells, P. M., "Simulation Studies of Helicopter Agility and other Topics," RAE TM 927, 1978.

9.75 Tomlinson, B.N. and Padfield, G.D. (1980). Piloted simulation studies of helicopter agility. Vertica 4: 79–107.

9.76 Key, D. L, Preface to Proceedings of AHS/NASA Specialists Meeting on Helicopter Handling Qualities, NASA CP 2219, Ames Research Center, Mountain View, CA, April 1982.

9.77 Anonymous. Proceedings of the Royal Aeronautical Society International Conference on 'Helicopter Handling Qualities and Control,' London, England, November 15–17, 1988.

9.78 Anonymous, Proceedings of the NASA/AHS conference 'Piloting Vertical Flight Aircraft: a Conference on Flying Qualities and Human Factors,' NASA CP 3220, January 1993.

9.79 Anonymous, Proceedings of the Royal Aeronautical Society Conference on 'Rotorcraft Handling Qualities,' Liverpool, November 4–6, 2008.

9.80 Hoh, R. H., "New Developments in Flying Qualities Criteria with Application to Rotary Wing Aircraft," NASA CP 2219, Helicopter Handling Qualities, April 1982.

9.81 Ham, J., and Tischler, M.B., "Flight Testing and Frequency Domain Analysis for Rotorcraft Handling Qualities Characteristics," NASA/AHS Specialists Meeting, 'Piloting Vertical Flight Aircraft; A Conference on Flying Qualities and Human Factors, NASA CP 3220, 1993.

9.82 Williams, J. N., Ham, J. A., and Tischler, M.B., "Flight Test Manual: Rotorcraft Frequency Domain Flight Testing," U.S. Army Aviation Technical Test Center, Airworthiness Qualification Test Directorate, AQTD Project No. 93–14 1995.

9.83 Tischler, M.B. and Remple, R.K. (2012). *Aircraft and Rotorcraft System Identification; Engineering Methods with Flight Test Examples, AIAA Education Series*, 2e. Blacksburg, VA: AIAA.

9.84 Hodgkinson, J. (1999). *Aircraft Handling Qualities, Blackwell Science*. Oxford: England.

9.85 Hoh, R.H., "Dynamic Requirements in the New Handling Qualities Specification for U.S. Military Rotorcraft," 'Helicopter Handling Qualities and Flight Control', Royal Aeronautical Society International Conference, London, England, November 15–17, 1988.

9.86 Blanken, C. L., Pausder, H. J., and Ockier, C.J., "An Investigation of the Effects of Pitch-Roll (de)Coupling on Helicopter Handling Qualities," NASA TM-11039, USAATCOM TR 95-A-003, 1995.

9.87 Pausder, H. J., and Blanken, C.L., "Rotorcraft Pitch-Roll Cross Coupling Evaluation for Aggressive Tracking Manoeuvring," 19th European Rotorcraft Forum Proceedings, Cernobbio, Italy, September 14–16, 1993.

9.88 Anonymous. U.K. Defense Standard 00970; "Design and Airworthiness Requirements for Service Aircraft," Volume 2 Rotorcraft, Book 1, MoD, London, 1988 (current issue 2 2007).

9.89 Pitkin B., "Revision of U.K. Handling Qualities Requirements for Service Rotorcraft," Proceedings of the Royal Aeronautical Society Conference on Helicopter Handling Qualities and Flight Control (Vol. 2), London, England, November 15–17, 1988.

9.90 Heffley, R. K., Bourne, S., Curtiss Jr., H. C., Hindson, W.S., and Hess, R. A., "Study of Helicopter Roll Control Effectiveness Criteria," NASA Contractor Report 177404, USAAVSCOM TR 85-A-5 1986.

9.91 Blanken, C., Proceedings of Rotorcraft Handling Qualities Specialists' Meeting, U.S. Army Aeroflightdynamics Directorate, Ames Research Center, Mountain View, CA, 1986.

9.92 Hoh, R.H., "Concepts and Criteria for a Mission Oriented Flying Qualities Specification," Advances in Flying Qualities, AGARD LS 157, 1988.

9.93 Tischler, M.B., Fletcher, J.W., Morris, P.M., and Tucker, G.E. (1991). Flying qualities analysis and flight evaluation of a highly augmented combat rotorcraft. Journal of Guidance, Control and Dynamics 14 (5): 954–963.

9.94 Morgan, J. M., and Baillie, S.W., "ADS-33C Related Handling Qualities Research Performed using the NRC Bell 205 Airborne Simulator," Piloting Vertical Flight Aircraft: A Conference on Flying Qualities and Human Factors, NASA CP 3220, January 20–22, 1993.

9.95 Pausder, H. J., and Blanken, C.L., "Investigation of the Effects of Bandwidth and Time Delay on Helicopter Roll-axis Handling Qualities," Piloting Vertical Flight Aircraft: A Conference on Flying Qualities and Human Factors, NASA CP 3220, January 20–22, 1993.

9.96 Brotherhood, P., and Charlton, M. T., "An Assessment of Helicopter Turning Performance During NoE flight," RAE TM FS(B) 534, 1984.

9.97 Charlton, M. T., Padfield, G. D., and Horton, R.I., "Helicopter Agility in Low Speed Manoeuvres," 13th European Rotorcraft Forum Proceedings, Arles, France, September 8–11, 1987.

9.98 Padfield, G. D., Lappos, N., Hodgkinson, J., "The Impact of Flying Qualities on Helicopter Operational Agility," Piloting Vertical Flight Aircraft: A Conference on Flying Qualities and Human Factors, NASA CP 3220, January 20–22, 1993.

9.99 Lappos, N., "Air Combat – The Impact of this Emerging Mission on Helicopter Design," Royal Aeronautical Society Conference Proceedings on Helicopter Handling Qualities and Flight Control, London, England, November 15–17, 1988.

9.100 Massey, C. P., and Wells, P.M., "Helicopter Carefree Handling Systems," Royal Aeronautical Society Conference Proceedings on Helicopter Handling Qualities and Flight Control, London, England, November 15–17, 1988.

9.101 Howitt, J., "Carefree Maneuvering in Helicopter Flight Control," 51st Annual Forum Proceedings of the American Helicopter Society, Fort Worth, TX, May 9–11, 1995.

9.102 Horn, J., Calise, A.J., and Prasad, J.V.R. (2002). Flight envelope limit detection and avoidance for rotorcraft. Journal of the American Helicopter Society 47 (4): 253–262.

9.103 King, D. W., Dabundo, C., Kisor, R. L., and Agnihotri, A., "V-22 Load Limiting Control Law Development," 49th Annual Forum Proceedings of the American Helicopter Society, St Louis, MO, May 19–21, 1993.

9.104 Miller, D.G., de Brun, E.T., Lu, Y., and Hagar, P.C. (2010). V-22 roll-on-deck control law design. Journal of the American Helicopter Society 55 (2): 022004-1–022004-11.

9.105 Manimala, B., Padfield, G.D., and Walker, D. (2006). Load alleviation for a tiltrotor aircraft in airplane mode. Journal of Aircraft 43 (1): 147–156.

9.106 King, D., Fortenbaugh, R., Schaeffer, J., and Bianco-Mengotti, R., "A Systems Engineering Approach to Carefree Maneuvering in the BA609," 61st Annual Forum Proceedings of the American Helicopter Society, Grapevine, TX, June 1–3, 2005.

9.107 Baillie, S. W., and Morgan, J. M., "The Impact of Vertical Axis Characteristics on Helicopter Handling Qualities," NRC Aeronautical Report LR-619, 1987.

9.108 Baillie, S. W., and Morgan, J. M., "Investigation of Vertical Axis Handling Qualities for Helicopter Hover and NoE Flight," AGARD CP 423, AGARD, Paris, France, 1986.

9.109 Hindson, W. S., Tucker, G. E., Lebacqz, J. V., and Hilbert, K.B., "Flight Evaluation of Height Response Characteristics for the Hover Bob-Up Task and Comparison with Proposed Criteria," 42nd Annual Forum Proceedings of the American Helicopter Society, Washington DC, June 2–5, 1986.

9.110 Tate, S. J., Padfield, G. D., and Tailby, A.J., "Handling Qualities Criteria for Maritime Helicopter Operations; Can ADS-33 Meet the Need?" 21st European Rotorcraft Forum Proceedings, St. Petersburg, Russia, August 30–September 1, 1995.

9.111 Padfield, G. D., and Wilkinson, C.H., "Handling Qualities Criteria for Maritime Helicopter Operations," 53rd Annual Forum Proceedings of the American Helicopter Society, Virginia Beach, VA, April 29–May 1, 1997.

9.112 Carignan, S. J. R. P., and Gubbels, A.W., "Assessment of Vertical Axis Handling Qualities for the Shipborne Recovery Task; ADS-33(Maritime)," 54th Annual Forum Proceedings of the American Helicopter Society, Washington DC, May 20–22, 1998.

9.113 Carignan, S. J. R. P., Gubbels, A. W., and Ellis K., "Assessment of Handling Qualities for the Shipborne Recovery Task; ADS-33(Maritime)," 56th Annual Forum Proceedings of the American Helicopter Society, Washington DC, May 2–4, 2000.

9.114 Key, D. L., Hoh, R. H., and Blanken, C.L., "Tailoring ADS-33 for a Specific End Item," 54th Annual Forum Proceedings of the American Helicopter Society, Washington DC, May 20–22, 1998.

9.115 Kothmann, B. D., and Armbrust J., "RAH-66 Comanche Core AFCS Control Law Development," 58th Annual Forum Proceedings of the American Helciopter Society, Montreal, Canada, June 11–13, 2002.

9.116 Fletcher, J.W., Arterburn, D., Cherepinsky, I., Driscoll, J., Kalinowski, K., Lusardi, J., Mansur, M., Moralez, E., Morse, C., and Robinson, D., "UH-60M Upgrade Fly-by-Wire Control Risk Reduction using the RASCAL JUH-60A In-Flight Simulator," 64th Annual Forum Proceedings of the American Helicopter Society, Montreal, Canada, April 29–May 1, 2008.

9.117 Harding, J. W., Mansur, M. H., Tischler, M. B., Moody, S. J., and McCann, R.C., "Optimisation and Piloted Simulation Results of the AH-64D Modern Control Laws," 63rd Annual Forum Proceedings of the American Helicopter Society, Virginia Beach VA., May 1–3, 2007.

9.118 Einthoven, P., "Development of Control Laws for the Chinook Digital AFCS Program," 62nd Annual Forum Proceedings of the American Helicopter Society, Phoenix, AZ, May 9–11, 2006.

9.119 Irwin, J. G., Spano, M. S., Bender, J., and Schwerke, M., "MH-47G Digital AFCS Evolution," 67th Annual Forum Proceedings of the American Helicopter Society, Virginia Beach, VA, May 3–5, 2011.

9.120 Sahasrabudhe, V., Faynberg, A., Pozdin, M., Cheng, R., Tischler, M. B., Stumm, A., and Lavin M., "Balancing CH-53K Handling Qualities and Stability Margin Requirements in the Presence of Heavy External Loads," 63rd Annual Forum Proceedings of the American Helicopter Society, Virginia Beach, VA, May 1–3, 2007.

9.121 Blanken, C., Braddom, S., Cicolani, L., Lusardi, J. A., and Tobias, E., "Development of External Load Handling Qualities Criteria for Rotorcraft," 66th Annual Forum Proceedings of the American Helicopter Society, Phoenix, AZ, May 11–13, 2010.

9.122 Nicoll, T. K., and D. G. Mitchell. "ADS-33 Handling Qualities Specification Development for Externally Loaded Cargo/Utility Helicopters," AIAA Atmospheric Flight Mechanics Conference, AIAA 2009–6065, Chicago, IL, August 15–18, 2009 (See also, Royal Aeronautical Society Conference on Rotorcraft Handling Qualities, Liverpool, England, November 4–6, 2008).

9.123 Hoefinger, M. T., Blanken, C. L., and Strecker, G. "Evaluation of ADS-33E Cargo Helicopter Requirements Using a CH-53G," 62nd Annual Forum Proceedings of the American Helicopter Society, Phoenix, AZ, May 9–11, 2006.

9.124 Charlton, M., Guyomard, C., Lane, R., Modden, H., Schimke, D., and Taghizard, A., "The European ACT Programme: a Collaborative Approach to Handling Qualities Evaluation and Control Law Design," 49th Annual Forum Proceedings of the American Helicopter Society, St. Louis, MO, May 19–21, 1993.

9.125 Charlton, M. T., Padfield, G. D., and Green, J.T., "U.K. Attack Helicopter Flying Qualities: The Role of Piloted Simulation Evaluation in Supporting the Procurement Decision Making Process," AGARD CP 577, 'Flight Simulation – Where are the Challenges', NATO AGARD, Braunschweig Germany, May 22–25, 1995.

9.126 Padfield, G. D., Charlton, M. T., Mace, T., and Morton, R., "Flying Qualities Evaluation of the U.K. Attack Helicopter Contenders using the ADS-33 Methodology; Clinical Criteria and Piloted Simulation Trials," 21st European Rotorcraft Forum Proceedings, St. Petersburg, Russia, August 30–September 1, 1995.

9.127 Benquet, P., Pausder, H. J., Rollet, P., and Gollnick V., "Tailoring of ADS-33 for the NH-90 Program," 52nd Annual Forum Proceedings of the American Helicopter Society, Washington DC, June 4–6, 1996.

9.128 Bellera, J., and Varra G., "NH90 ADS-33 Handling Qualities Level 1 Methodology of a Success," Royal Aeronautical Society Conference Proceedings, 'Rotorcraft Handling Qualities,' Liverpool, England, November 4–6, 2008.

9.129 Padfield, G.D., Brookes, V., and Meyer, M. (2006). Progress in civil tilt rotor handling qualities. Journal of the American Helicopter Society 50 (1): 80–91.

9.130 Roudaut, T., and Sandri, F., "ADS-33 Approach for Tilt-Rotor Handling Qualities Assessment using the SPHERE Simulator," 31st European Rotorcraft Forum Proceedings, Florence, Italy, 13–15th September, 2005.

9.131 Fortenbaugh, R. L., and Lasaric, L., "BA609 Handling Qualities; Development Flight Test Results," Royal Aeronautical Society Conference Proceedings, 'Rotorcraft Handling Qualites,' Liverpool, England, November 4–6, 2008.

9.132 Taylor, P., and McWilliams, G., "Handling Qualities Engineering Features of the AW101 Design and Development Programme," Royal Aeronautical Society Conference Proceedings, 'Rotorcraft Handling Qualities,' Liverpool, England, November 4–6, 2008.

9.133 Anonymous, EASA Certification Specifications for Large Rotorcraft, CS-29 (Book 1), EASA, November 2003 (replacing JAR 29).

9.134 Tyrrell, S.T., Rotorcraft Safety Initiative bulletin, Federal Aviation Administration, 14th 2015.

9.135 Masson, M., van Hijum, M., and Bernandersson, M., "The European Helicopter Safety Team (EHEST): 2008/2009 Achievements," 35th European Rotorcraft Forum Proceedings, Hamburg, Germany, September 22–25, 2009.

9.136 Hodgkinson, J., Page, M., Preston, J., and Gillette, D., "Continuous Flying Quality Improvement; the Measure and the Payoff," AIAA paper 92–4327, AIAA Guidance, Navigation and Control Conference, Hilton Head, SC, August 24–26, 1992.

9.137 Harris, F. D., Kasper, E. F., and Iseler, L.E., "U.S. Civil Rotorcraft Accidents,1963 Through 1997," NASA/TM–2000-209597, USAAMCOM-TR-00-A-006, 2000.

9.138 Dugan, D. C., and Delamer, K. J., "The Implications of Handling Qualities in Civil Helicopter Accidents Involving Hover and Low Speed Flight," NASA TM-2005-213473, 2005.

9.139 FAA, Federal Aviation Regulations, Parts 27 and 29, "Airworthiness Standards for Rotorcraft," Federal Aviation Administration, Washington, DC, 1983.

9.140 Cramp, T., "Helicopter Safety; Potential Mitigation Measures," IHST Session, 62ndAnnual Forum of the American Helicopter Society, Phoenix, AZ, May 9–11, 2006.

9.141 Key, D., "Analysis of Army Helicopter Pilot Error Mishap Data and the Implications for Handling Qualities," 25th European Rotorcraft Forum Proceedings, Rome, Italy, September 14–16, 1999.

9.142 Anonymous, "Helicopter Flight in Degraded Visual Conditions," CAA Paper 2007/03, Safety Regulation Group, CAA, Gatwick, England, 2007.

9.143 EASA, "Safety Considerations; Methods to Improve Helicopter Pilot's Capabilities," EHEST Training Leaflet, HE1, EASA, Köln, Germany, 2010.

9.144 Hoh, R.H. and Ashkenas, I.L. (1981). Handling Quality and Display Requirements for Low Speed and Hover in Reduced Flight Visibility. Journal of the American Helicopter Society 26 (1): 19–28.

9.145 Lebacqz, J. V., and Aiken, E.W., "A Flight Investigation of Control, Display and Guidance Requirements for Decelerating, Descending VTOL Instrument Transitions using the X-22A Variable Stability Aircraft," Vol. 1: Technical Discussion and Results, Calspan Corp. Rept., AK-5336-F-1, Buffalo, NY, 1975.

9.146 Hoh, R. H., Mitchell, D. G., and Ashkenas, I.L., "Proposed Airworthiness Design Standard: Handling Qualities Requirements for Military Rotorcraft," Systems Technology Inc., TR-1194-2 December 1985.

9.147 Hoh, R. H., Baillie, S. W., and Morgan, J. M., "Flight Investigation of the Trade-Off Between Augmentation and Displays for NOE flight in Low Visibility," AHS Specialists' Meeting Proceedings on Flight Controls and Avionics, Cherry Hill, NJ, October 13–15, 1987 (STI paper 414).

9.148 Mitchell, D. G., Hoh, R. H., and Morgan, J.M., "A Flight Investigation of Helicopter Low Speed Response Requirements," AIAA Atmospheric Flight Mechanics Conference Proceedings, Monterey, CA, August 17–19, 1987.

9.149 Blanken, C. L., Hoh, R. H., and Mitchell, D.G., "Test Guide for ADS-33E-PRF," 63rd Annual Forum Proceedings of the American Helicopter Society, Virginia Beach, VA, May 1–3, 2007.

9.150 Blanken, C. L., Hoh, R. H., Mitchell, D. G., and Key, D., "Test Guide for ADS-33E-PRF," Special Report AMR-08-07, AMRDEC, Moffett Field, CA., 2008.

9.151 Hoh, R.H., "ACAH Augmentation as a Means to Alleviate Spacial Disorientation for Low Speed and Hover in Helicopters," Paper D2–3, American Helicopter Society Proceedings, HELI Japan, Gifu City, Japan, April 21–23, 1998.

9.152 Padfield, G.D. (2011). The tau of flight control. The Aeronautical Journal 115 (1171): 521–556.

9.153 Lee, D.N. (1976). A theory of visual control of braking based on information about time-to-collision. Perception 5 (4): 437–459.

9.154 Lee, D.N. (1980). The optic flow-field: the foundation of vision. Philosophical Transactions Review Society, London, Series B 290: 169–179.

9.155 Tischler, M.B. (1989). Assessment of digital flight-control technology for advanced combat rotorcraft. Journal of the American Helicopter Society 34 (4): 66–76.

9.156 Tischler, M. B., Ivler, C. M., Mansur, M. H., Cheung, K. K., Berger, T., and Berrios, M.G. "Handling Qualities Optimisation and Trade-Offs in Rotorcraft Flight Control Design, Royal Aeronautical Society Conference Proceedings 'Rotorcraft Handling Qualities,' Liverpool, England, November 4–6, 2008.

9.157 Tischler, M. B., Colbourne, J. D., Morel, M. R., Biezad, D. J., Levine, W. S., and Moldoveanu, V., "CONDUIT - A New Multidisciplinary Integration Environment for Flight Control Development," NASA TM 112203, USAATCOM TR 97-A-009, 1999.

9.158 Anonymous, "CONDUIT® User's Guide, Version 5.0," University Affiliated Research Center, Moffett Field, CA.

9.159 Landis, K.H., Davies, J.M., Dabundo, C., and Keller, J.F. (1994). Advanced Flight Control Technology Achievements at Boeing Helicopters. International Journal of Control 59 (1): 263–290.

9.160 Hess, R.A. (2011). A framework for robust rotorcraft flight control design. Journal of the American Helicopter Society 56 (2): 22004-1–22004-11.

9.161 Key, D. L., and Heffley, R.K., "Piloted Simultor Investigation of Techniques to Achieve Attitude Command Response with Limited Authority Servos," NASA/CR–2002-211391, USAAMCOM AFDD TR-02-A-003, 2002.

9.162 Baillie, S., Morgan, J.M., Mitchell, D., and Hoh, R. (1997). The use of limited authority response types to improve helicopter handling qualities during flight in degraded visual environments. Journal of the American Helicopter Society 42 (1): 89–95.

9.163 Whalley, M. and Howitt, J. (2002). Optimization of partial authority automatic flight control systems for Hover/low speed maneuvering in degraded visual environments. Journal of the American Helicopter Society 47 (2): 79–89.

9.164 Hoh, R.H., "Evaluation of Limited Authority Attitude Command Architectures for Rotorcraft," 58th Annual Forum Proceedings of the American Helicopter Society, Phoenix, AZ, May 6–8, 2003.

9.165 Anonymous, "Editor's Choice, Safety Enhancements; Cobham's HeliSAS," Rotor and Wing Magazine , 1st2010, p. 39.

9.166 Bülthoff, H. H., Nieuwenhuizen, F. M., Padfield, G. D., Jump, M., White, M. D., Floreano, D., Fua, P., Zufferey, J-C., Siegwart, R., Bouabdallah, S., Decker, M., Schippl, J., and Höfinger, M., "myCopter-Enabling Technologies for Personal Air Transport Systems," 37th European Rotorcraft Forum Proceedings, Milan, Italy, September 13–15, 2011.

9.167 Gubbels, A.W. and Carignan, S. (2000). The NRC bell 412 advanced systems research aircraft – a new facility for airborne simulation. Canadian Aeronautics and Space Institute Journal 46 (2): 106–115.

9.168 Kaletka, J., Kurschied, H., and Butter, U. (2005). FHS, the new research helicopter: ready for service. Journal of Aerospace Science and Technology 9 (5): 456–467.

9.169 Dones, F., Dryfoos, J. B., McCorvey, D. L., and Hindson, W.S., "An Advanced Fly-by-Wire Flight Control System Designed for Airborne Research – Concept to Reality," 56th Annual Forum Proceedings of the American Helicopter Society, Virginia Beach, VA, May 2–4, 2000.

9.170 Johnson, W. (2011). Milestones in rotorcraft aeromechanics. Journal of the American Helicopter Society 56 (3): 1–24.

9.171 Anonymous., proceedings of the RAeS/AHS/3AF/DGLR/AIDAA Conference on Rotorcraft Virtual Engineering, Liverpool (UK), November 8–10, 2016.

9.172 Schrage D.P., "Technology for Rotorcraft Affordability Through Integrated Product/Process Development," 55th Annual National Forum Proceedings of the American Helicopter Society, Montreal, Canada, May 25–27, 1999.

9.173 White, M.D., Cameron, N., Padfield, G.D., Lumsden, R.B., Virtual Engineering in Skills Acquisition and Development in the Career of the Rotorcraft Engineer, RAeS/AHS/3AF/DGLR/AIDAA Conference on Rotorcraft Virtual Engineering, Liverpool (UK), November 8–10, 2016.

9.174 Mitchell, D. G., Doman, D. B., Key, D. L., Klyde, D. H., Leggett, D. B., Moorhouse, D. J., Mason, D. H., Raney, D. L., and Schmidt, D.K., "The Evolution, Revolution and Challenges of Handling Qualities," AIAA 2003–5465, AIAA Atmospheric Flight Mechanics Conference, Austin, TX, August 11–14, 2003.

9.175 Padfield, G.D. (2006). Flight handling qualities; a problem based learning module for final year aerospace engineering students. The Aeronautical Journal 110 (1104): 73–84.

9.176 Padfield, G.D. and White, M.D. (2003). Flight simulation in academia; HELIFLIGHT in its first year of operation. The Aeronautical Journal 107 (1075): 529–538.

9.177 White, M.D., Perfect, P., Padfield, G.D. et al. (2012). Acceptance testing and commissioning of a flight simulator for rotorcraft simulation fidelity research. Journal of Aerospace Engineering, Proceedings of the Institute of Mechanical Engineering, Part G 1–24. doi: 10.1177/0954410012439816.

9.178 Hoh, R.H., "Lessons Learned Concerning the Interpretation of Subjective Handling Qualities Pilot Rating Data," AIAA-90-2824, AIAA Atmospheric Flight Mechanics Conference, Portland, OR, August 20–22, 1990.

第 10 章

10.1 Dunford, P. V-22; Lessons learned from the development program (presentation only), 59th Annual Forum of the American Helicopter Society, Phoenix, Arizona, May 2013.

10.2 Whittle, R. (2010). *The Dream Machine: the untold history of the notorious V-22 Osprey*. New York, NY: Simon and Schuster.

10.3 Maisel, M.D., Giulianetti, D.J., Dugan, D.C., The history of the XV-15 Tilt Rotor research aircraft; from concept to flight, NASA SP-2000-4517, NASA History Series, 2001.

10.4 Gaffey, T., BA609 Tiltrotor Regulatory Requirements, European Helicopter Association Symposium, Netherlands Congress Centre, The Hague, The Netherlands, September 28, 2000.

10.5 Rollet, P., RHILP – A major step for European Knowledge in Tilt–Rotor aeromechanics and flight dynamics, Aeronautics Days 2001, Hamburg, Germany, January 28–31, 2001; also AIR AND SPACE EUROPE, Volume 3, Number 3, 2001, pp. 152–154(3).

10.6 Rollet, P., ACT-TILT; A major step towards NICE-TRIP, Aeronautics Days 2006, Vienna, June 19–21, 2006, http://www.transport-research.info/project/active-control-technologies-tiltrotor

10.7 Stabellini, A., The European Tilt Rotor: Status of ERICA design and test activities, NICE-TRIP, Aeronautics Days 2011, Madrid, March 31st 2011, https://trimis.ec.europa.eu/project/novel-innovative-competitive-effective-tilt-rotor-integrated-project, (see also F. Nannoni, G. Giancamilli, M. Cicalè ERICA: the European advanced Tiltrotor, 27th European Rotorcraft Forum, Moscow, 11–14th Sept. 2001).

10.8 Fortenbaugh, R.L., Lazaric, L., BA609 Tiltrotor handling qualities; development flight test results, Proc. RAeS conference 'Rotorcraft Handling Qualities', Liverpool, November 2008.

10.9 Dunford, P., Lunn, K., Magnuson, R., Marr, R., The V-22 Osprey – A significant flight test challenge, proc. 16th European Rotorcraft Forum, Royal Aeronautical Society, Glasgow, September 1990.

10.10 Menger, R.P., Hogg, C.B., Recent investigations in tiltrotor flight technology through XV-15 flight testing, proc. 43rd annual forum of the American Helicopter Society, St. Louis, Missouri, May 1987.

10.11 Dugan, D.C., Erhart, R.G., Schroers, L.G., The XV-15 tilt rotor research aircraft, NASA TM 81244, AVRADCOM TR 80-A-15, NASA, September 1980.

10.12 Harendra, P.B., Jogleka, M.J., Gaffey, T.M., Marr, R.L., A mathematical model for real time flight simulation of the Bell 301 tiltrotor research aircraft, Bell Helicopter Company Report no. 301-099-001, April 1973.

10.13 Du Val, R.W., A Real-Time Multi-Body Dynamics architecture for Rotorcraft Simulation, Proceedings of the RAeS conference- 'The Challenge of Realistic Rotorcraft Simulation', London, U.K. 7–8 November 2001.

10.14 Du Val, R.W., He, C., Validation of the FLIGHTLAB Virtual Engineering Toolset, proc. of the RAeS/AHS/AAAF/DGLR/ Conference on Rotorcraft Virtual Engineering, Liverpool, November 2016 (see also The Aeronautical J. of the RAeS, Volume 122 No 1250, April 2018).

10.15 Anonymous FLIGHTLAB theory manual, Vols. 1 and 2, Advanced Rotorcraft Technology. Sunnyvale, Ca., July 2011.

10.16 Otten, E. (2003). Inverse and forward dynamics: models of multi-body systems. Philosophical Transactions of the Royal Society B 358: 1493–1500. doi: 10.1098/rstb.2003.1354.

10.17 Ha, S. and Karen Liu, C. (2009). Iterative Training of Dynamic Skills Inspired by Human Coaching Techniques. ACM Transactions on Graphics 28 (4, Article 106,).

10.18 Liu, Karen, Jain, Sumit 'A quick tutorial on Multibody Dynamics', Tech Report GIT–GVU–15–01–1, https://www.cc.gatech.edu/~karenliu/Home_files/dynamics_1.pdf.

10.19 Mattaboni, M., Masarati, P., Quaranta, G., and Mantegazza, P. (2012). Multibody Simulation of Integrated Tiltrotor Flight Mechanics, Aeroelasticity, and Control. AIAA Journal of Guidance, Control and Dynamics 35 (5).

10.20 Ghiringhelli, G.L., Masarati, P., Mantegazza, P., and Nixon, M.W. (1999). Multi-body analysis of a tilt rotor configuration. Nonlinear Dyn. 19: 333–357.

10.21 Pierangelo, M. and Morandini, M. (2008). An ideal homokinetic joint formulation for general-purpose multibody real-time simulation. Multibody Sys.Dyn. 20: 251–270. doi: 10.1007/s11044-008-9112-8.

10.22 Celi, R., HeliUM 2 Flight Dynamic Simulation Model: Development, Technical Concepts, and Applications, American Helicopter Society 71st Annual Forum Proceedings, Virginia Beach, VA, May 27–29, 2015.

10.23 Ondrej Juhasz, Roberto Celi, Christina M. Ivler, Mark B. Tischler, Tom Berger, Flight dynamic simulation modeling of large flexible tiltrotor aircraft, proc. of the American Helicopter Society 68th Annual Forum, Fort Worth, Texas, May 1–3, 2012.

10.24 Gaffey, T.M. (1969). The effect of positive pitch-flap coupling (negative δ_3) on rotor blade motion stability and flapping. Journal of the American Helicopter Society 14 (2).

10.25 Johnson, W. Dynamics of tilting proprotor aircraft in cruise flight, NASA TD D-7677, 1974.

10.26 Miller, D., Private communications to the author, 14th September 2017.

10.27 Zoppitelli, E., et al, DART, Development of an advanced rotor for tilt rotors, proc. 30th European Rotorcraft Forum, Marseilles, 14–16th September 2004.

10.28 Peters, D.A. and He, C.J. (1991). Correlation of measured induced velocities with a finite state wake model. Journal of the American Helicopter Society 36 (3).

10.29 Marr, R.L., Roderick, W.E.B., Handling qualities evaluation of the XV-15 tiltrotor aircraft, proc. 30th annual forum of the AHS, Washington DC., May 1974.

10.30 Marr, R.L., V/STOL tilt rotor study, Vol VI, Hover, low speed and conversion tests of a tilt rotor aeroelastic model, NASA CR-114615, May 15th 1973.

10.31 Potsdam, M., Silva, M., et al., Tilt rotor aeromechanics phenomena in low speed flight, Proceedings of the HPCMP Users Group Conference 2004. DoD High Performance Computing Modernization Program, Williamsburg, Virginia on 7–11 June 2004 (see also The American Helicopter Society 4th Decennial Specialist's Conference on Aeromechanics, San Francisco, CA, January 21–23, 2004.

10.32 Potsdam, M.A. and Strawn, R.S. (2005). CFD simulations of tiltrotor configurations in hover. Journal of the American Helicopter Society 50 (1): 82–94.

10.33 Johnson, W., Model for vortex ring state influence on rotorcraft flight dynamics, NASA/TP–2005–213477, December 2005.

10.34 Betzina, M. D., Tiltrotor Descent Aerodynamics: A Small Scale Experimental Investigation of Vortex Ring State, American Helicopter Society 57th Annual Forum Proceedings, Washington, DC, May 9–11, 2001.

10.35 Taghizad, A., Jimenez, J., Binet, L., Heuze, D., Experimental and Theoretical Investigations to Develop a Model of Rotor Aerodynamics Adapted to Steep Descents, American Helicopter Society 58th Annual Forum Proceedings, Montreal, Canada, June 11–13, 2002.

10.36 Newman, S., Brown, R., Perry, J. et al. (2003). Predicting the Onset of Wake Breakdown for Rotors in Descending Flight. Journal of the American Helicopter Society 48 (1): 28–38.

10.37 Ahlin, G. A., and Brown, R. E., The Fluid Dynamics of the Rotor Vortex Ring State, American Helicopter Society 63rd Annual Forum Proceedings, Virginia Beach, VA, May 1–3, 2007.

10.38 Brand, A., Kisor, R., Blyth, R., Mason, D., Host, C., V-22 High Rate of Descent Test Procedures and Long Record Analysis, American Helicopter Society 60th Annual Forum Proceedings, Baltimore, MD, June 7–10, 2004.

10.39 Kisor, R., Blyth, R., Brand, A., and MacDonald, T., V-22 High Rate of Descent Test Results, American Helicopter Society 60th Annual Forum Proceedings, Baltimore, MD, June 7–10, 2004.

10.40 Brand, A., Dreir, M., Kisor, R., and Wood, T. (2011). The nature of vortex ring state. Journal of the American Helicopter Society 56 (022001): 1–14.

10.41 Benoit, B., Dequin, A.M., Kampa, K., Gimonet, B., HOST, a General Helicopter Simulation Tool for Germany and France, American Helicopter Society 56th Annual Forum, Virginia Beach, Virginia, May 2–4, 2000.

10.42 Padfield, G.D., Manimala, B., Vortex ring model for tiltrotors, unpublished presentation to the ACT-TILT General Engineering WP1 team, Marignane, France, May 22nd, 2003.

10.43 Wang, S.C. (1990). Analytical approach to the induced flow of a helicopter rotor in vertical descent. Journal of the American Helicopter Society 35 (1).

10.44 McVicar, J.S.G. and Bradley, R. (1997). Efficient and robust algorithms for trim and stability analysis of advanced rotorcraft simulations. Aeronautical Journal of the RAeS, 375–387.

10.45 McVicar, J.S.G. and Bradley, R. (1995). Robust and efficient trimming algorithms for application to advanced mathematical models of rotorcraft. Journal of Aircraft 32 (2).

10.46 McVicar, J. S. G., A Generic Tilt-Rotor Simulation Model with Parallel Implementation, PhD thesis, University of Glasgow, Faculty of Engineering, 1993.

10.47 McVicar, J. S. G., Bradley, R., A Generic Tilt-Rotor Simulation Model with Parallel Implementation and partial periodic trim algorithm, proc. 18th European Rotorcraft Forum, Avignon, France, September 1992.

10.48 Anonymous, FLIGHTLAB X-Analysis user manual, Advanced Rotorcraft Technology, June 2015.

10.49 Fergusen, S.W., Development and validation of a simulation for a generic tilt rotor aircraft, NASA CR 166537, April 1989.

10.50 Schroers, L.G., Dugan, D.C., Marr, R. L., Erhart, R.C., Operating flexibility exhibited in flight test of the XV-15 tilt rotor research aircraft, proc. 36th Annual Forum of the American Helicopter Society, Washington D.C., May 1980.

10.51 Tischler, M.T., Frequency response identification of XV-15 tilt rotor aircraft dynamics, NASA TM89428, May 1987.

10.52 Tischler, M.B. and Remple, R.K. (2012). *Aircraft and rotorcraft system identification*, 2e. AIAA.

10.53 Schillings, J.J., Roberts, B.R., Wood, T.L., and Wernicke, K.G. (1990). Maneuver Performance Comparison Between the XV-15 and an Advanced Tiltrotor Design. Journal of the American Helicopter Society 35 (2): 4–14.

10.54 Marr, R.L., Willis, J.M., Churchill, G.B., Flight control system development for the XV-15 tilt rotor aircraft, proc. 32nd annual forum of the American Helicopter Society, Washington D.C., May 1976.

10.55 Anonymous, Military Specification – Flying Qualities of Piloted Airplanes, MIL-F-8785C, US Government Printing Office, Washington, D.C., November 1980.

10.56 Anonymous, Military Specification: Helicopter Flying and Ground Handling Qualities; General Requirements for, MIL-H-8501A, U.S. Department of Defense, 7th September 1961.

10.57 McElroy, C.E., FAA Handling Qualities Assessment: Methodology in Transition, proc. of Society of Experimental Test Pilots 32nd Symposium, Beverly Hills, CA, October 13–15, 1988.

10.58 Nannoni, F., Giancamilli, G., Cicale, M., ERICA: The European advanced tiltrotor, proc. of the 27th European Rotorcraft Forum, Moscow, 11–14th September 2001.

10.59 Osborne, T., Pivot Point – tiltrotor technology demonstrator to focus on five key developments, Aviation Week and Space Technology, March 6–19th, 2017, pp 64–65.

10.60 Osborne, T., Cleaning Up – Airbus targets greener high-speed rotorborne flight, Aviation Week and Space Technology, March 6–19th, 2017, page 68.

10.61 Meyer, M. and Padfield, G.D. (2005). First Steps in the Development of Handling Qualities Criteria for a Civil Tilt Rotor. Journal of the American Helicopter Society 50 (1): 33–46.

10.62 Padfield, G.D., Brookes, V., and Meyer, M. (2006). Progress in Civil Tilt Rotor Handling Qualities. Journal of the American Helicopter Society 50 (1): 80–91, 50th Anniversary issue.

10.63 Padfield, G.D. (2008). Capturing Requirements for Tilt Rotor Handling Qualities – Case Studies in Virtual Engineering. The Aeronautical Journal 112 (1134): 433–448.

10.64 Cameron, N. and Padfield, G.D. (2010). Tilt Rotor Pitch/Flight-Path Handling Qualities. Journal of the American Helicopter Society 55: 042008.

10.65 Anonymous, ADS-33E-PRF, Handling Qualities Requirements for Military Rotorcraft, U.S. Army AMCOM, Redstone, AL, March 2000.

10.66 Mitchell, D.G., Hoh, R.H., Aponso, B.L., Klyde, D.H., Proposed incorporation of mission-oriented flying qualities into MIL-STD-1797A, WL-TR-94-3162, USAF Wright Laboratory, October 1994.

10.67 Chalk, C.R., et al., Background information and user guide for MIL-F-83300, flying qualities of piloted V/SOL aircraft, Technical Report AFFDL-TR-70-88 November 1971.

10.68 Anonymous. Flying qualities of piloted aircraft, MIL-HDBK 1797, US Department of Defense Handbook, December 1997.

10.69 Cook, M.V., Flight Dynamics Principles, Arnold (Wiley), London, 1997.

10.70 Hodgkinson, J., Aircraft Handling Qualities, Blackwell Science, Oxford, 1999.

10.71 Gibson, J.C. (1999). *Development of a Methodology for Excellence in Handling Qualities Design for Fly-by-Wire Aircraft*, Series 03, Control and Simulation 06. Delft: Delft University Press.

10.72 Kimball, D.F. (1987). Recent tilt rotor flight control innovations. Journal of the American Helicopter Society 32 (3).

10.73 Schaeffer, J., Alwang, R., Joglekar, M., V-22 thrust power management control law development, proc. 47th annual forum of the American Helicopter Society, Phoenix, Arizona, May 1991.

10.74 Silva, M.J., et al, Wind tunnel investigation of the shipboard aerodynamic interactions inducing the V-22 uncommanded roll on-deck response, proc. 61st Annual Form of the American Helicopter Society, Grapevine TX., June 2005.

10.75 Miller, D.G., de Brun, E.T., Lu, Y., and Hagar, P.C. (2010). V-22 Roll-On-Deck Control Law Design. Journal of the American Helicopter Society 55 (2): 022004-1–022004-11. (see also the related conference paper in proc. 62nd Annual Forum of the AHS, Phoenix, Az., May 2006).

10.76 David Miller, Private communications with the author, 4th June, December 28th 2017.

10.77 Cameron, N., Perfect, P., Padfield, G. D., Walker, D., Unified Tilt Rotor Handling Qualities; Feasible or Impracticable? Part I: Setting the Challenge, 33rd European Rotorcraft Forum, Kazan, Russia, September 2007.

10.78 Perfect, P., Cameron, N., Padfield, G. D., Walker, D., Unified Tilt Rotor Handling Qualities; Feasible or Impracticable? Part II: Control Concepts, 33rd European Rotorcraft Forum, Kazan, Russia, September 2007.

10.79 Renaud, J., Huber, H., Venn, G., The EuroFAR program – A European overview on advanced VTOL civil transportation system, proceedings of the 17th European Rotorcraft Forum, Berlin, Germany, 24–26 Sept. 1991.

10.80 Malpica, C.A., et al, An Investigation of Large Tilt-Rotor Short-term Attitude Response Handling Qualities Requirements in Hover, proceedings of the American Helicopter Society 66th Annual Forum, Phoenix, AZ, May 11–13, 2010.

10.81 Lawrence, B., Malpica, C. A., and Theodore, C., The Development of a Large Civil Tiltrotor Simulation for Hover and Low-Speed Handling Qualities Investigations, Proceedings of the 36th European Rotorcraft Forum, Paris, France, September 7–9, 2010.

10.82 Malpica, C.A., et al, An Investigation of Large Tilt-Rotor Hover and Low Speed Handling Qualities, proceedings of the American Helicopter Society 67th Annual Forum, Virginia Beach, VA, May 3–5, 2011.

10.83 Lawrence, B., Malpica, C. A., Theodore, C. R., Decker, W. A., and Lindsey, J., Flight Dynamics Aspects of a Large Civil Tilt-rotor Simulation using Translational Rate Command, Proceedings of the American Helicopter Society 67th Annual Forum, Virginia Beach, VA, May 3–5, 2011.

10.84 Malpica, C.A., et al, Handling Qualities of a Large Civil Tiltrotor in Hover using Translational Rate Command, proceedings of the American Helicopter Society 68th Annual Forum, Fort Worth, TX, May 1–3, 2012.

10.85 Ivler, C., Juhasz, O., Evaluation of Control Allocation Techniques for a Medium Lift Tilt-Rotor, proceedings of the American Helicopter Society 71st Annual Forum, Virginia Beach, Virginia, May 5–7, 2015.

10.86 Acree, Jr., C. W., Yeo, H., and Sinsay, J., Performance Optimization of the NASA Large Civil Tiltrotor, NASA/TM-2008-215359, June 2008.

10.87 Schillings, J.J., B.R Roberts, T. L. Wood, K. G. Wernicke, Maneuver Performance of Tiltrotor Aircraft, proc. of the 43rd annual forum of the American Helicopter Society, St. Louis, MO, May 18–20th 1987.

10.88 Miller, D.G., Active control of tiltrotor blade in-plane loads during maneuvers, Master of Science thesis, Massachusetts Institute of Technology, May 1988.

10.89 Miller, D.G., Ham, N.D., Active Control of Tiltrotor Blade In-Plane Loads During Maneuvers, 14th European Rotorcraft Forum, Milan, Italy, September 1988.

10.90 Agnihotri, W. Schuessler, R. Marr, V-22 Aerodynamic Loads Analysis and Development of Loads Alleviation Flight Control System, 45th Annual Forum of the American Helicopter Society, May 1989.

10.91 Popelka, D.A., Agnihotri, A., Prediction and alleviation of V-22 rotor dynamic loads, proc. of the American Helicopter Society specialist's meeting on Rotorcraft Dynamics, Arlington, Texas, November 1989.

10.92 Miller, D.G., T.M. Black, M. Joglekar, Tilt rotor Control Law Design for Rotor Loads Alleviation Using Modern Control Techniques, American Control Conference, Evaston, IL, USA, Vol. 3 June 1991, pp. 2488–2495.

10.93 King, D. W., Dabundo, C., Kisor, R. L., and Agnihotri, A., V-22 Load Limiting Control Law Development, proc. of the 49th Annual Forum of the American Helicopter Society, St Louis, MO, May 19–21, 1993.

10.94 Manimala, B., Padfield, G.D., Walker, D.J. et al. (2004). Load alleviation in tilt rotor aircraft through active control, modelling and control concepts. Aeronautical Journal of the RAeS 108 (1082): 169–184. (also proc. of the 59th Annual Forum of the American Helicopter Society, Phoenix, Az., May 2003).

10.95 Manimala, B., Padfield, G.D., Walker, D., Childs, S., Synthesis and Analysis of a Multi-Objective Controller for Tilt-Rotor Structural Load Alleviation, 1st international conference on innovation and integration in aerospace sciences, Belfast, August 2005.

10.96 Manimala, B., Padfield, G.D., and Walker, D. (2006). Load Alleviation for a Tiltrotor Aircraft in Airplane Mode. Journal of Aircraft 43 (1): 147–156.

10.97 Walker, D.J., Voskuijl, M., Active Control of Flight Path and Critical Loads in Tilt-Rotor Aircraft, Proc. of the American Helicopter Society 63rd Annual Forum, Virginia Beach, VA, May 1–3, 2007.

10.98 Skogestad, S. and Postlethwaite, I. (2001). *Multivariable feedback control*, 2nde. Chichester: Wiley.

10.99 Anonymous, Final report on the accident on the AgustaWestland AW609 registration N609AG in Tronzano Vercellese, Italy, 30th October 2015, ANSV, April 2017.

10.100 Lynn, R.R. (1993). The rebirth of the tiltrotor – The 1992 Alexander A. Nikolsky Lecture. Journal of the American Helicopter Society.

10E.1 Pinsker, W.J.G., Directional Stability in Flight with Bank Angle Constraint as a Condition Defining a Minimum Acceptable Value for N_v, RAE Technical Report 67 127, June 1967.

10E.2 Milne, R.D. and Padfield, G.D. (1971). The Strongly Controlled Aircraft. RAeS Aeronautical Quarterly XXII (2).

10E.3 Padfield, G.D. and Lawrence, B. (2003). The Birth of Flight Control; with the Wright Brothers in 1902. The Aeronautical Journal of the Royal Aeronautical Society 107 (1078): 697–718.